美国名校学生喜爱的心理学教材

Statistics for the Behavioral Sciences, 9th Edition

行为科学统计

（原书第9版）

[美] 弗雷德里克 · J. 格雷维特（Frederick J. Gravetter）著
拉里 · B. 瓦尔诺（Larry B. Wallnau）
方平 姜媛 等译

机械工业出版社
CHINA MACHINE PRESS

图书在版编目（CIP）数据

行为科学统计：原书第 9 版 /（美）弗雷德里克 · J. 格雷维特，（美）拉里 · B. 瓦尔诺著；方平等译 . — 北京：机械工业出版社，2022.9（2025.5 重印）
书名原文：Statistics for the Behavioral Sciences, Ninth Edition
美国名校学生喜爱的心理学教材
ISBN 978-7-111-71633-4

I. ①行…　II. ①弗… ②拉… ③方…　III. ①行为科学 - 心理统计 - 教材　IV. ① B841.2

中国版本图书馆 CIP 数据核字（2022）第 174311 号

北京市版权局著作权合同登记　图字：01-2020-5913 号。

Statistics for the Behavioral Sciences, 9th Edition
Frederick J. Gravetter, Larry B. Wallnau
Fang Ping, Jiang Yuan, et al.

978-1-111-83099-1

Cengage Learning Asia Pte. Ltd.
151 Lorong Chuan, #02-08 New Tech Park, Singapore 556741

出版发行：机械工业出版社（北京市西城区百万庄大街 22 号　邮政编码：100037）
责任编辑：欧阳智　　　　　　　　　　责任校对：樊钟英　　王明欣
印　　刷：保定市中画美凯印刷有限公司　　版　　次：2025 年 5 月第 1 版第 4 次印刷
开　　本：214mm × 275mm　1/16　　　　印　　张：27.25
书　　号：ISBN 978-7-111-71633-4　　　定　　价：119.00 元

客服电话：（010）88361066　68326294

The Translator's Words | 译者序

心理统计学是心理学研究的重要基础，也是心理学专业的基础课程之一。掌握心理统计学对于准确理解复杂现象之间的关联、了解事物的规律、预测事物未来发展的趋势和做出正确的决策至关重要。

鉴于心理统计学的重要性，国内从20世纪80年代初至今出版了许多心理统计学著作，推动了心理学研究的发展。经分析发现，这些著作多偏重理论和原理，内容过于理论化、抽象化，实操性和应用性略显薄弱，案例与课后习题选用欠丰富。这易使许多读者认为心理统计学是一门晦涩难懂的课程，难以从常识的视角进行理解，致使读者对学习心理统计学产生畏惧和困惑。

当我读完这本《行为科学统计》时，我认为本书在理论阐述与实际应用方面找到了一个很好的平衡点，引进并翻译本书能够丰富我国相关心理统计学教材，对拓展学生的学术视野、深化学生对统计思想精髓的理解、提升其运用心理统计学知识解决实际问题的能力具有积极的促进作用。概括地讲，本书的特色主要体现在以下几点：

首先，结构布局合理。本书充分考虑了各章的独立性以及章与章之间的衔接和整合，内在逻辑线索清晰。其次，阐述深入浅出。本书采用对比的方式，层层递进、前后呼应地阐述了复杂的心理统计学原理和计算公式，读者只需具备一定的数学知识便可理解书中的统计学原理。再次，知识涵盖全面。本书除对描述统计和推断统计进行深入的阐述之外，还详尽介绍了效应量和检验力两个主题，对统计方法选用的条件也做了详细阐述。最后，案例丰富翔实。在每个重要的知识点之后，作者都用具有代表性的实例进行了精细的讲解。章后"关注问题解决""示例"部分重点和难点提示明确，"习题"部分类型多样，有利于学生举一反三。

本书由我和姜媛教授主译，并由我们的翻译团队协助完成。在翻译本书的过程中，团队力求在文字上做到信、达、雅。翻译分工具体如下：前言、第1章，方平，林芬；第2章，方平、朱际宇；第3章，姜媛、姜晓文；第4章，姜媛；第5章，姜媛、袁蒙蒙；第6章，姜媛、王超；第7章，姜媛；第8章，姜媛、车爱玲；第9章，姜媛；第10章，姜媛、赵连琦；第11章，姜媛；第12章，方平、庞卉；第13章，方平、田丽；第14章，方平、郭禹含；第15章，方平、康侦艺；第16章，方平、刘蕾；第17章，方平、马炎；第18章，方平、杨玉川、刘梦媛；第19章，方平、杨柳；附录，姜媛、贾天琪。全书审校，方平、姜媛。

本书得以翻译出版，首先感谢机械工业出版社的大力支持，感谢邹慧颖、向睿洋和欧阳智编辑为本书的策划和编辑所做的大量工作，感谢首都师范大学张力老师对译稿给予的建设性意见，感谢翻译团队的精诚合作。虽然在本书翻译过程中我们尽力展现原著思想的全貌与精华，但仍难免存在疏漏之处，敬请同仁与读者不吝赐教。

方平

首都师范大学心理学院

前言 | Preface

许多行为科学领域的学生将统计必修课视为所有其他有趣课程中令人生畏的障碍。他们想了解人类的行为，而非数学和科学。因此，他们认为统计学课程与他们的教育和职业目标无关。然而，只要行为科学建立在科学基础之上，统计学的知识就必不可少。统计过程为研究者提供了描述和解释他们研究结果的客观和系统的方法。科学研究是我们用来收集信息的体系，而统计学是我们用来将信息提炼成合理结论的工具。本书的目的不仅在于教授统计学方法，还传达了客观性和逻辑性的基本原则，这些原则对科学至关重要，在日常生活中也很有价值。

熟悉以前《行为科学统计》版本的读者会发现这一版本做了一些修订。修订内容总结在前言的“致教师”部分。在这个修订版中，学生始终是我们关注的焦点。这些年来，他们提供了真实有效的反馈。他们的努力和坚持让我们的写作和教学变得极有意义。我们真诚地感谢他们。使用这版教材的学生请阅读前言的“致学生”部分。

致谢

这本书是许多人辛勤劳动的结晶。Wadsworth/Cengage 的朋友对这本教材做出了巨大贡献。感谢：出版人/执行编辑 Linda Schreiber-Ganster、策划编辑 Timothy Matray、管理发展编辑 Tangelique Williams、助理编辑 Kelly Miller，编辑助理 Lauren K. Moody、内容项目经理 Charlene M. Carpentier、媒体编辑 Mary Noel 以及美术指导 Pam Galbreath。特别感谢开发编辑 Liana Sarkisian，还要感谢带领我们完成印刷制作的 Mike Ederer。

评审专家对手稿质量的提高起了重要的作用。因此，我们对为本书第 9 版提供协助的同事予以感谢：托莱多大学的 Patricia Case、美国东北州立大学的 Kevin David、马里兰大学巴尔的摩分校的 Adia Garrett、迈阿密大学的 Carrie E. Hall、坦帕大学的 Deletha Hardin、普雷里维尤农工大学的 Angela Heads、得克萨斯国际农工大学的 Roberto Heredia、中佛罗里达大学的 Alisha Janowski、纽约州立大学布洛克波特学院的 Matthew Mulvaney、加利福尼亚州立理工大学波莫纳分校的 Nicholas Von Glahn、弗雷斯诺州立大学的 Ronald Yockey。

致教师

熟悉之前版本的读者会注意到第 9 版《行为科学统计》中有许多修订。本书更新了研究的实例，增加了一些真实的例证，大部分章末的习题已经得到了修订。本书分为五个部分，以阐述多种统计方法的相似性。每个部分包含 3~5 章，从导论开始，并以回顾和复习题结束。

第 9 版的主要修订内容包括：

(1) 删除了上一版中的第 12 章。置信区间(confidence interval)这部分内容移至有关 t 检验(t-statistic)的三章中。

(2) 上一版第 20 章关于顺序数据(ordinal data)的假设检验(hypothesis test)部分移至附录。

(3) 新增的最后一章讨论了如何针对不同类别的数据选择合适的统计方法，并取代了早期版本中作为附录呈现的 Statistics Organizer。

其他详尽修订如下：

第 1 章 新增部分解释了如何根据相同的数据结构和研究方法对统计方法进行分类。新的标题阐明不同的测量量表需要使用不同的统计方法。

第 2 章 为了区分离散变量(discrete variable)和连续变量(continuous variable)，修正了与直方图(histogram)相关的内容。关于茎叶图的内容也做了大幅度的简化。

第 3 章 修订后的中数定义表明中数不是由代数定义的，尤其对离散变量而言，确定中数可能有些主观。新增的知识窗表明，准确地定位连续变量的中数等同于使用插值法求第 50 百分位数(如第 2 章所示)。

第 4 章 对全距(range)给予了新的定义，删除了关于四分位差(interquartile range)的讨论。着重强调了标准差(standard deviation)和离差平方和(*SS*)的概念性定义。简化了方差(variance)和推断统计(inferential statistics)的部分，删除了变异性测量(measure of variability)的比较。

第 5 章 内容无较大变动。

第 6 章 对随机抽样(random sample)和独立随机抽样(independent random sample)的概念分别给予了清晰的界定。新增图表有助于说明使用单位正态分布表求负 z 分数(z-score)比例的过程。简化了二项式分布(binomial distribution)的内容。

第 7 章 内容无较大变动。

第 8 章 这一章被大幅简化，删除了几页无用的内容，特别是关于Ⅰ型错误、Ⅱ型错误和统计检验力(power)的部分内容。明确阐述了单尾检验(one-tailed test)和双尾检验(two-tailed test)之间的区别。

第 9 章 描述样本量和样本方差影响假设检验结果的部分已经移至假设检验的例子之后。文中新增部分介绍了效应量的置信区间，描述了在文献中如何报告置信区间，讨论了影响置信区间宽度的因素。

第 10 章 新增的一个小节讨论了样本方差和样本量如何影响独立测量假设检验(independent-measures hypothesis test)的结果和效应量。另一个新增的小节引入了置信区间作为描述效应量的替代方法，还对置信区间和假设检验之间的关系进行了讨论。我们还介绍了当方差过大或者假设不成立时，Mann-Whitney 检验(在附录 D 中介绍)可以代替独立测量 t 检验。

第 11 章 明确阐述了重复测量设计(repeated-measures design)和被试匹配设计(matched-subjects design)，更加强调所有相关样本检验的计算都应使用差异分数。新增部分引入置信区间用以描述效应量并讨论置信区间和假设检验之间的关系。我们还介绍了当方差过大或者假设不成立时，Wilcoxon 检验(在附录 D 中介绍)可以替代重复测量 t 检验(repeated-measures t test)。

第 12 章 (以前版本的第 13 章，介绍 ANOVA)关于检验 α 水平和实验 α 水平的讨论从知识窗移至正文，并添加了两个术语的定义。主要强调了 ANOVA 的定义而非公式，处理间平方和通常是通过减法运算而不是直接计算得出的。处理间平方和的两个可替代等式从正文移至知识窗。我们还介绍了当方差过大或假设不成立时，Kruskal-Wallis 检验(在附录 D 中介绍)可以替代独立测量方差分析。

第 13 章 (以前版本的第 14 章，介绍重复测量 ANOVA)新增部分说明了当重复测量研究只有两种处理时方差分析和 t 检验之间的区别。缩减了章节内容并简化了表述。我们还介绍了当方差过大或假设不成立时，Friedman 检验(在附录 D 中介绍)可以替代重复测量方差分析。

第 14 章 (以前版本的第 15 章，介绍双因素 ANOVA)新增部分说明了如何使用被试特征作为第二个因素减小个体差异的离散程度。缩减了章节内容并简化了表述。

第 15 章 (以前版本的第 16 章，介绍相关)简化了偏相关(partial correlation)的内容，该部分从回归(regression)移至皮尔逊相关(Pearson correlation)部分。

第 16 章 (以前版本的第 17 章，介绍回归)简化了多元回归(multiple regression)的内容。SPSS 多元回归的输出结果以图示说明了回归方程中不同因素的作用。

第 17 章 (以前版本的第 18 章，介绍卡方检验)内容无较大变动。

第 18 章 (以前版本的第 19 章，介绍二项式检验)内容无较大变动。

第 19 章 全新的一章，概括了适用于不同数据结构的统计方法。

本书的章节按逻辑顺序排列以便我们安排统计课程。然而，不同的教师可能更喜欢其他的顺序编排，也许会选择忽略或者删除特定的主题。我们尝试将各章甚至是各章中的小节编写为完全独立的部分，因此，它们可被删除或重组以适应大部分教师的教学大纲。以下是一些常见的例子：

- 教师在强调方差分析(第 12 章、第 13 章和第 14 章)或强调相关和回归(第 15 章和第 16 章)时做出选择是很常见的。因为一个学期的课程很难完全覆盖这两部分内容。
- 尽管我们选择在相关(第 15 章)之前讲解平均数和平均数差异的假设检验，但许多教师在讲课顺序上更愿意把相关放在前面。为了适应这种情况，第 15 章第 15.1~15.3 节对皮尔逊相关的计算和解释可以在第 4 章(变异性)后介绍。第 15 章中涉及假设检验的其他部分应该在假设检验步骤(第 8 章)后介绍。
- 在课程顺序上，教师也有可能先讲解卡方检验(chi-square test)。在第 8 章介绍假设检验的步骤后，教师就可介绍第 17 章关于比例的假设检验。如果按此顺序进行，建议提前讲解皮尔逊相关(第 15 章第 15.1~15.3 节)，为介绍独立性卡方检验提供基础。

致学生

本书的主要目的是让学生尽可能轻松地学习统计学。除此之外，本书为学生提供了很多练习的机会，如学习小测验、例子、示例和习题。我们鼓励学生充分利用这些机会理解本书内容，而不仅仅是记忆公式。我们必须根据概念来理解每种统计方法，因为概念解释了统计方法形成的过程以及运用这种方法的条件。如果你阅读本书并了解了统计公式的基本概念，就会发现学习并运用公式变得很容易。在“学习提示”中，我们给学生提出了建议。学生也可以向教师寻求建议，我们相信其他教师也会有自己的想法。

多年来，我们班上的学生以及其他使用本书的学生都给予了我们有价值的反馈。如果你对本书有任何建议或评价，你可以写信给纽约州立大学布洛克波特学院心理学系荣誉教授弗雷德里克·J. 格雷维特(Frederick J. Gravetter)或者荣誉教授拉里·B. 瓦尔诺(Larry B. Wallnau)，地址为 350 New Campus Drive，Brockport，New York 14420。你也可以通过邮箱 fgravett@brockport.edu 直接联系格雷维特教授。

学习提示 正如我们自己的学生所反映的那样，你可能会发现以下这些建议很有用。

- 在统计学课程中取得成功的关键是及时理解这些材料。每项新内容都建立在之前的内容基础之上。如果你已经学会了之前的内容，那么新的内容对你来说就比较简单了。然而如果没有相应的背景知识，新内容可能会难以理解。当你发现自己难以跟上进度时，请立即寻求帮助。
- 如果你想学习并记忆更多，可以每星期进行几次短时间的学习而不是一次长时间的学习。比如，每天晚上学习半小时比每周一次学习三个半小时更有效率。我们在编写这本书的时候也保证了足够的休息。
- 在上课之前做一些预习。提前阅读老师在课上要讲解的章节，即使不能完全理解你所阅读的内容，你也会对它有一个大致的理解，这将使你更容易理解老师的讲课内容。此外，你可以预先找出疑难点，然后确保在课上将其解决。
- 在课堂上集中注意力并认真思考。虽然这个建议听起来很简单，但是很难做到。许多学生花了很多时间记下每个例子或者老师所说的每个词，但实际上他们不去理解和提炼老师所说的话。请与你的老师进行确认，你可能不需要抄写课堂上的所有例子，特别是与书中类似的例子。有时，我们会告诉学生放下他们的笔认真听课。
- 定期测试自己。不要等到一章结束或周末才来检查你学到的知识。每次课后，做一些章末习题和学习小测验。复习示例并确定你可以定义关键术语。如果你遇到了困难，请即刻重新阅读相关章节，请教你的老师，或在课堂上提问以获得答案。这样做，你将能够获得新知识。
- 别欺骗自己！不要否认这个问题。许多学生看到老师在课堂上讲解例题，就觉得“这看起来很简单，我已经明白了”。你真的明白吗？你真的能不翻书自己解决问题吗？尽管使用书中的例题作为解决问题的模板并没有什么错，但你应该试着合上书来测试你对知识的掌握程度。
- 我们发现许多学生不好意思寻求帮助。这是我们作为教师最大的挑战。你必须想办法克服这个问题。如果在课堂上提问会使你感到焦虑，那么直接与老师联系是个不错的开始。你可以去找你的老师，你也许会惊喜地发现他们不会大声责骂或者伤害你。同时，你的老师也许知道其他可以提供帮助的学生。同伴辅导是一个很有效的方法。

弗雷德里克·J. 格雷维特

拉里·B. 瓦尔诺

Brief Contents | 简要目录

译者序

前言

第一部分

导论和描述统计

第1章 统计学导论 2

第2章 频数分布 21

第3章 集中趋势 41

第4章 变异性 59

第二部分

推断统计基础

第5章 *z*分数：分数的位置和标准化分布 78

第6章 概率 93

第7章 概率和样本：样本平均数的分布 112

第8章 假设检验简介 129

第三部分

运用*t*统计量推断总体平均数和平均数差异

第9章 *t*统计量简介 158

第10章 两个独立样本的*t*检验 176

第11章 两个相关样本的*t*检验 196

第四部分

方差分析：检验两个或多个总体平均数的差异

第12章 方差分析简介 216

第13章 重复测量方差分析 242

第14章 双因素方差分析(独立测量) 260

第五部分

相关和非参数检验

第15章 相关 286

第16章 回归 313

第17章 卡方统计量：拟合度检验和独立性检验 331

第18章 二项式检验 353

第19章 选择恰当的统计方法 368

附录

附录A 统计表 380

附录B 各章奇数编号习题和各部分复习题的答案 395

附录C SPSS使用简要说明 412

附录D 顺序数据的假设检验 414

参考文献 421

教辅材料申请表 426

目录 Contents

译者序

前言

第一部分　导论和描述统计

第1章　统计学导论　2

本章概要　3

1.1　统计学、科学和观测数据　3

1.2　总体与样本　4

1.3　数据结构、研究方法和统计　7

1.4　变量与测量　11

1.5　统计符号　15

小结/关键术语/资源/关注问题解决/示例1-1/习题

第2章　频数分布　21

本章概要　22

2.1　频数分布简介　22

2.2　频数分布表　23

2.3　频数分布图　27

2.4　频数分布的形状　30

2.5　百分位数、百分等级和插值法　31

2.6　茎叶图　34

小结/关键术语/资源/关注问题解决/示例2-1/示例2-2/习题

第3章　集中趋势　41

本章概要　42

3.1　概述　42

3.2　平均数　43

3.3　中数　48

3.4　众数　50

3.5　选择集中趋势的度量　52

3.6　集中趋势和分布形状　55

小结/关键术语/资源/关注问题解决/示例3-1/习题

第4章　变异性　59

本章概要　60

4.1　概述　60

4.2　全距　61

4.3　总体标准差和方差　61

4.4　样本标准差和方差　65

4.5　更多关于方差和标准差的知识　68

小结/关键术语/资源/关注问题解决/示例4-1/习题

第一部分回顾/复习题

第二部分　推断统计基础

第5章　z分数：分数的位置和标准化分布　78

本章概要　79

5.1　z分数简介　79

5.2　z分数和分布中的位置　80

5.3　用z分数使分布标准化　83

5.4　基于z分数的其他标准化分布　85

5.5　计算样本的z分数　87

5.6　推断统计展望　88

小结/关键术语/资源/关注问题解决/示例5-1/示例5-2/习题

第6章　概率　93

本章概要　94

6.1　概率简介　94

6.2　概率与正态分布　97

6.3　正态分布中分数的概率与比例　101

6.4　概率与二项式分布　104

6.5　推断统计展望　107

小结/关键术语/资源/关注问题解决/示例6-1/示例6-2/习题

第 7 章　概率和样本：样本平均数的分布　112

本章概要　113
7.1　样本和总体　113
7.2　样本平均数的分布　114
7.3　概率和样本平均数的分布　119
7.4　标准误及其扩展内容　121
7.5　推断统计展望　123
小结/关键术语/资源/关注问题解决/示例 7-1/习题

第 8 章　假设检验简介　129

本章概要　130
8.1　假设检验的逻辑　130
8.2　假设检验中的不确定性和错误　136
8.3　假设检验示例　138
8.4　定向(单尾)假设检验　142
8.5　对假设检验的顾虑：测量效应量　145
8.6　统计检验力　148
小结/关键术语/资源/关注问题解决/示例 8-1/示例 8-2/习题
第二部分回顾/复习题

第三部分　运用 *t* 统计量推断总体平均数和平均数差异

第 9 章　*t* 统计量简介　158

本章概要　159
9.1　*t* 统计量：*z* 分数的一种替代形式　159
9.2　*t* 统计量的假设检验　162
9.3　*t* 统计量的效应量测量　165
9.4　定向假设与单尾检验　169
小结/关键术语/资源/关注问题解决/示例 9-1/示例 9-2/习题

第 10 章　两个独立样本的 *t* 检验　176

本章概要　177
10.1　独立测量设计简介　177
10.2　独立测量研究设计的 *t* 统计量　178
10.3　独立测量 *t* 统计量的假设检验和效应量　182
10.4　独立测量 *t* 统计量公式的基本假设　188
小结/关键术语/资源/关注问题解决/示例 10-1/示例 10-2/习题

第 11 章　两个相关样本的 *t* 检验　196

本章概要　197
11.1　重复测量设计简介　197
11.2　重复测量研究设计的 *t* 统计量　198
11.3　重复测量设计的假设检验和效应量　200
11.4　重复测量 *t* 检验的应用和假设　205
小结/关键术语/资源/关注问题解决/示例 11-1/示例 11-2/习题
第三部分回顾/复习题

第四部分　方差分析：检验两个或多个总体平均数的差异

第 12 章　方差分析简介　216

本章概要　217
12.1　简介　217
12.2　ANOVA 的逻辑　220
12.3　ANOVA 的符号和公式　222
12.4　*F* 分布　225
12.5　ANOVA 的假设检验和效应量的实例　227
12.6　事后检验　232
12.7　ANOVA 和 *t* 检验的关系　234
小结/关键术语/资源/关注问题解决/示例 12-1/示例 12-2/习题

第 13 章　重复测量方差分析　242

本章概要　243
13.1　重复测量设计概述　243
13.2　重复测量 ANOVA　244
13.3　重复测量 ANOVA 的假设检验和效应量　246
13.4　重复测量设计的优点和缺点　250
13.5　重复测量 ANOVA 和重复测量 *t* 检验　252
小结/关键术语/资源/关注问题解决/示例 13-1/示例 13-2/习题

第 14 章　双因素方差分析（独立测量）　260

本章概要　261
14.1　双因素独立测量 ANOVA 概述　261
14.2　主效应和交互作用　262
14.3　双因素 ANOVA 的符号和公式　266
14.4　使用第二因素减少个体差异引起的方差　273

14.5　双因素 ANOVA 的假设　274
小结/关键术语/资源/关注问题解决/示例 14-1/示例 14-2/习题
第四部分回顾/复习题

第五部分　相关和非参数检验

第 15 章　相关　286
本章概要　287
15.1　简介　287
15.2　皮尔逊相关　289
15.3　皮尔逊相关的应用和解释　292
15.4　皮尔逊相关的假设检验　296
15.5　除皮尔逊相关之外的其他相关　301
小结/关键术语/资源/关注问题解决/示例 15-1/习题

第 16 章　回归　313
本章概要　314
16.1　线性方程与回归简介　314
16.2　回归分析：回归方程的显著性检验　320
16.3　两个预测变量的多元回归简介　321
16.4　评估每个预测变量的贡献　325
小结/关键术语/资源/关注问题解决/示例 16-1/示例 16-2/习题

第 17 章　卡方统计量：拟合度检验和独立性检验　331
本章概要　332
17.1　参数和非参数检验　332
17.2　拟合度卡方检验　333
17.3　独立性卡方检验　338
17.4　测量独立性卡方检验的效应量　343
17.5　卡方检验的假设与限定　344
17.6　卡方检验的特殊应用　344
小结/关键术语/资源/关注问题解决/示例 17-1/示例 17-2/习题

第 18 章　二项式检验　353
本章概要　354
18.1　概述　354
18.2　二项式检验的程序　356
18.3　卡方检验与二项式检验的关系　358
18.4　符号检验　359
小结/关键术语/资源/关注问题解决/示例 18-1/习题
第五部分回顾/复习题

第 19 章　选择恰当的统计方法　368
本章概要　369
19.1　三种基本的数据结构　369
19.2　只有一组被试，每个被试只有一个变量分数时的统计方法　371
19.3　只有一组被试，每个被试测量两个(或多个)变量时的统计方法　372
19.4　有两组(或多组)分数，每个分数都是同一变量的测量值时的统计方法　375
习题

附　录

附录 A　统计表　380
附录 B　各章奇数编号习题和各部分复习题的答案　395
附录 C　SPSS 使用简要说明　412
附录 D　顺序数据的假设检验　414
参考文献　421
教辅材料申请表　426

PART 1

第一部分

导论和描述统计

本书分为五个部分，每个部分都涵盖了统计学的一般性话题。第一部分由第1章至第4章组成，对统计方法做了总体概述，并且对描述统计的方法进行了重点介绍。

学完这部分全部四章后，你应对统计学的总体目标有充分的了解，应熟悉统计中使用的基本术语和符号。此外，你应熟悉描述统计的方法，这些方法可以帮助研究者组织和总结他们从研究中获得的结果。具体来说，你应会获取一组分数，并将它们呈现在图或表中，以提供全部数据的全貌。同样地，你应会通过计算一个或两个可描述全部数据(例如，平均数)的数值来汇总一组分数。

这部分的最后附有回顾和复习题，这些应有助于你整合各章的内容。

CHAPTER

第 1 章

统计学导论

本章目录

本章概要
1.1 统计学、科学和观测数据
1.2 总体与样本
1.3 数据结构、研究方法和统计
1.4 变量与测量
1.5 统计符号
小结
关键术语
资源
关注问题解决
示例 1-1
习题

本章概要

在开始讨论统计学之前，请你先阅读下面这段摘自一本哲学小书的文字(Candappa，2000)。

通往智慧的旅程

本书把生活看成一段宇宙之旅，旅行者要战胜看不见而且想不到的重重险阻，才能在旅程终点找到光明和智慧。你可在家把每个房间的电灯开关从门口移到房间另一端，体验一下这种探索的感觉。[㊀]

为什么我们要在一本统计学教材的开头写上这么一段有些佶屈的哲学文字？实际上，这段话是本书目的的一个极好(且诙谐)的反例。具体来说，我们的目的是为你在统计学世界的旅程中提供许多触手可及的电灯开关和充分的照明，避免你在黑暗中跌跌撞撞。为此，每次在介绍新的统计方法时，我们都努力提供充足的背景知识以及明确的学习目标。请记住，每种统计方法都是为了实现某个目标而提出的。如果你明白为什么需要新的方法，那你的学习就非常容易。

第1章的目标是介绍统计学的主题，并为你提供一些本书其他部分的背景知识。我们将讨论统计学在一般科学探索领域中的作用，并介绍一些学习后续统计方法必备的术语和符号。

在阅读后续章节时请记住，各专题的先后顺序是有条理、有逻辑的，一开始是基础概念和定义，然后是越来越复杂的方法。因此，本书前几章的内容是后续内容的基础。例如，前9章的内容是学习第10章统计方法所必备的背景知识。如果你不阅读前9章直接跳到第10章，你会发现自己难以理解这章的内容。如果你了解并会利用背景知识，你会形成一个很好的参照标准，以理解和整合自己遇到的新概念。

1.1 统计学、科学和观测数据

统计学的定义

有一种定义认为，**统计学**是由平均收入、犯罪率、出生率和棒球击球率这样的事实和数字组成的。这些统计资料通常内容丰富并且能被快速传达，因为它们能把大量信息浓缩为几个简单的数字。在本章随后部分，我们会再次谈到数据的计算(事实和数字)，但是现在我们要着眼于广义的统计学定义。具体来说，我们所说的“统计学”是指一套数学算法。在这种情况下，我们把“统计学”这个术语当作统计学算法的缩写。例如，你可能正在用这本书来学习统计学课程，在这门课程中你会了解用于行为科学研究的统计方法。

心理学(以及其他领域)的研究涉及信息收集。例如，为了判断电视上的暴力镜头是否会影响儿童的行为，你需要收集关于儿童行为和他们观看电视节目的信息。在收集完信息之后，研究者会获得大量的测量结果，例如智商分数、人格分数、反应时分数，等等。本书将介绍研究者用于分析和解释他们所收集信息的统计学算法。具体来讲，统计学一般服务于两个目标：

(1) 用于整理和总结信息，以便研究者了解研究中发生了什么并把结果告知他人。

(2) 用于帮助研究者对研究所得的具体结果给出合理的结论，从而回答研究的初始问题。

定义

统计学(statistics)是指一系列用于整理、总结和解释信息的数学程序。

统计程序有助于确保信息或观测数据以一种准确且有意义的方式得到呈现和解读。说得夸张一些，统计学可以帮助研究者拨开云雾见光明。除此之外，统计学还为研究者提供了一套得到整个科学界承认和理解的标准方法。因此，一个研究者使用的统计方法也为其他研究者所熟悉，这使后者得以准确理解前者的统计分析过程，因为他们完全明白这些分析是如何得出的以及结果说明了什么。

㊀ Candappa, R. (2000). *The little book of wrong shui*. Kansas City: Andrews McMeel Publishing. Reprinted by permission.

1.2 总体与样本

它们是什么

行为科学研究一般以关于某个(或多个)特定群体的普遍问题为切入点。比如,一个研究者可能想知道父母离异会对青春期前儿童的自尊造成什么影响,或者有研究者可能想调查男性和女性花费在浴室里的时间有什么不同。在第一个例子里,研究者对青春期前儿童群体感兴趣。在第二个例子里,研究者想比较男性群体和女性群体。在统计术语中,研究者想要研究的整个群体称为**总体**。

> **定义**
>
> **总体**(population)是特定研究中研究者感兴趣的所有个体的集合。

你可以想象,一个总体可能非常大——例如地球上的全部女性。一位研究者可能关注更具体的方面,把研究总体限定为美国已登记的女性选民。也许研究者想研究的总体是女性国家元首。很明显,总体可以非常大,也可以非常小,这取决于研究者如何界定他的总体。研究的总体总是由研究者确定。而且,组成总体的并不一定是人,也可能是老鼠、公司、工厂生产的零件或者研究者想要研究的其他任何东西。事实上,总体通常很大,比如美国大二学生总体或小型企业总体。

由于总体往往非常大,所以研究者通常不可能一一调查相关总体中每个他感兴趣的个体。研究者一般会从总体中选出一个更小、更易操作的群体,并把研究对象限定为这个群体中的个体。在统计术语中,从总体中选取的一组个体称为**样本**。样本被用来代表总体,而且样本应该是从总体中选取的。

> **定义**
>
> **样本**(sample)是从总体中选取的一组个体,通常用来代表被研究的总体。

就像总体那样,样本的大小也不固定。比如,某项研究要调查的样本只是10个研究生,而另一项研究使用的样本可能是某个大城市中1 000多个已登记的选民。

现在我们已经知道了,样本是从总体中选取出来的。然而,这其实还没有完全说清楚总体和样本的关系。具体来说,一个研究者在调查完样本之后,还要把结果推广到整个总体。请记住,研究的起点是一个关于总体的普遍问题。为了回答这个问题,研究者要研究样本,然后把样本的结果推广到总体。图1-1说明了总体和样本之间的完整关系。

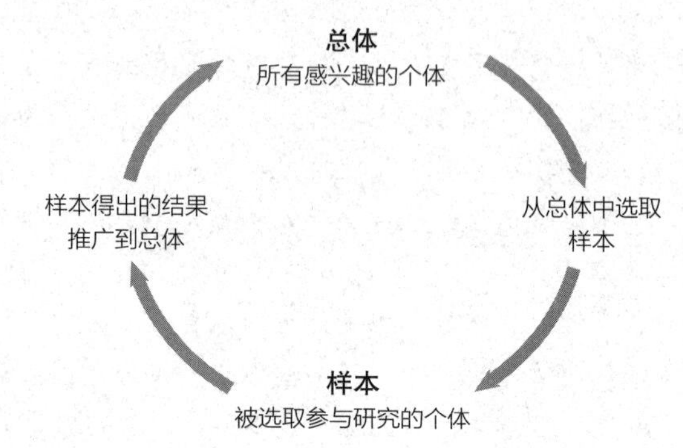

图1-1 总体和样本之间的完整关系

变量与数据

一般来说,研究者感兴趣的是相关总体(或样本)中个体的特定特征,或者可能影响个体的外部因素。例如,某个研究者可能想知道天气对人类心境的影响,随着天气的变化,人们的心境是否也随之变化。那些可以变化或者拥有不同效价的因素称为**变量**。

> **定义**
>
> **变量**(variable)是指可变化或不同个体具有不同数值的特征或条件。

另外,变量可以是区分不同个体的特征,比如身高、体重、性别或者人格。同时,变量也可以是可变化的环境条件,比如气温、时间或正在进行研究的房间大小。

为说明变量的变化,研究者必须对被检测的变量实施测量。每个个体的测量结果称为**数据**,或更常被称为**分数**或**原始分数**。样本中所有个体的分数统称为**数据集**或简称为**数据**。

> **定义**
>
> **数据**(data)是测量值或观察值。**数据集**(data set)是测量值或观察值的集合。**单个数据**(datum)是单个测量值或观察值,通常称为**分数**(score)或**原始分数**(raw score)。

在进入下一节之前，我们必须再次强调样本、总体和数据的内容。前文我们用个体来定义总体和样本。比如，我们讨论过大学二年级学生作为总体以及青春期前儿童作为样本，但要注意，我们也会提到分数的总体或样本。因为研究一般都要测量每个个体来获取分数，所以个体的样本(或总体)总会产生相应分数的样本(或总体)。

参数和统计量

在描述数据时，必须区分数据是来自总体还是来自样本。总体的特征——比如总体的平均分数，称为**参数**。样本的特征称为**统计量**。所以样本的平均分数就是一个统计量。研究过程一般以一个关于总体参数的问题为切入点。然而，实际数据来自样本，并用于计算统计量。

> **定义**
>
> **参数**(parameter)是用于描述总体的一个值，通常是数值。参数通常通过测量总体中的个体获得。
>
> **统计量**(statistic)是用于描述样本的一个值，通常是数值。统计量通常通过测量样本中的个体获得。

每个总体参数都有一个相应的样本统计量，大多数研究都以样本统计量作为回答总体参数问题的基础。所以，本书许多内容都是关于样本统计量和相应总体参数之间的关系的。例如在第 7 章中，我们将讨论源自样本的平均数和源自样本所属总体的平均数之间的关系。

描述统计和推断统计

研究者已提出许多不同的统计方法用于整理和解读数据，这些不同的方法可分为两类。第一类是**描述统计**，由用于简化和概括数据的统计方法组成。

> **定义**
>
> **描述统计**(descriptive statistics)是用于概括、整理和简化数据的统计方法。

描述统计可以在形式上把原始分数整理或概括成更易于分析的数字。分数经常会被整理成图或表，以便使用者考察分数的全貌。另外一种常见的方法是通过计算平均数从而对一系列数据进行概括。请注意，即使数据集包含数百个分数，平均数也可以只用一个值来描述整个数据集。

第二类统计方法称为**推断统计**。推断统计是用样本数据来描述总体一般特征的方法。

> **定义**
>
> **推断统计**(inferential statistics)是一种允许我们研究样本，并对其所在总体做出概括的统计方法。

由于总体一般很大，所以研究者通常不可能测量总体中的每个个体。因此，研究者要选取样本来代表总体。我们希望通过分析样本来得出关于总体的一般结论。通常，样本统计量是研究者得出关于总体参数的结论的基础。

不过，使用样本的一个问题在于它提供的总体信息是有限的。尽管样本一般是总体的代表，但是它无法完全准确地呈现总体的全貌。样本统计量和相应总体参数之间经常会存在一定偏差。这种偏差被称为**抽样误差**，它构成了推断统计必须解决的基本问题(知识窗 1-1)。

> **定义**
>
> **抽样误差**(sampling error)是在样本统计量和与之相对应的总体参数之间自然产生的偏差。

知识窗 1-1　统计量和参数间的误差幅度

关于抽样误差的一个常见例子是，误差和样本比例相联系。比如，在报纸文章中报道民意调查的部分，你可能会频繁地看到像这样的表述：

候选人布朗获得了 51%的选票，候选人琼斯获得了 42%的选票，剩下的 7%是弃票。这次投票结果从已登记的投票人样本中得出，并且有正负 4%的误差幅度。

误差幅度就是抽样误差。在这种情况下，报道的百分比是从样本中得出的，并且被推广到了总体。一如既往，你不能期待样本中的统计量是完美的。当要用样本统计量来代表总体参数时，总是会有一定的误差幅度。

图 1-2 解释了抽样误差的概念。图中总体是 1 000 名大学生，两个样本各包含 5 名从总体中选取的学生。请注意，两个样本包含的不同个体拥有不同的特征。由于每个样本的特征取决于样本中的特定个体，所以不同样本的统计量也不相同。例如，样本 1 中的 5 名学生的平均年龄是 19. 8 岁，而样本 2 中的学生平均年龄是 20. 4 岁。

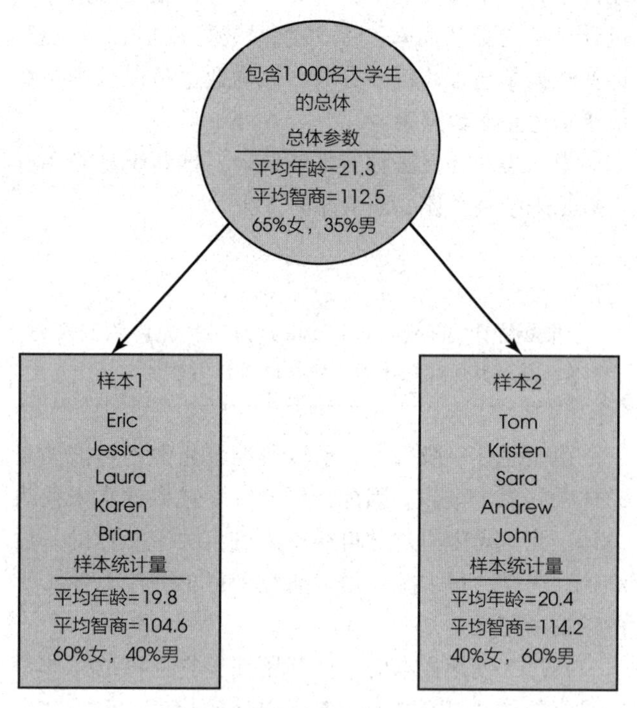

图 1-2　抽样误差的示例

从样本中获得的统计量和总体参数不可能完全一样。例如在图 1-2 中，没有哪个样本的统计量和总体参数完全一致。你也应该了解，图 1-2 仅呈现了数百种可能样本中的两个。每个样本都会包含不同的个体，因而产生不同的统计量。抽样误差的基本概念是：统计量因样本而异，并且通常与相应的总体参数不同。

为了深入理解抽样误差，可以想象你在统计学教室中从前到后画一条线，把学生分成左右两组。现在再想象你计算每组学生的平均年龄(或身高、智商)。这两组学生的平均数会完全一样吗？几乎可以确定不会。不论测量什么，你都会发现两组之间有一些差异。

不过，你得到的差异不一定意味着两组间存在系统性差异。比如，如果教室右边学生的平均年龄大于左边学生的平均年龄，这不太可能是因为某种神秘力量促使年龄较大的学生集中到了教室右边。相反，这种差异很可能是由某些随机因素造成的，比如概率。不同的样本之间不可预知的非系统性差异就是抽样误差的一个例子。

研究背景下的统计量

下面这个例子呈现了研究过程的一般阶段，并示范了如何用描述统计和推断统计整理和解释数据。在这个例子的最后，请注意抽样误差是如何影响实验结果的解释的，并思考为什么要用推断统计来解决这个问题。

□ 例 1-1

图 1-3 展示了一个一般性研究，以及描述统计和推断统计的作用。这个研究的目的是评估两种一年级儿童阅读教学方法的差异。研究者从一年级儿童的总体中选取两个样本。教学方法 A 用于样本 A 中的儿童，教学方法 B 用于样本 B 中的儿童。6 个月后，所有学生进行标准化阅读测验。这时，研究者具有两组数据：样本 A 的分数和样本 B 的分数(见图 1-3)。现在开始使用统计方法来分析数据。

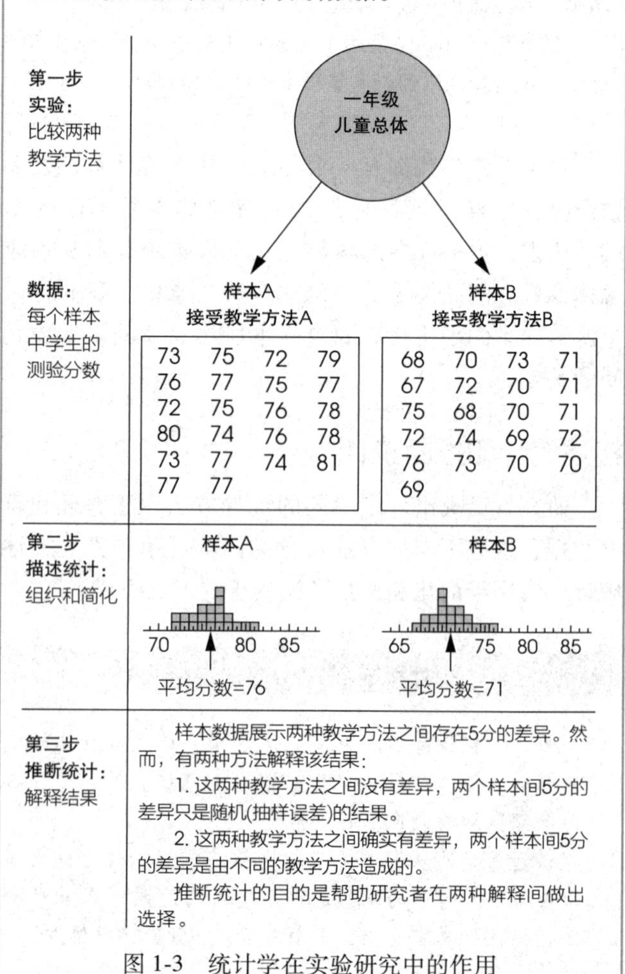

图 1-3　统计学在实验研究中的作用

首先，使用描述统计简化这些数据。例如，研究者可以画一幅图呈现每个样本的所有分数，也可以计算每个样本的平均分数。请注意，描述方法为分数提供了经过整理和简化的描述。在本例中，接受教学方法 A 的学生在标准化测验中平均得分为 76 分，接受教学方法 B 的学生平均得分只有 71 分。

研究者一旦描述完这些结果，下一步就是解释这些结果。这是推断统计的工作。在本例中，研究者发现两个样本之间存在 5 分的差异（样本 A 的平均分为 76 分，样本 B 的平均分为 71 分）。推断统计的目的是要区分以下两种解释间的差异：

（1）两种教学方法之间没有实质性差异，两个样本间 5 分的差异只是抽样误差的结果（就像图 1-2 中的样本那样）。

（2）两种教学方法确实不同，两个样本之间 5 分的差异是由教学方法的不同引起的。

简单来说，样本间 5 分的差异确实能证明两种教学方法之间存在差异吗？还是说这种差距只是偶然？推断统计的任务就是要回答这个问题。■

学习小测验

1. 一位研究者希望了解美国高中生发短信的习惯。如果他统计每个高中生每天发送的短信数量并计算所有高中生的平均数，则这个平均数是________的一个例子。
2. 一位研究者希望了解观看以时装模特为主角的电视真人秀对 13 岁女生的进食行为有何影响。
   a. 30 个 13 岁的女生被选取参加研究。这组 30 个 13 岁的女生被称为________。
   b. 在同一研究中，研究者测量每个女生一天的进食量，然后计算这 30 个人的平均分数。这个平均分数是________的一个例子。
3. 统计方法分为两大类。这两类分别称为什么，每类方法的一般作用是什么？
4. 简要定义抽样误差。

答案

1. 参数
2. a. 样本　b. 统计量
3. 这两类统计方法分别称为描述统计和推断统计。描述统计用于整理、简化和概括数据。推断统计利用样本数据得出关于总体的一般结论。
4. 抽样误差是在样本统计量和与之相对应的总体参数之间自然产生的偏差。

1.3 数据结构、研究方法和统计

个体变量

一些研究只是按照个体自然状态简单地描述个体变量。例如，大学行政人员可能会调查一部分大学生的饮食、睡眠和学习习惯。如果结果是数值，比如每日学习时数，研究者通常会用第 3 章、第 4 章所介绍的统计方法进行描述。对于非数值结果，研究者一般通过计算每个类别所占的比例或百分比进行描述。例如，最近一篇新闻报道称，目前有 61%的美国成人饮酒。

变量之间的关系

不过，大多数研究致力于检验两个或多个变量之间的关系。例如，儿童在电视上观看的暴力镜头数量和他们的攻击性行为的数量是否有关？小学生的早餐质量和学业水平是否有关？大学生的睡眠时间和平均绩点是否有关？为了建立两个变量之间的关系，研究者必须进行观测，也就是测量这两个变量。测量结果按数据结构的不同可以分为两类，它们各自适用于不同的研究方法和统计方法。以下我们将指出并讨论这两种数据结构。

Ⅰ. 测量每个个体的两个变量：相关法 有一种检验变量间关系的方法是观测一组个体自然存在的两个变量。换言之，就是简单测量每个个体的两个变量。例如，已有研究证明大学生的睡眠习惯——特别是起床时间，与其学习成绩相关（Trockel, Barnes, & Egget, 2000）。研究者调查了每个学生的起床时间和其学习成绩的学校记录。图 1-4 举例说明了该研究所取得的数据类型。然后研究者寻找这些数据的形态，从而为两个变量间的关系提供证据。例如，随着各个学生的起床时间由早到晚，他们的学习成绩是否也存在某种变化趋势？

如果用统计图来呈现分数，就更容易看出数据的形态。图 1-4 呈现了 8 名学生分数的散点图。在散点图中，每个点代表一个个体，横坐标对应学生的起床时间，纵坐标对应学生的学习成绩。散点图清晰地体现出起床时间和学习成绩之间的关系：起床时间越晚，学习成绩就越低。

简单测量每个个体的两个变量并给出如图 1-4 所示的数据的研究所使用的方法就是**相关法**，或者称为**相关性研究策略**。

> **定义**
>
> 在**相关法**(correlational method)中，研究者观察两个不同的变量以判断它们之间是否相关。

学生	起床时间	学习成绩
A	11	2.4
B	9	3.6
C	9	3.2
D	12	2.2
E	7	3.8
F	10	2.2
G	10	3.0
H	8	3.0

a)

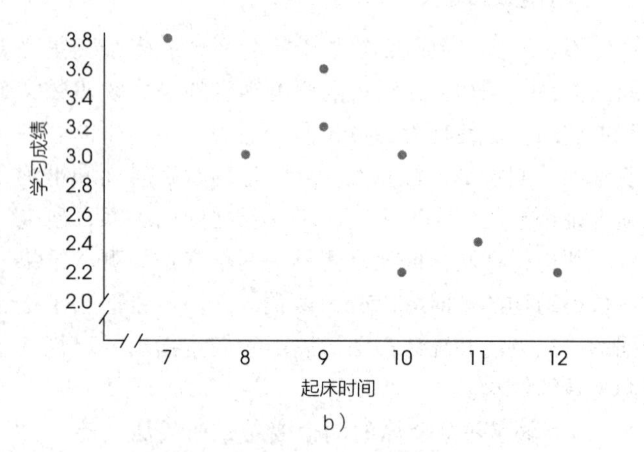

b)

图 1-4　研究评估变量之间关系的两种数据结构之一。注意每个个体有两个单独的测量值(起床时间和学习成绩)。相同的分数展示在图 1-4a 和图 1-4b 中

相关法的局限性　相关研究的结果可以说明两个变量间存在关系但无法解释这种关系，特别是相关性研究无法说明因果关系。例如，图 1-4 的数据说明在这组大学生中，起床时间和学习成绩之间存在系统性关系：晚起床者的成绩往往比早起床者低。然而，这一关系有多种可能的解释，我们不知道具体是哪个(或哪些)因素导致晚起床者成绩较低。具体来说，我们无法推断出是让学生早起床能够提高他们的成绩，还是学得更多能让他们起得更早。为了证明两个变量间的因果关系，研究者必须用实验法，我们接下来就要讨论这一点。

Ⅱ. 比较两组(或多组)分数：实验法与非实验法　检验两个变量之间关系的第二种方法是比较两组或多组分数。在这种情况下，为了检验变量间的关系，研究者需要使用其中一个变量来定义分组，然后测量第二个变量来获得每组的分数。例如，让一组小学生观看 30 分钟包含大量暴力镜头的动作/冒险类电视节目，让另一组观看 30 分钟不包含任何暴力镜头的喜剧节目。然后研究者观察他们在操场上的表现，并记录每个儿童实行攻击性行为的次数。结果数据样例显示在图 1-5 中。研究者将暴力组的分数和无暴力组的分数相比较。两组间的系统差异说明小学生观看电视暴力和实行攻击性行为之间确实存在相关。

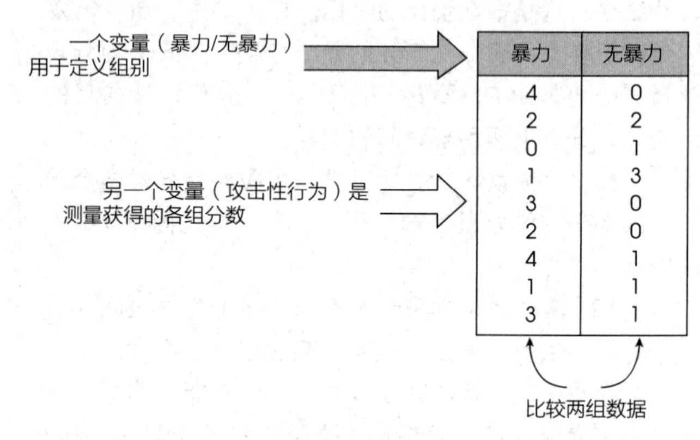

暴力	无暴力
4	0
2	2
0	1
1	3
3	0
2	0
4	1
1	1
3	1

图 1-5　第二种研究评估变量间关系的数据结构

实验法

在更复杂的实验中，研究者可以系统地操纵和观察多个变量。这里我们考虑最简单的情况，操纵和观察的变量仅限一个。

一种涉及比较多组分数的研究方法称为**实验法**或者**实验研究策略**。实验研究的目的是证明两个变量间存在因果关系。具体来说，实验就是尝试说明改变一个变量的值会引起另一个变量的变化。为了实现这个目的，实验法有两个区别于其他研究类型的特征：

(1) 操纵

研究者通过将变量值从一个水平改变为另一水平来操纵变量。然后观测另一个变量以判断操纵是否引起了某种变化。

(2) 控制

研究者必须对研究环境实施控制，以确保其他额外变量不会影响正在检验的关系。

为了说明这两种特征，请看以下案例：研究者为证明数钱的镇痛作用而进行的一个实验(Zhou，Vohs，Baumeister，2009)。在这个实验中，研究者告知一组大学生他们正在参加一个关于手部灵活性的研究。然后研究者通过让其中一半学生数一沓钞票，让另一半学生数白纸来控制处理条件。在大学生数完钱或白纸

之后，研究者要求他们将手放进一碗热水中（50℃）并给痛苦程度评分。数钱的被试的痛苦评分显著低于那些数白纸的被试的评分。实验结构见图 1-6。

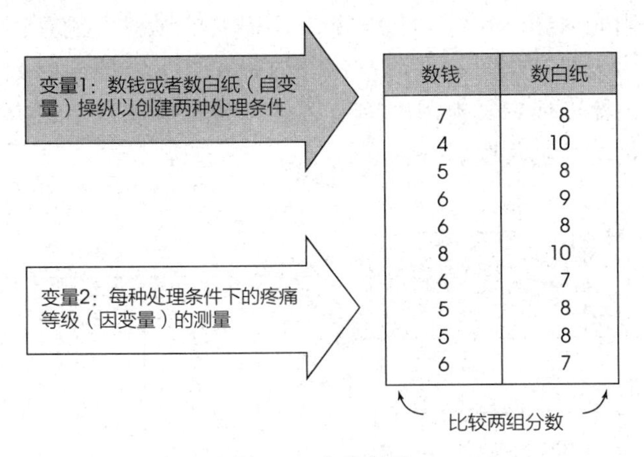

图 1-6　实验结构

为了能够证实痛苦程度差异是由数钱引起的，研究者必须排除其他任何可能的解释。也就是说，必须控制其他任何可能影响疼痛程度的变量。通常研究者必须考虑两类变量：

（1）被试变量

被试变量系指诸如不同个体的年龄、性别和智力等特征。只要实验比较不同组的被试（一组为 A 处理，另一组为 B 处理），研究者就必须确保各组被试变量一致。例如，如图 1-6 实验所示，研究者想推断数钱而不是数白纸致使被试疼痛感发生了变化，但是设想一下，可能数钱的被试主要是女性，而数白纸的被试主要是男性。在这种情况下，两组被试间的疼痛感评分差异就有另一种解释，即疼痛感差异可能是由数钱引起的，也可能是由被试性别引起的（女性比男性更能忍受疼痛）。无论何时，只要研究结果存在多种解释，该研究就是被混淆的，因为它无法得出明确的结论。

（2）环境变量

环境变量系指诸如照明、时间和天气等环境特征。研究者必须确保完成 A、B 处理的个体在相同的环境下接受测试。以数钱实验为例（见图 1-6），假设数钱的被试都在早上接受测试，而数白纸的被试都在晚上接受测试。这又会导致实验发生混淆，因为研究者无法确定引起疼痛感差异的是钱还是时间。

研究者一般会用三种基本方法来控制其他变量。第一种方法是，研究者可以使用随机分配，也就是每个被试被分配到每种处理条件的机会相等。随机分配的目的是把具有不同特征的被试均等地分配到两组中，这样就不会有哪个组的被试明显比另一组更聪明（或更年长，或更快）。随机分配也可以用来控制环境变量。比如，被试可以被随机分配到早上或者下午接受测试。第二种方法是，研究者可以用匹配来确保各组被试特征或环境特征相同。例如，研究者可以让每组男女比例都是 2∶3。第三种方法是，研究者可以用保持恒定法控制变量。例如，如果实验只用 10 岁的儿童作为被试（保持年龄恒定），那么研究者就可以确定不会有一组被试明显比另一组年长。

定义

在**实验法**（experimental method）中，研究者操纵一个变量，同时观察和测量另一个变量。为了建立两个变量间的因果关系，实验要控制所有额外变量，以免它们影响结果。

实验法中的术语　实验法所研究的两个变量有特定名称。研究者操纵的变量称为**自变量**。这可以看作被试被分配的处理条件。如图 1-6 所示，数钱/数白纸就是自变量。研究者在各处理条件下观察和测量并获取的分数（变量）称为**因变量**。如图 1-6 所示，疼痛感水平是因变量。

定义

自变量（independent variable）是研究者所操纵的变量。在行为研究中，自变量通常由被试所面对的两个（或多个）处理条件组成。自变量的操纵是以观测因变量作为先决条件的，其操纵要先于要观察的因变量。

因变量（dependent variable）是为评估处理效果所观察的变量。

实验中的控制条件　实验研究通过操纵一个变量（自变量），测量另一个变量（因变量）来评估两个变量间的关系。请注意，在实验中，实际上只测量一个变量。你应该了解，这与相关研究不同，相关研究要测量两个变量，而且数据也是由每个个体的两项分数组成的。

通常实验将包含被试不接受任何处理的条件，由这些个体得出的分数会与接受处理的个体得出的分数比较。这类研究的目的是利用处理条件和无处理条件的分数差异来证明处理有效。在这类研究中，无处理条件称为**控制条件**，处理条件称为**实验条件**。

> **定义**
>
> **控制条件**（control condition）中的个体不接受实验处理，即他们要么不接受处理，要么接受中性、安慰剂处理。控制条件的目的是提供与实验条件比较的基线。
>
> **实验条件**（experimental condition）中的个体要接受实验处理。

请注意，自变量一般至少由两个值组成。（在说某物是自变量之前，它必须至少有两个不同的值。）在数钱实验中（见图 1-6），自变量是数钱/数白纸。对于具有实验组和控制组的实验，自变量是处理/无处理。

非实验法：非等值组和前后测研究

在非正式的交流中，人们往往把所有类型的研究都称为实验。然而，你应该意识到这个术语只适用于满足前述特定要求的研究，特别是，一个真正的实验必须包含对自变量的操纵和对其他额外变量的严格控制。有一些研究设计并非真正的实验，但也可以通过比较各组分数来检验变量间的关系。图 1-7 展示了两个例子，在后文将讨论这些例子。这种类型的研究称为非实验研究。

图 1-7a 是比较男生和女生的非等值组研究。请注意，这个研究比较了两组分数（像实验一样）。然而，研究者无法控制哪个被试进入哪个组——所有男性一定在男生组，所有女性一定在女生组。因为这类研究要比较既有的两个组，所以研究者无法控制被试被分配到哪个组，也无法确保两组等值。其他非等值组研究的例子包括比较 8 岁儿童和 10 岁儿童，比较有进食障碍的人和没有进食障碍的人以及比较单亲儿童和双亲儿童。由于不可能用随机分配等方法来控制被试变量和确保各组等值，所以这类研究不是真实验。

图 1-7b 呈现了一个比较治疗前后抑郁分数变化的前后测研究的例子。此研究通过对每个被试的同一变量（抑郁）实施两次测量获得两组分数：一次在治疗前，一次在治疗后。然而，在前后测研究中，研究者无法控制时间的流逝。“治疗前”的分数永远是在“治疗后”的分数之前测得的。尽管两组分数的差异可能是由治疗引起的，但也有可能是分数随时间的推移而发生的简单变化。例如，抑郁分数可能会随时间降低，就像感冒症状会随时间减轻。在前后测研究中，研究者也无法控制随时间而改变的其他变量。例如，天气可能在治疗前是阴沉的，而在治疗后变得阳光明媚。在这种情况下，抑郁症状缓解可能是因为天气变化而不是治疗。因为研究者不能控制时间的流逝或者其他与时间有关的变量，所以这个研究也不是真实验。[⊖]

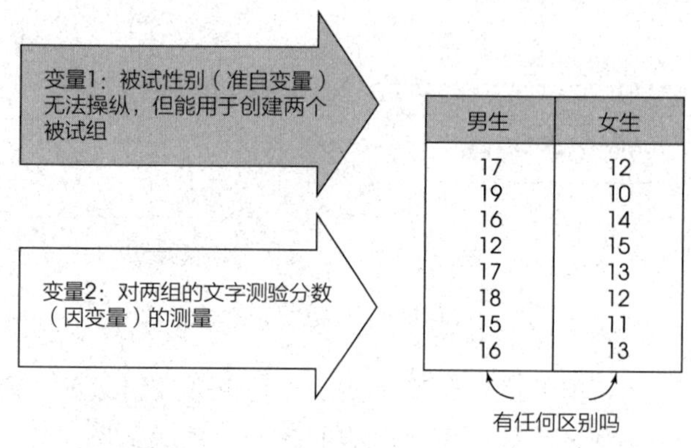

a）研究用两个事先存在的组（男生/女生），并测量每组的因变量（文字测验得分）

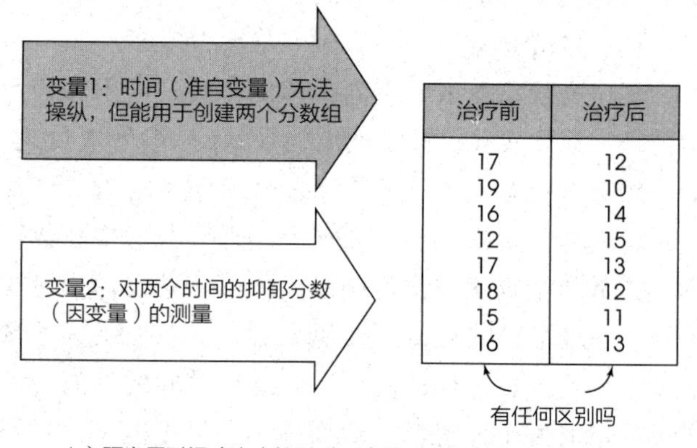

b）研究用时间（治疗前/治疗后）来定义两组，并测量每组的因变量（抑郁分数）

图 1-7 两个非实验研究的例子

非实验研究中的术语 尽管图 1-7 中的两个研究都不是真实验，但你应该注意到它们获得的数据类型和实验是一样的（见图 1-6）。在每个案例中，通常一个变量用于分组，测量另一个变量以获得各组分数。在实验中，研究者通过操纵自变量进行分组，被试分数是因变量。研究者为识别非实验，研究中这两个变量经常采用相同的术语。也就是说，将用于分组的变量称为自变量，将分数称为因变量。例如，在图 1-7a 中，性别（男生/女生）是自变量，而文字测验分数是

⊖ 相关研究也是非实验研究，但是在这里我们讨论的是比较两组或多组分数的非实验研究。

因变量。然而你应该认识到，性别(男生/女生)不是真正的自变量，因为它不能被操纵。因此，非实验研究的“自变量”通常称为**准自变量**。

定义

在非实验研究中，用于对分数进行分组的“自变量”通常称为**准自变量**(quasi-independent variable)。

数据结构和统计方法

将研究方法分类的两种数据结构也可以用于将统计方法分类。

Ⅰ. 测量一组个体的两个变量 回忆一下，相关研究的数据含有两组分数，代表个体的两个不同变量。这些分数可以列在表格中，或者被呈现在像图 1-4 那样的散点图中。研究者通常用一种称为**相关**的统计方法测量和描述两个变量间的关系。第 15 章和第 16 章将详细讨论相关和相关法。

有时，相关研究的测量过程只是把个体分为不同类别，而不必与数值对应。例如，研究者能按性别(男或女)和手机使用偏好(通话或短信)将一组大学生进行分类。注意，每个个体有两个分数，但这些分数都不是数值。这类数据通常被概括在一个表中，该表显示有多少个体被归于每一可能的类别中。表 1-1 展示了这类汇总表的例子。例如，该表显示样本中的 30 名男性偏好发短信而非通话。这类数据可用数字编码(例如，男性 = 0，女性 = 1)，以便计算变量间的相关性。对于非数值数据，比如表 1-1 中的数据，变量间的关系通常用名为卡方检验(chi-square test)的统计方法进行评估。卡方检验将在第 17 章中进行介绍。

Ⅱ. 比较两组或多组分数 本书呈现的大部分统计程序是为比较多组数据的研究设计的，比如图 1-6 中的实验研究和图 1-7 中的非实验研究。具体来说，我们会用描述统计概括并描述各组分数，并用推断统计将各组或样本特征概括至总体。

当测量过程给出数值分数时，统计评估通常会计算各组平均数，然后再比较这些平均数。第 3 章介绍了计算平均数的方法，第 8 章至第 14 章介绍了比较平均数的各种统计方法。如果测量过程只是把个体分为非数值类别，那么统计评估通常会计算每一类别所占的比例，然后比较这些比例。表 1-1 中的样例展示了用非数值数据检验性别和手机使用偏好的关系。这些数据可以用来比较某类人在男性和女性中分别所占的比例。例如，偏好发短信的人在男性中占 60%，在女性中占 50%。如之前所说，这些数据要用卡方检验来评估，此方法将在第 17 章中进行介绍。

表 1-1 手机使用偏好

	短信	通话	总计
男性	30	20	50
女性	25	25	50

相关数据包含非数值分数。请注意，每个个体有两个测量值：性别和手机使用偏好。数字表示每类有多少人。例如，50 名男性中，有 30 人偏好使用短信而非通话。

学习小测验

1. 研究者发现，在儿童期就观看教育类电视节目的高中生，其成绩往往高于那些不看教育类电视节目的同龄学生。这是一项实验研究吗？请解释理由。
2. 实验研究必须具备的两个要素是什么？
3. 有研究者(Loftus & Palmer，1974)进行了一项实验，被试被要求观看一段车祸录像。看完录像后，研究者要求一些被试估计这些车“撞毁”其他车时的速度，另一些被试则要估计这些车“碰撞”其他车时的速度。“撞毁”组估计的速度显著高于“碰撞”组。请说明这个研究的自变量和因变量。

答案

1. 这个研究可能是相关研究或非实验研究，绝不是真实验。研究者只是观察学生观看教育类电视节目的数量，而没有操纵这个数量。
2. 首先，研究者必须操纵研究中的一个变量。其次，所有可能影响结果的额外变量必须受到控制。
3. 自变量是问题的措辞，因变量是每个被试估计的车速。

1.4 变量与测量

研究中构成数据的分数是观察和测量变量的结果。例如，研究者可以用一组智商分数、人格分数或反应时分数完成一项研究。接下来，我们将详细讨论测量变量和测量过程。

构念和操作定义

一些变量，比如身高、体重和瞳孔颜色，是可直接观察和测量的，它们是定义明确且具体的实体。而行为学家研究的另一些变量是用来描述和解释行为的内在特征的。例如，我们说一个学生在学校表现出色是因为他聪明，或者我们说某人在社交场合感到焦虑，或者某人看上去感到饥饿。像聪明、焦虑和饥饿这样的变量被称为**构念**。因为它们是无形的并且无法直接被观测，所以常被称为**假设构念**。

尽管像聪明这样的构念是无法直接被观测的内部特征，但是我们可以观察和测量代表这些构念的行为。例如，我们无法“看到”聪明，但是可以看到聪明行为的例证。所以外部行为可以被用来构建构念的操作定义。操作定义用可被观察和测量的外部行为来定义构念。例如，研究者可以用智商测验来测定你是否聪明，或可以用距上一次进食的小时数来测定饥饿的程度。

定义

构念（construct）是无法直接被观测但可以用来描述和解释行为的内部属性或特征。

操作定义（operational definition）确定用于测量外部行为的测量程序（一系列操作），并将测量结果视作对假设构念的定义和测量。请注意，操作性定义具有两个要素：首先，它描述了测量构念的一系列操作；其次，它根据测量结果定义构念。

离散变量与连续变量

研究中赋予变量的数值类型决定了变量的特征。**离散变量**由相互独立且不可细分的类别组成。这种变量的两个毗邻类别间没有中间值。想一下掷骰子的情形，在两个相邻的值之间（例如5点和6点）没有任何其他值。

定义

离散变量（discrete variable）由相互独立且不可细分的类别组成。两个毗邻类别间不存在任何值。

离散变量通常是可计数的整数，例如，家庭中儿童的数量或者一个班学生出勤的数量。如果你每天观察班级的出勤数，某一天可能是18个人，另一天可能是19个人，但是不可能观察到一个在18和19之间的数值。离散变量也可以由性质不同的类别组成。例如，人们可按性别（男或女）、职业（护士、教师、律师等）分类，大学生可以按学科专业（艺术、生物、化学等）分类。在以上每种情况下，变量都是离散的，因为它们由相互独立且不可细分的类别组成。

也存在许多变量不是离散的。像时间、身高和体重这类变量不限于一组固定的、相互独立且不可细分的类别。例如，你可以用时、分、秒或者几分之一秒来测量时间。这些变量称为**连续变量**，因为它们可以被无限细分。

定义

连续变量（continuous variable），在任意两个观察值之间有无限多的可能值。连续变量可以被无限细分。

例如，设想一位研究者正在测量一组参加膳食研究个体的体重。因为体重是连续变量，所以它可以绘成一条连续的线（见图1-8）。注意，线上有无限个点，相邻两点间没有任何间隙或间隔。对于线上任意两点，总能在两点间找到第三个值。

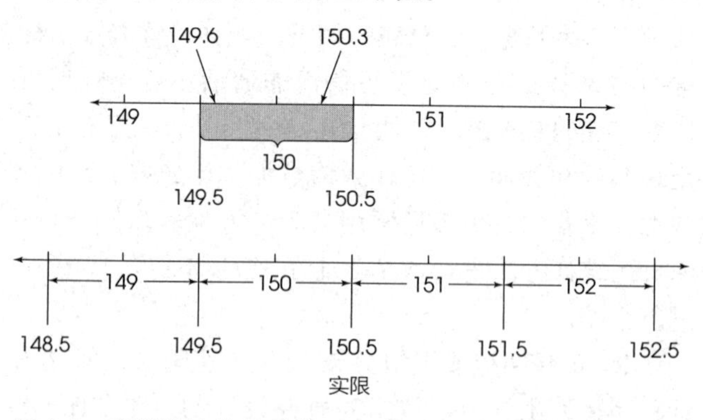

图1-8 当测量的体重最接近整数时，149.6和150.3均被归为150（如图）。任何在149.5和150.5区间的值都被赋予150的值

应用于连续变量的两个其他因素：

（1）当测量一个连续变量时，两个不同的个体很少会得出相同的测量值。因为一个连续变量有无数个可能值，所以两人的分数几乎不可能相同。如果数据显示大量相同分数，那你应该怀疑测量方法过于粗糙或者变量并非真正连续。

（2）当测量一个连续变量时，每个测量类别实际上是由边界定义的区间。比如，两个人都说自己的体重是 150 磅[一]，但可能不完全相同。不过他们都在 150 磅左右。一个人的体重可能是 149.6 磅，而另一个人是 150.3 磅。所以，150 这个数不是标尺上一个特定的点，而是一个区间（见图 1-8）。为了把 150 与 149 或 151 区分开，我们必须把标尺分界。这些分界称为**实限**，其位置必须在毗邻分数的正中间。因此，分数 $X=150$ 其实是**精确下限** 149.5 和**精确上限** 150.5 之间的区间。[二]任何个体的体重落在这些实限之间时，将被赋值为 $X=150$。

定义

实限（real limit）是连续数轴上分数区间的边界。把两个毗邻分数分开的实限位于两数正中间。每个分数有两个实限。**精确上限**（upper real limit）位于区间顶端，**精确下限**（lower real limit）位于区间底端。

实限这个概念适用于任何连续变量的测量，即便这些分数并非整数。例如，如果你测量的时间精确到十分之一秒，那么结果会是 31.0、31.1、31.2 等。这里每个数都代表标尺上一个由实限分割的区间。例如，分数 $X=31.1$ 秒表明实际测量值位于精确下限 31.05 和精确上限 31.15 之间的区间。记住，实限总是在毗邻数值的正中间。

本书在后面会介绍怎样用实限制作统计图以及怎样用它对连续量表进行各种计算，但是现在你应该了解，不管何时，实限对于测量连续变量都是必要的。

最后，我们应该提醒你，连续和离散这两个词只适用于被测量的变量，而不适用于测得的分数。例如，以英寸[三]为单位测量人们的身高会得到 60、61、62 等分数。尽管这些分数可能看似是离散数字，但其对应的实际变量是连续的。判断一个变量是连续的还是离散的关键在于，连续变量可以被无限细分。身高可以按英寸测量，可以按 0.5 英寸测量，也可以按 0.1 英寸测量。类似地，教授可以用及格/不及格系统把学生分为两大类。同样地，教授也可以用十分制测验把学生的知识水平按 0~10 分为 11 类，或者也可以用百分制考试把学生的知识水平分为从 0 到 100 的 101 类。不管你在测量变量时选择怎样的精确度或者类别数，变量都一定是连续的。

测量量表

现在你应该可以明显看出，数据采集需要我们测量观察对象。测量涉及对个体或事件进行分类。这些类别可以只是男/女或者雇用/非雇用等名称，也可以是 68 英寸或者 175 磅等数值。用来测量变量的类别构成了测量量表，各类别间的关系决定了量表的不同类型。量表间的区别很重要，既因为它们确定了特定测量方式的有效范围，也因为特定统计算法只适用于用特定量表测出的分数。例如，如果你对人们的身高感兴趣，你可以把他们简单地分为高、中和矮三类，但是，这种简单分类无法告诉你这些个体的实际身高，这种测量结果也无法给你足够的信息以计算这组人的平均身高。尽管简单分类有一定用处，但是为了回答更细致的问题，你需要更复杂的测量结果。这节将讨论四种不同的测量量表，从最简单的量表开始，最后介绍最复杂的量表。

称名量表

称名一词意味着“与名称有关”。用称名量表进行测量涉及把个体分为有不同名称的不同类别，但是这些类别相互之间没有系统性关联。例如，如果你要测量一组大学生的学科专业，类别会是艺术、生物、商业、化学等。每个学生都按他的专业分入一类。称名量表的测量结果可以让我们判断两个个体是否有差异，但是无法给出差异的方向或大小。如果一个学生是艺术专业而另一个是化学专业，我们可以说他们不同，但是我们不能说艺术专业本身“多于”或“少于”化学专业，我们也不能具体说艺术专业和化学专业之间有多大差别。称名量表的其他例子涉及种族、性别或职业等。

[一] 1 磅约为 0.453 6 千克。

[二] 技术要点：学生经常会问，恰好为 150.5 的值属于区间 $X=150$ 还是 $X=151$。答案是，150.5 位于两区间的边界，不一定属于哪个区间。150.5 属于哪个区间取决于取整的方法。如果你向上取整，那么 150.5 就属于上位区间（$X=151$），但是如果你向下取整，那么它就属于下位区间（$X=150$）。

[三] 1 英寸约为 0.025 4 米。

> **定义**
>
> **称名量表**由一系列具有不同名称的类别组成。使用称名量表测量可对观测对象进行标注和分类，但是无法得出观测对象之间存在任何量的差异的结论。

尽管称名量表上的各类别是非定量数值，但各类别偶尔也会用数字体现。例如，一座建筑物中的房间或者办公室可能会被标上房间号。你会发现房间号其实只是一种命名，不反映任何量的信息。109号房间不一定比100号房间大，而且肯定不是大9个点。当研究者把数据输入电脑程序时，用数值来为称名类别编码也是很常见的。例如，在调查数据中，男性可能标为0，女性标为1。同样地，这些数值仅仅是名称，不表示任何量的差异。随后所涉及的量表则能够反映量的差异。

顺序量表

构成**顺序量表**的类别不仅名称不同(类似称名量表)，而且是按与数量大小排序相一致的固定顺序组织的。

> **定义**
>
> **顺序量表**由一系列按顺序排列的类别组成。用顺序量表进行测量要按大小或数量将观察结果排序。

顺序量表经常由一系列等级(第一、第二、第三等)组成，就像赛马名次一样。有时，类别会用类似快餐厅的小、中、大号饮料的文字标注加以识别。在上述两种情况下，有序排列的类别之间都有方向性的关系。利用顺序量表测量结果，你可以确定两个个体是否不同，也可以确定差异的方向。然而，顺序测量结果无法让你确定两个个体间差异的大小。例如，如果Billy被放入低阅读水平组，而Tim被放入高阅读水平组，那你可以知道Billy阅读水平更高，但是不知道高多少。顺序量表的其他例子包括社会经济地位(高、中、低)和T恤尺寸(小、中、大)。另外，顺序量表经常被用来测量那些难以被赋值的变量。例如，人们可以把食物按自己的喜好程度排序，但是可能难以说明他们喜欢巧克力冰激凌的程度比喜欢牛排的程度高“多少”。

等距量表和比率量表

等距量表和比率量表都包含一系列有序类别(类似顺序量表)，另外还要求这些类别构成的一系列区间大小完全相等。因此，测量量表由一系列等距区间组成，就像尺子上的英寸刻度。等距量表和比率量表的其他例子包括以秒为单位测量时间、以磅为单位测量体重和以华氏度[㊀]为单位测量温度。注意，在上述各种情况下，每个区间(1英寸、1秒、1磅、1华氏度)的距离都是相等的，不管它位于标尺的哪个位置。区间完全等长让我们得以确定两个测量值之间差异的大小和方向。比如，你知道80华氏度比60华氏度高，也确切地知道二者间差异为20华氏度。

区别等距量表和比率量表的因素是零点的特性。等距量表具有相对零点。也就是说，把标尺上的某个位置设为0，只是为了方便或参考，特别是，零值不表示测量变量完全不存在。例如，0华氏度并不意味着没有温度，它允许温度降得更低。具有相对零点的等距量表比较少见。两个最常见的例子是华氏和摄氏温标。其他例子包括高尔夫得分(高于和低于标准杆)以及像高于和低于平均降雨量这样的相对测量。

比率量表由零点决定，零点不是任意的，而是表示测量变量为无(完全不存在)的一个有意义的值。绝对的、非任意的零点让我们得以测量变量的绝对数量。换言之，我们可以从零点开始测量距离。这让我们得以比较比例的测量结果。例如，如果一个人需要用10秒来解决一个问题(比0多10)，那他用的时间就是只用了5秒(比0多5)的人的两倍。利用比率量表，我们可以测量两个测量值差异的方向和大小，也可以用比例来描述差异。比率量表非常常见，既包括身高和体重等物理测量，也包括反应时或者测验错误数等变量。例1-2说明了等距量表和比率量表的不同。

> **定义**
>
> **等距量表**由所有区间均相等的有序类别组成。量表上两数间的相等差异表示差异量相等。然而，等距量表上的零点是相对的，不表示测量变量为零。
>
> **比率量表**是具有绝对零点的等距量表。在比率量表中，数值的比率表示数量的比率。

㊀ 华氏度=摄氏度×1.8+32。

□ 例 1-2

一位研究者测量了一组 8 岁男孩的身高。开始，研究者只是以英寸为单位记录每个男孩的身高，获取如 44、51、49 等数值。这些初始测量值构成比率量表。零值代表没有高度（绝对零）。所以，用这些测量值可以构成比率。例如，一个身高为 60 英寸的男孩的身高是一个身高 40 英寸的男孩的 1.5 倍。

现在假设研究者通过计算每个男孩的实际身高与该年龄组平均身高的差值，把初始测量值转入新量表。一个比平均身高高 1 英寸的男孩得分是 +1；一个比平均身高高 4 英寸的男孩得分是 +4。同理，一个比平均身高矮 2 英寸的男孩得分是 -2。在这个量表上，0 分对应于平均身高。因为 0 不再表示完全没有高度，所以这些新分数构成测量的等距量表。

注意，原始分数和转换分数都以英寸为测量单位，两类量表均可用于计算差异，也可用于计算距离。例如，在第一个量表中，身高 57 英寸和 51 英寸的两个男孩相差 6 英寸。同样地，在第二个量表上，测量值为+9 和+3 的两个男孩也是相差 6 英寸。然而，你也应该注意到第二个量表无法计算比率。例如，测量值为+9 的男孩的身高不是测量值为+3 的男孩的 3 倍。■

学习小测验

1. 一项调查要求人们确认他们的年龄、年收入和婚姻状况（单身、已婚、离异，等等）。请指出这三个变量分别可能使用哪种测量量表，并指出这些变量是连续的还是离散的。
2. 一位英语教授用字母等级（A、B、C、D 和 F）评价学生论文。哪类量表可用以测量论文的质量？
3. 老师在交流课上问学生他们最喜欢的电视真人秀是什么。不同的电视节目构成测量的________量表。
4. 一位研究者要研究是哪些因素决定了一对夫妻的生育数量。生育数量这个变量是________（离散/连续）变量。
5. a. 测量身高时若精确到英寸，则 68 英寸的实限是多少？
   b. 测量身高时若精确到半英寸，则 68 英寸的实限是多少？

答案

1. 年龄和年收入使用比率量表，而且它们都是连续变量。婚姻状况使用称名量表，是离散变量。
2. 顺序
3. 称名
4. 离散
5. a. 67.5 和 68.5　　b. 67.75 和 68.25

统计学与测量量表

对我们来说，测量量表非常重要，因为它决定了可以或不可以使用某种统计方法。例如，如果你想测量一组学生的智商分数，你可以把所有分数相加并计算全组平均分。但是，如果你想测量每个学生的学科专业成绩，那你就不可能计算平均数。（三个心理学专业、一个英语专业和两个化学专业的平均数是多少？）本书介绍的绝大部分的统计方法是为等距量表或比率量表的数值分数设计的。对于大部分统计应用，等距量表和比率量表间的差别并不重要，因为这两种量表都能给出数值，允许我们求差、求和、计算平均数。但是，称名量表和顺序量表的测量通常不是数值，不适用于许多基本算术运算。因此，称名量表和顺序量表的测量数据必须使用其他统计方法（例如，第 3 章的中数和众数，第 15 章的斯皮尔曼相关，第 17 章的卡方检验）。附录 D 呈现了可用于顺序量表的其他统计方法。

1.5 统计符号

研究中所得的测量结果为统计分析提供了数据。大多数统计分析使用的数学运算、符号和基础算法与你早年在学校就已学过的相同。在以下内容中，我们将介绍一些统计计算的特殊符号。在随后的章节中，我们将根据需要引入其他的统计符号。

在研究中测量变量可以给予每个个体一个数值或一个分数。原始分数是研究中获取的初始的、未经转换的分数。用字母 X 表示特定变量的分数。例如，如果用测验测量你的统计课成绩，而你在第一次测试中得 35 分，那么可用 $X=35$ 表示。一组分数可呈现在以 X 为表头的列中。例如，你们班小测验分数的列表呈现如下。

X
37
35
35

（续）

X
30
25
17
16

在观察两个变量时，每个个体会有两个分数。两个变量的数据以表中 X 和 Y 双列呈现。例如，人们的身高（变量 X，以英寸为单位）和体重（变量 Y，以磅为单位）的测量的观察结果呈现于下面的双列表中。每对 X、Y 代表对单一个体的观察。

分数	
X	Y
72	165
68	151
67	160
67	160
68	146
70	160
66	133

字母 N 用以说明一组分数的数量。大写字母 N 代表总体分数的数量，而小写字母 n 则代表样本的分数数量。在本书随后部分，你会看到我们常用不同的符号区分样本和总体。对于先前表格中的身高和体重数据，两个变量都是 $n=7$。注意，我们用了小写字母 n，表明这些数据来自样本。

求和符号

统计学中有很多计算都涉及相加一组分数。因为这个过程使用非常频繁，所以会用一个特殊符号指代一组分数的总和，即用希腊字母 Σ 代表求和。ΣX 这个表达式是指相加变量 X 的所有分数。求和符号 Σ 可以读作“之和”。因此，ΣX 读作“分数之和”。对于下面这组测验分数，

10，6，7，4

$\Sigma X=27$，$N=4$。

为了正确使用求和符号，请牢记以下两点：

（1）求和符号 Σ 后面总是跟着一个符号或者数学表达式。这个符号或表达式指明要相加哪些值。例如要计算 ΣX，求和符号后面跟着符号 X，我们的任务就是计算变量 X 所有数值的总和。如果要计算 $\Sigma(X-1)^2$，求和符号后面跟着一个比较复杂的数学表达式，所以你的任务首先是计算所有 $(X-1)^2$ 的值，然后相加这些结果。

（2）求和过程经常包含其他一些数学运算，比如乘法或者平方。为了得到正确答案，必须按正确的顺序进行各种不同的运算。以下步骤说明了进行数学运算所要遵循的运算顺序，其中大部分内容你应该熟悉，但是你要注意求和过程位于第四步。

数学运算顺序

（1）第一步，完成括号内的所有计算。

（2）第二步，完成平方（或其他指数）计算。

（3）第三步，完成乘法和/或除法计算。按从左到右的顺序完成连乘和/或连除运算。

（4）第四步，用 Σ 符号完成求和计算。

（5）第五步，完成其他加法和/或减法计算。

以下例子将说明如何使用本书所列的大多数计算公式的求和符号。

□ 例 1-3

3、1、7 和 4 四个分数组成一组。我们将计算这些分数的 ΣX，ΣX^2 和 $(\Sigma X)^2$。为了便于说明计算过程，我们将使用计算表，在第一列呈现原始分数（X）。在一系列运算中要呈现其他步骤还可添加其他列。你应注意上述前三步运算（括号内的运算、平方和相乘）都可以创建一列新值。然而，最后两步运算会得出相对总和的单个值。

下表呈现了原始分数（X）以及为计算 ΣX^2 所需的分数的平方（X^2）。

X	X^2
3	9
1	1
7	49
4	16

首先，计算不含任何括号、平方或乘法运算的 ΣX，所以我们直接进行相加运算。表中第一列列出了 X 的值，我们只需对该列的值简单相加。

$$\Sigma X=3+1+7+4=15$$

为计算 ΣX^2，正确的运算顺序是先将每个分数平方，然后求平方和。上表展示了原始分数和平方后的结果（计算的第一步）。第二步是求平方和，我们只需将 X^2 列的数字相加。

$$\Sigma X^2=9+1+49+16=75$$

最后计算含有括号的 $(\Sigma X)^2$，第一步是进行括号

内的计算。因此，我们首先求$\sum X$，然后将总和平方。之前，我们已求得$\sum X=15$，所以，

$$(\sum X)^2=(15)^2=225$$

■

□ 例 1-4

使用例 1-3 中的同一组的四个分数，计算$\sum(X-1)$和$\sum(X-1)^2$。下面的计算表有助于说明计算过程。

X	$(X-1)$	$(X-1)^2$
3	2	4
1	0	0
7	6	36
4	3	9

第一列是原始分数。第二列是$(X-1)$的值，第三列是$(X-1)^2$的值

计算$\sum(X-1)$，第一步是进行括号内的运算。因此，我们先将每个X值减 1，结果列于表中间的那一列。然后将$(X-1)$的值相加。

$$\sum(X-1)=2+0+6+3=11$$

计算$\sum(X-1)^2$需要三步。第一步（括号内的运算）将每个X值减 1。该步骤的结果呈现在表中间那一列。第二步是将每个$(X-1)$平方。该步骤的结果见上表第三列。最后一步是将$(X-1)^2$的值相加，如下：

$$\sum(X-1)^2=4+0+36+9=49$$

注意，这个计算必须先平方再相加。一个常见错误是先相加$(X-1)$再求和的平方。小心！■

□ 例 1-5

在前面两个例子中以及其他很多情况下，相加运算是计算的最后一步。根据运算顺序，括号内的运算、指数计算和乘法都要在求和之前完成。然而，在某些情况下，在求和之后还要进行额外的加法与减法。在本例中，我们将用前述两例的分数计算$\sum X-1$。

由于没有括号、指数或者乘法，第一步是相加。因此我们先计算$\sum X$。之前我们已经算出$\sum X=15$。下一步是总和减 1。由此，

$$\sum X-1=15-1=14$$

■

□ 例 1-6

本例中，每个个体有两个分数。将第一个分数命名为X，第二个分数命名为Y。利用下面的计算表，求$\sum X$，$\sum Y$，$\sum XY$。

个体	X	Y	XY
A	3	5	15
B	1	3	3
C	7	4	28
D	4	2	8

为求$\sum X$，只需将X列的值简单相加。

$$\sum X=3+1+7+4=15$$

同理，$\sum Y$是Y的总和。

$$\sum Y=5+3+4+2=14$$

为计算$\sum XY$，第一步是将每个个体的X和Y相乘，结果（XY值）见表第三列。最后，我们将乘积相加，得到：

$$\sum XY=15+3+28+8=54$$

■

学习小测验

1. 用分数 6，2，4，2 计算下列各算式的值。
   a. $\sum X$　　b. $\sum X^2$　　c. $(\sum X)^2$
   d. $\sum(X-2)$　　e. $\sum(X-2)^2$
2. 指出下列各项计算的第一步。
   a. $\sum X^2$　　b. $(\sum X)^2$　　c. $\sum(X-2)^2$
3. 用求和符号表达下述内容。
   a. 将每个分数加 4，然后对结果相加。
   b. 将分数相加，然后将总和平方。
   c. 对每个分数计算平方，然后相加。

答案

1. a. 14　　b. 60　　c. 196
   d. 6　　e. 20
2. a. 将每个分数平方
   b. 将每个分数相加
   c. 将每个分数减 2
3. a. $\sum(X+4)$　　b. $(\sum X)^2$　　c. $\sum X^2$

小　结

1. 术语“统计学”是指一系列用于整理、总结和解释信息的数学程序。
2. 科学问题通常关注总体，也就是研究者想要研究的全部个体。总体通常很大，研究者不可能检验其中每个个体，所以大部分研究采用样本。样本是为了进行研究而从总体中选取的一组个体。
3. 描述样本的特征称为统计量，描述总体的特征称为参数。尽管样本统计量通常代表了相应的总体参数，但

是统计量和参数之间一般存在偏差。统计量和参数间自然产生的偏差称为抽样误差。

4. 统计方法可以分为两类：用于整理、概括数据的描述统计，以及用样本数据推断总体的推断统计。
5. 相关法通过测量每个个体的两个不同变量来检验变量间的关系。该方法让研究者可以测量和描述关系，但是不能对关系做因果解释。
6. 实验法操纵自变量以创建不同的处理条件，然后测量因变量以获取各处理条件下的一组分数，从而检验变量间的关系。研究者将各组分数相互比较。若各组间存在系统性差异，则证明改变自变量会致使因变量发生变化。所有额外变量必须受到控制，以避免它们影响受测变量间的关系。实验法的目的在于证明变量间的因果关系。
7. 非实验法也是通过比较各组分数来检验变量间的关系，但它不如真实验严密，也无法对关系做因果解释。非实验研究不是通过操纵变量来创建不同组，而是使用被试事先存在的特征(例如男/女)或者时间的变化(之前/之后)进行分组比较。
8. 测量量表是一系列用于区分个体的类别。称名量表的类别只有名称差异，不具有量和方向的差异。顺序量表的类别有方向的差异，构成有序序列。等距量表也是由有序的类别序列组成的，但这些类别的区间全都相等。等距量表可以区分类别间的方向和量(或者说差距)。最后，比率量表是零点表示不存在测量变量的等距量表。用比率量表测量的比例反映了数量的比率。
9. 离散变量由不可细分的类别组成，经常是可数的整数。连续变量由可以无限细分的类别组成，每个分数对应量表上的一个区间。分离区间的边界称为实限，它位于两个毗邻分数的正中间。
10. 字母 X 用于代表变量的分数。如果使用另一个变量，则可用 Y 代表它的分数。字母 N 是代表总体中分数数量的符号，n 是代表样本中分数数量的符号。
11. 希腊字母 Σ 表示求和。因此，算式 ΣX 读作“分数之和”。求和是一种数学运算(就像加法和乘法)，必须遵循运算顺序；要先完成括号内的、指数和乘/除运算之后才能开始求和。

关键术语

统计学	总体	样本	变量	数据	数据集
单个数据	原始分数	参数	统计量	描述统计	推断统计
抽样误差	相关法	实验法	自变量	因变量	控制条件
实验条件	非等值组研究	前后测研究	准自变量	构念	操作定义
离散变量	连续变量	实限	精确上限	精确下限	称名量表
顺序量表	等距量表	比率量表			

资 源

SPSS

社会科学统计软件包，亦称 SPSS，是一个可以进行本书大部分统计计算的计算机程序，在高等院校计算机系统中比较常见。附录 C 为 SPSS 使用简要说明。各章章后资源部分，将对使用 SPSS 完成当前章节所呈现的统计运算给出详细指导。

关注问题解决

如果你看到求和符号后总跟着一个符号或者符号表达式，例如 ΣX 和 $\Sigma(X+3)$，简化求和标记可能是有帮助的。这一符号或表达式指明你要将哪些值相加。如果你以这个符号作为表格中某列的标题，且在该列中列出所有合适的值，那你的任务就是将列中数字简单相加。例如，为了计算 $\Sigma(X+3)$，你要在 X 列旁以 $(X+3)$ 为标题再列出一列数：列出所有 $(X+3)$ 的值，然后算出这列的总和。通常，求和是需要多步计算且相对复杂的数学表达式的一部分。执行这一系列步骤必须依据数学运算顺序进行。最佳步骤是使用计算表，以第一列中的原始 X 分数开始。除了求和，每个计算步骤都会产生一列新值。例如，计算 $\Sigma(X+1)^2$ 包括三步，会产生一个三列计算表。最后一步就是将第三列的值相加(见例 1-4)。

示例1-1

求和符号

有下列一组分数：

7　3　9　5　4

请根据这些分数，计算下列算式：

$\sum X$　　　$(\sum X)^2$　　　$\sum X^2$

$\sum X+5$　　　$\sum(X-2)$

计算$\sum X$　为了计算$\sum X$，我们只需将该组的所有分数相加。

$$\sum X=7+3+9+5+4=28$$

计算$(\sum X)^2$　第一步，计算括号里的$\sum X$。第二步，计算$\sum X$的平方。

$$\sum X=28 \text{ 然后 } (\sum X)^2=(28)^2=784$$

计算$\sum X^2$　第一步是将每个分数平方。第二步将计算平方后的分数相加。以下计算表呈现了原始分数和计算平方后的分数。为了计算$\sum X^2$我们需将X^2列的值相加。

X	X^2
7	49
3	9
9	81
5	25
4	16

（续）

$$\sum X^2=49+9+81+25+16=180$$

计算$\sum X+5$　第一步，计算$\sum X$。第二步，将总和加 5。

$$\sum X=28 \text{ 然后 } \sum X+5=28+5=33$$

计算$\sum(X-2)$　第一步，按括号内的算式将每个分数减 2。第二步，将结果相加。以下计算表呈现了原始分数和$(X-2)$的值。为了计算$\sum(X-2)$，将$(X-2)$列的值相加。

X	$X-2$
7	5
3	1
9	7
5	3
4	2

$$\sum(X-2)=5+1+7+3+2=18$$

习　题

1. [⊖]一位研究者正在调查一种治疗青少年男孩抑郁症的药物的效果。研究者选取 30 名男孩，其中一半除服药外还接受新疗法，另一半继续服药而不接受任何其他疗法。对于该研究，
   a. 确定其总体。
   b. 确定其样本。
2. 定义参数和统计量。请确保你的定义中有总体和样本这两个概念。
3. 统计方法分为两大类：描述统计和推断统计。请阐述每类统计方法的一般目的。
4. 为了比较两种处理条件，研究者计划测量处理 1 的样本和处理 2 的样本。然后，研究者比较两组的分数，发现它们之间的差异。
   a. 请简单解释处理方式可能如何引起差异。
   b. 请简单解释差异如何仅可能来自抽样误差。
5. 描述相关研究的数据。请解释这些数据与从实验、非实验研究（也是评估两变量间的关系）中得到的数据有何不同。
6. 请描述实验研究的目的与非实验研究或相关研究的目的有何不同。请指出一个实验想要达到其目的所必需的两个因素。
7. Strack、Martin 和 Stepper（1988）发现人们在咬笔时（强迫他们笑）比在嘴唇上夹着笔时（强迫他们皱眉）认为卡通作品更有趣。对于这个研究，请指出其自变量和因变量。
8. Judge 和 Cable（2010）发现偏瘦女性的收入比偏胖女性的更高。这是一个实验研究还是非实验研究？
9. 两个研究者都想知道咖啡因摄入量和小学生活动水平之间的关系。每个研究者都取得一个 $n=20$ 的样本。
   a. 第一个研究者访谈了每个学生，以确定咖啡因摄入水平。然后研究者记录每个学生在操场上活动 30 分钟之后的活动水平。这是一个实验研究还是非实验研究？请解释你的答案。
   b. 第二个研究者把学生分为大致相同的两组。第一组学生饮用含有 300mg 咖啡因的饮料，另一组饮用不含咖啡因的饮料。然后研究者记录每个学生在操场

⊖ 各章奇数编号的习题答案见附录 B。

上活动30分钟之后的活动水平。这是一个实验研究还是非实验研究？请解释你的答案。

10. 一位研究者想要评估服用大剂量维生素C能预防感冒的断言。让第一组被试服用大剂量维生素C(每天500mg)，第二组服用安慰剂(糖片)。研究者记录在冬季3个月里每个被试感冒的次数。
    a. 指明这个研究的因变量。
    b. 因变量是离散变量还是连续变量？
    c. 测量因变量应使用哪种测量量表(称名量表、顺序量表、等距量表、比率量表)？
11. 一项比较美国和加拿大大学生饮酒习惯的研究报告表明加拿大饮酒学生人数多，但美国大学生饮酒量大(Kuo, Adlaf, Lee, Gliksman, Demers, & Wechsler, 2002)。这是一个实验吗？请解释为什么是或不是。
12. 催产素是大脑自然分泌的化学物质。它的绰号为“爱的荷尔蒙”，因为它在配对和亲子关系等社会关系的形成中发挥了作用。最近一项研究表明，催产素会提高人们相信他人的倾向(Kosfeld, Heinrichs, Zak, Fischbacher, & Fehr, 2005)。这项研究通过一个投资游戏说明，相比于那些吸入无效安慰剂的人，吸入催产素的人更有可能把他们的钱交给受托人。对于这项实验研究，请指明自变量和因变量。
13. 对于下列每项内容，请判断测量变量是离散变量还是连续变量，并解释原因。
    a. 社交网络的使用(每天用在Facebook上的分钟数)。
    b. 家庭规模(兄弟姐妹的个数)。
    c. 对电子表和指针表的偏好。
    d. 统计课程测验中答对的题数。
14. 本章介绍了四种测量量表：称名量表、顺序量表、等距量表和比率量表。
    a. 与称名量表的测量相比，顺序量表的测量能获得什么额外信息？
    b. 与顺序量表的测量相比，等距量表的测量能获得什么额外信息？
    c. 与等距量表的测量相比，比率量表的测量能获得什么额外信息？
15. 在一项检验幽默对记忆的影响的实验中，Schmidt (1994)向被试呈现了一些句子，其中一半是幽默的，另一半是非幽默的。被试对幽默句子的回忆远多于非幽默句子。
    a. 请指明该研究的自变量。
    b. 自变量使用了哪种测量量表？
    c. 请指明该研究的因变量。
    d. 因变量使用了哪种测量量表？
16. 请解释为什么害羞是假设构念而不是具体变量。请描述研究者如何用操作定义来定义和测量害羞。
17. Ford和Torok(2008)发现激励型标语可以有效增加大学校园内的体育活动。他们在电梯旁和大学建筑的楼梯旁张贴“养成更健康的生活方式”和“普通人走楼梯每分钟消耗10卡路里”等激励型标语。与没有激励型标语相比，有激励型标语时学生和教职工使用楼梯更多。
    a. 请指明该研究的自变量和因变量。
    b. 自变量使用了哪种测量量表？
18. 根据下列分数，求每个表达式的值。
    a. $\sum X$
    b. $\sum X^2$
    c. $(\sum X)^2$
    d. $\sum(X-1)$

X
4
2
1
5

19. 根据下列分数，求每个表达式的值。
    a. $\sum X$
    b. $\sum X^2$
    c. $\sum(X+1)$
    d. $\sum(X+1)^2$

X
4
6
0
3
2

20. 根据下列分数，求每个表达式的值。
    a. $\sum X$
    b. $\sum X^2$
    c. $\sum(X+4)$

X
−4
−2
0
−1
−1

21. 记录X和Y两组分数，每组$n=4$个被试。请根据这些分数，求每个表达式的值。
    a. $\sum X$
    b. $\sum Y$
    c. $\sum XY$

被试	X	Y
A	6	4
B	0	10
C	3	8
D	2	3

22. 请用求和符号表达以下每个计算式：
    a. 每个分数加1，然后将结果相加。
    b. 每个分数加1，然后将结果平方，最后将平方值相加。
    c. 相加分数，将总和平方，然后将平方值减3。
23. 根据下列分数，求每个表达式的值。
    a. $\sum X^2$
    b. $(\sum X)^2$
    c. $\sum(X-2)$
    d. $\sum(X-2)^2$

X
1
0
5
2

CHAPTER

第 2 章

频数分布

本章目录

本章概要
2.1 频数分布简介
2.2 频数分布表
2.3 频数分布图
2.4 频数分布的形状
2.5 百分位数、百分等级和插值法
2.6 茎叶图
小结
关键术语
资源
关注问题解决
示例 2-1
示例 2-2
习题

所需工具

以下所列内容是学习本章需要的基础知识。如果你不确定自己对这些知识的掌握情况，你应在学习本章前复习相应的章节。

- 测量量表(第1章)：称名量表、顺序量表、等距量表和比率量表
- 连续变量和离散变量(第1章)
- 实限(第1章)

本章概要

如果你一开始没有成功，那也许是因为你不是老板的亲戚。

上面这句话让你笑出声了吗，或至少会让你不禁露出微笑？运用幽默是用来吸引注意力和交流想法的常见技巧。例如，广告商经常努力制造商业笑点以引起人们的注意，从而让消费者记住他们的产品。演讲者也经常会在他们的演说中加入一点笑话，以引起观众的兴趣。虽然幽默似乎可以吸引我们的注意力，但是它真的会影响我们的记忆吗？

为了回答这个问题，Schmidt(1994)进行了一系列的实验，以检验幽默对记忆句子效果的影响。他通过各种方式来收集幽默的句子，然后针对每个句子构造出相应的非幽默句子。例如，非幽默版本的句子可能是：

与老板关系密切的人通常会先成功。

研究者会向被试呈现一个列表，其中一半是幽默句子，一半是非幽默句子。然后，要求每个被试尽可能多地回忆出句子。研究者记录下被试回忆出的幽默和非幽默句子的数量。同 Schmidt 所得结果类似的假设数据见表 2-1。

表 2-1　16 个被试的记忆分数，分数代表回忆出每类句子的数目

幽默句子				非幽默句子			
4	5	2	4	5	2	4	2
6	7	6	6	2	3	1	6
2	5	3	3	3	2	3	3
1	3	5	5	4	1	5	3

问题： 单纯看该数字列表，你很难识别两类句子之间有任何明显的区别。你能区分对某一类句子的记忆分数比另一类高吗？

解决方法： 频数分布可以提供对整组分数的一个概览，以便研究者能够更容易地了解被试回忆每类句子的一般成绩。例如，我们使用表 2-1 中的记忆分数，并将其以频数分布图的形式呈现在图 2-1 中。图中，每个个体的分数被表示为一个方块，方块被放置在对应个体分数的位置上。由此，堆积的方块显示了个体分数是如何分布的。例如，你现在可以轻易地知道幽默句子的得分普遍高于非幽默句子的得分；平均而言，每个被试大约可回忆 5 个幽默的句子，但只能回忆大约 3 个非幽默的句子。

本章，我们将介绍把数据组织到表格和图中的方法，以使一整组分数可以以相对简单的方式呈现和说明。

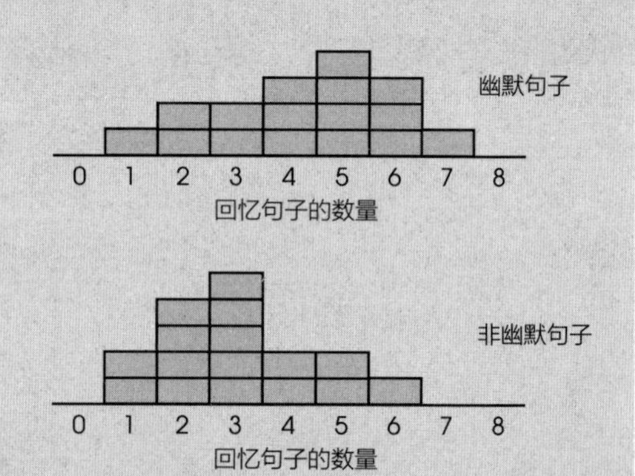

图 2-1　假设的数据显示在一个记忆实验中被试回忆幽默句子的数量和非幽默句子的数量

2.1　频数分布简介

一项研究的结果通常由与研究期间收集的测量值或分数相对应的数字组成。研究者面临的问题是将这些分数转换为容易理解的形式，以便更容易观察数据的任何模式，并方便与他人交流。这是描述统计的任务：简化数据的组织与呈现方式。而最常见的组织数据的方法就是将分数以频数分布的形式呈现。

> **定义**
>
> **频数分布**是一种经整理在测量量尺上列出每类个体数目的表格。

频数分布将一组混乱的分数按从高到低的顺序进行分组，分数相同的个体列于一组。例如，如果最高的分数是 $X=10$，频数分布会将所有的 10 分放在一组，之后是所有的 9 分，再是所有的 8 分，等等。因此，频数分布可以让研究者“粗略”知晓整个分数集的情况。它呈现了数据在一般意义上是高还是低，它们是否聚集于某一区域或在整个范围内都有分布，从而在总体上提供一幅有组织的数据图。除了提供关于整个分数集的图形，频数分布能够让你看到任意单个分数相对于集合中所有其他分数的位置。

频数分布可由表或图构成，但是无论哪种情况，频数分布都具有两个相同的要素。

(1) 一系列由原始测量量尺构成的类别。

(2) 记录每一分类出现的频数，或个体的数目。

因此，频数分布呈现了个体分数是如何分布在测量量尺上的，因此称为频数分布。

2.2 频数分布表

最简单的频数分布表通过由高到低[⊖]排列不同的测量类别(X 值)来呈现测量量尺。除了每个 X 值，还有频数，即数据中某个特定的测量出现的次数。习惯上用 X 作为分数的列标题，f 作为频数的列标题。频数分布表的例子如下。

□ 例 2-1

下列一组 $N=20$ 的分数，来自满分为 10 分的统计考试。我们通过构建频数分布表来组织这些数据。分数为：

8，9，8，7，10，9，6，4，9，8，
7，8，10，9，8，6，9，7，8，8

(1) 最高分为 $X=10$，最低分为 $X=4$。因此，表格第一列列出组成测量量尺(X 值)的类别，从 10 到 4。注意，所有可能的数值都列于表中。例如，没有分数为 $X=5$ 的人，但是这个数值被包括在内。对于顺序量表、等距量表以及比率量表，类别都是按照顺序(通常是从高到低)排列的。对于称名量表，类别可按任意顺序排列。

(2) 与每个分数有关的频数被记录在第二列中。例如，有两个人的分数为 $X=10$，所以 $X=10$ 这一栏对应的 f 值为 2。

(续)

X	f
10	2
9	5
8	7
7	3
6	2
5	0
4	1

因为表格中的分数经过组织，所以我们能够很快地了解到考试结果的总体情况。例如，两个学生得满分，大多数学生的得分都较高(8 分和 9 分)。只有一个例外的低分(4 分)，该班大部分学生都学得相当好。

注意频数分布表中的 X 值代表的是测量量尺，不是真实得到的一系列分数。例如，X 列仅列出 $X=10$ 一次，但是频数一栏表明实际上有两个值为 $X=10$。同样地，X 列列出 $X=5$，但是频数一栏显示没有一个真实分数为 $X=5$。

你还应该注意到，频数可用于获得分数在分布中的总个数。通过累加频数，你可以得到个体的总数。

$$\sum f=N$$

■

通过频数分布表计算 $\sum X$

很多时候你可能需要计算分数的总和，或对频数分布表中的一组分数进行其他的计算。为了正确地完成计算，你必须使用表中呈现的所有信息。也就是说，使用 f 列和 X 列的信息来获得一系列的分数十分必要。

当必须对频数分布表中的分数进行计算时，最安全的步骤是在进行计算前把个体的分数从表中列出。下面的例子说明了这一过程。

□ 例 2-2

X	f
5	1
4	2
3	3
2	3
1	1

考虑如上所示的频数分布表。表格显示分布中有 1 个 5，两个 4，3 个 3，3 个 2，以及 1 个 1，总共有 10 个分数。如果简单地列出所有 10 个分数，你可以进行计算，如求 $\sum X$ 或 $\sum X^2$。例如，为了计算 $\sum X$，你

⊖ 习惯上，我们将数值类别从最高到最低排列，但这不是绝对的。很多计算机程序会将数值类别从低到高排列。

必须将所有 10 个分数相加。

$$\sum X = 5+4+4+3+3+3+2+2+2+1$$

根据该表中的分布，你应求得 $\sum X = 29$。你自己尝试一下。同样地，为了计算 $\sum X^2$，你要先计算这 10 个分数的平方，再将各个分数的平方数值相加。

$$\sum X^2 = 5^2+4^2+4^2+3^2+3^2+3^2+2^2+2^2+2^2+1^2$$

这次你应求得 $\sum X^2 = 97$。■

从频数分布表中求 $\sum X$ 的另一种方法是将每个 X 的值与其对应的频数相乘，之后将这些乘积相加。这个和可用符号表示为 $\sum fX$。例 2-2 数据计算如下：

X	f	fX	
5	1	5	1×5=5
4	2	8	2×4=8
3	3	9	3×3=9
2	3	6	3×2=6
1	1	1	1×1=1
		$\sum X = 29$①	

①在表格内计算 $\sum X$ 是可以的，但当公式复杂时可能会算错。

无论你用哪种方法计算 $\sum X$，最重要的是，你不仅要使用 X 列的信息，还要使用频数列的信息。

比例和百分比

除了频数分布表中的两个基本列，还有其他描述分数分布的测量，而且可把它们加入表格。最常见的是比例和百分比。

比例测量了每个分数在整体中所占的多少。例 2-2 中，有两个个体的分数为 $X=4$。因此，十分之二的人得了 $X=4$，所以比例是 $\frac{2}{10}=0.20$。通常，每个分数的比例是：

$$\text{比例} = p = \frac{f}{N}$$

因为比例描述的是频数(f)和总体数目(N)的关系，所以经常称为相对频数。虽然比例可以表达为分数$\left(\text{如，}\frac{2}{10}\right)$，但它们常以小数的形式出现。以 p 为标题的比例列可添加到基本的频数分布表中(见例 2-3)。

除了频数(f)和比例(p)，研究者也常用百分比来描述分数的分布。例如，一位老师也许会这样描述一次考试的结果：班级中 15%的学生获得了 A，23%的学生获得了 B，等等。为了计算与每个分数有关的百分比，你首先要求比例(p)，然后再将它乘以 100：

$$\text{百分比} = p \times 100 = \frac{f}{N} \times 100$$

百分比可以通过添加一个以%为标题的列而纳入频数分布表中(见例 2-3)。

□ 例 2-3

这里再次呈现例 2-2 中的频数分布表。这次添加了和每个分数有关的比例和百分比。

X	f	p=f/N	百分比(%)=p×100
5	1	1/10=0.10	10%
4	2	2/10=0.20	20%
3	3	3/10=0.30	30%
2	3	3/10=0.30	30%
1	1	1/10=0.10	10%

■

学习小测验

1. 请用下列分数创建一个频数分布表。

   分数：3，2，3，2，4，1，3，3，5

2. 请根据以下频数分布表计算每一数值。

   a. n

   b. $\sum X$

   c. $\sum X^2$

X	f
5	1
4	2
3	2
2	4
1	1

答案

1.

X	f
5	1
4	1
3	4
2	2
1	1

2. a. $n=10$

   b. $\sum X = 28$

   c. $\sum X^2 = 92$(将 10 个分数先平方后相加)

分组频数分布表

当一组数据覆盖的值域很广时，在频数分布表中列出所有个体的分数是不可能的。例如，一组考试分数，其范围从最低分 $X=41$ 到最高分 $X=96$。这些分数覆盖的范围超过了 50 个分数。

如果我们列出从最高分 $X=96$ 到最低分 $X=41$ 所有个体的分数，要列出 56 行才能完成频数分布表。[㊀] 尽管这样可以组织数据，但是表格会冗长而累赘。记住：创建表格的目的是获得一个相对简单的、经过整理的数据表。所以我们可以通过将分数分为几个区间，然后将区间列在表格中，代替每个个体的分数，以完成表格的建立。例如，我们可以创建一个表格来呈现 90 分段中的学生数量，80 分段中学生的数量，等等。这种表称为分组频数分布表，因为我们呈现的是分数的组别而不是个体的数值。这些组别或区间，被称为分组区间(class interval)。

有些规则可以指导你创建一个分组频数分布表。这些简单的规则，虽然不是绝对的要求，但是它们确实能帮你创建简单、有组织、易懂的表格。

规则 1

分组频数分布表应大约分为 10 个分组区间。一方面，如果一个表格超过 10 个分组区间，这会让表格变得累赘而且无法达到创建频数分布表的目的。另一方面，如果区间太少，就会丢失分数分布的信息。最极端的情况是，只有一个区间，这时表格将无法告诉你分数是如何分布的。记住，使用频数分布的目的是帮助研究者观察数据。当区间过多或过少时，表格将无法达成这一目的。你应该记住约 10 个分组区间只是一般的规定。例如，当你想将一个表格呈现在黑板上时，你也许只想要 5 个或 6 个分组区间。如果表格将被展示在一个科技报告中，你也许想要 12 个或 15 个分组区间。所以无论在什么情况下，你的目的是呈现一个看起来相对简单和便于理解的表格。

规则 2

每个分组区间的间距应该是一个相对简单的数字。例如，2、5、10 或 20，都是分组区间宽度较好的选择。请注意，用 5 或 10 很容易计算。这些数字易于理解，而且能够使人们很快地明白你是如何划分分数范围的。

规则 3

每个组分组区间中的最小分数应该是组距的倍数。例如，如果你使用的组距为 10，那么组距应该从 10、20、30、40 等数值开始。这能让人们更易于理解表格是如何被创建的。

规则 4

所有分组区间的组距应该是相同的。它们应该完整地覆盖分数的范围，并且没有空缺或重叠，以便任何特别的分数都能属于某一确切的区间。

例 2-4 对这些规则的应用给予了说明。

□ 例 2-4

一位教师已经获得了 $N=25$ 的一组考试分数，如下所示。为了组织这些分数，我们会将它们放到频数分布表中。分数为：

82，75，88，93，53，84，87，58，72，94，69，84，61，91，64，87，84，70，76，89，75，80，73，78，60

第一步是确定分数的全距。在这组数据中，最小的分数是 $X=53$，最大的分数是 $X=94$，所以要列出每个个体分数，该表共需 42 行。因为 42 行过于繁杂，我们必须将这些分数分组。

选择恰当的组距的最好方法是系统试错法，试错法要同时使用规则 1 和规则 2。我们大概需要 10 个分组区间，而且分组区间应该是个简单的数字。共有 42 个分数，所以我们会尝试几种不同的分组区间来确定需要多少分组可以覆盖全距。例如，如果每个分组组距为 2，将会需要 21 个分组区间来覆盖 42 个分数。这实在太多了，所以我们将组距增加到 5 或 10。以下表格展示了组距以及对应分组区间的数量[㊁]：

组距	覆盖 42 个分数需要的分组区间的数量
2	21(太多了)
5	9(可以)
10	5(太少了)

㊀ 当分数全部是整数时，常规表格的行数可通过求最高分和最低分的差值后加 1 获得：

行数 = 最高分 − 最低分 + 1

㊁ 因为底部区间通常会延至最低分以下，顶部区间会延至最高分以上，所以你需要的区间数常常比计算的区间数稍多点。

注意，组距为 5 时将得到大概 10 个区组，这正是我们需要的。

下一步是确定分组区间。这些分数的最小值是 $X=53$，所以最小分组区间应该包括这个值。因为每个分组区间应该以 5 的倍数作为其最小分数，因此，区间应以 50 开始。组距为 5，那么它就应该包括 5 个值：50、51、52、53 和 54。因此，最小分组区间是 50~54。下一个分组区间将会从 55 到 59。请注意，这个分组区间的最小分数同样是 5 的倍数，且包含 5 个分数(55、56、57、58 和 59)。表 2-2 呈现了所有分组区间的频数分布。

表 2-2　该分组频数分布表呈现了例 2-4 的数据。原始分数的全距最高分为 $X=94$，最低分 $X=53$。全距被划分为 9 个区组，每个区组的组距为 5。频数列(f)列出了个体分数在各区组的数目

X	f
90~94	3
85~89	4
80~84	5
75~79	4
70~74	3
65~69	1
60~64	3
55~59	1
50~54	1

一旦列出分组区间，你就可以通过登记，并添加频数列来完成表格。频数列的数值表明了分数落在这个分组区间中个体的数目。在本例中，有 3 个学生的分数落在 60~64 的区组中，所以在这个区组中的频数是 $f=3$(见表 2-2)。通过添加与每个区组相对应的比例或百分比可拓展基本表格。

最后，你应该注意到，当分数被置于分组表中时，你会失去个体特定数值的信息。例如，表 2-2 显示有 1 个人的分数落在 65~69 分之间，但是在表格中无法确定分数究竟是多少。一般来说，组距越大，丢失的信息就会越多。在表 2-2 中，组距是 5，数据显示有 3 个人的分数落在 60~64 分之间，有 1 个人的分数位于 65~69 分之间。而当组距变为 10 时，这个信息就会丢失。当组距变为 10 时，所有 60 多分的分数都会归入 60~69 组。表格显示有 4 个人的分数落在 60~69 这一组中，但是我们无法通过读表知道哪些人在 60 多分的高分段或低分段。■

实限和频数分布

回顾第 1 章，连续变量有无穷多的可能的值，可以通过数轴来表明它是连续的且包含无穷个点。然而，当测量连续变量时，测量结果对应数轴上的区间而不是单个点。例如，如果你以秒为单位测量时间，一个分数 $X=8$ 秒实际上代表的是一个区间，它的实限是从 7.5 秒到 8.5 秒。因此，若一个频数分布表表明有频数 $f=3$ 的个体分配到分数 $X=8$ 中，并不意味着所有这 3 个个体都有相同的测量结果。相反，你应该意识到这 3 个测量结果只是都位于 7.5~8.5 这一区间。

实限的概念也应用于分组频数分布表的组距。例如，一个组距为 40~49，包含了从 $X=40$ 到 $X=49$ 的分数。这些值称为频数分布区间的表面界限(apparent limit)，因为它呈现了该区间的最高边界和最低边界。然而，如果你测量一个连续变量，分数 $X=40$ 实际上是从 39.5 到 40.5 的区间。类似地，$X=49$ 是从 48.5 到 49.5 的区间。因此，这个区间的实限是 39.5(精确下限)和 49.5(精确上限)。请注意，下一个较高的区组是 50~59，其精确下限是 49.5。因此，这两个区组在实限 49.5 相遇，在量表中没有间隙。你还应注意到，当你考虑区间的实限时，组距变得更易理解。例如，区组 50~59 的实限是 49.5 和 59.5。这两个实限之间的距离(10)就是组距。

学习小测验

1. 对于下列每一种情况，确定分组频数分布最合适的组距和最小区组的表面界限。
   a. 分数范围从 $X=7$ 到 $X=21$。
   b. 分数范围从 $X=52$ 到 $X=98$。
   c. 分数范围从 $X=16$ 到 $X=93$。
2. 仅用表 2-2 呈现的频数分布表，分数为 $X=73$ 的个体有多少？

答案

1. a. 组距为 2，需要设置 8 个区组。最小区组是 6~7。
   b. 组距为 5，需要设置 10 个区组。最小区组是 50~54。
   c. 组距为 10，需要设置 9 个区组。最小区组是 10~19。
2. 当一组数据被归入分组表后，你不能确定任意一个特定分数的频数。仅从表中没有方法来确定有多少个个体的分数是 $X=73$。(你可以说最多有 3 个人的分数是 $X=73$。)

2.3　频数分布图

频数分布图是基于频数分布表得到的信息图。尽管有好几种不同的类型，但是它们都始于两条互相垂直的轴线。水平线称为 X 轴，或者横坐标。垂直线称为 Y 轴，或是纵坐标。测量值(一系列 X 值)沿 X 轴列出，其值从左至右逐渐增大。频数列于 Y 轴，其值从下至上逐渐增大。一般情况下，对于频数和分数二者，两条轴线相交点的值应为 0。最后一个一般规则是，在构图时要注意 Y 轴的高度应该近似 X 轴长度的 2/3 或者 3/4。违反这些规定会创建出误导性的数据图(见知识窗 2-1)。

等距或比率数据图

当数据由等距或比率量表测量的分数构成时，构建频数分布图有两种选择。这两种图形分别称为直方图和多边图。

直方图　为构建一个直方图，你先要沿 X 轴列出分数(测量的类别)。然后你需要在每个 X 值上画一个条形：

a. 条形的高度与该类别的频数相对应。

b. 对于连续变量，每个条形的宽度对应每个类别的实限。对于离散变量，条形的宽度恰好是到两边相邻类别距离的一半。

对于连续变量和离散变量，直方图中每个条形都要延伸到相邻两边的中点。因此，相邻的条形靠在一起，条形之间没有间隔。图 2-2 是一个直方图的例子。

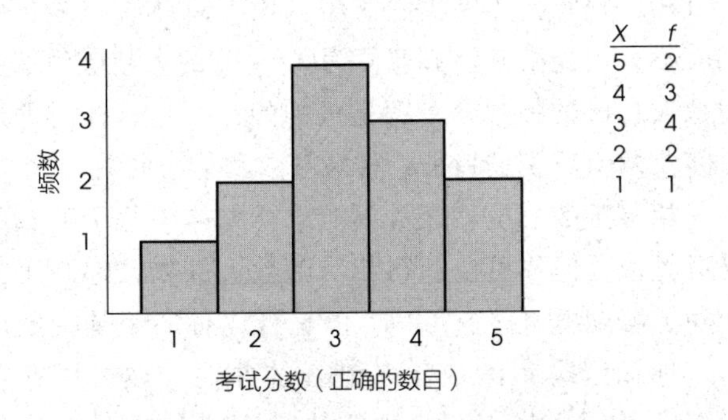

图 2-2　频数分布直方图的例子。以频数分布表和直方图的形式呈现同一组测量分数

当数据被归入各分组区间时，你可通过在每个分组区间上绘制条形来创建频数分布图，其宽度恰好是两边相邻类别距离的一半。图 2-3 展示了这个过程。

对于图 2-2 和图 2-3 呈现的两个直方图，请注意，水平轴或垂直轴上的数值都要被清晰地标记。同时注意，只要有可能，就要确定测量单位，例如，图 2-3 表明身高分布以英寸为测量单位。最后，请注意，图 2-3 中的 X 轴没有将 0 到 48 英寸所有可能的高度全部列出。相反，该图清晰地显示了 0 到 30 英寸之间的一个间隙，表明有些分数被省略了。

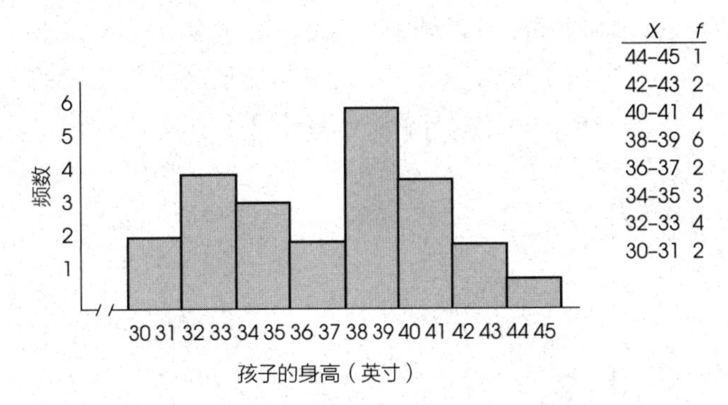

图 2-3　分组数据频数分布直方图的例子。频数分布表和直方图呈现了同一组孩子的身高数据

修正的直方图　对经典直方图进行轻微修正，会使频数分布更易绘制和理解。与在每个分数之上绘制一个条形不同，修正直方图由一堆方块组成。每个方块代表一个个体，所以每个分数之上方块的数目相当于这些分数的频数，如图 2-4 所示。

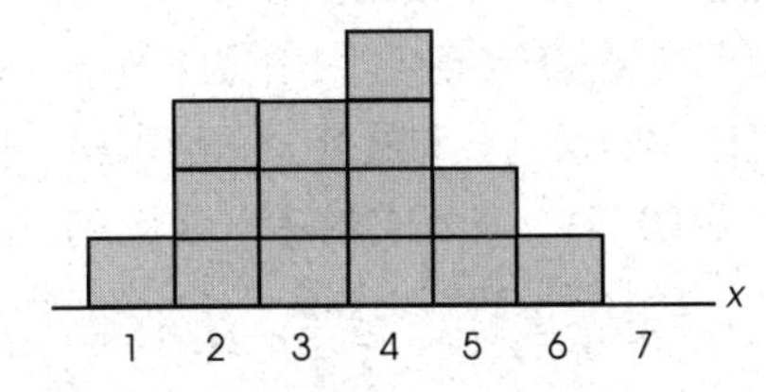

图 2-4　在该频数分布中，每个个体由在个体分数上的方块代表。例如，有 3 个人的分数为 $X=2$

注意，每堆方块的数目使我们可以更简单地了解每一分数类别的绝对频数。不仅如此，也很容易看出不同类别间的区别。例如，在图 2-4 中，得分是 $X=2$ 的人数比得分是 $X=1$ 的人数多两人。因为方块的数目可以简明地展示频数，这种展示方式代替了用纵坐标表示频数的需要。一般来说，这种图形为样本分数提供了一个简单又具体的分布图。注意，本书的其余部分通常使用这种图来呈现样本数据。然而，这种呈现仅提供了分布的概况，修正的直方图不能替代使用两个坐标轴精确绘制的直方图。

多边图　绘制等距或比率测量量表数值分数分布的第二个选择称为多边图。为了构建多边图，你首先

要沿 X 轴列出数值分数(测量的类型)。然后，你需要：

a. 在每个分数的正上方描点，并且要使点的垂直位置与分组区间频数一一对应。

b. 绘制一条连接一系列点的连续线。

c. 从分数范围的每一端向下画一条线并且延伸至 X 轴(频数为 0)，绘图完成。最后绘制的这条线通常要与 X 轴某个点相交，左侧点是比最低分数更低的一组，右侧点是比最高分数更高的一组。多边图样例显示在图 2-5 中。

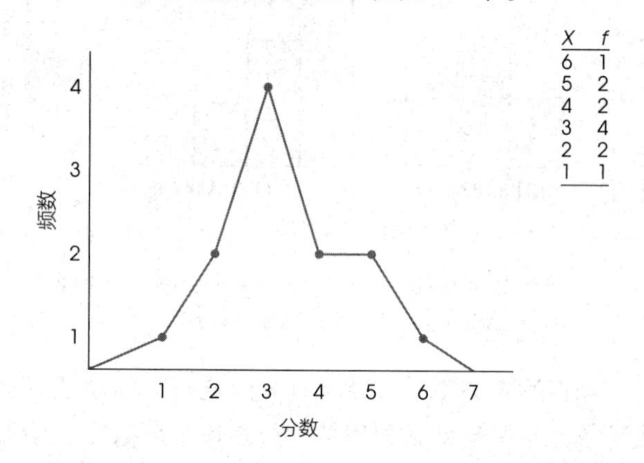

X	f
6	1
5	2
4	2
3	4
2	2
1	1

图 2-5 频数分布多边图的例子。频数分布表和多边图呈现了同一组数据

多边图也可用于分组数据。对于一个分组分布，每个点的位置可直接置于分组区间中点的上方。中点可以通过将分组区间的最高分和最低分平均求得。例如，一个分组区间是 20~29，那么它的中点就是 24.5。

$$\text{中点}=\frac{20+29}{2}=\frac{49}{2}=24.5$$

分组数据频数分布多边图的样例呈现于图 2-6。

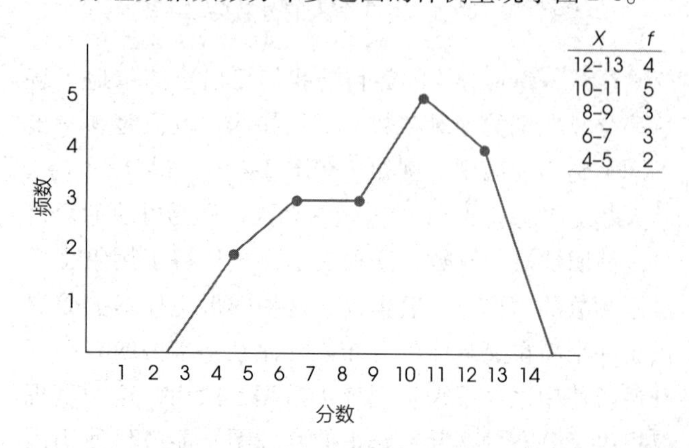

X	f
12-13	4
10-11	5
8-9	3
6-7	3
4-5	2

图 2-6 一个分组数据频数分布的多边图。分组频数分布表和多边图呈现了同一组数据

称名数据或顺序数据图

当分数以称名或顺序量表测量时(通常为非数值)，频数分布可以以条形图呈现。

条形图 条形图除在相邻条形之间有空隙外，本质上与直方图相同。对于称名量表，在条形之间的空隙强调了尺度是由独立的、不同的类别构成的。对于顺序量表，采用分离条形是因为不能假设所有的类别都具有相同大小。

创建条形图，首先需要沿着 X 轴列出测量的类别，然后在每个类别的上方画出条形，以便条形的高度等于该类别的频数。条形图的样例显示在图 2-7 中。

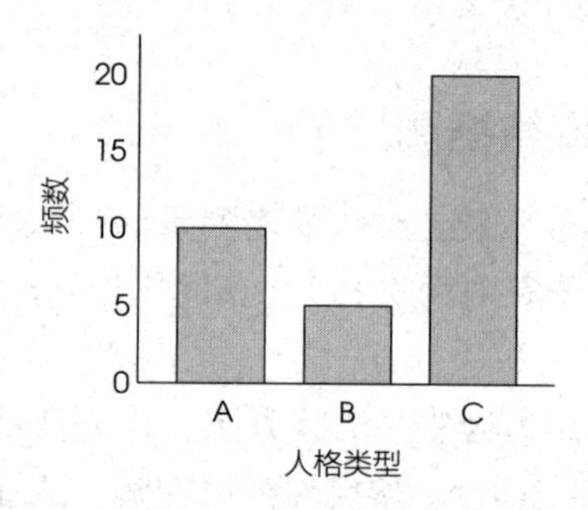

图 2-7 条形图呈现了大学生样本中人格类型的分布。因为人格类型是离散的称名变量，所以条形之间留有空隙

总体分布图

当你可以获得总体中每个分数的准确频数时，你就能构建与在样本数据中使用的直方图、多边图、条形图一样的频数分布图。例如，如果总体定义为 $N=50$ 的人群，我们可以很容易地知道有多少人的智商是 $X=110$。然而，如果我们对美国成人总体感兴趣，我们就不太可能准确计算智商为 $X=110$ 的人数。虽然创建超大总体的频数分布图是可能的，但是这样的图通常涉及两个特别的特征：相对频数和平滑曲线。

相对频数 虽然通常不能求得总体中每个分数的绝对频数，但你可以获得相对频数。例如，你不可能准确了解湖里有多少条鱼，但是当你有多年垂钓经历后，你知道鳟鱼的数量是鲈鱼的两倍。你可以在条形图中表示这些相对频数，让代表鳟鱼的条形比代表鲈鱼的条形高两倍(见图 2-8)。请注意，该图并没有呈现鱼的绝对数量，它只呈现了鳟鱼和鲈鱼的相对数量。

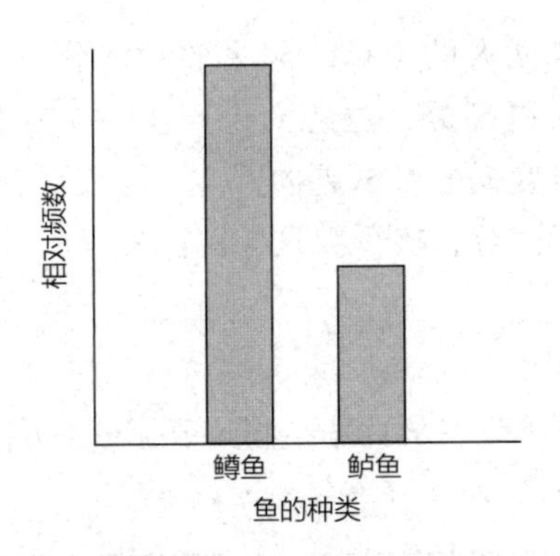

图 2-8　该频数分布图展示了两种鱼的相对频数。请注意，鱼的精确数量并没有被报告，该图只是表明鳟鱼的数量是鲈鱼的两倍

平滑曲线　当总体是由源自等距量表或比率量表的数值分数构成时，我们通常习惯用一条平滑曲线绘制分布以替代直方图或多边图中出现的那些参差不齐、阶梯式的形状。平滑曲线表明你不是在连接一系列的点(真正的频数)，而是表明从一个分数到下一个分数的相对变化。一个常见的总体分布是正态曲线。"正态"(normal)一词是指可由公式精确定义的特定形状。不太严格地说，我们可将正态分布描述为对称的、正中频数最大，向两端移动频数相对减少的分布。正态分布典型样例是呈现在图 2-9 中的 IQ 分数的总体分布。因为正态形状的分布常会出现，并且在特定情境中可通过明确的数学计算确定，所以在本书中，我们会给予其广泛关注。

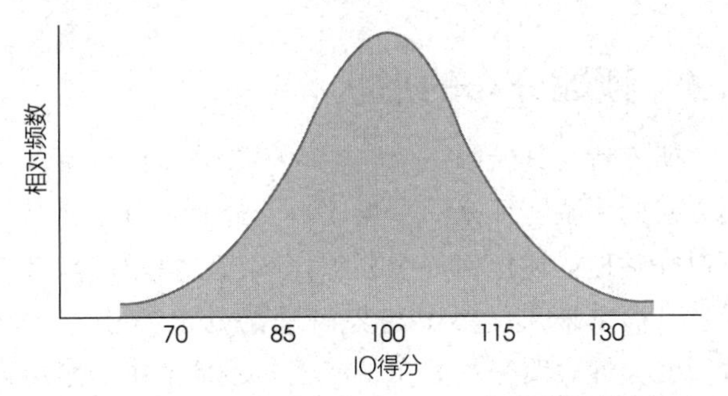

图 2-9　IQ 分数的总体分布：正态分布的样例

知识窗 2-1　图的用法与误用

尽管图通常被用于为一组数据提供准确的画像，但它们可夸大或歪曲一组数据。这些歪曲通常是由于绘图者没有遵循制图的基本准则。下例将说明，通过操纵图形结构，同一组数据是如何以两种完全不同的方式呈现的。

在过去几年中，城市保留着杀人案件数量的记录。数据概括如下：

年份	杀人案件数量
2007	42
2008	44
2009	47
2010	49

这些数据以两种不同图形呈现在图 2-10 中。在第一张图中，我们夸大了高度，在 Y 轴上以 40 为起点而不是以 0 为起点。结果表明，这四年内杀人案件的数量在快速增长。在第二张图中，我们延长了 X 轴并且以 0 为 Y 轴的起点。结果表明，在这四年内杀人案件的数量几乎没有变化。

哪张图正确呢？答案是没有一张是非常好的。记住绘图的目的是提供数据的精确展示。图 2-10 的第一张图夸大了年与年之间的差异，第二张图隐藏了这样的差异。有一些折中是需要的。还须注意，在某些情况下，图可能不是呈现信息的最好方法。例如，对于这些数据，用表格呈现数量会比这两张图都好。

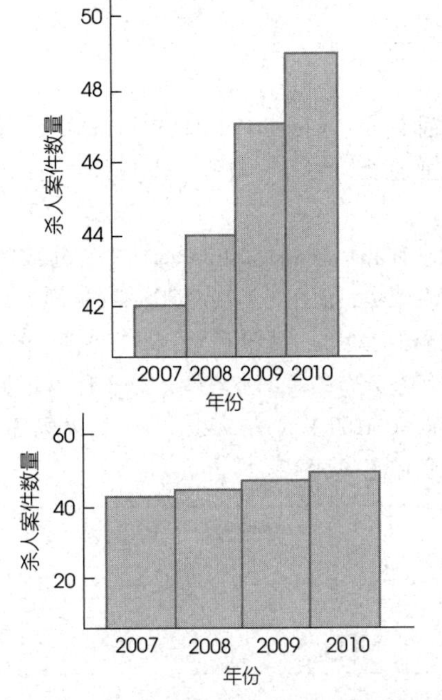

图 2-10　两张图都显示了某个城市近四年杀人案件的数量情况。虽然两张图使用的是同样的数据，然而第一张图显示杀人案件数量增长率很高，增幅很大。第二张图使我们感觉杀人案件数量增长率很低，四年内变化不大

之后，我们将介绍分数的分布。不论何时出现“分布”这一术语，你都应该联想到频数分布图。这幅图提供了个体分数所在的确切位置。为了使这个概念更具体，你可将其想象为呈现一堆个体的图片，正如图 2-4 中呈现一堆方块那样。对于图 2-9 中呈现的 IQ 分数总体，最高处的 IQ 分数为 100 左右，因为大多数人都是平均智商。只有极少数个体的 IQ 分数达到 130，顶端的人数一定很少。

2.4 频数分布的形状

研究者与其绘制一个完整的频数分布图，不如列出分布的一些特征来简单描述一个分布。有三个特征可以完整地描述任何一个分布：形状、集中趋势和变异性。简单来讲，集中趋势衡量的是分布中心的位置。变异性表明分数分布是广泛，还是集中。集中趋势和变异性会在第 3 章和第 4 章中详细介绍。学术上讲，分布的形状是由某个方程定义的，该方程描述了图中每个 X 值与 Y 值之间的确切关系。然而，我们常常依赖一些不太精确的术语来描述大多数分布的形状。

几乎所有分布都可被归为对称分布或偏态分布。

定义

在**对称分布**（symmetrical distribution）中，可以在中间画一条垂直线，使得分布的一边是另一边的镜像（见图 2-11）。

在**偏态分布**（skewed distribution）中，分数倾向于向量尺的一端聚焦，而在另一端逐渐减少（见图 2-11）。

分数减少较缓的一端被称为分布的**尾部**（tail）。

如果偏态分布的尾部在右侧，分布称为**正偏态**，因为尾部指向 X 轴的正向端（0 以上）。如果尾部在左侧，分布称为**负偏态**（见图 2-11）。

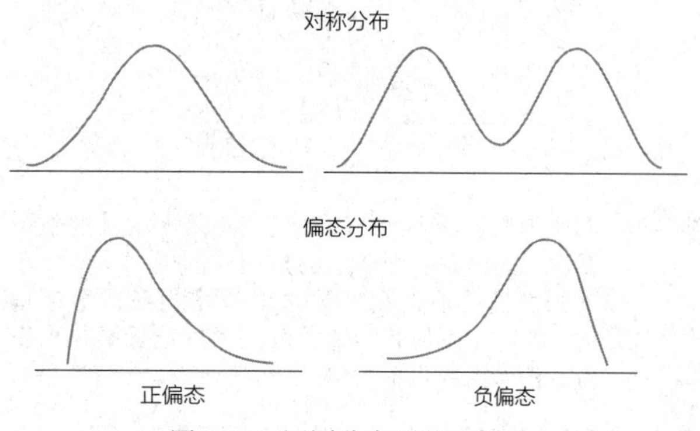

图 2-11 不同分布形状的例子

对于难度大的考试，大多数人的分数趋向低分，只有少数人得高分，这趋向于产生一个正偏态分布。类似地，难度低的考试趋向产生一个负偏态分布，大多数学生得高分，极少数学生得低分。

学习小测验

1. 请根据下表中的数据绘制频数分布直方图和频数分布多边图。

X	f
5	4
4	6
3	3
2	1
1	1

2. 请描述练习 1 中分布的形状。
3. 一位研究者记录了参加大学篮球比赛的每个学生的性别和专业。如果以频数分布图呈现专业分布，应采用哪种类型的图形？
4. 如果一位研究者的研究结果以频数分布直方图的形式呈现，那么同样的结果是否适合以多边图的形式呈现？请解释。
5. 一所大学报告已注册的学生最年轻的为 17 岁，已注册的学生的 20%在 25 岁以上。那么注册学生的年龄分布的形状是什么？

答案

1. 请见图 2-12。
2. 分布是负偏态。
3. 条形图用于呈现称名数据。
4. 是的。直方图和多边图都可用于来自等距量表或比率量表的数据。
5. 是正偏态。大多数学生的年龄分布在 17~21 岁之间，极少数的年龄在 25 岁及以上。

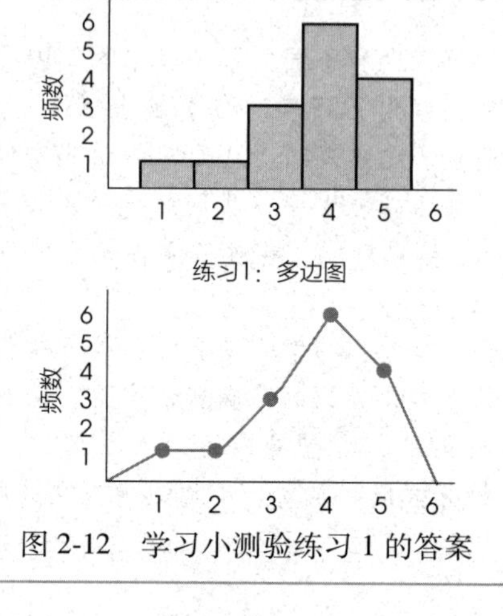

图 2-12 学习小测验练习 1 的答案

2.5　百分位数、百分等级和插值法

虽然频数分布的主要目的是提供对整体分数的描述，但是它也可用于描述个体在分数集中的位置。个体分数，或X值，被称为原始分数。原始分数自身并不能提供太多信息。例如，如果你被告知，你的考试分数为$X=43$，你并不知道和班中其他学生相比，你的表现如何。为了评估你的分数，你需要更多的信息，例如平均分是多少，或者有多少人的分数高于或低于你的分数。根据这些信息，你能够确定你在班级中的相对位置。因为原始分数不能提供太多的信息，所以将它们转换成更有意义的形式很有必要。我们考虑的一种转换方法就是将原始分数转换为百分位数。

定义

特定分数的**等级**或**百分等级**被定义为，在分布中分数等于或小于该特定分数的个体的百分比。

当分数是由其百分等级确定时，该分数称为**百分位数**。

例如，假设你的考试分数为$X=43$，你确切地知道班级中有60%的分数等于或者低于43，那么你的分数$X=43$的百分等级就为60%，你的分数可以被称为第60百分位数。请注意，百分等级指的是一个百分比，而百分位数指的是一个分数。同时，请注意，你的等级或百分位数描述的是你在一个分布中的确切位置。

累积频数和累积百分比

为了确定百分位数或百分等级，第一步是求得在分布中的每个点及其以下的个体的数量。这可用频数分布表简单计算每一分类或分数低于该分类的数目来轻易地完成。结果称为累积频数，因为它代表随着向上移动量尺累积的个体数量。

□　例2-5

在下列频数分布表中，我们用cf这一列代表累积频数。对于每一行，累积频数值是通过相加该类及该类以下的频数获得的。例如，分数$X=3$的累积频数是14，因为恰好有14个个体的分数为3或小于3。

X	f	cf
5	1	20
4	5	19
3	8	14
2	4	6
1	2	2

■

累积频数呈现的是位于每一分数或小于该分数的个体数量。为了求得百分位数，我们必须将这些频数转换成百分数，结果称为累积百分比，因为它们呈现的是随着向上移动量尺累积的个体百分比。

□　例2-6

这一次，我们在例2-5的频数分布表中添加了累积百分比这一列($c\%$)。这列值代表位于每类中及该类以下个体的百分比。例如，70%的个体(14/20)的分数是$X=3$或低于3。累积百分比可通过下列公式计算：

$$c\%=\frac{cf}{N}(100\%)$$

X	f	cf	$c\%$
5	1	20	100%
4	5	19	95%
3	8	14	70%
2	4	6	30%
1	2	2	10%

■

频数分布表中的累积百分比给出了与每个X值相对应的或小于该值的个体百分比。然而，你要牢记，表格中的X值通常是连续变量的测量值，因此，它代表测量量表上的区间。例如，分数为$X=2$，意味着测量值是实限1.5到2.5之间的某个点。因此，当表格呈现分数$X=2$的累积百分比为30%时，你应该将它理解为，你到达$X=2$区间上限时已累积的个体为30%。请注意，每个累积百分比都与其区间的精确上限有关。图2-13展示了这一点，它呈现了例2-6使用的相同数据。图2-13表明，两个人或10%的分数是$X=1$，也就是说有两个人的分数在0.5~1.5这个区间。当你达到区间的精确上限1.5之前，你不能确定这两个个体都被累积。类似地，30%的累积百分比会达到量表上的2.5，70%的累积百分比会达到3.5，依此类推。

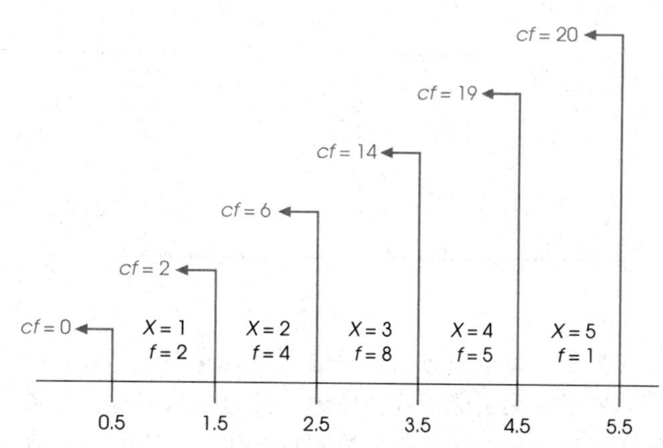

图 2-13 累积频数和精确上限之间的关系。请注意，有两个人的分数是 $X=1$。这两个人的分数位于 0.5 和 1.5 的实限之间。虽然其精确位置落在哪儿不知道，你还是可以确定他们的分数是低于 1 的精确上限的

插值法

如果百分位数是精确上限，百分等级是出现在表格中的百分数，那么直接从频数分布表中确定百分位数和百分等级是有可能的。例如，你可以根据例 2-6 中的表格回答以下问题：

1. 第 95 百分位数是多少？（答案：$X=4.5$）
2. $X=3.5$ 的百分等级是多少？（答案：70%）

然而，有很多值并没有被直接展现在表格中，你也不可能精确地知道这些值。请再次参考例 2-6 中的表格，并回答以下问题：

1. 第 50 百分位数是多少？
2. $X=4$ 的百分等级是多少？

因为这些值在表格中没有被精确地报告，所以你无法回答这些问题。然而，通过使用一种被称为插值法的标准程序来估计这些中间值还是可能的。

在我们应用插值法计算百分位数和百分等级之前，我们先用一个简单、具有常识性的例子介绍这种方法。假设 Bob 每天步行去工作，其步行距离为两英里[㊀]，全程需花费 40 分钟。你估计他 20 分钟后步行了多远？为了回答这个问题，我们列出一个表格以显示 Bob 开始和结束步行的时间和距离。

	时间	距离
开始	0	0
结束	40	2

如果你估计 Bob 20 分钟步行 1 英里，你就已经在使用插值法了。你可能完成了下列逻辑步骤：

1. 总时长是 40 分钟。
2. 20 分钟代表总时长的一半。
3. 假设 Bob 步行的速度稳定，他应用一半的时间步行了一半的路程。
4. 总距离是两英里，所以一半的距离是 1 英里。

插值法的计算过程如图 2-14 所示。在该图中，最高的一条线表示 Bob 步行的时间，从 0 到 40 分钟，底部那条线表示距离，从 0 到两英里。中间那条线表示沿途的不同部分。利用该图，请尝试回答下列关于时间和距离的问题。

1. Bob 步行 1.5 英里需多长时间？
2. Bob 10 分钟后步行了多远？

如果获得的答案是 30 分钟和 0.5 英里，那你就掌握了插值法的过程。

注意，插值法提供了求中间值（位于两个特定值之间的值）的一种方法。这恰是我们面对百分位数和百分等级时遇到的问题。一些数值在表格中被明确给出，但是另一些数值并未被给出。同时请注意，插值法只是对中间值的估计。插值法的基本假设是从区间的一端到另一端的变化率恒定。在 Bob 步行的例子中，我们假设他全部行程的步行速率是恒定的。因为插值法基于这个假设，所以我们计算的数值也仅是估计。插值法的一般过程可以概括如下：[㊁]

1. 单一区间可用两种不同的量尺测量（例如，时间和距离）。区间的终点对每个量尺是已知的。
2. 给定一个量尺的中间值。问题是求与之对应的另一个量尺的中间值。
3. 插值法计算过程需要四步：
   a. 求两个量尺的区间宽度。
   b. 确定中间值在区间中的位置。该位置对应整个区间的一部分：
   $$部分=\frac{距区间上限的距离}{区间宽度}$$
   c. 用相同的部分来确定另一个量尺上的相对位置。首先，确定距区间上限的距离：
   $$距离=部分\times宽度$$

㊀ 1 英里约为 1.609 千米。

㊁ 你可能注意到了，对于每个问题我们都是从区间的上限开始使用插值法的。然而，这个选择是随意的，你应意识到从区间的下限开始使用插值法同样简单。

d. 利用距上限的距离确定所求的另一个量尺上的位置。

以下例子说明了插值法的程序是如何应用于百分位数和百分等级的计算的。成功解决这些问题的关键是记住表中的每个累积百分比与其得分区间的精确上限相联系。

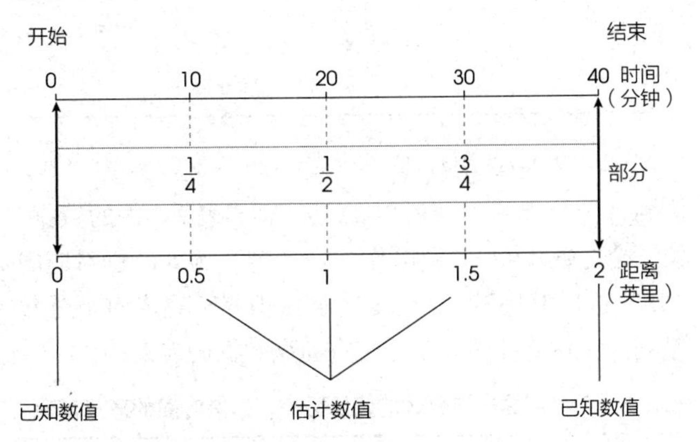

图 2-14 该图表明插值法的计算过程。相同的间隔以两种独立的单位，时间和距离呈现。只有终点是已知的——Bob 从时间和距离的 0 开始，最终步行结束时花了 40 分钟，走了两英里

□ 例 2-7

请用下列分数分布，求 $X=7.0$ 所对应的百分等级：

X	f	cf	$c\%$
10	2	25	100%
9	8	23	92%
8	4	15	60%
7	6	11	44%
6	4	5	20%
5	1	1	4%

请注意，$X=7.0$ 位于 6.5~7.5 为实限的区间中。与这些实限相对应的累积百分比分别是 20% 和 44%。这些值呈现在下表中：

	分数(X)	百分比
顶端	7.5	44%
中间值	7.0	?
底端	6.5	20%

对于插值法计算，创建一个表格能够显示两种量尺范围总是有帮助的。

第一步 对于这些分数，区间的宽度距离为 1(从 6.5 到 7.5)。对于百分比，宽度是 24 个点(从 20% 到 44%)。

第二步 我们的特定分数距离区间顶端 0.5 个点的位置。这恰是区间的一半。

第三步 在百分比量表上，一半为：

$$\frac{1}{2}\times(24\text{ 点})=12\text{ 点}$$

第四步 对于百分比，区间的顶端是 44%，所以下降 12 个点是：

$$44\%-12\%=32\%$$

这就是答案。分数 $X=7.0$ 对应的百分等级为 32%。

同样地，插值法程序可用于已分组的区间数据。你一定要记住，累积百分比值与每个区间的精确上限有关。下面的例子说明了如何使用分组频数分布中的数据计算百分位数和百分等级。■

□ 例 2-8

依据下列分数分布，用插值法求第 50 百分位数。

X	f	cf	$c\%$
20~24	2	20	100%
15~19	3	18	90%
10~14	3	15	75%
5~9	10	12	60%
0~4	2	2	10%

表中未列出 50%对应的值，然而，它位于 10% 和 60%之间。这两个百分比的值分别和 4.5、9.5 的精确上限有关。这些值呈现于下表：

	分数(X)	百分比	
顶端	9.5	60%	
	?	50%	中间值
底端	4.5	10%	

第一步 对于这些分数，区间宽度为 5 分。对于这些百分比，区间宽度是 50 点。

第二步 50% 的值位于距百分比区间顶端 10 个点的位置。作为整个区间中的一部分，这一距离是 10/50，即为总区间的 1/5。

第三步 使用分数的相同部分，我们得到的距离为：

$$\frac{1}{5}\times(5\text{ 点})=1\text{ 点}$$

所以我们希望的位置距分数顶端以下 1 个点。

第四步　因为区间的顶端是 9.5，所以我们希望得到的位置是 9.5-1=8.5。

这就是答案。第 50 百分位数是 $X=8.5$。■

学习小测验

1. 在统计学专业考试中，你更愿意你的分数是第 80 百分位数还是第 20 百分位数？
2. 对于下表呈现的分数分布，
   a. 求第 70 百分位数。
   b. 求 $X=9.5$ 的百分等级。

X	f	cf	$c\%$
20~24	1	20	100%
15~19	5	19	95%
10~14	8	14	70%
5~9	4	6	20%
0~4	2	2	10%

3. 请依据练习 2 中的分数分布使用插值法，
   a. 求第 15 百分位数。
   b. 求 $X=13$ 的百分等级。

答案

1. 第 80 百分位数是较高的分数。
2. a. $X=14.5$ 是第 70 百分位数。
   b. $X=9.5$ 的百分等级是 20%。
3. a. 因为 15%位于表中的值 10%和 20%之间，所以你必须要用插值法。15%对应的分数是 $X=7$。
   b. 因为 $X=13$ 位于 9.5~14.5 的实限之间，所以你必须用到插值法。$X=13$ 的百分等级是 55%。

2.6 茎叶图

1977 年，Tukey 提出了一种组织数据的方法，这为分组频数分布表或图提供了一个简单的替代方案。这种称为茎叶图的方法要求将每个分数分为两部分：第一个数字称为茎，最后一个数字称为叶。例如，$X=85$ 将分为茎 8 和叶 5。相似地，$X=42$ 将分为茎 4 和叶 2。为构建一系列数据的茎叶表达，第一步就是在一栏中列出所有的茎。例如，对于表 2-3 中的数据，最小的分数是 30 多，最大的分数是 90 多，所以茎的列表如下：

茎
3
4
5
6
7
8
9

下一步是浏览数据，一次一个分数，并在“茎”旁为每个分数写下“叶”的值。对于表 2-3 中的数据，第一个分数 $X=83$，所以你要在“茎”为 8 一栏对应的“叶”这栏中写下 3。重复这个过程直至完成整个分数系列。完整茎叶图呈现在带有原始数据的表 2-3 中。

表 2-3　$N=24$ 的一组分数的原始数据，以茎叶图的形式呈现

数据			茎叶图	
83	82	63	3	23
62	93	78	4	26
71	68	33	5	6 279
76	52	97	6	283
85	42	46	7	1 643 846
32	57	59	8	3 521
56	73	74	9	37
74	81	76		

茎叶图与频数分布

请注意，茎叶图和分组频数分布很相似。茎这一栏的每个值相对应的是一个等级区间。例如，茎值为 3 代表其对应的所有的分数都是三十多，也就是所有的分数都在区间 30~39 中。叶这一栏的数字表示的是与每个茎相关的频数。我们可以很明显地发现，茎叶图相较传统的频数分布有一个很大的优点，即茎叶图允许你将每个个体的分数都体现在表格中。举个例子，在表 2-3 中，你可以知道在 60 的分数段有 3 个值，并且知道它们分别是 62、68 和 63。而频数分布只会告诉你频数，不会告诉你确切的值。茎叶图这个优点的价值很高，特别是当你需要对所有原始分数进行运算时。例如，如果你需要将所有分数相加，你可以从茎叶图中得到所有确切的值，然后进行计算。在分组频数分布中，你无法获得每个个体的分数。

学习小测验

1. 请用茎叶图组织下列分数：
   74，103，95，98，81，117，105，99，63，86，94，107
   96，100，98，118，107，82，84，71，91，107，84，77
2. 请解释为什么茎叶图要比分组频数分布包含更多的信息。

答案

1. 这些分数的茎叶图如下：

6	3
7	417
8	16244
9	5894681
10	357077
11	78

2. 分组频数分布只告诉我们每个区间下分数的数量，并没有告诉我们每个分数确切的值。茎叶图不仅包括每个个体的分数，也给出了每个区间中包含的分数数量。

小 结

1. 描述统计的目的是简化数据的组织和呈现形式。频数分布表或图是一种描述性的工具，它们可以展现在测量尺度上的每个分类下有多少个个体(或分数)。
2. 频数分布表在第一列中列出了构成测量值(X 值)的分类。在第二列中对应每个 X 值，列出了在该分类下的个体数量或频数。频数分布表也可能包含比例这一列，其展现的是每个分类的相对频数：
   $$比例=p=\frac{f}{n}$$
   频数分布表也有可能包含百分比这一列，其展现的是与每个 X 值对应的百分比：
   $$百分比=p\times100=\frac{f}{n}\times100$$
3. 频数分布表有 10~15 行比较合理，这样较为简洁。如果分数范围较广，以至于行数超过了建议的最大数，那么推荐将其按等级分组。这些区组会在频数分布表中列出，在每个区组的旁边是频数或每个区组的个体数量。这一结果就是分组频数分布。创建分组频数分布表的指导原则如下：
   a. 应该有大约 10 个区组。
   b. 组距应该是简单的数字(如 2、5 或 10)。
   c. 区组的底部分数应该是组距的倍数。
   d. 所有区组都应该具有相同的组距，它们应该涵盖分数的所有范围并且没有空缺。
4. 在频数分布图横轴列出分数而在纵轴列出频数。展现分布使用的图形类型应根据测量尺度来选择。对于等距或比率变量，应该用直方图或多边图。对于直方图，在每个分数上画有一个条形，条形的高度对应的是频数。每个条形左右都会延伸至这个分数的实限，因此相邻的条形是有接触的。对于多边图，在每个分数或区组正上方有一个点，点的高度对应的是频数，之后这些点被线连接起来。条形图与直方图相似，不过条形图中相邻的条形之间有空隙。
5. 描述分数分布的其中一个基本特性是形状。大多数分布可被分为对称分布或偏态分布。偏态分布的尾部在右侧时被称为正偏态，尾部在左侧时被称为负偏态。
6. 累积百分比是指在分布中与某一分数相等或低于该分数的个体数量所占的百分比。累积百分比的数值与分数或区组对应的精确上限有关。
7. 百分位数或百分等级被用来描述个体分数在分布中的位置。百分等级展示了特定分数的累积百分比。由等级定义的分数被称为百分位数。
8. 当期望的百分位数或百分等级位于两个已知的值中间时，通过插值法可以将期望值估计出来。插值法假设在两个已知值之间有规律的线性变化。
9. 绘制茎叶图也是一个组织数据时可选择的方法。每个分数可划分为茎(第一个数字)和叶(最后一个数字)。茎列为一列，每个茎后都有相对应的叶，代表着每个分数。茎叶图结合了表格和图形的特点，可以得到一张简洁、组织良好的数据图。

关键术语

频数分布	全距	分组频数分布	组距	表面界限
直方图	多边图	条形图	相对频数	对称分布

分布的尾部	正偏态分布	负偏态分布	百分等级	百分位数
累积频数(*cf*)	累积百分比(*c*%)	插值法	茎叶图	

资 源

SPSS

SPSS 使用说明见附录 C。以下是使用 SPSS 创建频数分布图或频数分布表的详细说明。

频数分布表

数据输入

将所有分数输至数据编辑器一列中，如 VAR00001。

数据分析

1. 单击工具条上的 Analyze，选择 Descriptive Statistics，然后单击 Frequencies。
2. 高亮左边工具栏中分数的标签(VAR00001)，然后单击箭头将其移进 Variable 工具箱。
3. 确定选择了 Display Frequency Table 选项。
4. 单击 OK。

SPSS 输出

频数分布表在列中从小到大列出一系列分数，还列出每个分数的百分比和累积百分比。不存在的分数(频数为 0)不会被包含在表格中，这个程序不对分数进行分组(所有的分数都被列出)。

频数分布直方图或条形图

数据输入

1. 将所有分数输入数据编辑器一列中，如 VAR00001。

数据分析

1. 在工具条上的 Analyze，选择 Descriptive Statistics，然后单击 Frequencies。
2. 高亮左边工具栏中分数的标签(VAR00001)，然后单击箭头将其移动到 Variable 工具箱。
3. 单击 Charts。
4. 选择 Bar Graphs 或 Histogram。
5. 单击 Continue。
6. 单击 OK。

SPSS 输出

在短暂的延迟后，SPSS 会呈现出频数分布表和频数分布图。请注意，SPSS 生成的直方图，其分数分组是不确定的。条形图通常生成一个与每个分数相对应且更为清晰的频数图形。

关注问题解决

1. 创建频数分布图的目的是使无序的原始数据转换成可理解的、有组织的形式。我们可以选择不同类型的频数分布表和频数分布图，而问题是选择何种类型。表格的优势是构造较为简单，但是一般来说图形可以更好地呈现数据全貌，也更容易理解。为了帮助你决定哪种频数分布是最好的选择，请考虑以下几点：
   a. 分数的全距是多少？当全距很大时，你需要将分数分组。
   b. 测量的量表是什么？对于等距或比率变量，你可以用直方图或多边图。对于称名或顺序变量，则必须用条形图。
2. 当你使用分组频数分布表时，常见的错误是通过定义区组的最大值和最小值计算组距。例如，一些学生认为区组 20~24 的组距是 4。为了准确计算组距，你可以：
   a. 计算区组内个体的分数。例如，分数是 20、21、22、23 和 24 这 5 个值。因此，组距是 5。
   b. 用实限确定组距。例如，一个区组为 20~24，那么其精确下限是 19.5，精确上限是 24.5。通过使用实限得到组距为 24.5−19.5=5。
3. 使用百分位数和百分等级的目的是确认分数在分布中的具体位置。在解决百分位数问题时，特别是与插值法相关的问题，粗略绘制频数分布图很有帮助。在你开始运算之前，你可以通过频数分布图来估计答案。举个例子，求第 60 百分位数，你需要在图中画一条垂直线，垂直线左侧所占比例略大于右侧，约占 60%。在图上的定位让你对最后的答案可以有一个粗略的估计。在解决插值法问题时，你应该记住以下几点：
   a. 请记住累积百分数的值对应的是每个分数或区组的精确上限。
   b. 你应该确定你正在处理的区组。最简单的方法是制作一个表，在两个量尺上呈现端点(分数和累积百分比)。这在例 2-7 中有说明。
   c. 插值法系指在两个点之间得到数值。请记住你的目的是求区间两端之间的中间值。检查答案，以确定其位于两个端点之间。如果不是，检查你的计算。

示例2-1

分组频数分布表

以下是 $N=20$ 的一组分数，请以组距为 5 创建分组频数分布表。分数是：

14，8，27，16，10，22，9，13，16，12，

10，9，15，17，6，14，11，18，14，11

第一步　设置组距。

在该分布中最大值是 $X=27$，最小值是 $X=6$。因此，直接用这些分数做频数分布表会有 22 行，这实在是太多了。如果使用分组频数分布表会更好。已知组距为 5，因此得到分布表为 5 行：

X	X
25~29	10~14
20~24	5~9
15~19	

请记住组距是由区间的实限决定的。举个例子，区组 25~29 的精确上限是 29.5，精确下限是 24.5。这两个值之间的差距是组距 5。

第二步　确定每个区组对应的频数。

检查分数，然后计算有多少个个体落在 25~29 之间，确定每个分数都已计数。记下该区组的频数。然后对剩下的区组重复这个过程。结果如下：

X	f	
25~29	1	X=27
20~24	1	X=22
15~19	5	X=16，16，15，17，18
10~14	9	X=14，10，13，12，10，14，11，14，11
5~9	4	X=8，9，9，6

示例2-2

用插值法找出百分位数和百分等级

对于示例 2-1 中所创建的分组频数分布表中的一系列分数，求第 50 百分位数。

第一步　求累积频数（*cf*）和累积百分比，然后将这些值添加在频数分布表中。

累积频数表示位于某一类或区组及其下个体的数量。为了求这些频数，可以从最低的区组开始，再随量尺上移进行累积。

累积百分比通过累积频数计算得到，如下：

$$c\% = \left(\frac{cf}{N}\right)100\%$$

例如，*cf* 列显示有 4 个个体的分数在 5~9 区组或以下。相对应的累积百分比是：

$$c\% = \left(\frac{4}{20}\right)100\% = \left(\frac{1}{5}\right)100\% = 20\%$$

完整的累积频数和累积百分比见下表：

X	f	cf	c%
25~29	1	20	100%
20~24	1	19	95%
15~19	5	18	90%
10~14	9	13	65%
5~9	4	4	20%

第二步　确定要计算的值所在的区间。

求第 50 百分位数，它位于表中 20%和 65%之间。对应这两个百分比的分数（精确上限）分别是 9.5 和 14.5。根据分数和百分比，区间如下表所示：

X	c%
14.5	65%
?	50%
9.5	20%

第三步　作为整个区间的一部分，确定中值的位置。

中值是 50%，位于区间 65%和 20%之间。整个区间的宽度是 45 个点，50%的值位于区间顶部向下 15 点的位置。作为一个分数，第 50 百分位数则位于顶部下 $\frac{15}{45}=\frac{1}{3}$ 的位置。

第四步　用分数确定相对应于另一个量尺上的位置。

中值 50%，位于区间顶部下 $\frac{1}{3}$ 的位置。而我们的目的是求相应的分数，即 X 值，它也是位于距顶部下 $\frac{1}{3}$ 的位置。

在区间分数（X）这一列，最大值是 14.5，最小值是 9.5，所以整个区间宽度是 5（14.5−9.5=5）。我们所求的位置距顶部向下 $\frac{1}{3}$ 位置的值。整个区间的 $\frac{1}{3}$ 是：

$$\left(\frac{1}{3}\right)5 = \frac{5}{3} = 1.67$$

为了找到这个位置，从区间的顶部开始，向下降 1.67 个点，即：

$$14.5 - 1.67 = 12.83$$

这就是我们的答案。第 50 的百分位数是 $X=12.83$。

习 题

1. 将下列 $n=20$ 个样本分数放入频数分布表中。

   6，9，9，10，8，9，4，7，10，9
   5，8，10，6，9，6，8，8，7，9

2. 用下列分数创建一个频数分布表，要求表中包含比例和百分比两列。

   5，7，8，4，7，9，6，6，5，3
   9，6，4，7，7，8，6，7，8，5

3. 根据下表中的分数分布，求：

   a. n
   b. $\sum X$
   c. $\sum X^2$

X	f
5	2
4	3
3	5
2	1
1	1

4. 根据下表中的分数分布，求：

   a. n
   b. $\sum X$
   c. $\sum X^2$

X	f
5	1
4	2
3	3
2	5
1	3

5. 在下列的分数中，最小的值是 $X=8$，最大的值是 $X=29$。将这些分数放入分组频数分布表中：

   a. 组距为 2。
   b. 组距为 5。

   24，19，23，10，25，27，22，26
   25，20，8，24，29，21，24，13
   23，27，24，16，22，18，26，25

6. 下列分数是一个由部分司机的年龄组成的随机样本，$n=30$，2008 年他们都在纽约收到过超速罚单。请确定最合适的组距，并将分数放入分组频数分布表中。从你的表格中可以看出，每个年龄组的罚单发放情况是一样的吗？

   17，30，45，20，39，53，28，19，
   24，21，34，38，22，29，64，
   22，44，36，16，56，20，23，58，
   32，25，28，22，51，26，43

7. 对于下列每个样本，确定分组频数分布最适合的组距，以及区组数。

   a. 样本分数从 $X=24$ 到 $X=41$
   b. 样本分数从 $X=46$ 到 $X=103$
   c. 样本分数从 $X=46$ 到 $X=133$

8. 从一般频数分布表（不是分组频数分布表）中可以获得什么信息？

9. 请描述条形图和直方图之间的差别，以及使用每类图的条件。

10. 对于下列考试分数：

    3，5，4，6，2，3，4，1，4，3
    7，7，3，4，5，8，2，4，7，10

    a. 创建频数分布表以组织分数。
    b. 根据这些分数，绘制频数分布直方图。

11. 根据下表中呈现的分数的频数分布绘制直方图和多边图。

X	f
7	1
6	1
5	3
4	6
3	4
2	1

12. 一项关于 200 名大学生样本的调查包括以下变量。对于每个变量，请根据它们的种类选择应该用何种频数分布图（直方图、多边图或条形图）。

    a. 在过去一周中比萨消费的数量
    b. T 恤的尺码（小、中、大、特大）
    c. 性别（男、女）
    d. 上学期的平均绩点
    e. 大学年级（大一、大二、大三、大四）

13. 每年学校都会给大一新生发放 T 恤。学生可根据自己喜好挑选衣服的尺寸。为了确定每个尺寸 T 恤的预订数量，学校的办公人员查看了去年的分布。下表呈现了去年选择 T 恤尺寸的分布情况。

尺寸	f
S	27
M	48
L	136
XL	120
XXL	39

    a. 为了呈现该分布，哪种图形最合适？
    b. 请绘制频数分布图。

14. 一份来自某大学校长的报告表明，在上学期，心理系的成绩分布包含 135 个 A，158 个 B，140 个 C，94 个 D，53 个 F。请确定使用哪种图展示这样的分布较为合适，并绘制频数分布图。

15. 对于以下一组分数：

    5，8，5，7，6，6，5，7，4，6
    6，9，5，5，4，6，7，5，7，5

a. 将分数放置在频数分布表中。

b. 确定分布的形状。

16. 将以下的分数放置到频数分布表中。根据频数分布表，确定该分布的形状。

5，6，4，7，7，6，8，2，5，6

3，1，7，4，6，8，2，6，5，7

17. 根据以下分数：

3，7，6，5，5，9，6，4，6，8

10，2，7，4，9，5，6，3，8

a. 创建频数分布表。

b. 绘制呈现分布的多边图。

c. 请形容分布的以下特性：

①分布的形状是怎样的？

②哪个分数最适合确定分布的中心(平均数)？

③分数是集中在一起，还是较为分散？

18. 有研究者(Fowler & Christakis，2008)报告，个体的愉悦感与拥有一个由很多快乐的朋友组成的社交网络有关。为了检验这一结论，一位研究者获得了一个报告自己是快乐的成人样本($n=16$)以及另一个报告自己是不快乐或中性的成人样本($n=16$)，然后询问每个个体他们认为他们亲近朋友中有多少人是快乐的。分数如下：

快乐组：

8，7，4，10，6，6，8，9，8，8，7，5，6，9，8，9

不快乐组：

5，8，4，6，6，7，9，6，2，8，5，6，4，7，5，6

绘制呈现快乐组频数分布的多边图。在同一张图中，绘制不快乐组频数分布的多边图。(请用两种不同的颜色，或一个用实线另一个用虚线。)某一个组是否有更多快乐的朋友？

19. 完成以下频数分布表中的剩下两列，并找出要求解答的百分位数和百分等级。

X	f	cf	$c\%$
7	2		
6	3		
5	6		
4	9		
3	4		
2	1		

a. $X=2.5$ 的百分等级是多少？

b. $X=6.5$ 的百分等级是多少？

c. 第 20 百分位数是多少？

d. 第 80 百分位数是多少？

20. 完成以下频数分布表中的剩下两列，并找出要求解答的百分位数和百分等级。

X	f	cf	$c\%$
50~59	1		
40~49	3		
30~39	6		
20~29	5		
10~19	3		
0~9	2		

a. $X=9.5$ 的百分等级是多少？

b. $X=39.5$ 的百分等级是多少？

c. 第 25 百分位数是多少？

d. 第 50 百分位数是多少？

21. 完成以下频数分布表的剩下两列，并找出要求解答的百分位数和百分等级。

X	f	cf	$c\%$
10	2		
9	5		
8	8		
7	15		
6	10		
5	6		
4	4		

a. $X=6$ 的百分等级是多少？

b. $X=9$ 的百分等级是多少？

c. 第 25 百分位数是多少？

d. 第 90 百分位数是多少？

22. 在下列分布找出要求解答的百分位数和百分等级，该分布的数据来自一个班级的考试分数，$N=40$。

X	f	cf	$c\%$
20	2	40	100.0
19	4	38	95.0
18	6	34	85.0
17	13	28	70.0
16	6	15	37.5
15	4	9	22.5
14	3	5	12.5
13	2	2	5.0

a. $X=15$ 的百分等级是多少？

b. $X=18$ 的百分等级是多少？

c. 第 15 百分位数是多少？

d. 第 90 百分位数是多少？

23. 对于下面的分数分布，用插值法找出要求解答的百分位数和百分等级。

X	f	cf	c%
14~15	3	50	100
12~13	6	47	94
10~11	8	41	82
8~9	18	33	66
6~7	10	15	30
4~5	4	5	10
2~3	1	1	2

a. $X=5$ 的百分等级是多少？

b. $X=12$ 的百分等级是多少？

c. 第 25 百分位数是多少？

d. 第 70 百分位数是多少？

24. 以下频数分布表展示了 $N=20$ 名学生的一组考试成绩。

X	f	cf	c%
90~99	4	20	100
80~89	7	16	80
70~79	4	9	45
60~69	3	5	25
50~59	2	2	10

a. 求第 30 百分位数。

b. 求第 88 百分位数。

c. $X=77$ 的百分等级是多少？

d. $X=90$ 的百分等级是多少？

25. 请用习题 6 中的数据创建相对应的茎叶图，用一个茎代表 60 多的分数，用另一个茎代表 50 多的分数，依此类推。

26. 下图是一组数据的茎叶图。根据该图回答以下问题：

a. 70 分以上有多少个分数？

b. 确认 70 分以上的个体的分数。

c. 40 分以上有多少个分数？

d. 确认 40 分以上的个体的分数。

3	8
4	60
5	734
6	81 469
7	2 184
8	247

27. 用茎叶图组织以下分数的分布。请用 7 个茎，每个茎相对应的区间宽度是 10。

分数：

28，54，65，53，81
45，44，51，72，34
43，59，65，39，20
53，74，24，30，49
36，58，60，27，47
22，52，46，39，65

CHAPTER

第 3 章

集中趋势

本章目录

本章概要
3.1　概述
3.2　平均数
3.3　中数
3.4　众数
3.5　选择集中趋势的度量
3.6　集中趋势和分布形状
小结
关键术语
资源
关注问题解决
示例 3-1
习题

所需工具

以下所列内容是学习本章需要的基础知识。如果你不确定自己对这些知识的掌握情况，你应在学习本章前复习相应的章节。

- 求和符号（第 1 章）
- 频数分布（第 2 章）

本章概要

相关研究已经证实了你曾经的怀疑——个体饮酒后认为异性的吸引力更高(Jones, Jones, Thomas, & Piper, 2003)。研究者从学校周边的酒吧或餐厅中招募大学生被试，邀请他们参加“市场调查”研究。在介绍期间，研究者要求他们报告每天的饮酒量，并告知适量饮酒不会妨碍他们参与这项研究。之后研究者向被试呈现一系列男女的面部照片，要求他们对每个面孔的吸引力进行1到7点的评分。图3-1展示了研究结果的一般模式。两个多边图展示了不饮酒与适度饮酒的两组男性被试对于同一张女性照片吸引力评分的分布。值得注意的是，适度饮酒组的吸引力评分显著高于不饮酒组。顺便提一句，女性对于男性照片评分的结果也存在相同的模式。

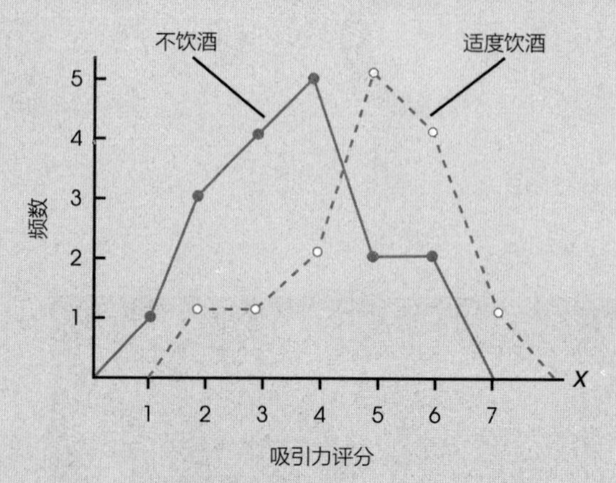

图3-1 不饮酒和适度饮酒的两组男性被试对同一张照片中的女性面孔吸引力评分的频数分布

问题：虽然适度饮酒组的评分显著高于不饮酒组的评分，但这个结论是基于对该图的整体印象或主观解释。事实上，结论并不总是正确的。例如，两组间有重叠部分，因此实际上不饮酒组的一些男性比适度饮酒组的一些男性对照片吸引力的评分要更高。我们需要一种将两个组作为一个整体进行概括的方法，以便客观地描述两组之间存在的差异。

解决方法：集中趋势的测量确定了平均数或典型分数作为每组的代表值。然后我们可以使用两个平均数来描述两个组，并比较它们之间的差异。结果应该显示，适度饮酒组男性对吸引力评分的平均数确实高于不饮酒组的男性对吸引力评分的平均数。

3.1 概述

描述统计的一般目的是对一组分数进行组织和概括。也许最常用的概括和描述分布的方法是找到一个可定义的平均分数、可以代表整体分布的单个值。在统计学中，平均数的概念或代表性分数称为集中趋势(central tendency)。测量集中趋势的目的是通过确定一个能体现分布中心的单个值来描述分数的分布。在理想情况下，这个中心值是最能够代表分布中所有个体的值。

定义

集中趋势是一种统计测量，用以确定一个能定义分布中心的单一分数。集中趋势测量的目的就是找到最典型或最能代表整个组情况的一个分数。

通俗来讲，集中趋势试图识别“平均”或“典型”的个体，然后这个平均数可用于对整个总体或样本的简单描述。除了描述整个分布外，集中趋势的测量也可用于组与组之间的比较。例如，气象资料表明，位于华盛顿州的西雅图市，年平均气温为53华氏度，年平均降水量为34英寸。相比之下，亚利桑那州的凤凰城，年平均气温为71华氏度，年平均降水量为7.4英寸。以上例子是为了说明用单个的、有代表性的值来描述大量数据具有很大优势。集中趋势刻画了大容量总体的典型特征，这样做可使大量数据更易理解。统计学家有时用“数据处理”一词来说明这种数据的描述方法。意思是，我们将某个分布中的大量数据“压缩”成一个数值，这个单一数值就可以描绘整体数据。

不幸的是，确定集中趋势并没有统一的、标准化的程序。问题在于没有一种测量集中趋势的方法能够适用于所有情况。图3-2所示的三种分布可以帮助我们说明这一事实。在对这三个分布进行讨论前，请看图并尝试确认每个分布的“中心”或“最具代表性的数值”。

(1) 第一个分布(图3-2a)是对称的，分数明显堆积在$X=5$的周围。对于这种分布，很容易确定中心，

多数人会同意 $X=5$ 是一个集中趋势的适当测量。

(2) 然而，在第二个分布(图 3-2b)中，就开始出现问题了。现在分数呈负偏态分布，集中在 $X=8$ 附近，但向左逐渐减少至 $X=1$。这种情况下哪里是中心呢？有些人可能会选择 $X=8$ 作为中心，因为相比其他单个值，这个值的频数更高。然而，$X=8$ 明显不在这个分布的中心。实际上，大多数分数(16 个中的 10 个)的值都比 8 小，因此选择小于 8 的值作为中心才是符合逻辑的。

(3) 现在来看第三个分布(图 3-2c)。这个分布也是对称的，但是现在分数明显分为两部分。因为分布以 $X=5$ 作为中点对称，你可能会选择 $X=5$ 作为中心。然而，没有一个分数位于(甚至接近)$X=5$ 的位置，所以这个值作为一个代表性分数并不好。另外，因为有两个分离的分数组，其中一组以 $X=2$ 为中心，另一组以 $X=8$ 为中心，人们倾向于认为这个分布有两个中心，但一个分布能有两个中心吗？

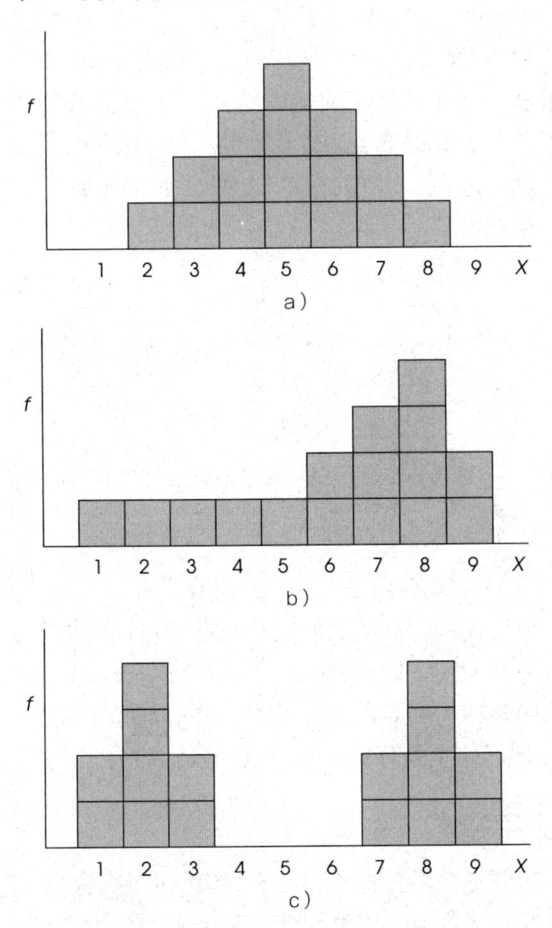

图 3-2　三个分布表明难以定义集中趋势。在每种情况下，都要设法找到中心

显然，在确定分布中心时可能遇到问题。偶尔你会找到一个像图 3-2a 那样完美、整齐的分布，所有人都会赞成这个中心，但你应该意识到可能有其他的分布，而且考虑到关于中心的定义可能会有不同观点。为了解决这些问题，统计学家开发了三种不同的方法来测量集中趋势：平均数、中数和众数。它们的计算方法不同，且具有不同的特征。为了确定对某种特定分布来说哪种测量方法是最好的，你应该记住集中趋势的一般目标是找到最有代表性的单个数值。这三种测量方法中的每一种都用于一种特定情况。在介绍完这三种测量方法之后，我们会更详细地讨论这个问题。

3.2　平均数

平均数，又称为算术平均数，可以通过将分布中所有的分数相加后除以分数的个数来计算。总体的平均数用希腊字母 μ(发音“miu”)表示，样本的平均数用 M 或 $\overline{X}$(读作“x 拔”)表示。

许多统计教材约定俗成地使用 $\overline{X}$ 来代表样本的平均数。然而，在原稿和发表的研究报告中字母 M 是样本平均数的标准符号。因为你在读研究报告时会遇到字母 M，而且你在写研究报告时应该使用字母 M，所以我们决定在这本书中使用相同的符号。记住 $\overline{X}$ 仍然可以用于表示样本平均数，而且你可能会在一些场合中发现它，特别是在教材中。

定义

一个分布的**平均数**等于分数相加总和除以分数的个数。

总体平均数公式是：

$$\mu=\frac{\sum X}{N} \tag{3-1}$$

首先，把总体中所有分数求和，然后再除以 N。对于样本而言，计算方法是完全相同的，但样本平均数的公式使用代表样本统计量的符号：

$$\text{样本平均数}=M=\frac{\sum X}{n} \tag{3-2}$$

一般而言，我们使用希腊字母代表总体特性(参数)，使用英文字母代表样本值(统计量)。如果平均数用符号 M 代表，你应该意识到我们正在处理的是一个样本。还要注意的是，样本平均数公式使用小写 n 作为样本分数个数的符号。

> **例 3-1**
>
> 对于一个 $N=4$ 的总体，
> 分数为 3，7，4，6，
> 平均数为：
>
> $$\mu=\frac{\sum X}{N}=\frac{20}{4}=5$$ ■

平均数的备选定义

虽然将分数相加再除以分数个数的方法为平均数提供了一个有用的定义，但仍有两个备选的定义让你对集中趋势这一重要的测量方法有更好的理解。

均分总和 第一个备选定义认为，用总和（$\sum X$）除以分布中的所有个体（N），每个个体所得的数量就是平均数。这种解释对你了解平均数和求总和的问题尤其有用。请看下面的例子。

> **例 3-2**
>
> 一组 $n=6$ 的男孩在旧货市场买了一盒棒球卡并发现盒子里共有 180 张卡片。如果男孩们把卡片平均分给每一个人，每个男孩会得到几张卡片？你应该意识到这个问题代表了计算平均数的标准程序。具体而言，总和（$\sum X$）除以个数（n）得到平均数，每个男孩会得到 $\frac{180}{6}=30$ 张卡片。■

上面的例子表明，平均数可以定义为，当总和平均分布时每个个体所得的数量。这个新定义对于一些涉及平均数的问题是有用的。请看下面的例子。

> **例 3-3**
>
> 现假设例 3-2 中的 6 个男孩决定在 eBay 上售卖他们的棒球卡。如果他们每个人平均得到 $M=5$ 美元，那么他们一共得到多少钱？虽然你不知道每个男孩得到多少钱，但平均数的新定义告诉你，如果把他们的钱放在一起然后均分，每个男孩会得到 5 美元。6 个男孩中每个人得到 5 美元，总共应该是 6 个 5 美元，即 30 美元。使用平均数的公式来检验答案：
>
> $$M=\frac{\sum X}{n}=\frac{\$30}{6}=\$5$$ ■

平均数作为平衡点 平均数的第二个备选定义是将平均数描述为分布的平衡点。考虑 $N=5$ 个分数（1，2，6，6，10）组成的总体。对于这个总体而言，$\sum X=25$ 并且 $\mu=\frac{25}{5}=5$。图 3-3 通过直方图展示了这个总体，每个分数表示为跷跷板上的一个盒子。如果选择一个等于平均数的点作为跷跷板的支点，那么跷跷板可保持平衡并处于静止状态。

当我们测量每个盒子（分数）到平均数的距离时，跷跷板在平均数处保持平衡的原因就显而易见了：

分数	到平均数的距离
$X=1$	低于平均数 4 点
$X=2$	低于平均数 3 点
$X=6$	高于平均数 1 点
$X=6$	高于平均数 1 点
$X=10$	高于平均数 5 点

注意平均数平衡了距离。这意味着，低于平均数的总距离和高于平均数的总距离是相同的：

低于平均数：4+3=7 点

高于平均数：1+1+5=7 点

因为平均数作为平衡点，它的值总是位于最高分和最低分之间，即平均数永远不会超出分数的范围。如果分布中的最低分为 $X=8$，最高分为 $X=15$，那么平均数一定在 8 到 15 之间。如果计算的值超出这个范围，你就错了。

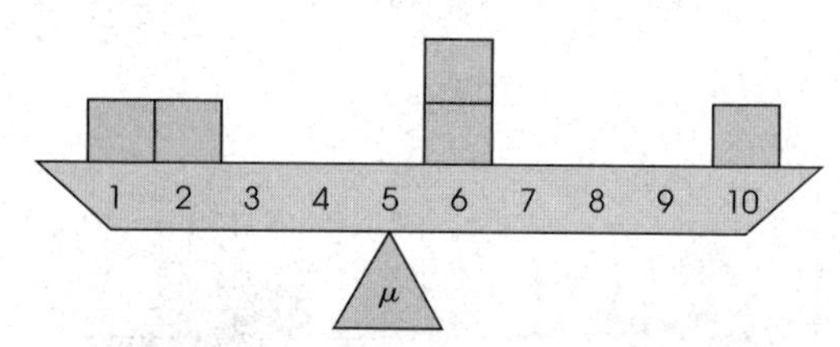

图 3-3 频数分布显示跷跷板在平均数位置上达到平衡

注：基于 G. H. Weinberg，J. A. Schumaker，& D. Oltman（1981）. *Statistics: An Intuitive Approach*（p. 14）. Belmont，Calif.：Wadsworth.

平均数位于平衡点的跷跷板图像可以帮助我们确定增加一个新分数或删除一个现有分数会对分布产生怎样的影响。例如，对于图 3-3 中的分布，如果在 $X=10$ 上加入一个新分数，平均数（平衡点）会怎样变化？

加权平均数

我们经常需要将两组分数结合，并且找出这个合并组的总平均数。假设我们从两个独立样本开始：第一个样本为 $n_1=12$，$M=6$；第二个样本为 $n_2=8$，$M=7$。如果将两个样本合并，总平均数是多少？

为了计算总平均数，需要两个值：

(1) 合并组的总和($\sum X$)；

(2) 合并组分数的总个数(n)。

合并组分数的总个数可以通过把第一个样本(n_1)和第二个样本的(n_2)的分数个数相加得到。在这种情况下，合并组有 12+8=20 个分数。类似地，合并组的总和可以通过把第一个样本($\sum X_1$)和第二个样本($\sum X_2$)的总和相加得到。有了这两个值，我们能够使用基本公式计算平均数：

$$\text{总平均数}=M=\frac{\sum X(\text{合并组总和})}{n(\text{合并组分数的总个数})}=\frac{\sum X_1+\sum X_2}{n_1+n_2}$$

为了求每个样本的总和，记住平均数可定义为平均分配总和时每个个体所得的数量。第一个样本有 $n=12$ 个分数并且平均数 $M=6$(若用美元来代替分数，可表达为样本有 $n=12$ 个人且平均分配总和时每个人得到 6 美元)。12 个人中每个人得到平均数 $M=6$，总和一定是 $\sum X=12\times6=72$。同样地，第二个样本有 $n=8$ 且平均数 $M=7$。因此，总和是 $\sum X=8\times7=56$。用这些值，得到总平均数：

$$\text{总平均数}=M=\frac{\sum X_1+\sum X_2}{n_1+n_2}=\frac{72+56}{12+8}=\frac{128}{20}=6.4$$

下表汇总了计算结果。

第一个样本	第二个样本	合并样本
$n=12$	$n=8$	$n=20(12+8)$
$\sum X=72$	$\sum X=56$	$\sum X=128(72+56)$
$M=6$	$M=7$	$M=6.4$

注意，总体平均数并非原先两个样本的平均数的中间值。由于两个样本大小不同，其中一个样本对合并组做出了更大的贡献，因此，在计算总平均数时会被赋予更多的权重。由于这个原因，计算的总平均数称为加权平均数。在这个例子中，总平均数 $M=6.4$ 相比 $M=7$(较小的样本)更接近 $M=6$(较大的样本)。计算加权平均数的另一个方法呈现在知识窗 3-1 中。

利用频数分布表计算平均数

当一系列分数被组织在频数分布表中时，如果你先移除表中的个体分数，那么平均数的计算通常会更简单。表 3-1 展示了以频数分布表组织的分数分布。为了计算这个分布的平均数，必须小心使用第一列的 X 值和第二列的频数。表中的分数显示分布是由一个 10，两个 9，四个 8 和一个 6 组成的，总共有 $n=8$ 个分数。记住你可以通过将频数相加来确定分数个数，$n=\sum f$。为了得到总和，注意一定要把 8 个分数全部相加：

$$\sum X=10+9+9+8+8+8+8+6=66$$

注意，你也可以通过我们在第 2 章中演示的计算 $\sum fX$ 的方法求得总和。一旦你已经求得 $\sum X$ 和 n，就可以像通常那样计算平均数了。对于这些数据而言，

$$M=\frac{\sum X}{n}=\frac{66}{8}=8.25$$

知识窗 3-1　计算加权平均数的替代方法

在正文中，要计算加权平均数，首先要确定两个合并样本分数的总数(n)，然后确定两个合并样本分数总和($\sum X$)，从而获得加权平均数。下面的例子说明了如何使用另一种方法得到相同的结果。

我们使用与上文中的两个相同的样本：第一个样本平均数为 $M=6$，有 $n=12$ 个学生，第二个样本平均数为 $M=7$，有 $n=8$ 个学生。目的是确定两个样本合并后的总平均数。

逻辑上，当两个样本合并后，相比于较小的样本($n=8$ 个分数)，较大的样本($n=12$ 个分数)会对合并后的样本有更大的贡献。因此，计算合并组的平均数时更大的样本会有更多的权重。我们通过给每个样本平均数分配一个权数以符合这个事实，所以权重是由样本大小决定的。为了确定应该给每个样本平均数分配多少权重，你只须考虑样本对合并组的贡献。当两个样本合并后，最终生成的组共 20 个分数(第一个样本 $n=12$ 和第二个样本 $n=8$)。第一个样本提供了 20 个分数中的 12 个，因此被分配到$\frac{12}{20}$的权重。第二个样本提供了 20 个分数中的 8 个，那么它的权重就是$\frac{8}{20}$。每个样本平均数乘以它的权重，并将结果相加获得合并样本的加权平均数。对于这个例子，

$$\text{加权平均数}=\left(\frac{12}{20}\right)(6)+\left(\frac{8}{20}\right)(7)=\frac{72}{20}+\frac{56}{20}$$

$$=3.6+2.8=6.4$$

注意，这个结果与使用上文中描述的方法得到的结果相同。

表 3-1 统计 $n=8$ 名学生样本的测验分数

测验分数(X)	f	fX
10	1	10
9	2	18
8	4	32
7	0	0
6	1	6

学习小测验

1. 求下列 $n=5$ 样本的平均数，分数为：1，8，7，5，9。
2. $n=6$ 样本的平均数为 $M=8$。这个样本的 $\sum X$ 是多少？
3. 一个样本有 $n=5$ 个分数且平均数为 $M=4$，另一个样本有 $n=3$ 个分数，平均数 $M=10$。如果这两个样本合并，合并后样本的平均数是多少？
4. 一个 $n=6$ 样本的平均数为 $M=40$。将新分数加入这个样本后所求得的新平均数为 $M=35$。你能推断新分数的值吗？
   a. 它一定比 40 大。
   b. 它一定比 40 小。
5. 求下面频数分布表中样本的 n、$\sum X$ 和 M 的值。

X	f
5	1
4	2
3	3
2	5
1	1

答案

1. $\sum X=30$，$M=6$。
2. $\sum X=48$。
3. 合并后样本有 $n=8$ 个分数，$\sum X=50$；平均数 $M=6.25$。
4. b。
5. 对于这个样本，$n=12$，$\sum X=33$，$M=\frac{33}{12}=2.75$。

平均数的特征

平均数具有许多在未来讨论中非常重要的特征。一般而言，这些特征源于分布中每个分数对平均数的贡献。具体而言，每个分数都会加到总和($\sum X$)中，每个分数都对分数个数(n)有一份贡献。这两个值($\sum X$ 和 n)确定了平均数的值。现在，我们讨论平均数更重要的四个特征。

改变某个分数 改变任何分数值都会改变平均数。例如，心理学实验课的小测验样本分数由 9，8，7，5 和 1 组成。注意，样本由 $n=5$ 个分数组成且 $\sum X=30$。该样本的平均数是：

$$M=\frac{\sum X}{n}=\frac{30}{5}=6.00$$

现在假设 $X=1$ 的分数改变为 $X=8$。注意，我们已经给这一个体的分数加了 7 分，也给总和($\sum X$)加了 7 分。改变分数后，新的分布为：

9，8，7，5，8

样本依然有 $n=5$ 个分数，但现在总和变为 $\sum X=37$。因此，新的平均数是：

$$M=\frac{\sum X}{n}=\frac{37}{5}=7.40$$

注意，改变样本中的单个分数就会产生新的平均数。你应该意识到改变任何分数也都会改变 $\sum X$(分数总和)的值，因此平均数同样会改变。

加入新分数或移除分数 在分布中增加一个新的分数或者删除一个已经存在的分数通常会改变平均数。唯一的例外是新分数(或被删除的分数)正好等于平均数。如果你记得平均数被定义为分布的平衡点，那么很容易想象添加或者删除一个分数的影响。图 3-4 呈现了在平均数为 7 的跷跷板上以方块表示的频数分布。想象如果把一个新分数(新盒子)放在 $X=10$ 的位置会发生什么。很明显，跷跷板会向右倾斜且需要向右移动平衡点(平均数)以恢复平衡。

现在想象如果把分数(盒子) $X=9$ 移除会发生什么。这时跷跷板会向左倾斜，并且再次需要改变平均数以恢复平衡。

最后，考虑如果增加的新分数 $X=7$ 恰好和平均数相等会发生什么。很明显跷跷板不会偏向任何方向，所以平均数会保持在相同的地方。还要注意如果在 $X=7$ 处移除分数，跷跷板也会保持平衡且平均数不会改变。一般而言，添加新分数或者删除已存在的分数会导致平均数变化，除非该分数恰好位于平均数之处。

下面的例子演示了当一个新分数加入已有样本时，如何计算平均数。

□ 例 3-4

无论原始分数是样本还是总体，增加(或删除)一个分数对平均数的影响是相同的。为了说明新平均数的计算，我们将使用图 3-4 中呈现的一组分数。然而，这次，我们将这组分数视为一个 $n=5$ 且平均数 $M=7$ 的样本。注意这个样本的总和一定是 $\sum X=35$。如果在这个样本中增加新分数 $X=13$，那么平均数会如何变化呢？

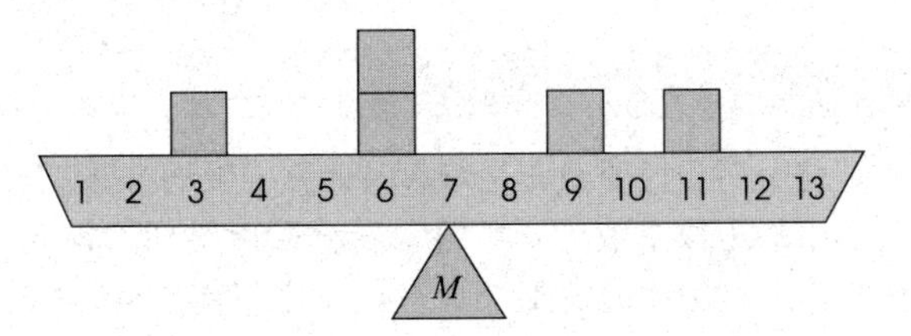

图 3-4 $n=5$ 个分数的分布，其平衡点位于平均数 $M=7$

为了求新的样本平均数，我们必须确定新分数是如何改变 n 和 $\sum X$ 的。先考虑原始样本，再考虑增加新分数的影响。原始样本有 $n=5$ 个分数，因此，增加新分数会使分数个数变为 $n=6$。与之类似，原始样本总和 $\sum X=35$。加入新分数 $X=13$ 后共增加了 13 分，产生新的总和 $\sum X=35+13=48$。最后，用新的 n 和 $\sum X$ 来计算新的平均数。

$$M=\sum X=\frac{48}{6}=8$$

全部计算过程总结如下：

原始样本	新样本，增加 $X=13$
$n=5$	$n=6$
$\sum X=35$	$\sum X=48$
$M=35/5=7$	$M=48/6=8$

■

每个分数加上或减去一个常数 如果分布中每个分数都增加一个常数，那么，平均数也要加上相同的常数。类似地，如果你从每个分数中减去一个常数，那么，平均数也要减去一个相同的常数。

正如第 2 章提到的，Schmidt(1994)进行了一系列实验来研究幽默如何影响记忆。在这项研究中，研究者给被试呈现句子列表，其中一半是幽默的(我收到了自己手术的账单——现在我知道为何医生们都戴口罩了)，另一半是非幽默的(我收到了自己手术的账单——这些医生收取费用时就像强盗一样)。结果表明，人们倾向于回忆出更多幽默的句子。

表 3-2 展示了样本数 $n=6$ 个被试的结果。第一列展示了非幽默句子的回忆分数。注意 $n=6$ 的样本中被试回忆出的句子总数为 $\sum X=17$，因此平均数 $M=\frac{17}{6}=2.83$。现在假设幽默效应给每个个体的记忆得分加上常数(2 分)。幽默句子的结果分数展示在表 3-2 的第二列。对于这些分数，6 个被试的回忆总数 $\sum X=29$ 个句子，因此平均数 $M=\frac{29}{6}=4.83$。每个被试得分加 2 分，也会给平均数加 2 分，从 $M=2.83$ 变为 $M=4.83$。(需要重点注意的是，实验效果通常并不会像增加或移除一个常数这样简单。尽管如此，每个分数增加一个常数这一概念是重要的，并且会在随后的章节中用统计量估计实验操作的效果时予以强调。)

表 3-2 幽默和非幽默句子的回忆数量

被试	非幽默句子	幽默句子
A	4	6
B	2	4
C	3	5
D	3	5
E	2	4
F	3	5
	$\sum X=17$	$\sum X=29$
	$M=2.83$	$M=4.83$

每个分数乘以或除以一个常数 如果分布中的每个分数乘以(或除以)一个常数，平均数也会发生同样的变化。

每个分数乘以(或者除以)一个常数是改变测量单位的常用方法。例如，为了将数据单位从分钟改为秒，你需要乘以 60；为了将英寸变为英尺，你需要除以 12。研究者的一个共同任务是将测量分数转换为公制单位以适应国际标准。例如，美国心理学会出版的指导手册要求，当使用大量非公制单位时，研究者要在括号中报告等值的公制单位。表 3-3 展示了以英寸为单位测量的 $n=5$ 的样本转换为以厘米为单位的测量分数(注意 1 英寸等于 2.54 厘米)。第一列展示了原始分数总和为 $\sum X=50$ 且平均数 $M=10$ 英寸。在第二列中，每个原始分数乘以 2.54(从英寸转换为厘米)，产生的总和为 $\sum X=127$ 且平均数 $M=25.4$ 厘米。每个分数乘以 2.54 也导致平均数乘以 2.54。然而，你应该意识到，虽然每个个体分数数值和样本平均数数值变了，但实际的测量结果并未发生变化。

表 3-3 单位由英寸转换为厘米的测量分数

以英寸为单位的原始测量分数	转换为厘米(乘以 2.54)
10	25.40
9	22.86
12	30.48
8	20.32
11	27.94
$\sum X=50$	$\sum X=127.00$
$M=10$	$M=25.40$

学习小测验

1. 分布中增加一个新分数总会改变平均数。(对或错?)
2. 改变分布中分数的值也总会改变平均数(对或错?)
3. 总体平均数为 $\mu=40$。
   a. 如果每个分数加 5 分，新平均数的值是多少?
   b. 如果每个分数乘以 3，新平均数的值是多少?
4. $n=4$ 的样本平均数是 9。如果从样本中移除一个分数为 $X=3$ 的人，新样本平均数是多少?

答案

1. 错。如果新分数与平均数相等，将不会改变平均数。
2. 对。
3. a. 新平均数是 45。b. 新平均数是 120。
4. 原始样本有 $n=4$ 且 $\sum X=36$。新样本有 $n=3$ 个分数且总和 $\sum X=33$。新平均数为 $M=11$。

3.3 中数

我们考虑的第二种集中趋势的测量方法称为中数。中数的目的是定位分布的中点。不像平均数，中数没有具体的符号和标志。相反，中数仅由中数这个词来表现。此外，对于样本和总体来说，中数的定义和计算方法都是相同的。

定义

如果分布中的分数是按由小到大的顺序排列的，**中数**位于分数序列的中点。更具体地说，中数是测量标尺上的一个点，该点以下包含了分布中 50%的分数。

计算大多数分布的中数

定义中数为分布中的中点意味着分数被平均分为两个大小相同的组，而不是定位最大值和最小 X 值之间的中点(midpoint)。为了计算中数，将分数按由小到大排列。由最小的分数开始，并沿着数列向上移动的同时计算分数的个数。中数是第一个达到分布中大于分数数列 50%的那个点。中数可以和数列中的分数相等，或者它也可能是两个分数之间的一个点。注意，中数不是代数定义(没有计算中数的公式)，这意味着确定精确值带有一定程度的主观性。然而，以下两个例子说明了在大多数分布中求中数的过程。

□ 例 3-5

这个例子说明当 n 是奇数时计算中数的方法。当分布中的分数个数为奇数时，将分数由小到大排列，中数是数列中中间的那个分数。考虑下面 $N=5$ 个已按顺序排列的分数：

3，5，8，10，11

中间分数 $X=8$，因此中数等于 8。使用计数方法，有 $N=5$ 个分数，50%的点是 $2\frac{1}{2}$个分数。从最小的分数开始，在我们达到至少 50%的目标前，一定会数过 3，5，8。对于这个分布，中数是中间的分数 $X=8$。■

□ 例 3-6

这个例子说明当 n 是偶数时计算中数的方法。分布中的分数为偶数时，将分数从最低到最高排列，通过求中间两个分数的平均数来定位中数。考虑以下总体：

1，1，4，5，7，8

现在我们选择中间一对分数(4 和 5)，将其相加，并除以 2。

$$中数=\frac{4+5}{2}=\frac{9}{2}=4.5$$

使用数数方法，当 $N=6$ 时，50%的点包含 3 个分数。从最小分数开始，在达到至少 50%的目标前一定会数过第一个 1，第二个 1，然后是 4。因此，对于这个分布，中数是 4.5，大于 $X=4$ 的第一个点。对这个分布而言，恰好有 3 个分数(50%)在 4.5 以下。注意：如果中间两个分数之间有差距，惯例是用两个分数的平均数定义中数。例如，如果中间的两个分数是 $X=4$ 和 $X=6$，中数就定义为 5。■

针对分数先排列再数数的简单步骤足以确定大多数分布的中数，且适用于离散变量。注意，这种计算方法产生的中数常是整数或是两个整数的一半。然而，对于连续变量，可以将分布精确地分为两半，其结果是分布的 50%精确地位于一个特定点之上或之下。用于定位精确中数的步骤将在下面讨论。

计算连续变量的精确中数

在第 1 章中，我们讲过连续变量是由可分成无数个部分的类别组成的。例如，时间可用秒、十分之一秒、百分之一秒等来测量。当分布中的分数是连续的测量变量时，可将一个类别分为小的部分，并通过将分布以下 50%和以上 50%加以区分的精确点来确定中数。下面的例子说明了这个过程。

□ 例 3-7

在这个例子中，我们将对下面 $n=8$ 的样本求精确中数，分数为：1，2，3，4，4，4，4，6。

图 3-5a 呈现了这个样本的频数分布。由于分数个数为偶数，为求中数通常会计算中间两个分数的平均数。这个计算过程得到中数 $X=4$。对于离散变量，$X=4$ 是中数的正确值。回忆第 1 章中的内容，离散变量由不可分割的类别组成，例如，家庭中孩子的数量。一些家庭有 4 个孩子，一些家庭有 5 个孩子，但没有一个家庭有 4.31 个孩子。对于离散变量，$X=4$ 这一类不可分割，整数 4 就是中数。

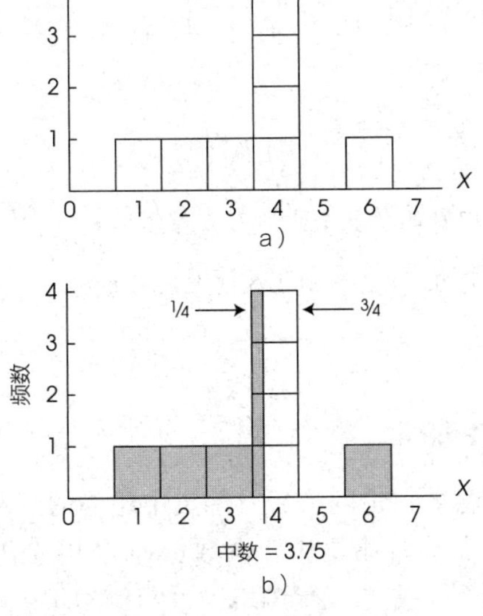

图 3-5　集中在中数周围的一些分数的分布。这个分布的中数位置已定：$X=4$ 之上的四个方块的每一块都被分成两部分，方块的 $\frac{1}{4}$ 位于中数以下（左侧），$\frac{3}{4}$ 位于中数以上（右侧）。结果，在中数的每一侧，恰好有四个方块，各为分布的 50%

然而，如果观察分布直方图，$X=4$ 这个值似乎不是精确的中点。问题来自我们倾向于把 $X=4$ 的分数解释为 4.00。然而，如果分数是连续变量，那么分数 $X=4$ 实际上对应从 3.5 到 4.5 的区间，中数对应该区间内的一个点。

为了求得精确的中数，首先通过观察图中由 8 个方块代表的 $n=8$ 的分数分布。中数所在点的两侧恰好各有 4 个方块（50%）。从左侧开始，沿 X 轴向右移动测量尺度，当在 X 轴上到达 3.5 时，共积累了 3 个方块（见图 3-5a），还需要 1 个方块才能达到目标，即 4 个方块（50%）。问题是下一个区间包括 4 个方块。解决办法是取每个方块的一部分以使各部分合并为一个方块。对于这个例子，每个方块取 $\frac{1}{4}$，四个四分之一合并成为一个完整的方块。该解决办法被展示在图 3-5b 中。分割部分是由达到 50%所需的方块数量和在区间中存在的方块数量决定的。

$$切割部分=\frac{达到50\%所需的方块数量}{区间中方块的数量}$$

在这个例子中，区间中有 4 个方块，达到目标需要一个方块，所以切割的部分是 $\frac{1}{4}$。为了获得每个方块的 $\frac{1}{4}$，中数所在的位置就是进入区间后的 $\frac{1}{4}$ 处。区间 $X=4$ 从 3.5 延展到 4.5，区间的宽度是 1 个点，因此区间的 $\frac{1}{4}$ 是 0.25。从区间的底部开始移动 0.25 个点得到 3.5+0.25=3.75。这就是中数，两侧恰好是分布的 50%（4 个方块）。■

你会认识到，例 3-7 中计算精确中数的方法相当于在第 2 章中学习的插值法。具体来说，精确中数等于分布的第 50 百分位数，插值法可以用来定位第 50 百分位数。在知识窗 3-2 中，使用与例 3-7 中相同的分数展示了插值法的计算过程。

记住，对于连续变量，通过将分数分割成细小部分以求计算精确中数是合理的，但是，这对于离散变量是不合理的。例如，对于时间测量，中数为 3.75 秒是合理的，但对于家庭中的孩子数量，中数为 3.75 是不合理的。

中数、平均数和中点

早些时候，我们将平均数定义为分布的平衡点，因为高于平均数的距离之和必须与低于平均数的距离之和完全相等。由这个定义得到的其中一个结论是平均数总是位于分数组之内，在最小分数和最大分数

知识窗 3-2 利用插值法求第 50 百分位数(中数)

精确中数和第 50 百分位数的定义是将分布中前 50%与后 50%分开的点。在第 2 章中，我们介绍了用插值法来求特定百分位数的方法。现在使用同样的方法计算例 3-7 中分数的第 50 百分位数。

看图 3-5 中呈现的分数分布，在 $n=8$ 个分数中有 3 个，或者说有 37.5%的分数，恰好位于实限 3.5 之下。同样地，在 $n=8$ 个分数中有 7 个(87.5%)恰好位于实限 4.5 之下。这个分数和百分位数的区间显示在下表中。注意中数、第 50 百分位数，位于这个区间内。

	分数(X)	百分位数	
顶部	4.5	87.5%	
	?	50%	←中间的值
底部	3.5	37.5%	

我们将使用第 2 章中介绍的 4 步插值法求第 50 百分位数(中数)。

1. 对于分数，区间宽度为 1。对于百分比，宽度为 50。

2. 50%的值位于百分比区间顶端向下 37.5 点处。作为整个区间的一小部分，这占 37.5/50，或总区间的 0.75。

3. 对于分数，区间的宽度是 1 点且区间的 0.75 对应 0.75(1)= 0.75 点。

4. 因为区间顶端是 4.5，我们想要的位置是 4.5−0.75=3.75。

对于这个分布，50%点(第 50 百分位数)对应分数 $X=3.75$。注意这与例 3-7 中求得的中数恰好相同。

之间的某一处。然而，应该注意到，平衡点的概念关注的是距离而不是分数。可能会存在这样一个分布，即大多数数据位于平均数一侧。图 3-6 展示了 $N=6$ 的分数且其中 5 个分数比平均数小。在这幅图中，高于平均数的距离的总和为 8，低于平均数的距离的总和为 8。因此，如果你用距离来定义平均数，则它位于分布的中央。然而，你应该意识到平均数不一定要位于一组分数的正中央。

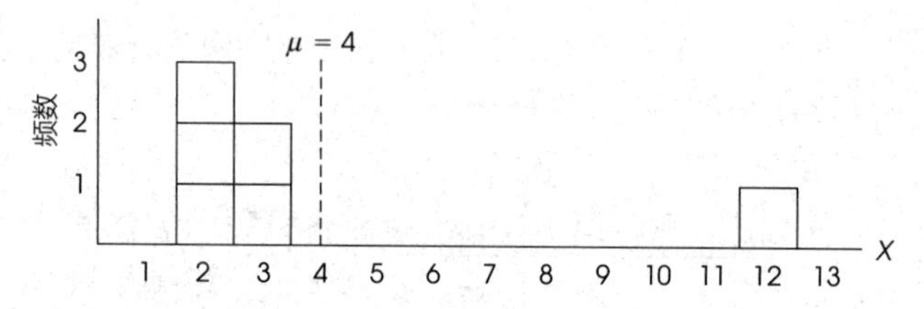

图 3-6 $N=6$ 且平均数 $\mu=4$ 的分布。注意平均数不是必须将分数分为两个相等的组。在这个例子中，6 个分数中有 5 个分数的值比平均数小

另外，就分数而言，中数可被定义为分布的中间值。具体来说，中数位于一组分数的中间位置，把分数平均分成两部分，一部分在中数的左侧，另一部分在右侧。例如，图 3-6 中的分布，中数位于 $X=2.5$，恰好有三个分数在这个值之上且有三个分数在这个值之下。因此，如果中数这个词要被分数个数所定义，就可以说中数位于分布中间。

总而言之，平均数和中数都是定义和测量集中趋势的方法。虽然它们都定义了分布的中点，但不同术语对中点的定义不同。

学习小测验

1. 计算每个分数分布的中数：
   a. 3，4，6，7，9，10，11
   b. 8，10，11，12，14，15
2. 如果你在 80 分的考试中得了 52 分，那么你的得分肯定高于中数。(对或错?)
3. 下面是连续变量测量的分布。求把分布恰好分为两部分的精确中数。
   分数：1，2，2，3，4，4，4，4，4，5

答案

1. a. 中数是 $X=7$。
   b. 中数是 $X=11.5$。
2. 错。中数的值取决于所有分数的位置。
3. 中数是 3.70(3.5 到 4.5 这个区间的前$\frac{1}{5}$)。

3.4 众数

我们将要讨论的最后一种集中趋势的测量方法称为众数。在日常用语中，众数(mode)的意思实际是“传统时尚”或“流行风格”。统计学的定义与此相似，指一组分数中最常见的观察值。

定义

在频数分布中，**众数**是具有最大频数的分数或类别。

和中数相同，众数没有特别的符号或记号来标

识，也没有对样本众数与总体众数加以区分。另外，众数的定义对于总体和样本分布是相同的。

众数是一种对集中趋势非常有用的测量，因为它可以用来确定任何类型的测量量表的典型值或平均数，包括称名量表（见第 1 章）。例如，考虑表 3-4 中的数据。这些数据是通过询问 100 个学生他们喜欢的本地餐厅获得的。结果为 $n=100$ 的样本且每个分数对应学生喜爱的餐厅。

表 3-4　由 $n=100$ 个学生的样本获得他们最喜欢的餐厅。注意：众数是分数或类别，不是频数。例如，众数是 Luigi's，而非 $f=42$

餐厅	频数
College Grill	5
George & Harry's	16
Luigi's	42
Oasis Diner	18
Roxbury Inn	7
Sutter's Mill	12

对于这些数据，众数是 Luigi's，这家餐厅（分数）被评为最受欢迎的地方。虽然我们能确定这些数据的反应模式，但你应该注意，它不可能计算出平均数或中数。例如，你不能把分数相加来确定平均数（5 个 College Grill 加上 42 个 Luigi's 是多少）。同样地，因为餐厅不形成任何自然秩序，所以也不可能按顺序排列分数。例如，College Grill 不可能"多于"或"少于"Oasis Diner，它们只是两个不同的餐厅。因此，不可能通过求序列的中点获得中数。通常，众数是唯一可用于称名量表数据的集中趋势的测量。

众数很有用，因为它是唯一与数据中实际分数相对应的集中趋势的测量；根据定义，众数是出现频数最高的分数。另外，平均数和中数都是计算值，通常产生的答案不等于分布中的任何分数。例如，在图 3-6 中呈现了平均数是 4，中数是 2.5 的分布。注意，没有一个分数和 4 相等且没有一个分数和 2.5 相等。然而，这个分布的众数是 $X=2$；有三个个体的得分是 $X=2$。

在频数分布图中，最大频数为图中最高的部分。为了求众数，只须确定直接位于分布最高点正下方的分数。

虽然分布只能有一个平均数和一个中数，但可有多个众数。具体而言，可能有两个或多个分数具有相同的最高频数。在频数分布图中，不同的众数对应与之相等的高峰。具有两个众数的分布称为双峰分布，而多于两个众数的分布称为多峰分布。有时，具有若干相等高点的分布被认为无众数。

顺便提一下，双峰分布通常表明在同一总体或样本中存在两个独立且明显不同的组。例如，如果测量 100 个大学生的身高，结果分布可能会有两个众数，一个主要对应团体中的男性，另一个主要对应女性。

理论上说，众数是具有绝对最高频数的分数。然而，众数这个词也常更随意地用于指代有相对高频数的分数——这意味着，分数对应着分布中的峰点，即使这些峰点不是绝对最高点。例如，Athos 等人（2007）让人们识别纯音和钢琴音的音高。给被试呈现一系列声调且要求他们必须说出每个音对应的音符。几乎一半被试（44%）有非凡的音符命名能力（绝对音高），而且能正确识别大多数声调。其他被试中大部分表现接近随机水平，明显在随机猜测音名。图 3-7 展示了该研究结果的分数分布。分布中明显有两个不同的峰值，一个位于 $X=2$（随机表现），另一个位于 $X=10$（完美表现）。在分布中，这些值的每一个都是众数。然而，注意，这两个众数的频数并不相同。八个人的分数为 $X=2$，且只有七个人的分数为 $X=10$。尽管如此，这两个点都被称为众数。当两个众数频数不等时，研究者有时通过将较高的高峰称为主要众数，较矮的高峰称为次要众数来区分二者。

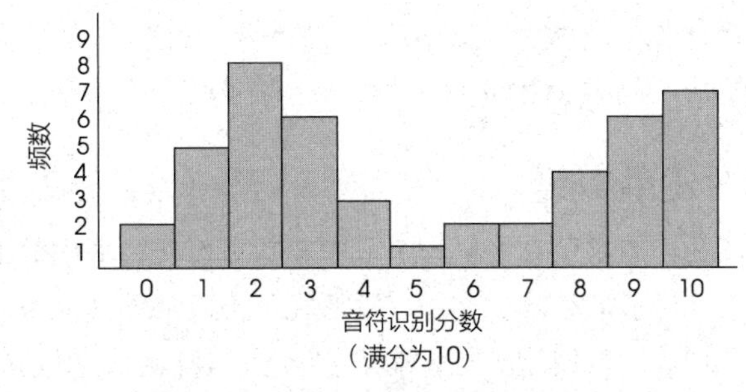

图 3-7　音符识别分数的频数分布，双峰分布的例子

学习小测验

1. 老师记录了 10 月份 $n=20$ 个学生每个学生每次课缺勤的次数，得到如下分布。

缺勤次数	频数
5	1
4	2
3	7
2	5
1	3
0	2

a. 使用平均数，计算这门课平均的缺勤次数是多少？
b. 使用中数，计算平均的缺勤次数是多少？
c. 使用众数，计算平均的缺勤次数是多少？

答案

1. a. 平均数是 47/20=2.35。
   b. 中数是 2.5。
   c. 众数是 3。

3.5 选择集中趋势的度量

如何决定使用哪种集中趋势的测量？这个问题的答案取决于几个因素。然而在讨论这些因素前，注意，通常对同一组数据可以计算两种甚至三种集中趋势的测量。虽然，三种测量常产生相似的结果，但也存在相差较大的情况。还要注意，平均数通常是完美集中趋势的测量方法。因为平均数的计算使用了分布中的每一个分数，通常具有很好的代表性。记住集中趋势的目的是求得整个分布中最有代表性的单个值。除了具有好的代表性，平均数的另一个优点是，它与最常用于变异性测量的方差及标准差(第 4 章)密切相关。这种相关使平均数成为推断统计中有价值的测量方法。由于这些原因，一般认为平均数是三种集中趋势测量方法中最好的一种。但是在一些特殊情形下不可能计算平均数，或者平均数缺乏代表性，正是在这些情形下，要使用众数和中数。

何时使用中数

我们考虑了四种情况，其中中数可以作为平均数的一个有价值的替代。在前三种情况下，通常数据由可计算平均数的数值型数据(等距或等比量表)组成。然而，每种情况都涉及一个特殊问题，要么不能计算平均数，要么计算的平均数不是分布的中心，或不能很好地代表分数分布。第四种情况涉及顺序数据的集中趋势的测量。

极端分数或偏态分布　当分布中有一些极端分数，且其与其他大多数分数差异很大时，平均数就不能很好地代表分布中的大多数分数。问题源于这样一个事实，即一个或两个极端分数可能对平均数产生很大影响，并导致其偏移。在这种情形下，平均数同等地使用所有分数，就成了一个缺点。例如，考虑图 3-8 中 $n=10$ 个分数的分布。对于这个样本，平均数是：

$$M=\frac{\sum X}{n}=\frac{203}{10}=20.3$$

注意，这个平均数并不能很好地代表这个分布中的任何分数。虽然，大多数分数聚集在 10 和 13 之间，但是极端分数 $X=100$ 使 $\sum X$ 值增大，从而使平均数失去了代表性。

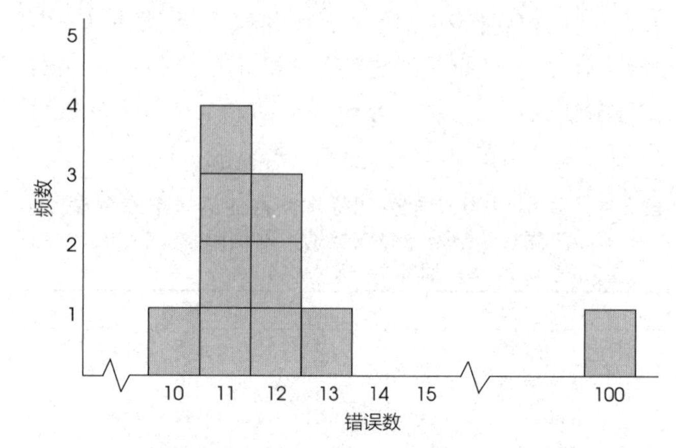

图 3-8　达到学习标准前犯错误的频数分布图。注意图中 X 轴上显示有两个断点。该图没有列出由 0 到 100 的所有分数，而是直接跳到第一个分数 $X=10$，之后直接从 $X=15$ 跳到 $X=100$。呈现在 X 轴上的断点是告知读者这是省略一些值的常规表达

另外，中数不易受极端分数的影响。对于这个样本 $n=10$，中数两侧应该各有五个分数。中数是 11.50。注意，这是一个非常有代表性的值。还要注意，即使极端分数是 1 000 而非 100，中数也不会改变。因为它相对不受极端分数的影响，所以在报告偏态分布的平均数时常使用中数。例如，由于总体中小部分的收入是天文数字，个人收入的分布是非常偏态的。这些极值会扭曲平均数，因此它不能很好地代表多数人的收入。当极端分数存在时，中数是首选的集中趋势的测量方法。

不确定值　有时，你会遇到个体分数未知或不确定的情况。在心理学学习实验中，这种情况经常发生，因为你要测量个体解决某个特定问题时所犯错误次数或所用时间。例如，假设要求被试尽快组装木制拼图。实验者记录每个被试完成拼图所需的时间(分钟)。表 3-5 呈现了样本 $n=6$ 人的结果。

表 3-5　完成木制拼图所需的时间

人	时间(分钟)
1	8
2	11
3	12
4	13
5	17
6	未完成

注意，第六个人没有完成拼图。一个小时之后，这个人还没有表现出任何解决问题的迹象，因此，实验者让他停下。这个人有一个不确定的分数。(有两个要点需要注意。第一，实验者不应该剔除这个被试的分数。使用样本的目的就是获得关于总体的分布图，这个被试告诉我们总体中有一部分个体不能完成拼图。第二，不应给予这位被试 $X=60$ 分钟的分数。虽然实验者一个小时后让这个被试停下来，但这个被试没有完成拼图。所记录的分数应该是他完成拼图所需的时间。对于这个被试，我们不知道时间会是多长。)

对于这些数据，由于存在不确定值，所以不可能计算平均数。我们不能计算平均数公式中的 $\sum X$ 部分。然而，可以确定中数。对于这些数据，中数是 12.5。三个分数在中数之下，三个分数(包括不确定的值)在中数之上。

开放式分布 当某个类别没有上限(或下限)时，此分布被称为开放式分布。下表提供了开放式分布的例子，展示了在一个月期间 $n=20$ 个高中生样本所吃比萨饼的数量。分布中类别的顶端显示有三个学生吃了“5 个或更多”比萨饼。这是开放式类别。注意，这些分数是无法计算平均数的，因为你无法计算(全部 20 个学生吃掉的比萨饼总数)。然而，你能够求得中数。将 20 个分数按顺序排列，得到 $X=1$ 和 $X=2$ 两个中间分数。对于这些数据，中数是 1.5。

比萨饼的个数(X)	频数
5 个或更多	3
4	2
3	2
2	3
1	6
0	4

顺序量表 许多研究者认为使用平均数描述顺序数据的集中趋势是不合适的。当分数是以顺序量表测量时，中数总是合适的，且通常是测量集中趋势的首选方法。

你应该还记得，顺序测量允许你确定方向(大于或小于)但不能确定距离。中数与这类测量兼容，因为它由方向定义：一半分数在中数以上，另一半在中数以下。另外，平均数根据距离定义集中趋势。记住，平均数是分布的平衡点，所以在平均数之上的距离与平均数之下的距离相平衡。因为平均数根据距离定义，又因为顺序量表不测量距离，所以计算顺序量表数据的平均数是不合适的。

何时使用众数

通常考虑用众数替代平均数或将其与平均数一起使用以描述集中趋势的三种情况。

称名量表 众数的主要优势在于它可用于测量和描述称名量表所测数据的集中趋势。回忆一下，称名量表的类别仅根据名称来区分。因为称名量表不测量数量(距离或方向)，因此不能计算称名量表数据的平均数或中数，进而众数是描述称名量表数据集中趋势的唯一选择。

离散变量 回忆一下，离散变量是那些仅存于整体、不可分割的变量。通常，离散变量是数值，例如家庭中的孩子个数或者房子的房间数。当这些变量产生数值分数时，就可计算平均数。在这种情况下，计算的平均数通常是实际不存在的分数值。例如，计算平均数产生的结果是“每个家庭平均有 2.4 个孩子且每家平均有 5.33 个房间”。另外，众数总能够识别最典型的情况，因此，它是集中趋势最恰当的测量。使用众数，我们的结论将是“典型的、模式化的，家里有 2 个孩子和 5 间房”。在多数情况下，尤其是在描述离散变量时，人们更倾向使用由众数获得的真实的整数。

描述形状 由于众数很少需要或者不需要计算，所以它经常作为平均数或中数的补充测量，而且不需要额外成本。在这种情况下，众数(或多个众数)不仅给出了集中趋势的测量，还给出了分布的形状。记住，众数在频数分布图中，表示峰值(或多个峰值)的位置。例如，相比于仅知道平均数，如果你得知一组考试分数的平均数是 72，众数是 80，你应该对分布形状有更好的认识(见第 3.6 节)。

§ 文献报告 §

报告集中趋势的测量

集中趋势的测量通常用于行为科学，以总结描述研究的结果。例如，研究者可以报告来自两个不同处理的样本平均数或一个大样本的中数，可以用文字描述、表或图的形式报告这些值。

在报告结果时，许多行为科学杂志使用美国心理学会采用的指南，如美国心理协会(2010年)出版手册中所概述的。在描述科学文献如何报告数据和研究结果时，我们会不时参考美国心理学会手册。APA格式用字母*M*作为样本平均数的符号。因此，一项研究可能指出：

与控制组($M=11.76$)相比，处理组在任务上表现出更少的错误($M=2.56$)。

当有许多平均数要报告时，具有标题的表提供了一种有组织的、更易于理解的呈现方式。表3-6说明了这一点。

表3-6 处理组和控制组在任务中的平均错误数，按性别划分

	处理组	控制组
女	1.45	8.36
男	3.83	14.77

中数可用缩写Mdn报告，如“Mdn = 8.5个错误，”也可以简单地在叙述性文本中报告，如下所示：

处理组错误数的中数是8.5，与之相比，控制组的中数是13。

报告众数没有特殊的符号或惯例。如果提到，众数通常只在叙述性文本中报告。

在图表中呈现平均数和中数

图表也可用于报告和比较集中趋势的测量。通常，图表用于显示由样本平均数获得的值，但是偶尔也会在图表中报告样本中数(众数很少用图表呈现)。图表的价值在于其允许同时显示几个平均数(或中数)，因此它能够在各组间或处理条件间进行快速比较。当使用图表时，通常在横轴上列出不同组或处理条件。这些是构成自变量或准自变量的不同取值。因变量的值(分数)列在纵轴。然后平均数(或中数)使用线图、直方图或条形图展示，具体取决于自变量所用的测量量表。

图3-9显示了线图的例子，说明药物剂量(自变量)和食品消耗量(因变量)之间的关系。在这个研究中，有五种不同的药物剂量(处理条件)，它们沿横轴列出。这五个平均数在图3-9中显示为点。为了创建这个图，点要位于每种处理条件的上方，使该点的垂直位置对应于处理条件的平均分数，然后用直线连接这些点。当横坐标值使用等距或等比量表测量时使用线图。折线图的替代选择是直方图。对于这个例子，直方图将在每个药物剂量上方显示一个条形，每个条形的高度对应于该组的平均食物消耗量，相邻两个条形之间没有空隙。

图3-10呈现了一个条形图，显示了美国不同地区单户家庭住宅售价的中数。当横轴上显示的各组或处理组是以称名或顺序量表测量时，条形图可用于呈现平均数(或中数)。为创建条形图，只要直接在每组或处理组的正上方绘制高度与平均数(或中数)相对应的条形。对于条形图，相邻两个条形之间留出空隙以表示测量量表是称名量表或顺序量表。

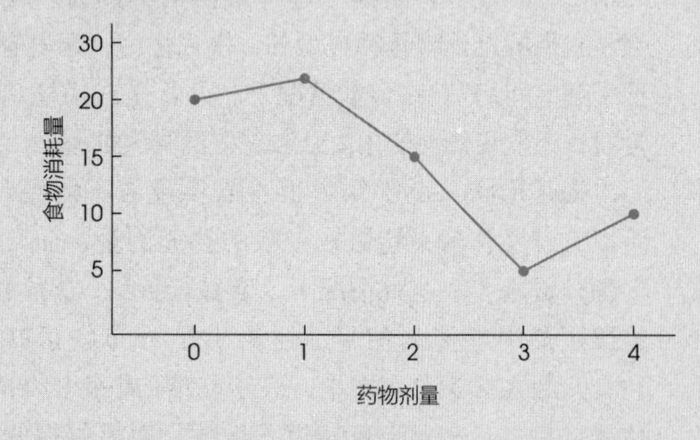

图3-9 药物剂量(自变量)与食物消耗量(因变量)之间的关系

注：因为药物剂量是连续变量，用连续线连接不同的剂量水平。

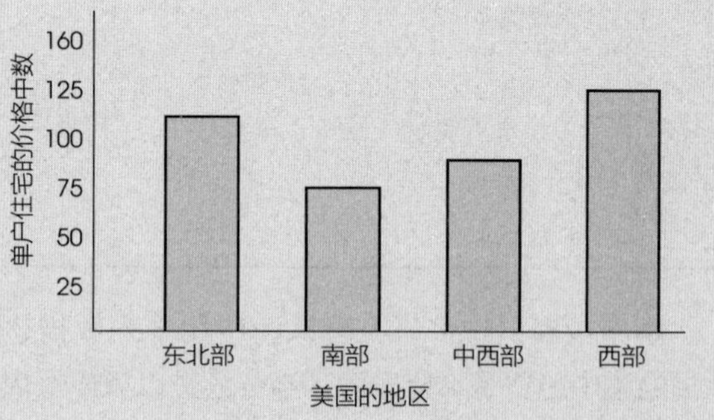

图3-10 不同地区新建家庭单户住宅价格的中数

在创建任何类型的图表时，都应回忆在第2章中介绍的基本原则：

(1)图的高度应近似其长度的2/3或3/4。

(2)一般而言，以*X*轴与*Y*轴相交的零点开始编号。然而，当0这个值是数据的一部分时，通常把零点从相交处移开，以使图不会覆盖坐标轴(见图3-9)。

遵循这些规则有助于获得能准确呈现一组数据信息的图，尽管创建的图有可能扭曲研究结果(见知识窗2-1)，但研究者有责任诚实地、准确地报告其研究结果。

3.6　集中趋势和分布形状

我们已经确定了三种不同的集中趋势的测量，对于一组数据，研究者通常会同时计算这三种测量。由于平均数、中数和众数都试图测量同一个东西，所以期望这三个值之间存在关联是合理的。事实上，集中趋势三种测量之间存在着一些一致的和可预测的关系。具体而言，在某些情况下，三个测量值完全相等。另外，存在三个测量值不相等的情况。在某种程度上，平均数、中数和众数的关系是由分布的形状决定的。我们考虑常见的两类分布。

对称分布

对于对称分布，图的右侧是左侧的镜像。如果分布完全对称，中数恰好是中心，因为图中有一半区域恰好在中心的两侧。平均数也恰好在完全对称分布的中心，因为分布左侧的每个分数都与右侧相应的(镜像)分数相平衡。结果，平均数(平衡点)位于分布的中心。因此，对于完全对称的分布，平均数和中数是相同的(见图 3-11)。如果分布大致对称，但不完全对称，则平均数和中数都会聚集于分布中心左右。

如果对称分布只有一个众数，它同样在分布中心。因此，对于只有一个众数的完全对称分布，三种集中趋势的测量，平均数、中数和众数的值相同。对于大致对称分布，这三种测量在分布中心聚集。另外，对称的双峰分布(见图 3-11b)的平均数和中数都在中心且众数在两侧。矩形分布(见图 3-11c)中没有众数，因为所有 X 值出现的频数相同。不过，平均数和中数都在分布中心。

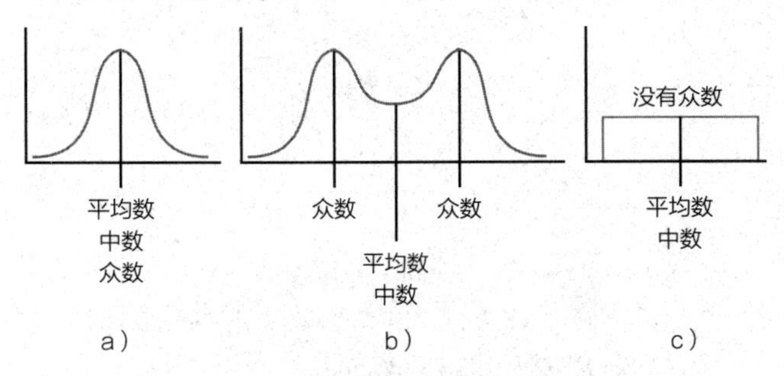

图 3-11　三种对称分布中集中趋势的测量：正态、双峰、矩形

偏态分布

在偏态分布中，特别是连续变量的分布，平均数、中数和众数极可能位于不同的位置。[⊖] 例如，图 3-12a 显示峰值(最高频数)在正偏态分布的左侧。这是众数的位置。然而，在众数处绘制的垂直线应该明显不会将分布分为两个相等的部分。要让每侧恰好有 50% 的分布，中数应该位于众数右侧。最后，平均数位于中数的右侧，因为它受尾部极端分数影响最大，并且向右移动，接近分布尾部。因此，在正偏态分布中，三种集中趋势的测量顺序从最小到最大(从左至右)分别是众数、中数和平均数。

负偏态分布在相反的方向上不对称，即分数聚集在右侧且尾部向左逐渐减少。例如，简单考试的分数倾向于形成负偏态分布(见图 3-12b)。对于负偏态分布，众数在右侧(峰值)，而平均数位于尾部极端分数左侧。和之前一样，中数位于平均数和众数之间。从最小到最大排列(从左到右)，负偏态分布的三种集中趋势的测量依次是平均数、中数和众数。

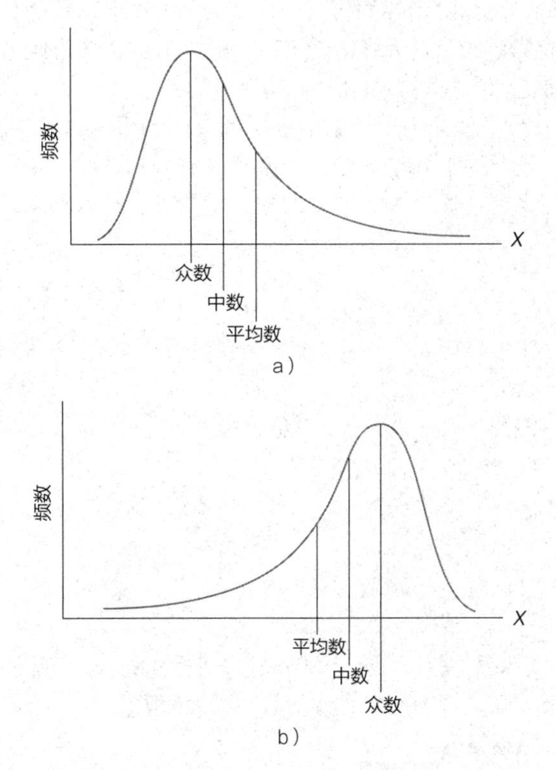

图 3-12　偏态分布集中趋势测量

⊖ 在离散变量分布中，平均数、中数和众数的位置并不与预测的一致(Von Hippel，2005)。

学习小测验

1. 如果将一个非常大的极端分数加入分布，哪种集中趋势的测量受影响最大？（平均数、中数、众数）
2. 为什么通常认为顺序量表测量的分数不适合计算平均数？
3. 在完全对称分布中，平均数、中数和众数的值都相同。（对或错？）
4. 平均数为 70、中数为 75 的分布可能是正偏态分布。（对或错？）

答案

1. 平均数。
2. 平均数的定义是基于距离（平均数是距离的平衡），顺序量表不测量距离。
3. 错，分布可能是双峰。
4. 错。平均数将移向左侧的尾部。

小 结

1. 集中趋势的目的是确定一个能识别分布中心且最能代表整组分数的单个值。三种集中趋势的标准测量为众数、中数和平均数。
2. 平均数是算术平均数，通过将所有的分数相加后除以分数的个数来计算。概念上讲，平均数是总和（$\sum X$）除以个体数量（N 或 n）。平均数也可以定义为分布的平衡点。平均数之上的距离恰好与平均数之下的距离相平衡。总体平均数和样本平均数的计算方法相同，总体平均数的代表符号是 μ，样本平均数的代表符号是 M。在大多数情形下，数字分数来自等距或比率量表，平均数是集中趋势测量的首选。
3. 分布中任何一个分数的变化都会引起平均数的变化。当分布中的每个分数加上或减去一个常数时，相当于平均数加上或减去一个常数。如果每个分数都乘以一个常数，则平均数也乘以一个相同的常数。
4. 中数是分数分布的中点。当分布中有少量极端分数时，中数是替代平均数测量的首选。中数也适用于开放式分布，以及当有不确定的（无限的）分数而无法计算平均数时。最后，中数是顺序量表分数集中趋势测量的首选。
5. 众数是分布中出现频数最多的分数。通过找到在频数分布图中的峰值，就可以确定其位置。对于称名量表测量的数据，众数是较为合适的集中趋势的测量。一个分布可以有多个众数。
6. 对于对称分布，平均数等于中数。如果此分布仅有一个众数，那么它也是相同的值。
7. 对于偏态分布，众数位于分数聚集的一侧，平均数向极端分数所在的尾部延伸。中数通常位于这两个值之间。

关键术语

集中趋势	总体平均数（μ）	样本平均数（M）	加权平均数	中数
众数	双峰	多峰	主要众数	次要众数
线图	对称分布	偏态分布	正偏态	负偏态

资 源

SPSS

附录 C 呈现了使用 SPSS 的一般说明。以下是使用 SPSS 计算一系列分数的平均数的详细说明。

数据输入

在分数编辑器的一列中输入所有分数，如 VAR00001。

数据分析

1. 单击工具栏上的 Analyze，选择 Descriptive Statistics，然后单击 Descriptives。
2. 高亮在左边框中的一列分数（VAR00001），并单击箭头将其移至 Variable 框中。
3. 如果你要求 $\sum X$ 以及平均数，单击 Options 框，选择 Sum，然后单击 Continue。
4. 单击 OK。

SPSS 输出

SPSS 生成汇总表，列出分数的数量（N）、最高和最低的分数、分数的总和（如果选择此选项）、平均数和标准差。注意：标准差是第 4 章呈现的变异性测量。

关注问题解决

虽然三种集中趋势测量的计算似乎非常简单，但是也常有错误。最常见的错误如下。

a. 很多学生发现计算频数分布表中分数的平均数很难。他们倾向于忽略表中的频数而只简单地平均 X 列的分数。你一定要使用频数和分数！记住分数的个数由 $N=\sum f$ 求得，且所有 N 个分数的总和是由 $\sum fX$ 求得的。对于以下分布，平均数是 $\frac{24}{10}=2.40$。

X	f
4	1
3	4
2	3
1	2

b. 中数是分数分布中的中点，不是测量量尺的中点。例如，对于满分为100分的测验，许多学生错误地将中数假设为 $X=50$。为了求中数，你必须拥有全部的个体分数。中数将全部个体分为等量的两组。

c. 求众数时最常见的错误是学生报告分布中最高频数而非最高频数对应的分数。记住，集中趋势的目的是求得最具有代表性的分数。对于左边表格中的分布，众数是 $X=3$，不是 $f=4$。

示例3-1

计算集中趋势的测量

求以下样本的平均数、中数和众数。分数是：

5，6，9，11，5，11，8，14，2，11

计算平均数　平均数的计算需要两点信息：分数的总和 $\sum X$，以及分数的个数 n。对于这个样本，$n=10$，

$$\sum X = 5+6+9+11+5+11+8+14+2+11 = 82$$

因此，样本平均数是：

$$M=\frac{\sum X}{n}=\frac{82}{10}=8.2$$

求中数　为了求中数，先要按由小到大的顺序排列分数。对偶数个分数，中数是列表中间两个分数的平均数。按顺序排列，分数是：

2，5，5，6，8，9，11，11，11，14

中间两个分数是8和9，中数是8.5。

求众数　对这个样本，$X=11$ 是出现频数最多的分数。众数是 $X=11$。

习　题

1. 良好的集中趋势测量的一般目的是什么？
2. 为什么集中趋势的测量需要多种方法？
3. 求下列样本分数的平均数、中数和众数。

   6，2，4，1，2，2，3，4，3，2
4. 求下列样本分数的平均数、中数和众数。

   8，7，8，8，4，9，10，7，8，8，9，8
5. 求下列频数分布表中分数的平均数、中数和众数。

X	f
8	1
7	4
6	2
5	2
4	2
3	1

6. 求右侧频数分布表中分数的平均数、中数和众数。

X	f
10	1
9	2
8	3
7	3
6	4
5	2

7. 对于下列样本，
   a. 假设分数是连续变量，求位于分布精确中点的中数。
   b. 假设分数是离散变量的测量，求中数。

   分数：1，2，3，3，3，4
8. $n=7$ 个分数的样本平均数 $M=9$。这个样本的 $\sum X$ 值是多少？
9. 总体平均数 $\mu=10$，$\sum X=250$。这个总体中有多少个分数？

10. $n=8$ 个分数的样本平均数 $M=10$。如果一个分数 $X=1$ 的新人加入样本，新的样本平均数是多少？
11. $n=5$ 个分数的样本平均数 $M=12$。如果把一个分数为 $X=8$ 的人从样本中删除，新的样本平均数是多少？
12. $n=11$ 个分数的样本平均数 $M=4$。一个分数为 $X=16$ 的人加入样本，新的样本平均数是多少？
13. $n=9$ 个分数的样本平均数 $M=10$。一个分数为 $X=2$ 的人从样本中被删除，新的样本平均数是多少？
14. $N=20$ 个分数的总体平均数 $\mu=15$。分布中的一个分数从 $X=8$ 变为 $X=28$。新的总体平均数是多少？
15. $n=7$ 个分数的样本平均数 $M=9$。样本中的一个分数从 $X=19$ 变为 $X=5$。新的样本平均数是多少？
16. $n=7$ 个分数的样本平均数 $M=5$。一个新分数加入样本后，求得新平均数 $M=6$。新分数的值是多少？（提示：比较加入分数前后的值。）
17. $N=16$ 个分数的总体平均数 $\mu=20$。一个分数从总体中被删除后，求得新平均数 $\mu=19$。删除的分数值是多少？（提示：比较移出分数前后的值。）
18. 样本平均数 $M=4$ 且第二个样本平均数 $M=8$。把两个样本合并成一组分数。
    a. 如果两个原始样本都有 $n=7$ 个分数，合并后的平均数是多少？
    b. 如果第一个样本有 $n=3$ 个分数且第二个样本有 $n=7$ 个分数，合并后的平均数是多少？
    c. 如果第一个样本有 $n=7$ 个分数且第二个样本有 $n=3$ 个分数，合并后的平均数是多少？
19. 第一个样本平均数 $M=5$ 且第二个样本平均数 $M=10$。把两个样本合并成一组分数。
    a. 如果两个原始样本都有 $n=5$ 个分数，合并后的平均数是多少？
    b. 如果第一个样本有 $n=4$ 个分数且第二个样本有 $n=6$ 个分数，合并后的平均数是多少？
    c. 如果第一个样本有 $n=6$ 个分数且第二个样本有 $n=4$ 个分数，合并后的平均数是多少？
20. 解释为何对于偏态分布，平均数不是集中趋势的好的测量。
21. 确定何种情况下中数而非平均数是集中趋势测量的首选。
22. 对于以下各情况，确定可提供最佳平均分数描述的集中趋势测量(平均数、中数或众数)：
    a. 一位新闻记者采访了在当地大型超市购物的人，询问他们在暑期花了多少钱。大多数人在当地旅行，报告说金额不大，但有一对夫妇已经飞到巴黎待了一个月，并花费了一大笔钱。
    b. 一位营销研究者要求消费者从一套四种设计中选择他们最喜欢的产品标识。
    c. 驾校教练记录了每位学生在第一次尝试平行停车时撞倒橙色锥体的数量。
23. 调查学生的一个问题是：你平均每周在快餐厅吃多少次？以下频数分布表汇总了 $n=20$ 个学生的样本结果。

每周的次数	f
5 次以上	2
4	2
3	3
2	6
1	4
0	3

    a. 求该分布的众数。
    b. 求该分布的中数。
    c. 解释你为何不能用表中的数据计算平均数。
24. 研究大学新生体重增加的一位营养学家得到 $n=20$ 个大学一年级学生的样本。每个学生在入学第一天和学期最后一天称体重。以下分数测量了每个学生体重的改变，单位为磅。正数表示该学期内体重在增加。

    +5，+6，+3，+1，+8，+5，+4，+4，+3，-1
    +2，+7，+1，+5，+8，0，+4，+4，+6，+3

    a. 绘制显示体重变化分数分布的直方图。
    b. 计算这个样本体重变化分数的平均数。
    c. 在该学期内，体重变化是否出现了一致的趋势？
25. 当地居民觉得工作日的天气很好，但周末的很差。Cerveny 和 Balling(1998)已证实这不是当地居民的想象——工作日的污染物积累很可能会破坏大西洋沿岸人们的周末的天气。考虑以下显示了夏季 10 周每天降雨量的假设数据。

周次	工作日的平均日降雨量(周一至周五)	周末的日降雨量(周六至周日)
1	1.2	1.5
2	0.6	2.0
3	0.0	1.8
4	1.6	1.5
5	0.8	2.2
6	2.1	2.4
7	0.2	0.8
8	0.9	1.6
9	1.1	1.2
10	1.4	1.7

    a. 计算工作日期间平均每日降雨量(平均数)，及周末平均每日降雨量。
    b. 基于这两类平均数，数据中是否有某种规律？

CHAPTER

第 4 章

变异性

本章目录

本章概要
4.1 概述
4.2 全距
4.3 总体标准差和方差
4.4 样本标准差和方差
4.5 更多关于方差和标准差的知识
小结
关键术语
资源
关注问题解决
示例 4-1
习题

所需工具

以下所列内容是学习本章需要的基础知识。如果你不确定自己对这些知识的掌握情况，你应在学习本章前复习相应的章节。

- 求和符号(第1章)
- 集中趋势(第3章)
    - 平均数
    - 中数

本章概要

尽管测量集中趋势，比如平均数和中数，是概括大量数据的简便方法，但仅有这些测量仍然无法得知数据的全貌。特别是，并不是每个人都能达到平均水平，很多人的分数可能接近平均数，但其他一些人的分数则可能远高于(或低于)平均数。简而言之，每个人都是不同的。

一个人与另一个人的不同通常称为差异(diversity)。研究者比较了年轻人和老年人的认知技能，结果发现随着年龄的增长，人与人之间的差异通常会越来越大。例如，Morse(1993)回顾了1986~1990年发表在《心理学与老龄化》(*Psychology and Aging*)和《老年医学杂志》(*Journal of Gerontology*)上的百余篇论文，发现不同的老年人在反应时、记忆和一些智力测试上的差异都有所增加。对差异增加的可能性解释是，不同的人对衰老过程的反应不同，一些人基本没有变化，而另一些人的认知水平却急剧下降。因此，老年人之间的差异比年轻人之间的差异要大。

同样地，可以测量同一个人的表现差异。对这些差异的测量是一致性的测量。通常来说，同一个体在试次之间的巨大差异会作为其表现欠佳的证据。例如，连续击中目标的能力对于很多运动来说是技能娴熟的标志，而不一致的表现则说明其技能不佳。老龄化领域的研究者也发现，与年轻被试相比，年龄较大的被试往往在不同试次中的差异更大。也就是说，老年人可能失去了在许多任务中表现一致的能力。例如，在一项比较年长和年轻女性的研究中，Wegesin和Stern(2004)发现老年妇女在再认记忆任务中的一致性较低。

问题：为了研究多样性和一致性等现象，有必要设计一种方法来测量和客观地描述分布中不同分数之间存在的差异。

解决方法：通过测量分数分散或聚集的程度，我们可以对变异性(variability)进行测量。这就提供了对分布中不同分数之间差异的客观描述。

4.1 概述

在统计学中，变异性一词的含义与其日常用法中的含义大致相同：事物是可变的，这意味着它们并不是完全相同的。在统计学中，我们的目的是测量一组特定分数或一个分布的变异性。简言之，如果一个分布中的分数都是相同的，那么该分布就没有变异性；如果分数之间的差异小，那么其变异性小；如果分数之间的差异大，那么其变异性大。

定义

变异性提供了对分布中的分数分散或聚集程度的定量测量。

图4-1呈现了成年男性总体中常见的两种分布：图4-1a显示了成年男性的身高分布(英寸)，图4-1b显示了成年男性的体重分布(磅)。注意，这两种分布在集中趋势上是不同的。成年男性的平均身高为70英寸(5英尺10英寸)，平均体重为170磅。此外，这些分布在变异性方面存在差异。例如，大多数成年男性的身高值聚集在平均数上下5英寸或6英寸的范围内，相反，其体重分布在更广的范围内。在体重分布中，距离平均体重超过30磅的个体并不少见，而两个个体的体重相差超过30或40磅也不足为奇。测量变异性的目的是获得分数在分布中分布情况的客观度量。一般来说，良好的变异性测量有两个目的：

(1) 变异性是对分布的描述。具体来说，它显示分数是聚集在一起的还是分散在一个大的距离范围中。通常，变异性是根据距离来定义的。它表示一个分数和另一个分数之间的期望距离，或一个分数和平均数之间的期望距离。例如，我们知道大多数成年男性的身高相当接近，在平均数上下5英寸或6英寸之内。尽管存在更极端的身高，但相对少见。

(2) 变异性测量的是一个分数(或一组分数)代表整个分布的程度。这一点对于用相对小的样本来解释总体问题的推断统计来说非常重要。例如，假设你选择一个个体作为样本来代表整个总体。因为大多数成年男性的身高都在总体平均数的几英寸内(距离很小)，所以你很有可能会选择一个身高距离总体平均数6英寸内的人。分数在体重的分布中更加分散(距离更远)，在这种情况下，你可能找不到一个体重距离总体平均数 6 磅以内的人。因此，变异性提供了当你用样本来代表总体时可能出现的误差大小的信息。

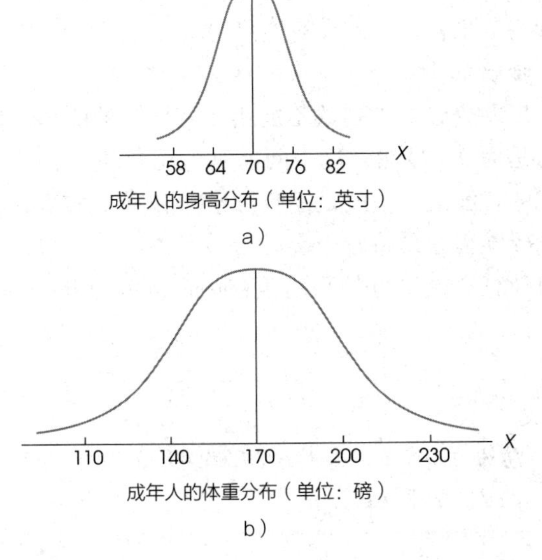

图 4-1　成年人身高和体重的总体分布

在这一章中，我们将介绍三种不同的变异性测量：全距、标准差和方差。在这三者中，标准差和方差的测量是迄今为止最重要的指标。

4.2　全距

全距(range)是一个分布中的分数所覆盖的距离，即从最小分数到最大分数的距离。当分数是连续变量时，全距可定义为最大分数(X_{max})的精确上限(URL)和最小分数(X_{min})的精确下限(LRL)之间的差值。

$$全距 = X_{max}\ 的精确上限 - X_{min}\ 的精确下限$$

例如，如果分数为 1 到 5，全距为 5.5−0.5 = 5。当分数是整数时，全距也是对测量种类数量的测量。如果每个个体被分类为 1、2、3、4 或 5，那么就有五个测量类别，全距就是 5。

将全距定义为测量种类的数量也适用于用数值分数进行测量的离散变量。例如，如果你测量一个家庭中的孩子数量，数据的值包含 0 到 4，那么就有 5 个测量种类(0、1、2、3、4)，全距就是 5。根据这个定义，当数据都是整数时，全距可以被定义为：

$$X_{max} - X_{min} + 1$$

另一个常用的全距定义仅是简单地测量最大分数(X_{max})和最小分数(X_{min})之间的差异，而不去考虑实限：

$$全距 = X_{max} - X_{min}$$

根据这个定义，分数从 1 到 5 实际上覆盖的全距为 4。很多计算机程序使用这个定义，例如 SPSS。对于没有实限的离散变量来说，这个定义通常更合适。而且，这个定义对于具有精确定义的上下边界的变量来说也是合适的。例如，如果你想测量一个物体的比例，比如一块比萨的大小，你可以获取像 1/8、1/4、1/2、3/4 等这样的值。如果用小数来表达，比例范围为 0 到 1。你永远得不到小于 0(没有比萨)的值，你也永远得不到大于 1(一整块比萨)的值。因此，完整的比例一端的边界为 0，另一端为 1。结果，比例覆盖的全距为 1。

使用以上任一定义，全距都可能是描述分数分布最明显的方式，只需找到最大和最小分数之间的距离。使用全距作为变异性测量的问题是，它完全由两个极值决定，忽略了分布中的其他分数。因此，若分布中包含非常大(或非常小)的分数，其分布也会有一个较大的全距，即使其他分数都聚集在一起。

由于全距没有考虑到分布中的所有分数，所以它往往不能准确地描述整个分布的变异性。故而，全距被认为是一种粗略和不可靠的变异性测量。因此，在大多数情况下，使用哪种定义来确定全距并不重要。

4.3　总体标准差和方差

标准差是最常用也是最重要的变异性测量。标准差以分布的平均数为参照点，通过测量每个分数和平均数之间的距离来衡量变异性。

简单来说，标准差提供了距平均数的标准距离或平均距离的测量，并描述了分数是否紧密围绕平均数或广泛分散分布。对于样本和总体而言，标准差的基本定义都是相同的，但计算方法略有不同。首先来看总体标准差的计算，然后我们将注意力转向样本标准差的计算。

虽然标准差的概念很简单，但实际的公式略显复杂。因此，首先让我们看一下推导这些公式的逻辑。如果你记得我们的目的是测量分数距平均数的标准或典型距离，那么这一逻辑和以下公式应很容易被记住。

步骤 1

找到距离平均数的标准距离的第一步是确定每个分数距离平均数的离差或距离。根据定义，每个分数的离差是分数与平均数之间的差异。

定义

离差是分数到平均数的距离：

$$\text{离差分数}^{[1]}=X-\mu$$

对于$\mu=50$的分数分布，如果你的分数为$X=53$，那么离差分数为：

$$X-\mu=53-50=3$$

如果你的分数为$X=45$，那么离差分数为：

$$X-\mu=45-50=-5$$

注意，离差分数有两个部分：符号（+或-）和数字。符号表示与平均数差异的方向，也就是分数是在平均数之上（+）或之下（-）。数字表示与平均数的实际距离。例如，-6的离差分数对应低于平均数6分距离的分数。

步骤2

因为我们的目的是计算分数到平均数的标准距离，显然下一步就是计算离差分数的平均数。为了计算这个平均数，你首先要将所有离差分数进行相加，再除以N。下面的例子说明了这个过程。

例4-1

我们从下面这组$N=4$的分数开始。这些分数相加为$\sum X=12$，所以平均数为$\mu=12/4=3$。对于每个分数，计算离差。

X	$X-\mu$
8	+5
1	−2
3	0
0	−3
	$0=\sum(X-\mu)$

■

注意，离差分数之和为0。如果你还记得平均数代表这个分布的平衡点，你就不应该惊讶。在平均数以上的距离之和与在平均数以下的距离之和是完全相等的。因此，正的离差之和与负的离差之和是完全相等的，并且全部离差之和总是等于0。

因为离差之和总为0，所以离差的平均数也总为0，这对于测量变异性来说没有价值。不管数据是聚合紧密的还是广泛分散的，离差的平均数都为0。（然而，你应该注意到，恒定值0在其他方面是有用的。无论何时使用离差分数，你都可以通过确保离差分数相加为0来检查你的计算结果。）

步骤3

离差分数的平均数不能用作变异性的测量，因为它总是为0。显然，这个问题是由正负值的相互抵消造成的。解决方法就是摆脱符号（+和-）。实现这一目的的标准程序是将每个离差分数平方，然后用这些平方值计算离差平方的平均数（mean squared deviation），即方差。

定义

总体方差等于离差平方的平均数。方差是与平均数距离的平方的平均数。

注意，离差平方的过程不仅仅是简单地去掉正负符号。它可根据平方距离（squared distance）得出变异性的测量。虽然方差对后面讨论的一些推断统计方法是有价值的，但是平方距离的概念并不是一种直观或易于理解的描述性测量。

例如，已知纽约到波士顿的平方距离为26 244平方英里，这一点并不是特别有用，但如果取平方根，那么平方值就变得有意义了。因此，我们继续进行下一个步骤。

步骤4

记住，我们的目的是计算距离平均数的标准距离。方差测量的是原始分数与平均数距离的平方的平均数，而这并不完全是我们需要的。最后一步是简单地将方差取平方根得到标准差，以测量与平均数的标准距离。

定义

标准差是方差的平方根，测量了与平均数的标准（或平均）距离。

$$\text{标准差}=\sqrt{\text{方差}}$$

图4-2展示了计算方差和标准差的完整过程。记住，我们的目标是通过找出与平均数的标准距离来测量变异性。然而，我们不能简单地计算离差的平均数，因为这个值总是为0。因此，我们先把每个距离

---

[1] 离差分数通常用小写字母x表示。

进行平方，然后我们找出平方距离的平均数，最后使用平方根获得对标准距离的测量。从计算上说，标准差是离差平方的平均数的平方根。然而，从概念上说，标准差测量了与平均数的平均距离。

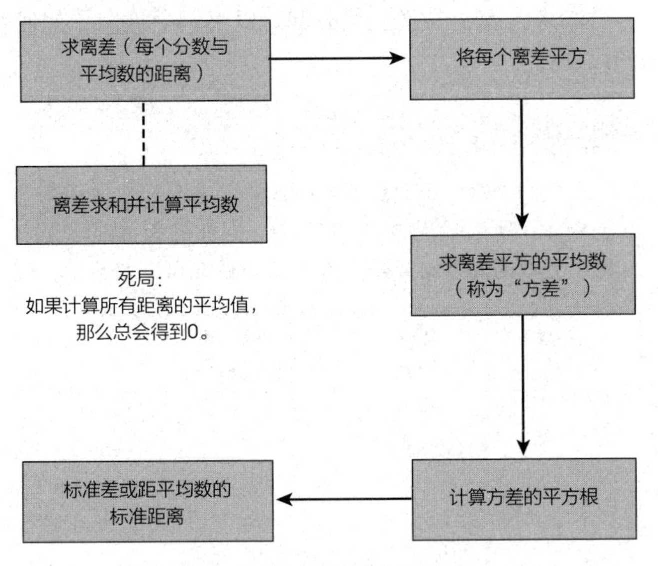

图 4-2　方差和标准差计算

由于标准差和方差是以与平均数的距离来定义的，因此这些变异性的测量仅可用于从等距或比率量表测量中获得的数值型分数。回顾第 1 章，唯独这两个量表可提供距离信息，而称名和顺序量表则不提供距离信息。此外，回顾第 3 章，对于顺序数据，计算平均数是不合适的，对于称名数据，也不可能计算平均数。由于平均数是计算标准差和方差的关键部分，适用于平均数的限制条件，所以同样适用于这两种变异性测量。具体而言，平均数、标准差和方差只适用于计算源自等距量表或比率量表的数值型分数。

尽管我们还没给出任何方差或标准差的公式，但你应当能通过它们的定义来计算这两个统计值。以下例子演示了这个过程。

□ 例 4-2

我们将计算以下 $N=5$ 个分数总体的方差和标准差，

1，9，5，8，7

记住，标准差的目的是测量与平均数的标准距离，所以先计算总体平均数。这五个分数加和为 $\sum X=30$，所以平均数 $\mu=30/5=6$。接下来，求每个分数的离差（与平均数的距离），然后将离差平方。那么总体平均数 $\mu=6$，计算过程如下表所示。

分数 X	离差 $X-\mu$	离差平方 $(X-\mu)^2$
1	−5	25
9	3	9
5	−1	1
8	2	4
7	1	1
		40 = 离差平方和

对于这组 $N=5$ 的分数，离差平方和为 40。离差平方和的平均数，即方差，为 $40/5=8$，标准差为 $\sqrt{8}=2.83$。■

你应该注意到，对于这个分布，标准差 2.83 是一个合理的答案。总体的 5 个分数在图 4-3 中以直方图的方式显示，所以你可以更清楚地看到这些距离。图 4-3 中的直方图显示了总体中的 5 个分数，这样就可以更清楚地观察距离。注意，与平均数最近的分数和平均数只相差 1。此外，与平均数最远的分数和平均数相距 5。对于这个分布，与平均数最大的距离为 5，最小的距离为 1。因此，标准距离应该在 1~5 这个区间。通过这种方式观察分布，能够粗略地估计标准差。在这个例子中，标准差应在 1~5 这个区间，大概在 3 左右。我们计算得出的标准差与这个估计的值非常吻合。

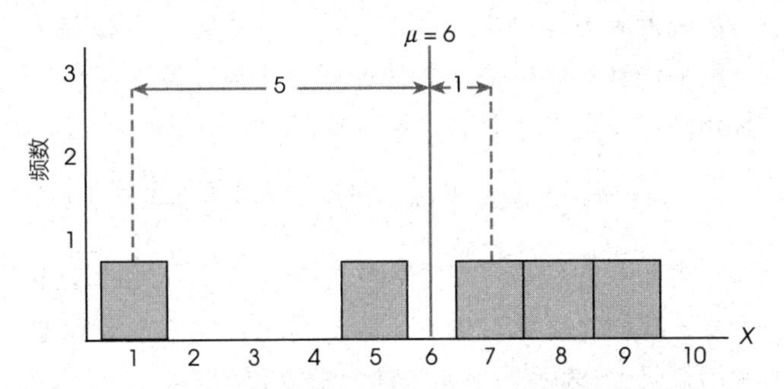

图 4-3　$N=5$ 的总体频数分布直方图，总体的平均数为 $\mu=6$，与平均数的最小距离为 1，最大距离为 5。标准距离（或标准离差）应在 1 和 5 之间

快速地估计标准差可以帮助你避免计算中的错误。例如，如果计算图 4-3 中分数的标准差为 12，那么你应该马上意识到你计算错了（如果最大的离差是 5，那么标准差就不可能达到 12）。

学习小测验

1. 简要解释标准差测量的是什么，方差测量的是什么。

2. 计算 $N=4$ 的总体中每个分数的离差。前三个分数的离差为+2、+4 和−1。那么第四个分数的离差是多少?
3. 计算以下分数的标准差，$N=5$，分数为 10，10，10，10 和 10(注意：你应当能够通过标准差的定义直接回答这个问题，而不需要做任何计算)。
4. 计算以下分数总体的方差，$N=5$，分数为 4，0，7，1，3。

答案

1. 标准差测量的是与平均数的标准距离，方差测量的是与平均数距离平方的平均数。
2. 整组分数的离差之和必须为 0。前三个离差之和为+5，所以第四个离差一定为−5。
3. 因为没有变异性(分数都是相同的)，所以标准差为 0。
4. 对于这些分数，离差平方和为 30，方差为 30/5=6。

总体方差和标准差的计算公式

标准差和方差的概念对于样本和总体而言都是相同的，但是，二者计算的细节略有不同，这取决于你的数据是来自样本还是完整的总体。我们先来了解总体的计算公式。

离差平方和(*SS*) 回忆一下，方差定义为离差平方的平均数。这个平均数的计算方法与计算任何平均数相同：首先求出总和，然后除以分数的个数。

$$方差=离差平方的平均数=\frac{离差平方和}{分数的个数}$$

离差平方和是这个分数的分子，是变异性的基本元素，我们将着重讨论它。为了简化，离差平方和通常用符号 *SS* 表示，也通常称为平方和。

定义

SS 或**平方和**，是离差分数平方的总和。

你需要知道计算 *SS* 的两个公式。这两个公式在代数上是等价的(它们的计算结果是相同的)，但它们看起来不同，并且使用条件也不同。

第一个公式称为定义公式，因为公式中的符号实际上定义了离差平方的相加过程。

$$定义公式：SS=\sum(X-\mu)^2 \qquad (4\text{-}1)$$

为了求得离差平方和，公式将指导你按照以下过程计算：

(1) 求出每个离差分数$(X-\mu)$。

(2) 对每个离差分数求平方$(X-\mu)^2$。

(3) 将离差平方相加。

结果为 *SS*，即离差平方和。以下例子说明了如何使用此公式。

例 4-3

我们计算一组数据 $N=4$ 的 *SS*。这组分数之和为 $\sum X=8$，所以平均数 $\mu=8/4=2$。下面的表格显示了每个分数的离差与离差平方。离差平方和为 $SS=22$。

分数 X	离差 $X-\mu$	离差平方和 $(X-\mu)^2$	
1	−1	1	$\sum X=8$
0	−2	4	$\mu=2$
6	+4	16	
1	−1	1	
		$22=\sum(X-\mu)^2$	

尽管定义公式是计算 *SS* 最直接的方法，但用起来很麻烦。特别是当平均数不是整数，离差带有小数或分数时，计算会变得较为困难。此外，小数的计算会有四舍五入的误差，这使得结果不太精确。出于这些理由，另一个计算 *SS* 的公式被发展出来，用最初的分数计算(而不是离差)，从而将小数和分数带来的复杂性最小化。

$$计算公式：SS=\sum X^2-\frac{(\sum X)^2}{N} \qquad (4\text{-}2)$$

这个公式的第一部分，先将每个分数平方，之后求平方和 $\sum X^2$。公式的第二部分，先求出分数的总和 $\sum X$，之后将它平方并将结果除以 N。最后，用第一部分减去第二部分。例 4-4 将说明该公式的使用，其中数据与例 4-3 演示定义公式时使用的数据相同。

例 4-4

计算公式可用于计算例 4-3 中已经被用过的 $N=4$ 的一组分数的 *SS*。注意，这个公式需要计算两次求和：首先计算 $\sum X$，然后将每个分数平方，计算 $\sum X^2$。这些计算如下表所示。这两个总和用于公式中以计算 *SS*。

X	X^2
1	1
0	0
6	36
1	1
$\sum X=8$	$\sum X^2=38$

$$SS=\sum X^2-\frac{(\sum X)^2}{N}=38-\frac{(8)^2}{4}=38-\frac{64}{4}$$

$$=38-16=22$$

■

注意，这两个公式产生的 SS 值完全相同。尽管公式看起来不同，但实际上是等价的。定义公式提供了对 SS 的概念最直接的表达，不过，当平均数包含一个小数或分数时，这个公式不适宜使用。如果你的数据是小样本，并且平均数是整数，那么定义公式适宜使用。除此之外的其他情况适宜使用计算公式。

最终公式与符号

根据 SS 的定义和计算方式，方差和标准差的等式变得相对简单了。记住，方差定义为离差平方的平均数[㊀]。这个平均数为离差平方的总和除以 N，所以总体方差的等式为：

$$方差=\frac{SS}{N}$$

标准差是方差的平方根，所以总体标准差的等式为：

$$标准差=\sqrt{\frac{SS}{N}}$$

在我们通过实例完成对 SS、方差和标准差的计算工作之前，还有一些符号需要注意。与平均数(μ)相同，方差和标准差都是总体的参数，并由希腊字母表示。为了定义标准差，我们使用希腊字母 sigma(希腊字母 σ 代表标准差)。大写的 sigma($\sum$)已经使用过了，所以我们使用小写的 sigma，即 σ 作为总体标准差的符号。为了强调标准差和方差之间的关系，我们使用 σ^2 作为总体方差的符号(标准差是方差的平方根)。因此，

$$总体标准差=\sigma=\sqrt{\sigma^2}=\sqrt{\frac{SS}{N}} \qquad (4\text{-}3)$$

$$总体方差=\sigma^2=\frac{SS}{N} \qquad (4\text{-}4)$$

之前在例 4-3 和例 4-4 中，我们计算了 $N=4$(1，0，6，1)的简单总体的离差平方和，并且得到了 $SS=22$。对于这个总体，方差为：

$$\sigma^2=\frac{SS}{N}=\frac{22}{4}=5.50$$

并且标准差为 $\sigma=\sqrt{5.50}=2.345$。

学习小测验

1. 求下列每个总体的 SS。注意，定义公式对其中一个总体很有效，而计算公式对另一个总体很有效。
   总体 1：3，1，5，1
   总体 2：6，4，2，0，9，3
2. a. 绘制一个直方图，展示如下总体 $N=6$(12，0，1，7，4，6)的频数分布。在你的图中标出平均数的位置，并且估计标准差的值。
   b. 计算这些数据的 SS、方差和标准差。你的估计与实际标准差的值相近吗？

答案

1. 对于总体 1，平均数不是整数($M=2.5$)，适合使用计算公式，得 $SS=11$。对于总体 2，平均数是整数($M=4$)，适合使用定义公式，得 $SS=50$。
2. a. 你所绘制的图中应显示平均数为 5，最接近平均数的分数是 $X=4$ 和 $X=6$，二者距离平均数都只差 1。距离平均数最远的是 $X=12$，相差 7。标准差应在 1 到 7 之间，大约为 4。
   b. 对于这些分数，$SS=96$，方差为 $96/6=16$，标准差 $\sigma=4$。

4.4　样本标准差和方差

推断统计的目的是使用来自样本的有限信息得出有关总体的一般性结论。这个过程的基本假设就是样本能够代表它所在的总体。由于样本的变化始终倾向于小于总体的变化，这一假设为变异性带来了一个特殊的问题。图 4-4 的实例呈现了这种一般倾向性。注意，总体中少数极端值使得总体的变异性相对较大。然而，当你选取样本时，这些极端值不太可能被选中，这意味着样本变异性相对较小。样本的变异性小于总体变异性，这意味着样本变异性对总体变异性的估计是有偏的。[㊁]这种偏差使得总体值的大小总是偏

㊀ 与平方和或 SS 用于表示离差平方和一样，术语均方或 MS 也常用于表示方差。

㊁ 如果样本统计量在平均水平上总是高估或低估相应的总体参数，那么这个统计量就是有偏的。

低，无法获得准确的值(下一节将更详细地讨论有偏统计的概念)。

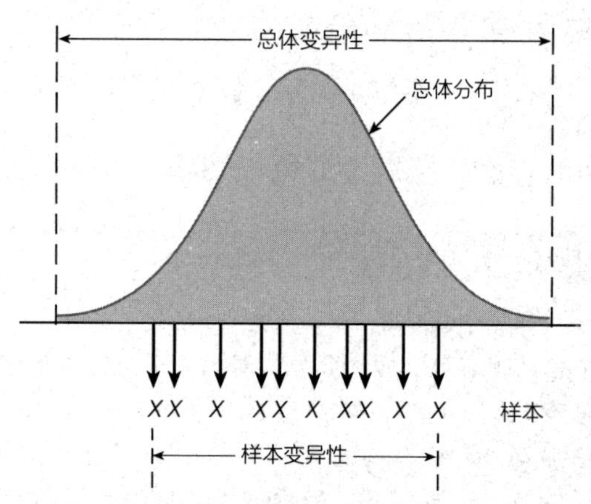

图 4-4 成年人的身高总体形成了一个正态分布。如果从这个总体中获取一个样本，你极有可能获得接近平均身高的个体。因此，样本分数比总体分数变异性更小，分数分布更集中

幸运的是，样本变异性的偏差是连续的和可预测的，这意味着它可以被修正。例如，如果你车内的计速器显示的速度始终比实际速度慢 5 英里，这并不意味着你的计速器完全无用。这仅仅表示你必须对计速器的读数进行调整才能获得准确的速度。同样地，我们对样本方差的计算进行了调整。调整的目的是使样本方差值成为总体方差准确和无偏的代表。

样本方差和标准差的计算方式与总体方差和标准差的计算方式是相同的。除了符号上的一点改变，最初的三个计算步骤完全相同。也就是说，计算样本的 SS 与计算总体的 SS 的方法是相同的。符号的变化包括用 M(而不是 μ)代表样本平均数，并且用 n(而不是 N)表示样本分数个数。因此，要获得一个样本的 SS 需要：

(1) 求出每个分数的离差：离差 $=X-M$

(2) 将每个离差平方：离差平方 $=(X-M)^2$

(3) 求离差平方的和：$SS=\sum(X-M)^2$

这三个步骤可以概括为 SS 的定义公式：

$$\text{定义公式：}SS=\sum(X-M)^2 \quad (4\text{-}5)$$

SS 的值也可通过计算公式获得。除了符号上的差别(用 n 代替 N)，对于一个样本，SS 的计算公式与在总体中的一样[见式(4-2)]。使用样本符号，这个公式为：

$$\text{计算公式：}SS=\sum X^2-\frac{(\sum X)^2}{n} \quad (4\text{-}6)$$

再强调一次，除了符号的细微变化，计算样本 SS 的公式与计算总体 SS 的完全相同。然而，在计算 SS 后，区分样本和总体变得至关重要。为了修正样本变异性的偏差，有必要对样本方差和标准差的公式进行调整。考虑到这一点，样本方差(符号为 s^2)被定义为：

$$\text{样本方差}=s^2=\frac{SS}{n-1} \quad (4\text{-}7)$$

样本标准差(符号为 s)= 方差的平方根。

$$\text{样本标准差}=s=\sqrt{s^2}=\sqrt{\frac{SS}{n-1}} \quad (4\text{-}8)$$

注意，样本公式中的分母为 $n-1$，不同于总体公式中的分母为 N[参见式(4-3)和式(4-4)]。这是为了校正样本变异性的偏差做出的调整。[⊖] 调整的效果是使所得的结果变大。除以一个较小的数字(用 $n-1$ 代替 n)可以得到值较大的结果，并且使样本方差成为总体方差的准确的无偏估计。下面的例子说明了样本方差和标准差的计算步骤。

例 4-5

我们从总体中选取了 $n=7$ 的样本。数据为 1，6，4，3，8，7，6。该样本的频数分布直方图如图 4-5 所示。在我们开始计算之前，你应该观察样本分布并对结果进行初步的估计。请记住，标准差是与平均数的标准距离。对于这个样本，平均数 $M=35/7=5$。距离平均数最近的分数为 $X=4$ 和 $X=6$，它们与平均数的距离恰好为 1。距平均数最远的分数为 $X=1$，距离平均数的距离为 4。与平均数的最小距离为 1，最大距离为 4，我们应该得出标准差在 1 和 4 之间，大约为 2.5。

我们需要求出样本的 SS。因为这里只有几个分数并且平均数为一个整数($M=5$)，所以采用定义公式。分数、离差和离差平方如下表所示。

分数 X	离差 $X-M$	离差平方 $(X-M)^2$
1	−4	16
6	1	1
4	−1	1
3	−2	4
8	3	9
7	2	4
6	1	1
		$36=SS=\sum(X-M)^2$

⊖ 请记住，除非进行校正，样本变异性倾向于低估总体变异性。

这个样本 $SS=36$。继续计算，

$$样本方差 = s^2 = \frac{SS}{n-1} = \frac{36}{7-1} = 6$$

最后，标准差为：

$$s = \sqrt{s^2} = \sqrt{6} = 2.45$$

注意，我们得出的结果与初步预测是一致的（见图 4-5）。■

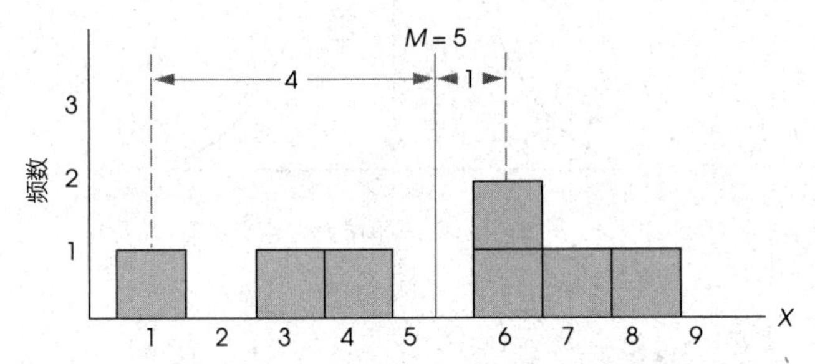

图 4-5　$n=7$ 的样本的频数分布直方图。样本平均数是 $M=5$，到平均数的最小距离是 1，最大距离是 4。标准距离（标准差）应该在 1 和 4 之间，大约为 2.5 左右

记住，构建样本方差和标准差的公式，是为了使样本变异性为总体变异性提供一个良好的估计。为此，样本方差通常称为估计总体方差，样本标准差称为估计总体标准差。如果只有一个样本需要处理，那么样本的方差和标准差提供了对总体变异性最可靠的估计。

样本变异性与自由度

尽管离差的概念和 SS 的计算对于样本和总体而言几乎完全相同，但符号上的细微差异不可忽视。具体来说，对于一个总体，你可以通过测量每个分数与总体平均数（μ）的距离来得到每个分数的离差。对于一个样本，μ 是未知的，你必须测量到样本平均数的距离。由于每个样本的样本平均数不同，因此必须先计算样本平均数，然后才能开始计算离差。然而，计算 M 值对样本分数的变异性有所限制。这个限制在以下示例中有所体现。

例 4-6

假设我们选择一个 $n=3$ 的样本，计算得到平均数 $M=5$。这个样本中的前两个数不受限制，它们彼此独立，并且可以为任意值。对于这个例子，我们假设第一个数为 $X=2$，第二个数为 $X=9$。那么此时，这个样本的第三个数的值就被限制了（如下表）。

X	一个 $n=3$ 的样本，平均数 $M=5$
2	
9	
—	←第三个数是什么

对于这个例子，第三个数必须为 $X=4$。第三个数被限定为 4 的原因就是整个样本 $n=3$，并且平均数为 $M=5$。对于有着平均数为 5 的三个数，分数之和必须为 $\sum X=15$。因为前两个数据之和为 $11=(9+2)$，第三个数据必为 $X=4$。■

在例 4-6 中，三个数中的前两个数可以是任意值，但最后一个分数取决于前两个数的值。一般来说，有 n 个分数的样本，前 $n-1$ 个分数是可以自由变化的，但是最后一个分数是被限制的。因此，我们就称样本的自由度为 $n-1$。

定义

对于有 n 个分数的样本，样本方差的**自由度**或 ***df***，定义为 $df=n-1$。自由度决定样本中独立且可自由变化的分数个数。

样本 $n-1$ 的自由度与样本方差和标准差公式中所使用的 $n-1$ 具有同样的意义。记住，方差被定义为离差平方和的平均数。这个平均数往往是通过求出总和并除以分数的个数来计算的：

$$平均数 = \frac{总和}{分数的个数}$$

为了计算样本方差（离差平方和的平均数），我们求出 SS，用它除以可以自由变化的分数的个数 $n-1=df$。因此，样本方差的公式为：

$$s^2 = \frac{离差平方和}{自由变化的分数个数} = \frac{SS}{df} = \frac{SS}{n-1}$$

在本书后面，我们将在其他情况下用到自由度的概念。现在，记住，样本平均数限制了样本变异性。只有 $n-1$ 个分数是可以自由变化的，$df=n-1$。

学习小测验

1. a. 绘制下列样本的频数分布直方图：3，1，9，4，3。标出平均数的位置，并且估计样本标准差的值。
   b. 计算这个样本的 SS、方差和标准差。你对 a 部分的估计与真实标准差相比情况如何？

2. 对于以下数据：1，5，7，3，4
   a. 假设这是 $N=5$ 的总体，计算总体的 SS 和方差。
   b. 假设这是 $n=5$ 的样本，计算样本的 SS 和方差。
3. 解释为什么样本方差的公式要用 $n-1$ 替代 n。

答案

1. a. 该图应该显示出样本平均数为 $M=4$。离平均数最远的分数为 $X=9$（距离为 5），最近的分数为 $X=4$（距离为 0）。你所估计的标准差的值应该在 1 到 5 之间，大约为 3。
   b. 对于这个样本，$SS=36$，样本方差为 $36/4=9$，样本标准差为$\sqrt{9}=3$。
2. a. $SS=20$，总体方差为 $20/5=4$。
   b. $SS=20$，样本方差为 $20/4=5$。
3. 如果不进行修正，样本变异性会一直使总体变异性偏低。除以一个更小的数（$n-1$ 而不是 n）会提高样本方差的值，并且使之成为对总体方差的无偏估计。

4.5 更多关于方差和标准差的知识

在频数分布图中显示平均数和标准差

在频数分布图中，通过绘制垂直线来标识平均数的位置，并用 μ 或 M 标识。因为标准差测量了到平均数的距离，所以用从平均数向外绘制的一条直线或箭头线表示标准差，用 σ 或 s 表示。图 4-6a 展示了一个平均数 $\mu=80$、标准差 $\sigma=8$ 的总体分布的实例。图 4-6b 展示了一个平均数 $M=16$、标准差 $s=2$ 的样本的频数分布。对于粗略的草图，可以在分布图的中间用一条垂直线来定义平均数。标准差线应该从平均数到最极端的分数延展出大约一半[注意：在图 4-6a 中，将标准差显示为平均数右侧的一条线。应意识到我们可以绘制出指向左边的线，或者绘制两条线（或箭头线），一条指向右边，一条指向左边，如图 4-6b 所示。这两种方式的目的都是显示距离平均数的标准距离]。

样本方差作为无偏统计量

之前我们注意到，样本变异性倾向于低估对应的总体变异性。为了校正这个问题，我们调整了样本方差的公式，用离差平方和除以 $n-1$ 而不是 n。这个调整的结果使得样本方差能够更精确地代表总体的方差。具体来说，除以 $n-1$ 使样本方差提供了对应的总体方差的无偏估计。这并不意味着每个个体样本方差将会完全等于它的总体方差。事实上，一些样本方差高估了总体方差，而另一些则低估了。然而，所有样本方差的平均数都能准确估计总体方差，这就是无偏统计量的内涵。

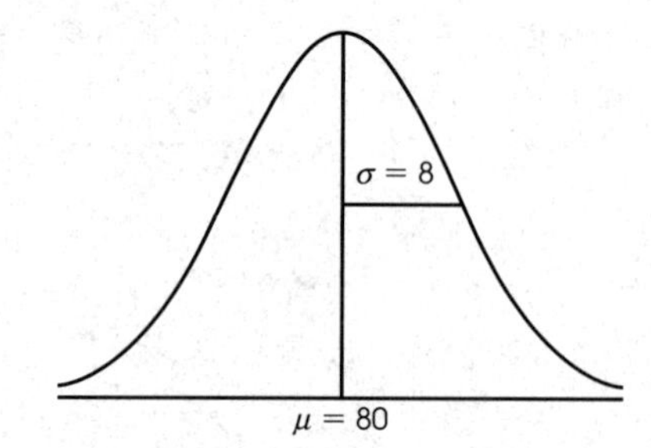

a）平均数$\mu=80$、标准差$\sigma=8$的总体分布

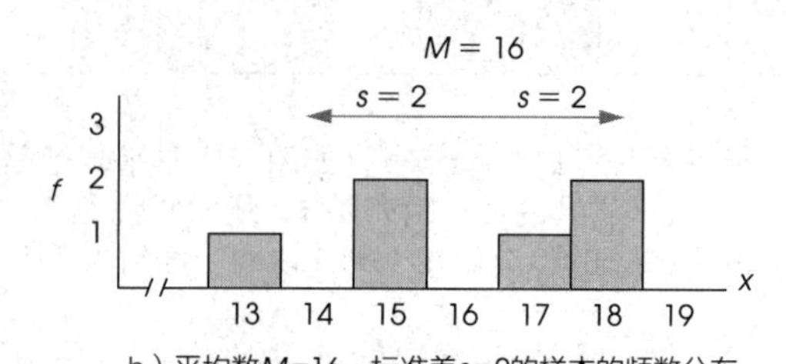

b）平均数$M=16$、标准差$s=2$的样本的频数分布

图 4-6 显示平均数与标准差的频数分布

定义

如果样本统计量的平均数等于总体参数，则样本统计量是**无偏**的。（统计量的平均数是从特定样本量 n 的所有可能样本中得到的。）如果样本统计量的平均数低估或高估了对应的总体参数，则样本统计量是**有偏**的。

以下例子说明了有偏统计量和无偏统计量的概念。

□ 例 4-7

一个 $N=6$ 个分数组成的总体：0，0，3，3，9，9，通过计算，应该可以确定这个总体的平均数为 $\mu=4$，方差为 $\sigma^2=14$。

接下来，从总体中选择一个 $n=2$ 的样本。事实上，将选出所有可能的 $n=2$ 的样本。完整的样本如表 4-1 所示。注意，系统地列出样本，以确保每个可能的样本都包括在内。先列出第一个分数为 $X=0$ 的所有样本，然后列出第一个分数为 $X=3$ 的所有样本，依此类推。注意，这个表呈现了所有 9 个样本。

最后，计算每个样本的平均数和方差。注意，样本方差是通过两种不同方法计算的。首先，样本方差是通过简单地将 SS 除以 n 求得的，以测试如果没有对偏差进行修正会发生什么。其次，检查了矫正的样本方差，用 SS 除以 $n-1$ 产生方差的无偏度量。应通过计算一两个值来验证计算。表 4-1 列出了完整的样本平均数和方差。

表 4-1　从例 4-7 的总体中选出所有可能的 $n=2$ 的样本。计算每个样本的平均数，并用两种不同的方法计算方差：①除以 n 是错误的，产生有偏统计量；②除以 $n-1$ 是正确的，产生无偏统计量

样本	第一个分数	第二个分数	样本统计量		
			平均数 M	有偏方差 (n)	无偏方差 ($n-1$)
1	0	0	0.00	0.00	0.00
2	0	3	1.50	2.25	4.50
3	0	9	4.50	20.25	40.50
4	3	0	1.50	2.25	4.50
5	3	3	3.00	0.00	0.00
6	3	9	6.00	9.00	18.00
7	9	0	4.50	20.25	40.50
8	9	3	6.00	9.00	18.00
9	9	9	9.00	0.00	0.00
		总和	36.00	63.00	126.00

首先，看样本统计量中有偏方差这一列，该列是由 SS 除以 n 求得的。这 9 个样本的方差和为 63，平均数为 63/9=7。然而最初的总体方差为 $\sigma^2=14$。注意，样本方差的平均数不等于总体方差。如果样本方差是通过除以 n 计算的，结果所得值不会产生对总体方差的准确估计。平均而言，这些样本方差低估了总体方差，因此是有偏统计量。

其次，看样本统计量中用 $n-1$ 计算的无偏方差这一列。尽管总体方差 $\sigma^2=14$，注意，没有一个样本的方差完全等于 14，然而如果考虑所有样本方差集合，会发现 9 个值加和为 126，平均数为 126/9 = 14。因此，样本方差的平均数恰好等于原始总体方差。一般情况下，样本方差（用 $n-1$ 计算）会产生一个准确的关于总体方差的无偏估计。

最后，将注意力放到平均数这一列。在这个例子中，原始总体的平均数为 $\mu=4$。尽管没有一个样本的平均数恰好等于 4，但如果考虑完整的样本平均数集合，会发现 9 个样本平均数的和为 36，所以样本平均数的平均数为 36/9 = 4。注意，样本平均数的平均数恰好等于总体平均数。同样地，这是无偏统计量概念的意义所在。一般情况下，样本统计量提供了对于总体的精确代表。在这个例子中，9 个样本平均数的平均数与总体平均数相等。

总之，样本平均数和样本方差（用 $n-1$ 计算）都是无偏统计量的例子。这一事实使得样本平均数和样本方差用作推断统计非常有价值。虽然单个样本不太可能具有与总体完全相同的平均数和方差，但平均而言，样本平均数和样本方差确实都提供了相应总体参数的准确估计。■

标准差与描述统计

因为标准差需要大量的计算，所以你很可能在计算过程中失去方向，忘记标准差的定义和重要性。标准差主要是一种描述性测量，它描述分数如何变化，或分数如何分布。行为科学家必须解决因研究人类和动物而产生的变异性。人类不都是相同的，他们有不同的态度、观点、天赋、智商和人格。尽管我们可以计算这些变量的平均数，但描述变异性同样重要。标准差通过测量与平均数的距离来描述变异性。在任何一个分布中，一些个体离平均数较近，另一些则离平均数相对较远。标准差提供了到平均数的典型或标准距离的测量。

描述完整的分布　相比列出分布中所有的分数，研究报告通常只用平均数和标准差来总结数据。然而当给出这两个描述性数据时，你应该可以设想出整个数据集。例如，考虑一个平均数 $M=36$、标准差 $s=4$ 的样本。尽管有许多方法描述数据，但一种简单的方法就是想象一个直方图，每个分数都由图中的方块来表示。对于这个例子，数据可以表示为一堆方块（一组分数），中间的一叠方块对应于 $M=36$ 的值。每个分数或方块分散在平均数的两边，一些方块离平均数较近，一些则较远。根据经验，分布中大约有 70% 的分数在距离平均数一个标准差以内，并且大部分的分数（大约 95%）在距平均数两个标准差内。在这个例子中，与平均数的标准距离是 $s=4$，所以该直方图大部分的方块都在平均数 4 以内，并且几乎所有方块都在 8 以内。一种可能的结果如图 4-7 所示。

描述个体分数的位置　注意图 4-7 不仅呈现了平均数和标准差，同时用这两个值重构了测量的基本尺度（沿水平线的 X 值）。测量尺度有助于完成整个分布图，并将每个个体分数与组中的其余分数相关联。在该例中，你应该意识到，分数 $X=34$ 位于分布中心附近，仅略低于平均数。另外，分数 $X=45$ 是一个极高的值，位于分布的右侧尾部。

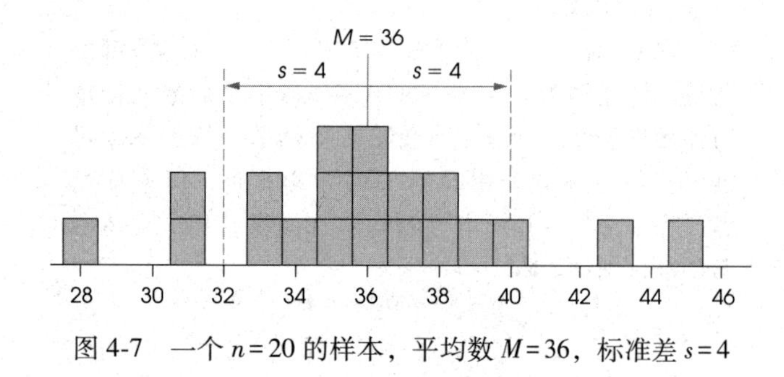

图 4-7 一个 $n=20$ 的样本，平均数 $M=36$，标准差 $s=4$

注意，分数的相对位置部分取决于标准差的大小。例如，在图4-6中，呈现了平均数$\mu=80$，标准差$\sigma=8$的总体分布以及平均数$M=16$，标准差$s=2$的样本分布。在总体分布中，高于平均数4的分数只是略高于平均数，但肯定不是极端值。然而，在样本分布中，高于平均数4的分数是极端值。在每种情况下，分数的相对位置都取决于标准差的大小。对于总体，4分与平均数的偏差相对较小，仅相当于标准差的一半。而对于样本，4分偏差非常大，是标准差的两倍。

这个讨论的要点在于平均数和标准差不是简单的抽象概念或数学公式。相反，这两个值应该是具体的、有意义的，特别是在一组分数中。平均数和标准差是后面章节中介绍的大多数统计量的核心概念。准确理解这两个统计量将有助于你处理以后更复杂的计算过程（见知识窗4-1）。

尺度转换

有时，通过在每个分数中加上一个常数或将每个分数乘以一个常数，可以转换一组分数。例如，当接受治疗后的每个被试的分数加上一个常数或当你想改变测量值的单位（比如要将分钟转换成秒，给每个分数都乘以60）时，就会产生这种情况。当分数以这种方式转换时，标准差会产生什么变化？

确定转换效果最简单的方法在于记住标准差是对距离的测量。如果你选择任意两个分数，并观察它们之间的距离产生了什么变化，那么你也可以发现标准差产生了什么变化。

1. 每个分数都加上一个常数不会改变标准差 从$\mu=40$，$\sigma=10$的分布着手，如果每个分数都加5，那么σ会发生什么变化？考虑这个分布中任意两个分数：例如，假设这些都是测验分数，你的分数为$X=41$，你朋友的分数为$X=43$。这两个分数之间的距离为$43-41=2$。给每个分数都加上常数5后，你的分数将为$X=46$，你朋友的分数将为$X=48$。分数之间的距离仍然为2。因此，给每个分数加上一个常数不会影响它们之间的距离，也不会改变其标准差。如果你能想象一个频数分布图，就能清楚地看到这个事实。例如，如果给每个分数都加上10，那么图中的每个分数就会向右移动10，结果是整个分布向右移动10分到新的坐标位置。注意，平均数将随着分数移动，且增加10。然而，由于每个离差$(X-\mu)$不变，所以变异性不变。

2. 每个分数乘以一个常数等于标准差乘以相同的常数 考虑先前看到的相同的测验分数分布。如果$\mu=40$，$\sigma=10$，每个分数都乘以2，σ将会发生什么变化？我们再来看两个分数，$X=41$和$X=43$，它们之间的距离等于2。在所有的分数都乘以2后，这两个分数变成$X=82$和$X=86$。现在它们之间的距离为4，是原来距离的两倍。每个分数都乘以一个常数等于每个距离乘以相同的常数，因此标准差也乘以相同的常数。

知识窗 4-1 平均数和标准差的类比

尽管平均数和标准差的基本概念并不复杂，但下面的类比往往能帮助学生更全面地理解这两种统计量。

在当地的社区，新高中的地址处于社区中心的位置。位于社区西边的另一个地址也曾被考虑，但被拒绝了，因为这需要为住在东边的学生提供大量的校车服务。在该例中，高中的位置类似于平均数的概念，正如高中位于社区的中心，平均数也位于分数分布的中心。

对于社区中的每个学生，他们的家与新高中之间的距离是可测量的。有些学生住的地方离新学校只有几个街区，另一些学生住的地方则离新学校3英里远。学生上学所需的平均距离为0.80英里。从家到学校的平均距离类似于标准差的概念。也就是说，标准差测量了个体分数与平均数之间的标准距离。

§ 文献报告 §

在专业期刊中报告标准差

在报告研究结果时，研究者经常提供集中趋势和变异性的描述性信息。心理学研究中的因变量通常是从等距或等比量表中测量得到的数值。对于数值分数，最常见的描述性统计量是平均数(集中趋势)和标准差(变异性)，它们通常会被一起报告。在许多专业期刊，尤其是那些遵守 APA 格式的期刊中，符号 *SD* 用来表示样本标准差。例如，结果可以表述为：

观看暴力动画片的儿童($M=12.45$，$SD=3.7$)比控制组的儿童($M=4.22$，$SD=1.04$)表现出更多的攻击性行为。

当报告几组描述性测量时，结果可以总结在表中。表 4-2 说明了假设数据的结果。

有时，表格也会呈现每组的样本量 *n*。你应该记住，使用表格的目的是以一种有组织、简明和准确的方式呈现数据。

表 4-2 看完动画片后，男孩和女孩攻击性反应的数量

性别	动画片类型	
	暴力组	控制组
男性	$M=15.72$	$M=6.94$
	$SD=4.43$	$SD=2.26$
女性	$M=3.47$	$M=2.61$
	$SD=1.12$	$SD=0.98$

方差和推断统计

一般而言，推断统计的目标是发现研究结果中有意义的、重要的规律。基本问题是，在样本数据中观察到的规律是否反映出在总体中存在相应的规律，或仅仅是偶然发生的随机波动。因为数据中的变异性会影响观察规律的难易程度，所以它在推断过程中起重要作用。通常，低变异性意味着能清楚地观察到存在的规律，而高变异性往往会掩盖任何可能存在的规律。下面的示例简单地说明了方差如何影响对规律的感知。

□ 例 4-8

大多数研究的目标是比较两组(或多组)数据的平均数。

例如：

- 比起治疗前，治疗后抑郁的平均水平是否降低?
- 男性在态度上的平均得分是否与女性不同?
- 比起普通学生，参加特殊课程的学生阅读成绩的平均得分是否更高?

在每一种情况中，目标都是找出两个平均数之间明显的差异，以说明结果中存在显著的、具有意义的某种规律。变异性在确定是否存在明显的规律方面起着重要的作用。请看右侧代表两个实验假设结果的数据，每个实验都比较了两种处理条件。对于这两个实验，你的任务是要确定处理 1 得到的分数和处理 2 得到的分数之间的任何差异是否一致。

实验 A		实验 B	
处理 1	处理 2	处理 1	处理 2
35	39	31	46
34	40	15	21
36	41	57	61
35	40	37	32

对于每个实验，所有数据的构造使两种处理之间平均数差异为 5 分：平均而言，处理 2 的分数比处理 1 的分数要高 5 分。在实验 A 中，这个 5 分的差异相对容易被识别，因为它的变异性较低，但在实验 B 中，相同的 5 分的差异难以被识别，因为它的变异性较大。再次强调，高变异性往往可以掩盖数据中的任何规律。当用图显示数据时，这一普遍事实或许会更有说服力。图 4-8 分别展示了实验 A 和实验 B 中的两组数据。注意，实验 A 的结果清楚地显示出两种处理之间的差异为 5。第一组的分数聚集在 35 左右，第二组聚集在 40 左右。另外，实验 B 的分数(见图 4-8b)似乎是随机混合在一起的，两种处理之间没有明显的差异。■

在推断统计的背景下，一组样本数据中存在的方差通常会被归为误差方差。这个术语用来表明样本方差代表了分数之间无法解释与不受控制的差异。随着误差方差的增加，观察到数据中可能存在的任何系统差异或模式都变得更加困难。一个类比是，把方差看作在你进入信号不好的区域时出现在电台或手机上的静电干扰。通常，方差使得我们难以从数据中得到清晰的信号。较大的方差会使我们难以或不可能观察到两组分数之间的平均数差异或一项研究结果中任何其他有意义的规律。

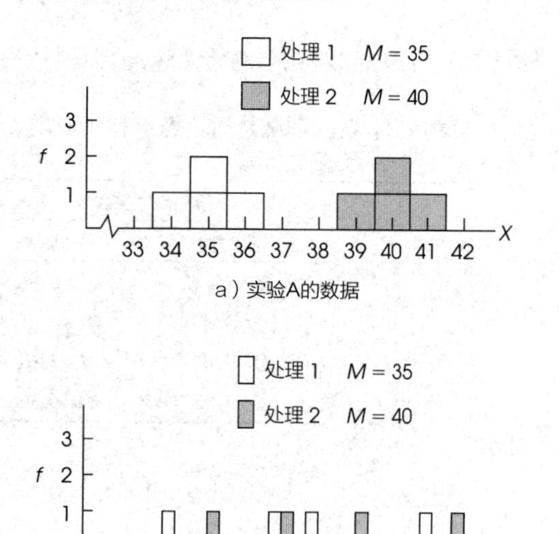

图 4-8 本图展示了两个实验的结果。在实验 A 中，变异性较小，容易观察到两个处理之间的平均数差异为 5。然而，在实验 B 中，较大的变异性使得两个处理之间 5 分的平均数差异变得不明显

学习小测验

1. 解释有偏统计量与无偏统计量之间的区别。
2. 在平均数 $\mu=50$，标准差 $\sigma=10$ 的总体中，分数 $X=58$ 是极端值（远在分布尾端）吗？如果标准差是 $\sigma=3$ 呢？
3. 总体平均数为 $\mu=70$，标准差为 $\sigma=5$。
   a. 如果总体中的每个分数都增加 10，那么新的总体平均数和标准差是多少？
   b. 如果总体中的每个分数都乘以 2，那么新的总体平均数和标准差是多少？

答案

1. 如果统计量有偏，这意味着它的平均数不能精确代表相应的总体参数，它的平均数要么高估，要么低估参数。如果统计量无偏，这意味着它的平均数能精确代表相应的总体参数。
2. 当 $\sigma=10$ 时，分数 $X=58$ 位于分布的中央（在一个标准差内）。当 $\sigma=3$ 时，分数 $X=58$ 是极端值，位于平均数之上的两个标准差以外。
3. a. 新的平均数为 $\mu=80$，但标准差仍为 $\sigma=5$。
   b. 新的平均数为 $\mu=140$，新的标准差为 $\sigma=10$。

小 结

1. 变异性的目的是测量和描述分布中分数离散或集中的程度。有三种基本的变异性测量：全距、方差和标准差。

   全距覆盖了一组分数，是最小分数与最大分数之间的距离。全距完全由两个极端分数确定，被认为是一种相对粗糙的变异性测量。

   标准差和方差是最常用的变异性测量。这两个测量都基于一种思想，即每个分数都可以依据它与平均数之间的偏差或距离来描述。方差是离差平方的平均数。标准差是方差的平方根，它测量了与平均数的标准距离。

2. 为了计算方差或标准差，首先需要求出 SS。除了符号上的微小变化，对于样本和总体，SS 的计算公式相同。计算 SS 的两种方法：

   (1) 通过定义，可用下列步骤求出 SS：
   a. 求出每个分数的离差 $(X-\mu)$。
   b. 将每个离差平方。
   c. 将离差平方相加。

   这个过程可以总结为下列公式：

   定义公式：$SS=\sum(X-\mu)^2$

   (2) 离差平方和也可以用计算公式求出，当平均数不是整数时，这个方法特别有用。

   计算公式：$SS=\sum X^2-\frac{(\sum X)^2}{N}$

3. 方差是离差平方的平均，通过求出离差平方和，然后除以分数的个数得出。对于总体，方差为：

$$\sigma^2=\frac{SS}{N}$$

   对于样本，只有 $n-1$ 个分数是自由变化的（自由度为 $n-1$ 或 $df=n-1$），因此样本方差为：

$$s^2=\frac{SS}{(n-1)}=\frac{SS}{df}$$

   在样本公式中使用 $n-1$，使得样本方差成为总体方差精确和无偏的估计。

4. 标准差是方差的平方根。对于总体，标准差为：

$$\sigma=\sqrt{\frac{SS}{N}}$$

   样本标准差为：

$$s=\sqrt{\frac{SS}{(n-1)}}=\sqrt{\frac{SS}{df}}$$

5. 分布中给每个分数都加上一个常数不会改变标准差。然而，给每个分数都乘以一个常数，等同于让标准差乘以相同的常数。

关键术语

变异性　全距　离差分数　离差平方和(SS)　总体方差(σ^2)　总体标准差(σ)
样本方差(s^2)　样本标准差(s)　自由度(df)　无偏统计量　有偏统计量

资　源

SPSS

附录 C 呈现了使用 SPSS 的一般说明。以下是使用 SPSS 计算样本分数的全距、标准差和方差的详细说明。

数据输入

将所有分数录入数据编辑器的一列中，如 VAR00001。

数据分析

1. 单击工具栏中的 Analyze，选择 Descriptive Statistics，并单击 Descriptives。
2. 高亮左边框中一列分数(VAR00001)，并单击箭头将其移动至 Variable 框中。
3. 如果你想要方差和/或全距与标准差一起报告，单击 Options 框，选择 Variance 和/或 Range，然后单击 Continue。
4. 单击 OK。

SPSS 输出

SPSS 输出结果如图 4-9 所示。这个汇总表列出了分数的个数、最大值和最小值、平均数、全距、标准差和方差。注意，之所以包括全距和方差，是因为在数据分析时使用 Options 框选择了这两个值。注意：SPSS 用 $n-1$ 计算样本标准差和样本方差。如果你的分数是一个总体，你可以用$(n-1)/n$ 的平方根乘以样本标准差来得到总体标准差。

Descriptive Statistics

	N	Range	Minimum	Maximum	Mean	Std. Deviation	Variance
VAR00001	7	7.00	1.00	8.00	5.000 0	2.449 49	6.000
Valid N (listwise)	7						

图 4-9　SPSS 汇总表显示了一个 $n=7$ 的样本分数的描述统计

注意：如果你使用 SPSS 展示频数分布直方图中的分数，也能得到样本平均数和标准差(参见第 2 章末尾的 SPSS 部分)。平均数和标准差显示在直方图旁。

关注问题解决

1. 变异性的目的是提供一个对分布中分数的离散程度的测量。通常用标准差进行描述。因为计算相对复杂，所以你在开始之前对标准差做一个初步估计是明智的。记住，标准差是指平均数之间的标准距离。因此，标准差必定是处于离差分数的最大值与最小值之间某个位置的值。一般而言，标准差大约占全距的 1/4。
2. 不要试图记住 SS、方差和标准差的所有公式，你应该关注这些值的定义以及它们之间相互关联的逻辑：
   - SS 是离差平方和。
   - 方差是离差平方的平均。
   - 标准差是方差的平方根。

   你需要记住的唯一公式是 SS 的计算公式。
3. 当分数来自样本时，常见的错误是在 SS 的计算公式中使用 $n-1$。记住，SS 的计算公式总是使用 n(或 N)。在得到样本的 SS 后，你必须通过在方差和标准差的计算公式中使用 $n-1$ 来校正样本偏差。

示例4-1

变异性的计算方法

计算下列样本数据的方差和标准差。分数为：

10，7，6，10，6，15

第一步　计算离差平方和(SS)　我们使用计算公式。对于这个样本，$n=6$，

$$\sum X=10+7+6+10+6+15=54$$

$$\sum X^2=10^2+7^2+6^2+10^2+6^2+15^2=546$$

$$SS=\sum X^2-\frac{(\sum X)^2}{N}=546-\frac{(54)^2}{6}=546-486=60$$

第二步　计算样本方差　对于样本方差，用 SS 除以自由度，$df=n-1$，

$$s^2=\frac{SS}{(n-1)}=\frac{60}{5}=12$$

第三步　计算样本标准差　标准差只是方差的平方根。

习 题

1. 用一句话解释下列各项测量的是什么。
   a. SS
   b. 方差
   c. 标准差
2. SS 的值可以小于零吗？为什么？
3. 有可能得到负的方差或标准差吗？
4. 样本的标准差为零意味着什么？描述该样本中的分数。
5. 解释为什么样本方差和总体方差的计算公式不同。
6. 总体平均数为 $\mu=80$，标准差为 $\sigma=20$。
   a. 在这个样本中，分数 $X=70$ 是极值吗？
   b. 如果标准差为 $\sigma=5$，那么分数 $X=70$ 是极值吗？
7. 在一次考试中，平均数为 $M=78$，你得到的分数为 $X=84$。
   a. 你更倾向于标准差是 $s=2$，还是 $s=10$（提示：画出每个分布，并找出你分数的位置）。
   b. 如果你的分数为 $X=72$，你更倾向于标准差是 $s=2$，还是 $s=10$？为什么？
8. 总体平均数为 $\mu=30$，标准差为 $\sigma=5$。
   a. 如果总体中每个分数都加 5，那么新的平均数和标准差是多少？
   b. 如果总体中每个分数都乘以 3，那么新的平均数和标准差是多少？
9. a. 样本中每个分数都加 3 后，平均数为 $M=83$，标准差为 $s=8$。原始样本的平均数和标准差是多少？
   b. 样本中每个分数都乘以 4 后，平均数为 $M=48$，标准差为 $s=12$。原始样本的平均数和标准差是多少？
10. 要求学生计算以下 $n=5$ 的样本分数的平均数与标准差：81，87，89，86 和 87。为了简化运算，学生首先从每个分数中减去 80，得到由 1，7，9，6 和 7 组成的新样本。然后，计算出新样本的平均数与标准差为 $M=6$，$s=3$。原始样本的平均数和标准差是多少？
11. 基于下列 $N=6$ 的总体分数：

    11，0，2，9，9，5

    a. 计算全距和标准差（可用全距两个定义中的任何一个）。
    b. 给每个分数都加 2，再次计算全距和标准差。描述当每个分数都加一个常数时，会如何影响变异性的测量。
12. 有两种不同的计算公式可求得 SS。
    a. 在什么情况下使用定义公式更简便？
    b. 在什么情况下首选计算公式？
13. 计算下列每个样本的平均数和 SS。根据平均数的值，你应该能够决定用哪种计算公式更好。

    样本 A：1，4，8，5

    样本 B：3，0，9，4
14. 全距完全由分布中两个极端分数所决定。另外，标准差用到了每个分数。
    a. 基于下列 $n=5$ 的样本分数，计算全距（选择两个定义中的任意一个）和标准差。注意，其中有三个分数聚集在分布中心的平均数周围，有两个为极值。

    分数：0，6，7，8，14

    b. 现在将两个位于分布中心周围的分数移至左右两端，得到一个较为平缓的新分布。再次计算全距和标准差。

    新分数：0，0，7，14，14

    c. 根据全距，如何比较两个分布的变异性？根据标准差，又是如何比较它们的？
15. 基于下列样本中的数据：

    8，1，5，1，5

    a. 求出平均数和标准差。
    b. 现在将分数 $X=8$ 变为 $X=18$，求出新的平均数和标准差。
    c. 描述极端分数将如何影响平均数和标准差。
16. 基于下列 $n=4$ 的样本分数，计算其 SS、方差和标准差：7，4，2，1。（注意：计算公式更适用于这些分数。）
17. 基于下列 $n=8$ 的总体分数，计算其 SS、方差和标准差：0，0，5，0，3，0，0，4。（注意：计算公式更适用于这些分数。）
18. 基于下列 $n=7$ 的总体分数，计算其 SS、方差和标准差：8，1，4，3，5，3，4。（注意：定义公式更适用于这些分数。）
19. 基于下列 $n=5$ 的样本分数，计算其 SS、方差和标准差：9，6，2，2，6。（注意：定义公式更适用于这些分数。）
20. 基于下列 $N=6$ 的总体分数：

    3，1，4，3，3，4

    a. 绘制总体分布直方图。
    b. 在图中标出总体平均数的位置，并估计标准差（如例 4-2 所示）。
    c. 计算总体的 SS、方差和标准差。（估计值与实际 σ 值相比如何？）
21. 基于下列 $n=7$ 的样本分数：

    8，6，5，2，6，3，5

    a. 绘制样本分布直方图。

b. 在图中标出样本平均数的位置，并估计标准差(如例 4-5 所示)。

c. 计算样本的 SS、方差和标准差。(估计值与实际 s 值相比如何?)

22. 在一项针对数千名英国儿童的研究中，Arden 和 Plomin(2006)发现男生智力分数的方差显著高于女生。以下是与研究中得到的结果相似的假设数据。注意，分数不是一般 IQ 分数，而是标准化的分数，因此整个样本的平均数为 $M=10$，标准差为 $\sigma=2$。

a. 对于 $n=8$ 的女生样本和 $n=8$ 的男生样本，分别计算其平均数与标准差。

b. 根据平均数和标准差，描述男女生之间智力分数的差异。

女生	男生
9	8
11	10
10	11
13	12
8	6
9	10
11	14
9	9

23. 在本章开始的前言部分，我们报告了 Wegesin 和 Stern(2004)的一项研究，发现年轻女性的记忆分数比年长女性有更高的一致性(较小的变异性)。下表数据代表一系列记忆试验中年长女性和年轻女性的记忆分数。

a. 分别计算两类女性分数的方差。

b. 年轻女性的分数更一致(存在更小的变异)吗?

年轻女性	年长女性
8	7
6	5
6	8
7	5
8	7
7	6
8	8
8	5

第一部分回顾

通过完成这个部分的学习，你应该理解并能掌握基础的描述统计过程。这些包括：

1. 熟悉统计术语和符号(第1章)。

2. 在频数分布表或频数分布图中组织一组分数的能力(第2章)。

3. 通过计算集中趋势的测量以概括和描述分数分布的能力(第3章)。

4. 通过计算变异性的测量以概括和描述分数分布的能力(第4章)。

描述统计的一般目的是通过组织或概括大量的分数来简化一组数据。频数分布表或频数分布图将所有分数组织起来，因此可以同时观察整个分布。集中趋势的测量——通过找到分布的中心来描述这个分布。它们还通过将所有的个体分数精简为代表整组的一个值来总结这个分布。变异性的测量——描述分布中的分数是广泛分散的，还是紧密聚集的。变异性还表明集中趋势的测量能在多大程度上准确地代表整个组。

在这部分介绍的这些基本方法中，最常用的是计算一个数值分数样本的平均数和标准差。下面的复习题为你提供了使用和巩固这些统计方法的机会。

复习题

1. a. 描述统计的一般目的是什么？
   b. 如何通过把分数放在频数分布中实现这一目的？
   c. 如何通过计算集中趋势的测量实现这一目的？
   d. 如何通过计算变异性的测量实现这一目的？

2. 在一项检验遗传与智力间关系的经典研究中，Robert Tryon(1940)使用选择性育种程序，培育出“聪明鼠”和“笨鼠”两种不同的品种。Tryon从实验鼠的大样本开始，使用迷宫学习问题对每只动物进行测试。根据它们在迷宫中的错误分数，Tryon选择了样本中最聪明的鼠和最笨的鼠。让最聪明的雄鼠与最聪明的雌鼠交配。同样地，让最笨的鼠异性交配。这种测试和选择性育种过程将持续好几代，直到Tryon建立迷宫学习中聪明鼠的种系和迷宫学习中笨鼠的不同种系。下面数据代表的结果与Tryon得到的结果类似。该数据由初代实验鼠样本和第7代迷宫-聪明鼠样本进行迷宫学习时所产生的错误分数组成。

解决迷宫问题前犯错误的次数

初代鼠			第7代迷宫-聪明鼠		
10	14	7	5	8	7
17	13	12	8	8	6
11	9	20	6	10	4
13	6	15	6	9	8
4	18	10	5	7	9
13	21	6	10	8	6
17	11	14	9	7	8

   a. 绘制多边形图，展示初代鼠样本中错误分数的分布。在同一张图上，绘制迷宫-聪明鼠样本的多边形图(使用两种不同的颜色，或用虚线和实线分别表示两组)。根据多边形图的外观，描述两个样本之间的差异。
   b. 计算每个样本的平均误差分数。平均数差异是否支持你在a部分的描述？
   c. 计算每个样本的方差和标准差。根据变异性的测量，其中一组是否比另一组更多样？其中一组是否比另一组更同质？

PART 2

第二部分

推断统计基础

回顾第1章，我们了解到统计方法分为两类：描述统计尝试组织和总结数据，推断统计使用样本的有限信息来回答关于总体的一般问题。在大多数研究中，两种统计方法都会被用来获得对研究结果的完整理解。本书第一部分介绍了描述统计。现在我们准备好将注意力转向推断统计。

在我们学习推断统计之前，有必要了解一些关于样本的额外信息。我们知道从同一个总体中有可能获得数百甚至数千个不同的样本。我们需要确认所有这些不同的样本之间是如何相互关联的，以及各个样本与它们所在的总体之间的关系。最后，我们需要一个系统来标明哪些样本能够代表其总体，哪些不能。

在接下来的四章中，我们将介绍推断统计基础的概念和方法。一般来说，这些章节的内容在样本和总体之间建立了正式的定量关系，并介绍了一个标准化的过程，以确定一个来自样本的数据是否能证明一个关于总体的结论是正确的。在我们建立了这个基础之后，我们将准备开始推断统计分析。也就是说，我们可以开始研究统计方法，将研究中获得的样本数据作为回答总体问题的基础。

CHAPTER

第 5 章

z 分数：分数的位置和标准化分布

本章目录

本章概要

5.1　z 分数简介

5.2　z 分数和分布中的位置

5.3　用 z 分数使分布标准化

5.4　基于 z 分数的其他标准化分布

5.5　计算样本的 z 分数

5.6　推断统计展望

小结

关键术语

资源

关注问题解决

示例 5-1

示例 5-2

习题

所需工具

以下所列内容是学习本章需要的基础知识。如果你不确定自己对这些知识的掌握情况，你应在学习本章前复习相应的章节。

- 平均数(第 3 章)
- 标准差(第 4 章)

本章概要

一项常见的认知能力测验要求被试对视觉呈现物进行搜索，并尽快对特定目标做出反应。这种测验称为知觉速度测验。知觉速度测验通常被用于预测对速度和准确性要求较高的工作的表现。虽然有许多不同的测验类型，但是典型的例子如图 5-1 所示。任务要求被试尽可能快地搜索并圈出相加为 100 的数字对。你的分数由反应时与正确率构成。这种纸笔测验的一个缺点是评分枯燥且费时，因为研究者必须通过搜索整个试卷来辨别误差以确定被试的准确率。Ackerman 和 Beier(2007)提出了一个替代方案，将任务用计算机呈现。计算机呈现一系列数字对，学员在触摸式显示器上做出响应。计算机测验非常可靠，并且就评估认知技能而言，其所得分数与纸笔测验相当。计算机测验的优点在于，当被试完成测验时，计算机会立即生成测验分数。

圈出每一对相加为10的数字对。

64 23 19 31 19 46 31 91 83 82 82 46 19 87
11 42 94 87 64 44 19 55 82 46 57 98 39 46
78 73 72 66 63 71 67 42 62 73 45 22 62 99
73 91 52 37 55 97 91 51 44 23 46 64 97 62
97 31 21 49 93 91 89 46 73 82 55 98 12 56
73 82 37 55 89 83 73 27 83 82 73 46 97 62
57 96 46 55 46 19 13 67 73 26 58 64 32 73
23 94 66 55 91 73 67 73 82 55 64 62 46 39
87 11 99 73 56 73 63 73 91 82 63 33 16 88
19 42 62 91 12 82 32 92 73 46 68 19 11 64
93 91 32 82 63 91 46 46 36 55 19 92 62 71

图 5-1　知觉速度任务的例子。要求被试尽快搜索并圈出所呈现的相加为 10 的数字对

假设你做了 Ackerman 和 Beier 的测验，结合你的反应时与正确率，你得到 92 分，你觉得自己做得怎样？你的速度是快于平均水平，还是算相当正常？或者你的分数是否显示你在认知技能方面存在缺陷？

问题：如果没有任何参照系，简单的原始分数提供的信息相对较少。具体来说，你不知道你所得的 92 分与其他参与相同测验的人所得的分数相比如何。

解决方法：将你的测验分数转化为 z 分数可确定你的分数在分布中的位置。在本例中，分数分布的平均数为 86.75，标准差为 10.50。有了这些附加信息，你应该意识到，你的分数($X=92$)比平均水平略高，但不是最好的。z 分数将所有的信息(你的分数、平均数、标准差)整合成一个能够准确说明你在分布中位置的数字。

5.1　z 分数简介

在前两章中，我们介绍了作为描述分数整体分布的方法的平均数和标准差的概念。现在我们将注意力转移到分布内的单个分数上。在本章中，我们将介绍使用平均数和标准差将每个分数(X 值)转换为 z 分数或标准分的统计方法。z 分数，或标准分的目的是确定和描述分布中每个分数的确切位置。

下面的例题将说明为什么 z 分数是有用的，并介绍将 X 值转换为 z 分数的一般概念。

□　例 5-1

假设你的统计学专业考试成绩是 $X=76$。你觉得自己做得怎么样？显然你需要更多的信息来预测你的等级。你的分数$X=76$ 可能是班里最高分之一，也可能是最低分。要求得你分数的位置，则必须知道分布中其他分数的信息。例如，了解班级平均数可能会对此有用。如果平均数为 $\mu=70$，那么你分数所处的位置要比平均数为 $\mu=85$ 时更好。显然，你的位置取决于班级的平均数。然而，平均数本身不足以告诉你分数的确切位置。假设你知道统计学专业考试的平均数为 $\mu=70$，你的分数是$X=76$。此时你知道你的分数比平均数高 6 分，但你仍然不知道它的确切位置。6 分可能是比较大的差距，那么你可能是班里的最高分之一，或者 6 分可能是个相对较小的差距，只略高于平均水平。图 5-2 呈现了考试分数两种可能的分布。这两种分布的平均数都为 $\mu=70$，但其中一种分布的标准差为 $\sigma=3$，而另一个为 $\sigma=12$。在两种分布中，$X=76$ 的位置均用灰色阴影表示。当标准差为 $\sigma=3$，分数$X=76$ 位于最右侧尾端时，你的分数是该分布中的最高分。然而，在 $\sigma=12$ 的分布中，分数$X=76$ 仅略高于平均水平。因此，分布中分数的相对位置取决于标准差以及平均数。■

上述例子的目的是要说明，分数本身并不一定能提供有关其在分布中所处位置的更多信息。这些初始

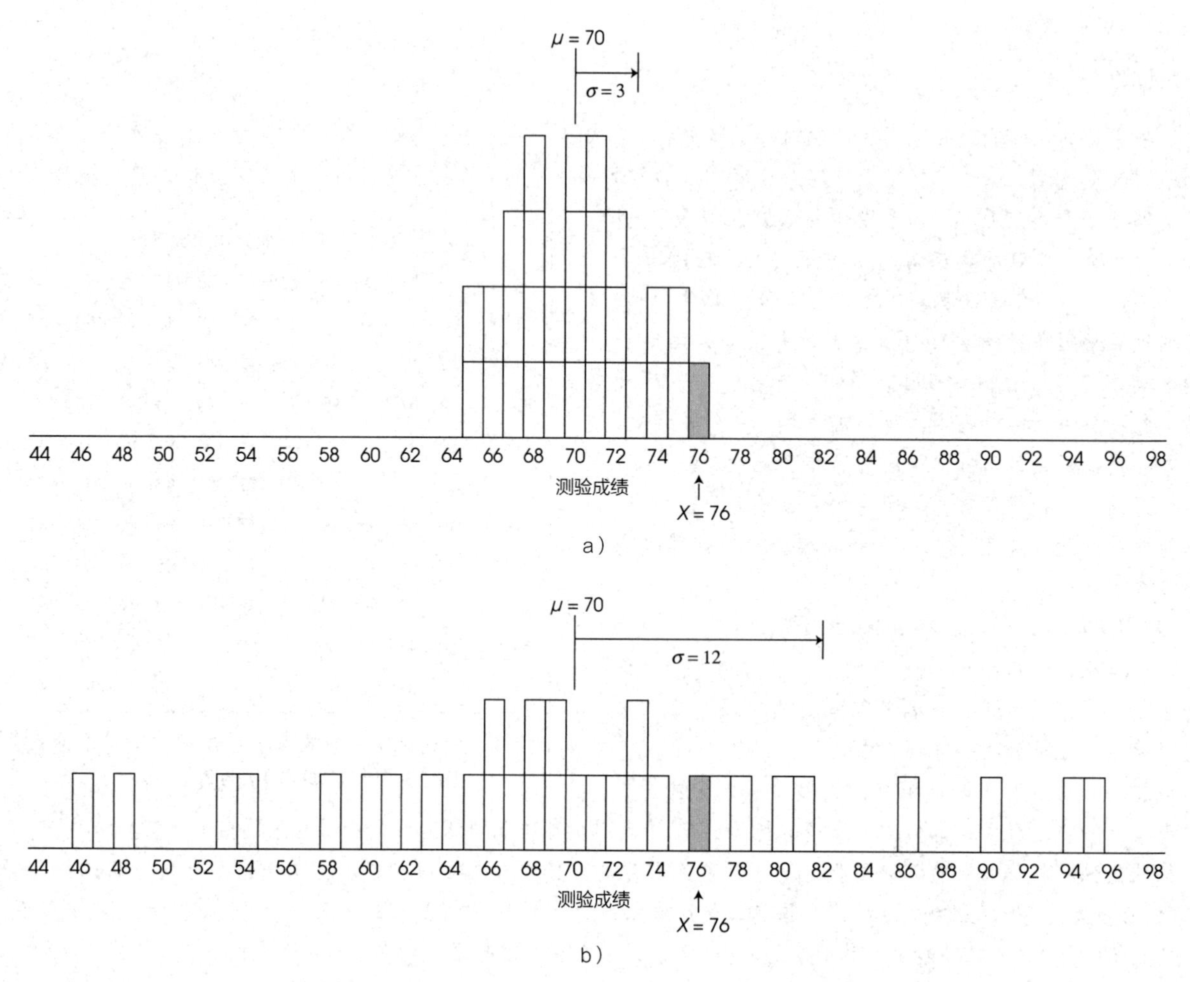

图 5-2 考试分数的两种分布。这两种分布的平均数均为 $\mu=70$，但是一种分布的标准差为 $\sigma=3$，另一种分布的标准差为 $\sigma=12$。对于这两种分布，$X=76$ 的相对位置大不相同

的、未加改变的分数是测量的直接结果，我们称其为原始分数。为使原始分数更有意义，它们通常被转换为包含更多信息的新值。这种转换是 z 分数的目的之一。尤其是，将 X 转换成 z 分数可以让我们知道原始分数在分布中的确切位置。

使用 z 分数的第二个目的是使整个分布标准化。标准化分布的常见例子是智商分数的分布。虽然有几种不同的测量 IQ 的测验，但这些测验通常是标准化的，其平均数为 100，标准差为 15。由于所有这些不同的测验都是标准化的，所以，即使 IQ 分数来自不同的测验，也便于理解和比较。例如，我们都知道无论使用哪种智商测验，IQ 分数为 95 略低于平均水平。同样地，无论使用哪种智商测验，IQ 分数为 145 都非常高。概括地说，标准化过程就是将不同的分布等价。这一过程的优点在于它可以比较标准化之前完全不同的分布。

总之，将 X 值转换为 z 分数有两个目的：

（1）每个 z 分数表明了原始 X 值在分布中的确切位置。

（2）标准分布中的 z 分数，可直接与另一个也被转换为标准分布中的 z 分数相比较。

这些目的将在下面的章节中继续讨论。

5.2 z 分数和分布中的位置

z 分数的主要目的是描述分数在分布中的确切位置。通过将每个 X 值转换为带符号数字（+或-）来达到使用 z 分数的这一目的，以使：

（1）符号能够显示分数位于平均数的上方（+）或下方（-）。

（2）数字可以表明分数和平均数之间有多少个标准差的距离。

因此，在智商分数分布 $\mu=100$，$\sigma=15$ 中，成绩 $X=130$ 被转换为 $z=+2.00$。该 z 分数表示 130 高于平均数两个标准差（30 分）的距离。

定义

z 分数指定分布中每个 X 值的确切位置。z 分数的符号(+或-)表示分数是高于平均数(正)还是低于平均数(负)。通过计算 X 和 μ 之间的标准差的个数，z 分数的值可以表示 X 与平均数之间的距离。

注意，z 分数通常由两部分组成：符号(+或-)和大小。要完整描述原始分数在分布中的位置，这两个部分都不可或缺。

图 5-3 显示了用 z 分数标记出不同位置的总体分布。[㊀]请注意，大于平均数的所有 z 分数为正，小于平均数的 z 分数均为负。z 分数的符号会立即告诉你，分数是高于还是低于平均数。另外，还要注意 z=+1.00 的 z 分数恰好对应大于平均数 1 个标准差的位置。z=+2.00 的 z 分恰好对应大于平均数 2 个标准差的位置。z 分数的数值表示分数与平均数相差的标准差的个数。最后，应该注意，图 5-3 没有给出总体平均数或标准差的任何具体数值。无论分布的平均数和标准差是多少，z 分数显示的位置对所有分布而言均是一样的。

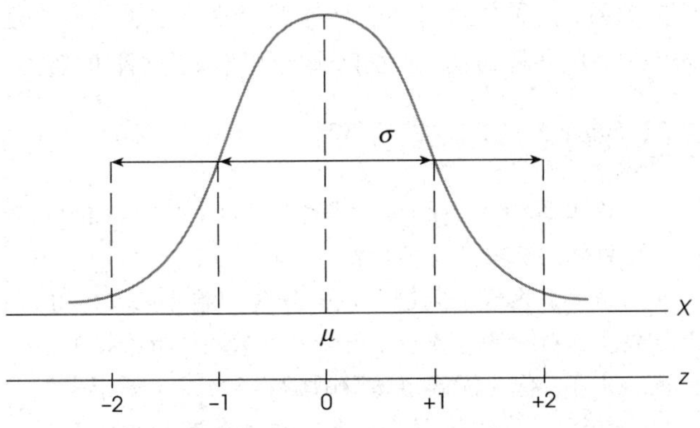

图 5-3　z 分数的值与其在总体分布中位置的关系

现在，我们可以回到图 5-2 所示的两种分布，并用 z 分数来描述 X=76 在每个分布中的位置，如下所示：

在图 5-2a 中，标准差 $\sigma=3$，分数 X=76 对应 z=+2.00 的 z 分数，即分数恰好位于大于平均数两个标准差的位置。

在图 5-2b 中，$\sigma=12$，分数 X=76 对应 z=+0.50 的 z 分数。在此分布中，分数恰好位于大于平均数 0.50 个标准差的位置。

学习小测验

1. 确定下列 z 分数在分布中所对应的位置。
   a. 低于平均数的 2 个标准差的位置。
   b. 高于平均数 0.50 个标准差的位置。
   c. 低于平均数 1.50 个标准差的位置。
2. 描述以下每个 z 分数在分布中的位置(例如，z=+1.00 位于高于平均数 1 个标准差的位置)。
   a. z=-1.50　　b. z=0.25
   c. z=-2.50　　d. z=0.50
3. 总体 $\mu=30$，$\sigma=8$，求下列分数的 z 分数：
   a. X=32　　b. X=26　　c. X=42
4. 总体 $\mu=50$，$\sigma=12$，求出下列 z 分数对应的 X 值：
   a. z=-0.25　　b. z=2.00　　c. z=0.50

答案

1. a. z=-2.00　　b. z=+0.50　　c. z=-1.50
2. a. 低于平均数 1.50 个标准差的位置。
   b. 高于平均数 0.25 个标准差的位置。
   c. 低于平均数 2.50 个标准差的位置。
   d. 高于平均数 0.50 个标准差的位置。
3. a. z=+0.25　　b. z=-0.50　　c. z=+1.50
4. a. X=47　　b. X=74　　c. X=56

z 分数公式

z 分数的定义足以对 X 值与 z 分数进行相互转换，并且这种转换很容易凭心算获得。对于更复杂的数值最好是用一个公式辅助计算。幸运的是，X 的值和 z 分数之间的关系很容易用公式表达。z 分数的转换公式是：

$$z=\frac{X-\mu}{\sigma} \tag{5-1}$$

该公式的分子 $X-\mu$，是离差分数(见第 4 章)，它可以测量 X 和 μ 之间的距离，并表明 X 位于平均数之上或之下。用离差分数除以 σ 是因为我们希望 z 分数能利用单位标准差来表示距离。该公式的算法与 z 分数定义的算法完全相同，当数字比较复杂时，公式为计算提供了一个结构化的方程。下面的示例说明了 z 分数公式的应用。

㊀　每当你使用 z 分数时，你应该想象或绘制类似于图 5-3 的分布图。虽然你应该意识到并非所有的分布都是正态分布，但当呈现总体的 z 分数时，我们以正态分布为例。

□ 例 5-2

分数分布的平均数为 $\mu=100$，标准差 $\sigma=10$。

在分布中，分数 $X=130$ 所对应的 z 分数是多少？

根据该定义，z 分数为+3。因为分数恰好位于大于平均数 3 个标准差的位置。使用 z 分数公式，得到：

$$z=\frac{X-\mu}{\sigma}=\frac{130-100}{10}=\frac{30}{10}=3.00$$

公式所得结果与使用 z 分数定义所得结果完全相同。■

□ 例 5-3

分数的分布的平均数为 $\mu=86$，标准差为 $\sigma=7$。

在分布中分数 $X=95$ 所对应的 z 分数是多少？

注意，这个问题并不容易，特别是如果你尝试使用 z 分数的定义进行心算时。然而，我们可以通过 z 分数公式并结合计算器完成计算。使用公式，我们得到：

$$z=\frac{X-\mu}{\sigma}=\frac{95-86}{7}=\frac{9}{7}=1.29$$

根据公式，分数 $X=95$ 对应的 $z=1.29$。该 z 分数表明其位置略高于平均数一个标准差。■

当使用 z 分数公式时，关注 z 分数定义也很有用。例如，当用例 5-3 中的公式计算 $X=95$ 对应的 z 分数时，得 $z=1.29$。用 z 分数的定义时，我们注意到 $X=95$ 位于高于平均数 9 分的位置，这略大于一个标准差（$\sigma=7$）。因此，z 分数应该为正，且略大于 1.00。在这种情况下，由定义预测的答案与计算的答案完全一致。然而，当计算产生的值不同时（例如 $z=0.78$），你应该认识到，这个答案与 z 分数的定义不一致。在这种情况下，一定出现了误差，你应该再次检查计算。

根据 z 分数确定原始分数（X）

尽管 z 分数公式（公式 5-1）用于将 X 值转换为 z 分数，但它也可以反过来使用，将 z 分数转换为 X 值。通常，如果要将 z 分数转换为 X 值，使用 z 分数的定义比使用公式更容易。请记住，z 分数通过确定与平均数的方向和距离来准确描述分数的位置。然而，可将它的定义表达为公式并用一个例题来说明如何创建公式。

对于平均数 $\mu=60$，标准差为 $\sigma=5$ 的正态分布，$z=-3.00$ 的 z 分数对应的原始分数是多少？

为了解决这个问题，我们用 z 分数的定义，并仔细监控计算过程的每个环节。z 分数的值表明 X 位于小于平均数 3 个标准差的距离。因此，计算的第一步是确定对应 3 个标准差的距离。对于这个问题，由于标准差为 $\sigma=5$ 分，所以 3 个标准差是 $3\times5=15$ 分。下一步是求位于平均数之下 15 个点的 X 值。平均数为 $\mu=60$，分数为：

$$X=\mu-15=60-15=45$$

可以将这两步合成一个公式：

$$X=\mu+z\sigma \tag{5-2}$$

在该式中，$z\sigma$ 的值是 X 与平均数的离差，并决定了与平均数距离的方向和大小。在这个问题中，$z\sigma=(-3)\times5=-15$，或表示 X 小于平均数 15 分。公式 5-2 通过将平均数和离差简单结合以确定 X 的精确数值。

最后，应该认识到，公式 5-1 和公式 5-2 实际上是同一个方程的两种不同表述。如果你从任意一个公式开始，用代数转换术语，那么你会得到另一个公式。我们将此作为练习留给那些想要尝试的人。

z、X、μ 与 σ 之间的其他关系

在大多数情况下，我们只是简单地将原始分数（X 值）转换为 z 分数，或者将 z 分数转换为 X 值。然而，你应该认识到，z 分数建立了原始分数、平均数和标准差之间的关系。这种关系可用于回答关于原始分数及其在分布中位置的各种问题。下面两个实例演示了这种可能性。

□ 例 5-4

总体平均数为 $\mu=65$，分数 $X=59$ 对应 $z=-2.00$。

总体的标准差是多少？

为了解答这个问题，从 z 分数开始。-2.00 的 z 分数表示对应的分数位于低于平均数两个标准差的位置。此外，你还能确定该分数（$X=59$）位于低于平均数（$\mu=65$）6 分的位置。因此，两个标准差对应 6 分的距离，这意味着，1 个标准差一定是 $\sigma=3$ 分。■

□ 例 5-5

总体标准差为 $\sigma=4$，分数为 $X=33$ 对应的 $z=+1.50$。

总体平均数是多少？

同样地，从 z 分数开始。在这种情况下，z 分数为 1.50 表明分数位于高于平均数 1.50 个标准差的位置，标准差为 $\sigma=4$，分数 X 与平均数的距离为 $1.50\times4=6$ 分。因此，该分数比平均数高 6 分。分数是 $X=33$，所以平均数为 $\mu=27$。■

许多学生发现，如果他们把问题中的所有信息都画出来，类似例 5-4 和例 5-5 中的问题就更容易理解。对于例 5-4 中的问题，以平均数为 $\mu=65$ 的分布开始画图(使用正态分布，见图 5-4)，标准差未知，但你可以在图上添加由平均数向外指向对应于 1 个标准差距离的箭头。最后，用标准差箭头确定 $z=-2.00$ 的位置(低于平均数 2 个标准差)，并在该位置添加 $X=59$。所有这些因素如图 5-4 所示。在该图中，很容易看出，$X=59$ 位于低于平均数 6 分的位置，并且该 6 分的距离恰好对应 2 个标准差。同样地，如果 2 个标准差等于 6 分，那么 1 个标准差一定为 $\sigma=3$ 分。

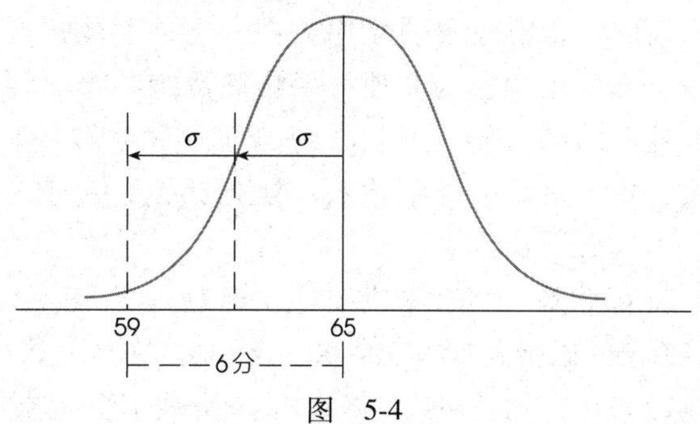

图　5-4

注：用分布图示例 5-4。如果 2 个标准差对应 6 分的距离，那么 1 个标准差一定为 3 分。

学习小测验

1. 在 $\mu=40$，$\sigma=12$ 的分布中，求下列每个分数的 z 分数。
   a. $X=36$　　b. $X=46$　　c. $X=56$
2. 在 $\mu=40$，$\sigma=12$ 的分布中，求下列每个 z 分数对应的 X 值。
   a. $z=1.50$　　b. $z=-1.25$　　c. $z=\frac{1}{3}$
3. 在 $\mu=50$ 的分布中，分数 $X=42$ 对应 $z=-2.00$。该分布的标准差是多少?
4. 在 $\sigma=12$ 的分布中，分数 $X=56$ 对应 $z=-0.25$。该分布的平均数是多少?

答案

1. a. $z=-0.33\left(或-\frac{1}{3}\right)$　　b. $z=0.50$
   c. $z=1.33\left(+1\frac{1}{3}\right)$
2. a. $X=58$　　b. $X=25$　　c. $X=44$
3. $\sigma=4$
4. $\mu=59$

5.3　用 z 分数使分布标准化

将分布中的每个 X 值转换为对应的 z 分数是可行的。这个转换的结果是整个 X 值的分布转换为 z 分数(图 5-5)的分布。新的分布的一些特征使 z 分数转换成为一个非常有用的工具。具体来说，如果每个 X 值都被转换为 z 分数，那么 z 分数的分布将具有以下属性：

1. 形状　z 分数的分布与原始分数的分布具有完全相同的形状。例如，如果原始分布呈负偏态，则 z 分布也将是负偏态。如果原始分布是正态分布，则 z 分布也是正态分布。将原始分数转换为 z 分数不改变分布中任何分数的位置。例如，原始分数大于平均数 1 个标准差，则转换后的 z 分数为 +1.00，仍是大于平均数 1 个标准差。将 X 值转换为 z 分数不会改变分布中分数的位置，它只是对每一个分数进行重新标记：该过程只须重新标记每个分数(见图 5-5)。因为每个单独的分数在两个分布中的位置相同，分布的整个形状不会改变。

2. 平均数　z 分数分布的平均数永远为 0。在图 5-5 中，原始分布的 X 值的平均数为 $\mu=100$。当这个分数 $X=100$ 被转换成 z 分数时，结果是：

$$z=\frac{X-\mu}{\sigma}=\frac{100-100}{10}=0$$

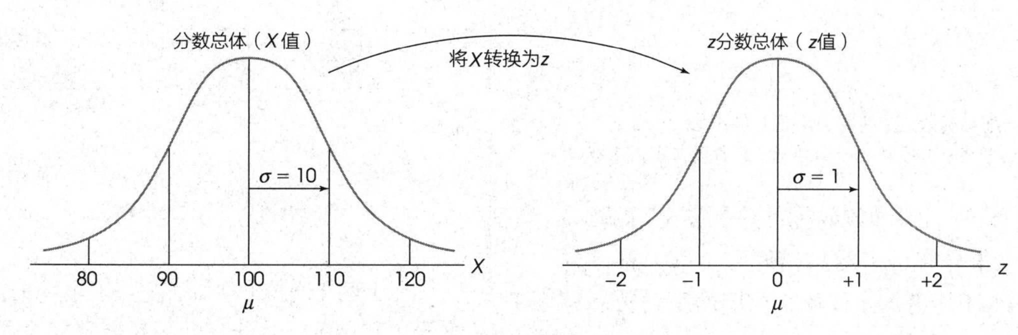

图　5-5

注：将分数总体转换为 z 分数。转换不会改变总体的形状，此时平均数被转换为 0，标准差被转换为 1。

因此，原始分布的平均数在 z 分布中被转换为0。z 分布的平均数为 0 使得平均数成为一个方便的参照点。回忆 z 分数的定义，所有正 z 分数均大于平均数，负 z 分数小于平均数。换句话说，对于 z 分数，平均数为 0。

3. 标准差 z 分布的标准差永远为 1。如图 5-5 所示，X 值的原始分布的 $\mu=100$，$\sigma=10$。在此分布中，$X=110$ 表示其比平均数恰好高出 10 分或 1 个标准差。当把 $X=110$ 转换成 $z=+1.00$ 时，它恰好在 z 分数分布中高于平均数 1 个标准差的位置。因此，一个标准差对应 X 分布中 10 分的距离，且为 z 分布中 1 个标准差的距离。标准差为 1 的优点在于，z 分数的数值与距离平均数的标准差的个数完全相同。例如，z 分数中 $z=1.50$ 代表其恰好比平均数大 1.50 个标准差。

在图 5-5 中，我们呈现了 z 分数的转换过程，X 值的分布被转换为 z 分数新分布的过程。实际上，没有必要建立一个全新的分布。相反，你可以把 z 分数转换为简单的沿 X 轴重新标记的值。也就是说，转换为 z 分数后，你仍然有相同的分布，但现在每个分数都被标为 z 分数，而不是 X 值。图 5-6 用一个包含两组标签的单个分布来演示这一设想：一条线是 X 值，另一条线是对应的 z 分数。注意，z 分布的平均数为零，标准差为 1。

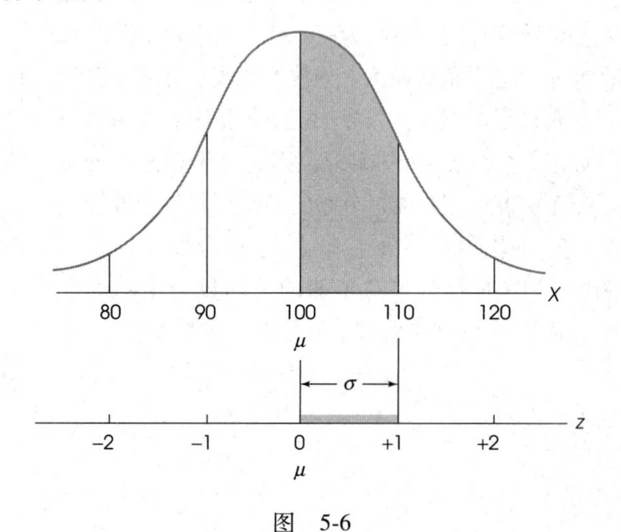

图 5-6

注：进行 z 分数转换后，X 轴用 z 分数重新标记。X 轴上 1 个标准差的距离（本例中 $\sigma=10$）等于 z 分数量尺上的 1 分。

当任何分布（不管平均数或标准差是多少）被转换为 z 分布时，所得分布的平均数始终为 $\mu=0$，标准差始终为 $\sigma=1$。由于所有 z 分布具有相同的平均数和标准差，z 分布因此被称为标准化分布。

定义

标准化分布由转换后的分数组成，其 μ 和 σ 的值为预先设定的。标准化分布可用于比较不同的分布。

z 分数分布是标准化分布的特例，其 $\mu=0$，$\sigma=1$。也就是说，当任何分布（不论平均数或标准差是多少）被转换为 z 分数分布后，分布总是 $\mu=0$ 和 $\sigma=1$。

z 分数转换的示范

尽管我们已从逻辑上解释了 z 分布的基本特征，但以下示例提供了 z 分数转换如何创建平均数为 0，标准差为 1，形状与原分布相同的分布的具体例子。

□ 例 5-6

$N=6$ 的总体包含如下分数：0，6，5，2，3，2。总体平均数为 $\mu=18/6=3$，标准差为 2（具体计算略）。

将初始分布中的每个 X 值转换成 z 分数，结果如下表所示。

$X=0$	小于平均数 1.5 个标准差	$z=-1.50$
$X=6$	大于平均数 1.5 个标准差	$z=+1.50$
$X=5$	大于平均数 0.5 个标准差	$z=+0.50$
$X=2$	小于平均数 0.5 个标准差	$z=-0.50$
$X=3$	等于平均数	$z=0$
$X=2$	小于平均数 0.5 个标准差	$z=-0.50$

原始 X 值总体的频数分布如图 5-7a，所对应的 z 分数分布如图 5-7b 中。两个分布的简单对比呈现了 z 分数转换的结果。

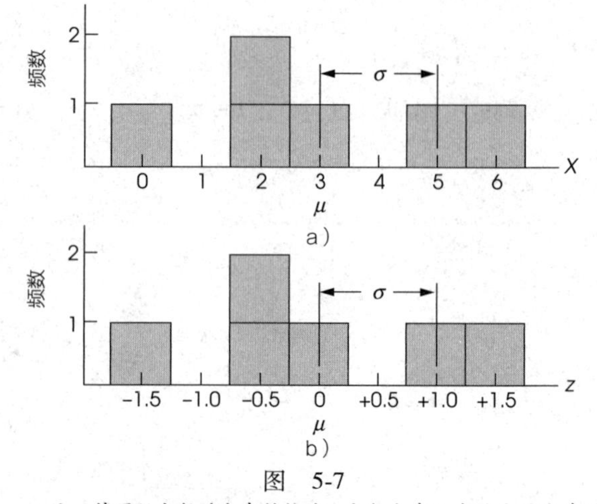

图 5-7

注：将原始分数的分布转换为 z 分数分布不会改变该分布的形状。

（1）两个分布的形状完全相同。每个个体在 X 值分布和在 z 分数分布的相对位置完全相同。

（2）被转换为 z 分数后，分布的平均数转换为 $\mu=0$。对于这些 z 分数，$N=6$ 以及 $\sum z=-1.50+1.50+1.00-0.50+0-0.50=0$。因此，$z$ 分数的平均数为 $\frac{\sum z}{N}=0\div 6=0$。

注意，$X=3$ 的个体恰好位于 X 分布的平均数位置，当它被转换为 $z=0$ 时，在 z 分布中也恰好位于平均数位置。

（3）转换后，标准差变为 $\sigma=1$。对于这些 z 分数，$\sum z=0$ 并且

$$\begin{aligned}\sum z^2 &=(-1.50)^2+(1.50)^2+(1.00)^2+(-0.50)^2+(0)^2+(-0.50)^2\\&=2.25+2.25+1.00+0.25+0+0.25\\&=6.00\end{aligned}$$

使用 SS 的计算公式，用 z 代替 X，得到：

$$SS=\sum z^2-\frac{(\sum z)^2}{N}=6-\frac{(0)^2}{6}=6.00$$

对于这些 z 分数，方差是：

$$\sigma^2=\frac{SS}{N}=\frac{6}{6}=1.00$$

标准差是：

$$\sigma=\sqrt{1.00}=1.00$$

注意，$X=5$ 的个体位于高于平均数 2 分的位置，距离恰好为 X 分布的 1 个标准差。转换后，该个体的 z 分数位于高于平均数 1 分的位置，距离恰好为新分布的 1 个标准差。■

使用 z 分数进行比较

标准化分布的一个优点是它可以将来自完全不同的分布的分数或不同个体进行比较。在通常情况下，如果两个分数来自不同的分布，是不可能直接进行比较的。例如，Dave 在心理学考试中的成绩为 $X=60$，在生物学考试中的成绩为 $X=56$。Dave 哪一科成绩更好？

因为两个分数来自两个不同的分布，所以不能直接做任何的比较。在没有附加信息时，你甚至无法确定 Dave 的成绩在两个分布中是否高于或低于平均数。在比较之前，必须知道每个分布的平均数和标准差。假设生物学成绩的平均数和标准差为 $\mu=48$ 和 $\sigma=4$，心理学成绩分布为 $\mu=50$ 和 $\sigma=10$。有了这些新的信息，你可以绘制两个分布，在每个分布中确定 Dave 的分数的位置，并比较两个分数的位置。

不必绘制分布图来确定 Dave 两个分数的位置，只须通过计算两个 z 分数来确定两个分数的所在位置。[㊀] Dave 的心理学成绩 z 分数是：

$$z=\frac{X-\mu}{\sigma}=\frac{60-50}{10}=\frac{10}{10}=+1.0$$

Dave 的生物学成绩 z 分数是：

$$z=\frac{56-48}{4}=\frac{8}{4}=+2.0$$

注意，Dave 的生物学成绩 z 分数为+2.0，这意味着他的测验分数比班级平均数高出 2 个标准差。另外，他的心理学成绩 z 分数为+1.0，比班级平均数高出 1 个标准差。就班级相对位置，Dave 的生物学成绩更好。

请注意，不能直接比较 Dave 的两个考试分数（$X=60$ 和 $X=56$），因为分数来自有不同平均数和标准差的不同分布。然而，我们可以比较两个 z 分数，因为 z 分数的所有分布都具有相同的平均数（$\mu=0$）和标准差（$\sigma=1$）。

学习小测验

1. 将 $\mu=40$，$\sigma=8$ 的正态分布转换为 z 分布，请描述转换后 z 分数分布的形状、平均数和标准差。
2. 平均数 $\mu=0$ 的 z 分数分布的优点是什么？
3. 英语考试分数的分布 $\mu=70$，$\sigma=4$。历史考试分数的分布 $\mu=60$，$\sigma=20$。$X=78$ 在哪门考试分布中的位置更高？解释你的答案。
4. 英语考试分数分布 $\mu=50$，$\sigma=12$。历史考试分数分布的 $\mu=58$ 和 $\sigma=4$。$X=62$ 在哪门考试分布中的位置更高？解释你的答案。

答案

1. z 分布将是正态分布，平均数为 0，标准差为 1。
2. 平均数为 0，所有正分数大于平均数，所有负分数小于平均数。
3. 对于英语考试，$X=78$ 对应 $z=2.00$，比历史考试中的 $z=0.90$ 要高。
4. 分数 $X=62$ 在两个分布中的 z 分数均对应 $z=+1.00$。分数在两个考试分布中的位置相同。

5.4　基于 z 分数的其他标准化分布

将 z 分布转换为具有一个预先设定的 μ 和 σ 的分布

虽然 z 分数分布具有明显的优势，但由于它们含

㊀ 确保使用 X 所属的分布的 μ 和 σ 值。

有负值和小数，很多人觉得它很复杂。因此，有些研究者通常会将分数转换为预先设定了平均数和标准差的新的标准化分布。目的是创建新的(标准化的)分布，即具有“简单”的平均数和标准差，但不改变任何个体在分布中的位置。这类标准化分数常用于心理或教育测验。例如，将学习能力倾向测验(SAT)的原始分数转换为$\mu=500$，$\sigma=100$的标准化分布。对于智商测验，原始分数经常被转换为平均数为100，标准差为15的标准化分数。因为大多数IQ测验是标准化的，它们具有相同的平均数和标准差，所以，即使智商分数来自不同的测验也能相互比较。

为了创造新的μ和σ值，使分布标准化的过程，包含两步：

(1)将初始的原始分数转换为z分数。

(2)然后，将z分数转换为新的X值，以获得特定的μ和σ。

这个过程可以确保每个个体在新分布中的z分数的位置与原分布相同，下面的例子呈现了标准化的过程。

□ 例5-7

一名教师为心理系某班安排了一次考试。对于这次考试，原始分数分布的平均数为$\mu=57$，标准差为$\sigma=14$。教师希望通过将原始分布转换为一个$\mu=50$，$\sigma=10$的新的标准化分布以简化分布。为了说明这个过程，我们看看两个特定的学生的分数会发生什么变化：在原始分布中，Maria的原始分数为$X=64$，Joe的原始分数为$X=43$。

步骤1

将每个初始原始分数转换为z分数。对于Maria，$X=64$，她的z分数为：

$$z=\frac{X-\mu}{\sigma}=\frac{64-57}{14}=+0.5$$

对于Joe，$X=43$，他的z分数为：

$$z=\frac{X-\mu}{\sigma}=\frac{43-57}{14}=-1.0$$

记住：μ和σ的值代表所取X的分布。

步骤2

将每个z分数转换为在平均数为$\mu=50$，标准差为$\sigma=10$的新标准化分布中的X值。

Maria的z分数为$z=+0.50$，表明她位于高于平均数0.50个标准差的位置。在新的标准化分布中，此位置对应$X=55$(比平均数高出5分)。

Joe的z分数为$z=-1.00$，表明他位于低于平均数1个标准差的位置。在新的分布中，这个位置对应的$X=40$(比平均数低10分)。

这两步转换过程的结果被汇于表5-1。注意，假设Joe在原始分布和新的标准化分布中具有完全相同的z分数($z=-1.00$)，这意味着，Joe相当于班内其他学生的排名没有改变。■

表 5-1

	原始分数 $\mu=57$且$\sigma=14$	z分数 位置	标准化分数 $\mu=50$且$\sigma=10$
Maria	$X=64$	$\rightarrow z=+0.50\rightarrow$	$X=55$
Joe	$X=43$	$\rightarrow z=-1.00\rightarrow$	$X=40$

注：当分布被标准化时，两个个体的分数是如何变化的，见例5-7。

图5-8提供了标准化分布不会改变原始分布内的个体位置这一概念的另一种示范。该图显示了例5-7的原始考试分数，平均数$\mu=57$和标准差$\sigma=14$。在原始分布中，Joe的分数是$X=43$。除原始分数外，还包括可显示分布中z分数位置的第二种量尺。在z分数方面，Joe的$z=-1.00$。最后，我们增加了第三种显示标准化分数的量尺，其$\mu=50$，$\sigma=10$。对于标准化分数，Joe的分数为$X=40$。注意，Joe在分布中始终在相同的位置。唯一改变的是分给Joe的数值：对于原始分数，Joe的是43；对于z分数，Joe的分数是$z=-1.00$；而对于标准化分数，Joe的是40。

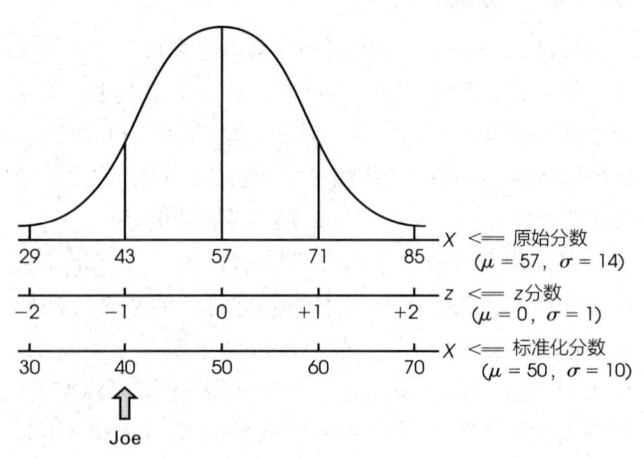

图5-8 例5-7中的考试分数分布。对原始分数分布标准化以生成$\mu=50$，$\sigma=10$的新分布。注意每个个体可由原始分数、z分数和新的标准化分数加以确认。例如，Joe的原始分数为43，z分数为-1.00，新的标准化分数为40

学习小测验

1. 分数总体的 $\mu=73$，$\sigma=8$。如果将分布标准化以创建一个 $\mu=100$，$\sigma=20$ 的新分布，下列原始分布分数的新值是多少？
   a. $X=65$　b. $X=71$　c. $X=81$　d. $X=83$
2. 将总体平均数为 $\mu=44$，标准差为 $\sigma=6$ 的分布标准化以创建一个 $\mu=50$，$\sigma=10$ 的新分布。
   a. 原始分布中分数 $X=47$ 的新的标准化分数是多少？
   b. 一个个体的新标准化分数为 $X=65$，在原始分布中他的分数是多少？

答案

1. a. $z=-1.00$，$X=80$　b. $z=-0.25$，$X=95$
   c. $z=1.00$，$X=120$　d. $z=1.25$，$X=125$
2. a. 原始分布中 $X=47$ 对应 $z=+0.50$。在新的分布中，对应的分数是 $X=55$。
   b. 在新的分布中，$X=65$ 对应 $z=+1.50$。在原始分布中对应的分数为 $X=53$。

5.5　计算样本的 z 分数

虽然 z 分数最常用于总体，但同样的原理也可用于确定样本中个体的位置。如果你用样本平均数和样本标准差来确定每个 z 分数的位置，那么样本 z 分数的定义与总体 z 分数的定义相同。因此，将样本中每个 X 值都转换为 z 分数，以便：

（1）z 分数的符号表示 X 值是否大于（+）或小于（-）样本平均数。

（2）z 分数的数值通过测量分数（X）和样本平均数（M）之间样本标准差的数量来确定，即分数（X）与样本平均数之间的距离。

公式表示为，样本中的每个 X 值均可被转换为如下 z 分数：

$$z=\frac{X-M}{s} \tag{5-3}$$

类似地，每个 z 分数都可以被转换为 X 值，如下所示：

$$X=M+zs \tag{5-4}$$

□　例 5-8

在平均数 $M=40$，标准差 $s=10$ 的样本中，$X=35$ 对应的 z 分数是多少？$z=+2.00$ 对应的 X 值是多少？

分数 $X=35$，位于低于平均数 5 分的位置，恰好是 0.50 个标准差。因此，相应的 z 分数为 $z=-0.50$。在 z 分数中，$z=+2.00$，对应于高于平均数 2 个标准差的位置。标准差是 $s=10$，意指分数与平均数的距离是 20 分。位于平均数之上 20 分的分数是 $X=60$。注意，使用 z 分数定义或公式（5-3 或 5-4）中的任意一个都可以求得这些答案。■

标准化样本分布

如果把一个样本中的所有分数都转换为 z 分数，那么就会得到一个 z 分数的样本。转换后的 z 分数分布将具有与将总体中的 X 值转换为 z 分数时相同的属性。具体来说，如下：

（1）z 分数样本与原始分数样本分布的形状相同。

（2）z 分数样本的平均数为 $M_z=0$。

（3）z 分数样本的标准差为 $s_z=1$。

注意，该组 z 分数仍被视为样本（就像 X 值的集合），并且必须使用样本公式计算方差和标准差。下例演示了将样本分数转换为 z 分数的过程。

□　例 5-9

我们以 $n=5$ 个分数的样本开始：0，2，4，4，5，通过一些简单的计算，你应该能够证明样本平均数为 $M=3$，样本方差为 $s^2=4$，样本标准差为 $s=2$。利用样本平均数和样本标准差，可将每个 X 值转换为 z 分数。例如，$X=5$ 在高于平均数两分的位置。因此，$X=5$ 在高于平均数 1 个标准差的位置，z 分数为 $z=+1.00$。将样本整体的 z 分数列于下表。

X	z
0	−1.50
2	−0.50
4	+0.50
4	+0.50
5	+1.00

再次，一些简单的计算表明，z 分数数值的总和为 $\sigma z=0$，所以平均数为 $M_z=0$。

因为平均数为零，每个 z 分数的值都是其与平均数的离差。所以，离差的平方和就是 z 分数的平方的和。对于这个 z 分数样本，

$$\begin{aligned}SS=\sum z^2 &=(-1.50)^2+(-0.50)^2+(+0.50)^2+(+0.50)^2+(+1.00)^2\\&=2.25+0.25+0.25+0.25+1.00\\&=4.00\end{aligned}$$

> z 分数样本的方差为：
>
> $$s_z^2=\frac{SS}{n-1}=\frac{4}{4}=1.00$$
>
> 注意，例题中 z 分数为样本，计算方差时使用样本方差公式，$df=n-1$。
>
> 最后，z 分数样本的标准差是 $s_z=\sqrt{1.00}=1.00$。与往常一样，z 分数的平均数为 0，标准差为 1。■

5.6 推断统计展望

回忆一下，推断统计是使用样本信息来回答总体问题的方法。在后面的章节中，我们将用推断统计帮助解释研究的结果。典型的研究始于处理将如何影响总体中个体这一问题。因为研究整个总体通常是不可能的，所以，研究者会选取样本并对样本中的个体实施处理。一般的研究如图 5-9 所示。研究者简单地将处理后的样本与原始总体进行比较，以评价处理的效果。如果样本中的个体与原始总体中的个体明显不同，研究者就有证据表明处理有效果。另外，如果样本与原始总体没有明显差异，则证明处理无效。

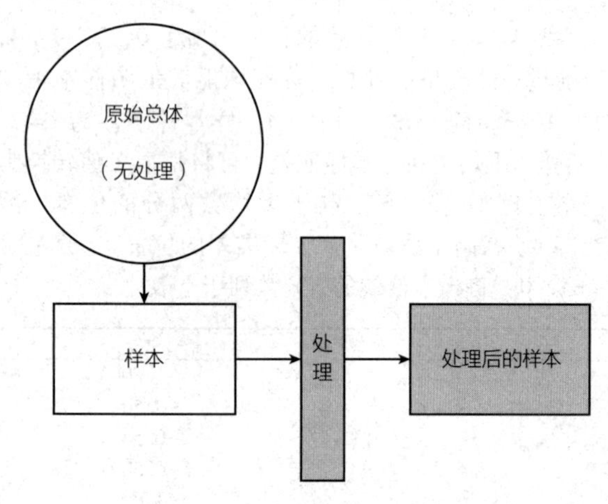

图 5-9 一项研究的图示

注：该研究的目标是评估处理的效果。从原始总体中选择一个样本并进行处理。如果处理后，样本中的个体明显不同于原始总体中的个体，则证明处理是有效的。

注意，研究结果的解释取决于样本是否明显不同于总体。判定样本是否明显不同的一种方法是使用 z 分数。例如，z 分数接近于 0 的个体位于总体的中心，并被认为是很典型或有代表性的个体。然后，一个具有极端 z 分数的个体，例如，大于 +2.00 或小于 −2.00，被视为与总体中的大多数个体有显著差异。因此，我们可用 z 分数帮助判断处理是否引起了变化。具体来说，如果研究中接受处理的个体存在极端 z 分数，我们可以得出结论，处理确实有效。下面的例子说明了这个过程。

> □ 例 5-10
>
> 一位研究者正在评估一种新的生长激素的作用。众所周知，普通成年大鼠的平均体重是 $\mu=400$ 克。大鼠体重不同，体重分布为正态，标准差为 20 克。总体分布如图 5-10 所示。研究者选择一只新生大鼠并为其注射生长激素。当大鼠成熟后，为其称重以确定激素是否有效。

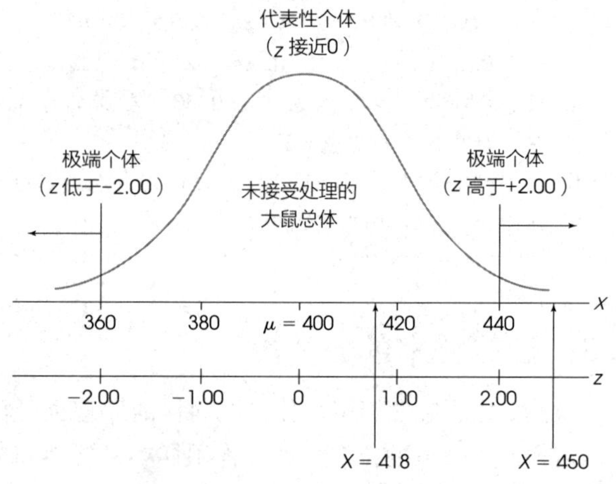

图 5-10 成年大鼠体重的总体

注：需要注意的是，z 分数接近于 0 的是代表性或典型的个体。z 分数高于 +2.00 或低于 −2.00 的极端个体与分布中大部分其他个体明显不同。

> 首先，假设接受激素注射的大鼠重 $X=418$ 克。尽管这一体重高于非处理大鼠（$\mu=400$ 克），但是是否有令人信服的证据表明激素有效？如果看图 5-10 的分布，你应该意识到，一只体重 418 克的大鼠和没有注射任何激素的普通大鼠无明显不同。具体来说，接受注射的大鼠的体重位置接近普通大鼠体重分布的中心，z 分数为：
>
> $$z=\frac{X-\mu}{\sigma}=\frac{418-400}{20}=\frac{18}{20}=0.90$$
>
> 因为接受注射的大鼠看起来和普通未接受处理的大鼠相同，所以结论是，这种激素似乎无效。
>
> 现在，假设接受注射大鼠的体重是 $X=450$ 克。在正常大鼠分布中（见图 5-10），大鼠的 z 分数为：
>
> $$z=\frac{X-\mu}{\sigma}=\frac{450-400}{20}=\frac{50}{20}=2.50$$
>
> 在这种情况下，注射激素的大鼠远重于普通大鼠，因此，可得出激素对体重有影响的结论。

在上面的例子中，我们使用z分数以帮助解释从样本中所获得的结果。具体而言，如果研究中接受处理的个体和没有接受处理的个体相比有极端z分数，我们可得到处理似乎有效的结论。然而，本例使用了任意的定义来确定哪些z分数是明显不同的。虽然将z分数接近于0的个体描述为“代表性高”的个体，将z分数大于2.00（小于-2.00）的个体描述为“极端个体”，但你应该意识到，这些z分数的界限并没有任何明确的数学规则。以下章节所介绍的概率，将为我们提供在何处准确设定边界的依据。■

学习小测验

1. 样本平均数为$M=40$，标准差为$s=12$，求以下各个X值所对应的z分数。

   $X=43$　　$X=58$　　$X=49$

   $X=34$　　$X=28$　　$X=16$

2. 样本平均数$M=80$，标准差$s=20$，求以下各个z分数所对应的X值。

   $z=-1.00$　　$z=-0.50$　　$z=-0.20$

   $z=1.50$　　$z=0.80$　　$z=1.40$

3. 样本平均数$M=85$，成绩$X=80$对应$z=-0.50$。标准差是多少？
4. 样本标准差$s=12$，成绩$X=83$对应$z=0.50$。样本平均数是多少？
5. 样本平均数$M=30$，标准差$s=8$。
   a. 分数$X=36$在样本中是中心分数还是极端分数？
   b. 如果标准差为$s=2$，$X=36$是中心分数还是极端分数？

答案

1. $z=0.25$　　$z=1.50$　　$z=0.75$

   $z=-0.50$　　$z=-1.00$　　$z=-2.00$

2. $X=60$　　$X=70$　　$X=76$

   $X=110$　　$X=96$　　$X=108$

3. $s=10$
4. $M=77$
5. a. $X=36$是对应$z=0.75$的中心分数。
   b. $X=36$是对应$z=3.00$的极端分数。

小　结

1. 每个X值都可以被转换为能够标明X在原始分布中确切位置的z分数。z分数的符号表示X的位置是高于（正）或低于（负）平均数。z分数的数值表示X与μ之间标准差的数量。
2. z分数公式用于将X转换为z分数。对于总体：

   $$z=\frac{X-\mu}{\sigma}$$

   对于样本：

   $$z=\frac{X-M}{s}$$

3. 为将z分数转换为X值，通常使用z分数的定义比使用公式更简单。然而，z分数公式可以被转换为新的方程式。对于总体：

   $$X=\mu+z\sigma$$

   对于样本：

   $$X=M+zs$$

4. 将X值的整个分布转换为z分数，得到z分数分布。z分数分布与原始分布的形状相同，并且平均数总为0，标准差总为1。
5. 当比较不同分布的原始分数时，用z分数转换来实现标准化分布是必要的。于是，这些分布可以互相比较，因为它们具有相同的参数（$\mu=0$，$\sigma=1$）。在实践中，只有需要比较的原始分数要转换。
6. 在某些情况下，如心理测验，分布可通过将原始X值转换成z分数而使分布标准化，然后将z分数转换为有预定平均数和标准差的新的分数分布。
7. 在推断统计中，z分数提供了一种客观的方法，以确定特定分数代表其总体的程度。z分数接近于0表示分数接近总体平均数，因此具有代表性。z分数大于2.00（或小于-2.00）表示分数是极端的，与分布中的其他分数明显不同。

关键术语

原始分数　　z分数　　离差分数　　z分数转换　　标准化分布　　标准化分数

资 源

SPSS

附录C呈现了使用SPSS的一般说明。以下是用SPSS将样本X值转换为z分数的详细说明。

数据输入

在分数编辑器的一列中输入所有分数，如VAR00001。

数据分析

1. 单击工具栏中的Analyze，选择Descriptive Statistics，并单击Descriptives。
2. 高亮在左边框中的一列分数(VAR0001)，并单击箭头将其移至Variable框。
3. 单击Descriptives底部的Save框保存标准值的变量。
4. 单击OK。

SPSS输出

该程序的输出通常显示分数的数量(N)、最高和最低的分数、平均数和标准差。但是，如果你回到数据编辑器(使用屏幕底部的工具栏)，可以看到，SPSS生成了一个显示与每一个原始X值对应的z分数的新列。

注意：SPSS程序是用样本标准差，而非总体标准差计算z分数。如果分数预期为总体，SPSS不会得到正确的z分数。你可通过将$n/(n-1)$的平方根乘以每个z分数值使SPSS中的值转换为总体z分数。

关注问题解决

1. 当你正在将X值转换为z分数(反之亦然)时，不必完全依赖公式。在开始计算前，你可以用z分数(符号和数值)定义预先估计答案来避免纰漏。例如，$z=-0.85$的z分数表示分数在略低于平均数1个标准差的位置。当计算这个z分数的X值时，确保你的答案小于平均数，并且X和μ之间的距离略小于标准差。
2. 当比较的分数源自标准差不同的分布时，确保在z分数公式中使用正确的σ很重要。使用所获原始分数分布的σ值。
3. 记住，z分数反映的是分数在特定分布中的相对位置。z分数是相对值，而不是绝对值。例如，$z=-2.00$并不表示原始分数很低，它仅表示原始分数在特定总体中是很低的。

示例5-1

将X值转换为z分数

分数分布的平均数为$\mu=60$，$\sigma=12$。求$X=75$的z分数。

第一步　确定z分数的符号。首先，确定X是否高于或低于平均数。这决定了z分数的符号。对于这个示例，X大于(高于)μ，所以z分数为正。

第二步　将X和μ之间的距离转换为单位标准差。对于$X=75$，$\mu=60$，X和μ之间的距离是15分。由于$\sigma=12$分，这个距离对应$15/12=1.25$个标准差。

第三步　将第一步中的符号和第二步中的数值结合。该分数高于(+)平均数1.25个标准差的距离。因此，$z=+1.25$。

第四步　用z分数公式确认答案。本例中，$X=75$，$\mu=60$和$\sigma=12$。

$$z=\frac{X-\mu}{\sigma}=\frac{75-60}{12}=\frac{+15}{12}=+1.25$$

示例5-2

将z分数转换为X值

对于总体$\mu=60$，$\sigma=12$，对应$z=-0.50$的原始分数X是多少？

第一步　确定X相对于平均数的位置。-0.50的z分数表明其位置低于平均数半个标准差。

第二步　将以标准差为单位的距离转换成分数。由于$\sigma=12$，因此半个标准差为6分。

第三步　确定X值。所求的值为比平均数低6分的数值。平均数为$\mu=60$，所以分数必定是$X=54$。

习　题

1. 符号(+/−)提供了哪些信息？z 分数的数值提供了哪些信息？
2. 分布的标准差 $\sigma=12$。求下列每个 z 分数在分布中的位置。
   a. 高于平均数 3 分。
   b. 高于平均数 12 分。
   c. 低于平均数 24 分。
   d. 低于平均数 18 分。
3. 分布的标准差 $\sigma=6$。描述下列每个 z 分数相对于平均数的位置。例如，$z=+1.00$ 位于高于平均数 6 分的位置。
   a. $z=+2.00$
   b. $z=+0.50$
   c. $z=-2.00$
   d. $z=-0.50$
4. 对于总体 $\mu=50$，$\sigma=8$，
   a. 求下列每个 X 值的 z 分数。(注意：应用 z 分数的定义求这些值，而不需要使用公式或做大量计算。)
      $X=54$　$X=62$　$X=52$
      $X=42$　$X=48$　$X=34$
   b. 求下列每个 z 分数对应的 X 值。(同样地，应在不使用任何公式或大量计算的情况下求这些值。)
      $z=1.00$　$z=0.75$　$z=1.50$
      $z=-0.50$　$z=-0.25$　$z=-1.50$
5. 对于总体 $\mu=40$，$\sigma=7$，求下列 X 值对应的 z 分数。(注意：你可能需要使用公式和计算器求这些值。)
   $X=45$　$X=51$　$X=41$
   $X=30$　$X=25$　$X=38$
6. 对于总体 $\mu=100$，标准差为 $\sigma=12$，
   a. 求下列每个 X 值的 z 分数。
      $X=106$　$X=115$　$X=130$
      $X=91$　$X=88$　$X=64$
   b. 求下列每个 z 分数的分数(X 值)。
      $z=-1.00$　$z=-0.50$　$z=2.00$
      $z=0.75$　$z=1.50$　$z=-1.25$
7. 对于总体 $\mu=40$，标准差为 $\sigma=8$。
   a. 求下列每个 X 值对应的 z 分数。
      $X=44$　$X=50$　$X=52$
      $X=34$　$X=28$　$X=64$
   b. 在同样的总体中，求下列每个 z 分数对应的 X 值。
      $z=0.75$　$z=1.50$　$z=-2.00$
      $z=-0.25$　$z=-0.50$　$z=1.25$
8. 样本平均数为 $M=40$，标准差 $s=6$。求下列每个 X 值对应的 z 分数。
   $X=44$　$X=42$　$X=46$
   $X=28$　$X=50$　$X=37$
9. 样本平均数为 $M=80$，标准差 $s=10$。求下列每个 z 分数对应的 X 值。
   $z=0.80$　$z=1.20$　$z=2.00$
   $z=-0.40$　$z=-0.60$　$z=-1.80$
10. 对于下列各分布，求 $X=60$ 分对应的 z 分数。
    a. $\mu=50$，$\sigma=20$
    b. $\mu=50$，$\sigma=10$
    c. $\mu=50$，$\sigma=5$
    d. $\mu=50$，$\sigma=2$
11. 对于下列各分布，求 $z=0.25$ 对应的 X 值。
    a. $\mu=40$，$\sigma=4$
    b. $\mu=40$，$\sigma=8$
    c. $\mu=40$，$\sigma=12$
    d. $\mu=40$，$\sigma=20$
12. 低于平均数 6 分的分数对应的 z 分数是 $z=-0.50$。总体标准差是多少？
13. 高于平均数 12 分的分数对应的 z 分数是 $z=3.00$。总体标准差是多少？
14. 总体标准差为 $\sigma=8$，分数 $X=44$ 对应 $z=-0.50$。总体平均数是多少？
15. 样本标准差为 $s=10$，分数 $X=65$ 对应 $z=1.50$。平均数是多少？
16. 某样本的平均数 $\mu=45$，分数 $X=59$ 对应 $z=2.00$。样本标准差是多少？
17. 总体平均数为 $\mu=70$，分数 $X=62$ 对应 $z=-2.00$。总体标准差是多少？
18. 对于总体考试成绩，分数 $X=48$ 对应 $z=+1.00$，成绩 $X=36$ 对应 $z=-0.50$。求总体平均数和标准差。(提示：绘制分布图，并在草图上找到这两个分数的位置。)
19. 在分数分布中，$X=64$ 对应 $z=1.00$，$X=67$ 对应 $z=2.00$。求分布的平均数和标准差。
20. 对于下列各总体，分数 $X=50$ 会被认为是一个中心分数(靠近分布的中央)，还是一个极端分数(远在分布的尾部)？
    a. $\mu=45$，$\sigma=10$
    b. $\mu=45$，$\sigma=2$
    c. $\mu=90$，$\sigma=20$
    d. $\mu=60$，$\sigma=20$
21. 考试成绩分布的平均数为 $\mu=80$。
    a. 如果你的分数是 $X=86$，哪个标准差对应的成绩更好：$\sigma=4$ 或 $\sigma=8$？

b. 如果你的分数是 $X=74$，哪个标准差对应的成绩更好：$\sigma=4$ 或 $\sigma=8$？

22. 确定以下哪种情况的考试分数更高(成绩更好)，针对各情况，解释答案。
    a. 考试分布 $\mu=50$，$\sigma=4$，分数 $X=56$；或考试分布 $\mu=50$，$\sigma=20$，分数 $X=60$。
    b. 考试分布 $\mu=45$，$\sigma=2$，分数 $X=40$；或考试分布 $\mu=70$，$\sigma=20$，分数 $X=60$。
    c. 考试分布 $\mu=50$，$\sigma=8$，分数 $X=62$；或考试分布 $\mu=20$，$\sigma=2$，分数 $X=23$。
23. 分布的平均数为 $\mu=62$，标准差为 8，将其转换为 $\mu=100$，$\sigma=20$ 的新的标准化分布。求下列原始总体中每个值新的标准化分数。
    a. $X=60$
    b. $X=54$
    c. $X=72$
    d. $X=66$
24. 平均数为 $\mu=56$，标准差为 $\sigma=20$ 的分布，被转换为 $\mu=50$，$\sigma=10$ 的标准化分布。求下列原始总体中每个值新的标准化分数。
    a. $X=46$
    b. $X=76$
    c. $X=40$
    d. $X=80$
25. 总体有 $N=5$ 个分数：0，6，4，3 和 12。
    a. 计算总体的 μ 和 σ。
    b. 求分布中每个分数对应的 z 分数。
    c. 将原始总体转换为平均数为 $\mu=100$，标准差 $\sigma=20$ 的新总体。
26. 样本有 $n=6$ 个分数：2，7，4，6，4 和 7。
    a. 计算样本的平均数和标准差。
    b. 求样本中每个分数的 z 分数。
    c. 将原始样本转换为平均数为 $M=50$，标准差 $s=10$ 的新样本。

CHAPTER

第 6 章

概　率

本章目录

本章概要
6.1　概率简介
6.2　概率与正态分布
6.3　正态分布中分数的概率与比例
6.4　概率与二项式分布
6.5　推断统计展望
小结
关键术语
资源
关注问题解决
示例 6-1
示例 6-2
习题

所需工具

以下所列内容是学习本章需要的基础知识。如果你不确定自己对这些知识的掌握情况，你应在学习本章前复习相应的章节。

- z 分数（第 5 章）

本章概要

背景：如果你打开一本词典，随机选取一个单词，你更可能选择哪类单词：

1. 首字母为“K”的单词？
2. 第三个字母为“K”的单词？

如果你认真思考这个问题并如实回答，你可能会认为首字母为“K”的单词更有可能出现。

Tversky 和 Kahneman(1973)的一项实验向被试提出了类似问题。这些被试估计首字母为“K”的单词数量大约是第三个字母为“K”的单词的2倍，但是事实恰好相反，第三个字母为“K”的单词数量是首字母为“K”的单词的2倍有余。是什么使得人们的误解如此之深？他们是否完全误解了概率？

当你决定更有可能选择哪种含有K的单词类型时，你可能会从你的记忆中搜索并估计哪类单词更加常见。你能想起多少个首字母为“K”的单词？又能想起多少个第三个字母为“K”的单词？多年以来，你看到的单词表多是根据首字母来排序的，因此，相对于第三个字母为K的单词，你更容易在记忆中检索到首字母为“K”的单词。因此，你认为首字母为“K”的单词更为常见。

如果你在词典里搜索单词(而不是在你的记忆里)，你会找到更多的第三个字母为“K”的单词，而后你会得出正确的结论：这类单词才是更为常见的。

问题：如果你打开词典随机选择一个单词，不可能准确预测你会选择哪类单词。同理，当研究者招募被试参与研究时，也不可能准确预测选择哪个个体。

解决方法：尽管不可能准确预测从词典中选择哪类单词，或预测哪个人将参加研究，但你可以用概率来证明某些结果比其他结果更有可能发生。例如，你更可能选择第三个字母为“K”的单词，而非首字母为“K”的单词。同理，你更可能获得IQ为100左右的被试，而非IQ为150左右的被试。

6.1 概率简介

在第1章中，我们引入了这样的观点，即研究始于一个关于整个总体的一般性问题，但实际的研究是通过样本进行的。在这种情况下，推断统计的作用是用样本数据作为回答总体问题的基础。为了实现这个目标，推断过程主要围绕概率的概念来构建。具体来说，样本与总体间的关系通常是根据概率来定义的。

例如，假设你从一个装有50个白球和50个黑球的罐子中随机取出一个球(在这个例子中，一罐球是总体，选出的一个球是样本)。尽管，你不能保证样本的确切结果，但可以根据概率讨论可能的结果。在这种情况下，你获取任何一种色球的机会都是50%。现在考虑罐子(总体)中包含90个黑球和10个白球的情况，同样地，你不能准确预测结果，但是你知道样本更可能是黑球。通过了解总体的组成，你能判定获得特定样本的概率。这样，概率建立了总体与样本之间的联系，并且这种联系正是随后章节所呈现的推断统计的基础。

你可能已经注意到前面的例子是从总体开始的，然后，使用概率描述可能获得的样本。然而，这与我们想用推断统计所做的事恰好相反。记住，推断统计的目标是从样本开始，回答有关总体的一般性问题。我们分两个阶段实现这一目标。第一阶段，我们将概率作为总体与样本之间的桥梁。这个阶段包括辨别从特定总体中所获得的样本类型。一旦建立好了这个桥梁，我们便可反向运用概率规则，以样本推断总体(见图6-1)。反转概率关系的过程可以通过再次考虑我们之前已看过的两罐球的例子加以证明。(罐子1有50个黑球和50个白球，罐子2有90个黑球和10个白球。)这次，假设你是闭上眼睛选取样本，所以，你不知道你正在使用哪个罐子。你的任务是查看你获得的样本以确定哪个罐子是最有可能被用到的。如果你选取$n=4$个球的样本，且都是黑球，你认为它们来自哪个罐子？显然，从罐1中获得这个样本，相对而言不太可能(低概率)，因为4次抽取中，你几乎肯定至少应获得一个白球。换句话说，这个样本更可能来自罐子2，因为在罐2中几乎所有的球都是黑色的。因此，你确定样本可能来自罐子2。注意，你现在就是在用样本来推断总体。

概率的定义

概率是一个远超统计学入门范畴的庞大议题，这

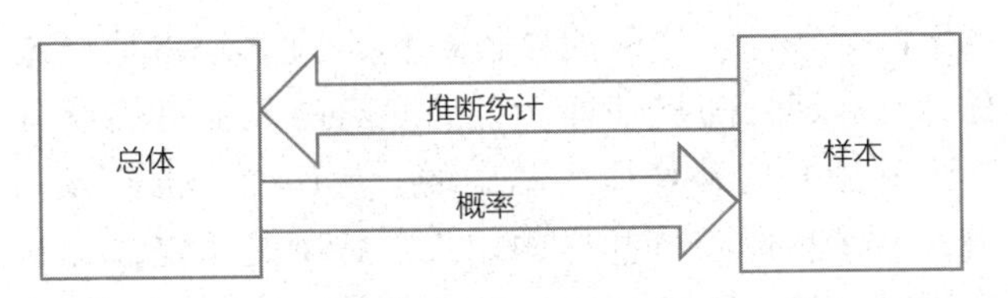

图 6-1　概率在推断统计中的作用。概率用于预测从总体中更可能获得哪类样本。因此，概率在样本和总体间建立了联系。当以样本数据作为获得总体结论的基础时，推断统计就是依赖这种联系

里我们不打算对其进行深入探讨。相反，我们会集中介绍一些推断统计所需的概念和定义。我们从相对简单的概率定义开始。

定义

对一个可能有几个不同结果的情况，任何特定结果的**概率**被定义为所有可能结果的分数或比例。如果可能的结果被确认为 A，B，C，D 等，那么：

$$\text{A 的概率}=\frac{\text{A 结果个数}}{\text{可能结果的总数}}$$

例如，当从一副扑克牌中选取一张牌时，会有 52 种可能的结果。其中选中红桃 K 的概率 $p=\frac{1}{52}$。而选中 A 牌的概率为$\frac{4}{52}$，因为一副牌中有 4 张 A。

为了简化概率讨论，我们使用了一种可以简化语言的符号系统，对于某一特定结果的概率我们用字母 p(代表概率)表示，括号内表示特定的结果。例如，在一副牌中选中 K 的概率可以表示为 p(K)。抛掷硬币头像朝上的概率表示为 p(正面朝上)。

注意，概率被定义为比例或整体的一部分。这个定义可使所有的概率问题都被转换为比例问题。比如概率问题“在一副扑克牌中选中 K 的概率是多少”可以被转换为“纸牌 K 占一副牌的比例是多少”。在每一个问题中，答案都可以是$\frac{4}{52}$。这种概率与比例之间的转换看似不重要，但在解决复杂的概率问题时起到了至关重要的作用。在大多数情况下，我们会关注从总体中获得某一特定样本的概率。例如，一副扑克牌可以被视为一个整体，单张扑克牌可以视为我们选择的样本。

概率值　我们将概率定义为分数或者比例。如果直接从这个定义入手，那么所得概率可以被表示为分数。例如，如果你随机选择一张牌，那么：

$$p(\text{黑桃})=\frac{13}{52}=\frac{1}{4}$$

或抛掷一枚硬币：

$$p(\text{正面朝上})=\frac{1}{2}$$

你应该知道，这些分数可以同样表示为小数和百分比。

$$p=\frac{1}{4}=0.25=25\%$$

$$p=\frac{1}{2}=0.5=50\%$$

按照惯例，概率值一般表示为分数，但你应该知道以上的几种写法都可接受。

需要注意的是，概率值是有取值范围的。有一种极端情况是，某个事件永远不会发生，其概率为 0(见知识窗 6-1)，另一种极端情况是，事件一定会发生，则概率为 1(100%)。因此，所有概率值都在 0 至 1 的范围内。例如，假设一个罐子里仅有 10 个白球，从中随机选取黑球的概率为：

$$p(\text{黑球})=\frac{0}{10}=0$$

随机选取白球的概率为：

$$p(\text{白球})=\frac{10}{10}=1$$

随机抽样

为了使上述概率的定义更精确，必须通过所谓随机抽样的方法来获得结果。

定义

随机抽样要求总体中的每个个体被选取的概率相同。

对于多数统计公式，第二个必要条件是如果选取的个体数量大于 1，那么每次选取的概率必须保持不变。增加第二个条件就产生了所谓独立随机抽样。“独立”一词是指选取任何特定个体的概率与已被选为样本的个体无关。例如，你被选取的概率恒定，即使其他人在你之前已被选取也不会改变你被选取的概率。

定义

独立随机抽样要求每个个体被选取的概率相同，并且当所选个体的数量大于 1 时，个体在每次选取时被选取的概率保持不变。

由于独立随机抽样是大多数统计应用的必要条件，因而我们常常假设这就是我们所用的抽样方法。为了简化讨论，我们通常省略“独立”这个词，将这种抽样方法简称为随机抽样。但是，你应始终假设这两个基本条件(机会均等和概率恒定)是这个过程的组成部分。

随机抽样的每个必要条件都有一些有趣的结果。第一个条件是确保在选取过程中没有偏差。对于个体数量为 N 的总体，每个个体被选取的概率必须相同，$p=\frac{1}{N}$。例如，这意味着，你不能从游艇俱乐部成员名单中选取你所在城市人口的随机样本。同样地，你也不能从你心理学课堂的个体中选取你所在大学学生的随机样本。还应注意，随机抽样的第一个必要条件是可能的结果不是等概率的情况是不允许使用概率定义的。例如，你能否赢得明天彩票的百万大奖，只存在两种可能的结果：

(1) 你会赢得大奖。

(2) 你不会赢得大奖。

根据简单定义，赢的概率应该是二分之一或 $p=\frac{1}{2}$，然而，这两种结果得到的机会并不相同，因此，不能使用概率的简单定义。

第二个条件比初看更有趣。例如，假设我们从一整副扑克牌中选取两张牌，在第一次抽取中，选取方块 J 的概率是：

$$p(\text{方块 J})=\frac{1}{52}$$

从样本中选取一张牌后，你准备选取第二张牌，这次，选取方块 J 的概率是多少，你要知道你已经取出了一张牌，那么之后就会出现两种可能的情况：

$$p(\text{方块 J})=\frac{1}{51}(\text{第一张牌不是方块 J})$$

或

$$p(\text{方块 J})=0(\text{第一张牌是方块 J})$$

在这两种情况下，事件发生的概率都较第一次选取时发生了变化。这与对随机抽样概率必须保持恒定的条件相悖，为了保证每次抽取的概率不发生变化，需要在下一次抽取前将已经选取的个体放回总体。这个过程称为放回抽样。随机抽样的第二个条件(概率恒定)要求放回抽样。(注意：我们正在使用的随机抽样定义必须满足选取机会相等和概率恒定两个条件。这种抽样也被称为独立随机抽样或称为有放回的随机抽样。我们之后遇到的许多统计方法就是以这种抽样为基础的。然而，你也应该知道，存在其他随机抽样的定义。特别是，定义随机抽样时忽视概率恒定这一条件很常见，即无放回的随机抽样，此外，研究者在选取个体参与研究时，还有许多不同的抽样方法。)

概率与频数分布

我们所关注的概率情况通常涉及可用频数分布图来呈现的分数总体。如果你认为这个图代表了整个总体，那么这个图的不同比例就代表总体的不同比例。因为概率和比例是相等的，所以图的特定比例对应于总体中的特定概率。因此，每当用频数分布图呈现总体时，概率可表示为图的比例。下面的例子将展示图与概率间的关系。

□ 例 6-1

我们使用一个仅包含 $N=10$ 个分数(1，1，2，3，3，4，4，4，5，6)的简单总体。图 6-2 中的频数分布图呈现了这个总体。如果你从这个总体中选取 $n=1$ 的随机样本，获得分数大于 4 的个体的概率是多少。

概率符号表示为：

$$p(X>4)=?$$

根据概率定义，有两个分数满足这一条件，所以占总体 $N=10$ 的概率为 $p=\frac{2}{10}$。这个答案可以直接从概率的频数分布图中获得，如果你还记得可以用概率和比例表示同一件事。从图(见图 6-2)中可以看出，分数大于 4 的总体的比例是多少？答案是分布的阴影部分，也就是 10 块方格中的两块。注意，我们现在将概率定义为频数分布图中面积的比例。这提供了一种非常具体和形象的表示概率的方式。

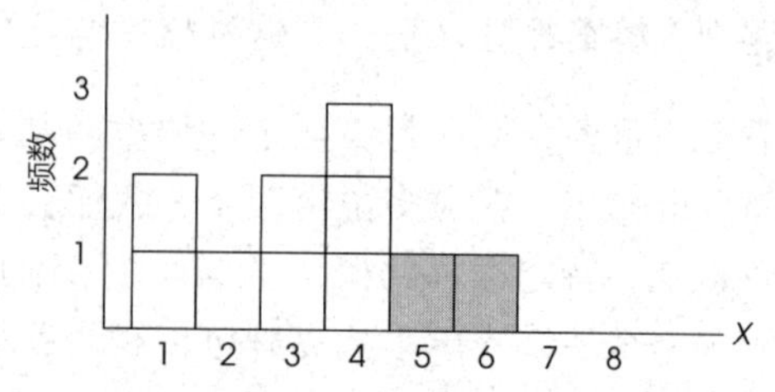

图 6-2　总体 $N=10$ 个分数的频数分布直方图。图的阴影部分对应分数大于 $X=4$ 的部分。阴影部分占整个分布的 $\frac{2}{10}\left(p=\frac{2}{10}\right)$

我们再次使用同一总体，选择个体分数小于5的概率是多少？符号表示为：

$$p(X<5)=?$$

直接看图6-2中的分布，现在我们想知道图中哪部分没有阴影。10块中有8块没有阴影$\left(占图的面积的\frac{8}{10}\right)$，所以，答案是$p=\frac{8}{10}$。■

学习小测验

1. 针对心理系某班学生的一项调查显示该班有19名女生，8名男生。19名女生中，有4名没有兄弟姐妹，男生中有3名是家里的独生子。如果从该班中随机选择学生，
   a. 选取男生的概率为？
   b. 选取的学生中至少有一名兄弟或一名姐妹的概率为？
   c. 选取一名没有兄弟姐妹的女生的概率为？
2. 一个罐子中包含10个红球，30个蓝球，
   a. 如果从罐子中随机抽取一个球，获得红球的概率为？
   b. 如果从罐子中选取$n=3$的随机样本，并且头两个球都是蓝色的，第三个球为红色的概率为？
3. 假设你从图6-2中的分布中选取$n=1$的随机样本，求下列对应的概率：
   a. $p(X>2)$　　b. $p(X>5)$　　c. $p(X<3)$

答案

1. a. $p=\frac{8}{27}$　　b. $p=\frac{20}{27}$　　c. $p=\frac{4}{27}$
2. a. $p=\frac{10}{40}=0.25$
   b. $p=\frac{10}{40}=0.25$，记住随机抽样要求放回抽样。
3. a. $p=\frac{7}{10}=0.70$　　b. $p=\frac{1}{10}=0.10$
   c. $p=\frac{3}{10}=0.30$

6.2 概率与正态分布

正态分布作为总体分布中常见形状的一个例子，在第2章中就有简单介绍过。正态分布的例子如图6-3所示。

注意，正态分布是对称的，中间频数最高，向两端移动时，频数逐渐减少。虽然正态分布的准确形状由等式定义(见图6-3)，但其也可以由分布图每一部分的面积来描述。统计学家经常用z分数来确定正态分布的各个部分。图6-4展示了一个以z分数标记各部分的正态分布。你应该记得，z分数是用与平均数相差的标准差个数来估量分数在分布中的位置的。(因此，$z=+1$是指高于平均数1个标准差，$z=+2$是指高于平均数两个标准差，依此类推。)图6-4展示了每个部分所占的比例。例如平均数($z=0$)与高于平均数($z=1$)1个标准差之间的部分占总体的34.13%。同理，13.59%的样本位于高于平均数1和2个标准差之间。通过这种方式，可以根据其比例定义正态分布。也就是说，当且仅当它具有所有正确的比例时，分布才是正态的。

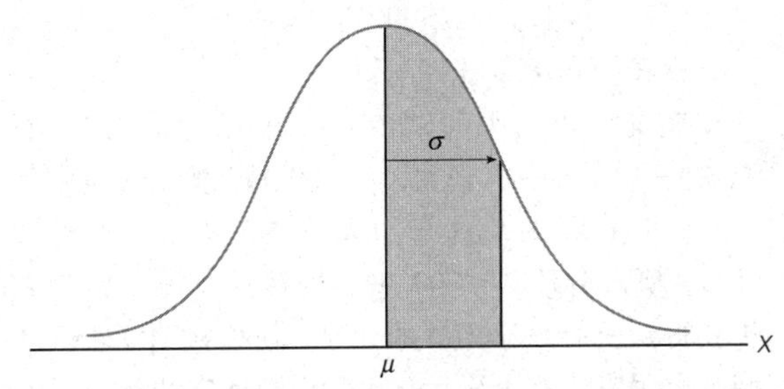

图6-3　正态分布。与每个X值(分数)和Y值(频数)相关的一个等式可以指定正态分布的准确形状。等式是$Y=\frac{1}{\sqrt{2\pi\sigma^2}}e^{-(x-\mu)^2/2\sigma^2}$($\pi$和e是数学常量)。简而言之，正态分布是对称分布的，只有一个众数位于分布中心。从中心向左右任一方向移动时，频数逐渐减少

关于图6-4中所示的分布，还有两点需要注意。首先，你应该认识到，由于正态分布是对称的，分布的左侧部分与右侧对应的部分有完全相同的面积。其次，因为分布中的位置由z分数确定，无论正态分布的平均数和标准差是多少，图中各部分所占的百分比是一定的。记住：当任何分布转换为z分数分布时，它的平均数都转换成了0，标准差都转换成了1。

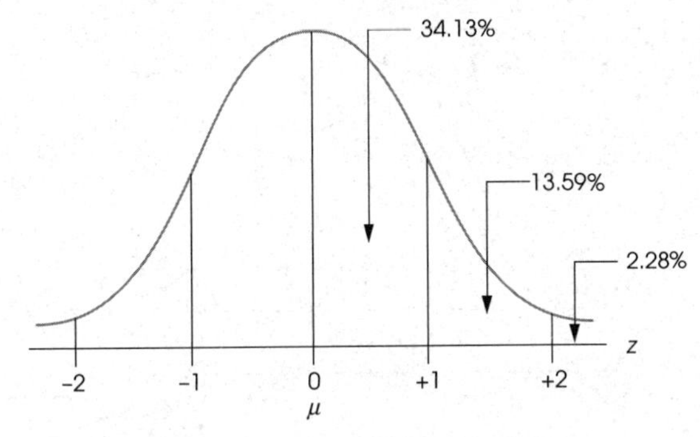

图6-4　z分数转换后的正态分布

因为正态分布对于许多自然生成的分布来说是一个良好的模型，而且这种形状在某些情况下是可以保证的(如第 7 章所示)，所以我们很关注这种分布。在接下来的例子中，我们将回答关于正态分布的概率问题。

□ 例 6-2

SAT 分数的总体分布是正态的，其平均数 $\mu=500$，标准差 $\sigma=100$。鉴于这些关于总体的信息和正态分布的已知比例(见图 6-4)，我们可以确定特定的样本概率。例如，随机从这个总体中选择一个个体，其 SAT 分数大于 700 的概率是多少?

用概率符号重新表述问题：

$$p(X>700)=?$$

下面我们来逐步解决问题：

1. 首先，将概率问题转换成比例问题：在所有可能的 SAT 分数中，分数大于 700 的个体占多少?

2. SAT 分数的总体分布如图 6-5 所示。平均数 $\mu=500$，所以分数 $X=700$ 在平均数的右侧。因为我们想要得到所有大于 700 的分数，所以在 700 右侧的区域画出阴影。这个区域代表我们要确定的比例。

3. 通过计算 $X=700$ 的 z 分数来确定其确切位置。就本例而言，

$$z=\frac{X-\mu}{\sigma}=\frac{700-500}{100}=\frac{200}{100}=2.00$$

即，$X=700$ 的 SAT 分数正是高于平均数两个标准差的分数，对应 $z=+2.00$。我们在图 6-5 也标注了这个 z 分数。

4. 我们试图确定的比例现在可以通过 z 分数表示为：

$$p(z>2.00)=?$$

根据图 6-4 所示的比例，对于所有正态分布而言，无论其 μ 和 σ 为多少，尾端有 2.28%分数的标准分数大于 $z=+2.00$。因此，对于 SAT 分数的总体来说：

$$p(X>700)=p(z>+2.00)=2.28\%$$

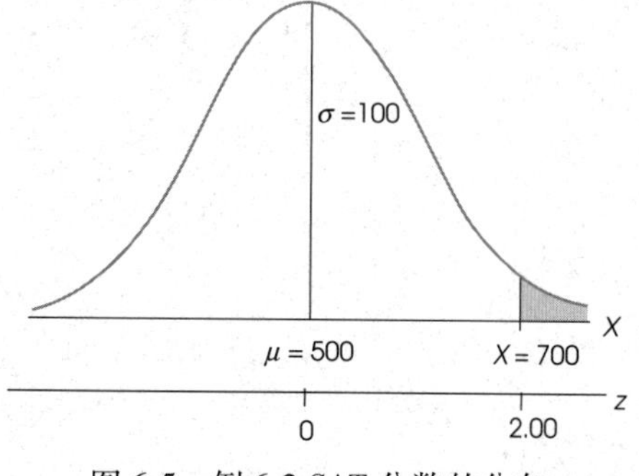

图 6-5 例 6-2 SAT 分数的分布 ■

正态分布表

在我们尝试解答更多的概率问题之前，我们必须引入一个比正态分布图(如图 6-4)更有用的工具。正态分布图只显示了几个选定的 z 分数值的比例。正态分布表则提供了一个更完整的 z 分数比例表。此表列出了正态分布中所有可能的 z 分数对应的比例。

完整的正态分布表呈现于附录 A 的表 1 中，图 6-6 展示了该表的一部分。注意，表为四列格式结构。第一列(A)表示正态分布中不同位置的 z 分数。想象一条垂直线穿过正态分布，垂直线的确切位置可以用 A 列中的 z 分数描述。你也应该意识到，每条垂直线都将正态分布分为两个部分：较大部分称为主体，较小部分称为尾部。表中的 B 列和 C 列分别确定了这两个部分占总体的比例。B 列表示主体(大部分)所占的比例，C 列表示尾部所占的比例。最后，我们添加了

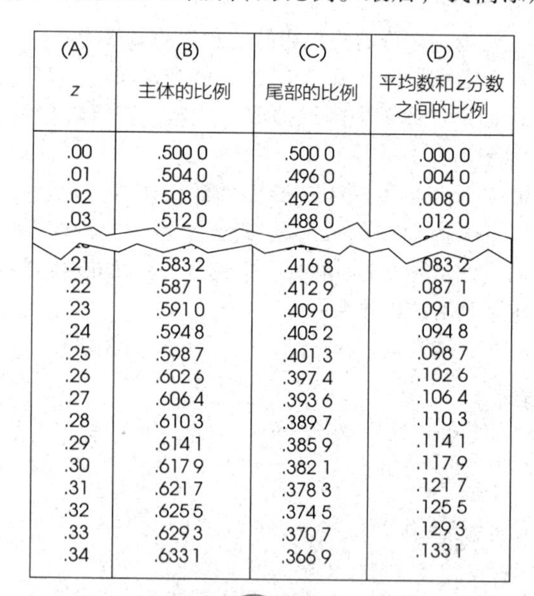

(A) z	(B) 主体的比例	(C) 尾部的比例	(D) 平均数和z分数之间的比例
.00	.500 0	.500 0	.000 0
.01	.504 0	.496 0	.004 0
.02	.508 0	.492 0	.008 0
.03	.512 0	.488 0	.012 0
.21	.583 2	.416 8	.083 2
.22	.587 1	.412 9	.087 1
.23	.591 0	.409 0	.091 0
.24	.594 8	.405 2	.094 8
.25	.598 7	.401 3	.098 7
.26	.602 6	.397 4	.102 6
.27	.606 4	.393 6	.106 4
.28	.610 3	.389 7	.110 3
.29	.614 1	.385 9	.114 1
.30	.617 9	.382 1	.117 9
.31	.621 7	.378 3	.121 7
.32	.625 5	.374 5	.125 5
.33	.629 3	.370 7	.129 3
.34	.633 1	.366 9	.133 1

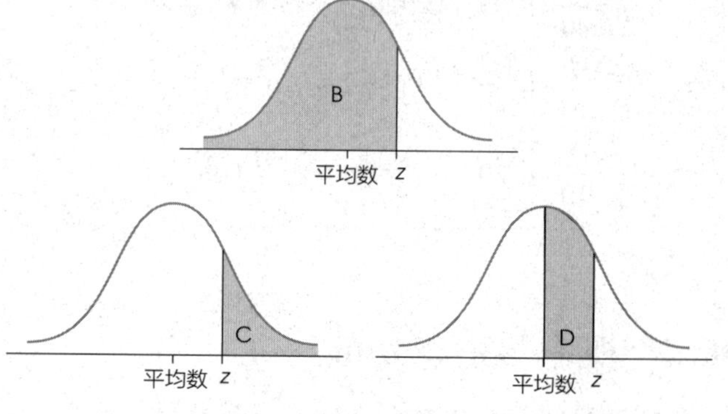

图 6-6 局部正态分布表

注：此表列出了与每个 z 分数值对应的正态分布的比例。表的 A 列为 z 分数。B 列为主体部分所占的比例，C 列为尾部所占的比例，D 列为平均数与 z 分数之间的分布比例。

第四列 D，它标识了位于平均数和 z 分数之间分布的比例。

我们使用图 6-7a 中的分布来帮助介绍正态分布表。下图显示了一个在 $z=+0.25$ 位置画有垂直线的正态分布。使用图 6-6 的局部正态分布表，在 A 列中找到 $z=0.25$ 所在的一行。阅读整行，你会发现 $z=+0.25$ 的垂直线将分布划为两个部分，较大部分占整个分布的 0.598 7（59.87%），较小部分占整个分布的 0.401 3（40.13%）。同时，处在平均数与 $z=+0.25$ 间的分布占总体分布的 0.098 7（9.87%）。

为了充分利用正态分布表，需要牢记一些事实：

（1）主体总是对应于分布中较大的部分，无论它在左边还是在右边。同样地，尾部总是对应分布中较小的部分，无论它在左边还是在右边。

（2）由于正态分布是对称的，右边的比例与左边所对应的比例完全相同。例如，前面为求得 $z=+0.25$ 的比例，我们使用了正态分布表。图 6-7b 显示了 $z=-0.25$ 的相同比例。对于负 z 分数，需要注意的是，分布的尾部在左侧，主体在右侧。对于正 z 分数（见图 6-7a），位置正好相反。然而，每部分的比例完全相同，主体占 0.598 7，尾部占 0.401 3。其次，表中没有列出负的 z 分数值。要求得负 z 分数的比例，你必须查找对应的正 z 分数值的比例。

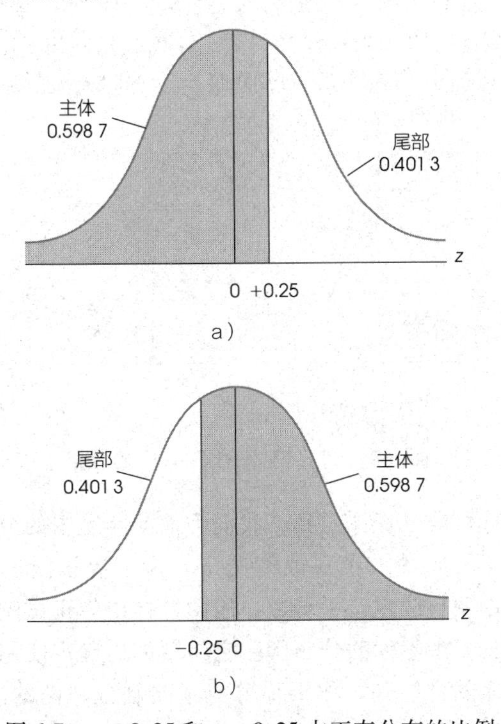

图 6-7　$z=+0.25$ 和 $z=-0.25$ 占正态分布的比例

（3）虽然左右两侧的 z 分数值拥有不同的符号（+和−），但是其对应比例总是正的。因此，表中的 C 列总是列出尾部的比例，无论它是右边尾部还是左边尾部。

概率、比例和 z 分数

正态分布表列出了 z 分数位置和正态分布比例之间的关系。对于任一 z 分数位置，都可在表中找到其对应的比例。同样地，如果知道比例，也可用该表来找到其对应的 z 分数位置。因为之前我们已经界定了概率与比例等价，所以你也可以使用正态分布表查找正态分布的概率。下面的例子说明了几种正态分布表使用的方法。

查找特定 z 分数对应的概率或比例　对于下面的例子，我们首先选定特定的 z 分数值，再使用正态分布表找到与其相对应的概率或比例。

□ 例 6-3A

z 分数大于 1 的分布占正态分布的比例是多少？首先，你应该画出一个分布，标出想要确定的阴影区域。如图 6-8a 所示。在这种情况下，阴影部分是大于 $z=1.00$ 的分布的尾部区域。想要知道这块区域的比例，只须在正态分布表中找到 A 列中 $z=1.00$ 的那一行。然后找到 C 列（尾部）的比例，使用附录 A 中的正态分布表，你会发现答案是 0.158 7。

你同时应该注意到这个问题也可以表述成一个概率问题。具体来说，我们可以这样问："对于一个正态分布，选中大于 $z=+1.00$ 的 z 分数的概率是多少？"答案同样是 $p(z>1.00)=0.1587$（或 15.87%）。■

□ 例 6-3B

在正态分布中，z 分数小于 $z=1.50$ 的概率是多少？用符号表示，$p(z<1.50)=?$ 我们的目标是确定小于 1.50 的 z 分数所对应的正态分布的比例。正态分布如图 6-8b 所示，图上标有 $z=1.50$。请注意，我们已经给（小于）$z=1.50$ 左边的值加上了阴影，这就是我们所要得到的比例。很明显阴影部分超过了总体的 50%，所以它对应"主体"部分。因此，我们在正态分布表中找到 A 列 $z=1.50$ 的一行，从 B 列中获得比例，答案是 $p(z<1.50)=0.9332$（或 93.32%）。■

例 6-3C

许多问题会需要你求得负 z 分数的比例。例如，在正态分布中，z 分数小于 $z=-0.50$ 的比例是多少？也就是说，$p(z<-0.50)$。这一比例已在图 6-8c 中用阴影表示。要用负 z 分数回答这一问题，只须记住正态分布以平均数处 $z=0$ 为中点左右对称，正数在右，负数在左。在左侧尾部小于 $z=-0.50$ 的比例与右侧尾部超出 $z=+0.50$ 的比例是相同的。为了求得这个比例，可以先在 A 列中找到 $z=0.50$，然后在行内找到 C 列(尾部)的比例。答案是 0.308 5(30.85%)。■

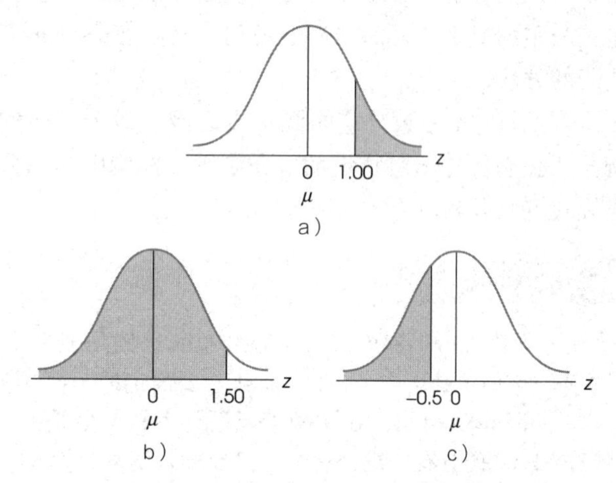

图 6-8　例 6-3A 至例 6-3C 的分布图

查找特定比例的 z 分数位置　前述例子都涉及使用 A 列中的 z 分数找到 B 列或 C 列的比例。但是，你应该意识到，正态分布表还允许依据已知的比例查找相应的 z 分数。下面的例子演示了这个过程。

例 6-4A

对于正态分布，将分布的前 10%与剩余部分区分开的 z 分数是多少？为了回答该问题，我们绘制了一幅正态分布图(图 6-9a)并在图上画了一条区分最高的 10%(近似)与剩余部分的垂直线。问题要求确定这条线的确切位置。对于这个分布，我们知道尾部包含 0.100 0(10%)，主体包含 0.900 0(90%)。要求 z 分数，只须在正态分布表找到 C 列为 0.100 0 或 B 列为 0.900 0 所在的行。例如，你可以向下搜索 C 列中的值(尾部)，直到你找到 0.100 0。请注意，你可能不会找到确切的比例，但是你可以使用表中列出的最接近的值。对于本例，0.100 0 的比例没有在 C 列中列出，但是你可以使用列出的 0.100 3。一旦你找到了正确比例，只须找到对应的 A 列中的 z 分数即可。

对于本例，把尾部极端的 10%划分出来的 z 分数是 $z=1.28$。此时，你必须仔细，因为表不对分布的左尾部和右尾部进行区分。具体来说，最终的答案可以是 $z=+1.28$——将最右侧的 10%划分出来，或 $z=-1.28$——将最左侧的 10%划分出来。对于本问题，我们想要得到的是右尾部的值(最高的 10%)，所以 z 分数为 $z=+1.28$。■

例 6-4B

对于正态分布，将分布中间的 60%与其余部分区分开的 z 分数是多少？

我们再次绘制了正态分布图(图 6-9b)，并绘制出了中间 60%部分的垂直线，而其余部分被分为两个均等的尾部。问题是求得定义垂直线确切位置的 z 分数值。为了求 z 分数，我们从已知比例开始：中间的 0.600 0 和两侧尾部均等分布的 0.400 0。尽管这些比例有几种不同的使用方式，但本例提供了一个机会来演示如何使用表中的 D 列解决问题。对于本问题，位于中间的 0.600 0 可以分为两半，左侧的 0.300 0 和右侧的 0.300 0。每个部分都对应着 D 列中列出的比例。首先向下浏览 D 列的数值，以找到 0.300 0。同样地，这一准确比例不在表中，但最接近的值是 0.299 5。找到此行的 A 列，你会得到 z 分数值为 $z=0.84$。再看示意图(图 6-9b)，右侧线位于 $z=+0.84$，左侧线位于 $z=-0.84$。■

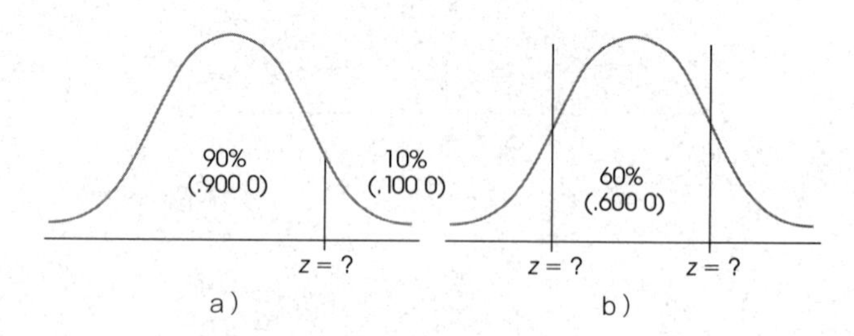

图 6-9　例 6-4A 和例 6-4B 中的分布

你可能已经注意到，我们为前面问题中的分布都绘制了分布图。在一般情况下，你也应该绘制分布图，用垂直线定位平均数，用阴影标出你正试图确定的部分。观察你的分布图。它将帮助你确定使用正态分布表的哪一列。如果你养成了绘制分布图的习惯，在使用正态分布表时你可以避免因粗心而犯错。

学习小测验

1. 在正态分布中找到与下列分数相匹配的概率。
   a. $z<0.25$　　b. $z>0.80$
   c. $z<-1.50$　　d. $z>-0.75$
2. 已知正态分布，找到将分布按如下比例划分的 z 分数位置。
   a. 将前20%与其他部分划分
   b. 将前60%与其他部分划分
   c. 将中间70%与其他部分划分
3. 任何正 z 分数的尾部都在正态分布的右侧（对或错）。

答案

1. a. $p=0.5987$　　b. $p=0.2119$
   c. $p=0.0668$　　d. $p=0.7734$
2. a. $z=0.84$　　b. $z=-0.25$
   c. $z=-1.04$ 和 $+1.04$
3. 对

6.3 正态分布中分数的概率与比例

在前面的章节中，我们使用正态分布表得到特定 z 分数对应的概率和比例。然而，在大多数情况下，我们需要求特定 X 值的概率。思考下面的例子：

众所周知，智商分数分布是平均数 $\mu=100$，标准差 $\sigma=15$ 的正态分布。根据这些信息，随机选中一个智商小于120的个体的概率是多少？

这个问题要求正态分布的特定概率或比例。然而，在正态分布表中查找答案前，我们必须先将智商分数（X 值）转换为 z 分数。因此，要解决这个新的概率问题，我们必须为这个过程添加一个新步骤。具体来说，为了回答正态分布中关于分数（X）的概率问题，你必须完成以下两个步骤：

1. 将 X 值转换成 z 分数。

2. 使用正态分布表来查找与 z 分数值对应的比例。

注意：正态分布表只可用于正态分布。如果某分布非正态分布，将其转换为 z 分数并不会使其成为正态分布。

这一过程将在下例进行说明。我们再一次建议你绘制分布图并把你要找的部分涂上阴影，避免粗心犯错。

□ 例6-5

现在我们来回答之前提出的关于智商的概率问题。具体来说，随机选择一个智商低于120的个体的概率是多少？从比例的角度来说，我们想要求智商分布中低于120的分数所占的比例。分布如图6-10所示，我们要求的比例用阴影表示。

首先，将 X 转换成 z 分数。将分数 $X=120$ 转换为：

$$z=\frac{X-\mu}{\sigma}=\frac{120-100}{15}=\frac{20}{15}=1.33$$

因此，智商分数 $X=120$ 对应的 z 分数为 $z=1.33$，智商低于120对应的是 z 分数小于1.33。

其次，在正态分布表中查找 z 分数。因为我们想要的分布比例在 $X=120$ 左边的主体部分（见图6-10），答案在B列中查找。通过查表，我们得到 z 分数1.33对应的比例为0.9082。随机选择一个智商低于120个体的概率为 $p=0.9082$。用符号表示为：

$$p(X<120)=p(z<1.33)$$
$$=0.9082(90.82\%)$$

最后，需要注意，我们用概率来描述这个问题。具体来说，我们的问题是："随机选择一个智商低于120的个体的概率是多少？"然而，同样的问题也可以用比例来表达："总体中智商低于120的个体所占比例是多少？"两个版本所提出的问题和产生的结果完全一致。该问题的第三个备选解法见知识窗6-1。

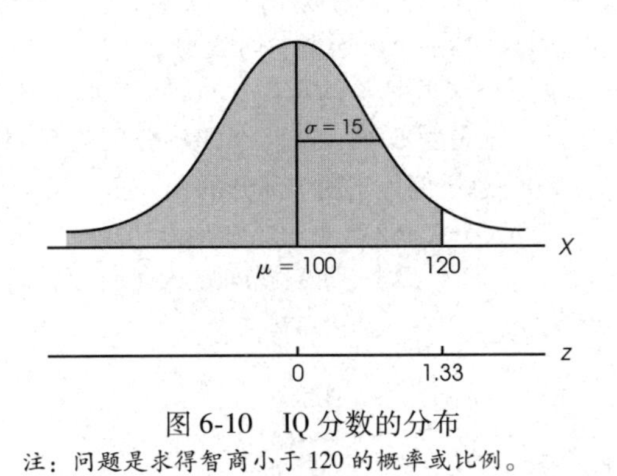

图6-10 IQ分数的分布

注：问题是求得智商小于120的概率或比例。 ■

求位于两个分数之间的比例/概率 下例说明了求位于两个特定值之间的所选分数概率的过程。虽然使用B列和C列（主体和尾部）的比例就可以解决这些问题，但是D列中的比例往往会使问题更容易解决。

知识窗 6-1　概率、比例和百分位等级

迄今为止，我们从比例和概率的视角对部分分布进行了讨论，但是，还有另一套术语涉及许多相同的概念。具体来说，在第 2 章中我们将特定分数的百分等级定义为分布中分数低于或等于特定分数的个体所占的百分比。例如，如果 70%的个体分数比 $X=45$ 的低或与之相等，那么 $X=45$ 的百分等级就是 70%。当用百分等级表示一个分数时，这个分数就叫百分位数。例如，百分等级 70%对应的分数称为第 70 百分位数。

运用这一术语，我们就可以重新表述之前研究过的某些概率问题。在例 6-5 中，我们的问题是："随机抽取智商低于 120 的个体的概率为多少？"现在这一问题可以表述为："智商为 120 的百分等级是多少？"在每一个案例下，我们都要在 $X=120$ 的位置上绘制一条线，并且寻找这条线左侧分布的比例。同理，例 6-8 的问题是："要成为美国通勤时间最长的前 10%，你每天需要花多少时间通勤？"由于这个分数将前 10%与后 90%区分开来了，这一问题因此可以重新被表述为："通勤时间分布中的第 90 百分位数是多少？"

□ 例 6-6

美国公路管理处在当地州际高速公路做了一项测量车速的研究。他们发现平均车速为 $\mu=58$ 英里/时，标准差为 $\sigma=10$。分布近似正态分布。根据以上信息，时速介于 55 英里和 65 英里之间的车的数量占总体的比例是多少？用概率的符号，可将问题表述为：

$$p(55<X<65)=?$$

车速分布如图 6-11 所示，相应区域有阴影。第一步是确定每个区间尾部的 X 值所对应的 z 分数。

$$X=55:\ z=\frac{X-\mu}{\sigma}=\frac{55-58}{10}=\frac{-3}{10}=-0.30$$

$$X=65:\ z=\frac{X-\mu}{\sigma}=\frac{65-58}{10}=\frac{7}{10}=0.70$$

再看图 6-11，可以发现我们正在寻求的比例可以分为两个部分：(1) 平均数左侧的区域；(2) 平均数右侧的区域。第一个区域是平均数到 $z=-0.3$ 之间的比例，第二个区域是平均数到 $z=0.70$ 之间的比例。查找正态分布表的 D 列，这两个比例分别为 0.117 9 和 0.258 0。总比例等于两个部分的和：

$$\begin{aligned}p(55<X<65)&=p(-0.30<z<0.70)\\&=0.1179+0.2580\\&=0.3759\end{aligned}$$

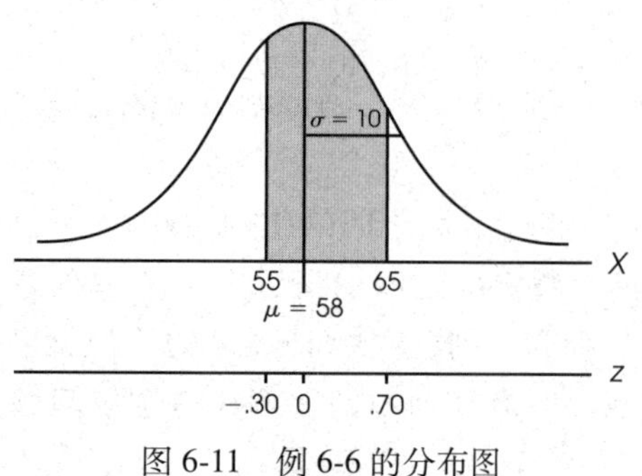

图 6-11　例 6-6 的分布图 ■

□ 例 6-7

使用前例相同的的车速分布，车速在 65 到 75 英里/时之间的比例是多少？

$$p(65<X<75)=?$$

分布如图 6-12 所示且相应区域有阴影。再次，我们从确定区间每一端对应的 z 分数开始。

$$X=75:\ z=\frac{X-\mu}{\sigma}=\frac{75-58}{10}=\frac{17}{10}=1.70$$

$$X=65:\ z=\frac{X-\mu}{\sigma}=\frac{65-58}{10}=\frac{7}{10}=0.70$$

可以用正态分布表通过多种不同的方式求得两个 z 分数之间的比例。在本例中，我们使用的是尾部分布比例(C 列)。根据正态分布表中的 C 列，尾部高于 $z=0.70$ 的比例，$p=0.2420$。注意，这个比例包括我们要求的部分，还包括一个额外的、非所求的、位于尾部的大于 $z=1.70$ 的部分。通过在表中定位 $z=1.70$，找到它所在的 C 列，我们发现非所求部分的 $p=0.0446$。为了得到正确的答案，我们在尾部超过 $z=0.70$ 的总比例中减去非所求的部分。

$$\begin{aligned}p(65<X<75)&=p(0.70<z<1.70)\\&=0.2420-0.0446\\&=0.1974\end{aligned}$$

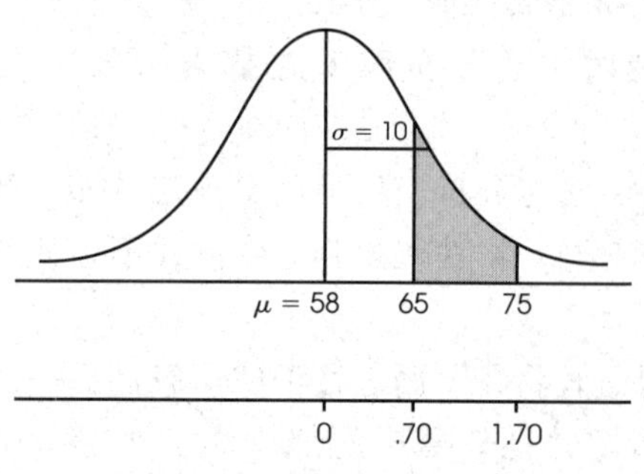

图 6-12　例 6-7 的分布图 ■

求特定比例或概率对应的分数 在前三例中，问题是求与特定 X 值对应的比例和概率。求这些比例的两个步骤如图6-13所示。到目前为止，我们只考虑了图中沿三角形顺时针方向移动的例子，也就是说，我们从将 X 值转换为 z 分数开始，然后我们使用正态分布表来查找对应的比例。但是，你应该意识到，将这两个步骤逆转以使我们可以反向移动，或在三角形上以逆时针方向移动也是可能的。这个反向过程允许我们求得在分布中与一个特定比例对应的分数（X 值）。顺着图6-13中的线段，我们由特定比例开始，通过正态分布表查找对应的 z 分数，然后将 z 分数转换为一个 X 值。下面的例子呈现了这一过程。

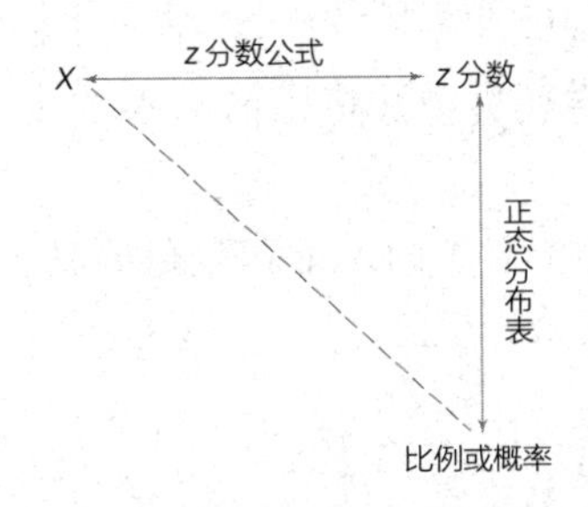

图6-13 以 z 分数为两个步骤的中转站来确定一个正态分布中的概率或比例，请注意，你不能直接沿着虚线在 X 值和概率比例之间移动。你必须按照实线规定的方向移动

□ 例6-8

美国人口普查局(2005)报告称，美国人每天上班的平均通勤时间为 $\mu=24.3$ 分钟。假设通勤时间分布为正态分布且标准差为 $\sigma=10$ 分钟，那你每天需要花多少时间上下班才能在全国通勤时间最长的10%内（知识窗6-1呈现了相同问题的另一种形式）？分布如图6-14所示，右侧尾部阴影部分代表大约10%的比例。

在这个问题中，我们从比例（10%或0.10）开始，求对应分数。根据图6-13，我们可以通过 z 分数从 p（比例）移动到 X（得分）。第一步是使用正态分布表求得尾部比例0.10所对应的 z 分数。首先，浏览C列中的值以确定对应尾部比例为0.10所在行的位置。请注意，你可能找不到0.1000的精确值，但是可以找到最接近的值。在本例中，最近的值是0.1003。阅读这一行，我们得到A列中的值为 $z=1.28$。

下一步是确定 z 分数是正还是负。需要记住的是，表中并没有标明 z 分数的符号。通过观察图6-14中的分布，你应该意识到我们所求的分数高于平均数，所以 z 分数是正的，$z=+1.28$。

最后一步是将 z 分数转换为 X 值。根据定义，z 分数+1.28对应的分数高于平均数1.28个标准差。一个标准差等于10分（$\sigma=10$），所以1.28个标准差为：

$$1.28\sigma=1.28(10)=12.8\text{ 分。}$$

因此，我们的分数位于高于平均数（$\mu=24.3$）12.8分的位置。由此可得：

$$X=24.3+12.8=37.1$$

原始问题的答案是，你每天通勤时间至少为37.1分钟，才能成为美国通勤时间排名前10%的上班族。

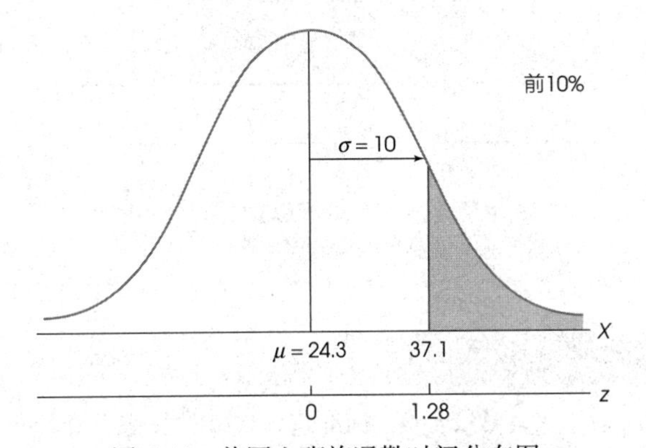

图6-14 美国上班族通勤时间分布图

注：问题是求得将通勤时间最长的前10%与其余部分分开的分数。 ■

□ 例6-9

再次使用之前美国上班族通勤时间的正态分布，其平均数 $\mu=24.3$ 分钟，标准差 $\sigma=10$ 分钟。对于本例，我们要求分布中间90%所对应的分数范围。整个分布如图6-15所示，中间部分为阴影部分。

分布中间的90%（0.9000）可以被分成两半，平均数的每一边分别为45%（0.4500）。查找正态分布表中D列为0.4500的一行，你会发现这个比例并没有列出来，但是，你会发现0.4495和0.4505这两行与要找的值都很接近。严格来讲，这两个值都是可以接受的，在这里我们使用0.4505，以保证中间部分的面积至少为90%。浏览该行，你会发现其对应A列中的 z 分数为 $z=1.65$。因此，右端的 z 分数为 $z=+1.65$，左端的为 $z=-1.65$。不论在哪种情况下，z 分数为1.65表示距离平均数1.65个标准差。对于通勤时间分布来说，一个标准差为 $\sigma=10$，所以1.65个标准差的距离是：

$$1.65\sigma=1.65(10)=16.5$$

因此，右端分数在位于平均数右侧16.5的位置，

对应 $X=24.3+16.5=40.8$。同样地，左端的分数位于平均数左侧 16.5 的位置，对应 $X=24.3-16.5=7.8$。中间 90%分布对应 7.8 和 40.8 之间的部分。因此，90%的美国上班族每天花 7.8 到 40.8 分钟通勤。只有10%的上班族花更多或更少的时间通勤。

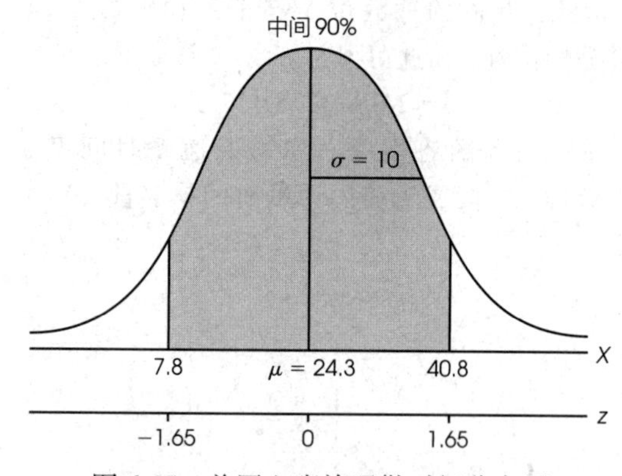

图 6-15 美国上班族通勤时间分布图

注：问题是求分布中间的 90%临界值。 ■

学习小测验

1. 对于平均数 $\mu=60$，标准差 $\sigma=12$ 的正态分布，求下列对应数值的概率。
   a. $p(X>66)$ b. $p(X<75)$
   c. $p(X<57)$ d. $p(48<X<72)$
2. SAT 推理测验的数学部分得分为正态分布，平均数 $\mu=500$，标准差 $\sigma=100$。
   a. 如果州立大学只接受该测验分数前 60%的学生，入学需要的最低分数为多少？
   b. 成为分布中前 10%的最低分数为多少？
   c. 分布中间 50%的边界对应的分数是多少？
3. 从 $\mu=40$，$\sigma=10$ 的正偏态分布中选取大于 45 的分数的概率为多少？（解题时需仔细。）

答案

1. a. $p=0.3085$ b. $p=0.8944$
   c. $p=0.4013$ d. $p=0.6826$
2. a. $z=-0.25$，$X=475$ b. $z=1.28$，$X=629$
   c. $z=\pm0.67$，$X=433$，$X=567$
3. 你无法获得答案。由于分布非正态，所以在回答该问题时你无法使用正态分布表。

6.4 概率与二项式分布

当使用仅由两种类别组成的量表测量变量时，结果数据称为二项（binomial）。二项这一术语大致可以理解为“两个名称”，指的是测量量表中的两种类别。

当变量自然存在两类结果时，二项式数据就产生了。例如，人的性别可以被分为男性或女性，掷硬币的结果要么为正面朝上，要么为反面朝上。研究者把数据缩减为两类以简化数据也很常见。例如，心理学家可用人格分数将人分为高攻击性和低攻击性两类。

在二项情况下，研究者往往知道两种类别出现的概率。例如，投掷一枚均匀的硬币，p(正面朝上)= p(背面朝上)= $\frac{1}{2}$。我们感兴趣的问题是每种类别在一系列试验或样本中出现的次数。例如：

抛 20 次硬币，其中 15 次为正面朝上的概率是多少？

50 个大学新生中性格内向的人数多于 40 的概率是多少？

正如我们所看到的，正态分布可以作为计算二项式数据概率的最佳模型。

二项式分布

要回答二项式数据的概率问题，我们必须检验二项式分布。为了定义和描述该分布，我们首先介绍一些符号。

（1）分别将两种类别定义为 A 和 B。

（2）与每种类别相对应的概率被定义为：

$$p=p(A)=A \text{ 的概率}$$
$$q=p(B)=B \text{ 的概率}$$

注意，$p+q=1.00$，因为只有 A 和 B 这两种结果。

（3）样本中的个体或观察结果的数量用 n 表示。

（4）变量 X 是指样本中类别 A 发生的次数。

注意，X 可以是 0（类别 A 中没有样本）到 n（类别 A 中包括所有样本）之间的任意值。

定义

用符号表示，即**二项式分布**表明了从 $X=0$ 到 $X=n$ 的任一 X 值对应的概率。

下面举一个简单的二项式分布的例子。

□ 例 6-10

图 6-16 显示了一枚均匀的硬币投掷两次后正面朝上次数的二项式分布。这个分布表明获得多至两次

正面朝上或少至 0 次正面朝上都是可能的。最可能的结果（最高概率）是投掷两次有一次正面朝上。接下来，我们将详细讨论二项式分布的构成。

对于本例，我们正在考虑的事件是掷硬币。这里有两种可能的结果，正面朝上和反面朝上。我们假设硬币是均匀的，则有：

$$p=p(\text{正面朝上})=\frac{1}{2}$$

$$q=p(\text{反面朝上})=\frac{1}{2}$$

我们正在研究样本数为 $n=2$ 次的投掷，我们感兴趣的变量为：

$$X=\text{正面朝上的数量}$$

为了建立二项式分布，我们看看掷一枚硬币两次能得到的所有可能的结果。4 种结果的所有组合如下表所示。

第一次掷硬币	第二次掷硬币	
正面朝上	正面朝上	都是正面朝上
正面朝上	反面朝上	每个序列恰好有一次正面朝上
反面朝上	正面朝上	
反面朝上	反面朝上	没有正面朝上

请注意，一枚硬币投掷两次后有四种可能的结果。其中只有一种结果是两次正面朝上，所以获得两次正面朝上的概率为 $p=\frac{1}{4}$，同样地，四种中有两种结果得到了一次正面朝上，所以得到一次正面朝上的概率为 $p=\frac{2}{4}=\frac{1}{2}$。最后，没有正面朝上的概率为 $p(X=0)=\frac{1}{4}$。这些概率如图 6-16 所示。

注意，二项式分布可以用来回答概率问题。例如，在两次掷硬币中获得至少一次正面朝上的概率是多少？根据图 6-16 所示的分布，答案是$\frac{3}{4}$。

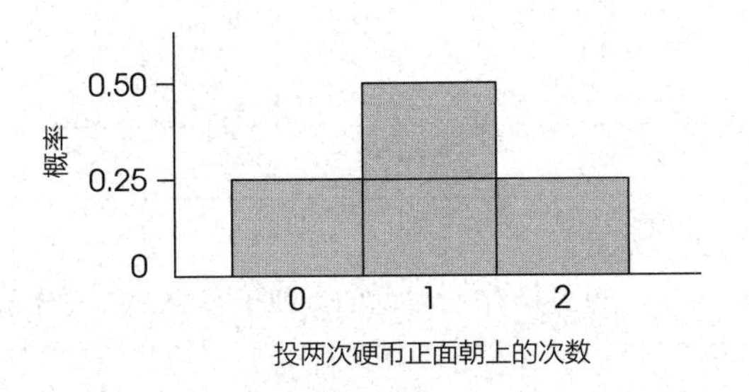

图 6-16　掷 2 次硬币得到正面朝上的次数的二项式分布 ■

我们已经构建了掷 4 次或者 6 次硬币得到正面朝上次数的类似的二项式分布（见图 6-17）。由图 6-16 和图 6-17 中的二项式分布可以发现，二项式分布的形状趋向正态，尤其是当样本量（n）相对较大时。

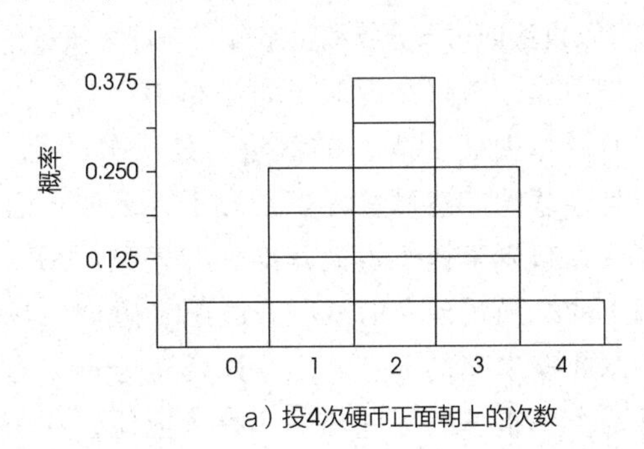

a）投4次硬币正面朝上的次数

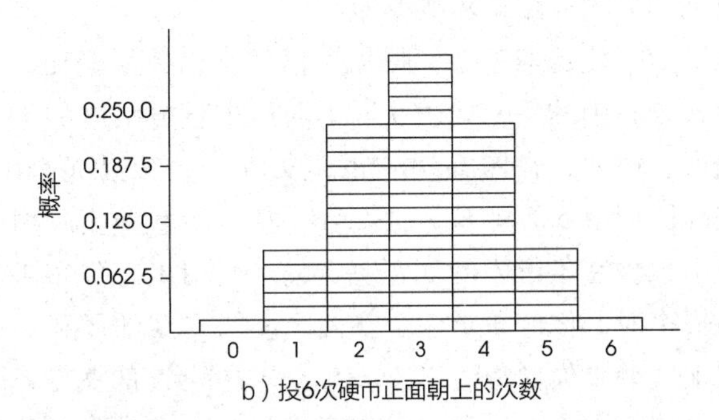

b）投6次硬币正面朝上的次数

图 6-17　4 次投掷中正面朝上和 6 次投掷中正面朝上次数的概率的二项式分布

二项式分布趋于正态并不奇怪。例如，当抛 $n=10$ 次硬币时，最可能获得的结果是 $X=5$ 次正面朝上。相反，与 5 差距越大的次数越难以获得——应该不会期望能得到 10 次正面朝上或 10 次反面朝上。请注意，我们已经对正态形状的分布（normal-shaped distribution）进行过描述：中间的概率最高（在 $X=5$ 附近），向两个极端移动时概率逐渐减少。

二项式分布的正态近似

我们已经指出，二项式分布近似趋于正态分布，特别是在 n 的值很大时。更具体地说，当 pn 和 qn 都大于或等于 10 时[㊀]，二项式分布是近乎完美的正态分布。在这种情况下，二项式分布近似正态分布且具有以下参数：

$$\text{平均数：}\mu=pn \tag{6-1}$$

$$\text{标准差：}\sigma=\sqrt{npq} \tag{6-2}$$

㊀ pn 或 qn 的值为 10 是一般性准则，而不是绝对的区分。当 pn 或 qn 的值比 10 略小时，仍可很好地近似正态分布。然而，随着值的减小，替代二项式分布的近似正态分布会逐渐失准。

在这个正态分布中，每个 X 值都对应一个 z 分数：

$$z=\frac{X-\mu}{\sigma}=\frac{X-pn}{\sqrt{npq}} \quad (6\text{-}3)$$

事实上，二项式分布在形状上趋于正态分布这点表明，我们可以直接通过 z 分数和正态分布表计算概率值。

记住二项式分布仅是近似正态分布很重要。二项值，比如抛硬币时正面朝上的数量，是离散的[1]，但正态分布是连续的。然而在许多情况下，近似正态为计算二项式分布概率提供了极其准确的模型。图 6-18 呈现了真正的二项式分布的离散直方图和近似二项式分布的正态曲线之间的区别。尽管这两个分布略有不同，但是两个分布下的区域几乎相等。记住，这个分布下的区域是用来求概率的。

为了使近似正态获得最大精度，你必须记住，二项式分布中的每个 X 值实际上对应于直方图中的一个条形。例如，在图 6-18 中的直方图中，分数 $X=6$ 的实际区域由 5.5 至 6.5 的条形代表。$X=6$ 的实际概率是由包含在条形中的面积决定的。当用正态分布求近似概率时，你应该求包含在两个实限之间的面积。类似地，如果你用近似正态求大于分数 $X=6$ 的概率，你应该使用大于 6.5 的实限的面积作为边界。下面的例子演示了如何应用近似二项式分布的正态分布计算概率值。

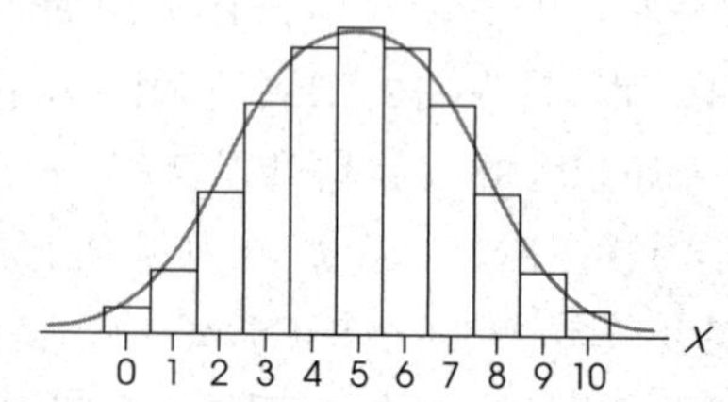

图 6-18　二项式分布和正态分布之间的关系

注：二项式分布是离散的直方图，正态分布是连续、光滑的曲线。直方图中每个 X 值都可以用直方图的条形或正态分布的一部分表示。

□ 例 6-11

假设你想通过让人们预言从整副牌中随机选择的牌的花色来测试人们的 ESP(超感官知觉)。然而，在开始测试前，你需要知道那些没有 ESP 而仅是猜测的人们会得到何种结果。对这些人来说，在每一个试次中只有两个可能的结果，正确或不正确。由于只有四个不同的选项，正确预测的概率(假设没有 ESP) $p=\frac{1}{4}$，概率不正确的标准预测的概率是 $q=\frac{3}{4}$。共有 $n=48$ 个试次，这种情况满足正态近似二项式分布：

$$pn=\frac{1}{4}(48)=12$$

$$qn=\frac{3}{4}(48)=36$$

pn 或 qn 都大于 10。因此，正确预测的分布形成了平均数为 $\mu=pn=12$，标准差 $\sigma=\sqrt{npq}=\sqrt{9}=3$ 的正态分布。我们可以用这个分布来确定不同结果的概率。例如，我们可以计算出没有 ESP 的人在 48 次猜测中猜对 15 次以上的概率。

图 6-19 呈现了我们正在计算的二项式分布。由于我们所求的是多于 15 次正确预测的概率，因此我们必须求得超过 $X=15.5$ 分布尾部阴影的面积。(需要记住，15 这一分数对应的是从 14.5 到 15.5 的区间。我们所求的是超过这个分数。[2]) 第一步是求 $X=15.5$ 对应的 z 分数。

$$z=\frac{X-\mu}{\sigma}=\frac{15.5-12}{3}=1.17$$

接下来，在正态分布表中查找概率。对于本例，我们所求比例是超出 $z=1.17$ 的尾部比例。表中对应的 p 值为 $p=0.1210$。这就是我们想要的答案。没有 ESP 的个体在 48 次试验猜对 15 次以上的概率是 $p=0.1210$ 或 12.10%。因此，没有 ESP 的个体在 48 次试验中猜对 15 次以上的概率非常低。

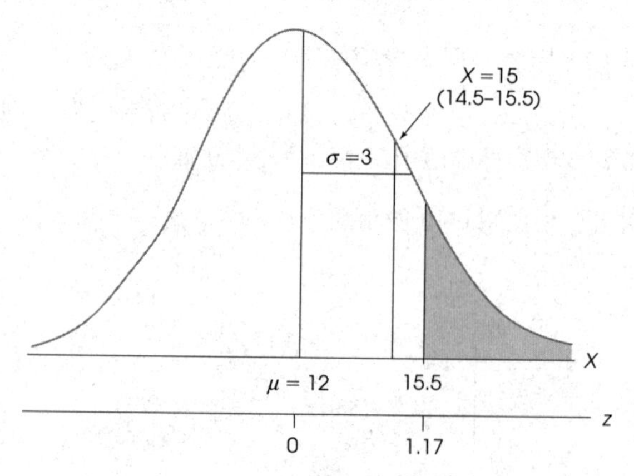

图 6-19　例 6-11 中所讨论的近似正态的二项式分布 ■

---

[1] 投掷硬币产生的是离散事件。在一系列的投掷硬币过程中，你会观察到 1 次正面朝上、2 次正面朝上、3 次正面朝上，等等，但是不可能存在介于它们中间的数值。

[2] 注意：如果问题是求猜对 15 次或更多次数的概率，我们就需要求超过 $X=14.5$ 的面积。阅读问题时要仔细。

学习小测验

1. 在何种情况下，二项式分布非常近似正态分布？
2. 在石头剪刀布游戏中，两个玩家选择同一个手势而平局的概率 $p=\frac{1}{3}$，他们选择不同手势的概率是 $p=\frac{2}{3}$，如果两个人随机选择手势并玩了72轮，他们超过28次选择同一手势（平局）的概率是多少？
3. 如果你投掷硬币36次，依据平均水平你会预测得到18次正面朝上和18次反面朝上的结果。在36次投掷中正好获得18次正面朝上的概率是多少？

答案

1. 当 pn 和 qn 都大于10时。
2. 已知 $p=\frac{1}{3}$ 且 $q=\frac{2}{3}$，二项式分布近似 $\mu=24$，$\sigma=4$ 的正态分布；$p(X>28.5)=p(z>1.13)=0.1292$。
3. $X=18$ 位于实限17.5和18.5的区间之内。这一实限对应 $z=\pm0.17$，概率为 $p=0.1350$。

6.5 推断统计展望

概率在样本与它们所来自的总体间建立了直接联系。正如本章开始提到的，这种联系是之后章节中的推断统计的基础。下面的例子提供了关于如何将概率应用于推断统计的简要预览。

我们在第5章结束时说明了如何使用推断统计帮助我们解释研究的结果。图5-9呈现了一般研究情景，图6-20又强调了一次。研究由一个满足平均数 $\mu=400$，标准差 $\sigma=20$ 的正态分布总体开始。从总体中选择样本并对其进行处理。这项研究的目的是评估处理的效果。

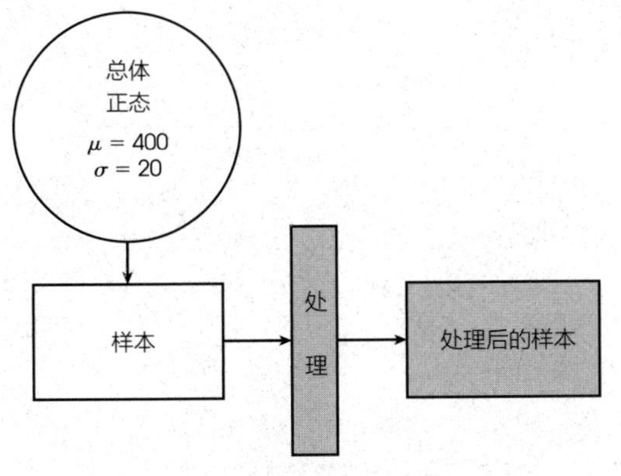

图6-20　研究图解

注：从总体中选取样本并接受处理，目的是测量处理是否有效。

为了确定处理是否有效果，研究者只需要将处理样本与原始总体进行比较即可。如果样本中个体的分数在400左右（原始总体平均数），那么研究者就有证据认为处理没有明显效果。另外，如果处理个体所得分数与400有明显不同，研究者就有证据表明处理确实有效果。注意，这项研究是用样本帮助回答有关总体的问题，这就是推断统计的本质。

研究者面临的问题是确定到底什么是“与400有明显不同”。如果处理个体的得分为 $X=415$，这足以说明处理有影响吗？对于 $X=420$ 或 $X=450$，又该如何解释呢？在第5章中，我们认为 z 分数为解决这个问题提供了方法。具体来说，我们认为大于 $z=2.00$（或小于 -2.00）的 z 分数值是极端值，因此，可以认为明显不同。然而，直接选择 $z=\pm2.00$ 是武断的。现在我们有了另一个工具——概率，来帮助我们决定把分界线设在何处。

图6-21呈现了我们假设研究的原始总体。需要注意的是，大部分的分数都位于 $\mu=400$ 附近。还需要注意的是，我们在两个尾部标出了划分中间95%与极端5%，或0.0500的边界。将0.0500分为两半意味着左右两个尾部各占0.0250。通过查找正态分布表的C列，右尾和左尾各自界限的 z 分数为 $z=+1.96$ 和 $z=-1.96$。

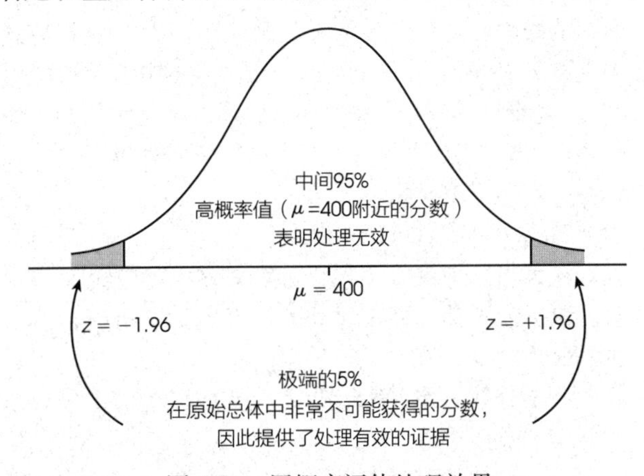

图6-21　用概率评估处理效果

注：在原始总体中非常不可能获得的值被视作处理有效的证据。

边界设置在 $z=\pm1.96$ 为判断样本是否证明处理有效提供了客观标准。具体来说，我们使用样本数据来帮助在以下两种选择中做出决策：

（1）处理没有效果。处理后，分数的平均数仍为 $\mu=400$。

（2）处理确实有效。处理改变了分数，所以处理后，它们的平均数不再是 $\mu=400$。

作为起点，我们假设，第一个选择是正确的，处理没有效果。在这种情况下，接受处理的个体的分数与原始总体中的个体应该没有差异，如图 6-21 所示。需要注意的是，如果我们的假设是正确的，接受处理的个体位于±1.96 边界外是非常不可能的（概率小于5%）。因此，如果我们选中的接受处理的个体在边界之外，我们必须得出结论，假设可能是不正确的。在本例中，我们只剩下更有可能成为解释的第二种选择（处理确实有效）。

请注意，我们将比较处理样本与原有总体以判断样本是否有明显不同。如果是不同的，我们可以得出处理似乎有效果。现在我们将“明显不同”定义为“极不可能”。具体来说，如果样本极不可能来自未经处理的总体，那么我们必须得出结论，处理有效并致使样本不同于原始总体的个体。

我们使用样本数据和由概率确定的±1.96 的临界值来对处理结果做出一般性决策。如果样本位于临界值之外，可得出以下符合逻辑的结论：

（1）如果处理无效，不可能产生这类样本。

（2）因此，处理必定有效地改变了样本。

此外，如果样本位于±1.96 边界内，结论为：

（1）如果处理无效，可能产生这类样本。

（2）因此，处理可能无效。

小　结

1. 特定事件 A 的概率被定义为比例或分数。

$$p(A)=\frac{\text{结果 }A\text{ 的数量}}{\text{所有可能的结果}}$$

2. 我们给概率下的定义仅适用于随机抽样。一个随机样本需要满足两个条件：
   a. 总体中每个个体被选取的机会相等。
   b. 当抽取 1 个以上的个体时，每次选择的概率必须恒定。这就意味着是有放回抽样。
3. 所有的概率问题都可转化为比例问题。“从一副扑克牌中选取 K 的概率”等同于“一副扑克牌中 K 占的比例”。对于频数分布，概率问题可通过确定面积的比例解决。“选取智商高于 108 的个体的概率”等同于“总体中智商高于 108 的个体所占的比例”。
4. 对于正态分布，概率（比例）可以在正态分布表中查到，该表提供了正态分布中每个 z 分数对应比例的列表。该表为 X 值与概率之间的转换提供了可能，这个过程分为两步。
   a. 通过 z 分数公式（第 5 章）可以完成 X 值与 z 分数的相互转换。
   b. 正态分布表可查找 z 分数对应的概率（比例）或概率（比例）对应的 z 分数。
5. 百分位数和百分等级测量了分数在分布中的相对位置（见知识窗 6-1）。百分等级是在特定 X 值以下个人分数的百分比。百分位数是由其等级确定的 X 值。百分等级总是对应于特定分数左侧的比例。
6. 无论何时，只要测量将个体分为两类，就可以使用二项式分布。这两类可以确定为 A 和 B，其概率可以表示成：

$$p(A)=p \text{ 和 } p(B)=q$$

7. 二项式分布给出了每个 X 值的概率，这里的 X 等于在一系列 n 个事件中 A 发生的次数。例如，X 等于掷 $n=10$ 次硬币，正面朝上的次数。当 pn 和 qn 都至少是 10 时，二项式分布接近于正态分布且：

$$\mu=pn$$

8. 当二项式分布近似正态时，每个 X 值都有一个对应的 z 分数：

$$z=\frac{X-\mu}{\sigma}=\frac{X-pn}{\sqrt{npq}}$$

用 z 分数和正态分布表，你可求得与任意 X 值相关的概率值。为使准确性最大化，当计算 z 分数和概率时，你应该使用 X 值的恰当实限。

关键术语

概率	随机抽样	独立随机抽样	放回抽样	正态分布表
百分等级	百分位数	二项式分布	正态近似（二项）	

资　源

关注问题解决

1. 我们已经将概率等同于比例，这意味着你可以将每个概率问题重新陈述为比例问题。这个定义在你使用频数分布图时会特别有用，其中整个图代表总体，图的部分代表概率(比例)。当你处理正态分布的问题时，你应先绘制分布草图，然后将你所求比例的部分涂上阴影。

2. 记住，正态分布表仅在 A 列中显示正 z 分数，但是，由于正态分布是对称的，表中的比例可以用于正负 z 分数。
3. 学生常犯的一个错误是用负值表示正态分布左侧的比例。比例(或概率)总是正的：10%就是 10%，无论它在分布的左尾还是右尾。
4. 正态分布表中的比例只适用于正态分布。如果分布非正态，你不能使用此表。
5. 为了在使用二项分布近似正态时获得最大精度，你需要记住，每个 X 值都在实限的区间内。例如，分数 $X=10$ 实际对应 9.5 到 10.5 的区间。要求高于 10 的 X 值的概率，你应用在 z 分数公式中使用 10.5 的实限。同理，要求低于 10 的 X 值的概率，你应使用 9.5 的实限。

示例6-1

在正态分布表中查找概率

总体正态分布且平均数为 $\mu=45$，标准差 $\sigma=4$。随机选取大于 43 的分数的概率是多少？换句话说，分布中大于 43 分的比例是多少？

第一步 绘制分布草图。在本例中，分布正态且平均数为 $\mu=45$，标准差 $\sigma=4$。$X=43$ 的分数低于平均数，因此位于平均数的左侧。问题是求大于 43 的分数所对应的比例，即这个分数右侧的阴影面积。分布草图如图 6-22 所示。

第二步 将 X 值转换为 z 分数。

$$z=\frac{X-\mu}{\sigma}=\frac{43-45}{4}=\frac{-2}{4}=-0.5$$

第三步 在正态分布表中找到恰当的比例。忽略负数，在 A 列中定位 $z=-0.50$。在本例中，我们要求的比例对应分布的主体，在 B 列中找到该值。对于本例，

$$p(X>43)=p(z>-0.50)=0.6915$$

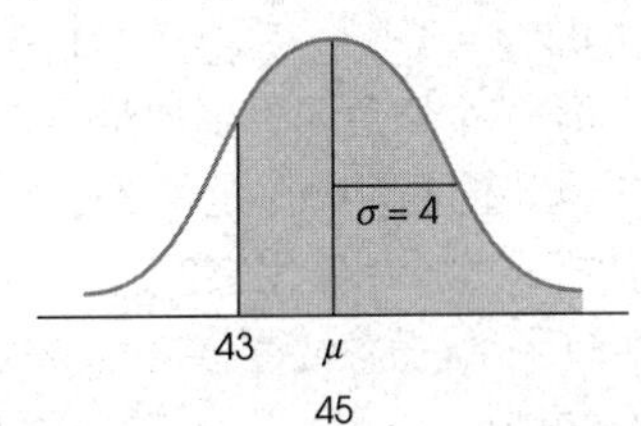

图 6-22 示例 6-1 的分布草图

示例6-2

概率和二项式分布

假设你完全忘记了备考并因此必须依靠猜测回答每道题。如果测验有 $n=40$ 道判断题，你仅凭运气猜对至少 26 道题的概率是多少？用符号表示为：

$$p(X\geqslant 26)=?$$

第一步 确定 p 和 q。该问题符合二项式分布，其 p、q 如下：

$$p=\text{猜对的概率}=0.50$$
$$q=\text{猜错的概率}=0.50$$

由于有 $n=40$ 道题，pn 和 qn 均大于 1，因此满足二项式分布近似正态分布的条件：

$$pn=0.50(40)=20$$
$$qn=0.50(40)=20$$

第二步 确定参数并绘制二项式分布草图。对于判断题，猜对或猜错的概率相等，$p=q=\frac{1}{2}$。由于 pn 和 qn 都大于 10，使用近似正态分布是恰当的，其平均数和标准差如下：

$$\mu=pn=0.5(40)=20$$
$$\sigma=\sqrt{npq}=\sqrt{10}=3.16$$

图 6-23 显示了该分布。我们在求猜对 $X=26$ 或更多问题的概率，所以我们要用 26 的精确下限，也就是 25.5。

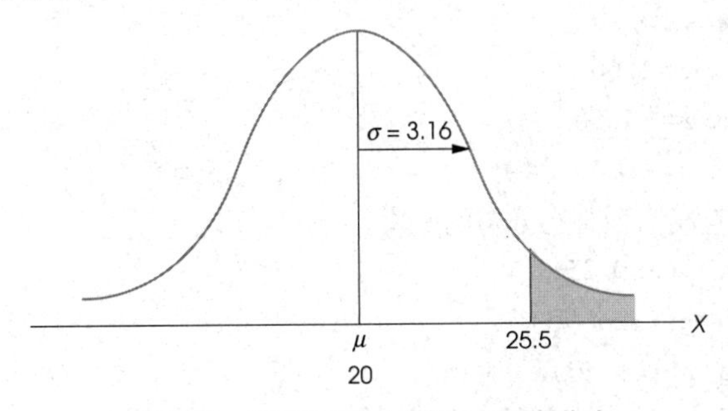

图 6-23 近似正态分布的二项式分布

注：其 $\mu=20$，$\sigma=3.16$。所有等于或大于 26 分的分数比例在阴影部分。注意采用 $X=26$ 的精确下限(25.5)。

第三步

$X=25.5$ 的 z 分数计算如下：

$$z=\frac{X-pn}{\sqrt{npq}}=\frac{25.5-20}{3.16}=+1.74$$

根据正态分布表，我们所求的比例为 0.0409。因此，恰好猜对至少 26 道题的概率为：

$$p(X\geqslant 26)=0.0409(\text{或 }4.09\%)$$

习　题

1. 本地一家五金店在结账时有“转轮优惠”活动。顾客需要转动转盘，当转轮停止时，指针会指出他们可以获得的优惠力度。转盘可以停止在 50 个部分中的任一位置。在这些部分中，10 个是没有优惠，20 个是优惠 10%，10 个是优惠 20%，5 个是优惠 30%，有 3 个优惠 40%，1 个是优惠 50%，1 个是优惠 100%。假设 50 个部分完全相等。
   a. 顾客购物全免(100%)的概率是多少?
   b. 顾客未获得购物优惠的概率是多少?
   c. 顾客获得至少 20%优惠的概率是多少?
2. 心理系某班有 14 名男生和 36 名女生。如果教授从班级名单中随机抽取姓名。
   a. 选取的第一个学生是女生的概率是多少?
   b. 如果随机抽取 $n=3$ 个学生的样本且头两个均为女生，选取的第三个学生为男生的概率是多少?
3. 随机抽样必须满足的两个条件是什么?
4. 什么是放回抽样，为什么使用它?
5. 在正态分布中为下列 z 分数位置绘制垂直线。判断其尾部是在垂直线的右侧还是左侧，并求其尾部的比例。
   a. $z=2.00$
   b. $z=0.60$
   c. $z=-1.30$
   d. $z=-0.30$
6. 在正态分布中为下列 z 分数位置绘制垂直线。判断其主体是在垂直线的左侧还是右侧，并求其主体的比例。
   a. $z=2.20$
   b. $z=1.60$
   c. $z=-1.50$
   d. $z=-0.70$
7. 查找下列正态分布的概率。
   a. $p(z>0.25)$
   b. $p(z>-0.75)$
   c. $p(z<1.20)$
   d. $p(z<-1.20)$
8. 位于以下 z 分数边界之间的正态分布的比例是多少?
   a. $z=-0.50$ 以及 $z=+0.50$
   b. $z=-0.90$ 以及 $z=+0.90$
   c. $z=-1.50$ 以及 $z=+1.50$
9. 查找下列正态分布的概率。
   a. $p(-0.25<z<0.25)$
   b. $p(-2.00<z<2.00)$
   c. $p(-0.30<z<1.00)$
   d. $p(-1.25<z<0.25)$
10. 求将正态分布按如下比例划分的垂直线的 z 分数的位置。
   a. 20%在左侧尾部
   b. 40%在右侧尾部
   c. 75%在左侧主体
   d. 99%在右侧主体
11. 求将正态分布按如下比例区分的 z 分数的边界。
   a. 中间占 20%，80%在尾部
   b. 中间占 50%，50%在尾部
   c. 中间占 95%，5%在尾部
   d. 中间占 99%，1%在尾部
12. 对于平均数 $\mu=80$，标准差 $\sigma=20$ 的正态分布，求与以下分数对应的总体的比例。
   a. 大于 85 的分数
   b. 小于 100 的分数
   c. 70 和 90 之间的分数
13. 正态分布的平均数 $\mu=50$，标准差 $\sigma=12$。对于以下各个分数，指出其尾部是在分数右侧还是左侧，并求分布中尾部的比例。
   a. $X=53$
   b. $X=44$
   c. $X=68$
   d. $X=38$
14. 经标准化的 IQ 测验分数呈正态分布，其平均数 $\mu=100$，标准差 $\sigma=15$。求下列 IQ 分数类别在总体中的比例。
   a. 天才或近似天才：IQ 分数高于 140
   b. 非常出色的智力水平：IQ 分数介于 120 和 140 之间
   c. 平均或正常智力水平：IQ 分数介于 90 和 109 之间
15. SAT 分数分布近似正态分布，平均数 $\mu=500$，标准差 $\sigma=100$，对于参加 SAT 的考生总体，
   a. 高于 700 分的比例是多少?
   b. 高于 550 分的比例是多少?
   c. 总体中的前 10%所需的最低的 SAT 分数是多少?
   d. 如果州立大学只接受 SAT 分布中前 60%的学生，所需的最低 SAT 分数是多少?
16. SAT 分数的分布呈正态且平均数 $\mu=500$，标准差 $\sigma=100$。
   a. 将前 15%与分布中其他部分区分的 SAT 分数 X 为多少?
   b. 将前 10%与分布中其他部分区分的 SAT 分数 X 为多少?
   c. 将前 2%与分布中其他部分区分的 SAT 分数 X 为多少?

17. 最近一篇新闻报道了郊区受过良好教育的父母的调查结果。其中一项问题的回答声明，在两岁时，儿童每天平均花 $\mu=60$ 分钟看电视。假设看电视时间的分布是正态的，且标准差 $\sigma=20$ 分钟，求下列比例。
    a. 两岁儿童每天看电视超过 90 分钟的比例是多少？
    b. 两岁儿童每天看电视少于 20 分钟的比例是多少？
18. 机动车管理部门的报告显示，持有驾照司机的平均年龄 $\mu=45.7$ 岁，标准差 $\sigma=12.5$ 岁。假设司机年龄分布近似正态。
    a. 50 岁以上的司机的比例是多少？
    b. 30 岁以下的司机的比例是多少？
19. 一项消费者调查显示家庭每周杂货支出金额的平均数为 $\mu=185$ 美元。支出金额的分布近似正态分布且标准差 $\sigma=25$ 美元。基于这一分布，
    a. 每周杂货支出金额高于 200 美元的总体比例是多少？
    b. 随机选取每周支出金额低于 150 美元的家庭的概率是多少？
    c. 分布前 20%的家庭每周需在杂货上消费多少钱？
20. 在过去的 10 年间，当地学区检查了所有高中新生的身体素质。在 10 年间，跑步机耐力测试的平均数为 $\mu=19.8$ 分钟，标准差 $\sigma=7.2$ 分钟。假设分布近似正态，求下列概率：
    a. 随机选取跑步机耐力时间大于 25 分钟的学生的概率是多少？用符号表示为 $p(X>25)=?$
    b. 随机选取跑步机耐力时间大于 30 分钟的学生的概率是多少？用符号表示为 $p(X>30)=?$
    c. 如果学校要求学生通过体育课的最低跑步时间为 10 分钟，无法通过标准的新生比例是多少？
21. 2010 年，纽约州罗切斯特市 11 月的平均降雪量为 $\mu=21.9$ 英寸，降雪量分布近似正态且标准差 $\sigma=6.5$ 英寸。同年，当地的一家珠宝店宣布若 11 月罗切斯特市的降雪量超过 3 英尺(36 英寸)，该店所有物品降价 50%。该珠宝店兑现其诺言的概率有多大？
22. 一项多选测验有 48 道题，每道题有 4 个选项。如果学生仅仅靠猜测作答，
    a. 其猜对任一问题的概率是多少？
    b. 在平均水平上，学生在整个测验中能答对多少道题？
    c. 学生猜对 15 道题以上的概率是多少？
    d. 学生猜对 15 道题或更多道题的概率是多少？
23. 一项正误测验有 40 道题，如果学生仅靠猜测作答，
    a. 猜对任一问题的概率是多少？
    b. 在平均水平上，学生在整个测验中能答对多少道题？
    c. 学生猜对 25 道题以上的概率是多少？
    d. 学生猜对 25 道题或更多道题的概率是多少？
24. 轮盘赌是依据球落入哪一个红黑交替的数字槽来决定谁是赢家。如果赌博者总是押黑色赢，在 36 轮中他至少赢 24 次的概率是多少？(注意，至少赢 24 次意味着赢 24 次或更多次。)
25. 一项关于 ESP 的测验要用到 Zener 卡片。每张卡片显示 5 种不同符号(方形、圆形、星形、十字、波浪线)中的一种，在选取卡片前要求被试预测卡片上的图案。参加测试的被试没有 ESP 且作答完全靠猜测，求下列概率。
    a. 在 100 个试次中准确预测 20 次的概率是多少？
    b. 在 100 个试次中准确预测 30 次以上的概率是多少？
    c. 在 200 个试次中准确预测 50 或 50 次以上的概率是多少？
26. 已知一枚魔术硬币正面朝上的概率为 $p=\frac{2}{3}$，p(背面朝上)$=\frac{1}{3}$，如果你投掷该硬币 72 次，
    a. 你会预期平均有多少次正面朝上？
    b. 50 次以上正面朝上的概率是多少？
    c. 恰好 50 次正面朝上的概率是多少？
27. 对于一枚均匀的硬币：
    a. 在 50 次投掷中，30 次以上正面朝上的概率是多少？
    b. 在 100 次投掷中，60 次以上正面朝上的概率是多少？
    c. a 和 b 都是求在一系列投掷中获得 60%以上的硬币正面朝上的概率$\left(\frac{30}{50}=\frac{60}{100}=60\%\right)$。为什么你认为两次的概率不一样？
28. 美国一家健康组织预测这个季度 20%的美国人会感冒。如果从总体中选取 100 个成人样本，
    a. 至少 25 个人被诊断为感冒的概率是多少？(注意，至少 25 个意味着 25 个或更多。)
    b. 少于 15 个人被诊断为感冒的概率是多少？(注意，少于 15 个意味着 14 个或更少。)

CHAPTER

第 7 章

概率和样本：样本平均数的分布

本章目录

本章概要
7.1 样本和总体
7.2 样本平均数的分布
7.3 概率和样本平均数的分布
7.4 标准误及其扩展内容
7.5 推断统计展望
小结
关键术语
资源
关注问题解决
示例 7-1
习题

所需工具

以下所列内容是学习本章需要的基础知识。如果你不确定自己对这些知识的掌握情况，你应在学习本章前复习相应的章节。

- z 分数（第 5 章）
- 随机抽样（第 6 章）
- 概率和正态分布（第 6 章）

本章概要

本章我们将概率的主题扩大以涵盖更大的样本，具体来说，是指包含多个分数的样本。幸运的是，你已经知道影响样本概率的一个基本事实：样本近似它们所来自的总体。

例如，如果你从一个由75%的女性和25%的男性组成的总体中选取样本，你很可能会得到一个女性多于男性的样本。或者，如果你从一个平均年龄为$\mu=21$岁的总体中选取样本，你很可能会得到一个平均年龄大约为21岁的样本。我们相信你已经知道这个基本事实，因为研究显示，即使是8个月大的婴儿也明白这个抽样的基本规律。

Xu和Garcia做了一个实验。他们给8个月大的婴儿展示一个装满乒乓球的大盒子，盒子放在一个操控台上，前板是打开的，可以看见里面的球。盒子里装着很多红球和少数几个白球，另一个装着很多白球和少数几个红球。研究者轮流展示这两个盒子，直到婴儿把这两个盒子都看过多遍。当婴儿熟悉了这两个盒子后，研究者开始了一系列的实验程序。每次实验过程中，将盒子放到操控台上，前板是关闭的，研究者将手伸进盒子，每次都一次性地掏出5个球作为样本，掏出的球被放到盒子旁边的一个透明容器中。事先设计好的是，有一半样本由一个红球和四个白球组成，另一半由一个白球和四个红球组成。然后，研究者移开前板，露出盒子里面的物品，然后记录婴儿在接下来注视盒子的时间。会出现两种情况：一种是盒子里的东西与样本一样，这是意料之中的；另一种是盒子里的东西与样本不同，这是意料之外的。例如，一种意料之中的结果是，一个由四个红球和一个白球组成的样本应该来自一个红球居多的盒子。若这一样本来自一个白球居多的盒子，这就是意料之外的。结果显示，婴儿注视意料之外的结果的时间($M=9.9$秒)比注视意料之中的结果的($M=7.5$秒)更长，这表明婴儿认为意料之外的结果是令人惊讶的，而且比意料之中的结果更有意思。

问题：Xu和Garcia的结果充分表明，即使是8个月大的婴儿，也能了解这个基本规律，这决定了哪些样本的概率高，哪些样本的概率低。然而，当你从盒子里拿乒乓球或招募被试来参加实验研究时，你通常都能从同一总体中获得成千上万个不同的样本。在这些情况下，我们如何才能确定获得任意特定样本的概率呢？

解决方法：本章我们将介绍样本平均数的分布，它可以帮助我们求得从总体中获得特定样本的准确概率。这个分布描述了任意大小的所有可能的样本平均数的全部集合。由于我们可以对全部集合进行描述，我们因此便能求得与特定样本平均数相关的概率。(回忆第6章，概率等于在整体分布中所占的比例。)同时，因为样本平均数的分布趋于正态，因此我们可以用z分数和正态分布表来求得概率。虽然不能准确地预测会获得哪个样本，但是概率能让研究者知道哪些样本是可能的(或者哪些样本是非常不可能的)。

7.1 样本和总体

前两章介绍了z分数和概率的内容。每当你从总体中选出一个分数，你应能计算出可确切描述这个分数在总体中所处位置的z分数。若总体是正态的，你也应能够获得任何单个分数的概率值。例如，在正态分布中，任何位于分布两端尾部$z=+2.00$(或$z=-2.00$)以外的分数为极端值，获得这样的极端分数的概率仅为$p=0.0228$。

然而，到目前为止，我们所考虑的z分数和概率仅限于由单一分数组成的样本。大多数研究会包含更多的样本，例如$n=25$个学龄前儿童或者$n=100$名美国偶像选手。在这种情况下，就要用样本平均数代替单个分数，来回答关于总体的问题。本章我们将拓展z分数和概率的内容以涵盖更大样本的情况。尤其是，我们将介绍把样本平均数转换成z分数的方法。这样，研究者可以计算描述整个样本的z分数。和以往一样，靠近0的z分数表明位于中央的、具有代表性的样本；+2.00或-2.00以外的z分数表示极端样本。因此，我们可以描述任意特定样本与其他可能样本之间的关系。此外，无论此样本包含多少个分数，我们都可以用z分数的值来查阅获得这个样本的概率。

总之，处理样本的难点在于样本不能提供关于总体的完整图像。例如，我们假设，一名研究者随机从某大学中抽取了一个$n=25$的学生样本。虽然样本应代表整个学生总体，但是一定有总体的某部分没有被样本涵盖。此外，任何由样本计算来的统计量并不与总体中相应的参数完全相同。例如，25名学生样本的平均智商和整个学生总体的平均智商不一样。这种存在于样本统计量和总体参数之间的差异，或者说误差，称为抽样误差，详见图 1-2。

> **定义**
>
> **抽样误差**是存在于样本统计量和相应的总体参数之间的差值。

此外，样本是可变的，它们并不完全一样。如果你从同一个整体中选取两个独立的样本，它们一定是不一样的。它们包含不同的个体，有着不同的分数和样本平均数。你如何区分哪个样本提供了总体的最佳描述呢？你能预测样本能在多大程度上描述其总体吗？选取具有特殊特征样本的概率是多大？一旦我们建立起相关样本和总体之间的规则后，这些问题就会迎刃而解。

7.2 样本平均数的分布

如上所述，两个独立样本很可能是不同的，即使它们来自同一总体。两个样本包含不同的个体、不同的分数、不同的平均数等。在多数情况下，从一个总体中能获得数以千计的不同样本。由于这种情况，在样本和总体之间建立某些简单的规则来规定二者的关系简直是天方夜谭。然而，幸运的是，所有可能的样本形成了一个相对简单有序的模式，让我们可以较为精确地预测样本的各项特征。预测样本特征的能力基于对样本平均数的分布的了解。

> **定义**
>
> **样本平均数的分布**是从总体中选取的所有可能的特定样本量(n)的随机样本的样本平均数的集合。

注意，样本平均数的分布包含所有可能的样本。为了计算概率，必须知道所有可能的数值。例如，如果整个集合包含 100 个样本，那么获得任何特定样本的概率就是 1/100：$p=1/100$(见知识窗 7-1)。

知识窗 7-1 样本平均数的分布和概率

我有丢扑克牌的坏习惯。我总是保存旧牌，希望有一天我能找到丢失的牌。因此，我有一个抽屉，里面装满了半副扑克牌。假设我好好洗牌，再从中随机抽一张，抽到 K 的概率有多大？

你应该意识到回答这个概率问题是不可能的。为了求得答案，你必须知道牌的总数，并且知道哪张丢失了。(尤其你要知道是否有任何一张 K 丢失。)举这个例子的目的是想说明，解决任何概率问题需要有样本所属总体的完整信息。在这种情况下，我们必须知道这副牌中所有可能的牌，才能计算出抽出任意特定牌的概率。

本章，我们讨论概率和样本平均数。为了计算任意特定样本平均数的概率，首先要了解所有可能的样本平均数。因此，我们开始定义并且描述从特定总体中获得的所有可能的样本平均数的集合。一旦我们确定了所有可能的样本平均数的集合(例如，样本平均数的分布)，我们就能求得任意特定的样本平均数的概率。

同时，你应该注意到样本平均数的分布与我们之前学的分布是有差异的。到目前为止，我们一直在讨论分数的分布，现在分布中的数值不再是分数，而是统计量(样本平均数)。由于统计量来自样本，因此统计量的分布被称为抽样分布。

> **定义**
>
> **抽样分布**是从总体中选取所有可能的特定容量样本的分布。

因此，样本平均数的分布是抽样分布的一个例子。事实上，它通常被称为 M 的抽样分布。

如果你真的想要构建样本平均数的分布，你首先就要从总体中选取特定容量(n)的随机样本，计算样本平均数，把它置于频数分布表中。然后再选取另一个具有相同容量的随机样本，计算其平均数，将其置于频数分布表中。重复以上步骤，直到获得所有可能的随机样本的全部集合。这时，你的频数分布表将呈现样本平均数的分布。

我们在例 7-1 中阐明了构建样本平均数分布的步骤，在这之前，我们先用常识和一点逻辑来预测分布的一般特征。

(1) 样本平均数应该聚集在总体平均数附近。不期待样本平均数完美，但它们代表了总体。因此，大多数样本平均数应该相对接近总体平均数。

(2) 样本平均数的集合应趋近于正态分布。逻辑上讲，大多数样本平均数应接近 μ，很难求得一个与

μ 明显不同的样本平均数。因此，样本平均数应该处于分布的中心（在 μ 附近），并且随着 M 和 μ 之间的差距增大，频数逐渐减少。这描述了一个正态分布。

（3）一般来说，样本容量越大，样本平均数与总体平均数 μ 越接近。逻辑上讲，大样本比小样本有更好的代表性。因此，由大样本获得的样本平均数应相对更接近总体平均数；由小样本获得的样本平均数则更分散。

正如你将看到的那样，以上三个常识性特征准确描述了样本平均数的分布。下面的例子说明了通过重复从一个总体中选取样本构建样本平均数分布的过程。

□ 例 7-1

考虑一个仅由 2，4，6，8 四个分数组成的总体。总体的频数分布直方图见图 7-1。■

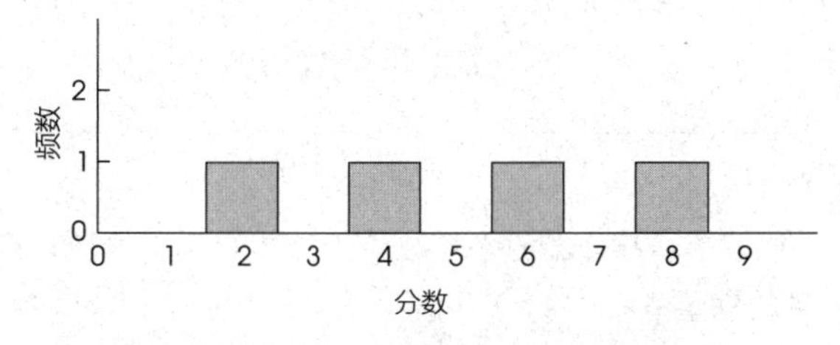

图 7-1　四个分数总体的频数分布直方图

我们用这个总体作为构建 $n=2$ 的样本平均数分布的基础。记住，这个分布是这个总体所有可能 $n=2$ 的随机样本的样本平均数集合。我们从寻找所有可能的样本开始。表 7-1 呈现了本例中所有的 16 个样本。首先，我们列出所有以 $X=2$ 作为第一个分数的样本，接着是所有以 $X=4$ 作为第一个分数的样本，依此类推。这样，可以确信我们列出了所有可能的随机样本。

接下来，我们计算这 16 个样本的每一个样本的平均数 M（见表 7-1 最后一列）。将 16 个平均数置于图 7-2 的频数分布直方图中，这就是样本平均数的分布。注意，图 7-2 的分布说明了我们预测的样本平均数分布的两个特点。

（1）所有选取的样本平均数聚集在总体平均数附近。在本例中，总体平均数为 $\mu=5$，样本平均数聚集在 5 周围。你不应该对样本平均数趋近整体平均数感到惊讶。毕竟，我们假设样本能够代表总体。

（2）样本平均数的分布趋近正态。这一特点随后会详细讨论，这非常有用，因为我们已熟知正态分布和概率的相关知识（第 6 章）。

表 7-1　呈现了所有可能从图 7-1 的总体中获得的 $n=2$ 的随机样本

样本	分数		样本平均数
	第一次	第二次	（M）
1	2	2	2
2	2	4	3
3	2	6	4
4	2	8	5
5	4	2	3
6	4	4	4
7	4	6	5
8	4	8	6
9	6	2	4
10	6	4	5
11	6	6	6
12	6	8	7
13	8	2	5
14	8	4	6
15	8	6	7
16	8	8	8

注：这个表列出的是随机样本。这要求放回抽样，所以两次选到同一个分数是有可能的。

最后，你应该注意到，我们可以用样本平均数的分布来回答关于样本平均数概率的问题。例如，如果从原始总体中选取 $n=2$ 的分数样本，得到样本平均数大于 7 的概率是多少？用符号表示为：

$$p(M>7)=?$$

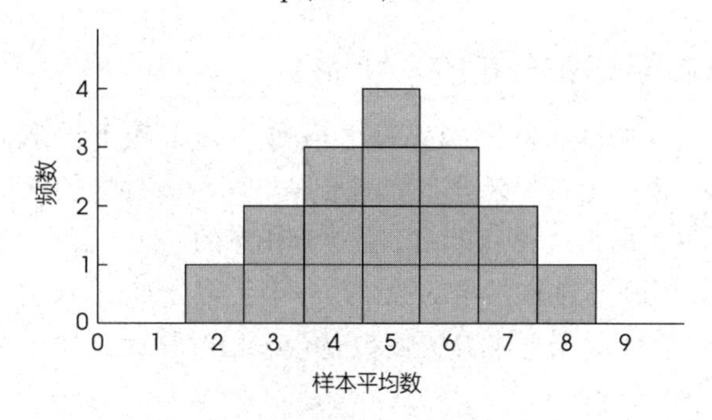

图 7-2　$n=2$ 的样本平均数的分布

注：该分布呈现了表 7-1 的 16 个样本平均数。

因为概率相当于比例，所以我们可以这样表述概率问题：对于所有可能的样本平均数，大于 7 的比例是多少？以这种形式，通过观察样本平均数的分布，这个问题很容易回答。所有可能的样本平均数都被列于图 7-2 中，16 个样本平均数中只有 1 个值大于 7，因此答案是 $p=1/16$。

中心极限定理

例 7-1 介绍了一个简单的情境，即当总体很小并且每个样本只有 $n=2$ 个分数时，如何构建样本平均数的分布。在现实情况下，由于总体和样本数量都要更大，使得所有可能的样本的数量大幅度增加，但实际获得所有的随机样本几乎是不可能的。幸运的是，我们不用获取大量样本就可以确定样本平均数分布的大概情况。具体来说，被称为“中心极限定理”的数学命题，提供了一个对分布的准确描述，通过选取每个可能的样本，计算每个样本平均数，并构建样本平均数的分布，就能获得对这一分布的描述。这一重要且有用的定理是推断统计的基石。下面是定理的本质。

中心极限定理： 对于平均数为 μ，标准差为 σ 的任意总体，样本容量为 n 的样本平均数分布的平均数为 μ，标准差为 $\sigma/\sqrt{n}$，并且当 n 趋近无穷时，该样本平均数的分布趋于正态分布。

这个定理的价值来自两个简单的事实。首先，无论总体的形状、平均数和标准差如何，它都能描述任意总体的样本平均数的分布。其次，样本平均数的分布会快速“趋近”正态分布。一旦样本量达到 $n=30$，分布几乎是完全正态的。

注意，中心极限定理通过确定用以描述任何分布的三个基本特征(形状、集中趋势和变异性)来描述样本平均数的分布。我们将一一检验。

样本平均数分布的形状

我们已经观察到样本平均数的分布趋于正态分布。事实上，如果分布能满足以下两种条件中的任意一种，那么这种分布几乎是完全正态的：

(1) 所抽取样本的总体是一个正态分布。

(2) 每个样本分数的数量(n)相对较大，大于等于 30。

(随着 n 增大，样本平均数的分布逐渐逼近正态分布。当 $n>30$ 时，无论原始总体的分布形状如何，样本平均数的分布近乎正态分布。)

正如我们在前面提到的，样本平均数的分布往往趋于正态分布这一事实并不令人惊讶。每当你从总体中选取样本时，你都期望样本平均数接近总体平均数。当你选取很多不同的样本时，你期望样本平均数聚集在 μ 附近，这便形成了正态分布。在图 7-2 中你可以看到这种趋势(尽管它还不是正态的)。

样本平均数分布的平均数：M 的期望值

在例 7-1 中，样本平均数的分布以样本所属的总体的平均数为中心。事实上，所有样本平均数的平均数与总体平均数的值相等。这一事实比较合乎常理，我们期望所有样本平均数接近于总体平均数，它们确实倾向于聚集在 μ 附近。这一现象的正式表述为：样本平均数分布的平均数总是等于总体平均数。这个平均数被称为 M 的期望值。

就常识而言，样本平均数“被期望”接近其总体平均数。当获得所有可能的样本平均数时，其平均数与 μ 完全相同。

第 4 章在谈及有偏统计量和无偏统计量时首次介绍了 M 的平均数等于 μ 这个事实。样本平均数是无偏统计量的一个例子，这意味着，在平均水平上，样本统计量产生的值完全等于对应总体的参数。在这种情况下，所有的样本平均数的平均数完全等于 μ。

定义

样本平均数分布的平均数等于分数总体平均数，称为 **M 的期望值**。

M 的标准误

到目前为止，我们已经了解了样本平均数分布的形状和集中趋势。为了完整地描述这个分布，我们还需要考虑一个特征，即变异性。我们将使用的这个统计量是样本平均数分布的标准差。这个标准差写为 σ_M，被称作 M 的标准误。

在第 4 章首次介绍标准差时，我们注意到对变异性的测量有两个目的。第一，标准差描述了个体分数的分布是集中在一起的，还是分散的。第二，标准差通过测量个体分数与总体平均数之间的合理期望距离，来判断个体分数在多大程度上能够代表其总体。对于样本平均数的分布，标准误有两个相同的目的。

(1) 标准误描述了样本平均数的分布情况。它提供了对样本之间的期望差异的测量。当标准误较小时，说明所有的样本平均数分布很集中并且数值相近。如果标准误很大，说明样本平均数分布较广，样本之间差异较大。

(2) 标准误衡量了一个样本平均数代表总体分布的程度。具体来说，它提供了一种方法，以测量样本平均数和样本平均数分布的总平均数之间的合理期望距离。然而，由于总平均数等于 μ，标准误还提供了一种测量样本平均数(M)和总体平均数(μ)之间的期望距离的方法。

记住，我们不期望样本能够精确反映总体。虽然样本平均数能代表总体平均数，但是样本和总体之间还是会有误差。标准误精确测量了样本平均数 M 和总体平均数 μ 之间的差距。

定义

样本平均数的分布的标准差 σ_M，称作 **M 的标准误**。标准误提供了测量样本平均数 M 和总体平均数 μ 之间平均期望距离的方法。

重申一下，标准误的符号是 σ_M。σ 表明该值是标准差，下标 M 表明这是样本平均数的分布的标准差。同样地，通常用符号 μ_M 来表示样本平均数分布的平均数。然而，μ_M 总是等于 μ。而我们在推断统计中主要感兴趣的是比较样本平均数(M)和总体平均数(μ)。因此，我们简单地用符号 μ 来表示样本平均数的分布的平均数。

标准误是一个非常有价值的测量标准，因为它能精确地表明一个样本平均数对其总体平均数的估计程度——也就是说，你应该期望在 M 和 μ 之间存在多少误差(平均而言)。记住，抽样的一个基本原则是可以用样本数据来回答关于总体的问题。不过，你不能期望一个样本能完美精确地描述其所在的总体，样本统计量和相应的总体参数之间总会有一些差异，或误差。现在我们能够计算出误差到底有多大。对于任意样本量(n)，我们可以通过计算标准误来衡量样本平均数和总体平均数之间的平均距离。

标准误的大小取决于两个因素：①样本的大小(样本量)；②总体标准差。

我们将分别介绍这两个因素。

样本量 早些时候，我们的预测主要基于常识，样本量会影响其代表总体的精确程度。具体来讲，大样本应该比小样本更能准确地代表其所在的总体。通常，随着样本量增加，样本平均数和总体平均数之间的误差将逐渐减小。这条规则称为“大数定律”。

定义

大数定律表明，样本量(n)越大，样本平均数趋近于总体平均数的可能性越大。

总体标准差 正如在前面提到过的，样本量和标准误之间存在反比关系：大样本标准误较小，小样本标准误较大。在最极端的情况下，最小的样本(对应最大的标准误)为样本量 $n=1$。在这种情况下，每个样本都是一个分数，样本平均数的分布与原始分数的分布是相同的。此时，样本平均数的分布的标准差就是标准误，与总体标准差相同。换句话说，当 $n=1$ 时，标准误 σ_M 等于标准差 σ。

当 $n=1$ 时，$\sigma_M=\sigma$(标准误等于总体标准差)

你可以把标准差看作标准误的“起点”。当 $n=1$ 时，标准误与标准差相等：$\sigma_M=\sigma$。当样本量大于 1 时，样本能更准确地代表总体，同时标准误也随之减小。标准误公式表明了样本量(n)和标准差之间的这种关系。

$$标准误=\sigma_M=\frac{\sigma}{\sqrt{n}} \tag{7-1}$$

注意，这个公式满足标准误所有的要求。具体来讲，如下：

a. 当样本量增加时，标准误减小(样本越大越能准确代表总体)。

b. 当样本由单一分数构成时($n=1$)，标准差等于标准误($\sigma_M=\sigma$)。

在公式 7-1 和前面的大部分讨论中，我们依据总体标准差来定义标准误。然而，总体标准差(σ)和总体方差(σ^2)直接相关，我们很容易将方差带入公式得到标准误。使用简单的等式 $\sigma=\sqrt{\sigma^2}$，标准误公式可以被改写为：

$$标准误=\sigma_M=\frac{\sigma}{\sqrt{n}}=\frac{\sqrt{\sigma^2}}{\sqrt{n}}=\sqrt{\frac{\sigma^2}{n}} \tag{7-2}$$

在本章的其余部分(以及第 8 章)，我们将继续依据总体标准差来定义标准误(公式 7-1)。然而，在以后的章节中(从第 9 章开始)，这个基于方差的公式(公式 7-2)会变得更重要。

图 7-3 描绘了标准误和样本量之间的一般关系(见图 7-3，计算数据在表 7-2)。强调一下，基本概念是，样本量越大，样本就越能准确地代表总体。另外，标准误减少与样本量的平方根有关。因此，研究者可以通过增加样本量到 $n=30$ 来大幅减小误差。然而，当样本量被增至 30 以上之后，继续增加样本量不会大幅增加样本代表总体的程度。

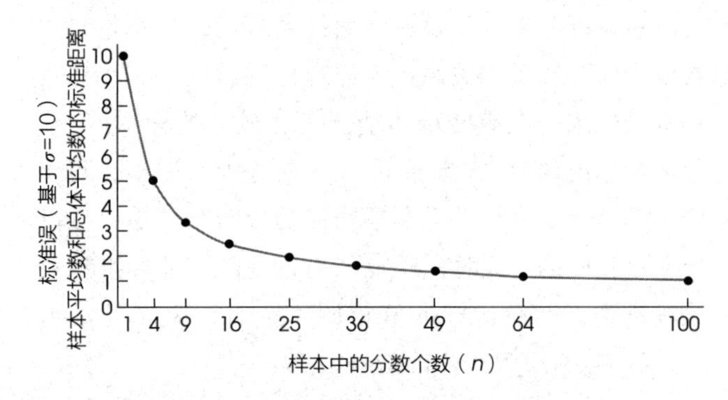

图 7-3　标准误和样本量之间的关系

注：随着样本量变大，样本平均数和总体平均数之间的误差逐渐减小。

表 7-2　图 7-3 中数据点的计算

样本量(n)	标准误	
1	$\sigma_M=\frac{10}{\sqrt{1}}$	=10.00
4	$\sigma_M=\frac{10}{\sqrt{4}}$	=5.00
9	$\sigma_M=\frac{10}{\sqrt{9}}$	=3.33
16	$\sigma_M=\frac{10}{\sqrt{16}}$	=2.50
25	$\sigma_M=\frac{10}{\sqrt{25}}$	=2.00
36	$\sigma_M=\frac{10}{\sqrt{36}}$	=1.66
49	$\sigma_M=\frac{10}{\sqrt{49}}$	=1.43
64	$\sigma_M=\frac{10}{\sqrt{64}}$	=1.25
100	$\sigma_M=\frac{10}{\sqrt{100}}$	=1.00

注：重申一下，标准误随样本量增加而减小。

三种不同的分布

在继续讨论样本平均数的分布之前，我们先强调一点：我们正在处理三种不同但相互关联的分布。

（1）第一种，我们知道原始的总体分数。这个总体包含成千上万的个体分数，它有自己的形状、平均数和标准差。例如，智商分数的总体有数以百万计的智商分数，它们形成了一个平均数 $\mu=100$，标准差 $\sigma=15$ 的正态分布。有关总体的实例如图 7-4a 所示。

（2）第二种，我们从总体中选取样本。样本是由一小部分人的分数组成的，它们被选来代表整个总体。例如，我们可以选取一个 $n=25$ 的样本，测量每个人的智商。这 25 个分数可以被组织成一个频数分布，我们可以计算样本平均数和样本标准差。注意，样本也有自己的形状、平均数、标准差。样本分布的例子如图 7-4b 所示。

（3）第三种分布是样本平均数的分布。这是由特定样本量下所有可能的随机样本平均数构成的理论分布。例如，$n=25$ 的智商分数的样本平均数的分布应该是正态的，其平均数（期望值）为 $\mu=100$，标准差（标准误）为 $\sigma_M=\frac{15}{\sqrt{25}}=3$。此分布如图 7-4c 所示。该分布也有自己的形状、平均数、标准差。

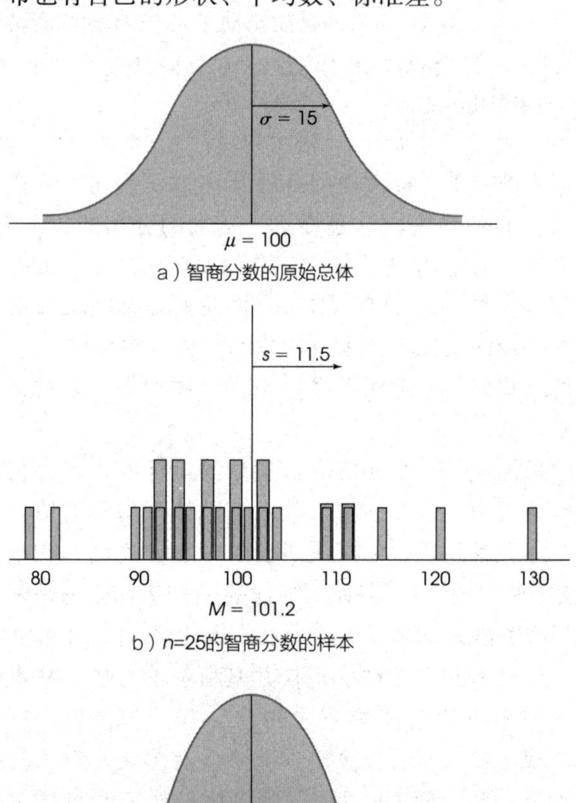

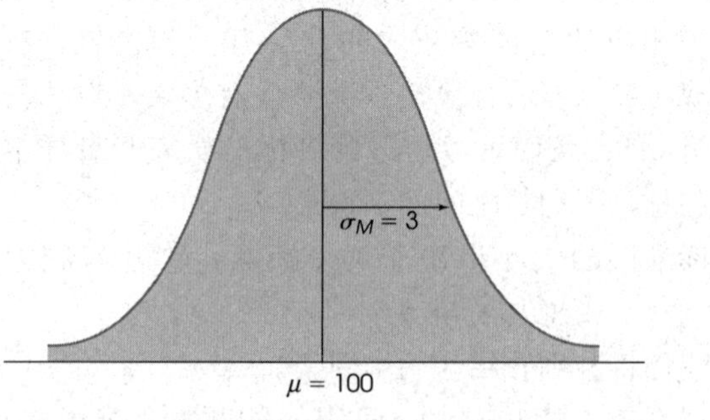

注：是指n=25个智商分数的所有可能随机样本的样本平均数。

图 7-4　三种分布。a）部分展示了智商分数总体；b）部分展示了 $n=25$ 的智商分数样本；c）部分展示了 $n=25$ 个样本的样本平均数的分布。需要注意，b）的样本平均数是 c）的样本平均数的分布中的一例

需要注意，样本分数（图 7-4b）取自原始总体（图 7-4a），这意味样本平均数是样本平均数分布中所包含的数值之一（图 7-4c）。因此，这三种分布是相互

联系的，但它们各不相同。

学习小测验

1. 假设总体平均数 $\mu=50$，标准差 $\sigma=12$。
   a. 样本量 $n=4$，样本平均数的分布的平均数(期望值)和标准差(标准误)是多少？
   b. 若总体非正态，请描述 $n=4$ 的样本平均数的分布形状。
   c. 样本量 $n=36$，样本平均数的分布的平均数的(期望值)和标准差(标准误)是多少？
   d. 若总体分布非正态，请描述 $n=36$ 的样本平均数的分布形状。
2. 当样本量增大时，期望值也增大。(对或错?)
3. 当样本量增大时，标准误也增大。(对或错?)

答案

1. a. 样本平均数的分布的平均数 $\mu=50$，标准误 $\sigma_M=12/\sqrt{4}=6$
   b. 样本平均数的分布不满足任何正态条件，它是非正态分布。
   c. 样本平均数的分布是正态的，平均数 $\mu=50$，标准误 $\sigma_M=12/\sqrt{36}=2$
   d. 由于样本量大于 30，因此样本平均数的分布是正态分布。
2. 错。期望值与样本量无关。
3. 错。标准误随样本量增大而减小。

7.3　概率和样本平均数的分布

样本平均数的分布的主要用途是计算任意特定样本的概率。回想一下，概率等同于比例。由于样本平均数的分布呈现了所有可能的样本平均数，因此我们可以用这个分布的比例来确定概率。下例说明了这一过程。

□　例 7-2

SAT 分数的总体为 $\mu=500$，$\sigma=100$ 的正态分布。若随机选取 $n=25$ 的学生样本，样本平均数大于 $M=540$ 的概率是多少?

首先，你可以将这个概率问题重新表述为比例问题：在所有可能的样本平均数中，大于 540 的平均数的比例为多少？你知道“所有可能的样本平均数”，这是样本平均数的分布。问题是要求得这个分布的特定部分。

虽然我们不能通过重复抽样和计算平均数构建样本平均数的分布(见图 7-1)，但是我们可以根据中心极限定理确切地知道分布的样子。具体来讲，样本平均数的分布有下列特征：

a. 分布为正态。因为 SAT 分数总体是正态的。

b. 平均数为 500。因为总体平均数是 500。

c. 对于 $n=25$，分布的标准误是 $\sigma_M=20$：

$$\sigma_M=\frac{\sigma}{\sqrt{n}}=\frac{100}{\sqrt{25}}=\frac{100}{5}=20$$

此样本平均数的分布呈现在图 7-5 中(注意：当你遇到样本平均数的概率问题时，你一定会用到样本平均数的分布)。

我们感兴趣的是大于 540 的样本平均数(图 7-5 中的阴影区域)，所以下一步是使用 z 分数来定位 $M=540$ 的确切位置。540 比平均数 500 多 40 分，这恰好是两个标准差(在这种情况下，也就是两个标准误)。因此，$M=540$ 的 z 分数是 $z=+2.00$。

因为这个样本平均数的分布是正态的，所以你可以使用正态分布表找到与 $z=+2.00$ 相对应的概率。该表显示，位于分布尾部 0.022 8 的部分高于 $z=+2.00$。我们的结论是，获得一个 $n=25$，SAT 成绩的平均分大于 540 的随机样本的可能性是 $p=0.0228$ (2.28%)，这是极不可能发生的。■

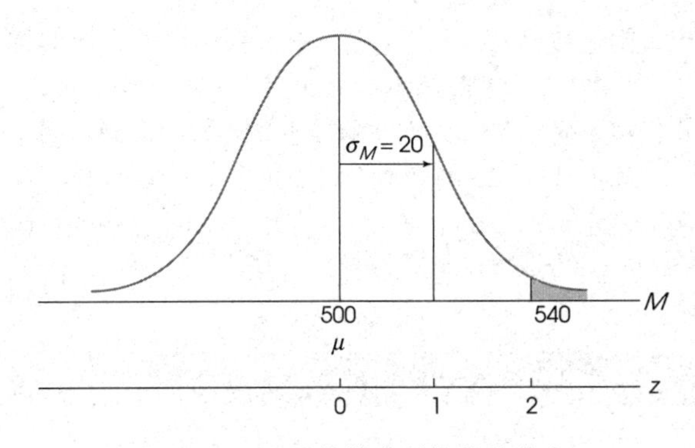

图 7-5　$n=25$ 的样本平均数的分布

注：样本来自 $\mu=500$，$\sigma=100$ 的正态总体。

样本平均数的 z 分数

如例 7-2 所述，用 z 分数可以描述任何特定样本平均数在样本平均数的分布中的位置。z 分数可以告诉你相对于其他可能的样本来说，一个特定样本的位置。依据 z 分数的定义(第 5 章)，z 分数用带符号的数字来表明位置，所以：

(1) 符号表示分数高于平均数(+)或低于平均数(−)。

（2）数字表示此位置与平均数之间的距离，用标准差的个数来表示。

然而，我们现在需要在样本平均数的分布中找到一个确切的位置。因此，我们必须使用适合这个分布的符号和术语。首先，我们要寻找样本平均数（M）的位置而不是分数（X）的位置。其次，样本平均数的分布的标准差是由标准误 σ_M 测量的。有了这些变化，可以得到定位某样本平均数的 z 分数的公式[㊀]：

$$z=\frac{M-\mu}{\sigma_M} \tag{7-3}$$

每一个分数（X）都有描述其在分数分布中位置的 z 分数，每个样本平均数（M）也都有一个描述它在样本平均数的分布中位置的 z 分数。当样本平均数的分布是正态的时，可以使用 z 分数和正态分布表找到与任意特定样本平均数相对应的概率（见例 7-2）。下面的例 7-3 表明，我们可以对任意总体中所得的各种样本进行定量预测。

□ 例 7-3

再次引入这个例子，SAT 分数的分布构成了平均数是 $\mu=500$，标准差是 $\sigma=100$ 的正态分布。在本例中，随机抽取 $n=25$ 名学生，我们要确定什么样的样本平均数有可能得到的 SAT 的平均分。具体来说，我们需要确定 80%的期望的样本平均数的准确范围。

我们从 $n=25$ 的样本平均数的分布开始分析。如例 7-2 所示，$n=25$ 的样本平均数的分布是正态的，期望值是 $\mu=500$，标准误 $\sigma_M=20$（见图 7-6）。我们的目标是求得占分布中间 80%范围的具体分值。因为分布是正态的，我们因此可以使用正态分布表。首先，将中间的 80%分成两半，每侧各占 40%（0.400 0）。我们在 D 列（平均数和 z 对应的比例）中查找概率为 0.400 0 所对应的 z 分数的值是 1.28。因此，分布中间 80%范围所对应的 z 值的边界是 $z=+1.28$ 和 $z=-1.28$。根据定义，z 分数为 1.28 代表其位于距离平均数 1.28 个标准差（或标准误）的位置。由于标准误是 20 分，距离平均数的分值是 1.28（20）= 25.6 分。平均数是 $\mu=500$，所以在两侧与平均数相差 25.6 分的分数范围是 474.4~525.6。

因此，80% 的所有可能的样本平均数范围是 474.4~525.6。如果我们抽取 $n=25$ 的学生样本，SAT 分数的样本平均数在这个全距中的置信度为 80%。■

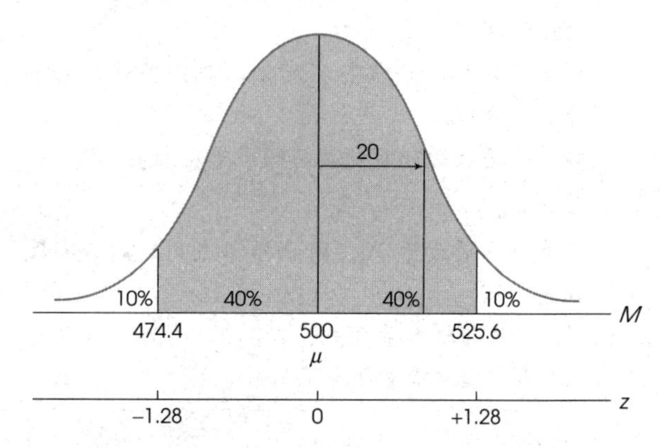

图 7-6　$n=25$ 的样本平均数的分布的中间 80%

注：样本所属总体的 $\mu=500$，$\sigma=100$。

知识窗 7-2　标准差和标准误之间的差异

标准差和标准误之间的差异常常让许多学生感到困惑。记住，标准差测量的是分数和总体平均数之间的标准距离，$X-\mu$。如果你正在研究分数的分布，标准差是合适的变异性测量指标。此外，标准误测量的是样本平均数和总体平均数之间的标准距离，$M-\mu$。无论何时，只要你的问题涉及样本，标准误就是合适的变异性测量指标。

如果你还是难以分清这二者的区别，有个更简单的方法。名义上，使用标准误，你永远正确。考虑一下标准误的公式：

$$标准误=\sigma_M=\frac{\sigma}{\sqrt{n}}$$

如果只有一个分数，则 $n=1$，标准误就是：

$$标准误=\sigma_M=\frac{\sigma}{\sqrt{n}}=\frac{\sigma}{\sqrt{1}}$$

$$=\sigma=标准差$$

这样，标准误总是测量了总体平均数与任意样本平均数之间的标准差，包括 $n=1$。

㊀ 注意：在计算单个分数的 z 分数时，用标准差 σ。在计算样本平均数的 z 分数时，用标准误 σ_M（见知识窗 7-2）。

例 7-3 试图说明的一点是，我们可以依据样本平均数的分布来预测样本平均数的值。例如，我们知道，$n=25$ 个学生的样本的 SAT 平均分应该在 500 分左右。更准确地说，我们有 80%的信心认为，$n=25$ 个学生的样本的 SAT 平均分会落在 474.4 分和 525.6 分之间。用这种方式预测样本平均数，对于后面讲的推断统计是非常有用的。

学习小测验

1. 总体平均数 $\mu=40$，标准差 $\sigma=8$。求下列对应样本量的 z 分数，样本平均数 $M=44$。
   a. $n=4$
   b. $n=16$
2. 从一个 $\mu=65$，$\sigma=20$ 的正态分布总体中随机抽取 $n=16$ 的样本，样本平均数大于 $M=60$ 的概率是多少？
3. 一个正偏态分布的 $\mu=60$，$\sigma=8$，
   a. 随机抽取 $n=4$ 的样本，其样本平均数大于 $M=62$ 的概率是多少？（小心，这是一个陷阱问题。）
   b. 随机抽取 $n=64$ 的样本，其样本平均数大于 $M=62$ 的概率是多少？

答案

1. a. 标准误为 $\sigma_M=4$，$z=1.00$
   b. 标准误为 $\sigma_M=2$，$z=2.00$
2. 标准误为 $\sigma_M=5$，$M=60$ 对应 $z=-1.00$，$p(M>60)=p(z>-1.00)=0.8413$（或 84.13%）。
3. a. 样本平均数的分布不符合任一正态分布的条件。因此不能用正态分布表，也无法求得概率。
   b. 因为 $n=64$，所以样本平均数的分布近似正态分布。标准误为 $8/\sqrt{64}$，z 分数是 +2.00，概率是 0.0228。

7.4　标准误及其扩展内容

本章伊始，我们介绍了从单一总体中可以获得成千上万个不同的样本。每个样本都有自己的个体、分数和样本平均数。样本平均数的分布提供了一种将所有不同的样本平均数组织在一张图中的方法。图 7-7 呈现了一个典型的样本平均数的分布。为了强调分布中包含许多不同样本这一事实，我们构建了这个图，因此这个分布是由数以百计的小格子构成的，每个格子代表一个样本平均数。需要注意的是，样本平均数往往会聚集在总体平均数（μ）附近，正如中心极限定理所预测的那样，样本平均数会形成一个正态分布。

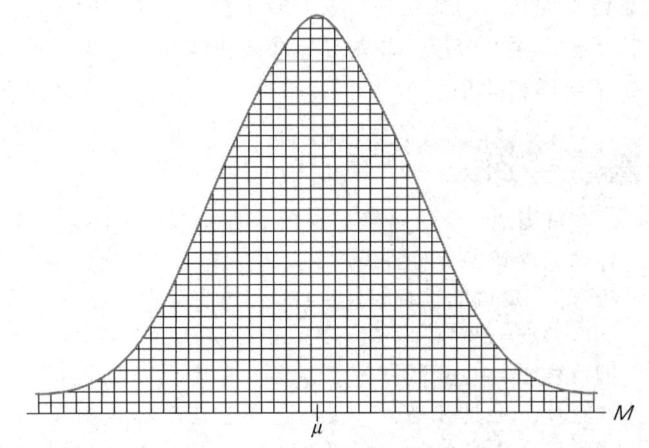

图 7-7　一个典型的样本平均数的分布的例子

注：每个小格子代表一个样本平均数。

如图 7-7 所示的分布图为复习抽样误差和标准误的一般概念提供了一个具体的例子。虽然以下几点似乎是显而易见的，但它们能让你更好地理解这两个统计概念。

（1）抽样误差。抽样误差的一般概念是，一个样本不能完全准确地对总体进行描述。更具体地说，在样本统计量和对应的总体参数之间总是存在一些差异（或误差）。如图 7-7 所示，单个样本平均数不能代表总体平均数。事实上，50%的样本平均数小于总体平均数 μ（在整个分布的左侧）。同样地，50%的样本平均数大于总体平均数 μ。大体而言，在样本平均数和总体平均数之间总是会存在一些差异或抽样误差。

（2）标准误。如图 7-7 所示，大多数的样本平均数相当接近总体平均数（在分布中心附近）。这些样本能够相当准确地代表总体。另外，一些样本平均数处于分布的两端，相对远离总体平均数。这些极端样本平均数不能准确地代表总体。对于每个单一样本，你可以测量样本平均数和总体平均数之间的误差（或距离）。其中，一些样本和总体之间的误差相对较小，但另一些样本的误差相对较大。标准误提供了一个测量样本平均数和总体平均数之间的标准距离的方法。

因此，标准误提供了定义和测量抽样误差的方法。了解标准误可以让研究者很好地掌握他们的样本数据对他们正在研究的总体的准确代表程度。例如，在多数研究情况下，总体平均数是未知的，研究者选取样本来帮助获得关于未知总体的信息。具体来说，样本平均数为未知的总体提供了信息。我们并不期待样本平均数能完美地预测总体平均数，肯定会有一些

误差，平均而言，标准误能告诉我们在样本平均数和总体平均数之间究竟存在多大的误差。下面的例子解释了标准误的应用，并且对标准误和标准差的关系提供了更详细的介绍。

□ 例 7-4

对当地大学生进行的一项调查包括以下问题：你每天会花多少分钟看视频（如在线的、电视、手机等）。反馈的平均时长 $\mu=80$ 分钟，分布为正态，标准差 $\sigma=20$ 分钟。接下来，我们将从这个总体中抽取样本，并检测样本能在多大程度上精确地描述总体。更具体地说，我们将通过三个样本量不同的样本来检验样本量对预测总体的精确度的影响：一个样本量 $n=1$，一个样本量 $n=4$，一个样本量 $n=100$。

图 7-8 显示了 $n=1$，$n=4$ 和 $n=100$ 的样本平均数的分布。每个分布显示了固定样本大小后所有可能的样本平均数。注意，这三个抽样分布是正态的（因为原来的总体是正态的），并且这三个分布有相同的平均数 $\mu=80$，也就是 M 的期望值。然而，三个分布在变异性上有很大的差异。我们将逐一分析。

最小的样本量是 $n=1$。当一个样本只有一个学生时，样本平均数等于该学生的分数，$M=X$。因此，当 $n=1$ 时，样本平均数等于原始分数。在这种情况下，样本平均数的分布的标准误等于总体的标准差。公式 7-1 证实了这一观察结果。

$$\sigma_M=\frac{\sigma}{\sqrt{n}}=\frac{20}{\sqrt{1}}=20$$

当样本只有一个学生时，样本平均数和总体平均数之间存在 20 分的差距。正如我们在之前提到的，总体标准差是标准误的"起点"。当样本量 $n=1$（最小）时，标准误等于标准差（见图 7-8a）。

但随着样本量增加，标准误会逐渐减小。例如当 $n=4$ 时，标准误为：

$$\sigma_M=\frac{\sigma}{\sqrt{n}}=\frac{20}{\sqrt{4}}=10$$

也就是说，M 和 μ 之间的典型（或标准）距离是 10 分。图 7-8b 显示了这种分布。注意一点，此分布中的样本平均数比 $n=1$ 时的更接近总体平均数。

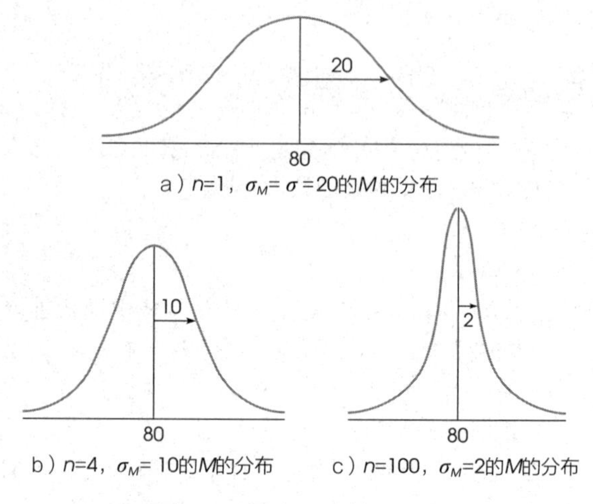

图 7-8 样本平均数的分布

在 $n=100$ 的样本中，标准误就更小了。

$$\sigma_M=\frac{\sigma}{\sqrt{n}}=\frac{20}{\sqrt{100}}=\frac{20}{10}=2$$

$n=100$ 的样本平均数比 $n=4$ 和 $n=1$ 的样本平均数能更好地代表总体。如图 7-8c 所示，当 $n=100$ 时，M 和 μ 之间的误差很小（平均而言，只有两分的误差），所有样本平均数都非常接近总体平均数。■

综上所述，本例说明，当样本量最小（$n=1$）时，标准误等于总体标准差。随着样本量增大，标准误会逐渐变小，同时，样本平均数趋近于总体平均数（μ）。因此，标准误定义了样本量和（M 代表 μ 的）精确度之间的关系。

§ 文献报告 §

报告标准误

在以后的学习中，我们会发现，标准误在推断统计中会起到非常重要的作用。正是因为它的重要性，因此在科学文献中常常需要报告样本平均数的标准误，而不是标准差。不同的学术期刊在表示标准误的方式上稍有差异，但是通常都是使用符号 *SE* 和 *SEM* 来表示（平均数的标准误）。标准误报告方式有两种：一是和标准差一样，可以将其与样本平均数一起列在表内（见表 7-3），二是可以用图来表示。

表 7-3 在或不在（控制组）摄像机前的被试自我意识分数的平均数

	n	*M*	*SE*
控制组	17	32.23	2.31
摄像机组	15	45.17	2.78

图 7-9 解释了如何用条形图展示样本平均数和标准误。在本实验中，给予两个样本（组 A 和组 B）不同的处理，记录下它们的因变量得分。组 A 的 $M=15$，组 B 的 $M=30$，两组标准误均为 $\sigma_M=4$。注意，条形的高度代表平均数，条形顶部的线段代表标准误。线段从样本平均数开始向上和向下延伸 1 个标准误。因此，这个图表明每组平均数都加上或减去了一个标准误（$M \pm SE$）。当你浏览图 7-9 时，你不仅能够获得关于样本平均数的"图像"，你也能了解对于这些平均数，你可能期望的误差有多大。

图 7-10 呈现了如何用折线图展示样本平均数和标准误。在本研究中，代表不同的年龄段的两个样本进行了四次测试。记录每个被试在每个试次中犯错误的数量。图中显示了每组在每一个试次中犯错误的平均数量（M）。线段表示每个样本平均数的标准误大小。同样地，线段在平均数的上方和下方延伸 1 个标准误。

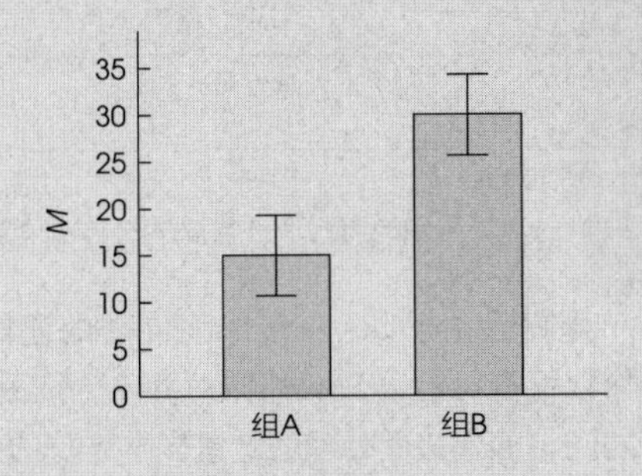

图 7-9　组 A 和组 B 的平均数（$\pm SE$）

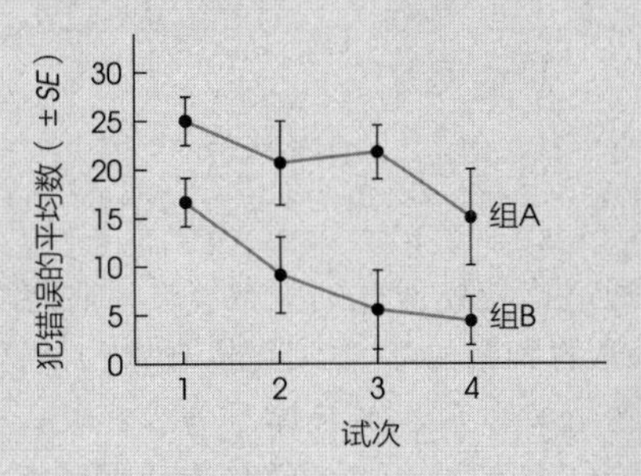

图 7-10　组 A 和组 B 所犯错误的平均数（$\pm SE$）

学习小测验

1. 总体标准差 $\sigma=10$，
   a. 一般来说，选自总体的单一样本分数和这个总体平均数之间有多大差异？
   b. 一般来说，选自总体的 $n=4$ 的样本平均数和这个总体平均数之间有多大差异？
   c. 一般来说，选自总体的 $n=25$ 的样本平均数和这个总体平均数之间有多大差异？
2. 标准误会比总体标准差大吗？请说明原因。
3. 一名研究者计划从标准差 $\sigma=12$ 的总体中随机抽取一个样本，
   a. 若标准误小于等于 6，需要多大的样本？
   b. 若标准误小于等于 4，需要多大的样本？

答案

1. a. $\sigma=10$
   b. $\sigma_M=5$
   c. $\sigma_M=2$
2. 不是。标准误由标准差除以 n 的平方根得来。标准误总是小于等于标准差。
3. a. 样本量 $n=4$ 或更大。b. 样本量 $n=9$ 或更大。

7.5　推断统计展望

推断统计是一种以样本数据为基础，得出总体的一般结论的方法。然而，我们注意到，样本并不能完美且精准地反映总体。具体来说，样本统计量和相应的总体参数之间会有一些误差或差异。在这一章中，我们已经发现样本平均数并不完全等于总体平均数。平均数的标准误指出了样本平均数和总体平均数之间的平均期望差异是多少。

样本和总体之间存在的自然差异为所有的推断过程引入了一定程度的误差和不确定性。具体来说，当一名研究者依据样本平均数对总体平均数下结论时，他必须考虑到误差始终存在。记住，样本平均数不是完美的。在接下来的七章中，我们会介绍一系列使用样本平均数对总体平均数进行推断的统计方法。

在每一种情况下，样本平均数的分布和标准误在推断过程中起着至关重要的作用。在开始介绍这一系列统计方法之前，我们先来了解一下样本平均数的分布、z 分数和概率是如何帮助我们用样本平均数来推断总体平均数的。

□　例 7-5

假设一名心理学家正在设计一个评估生长激素效果的实验。众所周知，正常成年老鼠的平均体重（没有激素）$\mu=400$ 克。当然，并不是所有的老鼠都一样重，它们的体重符合正态分布，$\sigma=20$。心理学家计划选取一组 $n=25$ 的新生老鼠样本，给它们注射激素，然后测量它们成年后的体重。这个研究的实验流程如图 7-11 所示。

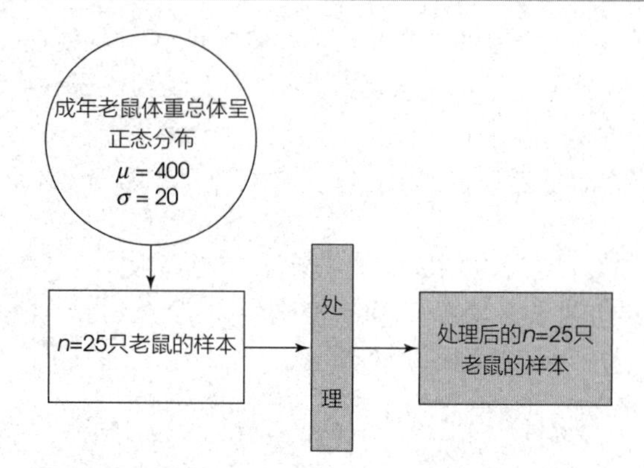

图 7-11　例 7-5 的实验流程

注：目的是确定生长激素对老鼠体重是否有影响。

心理学家通过比较处理过的大鼠样本和原始总体中普通未处理的大鼠的体重来判断激素的效果。如果样本中接受处理的成年老鼠体重与未经处理的成年老鼠体重有明显不同，那么研究者就有证据认为激素是有作用的。问题是，在我们判定样本"明显不同"之前，需要先确定多大的不同才是"明显不同"。

样本平均数的分布和标准误可以帮助研究者做出这个判断。具体来说，样本平均数的分布可以显示不接受激素注射的老鼠是怎样的。因此，研究者可以做一个简单的比较：

a. 接受处理的老鼠(从研究中获得)

b. 未处理的老鼠(从样本平均数的分布中获得)

如果我们处理的样本明显不同于未经处理的样本，那么我们就有证据表明，处理有效果。相反，如果处理的样本与未处理的样本看起来一样，那么我们必须得出结论：处理似乎没有任何效果。

我们由原始的未处理大鼠总体开始，考虑 $n=25$ 的所有可能的样本平均数的分布，这个样本平均数的分布具有以下特征：

(1) 它是正态分布，因为老鼠体重的总体是正态的。

(2) 它的期望值为 400，因为总体平均数 $\mu=400$。

(3) 它的标准误 $\sigma_M=20/\sqrt{25}=4$，因为总体标准差是 20，样本量是 25。

图 7-12 呈现了样本平均数的分布。注意，$n=25$ 的未经处理的老鼠的样本(没有激素)平均体重应该是 400 克左右。更精确地说，我们可以用 z 分数确定分布中间 95%的样本平均数。在第 6 章中我们提到，正态分布中间 95%的 z 分数边界是从 $z=+1.96$ 到 $z=-1.96$(查正态分布表)。这些 z 分数在图 7-12 中也有体现。标准误 $\sigma_M=4$，$z=1.96$ 说明其到平均数的距离是 $1.96(4)=7.84$。因此，z 分数的边界 ±1.96 对应的样本平均数是在 392.16~407.84 之间。

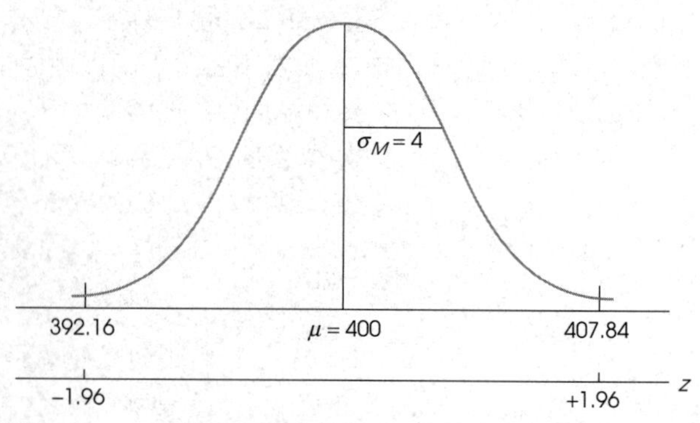

图 7-12　$n=25$ 只未经处理的老鼠的样本平均数分布(例 7-5)

我们已经证明，一组未经处理的老鼠体重的样本平均数很有可能(95%的概率)介于 392.16 克和 407.84 克之间。如果接受处理的老鼠样本体重的平均数是在这个范围内，那么我们必须得出结论，接受处理的老鼠样本与未经处理的老鼠样本在体重上无较大差别。在这种情况下，我们得出结论：激素似乎没有起任何作用。

此外，若经处理后的样本平均数在 95%范围之外，那么我们可以得出结论：经处理的样本与未经处理的样本有明显区别。这样，研究结果就可以证明处理是有效的。■

在例 7-5 中，我们使用样本平均数的分布，结合 z 分数和概率，对未经处理的样本的合理期望值进行了描述。然后，我们通过判断接受处理后的样本是否显著不同于未经处理的样本，对处理效果进行评估。这个过程构成了推断统计方法的基础，即假设检验。假设检验是第 8 章的重点内容并将贯穿本书的其余部分。

标准误作为信度的度量

图 7-11 中的研究情况介绍了关于平均数和标准误的最后一个问题。在图 7-11 中，和大多数研究一样，研究者必须依靠单一样本的数据对总体情况进行准确描述。然而，我们注意到，如果从同一总体随机抽取两个不同的样本，那么每个样本中会有不同的个体、不同的分数和不同的平均数。因此，每个研究者都必须面对一个无法回避的问题："如果我随机抽取了一个不同的样本，我会得到不同的结果吗?"

这个问题的重要性与不同样本之间的相似程度直接相关。例如，如果样本之间有较高的一致性，那么研究者有理由认为，这个样本可以很好地衡量总体。也就是说，如果所有的样本都是相似的，那么不管你选取哪一个，都可以。此外，如果样本之间差异比较大，那么研究者就会怀疑特定样本的准确性。这样一来，不同的样本可能会产生完全不同的结果。

在这种情况下，标准误可以成为衡量样本平均数信度的指标。信度是指对于同一事物进行不同测量的一致性。更具体地说，如果你对同一事物进行两次测量并得到了相同的(或近似相同的)结果，那么说明测量方法是可靠的。如果你把样本看作对总体的“测量”，那么样本平均数就是对总体平均数的“测量”。

如果标准误很小，那么意味着所有可能的样本平均数会聚集在一起，研究者可以认为，任何一个样本的平均数都是对总体情况的可靠测量。另外，较大的标准误表示样本之间有相对较大的差异，研究者就必须关注不同的样本可能产生不同的结论。幸运的是，标准误的大小可以控制。具体来说，如果研究者担心存在较大的标准误，或不同样本之间潜在的较大差异，那么研究者就要通过选取更大的样本来减小标准误。因此，计算标准误的能力为研究者提供了控制他们的样本信度的能力。

样本平均数的信度直接关系到一个样本能否稳定且准确地代表总体。如果研究者担心，添加一个或两个新的分数可能会使样本平均数产生实质性的变化，那么这个样本是不可靠的，研究者更没有信心说这个样本是稳定、准确的。这里有两个因素会影响到一个新的分数能否会让样本平均数产生实质性变化。

(1) 样本量。若一个样本只有两三个分数，那么少量新分数就会对样本平均数产生很大影响。另外，若样本已经有100个分数了，那么再加1或两个分数就不会有太大影响。

(2) 总体标准差的大小。标准差较大意味着分数分布范围广泛。在这种情况下，很有可能选中一个或两个与其他分数差异很大的极端分数。正如第3章指出的，添加一个或两个极端分数对样本平均数可以有很大的影响。相反，标准差偏小，所有分数的分布较为集中，一些新的分数应该也类似于那些已经存在于样本内的分数。

请注意，这两个因素对计算标准误具有同等价值。大样本意味着标准误较小，所以样本平均数可靠。同时，总体标准差小意味着标准误小，所以样本平均数可靠。在任何一种情况下，研究者都可以相信，在现有样本中添加一些新的分数不会对样本平均数产生显著影响。

学习小测验

1. 一个总体呈正态分布，平均数$\mu=80$，标准差$\sigma=20$，
   a. 如果从总体中选取一个分数，在平均水平上，你期望总体和此分数之间的距离是多少？
   b. 如果从总体中选$n=100$的样本，在平均水平上，你期望总体平均数和此样本平均数之间的距离是多少？
2. 一个总体呈正态分布，平均数$\mu=40$，标准差$\sigma=8$，
   a. 一个来自总体的样本，$n=16$，$M=36$。你认为这是一个有代表性的样本，或者样本平均数是极端值吗？请说明原因。
   b. 如果a部分的一个样本的$n=4$，它是有代表性的样本还是极端样本？
3. 某大学新生的SAT成绩呈正态分布，平均数$\mu=530$，标准差$\sigma=80$。
   a. 随机抽取$n=16$的样本，样本平均数中间95%的范围是多少？
   b. 当$n=100$时，样本平均数中间95%的范围是多少？
4. 一家汽车制造商声称，一个新型号汽车，平均每加仑油能跑$\mu=45$英里，其标准差为$\sigma=4$。对一个$n=16$的样本进行检测，平均数仅为$M=43$英里每加仑。如果制造商说的是真的，这种情况会发生吗？确切地说，样本平均数在期望的95%的范围内吗？(假设里程分数分布正态。)

答案

1. a. 对于单一分数，距离平均数的标准距离等于标准差，$\sigma=20$。
   b. 对于$n=100$的样本，样本平均数和总体平均数的距离是标准误，$\sigma_M=20/\sqrt{100}=2$。
2. a. 当$n=16$时，标准误是2，样本平均数对应的$z=-2.00$，是极端值。
   b. 当$n=4$时，标准误是4，样本平均数对应的$z=-1.00$，是相对有代表性的值。
3. a. 当$n=16$时，标准误$\sigma_M=20$分。用$z=\pm1.96$，95%的范围是490.8~569.2。
   b. 当$n=100$时，标准误是8分。95%的范围是514.32~545.68。
4. 当$n=16$时，标准误$\sigma_M=1$。当真正的平均数是$\mu=45$，那么95%的样本平均数应该在总体平均数$\mu=45$的正负1.96个标准差之内，对应数值是43.04~46.96。我们的样本平均数在此范围外，所以如果制造商说的是真的，我们不应该获得这样的样本。

小 结

1. 样本平均数的分布被定义为，一组由所有可能从总体中获得的特定大小的随机样本的 M 的集合。根据中心极限定理，样本平均数的分布的参数如下：
   a. 形状。只要满足以下两个条件之一，样本平均数的分布就是正态的：
   (1) 样本所属总体是正态分布。
   (2) 样本量相对较大($n \geq 30$)。
   b. 集中趋势。样本平均数的分布的平均数与总体平均数完全相同。这个平均数被称为 M 的期望值。
   c. 变异性。样本平均数的分布的标准差称作 M 的标准误，公式为 $\sigma_M = \frac{\sigma}{\sqrt{n}}$ 或 $\sigma_M = \sqrt{\frac{\sigma^2}{n}}$ 标准误测量了样本平均数(M)和总体平均数(μ)之间的标准距离。
2. 本章重点概念之一是标准误。标准误是样本平均数的分布的标准差。它测量了样本平均数(M)和总体平均数(μ)之间的标准距离。标准误告诉我们，如果用样本平均数代表总体平均数，误差可能会有多大。
3. 样本平均数分布中的每个 M 的位置可以用 z 分数表示：$z=(M-\mu)/\sigma_M$。因为样本平均数的分布趋于正态，我们可以用 z 分数和正态分布表来找到特定样本平均数的概率。具体来说，我们可以确定哪些样本更可能从已知总体中获得，哪些更不可能获得。这种找到样本概率的能力是后面几章的推断统计的基础。
4. 概括地说，标准误测量了样本统计量和对应的总体参数之间的期望误差。推断统计是用样本统计量推断总体参数。因此，标准误对于推断统计学至关重要。

关键术语

抽样误差　　样本平均数的分布　　抽样分布　　中心极限定理
M 的期望值　　M 的标准误　　大数定律

资 源

SPSS

统计软件 SPSS 中并不包含计算样本平均数的标准误或 z 分数的程序，但是在后面的章节中，我们会介绍一种包含于 SPSS 软件中的新的推断统计方法。当这些新的统计数据被计算出来时，SPSS 一般会报告标准误，它描述了样本代表总体的平均准确程度。

关注问题解决

1. 当你解决样本平均数的概率问题时，你必须使用样本平均数的分布。记住，每个概率问题都可以被表述成比例问题。样本平均数的概率等于样本平均数分布的比例。
2. 在用 z 分数公式计算样本平均数的概率时，最常见的错误是使用标准差(σ)而不是标准误(σ_M)。标准差衡量了一个分数的典型偏差(或误差)。标准误衡量了样本的典型偏差(或误差)。记住：样本量越大的样本越能准确代表总体。因此，样本量(n)是标准误的关键部分。

$$\text{标准误} = \sigma_M = \sigma/\sqrt{n}$$

尽管样本平均数的分布通常是正态的，但并不总是这样。在你使用正态分布表来查找概率之前(见小结的第 1 项的 a 部分)，必须检查样本分布是否正态。记住，如果你能画出分布图并为你感兴趣的部分涂上阴影，所有正态分布的概率问题都会比较容易解决。

示例7-1

样本平均数的分布及概率

总体呈正态分布，$\mu=60$，标准差 $\sigma=12$。从中选取 $n=36$ 的样本，样本平均数大于 64 的概率是多少？

$$p(M>64)=?$$

第一步　把概率问题表述成比例问题　在所有可能的 $n=36$ 的样本平均数中，大于 64 的比例是？所有可能的样本平均数就是样本平均数的分布且该分布是正态的，平均数 $\mu=60$，标准误是：

$$\sigma_M=\frac{\sigma}{\sqrt{n}}=\frac{12}{\sqrt{36}}=\frac{12}{6}=2$$

图 7-13a 呈现了该分布。因为问题是求大于 64 的 M 的比例，这部分在图 7-13b 中用阴影表示。

第二步　计算样本平均数的 z 分数　样本平均数 $M=64$ 对应的 z 分数是：

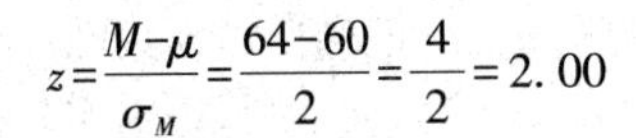

$$z=\frac{M-\mu}{\sigma_M}=\frac{64-60}{2}=\frac{4}{2}=2.00$$

因此，$p(M>64)=p(z>2.00)$

第三步　在正态分布表中找比例　在 A 列中找 $z=2.00$，在 C 列中找到 $p=0.0228$。

答案如图 7-13c 所示。

$$p(M>64)=p(z>2.00)=0.0228(\text{或 } 2.28\%)$$

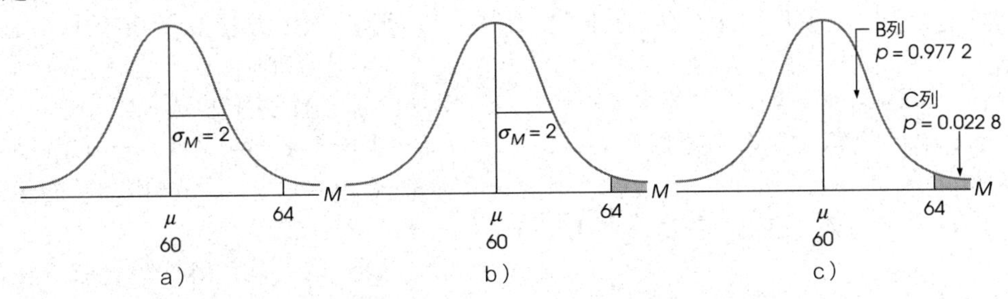

图 7-13　示例 7-1 的分布草图

习　题

1. 简要定义下列概念。
   a. 样本平均数的分布
   b. M 的期望值
   c. M 的标准误
2. 从 $\mu=100$，$\sigma=12$ 的总体中随机抽取 $n=36$ 的样本，描述样本平均数的分布（形状、期望值、标准误）。
3. 从 $\mu=40$，$\sigma=8$ 的总体中抽取样本。
   a. 如果样本量 $n=4$，M 的期望值和标准误是？
   b. 如果样本量 $n=16$，M 的期望值和标准误是？
4. 样本平均数的分布不总是正态。在哪种情况下，样本平均数的分布非正态？
5. 已知总体标准差 $\sigma=30$。
   a. 随机抽取 $n=4$ 的样本，平均而言，样本平均数和总体平均数之间的距离是多少？
   b. 随机抽取 $n=25$ 的样本，平均而言，样本平均数和总体平均数之间的距离是多少？
   c. 随机抽取 $n=100$ 的样本，平均而言，样本平均数和总体平均数之间的距离是多少？
6. 总体平均数 $\mu=70$，标准差 $\sigma=20$，平均而言，下列不同样本量的样本平均数和总体平均数之间的误差分别是多少？
   a. $n=4$　　b. $n=16$　　c. $n=25$
7. 总体标准差 $\sigma=20$，样本量多大才能满足标准误是：
   a. $\leqslant 5$　　b. $\leqslant 2$　　c. $\leqslant 1$
8. 总体标准差 $\sigma=8$，样本量多大才能满足标准误是：
   a. 小于 4　　b. 小于 2　　c. 小于 1
9. 对于包含 $n=25$ 个分数的样本，总体标准差是多少时，才能得到下列标准误？
   a. $\sigma_M=10$　　b. $\sigma_M=5$　　c. $\sigma_M=2$
10. 总体平均数 $\mu=80$，标准差 $\sigma=12$，求下列样本对应的 z 分数。
    a. 样本平均数 $M=83$，$n=4$
    b. 样本平均数 $M=83$，$n=16$
    c. 样本平均数 $M=83$，$n=36$
11. 已知样本平均数 $M=75$，样本量 $n=4$，求下列样本对应的 z 分数。
    a. 样本来自 $\mu=80$，$\sigma=10$ 的总体
    b. 样本来自 $\mu=80$，$\sigma=20$ 的总体
    c. 样本来自 $\mu=80$，$\sigma=40$ 的总体
12. 已知一总体呈正态，其平均数 $\mu=80$，$\sigma=15$。对于下列样本，计算样本平均数的 z 分数，并确定样本平均数是一个典型的、具有代表性的值，还是一个极值（相比于同一规模的样本）？
    a. $M=84$，$n=9$　　b. $M=84$，$n=100$
13. 我们从平均数 $\mu=30$，标准差 $\sigma=8$ 的正态分布总体中随机抽取一个样本，样本平均数 $M=33$。
    a. 对于 $n=4$ 的样本来说，这是一个很典型的平均数还是极值？
    b. 对于 $n=64$ 的样本来说，这是一个很典型的平均数还是极值？
14. IQ 分数总体呈正态分布，其平均数 $\mu=100$，标准差 $\sigma=15$，求获得的样本平均数大于 $M=97$ 的概率是多少？
    a. 对于样本量 $n=9$ 的随机样本来说

b. 对于样本量 $n=25$ 的随机样本来说

15. 纽约州 8 年级儿童的标准化数学测验成绩呈正态分布，其平均数 $\mu=70$，标准差 $\sigma=10$。
 a. 该州分数低于 $X=75$ 的学生的比例是多少？
 b. 若从总体中取 $n=4$ 的样本，样本平均数低于 $X=75$ 的比例是多少？
 c. 若从总体中取 $n=25$ 的样本，样本平均数低于 $X=75$ 的比例是多少？

16. 一分数总体呈正态分布，其平均数 $\mu=40$，标准差 $\sigma=12$。
 a. 随机抽取一个小于 $X=34$ 的分数的概率是多少？
 b. 随机抽取一个 $n=9$ 的样本，样本平均数低于 $X=34$ 的概率是多少？
 c. 随机抽取一个 $n=36$ 的样本，样本平均数低于 $X=34$ 的概率是多少？

17. 分数总体呈正态分布，其平均数 $\mu=80$，标准差 $\sigma=10$。
 a. 在 75 和 85 之间的分数的比例是多少？
 b. 对于 $n=4$ 的样本，样本平均数在 75 和 85 之间的比例是多少？
 c. 对于 $n=16$ 的样本，样本平均数在 75 和 85 之间的比例是多少？

18. 在夏季学期末，某校教导主任给新生发了一份调查问卷。其中一个问题是学生在本学期的体重变化。平均数 $\mu=9$ 磅，标准差 $\sigma=6$。分布近似正态。我们选取了 $n=4$ 的样本并计算了其平均数。
 a. 样本平均数大于 $M=10$ 磅的概率是多少？用符号表示即求 $p(M>10)$ 的值。
 b. 在所有可能的样本中，平均体重降低的人的比例是多少？用符号表示即求 $p(M<0)$ 的值。
 c. 样本平均数增加 9~12 磅的概率是多少？用符号表示即求 $p(9<M<12)$ 的值。

19. 食品包装工厂中的机器可以在每个瓶中准确地注入 12 盎司果汁。然而，由于运输过来的苹果大小不一，所以几乎不可能有一袋刚好 3 磅重的苹果。因此，机器设定每袋苹果的平均重量为 $\mu=50$ 盎司(3 磅 2 盎司)。每袋重量的分布近似正态，其标准差 $\sigma=4$ 盎司。
 a. 随机抽取一袋，其重量低于 48 盎司的概率是多少？
 b. 随机抽取 $n=4$ 袋苹果，其平均重量低于 $M=48$ 盎司的概率是多少？

20. 全美有驾照的司机的平均年龄 $\mu=40.3$ 岁，标准差 $\sigma=13.2$ 岁。
 a. 研究者随机抽取 $n=16$ 张停车票，计算得到的司机平均年龄为 $M=38.9$ 岁。计算平均年龄的 z 分数并求随机获得样本的平均年龄不高于此样本的概率。据此得出该 $n=16$ 的样本是具有代表性的结论，这合理吗？
 b. 同一个研究者抽取了包含 $n=36$ 张超速罚单的随机样本，计算得到司机的平均年龄 $M=36.2$ 岁。计算其 z 分数并求随机获得样本年龄不高于此样本的概率。据此得出该 $n=36$ 的样本是具有代表性的结论，这合理吗？

21. 从已登记选民中随机选人加入陪审团。全美登记选民的平均年龄 $\mu=44.3$ 岁，$\sigma=12.4$ 岁。一个统计员计算一组 $n=12$ 个人的样本的平均年龄，其值为 $M=48.9$ 岁。
 a. 获得一个平均年龄不低于 48.9 岁的 $n=12$ 的随机样本的概率是多少？
 b. 据此得出该 $n=12$ 的样本不具代表性的结论，这合理吗？

22. Welsh、Davis、Burke 和 Williams(2002)开展了一项评估电解质饮料对运动表现和耐力的效果的研究。当资深运动员进行一系列高强度运动时，给分别给两组运动员提供这种饮料或者安慰剂。测量的一项指标是运动员跑到筋疲力尽需用时多久。研究获得的数据见下表。

	跑到筋疲力尽用时(分钟)	
	M	SE
安慰剂	21.7	2.2
电解质饮料	28.6	2.7

 a. 绘制一个包含表中所有信息的条形图。
 b. 观察你所画的图，你认为电解质饮料有效果吗？

23. 在本章概要中，我们讨论的一个研究表明，8 个月大的婴儿可以辨别出哪个样本更有可能来源于总体。研究中，婴儿看到从大盒子里选出的 $n=5$ 的乒乓球样本。在一种条件下，样本由 1 个红球和 4 个白球组成，选取样本后，研究者打开盒子的前板以露出盒子里的物品。在期望条件下，盒子内主要是白球，婴儿注视的平均时间是 $M=7.5$ 秒。在非期望情况下，盒子里主要是红球，婴儿注视的平均时间是 $M=9.9$ 秒。假设两个平均数的标准误都是$\sigma_M=1$ 秒，画一个条形图来表示两个样本平均数，并用线段来表明每个平均数的标准误的大小。

CHAPTER

第 8 章

假设检验简介

本章目录

本章概要

8.1 假设检验的逻辑

8.2 假设检验中的不确定性和错误

8.3 假设检验示例

8.4 定向(单尾)假设检验

8.5 对假设检验的顾虑：测量效应量

8.6 统计检验力

小结

关键术语

资源

关注问题解决

示例 8-1

示例 8-2

习题

所需工具

以下所列内容是本章需要的基础知识。如果你不确定自己对这些知识的掌握情况，你应在学习本章前复习相应的章节。

- z 分数(第 5 章)
- 样本平均数的分布(第 7 章)
  - 平均数
  - 概率和样本平均数
  - 标准误

本章概要

许多人常把更多的时间花在低头看手机而不是抬头欣赏天空中的风景上。如果你真的去观察空中的云朵，然后再发挥一点想象力，你偶尔就会看到云朵组成了一些熟悉的形状。图 8-1 是 2008 年圣诞节期间在堪萨斯城拍摄的一张云朵的照片，你能从中看出一个熟悉的图像吗？

图 8-1 中云朵图案的形成只是偶然。具体来说，是风和气流共同的随机作用力创作出了这样一幅圣诞老人的肖像。云朵并没有刻意去形成这张图像，也并没有一个专业的空中书法团队刻意为之。我们要说的重点在于：一些看起来有意义的图像也可能是在随机条件下生成的。

图 8-1　堪萨斯城上空的云

问题：研究者经常能够在研究所得的样本数据中发现一些有意义的模型。问题在于确定这些样本中发现的模型是否反映出了真实存在于总体中的模型，或者它们只是随机发生的偶然事件。

解决方法：为了对真实的、系统的模型和随机的偶发事件加以区分，研究者采用了一种被称为“假设检验”的统计方法，而这正是我们在本章中所要介绍的内容。正如你将要看到的，假设检验首先要确定模型只是偶然产生的概率。如果概率足够大，那么我们就可以断定这个模型可以被合理解释为是偶然产生的。然而，如果概率极小，那么我们就可以排除偶然这一看似合理的解释，转而断定这一模型是由有意义的、系统的外力催生的。例如，一生中只看到一次类似圣诞老人形状的云朵是合理的，但看到云朵在该形状下还拼接成了“圣诞快乐”几个字眼，几乎就是不可能的了。如果这种情况发生了，我们便断定该模型不是由随机偶然的外力催生的，而是源自一种有意的、系统的行为。

8.1　假设检验的逻辑

研究者要想调查总体中的每个个体通常都是不可能或不切实际的。因此，他们通常从一个样本中收集数据，并借助样本数据来回答有关总体的问题。假设检验是一个允许研究者使用样本数据来对感兴趣的总体进行推断的统计方法。

假设检验是常用的推断统计方法之一。事实上，本书其余部分大都在对各种不同情况和应用下的假设检验进行考察。虽然假设检验的细节会随情境发生变化，但常规步骤是不变的。在这一章里，我们将介绍假设检验的一般步骤。你应该注意到，我们会使用到前三章所讲的统计方法，也就是说，我们会结合 z 分数、概率和样本平均数的分布的概念形成一种新的统计方法，即假设检验。

> **定义**
>
> **假设检验**是一种使用样本数据来评估关于总体的假设的统计方法。

简言之，假设检验程序的内在逻辑如下：

(1) 我们先对该总体提出假设。通常该假设关注的是总体参数。例如，假设在每年感恩节到新年期间，美国成年人的体重会平均增加 $\mu=7$ 磅。

(2) 在选择样本前，我们先用假设来预测样本可能具有的特征。例如，若预测总体平均增重 $\mu=7$ 磅，那么我们应该预测样本平均增重在 7 磅左右。请记住：样本应接近总体，但二者之间总会存在一定的误差。

(3) 接下来，我们在总体中随机选取一个样本。例如，选择一个 $n=200$ 的美国成年人作为样本，并测量该样本在感恩节到新年期间的平均体重的变化。

(4) 最后，我们将获得的样本数据和假设中的预测相比较。如果样本平均数与预测相一致，那么可以推论假设是合理的，但如果二者之间存在显著差异，那么则判定假设错误。

假设检验主要用于分析研究结果。也就是说，研究者在完成一项实验研究后会使用假设检验评估结果。根据研究的类型和数据的类型，假设检验的细节在不同的研究情况下会有所不同。在随后的章节中，我们考察了用于不同类型的研究的不同版本的假设检验，但是，目前我们关注的是所有假设检验所共有的基本元素。为了达到这一目的，我们对用于最简单的可能情境下的假设检验加以验证——使用样本平均数检验关于总体平均数的假设。

在接下来的六章中，我们会涉及样本平均数和平均数差异这些更为复杂的研究情境下的假设检验。第 15、16 章着重介绍相关研究，探讨如何将从样本数据中获得的关系用于评估总体关系的假设。第 17、18 章将探讨如何运用样本比例大小来检验对应总体比例大小的假设。第 19 章将对完整的假设检验进行回顾，并为你提供一个指南，以帮你找到一套合适的处理特定类型的数据的检验方法。

再次强调，在研究者使用样本平均数评估一个未知总体平均数的假设情境下，我们引入了假设检验。

未知总体　图 8-2 展示了我们用来介绍假设检验过程的一般研究情境。请注意：研究者是以已知总体为起点的，也就是这组个体在处理前就存在了。在这个例子中，我们假设原始分数构成了一个平均数 $\mu=80$，标准差 $\sigma=20$ 的正态分布。研究目的在于确定处理对总体中的个体的影响。也就是说，目的是确定总体在接受处理后发生了什么变化。

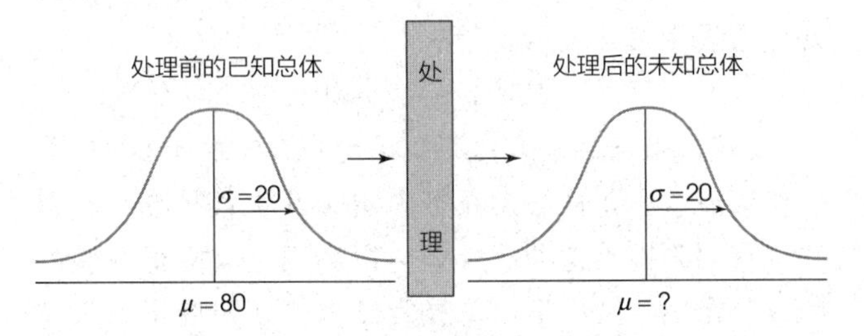

图 8-2　假设检验的基本实验情境

注：假设总体参数 μ 在处理前已知。实验目的是确定处理对总体平均数的影响。

为了简化假设检验的情境，我们围绕处理效应提出了一个基本假设：如果处理有效，它只是在每个人的得分上增加（或减去）一个常数。可以回忆一下第 3 章和第 4 章中讲过的内容，加上（或减去）一个常数，改变了平均数，但不改变总体的形状和标准差。因此，我们假设，处理后的总体的形状和标准差与原始总体一致。图 8-2 所示的情境纳入了该假设。

请注意：接受处理的未知总体是研究问题的焦点所在，具体来说，研究的目的是确定总体中的每个个体在接受了处理后会怎样。

研究中的样本　假设检验的目的是确定处理对总体中的个体是否有效（见图 8-2）。然而，在一般情况下，我们无法对总体实施处理，因此，实际的研究都是使用样本进行的。图 8-3 从假设检验的角度呈现了研究的结构。左边是接受处理前的原始总体，右边是接受处理后的未知总体。请注意，未知总体实际上是假设的（处理并未实施于总体）。相反，我们所要知道的是假如处理实施于总体会怎样。研究包括从原始总体中选取样本，对样本实施处理和记录处理后样本分数的变化。请注意：研究产生了一个经过处理的样本。虽然该样本是间接获得的，但它相当于直接从接受处理的未知总体中获得的样本。假设检验使用接受处理后的样本（图 8-3 右下侧）来评估接受处理后的未知总体（图 8-3 右上侧）的假设。

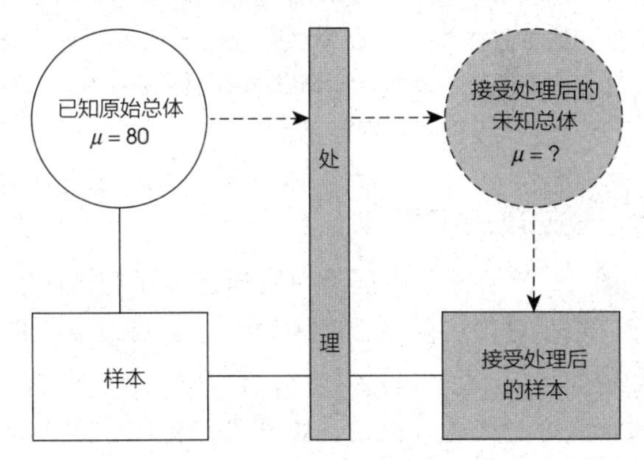

图 8-3　从假设检验的视角来看，在总体接受处理之后，再从该处理后的总体中选取样本；而在实际的研究中，是从原始总体中选取样本并实施处理。从两个视角来看，结果都是一个接受处理后的样本代表接受处理后的总体

假设检验是一个程序化的过程，它的操作遵循一系列的标准。这样，研究者就可以使用标准化方法对其研究结果加以评估。其他研究者也能够准确认识和理解该如何评估数据以及如何得出结论。为了强调假设检验的程式化结构，本书随后所涉及的假设检验均将分为四步。下述示例将具体介绍假设检验的四个步骤。

□　例 8-1

研究者注意到，人的认知功能会随着年龄的增长逐渐衰退（Bartus，1990），但是，另外一些研究结果表明，诸如蓝莓等食物中的抗氧化剂可以减缓甚至消除年龄增长带来的机能衰退，至少它们对白鼠而言是有效的（Joseph et al.，1999）。基于这些结果，人们推测同样的抗氧化剂也能使老年人受益。假定一位研究者对验证该理论很感兴趣。

像威斯康星卡片分类测验（Wisconsin Card Sorting Test）这样的标准化神经心理测验可以用来测量概念思维能力和思维灵活性（Heaton，Chelune，Talley，Kay，& Curtiss，1993）。人们在这类测验上的成绩会随着年龄的增长逐渐下降。假设研究者选择一项测验对65岁以上的老年人施测，这些老年人在该项测验上的平均数$\mu=80$，标准差$\sigma=20$，测验分数的分布大致接近正态分布。研究者打算随机抽取$n=25$位65岁以上的老年人样本，然后每日给每位被试服用抗氧化剂含量很高的蓝莓补剂，服用6个月后，对被试进行神经心理测验以测量其认知功能水平。如果该样本的平均分与老年人总体的平均分差异明显，那么研究者可得出蓝莓补剂对认知功能的确存在影响的结论。另外，假如样本平均分在80分左右（与总体的平均分一致），研究者则必须推断该蓝莓补剂无效。■

假设检验的四个步骤

图8-3描绘了上述例子中所描述的研究情况。请注意：接受处理后的总体是未知的。明确来说，我们不知道如果给老年人总体提供蓝莓补剂后其平均分会产生什么样的变化。然而，如果我们有一个给予蓝莓补剂$n=25$的被试样本，我们就可以使用该样本来推断未知总体。下面的四个步骤概述了假设检验的过程，它们允许我们使用样本数据来回答关于未知总体的一些问题。

步骤1：提出假设

顾名思义，假设检验首先要提出一个关于未知总体的假设。实际上，我们会提出两个相互对立的假设。请注意：这两个假设都是依据总体参数提出的。

这两个假设中的第一个，也是最重要的那个假设被称为虚无假设。虚无假设表明处理是无效的。在通常情况下，虚无假设表明无改变、无效应、无差异——什么也没有发生。因此名为虚无。虚无假设记为H_0（H表示假设，下标0表明这个假设的效应为零）。对例8-1中的研究来说，虚无假设陈述为蓝莓补剂对65岁以上老年人总体的认知功能没有影响，该假设用符号表示为：

$$H_0: \mu_{\text{蓝莓补剂}} = 80$$

（即使有蓝莓补剂，平均数仍为80）

推断统计的目的是使用样本数据对总体进行概括性描述。因此，在检验假设时，我们对总体参数做出预测。

定义

虚无假设（H_0）陈述为总体中无变化、无差异或无关系。在实验条件下，H_0预测自变量（处理）对总体的因变量（分数）不会产生影响。

第二个假设与虚无假设恰好相反，被称为科学假设，或备择假设（H_1）。该假设表明处理对因变量产生了影响。

定义

备择假设（H_1）表述为总体中有变化、有差异或有关系。在实验条件下，H_1预测自变量（处理）对因变量的确产生了影响。

虚无假设和备择假设是互斥且完备的。二者不可能都为真，且其中一个必定为真。研究者会依据数据决定应拒绝哪个假设。

在这个例子中，备择假设表述为蓝莓补剂的确会对总体的认知功能产生影响，并引起平均分的变化。备择假设用符号表示为：

$$H_1: \mu_{\text{蓝莓补剂}} \neq 80$$

（使用蓝莓补剂后的测验平均分数不等于80）

请注意：备择假设只是表明会发生某种变化，但并没有明确提出这种效应是会提高还是会降低测验的分数。在某些情况下，备择假设也可以明确指出效应的方向。例如，研究者可以假设蓝莓补剂会提高神经心理测验的分数（$\mu>80$）。这种类型的假设产生了一个定向的假设检验，这部分内容稍后会做详细说明。现在我们来看非定向的假设检验，即假设只表述为处理无效（H_0）或有效（H_1）。

步骤2：设定决策标准

最后，研究者将使用样本数据评估虚无假设的可信度。数据要么倾向于支持虚无假设，要么倾向于拒绝虚无假设。特别是当二者之间存在很大的差异时，我们便推断虚无假设为假。

为了使这种判定过程规范化，我们使用虚无假设来预测可能获得的几种样本平均数。具体来说，我们要确定哪些样本平均数与虚无假设一致，哪些样本平均数会与虚无假设不一致。

在我们所举的例子中，虚无假设表明蓝莓补剂无效，总体平均数仍为$\mu=80$。如果该假设为真，那么样本平均数应该在80左右。因此，样本平均数接近80就与虚无假设相一致。另外，样本平均数若与80相差甚远，便与虚无假设不一致。为了确定哪些值“接近”80，哪些值与80“相差甚远”，我们检验了虚无假设为真时所有可能获得的样本平均数。在我们所举的例子中，这是$n=25$的样本平均数的分布。根据虚无假设，样本平均数的分布中心为$\mu=80$。因此，样本平均数的分布可以被分为两个部分：

（1）如果H_0为真，就说明样本平均数是可能获得的，即样本平均数与虚无假设接近。

（2）如果H_0为假，就说明样本平均数极不可能获得，即样本平均数与虚无假设相差甚远。

样本平均数的分布的这两个部分如图8-4所示。请注意：一方面，大概率样本位于分布的中心，且样本平均数接近于虚无假设所确定的值；另一方面，小概率样本位于分布的两个尾部末端。当分布以这种方式被分开时，我们可以将样本数据与分布中的值进行比较。具体来说，我们可以确定样本平均数与虚无假设是否一致（如处于分布中心的值）或是相差甚远（如处于极端尾部的值）。

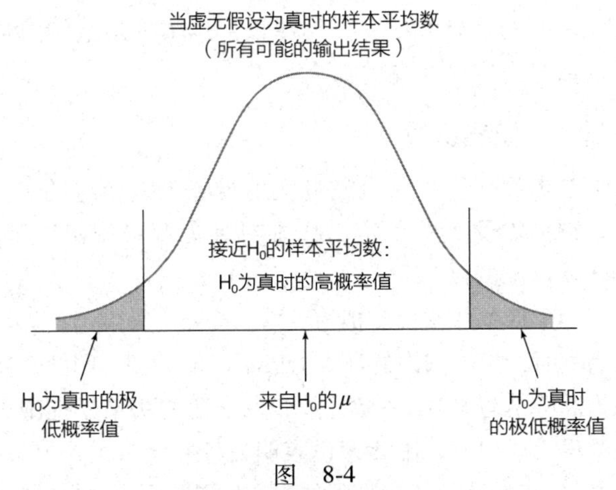

图　8-4

注：如果虚无假设为真，潜在样本被分为可能获得的样本与极不可能获得的样本。

α水平　为了找到将大概率样本和小概率样本分开的边界，我们必须明确定义什么是“小”概率和“大”概率。我们可以选择一个特定的概率值，即假设检验的显著性水平或α水平。α值是一个用来识别小概率样本的小概率值。最常使用的α水平为$\alpha=0.05$（5%），$\alpha=0.01$（1%）和$\alpha=0.001$（0.1%）。[1]例如，当$\alpha=0.05$时，我们将最不可能获得的5%的样本平均数（极值）和最可能获得的95%的样本平均数（中心值）分开。

由α水平定义的最不可能的值，组成了临界区域。这些在分布尾部的极值定义了与虚无假设不一致的结果，也就是说，如果虚无假设为真，这些值极不可能出现。当一项研究的数据产生了一个位于拒绝域（critical region）的样本平均数时，我们得出该数据与虚无假设不一致的结论，从而拒绝虚无假设。

定义

α水平，或**显著性水平**是一个用来定义假设检验中“极不可能”这一概念的概率值。

拒绝域是由样本中的极值组成的区间，在虚无假设为真时，这些值极不可能（由α水平决定）得到。临界限由α水平决定。如果样本数据落到拒绝域内，则拒绝虚无假设。

严格来讲，拒绝域是由处理无效时（也就是虚无假设为真时）极不可能发生的样本结果定义的。从另一个角度来看，我们也可以将拒绝域定义为：证明处理确实有效的样本值。对于我们所举的例子而言，老年人总体的测试平均分为$\mu=80$。我们从这个总体中选取一个样本，并对样本中的个体实施处理（蓝莓补剂）。哪种样本平均数会让你相信处理产生了效应？显然，最有说服力的证据应该是与$\mu=80$相差甚远的样本平均数。在假设检验中，拒绝域是由那些与原始总体“真正不同的”样本值确定的。

临界限　为了确定临界限的具体位置，我们将使用α水平概率和标准正态分布表。在大多数情况下，样本平均数的分布是正态的，标准正态分布表给出了临界限上z分数的确切位置。例如在$\alpha=0.05$时，边界把5%的极端部分和95%的中间部分分开。因为5%的极值分别位于分布的两侧尾部，所以每个尾部正好有2.5%（或0.025）的极值。在正态分布表中，你可以在C列（尾部）中查到0.0250的比例并找到z分数的

[1] 除极少数例外，α永远不会大于0.05。

临界限为 $z=1.96$。也就是说，对于任一正态分布，分布中尾部 5%的极值都位于 $z=\pm1.96$ 之外。这些值为使用 $\alpha=0.05$ 的假设检验设定了临界限(见图 8-5)。

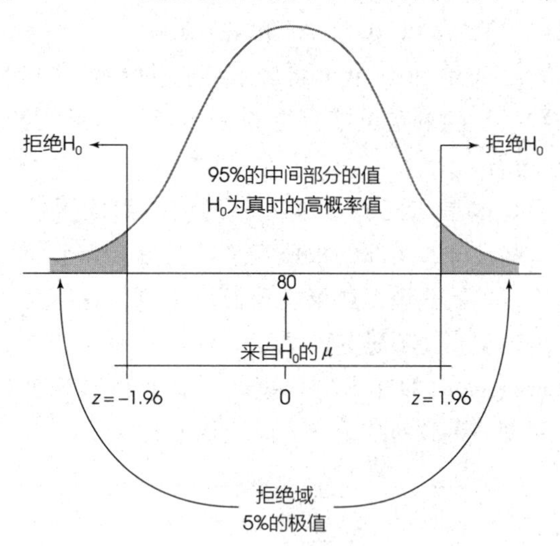

图 8-5　$\alpha=0.05$ 时的拒绝域(极不可能获得的值)

类似地，α 水平为 $\alpha=0.01$ 就表明有 1%或 0.010 0 的极值被两侧尾部分开。在这种条件下，每侧尾部的比例为 0.005 0，对应的 z 分数临界限是 $z=\pm2.58$ (±2.57 也可以)。在 $\alpha=0.001$ 的情况下，临界限位于 $z=\pm3.30$。你应该对照正态分布表核实这些值并确保你知道这些值是怎么得出来的。

学习小测验

1. 市立学区正在考虑扩大小学的班级规模。然而，学校董事会的一些成员担心大班可能会对学生的学习产生负面影响。请用一句话说明：班级规模对学生学习影响的虚无假设是什么?
2. 当 α 水平从 $\alpha=0.01$ 提高到 $\alpha=0.05$ 时，临界限值离分布的中心越远。(对或错?)
3. 如果研究者进行一项 α 水平为 $\alpha=0.02$ 的假设检验，那么构成临界限的 z 分数值是多少?

答案

1. 虚无假设为：班级的规模对学生的学习没有影响。
2. 错。α 值越大说明拒绝域越靠近分布的中心。
3. 0.02 会被分为两个尾部，每侧尾部为 0.01，z 分数的临界限为 $z=+2.33$ 和 $z=-2.33$。

步骤 3：收集数据并计算样本统计量

此时，我们选择 65 岁以上的成年人作为样本并给他们每人每日服用一剂量的蓝莓补剂。6 个月之后，使用神经心理学测验对被试的认知功能进行测量。请注意：收集数据是在研究者提出假设并设定决策标准后进行的。这一系列事件有助于确保研究者对数据做出公正、客观的评估，并且不会在实验结果出来后对决策标准进行篡改。

接下来，使用合适的统计方法对样本中的原始数据进行总结和概括：在本例中，研究者将会计算出样本平均数。现在研究者可以将样本平均数(数据)与虚无假设进行比较。假设检验的核心是将数据与假设进行比较。

这一比较是通过计算 z 分数来完成的，它描述了样本平均数相对于 H_0 中的假设总体平均数的确切位置。在步骤 2 中，我们构建了虚无假设为真时的样本平均数的期望分布——也就是当处理无效时所有可获得的样本平均数的集合(见图 8-5)。现在我们来计算 z 分数，它能够确定样本平均数位于这一假设分布中的具体位置。样本平均数的 z 分数计算公式如下：

$$z=\frac{M-\mu}{\sigma_M}$$

在这个公式中，样本平均数的值(M)是从样本数据中得出的，而 μ 的值是从虚无假设中得出的。因此，z 分数的公式可以用文字表示如下：

$$z=\frac{\text{样本平均数}-\text{假设的总体平均数}}{M\text{ 和 }\mu\text{ 之间的标准误}}$$

请注意：z 分数计算公式中的分子测量了数据和假设之间的差异大小，分母测量了样本平均数和总体平均数之间应该存在的标准距离。

步骤 4：做出决策

在最后一步中，研究者使用步骤 3 中获得的 z 分数，根据步骤 2 中界定的标准对虚无假设做出决策。有两种可能的结果：

(1) 样本数据位于拒绝域内。按照定义，当虚无假设为真时，拒绝域内的样本值极不可能得到。因此，我们推断样本与 H_0 不一致，故我们做出的决策是拒绝虚无假设。请记住，虚无假设表明处理是无效的，所以，拒绝 H_0 表明我们认为处理的确产生了效应。

例如，在我们所探讨的这个例子中，假设服用 6 个月蓝莓补剂后，样本平均数为 $M=92$。虚无假设表明总体平均数为 $\mu=80$，$n=25$，$\sigma=20$，则样本平均数的标准误为：

$$\sigma_M=\frac{\sigma}{\sqrt{n}}=\frac{20}{\sqrt{25}}=\frac{20}{5}=4$$

因此，在 $M=92$ 的样本中 z 分数为：

$$z=\frac{M-\mu}{\sigma_M}=\frac{92-80}{4}=\frac{12}{4}=3.00$$

当 $\alpha=0.05$ 时，z 分数远大于 1.96 的临界值。由于样本的 z 分数处于拒绝域内，因此我们拒绝虚无假设，并认为蓝莓补剂对认知功能确实有影响。

(2) 第二种可能是样本数据不在拒绝域内。在这种情况下，虚无假设规定样本平均数与总体平均数接近(处于分布中心)。因为数据并未给出足够证据说明虚无假设是错误的，所以我们不能拒绝虚无假设。也就是说，处理并未产生效果。

对于研究中测量蓝莓补剂的情况，假设样本的测验平均分数为 $M=84$。与之前一样，样本量 $n=25$ 时的标准误为 $\sigma_M=4$，虚无假设中的 $\mu=80$，由此得出的 z 分数为：

$$z=\frac{M-\mu}{\sigma_M}=\frac{84-80}{4}=\frac{4}{4}=1.00$$

z 分数为 1.00 并不处于拒绝域内，不能拒绝虚无假设，所以推断蓝莓补剂并没有对认知功能产生影响。

总之，通过比较接受处理后的样本与未接受处理的样本的平均数分布，我们可以做出最终的决策。如果接受蓝莓补剂处理后的样本看上去与未接受处理的样本一样，我们就推断处理并未产生效果。另外，如果处理后的样本与未处理的大多数样本之间差异明显，我们就推断处理的确有效。

假设检验的类比　在拒绝虚无假设的情况下，将两个可能的决策都提出来会有些尴尬，我们要么拒绝 H_0，要么不能拒绝 H_0。如果将一项研究设想为尝试去收集证据以证明处理产生了效果，理解这两个决策可能会更容易些。从这个角度而言，进行假设检验的程序与陪审团审判的过程有几分相似。例如：

(1) 假设检验始于表明处理无效的虚无假设。审讯始于被告并未犯罪(无罪假定)的虚无假设。

(2) 研究收集证据以表明处理确实产生了效果，警察收集证据以证明被告确实犯下罪行。请注意：二者都在试图反驳虚无假设。

(3) 假设证据充分，研究者便拒绝虚无假设并推断处理的确产生了效果；假设证据确凿，陪审团便拒绝虚无假设并推断被告有罪。

(4) 假如证据不足，研究者不能拒绝虚无假设。请注意：研究者并不能推断处理没有产生效果，只是并没有充分的证据来推断处理的确有效。类似地，如果没有足够证据，陪审团也无法推断被告有罪。请注意：陪审团不能推断被告是无辜的，只是因为陪审团并未有足够证据对被告进行有罪裁决。

深入了解 z 分数

在假设检验中使用的 z 分数统计量是所谓检验统计量的第一个具体的例子。检验统计量只是表明样本数据被转换成了一个单一、特定的统计量以用来检验假设。在随后的章节中，我们会介绍另外几种广泛应用于不同研究情况的检验统计量。但是，大多数新的检验统计量都与 z 分数一样，具有相同的基本结构和使用目的。我们已经将 z 分数公式描述为用来比较样本数据和总体假设的程式化方法，在这一小节中，我们从另外两个角度讨论 z 分数，也许可以让你对假设检验及其中 z 分数所扮演的角色有更好的了解。在不同情况下，切记 z 分数都是后面章节中所介绍的其他检验统计量的一般模型。

将 z 分数公式视为食谱　z 分数公式与其他公式一样，都可被视为一种食谱。如果按照说明使用了正确的食材，那么使用该公式就能得出 z 分数。然而，在假设检验的情境下，你并没有全部所需的原料。具体来说，你不知道总体平均数(μ)，而 μ 就是该公式的一个组成部分或者其中一种食材。

这种情况与试图按照食材不明确的食谱做蛋糕类似。例如，食谱中需要用到面粉，但如果有块油渍挡住了字迹，你就看不清到底需要多少面粉。面对这种情况，你可以尝试以下步骤：

(1) 对需要的面粉量提出假设。例如，假设需要的正确数量是两杯。

(2) 检验假设，加入假设的面粉量及剩余原料并烤制蛋糕。

(3) 如果蛋糕做得还不错，你就可以合理地推断你所做的假设正确；如果做出的蛋糕很糟糕，就可以推断你的假设错误。

在带有 z 分数的假设检验中，我们本质上是在做一件事。我们有 z 分数的公式(食谱)，但缺少一种原料。具体来说，我们不知道总体平均数 μ。因此，我们尝试遵循以下步骤：

(1) 对 μ 的值提出假设。该假设即为虚无假设。

(2) 将假设值及其他值(原料)一起代入公式。

(3) 如果公式得出的 z 分数接近 0(z 分数应趋近的数)，我们就推断假设正确。另外，如果公式得出了极值(不可能发生的结果)，我们就推断假设错误。

将 z 分数公式视为比例 在假设检验的背景下，z 分数的构成如下：

$$z=\frac{M-\mu}{\sigma_M}=\frac{\text{样本平均数}-\text{假设的总体平均数}}{M\text{和}\mu\text{之间的标准误}}$$

请注意：公式的分子中涉及样本数据和虚无假设的直接比较。具体来说，分子测量的是样本平均数和假设的总体平均数之间的差异。分母中标准误测量的是在不实施处理的情况下样本平均数和总体平均数之间自然存在的标准差异。因此，z 分数公式(以及其他大多数检验统计量)形成了一个比例：

$$z=\frac{\text{样本}(M)\text{与假设}(\mu)\text{的实际差异}}{\text{无处理效应的}M\text{和}\mu\text{之间的标准差异}}$$

因此，例如，$z=3.00$ 表明样本和假设的实际差异将会是处理无效的情况下二者间差异的三倍。

一般而言，检验统计量(如 z 分数)若得到一个较大的值，就表明样本数据和虚无假设之间存在很大的差异，具体来说，这个较大的值表明：样本数据不可能仅仅是由随机因素引起的。因此，当我们得出一个较大的值(位于拒绝域内)时，我们推断它必定是由处理效应引起的。

学习小测验

1. 研究者从 $\mu=40$，$\sigma=8$ 的正态分布的总体中选择一个 $n=16$ 的样本。对样本实施处理后得到样本平均数为 $M=43$。如果研究者使用假设检验来评估处理效应，那么由该样本得出的 z 分数是多少？
2. z 分数统计量得出一个较小的值(接近 0)表明样本与虚无假设间无显著差异。(对或错?)
3. z 分数值位于拒绝域内表明应拒绝虚无假设。(对或错?)

答案

1. 标准误为 2.0，$z=3/2=1.50$。
2. 对。z 分数的值接近 0，表明数据支持虚无假设。
3. 对。z 分数的值位于拒绝域内，表明样本数据与虚无假设之间存在差异。

8.2 假设检验中的不确定性和错误

假设检验是一个推断过程，即利用有限的信息得出一般性结论。具体来说，一个样本只能提供有关总体的有限或不完整的信息，而假设检验是使用样本得出关于总体的结论。在这种情况下，总会存在得出错误结论的概率。虽然样本数据通常都可以代表总体，但也有可能出现样本误导研究者得出错误结论的情况。在假设检验中，可能会犯两种错误。

Ⅰ型错误

在处理实际无效的情况下，数据有可能会误导你拒绝虚无假设。请记住：样本并不能够与其来自的总体完全相同，一些极端的样本可能与其应代表的总体相去甚远。如果研究者偶然选择了一个极端样本，那么，样本数据可能显示出明显的处理效应，而实际上处理是无效的。例如，在上一节中，我们讨论了一项关于抗氧化含量高的蓝莓补剂对老年人认知功能影响的研究。假定研究者选择了一个 $n=25$ 的样本，这些个体本身的认知功能就高于平均水平。即使蓝莓补剂(处理)一点效应也没有，这些被试也会在 6 个月之后的神经心理学测试中得到高于平均水平的成绩。在这种情况下，研究者更可能会推断处理产生了效果，而实际上处理并没有产生效果。这就是Ⅰ型错误的一个例子。

定义

当研究者拒绝了实际上正确的虚无假设时，就犯了**Ⅰ型错误**。在一个典型的研究情境下，Ⅰ型错误意味着研究者将实际没有效果的处理误认为是有效果的。

你要意识到，Ⅰ型错误并非由于研究者忽视了某些明显的东西而犯的愚蠢的错误。相反，研究者看到的是显示出明显处理效果的样本数据。研究者根据可用信息慎重地做出了决策。问题在于来自样本的信息本身就具有误导性。

在大多数研究情境下，Ⅰ型错误带来的后果都极其严重。因为研究者拒绝了虚无假设并认为处理确实有效，那么他们很可能会报告甚至发表这些研究结果，但是，Ⅰ型错误意味着，这些报告也是错误的，因此Ⅰ型错误会导致在科研文献中产生错误的报告。其他研究者可能会在这些错误报告的基础上建立理论或开展其他实验，这会浪费大量宝贵的时间和资源。

Ⅰ型错误发生的概率 当研究者在不知情的情况下获得一个极端且没有代表性的样本时，便会发生Ⅰ型错误。所幸假设检验的构成可以将这种风险发生的概率降到最低。我们正在讨论的研究中的样本平均数和拒绝域的分布如图 8-5 所示。如果虚无假设为真，那么该分布囊括了所有可能的 $n=25$ 的样本的样本平均数。请注意：绝大多数样本平均数都位于假设的总体平均数 $\mu=80$ 附近，也就是说，位于拒绝域内的情况极不可能发生。

当 $\alpha=0.05$ 时，只有5%的样本的平均数位于拒绝域内。因此，只有5%的概率($p=0.05$)能够获得这些样本中的一个。因此，α 水平决定了虚无假设为真时得到一个处于拒绝域内的样本平均数的概率。换句话说，α 水平决定了Ⅰ型错误发生的概率。

定义

假设检验的 **α 水平**是假设检验本身会导致Ⅰ型错误的概率。也就是说，α 水平决定了得到拒绝域内样本数据的概率，即使虚无假设为真。

总而言之，只要样本数据处于拒绝域内，假设检验的恰当决策就是拒绝虚无假设。因为处理致使样本与原始总体之间产生差异，所以，一般情况下做出这个决策是正确的。也就是说，处理结果使样本平均数落入拒绝域内。在这种情况下，假设检验能够正确识别真实的处理效应。但是，也会出现样本数据只是偶然落入拒绝域，处理并无任何效果的情况。当这种情况发生时，研究者就犯了Ⅰ型错误。也就是说研究者将实际无效的处理认为是有效的。幸运的是，犯Ⅰ型错误的概率很小，并且可以被研究者控制。具体来说，Ⅰ型错误的概率与 α 水平相等。

Ⅱ型错误

不管在什么情况下，研究者只要拒绝了虚无假设，就有犯Ⅰ型错误的风险。类似地，只要研究者没能拒绝虚无假设，就有可能犯Ⅱ型错误的风险。显然，Ⅱ型错误就是没能拒绝错误的虚无假设。说得再通俗些，Ⅱ型错误意味着处理的效应是真实存在的，但是假设检验没能检测出来。

定义

当研究者没能拒绝错误的虚无假设时，就犯了**Ⅱ型错误**。在一个典型的研究情境下，Ⅱ型错误意味着假设检验没能检测出真实存在的处理效应。

即使处理对样本有影响，当样本平均数没有位于拒绝域内时，也会发生Ⅱ型错误。这种情况多发生在处理效应较小的情况下。在这种情况下，处理确实影响到了样本，但效应的大小并不足以将样本平均数移动到拒绝域内。因为样本与原始总体并无本质上的差异(没有落入拒绝域内)，所以统计决策不能拒绝虚无假设，只能推断并没有足够的证据表明处理产生了效果。

Ⅱ型错误造成的后果并没有Ⅰ型错误那么严重。一般来说，Ⅱ型错误表明研究数据并没有给出研究者想要的结果，研究者可以接受这一结果，并得出处理无效或效果甚微无须继续研究的结论，也可以重复实验(一般会加以改进，如扩大样本量)并试图证明处理确实存在效果。

与Ⅰ型错误不同，要确定犯Ⅱ型错误的单一、确切的概率是不可能的。相反，犯Ⅱ型错误的概率与多种因素有关，因此，可以用一个函数而非一个确切的数字来代表它。尽管如此，犯Ⅱ型错误的概率用希腊字母 β 表示。

综上所述，假设检验总是会引导研究者做出以下两种决策中的一种：

(1) 样本数据提供了足够的证据来拒绝虚无假设，并认为处理有效。

(2) 样本数据没有提供足够的证据来拒绝虚无假设。在这种情况下，你无法拒绝 H_0，只能认为处理似乎没有产生效果。

不管哪种情况，数据都有可能带来误导，促使研究者做出错误的决策。决策的完整集合和结果如表 8-1 所示。犯Ⅰ型错误的风险尤为重要，这可能会导致错误的报告。幸运的是，Ⅰ型错误发生的概率由 α 水平决定，而它恰好是研究者可以全权掌握的。在假设检验的最开始，研究者提出假设并选择 α 水平，这时就已经确定了犯Ⅰ型错误的概率。

表 8-1 统计决策的可能结果

		现实情境	
		无效果，H_0 为真	有效果，H_0 为假
实验者决策	拒绝 H_0	Ⅰ型错误	正确决策
	保留 H_0	正确决策	Ⅱ型错误

选择 α 水平

如你所见，α 水平在假设检验中有两个重要作用。第一，α 水平可以通过定义“不可能发生”的结果这一概念来帮助我们确定临界限。同时，α 水平也决定了Ⅰ型错误发生的概率。如果你在假设检验最开始时选择了

一个 α 值，你的决策就已经受到这两个作用的影响了。

在选择 α 水平时，首先应该考虑的是力求将犯Ⅰ型错误的概率降到最低。因此，α 水平应趋向于非常小的概率值。按照惯例，α 值最大为 $\alpha=0.05$。当处理无效时，α 水平为0.05表明仍有5%的风险，或1/20的概率，在拒绝虚无假设的同时犯Ⅰ型错误。因为犯Ⅰ型错误的后果可能相当严重，很多研究者和科技论文都偏爱使用更为保守的 α 水平，如0.01或0.001来降低发表和刊载错误报告的风险（若想了解更多选择0.05作为显著性水平的起源，请参阅Cowles和Davis在1982年发表的论文）

就此而言，最好的 α 水平选择策略似乎是选用一个可能的最小值以使犯Ⅰ型错误的风险最小化。然而，随着 α 水平的降低，还会出现另一种风险。具体而言，α 水平越低，犯Ⅰ型错误的概率越小，但是，同时也表明假设检验需要从结果中获取更多的证据。

以上二者（犯Ⅰ型错误的风险和假设检验的需求）间的权衡由临界限来控制。为了让假设检验得出处理的确有效的结论，样本数据必须处于拒绝域内。如果处理确实有效，那么，它会致使样本与原始总体之间产生差异。本质上，处理会将样本推入拒绝域内。然而，随着 α 水平的降低，临界限会离得更远，从而更难抵达。随着 α 水平的提高，临界限向两端移动的情况如图8-6所示。请注意，当 $z=0$ 时，在分布的中心，对应的是虚无假设中指定的 μ 的值。临界限决定了在拒绝虚无假设的情况下，样本平均数和 μ 之间的距离应为多少。随着 α 水平的降低，二者之间的距离逐渐增大。

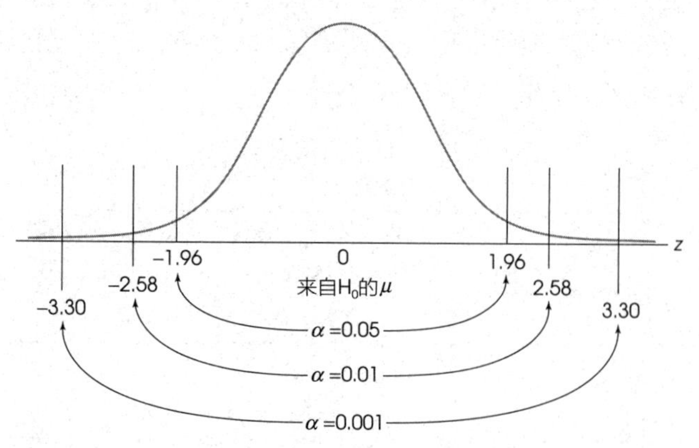

图8-6　三种不同显著性水平（$\alpha=0.05$、$\alpha=0.01$ 和 $\alpha=0.001$）的临界限的位置

因此，极小的 α 水平，如0.000 001（一百万分之一）表明：几乎不存在犯Ⅰ型错误的风险，但这会将拒绝域限定得太远以至于根本不可能拒绝虚无假设。也就是说，处理效应需要非常明显才能使样本数据达到临界限。

一般来说，研究者会试图在犯Ⅰ型错误的风险和满足假设检验要求这二者之间寻求平衡。0.05、0.01和0.001的 α 水平都很理想，因为这些值提供了较低的出错风险，而且不会对研究结果提出过多的要求。

学习小测验

1. 定义Ⅰ型错误。
2. 定义Ⅱ型错误。
3. 在什么情况下，可能会发生Ⅱ型错误？
4. 如果当 $\alpha=0.05$ 时，样本平均数位于拒绝域内，那么，当 $\alpha=0.01$ 时，它还仍在拒绝域内。（对或错？）
5. 如果当 $\alpha=0.01$ 时，样本平均数位于拒绝域内，那么，当 $\alpha=0.05$ 时，它还仍在拒绝域内。（对或错？）

答案

1. Ⅰ型错误是指拒绝正确的虚无假设，即认为处理是有效的，但实际上是无效的。
2. Ⅱ型错误是指没能拒绝错误的虚无假设。就一项研究而言，研究没能检测出处理确实存在效果时，则犯了Ⅱ型错误。
3. 在处理效应很小的情况下，容易发生Ⅱ型错误，因此，研究更有可能无法检测到该处理的效果。
4. 错。当 $\alpha=0.01$ 时，临界限向分布两端移动。样本平均数可能位于0.05的边界之外，但并不位于0.01边界之外。
5. 对。当 $\alpha=0.05$ 变为 $\alpha=0.01$ 时，拒绝域会向分布两端移动。如果样本平均数位于0.01的边界外，那么它一定位于0.05的边界外。

8.3　假设检验示例

到目前为止，我们已经将假设检验的所有元素都一一介绍过了。本节我们将呈现一个完整的假设检验的例子，讨论如何在研究报告中呈现假设检验的结果。为了演示说明，下面将提供具体的背景材料来阐述假设检验的过程。

□　例8-2

酒精与许多先天性缺陷有关，如体重过轻和发育迟缓。研究者想要调查产前酒精暴露对出生体重的影响。随机选取 $n=16$ 的孕鼠并每日给孕鼠服用大量酒精。孕鼠产崽后，在每窝中选取一只幼鼠组成 $n=16$ 的幼鼠样本。样本平均体重为 $M=15$ 克。研究者想要将该样本与幼鼠总体进行比较。已知正常出生的幼鼠（没有暴露在酒精环境中）的平均体重为 $\mu=18$ 克，总体呈 $\sigma=4$ 的正态分布。整体的研究情况如图 8-7 所示。请注意：研究者关注的是酒精暴露环境下的未知总体。亦须注意：该样本代表的便是这个未知总体，并且我们对这个未知总体的平均数也提出了假设。具体来说，虚无假设表述为酒精是无效的，未知总体的平均数仍然为 $\mu=18$。假设检验的目的，就是确定样本数据是否与假设相匹配。

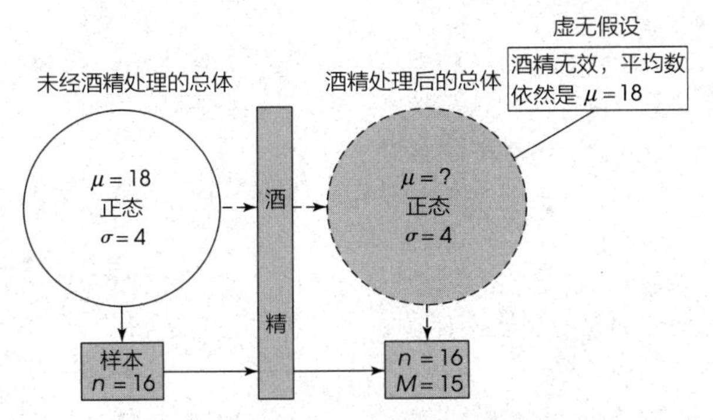

图 8-7 为确定产前酒精暴露是否会影响出生体重的研究结构

注：从原始总体中选取样本并将其暴露于酒精环境中。问题在于，如果整个总体全部被暴露于酒精环境中结果会如何？接受处理后的样本提供了关于未知的接受处理后的总体的信息。

以下步骤列出了评估产前酒精暴露对出生体重影响的假设检验。

步骤 1：提出假设并选择 α 水平。两个假设的关注点都是酒精环境下的未知总体（图 8-7 右边的总体）。虚无假设表述为产前酒精暴露对出生体重无影响，即处于酒精环境下的幼鼠总体的体重应与常规条件下出生的幼鼠的体重一致。用符号表示就是：

$$H_0: \mu_{\text{酒精暴露}}=18$$

（即使处于酒精环境中，新生鼠的平均体重依旧为 18 克）

备择假设表述为产前酒精暴露对出生体重有影响，所以接受处理的总体与常规条件下的总体有差异。用符号表示为：

$$H_1: \mu_{\text{酒精暴露}}\neq 18$$

（产前酒精暴露会改变出生体重）

请注意，这两个假设都涉及未知总体。在这个检验中，使用的 α 水平为 $\alpha=0.05$。也就是说，我们犯Ⅰ型错误的风险为 5%。

步骤 2：确定拒绝域以设定决策标准。按照定义，拒绝域由虚无假设为真时不可能发生的结果组成。我们使用图 8-8 中的三步法来确定拒绝域的位置。首先，提出虚无假设：酒精对新生幼鼠没有影响。如果 H_0 为真，经过酒精处理后的总体和原始总体应无差异，即总体是一个 $\mu=18$，$\sigma=4$ 的正态分布。接下来，我们考虑 $n=16$ 的新生鼠样本中可能的结果。这是一个 $n=16$ 的样本平均数的分布，分布的中心为 $\mu=18$（依据 H_0），标准误为：

$$\sigma_M=\frac{4}{\sqrt{16}}=1$$

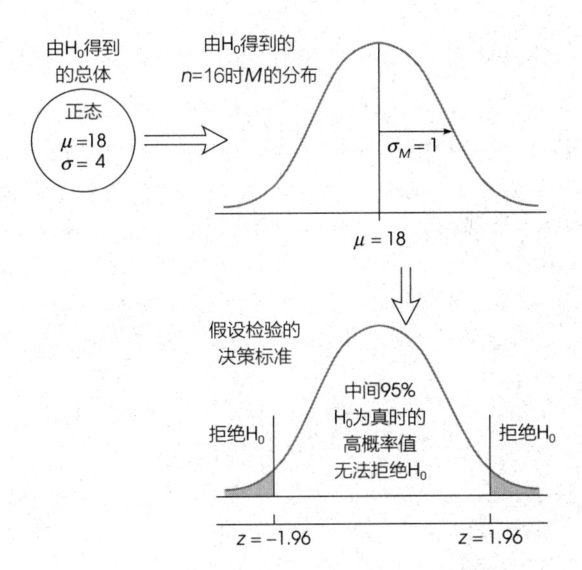

图 8-8 定位拒绝域的三步法

最后，我们使用样本平均数的分布来定义拒绝域，它由虚无假设为真时极不可能得到的值构成。当 $\alpha=0.05$ 时，拒绝域由分布的极端 5% 构成。之前也介绍过，任何正态分布都被 $z=\pm1.96$ 分为中间 95% 值和极端 5% 这两个部分（两侧尾部比例均为 0.025 0）。因此，我们根据虚无假设确定了极不可能得到的样本平均数。正是这些极不可能得到的样本平均数（位于 ±1.96 边界外的 z 分数值）构成了假设检验的拒绝域。如果我们得到的样本平均数在拒绝域内，我们就推断样本与虚无假设不一致，并拒绝 H_0。

步骤 3：收集数据，计算检验统计量。此时，我们从在孕期接受酒精处理 $n=16$ 的每只亲代中选择一只子代并记录这些子代的出生体重并计算其体重的样本平均数。在本例中，我们获得的样本平均数为 $M=15$ 克。然后，将样本平均数转换为 z 分数，这就是我们所说的检验统计量。

$$z=\frac{M-\mu}{\sigma_M}=\frac{15-18}{1}=\frac{-3}{1}=-3.00$$

步骤 4：做出决策。步骤 3 中计算出的 z 分数为-3.00，处于边界-1.96 之外。也就是说，样本平均数处于拒绝域内。如果虚无假设为真，这种情况几乎不可能发生，因此，我们拒绝虚无假设。除了统计决策涉及虚无假设，通常，在研究中也会陈述研究结果的结论。在这个例子中，我们推断（亲代）孕期酒精暴露的确会对（子代）出生体重产生显著影响。■

§ 文献报告 §

报告统计检验的结果

在已发表的报告中，假设检验部分会用到一些特殊的术语和符号系统。例如，当你在阅读科学期刊时，通常并不会直接读到“研究者使用 α 水平为 0.05 的 z 分数作为检验统计量来评估数据”“虚无假设被拒绝”等表述，相反，你会看到这样的表述：

> 产前酒精处理会对新生小鼠的出生体重产生显著影响，$z=3.00$，$p<0.05$。[⊖]

让我们来一步步分析这个表述。首先，显著这个词是什么意思？在统计检验中，显著的结果表明拒绝虚无假设，即表明结果几乎不可能由随机事件引起。在本例中，虚无假设表述为酒精是无效的，然而，数据明确表明酒精的确产生了效果。具体而言，如果酒精没有产生效果，就几乎不可能获得这些数据。

定义

如果虚无假设为真时，某个结果几乎不可能发生，就说该结果是**显著的**，或**在统计上是显著的**，也就是：结果足以拒绝虚无假设。因此，如果假设检验的决策为拒绝 H_0，那么说明处理具有显著效果。

接下来，$z=3.00$ 是什么意思呢？z 表明 z 分数是作为评估样本数据的检验统计量，其值为 3.00。最后，$p<0.05$ 是什么意思呢？这部分的陈述是用来指定假设检验 α 水平的常用方法。同时，它承认了 I 型错误的可能性（和概率）。具体而言，研究者报告处理有效，但也承认这一报告可能是错误的。也就是说，即使酒精处理无效，但样本平均数依旧可能处于拒绝域内。然而，如果处理无效，那么得到处于拒绝域内的样本平均数的概率（$p<0.05$）微乎其微。

在统计决策无法拒绝 H_0 时，报告中可能这样陈述：

> 没有证据表明产前酒精处理会对新生小鼠的出生体重产生影响，$z=1.30$，$p>0.05$。

在这种情况下，我们会说，得到的结果 $z=1.30$ 并不罕见（不处于拒绝域内），并且即使在虚无假设为真（处理无效）的情况下，得到这一结果的概率也相对较高（>0.05）。

有时，学生们会在区分 $p<0.05$ 和 $p>0.05$ 时感到困惑。请记住：你拒绝了包含极端低概率值的虚无假设，这些值位于分布两侧尾部的拒绝域内。因此，拒绝虚无假设对应的 p 值为 $p<0.05$，即为结果显著（见图 8-9）。

当使用电脑程序进行假设检验时，输出的结果通常不仅会给出 z 分数的值，还会给出准确的 p 值，也就是在没有任何处理效应时得到该结果的概率。在这种情况下，更倾向于让研究者报告准确的 p 值，而不会使用大于或者小于符号。例如，研究报告会说明处理效应显著，$z=2.45$，$p=0.0142$。但是，在报告准确的 p 值时，必须时刻满足显著性的传统标准。具体来说，p 值必须小于 0.05 才被认为是在统计上显著。请记住：p 值是 H_0 为真（处理无效）时结果发生的概率，同时也是 I 型错误发生的概率。最重要的是，这种概率是非常小的。

影响假设检验的因素

假设检验的最终决策由获得的 z 分数统计量的值决定。如果 z 分数大到位于拒绝域内，我们就拒绝虚无假设，并推断处理有显著效果；另外，如果我们不能拒绝 H_0，就推断处理没有显著效应。影响 z 分数大小最明显的因素是样本平均数和 H_0 中总体平均数之间的差异。二者之间的较大差异表明：处理后的样本明显不同于未

[⊖] APA 格式（美国心理学会刊物准则）在提到代表显著性水平的概率值时，小数点前面不加 0。

处理的总体，通常这个结果支持处理效应显著的推论。然而，除了平均数差异，还有另外一些因素可以帮助决定 z 分数是否足够大到可以拒绝 H_0。在这一小节中，我们研究了两种会影响假设检验结果的因素。

（1）分数的变异性，通常可用标准差或方差来判定。变异性会影响 z 分数中分母（标准误）的大小。

（2）样本中分数的数量。它的值也会影响分母中的标准误。

我们用例 8-2 的研究来考察这些影响因素，如图 8-7 所示，这项研究使用了样本量 $n=16$ 的新生鼠并得出结论：产前酒精处理对新生鼠出生体重有显著影响，$z=-3.00$，$p<0.05$。

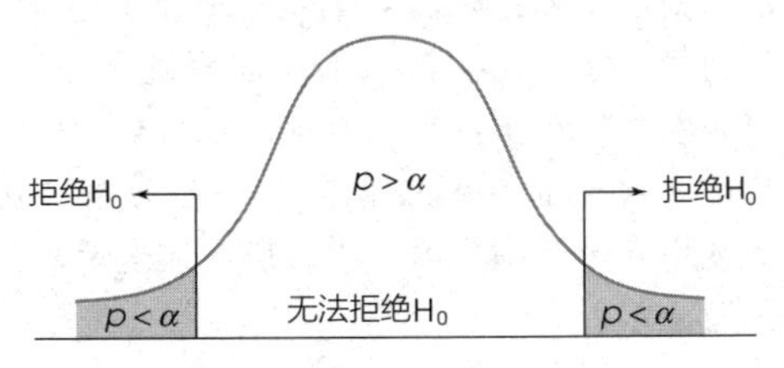

图　8-9

注：样本平均数落在拒绝域（阴影区域）内的概率小于 α（$p<\alpha$），在这种情况下，应该拒绝 H_0。样本平均数未落在拒绝域（阴影区域）内的概率大于 α（$p>\alpha$）。

分数的变异性　在第 4 章中，我们注意到，高变异性会让研究者难以从研究结果中得出任何清晰的模式。在假设检验中，高变异性可以减少发现处理具有显著效应的可能性。在如图 8-7 所示的研究中，标准差为 $\sigma=4$。当样本量为 $n=16$ 时，就产生了 $\sigma_M=1$ 分的标准误和 $z=-3.00$ 的显著的 z 分数。现在设想当标准差提升到 $\sigma=12$ 时会发生什么。当变异性增加时，标准误会变为 $\sigma_M=12/\sqrt{16}=3$ 分。用它计算新的 z 分数，结果为：

$$z=\frac{M-\mu}{\sigma_M}=\frac{15-18}{3}=\frac{-3}{3}=-1.00$$

这个 z 分数并不处于临界值 1.96 以外，所以统计决策为：不能拒绝虚无假设。增长的变异性表明，样本数据不再足以得出处理有显著效果的结论。总的来说，增加分数变异性会产生更大的标准误和更小的 z 分数值（更接近于 0）。如果其他因素保持不变，那么变异性越大，得到显著处理效应的可能性就越低。

样本中分数的数量　影响假设检验结果的第二个因素是样本中分数的数量。图 8-7 中的研究使用了 $n=16$ 的白鼠，得出标准误 $\sigma_M=\frac{4}{\sqrt{16}}=1$ 分，显著的 z 分数值为 $z=-3.00$。现在思考一下：如果我们将样本量扩大到 $n=64$ 会发生什么。当 $n=64$ 时，标准误会变为 $\sigma_M=\frac{4}{\sqrt{64}}=0.5$ 分，z 分数也会变为：

$$z=\frac{M-\mu}{\sigma_M}=\frac{15-18}{0.5}=\frac{-3}{0.5}=-6.00$$

将样本量从 $n=16$ 增大到 $n=64$，z 分数的大小就会翻倍。一般而言，增大样本分数的数量会产生更小的标准误和更大的 z 分数值。如果其他因素保持不变，样本量越大，越有可能得到处理效应显著的结果。简而言之，在大样本中找到 3 分的处理效应比在小样本中找到 3 分的处理效应更有说服力。

用 z 分数进行假设检验的前提

数学上使用的假设检验是依照一组前提得出的。当满足这些假定后，你可以肯定，检验得出了一个证据充分的结论。然而，如果没有满足这些假定，那么假设检验的结果就会受到影响。实际上，研究者不必过于担心有没有满足假定，因为即使没有满足，通常检验的效果也都很好。但你还是得留心与每一种统计检验相关的基本条件，从而恰当地使用假设检验。用 z 分数进行假设检验的前提总结如下：

随机抽样　假设参与研究的被试均是随机选择的。请记住，我们希望能将研究结果从样本推广到总体。因此，样本必须能够代表它所在的总体，所以，随机抽样能够帮助我们确保样本具有代表性。

独立观测　样本中的值必须由独立观测的结果组成，在日常生活中，如果第一次和第二次的观测结果之间不存在连续的、可预测的关系，那么这两次的观察结果就是彼此独立的。更准确地说，如果第一个事件的发生对第二个事件发生的概率没有影响，那么这两个事件（或观测）就是相互独立的。知识窗 8-1 总结了独立事件和非独立事件的例子。一般而言，随机样本可以满足这一假定，这也有助于确保样本能够代表总体，其结果可以被推广到总体中。

σ 的值不因实验处理而改变　在假设检验中，z 分数公式的关键是标准误（σ_M）。为了计算标准误，我们必须知道样本量（n）和总体标准差（σ）。然而，在假设检验中，样本来自未知的总体（见图 8-3 和图 8-7）。如果总体确实未知，那么就表明我们不知道标准差，也就无法计算标准误。为了解决这个难题，我们提出假设。具体来说，我们假设未知总体（处理后）的标准差与处理前的总体相等。

知识窗 8-1 独立观测

独立观测几乎是所有假设检验的基础。关键的问题是每次观测或测量都不会受到其他观测或测量的影响。投掷硬币得到的一系列结果就是独立观测的例子。假设硬币是均匀的，那么，每次投掷都有50%的机会出现正面朝上或反面朝上。更重要的是，每次投掷的结果都独立于之前的投掷结果。例如，在第五次投掷中，不管前四次的投掷结果如何，这次都有50%的机会出现正面朝上；硬币不会“记得”之前的结果，也不会受到之前结果的影响。(请注意：很多人无法相信事件之间的独立性。例如，连续出现四次反面朝上后，人们很容易认为正面朝上的概率一定增加了，因为硬币之前一直没有正面朝上过。这是一个被称为“赌徒谬误”的错误，请记住，硬币并不知道之前的投掷结果如何，也不会受它们的影响。)

在大多数研究情境下，可以随机选取独立的、不相关的个体作为样本以满足独立观测的条件。因此，每个个体所获得的测量结果都不会受到其他被试的影响。下面是两种观测结果并不独立的情境。

1. 研究者对考察儿童对电视节目的偏好很感兴趣。为了获得 $n=20$ 的样本量，研究者从A家庭中选择了4个孩子，B家庭中选择了3个孩子，C家庭中选择了5个孩子，D家庭中选择2个孩子，E家庭中选择了6个孩子。

   很明显，这位研究者并没有得到20个独立的观测结果。在每个家庭中，不同的孩子很可能有共同的节目偏好(至少他们看的节目是一样的)。因此，每个孩子的回答都有可能与他/她的兄弟姐妹有关。
2. 如果采用不放回的抽样方式，则违反了独立观测的原则。例如，如果你需要从20个备选被试中进行抽样，每个人被第一个选取的概率都是1/20。但是在选取了第一个人之后，就只剩19个人了，每个人被选的概率只有1/19。因为第二次选取的概率会受第一次的影响，所以，这两次抽样不是独立的。

事实上，这个前提是更为一般的假设的结果，它是很多统计过程中的一部分。这个一般的假设表明：处理的效应是在总体分数上增加(或减去)一个常数。你应该记得，增加(或减去)一个常数改变了平均数，但对标准差没有影响。你还应该注意到，这个假设只是理论上的设想，而在实际的实验中，处理并不能够给出完美且持续的累加效应。

抽样正态分布 为了用 z 分数评估假设，我们使用正态分布表来确定拒绝域，只有在样本平均数的分布为正态的情况下，才能使用正态分布表。

学习小测验

1. 经过多年的驾驶训练后，教练知道在期末障碍驾驶的考试中，学生平均撞到橙色锥形桶 $\mu=10.5$ 个。该分布近似正态且标准差为 $\sigma=4.8$。为了检验一个关于发短信与驾驶的理论，教练招募了 $n=16$ 的学生司机作为被试，让他们在发短信的同时尝试障碍训练。这个样本中的个体平均撞到锥形桶为 $M=15.9$ 个。
   a. 数据是否表明发短信对驾驶有显著的影响？请使用 $\alpha=0.01$ 的检验。
   b. 请采用研究报告的格式描述假设检验的结果。
2. 在研究报告中，“显著”一词被用于拒绝虚无假设。(对或错?)
3. 在研究报告中，假设检验结果包含了“$z=3.15$，$p<0.01$”，这表明：该检验不能拒绝虚无假设。(对或错?)
4. 如果其他因素不变，增大样本量会提高拒绝虚无假设的概率。(对或错?)
5. 如果其他因素不变，当 $\sigma=2$ 或 $\sigma=10$ 时，你更可能拒绝哪一种情况下的虚无假设?

答案

1. a. 当 $\alpha=0.01$ 时，由 z 分数构成的拒绝域位于 $z=\pm2.58$ 之外。这些数据的标准误为1.2，$z=4.50$。拒绝虚无假设并推断发短信对驾驶有显著影响。
   b. 在驾驶时发短信对被试撞到锥形桶的数量有显著影响，$z=4.50$，$p<0.01$。
2. 对。
3. 错。概率小于0.01，表明在没有任何处理效应的情况下，该结果极不可能发生。在这种情况下，数据位于拒绝域内，拒绝 H_0。
4. 对。样本量越大，标准误越小，z 分数越大。
5. $\sigma=2$。标准差越小，得出的标准误越小，z 分数越大。

8.4 定向(单尾)假设检验

上一节介绍了标准的假设检验程序，或称为双尾检验设计。“双尾”这一词来源于这样一个事实，即拒绝域在分布的两个尾部。该设计是迄今为止被广为接受的一种假设检验程序。虽然如此，本节还讨论了另外一种设计。

通常研究者在实验开始时，会对处理效应进行一个具体的预测。例如，一项特殊的培训计划预计会提高学生的表现，或饮酒会减缓反应时。在这些情况下，可以用一种将方向的预测纳入 H_0 和 H_1 语句的方式提出统计假设。这样得出的结果是一种定向的检验，或者通常被称为单尾检验。

定义

在**定向假设检验**或称**单尾检验**中，统计假设（H_0 和 H_1）指定了总体平均数的增加或减少。也就是说，它们对效应的方向做了陈述。

下面的例子阐述了单尾假设检验的构成。

□ 例 8-3

之前在例 8-1 中，我们讨论了关于抗氧化剂（如蓝莓中的发现）对老年人认知能力影响的研究。在研究中，$n=25$ 的样本中的每名被试在为期 6 个月的时间里，每天都服用一份蓝莓补剂，之后对被试进行一次标准化测试以测量其认知水平。对于一般的老年人总体（没有接受任何蓝莓补剂），测验分数呈平均数 $\mu=80$，标准差 $\sigma=20$ 的正态分布。在这个例子中，预期效应是蓝莓补剂能够提高认知能力。如果研究者从 $n=25$ 的被试中得到的样本平均数 $M=87$，那么这个结果是否足以推断蓝莓补剂确实有效？■

定向检验的假设

因为对处理效应有一个具体方向的预期，所以研究者有可能执行一个定向检验。第一步（也是最关键的一步）就是提出统计假设。请记住：虚无假设表述为不存在处理效应，而备择假设表述为处理存在效应。在这个例子中，预期效应是蓝莓补剂会提高测验分数。因此，这两个假设陈述如下：

H_0：测验分数没有提高。（处理不起作用。）

H_1：测验分数得到提高。（与预期效应一致，处理起作用。）

为了用符号表达定向假设，一般从备择假设（H_1）开始会更容易一些。再者，我们知道，一般总体的平均数 $\mu=80$，H_1 表明服用蓝莓补剂会提高测验分数。因此，H_1 用符号表示为：

H_1：$\mu>80$（服用蓝莓补剂后的平均分数高于 80。）

虚无假设表述为服用蓝莓补剂后不能提高分数。用符号表示为：

H_0：$\mu\leqslant 80$（服用蓝莓补剂后的平均分数不高于 80。）

再次注意：这两个假设互斥，并能涵盖所有可能的结果。

单尾检验的拒绝域

拒绝域是由虚无假设为真（即处理无效）时极不可能得到的样本结果来定义的。之前我们提到过，拒绝域也可以由提供确凿证据证明处理确实有效的样本值来定义。对于单尾检验，“确凿证据”的概念是确定拒绝域位置最简单的方法。我们从虚无假设为真时所有可能获得的样本平均数开始。这是一个由样本平均数构成的正态分布（因为测验分数的总体是正态的），平均数的期望值为 $\mu=80$（来自 H_0），$n=25$，标准误为 $\sigma_M=\frac{20}{\sqrt{25}}=4$。该分布如图 8-10 所示。

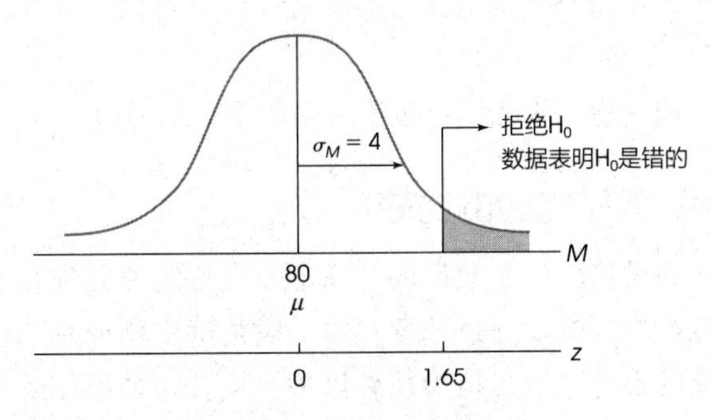

图 8-10 例 8-3 的拒绝域

在这个例子中，我们期望处理能提高测验分数。如果未接受处理的成年人在测验中的平均数为 $\mu=80$，那么，大于 80 的样本平均数将提供确凿证据证明处理有效。因此，拒绝域全部位于分布的右侧的尾部，对应的就是样本平均数超过 $\mu=80$（见图 8-10）。[1]因为拒绝域只落在分布的一侧，所以，一个方向的检验一般

[1] 如果预期的处理效应是使分数下降，那么拒绝域将完全位于分布的左侧尾部。

称为单尾检验。还需要注意的是：α 水平指定的比例并非在分布的两侧，而是全部位于分布的一侧。以 $\alpha=0.05$ 为例，所有 5%都位于分布的同一侧。在这种情况下，查 0.05 的正态分布表 C 列(尾部)可得拒绝域的 z 分数临界限为 $z=1.65$。

注意定向(单尾)检验的假设检验步骤有两处不同：

(1) 在假设检验的步骤 1 中，定向预测被包含在假设陈述中。

(2) 在步骤 2 中，拒绝域完全位于分布的一侧。

除了这两个变化，单尾检验的其他部分和常规的双尾检验完全相同。具体来说，先计算 z 分数统计量，然后根据 z 分数是否位于拒绝域内来决定是否拒绝 H_0。

在该例子中，研究者从服用蓝莓补剂的 25 个被试中得到平均数 $M=87$。样本平均数对应的 z 分数为：

$$z=\frac{M-\mu}{\sigma_M}=\frac{87-80}{4}=\frac{7}{4}=1.75$$

$z=1.75$ 位于单尾检验的拒绝域内(见图 8-10)。当 H_0 为真时，这个结果几乎是不可能的，因此，我们拒绝虚无假设，并得出结论：服用蓝莓补剂对认知功能有显著的增强效应。在文献中，这一结果将报告如下：

服用蓝莓补剂能显著提高老年人的测验分数，$z=1.75$，$p<0.05$，单尾。

请注意：报告明确说明使用的是单尾检验。

单尾/双尾检验的比较

假设检验的一般目的是确定一个特定的处理是否对总体有影响。通过选取样本、对被试实施处理、将实验结果与原始总体做比较以进行检验。如果接受处理的样本与原始总体之间存在明显的差异，那么，我们就推断处理有效，并拒绝 H_0。另外，如果接受处理的样本仍与原始总体相似，那么，我们就推断没有确凿证据证明处理有效，并且不能拒绝 H_0。这个决策的关键因素是接受处理的样本和原始总体之间的差异大小。差异大证明处理有效，差异小则不足以说明处理有效。

单尾检验和双尾检验之间的主要差异是它们在拒绝 H_0 时所使用的标准。当样本和总体之间的差异相对较小时，单尾检验允许拒绝虚无假设，前提是差异存在于指定的方向上。此外，双尾检验则需要相对较大的与方向无关的差异。这一点将在下面的例子中给予说明。

□ 例 8-4

再次看评估抗氧化补剂效应的单尾检验。如果我们使用标准的双尾检验，假设将分别是：

H_0：$\mu=80$(蓝莓补剂对测验分数无效)

H_1：$\mu\neq80$(蓝莓补剂对测验分数确实有效)

在 $\alpha=0.05$ 的双尾检验中，拒绝域由位于±1.96之外的 z 分数组成。例 8-3 中的数据产生了 $M=87$ 的样本平均数，$z=1.75$。在双尾检验中，z 分数并不位于拒绝域内，我们推断蓝莓补剂没有显著效果。■

例 8-4 如果使用双尾检验，样本平均数和假设总体平均数之间 7 分的差异($M=87$，$\mu=80$)并没有大到足以拒绝虚无假设。然而，如果使用例 8-3 介绍的单尾检验，同样 7 分的差异就大到足以拒绝 H_0 并得出处理有效的结论。

所有研究者都认为单尾检验与双尾检验之间存在差异。不过，有多种方法可以解释这种差异。一些研究者认为，双尾检验更为严谨，因此，双尾检验比单尾检验更具有说服力。请记住：双尾检验需要有更多的证据来拒绝 H_0，因此，能够更有力地证明产生了处理效应。

其他研究者认为，单尾检验更可取，因为单尾检验更加灵敏。也就是说，如果处理效应相对较小，在单尾检验中可能显著，但在双尾检验中却达不到显著。另外，也有观点认为，单尾检验更为精确，因为它们检验的是关于特定方向效应的假设，而不是关于普遍效应的不确定假设。

一般来说，在没有强烈的方向期望或存在两种相互矛盾的预测时，可以使用双尾检验。例如，一种理论预测分数会增加，而另一种理论预测分数会下降，针对这类研究，用双尾检验合适。单尾检验只适用于在进行研究前就做出方向预测并且有充分理由进行方向预测的情况。在特殊情况下，如果双尾检验没有达到显著，你决不能为了得到一个显著的结果紧接着对这些相同的数据再进行一次单尾检验。

学习小测验

1. 如果研究者预测处理可以提高分数，那么单尾检验的拒绝域就应该位于分布的右侧。(对或错?)
2. 如果样本数据足以拒绝单尾检验中的虚无假设，那么，在双尾检验中，同样的数据也可以拒绝 H_0。(对或错?)
3. 研究者进行假设检验后，得到 $z=2.43$ 这一结果。当 $\alpha=0.01$ 时，研究者在进行单尾检验时应该拒绝虚无假设，但在进行双尾检验时，研究者不能拒绝虚无假设。(对或错?)

答案

1. 对。当一个较大的样本平均数位于分布右侧时，说明如预测一样，处理产生了效应。
2. 错。因为双尾检验需要更大的平均数的差异，样本在单尾检验中显著，但在双尾检验中可能并不显著。
3. 对。单尾的临界值为 $z=2.33$，双尾的临界值为 $z=2.58$。

8.5 对假设检验的顾虑：测量效应量

尽管假设检验是最常用的评估和解释研究数据的方法，但很多科学家都对其程序存在各种各样的顾虑(Loftus，1996；Hunter，1997；Killeen，2005)。

使用假设检验确定处理效应的显著性存在两个严重的局限。第一个局限是假设检验的重点是数据而非假设。具体而言，当拒绝虚无假设时，我们实际上是对样本数据而非虚无假设做了一个很好的概率陈述。如果结果显著，则可以得出以下结论："如果虚无假设为真，不可能($p<0.05$)得出这个特定的样本平均数。"请注意：这个结论并未明确表明虚无假设为真或假的概率。数据极不可能得到这一事实，表明虚无假设也极不可能发生，但我们没有任何可靠的证据来表述虚无假设发生的概率。具体来说，你不能简单地推断虚无假设为真的概率小于 5%，仅仅因为你是在 $\alpha=0.05$ 时拒绝了虚无假设(见知识窗 8-2)。

知识窗 8-2 假设检验的逻辑缺陷

假设你在 $\alpha=0.05$ 的水平上拒绝了虚无假设，你能得出你犯 Ⅰ 型错误的概率为 5%的结论吗？你能推断你的决策正确、处理确实有效的概率为 95%吗？对于这两个问题，答案都是"否"。

问题在于，只有在虚无假设为真的情况下，假设检验的概率才是确定的。特别是假设检验使用的 $\alpha=0.05$ 是固定的，因此，犯错误的概率 $p<0.05$、准确率 $p\geq0.95$ 的前提是虚无假设为真。如果 H_0 为假，那么这些概率都将分崩离析。当处理有效时(H_0 为假)，假设检验会依据多种因素检测并拒绝 H_0。例如，如果处理效应很小，假设检验就很难检测到它。如果处理效应稍大一些，假设检验就更可能检测到它，拒绝 H_0 的概率也会提高。因此，无论何时，只要处理有效(H_0 为假)，那么，我们就不可能精确地界定拒绝虚无假设的概率。

绝大多数研究者在研究开始时，都相信虚无假设为假、处理确实有效这一情况的发生存在很大的概率。他们希望研究可以提供证据证明这一点，并以此来说服自己的同事。因此，绝大部分研究都从虚无假设为假的概率开始。为了便于论证，我们假设虚无假设为真的概率为 80%。

p(处理无效——H_0 为真)$=0.80$ 且 p(处理有效——H_0 为假)$=0.20$，在这种情况下，假设有 125 名研究者都取 $\alpha=0.05$ 进行假设检验。在这些研究者中，80%($n=100$)在验证 H_0 为真，他们拒绝虚无假设的概率(也就是犯 Ⅰ 型错误的概率)为 $\alpha=0.05$。因此，在这 100 个假设检验中，最多有 5 个假设检验拒绝了 H_0。

同时，另外 20%的研究者($n=25$)检验虚无假设为假的情况。在这一组中，拒绝虚无假设的概率是未知的。作为论证的基础，我们假设，检测到处理效应并正确拒绝 H_0 的概率为 60%。这表明，在这 25 个假设检验中，有 15 个(60%)拒绝 H_0，有 10 个无法拒绝 H_0。

请注意：有多达 20 个假设检验拒绝虚无假设(第一组 5 个，第二组 15 个)。也就是说，一共有 20 个研究者会发现，效应在统计上显著。在这 20 个"显著"的结果中，第一组的 5 个犯了 Ⅰ 型错误。在这种情况下，犯 Ⅰ 型错误的概率是 5/20，或 $p=5/20=0.25$，是 α 水平的 5 倍。

基于这些争论，很多科学家怀疑，许多已发表在研究期刊中的结果和结论，其实是错误的。具体来说，已发表文献犯 Ⅰ 型错误的概率要高于支持结果的假设检验所选择的 α 水平。

第二个局限是证明处理效应显著并不一定表明具有实质性的处理效应。尤其是统计显著性并不能提供任何关于处理效应的绝对大小的真实信息。相反，假设检验只是简单证实研究中获得的数据在处理无效的情况下是极不可能发生的。假设检验是通过以下两点来得出结论的：①计算标准误，也就是测量 M 和 μ 之间期望差异的大小；②证明获得的平均数差异确实比标准误大。

请注意：检验做的是相对比较——处理效应的大小是借由相对的标准误来评估的。如果标准误非常小，处理效应也会非常小，但仍足以达到显著。也就是说，显著的效应并不必须是大的效应。

下面的例子说明了假设检验评估的是处理效应的相对大小而非绝对大小。

□ 例 8-5

我们从一个由 $\mu=50$，$\sigma=10$ 构成的正态分布开始。从这个总体中选取一个样本并对其实施处理。接受处理后，样本平均数为 $M=51$。这一样本是否提供了处理效应在统计上显著的证据？

虽然样本平均数和原始总体平均数之间只有 1 分的差异，但是这个差异可能足够显著。特别是假设检验的结果依赖于样本量的大小。

例如，当 $n=25$ 时，标准误为：

$$\sigma_M=\frac{\sigma}{\sqrt{n}}=\frac{10}{\sqrt{25}}=\frac{10}{5}=2.00$$

当 $M=51$ 时，z 分数为：

$$z=\frac{M-\mu}{\sigma_M}=\frac{51-50}{2}=\frac{1}{2}=0.50$$

该 z 分数没有达到临界限的 $z=1.96$，所以，我们不能拒绝虚无假设。在这种情况下，M 和 μ 之间 1 分的差异在统计上并不显著，因为它是以 2 分的标准误为相对标准进行评估的。

现在我们考虑样本量 $n=400$ 的结果。在样本量增大的情况下，标准误为：

$$\sigma_M=\frac{\sigma}{\sqrt{n}}=\frac{10}{\sqrt{400}}=\frac{10}{20}=0.50$$

当 $M=51$ 时，z 分数为：

$$z=\frac{M-\mu}{\sigma_M}=\frac{51-50}{0.5}=\frac{1}{0.5}=2.00$$

因为 z 分数现在位于 1.96 的临界限之外，所以，我们拒绝虚无假设，并推断存在显著的处理效应。在这个例子中，M 和 μ 间 1 分的差异在统计上是显著的，因为它是相对于仅有的 0.5 分的标准误进行评估的。■

例 8-5 的重点在于，很小的处理效应也可以达到统计显著。如果样本量足够大，那么无论多小的处理效应都足以拒绝虚无假设。

测量效应量

正如之前所指出的那样，对假设检验的一个顾虑是，假设检验并不能评价处理效应的绝对大小。为了纠正这个问题，建议研究者每当报告统计存在显著效应时，还应报告效应量（Wilkinson et al.，1999）。因此，当我们提出不同的假设检验时，我们也提出了测量和报告效应量的不同方法。

定义

效应量测量的是处理效应的大小，与样本大小无关。

测量效应量最简单、最直接的方法之一是 Cohen's d[㊀]。Cohen（1988）建议，效应量可通过测量标准差的平均数差异来实现标准化，效应量结果测量的计算方法如下：

$$\text{Cohen's } d=\frac{\text{平均数差异}}{\text{标准差}}=\frac{\mu_{\text{处理后}}-\mu_{\text{未处理}}}{\sigma} \quad (8\text{-}1)$$

在 z 分数假设检验中，平均数差异是由处理前后的总体平均数决定的。但是，处理后的总体平均数是未知的。因此，我们必须使用处理后的样本平均数来代替它。请记住，样本平均数不仅要代表总体平均数，而且要能够提供处理效应的最佳测量。因此，实际计算就是估计 Cohen's d 的值，如下所示：

$$\text{估计的 Cohen's } d=\frac{\text{平均数差异}}{\text{标准差}}=\frac{M_{\text{处理后}}-M_{\text{未处理}}}{\sigma} \quad (8\text{-}2)$$

公式中的标准差用于使平均数差异标准化，其方法和 z 分数标准化分布中的位置一样。例如，15 分的平均数差异，在相对意义上可能是很大的处理效应，也可能是很小的处理效应，这取决于标准差的大小，如图 8-11 所示。图的上半部分（图 8-11a）表明，处理

㊀ Cohen's d 测量了两个平均数之间的距离，通常被报告为一个正数，即使公式得出的是一个负值。

产生了 15 分的平均数差异。接受处理前，SAT 均分为 $\mu=500$，接受处理后的平均数为 515。请注意：SAT 的标准差为 $\sigma=100$，所以 15 分的差异看似很小。在本例中，Cohen's d 为：

$$\text{Cohen's } d=\frac{\text{平均数差异}}{\text{标准差}}=\frac{15}{100}=0.15$$

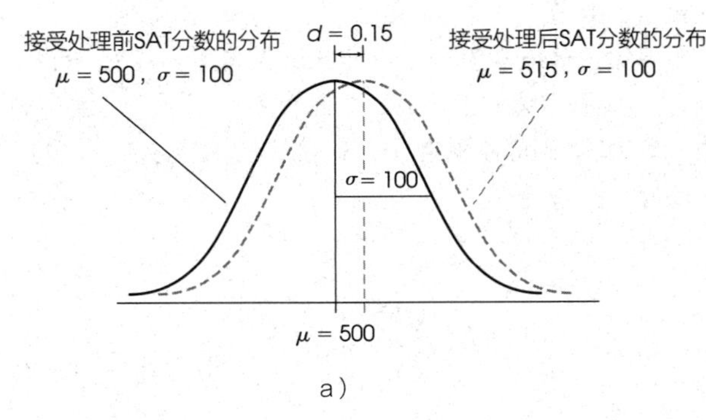

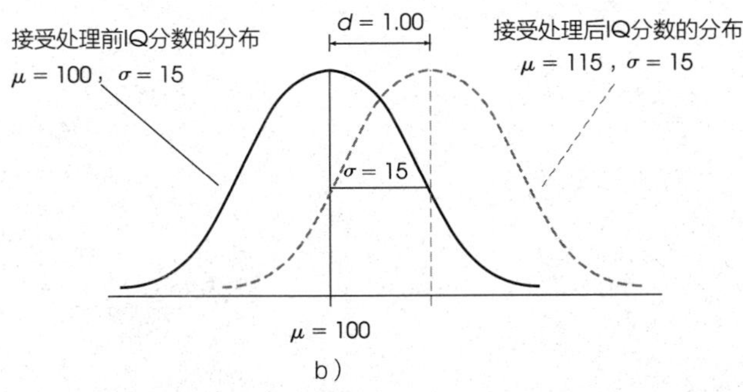

图 8-11　两种不同情境下的 15 分的处理效应

现在考虑图 8-11b 中的处理效应。这次处理产生了 15 分的 IQ 的平均数差异；接受处理前 IQ 平均数为 100，接受处理后平均数为 115。因为 IQ 分数的标准差为 $\sigma=15$，所以 15 分的平均数差异现在看起来似乎很大。在这个例子中，Cohen's d 为：

$$\text{Cohen's } d=\frac{\text{平均数差异}}{\text{标准差}}=\frac{15}{15}=1.00$$

请注意：Cohen's d 是根据标准差来衡量处理效应量的大小的。例如，$d=0.50$ 表明处理效应的大小等于半个标准差；类似地，$d=1.00$ 表明处理效应的大小等于一个标准差（见知识窗 8-3）。

Cohen（1988）提出了评估处理效应大小的标准，如表 8-2 所示。

表 8-2　估计 Cohen's d 的效应量

d	效应量的评估
$d=0.2$	效应小（平均数差异约为 0.2 个标准差）
$d=0.5$	效应中等（平均数差异约为 0.5 个标准差）
$d=0.8$	效应大（平均数差异约为 0.8 个标准差）

作为 Cohen's d 的最后一个示例，请考虑例 8-5 中的两次假设检验。对于每次假设检验，原始总体都有平均数 $\mu=50$，标准差 $\sigma=10$。在每次检验中，接受处理后的样本平均数都为 $M=51$。虽然一个样本的 $n=25$，另一个样本的 $n=400$，但是在计算 Cohen's d 的时候都不考虑样本量。因此，每次假设检验都会得到相同的值：

$$\text{Cohen's } d=\frac{\text{平均数差异}}{\text{标准差}}=\frac{1}{10}=0.10$$

请注意：Cohen's d 只是描述了处理的效应量，并不受样本量的影响。在所有的假设检验中，原始总体的平均数均为 $\mu=50$，接受处理后样本平均数均为 $M=51$。因此，处理后的分数似乎提高了 1 分，这等于 1/10 个标准差（Cohen's $d=0.1$）。

知识窗 8-3　重叠分布

图 8-11b 表明处理结果的 Cohen's d 值为 1.00，也就是说，处理效应将平均数提高了一个标准差。依据表 8-2，$d=1.00$ 属于处理效应大。然而，仅看图你恐怕会认为处理前后的分布并无太大差异。特别是这两个分布存在很大重叠，因此，很多接受处理的个体与未接受处理的个体间并没有什么不同。

分布之间的重叠在研究情境中很常见，那些处理前后完全不同（无重叠）的分布是极其罕见的。例如，可以设想一下不同年龄儿童的身高。我们都知道，8 岁儿童高于 6 岁儿童。平均来说，两个年龄儿童之间存在 3~4 英寸的身高差异，但是，这并不表明所有 8 岁儿童都高于 6 岁儿童。事实上，这两个分布之间会有一定的重叠，因此，最高的 6 岁儿童很可能比大多数 8 岁儿童更高。事实上，两个年龄组儿童的身高分布与图 8-11b 很相似。即使两个分布之间有清晰的平均数差异，但依旧可算作大部分重叠。

Cohen's d 测量了两个分布间的距离，一个标准差的距离（$d=1.00$）代表了很大的差异。8 岁儿童的身高确实高于 6 岁儿童的。

学习小测验

1. a. 增大样本量将如何影响假设检验的结果？
   b. 增大样本量将如何影响 Cohen's d 的值？
2. 研究者从 $\mu=45$，$\sigma=8$ 的总体中选取一个样本，经过处理后，样本的平均数为 $M=47$。请通过计算 Cohen's d 的值来测量处理的效应量。

答案

1. a. 增大样本量会提高拒绝虚无假设的概率。
   b. Cohen's d 的值不受样本量的影响。
2. $d=2/8=0.25$

8.6 统计检验力

除了直接测量效应量，另一种确定处理效应的强度或大小的方法是测量统计检验力。统计检验力是指：在处理确实有效的情况下，检验拒绝虚无假设的概率。

定义

统计**检验力**是检验正确拒绝错误虚无假设的概率。也就是说，统计检验力是检验识别处理效应（如果真的存在）的概率。

当产生处理效应时，假设检验只有两种可能的结果：无法拒绝 H_0 或拒绝 H_0。因为只有两种可能的结果，它们二者的概率相加必为 1.00。第一种结果，在有效应的情况下保留 H_0，这种情况在之前定义为Ⅱ型错误，其发生的概率为 $p=\beta$。因此，第二种结果发生的概率必为 $1-\beta$。然而，第二种结果，即在有效应的情况下拒绝 H_0，是统计检验力。因此，假设统计检验力等于 $1-\beta$。在随后的示例中，我们会阐述假设检验的检验力的计算，也就是说，检验正确拒绝虚无假设的概率。同时，我们也会计算假设检验犯Ⅱ型错误的概率。例如，如果统计检验力为 70%（$1-\beta$），那么犯Ⅱ型错误的概率就为 30%（β）。

研究者通常将检验力计算作为一种确定研究是否可能成功的方法。因此，研究者通常在开展研究前就计算好假设检验的检验力。这样，他们就可以在花费时间和精力开展实验前确定结果显著（拒绝 H_0）的概率。但为了计算检验力，首先需要对影响假设检验结果的各种因素做出假设，如样本量、处理效应量、α 水平的选择等因素都可能会影响假设检验。下面的示例演示了特定研究情境下的检验力计算。

□ 例 8-6

我们从 $\mu=80$，$\sigma=10$ 的正态分布开始。研究者计划从总体中选取 $n=25$ 的样本，并对每名被试施以处理。预期处理效应为 8 分，即处理会使每名被试的分数增加 8 分。

原始总体分布及两个可能的结果如图 8-12 所示：

1. 如果虚无假设为真，处理无效。
2. 如果研究者预期是正确的，那么就存在 8 分的效应。

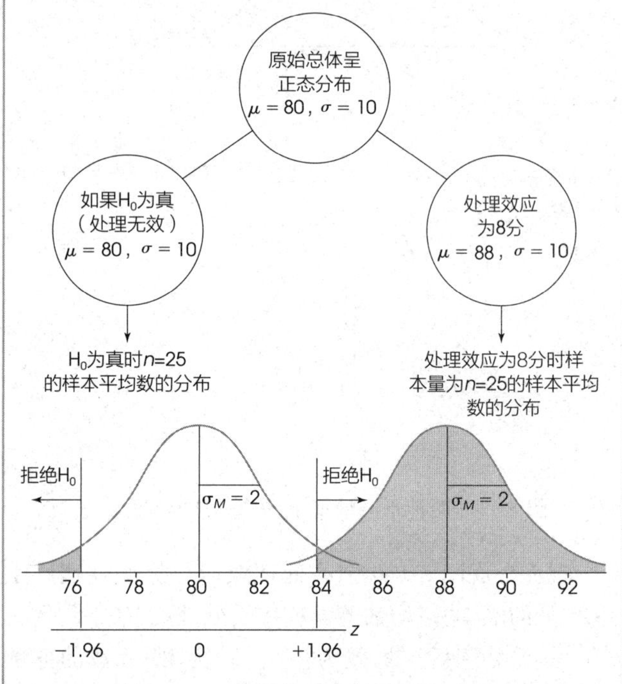

图 8-12 假设检验的检验力的测量

根据虚无假设，可能发生的情况如图 8-12 的左边所示。在这种情况下，处理无效，总体平均数仍为 $\mu=80$。处理效应为 8 分的情况如图 8-12 的右边所示。如果处理使得每个人的分数都增加 8 分，那么接受处理后的总体平均数就会增至 $\mu=88$。

在两个总体中，$n=25$ 的样本平均数的分布如图 8-12 所示。依据虚无假设，样本平均数的中心在 $\mu=80$ 附近。存在 8 分处理效应的样本平均数的分布中心在 $\mu=88$ 的附近。两个分布的标准误均为：

$$\sigma_M=\frac{\sigma}{\sqrt{n}}=\frac{10}{\sqrt{25}}=\frac{10}{5}=2$$

请注意：分布的左边表明虚无假设为真时所有可能的结果。这是我们用于确定假设检验拒绝域位置的分布。采用 $\alpha=0.05$，拒绝域由 $z=1.96$ 的右边与

$z=-1.96$ 的左边的极值构成。这些值如图 8-12 所示，我们给所有处于拒绝域内的样本平均数都涂上了阴影。

现在请将你的注意力转到分布右侧，它呈现了当存在 8 分的处理效应时，所有的样本平均数。请注意：绝大部分样本平均数都处于 $z=1.96$ 之外。这表明：如果存在 8 分的处理效应，你几乎肯定可以得到处于拒绝域内的样本平均数并拒绝虚无假设，因此，检验力（拒绝 H_0 的概率）接近 100%。

为了计算检验力的准确值，我们必须确定分布右侧的哪一部分需要涂上阴影。因此，我们必须确定拒绝域的实限，再从正态分布表中找到概率值。对于分布的左边，$z=+1.96$ 的临界限对应 $\mu=80$ 的位置，在距离上等于：

$$1.96\sigma_M = 1.96(2) = 3.92 \text{ 分}$$

因此，$z=+1.96$ 的临界限对应于样本平均数 $M=80+3.92=83.92$。任一大于 $M=83.92$ 的样本平均数都位于拒绝域内，并会引导研究者拒绝虚无假设。接下来，我们确定接受处理后的样本高于 $M=83.92$ 的比例。对于处理后的分布（右侧），总体平均数为 $\mu=88$，样本平均数为 $M=83.92$，对应的 z 分数为：

$$z=\frac{M-\mu}{\sigma_M}=\frac{83.92-88}{2}=\frac{-4.08}{2}=-2.04$$

最后，在正态分布表中查找 $z=-2.04$ 并确定阴影面积（$z>-2.04$）与 $p=0.9793$（或 97.93%）一致。因此，如果存在 8 分的处理效应，97.93% 可能的样本平均数将会位于拒绝域内，那么我们就可以拒绝虚无假设。换句话说，检验力为 97.93%。实际上，这表明这项研究几乎肯定会成功。如果研究者选取 $n=25$ 的个体作为样本，确实产生了 8 分的处理效应，那么，97.93% 的假设检验会得出效应显著的结论。■

检验力与效应量

逻辑上，检验力和效应量必然是相关的。8 分处理效应的检验力计算如图 8-12 所示。现在需要考虑一下，如果处理效应只有 4 分将会发生什么情况。由于处理效应有 4 分，右边的分布会向左平移，因此，分布将会以 $\mu=84$ 为中心。在这个新的位置上，处理后的样本平均数只有 50% 会位于 $z=1.96$ 的边界外，因此，在处理效应只有 4 分的情况下，选取到拒绝虚无假设样本的概率只有 50%。换句话说，检验力在处理效应为 4 分时只有 50%，但相比之下，在处理效应为 8 分时，检验力却将近 98%（见示例 8-6）。再者，可以找到相对应的临界区域确切位置上的 z 分数，并在正态分布表中找到其检验力的概率值。在这种情况下，你会得到 $z=-0.04$ 以及假设检验的精确检验力值 $p=0.5160$ 或 51.60%。

总的来说，随着效应量增大，右侧样本平均数的分布会继续向右移动，以至于有越来越多的样本处于 $z=1.96$ 之外。因此，随着效应量的增大，拒绝 H_0 的概率也提高了，也就是说检验力提高了。因此，效应量的测量，如 Cohen's d，以及检验力的测量，都能够提供处理效应在强度和大小上的指标。

其他影响检验力的因素

虽然假设检验的检验力直接受到处理效应量的影响，但检验力衡量的并不纯粹只是效应量。相反，检验力还受到多种因素的影响，除了效应量，还有其他一些与假设检验相关的因素。下面这个部分将探讨其中的几个因素。

样本量 对检验力影响巨大的一个因素是样本量。在例 8-6 中，我们用 $n=25$ 的样本证明了 8 分的处理效应的检验力。如果研究者决定使用 $n=4$ 的样本进行研究，那么，检验力将会发生很大的改变。当 $n=4$ 时，样本平均数的标准误为：

$$\sigma_M=\frac{\sigma}{\sqrt{n}}=\frac{10}{\sqrt{4}}=\frac{10}{2}=5$$

当 $n=4$，标准误 $\sigma_M=5$ 分时，两个样本平均数的分布如图 8-13 所示。此外，左边分布的中心为 $\mu=80$，并且呈现了所有 H_0 为真的情况下可能的样本平均数。和以往一样，该分布用于确定假设检验的临界限为 $z=-1.96$ 和 $z=+1.96$。右侧分布以 $\mu=88$ 为中心，并呈现了 8 分处理效应下所有可能的样本平均数。请注意：右侧分布有少于一半的接受处理后的样本位于 1.96 的临界值之外。因此，当 $n=4$ 时，即使产生了 8 分的处理效应，也只有不到 50% 的概率能够拒绝 H_0。在例 8-6 中，当 $n=25$ 时，得出的检验力为 97.93%，但是，当样本量降至 $n=4$，检验力降至 50% 以下。总而言之，在假设检验中，样本量越大，检验力越大。

因为检验力与样本量有直接联系，所以计算检验力的主要原因之一，就是需要确定对于一项成功的研究而言，要达到一个合理的概率值所必需的样本量大小。在进行实验之前，研究者可以计算检验力来确定他们成功拒绝虚无假设的概率。如果概率（检验力）太低，他们可以扩大样本量以提高检验力。

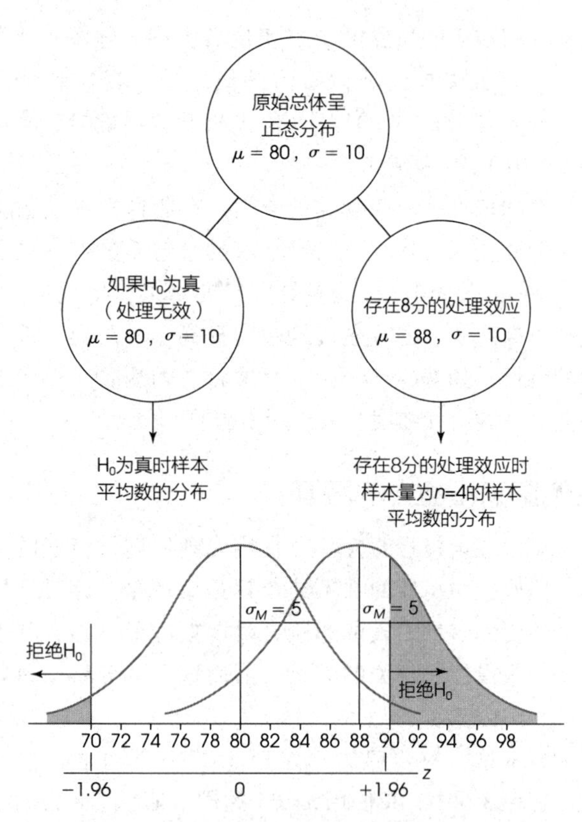

图 8-13　样本量如何影响假设检验的检验力

注：与图 8-12 类似，图的左边呈现了虚无假设为真的情况下，样本平均数的分布。这一分布定义了拒绝域。图的右边呈现了在产生 8 分处理效应的情况下，即将获得的样本平均数的分布。请注意：当样本量减少到 $n=4$ 时，假设检验的检验力会降至 50%以下，图 8-12 中样本量 $n=25$ 时得出的检验力接近 100%。

α 水平　降低假设检验的 α 水平也会降低检验的检验力。例如，将 α 从 0.05 降低到 0.01，假设检验的检验力也降低了。在图 8-13 中同样可以看到降低 α 水平的结果。图中临界限是使用 0.05 的 α 水平绘制的。具体来说，右边拒绝域始于 $z=1.96$。如果将 α 水平变为 0.01，边界会向右平移至 $z=2.58$。应该清楚的是，将临界限向右平移表明接受处理的分布的小部分（右边的分布）将位于拒绝域内。因此，拒绝虚无假设的概率更低，检验力也会更低。

单尾检验与双尾检验的比较　将常规的双尾检验变为单尾检验会提高假设检验的检验力。在图 8-13 中同样可以看到这一结果。图中显示的是当 $\alpha=0.05$ 时，双尾检验的临界限，因此，右边的拒绝域起点为 $z=1.96$。当改为单尾检验时，会将临界限向左移至 $z=1.65$ 这里。临界限的左移会导致很大一部分接受处理的分布落入拒绝域，因此，这将提高检验力。

学习小测验

1. 对于特定的假设检验，5 分处理效应的检验力为 0.50(50%)，如果处理效应为 10 分，那么检验力是高于 0.50 还是低于 0.50?
2. 随着检验力的提高，Ⅱ型错误发生的概率会发生什么样的变化?
3. 增大样本量将如何影响假设检验的检验力?
4. 求出图 8-13 中假设检验的检验力的精确值。

答案

1. 假设检验更有可能检测到 10 分的效应，因此，检验力会变大。
2. 随着检验力的提高，犯Ⅱ型错误的概率会降低。
3. 扩大样本量会提高检验力。
4. 当 $n=4$ 时，临界限 $z=1.96$ 对应的样本平均数为 $M=89.8$，检验力的精确值为 $p=0.3594$ 或35.945%。

小　结

1. 假设检验是使用样本数据推断总体结论的过程。这一过程始于提出关于未知总体的假设，然后选取样本，样本数据提供证据支持或拒绝假设。
2. 本章介绍了使用样本平均数检验未知总体平均数假设这种简单情境下的假设检验，通常是已经接受了处理的总体平均数。问题是确定处理是否对总体平均数产生了影响(见图 8-2)。
3. 假设检验由四个步骤组成：
   a. 提出虚无假设(H_0)，并选择 α 水平。虚无假设表述为无效应或无变化。在这种情况下，H_0 表述为接受处理后的总体平均数与接受处理前的相同。α 水平一般为 $\alpha=0.05$ 或 $\alpha=0.01$，α 水平提供了术语“极不可能”的定义以及犯Ⅰ型错误的概率。此外，研究者也提出了另外一个备择假设(H_1)，它与虚无假设完全相反。
   b. 确定拒绝域。拒绝域被定义为虚无假设为真时极不可能发生的极端样本结果。α 水平定义了“极不可能”这一概念。
   c. 收集数据，并计算检验统计量。用下列公式将样本平均数转换成 z 分数。

$$z=\frac{M-\mu}{\sigma_M}$$

由虚无假设可得出 μ 的值，z 分数检验统计量确定了样本平均数分布内的样本平均数的位置。

d. 做出决策。如果得到的 z 分数位于拒绝域内，就拒绝 H_0，因为当 H_0 为真时，这些值是极不可能得到的。在这种情况下，就推断处理改变了总体平均数。如果 z 分数没有位于拒绝域内，就不能拒绝 H_0，因为数据没有与虚无假设产生显著差异。在这种情况下，数据没有提供足够的证据表明产生了处理效应。

4. 在假设检验中，不管研究者做出什么决策，总有犯决策错误的风险。在这种情况下，可能存在两类错误。

   Ⅰ型错误被定义为拒绝正确的 H_0。这个错误非常严重，因为它会导致错误地报告处理效应。犯Ⅰ型错误的概率由 α 水平决定，并且在研究者的掌控之内。

   Ⅱ型错误被定义为没能拒绝错误的 H_0。在这种情况下，实验不能检测到实际发生的处理效应。犯Ⅱ型错误的概率不能用单个数值来表示，这一概率部分取决于处理效应的大小。它用符号 β(beta)表示。

5. 当研究者期望处理能从特定方向上改变分数(增加或减少)时，就会进行定向的或单尾的检验。这一过程的第一步是将方向预测纳入假设中。例如，如果期望处理会提高分数，虚无假设就是分数没有提高，备择假设就是分数有所提高。为了定位拒绝域，你必须通过证明处理如预期一样有效来确定什么样的数据可以拒绝虚无假设。因为这些结果完全位于分布的一侧尾部，所以，整个拒绝域(5%，1%，0.1%，视 α 而定)都会位于一侧尾部。

6. 单尾检验用于事先有理由做出定向预测的情况。这些先验的原因可能是出于对以前的文献、报告或理论的考虑。如果没有先验基础，使用双尾检验更合适。在这种情况下，你可能不知道研究会得出什么样的结果，或者你可能需要检验相互对立的理论。

7. 除了使用假设检验来评估处理效应的显著性，建议你也测量并报告效应量。效应量的一种测量方法为 Cohen's d，它是平均数差异的标准化测量。Cohen's d 的计算方法为：

$$\text{Cohen's } d=\frac{\text{平均数差异}}{\text{标准差}}$$

8. 假设检验的检验力定义为假设检验能正确拒绝虚无假设的概率。

9. 为了确定假设检验的检验力，首先，必须确定要实施的处理以及虚无假设的分布。其次，必须明确处理效应的大小。最后，在虚无假设的分布中定位拒绝域。假设检验的检验力是位于拒绝域(临界值)之外的处理分布的那部分。

10. 随着处理效应的增加，统计检验力也在增加。另外，检验力还受到可被研究者控制的因素的影响。
    a. 增加 α 水平可增加检验力。
    b. 单尾检验的检验力比双尾检验的更大。
    c. 大样本的检验力比小样本的更大。

关键术语

假设检验	虚无假设	备择假设	显著性水平	α 水平	拒绝域
检验统计量	Ⅰ型错误	Ⅱ型错误	β	显著	定向检验
单尾检验	效应量	Cohen's d	检验力		

资　源

SPSS

统计计算机程序包 SPSS 并不是用 z 分数进行假设检验的。事实上，本章介绍的 z 分数检验很少用于实际研究。z 分数检验的问题在于，你需要知道总体标准差，而这一信息并不容易获得。研究者很少能够获得他们所希望研究的总体的细节信息，相反，他们必须从样本中获得细节信息。在接下来的章节中，我们会介绍完全基于样本数据的新的假设检验，这些新方法将被包含在 SPSS 中。

关注问题解决

1. 假设检验包括一系列逻辑程序和规则，它们让我们在仅有样本数据时也能对总体做出一般性的判断。这种逻辑体现在本章所使用的四个步骤中。当你学会下列这几个步骤时，假设检验的问题就更容易解决了。

步骤1 提出假设并确定 α 水平。

步骤2 确定拒绝域。

步骤3 计算样本的检验统计量(通常选用 z 分数)。

步骤4 基于步骤3的结果对 H_0 做出决策。

2. 相对于其他问题，学生们常问："我该用什么样的 α 水平"或者"为什么设定 $\alpha=0.05$"，对于这些问题并没有一个统一的答案。请记住，设定 α 水平的首要目的是：降低犯Ⅰ型错误的概率。因此，可接受的 α 水平的最大值为 $\alpha=0.05$。然而，一些研究者倾向于冒更小的风险而选取0.01或更小的 α 水平。

现在，大部分统计检验都由电脑完成，并给出了犯Ⅰ型错误的确切概率(p 值)。因为可以得到准确的数值，所以，大部分研究者都只报告电脑输出结果中的 p 值，而非在检验开始设定的 α 水平。然而，一直沿用的标准是：只有当 p 值小于0.05时，结果才显著。

3. 花点时间想想你对虚无假设做出决策的含义。虚无假设表述为处理无效。因此，如果你的决策是拒绝 H_0，你就可以推断样本数据为处理效应提供了证据。但是，如果你的决策是不能拒绝 H_0，那就完全不一样了。记住，当你不能拒绝 H_0 时，结果是没有说服力的。证明 H_0 正确是不可能的，因此，在未拒绝 H_0 时，你不能认为"处理无效"，你只能说"没有足够证据表明处理有效"。

4. 理解 z 分数公式的结构极为重要。这会帮助你理解之后所介绍的很多其他的假设检验。

5. 当你做定向假设检验时，要仔细阅读问题并寻找研究者预测方向变化的关键词(如增加或减少、提高或降低、更多或更少)。备择假设(H_1)和拒绝域均取决于这一预期的方向。例如，如果预期处理可以增加分数，H_1 中会包含大于符号，拒绝域则会在与高分相关的尾部。

示例8-1

使用 z 分数的假设检验

研究者从已知总体开始——在这种情况下，标准化测验的分数会构成 $\mu=65$，$\sigma=15$ 的正态分布。研究者推测，阅读技巧的特殊训练可以使总体中个体的分数产生变化。由于给总体中的每个人施以处理(特殊训练)是不可行的，于是选取 $n=25$ 的样本并施以处理，处理之后，样本平均数为 $M=70$。是否有证据能够证明特殊训练对测验分数有影响?

第一步 提出假设并选择 α 水平。虚无假设表述为特殊训练无效。用符号表示为：

H_0：$\mu=65$(经过特殊训练后，平均数依旧为65)

备择假设表述为处理的确有效。

H_1：$\mu\neq65$(经过特殊训练后，平均数不等于65)

现在你可以选择 α 水平了。在这个示例中，我们选择 $\alpha=0.05$。因此，在拒绝 H_0 时，我们犯Ⅰ型错误的概率为5%。

第二步 确定拒绝域。当 $\alpha=0.05$ 时，拒绝域由与 z 分数对应的位于 $z=\pm1.96$ 临界值之外的样本平均数构成。

第三步 获取样本数据，计算检验统计量。在这个示例中，依据虚无假设，样本平均数的分布是正态的，且期望值为 $\mu=65$，标准误为：

$$\sigma_M=\frac{\sigma}{\sqrt{n}}=\frac{15}{\sqrt{25}}=\frac{15}{5}=3$$

在该分布中，样本平均数 $M=70$ 对应的 z 分数为：

$$z=\frac{M-\mu}{\sigma_M}=\frac{70-65}{3}=\frac{5}{3}=+1.67$$

第四步 对 H_0 做出决策，得出结论。得到的 z 分数不在拒绝域内，这表明，对于 $\mu=65$ 的总体而言，样本平均数 $M=70$ 并非极值或难以获取的值。因此，统计决策不能拒绝 H_0。该研究的结论是，这些数据不能提供足够的证据证明特殊训练改变了测验分数。

示例8-2

使用 Cohen's d 测量效应量

接下来用示例8-1中的研究情境和示例数据计算 Cohen's d。原始总体的平均数为 $\mu=65$，在接受处理(特殊训练)后，样本平均数为 $M=70$。因此，二者之间存在5分的差异。使用总体标准差 $\sigma=15$，我们得到效应量为：

$$\text{Cohen's } d=\frac{\text{平均数差异}}{\text{标准差}}=\frac{5}{15}=0.33$$

根据Cohen的评估标准(见表8-2)，处理效应为中等。

习 题

1. 正如在假设检验中使用的 z 分数公式一样，在 z 分数公式中，
   a. 请解释分子 $M-\mu$ 测量了什么。
   b. 请解释分母中的标准误测量了什么。
2. 假设检验中 z 分数的值受到多种因素的影响。假设其他因素不变，请解释 z 分数的值是如何受以下各因素影响的：
   a. 增大样本平均数和原始总体平均数之间的差异。
   b. 增大总体标准差。
   c. 增大样本量。
3. 用一句话定义假设检验的 α 水平和拒绝域。
4. 如果 α 水平从 $\alpha=0.05$ 变为 $\alpha=0.01$，
   a. 临界限会如何变化？
   b. Ⅰ型错误发生的概率会如何变化？
5. 尽管人们普遍认为，银杏和人参等草药可以改善健康成人的学习和记忆，但这些效应没有得到十分严谨的研究的支持（Persson，Bringlov，Nilsson，& Nyberg，2004）。在一个典型的研究中，研究者获得了样本量 $n=36$ 名被试，并给每名被试服用 90 天的草药补充剂。90 天结束后，每名被试都进行了标准化记忆测验。对于一般总体而言，测验分数呈 $\mu=80$，$\sigma=18$ 的正态分布。研究被试的样本平均数为 $M=84$。
   a. 假定采用双尾检验，用一句话提出一个涵盖两个检测变量的虚无假设。
   b. 使用符号提出双尾检验的假设（H_0 和 H_1）。
   c. 绘制适当的分布图并确定 $\alpha=0.05$ 时的拒绝域。
   d. 计算样本的检验统计量（z 分数）。
   e. 对于虚无假设和草药补充剂的效应分别能做出什么决策？
6. 儿童期参与体育、文化和青年团体活动似乎与提升青少年的自尊水平有关（McGee，Williams，Howden-Chapman，Martin，& Kawachi，2006）。在一项有代表性的研究中，100 名有过团体活动参与经历的青少年填写了标准化自尊问卷。一般青少年总体的问卷分数呈 $\mu=40$，$\sigma=12$ 的正态分布。有过团体活动参与经历的青少年样本平均数为 $M=43.84$。
   a. 样本是否提供了足够的证据证明这些青少年的自尊分数与一般总体存在显著不同？请使用 $\alpha=0.01$ 的双尾检验。
   b. 请通过计算 Cohen's d 来测量差异大小。
   c. 请依据研究报告的格式，用一句话描述假设检验的结果和效应量的测量。
7. 美国当地的一所大学要求所有大一新生参加英语写作课。今年，校方正在评估这门课程的在线版本。随机选取样本量为 $n=16$ 的大一新生，并让他们学习在线课程。在学期结束时，所有新生都进行同样的英语写作考试。样本的平均分数为 $M=76$。参与传统面授课程的大一新生总体期末成绩呈平均数为 $\mu=80$ 的正态分布。
   a. 如果总体的期末考试分数标准差为 $\sigma=12$，该样本是否提供了足够的证据证明新的在线课程与传统课程存在显著差异？请使用 $\alpha=0.05$ 的双尾检验。
   b. 如果总体标准差为 $\sigma=6$，该样本是否足以证明新旧课程之间存在显著差异？同样使用 $\alpha=0.05$ 的双尾检验。
   c. 请比较 a 部分和 b 部分的答案，然后解释标准差的取值是如何影响假设检验的结果的。
8. 从 $\mu=50$，$\sigma=12$ 的正态总体中随机抽样，接受处理后的样本平均数为 $M=55$。
   a. 如果 $n=16$，那么依据样本平均数是否足以得出处理效应显著的结论？请使用 $\alpha=0.05$ 的双尾检验。
   b. 如果 $n=36$，那么依据样本平均数是否足以得出处理效应显著的结论？请使用 $\alpha=0.05$ 的双尾检验。
   c. 请比较 a 部分和 b 部分的答案，然后解释样本量是如何影响假设检验的结果的。
9. 从 $\mu=60$ 的总体中随机选取 $n=36$ 的样本，接受处理后的样本平均数为 $M=52$。
   a. 如果总体标准差为 $\sigma=18$，那么依据样本平均数是否足以得出处理效应显著的结论？请使用 $\alpha=0.05$ 的双尾检验。
   b. 如果总体标准差为 $\sigma=30$，那么依据样本平均数是否足以得出处理效应显著的结论？请使用 $\alpha=0.05$ 的双尾检验。
   c. 请比较 a 部分和 b 部分的答案，然后解释标准差的大小是如何影响假设检验的结果的。
10. Miller（2008）考察了大学生摄入能量饮料的情况，发现男生的摄入频率显著高于女生。为了进一步研究该现象，假设研究者随机选取了 $n=36$ 的男生样本和 $n=25$ 的女生样本。男生报告的摄入量平均为 $M=2.45$ 瓶/月，女生报告的摄入量平均为 $M=1.28$ 瓶/月。假设大学生摄入能量饮料平均为 $\mu=1.85$ 瓶/月，月摄入量接近正态分布且标准差为 $\sigma=1.2$。
    a. 男生样本摄入的能量饮料是否显著高于总体平均数？请使用 $\alpha=0.01$ 的单尾检验。
    b. 女生样本摄入的能量饮料是否显著低于总体平均数？请使用 $\alpha=0.01$ 的单尾检验。

11. 从一个正态分布的总体中随机选取$\mu=40$，$\sigma=10$的样本。对样本中的个体实施处理，求得样本的平均数为$M=42$。
   a. 请问多大的样本量可使结果显著？请使用$\alpha=0.05$的双尾检验。
   b. 如果样本平均数为$M=41$，使用$\alpha=0.05$的双尾检验，多大的样本量才能满足结果显著的需求？
12. 有证据表明：快速眼动(REM)睡眠除了与梦有关，也与学习和记忆过程有关。例如，Smith和Lapp(1991)发现，期末考试期间大学生的REM活动增加。假设在期末考试期间，样本量为$n=16$的学生REM活动产生的平均分数为$M=143$，通常大学生总体的REM活动产生的平均分数为$\mu=110$，$\sigma=50$，总体分布接近正态。
   a. 样本数据能否证明期末考试期间学生的REM活动有显著增加？请使用$\alpha=0.01$的单尾检验。
   b. 请通过计算Cohen's d来估计效应量。
   c. 请依照研究报告的格式，用一句话描述假设检验的结果和效应量。
13. 有证据表明：有可见文身的人比没有可见文身的人看起来更消极(Resenhoeft，Villa，& Wiseman，2008)。在一项类似的研究中，研究者首先获取了对一位无文身的女性整体吸引力的评价。在7点量表中，这位女性的平均得分是$\mu=4.9$，分布接近正态，标准差为$\sigma=0.84$。接下来，研究者给照片上女性的左胳膊加了一个蝴蝶文身。然后将更改后的照片拿给16名当地社区大学的学生观看，并请他们使用同样的7点吸引力量表评分。有文身的照片平均得分为$M=4.2$。
   a. 数据是否可以表明文身前后女性的吸引力存在显著差异？请使用$\alpha=0.05$的双尾检验。
   b. 请通过计算Cohen's d来估计效应量的大小。
   c. 请依照研究报告的格式，用一句话描述假设检验结果和效应量。
14. 一位心理学家正在验证这样一个假设：与在大家庭中长大的孩子相比，独生子女家庭的孩子有着不同的人格特征。选取$n=30$的独生子女并对每个人进行标准化人格测验。一般总体测验分数来自$\mu=50$，标准差$\sigma=15$的正态分布。样本平均数为$M=58$，研究者能得出独生子女与总体中的其他人在人格特征方面存在显著差异的结论吗？请使用$\alpha=0.05$的双尾检验。
15. 研究者正在检验关于锻炼期间摄入运动饮料可提高耐力的假设。$n=50$的男大学生参与了实验，每个人都要完成三个耐力任务组成的系列任务，每个任务结束后，被试都要饮用4盎司(118.28毫升)的运动饮料。这个样本的耐力平均分为$M=53$。对于一般未摄入运动饮料的男大学生来说，该项任务的平均分为$\mu=50$，$\sigma=12$。
   a. 研究者能得出摄入运动饮料后的耐力分数与之前相比存在显著提高的结论？请使用$\alpha=0.05$的单尾检验。
   b. 研究者能得出摄入运动饮料前后的耐力分数存在显著差异吗？请使用$\alpha=0.05$的双尾检验。
   c. 两种检验得到了不同的结论，请解释原因。
16. Montarello和Martens(2005)发现：当将简单的问题与平时的数学作业混合时，五年级学生能正确地完成更多的数学题。为了能够进一步解释这种现象，假设研究者选取了一种标准化数学成就测验，测验分数呈$\mu=100$，$\sigma=18$的正态分布。研究者在标准化测验中加入了一部分非常简单的试题以对该测验进行修订，并对$n=36$的学生使用该修订版测验进行施测。如果测验均分为$M=104$，是否足以得出插入简单题能够提高学生表现的结论？请使用$\alpha=0.01$的单尾检验。
17. 研究者经常能注意到天气炎热时暴力犯罪率的上升。Reifman、Larrick和Fein(1991)发现，这种关系甚至会延伸至棒球上。也就是说，随着温度的升高，击球手被投手击中的概率会逐渐变大。动脑筋想想下面的假设数据。假设在过去30年中的职业体育赛季的任意一周，平均有$\mu=12$个球员被投手击中。假设该分布接近正态，$\sigma=3$。在$n=4$的日平均气温都极高的周数中，每周被投手击中的球员平均数量为$M=15.5$。在天气炎热的那几周，球员是否更容易被投手击中？请使用$\alpha=0.05$的单尾检验。
18. 研究者计划检验咖啡因对模拟驾驶任务反应时的影响。选取$n=9$的被试样本，每名被试在模拟测试前都摄入标准计量的咖啡因。研究者预测咖啡因会让反应时平均延长30毫秒。一般总体的模拟任务反应时(未摄入咖啡因)呈$\mu=240$ms，$\sigma=30$的正态分布。
   a. 如果研究者使用$\alpha=0.05$的双尾检验，假设检验的检验力是多大？
   b. 假设使用$\alpha=0.05$的双尾检验，如果样本量扩大为$n=25$，假设检验的检验力是多大？
19. 从$\mu=75$ms，$\sigma=12$的正态分布总体中选取样本量$n=40$的样本并施以处理。预期处理会提高4分的平均数。
   a. 如果使用$\alpha=0.05$的双尾检验评估处理效应，假设检验的检验力是多少？
   b. 如果研究者使用$\alpha=0.05$的单尾检验，检验力是多少？

20. 假设其他因素均不变，请简要解释增大样本量将如何影响下面各值。
    a. 假设检验中 z 分数的大小
    b. Cohen's d 的大小
    c. 假设检验的检验力
21. 假设其他因素均不变，请解释以下各因素将如何影响假设检验的检验力。
    a. 将 α 水平从 0.01 提高到 0.05。
    b. 将单尾检验变为双尾检验。
22. 研究者在调查一种新型降压药对于收缩压高于 140 的个体的降压效应。这一总体收缩压呈平均数 $\mu=160$，标准差为 $\sigma=20$ 的正态分布。研究者计划选取 $n=25$ 的个体样本，并在他们服药 60 天后测量其血压。研究者使用 $\alpha=0.05$ 的双尾检验，
    a. 如果药物产生了 5 分的处理效应，那么检验的检验力为多大？
    b. 如果药物产生了 10 分的处理效应，那么检验的检验力为多大？
23. 研究者使用从 $\mu=80$，$\sigma=20$ 的正态分布总体中选取的样本评估处理效应，并预期产生 12 分的处理效应，使用 $\alpha=0.05$ 的双尾检验。
    a. 请计算 $n=16$ 时检验力的大小。
    b. 请计算 $n=25$ 时检验力的大小。

第二部分回顾

学习完这部分后，你应该了解构成推断统计基础的基本步骤。这些包括：

1. 将分数转换为 z 分数以描述分布中的位置并使整个分布标准化的能力。

2. 能够求得从分布中选择与个体分数相关的，特别是与正态分布的分数相关的概率的能力。

3. 将样本平均数转换为 z 分数并确定与样本平均数相关的概率的能力。

4. 用样本平均数估计关于未知总体平均数的假设的能力。

推断统计的一般目标是使用样本的有限信息来回答有关未知总体的一般性问题。在第 8 章中，我们介绍了推断统计中最常用的假设检验，第 8 章提出的假设检验将第 5 章的 z 分数、第 6 章的概率以及第 7 章的样本平均数的分布整合进单一的程序中，这一程序允许研究者使用未知总体中的样本来评估总体平均数的假设。研究者首先从未知总体中获取样本，并计算样本平均数。然后使用样本平均数和总体平均数的假设值来计算 z 分数。如果得到的 z 分数概率高，位于样本平均数分布的中心附近，那么研究者就推断样本数据与假设一致，并且无法拒绝该假设。另外，如果得到的 z 分数概率低，位于样本平均数分布的尾部之外，那么研究者就推断，样本数据与假设不一致，并且拒绝该假设。

复习题

1. 已知有一个平均数 $\mu=40$，标准差 $\sigma=8$ 的总体，求下列各值。
   a. $X=52$ 对应的 z 分数是多少？
   b. $z=-0.50$ 对应的 X 值是多少？
   c. 如果总体中的所有分数都被转换为 z 分数，那么所有的 z 分数集的平均数和标准差的值是多少？
   d. 样本平均数 $M=42$，$n=4$ 分的样本，对应的 z 分数是多少？
   e. 样本平均数 $M=42$，$n=16$ 分的样本，对应的 z 分数是多少？

2. 一项针对女高中生的调查显示：每天早晨上课前花在着装、头发和化妆上的平均时间是 $\mu=35$ 分钟。假设所用时间呈标准差为 $\sigma=14$ 分钟的正态分布，请求出下列各值。
   a. 每天早晨上课前所花时间多于 40 分钟的女高中生所占比例是多少？
   b. 随机选择一名女高中生，她在着装、头发和化妆上所花的时间不到 10 分钟的概率是多少？
   c. 在 $n=49$ 的女高中生样本中获得平均所花时间少于 $M=30$ 分钟的概率是多少？

3. Brunt、Rhee 和 Zhong(2008)对 557 名大学生进行了调查，以考察大学生的体重状况、健康行为和饮食习惯。研究者使用身体质量指数(BMI)将学生分为四类：偏瘦、体重正常、超重和肥胖。通过计算每个学生从几个食物组中食用的不同食物的数量来测量饮食的多样性。请注意：研究者并没有测量食用的食物总量，而是食用的不同食物的数量(是种类，而不是数量)。尽管如此，令人惊讶的是，研究结果显示：与食用高脂肪和/或含糖零食有关的四个体重类别之间并不存在差异。

   假设进行后续研究的研究者获得了一个 $n=25$ 的体重正常的学生样本和 $n=36$ 的超重的学生样本。要求每位学生填写食物种类调查问卷，体重正常组的高脂肪和含糖零食种类的平均数 $M=4.01$，相比之下，超重组的平均数 $M=4.48$。Brunt、Rhee 和 Zhong 的研究结果显示：高脂肪食品或含糖零食组的总体平均种类分数为 $\mu=4.22$。假设分数的分布接近正态，标准差为 $\sigma=0.60$。
   a. 样本量为 $n=36$ 的样本能表明超重的学生食用的高脂肪、含糖零食的数量与总体平均数之间存在显著差异吗？请使用 $\alpha=0.05$ 的双尾检验。
   b. 基于样本量 $n=25$ 的体重正常的学生样本，你能否推断体重正常的学生食用的高脂肪和含糖零食的种类显著少于总体平均数？请使用 $\alpha=0.05$ 的单尾检验。

PART 3

第三部分

运用 t 统计量推断总体平均数和平均数差异

第二部分介绍了推断统计的基础。本部分我们开始介绍行为科学研究中实际应用的一些推断程序。具体而言，我们将介绍一系列 t 统计量，使用样本平均数和平均数差异来推断相应的总体平均数和平均数差异。t 统计量仿效第 7 章中样本平均数的 z 分数，被应用于第 8 章的假设检验。然而，t 统计量不要求预先知道被评估总体的相关信息。本部分将介绍三种 t 统计量，以适用于三种不同的研究情境：

(1) 使用单个样本推断单个未知总体的平均数。

(2) 使用两个独立样本推断两个未知总体的平均数差异。

(3) 使用一个样本，样本中每个被试接受两种不同的处理，推断两种不同处理条件下的总体的平均数差异。

除了第 8 章介绍的假设检验过程，本部分还将介绍一种被称为置信区间的新的推断方法。置信区间允许研究者通过用样本数据计算一个极有可能包含未知参数的数值区间，来估计总体平均数或平均数差异。

CHAPTER

第 9 章

t 统计量简介

本章目录

本章概要

9.1 t 统计量：z 分数的一种替代形式

9.2 t 统计量的假设检验

9.3 t 统计量的效应量测量

9.4 定向假设与单尾检验

小结

关键术语

资源

关注问题解决

示例 9-1

示例 9-2

习题

所需工具

以下所列内容是学习本章需要的基础知识。如果你不确定自己对这些知识的掌握情况，你应在学习本章前复习相应的章节。

- 样本标准差(第 4 章)
- 自由度(第 4 章)
- 标准误(第 7 章)
- 假设检验(第 8 章)

本章概要

众多报告表明，很多动物(包括人类)都很讨厌被其他动物盯着看(Cook，1977)。你自己可以尝试一下，在自助餐厅里与一个陌生人进行直接的眼神交流，对方很有可能会通过转移视线或把视线从你身上移开来表示回避。有些昆虫(比如飞蛾)，甚至在翅膀或身体上形成了眼状图案，以抵御那些天生畏惧目光注视的捕食者(大多是鸟类)(Blest，1957)。假设有一位比较心理学家对确定以这些昆虫为食的鸟类在捕食时是否会回避昆虫身上的眼状图案感兴趣。

使用 Scaife(1976)的方法，研究者进行了以下实验：选取一组食蛾鸟类样本($n=16$)，这些动物在一个由包含两个隔间的盒子组成的装置中进行测试，鸟儿可以通过分隔两个隔间的门自由地从盒子的一边飞到另一边。其中一个隔间的墙壁上画有两个眼状图案，另外一个隔间的墙上是空白的。研究者每次将一只鸟儿放在两个隔间的门口(鸟儿需在装置里停留 60 分钟)，并记录其在没有眼状图案的隔间里停留的时间。

这个研究的虚无假设表述为眼状图案对食蛾鸟类的行为没有影响。如果虚无假设成立，那么装置中的鸟儿应在 60 分钟的时间内随意地从一侧隔间飞向另一侧隔间，每侧停留的平均时间应该是总时间的一半。因此，对于食蛾鸟类的一般总体来说，虚无假设表述为：

$$H_0: \mu_{\text{无图案一侧}} = 30 \text{ 分钟}$$

问题： 研究者具有假设检验所需的大部分信息，尤其是研究者已有关于总体的假设($\mu=30$ 分钟)，还有可以计算样本平均数(M)的 $n=16$ 的样本。然而研究者并不知道总体标准差(σ)，这是计算 z 分数公式的分母(样本平均数的标准误)所需要的值。回想一下，标准误可以测量出样本平均数(M)与总体平均数(μ)之间合理期望差异的大小。标准误的值对于确定样本数据是否支持虚无假设至关重要。没有标准误就不能进行 z 分数假设检验。

解决方法： 由于不能计算标准误，因此 z 分数不能用于假设检验。不过，用样本数据估计标准误是有可能的。所估计的标准误可以用来计算结构与 z 分数相似的新统计量。新的统计量被称为 t 统计量，它可以用来进行一种新的假设检验。

9.1　t 统计量：z 分数的一种替代形式

在前面的章节中，我们呈现了允许研究者用样本平均数对未知总体平均数进行假设检验的统计程序。这些统计程序基于几个基础概念，概括如下。

1. 样本平均数(M)应近似于总体平均数(μ)。我们能够用样本平均数检验关于总体平均数的假设。

2. 标准误提供了测量样本平均数在多大程度上接近总体平均数的方法。具体来说，标准误决定了样本平均数(M)和总体平均数(μ)之间合理期望的差异有多大。

$$\sigma_M = \frac{\sigma}{\sqrt{n}} \quad \text{或} \quad \sigma_M = \sqrt{\frac{\sigma^2}{n}}$$

3. 为了量化对总体的推断，我们通过计算 z 分数检验统计量来比较所得的样本平均数(M)和假设的总体平均数(μ)。

$$z = \frac{M-\mu}{\sigma_M} = \frac{\text{所获数据和假设之间的差异}}{M \text{ 和 } \mu \text{ 之间的标准距离}}$$

假设检验的目的是确定所得数据和假设之间的差异是否显著大于机遇引起的差异。当 z 分数呈正态分布时，我们就能通过正态分布表(见附录 A)求得假设检验的拒绝域。[1]

z 分数存在的问题

使用 z 分数进行假设检验的缺点是，z 分数公式所需的信息多于实际能得到的信息。具体来说，z 分数要求我们知道总体标准差(或方差)，从而计算得到标准误，然而，在大多数情况下，总体标准差是未知的。事实上，假设检验的全部目的就是获取有关未知总体的信息，这种情况会产生一个悖论：你想用 z 分数求得未知总体，但你在计算 z 分数之前又必须知道总体的信息。幸运的是，对这个问题有一个相对简单的解决方法：当总体变异未知时，我们就用样本变异去代替。

---

[1] 记住，样本平均数分布的期望值是 μ，即总体平均数。

引入 t 统计量

在第4章中，样本方差专门用于对相应的总体方差进行无偏估计。请注意样本方差和样本标准差的公式如下：

$$样本方差=s^2=\frac{SS}{n-1}=\frac{SS}{df}$$

$$样本标准差=s=\sqrt{\frac{SS}{n-1}}=\sqrt{\frac{SS}{df}}$$

我们现在能够使用样本数值[⊖]估计标准误，回忆一下第7章和第8章，标准误的值可用标准差或方差来计算：

$$标准误=\sigma_M=\frac{\sigma}{\sqrt{n}} \quad 或 \quad \sigma_M=\sqrt{\frac{\sigma^2}{n}}$$

现在我们可以简单地用样本方差或样本标准差替代未知总体的值来估计标准误。

$$估计标准误=s_M=\frac{s}{\sqrt{n}} \quad 或 \quad s_M=\sqrt{\frac{s^2}{n}} \tag{9-1}$$

注意：M 的估计标准误符号是 s_M 而不是 σ_M，表示估计值是用样本数据而非实际总体参数计算的。

> **定义**
>
> **估计标准误**（estimated standard error）(s_M) 是当 σ 的值未知时，对真实标准误 σ_M 的估计。它是由样本方差或样本标准差计算得到的，可以提供对样本平均数 M 与总体平均数 μ 之间的标准距离的估计。

最后，你应该意识到，我们已经用标准差和方差表示了计算标准误（实际的或估计的）的公式。在此之前（第7章和第8章），我们专注于使用标准差的公式，现在我们把焦点转移到基于方差的公式上来。因此在本书其余部分，M 的估计标准误可用以下典型公式呈现及计算：

$$s_M=\sqrt{\frac{s^2}{n}}$$

从标准差转向方差的两个原因：

1. 在第4章中，我们看到样本方差是一个无偏统计量。平均而言，样本方差 (s^2) 提供了一个准确、无偏的总体方差 (σ^2) 估计。因此，估计标准误最准确的方法是使用样本方差来估计总体方差。

2. 在后面的章节中，我们将遇到在公式中需要用方差（而非标准差）来估计标准误的其他几种形式的 t 检验。为了使 t 检验的各种形式尽可能相似，在所有形式的 t 检验公式中我们都使用方差。因此，只要涉及 t 检验，估计标准误的计算公式都如下：

$$估计标准误=\sqrt{\frac{样本方差}{样本量}}$$

现在我们可以用估计标准误替换 z 分数公式中的分母，结果得到一种新的检验统计量，我们称之为 t 统计量：

$$t=\frac{M-\mu}{s_M} \tag{9-2}$$

> **定义**
>
> **t 统计量**（t statistic）被用于检验关于未知总体平均数 μ 的假设（当总体方差 σ 未知时）。除了 t 统计量是用估计标准误做分母，t 统计量公式与 z 分数公式结构相同。

t 统计量公式和 z 分数公式的唯一不同在于 z 分数公式使用的是真实总体方差 σ^2（或总体标准差），而 t 统计量公式是在总体方差未知时使用相应的样本方差（或标准差）。

$$z=\frac{M-\mu}{\sigma_M}=\frac{M-\mu}{\sqrt{\sigma^2/n}} \quad t=\frac{M-\mu}{s_M}=\frac{M-\mu}{\sqrt{s^2/n}}$$

自由度与 t 统计量

在本章中，我们引入了 t 统计量来替代 z 分数，二者之间的根本区别是：t 统计量公式用样本方差 (s^2)，z 分数用总体方差 (σ^2)。要确定 t 统计量在多大程度上趋近 z 分数，我们就必须确定样本方差在多大程度上趋近总体方差。

在第4章中，我们介绍了自由度的概念。简单回顾一下，在计算样本方差之前你必须知道样本平均数，这就限制了样本的变异性，这样，在样本中只有 $n-1$ 个分数可以独立且自由地变化，$n-1$ 的值被称为样本方差的自由度 (df)。

$$自由度=df=n-1 \tag{9-3}$$

> **定义**
>
> **自由度**（degrees of freedom）描述了样本中能够独立且自由变化的分数数量。因为样本平均数限制了样本中1个分数的值，所以对于具有 n 个分数的样本来说，其自由度是 $n-1$。

⊖ 我们在第4章中介绍了自由度 $df=n-1$ 的概念，本章随后还会对其进行讨论。

样本的df值越大，样本方差s^2就越能准确地代表总体方差σ^2，t统计量就越趋近z分数。这是合理的，因为样本量(n)越大，样本越能更好地代表总体。因此，与s^2相关的自由度也可被描述为t代表z的程度。

t分布

来自总体的每个样本都可用来计算z分数或t统计量。如果你选取所有可能的特定容量(n)的样本，然后计算每个样本平均数的z分数，那么所有z分数就能形成z分数分布。同样地，你可以计算每个样本的t统计量，所有t值便可形成t分布。正如我们在第7章所见，样本平均数的z分布趋近于正态分布。如果当样本量足够大($n\geqslant30$)或如果样本选自正态总体时，样本平均数的分布近乎是完美的正态分布。在相同的情况下，t分布也趋近于正态分布，正如t统计量近似z分数。t分布在多大程度上趋近于正态分布是由自由度决定的。一般来说，样本量(n)越大，自由度($n-1$)越大，t分布就越趋近正态分布(见图9-1)。

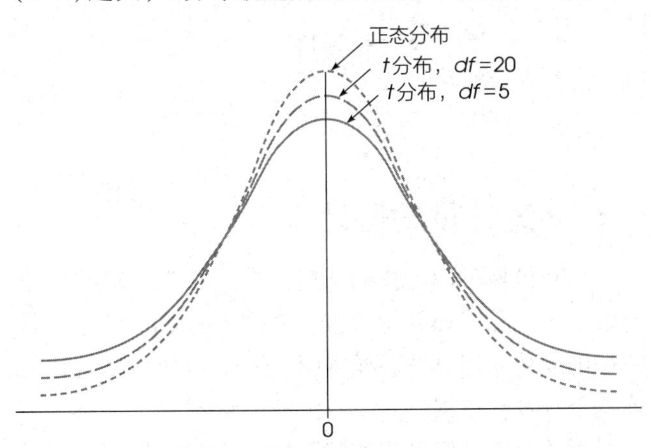

图9-1　不同自由度值的t分布与z分数正态分布的对比。正如正态分布，t分布呈钟形且左右对称，平均数为0。然而，t分布具有更大变异性，从其更加平缓和延展的形状即可看出。df值越大，t分布就越接近正态分布

> **定义**
>
> ***t*分布**(t distribution)是对特定样本量(n)或特定自由度($n-1$)的所有可能的随机样本计算得到的全部t值。t分布形状近似正态分布。

t分布的形状

t分布的确切形状会随自由度的变化而变化。事实上，统计学家们提出t分布是一系列分布。也就是说，每一个可能的自由度都有一个不同的t抽样分布(所有可能样本的t值的分布)。当df很大时，t分布在形状上与z分数的正态分布非常接近。快速浏览图9-1即可发现，t分布呈钟形，左右对称，且平均数为0。然而，t分布比z分数的正态分布的变异性更大，特别是当df值较小时(见图9-1)，t分布更趋平缓和延展，而z分数的正态分布则有一个更高的中央峰值。

如果看一下z分数和t统计量公式的结构，就能清楚t分布比z分数的正态分布更平缓、更具变化的原因。z分数和t统计量这两个公式的分子$M-\mu$能取不同的数值，因为样本平均数(M)各不相同。但是，如果所有样本量相同且都取自同一总体，z分数公式分母就不会变化，特别是所有z分数都以相同的标准误$\sigma_M=\sqrt{\sigma^2/n}$作为分母，这是因为每个样本所属总体的方差和样本量都是相同的。另外，就t统计量而言，公式的分母随样本不同而变化，特别是当样本方差(s^2)随样本不同而改变时，估计标准误$s_M=\sqrt{s^2/n}$也随之改变。因此，z分数公式中只有分子变化，而t统计量公式的分子和分母都会变化。结果，t统计量比z分数更多变，t分布更平缓、更延展。然而，随着样本量和自由度的增大，t分布的变异减少，也更近似正态分布。

确定t分布的比例和概率

正如我们使用单位正态分布表确定z分数的比例一样，我们也用t分布表查找t统计量的比例。附录A中的表2呈现了完整的t分布表，表9-1为其中的一部分。表最上面的两行呈现t分布单尾或双尾的比例，根据需要使用哪行。表的第一列列出了t统计量的自由度。最后，表中数字是标记t分布尾部和其余部分之间边界的t值。

表9-1　t分布表的一部分。表中的数字是将分布的主体部分与尾部分开的t值。表的上端列出了单尾或双尾的比例，表的第一列列出了t的df值

	单尾比例					
	0.25	0.10	0.05	0.025	0.01	0.005
	双尾比例					
df	0.50	0.20	0.10	0.05	0.02	0.01
1	1.000	3.078	6.314	12.706	31.821	63.657
2	0.816	1.886	2.920	4.303	6.965	9.925
3	0.765	1.638	2.353	3.182	4.541	5.841
4	0.741	1.533	2.132	2.776	3.747	4.604
5	0.727	1.476	2.015	2.571	3.365	4.032
6	0.718	1.440	1.943	2.447	3.143	3.707

例如，当 $df=3$ 时，正好有 5%的 t 分布在尾部 $t=2.353$ 之外(见图 9-2)。求该值的步骤已在表 9-1 中用阴影标出。先在表的第一列里定位 $df=3$，再在单尾比例一行中定位 0.05 的比例(5%)，我们就可以找到 $t=2.353$ 这个值。与之类似，有 5%的 t 分布在尾部 $t=-2.353$ 之外(见图 9-2)。最后，请注意总的 10%(或 0.10)包含 $t=\pm2.353$ 之外的两个尾部(在表 9-1 最上部"双尾比例"一行里核对比例值)。

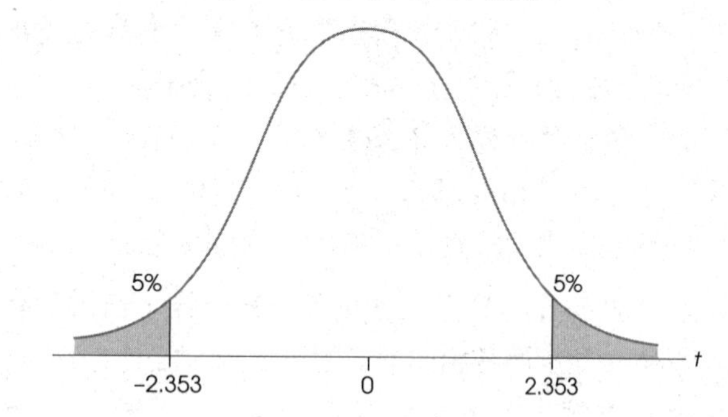

图 9-2 $df=3$ 的 t 分布。注意，分布的 5%位于尾部大于 $t=2.353$ 之处。同时，分布的 5%也位于尾部小于 $t=-2.353$ 之处。因此，总共 10%(0.10)的比例位于超过 $t=\pm2.353$ 之处

仔细观察附录 A 中的 t 分布表可以证明我们之前提出的一点：随着 df 值的增加，t 分布越来越近似正态分布。例如，观察双尾一行 0.05 对应的那列 t 值，你会发现当 $df=1$ 时，将分布的极端 5%(0.05)与其余部分分隔开的 $t=\pm12.706$。但是当你向下读一列时，就会发现临界 t 值越来越小，最后到达±1.96。你应该意识到，±1.96 正是将正态分布中极端的 5%和剩余主体部分分开的 z 分数。因此，当 df 增大时，t 分布的比例越来越接近正态分布的比例。当样本量(和自由度)足够大时，t 分布和正态分布之间就几乎没什么区别了。

注意：本书的 t 分布表不是完整的，不包含所有可能的 df 值条目。例如，表中列出了 $df=40$ 和 $df=60$ 相应的 t 值，但是没有列出 df 值在 40 和 60 之间的条目。偶尔你会遇到 t 统计量的 df 值在表中没有列出的情况。在这种情况下，你应该查找表中列出的该 df 值附近两个 df 值所对应的临界 t，然后选用那个较大的 t 值。例如，你已知 $df=53$(表中没有列出)，那么就找到与 $df=40$ 和 $df=60$ 分别相对应的临界 t 值，然后选用较大的 t 值。如果你的样本 t 统计量大于表中列出的较大值，那么你就能确定数据一定落在拒绝域内，你就可以很自信地拒绝虚无假设。

学习小测验

1. 在什么情况下假设检验用 t 统计量替代 z 分数？
2. 基于 $n=9$ 的样本，$SS=288$。
   a. 计算样本方差。
   b. 计算样本平均数的估计标准误。
3. 总的来说，t 统计量分布比标准正态分布更平缓、更延展。(对或错？)
4. 一位研究者报告了一个 $df=20$ 的 t 统计量。在该研究中有多少被试？
5. 当 $df=15$ 时，求下列每项的 t 值。
   a. 分布前 5%。
   b. 分布中间 95%。
   c. 分布中间 99%。

答案

1. 当总体标准差和方差未知时，要用 t 统计量来替代 z 分数。
2. a. $s^2=36$　　b. $s_M=2$
3. 对。
4. $n=21$
5. a. $t=+1.753$　　b. $t=\pm2.131$
   c. $t=\pm2.947$

9.2 t 统计量的假设检验

在假设检验中，我们从平均数、方差未知的总体开始，这个总体通常要接受一些处理(见图 9-3)。目的是用接受处理总体的样本(处理样本)作为确定该处理是否有效的依据。

通常，虚无假设为处理无效；具体地说，H_0 表示总体平均数没有变化。因此，虚无假设为未知的总体平均数赋予了一个特定值。样本数据提供了样本平均数的值。最后，由样本数据计算方差和估计标准误。当这些数值代入 t 统计量公式时，结果为：

$$t=\frac{\text{样本平均数(来自数据)}-\text{总体平均数(来自 } H_0\text{)}}{\text{估计标准误(由样本数据计算)}}$$

如 z 分数公式，t 统计量也形成一个比率。分子测量了样本数据(M)与总体假设(μ)之间真实的差异。作为分母的估计标准误测量了样本平均数与总体平均数之间合理期望的差异是多少。当数据和假设之间的差异(分子)比期望差异(分母)要大得多时，我们就得到一个较大的 t 值(较大的正值或者较大的负值)。在这种情况下，我们得出结论，数据和假设不一致，因

此决定“拒绝 H_0”。另外，当数据与假设间的差异相对于标准误来说较小时，我们得到的 t 统计量近似 0，因此决定“不能拒绝 H_0”。

未知总体 正如前面提到的，假设检验经常涉及接受过处理的总体。图 9-3 呈现了这一情况。注意：处理前的总体平均数的值是已知的。问题在于处理是否会影响分数，从而引起平均数的变化。在这种情况下，未知总体就是处理后的总体，虚无假设简单地陈述为：处理没有改变平均数的值。

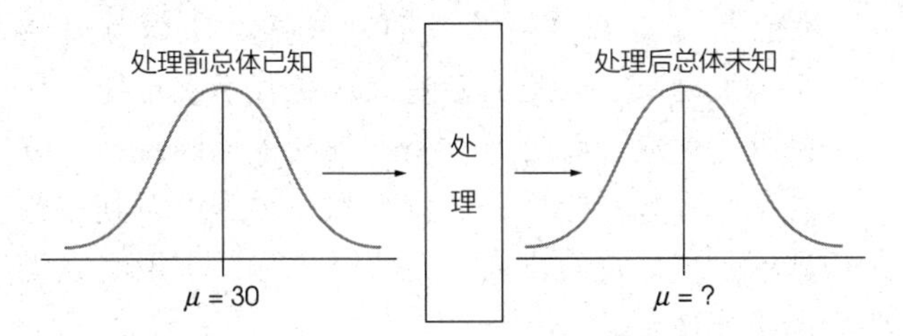

图 9-3 使用 t 统计量或 z 分数的基本实验条件。假设处理前总体参数 μ 已知。实验的目的是确定处理是否有效。注意处理后的总体平均数和方差是未知的。我们将使用样本来检测总体平均数的假设检验

尽管 t 统计量可以用于如图 9-3 所示的“前后”类型的研究，但它也允许在不把总体平均数已知作为标准的情况下进行假设检验。具体而言，t 检验不需要预先知道总体平均数和总体方差，计算 t 统计量所需的只是虚无假设和未知总体的样本。因此，t 检验可用于当虚无假设来自理论，或是逻辑预测，或只是主观想法的情况。例如，很多问卷调查用等级量表问题来确定人们对争议问题的态度。给被试呈现一段叙述，要求被试在一个 1~7 分的七点量表中表达自己的观点。1 表示“强烈同意”；7 表示“强烈不同意”；4 表示中立位置，观点没有明确倾向。在这种情况下，虚无假设可表述为：总体没有偏好，H_0：$\mu=4$。随后用样本数据验证该假设。注意：研究者预先不知道总体平均数，假设陈述主要基于逻辑。

假设检验的例子

下列研究情况说明了使用 t 统计量检验假设的过程。注意：这是另一个说明虚无假设是基于逻辑而非预先知道总体平均数的例子。

□ 例 9-1

相比缺乏吸引力的面孔，婴儿甚至是新生儿，更愿意去看有吸引力的面孔（Slater et al.，1998）。在这个研究中，给 1~6 天大的婴儿呈现两张女性面孔的照片，此前已有一组成年人评估出一张面孔显著比另一张面孔更有吸引力。将婴儿放在呈现照片的屏幕前，这对面孔会持续在屏幕上显示，直到婴儿盯着其中一张或另一张面孔的时间累计达到 20 秒，记录每个婴儿注视有吸引力面孔的时间。假设研究使用了婴儿样本（$n=9$），数据显示，注视有吸引力面孔的平均时长为 $M=13$ 秒，$SS=72$。注意：所有可利用信息均来自样本。特别强调，我们预先不知道总体平均数或总体标准差。

第一步 陈述假设，选定 α 水平。尽管我们不清楚总体分数的信息，但仍然可以形成关于 μ 值的逻辑假设。在此情况下，虚无假设表述为婴儿对任一张面孔都没有偏好。也就是说，他们对两张面孔中任一张的注视时间平均是 20 秒的一半。用符号表示虚无假设为：

$$H_0: \mu_{\text{有吸引力}} = 10 \text{ 秒}$$

提出备择假设，存在偏好，婴儿对一张面孔的喜爱多于另一张面孔。定向的单尾检验能够明确更偏爱哪张面孔，而非定向的备择假设表达如下：

$$H_1: \mu_{\text{有吸引力}} \neq 10 \text{ 秒}$$

我们设定双尾检验的显著性水平为 $\alpha=0.05$。

第二步 确定拒绝域。因为总体方差未知，所以检验统计量是 t 统计量。因此必须在拒绝域定位前确定自由度的值。对于这个例子，

$$df=n-1=9-1=8$$

对于自由度为 8，显著性水平是 0.05 的双尾检验来说，拒绝域由大于 +2.306 或小于 −2.306 的 t 值构成。图 9-4 描绘了该 t 分布的拒绝域。

第三步 计算检验统计量。相比 z 分数，t 统计量通常需要更多计算。因此，我们建议把计算分成以下三个阶段：

首先，计算样本方差。记住总体方差是未知的，所以必须用样本值替代。（这就是为什么我们用 t 统计量来替代 z 分数。）

$$s^2=\frac{SS}{n-1}=\frac{SS}{df}=\frac{72}{8}=9$$

其次，用样本方差（s^2）和样本量（n）计算估计标准误。这个值是 t 统计量的分母，能够测量出样本平均数和其相对应的总体平均数之间由机遇引起的合理期望的差异有多大。

$$s_M=\sqrt{\frac{s^2}{n}}=\sqrt{\frac{9}{9}}=\sqrt{1}=1$$

最后，计算样本数据的 t 统计量。

$$t=\frac{M-\mu}{s_M}=\frac{13-10}{1}=3.00$$

第四步 做出关于 H_0 的决策。t 统计量为 3.00，落于 t 分布右侧的拒绝域(见图 9-4)。我们的统计决策是拒绝 H_0，并得出结论：婴儿在选择有吸引力和无吸引力的面孔时确实存在偏好。具体来说，婴儿注视有吸引力面孔的平均时间是显著不同于 10 秒的，如果婴儿没有偏好时预期的注视时间是 10 秒。正如样本平均数所表明的，婴儿倾向于用更多时间注视有吸引力的面孔。

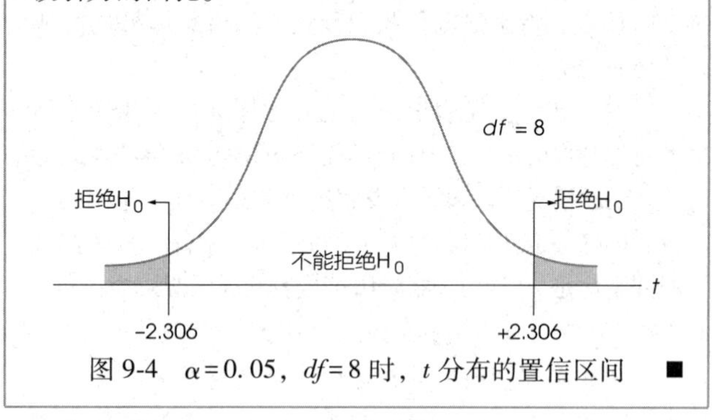

图 9-4 $\alpha=0.05$，$df=8$ 时，t 分布的置信区间 ■

t 检验的假设

关于 t 统计量的假设检验必须具备两个基本假设。

1. 样本中的数值必须由独立观测构成。

在通常情况下，如果第一个观测与第二个观测之间没有一致、可预测的关系，那么这两个观测之间是独立的。更准确地说，如果第一个事件的发生对第二个事件发生的概率没有影响，那么这两个事件(观测)是独立的。我们在知识窗 8-1 中对独立或非独立的具体例子进行了检验。

2. 取样的总体必须是正态的。

这个假设是 t 统计量和 t 分布表成立的数学基础中不可或缺的一部分。然而对于 t 统计量，违反这个假设对所得结果的实际影响不大，尤其是当样本量相对较大时。对于非常小的样本，具有一个正态总体分布很重要。对于较大的样本，违反这个假设不会影响假设检验的有效性。如果你有理由怀疑总体分布不是正态的，那么用大样本会比较保险。

样本量与样本方差的影响

正如我们在第 8 章中提到的那样，各种各样的因素都会影响假设检验的结果。特别是样本分数的数量和样本方差的大小都对 t 统计量有巨大影响，从而影响统计决策。t 统计量公式的结构会使以上因素更容易理解。

$$t=\frac{M-\mu}{s_M}$$

式中：

$$s_M=\sqrt{\frac{s^2}{n}}$$

因为标准误 s_M 是分母，所以 s_M 的值越大，t 值越小(接近 0)。因此，任何影响标准误的因素也影响拒绝虚无假设并求得显著处理效应的可能性。决定标准误大小的两个因素是样本方差 s^2 和样本量 n。

估计标准误与样本方差直接相关，所以方差越大，标准误越大。因此，方差大意味着不太可能获得显著的处理效应。总之，方差大不利于推断统计。方差大意味着分数很分散，这就很难在数据中看到一致的模式或趋势。总而言之，大的方差降低了拒绝虚无假设的可能性。

另外，估计标准误与样本分数的数量成反比。样本量越大，估计标准误越小。如果所有其他因素保持不变，那么大样本趋向于产生更大的 t 统计量，因此更可能得到显著的处理效应。例如，一个 $n=4$ 的样本平均数差异为 2 分，也许并不能成为证明处理有效的令人信服的证据。然而，同样两分的差异，在一个 $n=100$ 的样本中会更有说服力。

学习小测验

1. 从平均数 $\mu=40$ 的总体中选取个体数 $n=4$ 的样本。样本中的个体接受实验处理，经处理后，样本平均数 $M=44$，方差 $s^2=16$。
   a. 该样本是否足以得出实验处理有显著效应的结论？用 $\alpha=0.05$ 的双尾检验。
   b. 如果所有其他因素保持不变，样本量增加到 $n=16$，那么该样本是否足以得出实验处理有显著效应的结论？仍用 $\alpha=0.05$ 的双尾检验。

答案

1. a. H_0：处理后 $\mu=40$。当 $n=4$ 时，估计标准误是 2，$t=4/2=2.00$。当 $df=3$ 时，拒绝域边界设置为 $t=\pm3.182$。不能拒绝 H_0，得出结论：处理无显著效应。
   b. 当 $n=16$ 时，估计标准误是 1，$t=4.00$。当 $df=15$ 时，拒绝域的边界为 ±2.131。t 值在拒绝域以外，拒绝 H_0，得出结论：处理确实有显著效应。

9.3 t 统计量的效应量测量

在第 8 章我们注意到，对假设检验的批评之一就是它不能真正估计处理效应的大小。取而代之的是，假设检验只是确定了处理的效应是否大于机遇引起的效应，这里“机遇”是由标准误测量的。特别要指出，假设检验可能会让一个很小的处理效应变成“在统计上显著”，尤其当样本量很大的时候。为了纠正这个问题，建议在报告假设检验结果的同时报告效应量，比如 Cohen's d。

估计的 Cohen's d

首次介绍 Cohen's d 时，所列公式如下：

$$\text{Cohen's } d=\frac{\text{平均数差异}}{\text{标准差}}=\frac{\mu_{\text{处理后}}-\mu_{\text{未处理}}}{\sigma}$$

Cohen 依据总体平均数差异和总体标准差来定义这种效应量的测量。但是在大多数情况下，总体数值是未知的，所以必须用相应的样本数值来替代。当替代完成后，很多研究者倾向于将计算出来的值定义为“估计的 d 值”（estimated d），或是以那些首先在 Cohen 的公式中用样本统计量作为替代的统计学家之一的名字命名该值(例如，Glass's g 或 Hedges's g)。对于 t 统计量的假设检验，未接受处理总体的平均数是虚无假设所指定的值。然而，接受处理的总体平均数和标准差都是未知的，因此，我们用接受处理的样本平均数和处理样本的标准差作为未知参数的估计。有了这些替代，估计的 Cohen's d 的公式为：

$$\text{估计的 } d \text{ 值}=\frac{\text{平均数差异}}{\text{样本标准差}}=\frac{M-\mu}{s} \qquad (9\text{-}4)$$

分子可以通过求得处理样本的平均数与未处理总体的平均数(来自 H_0 中的 μ)之间的差异来测量处理效应的大小。分母中的样本标准差，将平均数差异标准化为单位标准差。因此，估计的 d 值为 1.00 表明处理效果的大小等于一个标准差。下面的例子说明了如何使用估计的 d 值来测量 t 统计量假设检验的效应量。

□ 例 9-2

在例 9-1 婴儿面孔偏好的研究中，婴儿在 20 秒中注视有吸引力的面孔的时间 $M=13$ 秒。如果没有偏好(如虚无假设所述)，总体平均数应该是 $\mu=10$ 秒。

因此，结果显示在有偏好的平均数($M=13$)与无偏好的平均数($\mu=10$)之间存在 3 秒的差别。该研究的样本标准差为：

$$s=\sqrt{\frac{SS}{df}}=\sqrt{\frac{72}{8}}=\sqrt{9}=3$$

因此，该例中的 Cohen's d 估计为：

$$\text{Cohen's } d=\frac{M-\mu}{s}=\frac{13-10}{3}=1.00$$

按照 Cohen 提供的标准(见表 8-2)，这个处理效应较大。■

为了帮助你想象 Cohen's d 测量的是什么，我们建构了一组平均数 $M=13$，标准差 $s=3$，样本量 $n=9$ 的分数(与例 9-1 和例 9-2 中的分数相同)，图 9-5 呈现了这组分数。注意图中也包含一条位于 $\mu=10$ 处的箭头。回想一下，$\mu=10$ 是虚无假设指定的值，定义了如果处理无效时平均数的大小。显然，我们的样本分数不以 $\mu=10$ 为中心；相反，分数向右移动，所以样本平均数 $M=13$。从 10 到 13 的改变是由处理效应引起的 3 分平均数差异。同样地，注意 3 分平均数差异恰好等于标准差。因此，实验处理效应量就等于一个标准差。换句话说，Cohen's $d=1.00$。

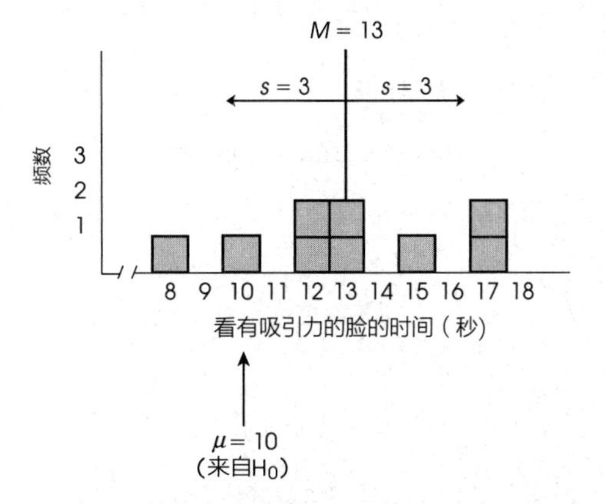

图 9-5 例 9-1 和例 9-2 所用分数的样本分布。总体平均数 $\mu=10$ 秒，这是如果吸引力不影响婴儿行为时所期望的值。注意样本平均数位于刚好相当于距 $\mu=10$ 一个标准差的位置

测量方差解释率(r^2)

效应量测量的另一种方法是确定分数的变异在多大程度上由处理效应来解释。这种测量背后的观念是：处理引起分数的增加(或减少)，意味着处理诱发了分数的变化。如果我们能测量有多少变异可由处理解释，那么我们就能获得处理效应量的测量。

为了说明这个概念，我们使用例 9-1 中假设检验的数据。回想一下，虚无假设为实验处理(面孔的吸引力)对婴儿的行为没有影响。根据虚无假设，婴儿应该不会在两张照片间表现出偏好，因此，在 20 秒中，婴儿花费在有吸引力的面孔上的平均时间 $\mu=10$ 秒。

然而，如果你看一眼图 9-5 中的数据，就会发现，分数并不是以 $\mu=10$ 为中心分布的。相反，分数向右移动，最后它们以样本平均数 $M=13$ 为中心分布。这种右移就是处理效应。为了测量处理效应的大小，我们用两种不同的方法计算了离差以及离差平方和。

图 9-6a 呈现了原始分数。对于每个分数，用一条直线标出它们与平均数 $\mu=10$ 的离差。回忆一下，$\mu=10$ 来自虚无假设，代表处理无效时的总体平均数。我们注意到几乎所有分数都分布在 $\mu=10$ 的右边。这种右移就是处理效应。确切地说，对有吸引力面孔的偏好让婴儿花费更多时间注视有吸引力的照片，这意味着他们的得分普遍大于 10。因此，处理将这些分数推离了 $\mu=10$ 并增大了离差。

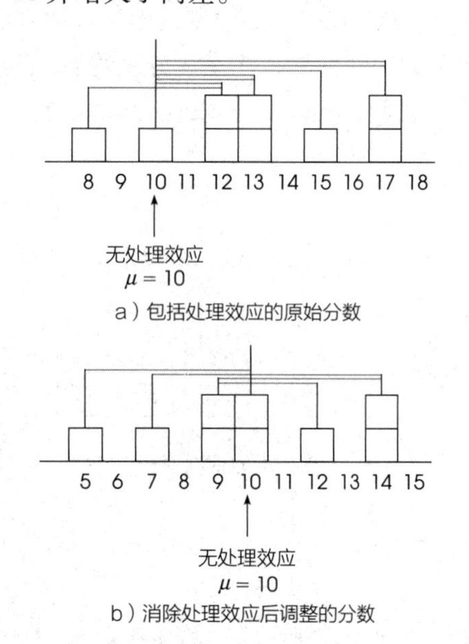

图 9-6 例 9-1 中的分数距 $\mu=10$(没有处理效应)的离差。图 a 中的横线标出了原始分数的离差和处理效应。图 b 中的横线标出了消除处理效应后调整分数的离差

接下来，我们看一下如果消除处理效应会发生什么。在这个例子中，处理效应为 3 分(平均数从 $\mu=10$ 增至 $M=13$)。为了消除处理效应，我们简单地从每个分数中减掉 3 分。调整的分数如图 9-6b 所示，同样地，用上部横线标出与 $\mu=10$ 的离差。首先，注意，调整的分数分布在 $\mu=10$ 的附近，表明不存在处理效应。还要注意，当消除处理效应以后，用上部横线表示的离差显著变小了。

为了测量消除处理效应后变异性减少的程度，我们计算每组分数的离差平方和。表 9-2 左边呈现了对原始分数的计算(见图 9-6a)，右边呈现了调整后分数的计算(见图 9-6b)。我们注意到包括处理效应在内的总变异 $SS=153$。然而，当消除处理效应以后，变异减小至 $SS=72$。这两个数值之间的差异为(153−72)= 81，是由处理效应产生的变异量。这个值通常报告为总变异的比例或百分比：

$$\frac{\text{解释的变异}}{\text{总变异}}=\frac{81}{153}=0.529\,4(52.94\%)$$

因此，消除处理效应减少了 52.94% 的变异。这个值称为方差解释率(percentage of variance accounted for by the treatment)，符号表示为 r^2。

表 9-2 图 9-6 中数据 *SS* 的计算结果。前三列呈现了原始分数的计算结果，包括处理效应。后三列呈现了消除处理效应后调整分数的计算结果

SS 的计算（包括处理效应）			*SS* 的计算（消除处理效应后）		
分数	与 $\mu=10$ 的离差	离差的平方	调整后的分数	与 $\mu=10$ 的离差	离差的平方
8	−2	4	8−3=5	−5	25
10	0	0	10−3=7	−3	9
12	2	4	12−3=9	−1	1
12	2	4	12−3=9	−1	1
13	3	9	13−3=10	0	0
13	3	9	13−3=10	0	0
15	5	25	15−3=12	2	4
17	7	49	17−3=14	4	16
17	7	49	17−3=14	4	16
		$SS=153$			$SS=72$

我们不是通过直接比较两个不同的 *SS* 的运算值来计算 r^2 的，而是通过基于 t 检验结果的单个等式。

$$r^2=\frac{t^2}{t^2+df} \tag{9-5}$$

字母 r 是用于相关的传统符号，第 15 章介绍相关时我们会再讨论 r^2 的概念。另外，在 t 统计量的背景下，我们称 r^2 为方差解释率，通常由希腊字母 ω^2 表示。

对于例 9-1 中的假设检验，我们得到 $df=8$ 时，$t=3.00$。由此可以计算出：

$$r^2=\frac{3^2}{3^2+8}=\frac{9}{17}=0.529\,4 \quad (52.94\%)$$

注意：这与我们通过直接计算方差解释率所获得的结果完全相同。

解释 r^2 除了 Cohen's d 效应量的测量，Cohen (1988)还提出了评估 r^2 测量处理效应量的标准。这些标准实际上是用以评估相关系数 r 的大小的，但很容易扩展应用到 r^2 上。表 9-3 呈现了 Cohen 提出的解释 r^2 的标准。

根据这些标准，我们在例 9-1 和例 9-2 中组建的数据显示了较大的效应量，$r^2=0.5294$。

最后要提醒你的是，尽管样本量会影响假设检验，但这个因素基本不会影响效应量的测量。特别是 Cohen's d 的估计完全不受样本量影响，样本量的变化对 r^2 的测量只有轻微的影响。另外，样本方差会影响假设检验和效应量的测量。具体而言，较大的方差既降低了拒绝虚无假设的可能性，也减少了测量效应量。

表 9-3 Cohen 提出的解释 r^2 值的标准(1988)

方差解释率(r^2)	
$r^2=0.01$	效应小
$r^2=0.09$	效应中等
$r^2=0.25$	效应大

估计 μ 的置信区间

描述处理效应大小的一种替代方法是计算处理后总体平均数的估计。例如，如果处理前的已知平均数 $\mu=80$，处理后的估计平均数 $\mu=86$，这样我们可以推断处理效应量约为 6 分。

估计未知总体平均数涉及构建置信区间。置信区间是基于样本平均数倾向于提供对总体平均数合理准确的估计这一观察提出的。样本平均数倾向于接近总体平均数意味着总体平均数也应该接近样本平均数。例如，如果我们得到的样本平均数 $M=86$，我们能够合理地确信总体平均数也约为 86。因此，置信区间由一个围绕样本平均数的值的区间构成，并且我们有理由确信未知的总体平均数位于这一区间的某一位置。

> **定义**
>
> **置信区间**(confidence interval)是以样本统计量为中心的一个区间或一个数值范围。置信区间背后的逻辑原理是，样本统计量(比如样本平均数)应该接近与之相应的总体参数。因此，我们可以确信地做出参数值应该位于这个区间内的估计。

构建置信区间

置信区间的构建始于每个样本平均数都与公式所定义的 t 值相对应的观察。

$$t=\frac{M-\mu}{s_M}$$

尽管 M 和 s_M 的值都可从样本数据中获得，但因为 μ 值是未知的，所以我们计算不出 t。对于置信区间，我们不是计算 t 值，而是估计 t 值。例如，如果样本中有 9 个分数，那么 t 统计量的 $df=8$，所有可能 t 值的分布如图 9-7 所示。注意，t 值多围绕在 $t=0$ 附近，因此我们可估计样本的 t 值应该在 0 附近。此外，t 分布表列出了 t 分布的特定比例所对应的各种不同的 t 值。例如，当 $df=8$ 时，80% 的 t 值位于 $t=+1.397$ 和 $t=-1.397$ 之间。为得到这些值，只要查阅 $df=8$ 时 0.20 (20%)的双尾比例即可。因为所有可能的 t 值的 80% 落于±1.397 之间，我们有 80% 的把握确信我们的样本平均数与这个区间的某个 t 值对应。与之类似，我们有 95% 的把握确信 $n=9$ 个分数的样本平均数对应一个位于+2.306 与-2.306 之间的 t 值。注意：我们能够估计的是在某一特定置信水平上的 t 值。为了构建 μ 的置信区间，我们将估计的 t 值代入 t 统计量公式，然后就可以计算 μ 值。

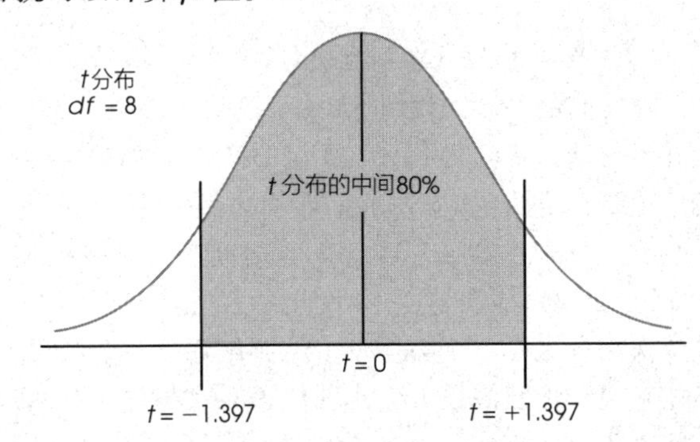

图 9-7 $df=8$ 时 t 统计量的分布。t 值围绕 $t=0$ 聚集，所有可能的值的 80% 位于 $t=-1.397$ 和 $t=+1.397$ 之间

在我们说明构建未知总体平均数的置信区间的步骤之前，我们先通过重组 t 统计量公式的条目来简化运算。因为我们的目的是计算 μ 值，所以用简单的代数运算可以得到计算 μ 的公式。结果如下：

$$\mu=M\pm ts_M \quad (9\text{-}6)$$

下面的例子说明了使用公式构建置信区间的过程。

> □ **例 9-3**
>
> 例 9-1 描述了一项研究，其中婴儿在 20 秒注视时间内，通过注视有吸引力的面孔而非无吸引力的面

孔，表现出对有吸引力面孔的偏好。具体来说，一组婴儿样本($n=9$)在20秒的时间段内，平均花费 $M=13$ 秒注视更有吸引力的面孔。这些数据得到了估计标准误 $s_M=1$。我们使用该样本构建置信区间，用以估计婴儿总体注视更有吸引力面孔的平均时间，即我们构建了有可能包含未知总体平均数的数值区间。

估计公式是：

$$\mu=M\pm t(s_M)$$

在方程中，$M=13$，$s_M=1$，这些值是从样本数据中得到的，下一步是选择置信水平以确定方程中的 t 值。最常用的置信水平可能是95%，但80%、90%和99%同样常用。在这个例子中，我们使用80%的置信水平，这意味着我们构建置信区间以使我们有80%的把握确信总体平均数实际上被包含在该区间内。因为我们使用80%的置信水平，所以产生的区间成为 μ 的80%置信区间。

为了得到方程中的 t 值，我们简单地估计样本的 t 统计量位于 t 分布中间80%的某处。当 $df=n-1=8$ 时，分布中间的80%以 $+1.397$ 与 -1.397 的 t 值为界限(见图9-7)[⊖]。使用样本数据和估计的 t 值范围，我们得到：

$$\mu=M\pm t(s_M)=13\pm1.397\times1.00=13\pm1.397$$

在区间的一端，我们得到 $\mu=13+1.397=14.397$，而在另一端，我们得到 $\mu=13-1.397=11.603$。我们的结论是：婴儿总体注视更有吸引力面孔的平均时间在 $\mu=11.603$ 秒和 $\mu=14.397$ 秒之间，并且我们有80%的把握确信真正的总体平均数位于这个区间。这种自信来自这样一个事实——计算仅基于一个假设。具体来说，我们假设 t 统计量位于 $+1.397$ 与 -1.397 之间，我们有80%的把握确信这一假设是正确的，因为所有可能 t 值的80%都位于这一区间。最后，注意置信区间是围绕样本平均数构建的，因此，样本平均数 $M=13$ 恰好位于区间的中心。■

影响置信区间宽度的因素

应注意置信区间的两个特征。首先，注意你改变置信水平(百分比)时区间的宽度发生了什么变化。为了在估计中获得更高的置信水平，你必须增加区间的宽度。相反，为了得到更小更精确的区间，你就要放弃置信水平。在估计公式中，置信水平会影响 t 值。较高的置信水平(百分比)会产生较大的 t 值和一个更宽的区间，从图9-7中便可以看到这一关系。在图中，我们确定了 t 分布中间的80%，用以求得80%的置信区间。显然，如果我们将置信水平提高到95%，就必须增加 t 值的范围，从而增加区间的宽度。

其次，注意，如果改变样本量，区间宽度会发生什么变化。基本规则如下：样本量(n)越大，区间越小。如果你将样本量视为测量信息量的方法，这种关系就很容易理解了：更大的样本量能提供更多有关总体的信息，以便做出更准确的估计(一个更窄的区间)。样本量控制着估计公式中标准误的大小，样本量越大，标准误就越低，区间就越小。因为置信区间受到样本量的影响，所以它并非测量效应量的有效方法，也不足以替代 Cohen's d 或 r^2。尽管如此，但还是可以在报告中用它来描述处理效应的大小。

学习小测验

1. 如果所有其他因素保持不变，80%的置信区间比90%的置信区间更宽。(对或错?)
2. 如果所有其他因素保持不变，使用 $n=25$ 的样本得到的置信区间比使用 $n=100$ 的样本得到的置信区间更宽。(对或错?)

答案

1. 错。置信水平越高，置信区间越宽。
2. 对。样本量越小，置信区间越宽。

§ 文献报告 §

报告 t 检验的结果

在第8章中，我们提到了根据APA格式报告假设检验结果的传统风格。首先，回想一下，科学报告通常使用“显著”这个术语来表示拒绝虚无假设，用“不显著”这个术语来表示不能拒绝虚无假设。其次，报告检验统计量的值、自由度和 t 检验的 α 水平是有规定格式的，这个格式与第8章介绍过的格式相同。

在例9-1中，我们计算出 $df=8$ 时的 t 统计量为3.00，我们决定在 $\alpha=0.05$ 水平上拒绝 H_0。使用例9-1中的数据，

⊖ 80%在中间，20%(或0.20)必然在两个尾部。要求得 t 值，应在 t 分布表中0.20的双尾之下查找。

我们得到处理的方差解释率 $r^2 = 0.5294$(52.94%)。在科学报告中，这些信息用简洁的方式陈述如下：

婴儿在 20 秒中平均花费 $M = 13$ 秒的时间注视有吸引力的面孔，其 $SD = 3.00$。统计分析表明，注视有吸引力面孔的时间显著长于不存在偏好时的预期注视时间，$t(8) = 3.00$，$p < 0.05$，$r^2 = 0.5294$。

如前所述(第 4 章)，第一个陈述报告的是描述统计：平均数($M = 13$)、标准差($SD = 3$)，第二个陈述提供了推断统计分析的结果。注意要在符号 t 之后报告自由度，获得的 t 统计量的值紧随其后(3.00)，接下来是 I 型错误的概率(小于 5%)。最后报告效应量，$r^2 = 52.94\%$。如果报告将例 9-3 中 80%的置信区间作为对效应量的描述，那么该描述应加在假设检验结果之后，如下所示：

$t(8) = 3.00$，$p < 0.05$，80%的置信区间为[11.603，14.397][㊀]

通常，研究者使用计算机进行如例 9-1 中的假设检验。除了计算数据的平均数、标准差和 t 统计量，计算机通常还计算并报告与 t 值相关的精确百分比(或 α 水平)。在例 9-1 中，我们判定任何超过 ±2.306 的 t 值的概率都小于 0.05(见图 9-4)，因此，如果得到的 t 值为 3.00，就报告该值非常不可能出现，$p < 0.05$，但是，计算机的输出应该包括特定 t 值的精确概率。

无论何时，当特定的概率值可用时，可以在研究报告中使用。例如，这些数据的计算机分析报告精确的 p 值为 0.017，那么研究报告应陈述为“$t(8) = 3.00$，$p = 0.017$”，而不使用不太精确的“$p < 0.05$”。最后要注意的是，有时 t 值非常极端，计算机会报告 $p = 0.000$。这个值并不是说概率就是 0，而是意味着计算机把概率值四舍五入到小数点的后三位，得到结果是 0.000。在这种情况下，虽然不知道精确的概率，但是你可以报告 $p < 0.001$。

学习小测验

1. 从平均数 $\mu = 80$ 的总体中选取一个 $n = 16$ 的样本，对样本实施处理，处理后的样本平均数 $M = 86$，标准差 $s = 8$。
   a. 这个样本能否提供充分的证据推断处理有显著效应？用 $\alpha = 0.05$ 检验。
   b. 通过计算 Cohen's d 和 r^2 来测量效应量。
   c. 求处理后总体平均数 95%的置信区间。
2. 样本量是怎样影响假设检验结果和效应量测量的？标准差是怎样影响假设检验结果和效应量测量的？

答案

1. a. 估计标准误是 2，数据得到的 $t = 6/2 = 3.00$。当 $df = 15$ 时，临界值是 $t = \pm 2.131$，所以决定拒绝虚无假设，并得出结论：处理有显著效应。
   b. 由数据得到 $d = 6/8 = 0.75$，$r^2 = 9/24 = 0.375$(或 37.5%)。
   c. 95%的置信水平且 $df = 15$ 时，$t = \pm 2.131$。置信区间为 $\mu = 86 \pm 2.131 \times 2$，即[81.738，90.262]。
2. 样本量增加，拒绝虚无假设的可能性增加，但对效应量测量影响很小或没影响。样本方差增加，拒绝虚无假设的可能性降低，效应量减少。

9.4　定向假设与单尾检验

如第 8 章所述，非定向(双尾)检验比定向(单尾)检验更常用。不过，定向检验可用于某些研究情况，如探索性调查、前瞻性研究或是用于验证性研究(如验证一种理论或验证先前的研究发现)。例 9-4 使用例 9-1 给出的相同实验情况，说明了 t 统计量的定向假设检验。

□ 例 9-4

研究的问题是吸引力是否影响婴儿注视女性面孔照片的行为。研究者预期婴儿更偏爱有吸引力的面孔。因此，研究者预测婴儿会花费多于 10 秒(20 秒的一半)的时间注视有吸引力的面孔。在这个例子中，我们所用的数据与例 9-1 中原始假设检验所用的样本数据相同。具体来说，研究者测试了一个 $n = 9$ 的样本，并得到注视有吸引力面孔的时间平均数 $M = 13$ 秒，$SS = 72$。

第一步　陈述假设，选择 α 水平。对于大多数定向检验，通常更容易的做法是用文字表述陈述假设，包括方向预测，然后把文字转换成符号。在这个例子中，研究者预测吸引力会导致婴儿增加注视有吸引力

㊀ $p < 0.05$ 这个陈述在第 8 章中解释过。

面孔的时间，也就是说，应该会花费多于 10 秒(20 秒的一半)的时间来注视有吸引力的面孔。总之，虚无假设提出预测的效应不会发生。对于这个研究，虚无假设为婴儿不会花费 10 秒以上(20 秒的一半)的时间来注视有吸引力的面孔。符号表达为：

$$H_0：\mu_{有吸引力}\leqslant 10\text{ 秒}$$

(注视有吸引力面孔的时间不超过 10 秒)

与之类似，备择假设提出这个处理有效应。在这里，H_1 提出婴儿将花费 10 秒以上的时间注视有吸引力的面孔。符号表达为：

$$H_1：\mu_{有吸引力}>10\text{ 秒}$$

(注视有吸引力面孔的时间超过 10 秒)

这次我们将显著性水平 α 设为 0.01。

第二步 确定拒绝域。在这个例子中，研究者预测样本平均数(M)大于 10 秒。因此，如果婴儿注视有吸引力面孔的平均时间超过 10 秒，那么数据会支持研究者的预测并趋向于拒绝虚无假设。此外，还要注意，样本平均数大于 10 秒会产生正的 t 值。因此，单尾检验的拒绝域将由位于分布右侧尾部的正的 t 值组成。为了求得临界值，你必须查看单尾概率的 t 分布表。对于 $n=9$ 的样本，t 统计量的 $df=8$，使用 $\alpha=0.01$，你应该会找到一个 $t=+2.896$ 的临界值。因此，如果我们得到超过 2.896 的 t 统计量，我们将拒绝虚无假设并推断婴儿表现出了对有吸引力面孔的显著偏好。图 9-8 呈现了本次检验的单尾拒绝域。

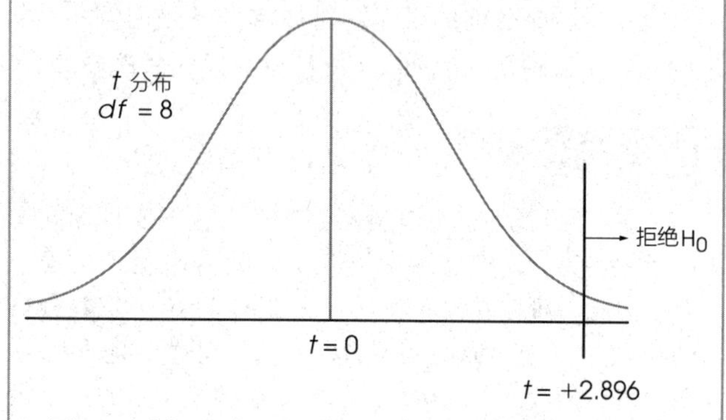

图 9-8 例 9-4 中的假设检验的单尾置信区间，$df=8$，$\alpha=0.01$

第三步 计算检验统计量。单尾或双尾 t 统计量的计算是一样的。在前面(见例 9-1)，我们发现这个实验数据得到了 $t=3.00$ 的检验统计量。

第四步 做出决策。检验统计量位于拒绝域，所以我们拒绝 H_0。关于实验的变量，我们认为婴儿表现出了偏好，注视有吸引力面孔的时间显著多于注视没有吸引力的面孔。在研究报告中，结果呈现如下：

注视有吸引力面孔的时间显著长于如果没有偏好时的预期时间，$t(8)=3.00$，$p<0.01$，单尾检验。

注意报告中要清楚地表明使用了单尾检验。■

单尾检验的拒绝域

在例 9-4 的第二步中，我们确定拒绝域位于分布的右侧尾部。但是，这一步可以分成两个阶段，从而无须确定到底是哪侧(左或右)应包含拒绝域。这一步的第一个阶段只是简单地确定原始研究问题是否预测了样本平均数的方向。在这个例子中，研究者预测婴儿更偏好有吸引力的面孔并将花费更多时间注视它。具体来说，研究者预测婴儿在 20 秒中用 10 秒以上的时间来注意有吸引力的面孔。得到的样本平均数 $M=13$ 秒是在正确的方向。第一个阶段无须确定拒绝域在左侧还是右侧，因为我们已经确定了效应在正确的方向内，所以 t 统计量的符号(+或-)就不再重要了。这一步的第二个阶段是确定这一效应是否足够显著。对于这个例子，要求样本得到的 t 统计量大于 2.896。不管 t 统计量的符号是什么，如果其大于 2.896，那么结果就是显著的，拒绝 H_0。

学习小测验

1. 一种新的非处方感冒药的警告标签上注明“服用后可能会引起嗜睡”。一位研究者想要评估这一反应。我们知道一般情况下反应时的分布是 $\mu=200$ 的正态分布。有一个包含 9 名被试的样本($n=9$)，让每个被试都服用这种感冒药，1 小时后测量每个个体的反应时。这个样本的平均反应时 $M=206$，$SS=648$。研究者想要用假设检验来评估该药的反应，选取 $\alpha=0.05$。
   a. 用 $\alpha=0.05$ 的双尾检验确定药物是否对反应时有显著影响。
   b. 用一句话说明研究报告中假设检验的结果。
   c. 用 $\alpha=0.05$ 的单尾检验确定药物是否显著增加了反应时。
   d. 用一句话说明研究报告中单尾假设检验的结果。

答案

1. a. 对于双尾检验，H_0：$\mu=200$。样本方差为81，估计标准误为3，$t=6/3=2.00$，$df=8$，临界值是±2.306。因此不能拒绝虚无假设。

   b. 这一结果表明药物对反应时没有显著影响，$t(8)=2.00$，$p>0.05$。

   c. 对于单尾检验，H_0：$\mu\leqslant 200$（未增加）。$t=6/3=2.00$，$df=8$，临界值是1.860。因此拒绝虚无假设。

   d. 结果表明，药物显著增加了反应时，$t(8)=2.00$，$p<0.05$，单尾检验。

小　结

1. 当总体标准差（或方差）未知时，假设检验用 t 统计量替代 z 分数。
2. 为了计算 t 统计量，必须先计算出样本方差（或标准差）来替代总体未知参数。

$$样本方差=s^2=\frac{SS}{df}$$

接下来，将 s^2 代入标准误公式来估计标准误，估计标准误可以用如下方法计算：

$$估计标准误=s_M=\sqrt{\frac{s^2}{n}}$$

最后，用估计标准误计算出 t 统计量。当总体方差或标准差未知时，用 t 统计量替代 z 分数。

$$t=\frac{M-\mu}{s_M}$$

3. t 统计量公式在结构上和 z 分数公式相似：

$$z（或\ t）=\frac{样本平均数-总体平均数}{（估计）标准误}$$

对于一个假设检验，你假设了一个值作为未知总体的平均数，把这个假设值与样本平均数以及从样本数据中计算出的估计标准误代入公式。如果假设平均数得到了一个极端的 t 值，那么你可以推断假设是错误的。

4. t 分布与正态 z 分布相似。为了评估从样本平均数中得到的 t 统计量，拒绝域必须位于 t 分布中。有一系列 t 分布，特定 t 值分布的精确形状由自由度（$n-1$）决定。因此，拒绝域的 t 值取决于 t 检验相应的 df 值。随着 df 的增大，t 分布的形状近似正态分布。
5. 当假设检验选用 t 统计量时，可以通过计算 Cohen's d 来测量效应量。在这种情况下，公式中用样本标准差获得 d 的估计值：

$$估计的\ d\ 值=\frac{平均数差异}{样本标准差}=\frac{M-\mu}{s}$$

6. 第二种效应量的测量是 r^2，其测量的是方差解释率。该值计算如下：

$$r^2=\frac{t^2}{t^2+df}$$

7. 描述处理效应量的另一种方法是使用 μ 的置信区间。置信区间是所估未知总体平均数的数值区间。置信区间用 t 统计量公式求得未知平均数：

$$\mu=M\pm t(s_M)$$

首先，选择置信水平，然后查阅相应的 t 值代入上面的公式。例如，对于95%的置信水平，t 值就是分布的中间95%的部分的边界值。

关键术语

估计标准误　　t 统计量　　自由度　　t 分布

估计的 d 值　　方差解释率（r^2）　　置信区间

资　源

SPSS

附录C呈现了使用SPSS的一般说明。以下是使用SPSS进行 t 检验的详细指导。

数据输入

在数据编辑器的一列中输入所有分数，如VAR00001。

数据分析

1. 单击菜单栏中的Analyze，在下拉菜单中选择Compare Means，然后单击One-Sample T Test。
2. 在弹出的对话框中选择左边的框中分数的列标签

(VAR00001)，然后单击箭头把它移至 Test Variable(s)框中。

3. 在单样本 t 检验对话框底部的 Test Value 框中，输入虚无假设的总体平均数的假设值。注意：在输入新值之前，这个值默认为 0。
4. 除了运行假设检验，该程序还计算总体平均数差异的置信区间。置信水平默认为 95%，但可以在 Options 的对话框中改变百分比。
5. 单击 OK。

SPSS 输出

我们用 SPSS 程序来分析例 9-1 中的研究数据，程序输出结果如图 9-9 所示。输出结果包括由平均数、标准差和样本平均数的标准误这些样本统计量构成的表。第二个表列出了假设检验的结果，包括 t 值、df 和显著性水平（检验的 p 值），还包括假设 $\mu=10$ 的平均数差异以及平均数差异的 95% 置信区间。为了获得平均数的 95% 置信区间，将表中的值简单加上 $\mu=10$ 即可。

One-Sample Statistics

	N	Mean	Std. Deviation	Std. Error Mean
VAR00001	9	13.000 0	3.000 00	1.000 00

One-Sample Test

	Test Value = 10					
					95% Confidence Interval of the Difference	
	t	df	Sig. (2-tailed)	Mean Difference	Lower	Upper
VAR00001	3.000	8	.017	3.000 00	.694 0	5.306 0

图 9-9　例 9-1 中假设检验的 SPSS 输出结果

关注问题解决

1. 我们在分析数据时面临的第一个问题是确定适当的统计检验。记住，只有当 σ 值已知时，才可以使用 z 分数来检验统计量。如果 σ 的值未知，那么就必须使用 t 统计量。
2. 对于 t 检验，样本方差用于计算估计标准误的值。记住，计算样本方差时，分母使用 $n-1$（见第 4 章），当计算估计标准误时，分母使用 n。

示例9-1

t 统计量的假设检验

一位心理学家准备了一个“乐观测验”，每年对将要毕业的大四学生施测。该测验测量每个即将毕业的学生对未来的看法，分数越高表明学生越乐观。去年毕业班学生的平均分数 $\mu=15$。从今年的大四学生中选取并测试了一个 $n=9$ 的样本，这些大四学生的分数为：

7，12，11，15，7，8，15，9，6

得到样本平均数 $M=10$，$SS=94$。

根据这个样本，心理学家能否得出结论：今年毕业班的学生的乐观水平与去年毕业班的学生不同？

注意，因为样本方差（σ^2）未知，所以本次假设检验使用 t 统计量。

第一步　陈述假设，选择 α 水平。t 统计量和 z 分数检验的虚无假设和备择假设的陈述遵循同一形式。

H_0：$\mu=15$（今年的平均分数无变化）

H_1：$\mu\neq15$（今年的平均分数有变化）

在该例中，我们使用 $\alpha=0.05$ 的双尾检验。

第二步　确定拒绝域。对于一个 $n=9$ 的学生样本，t 统计量的自由度 $df=n-1=8$。

对于 $\alpha=0.05$，$df=8$ 的双尾检验，拒绝域的 t 值是 ±2.306。这两个值确定了拒绝域的两个边界。我们得到的 t 值必须比这两个临界值都更极端才能拒绝 H_0。

第三步　计算检验统计量。正如我们提过的，将 t 统计量分为三步计算更容易。

1. 样本方差。

$$s^2=\frac{SS}{n-1}=\frac{94}{8}=11.75$$

2. 估计标准误。这些数据的估计标准误为：

$$s_M=\sqrt{\frac{s^2}{n}}=\sqrt{\frac{11.75}{9}}=1.14$$

3. t 统计量。现在我们有了估计标准误和样本平均数，可以计算 t 统计量。表示如下：

$$t=\frac{M-\mu}{s_M}=\frac{10-15}{1.14}=\frac{-5}{1.14}=-4.39$$

第四步 做出关于 H_0 的决策，陈述结论。得到的 t 统计量($t=-4.39$)位于拒绝域内。因此，我们的样本数据完全足以在0.05的显著性水平上拒绝虚无假设。我们可以断定，今年和去年的毕业班学生在乐观水平上有显著差异，$t(8)=-4.39$，$p<0.05$，双尾检验。

示例9-2

效应量：估计 Cohen's d 与计算 r^2

下面我们用示例9-1假设检验的数据来估计 Cohen's d。今年毕业班学生样本的平均乐观分数比去年的低5分($M=10$，$\mu=15$)。在示例9-1中，我们计算出样本方差为 $s^2=11.75$，因此标准差为 $\sqrt{11.75}=3.43$。用这些值可以得到：

$$\text{估计的 } d \text{ 值}=\frac{\text{平均数差异}}{\text{样本标准差}}=\frac{5}{3.43}=1.46$$

为了计算方差解释率(r^2)，我们需要假设检验的 t 值和 df 值。在示例9-1中，我们得到 $t=-4.39$，$df=8$。把这些值代入式(9-5)，我们得到：

$$r^2=\frac{t^2}{t^2+df}=\frac{(-4.39)^2}{(-4.39)^2+8}=\frac{19.27}{27.27}=0.71$$

习 题

1. 在什么情况下用 t 统计量替代 z 分数进行假设检验？
2. 一个 $n=25$ 的样本，平均数 $M=83$，标准差 $s=15$。
   a. 解释样本标准差测量的是什么。
   b. 计算样本平均数的估计标准误并解释标准误测量的是什么。
3. 求下列每个样本的样本平均数的估计标准误。
   a. $n=4$，$SS=48$
   b. $n=6$，$SS=270$
   c. $n=12$，$SS=132$
4. 解释为什么 t 分布比正态分布更平缓和延展。
5. 对于下列容量的样本，找出构成临界区域边界的 t 值，用 $\alpha=0.05$ 的双尾检验。
   a. $n=6$
   b. $n=12$
   c. $n=24$
6. 下面这个 $n=6$ 的样本分数来自一个参数未知的总体。
   分数：7，1，6，3，6，7
   a. 计算样本平均数和标准差。(注意，这两项是对样本数据进行总结的描述性数值。)
   b. 计算 M 的估计标准误。(注意，这是描述样本平均数在多大程度上精确代表未知总体平均数的推断值。)
7. 下列样本分数来自一个参数未知的总体。
   分数：6，12，0，3，4
   a. 计算样本平均数和标准差。(注意，这是概括样本数据的描述性数值。)
   b. 计算 M 的估计标准误。(注意，这是描述样本平均数在多大程度上精确代表未知总体平均数的推断值。)
8. 为了评估处理效应，从平均数 $\mu=75$ 的总体中选取样本，对样本中的个体施加实验处理。经处理后，样本平均数 $M=79.6$，标准差 $s=12$。
   a. 如果样本包含 $n=16$ 个个体，用 $\alpha=0.05$ 的双尾检验，数据是否足以推断处理有显著效应？
   b. 如果样本包含 $n=36$ 个个体，用 $\alpha=0.05$ 的双尾检验，数据是否足以推断处理有显著效应？
   c. 比较a和b两部分的答案，说明样本量是如何影响假设检验结果的。
9. 为了评估处理效应，从平均数 $\mu=40$ 的总体中选取一个 $n=9$ 的样本，对样本中的个体施加实验处理。经处理后，样本平均数 $M=33$。
   a. 如果样本标准差 $s=9$，用 $\alpha=0.05$ 的双尾检验，数据是否足以推断处理有显著效应？
   b. 如果样本标准差 $s=15$，用 $\alpha=0.05$ 的双尾检验，数据是否足以推断处理有显著效应？
   c. 比较a和b两部分的答案，说明样本分数的变异性是如何影响假设检验结果的。
10. 从 $\mu=70$ 的总体中，随机选取一个 $n=16$ 的样本，对样本中的个体施加实验处理。经处理后，样本平均数 $M=76$，$SS=960$。
   a. 处理后的样本平均数和原始总体平均数之间有多大差异？(注意，在假设检验中，这个值构成了 t

统计量的分子。）

b. 样本平均数和总体平均数之间由偶然引起的期望差异是多少？即计算 M 的估计标准误。（注意：在假设检验中，这个值是 t 统计量的分母。）

c. 基于样本数据，处理是否有显著效应？使用 $\alpha=0.05$ 的双尾检验。

11. 聚光灯效应是指过高估计他人对你的外表或行为的注意程度，特别是当你失礼时，你强烈感到自己好像突然站到了人人注目的聚光灯下。这一现象的其中一个例子是，研究者(Gilovich, Medvec, & Savitsky, 2000)要求大学生被试穿上巴瑞·曼尼洛的T恤(同学们之前都认为这件事很尴尬)，随后带领被试进入一个房间，房间内已有其他参与实验的学生。几分钟后被试被领出该房间，允许他们换掉T恤。随后，要求每个被试估计房间里有多少人注意到了T恤。房间中的人也要回答是否注意到了T恤。在这个研究中，被试显著高估了注意到T恤的实际人数。

a. 在一个相似的研究中，使用一个 $n=9$ 的被试的样本，穿T恤的被试得到的平均估计值 $M=6.4$，$SS=162$。报告注意到T恤的人的平均数为3.1。被试估计的人数与实际的人数是否有显著差异？用 $\alpha=0.05$ 的双尾检验对虚无假设进行检验。

b. 被试的估计人数是否显著高于真实人数($\mu=3.1$)？使用 $\alpha=0.05$ 的单尾检验。

12. 包括人类在内的许多动物都倾向于躲避直接的目光接触，甚至会避开眼状图案。包括飞蛾在内的一些昆虫则在翅膀上进化出了眼状斑纹以避开捕食者。Scaife(1976)报告了一项检测眼状斑纹如何影响鸟类行为的研究。在这项研究中，将鸟放在有两个隔间的盒子里进行测验，鸟可以自由地从一个隔间飞到另一个。在其中一个隔间的墙上画了两个大的眼睛图案，另一个隔间的墙上是空白的。研究者记录了长达60分钟的实验中每只鸟在空白隔间的总时间。假设研究得到一个 $n=9$ 的鸟类样本在空白隔间的平均数 $M=37$ 分钟，$SS=288$。(注意：如果眼状图案没有影响，那么鸟应该在每个隔间花费的平均时间 $\mu=30$ 分钟。)

a. 该样本是否足以推断眼状图案对鸟类的行为有显著影响？使用 $\alpha=0.05$ 的双尾检验。

b. 通过计算估计 Cohen's d 来测量处理效应量。

c. 构建95%的置信区间来估计鸟类总体在空白隔间中花费时间的平均数。

13. 标准化测量似乎表明平均焦虑水平在过去50年内有逐步上升的趋势(Twenge, 2000)。在20世纪50年代，儿童外显焦虑水平量表的平均分数 $\mu=15.1$。21世纪的今天，一个 $n=16$ 的样本得到平均数 $M=23.3$，$SS=240$。

a. 基于该样本，自20世纪50年代以来，平均焦虑水平是否有显著变化？使用 $\alpha=0.01$ 的双尾检验。

b. 用90%的置信区间估计当今儿童总体的平均焦虑水平。

c. 用一句话来说明研究报告中假设检验的结果和置信区间的结果。

14. 美国某地小学的图书管理员声称图书馆的藏书时间平均有二十多年。为检验这一说法，学生抽取了一个 $n=30$ 的图书样本并记录每本书的出版日期。得到样本的平均年份 $M=23.8$ 年，方差 $s^2=67.5$。使用这一样本进行 $\alpha=0.01$ 的单尾检验，以确定图书馆藏书时间是否显著超过20年($\mu>20$)。

15. 多年来研究者已注意到，一般总体的平均IQ分数似乎有逐年递增的趋势。在研究者首次报告该现象之后(Flynn, 1984, 1999)，这一现象被称为弗林效应(Flynn effect)。这意味着心理学家必须不断更新IQ测验以保证总体平均数 $\mu=100$。为了评估效应量，研究者获得了一项10年的IQ测验，该测验已标准化，10年前人口的平均IQ分数为 $\mu=100$。然后对今天20岁的成人中的64名样本实施IQ测验。样本平均分数 $M=107$，标准差 $s=12$。

a. 基于样本，当测验平均数 $\mu=100$ 时，今天总体的平均IQ分数是否与10年前有显著差异？使用 $\alpha=0.01$ 的双尾检验。

b. 对于10年前的IQ测验，用80%的置信区间估计今天的总体平均IQ分数。

16. 在婴儿依恋的一个经典研究中，H. F. Harlow(1959)将幼猴放置在有两只人造代理“母猴”的笼子里。一只“母猴”由裸露的钢丝网制成，其身上有用来喂食幼猴的奶瓶。另一只“母猴”是由柔软的厚绒布制成的，不提供任何食物。Harlow观察这些幼猴并记录幼猴每天与两只“母猴”相处的时间。一天中，幼猴共花费18小时依偎在两只“母猴”身上。如果幼猴对两只“母猴”没有偏好，应期望陪伴时间是相等的，幼猴与每只“母猴”相处的时间应均分为9小时。然而，幼猴每天花费将近15小时在厚绒布“母猴”身上，显示出对柔软的、令人想拥抱的“母猴”的强烈偏好。假设有一个 $n=9$ 的幼猴样本，在厚绒布“母猴”身上所花的时间平均数 $M=15.3$ 小时，$SS=216$。这一结果是否足以得出结论：猴子在柔软的“母猴”身上所花的时间显著多于对“母猴”无偏好时所花费的时间？使用 $\alpha=0.05$ 的双尾检验。

17. 有研究者(Belsky, Weinraub, Owen, & Kelly, 2001)报告了学龄前儿童保育对儿童发展的影响。研究结果表明，与母亲分离时间长的儿童易在幼儿园里表现出行为问题。使用标准化量表，幼儿园儿童行为问题的

平均等级 $\mu=35$。一个 $n=16$ 的由前一年每周保育至少 20 小时的幼儿园儿童组成的样本，得到平均分数 $M=42.7$，标准差 $s=6$。

a. 这些数据是否足以推断出有保育经历的儿童比一般幼儿园儿童显著表现出更多的行为问题？使用 $\alpha=0.01$ 的单尾检验。

b. 计算 r^2（方差解释率）来测量学前保育的效应的大小。

c. 用一句话来说明研究报告中假设检验的结果和效应量的测量结果。

18. 其他学龄前保育研究发现，那些经历过日托，特别是高质量日托的儿童在数学和语言测验中的表现比那些和母亲待在家里的儿童更好（Broberg，Wessels，Lamb，& Hwang，1997）。例如，典型的结果表明，一个 $n=25$ 的入学前参加过日托的儿童样本，在标准数学测验中平均得分 $M=87$，$SS=1\ 536$。总体平均数 $\mu=81$。

a. 该样本是否足以推断有学前日托经历的儿童与一般总体有显著差异？使用 $\alpha=0.01$ 的双尾检验。

b. 通过计算 Cohen's d 来测量学前日托的效应的大小。

c. 用一句话说明研究报告中假设检验的结果和效应量的测量结果。

19. 从平均数 $\mu=45$ 的总体中随机选取一个 $n=25$ 的样本。对样本中的个体实施实验处理，处理后样本平均数 $M=48$。

a. 假定样本标准差 $s=6$，计算 r^2 和估计的 Cohen's d，从而测量处理效应的大小。

b. 假定样本标准差 $s=15$，计算 r^2 和估计的 Cohen's d，从而测量处理效应的大小。

c. 比较 a 和 b 两部分的结果，说明样本分数的变异性是如何影响效应量测量的。

20. 从平均数 $\mu=70$ 的总体中随机选取一个样本。对样本中的个体实施处理，处理后样本平均数 $M=78$，标准差 $s=20$。

a. 假设样本包含 $n=25$ 个分数，计算 r^2 和估计的 Cohen's d，从而测量处理效应的大小。

b. 假设样本包括 $n=16$ 个分数，计算 r^2 和估计的 Cohen's d，从而测量处理效应的大小。

c. 比较 a 和 b 两部分答案，说明样本分数的数量是如何影响效应量测量的。

21. 下图是一个垂直-水平错觉的例子。尽管两条线的长度是相等的，但垂直线看起来似乎更长一些。为了检验这个错觉的强度，研究者准备了一个两条线长度恰好都是 10 英寸的错觉例子。把这个例子呈现给每个被试，告知他们水平线的长度是 10 英寸，然后要求他们估计垂直线的长度。对于一个 $n=25$ 的被试样本，估计的平均数 $M=12.2$ 英寸，标准差 $s=1.00$。

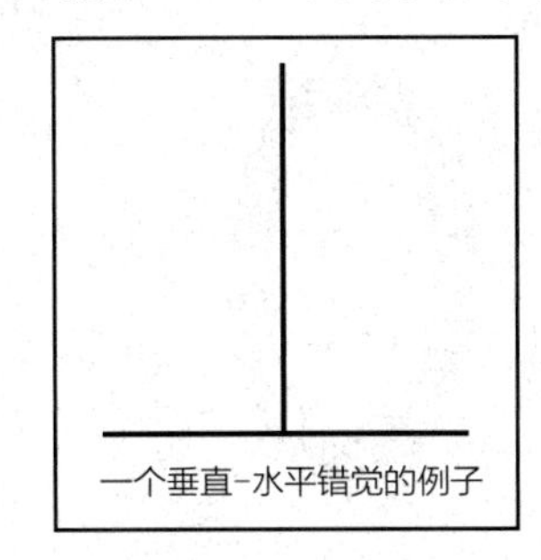

一个垂直-水平错觉的例子

a. 使用 $\alpha=0.01$ 的单尾检验来证明样本中的个体显著高估了垂直线的真实长度。（注意，精确估计应该得到平均数 $\mu=10$ 英寸。）

b. 计算估计的 d 值和 r^2（方差解释率），从而测量处理效应的大小。

c. 构建垂直线估计长度的总体平均数的 95% 的置信区间。

22. 在一项检验幽默对人际吸引力影响的研究中，有研究者（McGee & Shevlin，2009）发现个体的幽默感会显著影响他人对其的感知。该研究的一部分是向女大学生简要描述一个潜在的浪漫恋人。这个虚构的男性被描述为一个单身、有雄心且有良好工作前景的人。其中一组被试看到的描述是他很有幽默感。另一组被试看到的描述是他没有幽默感。阅读描述之后，要求每个被试用从 1（非常有魅力）到 7（非常没有魅力）分评定这个男性吸引力的等级。4 分代表中等级别的吸引力。

a. 那些读到“非常有幽默感”描述的女性给潜在伴侣吸引力的平均分数 $M=4.53$，标准差 $s=1.04$。如果样本由 16 名被试组成，其平均等级是否显著高于中等级别（$\mu=4$）？使用 $\alpha=0.05$ 的单尾检验。

b. 那些读到“没有幽默感”描述的女性给潜在伴侣吸引力的平均分数 $M=3.30$，标准差 $s=1.18$。如果样本由 16 名被试组成，其平均等级是否显著低于中等级别（$\mu=4$）？使用 $\alpha=0.05$ 的单尾检验。

23. 一位心理学家想要确定老年人的抑郁与衰老之间是否有关系。已知一般总体在标准化抑郁测验中的平均分 $\mu=40$。心理学家得到一个包含 9 个七十多岁的个体的样本。该样本的抑郁得分如下：

37，50，43，41，39，45，49，44，48

a. 基于该样本，老年人的抑郁程度是否与一般总体的抑郁程度有显著差异？使用 $\alpha=0.05$ 的双尾检验。

b. 计算估计的 Cohen's d，从而测量效应量。

c. 用一句话说明研究报告中假设检验的结果和效应量的测量结果。

CHAPTER

第 10 章

两个独立样本的 t 检验

本章目录

本章概要
10.1 独立测量设计简介
10.2 独立测量研究设计的 t 统计量
10.3 独立测量 t 统计量的假设检验和效应量
10.4 独立测量 t 统计量公式的基本假设
小结
关键术语
资源
关注问题解决
示例 10-1
示例 10-2
习题

所需工具

以下所列内容是学习本章需要的基础知识。如果你不确定自己对这些知识的掌握情况，你应在学习本章前复习相应的章节。

- 样本方差(第 4 章)
- 标准误公式(第 7 章)
- t 统计量(第 9 章)
  - t 分布
  - t 统计量的自由度
  - 估计标准误

本章概要

在有关问题解决的经典研究中，Katona(1940)比较了两种教学方法的效果。研究者向一组被试一步一步地演示解决问题的精确步骤，然后让被试记忆这些解决方法。这个方法称为“记忆学习”(之后称为“讲授法”)。另一组被试则被鼓励去独立研究问题并发现解决方法。这些被试得到了一些提示和线索，但并没有得到精确的解决方法。这个方法称为“理解学习”(之后称为“发现法”)。

Katona的实验所包含的问题如图10-1所示。图中有一个由火柴拼成的5个正方形组成的图案。要求通过移动3根火柴将图案变成4个正方形。(每根火柴都必须被用到，不能移除，并且每个正方形的大小要一致。)两组被试都要学习这个问题的解决方法。一组被试通过理解来学习，另一组通过记忆来学习。3周后，研究者对两组被试再次进行测验。两组被试在学过的火柴问题上表现相同，但面对两个新的问题(与火柴问题相似)时，理解组的表现比记忆组要好得多。

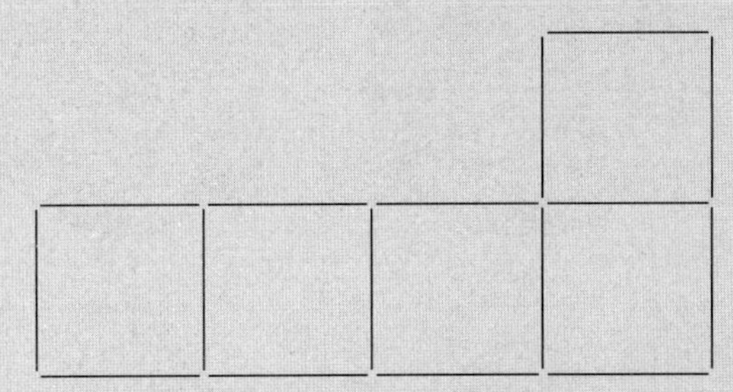

图10-1 一个由火柴拼成的5个正方形组成的图案。要求通过移动3根火柴将5个正方形变成4个正方形

问题：尽管Katona的研究显示了两组之间的差异，但并不能得出这样的结论：这种差异是他们解决第一个问题所使用的方法引起的，尤其是在这两组被试来自不同的背景，拥有不同的技能和智商的情况下。因为这两组被试包含不同的个体，他们理应有不同的统计量和平均数。这个问题第一次出现在第1章我们介绍抽样误差时(见图1-2)。因此，关于这两组之间的差异有两个可能的解释。

1. 可能这两个处理条件之间确实存在差异，理解法比记忆法更能促进学习。
2. 可能这两个处理条件之间并没有差异，实验中两组平均数之间的差异完全是由抽样误差引起的。

我们需要进行假设检验来确定哪个解释更为合理。然而，我们迄今检验的假设是为了评估来自一个样本的数据，而此研究有两个独立样本。

解决方法：本章我们介绍独立测量 t 检验，这是一种在两个独立样本中评估两个处理条件之间或两个总体之间的平均数差异的假设检验。和第9章介绍的 t 检验一样，独立测量 t 检验也使用样本方差来计算估计标准误。不过，这种检验结合了两个独立样本的方差来评估它们的平均数差异。

如果你还没找到火柴问题的解决方法，请继续尝试。根据Katona的实验结果，直接告诉你火柴问题的答案是种非常糟糕的教学策略。不过，如果你还没找到答案，请参阅附录B第10章开始部分的解决方法。在那里我们会向你展示如何解决这个问题。

10.1 独立测量设计简介

到目前为止，我们所学的推断统计都是基于一个样本来得出有关总体的结论。尽管在实际研究中偶尔也会使用这些单样本检验方法，但是大部分实验研究仍然需要对两组或多组数据进行比较。例如，一位社会心理学家想要比较男女之间的政治态度；一位教育心理学家想要比较两种数学教学方法；或者一位临床心理学家想通过比较患者在治疗前后的抑郁分数来评估一种治疗方法。在每种情况下，研究的问题都涉及两组数据的平均数差异。

通常，有两种研究设计可以用于获得要比较的两组数据：

1. 两组数据来自两个完全独立的被试组。例如，研究涉及男性和女性样本的对比；或者研究比较了配给笔记本电脑和没有配给笔记本电脑的新生的成绩。

2. 两组数据来自同一组被试。例如，研究者可以在开始治疗前测量患者的抑郁程度以得到第一组数据，并在六周的治疗之后测量同一组患者的抑郁程度以得到第二组数据。

第一种研究策略使用完全独立的组，称为独立测量研究设计或被试间设计。这两个术语强调这种设计包含两个独立的样本，并对两组个体进行比较。独立测量研究设计结构如图 10-2 所示。注意：这种实验研究会使用两个独立的样本，来代表两个需要比较的不同的总体（或处理条件）。

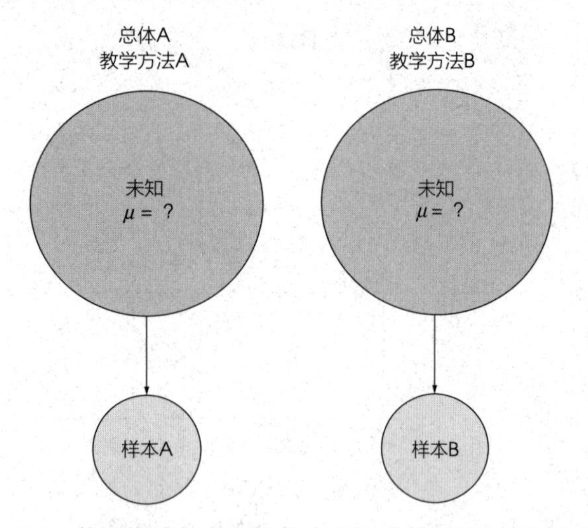

图 10-2　使用教学方法 A 的儿童学习成绩是否与使用教学方法 B 的儿童不同？在统计学意义上，这两个总体的平均数是相同的还是不同的？这两个总体的平均数都是未知的，因此有必要从两个总体中各选取一个样本。第一个样本提供了第一个总体的平均数的信息，第二个样本提供了第二个总体的平均数的信息

定义

每种处理条件（或每个总体）都采用独立组被试的研究设计被称为**独立测量研究设计**（independent-measures research design）或**被试间研究设计**（between-subjects research design）。

在本章中，我们会检验一种用来评估独立测量研究设计数据的统计方法。更确切地说，我们介绍的假设检验允许研究者使用两个独立样本的数据以评估两个总体或两种处理条件的平均数差异。

第二个研究策略，即由同一组被试获取两组数据的策略，被称为重复测量研究设计或被试内设计。评估重复测量设计结果的统计方法将在第 11 章中介绍，并且我们会在第 11 章后半部分讨论独立测量设计和重复测量设计的优缺点。

10.2　独立测量研究设计的 t 统计量

因为一个独立测量研究包含两个独立的样本，所以我们需要一些特殊符号来辅助说明哪个数据属于哪个样本。这个符号系统包括下标的使用，下标是写在一个样本统计量下方的小数字。例如，第一个样本的样本量用 n_1 表示，第二个样本的样本量用 n_2 表示。样本平均数用 M_1 和 M_2 表示。样本离差平方和则用 SS_1 和 SS_2 表示。

独立测量的检验假设

独立测量研究的目的是评估两个总体（或两种处理条件）的平均数差异。用下标来区分两个总体，第一个总体的平均数用 μ_1 表示，第二个总体的平均数用 μ_2 表示。平均数差异就是 $\mu_1-\mu_2$。和往常一样，虚无假设表示没有变化，或者没有效果，在这个例子中，表示没有差异。因此，独立样本检验的虚无假设用符号表示为：

H_0：$\mu_1-\mu_2=0$（两个总体平均数之间没有差异）

你应该注意到，虚无假设也可以表示为 $\mu_1=\mu_2$。然而，H_0 的第一种表述方法产生了一种在 t 统计量的计算中使用的特殊数值（0）。因此，我们更喜欢用两个总体平均数间的差来表述虚无假设。

备择假设认为两个总体平均数之间存在差异，即：

H_1：$\mu_1-\mu_2\neq 0$（存在平均数差异）

同样地，备择假设可简单地表述为两个总体平均数不相等：$\mu_1\neq\mu_2$。

独立测量假设检验的公式

独立测量设计中的假设检验使用的是另一种 t 统计量。这个新的 t 统计量的公式和第 9 章中介绍的 t 统计量的公式结构基本相同。为了能够区分这两种 t 统计量公式，我们将原始公式定义为单样本 t 统计量（第 9 章），将新公式定义为独立测量 t 统计量。因为新的独立测量 t 统计量包含两个独立样本的数据以及两个总体的假设，所以这个公式可能看起来有些烦琐。然而，如果你将它和第 9 章中的单样本 t 统计计量公式结合起来看，将很容易理解。特别要记住两点：

1. 独立测量和单样本假设检验的 t 统计量公式的基本结构是一致的。

$$t=\frac{\text{样本统计量}-\text{假设的总体参数}}{\text{估计标准误}}$$

2. 独立测量的 t 基本上是一个双样本的 t，它是单样本 t 统计量公式中的所有元素的 2 倍。

为了说明第二点，我们来逐步检验两个 t 统计量公式。

整体的 t 公式　单样本 t 使用一个样本的平均数

来检验一个关于总体平均数的假设。样本平均数和总体平均数呈现在 t 统计量公式的分子部分，这样就测量了样本数据和总体假设之间的差异大小。

$$t=\frac{\text{样本平均数}-\text{总体平均数}}{\text{估计标准误}}=\frac{M-\mu}{s_M}$$

独立测量 t 使用两个样本平均数之间的差异评估关于两个总体平均数之间差异的假设。因此，独立测量 t 公式是：

$$t=\frac{\text{样本平均数差异}-\text{总体平均数差异}}{\text{估计标准误}}$$

$$=\frac{(M_1-M_2)-(\mu_1-\mu_2)}{s_{(M_1-M_2)}}$$

在这个公式中，M_1-M_2 的值获自样本数据，$\mu_1-\mu_2$ 的值来自虚无假设。

估计标准误　在每个 t 分数公式中，分母中的标准误用以测量样本统计量代表总体参数的准确程度。在单样本 t 公式中，标准误测量了样本平均数的预期误差量，用符号 s_M 表示。在独立测量 t 统计量公式中，标准误测量了当使用样本平均数差异 (M_1-M_2) 来表示总体平均数差异 $(\mu_1-\mu_2)$ 时的预期误差量。样本平均数差异的标准误用符号 $s_{(M_1-M_2)}$ 表示。

注意：不要被标准误的符号所迷惑。一般来说，标准误测量了统计量代表参数的准确程度，标准误的符号为 $s_{\text{统计量}}$。当统计量是样本平均数 M 时，标准误的符号是 s_M。在独立测量检验中，统计量是样本平均数差异 (M_1-M_2)，标准误的符号是 $s_{(M_1-M_2)}$。在每种情况下，标准误都表明了期望样本统计量和相应总体参数之间有多大差异是合理的。

解释估计标准误　呈现在独立测量 t 统计量公式分子部分的 M_1-M_2 的估计标准误可用两种方式解释。首先，标准误被定义为对样本统计量 (M_1-M_2) 与相应的总体参数 $(\mu_1-\mu_2)$ 之间的标准距离或平均距离的测量。一般来说，样本不一定要非常精确，标准误就是用来测量样本统计量和总体参数之间有多大差异是合理的。

$$\underset{(M_1-M_2)}{\text{样本平均数差异}}\ \xleftrightarrow[\text{(平均距离)}]{\text{估计标准误}}\ \underset{(\mu_1-\mu_2)}{\text{总体平均数差异}}$$

当虚无假设为真时，总体平均数差异是 0。

$$\underset{(M_1-M_2)}{\text{样本平均数差异}}\ \xleftrightarrow[\text{(平均距离)}]{\text{估计标准误}}\ 0(\text{如果 } H_0 \text{ 为真})$$

标准误测量样本平均数差异与 0 接近的程度，相当于测量两个样本平均数的差异。

$$M_1\ \xleftrightarrow[\text{(平均距离)}]{\text{估计标准误}}\ M_2$$

这产生了第二种对估计标准误的解释。具体来说，标准误可被视作一种测量工具，以测量当虚无假设为真时，期望两个样本平均数间有多大差异是合理的。

第二种对估计标准误的解释生成了一种独立测量 t 统计量的简化版。

$$t=\frac{\text{样本平均数差异}}{\text{估计标准误}}$$

$$=\frac{M_1\text{ 和 }M_2\text{ 间的实际差异}}{M_1\text{ 和 }M_2\text{ 间的标准差异(如果 }H_0\text{ 为真)}}$$

在这个版本中，t 统计量公式的分子测量了两个样本平均数间实际存在的差异，包括由任何不同条件引起的差异。分母测量了当处理条件没有引起差异时，两个样本平均数间应该存在多大差异。t 统计量大是处理效应存在的证明。

估计标准误的计算

为了推导 $s_{(M_1-M_2)}$ 的公式，我们考虑以下三点：

1. 每个样本平均数都代表它所在总体的总体平均数，但总存在一些误差。

M_1 近似 μ_1，但总存在一些误差。

M_2 近似 μ_2，但总存在一些误差。

因此，有两个误差来源。

2. 与每个样本平均数相关的误差总量是用 M 的估计标准误测量的。使用式(9-1)，每个样本平均数的估计标准误可计算如下：

$$\text{对于 } M_1,\ s_M=\sqrt{\frac{s_1^2}{n_1}}$$

$$\text{对于 } M_2,\ s_M=\sqrt{\frac{s_2^2}{n_2}}$$

3. 对于独立测量 t 统计量，我们想知道两个样本平均数与两个总体平均数间的误差总量。为此，我们分别计算每个样本的误差，然后把它们相加。标准误的公式如下：

$$s_{(M_1-M_2)}=\sqrt{\frac{s_1^2}{n_1}+\frac{s_2^2}{n_2}} \qquad (10\text{-}1)$$

因为独立测量 t 统计量要用到两个样本平均数，而估计标准误的公式就是将第一个和第二个样本平均数的误差简单合并(见知识窗 10-1)。

知识窗 10-1 差异分数的变异

我们通常用减法来求得两样本平均数的差异，而独立测量 t 统计量却是把两个样本误差相加，这可能看起来有些奇怪。下面为大家解释其背后的逻辑。

我们首先看Ⅰ和Ⅱ两个总体(见图 10-3)。总体Ⅰ的分数范围是 50~70，总体Ⅱ的分数范围是 20~30。我们用全距来测量总体的离散程度(变异)：

对于总体Ⅰ，分数变化范围是 20 分；
对于总体Ⅱ，分数变化范围是 10 分。

如果我们从总体Ⅰ和总体Ⅱ中各随机选择一个分数，并把它们的差异表示为(X_1-X_2)，那么这些差异的范围可能是多少？

为了回答这个问题，我们需要找出最大的可能差异和最小的可能差异。看图 10-3，当 $X_1=70$，$X_2=20$ 时，出现最大差异 $X_1-X_2=50$。当 $X_1=50$，$X_2=30$ 时，出现最小差异 $X_1-X_2=20$。差异大小的范围是 20~50，即全距是 30 分：

总体Ⅰ的全距(X_1 分数)= 20 分
总体Ⅱ的全距(X_2 分数)= 10 分
总体差异的全距(X_1-X_2)= 30 分

差异分数的变化范围是通过将两个总体的变化范围相加得到的。

在独立测量 t 统计量中，我们计算样本平均数差异的变异(标准误)。为了计算这个值，我们要将两个样本平均数的变异相加。

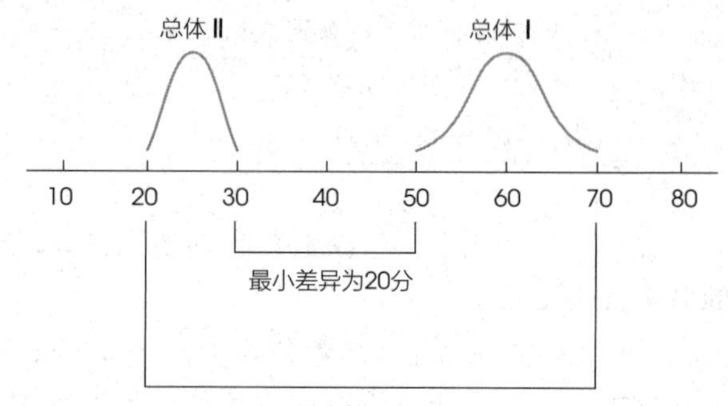

图 10-3 两个总体分布。总体Ⅰ的分数在 50~70 之间变化(20 分的范围)，总体Ⅱ的分数在 20~30 之间变化(10 分的范围)。如果你从两个总体中各随机选取一个分数，最近的两个值是 $X_1=50$ 和 $X_2=30$，最远的两个值是 $X_1=70$ 和 $X_2=20$

合并方差[㊀]

尽管式(10-1)准确地呈现了独立测量 t 统计量的标准误的概念，但是，这个公式只能在两个样本的容量相等($n_1=n_2$)的情况下使用。当两个样本的容量不相等时，这个公式就会产生偏差，因而并不适用。偏差源于式(10-1)以同样的方式处理两个样本方差，但当两个样本的容量不相等时，就不能以同样的方式处理。在第 7 章中，我们介绍的大数定律指出大样本的统计量比小样本的统计量能更准确地估计总体参数。在样本方差中也是如此：大样本的方差比小样本的方差能更准确地估计 σ^2。

为了校正样本方差中的偏差，独立测量 t 检验将两个样本方差合并成一个值，即合并方差(pooled variance)。合并方差是通过一个将两个样本方差平均或“合并”的程序得到的，这使得较大样本在决定最终值时具有更大的权重。

当只有一个样本时，样本方差的计算为：

$$s^2=\frac{SS}{df}$$

对于独立测量 t 统计量，有两个 SS 值和两个 df 值(每个样本各一个)。这两个样本的值被合并起来计算合并方差。合并方差用符号 s_p^2 来表示，其计算公式为：

$$\text{合并方差}=s_p^2=\frac{SS_1+SS_2}{df_1+df_2} \qquad (10\text{-}2)$$

对于单个样本，方差用 SS 除以 df 来计算。对于两个样本，合并方差的计算将两个 SS 值合并，之后除以两个 df 合并的值。

正如我们之前提到的，合并方差实际上是两个样本方差的平均，但这种计算方式使得大样本在确定最后值时具有更大的权重。下面的例子说明了这一点。

样本量相等 我们从两个容量相等的样本开始。第一个样本的 $n=6$，$SS=50$，第二个样本的 $n=6$，$SS=30$。这两个样本方差分别为：

$$\text{样本 1 的方差：}s^2=\frac{SS}{df}=\frac{50}{5}=10$$

㊀ 另一种计算合并方差的方法见知识窗 10-2。

样本 2 的方差：$s^2=\frac{SS}{df}=\frac{30}{5}=6$

这两个样本的合并方差为：

$$s_p^2=\frac{SS_1+SS_2}{df_1+df_2}=\frac{50+30}{5+5}=\frac{80}{10}=8.00$$

注意：合并方差恰好在这两个样本方差的中间。因为这两个样本的容量相等，其合并方差就是两个样本方差的简单平均。

样本量不相等　现在考虑当两个样本的容量不相等时会发生什么。这次第一个样本的 $n=3$，$SS=20$，第二个样本的 $n=9$，$SS=48$。它们的方差分别为：

样本 1 的方差：$s^2=\frac{SS}{df}=\frac{20}{2}=10$

样本 2 的方差：$s^2=\frac{SS}{df}=\frac{48}{8}=6$

这两个样本的合并方差为：

$$s_p^2=\frac{SS_1+SS_2}{df_1+df_2}=\frac{20+48}{2+8}=\frac{68}{10}=6.80$$

这时，合并方差不在两个样本方差的中间，而是更接近较大样本($n=9$，$s^2=6$)的方差。这说明，较大样本在计算合并方差时占了更大的权重。

在计算合并方差时，每个独立样本方差的权重是由它们的自由度决定的。因为较大样本的自由度较高，所以它占了更大的权重。这产生了另一个计算合并方差的公式：

$$\text{合并方差}=s_p^2=\frac{df_1s_1^2+df_2s_2^2}{df_1+df_2} \qquad (10\text{-}3)$$

例如，如果第一个样本 $df_1=3$，第二个样本 $df_2=7$，那么这个公式在第一个样本方差中提取了 3 个，在第二个样本方差中提取了 7 个，组成 10 个方差。然后除以 10，得到平均数。这个公式在样本数据为平均数和方差时尤其有用。最后，需要注意，由于合并方差是两个样本方差的平均，所以合并方差的值永远在两个样本方差之间。

估计标准误

用合并方差来替代独立的样本方差，我们就可以得到一个关于样本平均数差异标准误的无偏度量。这个独立样本估计标准误公式是：

$$M_1-M_2\ \text{的估计标准误}=s_{(M_1-M_2)}=\sqrt{\frac{s_p^2}{n_1}+\frac{s_p^2}{n_2}} \qquad (10\text{-}4)$$

从概念上来说，这个标准误测量了两个样本的平均数差异在多大程度上代表了两个总体间的平均数差异。在假设检验中，H_0 为 $\mu_1-\mu_2=0$，标准误也测量了两个样本平均数间的平均期望差异。在任一情况下，这个公式都是将两个样本平均数的误差结合起来。同样地，两个样本的合并方差是用以计算样本平均数差异标准误的。

最终公式与自由度

独立测量 t 统计量的最终公式如下：

$$t=\frac{(M_1-M_2)-(\mu_1-\mu_2)}{s_{(M_1-M_2)}} \qquad (10\text{-}5)$$

$$=\frac{\text{样本平均数差异}-\text{总体平均数差异}}{\text{估计标准误}}$$

在这个公式中，分母中的估计标准误是用式(10-4)计算的，并且需要用到式(10-2)或式(10-3)计算的合并方差。

独立测量 t 统计量的自由度是由两个样本的 df 值决定的：

$$\begin{aligned} df_t &= \text{第一个样本的自由度}+\text{第二个样本的自由度} \\ &= df_1+df_2 \\ &= (n_1-1)+(n_2-1) \end{aligned} \qquad (10\text{-}6)$$

独立测量 t 统计量的自由度也可以表示为：

$$df=n_1+n_2-2 \qquad (10\text{-}7)$$

注意：df 公式从两个 df 值的总和中减去 2。样本 1 减去 1，样本 2 也减去 1。

此外，当独立测量 t 统计量用于假设检验时，我们用两个样本的平均数差异(M_1-M_2)作为总体平均数差异($\mu_1-\mu_2$)的假设检验基础。在这种情况下，t 统计量公式的完整结构可以简化为如下形式：

$$t=\frac{\text{数据}-\text{假设}}{\text{误差}}$$

这个结构可以同时用于第 9 章的单样本 t 统计量和本章介绍的独立测量 t 统计量。表 10-1 区分了两种 t 统计量的每个要素，可以帮助我们巩固之前介绍的要点：将单样本 t 统计量各个要素翻倍就能得到独立测量 t 统计量。

表 10-1　单样本 t 统计量和独立测量 t 统计量的基本要素

	样本数据	假设总体参数	估计标准误	样本方差
单样本 t 统计量	M	μ	$\sqrt{\frac{s^2}{n}}$	$s^2=\frac{SS}{df}$
独立测量 t 统计量	(M_1-M_2)	$(\mu_1-\mu_2)$	$\sqrt{\frac{s_p^2}{n_1}+\frac{s_p^2}{n_2}}$	$s_p^2=\frac{SS_1+SS_2}{df_1+df_2}$

学习小测验

1. 独立测量研究的特点是什么？
2. 解释独立测量 t 统计量公式分母中的估计标准误所测量的对象。
3. 独立测量研究的一个样本的 $n=4$，$SS=100$；另一个样本的 $n=8$，$SS=140$。
   a. 计算合并方差。注意：式(10-2)适用于这些数据。
   b. 计算平均数差异的估计标准误。
4. 独立测量研究的一个样本的 $n=9$，$s^2=35$；另一个样本的 $n=3$，$s^2=40$。
   a. 计算合并方差。注意：式(10-3)适用于这些数据。
   b. 计算平均数差异的估计标准误。
5. 独立测量 t 统计量用于评估两个处理条件的平均数差异，其中一个条件的 $n=8$，另一个条件的 $n=12$，这个 t 统计量的 df 值是多少？

答案

1. 独立测量研究用独立被试组代表每个要比较的总体或处理条件。
2. 估计标准误测量样本平均数差异和总体平均数差异之间期望的差异有多大。在假设检验中，设定 $\mu_1-\mu_2=0$，标准误测量了两个样本平均数间的期望差异。
3. a. 合并方差为 24(240/10)。
   b. 估计标准误为 3。
4. a. 合并方差为 36。
   b. 估计标准误为 4。
5. $df=df_1+df_2=7+11=18$

10.3 独立测量 t 统计量的假设检验和效应量

独立测量 t 统计量使用来自两个独立样本的数据，进而确定两个总体或两个处理条件的平均数之间是否有显著差异。以下是两个独立样本假设检验的一个完整例子。

□ 例 10-1

研究结果显示，5 岁儿童看电视的习惯与他们未来在高中的成绩有关。例如，有研究者（Anderson，Huston，Wright，& Collins，1998）报告了童年时经常观看《芝麻街》的高中生的成绩比未观看过《芝麻街》的学生更好。假设研究者在验证这个现象时使用了一个 $n=20$ 的高中生样本。

研究者首先调查学生的父母，以得到学生 5 岁时看电视的习惯。在调查结果的基础上，研究者选取了一个 $n=10$ 的观看过《芝麻街》的学生样本和一个 $n=10$ 的未观看过《芝麻街》的学生样本。记录每个学生的高中学习成绩，数据如下：

高中平均成绩			
观看过《芝麻街》		未观看过《芝麻街》	
86	99	90	79
87	97	89	83
91	94	82	86
97	89	83	81
98	92	85	92
$n=10$		$n=10$	
$M=93$		$M=85$	
$SS=200$		$SS=160$	

注意：这是一个独立测量研究，使用两组独立的样本来代表两个不同的高中生总体。研究者想知道这两类高中生之间是否有显著差异。

第一步　陈述假设，选择 α 水平。

H_0：$\mu_1-\mu_2=0$（没有差异）

H_1：$\mu_1-\mu_2\neq 0$（有差异）

我们设置 $\alpha=0.01$。

可以使用定向假设，并指出观看过《芝麻街》的学生成绩更好还是更差。

第二步　确定这是独立测量设计。这些数据的 t 统计量的自由度如下：

$$
\begin{aligned}
df &= df_1+df_2 \\
&= (n_1-1)+(n_2-1) \\
&= 9+9 \\
&= 18
\end{aligned}
$$

这个 t 分布如图 10-4 所示。$\alpha=0.01$，拒绝域由两端的 1%组成，临界值为 $t=+2.878$ 和 $t=-2.878$。

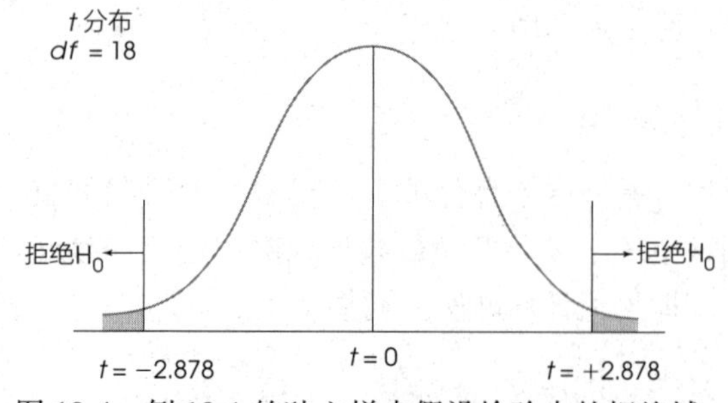

图 10-4　例 10-1 的独立样本假设检验中的拒绝域（$df=18$，$\alpha=0.01$）

第三步　获取数据，计算检验统计量。本例中数据已经给出了，因此只须计算 t 统计量。和第 9 章的单样本 t 检验一样，我们推荐将计算分为三部分。

首先，计算两个样本的合并方差㊀：

$$s_p^2=\frac{SS_1+SS_2}{df_1+df_2}=\frac{200+160}{9+9}=\frac{360}{18}=20$$

其次，用合并方差计算估计标准误㊁：

$$s_{(M_1+M_2)}=\sqrt{\frac{s_p^2}{n_1}+\frac{s_p^2}{n_2}}=\sqrt{\frac{20}{10}+\frac{20}{10}}=\sqrt{2+2}=\sqrt{4}=2$$

最后，计算 t 统计量：

$$t=\frac{(M_1-M_2)-(\mu_1-\mu_2)}{s_{(M_1-M_2)}}=\frac{(93-85)-0}{2}=\frac{8}{2}=4$$

第四步　做出决策。所得 t 值（$t=4.00$）在拒绝域内。在这个例子里，如果两个总体之间无差异，那么样本平均数差异是预期的 4 倍。也就是说，假如 H_0 为真，这个结果是不可能的。因此，我们拒绝 H_0 并认为观看过《芝麻街》的高中生的成绩和未观看过的高中生的成绩有显著差异，即观看过《芝麻街》的高中生比未观看过的高中生成绩更好。■

注意：例 10-1 中《芝麻街》的研究是一个非实验研究（见第 1 章），并且研究者没有控制儿童观看电视节目的种类，也没有控制其他会影响高中成绩的变量。于是，我们不能得出观看《芝麻街》能提高高中成绩的结论。尤其是，其中还有许多其他未被控制的因素，比如父母的受教育水平或者家庭经济状况，这些都可能解释这两组被试之间的差异。因此，我们并不能确切地知道为什么观看《芝麻街》和高中成绩之间有相关关系，但是我们知道这个相关是存在的。

独立测量 t 检验的效应量测量

正如第 8 章和第 9 章所提到的，假设检验通常伴随效应量的报告，以提供处理效应绝对大小的指标。测量效应量的方法是 Cohen's d，它是平均数差异的标准化测量。Cohen's d 的一般形式定义为：

$$d=\frac{\text{平均数差异}}{\text{标准差}}=\frac{\mu_1-\mu_2}{\sigma}$$

在独立测量实验研究中，两个样本平均数差异（M_1-M_2）被视为两个总体平均数差异的最佳估计，合并标准差（合并方差的平方根）用于估计总体标准差。因此，Cohen's d 的公式为：

$$\text{估计的 } d \text{ 值}=\frac{\text{估计平均数差异}}{\text{估计标准误}}=\frac{M_1-M_2}{\sqrt{s_p^2}} \quad (10\text{-}8)$$

对于例 10-1 的数据，两个样本平均数分别为 93 和 85，合并方差为 20，则估计的 d 值为：

$$d=\frac{M_1-M_2}{\sqrt{s_p^2}}=\frac{93-85}{\sqrt{20}}=\frac{8}{4.7}=1.79$$

使用 Cohen's d 的评估标准（见表 8-2），这个值显示处理效应非常大。

独立测量 t 检验也允许通过计算方差解释率（r^2）来测量效应量。如第 9 章所述，r^2 测量了处理效应能解释多少分数的变异。例如，在《芝麻街》研究中，高中成绩的一些变异可以用知道某一学生观看过节目来解释：观看过《芝麻街》的学生可能有更好的成绩，未观看过的学生成绩更差。通过测量可以确切地知道可解释的变异是多大，我们可以得出处理效应的精确大小。独立测量 t 检验中 r^2 的计算与第 9 章中单样本 t 检验的计算相同。

$$r^2=\frac{t^2}{t^2+df} \quad (10\text{-}9)$$

对于例 10-1，我们知道 $t=4.00$，$df=18$。则有：

$$r^2=\frac{4^2}{4^2+18}=\frac{16}{16+18}=\frac{16}{34}=0.47$$

根据 r^2 的评估标准（见表 9-3），这个值也显示处理效应非常大。

尽管 r^2 通常是用式（10-9）计算的，但是计算统计量的 SS 值也可以直接确定方差解释率。下面用例 10-1

㊀ 注意：合并方差将两个样本结合起来以得到一个估计方差。在这个公式中，两个样本结合成一个单一的统计量。

㊁ 注意：标准误将两个独立样本的误差相加。在这个公式里，这两个误差作为两个独立的误差相加。因为两个样本的容量相等，所以误差相等。

的《芝麻街》研究中的数据来说明这个过程。

> **□ 例 10-2**
>
> 例 10-1 中的《芝麻街》研究比较了两组学生的高中成绩：一组童年时观看过《芝麻街》，另一组未观看过。如果我们假定虚无假设为真，即两个总体之间没有差异，那么两个样本之间也不应该有显著差异。在这种情况下，两个样本可以合并为一个 $n=20$，$M=89$ 的样本。它们的单一分布如图 10-5a 所示。
>
> 然而，在这个例子中，假设检验的结论是两组之间存在差异。观看过《芝麻街》的学生的平均数 $M=93$，比整体平均数高 4 分。然而，未观看过节目的学生的平均数 $M=85$，比整体平均数低 4 分。因此，《芝麻街》的影响使一组学生的分数移向分布的右侧，偏离中心，使另一组的分数移向左侧。"芝麻街效应"使分数更加分散，增加了变异。
>
> 为了确定处理效应增加了多少变异，我们消除处理效应并检验结果分数。为了消除处理效应的影响，我们给未观看过《芝麻街》的学生加上 4 分，给观看过的学生减去 4 分。这一调整使得每组的平均数都为 89，则两组之间没有平均数差异。调整的分数如图 10-5b 所示。
>
> 显然，图 10-5b 中调整的分数比图 10-5a 中的分数更集中。也就是说，消除处理效应减少了变异。为了确定处理条件究竟如何影响变异，我们计算了每组分数的 SS 值，即离差平方和。对于图 10-5a 中的分数，$SS=680$。对于图 10-5b 中的分数，变异减少为 $SS=360$。二者之差为 320 分。因此，处理效应占原始分数总变异的 320 分。当用总变异的比例表示时，得到：
>
> $$\frac{\text{由处理解释的变异}}{\text{总变异}}=\frac{320}{680}=0.47=47\%$$
>
> 你应认识到，这与我们用式(10-9)得出的 r^2 值一致。■

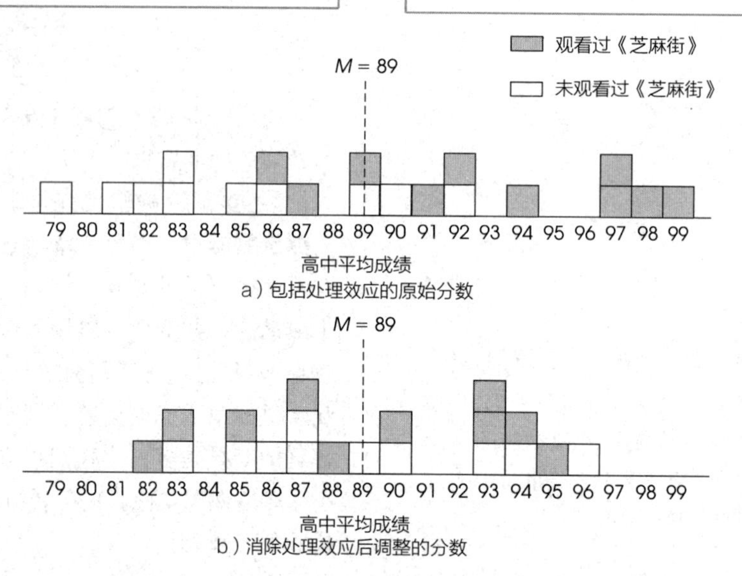

图 10-5　例 10-1 中的两组分数被合并成一个分布

估计 $\mu_1-\mu_2$ 的置信区间

正如第 9 章提到的那样，也可以通过计算置信区间测量和描述处理效应的大小。对于单样本 t 检验，我们使用单一的样本平均数(M)来估计总体平均数。对于独立测量 t 检验，我们用样本平均数差异(M_1-M_2)来估计总体平均数差异($\mu_1-\mu_2$)。在这种情况下，置信区间估计了两个总体或处理条件之间的总体平均数差异。

对于单样本 t 检验，第一步是求解未知参数的 t 方程。对于独立测量 t 检验，我们有：

$$\mu_1-\mu_2=M_1-M_2\pm ts_{(M_1-M_2)} \tag{10-10}$$

在这个公式中，M_1-M_2 和 $s_{(M_1-M_2)}$ 的值都来自样本数据。尽管 t 统计量的值是未知的，但我们可以使用 t 统计量的自由度和 t 分布表来估计 t 值。我们可以用估计的 t 值和已知的样本数据来计算 $\mu_1-\mu_2$ 的值。下面的例子说明了构建总体平均数差异置信区间的过程。

> **□ 例 10-3**
>
> 之前我们描述了比较童年时有(未)观看过《芝麻街》的学生高中成绩的调查研究。假设检验的结果显示，两个学生总体之间存在显著差异。现在，我们构建一个 95%的置信区间，以估计总体平均数差异的大小。

这项研究的数据得出，观看过《芝麻街》组的平均成绩 $M=93$，未观看过《芝麻街》组的平均成绩 $M=85$，平均数差异的估计标准误 $s_{(M_1-M_2)}=2$。每个样本的容量都为10，独立测量 t 统计量的 $df=18$。对于95%的置信区间，我们简单地估计样本平均数差异的 t 统计量位于所有可能的 t 值中间95%的某一位置。根据 t 分布表，当 $df=18$ 时，95%的 t 值分布在 $t=+2.101$ 和 $t=-2.101$ 之间。将这些数值代入公式，得：

$$\mu_1-\mu_2=M_1-M_2\pm ts_{(M_1-M_2)}$$
$$=93-85\pm 2.101\times 2$$
$$=8\pm 4.202$$

这得到了一个范围在3.798（8-4.202）和12.202（8+4.202）之间的区间。因此，我们得出结论，观看过和未观看过《芝麻街》的学生高中成绩的平均数差异在3.798分和12.202分之间。此外，我们有95%的信心认为真实的平均数差异位于这一区间内，因为在计算过程中的唯一的估计值是 t 统计量，我们有95%的信心认为 t 值位于分布中间95%内。最后，注意，置信区间是围绕样本平均数差异构建的。因此，样本平均数差异 $M_1-M_2=93-85=8$ 分，恰好位于这个区间的中间。■

和单样本 t 检验的置信区间一样，独立测量 t 检验的置信区间除了受实际处理效应大小的影响，还受其他多种因素的影响。特别是，置信区间的宽度取决于使用的置信水平，较高的置信水平会得到较宽的区间。同样地，置信区间的宽度也取决于样本大小，较大样本会得到较窄的区间。因为置信区间的宽度与样本量有关，所以置信区间并不像 Cohen's d 或 r^2 那样，是对效应量的纯粹测量。

置信区间与假设检验

除了描述处理效应的大小，区间估计还可以用来得到效应的显著性。例10-3说明了童年时观看过和未观看过《芝麻街》的学生高中成绩的比较。在研究结果的基础上，95%的置信区间估计了两组学生的总体平均数差异在3.798和12.202分之间。置信区间估计如图10-6所示。除了 $\mu_1-\mu_2$ 的置信区间，我们也标出了平均数差异为0的点。你应意识到，平均数差异为0实际上是假设检验中虚无假设所假定的。你还应意识到，零差异（$\mu_1-\mu_2=0$）在95%的置信区间之外。也就是说，如果我们用95%的置信区间来估计，$\mu_1-\mu_2=0$ 是不被接受的值。这个结论相当于0这个值被95%的置信区间拒绝，也可以表示为 $\alpha=0.05$，拒绝 H_0。[⊖]另外，如果平均数差异为0包含在95%的置信区间内，那么我们可以认为 $\mu_1-\mu_2=0$ 可以被接受，即不能拒绝 H_0。

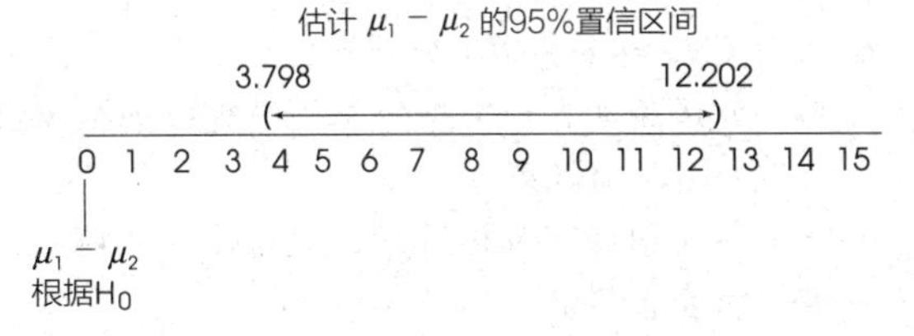

图10-6 例10-3中总体平均数差异（$\mu_1-\mu_2$）的95%置信区间。注意，$\mu_1-\mu_2=0$ 不在置信区间内，表明零差异是不被接受的值（在 $\alpha=0.05$ 的假设检验中，拒绝 H_0）

§ 文献报告 §

报告一个独立测量 t 检验的结果

一个研究报告通常会呈现描述统计的结果，然后是假设检验和效应大小测量的结果（推断统计）。在第4章中，我们说明了如何以APA格式报告平均数和标准差。在第9章中，我们说明了如何以APA格式报告 t 检验的结果。现在，我们将以APA格式报告例10-1独立测量 t 检验的结果。简明陈述如下：

> 童年观看过《芝麻街》的学生的高中成绩较好（$M=93$，$SD=4.71$），未观看过《芝麻街》的学生的高中成绩则较差（$M=85$，$SD=4.22$）。平均数差异显著，$t(18)=4.00$，$p<0.01$，$d=1.79$。

需要注意，独立测量 t 检验的计算中并不需要标准差，但它能为每个处理条件提供描述统计。在进行 t 检验时，标准差很容易计算，因为我们需要每组的 SS 值和 df 值来计算合并方差。注意：报告 t 值的格式与第9章介绍的是一致的，且效应量的测量是紧随假设检验结果报告的。

正如第9章所述，如果从计算机分析中可以得到一个确切的概率，那么我们就应该报告这个值。对于例10-1中的数据，计算机分析报告了一个概率值 $p=0.001$，$t=4.00$，$df=18$。在这个研究报告中，这个值的报告格式如下：

⊖ 对于例10-1中的数据，针对假设检验的决策是拒绝 H_0。

平均数差异显著，$t(18)=4.00$，$p<0.001$，$d=1.79$。

最后，如果用置信区间描述效应量，它就应该紧跟假设检验的结果。对例 10-1 和例 10-3 中的《芝麻街》研究，报告如下：

平均数差异显著，$t(18)=4.00$，$p<0.001$，95%CI[3.798，12.202]。

学习小测验

1. 一位教育心理学家想知道使用计算机是否对高中生的成绩有影响。安排一组学生（$n=16$）的班级在计算机教室中，每人有一台计算机。比较组（$n=16$）的班级在传统教室中。在学年末，记录每个学生的平均成绩。数据如下：

计算机教室	传统教室
$M=86$	$M=82.5$
$SS=1\,005$	$SS=1\,155$

   a. 两组之间是否有显著差异？使用双尾检验，$\alpha=0.05$。
   b. 计算 Cohen's d 值以测量差异大小。
   c. 用一句话说明在研究报告中假设检验的结果和效应量的测量结果。
   d. 计算计算机教室和传统教室的总体平均数差异90%的置信区间。

2. 一份研究报告指出，在一个独立测量设计中，两个处理条件之间存在显著差异，$t(28)=2.27$。
   a. 有多少被试参与了这项研究？（提示：从 df 值入手。）
   b. 这份报告应该写 $p>0.05$ 还是 $p<0.05$？

答案

1. a. 合并方差为 72，标准误为 $=3$，$t=1.17$。t 临界值为 2.042，因此不能拒绝虚无假设。
   b. Cohen's $d=3.5/\sqrt{72}=0.412$
   c. 结果显示，有计算机的学生的成绩和没有电脑的学生的成绩之间没有显著差异，$t(30)=1.17$，$p>0.05$，$d=0.412$。
   d. 在 90% 的置信区间下，$df=30$，t 值为 ±1.697，$\mu_1-\mu_2=3.5\pm1.697\times3$。因此，总体平均数差异应该在 -1.591 和 8.591 之间。0 可被接受（在置信区间内），表明两个总体平均数之间没有显著差异。
2. a. $df=28$，所以，被试总人数为 30。
   b. $p<0.05$。

定向假设与单尾检验

在设计独立测量研究时，研究者通常会有一些期望或特定的预测。对于例 10-1 的《芝麻街》研究，研究者预期观看过《芝麻街》的学生会比未观看过的学生有更好的成绩。这种定向预测可以被纳入假设，从而形成一个定向检验或者单尾检验。回忆一下第 8 章，当平均数差异比双尾检验要求的更小时，单尾检验可以拒绝 H_0。因此，当明确要证明理论或先前的发现时，应使用单尾检验。下面的例子说明了使用独立测量 t 统计量进行单尾检验来提出假设和确定拒绝域的过程。

□ 例 10-4

我们使用与例 10-1 中相同的研究。研究者使用独立测量设计来确定童年观看教育类电视节目和高中时学业成绩之间的关系。预期结果是 5 岁时观看过《芝麻街》的高中生有较好的成绩。

第一步　陈述假设，选择 α 水平。和往常一样，虚无假设认为没有影响，备择假设认为有影响。在这个例子中，预期效应是观看过《芝麻街》的学生成绩较高。因此，两个假设如下：

$$H_0: \mu_{观看过《芝麻街》} \leq \mu_{未观看过《芝麻街》}$$

（观看过《芝麻街》的学生成绩并不高）

$$H_1: \mu_{观看过《芝麻街》} > \mu_{未观看过《芝麻街》}$$

（观看过《芝麻街》的学生成绩更高）

注意：在你试图用符号陈述假设之前，用文字陈述通常会更容易。同样地，从备择假设（H_1）开始也会更容易，它表明处理效应如预期一样。还要注意一点，虚无假设中的等号表示两种处理条件之间没有显著差异。零差异的观点是虚无假设的本质，在 t 统计量的计算中，用数值 0 表示 $\mu_1-\mu_2$。这个检验中我们使用 $\alpha=0.01$。

第二步　确定拒绝域。对于定向检验，拒绝域位于分布的一侧尾部。比起试图确定正负两侧哪一侧尾部是正确的区域，不如用以下两步来确定拒绝域的标准。首先，观察数据，确定样本平均数差异是否在预期的方向。如果答案是否定的，那么数据显然不支持预期的处理效应，你可以停止分析。另外，如果差异在预期的方向，那么第二步就是确定差异是否显著。在 t 分布表中找到单尾检验的临界值，如果计算出的 t 统计量比临界值更极端（无论是正还是负），那么差异就是显著的。

在这个例子中，如预期一样，观看过《芝麻街》的学生成绩更高。对于 $df=18$，$\alpha=0.01$，单尾检验临界值 $t=2.552$。

第三步　收集数据，计算检验统计量。计算的详细过程如例 10-1 所示，得到 $t=4.00$。

第四步　做出决策。$t=4.00$ 大于临界值 $t=2.552$，因此拒绝虚无假设，并得出结论：观看过《芝麻街》的学生成绩显著高于未观看过的学生。在研究报告中，要注明单尾检验：

观看过《芝麻街》的学生成绩显著更高，$t(18)=4.00$，$p<0.01$，单尾检验。■

独立测量 t 检验中的样本方差和样本量的作用

在第 9 章中，我们证明了一些可能影响假设检验结果的因素。起重要作用的两个因素是分数的变异和样本量。两个因素都会影响 t 统计量分母中的估计标准误的值。不过，标准误与样本方差呈正相关（方差越大，标准误越大），但与样本量呈负相关（样本量越大，标准误越小）。因此，较大的方差将产生较小的 t 值（更接近 0），得到显著结果的可能性较小。相反，较大的样本将产生较大的 t 值（距 0 更远）并增加拒绝 H_0 的可能性。

尽管方差和样本量都能影响假设检验，但只有方差对效应量有较大的影响，例如 Cohen's d 和 r^2，较大的方差得到较小的效应量。另外，样本量对 Cohen's d 值没有影响，对 r^2 只有很小的影响。

下面的例子直观地呈现了独立测量研究中大样本方差是如何掩盖样本之间的平均数差异并降低拒绝 H_0 的可能性的。

□ 例 10-5

我们用图 10-7 中的数据说明样本方差的影响。图 10-7 呈现了比较两种处理条件的研究结果。注意，这个研究使用了两个独立样本，每个样本的容量为 9，二者的平均数差异为 5 分：处理条件 1 的 $M=8$，处理条件 2 的 $M=13$。同时，两个分布之间也有明显的差异：处理条件 2 的分数明显高于处理条件 1。

对于假设检验，数据的合并方差为 1.50，估计标准误为 0.58。t 统计量为：

$$t=\frac{\text{平均数差异}}{\text{估计标准误}}=\frac{5}{0.58}=8.62$$

$df=16$，这个值位于拒绝域（$\alpha=0.05$ 或 $\alpha=0.01$）内，因此我们拒绝虚无假设，并得出结论：两种处理条件之间有显著差异。

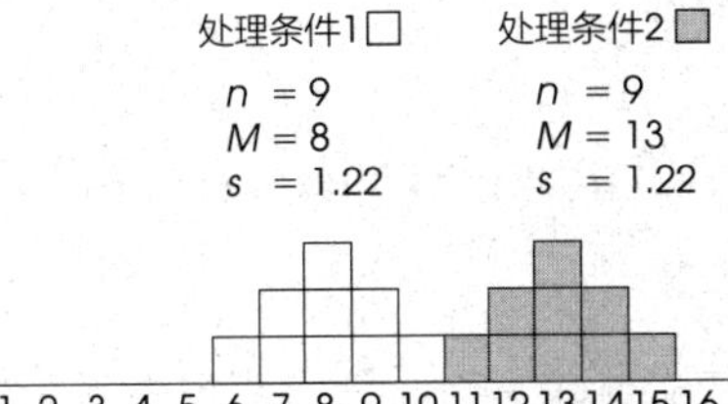

图 10-7　两个样本分布代表两种不同的处理条件。数据显示，两种处理条件之间的差异显著，$t(16)=8.62$，$p<0.01$。效应量测量显示了很大的处理效应，$d=4.10$，$r^2=0.82$

现在考虑增大样本方差的影响。图 10-8 呈现了第二个比较两种处理条件的研究结果。每个样本的容量仍然为 9，两个样本的平均数分别为 $M=8$ 和 $M=13$。不过，样本方差明显增大：与图 10-7 中的数据（$s^2=1.5$）相比，每个样本的方差现在为 $s^2=44.25$。方差增大意味着分数现在变得更分散了，致使两个样本的分布混在了一起，二者之间没有明显的区别。

假设检验支持两个样本之间没有显著差异。合并方差为 44.25，估计标准误为 3.14，独立测量 t 统计量为：

$$t=\frac{\text{平均数差异}}{\text{估计标准误}}=\frac{5}{3.14}=1.59$$

当 $df=16$，$\alpha=0.05$ 时，这个值不在拒绝域内。因此，我们不能拒绝虚无假设并得出结论：两种处理条件之间没有显著差异。尽管两个平均数之间仍有 5 分的差异（见图 10-7），但方差增大后这 5 分的差异就不显著了。一般来说，较大的样本方差能掩盖数据中存在的任何平均数差异，并且降低在假设检验中证明差异显著的可能性。

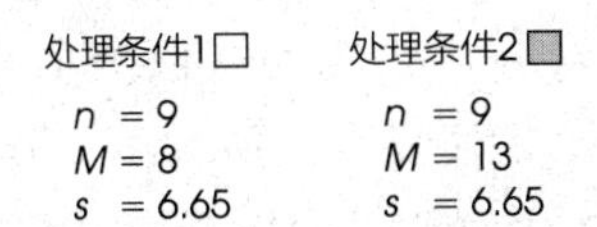

图 10-8　两个分布代表两种不同的处理条件。这个数据中的平均数差异与图 10-7 中的一样，然而，方差明显增大。增大方差后，两种处理条件之间的差异不再显著，$t(16)=1.59$，$p>0.05$，且效应量也明显减小，$d=0.75$，$r^2=0.14$ ■

最后，我们应该注意到，可以通过把原始分数转换为等级来降低较大的方差，然后，用分析等级数据的替代性统计分析方法——Mann-Whitney 检验来分析。Mann-Whitney 检验见附录 D，它讨论了将数值分数转换为等级的目的和过程。如果数据违反了下一节概述独立测量 t 检验的任何一个假设，也可以使用 Mann-Whitney 检验。

10.4 独立测量 t 统计量公式的基本假设

在你使用独立测量 t 统计量公式进行假设检验之前，应当满足三个假设：

1. 对每个样本的观测必须是独立的。
2. 样本所属的两个总体符合正态分布。
3. 样本所属的两个总体方差齐性。

在第 9 章单样本 t 假设检验中，我们熟悉了前两个假设。与之前相同，关于正态分布的假设在二者中不是很重要，尤其是在大样本中。如果我们有理由对总体的正态分布产生怀疑，那么应该通过确保样本相对较大来进行弥补。

第三个假设是方差齐性(homogeneity of variance)，它表明要比较的两个总体方差必须相同。你或许可以回忆在第 8 章中与 z 分数假设检验相似的假设。对于 z 分数检验，我们假定处理效应是给每个个体的分数增加(或减少)一个常量。结果，处理后的总体标准差与处理前的相同。现在我们本质上也是在做同样的假设，但把对象换成了方差。

回忆一下，t 统计量公式的合并方差是通过将两个样本方差平均得到的。只有当两个值都估计同样的总体方差时，即当满足方差齐性假设时，将两个值平均才有意义。如果两个样本方差估计的总体方差不同，平均就没有意义了。(注意：如果要求两个人评估同一个事物，例如 IQ 分数，这两个估计的平均是合理的。然而，将两个没有关联的数值平均是无意义的。假如，一个人估算你的 IQ 分数，另一个估算一磅葡萄的个数，平均这两个分数就没有意义。)

当两个样本的容量有较大差异时，方差齐性是最重要的。样本量相等(或近似相等)时，这个假设虽然不那么关键，但仍很重要。当样本不满足方差齐性假设时，可否定对独立测量实验数据有意义的任何解释。具体来说，当你计算假设检验中的 t 统计量时，公式中所有的数值都来自数据(但总体平均数差异除外，后者是你从 H_0 中获得的)。因此，除了一个值，你可以确定公式中所有的值。如果你得到了一个极端的结果(处在拒绝域中)，就可以认为这个假设值是错误的，但可以考虑一下不满足方差齐性时会发生什么。在这种情况下，公式中有两个有问题的值(假设的总体值和无意义的两个方差的平均数)。现在假如你得到了一个极端的 t 统计量，但你不知道这两个值中有哪个是合理的。你就更不能拒绝假设了，因为可能是合并方差产生了这个极端的 t 统计量。当不满足方差齐性时，你无法准确解释 t 统计量，因此假设检验也就无意义了。

Hartley 的 *F*-max 检验

如何知道是否满足方差齐性？一个简单的检验方法就是观察两个样本方差。从逻辑上来讲，如果两个总体方差一致，那么两个样本方差应该非常相近。如果两个样本方差相当接近，你便可以认为满足方差齐性并继续检验。不过，如果一个样本方差比另一个大 3 或 4 倍，那就需要注意了。更客观的检验是用统计学方法来检验方差是否齐性。尽管有很多确定方差齐性假设是否满足的统计方法，但 Hartley 的 *F*-max 检验是最易计算和理解的方法之一。这个方法还有一个优点，就是可以用来检验两个以上的独立样本。在第 12 章中，我们会提到比较多个不同样本的统计学方法，Hartley 检验也会提到。下面的例子说明了两个独立样本的 *F*-max 检验。

□ 例 10-6

F-max 检验基于的前提条件是样本方差能够提供总体方差的无偏估计。这个检验的虚无假设是总体方差一致，因此，样本方差也应该非常接近。使用 *F*-max 检验的步骤如下：

1. 计算每个独立样本的样本方差，$s^2=\dfrac{SS}{df}$。

2. 选取样本方差中的最大值和最小值，计算如下：

$$F\text{-max}=\frac{s^2(\text{最大值})}{s^2(\text{最小值})}$$

较大的 *F*-max 值表示样本方差之间有较大差异。在这种情况下，数据表明总体方差不一致，违反方差齐性假设。相反，较小的 *F*-max 值(接近 1.00)表示样本方差相近，满足方差齐性。

3. 将由样本数据计算的 *F*-max 值与附录 A 的表 3 中的临界值相比较。如果样本值比表中的值大，说明方差不一致，不满足方差齐性。

为了确定临界值，你需要知道：

a. k = 独立样本的个数。对于独立测量 t 检验，$k=2$。

b. 对于每一个样本方差，$df=n-1$。Hartley 检验假设所有样本的容量都相等。

c. α 水平。表 3（见附录 A）中提供了 $\alpha=0.05$ 和 $\alpha=0.01$ 时的临界值。通常齐性检验会使用较高的 α 水平。

例如，假设两个独立样本的容量均为 10，样本方差分别为 12.34 和 9.15。那么可得：

$$F\text{-max}=\frac{s^2(\text{最大值})}{s^2(\text{最小值})}=\frac{12.34}{9.15}=1.35$$

$\alpha=0.05$，$k=2$，$df=n-1=9$，从表中查得临界值为 4.03。因为得到的 F-max 值小于临界值，所以得出结论：数据没有提供违背方差齐性假设的证据。■

绝大多数假设检验的目的都是拒绝虚无假设，说明差异显著或处理效应显著。不过，在检验方差齐性时，我们更希望结果不拒绝虚无假设。F-max 检验不拒绝虚无假设，意味着两个总体方差之间没有显著差异，满足方差齐性，这样就可以用合并方差进行独立测量 t 检验。

如果 F-max 检验拒绝了方差齐性的假设，或者你怀疑不能证明方差齐性，就不能用合并方差来计算独立测量 t 统计量。不过，还有一个 t 统计量公式不需要合并两个样本方差，不需要满足方差齐性。这个公式见知识窗 10-2。

学习小测验

1. 研究者用独立测量设计来评估两种处理条件之间的差异，每种处理条件的样本量均为 8。第一种处理条件 $M=63$，$s^2=18$，第二种处理条件 $M=58$，$s^2=14$。
   a. 使用 $\alpha=0.05$ 的单尾检验确定第一种处理条件的分数是否显著高于第二种的。（注意：两个样本的容量相等，所以合并方差就是两个样本方差的平均。）
   b. 如果两个样本的方差分别增加到 $s^2=68$ 和 $s^2=60$，预测 t 统计量会如何变化。计算新的 t 值来验证你的答案。
   c. 如果每个样本的容量为 32，预测 t 统计量会如何变化。计算新的 t 来验证你的答案。
2. 方差齐性要求两个样本的方差一致。（对或错？）
3. 当你使用 F-max 检验来评估方差齐性时，你通常不希望发现两个方差之间差异显著。（对或错？）

答案

1. a. 合并方差为 16，估计标准误为 2，$t(14)=2.50$。单尾检验临界值为 1.761，拒绝虚无假设。第一种处理条件的分数显著高于第二种的。
   b. 增大方差会减小 t 值。新的合并方差为 64，估计标准误为 4，$t(14)=1.25$。
   c. 增大样本量会增大 t 值。合并方差仍为 16，但新的估计标准误为 1，$t(62)=5.00$。
2. 错。前提是要求两个总体方差一致。
3. 对。如果两个方差之间差异显著，你无法用合并方差进行 t 检验。

知识窗 10-2 合并方差的一种替代方法

用合并方差计算独立测量 t 统计量需要数据满足方差齐性假设。特别是，两个样本所属总体的分布必须一致。为了避免这点，许多统计学家推荐一个无须计算合并方差或满足方差齐性就可以计算独立测量 t 统计量的公式。这个过程包括两个步骤：

1. 用式（10-1）计算两个样本方差的标准误。
2. 用以下公式调整 t 统计量的自由度：

$$df=\frac{(V_1+V_2)^2}{\dfrac{V_1^2}{n_1-1}+\dfrac{V_2^2}{n_2-1}}$$

式中

$$V_1=\frac{s_1^2}{n_1}$$

$$V_2=\frac{s_2^2}{n_2}$$

df 的小数应舍去，取整数。

自由度的调整减小了 df 值，扩大了拒绝域的边界。因此，这个调整使得检验的要求更高，校正了合并方差试图避免的偏差问题。

注意：许多进行统计分析的计算机软件（例如 SPSS）会报告两种独立测量 t 统计量：一种用合并方差（假设方差一致），另一种用这里介绍的调整公式（假设方差不一致）。

小　结

1. 独立测量 t 统计量使用来自两个独立样本的数据来推断两个总体或两个不同处理条件之间的平均数差异。
2. 独立测量 t 统计量的公式与原始 z 分数和单样本 t 的公式有相同的结构：

$$t=\frac{\text{样本统计量}-\text{总体参数}}{\text{估计标准误}}$$

对于独立测量 t 检验，样本统计量为样本平均数差异（M_1-M_2）。总体参数为总体平均数差异（$\mu_1-\mu_2$）。样本平均数差异的估计标准误是通过把两个样本平均数的标准误结合起来计算的。公式为：

$$t=\frac{(M_1-M_2)-(\mu_1-\mu_2)}{s_{(M_1-M_2)}}$$

式中，估计标准误为：

$$s_{(M_1-M_2)}=\sqrt{\frac{s_p^2}{n_1}+\frac{s_p^2}{n_2}}$$

这个公式中的合并方差 s_p^2 是两个样本方差的加权平均：

$$s_p^2=\frac{SS_1+SS_2}{df_1+df_2}$$

t 统计量的自由度由两个样本的 df 值之和决定：

$$df=df_1+df_2$$
$$=(n_1-1)+(n_2-1)$$

3. 在假设检验中，虚无假设认为两个总体平均数之间没有差异：

$$H_0:\ \mu_1=\mu_2\quad \text{或}\quad \mu_1-\mu_2=0$$

4. 当独立测量 t 统计量的假设检验表明存在显著差异时，你还应该计算效应量。效应量的一个测量方法是 Cohen's d，它是平均数差异的标准化测量。对于独立测量 t 统计量，Cohen's d 的公式如下：

$$\text{估计的 } d \text{ 值}=\frac{M_1-M_2}{\sqrt{s_p^2}}$$

第二个常用的效应量的测量方法是方差解释率，这个测量方法用 r^2 表示，计算如下：

$$r^2=\frac{t^2}{t^2+df}$$

5. 描述处理效应大小的另一个方法是构建总体平均数差异 $\mu_1-\mu_2$ 的置信区间。置信区间用独立测量 t 统计量公式计算未知的平均数差异：

$$\mu_1-\mu_2=M_1-M_2\pm ts_{(M_1-M_2)}$$

首先，选择一个置信水平，查找相应的 t 值。例如，95%的置信区间，使用包含分布中间 95%的 t 值范围。然后将 t 值和从样本数据中计算的平均数差异和标准误代入公式。
6. 采用合并方差正确使用和解释 t 统计量需要数据满足方差齐性假设。该假设规定两个总体要有相等的方差。这可以通过验证两个样本方差是否相等来完成这个假的简单检验。Hartley 的 F-max 检验提供了一个检验数据是否满足方差齐性的统计学方法。另外一个无须用到合并方差和齐性检验的方法见知识窗 10-2。

关键术语

独立测量研究设计	被试间研究设计	重复测量研究设计	被试内研究设计	独立测量 t 统计量
M_1-M_2 的估计标准误	合并方差	Mann-Whitney 检验	方差齐性	

资　源

SPSS

附录 C 呈现了使用 SPSS 的一般说明。以下是关于如何使用 SPSS 进行独立测量 t 检验的详细指导。

数据输入

1. 数据以 stacked format 格式输入，也就是说，两个样本的数据都输入数据编辑器的同一列（比如 VAR00001）中。样本 2 的数据直接在样本 1 的数据之下输入，中间没有任何空行。
2. 在第二列（VAR00002）输入数据以区分每个数据所属的样本或处理条件。例如，在每个属于样本 1 的数据后面输入 1，在属于样本 2 的数据后面输入 2。

数据分析

1. 单击菜单栏中的 Analyze，在下拉菜单中选择 Compare Means，然后单击 Independent-Samples t Test。
2. 在弹出的对话框中选择左边的框中分数的列标签（VAR000001），然后单击箭头将它移至 Test Variable(s) 框中。

3. 在弹出的对话框中选择左边框中编号的列标签(VAR00002)，然后单击箭头将它移至 Group Variable 框中。
4. 单击 Define Groups。
5. 假设你使用数字 1 和 2 来区分两组数据，将数值 1 和 2 输入分组框中。
6. 单击 Continue。
7. 此外进行假设检验，该程序会为总体平均数差异计算一个置信区间。置信水平默认为 95%，但可以在 Options 的对话框中改变百分比。
8. 单击 OK。

SPSS 输出

我们使用 SPSS 程序来分析例 10-1 中的《芝麻街》研究的数据，程序输出如图 10-9 所示。输出包括一张含有平均数、标准差和平均数标准误等样本统计量的表。在图 10-9 中，第二张表被分为两部分，第一部分是方差齐性的 Levene's 检验结果。这个结果不应该是显著的(你不希望两个方差不一致)，所以你会希望报告的 p 值比 0.05 大。第一部分是独立测量 t 检验的结果，以两种方式报告。第一行显示假设满足方差齐性，使用合并方差计算 t 的结果。第二行则假设不满足方差齐性，用知识窗 10-2 中的方法计算 t 统计量。各行都报告了计算所得的 t 值、自由度、显著性水平(检验的 p 值)、平均数差异和平均数差异的标准误(t 统计量的分母)。最后，这个输出还包括平均数差异的 95% 的置信区间。

Group Statistics

	VAR00002	N	Mean	Std. Deviation	Std. Error Mean
VAR00001	1.00	10	93.000 0	4.714 05	1.490 71
	2.00	10	85.000 0	4.216 37	1.333 33

Independent Samples Test

		Levene's Test for Equality of Variances		t-test for Equality of Means	
		F	Sig.	t	df
VAR00001	Equal variances assumed	.384	.543	4.000	18
	Equal variances not assumed			4.000	17.780

Independent Samples Test

		t-test for Equality of Means				
					95% Confidence Interval of the Difference	
		Sig. (2-tailed)	Mean Difference	Std. Error Difference	Lower	Upper
VAR00001	Equal variances assumed	.001	8.000 00	2.000 00	3.798 16	12.201 84
	Equal variances not assumed	.001	8.000 00	2.000 00	3.794 43	12.205 57

图 10-9　例 10-1 中独立测量假设检验的 SPSS 输出

关注问题解决

1. 当你了解了更多不同的统计方法时，一个基本的问题是确定适合于某一组特定数据的统计方法。幸运的是，识别独立测量 t 统计量的使用情况很容易。首先，这类数据通常由两个独立样本组成(两个 n，两个 M，两个 SS 等)。其次，t 统计量通常用于回答关于平均数差异的问题：在平均水平上，一组数据是否与另一组不同(更高、更快、更聪明)？如果你要检验数据和确定研究者所探究问题的类型，你应该确定独立测量 t 检验是否合适。
2. 在使用样本数据计算独立测量 t 统计量时，我们建议你将公式按步骤分为几个部分，而不是试图一次性完成所有的计算。首先，计算合并方差。然后，计算标准误。最后，计算 t 统计量。
3. 学生最常犯的错误是混淆了合并方差和标准误的公式。在计算合并方差时，你将两个样本的方差“合并”成一个方差。这个方差计算的是单个分数，其分子有两个 SS 值，分母有两个 df 值。在计算标准误时，你将第一个样本的误差和第二个样本的误差相加。这两个误差是作为两个独立的分数在根号下相加的。

示例10-1

独立测量 t 检验

在一项关于陪审团行为的研究中，研究者向两个被试样本提供了被告显然有罪的审判细节。尽管第二组得到了与第一组相同的细节，但第二组同时被告知法官对陪审团隐瞒了一些证据。然后要求被试给出判刑建议。每个被试建议的刑期如下。两组被试的回答之间有无显著差异？

第一组	第二组
4	3
4	7
3	8
2	5
5	4
1	7
1	6
4	8

第一组：$M=3$，$SS=16$
第二组：$M=6$，$SS=24$

这个研究有两个独立样本，因此使用独立测量 t 检验。

第一步　陈述假设，选择一个 α 水平。

H_0：$\mu_1-\mu_2=0$（对总体来说，知道证据被隐瞒了对建议没有影响）

H_1：$\mu_1\neq\mu_2\neq 0$（对总体来说，知道证据被隐瞒了对建议有影响）

我们选择 $\alpha=0.05$ 的双尾检验。

第二步　确定拒绝域。对于独立测量 t 统计量，自由度为：

$$
\begin{aligned}
df&=n_1+n_2-2\\
&=8+8-2\\
&=14
\end{aligned}
$$

对于 $\alpha=0.05$，$df=14$ 的双尾检验，查阅 t 分布表，t 临界值为 ± 2.145。

第三步　计算检验统计量。和以往一样，我们建议将 t 统计量的计算分成三部分。

合并方差：对于这个数据，合并方差公式如下：

$$s_p^2=\frac{SS_1+SS_2}{df_1+df_2}=\frac{16+24}{7+7}=\frac{40}{14}=2.86$$

估计标准误：我们现在可以计算平均数差异的估计标准误。

$$
\begin{aligned}
s_{(M_1-M_2)}&=\sqrt{\frac{s_p^2}{n_1}+\frac{s_p^2}{n_2}}=\sqrt{\frac{2.86}{8}+\frac{2.86}{8}}\\
&=\sqrt{0.358+0.358}=\sqrt{0.716}=0.85
\end{aligned}
$$

t 统计量：最后，计算 t 统计量。

$$t=\frac{(M_1-M_2)-(\mu_1-\mu_2)}{s_{(M_1-M_2)}}=\frac{(3-6)-0}{0.85}=\frac{-3}{0.85}=-3.53$$

第四步　做出关于 H_0 的决策，得出结论。得到的 $t=-3.53$ 落在左侧的拒绝域中（临界值 $t=\pm 2.145$）。因此拒绝虚无假设。那些被告知证据被隐瞒了的被试建议的服刑期明显更长，$t(14)=-3.53$，$p<0.05$，双尾检验。

示例10-2

独立测量 t 检验的效应量

我们估计示例 10-1 中陪审团数据的 Cohen's d 值和 r^2。对于这些数据，样本平均数 $M_1=3$，$M_2=6$，合并方差为 2.86，因此，Cohen's d 值为：

$$\text{估计的 } d \text{ 值}=\frac{M_1-M_2}{\sqrt{s_p^2}}=\frac{3-6}{\sqrt{2.86}}=\frac{3}{1.69}=1.78$$

当 $t=3.53$，$df=14$ 时，方差解释率为：

$$r^2=\frac{t^2}{t^2+df}=\frac{(3.53)^2}{(3.53)^2+14}=\frac{12.46}{26.46}=0.47\text{（或 47\%）}$$

习　题

1. 描述独立测量或被试间研究的基本特征。
2. 描述独立测量 t 统计量分母中估计标准误测量的是什么。
3. 如果其他因素保持不变，解释以下因素将如何影响独立测量 t 统计量的值以及拒绝虚无假设的可能性：
   a. 增大每个样本的容量。
   b. 增大每个样本的方差。
4. 描述方差齐性假设，解释为什么它对独立测量 t 检验很重要。
5. 第一个样本的 $SS=48$，第二个样本的 $SS=32$。
   a. 如果每个样本的 $n=5$，计算每个样本的方差和合并方差。因为两个样本的容量相等，你应该发现合并方差恰好位于两个样本方差的中间。
   b. 假设第一个样本的 $n=5$，第二个样本的 $n=9$，计算两个样本方差和合并方差。你应该发现合并方差更接近较大样本的方差。
6. 第一个样本的 $SS=70$，第二个样本的 $SS=42$。
   a. 假如每个样本的 $n=8$，计算每个样本方差与合并方差。因为两个样本的容量相等，你应该发现合并方差恰好位于两个样本方差的中间。

b. 假设第一个样本的 $n=8$，第二个样本的 $n=4$，计算两个样本方差与合并方差。你应该发现合并方差更接近较大样本的方差。

7. 当两个总体平均数相等时，独立测量 t 检验的估计标准误测量了两个样本平均数之间的期望差异。对于以下题目，假设 $\mu_1=\mu_2$，计算两个样本平均数之间的期望差异。
   a. 第一个样本的 $n=8$，$SS=45$，第二个样本的 $n=4$，$SS=15$。
   b. 第一个样本的 $n=8$，$SS=150$，第二个样本的 $n=4$，$SS=90$。
   c. b 部分中的样本比 a 部分中的有更大变异（SS 值更大），但样本量不变。较大变异如何影响样本平均数差异的标准误？
8. 两个 $n=12$ 的样本分别接受两种不同的处理。经处理后，第一个样本的 $SS=1\ 740$，第二个样本的 $SS=1\ 560$。
   a. 计算两个样本的合并方差。
   b. 计算样本平均数差异的估计标准误。
   c. 如果样本平均数差异为 8，0.05 水平的双尾检验是否足以拒绝虚无假设，并认为二者之间有显著差异？
   d. 如果样本平均数差异为 12，0.05 水平的双尾检验是否足以认为二者之间有显著差异？
   e. 计算方差解释率以测量平均数差异为 8 和 12 时的效应量。
9. 两个独立样本接受两种不同的处理。第一个样本的 $n=9$，$SS=710$，第二个样本的 $n=6$，$SS=460$。
   a. 计算两个样本的合并方差。
   b. 计算样本平均数差异的估计标准误。
   c. 如果样本平均数差异为 10，$\alpha=0.05$ 的双尾检验是否足以拒绝虚无假设？
   d. 如果样本平均数差异为 13，$\alpha=0.05$ 的双尾检验是否足以拒绝虚无假设？
10. 对于以下各题，假设两个样本来自平均数相同的两个总体，计算两个样本平均数差异的期望差异。
    a. 两个样本的 $n=5$，第一个样本的 $s^2=38$，第二个样本的 $s^2=42$。注意：因为两个样本的容量相等，所以合并方差等于两个样本方差的平均。
    b. 每个样本的 $n=20$，第一个样本的 $s^2=38$，第二个样本的 $s^2=42$。
    c. b 部分题中两个样本的容量都比 a 部分中的大，但方差不变。样本量是如何影响样本平均数差异的标准误大小的？
11. 对于以下各题，计算合并方差和样本平均数差异的估计标准误。
    a. 第一个样本的 $n=4$，$s^2=55$，第二个样本的 $n=6$，$s^2=63$。
    b. 增大样本方差，第一个样本的 $n=4$，$s^2=220$，第二个样本的 $n=6$，$s^2=252$。
    c. 比较 a 部分和 b 部分的答案，增大的方差如何影响估计标准误的大小？
12. 一名研究者开展了一个独立测量研究，比较两种处理条件，并报告 t 统计量：$t(30)=2.085$。
    a. 有多少被试参与了这个研究？
    b. 使用 $\alpha=0.05$ 的双尾检验，两种处理之间是否有显著差异？
    c. 计算方差解释率。
13. 有研究者（Hallam，Price，& Katsarou，2002）研究了环境噪声对 10~12 岁儿童课堂表现的影响。在研究中，与无音乐条件相比，舒缓的音乐使儿童在算术任务中表现得更好。假设研究者选择了一个班的学生（$n=18$）每天在做算术问题时听舒缓的音乐，另一个班的学生（$n=18$）作为没有背景音乐的控制组。记录每个学生的分数，音乐条件下的学生平均成绩 $M=86.4$，$SS=1\ 550$，无音乐条件下的学生平均成绩 $M=78.8$，$SS=1\ 204$。
    a. 两种音乐条件之间是否有显著差异？使用 $\alpha=0.05$ 的双尾检验。
    b. 计算总体平均数差异的 90% 的置信区间。
    c. 用一句话说明研究报告中假设检验的结果和置信区间的结果。
14. 你认为巧克力条是美味的还是令人容易发胖？你的态度可能取决于你的性别。在美国大学生的一个研究中，研究者（Rozin，Bauer，& Catanese，2003）检验了人们是更多地将食物作为快乐来源，还是作为与体重增加和健康有关的担忧来源。以下结果与研究中所得的结论很接近。统计量代表对零食消极方面的担忧。

男生	女生
$n=9$	$n=15$
$M=33$	$M=42$
$SS=740$	$SS=1\ 240$

    a. 根据结果，男女生态度之间是否有显著差异？使用 $\alpha=0.05$ 的双尾检验。
    b. 计算方差解释率以测量研究的效应量。
    c. 用一句话说明研究报告中假设检验的结果和效应量的测量结果。
15. 有研究者（Mathews & Wagner，2008）在一项关于超重和肥胖的大学足球运动员的研究中发现，进攻型前锋和防守型前锋的体重都超过了体重指数（BMI）的风险标准。BMI是体重与身高平方的比值，常用于鉴别超重或肥胖人群。大于30kg/m^2的值都被认为存在风险。在这个研究中，一个进攻型前锋样本的$n=17$，$M=34.4$，标准差$s=4.0$；一个防守型前锋样本的$n=19$，$M=31.9$，$s=3.5$。

a. 使用单样本t检验来确定进攻型前锋的体重是否显著高于BMI的风险标准。使用$\alpha=0.01$的单尾检验。

b. 使用单样本t检验来确定防守型前锋的体重是否显著高于BMI的风险标准。使用$\alpha=0.01$的单尾检验。

c. 使用独立测量t检验来确定进攻型前锋和防守型前锋的体重之间是否有显著差异。使用$\alpha=0.01$的双尾检验。

16. 功能性食品是一种除了天然营养之外还添加了补充营养的食品。例如，含钙橙汁和含omega-3的鸡蛋。有研究者(Kolodinsky et al.，2008)研究了大学生对功能性食品的态度。对于美国学生，结果显示，与男生相比，女生对功能性食品有更积极的态度，更愿意购买它们。在一个相似的研究中，研究者要求学生用一个7点量表给他们对功能性食品的态度打分(高分代表更积极)。结果如下：

女生	男生
$n=8$	$n=12$
$M=4.69$	$M=4.43$
$SS=1.60$	$SS=2.72$

a. 这些数据是否显示男女生的态度有显著差异？使用$\alpha=0.05$的双尾检验。

b. 计算方差解释率以测量研究的效应量。

c. 用一句话说明研究报告中假设检验的结果和效应量的测量结果。

17. 有研究者(Loftus & Palmer，1974)做了一项经典研究，说明提问时使用的语言会影响目击者的记忆。在研究中，要求被试观看一段车祸影像，然后询问他们看到了什么。一组被试被问道："车撞毁的时候，车速是多少？"另一组被试被问了同样的问题，但把动词"撞毁"改为了"碰撞"。"撞毁"组报告的车速显著高于"碰撞"组。假设研究者以今天的大学生为被试重现了这个研究，结果如下：

估计速度	
撞毁	碰撞
$n=15$	$n=15$
$M=40.8$	$M=34.0$
$SS=510$	$SS=414$

a. 在这个结果中，"撞毁"组报告的车速是否显著更高？使用$\alpha=0.01$的单尾检验。

b. 计算Cohen's d的值以测量效应量。

c. 用一句话说明研究报告中假设检验的结果和效应量的测量结果。

18. 许多研究发现男性比女性报告了更高的自尊，尤其是青少年(Kling，Hyde，Showers，& Buswell，1999)。代表性结果显示，一个$n=10$的男性青少年样本自尊分数的平均数$M=39$，$SS=60.2$，一个$n=10$的女性青少年样本自尊分数的平均数$M=35.4$，$SS=69.4$。

a. 结果是否说明男性自尊显著高于女性？使用$\alpha=0.01$的单尾检验。

b. 计算男女青少年自尊分数平均数差异的95%的置信区间。

c. 用一句话说明研究报告中假设检验的结果和置信区间的结果。

19. 一位研究者比较了两种儿童自行车组装指南的有效性。一个样本包括8位父亲。一半的父亲得到第一种指南，另一半得到第二种指南。研究者测量了每位父亲组装自行车所需的时间。以下分数是每个被试所需的分钟数。

指南1	指南2
8	14
4	10
8	6
4	10

a. 两种指南所用的时间之间是否有显著差异？使用$\alpha=0.05$的双尾检验。

b. 计算Cohen's d和r^2的值以测量效应量。

20. 当人们学习一个新任务时，他们的表现通常在第二天的测验中有所提高，但前提是他们至少睡了6小时(Stickgold，Whidbee，Schirmer，Patel，& Hobson，2000)。以下数据说明了这种现象。被试学习一个视觉辨别任务，并在第二天进行测验。允许一半被试至少睡6小时，另一半则整夜都醒着。这两种条件之间是否有显著差异？使用$\alpha=0.05$的双尾检验。

分数	
6小时睡眠	无睡眠
$n=14$	$n=14$
$M=72$	$M=65$
$SS=932$	$SS=706$

21. Schmidt(1994)做了一系列实验来确认幽默对记忆的影响。在一个研究中，给被试看一组幽默和非幽默的句子，被试回忆的幽默句子显著更多。不过，Schmidt认为幽默句子并不一定更容易记住，只是当被试能够

在两种句子之间选择时，他们更喜欢幽默句子。为了验证这个猜想，他使用了一个独立测量设计，一组被试得到的全是幽默句子，另一组得到的全是非幽默句子。以下数据十分接近这个独立测量研究的结果。

幽默句子	非幽默句子
4　5　2　4	6　3　5　3
6　7　6　6	3　4　2　6
2　5　4　3	4　3　4　4
3　3　5　3	5　2　6　4

结果是否显示幽默句子和非幽默句子的回忆之间有显著差异？使用 $\alpha=0.05$ 的双尾检验。

22. 有研究者(Downs & Abwender，2002)评估了足球运动员和游泳运动员以确定足球运动员经受的规律性头部打击是否会造成长期的神经损伤。在研究中，对熟练的足球运动员和游泳运动员实施神经系统测试，结果显示差异显著。在一个相似研究中，研究者得到了如下结果：

游泳运动员	足球运动员
10	7
8	4
7	9
9	3
13	7
7	
6	
12	

a. 足球运动员的神经系统测试分数是否显著低于游泳运动员？使用 $\alpha=0.01$ 的单尾检验。

b. 根据这些数据计算方差解释率。

23. 研究显示比起在光线良好的环境中，人们在黑暗的环境中更喜欢做出不诚实和利己的行为(Zhong，Bohns，& Gino，2010)。在一项实验中，被试有 20 块拼图，5 分钟内解决一块就可得到 0.5 美元。被试报告他们的表现，但没有明显的方法可以检查他们是否诚实。因此，这个任务提供了一个明显的欺骗和不劳而获的机会。第一组被试在灯光昏暗的房间进行测验，第二组被试在照明良好的房间。记录每个被试报告解决拼图的数目。以下数据与研究中的数据十分类似。

照明良好的房间	灯光昏暗的房间
7	9
8	11
10	13
6	10
8	11
5	9
7	15
12	14
5	10

a. 两种条件下报告的表现之间是否有显著差异？使用 $\alpha=0.01$ 的双尾检验。

b. 计算 Cohen's d 值以评估处理的效应量。

CHAPTER

第 11 章

两个相关样本的 t 检验

本章目录

本章概要

11.1　重复测量设计简介

11.2　重复测量研究设计的 t 统计量

11.3　重复测量设计的假设检验和效应量

11.4　重复测量 t 检验的应用和假设

小结

关键术语

资源

关注问题解决

示例 11-1

示例 11-2

习题

所需工具

以下所列内容是学习本章需要的基础知识。如果你不确定自己对这些知识的掌握情况，你应在学习本章前复习相应的章节。

- t 统计量简介(第 9 章)
  - 估计标准误
  - 自由度
  - t 分布
  - t 统计量假设检验
- 独立测量设计(第 10 章)

本章概要

说脏话是一种常见的(几乎是本能的)对疼痛的反应。当撞到桌子或者被锤子砸到大拇指时，大部分人都会脱口而出一句脏话。然而这就出现了一个问题，说脏话这种反应是让我们对痛苦更加关注，并因此增加了痛苦的强度，还是作为一个分心刺激，减少了个体的痛苦呢？为了解决这个问题，Stephens、Atkin 和 Kingston(2009)进行了一个实验，将说脏话与其他对痛苦的反应进行比较。在这个研究中，要求被试的一只手尽可能长时间放在冰水里，直到他们不能忍受这种痛苦为止。一半的被试一边把手放在冰水里，一边不断重复他们最常说的脏话。另一半的被试则被要求重复说一些中性词。研究者记录被试可以忍受的时间，在这个简单的测试之后，将两组被试互换，然后再进行一次冰水实验。所有的被试都体验了两种情境(说脏话和重复中性词)。实验结果显示，说脏话显著增加了被试忍受痛苦的时间。

问题：在前面的章节中，我们介绍了统计过程中计算两组数据之间的平均数差异(独立测量 t 统计量)的方法。然而独立测量 t 统计量适用于研究两个分离且独立的样本，你应该发现本研究中的两个样本不是独立的。事实上，是相同总体的个体参与了两种实验处理，这就需要一个新的统计方法对数据进行统计。

解决方法：在本章中，我们会介绍重复测量 t 统计量，其适用于检测两组数据来自同一组个体的情况，正如你将看到的那样，这种新的 t 统计量和我们在第 9 章中介绍的 t 统计量很类似。

最后，研究者在比较两种不同实验处理时可能会使用两组独立的被试，给每一组被试分配一种实验情境，一些研究者还可能会选择让一组被试来接受所有的实验处理。在本章后半部分，我们将比较这两种不同设计的优缺点。

11.1 重复测量设计简介

在前面的章节中，我们介绍了使用独立测量研究设计作为比较两种处理条件或两个总体的一种策略。独立测量设计具有使用两个独立样本以获取用于比较的两组数据的特征。在本章中，这种替代策略被称为重复测量设计或被试内设计。在重复测量设计中，两个不同的分数都来自样本中的每一个个体。例如，在治疗前后可分别对一组患者进行测量，或者在驾驶模拟任务中分别测量一组个体清醒时以及酒后的反应时。在每种情况下，对一组被试在同一变量上实施两次测量，这就是我们说的对同一样本的重复测量。

定义

重复测量设计(repeated-measures design)或**被试内设计**(with-subject design)是一种对单个样本中的每个个体实施两次或多次因变量测量的设计。同一组被试接受所有的实验处理。

重复测量研究的主要优势是它让同一组被试接受所有的实验处理。因此，不存在一个处理条件下的被试与另一个处理下的被试之间有本质差异的风险。另外，由于一个样本中的被试与另一个样本中的被试可能存在系统性差异(存在某个被试更聪明、反应更快、更外向等)，所以在独立测量设计中的测量结果难免存在偏差。本章最后，我们将进一步详细比较重复测量研究和独立测量研究以及这两种不同类型的研究的优缺点。

被试匹配设计

研究者有时会使用被试匹配(matched-subjects)的方法让重复测量设计的优点最大化。被试匹配设计中包含两个独立样本，一个样本中的每个被试都与另一个样本中的每个被试一一匹配。通常情况下，个体应在研究中特别重要的一个或多个变量上进行匹配。例如，一个研究言语学习的研究者希望依据智商和性别对两个样本进行匹配。在这种情况下，在一个样本中智商为 120 分的男性被试应与另一个样本中智商为 120 分的男性被试进行匹配。虽然一个样本中的被试与另一个样本中的被试不完全相同，但被试匹配设计至少确保了两个样本在某些特定变量上是等价(匹配)的。

定义

在**被试匹配设计**(matched-subjects design)中，一个样本中的每个被试都会和另一个样本中的被试进行匹配。这种匹配是为使两组被试在研究者试图控制的特定变量上等价。

当然，对多个变量匹配被试也是可行的。例如，研究者想要按被试的年龄、性别、种族和智商匹配成对。在这种情况下，一个样本中一位 22 岁的智商为 115 的白人女性将会和另一个样本中一位 22 岁的智商为 115 的白人女性进行配对。匹配变量越多，匹配成对的难度越大。匹配的目的是最大可能地模拟重复测量设计。在重复测量设计中，由于同一被试接受了两种实验处理，所以匹配是完美的。然而，在被试匹配设计中，你能得到的最好的匹配程度是局限于匹配过程中所涉及的变量。

在比较两种处理条件的重复测量设计或是被试匹配设计中，数据由两组分数构成，并与每个个体或每一个配对组得到的两个分数相对应(见表 11-1)。因为一组数据与另一组数据直接相关且一一匹配，所以两个研究设计在统计学上是等价的，它们都可被称为相关样本设计(related-samples designs 或 correlated-samples designs)。在本章中，我们重点讨论重复测量设计，因为它在相关样本设计中更为常见。然而，你应该认识到，这种用于重复测量研究的统计方法也可以直接用于被试匹配研究的数据。我们还应该注意，被试匹配研究有时也称为匹配样本设计(matched sample design)，但在你使用本章统计方法之前，样本中的被试必须一一匹配。

表 11-1　重复测量或被试匹配研究的数据示例(5 个被试或 5 组配对)

被试或配对	第一次的分数	第二次的分数	
#1	12	15	
#2	10	14	←这两个分数对应一个被试或一组配对
#3	15	17	
#4	17	17	
#5	12	18	

现在我们来介绍一种允许研究者使用重复测量研究的样本数据对总体进行推断的统计方法。

11.2　重复测量研究设计的 t 统计量

重复测量设计的 t 统计量在结构上类似于我们已经介绍过的其他 t 统计量。正如我们将看到的那样，它与第 9 章所述的单样本 t 统计量基本相同。相关样本 t 统计量主要的特点是，它是以差异分数为基础而不是以原始分数(X 值)为基础。在本节中，我们将探讨相关样本的差异分数及其产生的 t 统计量。

差异分数：重复测量研究的数据

许多非处方感冒药包含“服用后可能会引起嗜睡”的警示。表 11-2 中是一组检验这种现象的数据。注意：这是一个 $n=4$ 的被试样本，对每个被试测量两次。第一个数据(X_1)测量的是被试服药前的反应时。第二个数据(X_2)测量的是被试服药一小时以后的反应时。因为对药物如何影响反应时感兴趣，所以我们计算每个被试第一次分数与第二次分数的差值。差异分数(difference scores)或 D 值，被列于表的最后一列，注意，差异分数测量的是每一个被试反应时的变化量。通常，差异分数是第二次分数(服药后)减去第一次分数(服药前)：

$$\text{差异分数}=D=X_2-X_1 \tag{11-1}$$

表 11-2　非处方感冒药服用前后的反应时

被试	服药前(X_1)	服药后(X_2)	差异分数(D)
A	215	210	−5
B	221	242	21
C	196	219	23
D	203	228	25
			$\sum D=64$

$$M_D=\frac{\sum D}{n}=\frac{64}{4}=16$$

注：M_D 是 D 分数的平均数。

需要注意的是，每一个 D 分数的符号都会告诉你变化的方向。例如，被试 A 表现出服药后反应时的减少(负向变化)，但被试 B 表现出反应时的增加(正向变化)。

差异分数(D 值)的样本作为假设检验的样本数据，所有的计算都需要用到 D 分数。例如，为了计算 t 统计量，我们使用 D 分数的数量(n)以及样本平均数(M_D)和 D 分数样本的 SS 值。

相关样本研究的假设

研究者的目的是使用差异分数的样本回答有关一般总体的问题。特别是，研究者还想知道总体在两种处理条件之间是否存在差异。注意：我们感兴趣的是总体的差异分数。也就是说，我们想知道，如果对总体中的每个个体在两种条件(X_1 和 X_2)下施测并计算每个个体的差异分数(D)，会发生什么。具体来说，我们感兴趣的是总体差异分数的平均数，符号表示为 μ_D(下标 D 表示我们对 D 值而不是对 X 分数进行处理)。

在通常情况下，虚无假设表述为对于一般总体来说，没有效果，没有变化或是没有差异。在重复测量设计中，虚无假设表述为一般总体的平均数差异为 0。用符号表示为：

$$H_0: \mu_D = 0$$

再次强调，这一假设是指整个总体差异分数的平均数。图 11-1a 呈现了一个总体差异分数平均数 $\mu_D = 0$ 的例子。虽然总体平均数为 0，但总体中个体的分数并不都等于 0。因此，即使虚无假设为真，我们仍然希望有一些个体有正的差异分数，另一些有负的差异分数。然而，正负分数是随机的，从长远来看，二者会相互抵消以致 $\mu_D = 0$。还需要注意的是，从总体中选取的样本平均数可能并不恰好等于 0。通常来说，样本平均数和总体平均数之间会有一些误差，所以即使 $\mu_D = 0$（H_0 为真），我们也不期待 M_D 恰好等于 0。

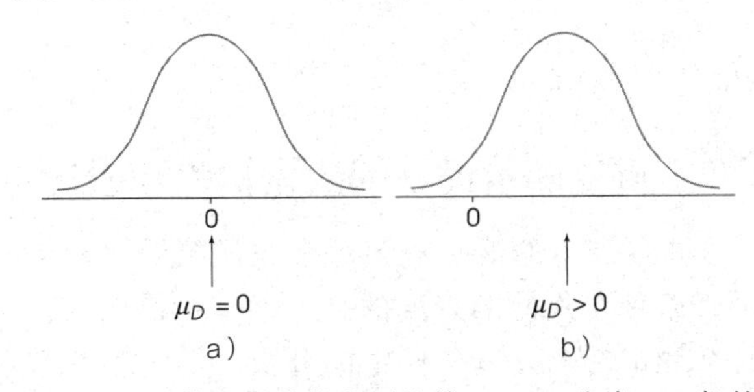

图 11-1　a) 总体差异分数的平均数 $\mu_D = 0$。注意，一般的差异分数（D 值）不为 0。b) 总体差异分数的平均数大于 0。注意，大多数的差异分数大于 0

备择假设表述为处理效应使一个处理条件下的分数系统地高（或低）于另一个处理条件下的分数。用符号表示为：

$$H_1: \mu_D \neq 0$$

根据 H_1，总体中个体的差异分数系统地趋向正（或负）。这表明两个处理间具有一致的、可预测的差异。

图 11-1b 呈现了平均数差异为正（$\mu_D > 0$）的总体差异分数的例子。这时，总体中大多数个体的差异分数大于 0。从这个总体中选取的样本将主要包含正的差异分数，并且样本平均数差异大于 0（$M_D > 0$）。关于 H_0 和 H_1 的进一步讨论见知识窗 11-1。

相关样本 t 统计量

图 11-2 呈现了重复测量设计中假设检验的一般情况。你可能意识到，我们面临与第 9 章基本相同的情况。尤其是总体平均数和标准差未知，只能用样本来检验关于未知总体的假设。在第 9 章中，我们介绍了单样本 t 统计量，它允许我们用一个样本平均数作为检验未知总体平均数假设的基础。这里再次使用这个 t 统计量的公式进行重复测量 t 检验。我们回忆一下，单样本 t 统计量（第 9 章）的公式为：

$$t = \frac{M - \mu}{s_M}$$

在这个公式中，样本平均数 M 由数据计算得到，总体平均数 μ 的值从虚无假设中获得。估计标准误 s_M 由数据计算得来，它提供了样本平均数和总体平均数之间合理期望差异的测量。

对于重复测量设计，样本数据是差异分数，用字母 D 表示，而不是用 X 表示。因此，我们在公式中使用 D 来强调我们处理的是差异分数而不是 X 值。同时，我们感兴趣的总体平均数是总体平均数差异（整个总体变化的平均数），我们将这个参数用符号 μ_D 表

知识窗 11-1　重复测量检验中 H_0 和 H_1 的类比

H_0 的类比：智力是一种相对稳定的人格特质，也就是说，你不可能以肉眼可见的速度在隔天的时间段里变得更聪明或更愚笨。然而，如果你一周中每天都进行 IQ 测验，你可能会得到 7 个不同的 IQ 数值。你的 IQ 分数每天之间的变化是由你的健康状况、心境以及你在作答时对不知道的问题的猜测等随机因素引起的。有时你的 IQ 分数会高一些，有时你的 IQ 分数会稍低一些。总体来说，每天 IQ 分数的变化基本上会相互抵消以致趋于 0。这与重复测量假设中虚无假设对总体的预测类似。根据 H_0，个体或样本的任何变化都是偶发的，从长远来看，这种变化的平均数为 0。

H_1 的类比：假设我们测量你一周每天在新电子游戏中的得分以评定你在游戏中的表现。我们会发现每天的分数略有差异，这种差异正如我们在 IQ 分数中发现的那样。然而，这种每天的变化可能不是随机的。换句话说，在这种差异中可能存在某种总体的趋势，随着熟练度的提高，你的分数也在不断地提高。因此，大多数的每日变化应呈现出增长。这种情况可以由重复测量检验中的备择假设预测。根据 H_1，这种系统的、可预测变化的平均数不为 0。

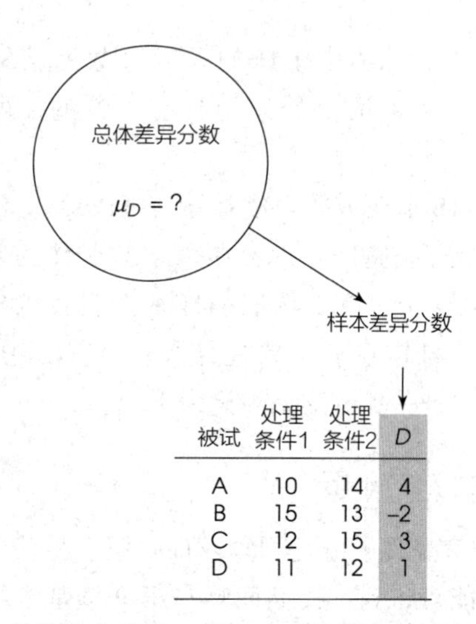

图 11-2 从总体中选取一个 $n=4$ 的样本。对每个个体进行两次测量，一次在处理条件 1 下，一次在处理条件 2 下。计算每个个体的差异分数(D)。需要注意的是，我们用样本差异分数代表总体差异分数。总体差异分数平均数未知。虚无假设表述为对于一般总体，在两个实验处理之间没有系统性差异，所以，总体平均数差异是 $\mu_D=0$

示。根据这些简单的变化，重复测量设计的 t 统计量公式变为：

$$t=\frac{M_D-\mu_D}{s_{M_D}} \tag{11-2}$$

在这个公式中，M_D 的估计标准误(s_{M_D})的计算方法与单样本 t 统计量的计算相同。为了计算估计标准误，第一步是计算 D 分数样本的方差(或标准差)。

$$S^2=\frac{SS}{n-1}=\frac{SS}{df} \quad 或 \quad S=\sqrt{\frac{SS}{df}}$$

然后用样本方差(或样本标准差)和样本量 n 计算估计标准误。

$$s_{M_D}=\sqrt{\frac{s^2}{n}} \quad 或 \quad s_{M_D}=\frac{s}{\sqrt{n}} \tag{11-3}$$

注意：所有的计算都使用差异分数(D 分数)，每个被试只有 1 个 D 分数。有 n 个被试的样本中，就有 n 个 D 分数，t 统计量的自由度 $df=n-1$。记住，n 是指 D 分数的个数，不是原始数据 X 值的个数。

你还应该注意，重复测量 t 统计量在概念上与我们之前提到的 t 统计量类似：

$$t=\frac{样本统计量-总体参数}{估计标准误}$$

在这种情况下，用样本平均数的差异分数(M_D)代表样本数据，总体参数是 $H_0(\mu_D=0)$ 预测的值，估计标准误使用式(11-3)，由样本数据计算。

学习小测验

1. 对于比较两种处理条件的研究，重复测量设计和独立测量设计之间有什么差异？
2. 描述重复测量 t 统计量中用以计算样本平均数和样本方差的数据。
3. 重复测量 t 检验中的虚无假设可以用语言和符号表示为什么？

答案

1. 对于重复测量设计，同一组被试接受所有的实验处理；在独立测量设计中，不同的被试接受不同的处理。
2. 每个被试的两个分数用于计算差异分数。差异分数的样本用于计算平均数和方差。
3. 虚无假设表述为对于一般总体，两种处理条件之间的平均数差异为 0。用符号表示为 $\mu_D=0$。

11.3 重复测量设计的假设检验和效应量

在重复测量的研究中，每个被试接受两种不同的处理条件，我们感兴趣的是，第一个处理条件中的分数和第二个处理条件中的分数之间是否存在系统性差异。计算每个被试的差异分数(D 值)，假设检验用这个样本的差异分数估计总体的平均数差异。重复测量 t 统计量的假设检验与之前的假设检验一样，共有四个步骤。例 11-1 呈现了完整的假设检验过程。

□ 例 11-1

研究发现红色会增加男性对女性的注意(Elliot & Niesta, 2008)。在原始研究中，向男性被试呈现一些女性的照片，这些照片分为白色背景和红色背景两种。男性被试认为红色背景照片中的女性比白色背景照片中的女性更具有吸引力。在一个类似的实验中，研究者准备了 30 张女性照片，其中 15 张为白色背景，15 张为红色背景。每张照片作为实验材料在实验中出现两次，一次为白色背景，一次为红色背景。每位男性被试浏览整组照片后对每位女性的吸引力进行 12 点评分。表 11-3 整合了一个 $n=9$ 的男性被试样本的评分，与白色背景相比，当照片呈现在红色背景中时，被试对照片的评分会有显著差异吗？

第一步　陈述假设，选择 α 水平。

H_0: $\mu_D=0$(两种颜色的背景之间没有差异)

H_1: $\mu_D\neq 0$(两种颜色的背景之间有差异)

对于这个检验，使用 $\alpha=0.01$。

第二步　确定拒绝域。对于这个例子，$n=9$，所以 t 统计量的自由度 $df=n-1=8$。对于 $\alpha=0.01$，在 t 分布表中查到临界值为 ± 3.355，拒绝域如图 11-3 所示。

表 11-3　红色和白色背景下女性照片的吸引力评分

被试	白色背景	红色背景	D	D^2
A	6	9	+3	9
B	8	9	+1	1
C	7	10	+3	9
D	7	11	+4	16
E	8	11	+3	9
F	6	9	+3	9
G	5	11	+6	36
H	10	11	+1	1
I	8	11	+3	9
			$\sum D=27$	$\sum D^2=99$

$$M_D=\frac{27}{9}=3.00$$

$$SS=\sum D^2-\frac{(\sum D)^2}{n}=99-\frac{(27)^2}{9}=99-81=18$$

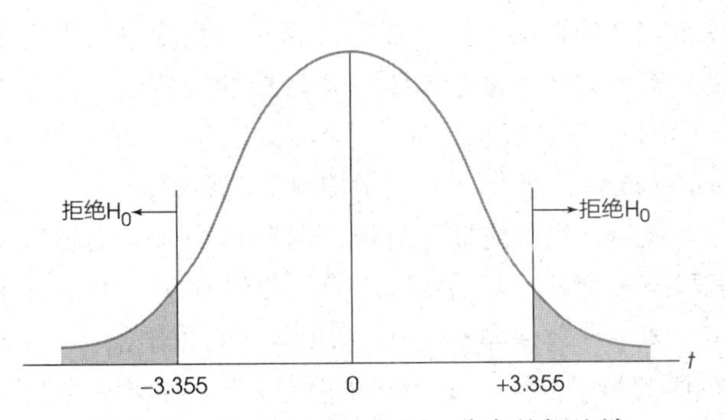

图 11-3　$df=8$，$\alpha=0.01$ 时 t 分布的拒绝域

第三步　计算 t 统计量。表 11-3 中呈现了样本数据以及 $M_D=3.00$ 和 $SS=18$ 的计算。注意，所有计算使用的都是差异分数。和我们计算其他 t 统计量一样，我们将通过三个步骤计算 t 统计量。

首先，计算样本方差。

$$s^2=\frac{ss}{n-1}=\frac{18}{8}=2.25$$

其次，使用样本方差计算估计标准误。

$$s_{M_D}=\sqrt{\frac{s^2}{n}}=\sqrt{\frac{2.25}{9}}=0.50$$

最后，用样本平均数(M_D)、假设的总体平均数(μ_D)和估计标准误计算 t 统计量。

$$t=\frac{M_D-\mu_D}{s_{M_D}}=\frac{3.00-0}{0.5}=6.00$$

第四步　做出决策。我们得到的 t 值落在拒绝域之内(见图 11-3)。研究者拒绝虚无假设，得出背景颜色对测试照片中女性吸引力判断有显著影响的结论。■

对重复测量 t 效应量的测量

正如我们在其他假设检验中注意到的那样，每当发现处理效应在统计学上显著时，我们还应该报告效应绝对大小的测量。最常用的测量效应量的方法是 Cohen's d 和方差解释率(r^2)。处理效应量也可以用估计总体平均数差异 μ_D 的置信区间进行描述。我们将使用例 11-1 的数据来呈现如何计算这些数值以测量和描述效应量。

Cohen's d　在第 8、9 章中，我们介绍了 Cohen's d，它是两种处理之间平均数差异的标准化测量。这个标准化的值由总体平均数差异除以标准差获得。在重复测量研究中，Cohen's d 定义为：

$$d=\frac{\text{总体平均数差异}}{\text{标准差}}=\frac{\mu_D}{\sigma_D}$$

因为总体平均数和标准差是未知的，所以我们用样本值替代。样本平均数 M_D 是实际平均数差异的最佳估计。同时，样本标准差(样本方差的平方根)提供了实际标准差的最佳估计。因此，我们能够估计 d 值如下：

$$\text{估计的 } d \text{ 值}=\frac{\text{样本平均数差异}}{\text{样本标准差}}=\frac{M_D}{s} \quad (11\text{-}4)$$

例 11-1 中重复测量研究，$M_D=3$，样本方差 $s^2=2.25$，计算如下：

$$\text{估计的 } d \text{ 值}=\frac{M_D}{s}=\frac{3.00}{\sqrt{2.25}}=\frac{3.00}{1.5}=2.00$$

任何超过 0.80 的值[⊖]都被理解为处理效应大，这些数据显然属于这种情况(见表 8-2)。

⊖　因为我们测量的是效应大小而不是方向，所以通常忽略符号，将 Cohen's d 报告为正值。

方差解释率(r^2)

计算方差解释率需要使用假设检验中的 t 值和 df 值，其方法和在单样本 t 检验及独立测量 t 检验中用到的相同。对于例 11-1 的数据，我们可以得到：

$$r^2=\frac{t^2}{t^2+df}=\frac{(6.00)^2}{(6.00)^2+8}=\frac{36}{44}=0.818(\text{或 }81.8\%)$$

对于这些数据，分数中 81.8%的方差可以被照片背景的颜色所解释。更具体地说，红色引起了一致的正向差异分数。因此与 0 的偏差大部分可解释为是由处理效应引起的。

估计 μ_D 的置信区间 正如第 9 章和第 10 章所提到的，置信区间的计算可以作为测量和描述处理效应量的备选方法。在重复测量 t 检验中，我们用样本平均数差异 M_D 估计总体平均数差异。在这种情况下，通过估计两种处理条件之间的总体平均数差异，置信区间可以直接估计效应量。

正如其他 t 统计量一样，第一步是未知参数的 t 方程，对于重复测量 t 统计量，我们可以得到：

$$\mu_D=M_D\pm ts_{M_D} \qquad (11\text{-}5)$$

在式(11-5)中，M_D 和 s_{M_D} 的值由样本数据计算得到，虽然 t 统计量未知，但我们可以使用 t 统计量的自由度和 t 值分布表来估计 t 值。根据估计的 t 值和从样本数据中获取的已知值，我们可以计算 μ_D 的值，下面的例子呈现了构建总体平均数差异的置信区间的过程。

□ 例 11-2

例 11-1 中的研究表明男性对女性吸引力的评分受红色背景的影响。在这个研究中，一个 $n=9$ 的男性样本对红色背景照片中女性的评分要显著高于对白色背景照片中女性的评分。两个处理之间的平均数差异 $M_D=3$ 分，平均数差异的估计标准误 $s_{M_D}=0.50$。现在，我们构建一个 95%的置信区间来估计总体平均数的效应量。

在一个 $n=9$ 的被试样本中，重复测量 t 统计量的 $df=8$，为了得到 95%的置信区间，我们估计样本平均数差异的 t 统计量位于所有可能的 t 的 95%区间的中心，根据 t 分布表，当 $df=8$ 时，95%的 t 值在 $t=+2.306$ 和 $t=-2.306$ 之间。将这些值以及样本平均数和标准误的数值带入计算公式，我们得到：

$$\begin{aligned}\mu_D&=M_D\pm ts_{M_D}\\&=3\pm 2.306\times 0.50\\&=3\pm 1.153\end{aligned}$$

这时，置信区间的范围是从 1.847(3-1.153)到 4.153(3+1.153)。我们的结论是，对于男性一般总体，将背景颜色从白色转向红色时，可以将女性照片吸引力的评分提高 1.847 到 4.153 分。我们有 95%的信心确定真正的平均数差异会落在这一区间内，因为计算过程中唯一的估计值是 t 统计量，我们有 95%的信心确定 t 值会落在分布中间 95%的区域内。最后，注意，置信区间是围绕样本平均数差异构建的。所以样本平均数差异 $M_D=3$，恰好位于该区间的中间。■

和第 9 章和第 10 章提到的其他置信区间一样，重复测量 t 检验的置信区间除了受到处理实际效应量的影响，还将受到其他各种因素的影响。特别是，区间的宽度取决于所用的置信水平，较大的百分比会产生一个较宽的置信区间。此外，区间的宽度取决于样本量，较大的样本量会产生一个较窄的置信区间。因为区间的宽度与样本量有关，所以置信区间并不像 Cohen' d 或者 r^2 那样，是对效应量的精确测量。

最后，我们应该注意到，例 11-2 中 95%的置信区间并不包含 $\mu_D=0$。换句话说，我们有 95%的信心确定总体平均数差异不是 0。这就等于得出结论：在 $\alpha=0.05$ 的水平上拒绝 $\mu_D=0$ 的虚无假设。如果 95%的置信区间里包含 $\mu_D=0$，那么表明在 $\alpha=0.05$ 水平上不能拒绝虚无假设 H_0。

§ 文献报告 §

重复测量 t 检验的结果

正如我们在第 9 章和第 10 章中看到的那样，报告 t 检验结果的 APA 格式由包含 t 值、自由度和 α 水平的简表构成。在陈述或是简表(见第 4 章)中通常包括平均数和标准差的值。对于例 11-1，我们得到平均数差异 $M_D=3.00$，$s=1.50$，我们也得到了 $df=8$ 时的 $t=6.00$。我们得出结论：在 0.01 的显著性水平上拒绝虚无假设。最后我们通过计算方差解释率，得到 $r^2=0.818$。这项研究报告的结果汇总如下：

将背景颜色从白色变为红色会显著提高男性被试对照片中女性的吸引力评分，平均数 $M=3.00$，$SD=1.50$。处理效应具有统计显著性，$t(8)=6.00$，$p<0.01$，$r^2=0.818$。

当使用计算机进行假设检验时，数据输出结果通常包括显著性水平的精确概率。在研究报告中，输出结果中的 p 值以显著性水平方式表述。然而在例 11-1 计算机输出的数据结果中显著性水平为 $p=0.000$。在这种情况下，这个概率值非常小，以至于计算机在四舍五入到三位小数的情况下得到 0。此时并不知道确切概率值，因此，应该报告 $p<0.001$。

如果在例 11-2 中的置信区间以效应量的方式进行描述，对应的假设检验描述如下：

将背景颜色从白色变为红色会显著提高男性被试对照片中女性的吸引力评分，$t(8)=6.00$，$p<0.001$，95%的置信区间为[1.817，4.183]。

描述统计和假设检验

通常，仔细观察研究的样本数据可以更容易看到处理效应的大小和假设检验的结果。在例 11-1 中，我们得到了一个 $n=9$ 的男性样本，其平均数差异 $M_D=3$，标准差 $s=1.50$。样本平均数和标准误描述了一组以 $M_D=3$ 为中心分布的分数，其中大部分分数位于平均数 1.5 分范围内。图 11-4 呈现了例 11-1 中的数据。为了说明样本中的数据，特地指出 $\mu_D=0$ 的位置，即虚无假设中的特定数值。需要注意的是，样本中的分数偏离了 0。具体来说，样本数据与平均数 $\mu_D=0$ 的总体不一致，因此拒绝虚无假设。此外，样本平均数位于高于02个标准差的位置，其距离对应 Cohen's $d=2.00$ 的效应量测量。对于这些数据，样本分布图（见图 11-4）可以帮助理解效应量的测量和假设检验的结果。

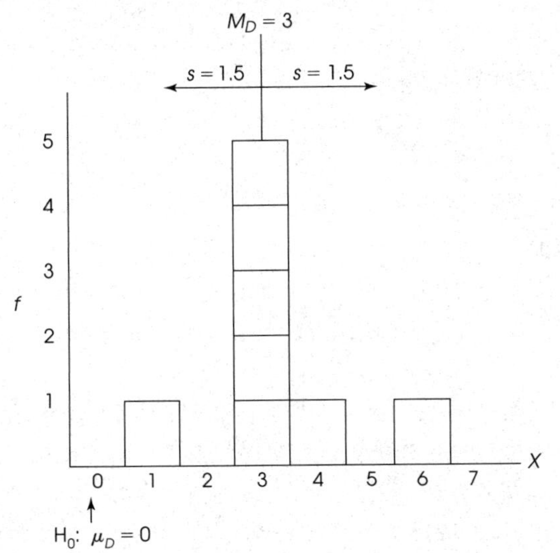

图 11-4　例 11-1 中差异分数的样本。其平均数为 $M_D=3$，标准差 $s=1.5$。数据表明分数一致性提高了（正差异），说明 $\mu_D=0$ 是一个不合理的假设

变异作为对处理效应一致性的测量

在重复测量研究中，差异分数的变异是一个相对具体且容易理解的概念。特别是样本变异描述了处理效应的一致性（consistency）。例如，如果处理后每个个体的分数在持续增加，那么这组差异分数分布比较集中，变异相对较小。这种情况如我们在例 11-1（见图 11-4）中所见。所有被试在红色背景下对照片都给出了更高的吸引力评分。在这种情况下，因为变异较小，所以很容易看到处理效应，而且处理效应很显著。

现在考虑一下，如果变异很大时会发生什么。假设例 11-1 中的照片背景颜色研究产生了一个 $n=9$ 的差异分数样本，包括−4，−3，−2，+1，+1，+3，+8，+11，+12。差异分数的平均数 $M_D=3$，但现在变异大大增加，因此 $SS=288$，标准差 $s=6.00$。图 11-5 中呈现了一组新的差异分数。我们再次着重标记了 $\mu_D=0$ 的位置，也就是虚无假设中的特定数值。需要注意的是，高变异性意味着没有一致的处理效应。一些被试认为红色背景中的女性更有吸引力（正差异），而其他被试认为白色背景中的女性更有吸引力（负差异）。在假设检验中，高变异性增加了估计标准误，假设检验得到 $t=1.50$，这一数据没有落在拒绝域内。有了这些数据，我们不能拒绝虚无假设，且得出结论：背景颜色对感知照片中的女性吸引力没有影响。

当变异较小时（见图 11-4），很容易发现 3 分的处理效应且统计显著。当变异较大时（见图 11-5），3 分的处理效应不易发现且统计不显著。正如我们之前多次指出的，变异大会掩盖数据的趋势并降低出现显著处理效应的可能性。

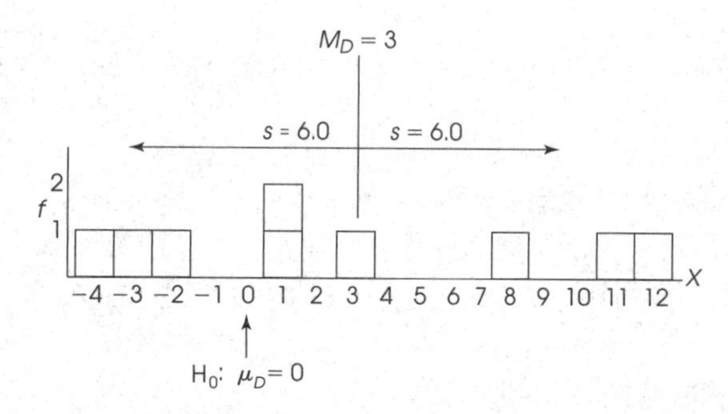

图 11-5 差异分数的样本，其平均数为 $M_D=3$，标准差 $s=6$。数据没有显示分数一致性升高或下降。因为不存在一致的处理效应，所以 $\mu_D=0$ 的假设合理

定向假设和单尾检验

在许多重复测量和被试匹配研究中，研究者对处理效应的方向有特定的预测。例如，在例 11-1 中，研究者预先假设女性照片是红色背景时有更高的吸引力。这种定向预测体现在假设的陈述中。这就是所说的定向假设或单尾检验。下面的例子呈现了如何确定定向检验的假设和拒绝域。

□ 例 11-3

我们重新检验了例 11-1 中的数据。研究者使用重复测量设计探究红色对女性吸引力的影响。研究者预测，与白色背景相比，当女性照片是红色背景时，男性被试对其的吸引力评分将显著提高。

第一步 陈述假设，选择 α 水平。对于这个样本，研究者预测，当女性照片是红色背景时，其吸引力评分将显著提高。从另一方面来说，虚无假设是：当女性照片是红色背景时，其吸引力评分不会提高而是保持不变或降低。用符号表示为：

$$H_0: \mu_D \leqslant 0$$

（红色背景的吸引力评分没有提高）

备择假设陈述为实验处理有效。对于这个例子，H_1 表明红色背景提高了男性被试对女性照片的吸引力评分。

H_1：$\mu_D>0$（红色背景的吸引力评分提高）

我们使用 $\alpha=0.01$。

第二步 确定拒绝域。正如我们用独立测量 t 统计量所证明的那样，单尾检验的拒绝域的确定分为两个阶段。首先不是试图确定拒绝域在分布的哪一侧，而是看样本平均数差异的方向是否与预测方向相同。如果不是，那么实验处理显然不像预测的那样产生了效果，你可以停止实验。如果与预测方向相同，那么问题在于其差异是否显著。对于这个例子，变化与预测方向一致（研究者预测评分会提高，样本平均数确实增加了）。由于 $n=9$，我们得到 $\alpha=0.01$ 单尾检验的临界值 $t=2.896$，因此，如果 $t>2.896$，则拒绝虚无假设。

第三步 计算 t 统计量。计算例 11-1 中的 t 统计量，得到 $t=6.00$。

第四步 做出决策。t 值在拒绝域之外，因此我们拒绝虚无假设，并得出红色显著提高了女性对男性被试的吸引力的结论。在研究报告中，单尾检验的使用将报告如下：

将背景颜色从白色变为红色会显著提高吸引力评分，$t(8)=6.00$，$p<0.01$，单尾检验。■

学习小测验

1. 一位研究者正在研究针灸治疗慢性背痛的疗效。从临床门诊处得到一个 $n=4$ 的患者样本。让每个患者对自己目前的疼痛水平进行评级，然后开始为期 6 周的针灸治疗。治疗后让每个患者对自己的疼痛感再次评级。研究者记录了两次评级之间的差异，$M=4.5$，$SS=27$。
   a. 数据是否可以得出结论：针灸对背痛有着显著疗效？使用 $\alpha=0.05$ 的双尾检验。
   b. 你能否得出结论：针灸显著缓解了背痛？使用 $\alpha=0.05$ 的单尾检验。
2. 运用 Cohen's d 系数和 r^2 计算上一个问题的效应量。
3. 重复测量 t 检验的计算机输出结果得出 p 值为 $p=0.021$。
   a. 研究者是否可以认为在 $\alpha=0.01$ 的水平上效应显著？
   b. 在 $\alpha=0.05$ 水平上效应显著吗？

答案

1. a. 对于这些数据，样本方差为 9，标准误为 1.50，$t=3.00$。由于 $df=3$，临界值 $t=\pm3.182$。因此不能拒绝虚无假设。
   b. 对于单尾检验，临界值 $t=2.353$。因此拒绝虚无假设并得到针灸治疗显著缓解了疼痛的结论。
2. $d=4.5/3=1.50$，$r^2=9/12=0.75$。
3. a. $p=0.021>0.01$，因此在 $\alpha=0.01$ 水平上效应不显著。
   b. $p<0.05$，所以在 $\alpha=0.05$ 水平上效应显著。

11.4 重复测量t检验的应用和假设

重复测量设计与独立测量设计

在许多研究中，可以使用重复测量设计或独立测量设计比较两种实验处理条件。独立测量设计会使用两个相互独立的样本(每种实验处理对应一个样本)。重复测量设计只使用一个样本，即相同个体接受两种处理。决定使用哪种设计通常需要考虑两种设计的优点和缺点。一般来说，重复测量设计的优点更多。

被试数量 重复测量设计通常比独立测量设计需要更少的被试。重复测量设计能充分地使用被试，因为每个被试都要接受两种处理条件。当被试数量较少时(例如，当你研究一个稀有物种或被试的职业十分罕见时)，这就显得非常重要了。

研究随时间推移发生的变化 重复测量设计尤其适合研究学习、发展或其他随时间推移发生的变化。记住，这种设计需要所有被试在两个不同时间点参与前后两次测量。这样，研究者可以观察到随时间推移而变化或发展的行为。

个体差异 重复测量设计的主要优点是它可以减少或消除由个体差异带来的问题。个体差异(individual differences)是指不同个体在诸如年龄、智商、性别和人格等特征上的差异。这些个体差异会影响研究中所得分数以及假设检验的结果。查看表11-4的数据。第一组数据代表典型的独立测量研究的结果。第二组数据代表重复测量研究的结果。注意，我们已经通过给每个被试进行编码来帮助说明个体差异的影响。

对于独立测量数据，注意，每个分数代表了不同的被试。对于重复测量研究，接受两种处理条件测量的是相同的被试。两种设计之间的差异有着同样重要的影响。

1. 我们构建的数据使得两项研究有完全相同的分数，且它们均显示出平均数差异为5分。在每种情况下，研究者期望得出这样的结论：5分的差异是由不同处理条件引起的。然而，在独立测量设计中，处理条件1中的被试很可能与处理条件2中的被试具有不同的特征。例如，处理条件1中的3个被试可能比处理条件2中的被试更聪明，他们的高智商让他们的得分更高。注意，重复测量设计就不会存在这个问题。具体来说，在重复测量中，一种处理条件中的被试不同于另一种处理条件中的被试是不可能的，因为相同被试需要接受所有的处理。

表11-4 假设数据显示独立测量研究和重复测量研究的结果。两组数据使用了同样的分数，且它们均显示了5分的平均数差异

独立测量研究(两个独立样本)		重复测量研究(接受两种处理条件的为同一样本)		
处理条件1	处理条件2	处理条件1	处理条件2	D
(John) $X=18$	(Sue) $X=15$	(John) $X=18$	(John) $X=15$	-3
(Mary) $X=27$	(Tom) $X=20$	(Mary) $X=27$	(Mary) $X=20$	-7
(Bill) $X=33$	(Dave) $X=28$	(Bill) $X=33$	(Bill) $X=28$	-5
$M=26$	$M=21$			$M_D=-5$
$SS=114$	$SS=86$			$SS=8$

2. 虽然两组数据包含完全相同的分数且具有完全相同的5分的平均数差异，但你应该意识到，他们用以计算标准误的方差很不一样。对于独立测量研究，你要分别计算两个独立样本分数的SS和方差。注意，每个样本的被试之间都存在很大的差异。例如，在处理条件1中Bill有33分，而John只有18分。这些被试之间的差异会产生相对较大的样本方差和标准误。对于独立测量研究，标准误为5.77，产生的t统计量为0.87。对于这些数据，假设检验的结论是处理条件之间无显著差异。

在重复测量研究中，要计算差异分数的SS和方差。如果查看表11-4中的重复测量数据，你将会发现John和Bill在处理条件1和处理条件2之间存在巨大差异，但这种差异在得到差异分数时被消除了。对于重复测量研究，标准误为1.15，对应的t统计量为-4.35。使用重复测量t检验，数据显示各处理条件之间有显著差异。因此，重复测量研究的一大优点是，它可以通过消除个体差异减少方差，从而增加得到结果显著的可能性。

时间相关因素和顺序效应

重复测量设计的主要缺点是，设计的结构允许处理效应以外的因素改变被试的实验数据。具体来说，在一个重复测量设计中，每个被试在不同的时间参与两个处理条件的测量。在这种情况下，外部因素可能会随时间推移改变被试的分数。例如，被试的健康或情绪可能随时间产生变化，从而引起被试分数的差异。外部因素如天气也会改变，可能影响被试的分数。因为重复测量研究通常是在一段时间内进行的，所以时间相关因素（而不是两个处理条件）可能会引起被试分数的变化。

此外，被试接受第一次处理还有可能影响第二次处理的分数。被试接受第一次处理后可能会得到一些与实验有关的经验以及额外的练习，这都会影响被试参与第二次处理时的表现。在这种情况下，研究者可能会发现两次处理条件之间存在平均数差异。然而，差异不是由不同处理条件引发的，相反，它是由练习效应引发的。分数的变化是因为被试先前接受了一次处理，这称为顺序效应，它可能歪曲重复测量研究所发现的平均数差异。

平衡 解决时间相关因素和顺序效应的一种方法是平衡处理条件呈现的顺序。也就是说，被试被随机分为两组，一组先接受处理条件 1，再接受处理条件 2，另一组先接受处理条件 2，再接受处理条件 1。例如，如果存在练习效应的问题，一半被试先通过处理条件 1 获得经验，则有助于其提升在处理条件 2 中其提升的表现。另一半先通过处理条件 2 获得经验，则有助于其提升在处理条件 1 中的表现。所有被试获得的经验会对后续处理条件产生影响。同时，先前经验对后续研究的影响在两种处理条件上是相同的。

最后，如果时间相关影响或顺序效应比较强，那么最好的策略是不使用重复测量设计。这种情况更适合使用独立测量设计（或被试匹配设计），以便每个被试只接受一种处理并且只被测量一次。

相关样本 t 检验的假设

相关样本 t 统计量需要满足两个基本假设：

1. 每种处理条件中的观测值必须是独立的。注意，独立性假设涉及在每种处理条件内的分数。在每种处理条件内，分数来自不同的个体且彼此之间相互独立。

2. 差异分数（D 值）的总体分布必须服从正态分布。和之前一样，关于正态的假设不太引起关注，除非样本量相当小。在分布严重偏离正态的情况下，t 检验的有效性可能会受到小样本的影响。然而，当样本量相对较大（$n>30$）时，这种假设可以忽略。

如果有理由怀疑重复测量 t 检验的假设之一被违反，附录 D 提供了另一种被称为 Wilcoxon 检验（Wilcoxon test）的分析。Wilcoxon 检验要求在计算两种处理条件之间的差异前先将原始分数转换为等级。

学习小测验

1. 重复测量 t 检验必须满足哪些假设？
2. 描述一些适合重复测量设计的情况。
3. 被试匹配设计与重复测量设计有哪些相似之处和不同之处？
4. 研究数据是由两个不同处理条件中各 10 个分数组成的。在下列几种情况下，产生这些数据需要多少被试？
   a. 独立测量设计
   b. 重复测量设计
   c. 被试匹配设计

答案

1. 处理条件内的观测值是独立的。假设 D 分数的总体分布是正态的。
2. 重复测量设计适用于不易获得特定类型被试的情况。这种设计因为它所需被试较少（只需一组被试），所以很有用。某些问题可通过重复测量设计得到充分解决。例如，任何时候，研究者都想研究相同被试跨时间的变化。此外，当个体差异很大时，重复测量设计十分有用，因为其在统计分析中减少了这类误差的数量。
3. 它们的相似之处在于实验中个体差异的影响减少了；不同之处是被试匹配设计有两组样本，重复测量研究只有一组样本。
4. a. 独立测量设计需要 20 名被试（两个独立样本，每个样本的 $n=10$）。
   b. 重复测量设计需要 10 名被试（在两种处理条件中测量相同的 10 名被试）。
   c. 被试匹配设计需要 20 名被试（10 个配对组）。

小　结

1. 在相关样本研究中，一种处理条件中的被试与另一种处理条件中的被试有直接的一一对应的关系。最常见的相关样本研究是重复测量设计，在这种设计中，同一组被试接受所有实验处理。这种设计对相同被试进行重复测量。另一种是被试匹配设计，在这种设计中，一个样本中的被试与另一个样本中的被试一一匹配。匹配是基于与研究相关的变量。
2. 重复测量 t 检验首先计算每个被试在两次实验之间的

差异(或每对匹配的差异)。差异分数(或 D 分数)的公式为：

$$D=X_2-X_1$$

样本平均数 M_D 和样本方差 s^2 用于总结和描述差异分数。

3. 重复测量 t 统计量的公式为：

$$t=\frac{M_D-\mu_D}{s_{M_D}}$$

在这个公式中，虚无假设为 $\mu_D=0$，估计标准误差的计算公式为：

$$s_{M_D}=\sqrt{\frac{s^2}{n}}$$

4. 当研究者想要观察相同被试行为的变化(如学习或发展研究)时，重复测量设计可能更优于独立测量研究。重复测量设计的一个重要优点是能消除或减少个体差异，进而降低样本方差并增加得到显著结果的可能性。

5. 对于重复测量设计，效应量可以使用 r^2(方差解释率)或 Cohen's d(标准化平均数)进行测量。对于独立测量设计和重复测量设计，r^2 值的计算方法相同。

$$r^2=\frac{t^2}{t^2+df}$$

Cohen's d 被定义为样本平均数差异除以重复测量和独立测量设计的标准差。重复测量研究中 Cohen's d 计算公式如下：

$$估计的\ d\ 值=\frac{M_D}{s}$$

6. 还有一种可以用来描述处理效应量的方法，就是构建总体平均数差异的置信区间，置信区间运用重复测量 t 方程式，得到未知平均数差异：

$$\mu_D=M_D\pm ts_{M_D}$$

首先，选择置信水平，然后查找相应的 t 值。例如，95%的置信水平，使用确定分布中间 95%的 t 值范围。然后，将 t 值与根据样本数据计算得到的样本平均数差异和标准误一同代入公式。

关键术语

重复测量设计	被试内设计	被试匹配设计	相关样本设计	差异分数
M_D 的估计标准误	重复测量 t 统计量	个体差异	顺序效应	Wilcoxon 检验

资　源

SPSS

附录 C 呈现了使用 SPSS 的一般说明。以下是使用 SPSS 进行重复测量 t 检验的详细指导。

数据输入

将数据在数据编辑器中分成两列输入(VAR00001 和 VAR00002)，第一列为被试的第一次测量值，第二次为被试的第二次测量值。同一被试的两次测量数据须在同一行。

数据分析

1. 单击菜单栏中的 Analyze，在下拉菜单中选择 Compare Means，然后单击 Paired-Samples T Test 。
2. 在弹出的对话框中每次选中一个列标签，然后单击箭头将两个数据列移至 Paired variables 框中。
3. 除了进行假设检验，程序还会计算总体平均差的置信区间。置信水平默认为 95%，但可以在 Options 的对话框中改变百分比。
4. 单击 OK。

SPSS 输出

我们使用了 SPSS 程序来分析红色和白色背景照片的实验数据。程序输出如图 11-6 所示。输出包含样本平均数和标准差的数据。第二张表中显示两组分数间的相关(相关部分见第 15 章)。最后一张表在图 11-6 中被分为两部分，它显示了假设检验的结果，包括差异分数的平均数和标准差、平均数的标准误、平均数差异的 95%的置信区间、t 值、df 值、显著性水平(检验的 p 值)。

Paired Samples Statistics

		Mean	N	Std. Deviation	Std. Error Mean
Pair 1	**VAR00001**	7.222 2	9	1.481 37	.493 79
	VAR00002	10.222 2	9	.971 83	.323 94

图 11-6　例 11-1 中重复测量假设检验的 SPSS 输出结果

Paired Samples Correlations

	N	Correlation	Sig.
Pair 1 **VAR00001 & VAR00002**	9	.309	.419

Paired Samples Test

	Paired Differences		
	Mean	Std. Deviation	Std. Error Mean
Pair 1 **VAR00001 - VAR00002**	−3.000 00	1.500 00	.500 00

Paired Samples Test

	Paired Differences				
	95% Confidence Interval of the Difference				
	Lower	Upper	t	df	Sig. (2-tailed)
Pair 1 **VAR00001 - VAR00002**	−4.153 00	−1.847 00	−6.000	8	.000

图 11-6 (续)

关注问题解决

1. 一旦收集好数据，我们必须选择适当的统计分析。如何判断数据是否符合重复测量 t 检验？不妨仔细查看实验内容。是否只有一个被试样本？第二次实验的被试样本是否和第一次相同？如果你对这两个问题的答案是肯定的，那就可以进行重复测量 t 检验。只有在一种特殊情况中重复测量 t 检验可用于两个被试样本的实验研究，即被试匹配研究。
2. 重复测量 t 检验基于差异分数。在寻找差异分数的过程中，请确保你的方法是一致的。也就是说，你可以使用 X_2-X_1 或是 X_1-X_2 来求 D 分数，但必须保证对所有被试使用相同的方法。

示例11-1

重复测量 t 检验

一家石油公司想改善其因为大规模石油泄漏事件而损害的公众形象，营销部门开发了一个简短的电视广告。参与测试的样本量 $n=7$。通过一个简短的问卷测量被试在观看广告前后对该公司的态度。数据如下：

被试	X_1（观看前）	X_2（观看后）	D
A	15	15	0
B	11	13	+2
C	10	18	+8
D	11	12	+1
E	14	16	+2
F	10	10	0
G	11	19	+8

$\sum D=21$

$M_D=\frac{21}{7}=3.00$

$SS=74$

人们的态度有显著变化吗？注意，被试在观看广告前后进行了两次测验。因此，这是重复测量设计。

第一步　陈述假设，选择 α 水平。虚无假设陈述为观看广告对人们的态度没有影响，符号表述为：

$$H_0: \mu_D=0 \text{（平均数差异为 0）}$$

备择假设陈述为观看广告的确改变了对公司的态度，符号表述为：

$$H_0: \mu_D\neq 0 \text{（平均数差异不为 0，在态度上有变化）}$$

对于这个案例，我们用 $\alpha=0.05$ 的双尾检验。

第二步　确定拒绝域。重复测量 t 检验的自由度由公式得到：

$$df=n-1$$

代入数据：

$$df=7-1=6$$

对于 $\alpha=0.05$ 的双尾检验，查 t 分布表拒绝域的临界值为 $t=\pm 2.447$。

第三步　计算检验统计量。再次建议将 t 值的计算分为三部分。

首先，求 D 分数的方差。D 分数样本的方差是：

$$s^2=\frac{SS}{n-1}=\frac{74}{6}=12.33$$

其次，求 M_D 的估计标准误。样本平均数差异的估计标准误计算如下：

$$s_{M_D}=\sqrt{\frac{s^2}{n}}=\sqrt{\frac{12.33}{7}}=\sqrt{1.76}=1.33$$

最后，重复测量 t 统计量：现在我们已具备了计算 t 统计量的信息。

$$t=\frac{M_D-\mu_D}{s_{M_D}}=\frac{3-0}{1.33}=2.26$$

第四步　对 H_0 做出决策，并陈述结论。所得的 t 值没有落入拒绝域内。因此，我们不能拒绝虚无假设。我们得出结论：没有足够的证据可以得出观看广告改变了人们态度的结论，$t(6)=2.26$，$p>0.05$，双尾检验(注意：我们报告 p 大于 0.05 是因为我们不能拒绝 H_0)。

示例11-2

重复测量 t 的效应量

我们对示例 11-1 的数据估计 Cohen's d 并计算了 r^2。这些数据得到样本平均数差异 $M_D=3.00$，样本方差 $s^2=12.33$。基于这些值，Cohen's d 为：

$$\text{估计的 } d \text{ 值}=\frac{\text{平均数差异}}{\text{标准差}}=\frac{M_D}{s}=\frac{3.00}{\sqrt{12.33}}=\frac{3.00}{3.51}=0.86$$

假设检验得到 $t=2.26$，$df=6$，基于这些值计算 r^2：

$$r^2=\frac{t^2}{t^2+df}=\frac{(2.26)^2}{(2.26)^2+6}=\frac{5.11}{11.11}=0.46(\text{或 }46\%)$$

习　题

1. 对于下列研究，指出重复测量 t 检验是不是适合的分析。解释你的答案。
   a. 研究者比较大学男生与大学女生每周玩电子游戏的时间。
   b. 一位研究者要比较两种新的手机设计，他让高中生在每种设计上发送短信并测量其速度。
   c. 研究者通过比较人们清晨和午夜(至少保持清醒 14 小时)时的状态来评估疲劳的影响。
2. 由于参与研究的被试具有不同的特征，所以每个人的分数不同。对于独立测量研究，这些个体差异会引起许多问题。简要解释如何通过重复测量研究消除或减少这些问题。
3. 解释被试匹配设计和重复测量设计的区别。
4. 研究者对两种处理条件进行了实验比较，得到每种处理条件中 10 个分数的数据。
   a. 如果研究者使用独立测量设计，这个实验需要多少被试?
   b. 如果研究者使用重复测量设计，需要多少被试?
   c. 如果研究者使用被试匹配设计，需要多少被试?
5. 在一个 $n=9$ 的样本的重复测量研究中，其差异分数的样本平均数差异为 $M_D=6.5$，$SS=200$。
   a. 计算差异分数样本的标准差。简要解释标准差测量的是什么。
   b. 计算样本平均数的标准误。简要解释标准误测量的是什么。
6. a. 在一个 $n=25$ 的被试样本的重复测量研究中，产生的样本平均数差异 $M_D=3$，标准差 $s=4$。基于平均数和标准差，你应该能够想象(或绘制)出样本分布。估计样本分布来判断样本与其所在总体之间是否有差异。用 $\alpha=0.05$ 的双尾检验确定样本来自 $\mu_D=0$ 的总体是否可能?
   b. 现在假设样本标准差 $s=12$ 且再次想象出样本分布。用 $\alpha=0.05$ 的双尾检验，以确定这个样本是否可能来自 $\mu_D=0$ 的总体。

   解释样本标准差的大小是如何影响求得平均数差异显著的可能性的。
7. a. 在样本量为 9 的一项重复测量研究中，产生的平均数为 3，标准差为 6。基于平均数和标准差，你应该可以绘制样本分布。用 $\alpha=0.05$ 的双尾假设检验以确定这个样本是否可能来自 $\mu_D=0$ 的总体。
   b. 现在假设样本平均数为 12，且再次想象出样本分布。用 $\alpha=0.05$ 的双尾假设检验以确定这个样本是否可能来自 $\mu_D=0$ 的总体。
8. 来自重复测量实验的差异分数样本的平均数 $M_D=4$，标准差 $s=6$。
   a. 如果 $n=4$，用 $\alpha=0.05$ 的双尾检验是否足以拒绝虚无假设。
   b. 如果 $n=16$，用 $\alpha=0.05$ 的双尾检验是否足以拒绝虚无假设?
9. 正如第 2 章和第 3 章提到的那样，Schmidt(1994)进行了一系列幽默对记忆影响的研究。在研究中，研究者向被试呈现一个包含幽默和非幽默句子的列表，然后要求被试回忆尽可能多的句子。研究者记录被试回忆出两种句子的数量。每位被试的数据包括两个分数。在一个 $n=16$ 的样本中，被试回忆出的幽默句子多于非幽默句子，$M_D=3.25$，$SS=135$。这些数据是否充分说明幽默对记忆有更显著的影响？使用 $\alpha=0.05$ 的双尾检验。

10. 研究表明，哪怕只失眠一个晚上也会影响被试在复杂任务(比如问题解决)中的表现(Linde & Bergstroem，1992)。为了证明这一结论，研究者要求25名大学生被试在第一天中午和第二天中午分别完成问题解决任务。学生在两次测验之间不能睡觉。记录每个学生被试第一次和第二次的得分。数据表明被试的第一次任务成绩优于第二次的，$M_D=4.7$，$s^2=64$。
   a. 使用 $\alpha=0.05$ 的双尾检验。数据是否可以表明问题解决任务能力的显著变化？
   b. 计算 Cohen's d 以测量效应量。
11. 有研究者(Strack，Martin，& Stepper，1988)提出，被试在用牙咬住铅笔(被迫微笑)时比用嘴唇咬住铅笔(被迫皱眉)时认为阅读的漫画更为有趣。研究者试图重复这个实验结果。样本量为25，被试年龄为40~45岁。研究者记录下每个被试在微笑和皱眉时的评级数据。数据表明，微笑时的评级要高于皱眉时的。$M_D=1.6$，$SS=150$。
   a. 使用 $\alpha=0.01$ 的单尾检验。数据是否可以说明微笑时被试认为漫画更有趣？
   b. 计算 r^2 以测量效应量。
   c. 用一句话说明研究报告中假设检验的结果和效应量的测量结果。
12. 当你的考试结果不理想时你将如何应对？有一些证据表明，大多数人认为他们能比同学更好地应对这些问题(Igou，2008)。在一项研究中，被试阅读一个负面事件场景，并被要求利用10点量表对这些场景将如何影响他们当前的幸福感进行评级。接着要求他们从身边一个普通同学的角度进行评级。记录两次不同的评级分数。$n=25$，$M_D=1.28$(自评更高)，$s=1.5$。
   a. 使用 $\alpha=0.05$ 的双尾检验。是否可以得出结论认为两次评级数据之间有显著差异？
   b. 计算 r^2 和估计的 Cohen's d 以测量处理效应量。
   c. 用一句话说明研究报告中假设检验的结果和效应量的测量结果。
13. 研究结果表明，外表有吸引力的人也被认为更聪明。为了证实这一现象，研究者获得一组人像照片，其中5张照片是被认为有吸引力的男性，另外5张照片是被认为缺乏吸引力的男性。向25名大学生被试组成的样本呈现这些照片并要求他们利用数字1~10对照片中人物的智力进行评级。研究者分别计算了5张有吸引力的照片和5张缺乏吸引力照片的平均得分，然后计算了两组数据的差值。对于整个样本来说，$M_D=2.7$(有吸引力的照片的得分更高)，$s=2.00$。是否可以得出结论认为两组照片的智力评级有显著差异？使用 $\alpha=0.05$ 的双尾检验。
14. 研究者注意到认知功能会随着年龄的增长而下降(Bartus，1990)。然而，其他研究的结果表明，抗氧化剂食物如蓝莓可能会减少甚至逆转这种年龄相关性的下降趋势(Joseph et al.，1999)。为了研究这一现象，假设某研究者招募15名65~75岁的被试进行实验。首先利用标准化测试来测量被试的认知表现，接着请被试在为期两个月的时间里每天都服用蓝莓补剂，最后通过进行标准化测试来测量被试的认知表现。数据结果表明被试的认知表现有了提高，$M_D=7.4$，$SS=1\,215$。
   a. 是否可以得出结论抗氧化物的摄入对认知表现有显著影响？使用 $\alpha=0.05$ 的双尾检验。
   b. 构建95%的置信区间来估计老年人总体认知表现提高的水平。
15. 以下数据来自一个共有4名被试的重复测量研究。
   a. 计算差异分数和 M_D。
   b. 计算 SS、样本方差、估计标准误。
   c. 实验的处理效应显著吗？使用 $\alpha=0.05$ 的双尾检验。

被试	处理前	处理后
A	7	10
B	6	13
C	9	12
D	5	8

16. 一家谷物公司的研究者希望证实吃燕麦片对健康有益。被试样本由9名志愿者组成，每个被试在30天内每天固定进食没有燕麦片的三餐。30天结束后，测量每个被试的胆固醇水平。接下来被试进行第二个为期30天的实验，期间他们重复与上一周期完全相同的饮食但每天增加两杯燕麦片。这一周期结束后再次测量被试的胆固醇水平。研究者记录了每个被试的两个分数的差异。数据表明，被试吃燕麦片之后的胆固醇水平平均下降 $M_D=16$ 分，$SS=538$。
   a. 是否可以得出结论胆固醇水平有了显著下降？使用 $\alpha=0.01$ 的双尾检验。
   b. 计算 r^2 以测量处理效应量。
   c. 用一句话说明研究报告中假设检验的结果和效应量的测量结果。
17. 各种各样的研究结果表明，视觉图像会干扰视觉感知。在一项研究中，研究者(Segal & Fusella，1970)让被试观看屏幕，寻找小蓝色箭头的简短陈述。在一些实验中，要求被试构建一个心理图像(例如火山)。共有 6 名被试，数据表明被试构建心理图像时会比不构建时犯更多错误。$M_D=4.3$，$SS=63$。是否可以得出结论认为两种实验处理之间存在显著差异？使用 $\alpha=0.05$ 的双尾检验。

18. 重复测量设计与独立测量设计相比，主要优点之一是它能通过消除由个体差异引起的方差来减少总体变异。以下数据来自比较两种处理条件的研究。
    a. 假设独立测量研究使用两个独立样本，每个样本的容量为 6。计算合并方差以及平均数差异的标准误。
    b. 假设重复测量研究的样本量为 6。计算差异分数样本的方差以及平均数的标准误。

处理条件 1	处理条件 2	D
10	13	3
12	12	0
8	10	2
6	10	4
5	6	1
7	9	2
$M=8$	$M=10$	$M_D=2$
$SS=34$	$SS=30$	$SS=10$

19. 前面的问题表明，消除个体差异可以极大减少方差并降低标准误。然而只有当个体差异与处理条件一致时，这个优点才会发挥作用。例如第 18 题，前两个被试(前两行)在每种处理条件中都得到了最高分。同样地，最后两个被试得到的分数最低。为了构建以下数据，我们打乱了处理条件 1 中的数据以消除个体差异。
    a. 假设数据来自独立测量研究，两个独立被试样本各有 6 名被试。计算合并方差以及平均数差异标准误的估计值。
    b. 假设数据来自重复测量研究，被试样本量为 6。计算差异分数样本的方差以及平均数标准误的估计值。

处理条件 1	处理条件 2	D
6	13	7
7	12	5
8	10	2
10	10	0
5	6	1
12	9	−3
$M=8$	$M=10$	$M_D=2$
$SS=34$	$SS=30$	$SS=64$

20. 为了验证有宠物的单身人士是否通常比无宠物的单身人士更快乐，研究者进行了一项被试匹配设计。对 20~29 岁的被试进行了情绪量表测验。有宠物被试和无宠物被试在收入、亲密朋友数量以及总体健康状况方面一一对应。数据如下：

配对组	无宠物	有宠物
A	12	14
B	8	7
C	10	13
D	9	9
E	7	13
F	10	12

    a. 是否可以得出结论无宠物被试和有宠物被试的情绪分数有显著差异？使用 $\alpha=0.05$ 的双尾检验。
    b. 构建 95%的置信区间来估计有宠物总体和无宠物总体在情绪分数上的平均数差异的大小。

21. 有一些证据表明在多项选择题考试中如果你重新思考并改变答案可能会提高成绩(Johnston，1975)。为了研究这种现象，老师对两个心理班级进行同样的考试。一个班级的学生被告知在完成答题后不能更改答案且应马上交卷。另一个班级的学生被鼓励去思考每个问题直到将答案改到满意为止。在考试之前，老师根据两个班级学生的期中考试成绩将一个班级的 9 名学生与另一个班级的 9 名学生一一匹配。
    a. 是否可以得出结论两个班级成绩之间有显著差异？使用 $\alpha=0.05$ 的双尾检验。
    b. 构建 95%的置信区间来估计总体平均数。
    c. 用一句话说明研究报告中假设检验的结果和置信区间的结果。

配对组	不能更改	可以更改
#1	71	86
#2	68	80
#3	91	88
#4	65	74
#5	73	82
#6	81	89
#7	85	85
#8	86	88
#9	65	76

22. 第 21 题中老师也尝试用不同的方法来验证那个问题。在某班级中，学生可以在交卷前任意更改答案，但必须表明最初的答案和更改后的答案。老师按照学生前后两次不同答案进行判卷。该班级共有 22 名学生，

改后平均成绩提高，$M_D=2.5$，差异分数的标准差 $s=3.1$。是否可以得出结论更改答案可以显著提高考试成绩？使用 $\alpha=0.01$ 的单尾检验。

23. 在奥运会级别的比赛中，即使是最小的因素都可以影响胜负。例如，有研究者（Pelton，1983）认为，奥运会射击运动员在两次心跳之间发枪会取得更好的成绩。小型振动引起的心跳似乎足以影响射击运动员的射击成绩。以下假设数据说明了这个结论。8 名奥运会射击运动员被试在研究者做心跳记录的同时进行一系列的射击活动。这些数据是否表明存在显著差异？使用 $\alpha=0.05$ 的检验。

被试	心跳时	两次心跳之间
A	93	98
B	90	94
C	95	96
D	92	91
E	95	97
F	91	97
G	92	95
H	93	97

24. "本章概要"部分提出的一项重复测量研究表明，说脏话有助于减轻疼痛。在这项研究中，要求被试把手浸泡在冰水中，只要在疼痛允许范围内就不能拿出来。在一种处理条件中，被试的手泡在冰水里时要重复说他们最喜欢的脏话。在另一种处理条件中，被试不断重复说中性词。下表中的数据与研究获得的结果相似。

a. 是否可以得出两种处理条件下的结果有显著差异的结论？使用 $\alpha=0.05$ 的双尾检验。

b. 计算 r^2 以测量处理效应量。

c. 用一句话说明研究报告中假设检验的结果和效应量的测量结果。

时间量（秒）		
被试	脏话组	中性词组
1	94	59
2	70	61
3	52	47
4	83	60
5	46	35
6	117	92
7	69	53
8	39	30
9	51	56
10	73	61

第三部分回顾

学完本部分后，你应该能够用 t 统计量进行假设检验和计算置信区间。这些包括：

1. 第 9 章介绍的单样本 t 检验。
2. 第 10 章介绍的独立测量 t 检验。
3. 第 11 章介绍的重复测量 t 检验。

在本部分中，我们认为这三个 t 检验是用于描述未知总体的平均数以及平均数差异的。因为总体参数是完全未知的，所以我们依赖样本数据来提供所有必要的信息。特别是，每次推断过程的开始都要先计算样本平均数以及样本方差（或离差平方和或标准差）。因此，对第 3 章及第 4 章中的定义及公式的理解是本部分的基础。

对于三种不同的 t 统计量，首要问题往往是决定哪个更适于特定的研究情境。也许最好的方法是一开始先仔细观察样本数据。

1. 单样本 t 检验（第 9 章）适用于只有一组被试且每个被试只有一个分数的情况。此时 t 检验可以用来进行检验对未知总体平均数的假设或构建置信区间以估计总体平均数。

2. 独立测量 t 检验适用于有两组独立被试，同时产生两组分数的情况。分别计算每组的平均数和方差，产生两个方差。合并两个方差后，t 统计量使用两个样本平均数之间的差异来检验两个未知总体的相应差异的假设或根据置信区间估计总体平均数差异。虚无假设仍表述为两总体平均数之间没有差异，即 $\mu_1-\mu_2=0$。

3. 重复测量 t 检验适用于只有一组被试但每个被试测量两次的情况，在两个不同的时间和/或在两种不同处理条件下进行。用这两个分数求得每个人的差异分数，并计算差异分数样本的平均数和方差。t 统计量采用样本平均数差异来检验相应的总体平均数差异的假设或是用置信区间估计总体平均数差异。虚无假设仍为差异分数总体的平均数为 0，即 $\mu_D=0$。

复习题

1. 人们倾向于通过和周围人的比较来评价自己的生活质量。为了说明这个现象，有研究者（Frieswijk，Buunk，Steverink，& Slaets，2004）对体弱的老年人进行了采访。在采访中，每个被试都要与虚构处境更差的人进行比较。在采访之后，被试完成一项生活满意度调查，并报告对自己的生活更满意。以下是与研究中获得的分数类似的假设数据，共 9 名被试参与访谈。假设生活满意度量表平均得分是 20。被试得分分别为：18，23，24，22，19，27，23，26，25。
   a. 计算样本平均数及标准差。
   b. 数据是否足以得出结论：参加访谈的被试比其他人对生活更满意？使用 $\alpha=0.05$ 的单尾检验。
   c. 计算 Cohen's d 以估计效应量。
   d. 计算被试的平均生活满意度分数的 90% 的置信区间。
2. 在第 8 章章末习题中有一项研究表明带有文身的人比没有文身的人看起来更负面。假设一位研究者打算研究这一现象，通过要求被试评价 10 张照片中女性的吸引力。对于第一组被试，照片中的女性没有文身。然而，对于第二组被试，研究者通过在女性的左臂上添加蝴蝶文身来修改其中一张照片。使用 7 点评定量表，观看无文身组的 15 名被试的平均评分 $M=4.9$，$SS=15.0$。有文身组的 15 名被试的平均评分 $M=4.2$，$SS=18.6$。
   a. 文身是否会对照片中女性的吸引力评分产生显著影响？使用 $\alpha=0.05$ 的双尾检验。
   b. 计算 r^2 以测量处理效应量。
   c. 用一句话说明研究报告中假设检验的结果和效应量的测量结果。
3. 兴奋剂利他林已证明能提高多动症患儿的注意力广度及学习成绩。为了证明药物的有效性，研究者选择一个包含 20 名儿童的样本。这些儿童都被确诊为多动症。在服药前后分别测量被试的注意力的持续时间。数据显示，服药后注意力的持续时间增长，$M_D=4.8$ 分钟，$s^2=125$。
   a. 这个结果是否可以得出利他林显著提高了注意力的持续时间的结论？使用 $\alpha=0.05$ 的单尾检验。
   b. 计算总体注意力的持续时间平均变化的 80% 的置信区间。

PART

4

第四部分

方差分析：检验两个或多个总体平均数的差异

在第三部分中，我们介绍了一组 t 统计量，它们使用样本平均数和平均数差异来推断相应的总体平均数和平均数差异。但是，t 统计量仅限于比较不超过两个总体平均数的情况。通常，研究问题会涉及两个以上平均数之间的差异，在这些情况下，t 检验是不合适的。这一部分，我们介绍一种新的假设检验方法——方差分析(ANOVA)。ANOVA 允许研究者使用样本数据评估两个或多个总体之间的平均数差异。我们介绍三种不同的方差分析应用，它们适用于三种不同的研究情况：

1. 独立测量设计：使用两个或多个单独的样本来推断两个或多个未知总体之间的平均数差异。

2. 重复测量设计：使用一个样本，每个个体接受两个或多个不同的处理条件，以推断出各种条件之间的总体平均数差异。

3. 双因素设计：允许两个自变量在一项研究中同时改变，以创建涉及两个变量的不同处理条件的组合。然后，ANOVA 评估每个变量独立产生的平均数差异以及两个变量的交互作用的平均数差异。

在接下来的三章中，我们将继续研究将样本平均数作为推断总体平均数的基础的统计方法。这些推断方法的主要应用是帮助研究者解释他们的研究结果。在典型的研究中，研究者的目的是证明两种或多种处理条件之间的差异。例如，一位研究者希望证明，观看暴力电视节目的儿童比不观看暴力电视节目的儿童表现得更具侵略性。在这种情况下，由一个样本平均数构成的数据代表一个处理条件下的分数，另一个样本平均数代表来自不同处理的分数。研究者希望发现样本平均数之间的差异，并希望将平均数差异推广到整个总体。

问题在于，即使总体平均数之间没有任何差异，样本平均数也可能不同。正如在第 1 章中看到的那样(见图 1-2)，即使从同一总体中选择两个样本，它们也可能具有不同的平均数。因此，即使研究者可以在研究中获得样本平均数差异，这也不一定表明总体中存在平均数差异。与第三部分的 t 检验一样，需要假设检验以确定样本数据中发现的平均数差异是否达到统计显著。面对多个样本平均数时，ANOVA 是最适用的假设检验方法。

CHAPTER

第 12 章

方差分析简介

本章目录

本章概要
12.1 简介
12.2 ANOVA 的逻辑
12.3 ANOVA 的符号和公式
12.4 *F* 分布
12.5 ANOVA 的假设检验和效应量的实例
12.6 事后检验
12.7 ANOVA 和 *t* 检验的关系
小结
关键术语
资源
关注问题解决
示例 12-1
示例 12-2
习题

所需工具

以下所列内容是学习本章需要的基础知识。如果你不确定自己对这些知识的掌握情况，你应在学习本章前复习相应的章节。

- 变异性（第 4 章）
  - 平方和
  - 样本方差
  - 自由度
- 假设检验简介（第 8 章）
  - 假设检验的逻辑
- 独立测量 *t* 统计量（第 10 章）

本章概要

"这一章我都读了四遍了！我怎么可能考试不及格呢?!"

你们中的大多数人可能都有这样的经历，在读教材时，突然意识到你对之前的几页说了什么内容没什么印象。尽管阅读了这些文字，但你走神了，这些文字的意义没有进入你的记忆。在一篇关于人类记忆的有影响力的论文中，Craik 和 Lockhart(1972)提出的加工水平记忆理论，可以解释这一现象。总的来说，这个理论认为，所有知觉和心理加工都留下了记忆痕迹，然而，记忆痕迹的质量取决于加工水平或深度。如果你大致浏览书中的一句话，那么你的记忆是浅层的。当你想到词语的意义并去理解你正在阅读的内容时，记忆效果会很好。丰富的记忆使你在考试中表现良好。一般情况下，深层加工的记忆效果更好。

有研究者(Rogers，Kuiper，& Kirker，1977)进行了一项说明加工水平效应的实验。研究者向被试呈现了单词表，并且要求他们回答关于每个单词的问题。所设计的问题要满足由浅入深的不同加工水平。在第一种实验条件下，仅要求被试判断每个印刷出来的单词的物理特征("这是大写字母还是小写字母")。在第二种实验条件下，询问每个词的发音("是否与'船'这一单词声韵相同")。在第三种实验条件下，要求被试理解每个单词的意义("它与'吸引力'是否有相同的含义")。在最后一个条件下，要求被试理解每一个单词及其对被试自身的意义("这个词可以用来形容你吗")。浏览整个单词表后，对所有被试进行一个意料之外的记忆测验。正如你在图 12-1 中所看到的，深加工有助于更好的记忆。注意：被试并不是在记忆这些单词，他们只是在阅读单词并回答问题。然而他们加工和理解得越好，他们在测验中对单词的记忆也越好。

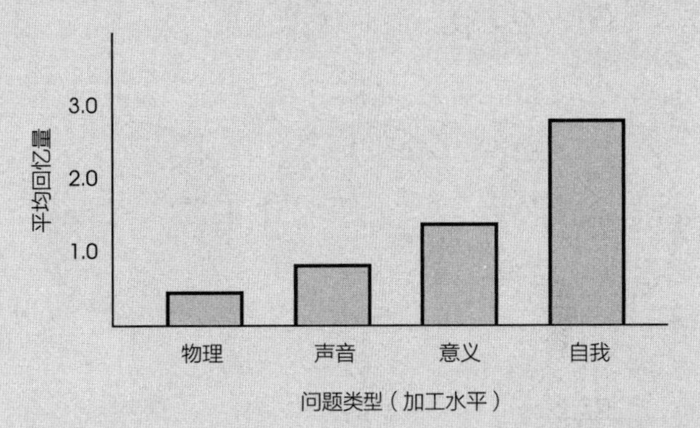

图 12-1　平均回忆量与加工水平的关系

注：Rogers，T. B.，Kuiper，N. A.，& Kirker，W. S. (1977). Selfreference and the encoding of personal information. *Journal of personality and Social Psychology*，35，677-688. Copyright(1977) by the American Psychological Association. 改编已经作者许可。

问题： 在人类记忆方面，上文提到的实验值得关注，因为它表明了"自我"在记忆中的重要性。你最有可能记住直接与你有关的材料。而在统计方面，这项研究之所以值得注意，是因为它在单一实验中比较了四种不同的处理条件。现在，我们有四个不同的平均数，且需要假设检验来评价平均数差异。不幸的是，第 10 章和第 11 章介绍的 t 检验仅限于比较两种处理条件。所以这种类型的数据需要新的假设检验方法。

解决方法： 在本章中，我们引入新的称为方差分析的假设检验方法，旨在评估研究中产生的两个或多个样本平均数的平均数差异。虽然"两个或多个"似乎只是比"两个"向前迈了一小步，但这个新的假设检验方法让研究者在可运用的实验复杂性方面迈出了巨大的一步。在本章以及随后的两章中，我们将探讨方差分析的一些应用。

12.1　简介

方差分析(analysis of variance，ANOVA)是用于评估两个或多个处理(或分布)之间平均数差异的假设检验方法。与所有的推断方法一样，ANOVA 基于样本数据推断总体分布的一般性结论。显然 ANOVA 和 t 检验只是完成相同工作的两种不同方法，即检验平均数差异。在某些方面，这是对的，因为这两种方法都是使用样本数据来检验关于总体平均数的假设。然而，相比 t 检验，ANOVA 具有突出的优势。具体来讲，t 检验仅限于比较两种处理条件的情况，ANOVA 的主要优点在于，它可以用来比较两个或多个处理条件。因此，ANOVA 在设计实验和解释结果方面，为研究者提供了更大的灵活性。

图 12-2 呈现了使用 ANOVA 的典型研究情境。该研究包含代表三个总体的三个样本。分析的目的是确定样本中所观察到的平均数差异是否提供了足够的证

据，来推断出三个总体之间存在平均数差异。具体而言，我们必须在两种解释之间做出选择：

1. 总体(或处理)之间确实不存在差异。所观察到的样本平均数之间的差异是由随机的、非系统因素(抽样误差)引起的。

2. 总体(或处理)之间确实存在差异且这些总体平均数差异是引起样本平均数之间系统差异的主要原因。

你应该认识到，这两种解释对应一般假设检验中的两个假设(虚无假设和备择假设)。

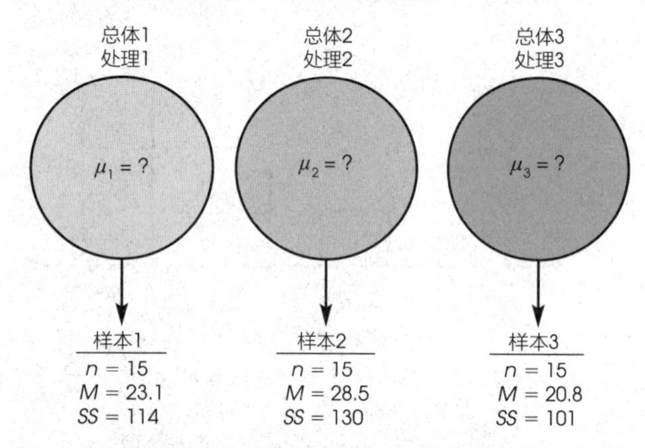

图 12-2 使用 ANOVA 的典型情境。以所获得的三个独立样本估计三个平均数未知的总体(或处理)之间的平均数差异

ANOVA 的术语

在我们继续探讨之前，有必要介绍一些用于描述如图 12-2 所示的研究情境的术语。回想(第 1 章)研究者在实验中操纵变量以创建处理条件，该变量被称为自变量。例如，图 12-2 可以代表一项检验三种电话使用条件下驾驶表现的研究：驾驶时不打电话、打免提电话，以及打手持电话。注意这三种条件是由研究者创建的。另外，当研究者使用非操纵变量来设计分组时，该变量被称为准自变量。例如，图 12-2 中的三个组也可以分别代表 6 岁、8 岁和 10 岁儿童。在 ANOVA 中，自变量或准自变量被称为因素。因此，图 12-2 代表以电话使用条件作为评估因素的实验研究，或代表以年龄作为评估因素的非实验研究。

定义

在 ANOVA 中，用于分组比较的变量(自变量或准自变量)称为**因素**(factor)。

另外，构成因素的单个组或处理条件称为因素的水平。例如，检验三种不同电话使用条件下表现的研究，其因素具有三个水平。

定义

构成因素的各个条件或值称为因素的**水平**(level)。

和第 10 章和第 11 章介绍的 t 检验一样，ANOVA 可用于独立测量设计，也可用于重复测量设计。回想一下，独立测量设计是指为比较每个处理(总体)，将被试分为独立的组。而在重复测量设计中，同一组被试接受所有不同条件的处理。此外，ANOVA 可用于评估涉及多个因素的研究结果。例如，研究者可能想要比较两种不同的治疗技术，检验它们的即时效果以及延时效果。在这种情况下，研究可能涉及两组不同的被试，一组对应一种治疗，并在各个不同的时间对每组实施测量。这种设计的结构如图 12-3 所示。请注意，该研究使用了两个因素，一个是独立测量因素，一个是重复测量因素：

1. 因素 1：治疗技术。每个组用一种技术(独立测量)。

2. 因素 2：时间。每个组在三个不同时间进行测验(重复测量)。

在这种情况下，ANOVA 将评估两种处理之间的平均数差异以及不同时间分数之间的平均数差异。如图 12-3 所示，结合两因素的研究，称为双因素设计(two-factor design)或因素设计(factorial design)。

		时间		
		治疗前	治疗后	治疗6个月后
治疗技术	治疗技术1(第一组)	第一组使用治疗技术1前测量的分数	第一组使用治疗技术1后测量的分数	第一组使用治疗技术1治疗6个月后测量的分数
	治疗技术2(第二组)	第二组使用治疗技术2前测量的分数	第二组使用治疗技术2后测量的分数	第二组使用治疗技术2治疗6个月后测量的分数

图 12-3 一个双因素研究设计。这个研究使用了两个因素：第一个因素是两个水平的治疗技术(1 和 2)，第二个因素是三个时间水平(治疗前、治疗后、6 个月后)。另外注意，治疗因素使用了两个独立组(独立测量)，时间因素三个水平使用了同一个组(重复测量)

在一项研究中结合不同因素和混合不同设计的能力，让研究者能够灵活地解决使用单一因素单一设计无法回答的科学问题。

虽然 ANOVA 可广泛用于各种研究情境，但本章只介绍 ANOVA 最简单的形式。具体来说，我们只考虑单因素设计。也就是说，我们讨论的研究只有一个自变量(或只有一个准自变量)。其次，我们只考虑独立测量设计，即研究中每组被试接受不同的处理条件。本章介绍的基本逻辑和程序奠定了更复杂的 ANOVA 应用的基础。例如，在第 13 章中，我们扩展到对单因素重复测量设计的分析，在第 14 章中，我们将介绍双因素设计。但现在，在本章中，我们对 ANOVA 的讨论仅限于单因素独立测量研究。

ANOVA 的统计假设

下面的例子介绍了 ANOVA 的统计假设。研究者研究在三种不同的电话使用条件下的驾驶表现：不打电话、打免提电话和打手持电话。选择三个被试样本，一个样本对应一种处理条件。这项研究的目的是检验使用电话是否影响驾驶表现。用统计学的术语来说，我们希望在两个假设中做出选择：虚无假设(H_0)，认为电话使用条件对驾驶无影响；备择假设(H_1)，认为电话使用条件的确对驾驶有影响。用符号表示，虚无假设为：

$$H_0: \mu_1 = \mu_2 = \mu_3$$

虚无假设用文字表述为电话使用条件对驾驶表现没有影响。也就是说，三种电话使用条件的总体平均数都相同。在一般情况下，H_0 表述为没有处理效应。

备择假设表明总体平均数并不相同。

$$H_1: \text{总体间至少存在一个平均数差异}$$

在一般情况下，H_1 表述为处理条件并不完全相同。也就是说，存在真正的处理效应。通常，我们用样本数据来检验，但假设用总体参数表示。

请注意，我们并不会给出一个具体的备择假设。这是因为许多不同的备择假设都有可能成立，把它们全部列举出来太过冗长。例如，一种备择假设是前两个总体平均数相同，但第三个与前两个不同。另一种备择假设是后两个总体平均数相同，但第一个与后两个不同。其他备择假设可能是：

$$H_1: \mu_1 \neq \mu_2 \neq \mu_3 \text{(三个平均数都不相同)}$$

$$H_1: \mu_1 = \mu_3\text{，但 } \mu_2 \text{ 与前两者不同}$$

我们要指出的是，研究者通常采用这些备择假设中的一个(或多个)。通常一个理论或前人研究的成果决定了有关处理效应的具体预测。为简单起见，我们陈述一般的备择假设，而不设法列出所有可能的具体备择假设。

ANOVA 的统计检验

ANOVA 的统计检验非常类似于第 10 章的独立测量 t 检验，对于 t 统计量，首先计算标准误，它表示在没有处理效应时，两个样本平均数之间存在多少期望差异(也就是说，如果 H_0 为真)。然后通过以下公式计算 t 统计量。

$$t = \frac{\text{两个样本平均数之间的差异}}{\text{标准误(无处理效应时的期望差异)}}$$

然而在 ANOVA 中，我们要比较两个或两个以上样本平均数之间的差异。在两个以上的样本中，“样本平均数的差异”的概念变得难以定义和测量。例如，如果只有两个样本，它们的平均数分别为 $M=20$ 和 $M=30$，样本平均数之间就有 10 分的差距。然而，假设增加第三个 $M=35$ 的样本。现在样本平均数之间存在多少差异？应该明确，确实存在这样一个问题。解决这个问题的方法是使用方差来定义和测量样本平均数之间差异的大小。考虑下面两组样本平均数：

第一组	第二组
$M_1=20$	$M_1=28$
$M_2=30$	$M_2=30$
$M_3=35$	$M_3=31$

如果计算每组中三个平均数的方差，则第一组方差 $s^2=58.33$，第二组方差 $s^2=2.33$。注意两个方差精确表示了差异的大小。在第一组中，样本平均数之间的差异较大，方差也较大。在第二组中，平均数之间的差异较小，方差也较小。

因此，当存在两个或两个以上样本时，可以使用方差来测量样本平均数差异。ANOVA 的统计检验就是利用这一事实，采用以下结构计算 F 值：

$$F = \frac{\text{样本平均数间的方差(差异)}}{\text{无处理效应时的期望方差(差异)}}$$

注意，F 值与 t 统计量具有相同的基本结构，但它基于方差而不是样本平均数差异。F 值分子的方差是测量所有样本平均数之间差异的一个值。F 值分母的方差代表无处理效应时的期望平均数差异，

就像在 t 检验中作为分母的标准误。因此，t 值和 F 值提供相同的基本信息。在这两种情况下，检验统计量大证明样本平均数差异(分子)大于无处理效果时的期望(分母)。

Ⅰ型错误和多重假设检验

我们已经有了用于比较平均数差异的 t 检验，你可能想知道为什么需要 ANOVA。为什么要创建一个全新的假设检验方法来简单地复制 t 检验可以做的事情？这个问题的答案是基于对Ⅰ型错误的考量。

请记住，每当你进行假设检验的时候，你将选择一个 α 水平以确定犯Ⅰ型错误的风险。例如，$\alpha=0.05$，表示存在5%或1/20的犯Ⅰ型错误的风险。通常单一实验需要数个假设检验以评估所有的平均数差异。然而，每个检验都存在犯Ⅰ型错误的风险，你做的检验越多，风险越大。

因此，研究者通常要区分检验 α 水平和实验 α 水平。检验 α 水平是你为每个单独假设检验选择的 α 水平。实验 α 水平是实验中所有单独测验中累加的犯Ⅰ型错误的总概率。随着独立测验数量的增加，实验 α 水平也在增长。

定义

检验 α 水平(testwise alpha level)是指在单独假设检验中犯Ⅰ型错误的风险，或单个假设检验的 α 水平。

当实验涉及多个不同的假设检验时，**实验 α 水平**(experimentwise alpha level)是指实验中所有单独测验中累加的犯Ⅰ型错误总概率。具体地说，实验 α 水平远大于任何一个单独测验中使用的 α 水平。

例如，当实验包含三个处理时，为了比较所有平均数差异，需要进行三次独立 t 检验：

检验1比较处理1和处理2；

检验2比较处理1和处理3；

检验3比较处理2和处理3。

如果所有检验都使用 $\alpha=0.05$，第一次检验犯Ⅰ型错误的风险为5%，第二次和第三次检验的风险也为5%。这三个独立检验累加产生了较大的实验 α 水平。ANOVA的优点是在一个假设检验中同时进行所有的三个比较。因此，无论要比较多少个平均数差异，ANOVA都将使用一个 α 水平的检验来评估平均数差异，从而避免了实验 α 水平变大的问题。

12.2 ANOVA的逻辑

ANOVA所需的公式和计算有些复杂，但整个过程的逻辑非常简单。因此，本节在关注细节之前先介绍ANOVA的概况。我们使用表12-1中的假设数据阐明ANOVA的逻辑。这些数据代表一个独立测量实验中比较三种电话使用条件下模拟驾驶表现的结果。

表12-1 “三种电话使用条件下驾驶表现”实验的假设数据

处理1：不打电话(样本1)	处理2：打手持电话(样本2)	处理3：打免提电话(样本3)
4	0	1
3	1	2
6	3	2
3	1	0
4	0	0
$M=4$	$M=1$	$M=1$

注：有三个独立样本，每个样本的 $n=5$。因变量是模拟驾驶表现。

表12-1中的数据的一个明显特点是，分数不全相同。用我们的日常用语来说，分数不同；用统计学术语来说，就是分数存在变异。我们的目的是测量变异的程度(差异的大小)，并解释为什么分数是不同的。

第一步是确定整个数据的总变异。为了计算总变异，我们将组合所有独立样本的分数以获得整个实验变异的一般性测量。一旦我们测得总变异，我们就可以将它分解成几个独立的部分。“分析”这个词意味着划分成更小的部分。因为我们要分析变异，所以该过程称为“方差分析”。该分析过程将总变异分为两个基本部分。

1. 处理间方差 如表12-1的数据，我们清楚地看到，分数的大部分变异来自处理条件之间的一般差异。例如，不打电话条件的分数($M=4$)比打手提电话条件的分数($M=1$)高得多。我们计算处理条件之间的方差，以提供处理条件之间总差异的测量。注意，处理间方差实际上测量的是样本平均数之间的差异。

2. 处理内方差 除了处理条件之间的一般差异，每个样本内也存在变异。在表12-1中，我们可以看到，不打电话条件下的分数并不完全相同，即它们之间存在变异。处理内方差提供了对每种处理条件内变异的测量。

将总变异分成这两个部分是ANOVA的核心。现在对每一部分做更详细的介绍。

处理间方差

请记住，方差计算是一种用于测量一组数字差异程度的方法。当你看到“方差”这个词时，就可以自动把它翻译成“差异”。因此，处理间方差衡量处理条件之间存在多少差异。对于处理间方差有两种可能的解释：

1. 处理之间的差异不是由任何处理效应造成的，而仅仅是一个样本和另一个样本之间自然存在的、随机的、非系统的差异。也就是说，该差异是抽样误差的结果。

2. 处理之间的差异是由处理效应造成的。例如，如果使用电话确实干扰了驾驶表现，则使用电话条件下的分数应比在不打电话条件下的分数要低。

因此，当计算处理间方差时，测量的差异可能是由系统的处理效应导致的，也可能只是由抽样误差造成的随机、非系统差异。为了证明确实存在处理效应，我们必须确保处理之间的差异要大于根据抽样误差预期的差异。为了实现这一目标，我们确定了没有系统处理效应时差异有多大，也就是说，我们测量多大的差异(或方差)可由随机和非系统因素来解释。为了测量这些差异，我们需要计算处理内方差。

处理内方差

在每个处理条件中，被试接受完全相同的实验处理。也就是说，研究者不做任何可能致使被试分数不同的事情。例如，在表 12-1 中，数据表明，5 个被试在打手持电话(样本 2)的情况下进行了测验。尽管这 5 个被试都接受完全相同的处理条件，但他们的分数却不同。为什么分数有差异？答案是这种差异没有确切的原因。当没有处理条件导致分数有差异时，存在于处理内的随机和非系统差异就产生了。因此，处理内方差代表了当 H_0 为真时测量到的差异。

图 12-4 显示 ANOVA 的概况，并标明了变异来源的两个基本部分。

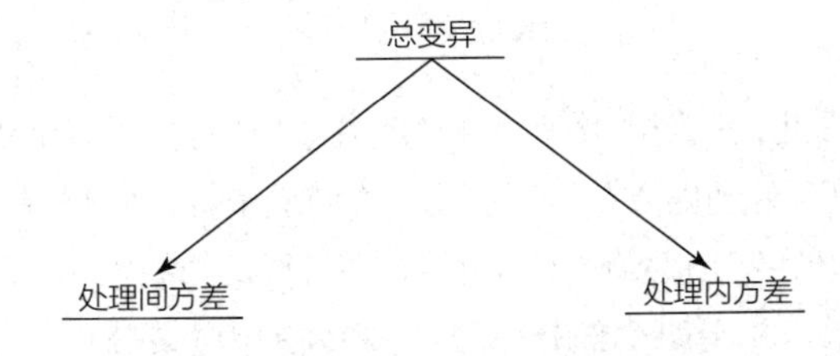

图 12-4　独立测量方差分析，将总变异分成两个部分：处理间方差和处理内方差

F 值：ANOVA 的检验统计量

在将总变异分成两个基本组成部分(处理间和处理内)后，我们只需将它们进行比较。该比较是通过计算 *F* 值进行的。对于独立测量 ANOVA，*F* 值公式如下：

$$F=\frac{\text{处理间方差}}{\text{处理内方差}}=\frac{\text{包括任何处理效应的差异}}{\text{无处理效应时的差异}} \quad (12\text{-}1)$$

如果要根据来源表示变异的各个部分(参见图 12-4)，*F* 值的公式是：

$$F=\frac{(\text{系统处理效应}+\text{随机的、非系统差异})}{\text{随机的、非系统差异}} \quad (12\text{-}2)$$

所得的 *F* 值有助于确定是否存在处理效应。考虑以下两种可能：

1. 当没有系统处理效应时，处理间的差异(分子)完全由随机的、非系统因素导致。在这种情况下，*F* 值的分子和分母都在测量随机差异，并且大小基本相同。当分子和分母大致相等时，*F* 值大致在 1.00 左右。依据公式，当处理效应为 0 时，我们得到：

$$F=\frac{(0+\text{随机的、非系统误差})}{\text{随机的、非系统误差}}$$

因此，*F* 值接近 1.00 表明，处理间的差异(分子)是随机、非系统的，等于分母中的差异。当 *F* 值接近 1.00 时，我们得出结论，没有证据表明存在任何处理效应。

2. 当处理确实存在效应，样本之间有系统差异时，分子中系统差异与随机差异的和应该比分母中单独的随机差异大。在这种情况下，*F* 值的分子应该比分母大很多，即我们应该得到远大于 1.00 的 *F* 值。因此，一个大的 *F* 值是证明系统处理效应存在的证据；也就是说，处理之间存在一致的差异。

F 值的分母只测量随机和非系统变异，这就是所谓的误差项。*F* 值的分子总包含相同的非系统变异，也包含处理效应导致的所有系统差异。ANOVA 的目的是要弄清楚是否存在处理效应。

定义

在 ANOVA 中，*F* 值的分母称为**误差项**(error term)。误差项是对由随机、非系统差异造成的方差的测量。当处理效应是 0(H_0 为真)时，误差项所测量的方差与 *F* 值的分子相同，因此，*F* 值约等于 1.00。

学习小测验

1. ANOVA 是比较两个或多个处理条件方差差异的统计方法。(对或错?)
2. 在 ANOVA 中，当虚无假设为真时，F 值的平均预期是多少?
3. 如果处理间的差异增大，F 值会发生什么变化? 如果处理内的变异增大，F 值会什么变化?
4. 在 ANOVA 中，总变异被划分为两部分。这两部分变异是什么? 在 F 值中如何使用?

答案

1. 错。虽然 ANOVA 使用方差进行计算，但检验的目的是比较处理间平均数的差异。
2. 当 H_0 为真时，F 值的预期值是 1.00，因为 F 值的分子和分母测量的是同一方差。
3. 当处理间差异增大时，F 值也增大。当处理内差异增大时，F 值减小。
4. 这两个部分分别称为处理间方差和处理内方差。处理间方差是 F 值的分子，处理内方差是分母。

12.3 ANOVA 的符号和公式

由于 ANOVA 通常用于检验两个以上处理条件(或两个以上样本)的数据，因此我们需要一个符号系统，以记录所有被试的分数和总分。为了介绍这种符号体系，我们使用表 12-1 中的假设数据。表 12-2 中的数据呈现了以下要介绍的符号和统计量。

1. 用字母 k 表示处理条件的个数，即因素水平的个数。在一个独立测量研究中，k 还代表样本个数。在表 12-2 的数据中，有三种处理，所以 $k=3$。

2. 每一处理中分数的个数由小写字母 n 表示。例如，在表 12-2 中，所有处理的 $n=5$。如果样本的样本量不同，可以用下标标识特定的样本。例如，n_2 是处理 2 中的分数个数。

3. 大写字母 N 代表整个研究中分数的个数。当所有样本的样本量相同时(n 为常数)，$N=kn$。如表 12-2 中的数据，每一个 $k=3$ 的处理下都有 5 个分数，所以在整个研究中我们总共有 $N=3\times5=15$ 个分数。

4. 每一处理条件的分数总和($\sum X$)由大写字母 T 表示(处理总和)。特定处理的总和可以用 T 添加一个数字下标表示。例如，在表 12-2 中，第二种处理的总和为 $T_2=5$。

5. 研究中所有分数的总和(总计)用大写字母 G 表示。可以通过累加所有 N 个分数或累加所有处理的总和计算：$G=\sum T$。

6. 同样需要计算每个样本的 SS 和 M，并计算所有 $N=15$ 个分数的 $\sum X^2$。表 12-2 给出的这些数值，在 ANOVA 的符号和公式中十分重要。

最后应该注意，ANOVA 并没有通用的符号。例如，本书使用 G 和 T，你可能会发现有些书中使用其他符号。

表 12-2 数据与表 12-1 中的相同，加上适用于 ANOVA 的汇总值和符号

电话处理			
处理 1 不打电话 (样本 1)	处理 2 打手持电话 (样本 2)	处理 3 打免提电话 (样本 3)	
4	0	1	$\sum X^2=106$
3	1	2	$G=30$
6	3	2	$N=15$
3	1	0	$k=3$
4	0	0	
$T_1=20$	$T_2=5$	$T_3=5$	
$SS_1=6$	$SS_2=6$	$SS_3=4$	
$n_1=5$	$n_2=5$	$n_3=5$	
$M_1=4$	$M_2=1$	$M_3=1$	

ANOVA 公式

由于 ANOVA 需要大量的计算和公式，因此学生的一个常见问题就是很难记忆不同的公式和数字。在介绍各个公式之前，我们先考察程序的一般结构并关注计算步骤。

1. ANOVA 最终计算的是 F 值，它由两个方差组成。

$$F=\frac{\text{处理间方差}}{\text{处理内方差}}$$

2. F 值的两个方差中每一个都是用样本方差的基本公式来计算的。

$$\text{样本方差}=s^2=\frac{SS}{df}$$

因此，我们需要计算处理间方差(F 的分子)的 SS 和 df，以及处理内方差(F 的分母)的 SS 和 df。要获得这些 SS 和 df，我们必须进行两个单独的计算：首先，计算 SS 的总量，并用两个部分(处理间和处理内)来分析。然后计算 df 的总量，并用两个部分(处理间和处理内)来分析。

所以，ANOVA 的整个过程需要 9 个计算：3 个 SS 值，3 个 df 值，2 个方差(处理间和处理内)，以及最终的 F 值。然而，这 9 个计算在逻辑上相关，并且都指向

最终的 F 值。图 12-5 呈现了 ANOVA 计算的逻辑结构。

ANOVA的最终目标是得出F值	$F=\frac{处理间方差}{处理内方差}$
F值公式中每个方差的计算公式是SS/df	处理间方差 $=\frac{SS_{处理间}}{df_{处理间}}$　　处理内方差 $=\frac{SS_{处理内}}{df_{处理内}}$
为了得到SS和df，总变异被分成两部分	$SS_{总}$ → $SS_{处理间}$、$SS_{处理内}$　　$df_{总}$ → $df_{处理间}$、$df_{处理内}$

图 12-5　ANOVA 的计算结构和次序

平方和(SS)的分析

ANOVA 要求我们首先计算总平方和，然后将这个值分成两部分：处理间和处理内。图 12-6 对这种分析做了概览。我们将分别考察这三个组成部分。

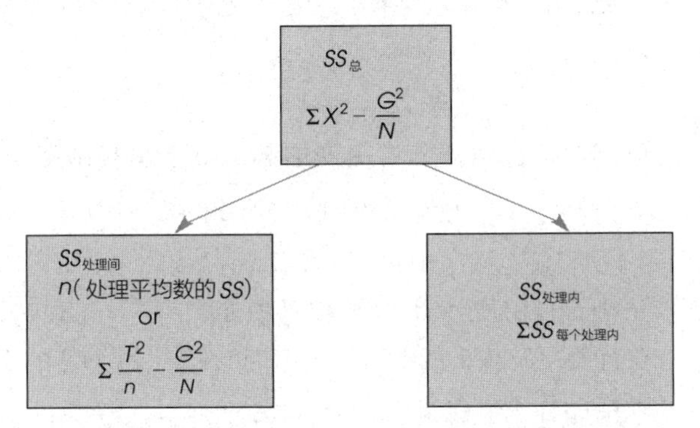

图 12-6　独立测量 ANOVA 总平方和的划分

1. 总平方和($SS_{总}$)。顾名思义，$SS_{总}$是所有 N 个分数的平方和。如第 4 章所述，该 SS 值可用定义公式或计算公式计算。然而，ANOVA 通常涉及大量分数，并且平均数往往不是整数。因此，通常使用计算公式计算 $SS_{总}$更容易：

$$SS=\sum X^2-\frac{(\sum X)^2}{N}$$

为了使这个公式与 ANOVA 的符号一致，用字母 G 替代$\sum X$ 并得：

$$SS_{总}=\sum X^2-\frac{G^2}{N} \tag{12-3}$$

将此公式应用于表 12-2 中的数据，得到：

$$SS_{总}=106-\frac{30^2}{15}=106-60=46$$

2. 处理内平方和($SS_{处理内}$)。现在，我们正在探寻每个处理条件内的变异。我们已经计算了每个处理条件(见表 12-2)的 SS：$SS_1=6$，$SS_2=6$，$SS_3=4$。为计算所有处理内平方和，我们需将这些值相加：

$$SS_{处理内}=\sum SS_{每个处理内} \tag{12-4}$$

对于表 12-2 中的数据，应用该公式得出：

$$SS_{处理内}=6+6+4=16$$

3. 处理间平方和($SS_{处理间}$)。在介绍 $SS_{处理间}$的公式之前，想想我们已经得到了什么。表 12-2 中数据的总变异 $SS_{总}=46$。我们将这个总数划分为两部分(见图 12-5)。其中一部分是 $SS_{处理内}$，经计算等于 16。这意味着 $SS_{处理间}$必须等于 30，使两部分(16 和 30)加总为 46。因此，$SS_{处理间}$可以简单地通过减法求得：

$$SS_{处理间}=SS_{总}-SS_{处理内} \tag{12-5}$$

不过，也可以独立计算 $SS_{处理间}$，然后通过将两个部分相加得到 $SS_{总}$以确保你的计算正确。知识窗 12-1 介绍了直接用数据计算 $SS_{处理间}$的两个不同的公式。

知识窗 12-1　$SS_{处理间}$的备选公式

回忆一下，处理间变异测量的是处理平均数间的差异。从概念上讲，测量处理平均数间变异量最直接的方法就是计算一组样本平均数的平方和 $SS_{平均数}$。对于表 12-2 中的数据，样本平均数为 4、1 和 1。由三个值得 $SS_{平均数}=6$。然而，三个平均数的每一个都代表一组 $n=5$ 的分数。因此，最终 $SS_{处理间}$是通过 $SS_{平均数}$乘以 n 获得的。

$$SS_{处理间}=n(SS_{平均数}) \tag{12-6}$$

对于表 12-2 中的数据，我们得到：

$$SS_{处理间}=n(SS_{平均数})=5\times6=30$$

不幸的是，式(12-6)只能用于当所有样本量都恰好完全相等时(n 相等)，当处理平均数不是整数时，这个公式就难以应付了。因此，为了计算 $SS_{处理间}$，我们用处理总和(T)替代处理平均数，得到以下公式。

$$SS_{处理间}=\sum\frac{T^2}{n}-\frac{G^2}{N} \tag{12-7}$$

对于表 12-2 中的数据，公式计算如下：

$$SS_{处理间}=\frac{20^2}{5}+\frac{5^2}{5}+\frac{5^2}{5}-\frac{30^2}{15}$$
$$=80+5+5-60=30$$

注意三种方法——式(12-5)、式(12-6)以及式(12-7)所得结果相同，即 $SS_{处理间}=30$。

计算 $SS_{处理间}$ 包含在知识窗 12-1 中的两个公式，我们已经呈现了计算 $SS_{处理间}$ 的三种公式。然而不需要把三个公式都记住，建议选择一个公式并一直使用，把另外两个公式作为备选。最简单的是式(12-5)，通过减法计算 $SS_{处理间}$：首先计算 $SS_{总}$ 和 $SS_{处理内}$，然后相减：

$$SS_{处理间}=SS_{总}-SS_{处理内}$$

第二种选择是使用式(12-7)，通过处理总和(T)计算 $SS_{处理间}$。这种方法的优势在于它提供了一种检查计算结果的方法：分别计算 $SS_{总}$、$SS_{处理间}$ 和 $SS_{处理内}$，然后确保这两个部分加起来等于 $SS_{总}$。

使用式(12-6)计算样本平均数的 SS 通常不是一个好的选择。除非样本平均数都是整数，否则这个等式可能会产生非常烦琐的计算。在大多数情况下，从其他两个公式中任选一个更好。

自由度(df)分析

自由度(df)的分析遵循与 SS 分析相同的模式。首先，我们求得所有 N 个分数的 df，然后将这个值分成处理间自由度和处理内自由度两部分。计算自由度时，要考虑两个重要因素：

1. 每个自由度值与具体的 SS 值相联系。
2. 在通常情况下，df 值是通过将用于计算 SS 的项目数减 1 获得。例如，如果计算 n 个分数的 SS，则 $df=n-1$。

记住这些，我们就可以计算分析过程中每一部分的自由度。

1. 总自由度($df_{总}$) 为了求得与 $SS_{总}$ 关联的 df 值，首先回想 SS 值测的是所有 N 个分数的变异。因此，df 值为：

$$df_{总}=N-1 \tag{12-8}$$

表 12-2 的数据中 $N=15$，因此，总自由度是：

$$df_{总}=15-1=14$$

2. 处理内自由度($df_{处理内}$) 为了求得与 $SS_{处理内}$ 关联的 $df_{处理内}$，必须知道如何计算这个 SS 值。请记住，我们先求得每个处理内的 SS，然后把这些值相加。每个处理的 SS 值测的是处理内 n 个分数的变异，所以每个 SS 的 $df=n-1$。将所有单独的处理值相加，我们得到：

$$df_{处理内}=\sum(n-1)=\sum df_{每个处理内} \tag{12-9}$$

对于我们所关注的实验，每个处理都有 5 个分数。这意味着每个处理有 4 个自由度。因为有 3 个不同的处理条件，所以处理内自由度为 12。请注意，df 公式将每个处理中分数的数量(n)直接相加，然后每个处理减 1。如果这两个阶段分别完成，就得到：

$$df_{处理内}=N-k \tag{12-10}$$

将所有 n 值相加得到 N。如果每个处理都减 1，那么由于有 k 个处理，总共要减 k。表 12-2 中数据 $N=15$，$k=3$，所以：

$$df_{处理内}=15-3=12$$

3. 处理间自由度($df_{处理间}$) 与 $SS_{处理间}$ 关联的 df 可通过考虑如何得到 SS 求得。这个 SS 测量一组处理(总和或平均数)的变异。为计算 $df_{处理间}$，可以简单地将处理数相加然后减 1。因为处理数以字母 k 表示，所以 df 的公式是：

$$df_{处理间}=k-1 \tag{12-11}$$

对于表 12-2 中的数据，存在 3 种不同处理条件(3 个 T 值或 3 个样本平均数)，因此处理间自由度计算如下：

$$df_{处理间}=3-1=2$$

请注意，这两部分自由度加起来等于总自由度：

$$df_{总}=df_{处理内}+df_{处理间}$$

$$14=12+2$$

完整的自由度计算如图 12-7 所示。

在计算 ANOVA 的 SS 和 df 值时，记住每个值的下标可以帮助你理解公式。具体来说，

1. **总**表示全部分数。我们计算所有 N 个分数的 SS，df 值为 $N-1$。
2. **处理内**表示处理条件内个体存在的差异。因此，我们计算每个单独处理内的 SS 和 df。
3. **处理间**表示处理间的差异。例如，当有 3 种处理时，比较 3 个不同的平均数(或总数)，得 $df=3-1=2$。

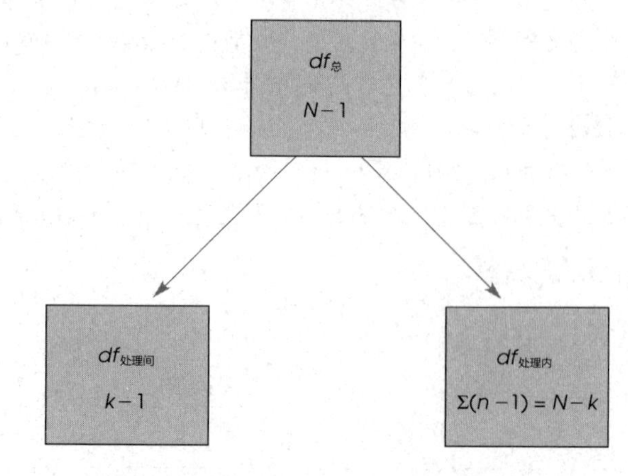

图 12-7 独立测量 ANOVA 各部分的自由度

方差(*MS*)和 *F* 值的计算

ANOVA 方法中的下一步是计算处理间方差和处理内方差，从而计算 *F* 值(见图 12-5)。

在 ANOVA 中，通常使用术语均方或 *MS* 替代术语方差。回忆第 4 章，方差被定义为离差平方的平均数。我们用 *SS* 代表离差平方和，现在我们用 *MS* 代表离差平方的平均数。为了计算最终的 *F* 值，我们需要处理间的 *MS*(方差)做分子，处理内的 *MS*(方差)做分母。在每种情况下，

$$MS(\text{方差})=s^2=\frac{SS}{df} \qquad (12\text{-}12)$$

代入数据得到：

$$MS_{\text{处理间}}=s^2_{\text{处理间}}=\frac{SS_{\text{处理间}}}{df_{\text{处理间}}}=\frac{30}{2}=15$$

$$MS_{\text{处理内}}=s^2_{\text{处理内}}=\frac{SS_{\text{处理内}}}{df_{\text{处理内}}}=\frac{16}{12}=1.33$$

我们现在有了对处理间方差(或差异)和处理内方差的测量。*F* 值是这两个方差之比：

$$F=\frac{s^2_{\text{处理间}}}{s^2_{\text{处理内}}}=\frac{MS_{\text{处理间}}}{MS_{\text{处理内}}} \qquad (12\text{-}13)$$

对于我们所做的实验，从数据中可以得出 *F* 值为：

$$F=\frac{15}{1.33}=11.28$$

在这个例子中，所获得的 $F=11.28$ 说明 *F* 值的分子确实比分母大。回忆一下式(12-1)和式(12-2)呈现的 *F* 值的概念结构，我们得到的 *F* 值表示处理间的差异比我们预期没有处理效应时大 11 倍。根据实验变量来表述：在驾驶时使用电话确实对驾驶表现存在影响。然而，要正确地评估 *F* 值，我们必须选择一个 α 水平并查 *F* 分布表，这将在下一节中讨论。

ANOVA 汇总表 将分析结果汇总于一张表中是很有用的，该表称为 ANOVA 汇总表。它显示了变异的来源(处理间变异、处理内变异和总变异)、*SS*、*df*、*MS* 和 *F*。对于前面的计算，ANOVA 汇总表的结构如下：

来源	*SS*	*df*	*MS*	
处理间变异	30	2	15	$F=11.28$
处理内变异	16	12	1.33	
总变异	46	14		

尽管这种表不再用于发表的报告中，但它们是计算机打印输出的常见部分，并且它们确实为呈现分析结果提供了一种简明的方法(请注意，你可以方便地检查你的工作：将 *SS* 列前两行相加得到 $SS_{\text{总}}$，同样的方法适用于 *df* 列)。当使用 ANOVA 时，你可以以一个空白的 ANOVA 汇总表开始，然后填入计算出的值。使用这种方法，就不太可能在分析中“迷路”，或不知道下一步该做什么。

学习小测验

1. 计算下列数据的 $SS_{\text{总}}$、$SS_{\text{处理间}}$和 $SS_{\text{处理内}}$

处理 1	处理 2	处理 3	
$n=10$	$n=10$	$n=10$	$N=30$
$T=10$	$T=20$	$T=30$	$G=60$
$SS=27$	$SS=16$	$SS=23$	$\sum X^2=206$

2. 研究者使用 ANOVA 比较三种处理条件，每种处理条件中 $n=8$。对这个分析计算 $df_{\text{总}}$、$df_{\text{处理间}}$和 $df_{\text{处理内}}$。
3. 研究者对于一个独立测量 ANOVA，报告了 $df_{\text{处理间}}=2$ 和 $df_{\text{处理内}}=30$ 的 *F* 值。这个实验比较了多少种处理条件？参与实验的被试有多少？
4. 研究者进行了一项实验，比较了四种处理条件，每种处理有 $n=6$ 个单独样本。用 ANOVA 评估数据，ANOVA 的结果列于下表。完成表中所有的缺失值。提示：由 *df* 列开始。

来源	*SS*	*df*	*MS*	
处理间变异	___	___	___	$F=$___
处理内变异	___	___	2	
总变异	58	___		

答案

1. $SS_{\text{总}}=86$；$SS_{\text{处理间}}=20$；$SS_{\text{处理内}}=66$
2. $df_{\text{总}}=23$；$df_{\text{处理间}}=2$；$df_{\text{处理内}}=21$
3. 有 3 种处理条件($df_{\text{处理间}}=k-1=2$)。总共有 $N=33$ 个人参加($df_{\text{处理内}}=30=N-k$)
4.

来源	*SS*	*df*	*MS*	
处理间变异	18	3	6	$F=3.00$
处理内变异	40	20	2	
总变异	58	23		

12.4 *F* 分布

在 ANOVA 中，*F* 的构建方式，使得当虚无假设为真时，*F* 值的分子和分母所测量的方差完全相同[见

式(12-2)]。在这种情况下，我们预期F值大约是1.00。

如果虚无假设为假，则F值应远大于1.00。现在的问题是精确定义哪些值在“1.00左右”，哪些值“远大于1.00”。为了回答这个问题，我们需要考虑所有可能的F值，也就是查看F分布。

在我们详细考察这个分布之前，应该注意它的两个明显的特征：

1. 因为F值是由两个方差(比值的分子和分母)计算而来的，所以F值始终为正。请记住，方差始终为正。

2. 当H_0为真时，F值的分子和分母测量的方差相同。在这种情况下，这两个样本方差大小应基本相同，所以比值应接近1。换言之，F值的分布应在1.00左右。

考虑到这两个因素，我们就可以绘制F值的分布。分布以0为起点(均为正值)，在1.00附近聚集，然后向右侧逐渐减少(见图12-8)。F分布的精确形状取决于F值中两个方差的自由度。你应该记得，样本方差的精确度取决于分数的数量或自由度。一般情况下，大样本(df大)的方差为总体方差提供了更准确的估计。因为MS值的精确度取决于df，所以F分布的形状也取决于F值的分子和分母的df值。当df值非常大时，几乎所有F值都聚集在1.00附近。当df值较小时，F的分布更为分散。

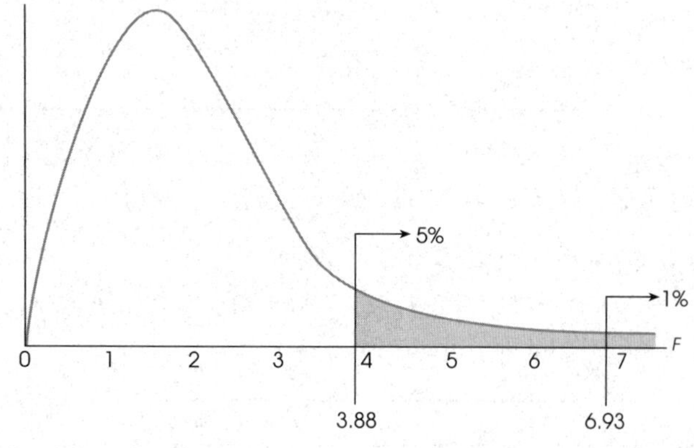

图12-8 $df=2,12$时的F分布图。分布中所有的值中只有5%的值大于$F=3.88$，只有1%的值大于$F=6.93$

*F*分布表

对于ANOVA，我们预期当H_0为真时，F接近1.00，当H_0为假时，F很大。在F分布中，我们需要将相当接近1.00的值和那些显著大于1.00的值分开。附录A的F分布表中呈现了这些临界值，部分F分布见表12-3。要使用该表，你必须知道F值(分子和分母)的df值和假设检验的α水平。通常将F值分子的df值放在F分布表的上部，将F值分母的df值放在表的左侧。在之前探讨的实验中，F值的分子(处理间)$df=2$，F值的分母(处理内)$df=12$。F值的“自由度等于2，12”自由度写为$df=2,12$。使用表格时，你首先需要在表格上部找到$df=2$，在表的第一列找到$df=12$。当你将这两个数字连在一起时，它们指向表中的一对数字。这两个数字给出了$\alpha=0.05$和$\alpha=0.01$的临界值。例如，当$df=2,12$时，表中数字是3.88和6.93。这样，只有5%(0.05)分布的对应值大于3.88，只有1%(0.01)分布的对应值大于6.93(见图12-8)。

在比较不同电话使用条件下驾驶表现的实验中，我们获得的F值为11.28。根据图12-8的临界点，这个值极不可能出现(在最不可能的1%内)。因此，在0.05和0.01两个水平，我们都拒绝H_0，并推断不同的电话使用条件显著影响驾驶表现。

表12-3 部分F分布表。未加粗部分是显著性水平为0.05的临界值，加粗部分是显著性水平为0.01的临界值

自由度：分母	自由度：分子					
	1	2	3	4	5	6
10	4.96	4.10	3.71	3.48	3.33	3.22
	10.04	**7.56**	**6.55**	**5.99**	**5.64**	**5.39**
11	4.84	3.98	3.59	3.36	3.20	3.09
	9.65	**7.20**	**6.22**	**5.67**	**5.32**	**5.07**
12	4.75	3.88	3.49	3.26	3.11	3.00
	9.33	**6.93**	**5.95**	**5.41**	**5.06**	**4.82**
13	4.67	3.80	3.41	3.18	3.02	2.92
	9.07	**6.70**	**5.74**	**5.20**	**4.86**	**4.62**
14	4.60	3.74	3.34	3.11	2.96	2.85
	8.86	**6.51**	**5.56**	**5.03**	**4.69**	**4.46**

学习小测验

1. 研究者得到$F=4.18$，$df=2,15$。这个值能否在$\alpha=0.05$水平上拒绝H_0？当$\alpha=0.01$时是否足以拒绝H_0？
2. 当$\alpha=0.05$时，$df=2,24$，F值分布中临界值是多少？

答案

1. 对于$\alpha=0.05$，临界值是3.68，可以拒绝H_0。对于$\alpha=0.01$，临界值是6.36，不能拒绝H_0。
2. 临界值是3.40。

12.5　ANOVA 的假设检验和效应量的实例

我们已经了解了 ANOVA 的所有成分，以下例子说明了使用标准四步程序进行 ANOVA 假设检验的完整过程。

□　例 12-1

表 12-4 的数据来自一个独立测量实验，实验旨在研究人们观看 42 英寸高清电视时的距离间隔偏好。有四种观看距离——9 英尺、12 英尺、15 英尺和 18 英尺，被试被分到每一距离组进行单独测验。每个人从特定的距离观看电视节目 30 分钟，然后完成一个简短的问卷以测量其对体验的满意度。要求他们在量表上从 1（非常糟糕，确定需要靠近或远离）到 7（完美的观看距离）进行评定。ANOVA 的目的是确定四种观看距离的评分之间是否存在显著差异。

表 12-4　在不同距离观看一台 42 英寸高清电视的满意度

9 英尺	12 英尺	15 英尺	18 英尺	
3	4	7	6	$N=20$
0	3	6	3	$G=60$
2	1	5	4	$\sum X^2=262$
0	1	4	3	
0	1	3	4	
$T=5$	$T=10$	$T=25$	$T=20$	
$SS=8$	$SS=8$	$SS=10$	$SS=6$	

在进行假设检验之前，请注意，我们已经对表 12-4 中的数据做了一些汇总统计计算。具体而言，计算了处理总和（T）、每个样本的 SS、全部数据的总和（G），以及 N 和 X^2。这些值简化了假设检验的计算，我们建议在开始 ANOVA 之前，先计算出这些统计数据。

第一步　陈述假设，选择 α 水平。

$$H_0: \mu_1=\mu_2=\mu_3=\mu_4 \text{（无处理效应）}$$

H_1：至少有一种处理平均数与其他处理有差异

我们使用 $\alpha=0.05$。

第二步　确立拒绝域。

首先，我们要确定 $MS_{处理间}$ 和 $MS_{处理内}$（F 值的分子和分母）的自由度，所以我们从分析自由度开始。这些数据的总自由度是：

$$df_{总}=N-1=20-1=19$$

将总自由度分为两个部分，得：

$$df_{处理间}=k-1=4-1=3$$

$$df_{处理内}=\sum df_{每个处理内}=4+4+4+4=16$$

这些数据的 F 值有 $df=3,16$。图 12-9 中呈现了所有 $df=3,16$ 的 F 值分布。请注意，如果 H_0 为真，F 值几乎不可能大于 3.24（$p<0.05$），由此形成了这个测验的拒绝域。

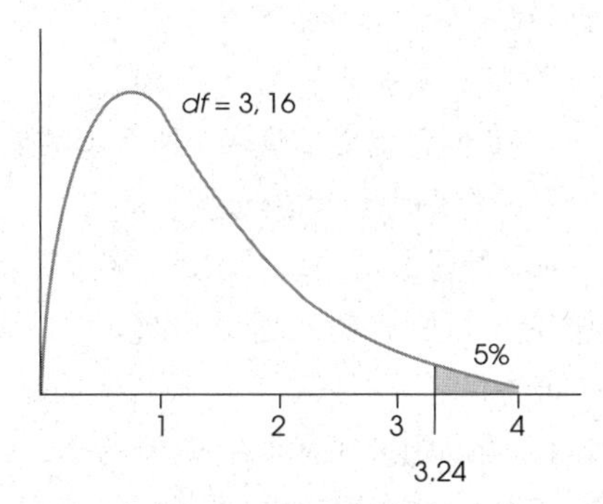

图 12-9　$df=3,16$ 的 F 值的分布。$\alpha=0.05$ 水平的临界值为 $F=3.24$

第三步　计算 F 值。

关于 F 的一系列计算如图 12-5 所示，可总结如下：

a. 分析 SS 以获得 $SS_{处理间}$ 和 $SS_{处理内}$。

b. 使用 SS 值和 df 值（第二步计算得到的）计算 $MS_{处理间}$ 和 $MS_{处理内}$ 两个方差。

c. 最后用两个 MS 值（方差）计算 F 值。

首先，分析 SS。我们计算出总的 SS，然后计算两个组成部分，如图 12-6 所示。

$SS_{总}$ 是 20 个分数的总 SS。

$$SS_{总}=\sum X^2-\frac{G^2}{N}=262-\frac{60^2}{20}=262-180=82$$

$SS_{处理内}$ 是每一个处理条件下 SS 的和。

$$SS_{处理内}=\sum SS_{每个处理内}=8+8+10+6=32$$

$SS_{处理间}$ 测量的是 4 个处理平均数（或处理总和）间的差异，因为我们已经计算出了 $SS_{总}$ 和 $SS_{处理内}$，获得 $SS_{处理间}$ 的最简单方法是将二者相减［见式（12-5）］。

$$SS_{处理间}=SS_{总}-SS_{处理内}=82-32=50$$

接下来，计算均方。我们已经求得 $df_{处理间}=3$，$df_{处理内}=16$（见第二步），现在我们可以计算两个部分的方差或 MS 值。

$$MS_{处理间}=\frac{SS_{处理间}}{df_{处理间}}=\frac{50}{3}=16.67$$

$$MS_{处理内}=\frac{SS_{处理内}}{df_{处理内}}=\frac{32}{16}=2.00$$

最后，计算 F 值。

$$F=\frac{MS_{处理间}}{MS_{处理内}}=\frac{16.67}{2.00}=8.33$$

第四步 做出决策。

我们获得的 $F=8.33$，该值位于拒绝域内(见图 12-9)。如果 H_0 为真，那么我们极不可能获得这么大的 F 值($p<0.05$)。因此，我们拒绝 H_0 并得出处理效应显著的结论。■

例 12-1 一步步完整地呈现了 ANOVA 的应用步骤。在这个例子中还有两点值得注意。

第一，你应当仔细看看统计决策。我们已经拒绝了 H_0 并得出结论并非所有的处理都相同。但我们没有确定哪些是不同的。9 英尺距离与 12 英尺距离不同吗？12 英尺距离与 15 英尺距离不同吗？遗憾的是，这些问题仍没有答案。我们的确知道至少存在一个差异(我们拒绝了 H_0)，但为了求得差异的准确位置，必须进行额外分析。我们会在下一节中解决这个问题。

第二，就像之前提到的，分析中的所有成分(SS、df、MS 和 F)都可以在一张汇总表中呈现。例 12-1 中的汇总表如下：

来源	*SS*	*df*	*MS*	
处理间变异	50	3	16.67	$F=8.33$
处理内变异	32	16	2.00	
总变异	82	19		

尽管这种表对于组织 ANOVA 的成分非常有用，但它们不常用于发表的报告。现在报告方差分析结果的方法见本页“文献报告”部分。

ANOVA 的效应量测量

正如之前所讲的，一个显著的平均数差异仅仅表明样本数据中所观察到的差异极不可能是偶然出现的。因此，“显著”这个术语不意味着大，它仅仅意味着比偶然概率大。为了给实际效应大小提供指标，研究者除了要报告显著性，还应报告测量的效应量。

对于 ANOVA，测量效应量最简单以及最直接的方法是计算处理效应的方差解释率。就像在第 9 章、第 10 章和第 11 章中用 r^2 值测量 t 检验中的效应量一样，这个解释率测量了分数变异中有多少可由处理之间的差异来解释。对于 ANOVA，解释率的计算以及概念相当简明，具体而言，我们要确定 $SS_{处理间}$ 占总 SS 多少比例。

$$方差解释率=\frac{SS_{处理间}}{SS_{总}} \tag{12-14}$$

对于例 12-1 中的数据，方差解释率 $=\frac{50}{82}=0.61$(或 61%)。

在 ANOVA 发表的结果报告中，处理效应的方差解释率通常称为 η^2(希腊字母 η 的平方)而不是 r^2。因此，例 12-1 的研究中，$\eta^2=0.61$。

§ 文献报告 §

报告 ANOVA 的结果

以 APA 格式报告 ANOVA 结果首先要呈现文字叙述、表或图中的处理平均数和标准差。这些描述性统计不是 ANOVA 计算的一部分，但你可以很容易地根据 n 和 $T(M=T/n)$ 确定处理平均数，根据每个处理的 SS 和 $n-1$ 的值确定标准差。然后，报告 ANOVA 的结果。对于例 12-1 所描述的研究，报告呈现如下：

下表呈现的是平均数和标准差。方差分析表明 4 种观看距离之间存在显著差异，$F(3, 16)=8.33$，$p<0.05$，$\eta^2=0.61$。

表 12-5 不同电视观看距离下的满意度评分

	9 英尺	12 英尺	15 英尺	18 英尺
M	1.00	2.00	5.00	4.00
SD	1.41	1.41	1.58	1.22

注意如何报告 F 值。在这个例子中，处理间和处理内的自由度分别为 $df=3, 16$。这些值跟在 F 后面的圆括号内。然后报告 F 的计算值，接下来是犯 I 型错误的概率(α 水平)以及效应量的测量。

在用计算机程序进行 ANOVA 时，F 值通常伴随着 p 的精确值。例 12-1 中的数据就是用 SPSS 程序(见本章结尾的“资源”)分析的，计算机输出结果包含 $p=0.001$ 的显著性水平。使用计算机输出的精确 p 值，研究报告可得出结论：“方差分析说明 4 种观看距离之间存在显著差异，$F(3, 16)=8.33$，$p=0.001$，$\eta^2=0.61$。”

ANOVA 的概念视角

由于 ANOVA 需要相对复杂的计算，所以你在第一次使用这种统计工具时容易淹没在公式和算术中，而忽略分析的主要目的。下面两个例子旨在尽可能减少 ANOVA 公式的作用，帮助你把注意力转移到 ANOVA 过程的概念目的上。

□ 例 12-2

以下数据呈现了使用两组独立样本，评估两种处理间平均数差异的实验结果。用 1 分钟看一下数据，不做任何计算，试着预测这些数据的 ANOVA 结果。具体来说，就是预测求得的处理间方差（*MS*）和 *F* 值是怎样的。如果你看了 20 或 30 秒后的确“看”不出答案，试着阅读数据后面的提示。

处理 1	处理 2	
4	2	$N=8$
0	1	$G=16$
1	0	$\sum X^2=56$
3	5	
$T=8$	$T=8$	
$SS=10$	$SS=14$	

如果你在预测 ANOVA 的结果方面有困难，就阅读下面的提示，再返回去看数据。

提示 1：记住，$SS_{处理间}$ 和 $MS_{处理间}$ 提供了对处理条件之间差异大小的测量。

提示 2：求每个处理的平均数或总数（*T*），确定两个处理间差异的大小。

你应当意识到，目前所构建的这些数据处理之间的差异为 0。两组样本平均数（和总数）是相同的，所以 $SS_{处理间}=0$，$MS_{处理间}=0$，*F* 值也是 0。■

从概念上讲，*F* 值的分子会测量处理间存在多少差异。在例 12-2 中，我们构建了一组极端的没有任何差异的分数。然而，你应该能够观看任何数据并快速地比较其平均数（或总数），以确认处理间存在较大的差异还是较小的差异。

可以预估处理间差异的大小是充分理解 ANOVA 的第一步，并能帮助你预测 ANOVA 的结果。然而，处理间差异仅是分析的第一部分。你还必须理解处理内差异，它构成了 *F* 值的分母。下面的例子旨在说明 $SS_{处理内}$ 和 $MS_{处理内}$ 的潜在含义。此外，这个例子应该能帮助你很好地理解处理间差异和处理内差异在 ANOVA 中的作用。

□ 例 12-3

这个例子的目的在于为处理间变异和处理内变异的概念提供一个可视化图像。在这个例子中，我们比较了同一个实验的两个假设结果。在每一种情况下，实验都采用两组独立样本来评估两种处理间的平均数差异。下列数据代表这两种结果，我们称其为实验 A 和实验 B。

实验 A		实验 B	
处理		处理	
Ⅰ	Ⅱ	Ⅰ	Ⅱ
8	12	4	12
8	13	11	9
7	12	2	20
9	11	17	6
8	13	0	16
9	12	8	18
7	11	14	3
$M=8$	$M=12$	$M=8$	$M=12$
$s=0.82$	$s=0.82$	$s=6.35$	$s=6.35$

图 12-10a 的频数分布图显示了实验 A 的数据。请注意，处理间平均数差异为 4 分（$M_1=8$，$M_2=12$）。这个处理间差异体现在 *F* 值的分子中。还要注意，每个处理的分数都在平均数附近，表明每个处理内的方差相对较小。处理内方差作为 *F* 值的分母。最后，你应该意识到从两组样本中能够轻易地看出平均数差异。通过计算实验 A 的 *F* 值可以证明两种处理的平均数存在明显的差异。

$$F=\frac{处理间差异}{处理内差异}=\frac{MS_{处理间}}{MS_{处理内}}=\frac{56}{0.667}=83.96$$

$F=83.96$，*F* 值足够拒绝虚无假设，所以我们得出结论，两个处理之间存在显著差异。

现在考虑实验 B 的数据，如图 12-10b 所示，与实验 A 的图相差很多。这个实验处理之间的平均数差异和实验 A 一样也是 4 分（$M_1=8$，$M_2=12$）。然而，每个处理中的分数十分分散，表明每个处理内部的方差相对较大。在这种情况下，处理内较大的方差掩盖了处理间相对较小的平均数差异。从图中几乎看不出处理间的平均数差异。对于这两组数据，*F* 值证实了处理之间的平均数差异不显著。

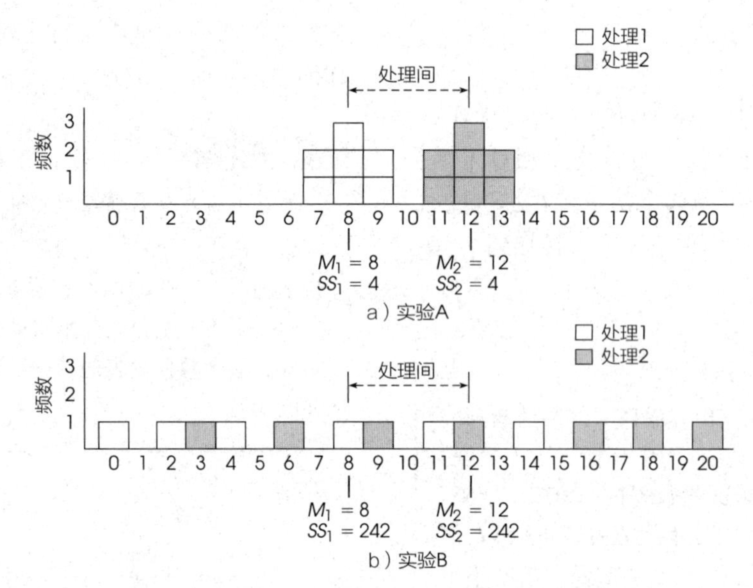

图 12-10 直观展示了分别作为 F 值的分子和分母的处理间变异和处理内变异。在 a）中，处理间差异相对较大且容易观察到。在 b）中，同样 4 分的处理间差异相对较小，被处理内变异所掩盖

$$F=\frac{\text{处理间差异}}{\text{处理内差异}}=\frac{MS_{\text{处理间}}}{MS_{\text{处理内}}}=\frac{56}{40.33}=1.39$$

对于实验 B，F 值不足以拒绝虚无假设，因此我们得出结论，两个处理之间没有显著差异。统计结论与图 12-10b 中显示的数据一致。从图中可以看出，两组样本的分数似乎是随机混合的，处理之间没有明显的区别。

最后要注意，F 值的分母 $MS_{\text{处理内}}$ 测的是每组样本内的变异（或方差）。正如前面提到的，由于变异较大，很难看出数据中存在的任何模式。在图 12-10a 中，因为样本变异很小，所以很容易看出处理间 4 分的平均数差异。在图 12-10b 中，因为样本方差较大，所以看不出 4 分的差异。通常，你可以把方差视为测量数据中的“噪声”或“混淆”。方差大时，存在许多噪声和混淆，难以看出明显的模式。■

例 12-2 和例 12-3 使用夸张的数据做了一些简化说明，其目的是帮助你了解在进行 ANOVA 时会发生什么。具体来说：

1. F 值的分子（$MS_{\text{处理间}}$）测量了处理平均数之间存在多少差异。平均数差异越大，F 值越大。

2. F 值的分母（$MS_{\text{处理内}}$）测量了每种处理内分数的方差，即每个独立样本的方差。一般来说，较大的样本方差产生较小的 F 值。

我们应当注意到，每个样本中分数的数量同样影响 ANOVA 的结果。和其他假设检验方法一样，如果其他因素保持不变，增加样本量会增加拒绝虚无假设的可能性。然而，样本量的改变对效应量的测量，如 η^2，几乎不产生影响。

最后，我们应当注意到，对于与较大方差相关的问题，可以通过把原始分数转化成等级，然后采用专门针对顺序数据设计的，称为 Kruskal-Wallis 检验的统计分析进行替代，以使问题最小化。Kruskal-Wallis 检验见附录 D，附录 D 还讨论了将数值分数转换成等级的一般目的和过程。如果数据违背了任意一个独立测量 ANOVA 的假设，也可以使用 Kruskal-Wallis 检验进行分析（见 12.7 节末尾概述）。

$MS_{\text{处理内}}$及合并方差

你可能已经发现例 12-3 中的两个研究结果与第 10 章的例 10-5 中的结果相似。这两个例子旨在说明方差在假设检验中所扮演的角色。两个例子都显示：较大的样本方差可以掩盖数据中的任何模式，并减少发现平均数之间存在显著差异的可能性。

对于第 10 章的独立测量 t 检验，借由样本方差能够直接计算出 t 统计量公式中分母的标准误。现在，样本方差能够直接计算 F 值分母的 $MS_{\text{处理内}}$。在 t 和 F 值中，把每个独立样本的方差合并，可以构建一个样本方差的平均数。对于独立测量 t 检验，我们把两个样本合并计算：

$$\text{合并方差}=s_p^2=\frac{SS_1+SS_2}{df_1+df_2}$$

现在，在 ANOVA 中，我们将两个或多个样本合

并计算：

$$MS_{处理内}=\frac{SS_{处理内}}{df_{处理内}}=\frac{\sum SS}{\sum df}=\frac{SS_1+SS_2+SS_3+\cdots}{df_1+df_2+df_3+\cdots}$$

注意：无论恰好是两个样本还是多个样本，合并方差的概念都是一样的。在这两种情况下，你都只需要把 SS 值相加，并除以 df 值的和，其结果就是所有不同样本方差的平均数。

样本量不同的例子

在之前的例子中，所有样本容量都完全相同（n 相等）。然而，当样本量不同时，也可以使用 ANOVA 公式。但是，你应该注意，当样本量相同时，使用一般 ANOVA 统计程序检验实验数据更加精确。因此，研究者在设计实验时一般设法使 n 相等。然而，在有些情况下，每种处理条件下被试的数量都相等是不可能或不切实际的。在这种情况下，ANOVA 仍然有效，特别是当样本相对较大或样本量之间的差异并不极端时。

下面的例子呈现了样本量不同的 ANOVA。

□ 例 12-4

研究者对不同专业所要求的家庭作业量感兴趣。这项研究招募了生物学、英语和心理学专业的学生。研究者随机选择每个学生正在上的一门课，并要求学生记录该门课每周要求的家庭作业量。研究者用所有志愿者为被试，由此致使各组样本量不同。数据见表 12-6。

表 12-6　三个专业的学生每周分别在一门课上花费的平均时间（小时）

生物学	英语	心理学	
$n=4$	$n=10$	$n=6$	$N=20$
$M=9$	$M=13$	$M=14$	$G=250$
$T=36$	$T=130$	$T=84$	$\sum X^2=3\ 377$
$SS=37$	$SS=90$	$SS=60$	

第一步　陈述假设，选择 α 水平。

H_0：$\mu_1=\mu_2=\mu_3$

H_1：至少有一个总体不同

$\alpha=0.05$

第二步　确定拒绝域。

为了求拒绝域，我们先要确认 F 值的 df 值：

$$df_{总}=N-1=20-1=19$$

$$df_{处理间}=k-1=3-1=2$$

$$df_{处理内}=N-k=20-3=17$$

这些数据的 F 值的 $df=2,17$。当 $\alpha=0.05$ 时，F 值的临界值为 3.59。

第三步　计算 F 值。

首先，计算三个 SS 值。像往常一样，$SS_{总}$是 20 个分数的 SS 总和。$SS_{处理内}$是各个处理条件内的 SS 之和。

$$SS_{总}=\sum X^2-\frac{G^2}{N}=3\ 377-\frac{250^2}{20}=3\ 377-3\ 125=252$$

$$SS_{处理内}=\sum SS_{每个处理内}=37+90+60=187$$

$SS_{处理间}$可通过减法求得［式（12-5）］。

$$SS_{处理间}=SS_{总}-SS_{处理内}=252-187=65$$

或可以用式（12-7）计算 $SS_{处理间}$。如果你使用计算公式，请注意将每个处理总数 T 和相应的样本量（n）相匹配，如下所示：

$$SS_{处理间}=\sum\frac{T^2}{n}-\frac{G^2}{N}=\frac{36^2}{4}+\frac{130^2}{10}+\frac{84^2}{6}-\frac{250^2}{20}$$

$$=324+1\ 690+1\ 176-3\ 125=65$$

最后，计算 MS 值和 F 值：

$$MS_{处理间}=\frac{SS}{df}=\frac{65}{2}=32.5$$

$$MS_{处理内}=\frac{SS}{df}=\frac{187}{17}=11$$

$$F=\frac{MS_{处理间}}{MS_{处理内}}=\frac{32.5}{11}=2.95$$

第四步　做出决策。

因为所得的 F 值不在拒绝域内，所以我们不能拒绝虚无假设，结论为：三个学生总体每周平均家庭作业量之间没有显著差异。■

学习小测验

1. 一位研究者使用 ANOVA 并根据以下数据计算得 $F=4.25$。

处理		
1	2	3
$n=10$	$n=10$	$n=10$
$M=20$	$M=28$	$M=35$
$SS=1\ 005$	$SS=1\ 391$	$SS=1\ 180$

a. 如果处理 3 的平均数改变为 $M=25$，F 值的大小会发生什么变化（增大还是减小）？解释你的答案。

b. 如果处理 1 的 SS 改变为 $SS=1\ 400$，F 值的大小会发生什么变化（增大还是减小）？解释你的答案。

2. 一项研究设计比较了三种处理条件，第一种处理得到 $T=20$，$n=4$，第二种处理得到 $T=10$，$n=5$，第三种处理得到 $T=30$，$n=6$。计算这些数据的 $SS_{处理间}$。

答案

1. a. 如果处理 3 的平均数改变为 $M=25$，会减少平均数差异(三个平均数可能彼此更接近)。这样会减少 $MS_{处理间}$，并使 F 值减小。

   b. 如果处理 1 的 SS 值增加到 $SS=1\,400$，那么处理内的变异会增加。这可能会增加 $MS_{处理内}$，并使 F 值减小。

2. $G=60$，$N=15$，$SS_{处理间}=30$。

12.6 事后检验

如前所述，ANOVA 的主要优点(相比 t 检验)是它允许研究者检验多个处理条件平均数差异的显著性。ANOVA 仅用单一的检验就可同时完成比较所有平均数差异的壮举。不幸的是，将若干平均数差异结合成一个单一检验统计量，会为解释检验结果带来一些困难。特别是，当你获得一个显著的 F 值(拒绝 H_0)时，它仅仅表明所有平均数差异之中至少有一个在统计上达到显著。换句话说，总体的 F 值只说明存在显著差异，但并不能确切说明哪些平均数之间存在显著差异，哪些不存在。

例如，一项研究使用三个样本，以比较三种处理条件。假设这三个样本平均数分别为 $M_1=3$，$M_2=5$，$M_3=10$。在这个假想的研究中有三个平均数差异。

1. M_1 和 M_2 之间存在 2 分的差异。
2. M_2 和 M_3 之间存在 5 分的差异。
3. M_1 和 M_3 之间存在 7 分的差异。

如果采用 ANOVA 评估这些数据，F 值显著表明：至少一个样本平均数差异大到足以满足统计显著的标准。在这个例子中，7 分的差异是三个之中最大的，因此，它一定说明了第一种处理和第三种处理之间有显著差异。但是 5 分差异是否达到显著？M_1 和 M_2 之间的 2 分差异又如何？它是否也达到显著？事后检验的目的就是回答这些问题。

定义

事后检验(post hoc tests 或 posttests)是指在 ANOVA 后所附加的假设检验，目的在于确定哪些平均数差异是显著的，哪些是不显著的。

顾名思义，事后检验在 ANOVA 后进行。更具体地说，以下情况需要做事后检验：

1. 拒绝 H_0。
2. 有三个或多个处理($k\geqslant3$)。

拒绝 H_0 表示处理之间至少存在一个差异显著。如果只有两种处理条件，就不需要知道哪些平均数有差异了，因此也就没有必要做事后检验。然而，当有三个或多个处理(k⩾3)时，需要确定究竟哪些平均数差异是显著不同的。

事后检验和Ⅰ型错误

在一般情况下，事后检验让你回顾所有数据，每次比较两个单独的处理。在统计上，这称为配对比较(pairwise comparisons)。例如，$k=3$ 时，我们将比较 μ_1 与 μ_2、μ_2 与 μ_3、μ_1 与 μ_3。在每种情况下，我们寻找显著的平均数差异。配对比较的过程包括进行一系列独立假设检验，这些检验都有犯Ⅰ型错误的风险。你做独立检验的次数越多，犯Ⅰ型错误的风险随之累加，这称为实验错误率。

例如，我们看到一项具有三个处理条件的研究，得出三个独立的平均数差异，每个都可用事后检验进行评估。如果每个检验使用 $\alpha=0.05$，则第一次事后检验有 5%的概率犯Ⅰ型错误，第二次事后检验有另外 5%的风险，第三次事后检验还有 5%的风险。尽管错误的概率不是三次检验的总和，但显然，增加独立检验的次数肯定会增加犯Ⅰ型错误的总概率。

每当进行事后检验时，你必须关注实验 α 水平。统计学家致力于解决这个问题，并已开发了一些在事后检验中控制Ⅰ型错误的方法。我们考虑两种备选方案。

Tukey 的真实显著性差异(HSD)检验

我们考虑的第一种事后检验是 Tukey's HSD 检验。我们选择该检验是因为它是心理学研究中普遍使用的检验。Tukey 检验可以计算一个值，该值可确定处理之间平均数差异达到显著所需的最小差异值。此值称为真实显著性差异(honestly significant difference，HSD)，可用于比较任意两种处理条件。如果平均数差异超过 HSD，则得出结论：处理之间有显著差异。否则，你不能得出结论：处理之间的差异显著。HSD 检验的计算公式是：

$$HSD=q\sqrt{\frac{MS_{处理内}}{n}} \quad (12\text{-}15)$$

q 值[⊖]见附录 A 中的表 5，$MS_{处理内}$是 ANOVA 的处理内方差，n 是每个处理的分数数量。Tukey 检验要求各处理中的样本量 n 相同。要确定 q 的适当值，你必须知道实验中的处理数量(k)，$MS_{处理内}$的自由度(F 值中的误差项)，而且你必须选择 α 水平(通常与 ANOVA 所用的 α 水平相同)。

□ 例 12-5

为了说明用 Tukey's HSD 进行事后检验的过程，我们使用如表 12-7 所示的假设数据。数据呈现了比较三组不同处理条件所得分数的研究结果。请注意，该表呈现了每个样本的汇总统计量以及 ANOVA 结果。当 $k=3$，$df_{处理内}=24$，$\alpha=0.05$ 时，你会发现，该检验 $q=3.53$(见附录 A 中的表 5)。因此，Tukey's HSD 是：

$$HSD=q\sqrt{\frac{MS_{处理内}}{n}}=3.53\times\sqrt{\frac{4.00}{9}}=2.36$$

表 12-7 比较三种处理条件的研究假设结果

处理 A	处理 B	处理 C
$n=9$	$n=9$	$n=9$
$T=27$	$T=49$	$T=63$
$M=3.00$	$M=5.44$	$M=7.00$

来源	SS	df	MS
处理间变异	73.19	2	36.60
处理内变异	96.00	24	4.00
总变异	169.19	26	
$F(2, 24)=9.15$			

因此，任意两个样本之间的平均数差异必须至少为 2.36 才能达到显著。该值可使我们得出以下结论：

1. 处理 A 与处理 B 之间的差异显著($M_A-M_B=2.44$)。
2. 处理 A 与处理 C 之间的差异同样显著($M_A-M_C=4.00$)。
3. 处理 B 与处理 C 之间的差异不显著($M_B-M_C=1.56$)。■

Scheffé 检验

Scheffé 检验采取非常谨慎的方法来降低犯 I 型错误的风险，它在所有可能的事后检验中是最安全的(犯 I 型错误的风险最低)。Scheffé 检验用 F 值来估计任意两个处理条件之间差异的显著性。F 值的分子是 $MS_{处理间}$，它由你想要比较的两个处理条件计算得出。分母与总体 ANOVA 使用的 $MS_{处理内}$相同。Scheffé 检验的"安全因素"来自以下两点考虑：

1. 尽管你只比较两个处理，但是 Scheffé 检验用来自原始实验的 k 值来计算处理间的 df。因此，F 值分子的 df 是 $k-1$。

2. Scheffé 检验中 F 值的临界值与用于 ANOVA 估计的 F 值相同。因此，Scheffé 检验要求每个事后检验须满足 ANOVA 使用的标准。下面的例子将使用表 12-7 的数据说明 Scheffé 事后检验过程。

□ 例 12-6

记住 Scheffé 检验过程需要单独的 $SS_{处理间}$、$MS_{处理间}$和 F 值来进行每次比较。尽管 Scheffé 检验用常规公式[式(12-7)]计算 $SS_{处理间}$，但你必须谨记公式中所有数值取决于所比较的两种处理条件。我们首先比较处理 A($T=27$，$n=9$)和处理 B($T=49$，$n=9$)。第一步是计算这两组的 $SS_{处理间}$。在计算 SS 的公式中，请注意两组的总和 $G=27+49=76$，两组的分数总量为 $N=9+9=18$。

$$SS=\sum\frac{T^2}{n}-\frac{G^2}{N}=\frac{27^2}{9}+\frac{49^2}{9}-\frac{76^2}{18}$$
$$=81+266.78-320.89=26.89$$

尽管我们只比较两组，但这两组是从一个包含 $k=3$ 的样本研究中选出来的。Scheffé 检验使用整个研究来确定处理间的自由度。因此 $df_{处理间}=3-1=2$，$MS_{处理间}$的计算如下：

$$MS_{处理间}=\frac{SS_{处理间}}{df_{处理间}}=\frac{26.89}{2}=13.45$$

最后，Scheffé 检验过程使用整个 ANOVA 的误差项来计算 F 值。在这里，$MS_{处理内}=4.00$，$df_{处理内}=24$。因此，Scheffé 检验所得 F 值为：

$$F_{A对B}=\frac{MS_{处理间}}{MS_{处理内}}=\frac{13.45}{4.00}=3.36$$

当 $df=2,24$，$\alpha=0.05$ 时，F 的临界值为 3.40(见附录 A 中的表 4)。因此，所得 F 值不在拒绝域内，我们可以得出结论：这些数据显示，处理 A 与处理 B 之间无显著差异。

其次，比较处理 B($T=49$)和处理 C($T=63$)。此时，得到 $SS_{处理间}=10.89$，$MS_{处理间}=5.45$，$F(2, 24)=1.36$(检查一下你自己的计算结果)。再次，F 的临界值是 3.40，因此，我们可以得出结论：数据显示，处理 B 和处理 C 之间无显著差异。

⊖ 在 Tukey's HSD 检验中使用的 q 值称为学生化全距统计量。

最后，比较处理 A（$T=27$）和处理 C（$T=63$）。此时，得到 $SS_{处理间}=72$，$MS_{处理间}=36$，$F(2,24)=9.00$（检查一下你自己的计算结果）。再次，F 的临界值是 3.40，因此，这次我们得出结论：数据显示，处理 A 和处理 C 之间存在显著差异。

因此，Scheffé 事后检验表明，仅处理 A 和处理 C 之间存在显著差异。■

我们从前面两个例子中的事后检验结果可以发现两点。第一点是 Scheffé 检验提供了对 I 型错误的最强有力的控制，是最安全的事后检验方法之一。为了提供这种保护，Scheffé 检验只需要你提供样本平均数之间最大的差异，就能推断差异显著。例如，在例 12-5 中使用 Tukey 检验发现处理 A 和处理 B 之间的差异足以达到显著。然而，根据 Scheffé 检验（见例 12-6），这种相同的差异却不能达到显著。结果之间的这种差异就是额外需要 Scheffé 检验的一个例子：Scheffé 检验需要更多的证据，因此它使得犯 I 型错误的可能性更低。

第二点涉及例 12-6 中三个 Scheffé 检验结果的模式。你可能已经注意到，事后检验产生了矛盾的结果。具体来说，检验表明处理 A 和处理 B 之间以及处理 B 和处理 C 之间的差异均不显著，这两个结果的结合可能会让你怀疑处理 A 与处理 C 之间的差异也不显著。然而，检验表明确实存在显著差异。对于这一问题，答案就在于统计上显著的标准。处理 A 和处理 B 之间以及处理 B 和处理 C 之间的差异太小，以至于不能满足显著的标准。然而，当这些差异结合的时候，处理 A 和处理 C 之间的总差异足够大，满足显著的标准。

学习小测验

1. 在只有两个处理的情况下，拒绝虚无假设时，还有必要进行事后检验吗？请解释原因。
2. 比较三个处理的 ANOVA 得出自由度 $df=2,27$ 的总 F 值。如果用 Scheffé 检验比较三个处理中的两个，那么 Scheffé 检验 F 值的自由度依然是 $df=2,27$。（对或错？）
3. 对于例 12-1 中的数据和结果，
   a. 用 Tukey's HSD 检验确定 12 英尺和 15 英尺的距离之间是否存在显著的平均数差异，使用 $\alpha=0.05$。
   b. 用 Scheffé 检验确定 12 英尺和 15 英尺之间是否存在显著的平均数差异，使用 $\alpha=0.05$。

答案

1. 不需要。事后检验用于确定哪两种处理之间存在差异。当只有两种处理条件时，这一问题不存在。
2. 对。
3. a. 在 Tukey's HSD 检验中，$q=4.05$，$HSD=2.55$。12 英尺和 15 英尺之间存在 3 分的平均数差异，这一差异足够满足显著的标准。
   b. 在 Scheffé 检验中，$F=3.75$，大于临界值 3.24。可以得出结论 12 英尺和 15 英尺之间的平均数差异显著。

12.7 ANOVA 和 t 检验的关系

当比较独立测量研究两种处理（两个独立样本）的平均数差异时，你可以使用独立测量 t 检验（第 10 章），也可以使用本章介绍的 ANOVA。实际上，选哪种方法都一样。这两种统计方法都能得出相同的统计决策。事实上，这两种方法使用了许多相同的计算，并且在其他方面也密切相关。t 统计量和 F 值之间的基本关系可以用等式表述为：

$$F=t^2$$

这种关系首先可以通过观察 F 和 t 统计量的公式结构来解释。t 统计量比较距离：两个样本平均数（分子）之间的距离和由标准误（分母）计算的距离。而 F 值比较的是方差。你可以回忆一下，方差是对距离平方的测量。因此，其关系表述为：$F=t^2$。

在将 t 统计量与 F 值比较时，还需要考虑几个要点。

1. 很明显，无论选择 t 检验还是 ANOVA，你实际上都在检验相同的假设。在只有两个处理的情况下，两个检验的假设均为：

$$H_0: \mu_1=\mu_2$$
$$H_1: \mu_1\neq\mu_2$$

2. t 统计量的自由度与 F 值中分母的自由度（$df_{处理内}$）是相同的。例如，如果有两组样本，每组有 6 个分数，独立测量 t 统计量的自由度 $df=10$，F 值的自由度 $df=1,10$。每种检验都是将第一个样本的 $df(n-1)$ 和第二个样本的 $df(n-1)$ 相加。

3. 如果考虑到 $F=t^2$ 这一关系，那么 t 分布和 F 分布就可以完美匹配了。图 12-11 中，t 分布的 $df=18$，相对应 F 分布的 $df=1,18$。请注意下述关系：

a. 如果将每个 t 值平方，那么所有负值都变为正值。因此，t 分布整个小于 0 的左侧翻转到大于 0 的右侧。这就产生了一个不对称的正偏态分布，即 F 分布。

b. 对于 $\alpha=0.05$，t 分布的拒绝域是由大于 $+2.101$ 或小于 -2.101 的值确定的。将这两个临界值平方后，你会得到 $(\pm2.101)^2=4.41$。

注意，4.41 是 F 分布中 $\alpha=0.05$ 的临界值。拒绝域中任意 t 值平方都位于 F 值的拒绝域中。

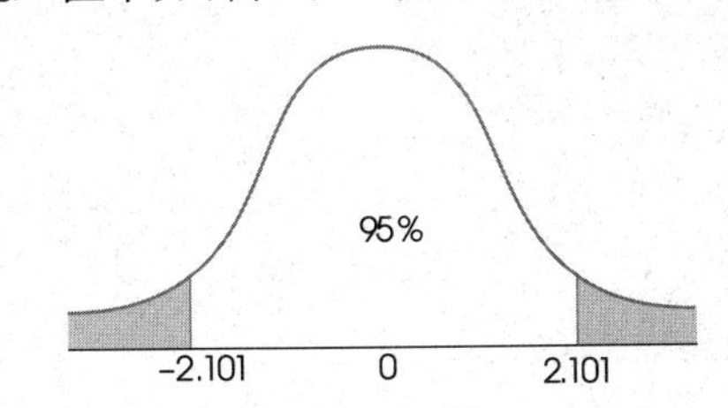

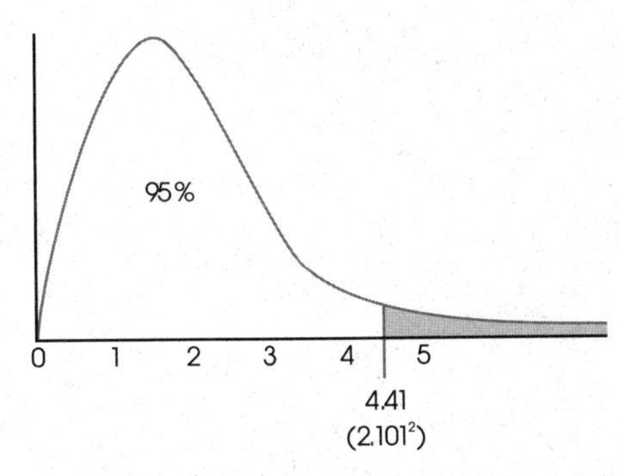

图 12-11　$df=18$ 的 t 统计量的分布以及与其对应的 $df=1,18$ 的 F 分布。注意，$\alpha=0.05$ 水平上的临界值是 $t=\pm2.101$，而且 $F=2.101^2=4.41$

独立测量 ANOVA 的假设

独立测量 ANOVA 必须满足与独立测量 t 检验相同的三个假设：

1. 每个样本中的观测值必须是独立的。
2. 选取样本的总体必须是正态的。
3. 选取样本的总体必须方差相等(方差齐性)。

通常，研究者不太关心正态性的假设，尤其是在使用大样本时，除非有充分的理由怀疑这一假设没有得到满足。方差齐性的假设很重要。如果研究者怀疑数据违背了这一假设，那么 Hartley 检验可用来检验方差齐性。

最后，如果你怀疑数据违背了独立测量 ANOVA 的假设，你可以将原始分数转换成等级，然后使用另一种称为 Kruskal-Wallis 检验的替代统计分析，该检验专门为顺序数据设计。Kruskal-Wallis 检验见于附录 D。如前所述，如果样本方差过大，导致独立测量 ANOVA 结果不显著，那么也可以使用 Kruskal-Wallis 检验。

学习小测验

1. 研究者使用独立测量 t 检验评估一项研究中获得的平均数差异，并得到 t 统计量为 3.00。如果研究者使用 ANOVA 评估这些结果，那么 F 值将为 9.00。(对或错?)
2. ANOVA 得出一个 $df=1,34$ 的 F 值。这些数据可以用 t 检验进行分析吗? t 统计量的自由度会是多少?

答案

1. 对。$F=t^2$。
2. 如果 F 值的 $df=1,34$，那么该实验仅比较了两个处理条件，你可以使用 t 统计量分析这些数据。t 统计量的自由度 $df=34$。

小　结

1. 方差分析(ANOVA)是检验两个或多个处理条件之间平均数差异显著性的统计方法。这个检验的虚无假设是，在所有总体中，处理之间无平均数差异。备择假设是，至少有一个处理平均数与另一个平均数之间有差异。
2. ANOVA 的检验统计量是两个方差之比，称为 F 值。F 值中的方差称为均方或 MS 值。每个 MS 由以下公式计算：

$$MS=\frac{SS}{df}$$

3. 对于独立测量 ANOVA，F 值为：

$$F=\frac{MS_{处理间}}{MS_{处理内}}$$

$MS_{处理间}$通过计算处理平均数或总数的变异来测量处理间差异。假定这些差异产生于：

a. 处理效应(如果存在)。

b. 随机的、非系统差异(偶然)。

$MS_{处理内}$测量每个处理条件内的变异。由于处理条件内的个体都接受完全相同的处理，所以处理内的任何差异都不可能由处理效应引起。因此，$MS_{处理内}$仅由随机的、非系统差异构成。考虑到这些因素，F 值的结构如下：

$$F=\frac{处理效应+随机差异}{随机差异}$$

当无处理效应时(H_0 为真)，F 值的分子和分母测量的方差相同，得到的比值应该近似 1.00。如果有显著的处理效应，那么比值的分子应该大于分母，且得到的 F 值应该远大于 1.00。

4. 图 12-12 呈现了计算 SS、df 和 MS 值的公式，也显示了 ANOVA 的一般结构。
5. F 值有两个自由度值，一个与分子的 MS 有关，一个与分母的 MS 有关。这些 df 值可用于求 F 分布表中 F 值的临界值。
6. 独立测量 ANOVA 的效应量是通过计算 η^2 来测量的，即处理效应的方差解释率。

$$\eta^2 = \frac{SS_{\text{处理间}}}{SS_{\text{处理间}} + SS_{\text{处理内}}} = \frac{SS_{\text{处理间}}}{SS_{\text{总}}}$$

7. 当 ANOVA 决定拒绝虚无假设，且实验包含两个以上的处理条件时，就必须继续进行事后检验，如 Tukey's HSD 检验或 Scheffé 检验。这些检验的目的是确定哪些处理之间有显著差异，哪些没有显著差异。

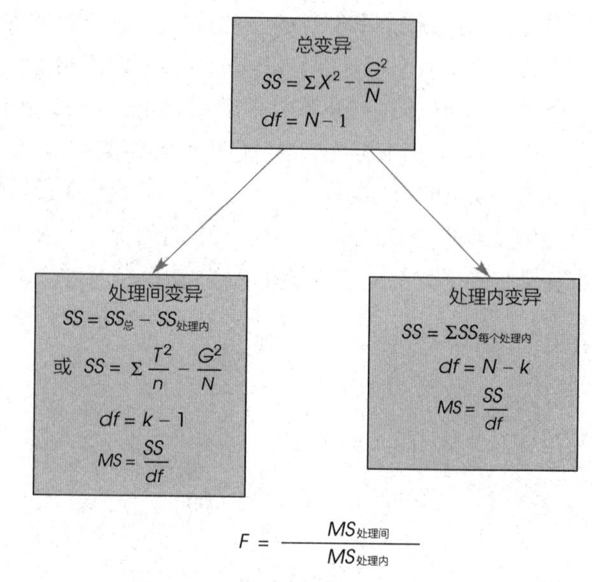

图 12-12　ANOVA 的公式

关键术语

方差分析(ANOVA)	因素	水平	检验 α 水平	实验 α 水平
处理间方差	处理效应	处理内方差	F 值	误差项
均方(MS)	ANOVA 汇总表	F 分布	η^2	Kruskal-Wallis 检验
事后检验	配对比较	Tukey's HSD 检验	Scheffé 检验	

资　源

SPSS

附录 C 呈现了使用 SPSS 的一般说明。以下是使用 SPSS 进行单因素独立测量方差分析(ANOVA)的详细指导。

数据输入

1. 在数据编辑器中将分数以 stacked format 格式输入，这意味着将所有不同处理的所有分数都输入一列(VAR00001)中。直接在处理 1 的分数下方输入处理 2 的分数，中间无间隔或空行。继续在同一列中输入处理 3 的分数，依此类推。
2. 在第二列(VAR00002)中，输入一个数字以代表每个分数属于哪种处理条件。例如，在第一个处理的每个分数旁输入 1，在第二个处理的每个分数旁输入 2，依此类推。

数据分析

1. 单击菜单栏中的 Analyze，在下拉菜单中选择 Compare Means，然后单击 One-Way ANOVA。
2. 在弹出的对话框中选择左边框中一组分数的列标签(VAR00001)，然后单击箭头将它移至 Dependent List 框中。
3. 选择左边框中包含处理数字的列标签(VAR00002)，然后单击箭头将它移至 Factor 框中。
4. 如果你想要对每个处理进行描述统计，在 Options 对话框中选择 Descriptives，然后单击 Continue。
5. 单击 OK。

SPSS 输出

我们使用 SPSS 程序分析例 12-1 中电视观看距离偏好研究的数据，其输出结果如图 12-13 所示。每个样本的输出结果首先是呈现描述性统计量(分数的个数、平均数、标准差、平均数的标准误、平均数的 95% 置信区间、分数的最大值和最小值)的表格。输出结果的第二部分呈现了一个显示 ANOVA 结果的汇总表。

Descriptives

VAR00001

	N	Mean	Std. Deviation	Std. Error	95% Confidence Interval for Mean		Minimum	Maximum
					Lower Bound	Upper Bound		
1.00	5	1.000 0	1.414 21	.632 46	−.756 0	2.756 0	.00	3.00
2.00	5	2.000 0	1.414 21	.632 46	.244 0	3.756 0	1.00	4.00
3.00	5	5.000 0	1.581 14	.707 11	3.036 8	6.963 2	3.00	7.00
4.00	5	4.000 0	1.224 74	.547 72	2.479 3	5.520 7	3.00	6.00
Total	20	3.000 0	2.077 45	.464 53	2.027 7	3.972 3	.00	7.00

ANOVA

VAR00001

	Sum of Squares	df	Mean Square	F	Sig.
Between Groups	50.000	3	16.667	8.333	.001
Within Groups	32.000	16	2.000		
Total	82.000	19			

图 12-13　例 12-1 中电视观看距离研究的 ANOVA 的 SPSS 输出结果

关注问题解决

1. 分别计算三个 *SS* 值，然后检查两个组成部分（处理间和处理内）相加是否等于总体是很有用的。不过，求出 $SS_{总}$ 和 $SS_{处理内}$，然后通过减法求得到 $SS_{处理间}$，可以极大地简化计算。
2. 记住，*F* 值有两个 *df* 值：分子的值和分母的值。确切地说，$df_{处理间}$的值写在前面。在查找 *F* 分布表中 *F* 值的临界值时，你将需要这两个 *df* 值。如果你看到某个结果只报告了 *F* 值的一个 *df* 值，你应该立即认识到出现了错误。
3. 当你在文献中遇到报告的 *F* 值与其 *df* 值时，你应该能够大致重建出原始实验的情况。例如，如果你看到“$F(2,36)=4.80$”，你应当意识到实验比较了 $k=3$ 个处理组（因为 $df_{处理间}=k-1=2$），且总共有 39 个被试参与实验（因为 $df_{处理内}=N-k=36$）。

示例12-1

方差分析

一位人因心理学家研究了三种电脑键盘的设计。三组被试分别在特定键盘上输入给定材料，研究者记录每个被试所犯错误的数量。数据如下：

键盘 A	键盘 B	键盘 C	
0	6	6	$N=15$
4	8	5	$G=60$
0	5	9	$\sum X^2=356$
1	4	4	
0	2	6	
$T=5$	$T=25$	$T=30$	
$SS=12$	$SS=20$	$SS=14$	

这些数据是否足以得出三种键盘设计对应的打字成绩有显著差异的结论？

第一步　陈述假设，确定 α 水平。虚无假设表述为三种键盘对应的错误数量没有差异。我们用符号可以表述为：

H_0：$\mu_1=\mu_2=\mu_3$（键盘类型没有效应）

正如本章前面提到的，备择假设有多种可能的表述。这里我们使用常用的备择假设，表述为：

H_1：至少有一个处理平均数是不同的

我们设定 $\alpha=0.05$。

第二步　确定拒绝域。为了确定拒绝域，我们必须

得到 $df_{处理间}$ 和 $df_{处理内}$ 的值。

$$df_{处理间}=k-1=3-1=2$$

$$df_{处理内}=N-k=15-3=12$$

这个问题的 F 值的自由度 $df=2,12$，且当 $\alpha=0.05$ 时，临界值 $F=3.88$。

第三步　进行分析。分析涉及以下几个步骤：

1. SS 分析。
2. df 分析。
3. 计算均方。
4. 计算 F 值。

首先，进行 SS 分析。我们通过以下两部分计算 $SS_{总}$。

$$SS_{总}=\sum X^2-\frac{G^2}{N}=356-\frac{60^2}{15}=356-\frac{3600}{15}=356-240=116$$

$$SS_{处理内}=\sum SS_{每个处理内}=12+20+14=46$$

$$SS_{处理间}=\sum\frac{T^2}{n}-\frac{G^2}{N}=\frac{5^2}{5}+\frac{25^2}{5}+\frac{30^2}{5}-\frac{60^2}{15}$$

$$=\frac{25}{5}+\frac{625}{5}+\frac{900}{5}-\frac{3600}{15}=5+125+180-240=70$$

其次，分析自由度。我们计算 $df_{总}$。$df_{总}$ 的成分 $df_{处理间}$ 和 $df_{处理内}$ 先前已计算(参见第二步)。

$$df_{总}=N-1=15-1=14$$

$$df_{处理间}=2$$

$$df_{处理内}=12$$

再次，计算 MS 值。确定 $MS_{处理间}$ 和 $MS_{处理内}$。

$$MS_{处理间}=\frac{SS_{处理间}}{df_{处理间}}=\frac{70}{2}=35$$

$$MS_{处理内}=\frac{SS_{处理内}}{df_{处理内}}=\frac{46}{12}=3.83$$

最后，计算 F 值。

$$F=\frac{MS_{处理间}}{MS_{处理内}}=\frac{35}{3.83}=9.14$$

第四步　对 H_0 做出决策，并陈述结论。所得到的 F 值为 9.14，超过了临界值 3.88。因此，我们可以拒绝虚无假设。使用的键盘类型对错误量确实产生了显著的影响，$F(2,12)=9.14$，$p<0.05$。下表概述了分析结果：

来源	SS	df	MS	
处理间变异	70	2	35	$F=9.14$
处理内变异	46	12	3.83	
总变异	116	14		

示例12-2

计算方差分析的效应量

我们计算示例 12-1 中所分析数据的 η^2，即方差解释率。数据产生的 $SS_{处理间}$ 为 70，$SS_{总}$ 为 116。因此：

$$\eta^2=\frac{SS_{处理间}}{SS_{总}}=\frac{70}{116}=0.60(\text{或 }60\%)$$

习　题

1. 解释虚无假设为真时为什么 F 值趋近 1.00。
2. 描述 F 值和 t 统计量之间的相似性。
3. 许多因素都影响 F 值的大小。对于以下两个因素，分别说明是否影响 F 值的分子和分母，并说明 F 值增大了还是减小了。
   a. 样本平均数差异增大。
   b. 样本方差增大。
4. 当实验包含三个或三个以上处理条件时，评估平均数差异为什么选择方差分析而不选择 t 检验？
5. 事后检验在 ANOVA 之后进行。
   a. 事后检验的目的是什么？
   b. 如果仅比较两个处理，解释为什么不需要事后检验。
   c. 如果 ANOVA 得出不能拒绝虚无假设的结论，解释为什么不需要事后检验。
6. 一个独立测量研究比较三个处理条件，每个处理条件的样本量 $n=10$。样本平均数 $M_1=2$，$M_2=3$，$M_3=7$。
   a. 计算三个处理平均数的 SS(把三个平均数作为一个 $n=3$ 的分数计算 SS)。
   b. 使用 a 题中得到的结果，计算 $n(SS_{平均数})$。注意这个值等于 $SS_{处理间}$[见式(12-6)]。
   c. 现在使用根据 T 值的公式[式(12-7)]计算 $SS_{处理间}$。你应该能得到与 b 题中一致的结果。
7. 以下数据汇总了一项比较三个处理条件的独立测量研究结果。

处理 1	处理 2	处理 3	
$n=6$	$n=6$	$n=6$	
$M=1$	$M=5$	$M=6$	$N=18$
$T=6$	$T=30$	$T=36$	$G=72$
$SS=30$	$SS=35$	$SS=40$	$\sum X^2=477$

   a. $\alpha=0.05$，使用 ANOVA 确认三个处理平均数之间是否有显著差异。
   b. 计算 η^2，以测量该研究的效应量。

c. 用一句话来报告假设检验的结果和效应量的测量结果。

8. 在习题 7 中，你应该发现三个处理之间有显著差异。显著的首要原因是处理 1 的平均数远小于另外两个处理。为了创建以下数据，我们从习题 7 中的数据着手，并在处理 1 的每个分数上加 3 后进行计算。回想一下，加上一个常数会引起平均数的变化，但不会影响样本的变异。在结果数据中，平均数差异远小于习题 7 中的平均数差异。

处理 1	处理 2	处理 3	
$n=6$	$n=6$	$n=6$	
$M=4$	$M=5$	$M=6$	$N=18$
$T=24$	$T=30$	$T=36$	$G=90$
$SS=30$	$SS=35$	$SS=40$	$\sum X^2=567$

a. 在开始计算之前，预测数据的变化如何影响分析的结果。也就是说，该数据中的 F 值和 η^2 值和习题 7 中得到的值有什么不同？

b. $\alpha=0.05$，采用 ANOVA 确定三个处理平均数之间是否有显著差异。你的答案与你在 a 题中得到的结果一致吗？

c. 计算 η^2 来测量该研究中的效应量。你的答案与你在 a 题中得到的结果一致吗？

9. 以下数据汇总了一项比较三个处理条件的独立测量研究的结果。

处理 1	处理 2	处理 3	
$n=5$	$n=5$	$n=5$	
$M=2$	$M=5$	$M=8$	$N=15$
$T=10$	$T=25$	$T=40$	$G=75$
$SS=16$	$SS=20$	$SS=24$	$\sum X^2=525$

a. 计算三个样本中每一个样本的方差。

b. $\alpha=0.05$，用 ANOVA 确定三个处理平均数之间是否存在显著差异。

10. 在习题 9 中，你应该发现三种处理之间存在显著差异。显著的原因是样本方差相对较小。在以下数据中，我们从习题 9 的数据着手，并增加每个样本的变异(SS 值)。

处理 1	处理 2	处理 3	
$n=5$	$n=5$	$n=5$	
$M=2$	$M=5$	$M=8$	$N=15$
$T=10$	$T=25$	$T=40$	$G=75$
$SS=64$	$SS=80$	$SS=96$	$\sum X^2=705$

a. 计算三个样本中每一个样本的方差。将这些方差与习题 9 中的方差进行比较并描述。

b. 增加样本方差如何影响分析的结果，也就是说，这些数据的 F 值与习题 9 中的值有什么不同？

c. $\alpha=0.05$，用 ANOVA 确定三个处理平均数之间是否存在显著差异。你的答案与 b 题中的结果一致吗？

11. 大学校园酗酒一直是大众媒体和学术研究中的热门话题。有研究者(Flett, Goldstein, Wall, Hewitt, Wekerle, & Azzi, 2008)报告了完美主义与酗酒之间的关系的研究结果。在这项研究中，基于过去一个月酗酒的次数(0 次、1 次、两次或更多次)，将学生分为三组，完成包含一个父母批评量表在内的完美主义问卷调查。其中一个题目为：“我感到自己从未达到父母要求的标准”。学生对每个题目的同意程度打分，然后计算每个学生的总分。以下的结果与研究所得结果相似。

过去一个月的酗酒次数			
0 次	1 次	两次或更多次	
8	10	13	$N=15$
8	12	14	
10	8	12	$G=165$
9	9	15	
10	11	16	$\sum X^2=1\,909$
$M=9$	$M=10$	$M=14$	
$T=45$	$T=50$	$T=70$	
$SS=4$	$SS=10$	$SS=10$	

a. 使用 $\alpha=0.05$ 的 ANOVA 来确定三种处理条件的平均数之间是否有显著差异。

b. 计算 η^2 以测量该研究的效应量。

c. 用一句话报告假设检验的结果和效应量的测量结果。

12. 一位研究者报告了一项独立测量研究中 $df=3,36$ 的 F 值。

a. 这项研究比较了多少个处理条件？

b. 该研究的被试总数是多少？

13. 一项独立测量的研究报告表明：处理之间有显著差异，$F(2, 54)=3.58$, $p<0.05$。

a. 这项研究比较了多少个处理条件？

b. 该研究的被试总数是多少？

14. 有一些证据表明，高中生之所以在课堂考试中作弊，是因为老师教学水平差或老师关怀水平低(Murdock, Miller, & Kohlhardt, 2004)。学生似乎会基于老师对作弊的看法来合理化他们的不正当行为。教学水平较差的老师被认为不知道或不在乎学生是否作弊，所以在他们的课上作弊是可以的。而水平较好的老师的确很在乎作弊并警告学生不许作弊，因此学生倾向于不在他们的课上作弊。下面是与实际研究结果相似的假设数据。分数代表每个样本中学生对于作弊可接受性的判断。

教学水平较差的老师	教学水平中等的老师	教学水平较好的老师	
$n=6$	$n=8$	$n=10$	$N=24$
$M=6$	$M=2$	$M=2$	$G=72$
$SS=30$	$SS=33$	$SS=42$	$\sum X^2=393$

a. 使用 $\alpha=0.05$ 的 ANOVA 来确定学生对老师的看法所做的判断是否有显著差异。

b. 计算 η^2 以测量该研究的效应量。

c. 用一句话报告假设检验的结果和效应量的测量结果。

15. 以下汇总表呈现了三种处理条件下，每组被试($n=8$)的 ANOVA 结果，填写表中所有的缺失值。（提示：从 *df* 列开始）

来源	*SS*	*df*	*MS*	
处理间变异	___	___	15	$F=$___
处理内变异	___	___	___	
总变异	93	___		

16. 一家制药公司研发了一种有望减少饥饿的药物。为了检验药物，选取了两个大鼠样本，每个样本 $n=20$。第一个样本大鼠每天接受药物，第二个样本大鼠每天接受安慰剂。因变量是大鼠在一个月时间内吃掉的食物总量。使用 ANOVA 估计两个样本平均数之间的差异，结果如下汇总表。填写表中所有的缺失值。（提示：从 *df* 列开始）

来源	*SS*	*df*	*MS*	
处理间变异	___	___	20	$F=4.00$
处理内变异	___	___	___	
总变异	___	___		

17. 一位发展心理学家测查了 2～4 岁儿童的语言技能发展。将儿童按年龄分为三个不同的组，每组有 16 名儿童。对每个儿童进行语言技能任务测验。使用 ANOVA 对结果数据进行分析以检验不同年龄组之间的平均数差异。ANOVA 的结果见下表，填写表中所有的缺失值。

来源	*SS*	*df*	*MS*	
处理间变异	20	___	___	$F=$___
处理内变异	___	___	___	
总变异	200	___		

18. 以下数据来自一项比较三种处理条件的独立测量研究。使用 $\alpha=0.05$ 的 ANOVA 来确定处理之间的平均数差异是否显著。

处理			
1	2	3	
2	5	7	$N=14$
5	2	3	$G=42$
0	1	6	$\sum X^2=182$
1	2	4	
2			
2			
$T=12$	$T=10$	$T=20$	
$SS=14$	$SS=9$	$SS=10$	

19. 下表汇总了一项比较两种处理条件的独立测量研究的结果。

a. 使用 $\alpha=0.05$ 的独立测量 *t* 检验，确定两种处理之间是否存在显著差异。

b. 使用 $\alpha=0.05$ 的 ANOVA，确定两种处理之间是否存在显著差异。

处理		
1	2	
$n=8$	$n=4$	
$M=4$	$M=10$	$N=12$
$T=32$	$T=40$	$G=72$
$SS=45$	$SS=15$	$\sum X^2=588$

20. 以下数据呈现了一项比较两种处理条件的独立测量研究的结果。

a. 使用 $\alpha=0.05$ 的独立测量 *t* 检验，确定两种处理之间是否存在显著差异。

b. 使用 $\alpha=0.05$ 的 ANOVA，确定两种处理之间是否存在显著差异。

处理		
1	2	
8	2	$N=10$
7	3	$G=50$
6	3	$\sum X^2=306$
5	5	
9	2	
$M=7$	$M=3$	
$T=35$	$T=15$	
$SS=10$	$SS=6$	

21. 为什么一些鸟类需要迁徙，而另一些全年都待在同一个地方？一个可能的解释是它们之间存在智力差异。具体来说，相对于其体型，脑容量较小的鸟类在冬季由于不够聪明而难以找到食物，因此必须迁徙到更易

获得食物、气候更温暖的地方(Sol，Lefebvre，& Rodriguez-Teijeiro，2005)。而脑容量较大的鸟类更富有创造性，即使天气十分恶劣，它们也能找到食物。以下是与真实研究结果相似的假定数据。数字代表了每种样本中每种鸟的相对脑容量。

无迁徙	短距离迁徙	长距离迁徙	
18	6	4	$N=18$
13	11	9	$G=180$
19	7	5	$\sum X^2=2\,150$
12	9	6	
16	8	5	
12	13	7	
$M=15$	$M=9$	$M=6$	
$T=90$	$T=54$	$T=36$	
$SS=48$	$SS=34$	$SS=16$	

a. 使用 $\alpha=0.05$ 的 ANOVA 来确定三类鸟之间是否存在显著的平均数差异。

b. 计算这些数据的 η^2，即组间差异的方差解释率。

c. 用一句话报告假设检验的结果和效应量的测量结果。

d. 使用 Tukey 检验确认哪两组之间有显著差异。

22. 有研究表明：在学习期间使用 Facebook 的大学生往往比不使用 Facebook 的学生成绩更差(Kirschner & Karpinski，2010)。一项有代表性的研究曾对大学生进行问卷调查，以确定他们在学习或做家庭作业时使用 Facebook 的时间。基于学生花在 Facebook 上的时间，将学生分成三组，并记录他们的平均成绩。以下数据显示了部分代表性的结果。

学习期间使用 Facebook		
未使用	很少使用	经常使用
3.70	3.51	3.02
3.45	3.42	2.84
2.98	3.81	3.42
3.94	3.15	3.10
3.82	3.64	2.74
3.68	3.20	3.22
3.90	2.95	2.58
4.00	3.55	3.07
3.75	3.92	3.31
3.88	3.45	2.80

a. 使用 $\alpha=0.05$ 的 ANOVA 来确定三组之间是否存在显著差异。

b. 计算 η^2 以测量效应量。

c. 用一句话报告假设检验的结果和效应量的测量结果。

23. 新的研究表明，看电视(特别是看医疗剧《实习医生格蕾》以及《豪斯医生》)会使人对个人健康产生更多的担忧(Ye，2010)。一项对大学生的调查测量了他们看电视的习惯以及对健康的担忧，比如害怕患上在电视中看到的疾病。基于学生看电视的习惯，将学生分为三类，得到以下数据，健康担忧采用 10 点量表测量(0 分表示“不看”)。

电视观看		
很少看或不看	中度	经常看
4	5	5
2	7	7
5	3	6
1	4	6
3	8	8
7	6	9
4	2	6
4	7	4
8	3	6
2	5	8

a. 使用 $\alpha=0.05$ 的 ANOVA 来确定在三组之间是否存在显著差异。

b. 计算 η^2 以测量效应量。

c. 使用 Tukey's HSD 检验确认哪两组之间有显著差异。

CHAPTER

第13章

重复测量方差分析

本章目录

本章概要

13.1 重复测量设计概述

13.2 重复测量 ANOVA

13.3 重复测量 ANOVA 的假设检验和效应量

13.4 重复测量设计的优点和缺点

13.5 重复测量 ANOVA 和重复测量 t 检验

小结

关键术语

资源

关注问题解决

示例 13-1

示例 13-2

习题

所需工具

以下所列内容是学习本章需要的基础知识。如果你不确定自己对这些知识的掌握情况，你应在学习本章前复习相应的章节。

- 重复测量设计(11 章)
  - 个体差异
- 独立测量方差分析(12 章)

本章概要

假设你可以在 5 年内得到 1 000 美元或在今天得到少量钱中进行选择，那么你今天愿意得多少钱来避免等待用 5 年时间获得全部的 1 000 美元？

这种决策的一般结果是得到 1 000 美元的延迟时间越长，人们今天愿意接受的金额就越低。例如，你可能愿意今天得到 300 美元，也不愿为 1 000 美元等待 5 年。但如果你必须等 10 年才能得到 1 000 美元，你可能会愿意今天得到 100 美元。这种现象称为延迟折扣，人们对于未来价值的折扣取决于延迟时间的长短（Green，Fry，& Myerson，1994）。在一个典型的延迟折扣研究中，人们为几个不同延迟期的未来奖励设置价值。例如，你今天得多少钱，就愿意放弃等 1 个月才能得 1 000 美元的未来奖励？那么等 6 个月呢？12 个月呢？24 个月呢？60 个月呢？

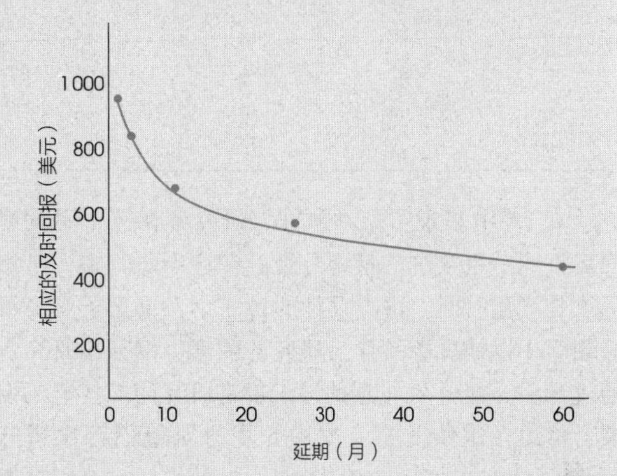

图 13-1　在各个延迟获得 1 000 美元的时间选择及时回报的平均数

图 13-1 中呈现了大学生样本的典型结果。注意：随着延迟周期的增加，平均价值有规律地下降。统计问题是：从一个延迟周期到另一周期的平均数差异是否显著。

问题：你应该认识到，评估多个样本平均数的平均数差异是 ANOVA 的工作，然而，折扣研究是每个个体具有 5 个分数的重复测量设计，而第 12 章介绍的 ANOVA 用于独立测量研究。这一次我们需要新的假设检验方法。

解决方法：在本章中，我们将介绍重复测量方差分析，顾名思义，这种新方法用于评估重复测量研究得到的两个或多个样本平均数之间的差异。正如你将看见的，许多运算符号和计算都同独立测量 ANOVA 所用的一样。事实上，你对本章所做的最好准备就是充分理解第 12 章介绍的 ANOVA 基本过程。

13.1　重复测量设计概述

在第 12 章中，我们介绍了 ANOVA，它是一种评估两个或多个样本平均数之间差异的假设检验方法。相对于 t 检验，ANOVA 独有的优点是可用于评估在有多个样本平均数进行比较的情况下平均数差异的显著性。然而，第 12 章关于 ANOVA 的介绍仅限于单因素独立测量研究设计。回想一下，单因素表明该研究只涉及一个自变量（或只有一个准自变量），术语“独立测量”表明该研究使用单个独立样本来比较每种不同的处理条件。

在本章中，我们将 ANOVA 拓展到单因素重复测量设计。重复测量设计的定义特征是同一组个体接受所有不同的处理条件。重复测量 ANOVA 用于评估两种一般研究情况下的平均数差异：

1. 实验研究，其中研究者操纵自变量创建两个或多个处理条件，并在所有条件下测试同一组被试。

2. 非实验研究，研究者仅仅在两个或多个不同时间观察同一组被试。

表 13-1 呈现了这两类研究情况。表 13-1a 显示了一项研究的数据，在这个研究中，研究者改变干扰类型以创建三种处理条件。然后，一组被试接受全部三种处理。在这个研究中，所检验的因素是干扰类型。

表 13-1　单因素重复测量研究设计典型例子的两组代表性数据

a）评估不同干扰类型对视觉探测任务成绩影响的实验数据

被试	视觉探测成绩		
	无干扰	视觉干扰	听力干扰
A	47	22	41
B	57	31	52
C	38	18	40
D	45	32	43

（续）

b）评估治疗抑郁症的临床治疗效果的非实验设计的数据

被试	抑郁分数		
	治疗前	治疗后	6个月后
A	71	53	55
B	62	45	44
C	82	56	61
D	77	50	46
E	81	54	55

表13-1b呈现了一项研究，研究者在三个不同时间观察同一组被试的抑郁分数。在这项研究中，考察因素是测量时间。这类设计的另一个常见例子是发展心理学中以被试年龄作为研究的因素。例如，研究者通过测量一组3岁儿童的词汇量来研究词汇技能的发展，然后在这些儿童4岁和5岁时对他们再次进行测量。

13.2 重复测量ANOVA

重复测量ANOVA的假设

重复测量ANOVA的假设与第12章的独立测量ANOVA的假设完全相同。具体而言，虚无假设表述为对于一般总体，进行比较的处理条件之间不存在平均数差异。用符号可以表示为：

$$H_0: \mu_1 = \mu_2 = \mu_3 = \cdots$$

通常，虚无假设陈述为所有处理效应完全相同，样本平均数之间可能存在的任何差异都不是由系统处理效应引起的，而只是由随机和非系统因素导致的。

备择假设表述为各处理条件的平均数之间存在差异。H_1的一般形式只是表明差异存在，而没有确切指出哪些处理是不同的：

H_1：至少有一个处理平均数(μ)与其他处理平均数不同

注意，备择假设表明，一般而言，处理确实有不同的效应。因此，处理条件可能是引起样本之间平均数出现差异的原因。在通常情况下，ANOVA的目的是用样本数据来确定这两个假设哪一个更有可能是正确的。

重复测量ANOVA的*F*值

重复测量ANOVA的*F*值和第12章中的独立测量ANOVA的*F*值的结构相同。在两种ANOVA中，*F*值都是将处理之间真实的平均数差异与无处理效应时的期望差异进行比较。*F*值的分子测量处理之间真实的平均数差异，分母则测量无处理效应时的差异大小。通常，*F*值用方差来测量差异大小，因此，这两种ANOVA的*F*值都具有一般的结构。

$$F = \frac{\text{处理间方差(差异)}}{\text{无处理效应时的期望方差(差异)}}$$

较大的*F*值表明处理间的差异比无处理效应时的期望差异大。如果*F*值大于*F*分布表中的临界值，那么就可以说处理间差异显著大于随机因素引起的差异。

F值的个体差异 尽管独立测量*F*值的结构和重复测量设计的*F*值的结构相同，但是这两种设计之间存在基本的差异，这种差异导致了相应的*F*值差异。具体来说，个体差异是独立测量*F*值的一部分，但在重复测量的*F*值中被消除。

你应该还记得，个体差异指的是被试特征，如年龄、人格、性别等，这些可能会影响你对每名被试的测量。例如，你测量反应时，研究的第一个被试是一名IQ为136、校排球队的19岁女性。下一个被试是一名IQ为111的42岁男性，他失业后回到了大学，在感冒的状态下参与了这项研究。你会期待二者得到相同的反应时吗？

个体差异是独立测量ANOVA中*F*值分子和分母方差的一部分。而在重复测量ANOVA中，个体差异会从*F*值方差中消除或移除。第11章介绍重复测量设计时已提到了消除个体差异的理念，现在我们对此进行简短的回顾。

在重复测量研究中，每名被试接受所有的处理条件。因此，处理之间存在的任何平均数差异都不能用个体差异来解释。因此个体差异也就从重复测量*F*值的分子中自动移除了。

重复测量设计同样从*F*值分母的方差中消除了个体差异。因为每个处理条件都测试了同样的个体，所以有可能测量出个体差异的大小。例如，在表13-1a中，被试A的分数都比被试B低了10分。因为个体差异是系统的、可预测的，所以可以对它们进行测量并将它们从随机、非系统的*F*值分母的差异中分离出来。

因此，个体差异会从重复测量*F*值的分子中自动消除。此外，它们还可以被测量并从分母中消除。所以，最终的*F*值结构如下：

$$F = \frac{\text{处理间方差/差异(无个体差异)}}{\text{无处理效应时的方差/差异(个体差异被消除)}}$$

消除个体差异的过程是重复测量 ANOVA 方法的重要部分。

重复测量 ANOVA 的逻辑

重复测量 ANOVA 的总体目的是确定在处理条件之间发现的差异是否显著大于预期无处理效应时的差异。在 F 值的分子中，处理间方差用于测量处理条件之间实际的平均数差异。F 值分母中的方差用于测量如果没有系统的处理效应和系统的个体差异，预期差异多大是合理的。换句话说，分母测量的变异完全是由随机的、非系统因素引起的。出于这个原因，分母的方差称为误差方差（error variance）。在本节中，我们探讨组成重复测量 F 值的两个方差的要素。

F 值的分子：处理间方差　从逻辑上讲，任何处理之间发现的差异都可以用两个因素来解释：

1. 由处理引起的系统差异　不同的处理条件会产生不同的效应，因而，一种条件可能引起个体分数比另一种条件下更高（或更低）。要记住，研究的目的是确定处理效应是否存在。

2. 随机的、非系统差异　即使无处理效应，一种处理条件下的分数也有可能与另一种处理条件下的分数不同。例如，假设周一早上测量了你的 IQ 分数，一周后在相同条件下再次测量你的 IQ 分数。两次测量的 IQ 分数会完全相同吗？事实上，两种测量情境下的细微差异可能会致使最终得到两个不同的分数。例如，对于其中一次 IQ 测验，你可能会感到更累、更饿、更忧虑或更心烦意乱，这些差异可能会致使你的分数不同。在重复测量研究中也会发生同样的情况。即使两种处理条件之间没有差异，在两个或多个不同时间测量同一个体，你仍然可能得到不同的分数。我们将这些随机的、非系统差异归类为误差方差。

因此，处理之间的任何差异（或方差）可能是由处理效应引起的，也可能仅是随机的结果。另外，处理之间的差异不可能是由个体差异引起的。因为重复测量设计在每种处理条件下都使用完全相同的个体，所以个体差异会从 F 值分子的处理间方差中自动消除。

F 值的分母：误差方差　ANOVA 的目标是确定从数据中观察到的差异是否比预期没有任何系统处理效应时的差异更大。为了实现这个目标，F 值的分母用于测量仅由随机的、非系统因素引起的差异（或方差）多少是合理的。这就意味着我们必须测量无处理效应或其他系统差异时存在的方差。

我们完全按照独立测量 F 值那样开始计算，具体来说，我们先要计算处理内的方差。回忆第 12 章，每个处理内的所有个体都接受完全相同的处理，因此处理内存在的任何差异都不是由处理效应引起的。

但是，在重复测量设计中，个体差异也可能引起处理内分数间的系统差异。例如，一个人的分数可能总是高于另一个人。为了从 F 值的分母中消除个体差异，我们测量了个体差异并将其去除。剩余的方差是测量的纯误差，不包含能用处理效应或个体差异解释的任何系统差异。

总的来说，除了不包含由个体差异所引起的变异，重复测量 ANOVA 的 F 值和独立测量 F 值（第 12 章）的基本结构相同。因为重复测量设计在所有处理中使用的是相同的个体，所以个体差异会从处理内方差（分子）中自动消除。在分母中，个体差异在分析时被消除。因此，重复测量 F 值的结构如下：

$$F=\frac{\text{处理间方差}}{\text{误差方差}}=\frac{\text{处理效应+随机的、非系统差异}}{\text{随机的、非系统差异}} \quad (13\text{-}1)$$

如 F 值的结构所示，个体差异对于分子和分母都没有影响。当无处理效应时，因为分子和分母测量的方差完全相同，所以 F 值是平衡的。在这种情况下，F 值应该接近 1.00。当研究结果产生的 F 值接近 1.00 时，我们得出没有证据证明存在处理效应的结论，且不能拒绝虚无假设。而当处理效应确实存在时，它只对分子起作用，且应产生较大的 F 值。因此，大 F 值表明存在处理效应，所以我们应该拒绝虚无假设。

学习小测验

1. 请解释在重复测量研究中，为什么个体差异不影响处理间变异。
2. 重复测量研究中处理内变异的来源是什么？
3. 请描述重复测量 ANOVA 中 F 值的结构。

答案

1. 因为所有处理中的个体完全相同，所以各个处理之间不存在个体差异。
2. 处理内变异（差异）是由个体差异和随机的、非系统差异引起的。
3. F 值的分子测量处理效应和随机的、非系统差异组成的处理间变异；分母测量仅由随机的、非系统差异引起的变异。

13.3 重复测量 ANOVA 的假设检验和效应量

图 13-2 呈现了重复测量 ANOVA 的总体结构。注意，ANOVA 可被看作两个阶段。第一阶段，总方差被分成两部分：处理间方差和处理内方差。这个阶段与第 12 章对独立测量设计的分析完全相同。

第二阶段是从 F 值分母中消除个体差异。第二阶段，我们从处理内方差入手，然后测量并减去用于衡量个体差异大小的被试间方差。剩下的方差通常被称为残差方差或误差方差，它测量了在消除处理效应和个体差异后合理预期的方差。分析的第二阶段将重复测量 ANOVA 和独立测量 ANOVA 区分开来。具体来说，重复测量设计要求消除个体差异。

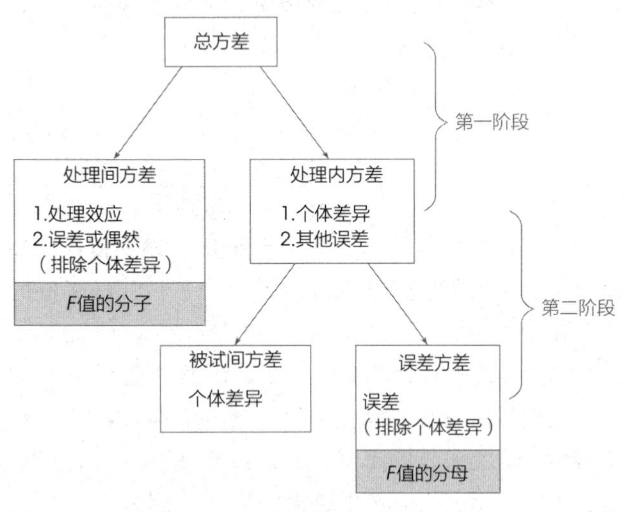

图 13-2　重复测量实验的方差划分

定义

在重复测量 ANOVA 中，F 值的分母被称为**残差方差**（residual variance）或**误差方差**（error variance），用以测量当没有系统处理效应和引起分数变异的个体差异时预期的方差大小。

重复测量 ANOVA 的符号

我们使用表 13-2 中的数据来介绍重复测量 ANOVA 的符号。这些数据代表了一项比较不同距离观看 42 英寸高清电视的研究结果。四种观看距离分别为 9 英尺、12 英尺、15 英尺和 18 英尺。在 30 分钟的视频观看过程中，每个被试可以在四种距离之间自由移动。唯一的规定是，每人在每种距离上必须至少观看两分钟。视频观看结束后，每个被试在从 1（非常不好，一定要靠近或远离）到 7（很好，完美的观看距离）的量表上对各个观看距离进行评分。你可能注意到了，这项研究和表中的数值与前一章用于说明独立测量 ANOVA 的例子（见例 12-1）相同。然而，在这里，数据代表了在全部四种处理条件下测试同一组 $n=5$ 个被试的重复测量研究。

你应该意识到，表 13-2 中的大部分符号都和独立测量分析（第 12 章）中使用的符号相同。例如，$n=5$ 个被试在 $k=4$ 种处理条件下接受测试，一共产生了 $N=20$ 个数据，它们加起来的总和 $G=60$。然而，需要注意的是，$N=20$ 现在指的是这个研究中分数的总个数，而不是被试的数量。

重复测量 ANOVA 只引入了一个新符号。字母 P 被用来代表这个研究中的每个个体的所有分数的总和。你可以把 P 值称作“个人总和”或“被试总和”。例如，在表 13-2 中，被试 A 的分数是 3、4、7 和 6，总和 $P=20$。在第二阶段，P 值用来定义和测量个体差异的大小。

表 13-2　在不同距离观看 42 英寸高清电视的满意度。注意：为了比较，表内分数和例 12-1 的分数相同

	观看距离				个人总和	
被试	9 英尺	12 英尺	15 英尺	18 英尺		
A	3	4	7	6	$P=20$	$n=5$
B	0	3	6	3	$P=12$	$k=4$
C	2	1	5	4	$P=12$	$N=20$
D	0	1	4	3	$P=8$	$G=60$
E	0	1	3	4	$P=8$	$\sum X^2=262$
	$T=5$	$T=10$	$T=25$	$T=20$		
	$SS=8$	$SS=8$	$SS=10$	$SS=6$		

例 13-1

我们使用表 13-2 中的数据来演示重复测量 ANOVA。这个检验的目的是确定比较的四种距离之间是否存在显著差异。具体来说，数据中的平均数差异是否比在四种观看距离之间没有系统差异的情况下的预期平均数差异更大？

重复测量 ANOVA 的第一阶段

重复测量分析的第一阶段与第 12 章中呈现的独立测量 ANOVA 相同。具体来说，将所有分数的 SS 和 df 分解成处理间和处理内两个部分。

因为表 13-2 中的数值和例 12-1 中使用的数值相同，所以重复测量分析第一阶段的计算也和例 12-1

中相同。我们就不重复相同的计算了，重复测量分析第一阶段的结果可以总结如下。

总和：

$$SS_{总}=\sum X^2-\frac{G^2}{N}=262-\frac{(60)^2}{20}=262-180=82$$

$$df_{总}=N-1=19$$

处理内：

$$SS_{处理内}=\sum SS_{每个处理内}=8+8+10+6=32$$

$$df_{处理内}=\sum df_{每个处理内}=4+4+4+4=16$$

处理间：这个例子中我们使用 $SS_{处理间}$ 的计算公式。

$$SS_{处理间}=\sum\frac{T^2}{n}-\frac{G^2}{N}=\frac{5^2}{5}+\frac{10^2}{5}+\frac{25^2}{5}+\frac{20^2}{5}-\frac{60^2}{20}=50$$

$$df_{处理间}=k-1=3$$

更多关于公式和计算的细节请参阅例 12-1。

这就完成了重复测量 ANOVA 的第一阶段。需要注意，处理内和处理间两个组成部分的 SS 和 df，加起来等于总的 SS 值和 df 值。还要注意，处理间的 SS 和 df 值提供了处理间平均数差异的测量并且用于计算最后 F 值分子的方差。

重复测量 ANOVA 的第二阶段

分析的第二阶段涉及从 F 值分母中消除个体差异。因为每个处理都使用相同的个体，所以能够测量出个体差异的大小。例如表 13-2 中的数据，被试 A 的分数趋于最高，被试 D 和 E 的分数趋于最低。P 值（即最右侧的个人总和）反映了这些个体差异。与 $SS_{处理间}$ 公式使用处理间总和 T 值相同，我们用 P 值来创建一个 $SS_{被试间}$ 计算公式。被试间 SS 的公式是：

$$SS_{被试间}=\sum\frac{P^2}{k}-\frac{G^2}{N}\qquad(13\text{-}2)$$

注意，被试间 SS 的公式和处理间 SS（见上面计算）的计算公式的结构完全一样。在这里，使用个人总和（P 值）代替处理总和（T 值）。将每个 P 值平方，然后除以分数的总个数。在这种情况下，每个人都有 k 个分数，每个分数都来源于（相对应的）每个处理。知识窗 13-1 呈现了被试间 SS 计算公式与处理间 SS 相似性的进一步说明。从表 13-2 数据可以得到：

$$SS_{被试间}=\frac{20^2}{4}+\frac{12^2}{4}+\frac{12^2}{4}+\frac{8^2}{4}+\frac{8^2}{4}-\frac{60^2}{20}$$

$$=100+36+36+16+16-180$$

$$=24$$

$SS_{被试间}$ 的数据测量了个体差异的大小，也就是被试间的差异。分析的第二阶段是减去个体差异，从而得到 F 值分母的误差。因此，分析 SS 的最后一步是：

$$SS_{误差}=SS_{处理内}-SS_{被试间}\qquad(13\text{-}3)$$

我们已经计算出 $SS_{处理内}=32$，$SS_{被试间}=24$，所以，

$$SS_{误差}=32-24=8$$

自由度的分析与 SS 的分析模式完全相同。请记住，我们使用 P 值来测量个体差异的大小，P 值的个数与被试的个数 n 相对应，所以相应的 df 是：

$$df_{被试间}=n-1\qquad(13\text{-}4)$$

从表 13-2 中数据得出被试 $n=5$，所以，

$$df_{被试间}=5-1=4$$

其次，我们将个体差异从被试内成分中减去，从而得到误差的测量值。对于自由度：

$$df_{误差}=df_{处理内}-df_{被试间}\qquad(13\text{-}5)$$

以表 13-2 中数据为例：

$$df_{误差}=16-4=12$$

$df_{误差}$ 的代数等价公式中只使用了处理条件数（k）

知识窗 13-1　$SS_{被试间}$ 和 $SS_{处理间}$

重复测量研究的数据通常会以矩阵的形式展现，其中列代表处理条件，行表示被试。表 13-2 中的数据就是一个例子。$SS_{处理间}$ 公式测量了处理条件之间的差异，即数据矩阵中列之间的平均数差异。对于表 13-2 中的数据，列的总和分别是 5、10、25 和 20。这些数据是变量，$SS_{处理间}$ 测量了变异的大小。

右表再现了表 13-2 的数据，但是，现在我们换了一下矩阵的方向，使列代表被试，行代表处理条件。

在这个新表中，列之间的差异代表了被试间的变异。列的总和就是 P 值（代替了 T 值），每列数据的个数用 k 代表（代替了 n）。这些符号产生了变化，$SS_{被试间}$ 的公式与 $SS_{处理间}$ 的公式的结构是完全相同的。如果仔细观察一下两个等式，你会发现相似点显而易见。

	被试					
	A	B	C	D	E	
9 英尺	3	0	2	0	0	$T=5$
12 英尺	4	3	1	1	1	$T=10$
15 英尺	7	6	5	4	3	$T=25$
18 英尺	6	3	4	3	4	$T=20$
	$P=20$	$P=12$	$P=12$	$P=8$	$P=8$	

和被试数量(n)：

$$df_{误差}=(k-1)(n-1) \qquad (13\text{-}6)$$

知识窗 13-2 对式(13-6)的应用进行了讨论。

记住：分析的第二阶段的目的是测量个体差异，并从 F 值的分母中减去个体差异。这个目标是通过计算被试间(个体差异)SS 和 df 并从处理内的值中将其减去来实现的。结果是测量了消除个体差异后由误差导致的变异。这个误差方差(SS 和 df)被用在 F 值的分母中。

方差(MS 值)和 F 值的计算

分析的最后一步是计算两个方差之比构成的 F 值。每个方差称为均方或 MS，通过用适当的 SS 除以对应的 df 值得到。F 值分子的 MS 测量的是处理间的差异大小，计算如下：

$$MS_{处理间}=\frac{SS_{处理间}}{df_{处理间}} \qquad (13\text{-}7)$$

以表 13-2 中的数据为例：

$$MS_{处理间}=\frac{50}{3}=16.67$$

F 值的分母测量系统的处理效应以及消除个体差异后，合理的预期差异为多少。这是在第二阶段分析中得到的误差方差或残差。

$$MS_{误差}=\frac{SS_{误差}}{df_{误差}} \qquad (13\text{-}8)$$

以表 13-2 中的数据为例：

$$MS_{误差}=\frac{8}{12}=0.67$$

最后，F 值的计算为：

$$F=\frac{MS_{处理间}}{MS_{误差}} \qquad (13\text{-}9)$$

以表 13-2 中的数据为例：

$$F=\frac{16.67}{0.67}=24.88$$

再次注意，重复测量 ANOVA 将 $MS_{误差}$ 置于 F 值的分母。这一 MS 值是在分析的第二阶段减去个体差异得到的。因此，重复测量 F 值彻底消除了个体差异，其总体结构为：

$$F=\frac{处理效应+非系统差异(无个体差异)}{非系统差异(无个体差异)}$$

从我们检验的数据看，F 值是 24.88，显示处理间差异(分子)几乎比预期无处理效应时(分母)要大 25 倍。如此大的比值似乎可以提供有力的证据证明处理效应确实存在。为了证明这个结论，我们必须参照 F 分布表来确定适合该检验的临界值。F 值的自由度由分子和分母的两个方差确定。重复测量 ANOVA 中的 F 值自由度报告如下：

$$df=df_{处理间}, \ df_{误差}$$

对于我们讨论的例子，F 值的 $df=2,12$(“自由度等于 2 和 12”)。参照 F 分布表，当 $\alpha=0.05$ 时，临界值 $F=3.88$；当 $\alpha=0.01$ 时，临界值 $F=6.93$。我们得到的 F 值是 24.88，这个值远大于任意一个临界值，所以可以得出结论：处理间的差异显著大于预期由随机因素引起的差异，无论 $\alpha=0.05$ 还是 $\alpha=0.01$。■

表 13-3 呈现的是例 13-1 中重复测量 ANOVA 的汇总表。尽管这种表在报告中已不再常用，但它准确简明地呈现了分析的所有元素。

表 13-3　例 13-1 中数据的重复方差测量分析汇总表

来源	SS	df	MS	F
处理间方差	50	3	16.67	$F(3, 12)=24.88$
处理内方差	32	16		
被试间方差	24	4		
误差方差	8	12	0.67	
总方差	82	19		

知识窗 13-2　$df_{误差}$ 替换公式的应用

研究报告中呈现出的统计数据不仅描述了结果的意义，还为重建研究设计提供了足够的信息。$df_{误差}$ 的替代公式对于实现此目的非常有用。例如，假设一个重复测量研究报告了一个 $df=2,10$ 的 F 值，那么研究中比较了多少个处理条件？有多少个体参与？

为了回答这些问题，从第一个 df 值开始，即 $df_{处理间}=2=k-1$。从这个值来看，很明显有 $k=3$ 个处理。接下来使用第二个值 $df_{误差}=10$。使用这个值以及已知的事实 $k-1=2$，再使用式(13-6)可得出被试数量。

$$df_{误差}=10=(k-1)(n-1)=2(n-1)$$

如果 $2(n-1)=10$，那么 $n-1$ 一定等于 5，因此 $n=6$。

因此，我们可以得出结论，重复测量研究产生的 $df=2,10$ 的 F 值一定比较了 3 个处理条件和 6 名被试。

重复测量 ANOVA 的效应量

测量 ANOVA 效应量最常见的方法是计算处理差异的方差解释率。在 ANOVA 中，方差解释率通常用 η^2 表示。在第 12 章中，对于独立测量分析，计算 η^2 的方法如下：

$$\eta^2=\frac{SS_{处理间}}{SS_{处理间}+SS_{处理内}}=\frac{SS_{处理间}}{SS_{总}}$$

计算的目的是测量总变异中有多少变异可由处理间差异解释。然而对于重复测量设计来说，另一个部分也可以解释数据的部分变异。具体来说，部分变异是由个体间差异引起的。例如，在表 13-2 中，被试 A 的分数始终比被试 B 高。这个一致的差异解释了数据中的部分变异。在计算处理效应大小时，通常要去除任何可以被其他因素解释的变异，然后计算剩余的变异能被处理效应解释的百分比。因此，对于重复测量 ANOVA，在计算 η^2 之前，要去除由个体差异引起的变异，因此 η^2 的计算为：

$$\eta^2=\frac{SS_{处理间}}{SS_{总}-SS_{被试间}} \tag{13-10}$$

因为式(13-10)计算的是一个百分比，而这个百分比不是建立在分数总变异的基础上(其中 $SS_{被试间}$ 部分已消除)，所以算出的结果常被称为偏 η^2。

式(13-10)的最终目的是计算没有被其他因素解释的变异百分比。因此式(13-10)的分母仅限于由处理差异引起的变异和由随机的、非系统因素引起的变异。考虑到这一点，η^2 公式的等价形式为：

$$\eta^2=\frac{SS_{处理间}}{SS_{处理间}+SS_{误差}} \tag{13-11}$$

在这个新的 η^2 公式中，分母包含了由处理差异解释的变异以及其他无法解释的变异。无论用哪种公式，可从例 13-1 的数据中得到：

$$\eta^2=\frac{50}{58}=0.862(或\ 86.2\%)$$

这个结果表明数据中 86.2%的变异(消除个体差异)是由处理间差异引起的。

§ 文献报告 §

报告重复测量 ANOVA 的结果

正如第 12 章所描述的，期刊论文报告 ANOVA 结果的格式包括：

1. 描述性统计量的汇总(至少要有处理平均数和标准差，以及所需的表或图)。
2. 简要表述 ANOVA 的结果。

对于例 13-1 的研究，可以这样报告结果：

四种电视观看距离的平均数和方差见下表。重复测量 ANOVA 的方差显示了被试在四种距离观看下的评分存在显著差异，$F(3, 12)=24.88$，$p<0.01$，$\eta^2=0.862$。

表 13-4 不同电视观看距离的满意度评分

	9 英尺	12 英尺	15 英尺	18 英尺
M	1.00	2.00	5.00	4.00
SD	1.41	1.41	1.58	1.22

重复测量 ANOVA 的事后检验

回想一下，ANOVA 是对处理间平均数差异显著性的全面检验。拒绝虚无假设仅代表至少两组处理平均数间存在差异。如果 $k=2$，很明显差异就存在于这两种处理之间。但当 k 大于 2 时，情况就变得复杂了。为了确定显著差异的确切位置，研究者必须对 ANOVA 进行事后检验。在第 12 章中，我们使用了 Tukey's HSD 检验和 Scheffé 检验，在处理平均数之间进行多重比较。这两种方法都可以通过调整用于比较的 α 水平来控制总的 α 水平。

对于重复测量 ANOVA，可以用和独立测量 ANOVA 中相同的方式，即用 Tukey's HSD 检验和 Scheffé 检验，但公式中需要用 $MS_{误差}$ 来代替 $MS_{处理内}$，在统计表中找临界值时，需要用 $df_{误差}$ 来代替 $df_{处理内}$。需要注意，对于重复测量设计的事后检验使用什么误差项才合适，统计学家们尚存争议(Keppel，1973；Keppel & Zedeck，1989)。

重复测量 ANOVA 的假设

重复测量 ANOVA 的基本假设与独立测量 ANOVA 的假设相同。

1. 每种处理条件的观测必须是独立的。

2. 每种处理的总体分布必须是正态分布(如之前提到的，只有在样本比较小时，正态分布的假设才重要)。

3. 每种处理总体分布的方差应该是相等的。

对于重复测量 ANOVA，还有另一个假设称为协方差齐性。总的来说，它是指每个被试在每种处理条件中都保持相对的位置。如果处理效应对所有被试不一致或某些被试(而不是另一些被试)存在顺序效应，那么就违背了这个假设。这个问题非常复杂，并且超出了本书的范围。但是解决违反这个假设的问题的办法确实存在(Keppel，1973)。

如果有理由怀疑重复测量 ANOVA 的任一假设被违反，那么可以使用另一种称为 Friedman 检验的替代性分析方法。附录 D 中呈现了 Friedman 检验，它要求在评估处理条件之间的差异前，先将原始分数转换为等级。

学习小测验

1. 解释如何计算重复测量 ANOVA 中的 $SS_{误差}$？
2. 采用重复测量研究评估三种处理条件下 8 名被试的平均数差异。那么 F 值的 df 值是多少？
3. 对于下面一组数据，计算 $SS_{处理间}$ 和 $SS_{被试间}$。

被试	处理				
	1	2	3	4	
A	2	2	2	2	$G=32$
B	4	0	0	4	$\sum X^2=96$
C	2	0	2	0	
D	4	2	2	4	
	$T=12$	$T=4$	$T=6$	$T=10$	
	$SS=4$	$SS=4$	$SS=3$	$SS=11$	

4. 一个研究报告包括一个 $df=3,24$ 的重复测量 F 值。请问该研究比较了多少种处理条件？有多少名被试参与了这项研究？(见知识窗 13-2)

答案

1. $SS_{误差}=SS_{处理内}-SS_{被试间}$
从处理内方差中减去个体差异方差。
2. $df=2,14$
3. $SS_{处理间}=10$，$SS_{被试间}=8$
4. 有 4 种处理条件($k-1=3$)及 9 名被试($n-1=8$)

13.4 重复测量设计的优点和缺点

当我们第一次遇到重复测量设计时(第 11 章)，我们指出了这类研究的优点和缺点。优点是如果被试数量有限，那么重复测量研究更加可取。由于需要的被试相对较少，因此重复测量研究是经济的。此外，重复测量设计消除或最小化了与个体差异相关的大多数问题。然而，重复测量设计也存在缺点。一般表现为顺序效应，比如被试可能疲惫，这会让解释数据变得困难。

现在，我们既然已经介绍了重复测量 ANOVA，就可以检验该设计的一个首要优势，即能够消除由个体差异引起的变异。考虑独立测量和重复测量两种设计的 F 值结构。

$$F=\frac{\text{处理效应+随机的、非系统差异}}{\text{随机的、非系统差异}}$$

在每种设计中，分析的目的都是确定数据是否给出了有关处理效应的证据。如果无处理效应，分子和分母测量的都是随机的、非系统方差，那么 F 值应该接近 1.00。而处理效应的存在会使分子比分母大得多，也会产生更大的 F 值。

对于独立测量设计，非系统差异包括个体差异和其他来源的随机误差。因此，独立测量 ANOVA 的 F 值结构如下：

$$F=\frac{\text{处理效应+个体差异和其他误差}}{\text{个体差异和其他误差}}$$

对于重复测量设计，个体差异被消除或者去除，得到 F 值的结构如下：

$$F=\frac{\text{处理效应+误差(不包括个体差异)}}{\text{误差(不包括个体差异)}}$$

在被试间存在非常大的个体差异的情况下，从分析中消除个体差异成为一种优势。

当个体差异非常大时，如果进行独立测量研究，那么处理效应的存在可能会被掩盖。在这种情况下，由于个体差异不影响重复测量的 F 值，所以重复测量设计在发现处理效应方面更灵敏。

这一点在下面的例子中体现得很明显。假设我们知道不同来源的方差可以解释多少变异。例如：

处理效应 = 10 个单位方差

个体差异 = 10 个单位方差

其他误差 = 1 个单位方差

注意，实验中个体差异会引起很大的变异。通过比较独立测量分析和重复测量分析中的 F 值，我们可以看出两种实验设计之间的根本差异。对于独立测量实验，我们可以得到：

$$F=\frac{处理效应+个体差异+误差}{个体差异+误差}$$

$$=\frac{10+10+1}{10+1}=\frac{21}{11}=1.91$$

因此，独立测量 ANOVA 得到的 F 值为 1.91。回忆一下，如果无处理效应，那么 F 值应该为 1.00。在这种情况下，F 值接近 1.00，这强有力地表明了处理效应非常小或不存在。如果你在附录 A 中查看 F 分布表，你将发现像 1.91 这么小的 F 值几乎是不可能显著的。在独立测量设计中，10 点的处理效应被其他方差掩盖了。

现在考虑重复测量 ANOVA 中会出现的情况。消除个体差异，F 值就变为：

$$F=\frac{处理效应+误差}{误差}$$

$$=\frac{10+1}{1}=\frac{11}{1}=11$$

在重复测量 ANOVA 中，F 值的分子(包括处理效应)比分母(无处理效应)大 11 倍。这个结果强有力地表明处理效应很显著。在这个例子中，重复测量研究的 F 值比独立测量的 F 值大很多，因为较大的个体差异被消除了。在独立测量 ANOVA 中，处理效应被个体差异的影响所掩盖。重复测量设计则可以消除这个问题，因为个体差异引起的变异被置于分析之外。当个体差异很大时，重复测量实验对处理效应的检验可能会更加灵敏。用统计术语来说，重复测量检验比独立测量检验具有更强的检验力。也就是说，能够更容易地检验到真正的处理效应。

个体差异和处理效应的一致性

如前所述，重复测量设计的一个主要优点是把个体差异从 F 值的分母中消除了，一般来说，这增加了得到显著结果的可能性。然而，消除个体差异只有在所有被试接受的处理效应一致的情况下才能成为优势。如果被试接受的处理效应不一致，那么个体差异就趋于消失，且分母的值不会因为这些差异的消除而出现明显减小。下面的例子显示了这一现象。

□ 例 13-2

表 13-5 呈现的是一个重复测量研究的数据。我们构造这些数据是为了明确说明一致的处理效应和较大个体差异之间的关系。

表 13-5 数据来自比较三个处理的重复测量研究。这些数据表明每名被试接受的处理效应一致，从而在个体总和 P 之间产生一致且相对较大的差异

被试	处理			
	1	2	3	
A	0	1	2	$P=3$
B	1	2	3	$P=6$
C	2	4	6	$P=12$
D	3	5	7	$P=15$
	$T=6$	$T=12$	$T=18$	
	$SS=5$	$SS=10$	$SS=17$	

首先，注意处理效应的一致性。与处理 1 相比，处理 2 对于每个被试的效应都一样，即每个人的分数都提高了 1 分或 2 分。与处理 2 相比，处理 3 也让分数一致提高了 1 分或 2 分。处理效应一致所带来的结果之一是个体差异在所有处理条件中保持不变。例如，三种处理中被试 A 都得分最低，被试 D 都得分最高。个人总和(P 值)反映了一致的差异。例如，被试 D 在每个处理中的得分都最高，因此其 P 值最大。同样地，要注意不同被试间的 P 总和存在较大差异。对于这些数据，$SS_{被试间}=30$ 分。

现在考察表 13-6 中的数据。构造这些数据所用的数字与表 13-5 中各处理内的数字完全相同。但我们打乱了这些数据的顺序，从而消除了处理效应的一致性。例如，在表 13-6 中，两名被试从处理 1 到处理 2 的分数呈上升趋势，另外两名被试的分数呈下降趋势。从处理 2 到处理 3，数据也表明被试接受的处理效应不一致。处理效应不一致导致的结果之一是被试间个体差异的不一致。例如，被试 C 在处理 2 中的得分最低，在处理 3 中的得分最高。因此，每名被试之间不再有一致的差异。所有 P 总和都大致相同。对于这些数据，$SS_{被试间}=3.33$。因为两组数据(见表 13-5 和表 13-6)的处理总和(T 值)和 SS 值都相同，所以它们有相等的 $SS_{处理间}$ 和 $SS_{处理内}$。对于这两组数据：

$$SS_{处理间}=18$$

$$SS_{处理内}=32$$

但是，当你计算 F 值分母中的 $SS_{误差}$ 时，会发现两组数据之间存在较大差异。对于表 13-5 中的数据，它们的处理效应一致，且个体差异较大。

$$SS_{误差}=SS_{处理内}-SS_{被试间}$$

$$=32-30$$

$$=2$$

对于表 13-6 中的数据，处理效应不一致，且个体总和 P 之间的差异较小。

$$SS_{误差}=SS_{处理内}-SS_{处理间}$$
$$=32-3.33$$
$$=28.67$$

表 13-6 数据来自比较了三个处理的重复测量研究。这些数据表明每个被试接受的处理效应不一致，因此在个体总和 P 之间产生的差异相对较小。注意，每个处理的数据都与表 13-5 中的数据相同，但这些数据的顺序被打乱了，以消除处理效应的一致性

被试	处理			
	1	2	3	
A	0	4	3	$P=7$
B	1	5	2	$P=8$
C	2	1	7	$P=10$
D	3	2	6	$P=11$
	$T=6$	$T=12$	$T=18$	
	$SS=5$	$SS=10$	$SS=17$	

因此，一致的处理效应会为 F 值提供一个相对较小的误差项。所以，一致的处理效应在统计上显著(拒绝虚无假设)的可能性更大。以我们考虑的数据为例，表 13-5 中的 $F=27.0$。$df=2,6$，这个 F 值落在$\alpha=0.05$ 和 $\alpha=0.01$ 的拒绝域内，所以我们可以得出三个处理之间的差异显著的结论。而表 13-6 中相同的平均数差异产生的 F 值是 1.88。当 $df=2,6$ 时，这个 F 值没有落在 $\alpha=0.05$ 或 $\alpha=0.01$ 的拒绝域内，所以我们可以得出三个处理之间的差异不显著的结论。

总的来说，当每个被试的处理效应一致时，个体差异也会趋于一致且相对较大。从 F 值的分母中减去较大的个体差异，从而产生更大的 F 值，增大 F 值落在拒绝域内的可能性。■

13.5 重复测量 ANOVA 和重复测量 t 检验

正如我们在第 12 章中指出的，当你评估两个样本平均数之间的差异时，你可以使用 t 检验或 ANOVA。在第 12 章中，我们阐明了两种检验在很多方面的关联，包括：

1. 对于虚无假设，两种检验所得结论相同。
2. 两种检验统计量的基本关系是 $F=t^2$。
3. t 检验的 df 值与 F 值分母的 df 值相同。
4. 如果你将双侧 t 检验的临界值进行平方，你会得到 F 值的临界值。再次重申，基本关系是 $F=t^2$。

在第 12 章中，我们在独立测量检验中说明了这些关系，但它们也适用于比较两种处理条件下的重复测量设计。下面的例子说明了这种关系。

□ 例 13-3

下表呈现了比较两种处理条件的重复测量研究的数据。我们构造的数据适用于重复测量 t 检验。注意，这些 t 检验的计算基于最后一列的差异分数(D 值)。

被试	处理		
	1	2	D
A	3	5	2
B	4	14	10
C	5	7	2
D	4	6	2
			$M_D=4$
			$SS_D=48$

重复测量 t 检验　t 检验的虚无假设是，对于一般总体，两种处理条件之间没有平均数差异。

$$H_0: \mu_D=0$$

当有 $n=4$ 名被试时，t 检验 $df=3$，$\alpha=0.05$ 的双尾检验的临界值 $t=\pm3.182$。

对于这些数据，样本平均数差异 $M_D=4$，差异分数的方差 $s^2=16$，标准误 $S_{M_D}=2$ 分。代入这些值得出的 t 统计量为：

$$t=\frac{M_D-\mu_D}{s_{M_D}}=\frac{4-0}{2}=2.00$$

t 值不在拒绝域内，所以我们不能拒绝 H_0，结论是两种处理之间没有显著差异。

重复测量 ANOVA　现在我们重新组织数据，将其转换为一种适用于重复测量 ANOVA 的格式。注意，ANOVA 使用原始分数(不是差异分数)，需要每名被试的总和 P。

被试	处理			
	1	2	P	
A	3	5	8	$G=48$
B	4	14	18	$\sum X^2=372$
C	5	7	12	$N=8$
D	4	6	10	

再次说明，虚无假设是，对于一般总体，两种处

理条件之间没有平均数差异。

$$H_0: \mu_1=\mu_2$$

在这项研究中，$df_{处理间}=1$，$df_{处理内}=6$，$df_{被试间}=3$，得出 $df_{误差}=(6-3)=3$。因此，F 值有 $df=1,3$，$\alpha=0.05$ 的临界值 $F=10.13$。注意，F 值的分母和 t 统计量有相同的 df 值($df=3$)，F 的临界值等于 t 临界值的平方($10.13=3.182^2$)。

对于这些数据：

$$SS_{总}=84$$
$$SS_{处理内}=52$$
$$SS_{处理间}=(84-52)=32$$
$$SS_{被试间}=28$$
$$SS_{误差}=(52-28)=24$$

F 值中的两个方差和 F 值分别为：

$$MS_{处理间}=\frac{SS_{处理间}}{df_{处理间}}=\frac{32}{1}=32$$
$$MS_{误差}=\frac{SS_{误差}}{df_{误差}}=\frac{24}{3}=8$$
$$F=\frac{MS_{处理间}}{MS_{误差}}=\frac{32}{8}=4.00$$

注意，F 值和 t 统计量的关系，用等式表达为 $F=t^2(4=2^2)$。F 值(和 t 统计量一样)不在拒绝域内，因此我们不能拒绝 H_0，结论是两种处理之间没有显著差异。■

小　结

1. 重复测量 ANOVA 用于评估平均数差异，这些差异来自对两个或多个处理条件进行比较的研究，且每种条件都使用相同的个体样本。检验统计量是 F 值，其分子测量的是处理间方差(差异)，分母测量的是预期无处理效应或个体差异的情况下的方差(差异)。

$$F=\frac{MS_{处理间}}{MS_{误差}}$$

2. 重复测量 ANOVA 的第一阶段与独立测量 ANOVA 相同，都是将总变异分成两部分：处理间和处理内。因为重复测量设计在每种处理条件中使用的被试相同，所以处理间的差异不可能由个体差异引起。因此，个体差异会从 F 值分子的处理间方差中自动消除。
3. 在重复测量分析的第二阶段，计算个体差异，并将其从 F 值的分母中消除。要消除个体差异，首先要计算被试间变异(SS 和 df)，然后将这些值从相应的处理内数值中减去。剩下的值提供了对不包含个体差异的误差的测量。这个数值正是重复测量 F 值分母的值。图 13-3 呈现了在重复测量 ANOVA 中分析 SS 和 df 的公式。
4. 重复测量 ANOVA 的效应量可通过计算 η^2 得到，也就是计算处理效应的方差解释率。对于重复测量 ANOVA：

$$\eta^2=\frac{SS_{处理间}}{SS_{总}-SS_{被试间}}=\frac{SS_{处理间}}{SS_{处理间}+SS_{误差}}$$

因为，计算 η^2 之前已经消除了一部分变异(由个体差异引起的 SS)，所以这种测量效应量的方法称作偏 η^2。

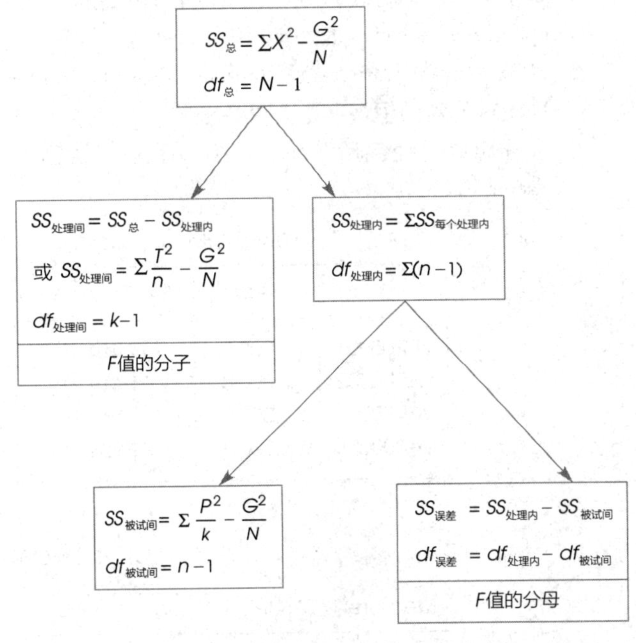

图 13-3　重复测量 ANOVA 的公式

5. 当所得 F 值显著时(即拒绝 H_0)，至少有两个处理条件之间存在显著差异。为了确定到底是哪两个处理之间存在差异，可以使用事后检验，如 Tukey's HSD 检验，其中用 $MS_{误差}$ 来代替 $MS_{处理内}$，用 $df_{误差}$ 来代替 $df_{处理内}$。
6. 通过分析，重复测量 ANOVA 消除了个体差异的影响。如果个体差异非常大，那么独立测量实验中的处理效应可能会被掩盖。在这种情况下，重复测量设计对处理效应的检测可能更灵敏。

关键术语

个体差异　　处理间方差　　误差方差　　被试间方差

资 源

SPSS

附录 C 呈现了使用 SPSS 的一般说明。以下是使用 SPSS 进行本章介绍的单因素重复测量方差分析（ANOVA）的详细指导。

数据输入

将每个处理条件的数据分别输入不同的列，相同被试的数据应在同一行内。第一个处理的所有数据都应输入称为 VAR00001 的列内，第二个处理的所有数据都应输入称为 VAR00002 的列内，依此类推。

数据分析

1. 单击菜单栏中的 Analyze，在下拉菜单中选择 General Linear Model，然后单击 Repeated-Measures。
2. SPSS 将会弹出一个称作 Repeated-Measures Define Factors 的对话框。在这个对话框中，被试内因素名称应该已经包括 Factor 1。如果没有，请输入 Factor 1。
3. 在下一个方框内输入水平个数（不同处理条件的个数）。
4. 单击 Add。
5. 单击 Define。
6. 将处理条件的列标签逐个地移至 Within Subjects Variables 框中（在左边选中列的名字，然后单击箭头将它移至框中）。
7. 如果你想对每个处理进行描述统计，在 Options 对话框中选择 Descriptives，然后单击 Continue。
8. 单击 OK。

SPSS 输出

我们使用 SPSS 软件分析例 13-1 中观看电视研究的数据，图 13-4 中呈现了部分输出结果。注意，SPSS 的大部分输出与我们的目的不相关，图 13-1 未呈现。我们首先感兴趣的是 Descriptive Statistics 表，它呈现了每个

Descriptive Statistics

	Mean	Std. Deviation	N
VAR00001	1.000 0	1.414 21	5
VAR00002	2.000 0	1.414 21	5
VAR00003	5.000 0	1.581 14	5
VAR00004	4.000 0	1.224 74	5

Tests of Within-Subjects Effects

Measure: MEASURE_1

Source		Type III Sum of Squares	df	Mean Square	F	Sig.
factor 1	Sphericity Assumed	50.000	3	16.667	25.000	.000
	Greenhouse-Geisser	50.000	1.600	31.250	25.000	.001
	Huynh-Feldt	50.000	2.500	20.000	25.000	.000
	Lower-bound	50.000	1.000	50.000	25.000	.007
Error (factor 1)	Sphericity Assumed	8.000	12	.667		
	Greenhouse-Geisser	8.000	6.400	1.250		
	Huynh-Feldt	8.000	10.000	.800		
	Lower-bound	8.000	4.000	2.000		

图 13-4　例 13-1 中电视观看研究的重复测量 ANOVA 的 SPSS 的一部分输出结果

处理的平均数、标准差和分数数量。接下来，我们跳至称作 Tests of Within-Subjects Effects 的表。“factor 1” 最上面一行(Sphericity Assumed)表示的是处理间平方和、自由度和均方，这些数值构成了 F 值的分子。这一行还报告了 F 值和显著性水平(p 值或 α 水平)。同样地，“Error(factor 1)” 第一行表示的是误差项的平方和、自由度和均方(F 值的分母)。最后一个输出结果(图 13-4 中没有呈现)名为 Tests of Between-Subjects Effects，下面一行(Error)报告了被试间平方和，以及自由度(忽略均方和 F 值，它们不是重复测量 ANOVA 的一部分)。

关注问题解决

1. 在开始进行重复测量 ANOVA 之前，完成所有 ANOVA 公式所需的前期计算。这要求你求出每个处理总和(T)、每个被试的总和(P)、所有分数的总和(G)、每种处理条件的 SS 和全部 N 个分数的 $\sum X^2$。确保 T 值加起来等于 G，P 值的总和也是 G。
2. 为了记忆重复测量 ANOVA 的结构，请记住重复测量实验消除了个体差异的影响。个体差异没有对 F 值的分子($MS_{处理间}$)起作用，因为参与所有处理的个体都相同。因此，你还必须消除分母中的个体差异。这可以通过将处理内变异划分为两个部分——被试间变异和误差变异完成。F 值分母中使用的是误差变异的 MS 值。

示例13-1

重复测量 ANOVA

下列数据来自考查睡眠剥夺对运动技能表现影响的研究。剥夺睡眠 24 小时后，测试 5 名被试样本在运动技能任务上的表现；剥夺睡眠 36 小时后进行再次测试；剥夺睡眠 48 小时后进行第三次测试。因变量是他们在运动技能任务上的差错数。这些数据可以表明睡眠剥夺时间对运动技能任务表现的影响显著吗？

被试	24 小时	36 小时	48 小时	总和 P	
A	0	0	6	6	$N=15$
B	1	3	5	9	$G=45$
C	0	1	5	6	$\sum X^2=245$
D	4	5	9	18	
E	0	1	5	6	
	$T=5$	$T=10$	$T=30$		
	$SS=12$	$SS=16$	$SS=12$		

第一步 陈述假设，确定 α 水平。虚无假设是：对于总体，三种睡眠剥夺条件之间没有差异。样本之间的任何差异都只是偶然或由误差导致的。符号表示为：

$$H_0: \mu_1=\mu_2=\mu_3$$

备择假设表明三种条件之间存在差异。

H_1：至少一个处理平均数不同于其他平均数。

我们使用 $\alpha=0.05$。

第二步 重复测量分析。我们先不计算 df 值和找到 F 值的临界值，而是直接进行 ANOVA。

(1)阶段 1 分析的第一阶段与第 12 章呈现的独立测量 ANOVA 相同。

$$SS_{总}=\sum X^2-\frac{G^2}{N}=245-\frac{45^2}{15}=110$$

$$SS_{处理内}=\sum SS_{每个处理内}=12+16+12=40$$

$$SS_{处理间}=\sum\frac{T^2}{n}-\frac{G^2}{N}=\frac{5^2}{5}+\frac{10^2}{5}+\frac{30^2}{5}-\frac{45^2}{15}=70$$

相应的自由度是：

$$df_{总}=N-1=14$$

$$df_{处理内}=\sum df=4+4+4=12$$

$$df_{处理间}=k-1=2$$

(2)阶段 2 重复测量分析的第二阶段是从 F 值的分母中测量并消除个体差异。

$$SS_{被试间}=\sum\frac{P^2}{k}-\frac{G^2}{N}$$

$$=\frac{6^2}{3}+\frac{9^2}{3}+\frac{6^2}{3}+\frac{18^2}{3}+\frac{6^2}{3}-\frac{45^2}{15}$$

$$=36$$

$$SS_{误差}=SS_{处理内}-SS_{被试间}$$

$$=40-36$$

$$=4$$

相应的 df 值是：

$$df_{被试间}=n-1=4$$

$$df_{误差}=df_{处理内}-df_{被试间}$$

$$=12-4$$

$$=8$$

构成 F 值的均方如下所示：

$$MS_{处理间}=\frac{SS_{处理间}}{df_{处理间}}=\frac{70}{2}=35$$

$$MS_{误差}=\frac{SS_{误差}}{df_{误差}}=\frac{4}{8}=0.50$$

最后，F 值为：

$$F=\frac{MS_{处理间}}{MS_{误差}}=\frac{35}{0.50}=70.00$$

第三步　做出统计决策，并陈述结论。当 $df=2, 8$，$\alpha=0.05$ 时，临界值 $F=4.46$。所得 F 值（$F=70.00$）达到临界值，因此我们拒绝虚无假设，并得出结论：三种睡眠剥夺水平之间存在显著差异。

示例13-2

重复测量 ANOVA 的效应量

我们计算示例 13-1 中数据的 η^2，也就是处理差异的方差解释率。使用式（13-11）我们得到：

$$\eta^2=\frac{SS_{处理间}}{SS_{处理间}+SS_{误差}}=\frac{70}{70+4}=\frac{70}{74}=0.95（或 95\%）$$

习　题

1. 重复测量 ANOVA F 值的分母与独立测量 ANOVA F 值的分母有什么不同？
2. 重复测量 ANOVA 可以看作一个两阶段的过程。第二阶段的目的是什么？
3. 研究者进行一项比较三种处理条件的实验，每种处理条件有 10 个数据。
   a. 如果研究者采用独立测量设计，这个研究需要多少被试？F 值的 df 是多少？
   b. 如果研究者采用重复测量设计，这个研究需要多少被试？F 值的 df 是多少？
4. 一位研究者用一个 $n=8$ 的样本进行重复测量实验来评估四种处理条件间的差异。如果用 ANOVA 来检验结果，那么 F 值的 df 是多少？
5. 研究者进行了一个重复测量 ANOVA 来评估研究结果，报告了 F 值，$df=2, 30$。
   a. 这个研究比较了几种处理条件？
   b. 有多少被试参加了这个研究？
6. 一个已发表的重复测量研究报告包含以下对统计分析的描述：“结果显示处理条件之间存在显著差异，$F(2, 20)=6.10$，$p<0.01$。”
   a. 这个研究比较了几种处理条件？
   b. 有多少被试参加了这个研究？
7. 下列数据来自比较三种处理条件的重复测量研究。使用 $\alpha=0.05$ 的重复测量 ANOVA 来确定三个处理之间是否存在显著的平均数差异。

被试	处理			个人总和	
	1	2	3		
A	0	4	2	$P=6$	
B	1	5	6	$P=12$	$N=18$
C	3	3	3	$P=9$	$G=48$
D	0	1	5	$P=6$	$\sum X^2=184$

（续）

被试	处理			个人总和
	1	2	3	
E	0	2	4	$P=6$
F	2	3	4	$P=9$
	$M=1$	$M=3$	$M=4$	
	$T=6$	$T=18$	$T=24$	
	$SS=8$	$SS=10$	$SS=10$	

8. 下列数据来自比较两个处理条件的重复测量研究。使用 $\alpha=0.05$ 的重复测量 ANOVA 来确定两个处理之间是否存在显著的平均数差异。

被试	处理		个人总和	
	1	2		
A	3	5	$P=8$	
B	5	9	$P=14$	$N=16$
C	1	5	$P=6$	$G=80$
D	1	7	$P=8$	$\sum X^2=500$
E	5	9	$P=14$	
F	3	7	$P=10$	
G	2	6	$P=8$	
H	4	8	$P=12$	
	$M=3$	$M=7$		
	$T=24$	$T=56$		
	$SS=18$	$SS=18$		

9. 下列数据来自比较三种处理条件的重复测量研究。
   a. 使用 $\alpha=0.05$ 的重复测量 ANOVA 来确定三种处理之间是否存在显著的平均数差异。
   b. 通过计算平均数差异的方差解释率来测量处理的效应量。

c. 用一句话报告假设检验的结果和效应量的测量结果。

被试	处理			个人总和	
	1	2	3		
A	1	1	4	$P=6$	
B	3	4	8	$P=15$	$N=15$
C	0	2	7	$P=9$	$G=45$
D	0	0	6	$P=6$	$\sum X^2=231$
E	1	3	5	$P=9$	
	$M=1$	$M=2$	$M=6$		
	$T=5$	$T=10$	$T=30$		
	$SS=6$	$SS=10$	$SS=10$		

10. 对于习题 9 的数据：
    a. 计算 $SS_{总}$ 和 $SS_{处理间}$。
    b. 将处理 1 的各个分数加上 2 分，将处理 2 的各个分数加上 1 分，将处理 3 的各个分数减去 3 分，从而消除处理间平均数差异。最后所有的三个处理都有 $M=3$，$T=15$。
    c. 对修改后的分数计算 $SS_{总}$。注意，你首先必须得到新的 $\sum X^2$ 值。
    d. 由于处理效应在 b 题中已被消除，你应该会发现修改后的 $SS_{总}$ 小于原始分数的 $SS_{总}$。两个 SS 值之间的差异应该刚好等于原始分数 $SS_{处理间}$ 的值。
11. 下列数据来自比较三种处理条件的重复测量研究。

被试	处理			P	
	1	2	3		
A	6	8	10	24	$G=48$
B	5	5	5	15	$\sum X^2=294$
C	1	2	3	6	
D	0	1	2	3	
	$T=12$	$T=16$	$T=20$		
	$SS=26$	$SS=30$	$SS=38$		

使用 $\alpha=0.05$ 的重复测量 ANOVA 来确定这些数据是否足以证明处理间存在显著差异。

12. 习题 11 的数据表明被试间存在较大且一致的差异。例如，被试 A 在每种处理中的得分都是最高的，被试 D 的得分总是最低的。在 ANOVA 的第二阶段，从 F 值的分母中减去大的个体差异，这会导致 F 值变大。下列数据是由习题 11 中出现的数字构建的。但是，我们通过打乱每种处理内的数据来消除一致的个体差异。

被试	处理			P	
	1	2	3		
A	6	2	3	11	$G=48$
B	5	1	5	11	$\sum X^2=294$
C	0	5	10	15	
D	1	8	2	11	
	$T=12$	$T=16$	$T=20$		
	$SS=26$	$SS=30$	$SS=38$		

    a. 使用 $\alpha=0.05$ 的重复测量 ANOVA 来确定这些数据是否足以证明处理间存在显著差异。
    b. 将这个分析的结果与习题 11 中的结果进行比较，并解释差异。
13. 与独立测量设计相比，重复测量设计的一个主要优点是可以通过消除个体差异产生的方差从而降低总变异。下列数据来自一个比较了三种处理条件的研究。
    a. 假设数据来自一个独立测量研究，该研究使用了三个独立样本，每个样本都有 6 名被试。忽略总和 P 这一列，使用 $\alpha=0.05$ 的独立测量 ANOVA 来检验平均数差异的显著性。
    b. 假设数据来自一个重复测量研究，该研究在三种处理条件中都使用相同的 6 名被试。使用 $\alpha=0.05$ 的重复测量 ANOVA 来检验平均数差异的显著性。
    c. 解释为什么两种分析会得出不同的结论。

处理 1	处理 2	处理 3	P	
6	9	12	27	
8	8	8	24	$N=18$
5	7	9	21	$G=108$
0	4	8	12	$\sum X^2=800$
2	3	4	9	
3	5	7	15	
$M=4$	$M=6$	$M=8$		
$T=24$	$T=36$	$T=48$		
$SS=42$	$SS=28$	$SS=34$		

14. 下列数据来自一个比较三种不同处理条件的实验：

A	B	C	
0	1	2	$N=15$
2	5	5	$\sum X^2=354$
1	2	6	
5	4	9	
2	8	8	
$T=10$	$T=20$	$T=30$	
$SS=14$	$SS=30$	$SS=30$	

a. 如果实验使用独立测量设计，那么研究者可以得出处理之间存在显著差异的结论吗？请在 $\alpha=0.05$ 的显著性水平上进行检验。
b. 如果实验使用重复测量设计，那么研究者可以得出处理之间存在显著差异的结论吗？同样在 $\alpha=0.05$ 的显著性水平上进行检验。
c. 请解释 a 题的分析和 b 题的分析为什么会得出不同的结论。

15. 研究者评估消费者对两家电话运营商的服务和覆盖范围的满意度。在一个 $n=25$ 的样本中，每名被试使用一个运营商两周，之后换用另一个运营商。然后每名被试对两个运营商进行评分。下表列出了重复测量 ANOVA 比较平均评分的结果。填写表中所有的缺失值（提示：从 df 列入手）。

来源	SS	df	MS	
处理间方差	____	____	2	F=____
处理内方差	____	____		
被试间方差	____	____		
误差方差	12	____	____	
总方差	23	____		

16. 下面的汇总表呈现了一个比较三种处理条件的重复测量 ANOVA 的结果，实验样本为 11 名被试。请补充表中的缺失值（提示：从 df 列入手）。

来源	SS	df	MS	
处理间方差	____	____	____	F=5.00
处理内方差	80	____		
被试间方差	____	____		
误差方差	60	____	____	
总方差	____	____		

17. 以下汇总表呈现了一个比较四个处理条件的重复测量 ANOVA 的结果，实验样本为 12 名被试。填写表中所有的缺失值（提示：从 df 列入手）。

来源	SS	df	MS	
处理间方差	54	____	20	F=____
处理内方差	____	____		
被试间方差	____	____		
误差方差	____	____	3	
总方差	194	____		

18. 最近的一项研究表明，仅仅给大学生分发计步器就可以引起大学生步行行为的增加（Jackson & Howton, 2008）。给予学生计步器的周期为 12 周，要求学生分别在第 1 周、第 6 周和第 12 周记录每天的平均步数。以下数据与研究中获得的结果相似。

步数（×1 000）					
被试	周				
	第 1 周	第 6 周	第 12 周	P	
A	6	8	10	24	
B	4	5	6	15	
C	5	5	5	15	G=72
D	1	2	3	6	$\sum X^2=400$
E	0	1	2	3	
F	2	3	4	9	
	T=18	T=24	T=30		
	SS=28	SS=32	SS=40		

a. 使用 $\alpha=0.05$ 的重复测量 ANOVA 来确定各时间点的步数平均数之间是否存在显著差异。
b. 通过计算 η^2 来测量处理效应量。
c. 用一句话来报告假设检验的结果和效应量的测量结果。

19. 一项只比较两个处理的重复测量实验可以用 t 统计量或者 ANOVA 进行评估。正如我们在独立测量设计中发现的，t 检验和 ANOVA 产生相同的结论，两种检验统计量通过公式 $F=t^2$ 联系起来。以下数据来自一个重复测量研究：

被试	处理 1	处理 2	D
1	2	4	+2
2	1	3	+2
3	0	10	+10
4	1	3	+2

a. 使用 $\alpha=0.05$ 的重复测量 t 检验来确定数据是否提供了两个处理之间存在显著差异的证据。注意：使用 X 值完成 ANOVA 的计算，但 t 的计算要使用差异分数。
b. 采用 $\alpha=0.05$ 的重复测量 ANOVA 评估数据。（你应该会发现 $F=t^2$。）

20. 对于比较两个处理的独立测量设计和重复测量设计，都可以使用 t 检验或 ANOVA 来评估平均数差异。这两种检验通过公式 $F=t^2$ 联系起来。对于下面的数据：
a. 使用 $\alpha=0.05$ 的重复测量 t 检验来确定两个处理之间的平均数差异在统计上是否显著。
b. 使用 $\alpha=0.05$ 的重复测量 ANOVA 来确定两个处理之间的平均数差异在统计上是否显著。（你应该会发现 $F=t^2$。）

被试	处理 1	处理 2	D
A	4	7	3
B	2	11	9
C	3	6	3
D	7	10	3
	$M=4$	$M=8.5$	$M_D=4.5$
	$T=16$	$T=34$	
	$SS=14$	$SS=17$	$SS=27$

21. 在本章概要中，我们介绍了延迟折扣研究的例子。在这个研究中，人们愿意用今天得到的较少回报来换取未来得到的更多的回报。以下数据呈现了其中一项研究的典型结果。研究者询问被试今天得到多少钱时才愿意放弃在一段时间的延迟后得到 1 000 美元。每个被试对所有 5 个延迟时间进行回答。使用 $\alpha=0.01$ 的重复测量 ANOVA 来确定下列数据中的 5 个延迟时间之间是否存在显著差异。

被试	1 个月	6 个月	1 年	2 年	5 年
A	950	850	800	700	550
B	800	800	750	700	600
C	850	750	650	600	500
D	750	700	700	650	550
E	950	900	850	800	650
F	900	900	850	750	650

22. 大脑会自然释放内啡肽作为天然止痛药。例如，有研究者(Gintzler，1970)监测了怀孕老鼠在分娩前几天的内啡肽活性和疼痛阈限。这些数据显示随着妊娠的进展，疼痛阈限有所升高。这些变化本来逐渐发生，而在分娩前的一或两天内突然急剧上升。显然，一种天然止痛机制让动物为分娩的压力做好了准备。下列数据代表与研究者得到的结论相似的疼痛阈限分数。这些数据是否表明疼痛阈限发生了显著变化？使用 $\alpha=0.01$ 的重复测量 ANOVA。

被试	生产前天数			
	7	5	3	1
A	39	40	49	52
B	38	39	44	55
C	44	46	50	60
D	40	42	46	56
E	34	33	41	52

CHAPTER

第14章

双因素方差分析（独立测量）

本章目录

本章概要
14.1　双因素独立测量ANOVA概述
14.2　主效应和交互作用
14.3　双因素ANOVA的符号和公式
14.4　使用第二因素减少个体差异引起的方差
14.5　双因素ANOVA的假设
小结
关键术语
资源
关注问题解决
示例14-1
示例14-2
习题

所需工具

以下所列内容是学习本章需要的基础知识。如果你不确定自己对这些知识的掌握情况，你应在学习本章前复习相应的章节。

- 方差分析简介（第12章）
  - ANOVA的逻辑
  - ANOVA的符号和公式
  - *F*分布

本章概要

想象你坐在桌前，准备参加统计学的期末考试。在卷子发下来之前，一组电视节目工作人员出现在你面前，架起了摄像机，并且开启闪光灯，直接对着你。他们说要为电视特别节目拍摄考试期间学生的表现，并要求你在考试期间忽略摄像机的存在。

摄像机的存在是否会影响你的考试表现呢？对于某些人来说，答案是“当然会”；对于另一些人来说，则是“也许不会”。事实上，这两个答案都是正确的，是否会受到摄像机的影响取决于你的人格特质。有些人会变得高度紧张和敏感，另一些人则会忽略摄像机照常答题。

一项实验验证了我们所说的情况，J. S. Shrauger(1972)对被试进行了概念形成任务的测试，一半的被试单独完成任务(无观众)，另一半被试在一些声称对实验感兴趣的观众注视下完成任务。Shrauger 把被试按照人格特质分成两组：高自尊组和低自尊组。实验的因变量是完成概念形成任务的错误量。Shrauger 收集的数据发现，观众对于高自尊组的表现没有影响。然而，低自尊组被试在有观众的条件下，所犯错误是无观众条件下的两倍。

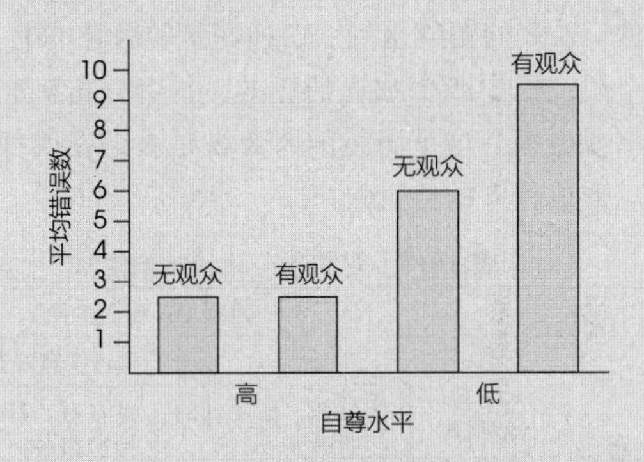

图 14-1　一项实验的结果，研究了观众对被试参与概念形成任务的错误数的影响，被试评估为高或低自尊。请注意，观众的效应取决于被试的自尊水平

注：Shrauger, J. S. (1972). Self-esteem and reactions to being observed by others. *Journal of Personality and Social Psychology*, 23, 192-200. Copyright 1972 by the American Psychological Association. 经作者许可改编。

问题： Shrauger 的研究是一个包括两个自变量的例子，自变量为：

1. 观众(存在或不存在)。
2. 自尊(高或低)。

研究结果表明一个变量(观众)的效应取决于另一个变量(自尊)。

你应当注意到两个变量发生这样的交互作用是很正常的。比如，一种药可能对一些病人有深刻的影响，而对另一些病人无论怎样都无影响。有的孩子在虐待中长大还活得很好，另一些则表现出严重的问题。为了观测两个变量之间是如何发生交互作用的，研究者必须在一个研究中同时检验两个变量。然而，在第 12 章和第 13 章中介绍的方差分析(ANOVA)只限于检验由一个自变量产生的平均数差异，并不适用于两个或多个自变量的情况。

解决方法： ANOVA 是一种灵活的假设检验方法，它可用于评估一项研究中两个或多个自变量产生的平均数差异。本章介绍的双因素 ANOVA 可用于检验每个自变量的独立作用和变量间的交互作用。

14.1 双因素独立测量 ANOVA 概述

在大部分实验情境下，实验的目的是检验两个变量之间的关系。通常，研究者都试图隔离这两个变量以排除或减少可能致使所研究的关系发生歪曲的其他变量的影响。例如，一项典型的实验应聚焦于一个自变量(预期会影响行为)和一个因变量(对行为的测量)。然而，在实际生活中，被隔离的变量几乎是不存在的。也就是说，行为通常都会受到多种变量影响，这些变量之间可能还存在交互作用。为了检验这些更加复杂和真实的情况，研究者所设计的实验通常要包含多个变量。因此，研究者会系统地改变两个(或多个)变量，然后观测这种变化如何影响另一个(因)变量。[⊖]

在第 12 章和第 13 章中，我们探讨了单因素设计的 ANOVA，即设计中仅包含一个自变量或一个准自变量。当一项研究包含多个因素时，称为因素设计(factorial design)。在本章中，我们只介绍最简单的因素设计，具体来说，我们检验了仅包含两个因素的研究的 ANOVA。另外，我们仅限于讨论每个处理条件使

⊖ 自变量是实验中的操纵变量。准自变量不能被操纵，但可定义非实验研究中分数的分组。

用一个独立样本的研究，即独立测量设计。最后，我们只考虑每种处理条件下样本量(n)相同的实验设计。用 ANOVA 的术语来说，本章讨论的是双因素、独立测量、等样本量设计。

为介绍双因素研究设计，我们采用上文描述的施劳格尔有关观众和自尊的研究。表 14-1 呈现了施劳格尔的研究框架，包含两个独立的因素：第一个因素由实验者操控，分为有观众和无观众；第二个因素是自尊，分为高自尊和低自尊。这两个因素构成了一个矩阵，定义行为不同的自尊水平，定义列为不同的观众条件。2×2 的矩阵呈现了四种变量的组合情况。因此，这个研究需要四个独立的样本，每个样本对应一个单元格或方框。这个研究的因变量是被试在四种条件下概念形成任务的错误量。

表 14-1　双因素实验的结构矩阵

		因素 *B*：观众条件	
		无观众	有观众
因素 *A*：自尊	低自尊	低自尊、无观众的被试得分	低自尊、有观众的被试得分
	高自尊	高自尊、无观众的被试得分	高自尊、有观众的被试得分

研究中检验平均数差异的双因素 ANOVA 框架如表 14-1 中观众-自尊的例子所示。对于此例来说，双因素 ANOVA 评估了三组独立的平均数差异：

1. 有观众和无观众时，平均错误量会发生怎样的变化？

2. 高自尊组与低自尊组被试相比较，平均错误量存在差异吗？

3. 自尊和观众这两个变量的特定组合会影响平均错误量吗？（例如，观众的存在可能对低自尊的被试影响较大，而对高自尊被试影响较小。）

因此，双因素 ANOVA 让我们可以在一个分析报告中检验三类平均数差异。具体来说，我们对同一组数据分别采用三种假设检验，得到三个独立的 F 值。三个 F 值有一样的基本结构：

$$F=\frac{\text{处理间的方差(差异)}}{\text{无处理效应时的期望方差(差异)}}$$

在每种情况下，F 值的分子计算的都是数据的实际平均数差异，分母计算的都是没有处理效应时的期望差异。通常，较大的 F 值表明样本平均数差异大于随机期望水平，因此，这为处理效应提供了证据。为了判断 F 值是否显著，我们需要把每个 F 值和附录 A 中 F 分布表中的临界值进行比较。

14.2　主效应和交互作用

如前所述，一个双因素 ANOVA 通常包含三个独立的假设检验。在这一节，我们将更加详细地介绍这三种检验。

通常来说，双因素实验中的两个自变量被定义为因素 A 和因素 B。对于表 14-1 中的实验，自尊是因素 A，是否有观众是因素 B。研究的目的是评估由这两个自变量单独引起的以及由两个自变量共同引起的平均数差异。

主效应

研究的一个目的是确定自尊的差异(因素 A)是否会导致结果的差异。为了回答这个问题，我们对低自尊和高自尊被试的平均数进行了比较。请注意，这个过程比较的是表 14-1 中上下两行平均数的差异。

为了使这个过程更具体，我们在表 14-2 中列出了一系列假设数据。表格呈现了每一种处理条件的平均数，同时也呈现了每一列(每种观众条件)的总平均数以及每一行(每个自尊组)的总平均数。这些数据表明，低自尊被试(上面一行)的总平均错误量 $M=8$。总平均数由上面一行中两个平均数计算得到。相对地，高自尊被试的总平均错误量 $M=4$(下面一行的平均数)。这些总平均数之间的差异构成了自尊的“主效应”，或者叫因素 A 的主效应。

表 14-2　一组假设的实验数据，以检验有无观众对不同自尊水平被试的影响

	无观众	有观众	
低自尊	$M=7$	$M=9$	$M=8$
高自尊	$M=3$	$M=5$	$M=4$
	$M=5$	$M=7$	

同样地，因素 B(观众条件)的主效应是由矩阵两列之间的平均数差异来决定的。对于表 14-2 的数据来说，两组无观众的被试的总平均错误数 $M=5$。有观众被试的总平均错误数 $M=7$。这些平均数之间的差异构成了观众条件的主效应，也就是因素 B 的主效应。

定义

一个因素不同水平之间的平均数差异称为这个因素的**主效应**(main effect)。当研究的设计用矩阵呈现，且第一个因素定义行，第二个因素定义列时，行的平均数差异描述的是第一个因素的主效应，列的平均数差异描述的是第二个因素的主效应。

列或行之间的平均数差异描述了双因素研究的主效应。正如前面几章提到的那样，样本平均数差异的存在不一定意味着统计显著。一般来说，我们不会预期两个样本具有完全相同的平均数。一个样本和另一个样本之间总存在小的差异，你不应该把它自动归为系统的处理效应。在双因素研究中，每一个观测到的数据中的主效应都必须用假设检验来评估以决定它们是否在统计上是显著的。除非假设检验证明主效应是显著的，否则主效应就是由抽样误差造成的。

对主效应的评估解决了双因素 ANOVA 中三个假设检验中的两个。我们分别陈述关于因素 A 和因素 B 的相关假设，然后分别计算两个 F 值以评估这些假设。

对于我们所考虑的样本，因素 A 包含两个不同自尊水平的比较。虚无假设陈述为两个水平之间无显著差异，也就是说，自尊对结果无影响。表示为：

$$H_0: \mu_{A_1}=\mu_{A_2}$$

备择假设则是自尊的两个不同水平会产生不同的分数：

$$H_1: \mu_{A_1}\neq\mu_{A_2}$$

为了评估这些假设，我们比较两个自尊水平实际平均数差异与无系统处理效应时的期望差异，以计算 F 值。

$$F=\frac{\text{因素 }A\text{ 不同水平的平均数之间的方差(差异)}}{\text{无处理效应时的期望方差(差异)}}$$

$$F=\frac{\text{行的平均数之间的方差(差异)}}{\text{无处理效应时的期望方差(差异)}}$$

同样地，因素 B 也包含两种不同观众条件的对比。虚无假设陈述了两种条件下无差异的情况，表示为：

$$H_0: \mu_{B_1}=\mu_{B_2}$$

同样地，备择假设描述了平均数存在差异的情况：

$$H_1: \mu_{B_1}\neq\mu_{B_2}$$

F 值比较了两种观众条件之间的平均数差异与无系统处理效应时的期望差异。

$$F=\frac{\text{因素 }B\text{ 不同水平的平均数之间的方差(差异)}}{\text{无处理效应时的期望方差(差异)}}$$

$$F=\frac{\text{列的平均数之间的方差(差异)}}{\text{无处理效应时的期望方差(差异)}}$$

交互作用

除了单独评估每个因素的主效应，双因素 ANOVA 还允许你评估由双因素的特殊组合导致的其他可能的平均数差异。例如，特定的自尊和观众组合可能与自尊或观众单独作用时的效应不同。任何没有被主效应解释的“额外的”平均数差异都称为交互作用，或者因素间交互作用。在同一个研究中，将两个因素组合起来的优势在于可以检验由交互作用导致的特殊效应。

定义

在处理条件间的平均数差异与由总的因素主效应预测的差异不同时，两因素之间存在**交互作用**(interaction)。

为了使交互作用的概念更具体，我们将重新检验表 14-2 中的数据。这些数据中不存在交互作用，也就是说，不存在额外的、主效应解释不了的平均数差异。例如，在每一种观众条件(矩阵中的每一列)中，低自尊被试的平均错误量都比高自尊被试的平均错误量高 4 分。这 4 分平均数差异就预测了总的自尊主效应。

现在考虑一组不一样的数据，见表 14-3。这些新数据的主效应和表 14-2 中的完全相同(行和列的平均数完全没变)。但是现在两个因素之间有交互作用。例如，低自尊的被试(上面一行)，在有观众和无观众的条件下所犯错误量存在 4 分的差异。这 4 分的差异无法用观众因素的主效应(2 分差异)解释。同样地，对于高自尊被试(下面一行)，数据在两种观众条件下无差异。同样地，零差异并非我们预期的观众因素的主效应(2 分差异)。主效应未能解释的平均数差异表明两个因素间存在交互作用。

表 14-3　一组假设的实验数据，以检验有无观众对不同自尊水平被试的影响。这些数据的主效应与表 14-2 中的数据相同，但是每个处理的平均数被改变了，以构建交互作用

	无观众	有观众	
低自尊	$M=6$	$M=10$	$M=8$
高自尊	$M=4$	$M=4$	$M=4$
	$M=5$	$M=7$	

为了对交互作用进行评估，双因素 ANOVA 首先确定主效应未能解释的平均数差异。额外的平均数差异将用下列公式进行评估：

$$F=\frac{\text{不能用主效应解释的方差(平均数差异)}}{\text{无处理效应时的期望方差(差异)}}$$

这个 F 值的虚无假设表述为不存在交互作用：

H_0：因素 A 和因素 B 之间不存在交互作用。两个因素的主效应解释了所有处理条件间的平均数差异。

备择假设表述为两个因素之间存在交互作用：

H_1：因素之间存在交互作用。处理条件间的平均数差异不能全部由两个因素的主效应预测。

关于交互作用的补充

在前文中，我们将交互作用介绍为两因素共同作用时产生的特殊效应。本节将提供另外两种交互作用的定义。这些定义旨在帮助你理解交互作用的概念，并且帮助你在处理数据时对其加以识别。你应当注意到，新的定义与原来的定义是等价的，只是从不同视角呈现了同一概念。

交互作用概念的第一个新视角聚焦于两个因素独立的概念。更具体地说，如果两个因素是独立的，则一个因素不会影响另一个因素的效应，那么就不存在交互作用。而当两个因素不独立时，一个因素的效应依赖于另一个因素，那么就存在交互作用。因素之间相互依赖的定义与我们先前对交互作用的讨论相一致。如果一个因素会影响其他因素的效应，那么这些因素的独特组合就会产生特殊效应。

> **定义**
>
> 当一个因素的效应随另一个因素的不同水平而变化时，两个因素之间就存在**交互作用**。

交互作用的定义在“药物交互”的背景下很常见。医生和药剂师总是担忧一种药的效果可能会被同时服用的另一种药转化或破坏。因此，第一种药物的效果(因素 A)会依赖第二种药物(因素 B)，这两种药物之间存在交互作用。

回到表 14-2，请注意，观众效应的大小(第一行与第二行对比)不依赖于被试的自尊水平。对于这些数据，有观众会使两组被试的错误量都增加 2 分。因此，观众效应不依赖于自尊水平，二者之间不存在交互作用。现在考虑表 14-3 中的数据。这一次，有观众的效应取决于被试的自尊水平。例如，对于低自尊被试，有观众会导致错误量增加 4 分，但是有观众对高自尊被试的错误量没有影响。因此，观众效应依赖于自尊水平，说明两个因素之间存在交互作用。

当双因素研究的结果通过线图呈现时，可以获得交互作用的第二种定义。本例中，交互的概念可以根据图中呈现的模式来定义。图 14-2 呈现了我们考虑的两组数据。对于表 14-2 中的原始数据，图 14-2a 没有呈现出交互作用。为了建构这个图形，我们选择了要显示在横坐标上的因素，本例中为不同观众条件的因素。纵坐标显示因变量——平均错误量。请注意，该图实际包含了两个单独的图形：上面的线显示了低自尊被试的观众因素和错误量之间的关系，下面的线则显示了高自尊被试和错误量的关系。通常，图中的图形与数据矩阵的结构相匹配；矩阵的列显示为 X 轴上的值，矩阵的行对应着图中不同的直线(见知识窗 14-1)。

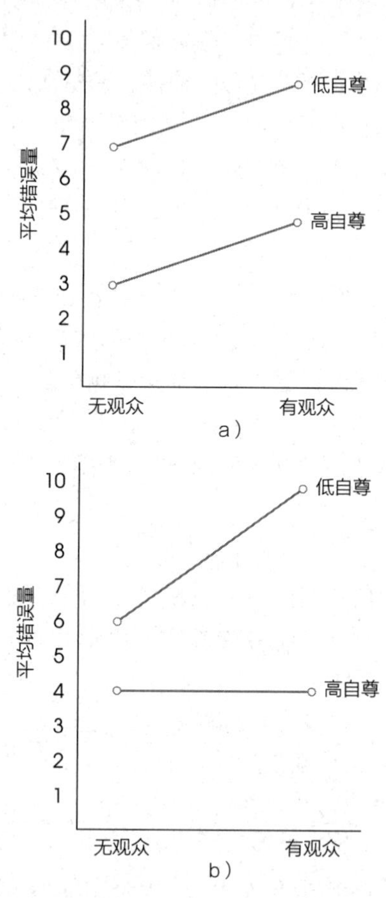

图 14-2　a)图呈现了表 14-2 的处理平均数，不存在交互作用；b)图呈现了表 14-3 的处理平均数，存在交互作用

在图 14-2a 中，请注意两条直线是平行的，也就是说，它们之间的距离恒定。在这种情况下，直线之间的距离反映了低自尊和高自尊被试之间 2 分的平均错误量差异，这 2 分差异在两种观众条件下一致。

现在来观察一下数据之间存在交互作用的图。图 14-2b 呈现了表 14-3 中的数据。现在，图中的直线不再平行。直线之间的距离从左到右发生了变化。对

知识窗 14-1　双因素实验设计的结果图

快速了解双因素研究结果的最好方法之一是用线图呈现数据。因为图中要呈现两个自变量(双因素)的平均数，构建图比第 3 章构建单因素的图要复杂一些。

图 14-3 是一个线图，显示了因素 A 两个水平和因素 B 三个水平的双因素研究结果。此 2×3 实验设计，一共有 6 个不同的处理平均数，如下列矩阵所示。

		因素 B		
		B_1	B_2	B_3
因素 A	A_1	10	40	20
	A_2	30	50	30

请注意图中的纵坐标表示因变量(处理平均数)的值。此外，其中一个因素(我们选了因素 B)的多个水平显示在横坐标上。在 B_1 横坐标的上方，我们标出了两个与数据矩阵中 B_1 列平均数一致的点。同样地，我们在 B_2 上方标出了两个点，在 B_3 上方也标出了两个点。最终，我们把与 A_1 水平对应的 3 个点(数据矩阵里最上面一行的三个平均数)连在一起，得到一条线。我们把与 A_2 水平对应的 3 个点连在一起，得到第二条线。这样就有了标为 A_1 和 A_2 的两条线。

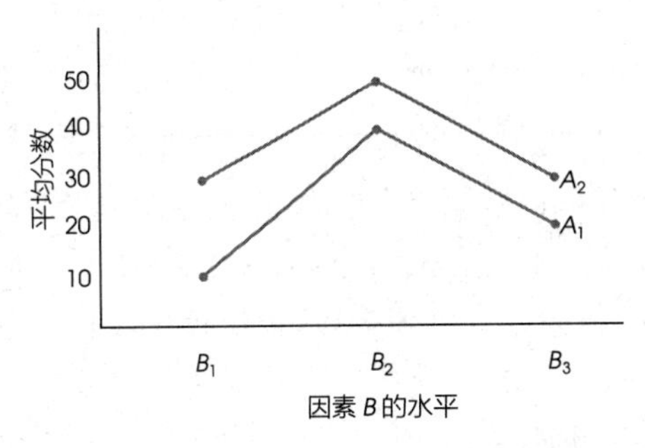

图 14-3　线图显示了双因素实验的结果

于这些数据，直线之间的距离对应自尊水平，即低自尊被试和高自尊被试错误量的平均数差异。差异取决于观众条件这一事实表明，两个因素间存在交互作用。

定义

当双因素研究的结果呈现在图中时，直线不平行(直线相交或交叉)表示两个因素之间存在**交互作用**。

对很多学生来说，交互作用的概念从相关性的视角更易理解，也就是说，当一个因素的效应取决于另一个因素时，就存在交互作用。然而，更容易识别出一组数据是否存在交互作用的方法是绘制一个处理平均数的线图。识别交互作用的简易方法是判断直线是否平行。

主效应与交互作用的独立性

双因素 ANOVA 包括三个假设检验，每一个都评估了特定的平均数差异：A 效应、B 效应和 $A×B$ 交互作用[⊖]。我们已经指出，这是三个单独的检验，但你还应该意识到，这三个检验是相互独立的。也就是说，三个检验中的任意一个结果都与其他两个检验的结果完全无关。因此，双因素研究的数据可以表示主效应和交互作用显著或不显著任意可能的组合。表 14-4 的数据呈现了几种可能性。

表 14-4　三组数据呈现了双因素研究的主效应和交互作用的不同组合。矩阵中每个单元的数值代表在该处理条件下样本的平均数

a) 数据显示因素 A 存在主效应，因素 B 不存在主效应，不存在交互作用

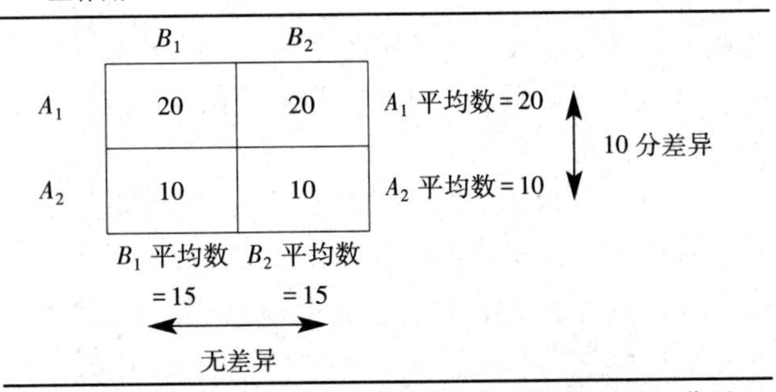

	B_1	B_2	
A_1	20	20	A_1 平均数 = 20
A_2	10	10	A_2 平均数 = 10
	B_1 平均数 = 15	B_2 平均数 = 15	

10 分差异

无差异

b) 数据显示因素 A 和因素 B 存在主效应，但不存在交互作用

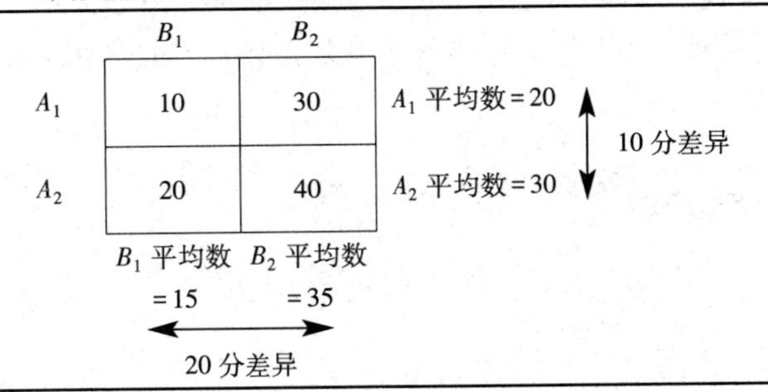

	B_1	B_2	
A_1	10	30	A_1 平均数 = 20
A_2	20	40	A_2 平均数 = 30
	B_1 平均数 = 15	B_2 平均数 = 35	

10 分差异

20 分差异

⊖ $A×B$ 交互作用通常称为“A 作用于 B”的交互作用，如果观众和自尊水平之间存在交互作用，它也可以称为“观众作用于自尊水平”的交互作用。

（续）

c）数据显示两个因素都不存在主效应，但存在交互作用

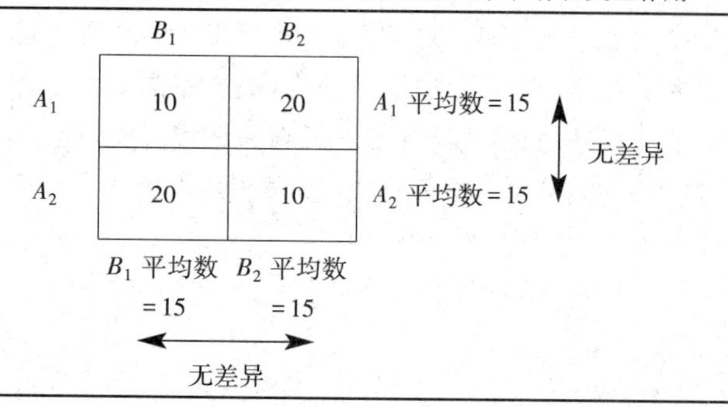

表 14-4a 的数据显示，因素 A 的各水平之间存在平均数差异（A 效应），但因素 B 的各水平之间不存在平均数差异，且二者之间没有交互作用。为了确定 A 效应，注意，A_1（上行）的总体平均数比 A_2（下行）的总体平均数高 10 分。这 10 分差异就是因素 A 的主效应。为了评估 B 效应，注意两列的总体平均数完全一致，表明因素 B 的各个水平之间不存在差异；因此，不存在 B 效应。最后，总的因素 A 效应（10 分差异）在每一列保持不变这一事实表明不存在交互作用；也就是说，A 效应不依赖因素 B 的各个水平（另一个推断是数据表明总的因素 B 效应在每一行内保持不变）。

表 14-4b 显示，数据存在 A 效应和 B 效应，但是不存在交互作用。对于这组数据，各行之间 10 分的平均数差异表明 A 效应，各列之间 20 分的平均数差异表明 B 效应。10 分的 A 效应在各行之间保持一致，这表明不存在交互作用。

最后，表 14-4c 的数据表明存在交互作用但不存在因素 A 及因素 B 的主效应。对于这些数据，各行之间不存在平均数差异（不存在 A 效应），各列之间也不存在平均数差异（不存在 B 效应）。然而，在每一行（或每一列）之内存在平均数差异。总的主效应无法解释行和列之内“额外的”平均数差异，因此存在交互作用。

学习小测验

1. 下面每个矩阵代表双因素实验可能的结果。对于每个实验：
   a. 描述因素 A 的主效应。
   b. 描述因素 B 的主效应。
   c. 两个因素之间存在交互作用吗？

实验 1

	B_1	B_2
A_1	$M=10$	$M=20$
A_2	$M=30$	$M=40$

实验 2

	B_1	B_2
A_1	$M=10$	$M=30$
A_2	$M=20$	$M=20$

2. 在呈现双因素实验的平均数的图中，直线平行表明不存在交互作用。（对或错？）
3. 双因素 ANOVA 有三个假设检验，它们分别是什么？
4. 除非两个因素中至少有一个存在主效应，否则不可能存在交互作用。（对或错？）

答案

1. 对于实验 1：
   a. 因素 A 存在主效应，A_2 的平均分数比 A_1 高 20 分。
   b. 因素 B 存在主效应，B_2 的平均分数比 B_1 高 10 分。
   c. 不存在交互作用；A_1 和 A_2 之间有恒定的 20 分差值，不取决于因素 B 的水平。

   对于实验 2：
   a. 因素 A 不存在主效应，A_1 和 A_2 的平均数都是 20 分。
   b. 因素 B 存在主效应，B_2 的平均分比 B_1 高 10 分。
   c. 存在交互作用。A_1 和 A_2 之间的差异取决于因素 B 的水平（B_1 中的差异为 +10，B_2 中的差异为 −10）。
2. 对。
3. 双因素 ANOVA 评估因素 A 的主效应、因素 B 的主效应与两个因素之间的交互作用（称为 $A \times B$ 交互作用）。
4. 错。主效应和交互作用之间完全独立。

14.3 双因素 ANOVA 的符号和公式

双因素 ANOVA 由三个不同的假设检验组成：

1. 因素 A 的主效应（通常称为 A 效应）。假设因素 A 用于定义矩阵的行，因素 A 的主效应评估了行之间的平均数差异。

2. 因素 B 的主效应（称为 B 效应）。假设因素 B 用于定义矩阵的列，因素 B 的主效应评估了列之间的平均数差异。

3. 交互作用（称为 $A\times B$ 交互作用）。交互作用评估了那些没有被因素 A 和因素 B 的主效应解释的处理条件间的平均数差异。

对于这三个检验，我们要求出处理之间平均数的差异是否大于无处理效应时的期望差异。在每种情况下，处理效应的显著性用 F 值来评估。这三个 F 值基本结构相同：

$$F=\frac{\text{各处理间方差（平均数差异）}}{\text{无处理效应时的期望方差（平均数差异）}} \tag{14-1}$$

双因素 ANOVA 的一般结构如图 14-4 所示。请注意，整个分析分为两个阶段。在第一阶段，总变异分为两个部分：处理间变异和处理内变异。第一阶段与第 12 章中介绍的单因素方差分析相同，双因素矩阵中的每个元素被视为一个单独的处理条件。在第一阶段中获得的处理内变异将用于计算 F 值的分母。如在第 12 章中讲到的，在每个处理的内部，所有的被试都接受完全相同的处理。因此，任何处理内存在的差异都不是由处理效应导致的。所以，处理内变异测量了不存在影响分数的系统处理效应时的差异[见式(14-1)]。

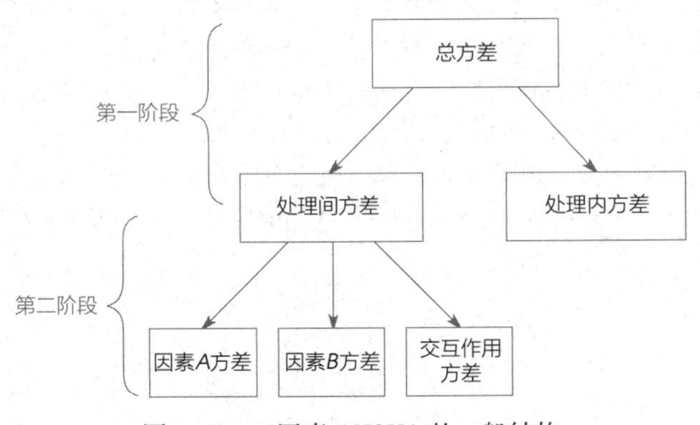

图 14-4　双因素 ANOVA 的一般结构

分析第一阶段获得的变异综合了所有因素 A、因素 B 和交互作用产生的平均数差异。第二阶段的目标是把这些差异划分为因素 A、因素 B 和交互作用这三个独立部分。这三个部分组成了 F 值的分子。

这种分析的目标是计算出三个 F 值所需要的方差值。我们需要三个处理间方差（一个赋予因素 A，一个赋予因素 B，一个赋予交互作用），也需要一个处理内方差。每个方差（均方）由平方和（SS）和自由度（df）决定。

$$\text{均方}=MS=\frac{SS}{df}$$ [⊖]

□ 例 14-1

我们使用表 14-5 中的数据来说明双因素 ANOVA。这些数据代表了许多检验唤醒和成绩关系的研究结果。这些研究的一般结果是提高唤醒水平（或动机）往往会提高表现。（你可能已经试着为了完成任务尽量在心中唤醒自己。）然而，对于复杂的任务，唤醒水平如果超过了某个点则可能降低成绩的水平。（当你过度紧张于自己的表现时，你的朋友也许会提醒你“冷静点，集中注意力”。）这种唤醒和表现之间的关系就是耶克斯-多德森定律（Yerkes-Dodson Law）。

表 14-5　双因素研究：两种任务难度（简单、复杂），3 种唤醒水平（低、中、高），共 6 种实验处理，每种处理中 $n=5$

因素 A 任务难度	因素 B 唤醒水平：低	中	高		
简单	3 1 1 6 4 $M=3$ $T=15$ $SS=18$	1 4 8 6 6 $M=5$ $T=25$ $SS=28$	10 10 14 7 9 $M=10$ $T=50$ $SS=26$	$T_{\text{第一行}}=90$	$N=30$ $G=120$ $\sum X^2=860$
复杂	0 2 0 0 3 $M=1$ $T=5$ $SS=8$	2 7 2 2 2 $M=3$ $T=15$ $SS=20$	1 1 1 6 1 $M=2$ $T=10$ $SS=20$	$T_{\text{第二行}}=30$	
	$T_{\text{第一列}}=20$	$T_{\text{第二列}}=40$	$T_{\text{第三列}}=60$		

数据呈现在一个矩阵中，任务难度的两个水平（因素 A）构成行，唤醒的三个水平（因素 B）构成列。对于简单任务，请注意成绩随唤醒水平的增加而增加。而对于复杂的任务，成绩的峰值在中等唤醒水平上，当唤醒增加到高水平时，成绩下降。请注意，数

⊖ 记住，在 ANOVA 中，方差称为均方或 MS。

据矩阵有 6 个单元或处理条件，每个条件下有一个独立样本($n=5$)。大多数符号在 12 章的单因素方差分析中已介绍过。具体来说，处理总数由 T 值确定，整个研究的数据总量 $N=30$，这 30 个数据的总和 $G=120$。除了这些熟悉的数值，矩阵中也包括了每一行和每一列的总和。ANOVA 的目标是确定数据中观测到的平均数差异是否显著大于无处理效应时的期望差异。

双因素 ANOVA 的第一阶段

双因素 ANOVA 的第一阶段是把总变异分成两部分：处理间和处理内。这一阶段的公式和第 12 章中单因素 ANOVA 相同，其规定是双因素矩阵中的每个单元可视为一个单独的处理条件。表 14-5 中数据的计算公式如下：

总变异

$$SS_{总}=\sum X^2-\frac{G^2}{N} \quad (14\text{-}2)$$

对于这组数据，

$$SS_{总}=860-\frac{120^2}{30}$$
$$=860-480$$
$$=380$$

这个 SS 值测量了全部 30 个数据的变异，自由度为：

$$df_{总}=N-1 \quad (14\text{-}3)$$

对于表 14-5 中的这组数据，

$$df_{总}=29$$

处理内变异 要计算处理内方差，我们先计算每个处理条件的 SS 与 $df=n-1$。然后计算 $SS_{处理内}$：

$$SS_{处理内}=\sum SS_{每个处理内} \quad (14\text{-}4)$$

处理内 df 的定义为：

$$df_{处理内}=\sum df_{每个处理内} \quad (14\text{-}5)$$

对于表 14-5 中的 6 种处理条件：

$$SS_{处理内}=18+28+26+8+20+20$$
$$=120$$
$$df_{处理内}=4+4+4+4+4+4$$
$$=24$$

处理间变异 因为第一阶段的两部分相加必须得到总和，所以计算 $SS_{处理间}$ 最简单的方法是减法。

$$SS_{处理间}=SS_{总}-SS_{处理内} \quad (14\text{-}6)$$

对于表 14-5 中的数据，可得：

$$SS_{处理间}=380-120=260$$

当然，你也可以用计算公式直接计算 $SS_{处理间}$。

$$SS_{处理间}=\sum\frac{T^2}{n}-\frac{G^2}{N} \quad (14\text{-}7)$$

对于表 14-5 中的数据，共有 6 种处理条件(6 个 T 值)，每种处理条件有 5 个数据，因此 $SS_{处理间}$ 为：

$$SS_{处理间}=\frac{15^2}{5}+\frac{25^2}{5}+\frac{50^2}{5}+\frac{5^2}{5}+\frac{15^2}{5}+\frac{10^2}{5}-\frac{120^2}{30}$$
$$=45+125+500+5+45+20-480$$
$$=260$$

处理间 df 值是由处理的个数(或 T 值的个数)减 1 得到的。对于双因素研究，处理个数等于矩阵中单元格数目。因此，

$$df_{处理间}=单元格数目-1 \quad (14\text{-}8)$$

对于这组数据，

$$df_{处理间}=5$$

这就完成了计算的第一阶段。请注意，对于 SS 值和 df 值，两部分相加等于总和。

$$SS_{处理间}+SS_{处理内}=SS_{总}$$
$$240+120=360$$
$$df_{处理间}+df_{处理内}=df_{总}$$
$$5+24=29$$

双因素 ANOVA 的第二阶段

分析的第二阶段是确定三个 F 值的分子。具体来说，这一部分将确定因素 A、因素 B 和交互作用的处理间方差。

1. 因素 A。因素 A 的主效应评估了因素 A 的不同水平之间的平均数差异。该例中，因素 A 定义矩阵的行，因此我们评估行之间的平均数差异。为了计算因素 A 的 SS，我们用矩阵行的总和计算处理间 SS 值，方法和之前使用 T 值计算 $SS_{处理间}$ 完全相同。对于因素 A，行总和是 90 与 30，每个总和都是将 15 个数据相加得到的。因此：

$$SS_A=\sum\frac{T_{行}^2}{n_{行}}-\frac{G^2}{N} \quad (14\text{-}9)$$

$$SS_A=\frac{90^2}{15}+\frac{30^2}{15}-\frac{120^2}{30}$$
$$=540+60-480$$
$$=120$$

因素 A 包含简单和困难两种处理条件(或两行数据)，所以 df 值为：

$$df_A=行数-1$$
$$=2-1 \quad (14\text{-}10)$$
$$=1$$

2. 因素 B。除了用列代替行，因素 B 的计算和因素 A 的计算完全一样。因素 B 的主效应评估因素 B 的各个水平之间的平均数差异，它定义矩阵的列。

$$SS_B = \sum \frac{T_{列}^2}{n_{列}} - \frac{G^2}{N} \tag{14-11}$$

对于我们的数据，列的总和分别是 20、40 和 60，每个都是由 10 个数据相加得到的。因此：

$$SS_B = \frac{20^2}{10} + \frac{40^2}{10} + \frac{60^2}{10} - \frac{120^2}{30}$$

$$= 40 + 160 + 360 - 480$$

$$= 80$$

$$df_B = 列数 - 1 \tag{14-12}$$

$$= 3 - 1 = 2$$

3. $A \times B$ 交互作用。$A \times B$ 交互作用的定义是不能被两个因素的主效应解释的“额外的”平均数差异。我们使用这个定义做简单的减法，求出交互作用的 *SS* 和 *df* 值。具体来说，处理间变异被划分为 *A* 效应、*B* 效应和交互作用三个部分(见图 14-4)。我们已经计算了 *A* 和 *B* 的 *SS* 和 *df* 值，可以用减法求出剩余值，得到交互作用的值。因此：

$$SS_{A \times B} = SS_{处理间} - SS_A - SS_B \tag{14-13}$$

对于数据：

$$SS_{A \times B} = 260 - 120 - 80$$

$$= 60$$

类似地：

$$df_{A \times B} = df_{处理间} - df_A - df_B \tag{14-14}$$

$$= 5 - 1 - 2 = 2$$

双因素 ANOVA 包括三个独立的假设检验，并有三个 *F* 值。每个 *F* 值的分母旨在测量没有处理效应时的期望方差(差异)。如第 12 章所述，处理内方差是独立测量设计的分母。请记住，每个处理条件下被试接受完全相同的处理，这意味着存在的差异并非由系统处理效应所导致(见第 12 章)。处理内方差称为处理内均方或 *MS*，公式如下：

$$MS_{处理内} = \frac{SS_{处理内}}{df_{处理内}}$$

对于表 14-5 中的数据：

$$MS_{处理内} = \frac{120}{24} = 5.00$$

这个值是三个 *F* 值的分母。

三个 *F* 值的分子都测量了处理之间的方差或差异：因素 *A* 各水平之间的差异、因素 *B* 各水平之间的差异，以及由 $A \times B$ 交互作用导致的额外差异。这三个方差的计算如下：

$$MS_A = \frac{SS_A}{df_A}$$

$$MS_B = \frac{SS_B}{df_B}$$

$$MS_{A \times B} = \frac{SS_{A \times B}}{df_{A \times B}}$$

对于表 14-5 中的数据，三个 *MS* 值为：

$$MS_A = \frac{SS_A}{df_A} = \frac{120}{1} = 120$$

$$MS_B = \frac{SS_B}{df_B} = \frac{80}{2} = 40$$

$$MS_{A \times B} = \frac{SS_{A \times B}}{df_{A \times B}} = \frac{60}{2} = 30$$

最后，三个 *F* 值为：

$$F_A = \frac{MS_A}{MS_{处理内}} = \frac{120}{5} = 24.00$$

$$F_B = \frac{MS_B}{MS_{处理内}} = \frac{40}{5} = 8.00$$

$$F_{A \times B} = \frac{MS_{A \times B}}{MS_{处理内}} = \frac{30}{5} = 6.00$$

为了确定每个 *F* 值的显著性，我们必须根据 *df* 值在 *F* 分布表中找出临界 *F* 值。对于这个例子，因素 *A* 的 *F* 值的分子 $df = 1$，分母 $df = 24$。用 $df = 1, 24$ 查表，我们查到 $\alpha = 0.05$ 的临界值为 4.26，$\alpha = 0.01$ 的临界值为 7.82。我们得到的 $F = 24.00$ 大于这两个值，因此我们得出结论：因素 *A* 的不同水平之间存在显著差异。也就是说，简单任务的成绩(上一行)与复杂任务的成绩(下一行)显著不同。

同样地，因素 *B* 的 *F* 值 $df = 2, 24$。从表中得到的 $\alpha = 0.05$ 的临界值为 3.40，$\alpha = 0.01$ 的临界值为 5.61，我们得到的 $F = 8.00$ 大于这两个值，因此我们得出结论：因素 *B* 的不同水平之间存在显著差异。对于这个研究，唤醒的三个水平导致成绩水平之间的显著差异。

最后，$A \times B$ 交互作用的 *F* 值 $df = 2, 24$(与因素 *B* 相同)。$\alpha = 0.05$ 的临界值为 3.40，$\alpha = 0.01$ 的临界值为 5.61，我们得到 $F = 6.00$，可以得出结论：任务难度和唤醒水平之间存在显著的交互作用。■

表 14-6 完整地总结了例 14-1 中的双因素 ANOVA。虽然这些表通常不在研究报告中出现，但它们用简明的格式呈现了所有分析中的元素。

表 14-6　例 14-1 中的双因素 ANOVA 汇总表

来源	*SS*	*df*	*MS*	*F*
处理间变异	260	5		
因素 *A*(难度)	120	1	120	$F(1, 24) = 24.00$
因素 *B*(唤醒)	80	2	40	$F(2, 24) = 8.00$
$A \times B$	60	2	30	$F(2, 24) = 6.00$
处理内变异	120	24	5	
总变异	380	29		

学习小测验

1. 解释为何处理内变异是双因素独立测量 F 值恰当的分母。
2. 以下数据总结了一个双因素独立测量实验的结果：

		因素 B		
		B_1	B_2	B_3
因素 A	A_1	$n=10$ $T=0$ $SS=30$	$n=10$ $T=10$ $SS=40$	$n=10$ $T=20$ $SS=50$
	A_2	$n=10$ $T=40$ $SS=60$	$n=10$ $T=30$ $SS=50$	$n=10$ $T=20$ $SS=40$

a. 计算因素 A 各水平的总和，并计算因素 A 的 SS。

b. 计算因素 B 的总和与 SS。注意：你应该发现 B 的这些总和都是相同的，所以对于这个因素，不存在变异。

c. 已知处理间（或单元格间）SS 是 100，交互作用的 SS 是多少？

答案

1. 在每种处理条件内，所有被试均接受完全相同的处理。因此，处理内变异测量了不存在处理效应时分数之间的差异。这也正是 F 值分母所需要的条件。
2. a. 因素 A 每个水平的总和是 30 和 90，每个总和是 30 个分数相加得到的。$SS_A=60$。

   b. 因素 B 的三个总和都等于 40。因为它们都相等，所以不存在变异，$SS_B=0$。

   c. 交互作用由主效应之外的差异决定。对于这些数据，

$$SS_{A\times B}=SS_{处理间}-SS_A-SS_B$$
$$=100-60-0$$
$$=40$$

双因素 ANOVA 效应量的测量

测量 ANOVA 效应量的一般方法是计算 η^2 值，它是处理效应的方差解释率。对于双因素 ANOVA，我们计算三个独立的 η^2 值：第一个测量因素 A 的主效应能解释多少方差，第二个测量因素 B，第三个测量交互作用。像我们在重复测量 ANOVA 中所做的那样，在计算这三种特定效应的百分比之前，需要先将能用其他来源解释的变异排除。因此，例如，在我们计算因素 A 的 η^2 之前，我们需要先排除因素 B 与交互作用解释的变异。得到的公式为：

$$对于因素\ A：\eta^2=\frac{SS_A}{SS_{总}-SS_B-SS_{A\times B}} \quad (14\text{-}15)$$

注意，式(14-15)的分母包含能用因素 A 解释的变异和其他不能解释的变异。因此，与之等价的公式是：

$$对于因素\ A：\eta^2=\frac{SS_A}{SS_A+SS_{处理内}} \quad (14\text{-}16)$$

同样地，因素 B 和交互作用的 η^2 公式如下：

$$对于因素\ B：\eta^2=\frac{SS_B}{SS_{总}-SS_A-SS_{A\times B}}=\frac{SS_B}{SS_B+SS_{处理内}} \quad (14\text{-}17)$$

$$对于\ A\times B：\eta^2=\frac{SS_{A\times B}}{SS_{总}-SS_A-SS_B}=\frac{SS_{A\times B}}{SS_{A\times B}+SS_{处理内}} \quad (14\text{-}18)$$

由于每个 η^2 公式计算的百分比不基于分数的总变异，这个结果通常称为偏 η^2。对于例 14-1 中的数据，公式给出了下面的值：

$$因素\ A(难度)的\ \eta^2=\frac{120}{380-80-60}=\frac{120}{240}=0.50(50\%)$$

$$因素\ B(唤醒)的\ \eta^2=\frac{80}{380-120-60}=\frac{80}{200}=0.40(40\%)$$

$$交互作用的\ \eta^2=\frac{60}{380-120-80}=\frac{60}{180}=0.33(33\%)$$

§ 文献报告 §

报告双因素 ANOVA 的结果

报告双因素 ANOVA 的 APA 格式与报告单因素分析基本一致。首先，报告平均数和标准差。由于双因素设计通常包括多个处理条件，这些描述统计通常在表或图中呈现。接下来，报告三个假设检验的结果（F 值）。对于例 14-1 中的研究，报告将有下列格式：

> 每种处理条件下的平均数和标准差见下表。双因素方差分析结果显示，任务难度的主效应显著，$F(1, 24)=24.00$，$p<0.01$，$\eta^2=0.50$；唤醒水平的主效应显著，$F(2, 24)=8.00$，$p<0.01$，$\eta^2=0.40$；难度和唤醒水平之间的交互作用显著，$F(2, 24)=6.00$，$p<0.001$，$\eta^2=0.33$。

表 14-7　每个处理条件的平均成绩

		唤醒水平		
		低	中	高
任务难度	简单	$M=3$ $SD=2.12$	$M=5$ $SD=2.65$	$M=10$ $SD=2.55$
	复杂	$M=1$ $SD=1.41$	$M=3$ $SD=2.24$	$M=2$ $SD=2.24$

双因素 ANOVA 结果的解释

因为双因素 ANOVA 包括三个独立的检验，所以必须考虑总的结果，而非只关注某一个主效应或交互作用。特别是，只要存在显著的交互作用，就应该谨慎地考虑是否接受主效应的表面值(不论它们是否显著)。记住，交互作用意味着一个因素的效应取决于另一个因素的水平。因为效应在不同水平中不一致，所以不存在一致的"主效应"。

图 14-5 呈现了任务难度与唤醒水平研究中的样本平均数。上面讲到，分析显示两个主效应与交互作用都是显著的。因素 A(任务难度)的主效应可以从简单任务的成绩高于复杂任务的成绩这个事实得出。

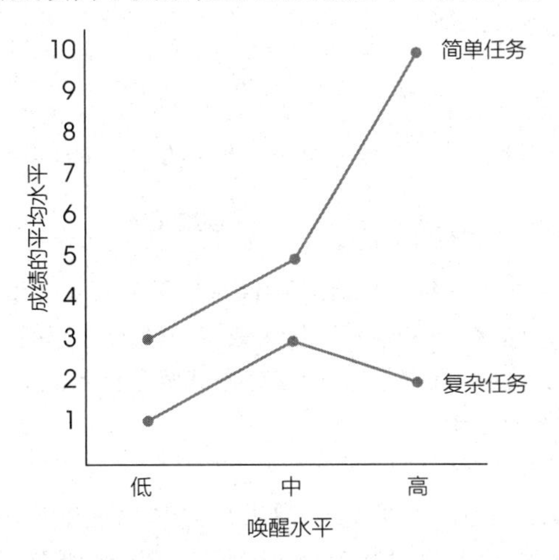

图 14-5　例 14-1 中数据的样本平均数。该数据是一个检验成绩与任务难度、唤醒水平关系的双因素研究的假设结果

因素 B(唤醒水平)的主效应基于成绩随唤醒水平升高而升高的一般趋势。然而，这不是完全一致的趋势。事实上，当唤醒水平从中等升到高等时，复杂任务的成绩下降，这正是一个可能发生在有显著的交互作用时的复杂情况的例子。记住，交互作用意味着因素没有一个自始至终一致的效应，相反，因素的效应取决于其他因素。对于图 14-5 中的数据，唤醒水平增加的效应取决于任务难度。对于简单任务，唤醒水平的增加提高了成绩。然而，对于复杂任务，超过中等唤醒水平的增长会导致成绩下降。因此，唤醒水平增加的效应取决于任务的难度。这种因素间的互相依赖就是显著交互作用的来源。

检验简单主效应

交互作用显著说明一个因素的效应(平均数差异)取决于另一个因素的水平。用处理平均数矩阵呈现数据时，交互作用显著说明一列(或行)内部的平均数差异与另一列(或行)内部的平均数差异不同。在这种情况下，研究者需要对每一列(或行)进行单独分析。实际上，研究者将双因素实验划分为一系列单独的单因素实验。在双因素设计的一列(或行)内，检验平均数差异显著性的过程称为检验简单主效应。为了说明这个过程，我们再一次使用任务难度和唤醒水平研究的数据(见例 14-1)，图 14-5 呈现了该结果。

□　例 14-2

在此例中，我们检验了双因素数据矩阵每一列内平均数差异的显著性。也就是说，我们检验低唤醒水平下任务难度的两个水平之间平均数差异的显著性，然后在中等唤醒水平下重复进行检验，最后在高唤醒水平下再重复这个检验。用双因素的符号表示，我们检验了因素 A 在因素 B 的各个水平下的简单主效应。

低唤醒水平　我们先考虑低唤醒水平。因为我们把数据限制在矩阵的第一列，数据被简化为只比较两个处理条件的单因素研究。因此，分析本质上是一个单因素 ANOVA，重复了第 12 章中的过程。为了将双因素变为单因素分析，我们将低唤醒水平(矩阵的第一列)的数据重新用单因素研究的符号表示。

低唤醒水平		
简单任务	复杂任务	
$n=5$	$n=5$	$N=10$
$M=3$	$M=1$	$G=20$
$T=15$	$T=5$	

第一步　陈述假设。对于这组有限的数据，虚无假设表述为简单任务条件与复杂任务条件的平均数之间不存在差异。用符号表示为：

$$H_0: \mu_{简单}=\mu_{复杂} \quad 低唤醒水平$$

第二步　为了评估这个假设，我们使用了 F 值，分子 $MS_{处理间}$是这两组数据的平均数差异。分母由最初方差分析的 $MS_{处理内}$组成。因此，F 值的结构为：

$$F=\frac{列1平均数的方差(差异)}{无处理效应时的期望方差(差异)}$$

$$=\frac{列1中两个处理条件的MS_{处理间}}{原始ANOVA的MS_{处理内}}$$

为了计算 $MS_{处理间}$，我们首先从两个处理条件总和 $T=15$ 和 $T=5$ 入手。每个总和都是基于 5 个数据，二者总和 $G=20$。两个处理条件的 $SS_{处理间}$为：

$$SS_{处理间}=\sum\frac{T^2}{n}-\frac{G^2}{N}=\frac{15^2}{5}+\frac{5^2}{5}-\frac{20^2}{10}=45+5-40=10$$

$$MS_{处理间}=\frac{SS}{df}=\frac{10}{1}=10$$

原始两因素分析中 $MS_{处理内}=5$，最终 F 值为：

$$F=\frac{MS_{处理间}}{MS_{处理内}}=\frac{10}{5}=2.00$$ ㊀

注意，这个 F 值的 df 值(1，24)与原始 ANOVA 中因素 A 的主效应(简单与复杂)检验的自由度相同。因此，F 值的临界值与原始的 ANOVA 中的值相同。$df=1,24$，临界值是 4.26。在这种情况下，我们的 F 值没有达到临界值，因此可以得出结论：在低唤醒水平上，简单和复杂的两种任务之间不存在显著差异。

中等唤醒水平　对中等唤醒水平进行检验的步骤与上面的完全一致。中等水平的数据如下：

中等唤醒水平		
简单任务	复杂任务	
$n=5$	$n=5$	$N=10$
$M=5$	$M=3$	$G=40$
$T=25$	$T=15$	

请注意，这些数据说明两个条件之间的平均数差异是 2 分($M=5$ 和 $M=3$)，这与我们评估的低唤醒水平下的 2 分差异完全相同($M=3$ 和 $M=1$)。因为两个唤醒水平下的平均数差异是相同的，因此 F 值也是相同的。在低唤醒水平下，我们得到 $F(1，24)=2.00$，并不显著。当前的检验同样产生 $F(1，24)=2.00$，再次得出不存在显著差异的结论。(注意：你应该能完成检验来验证这个结论。)

高唤醒水平　高唤醒水平的数据如下：

高唤醒水平		
简单任务	复杂任务	
$n=5$	$n=5$	$N=10$
$M=10$	$M=2$	$G=60$
$T=50$	$T=10$	

对于这些数据，

$$SS_{处理间}=\sum\frac{T^2}{n}-\frac{G^2}{N}$$

$$=\frac{50^2}{5}+\frac{10^2}{5}+\frac{60^2}{10}$$

$$=500+20-360$$

$$=160$$

同样地，我们只比较两个处理条件，因此有 $df=1$，且：

$$MS_{处理间}=\frac{SS}{df}=\frac{160}{1}=160$$

因此，对于高唤醒水平，F 值为：

$$F=\frac{MS_{处理间}}{MS_{处理内}}=\frac{160}{5}=32.00$$

和之前一样，F 值 $df=1,24$，相应的临界值 $F=4.26$。这次，F 值位于拒绝域内，我们可以得出结论：在高唤醒水平上，简单任务和复杂任务之间存在显著差异。■

最后注意，我们应该指出，对简单主效应的评估不仅解释了交互作用，还解释了一个因素总的主效应。在例 14-1 中，交互作用显著说明任务难度(因素 A)的效应取决于唤醒水平(因素 B)。对简单主效应的评估说明了这种依存关系。具体来说，任务难度在低或中等唤醒水平上对成绩没有显著效应，但是在高唤醒水平上则对成绩有显著效应。因此，简单效应的分

㊀ 记住，F 值使用的 $MS_{处理内}$来源于原始的 ANOVA。此例中，$MS=5$，$df=24$。因为 SS 值是基于两个处理，其 $df=1$。

析提供了对一个因素效应的详细评估，这个评估包括它与另一个因素的交互作用。

如果你考虑 SS 值，也可以发现，一个因素的简单效应同时包含交互作用以及这个因素总的主效应，对于这个例子：

唤醒水平的简单主效应	唤醒水平的交互作用和主效应
$SS_{低唤醒水平}=10$	$SS_{A\times B}=60$
$SS_{中等唤醒水平}=10$	$SS_A=120$
$SS_{高唤醒水平}=160$	
总 $SS=180$	总 $SS=180$

注意，任务难度(因素 A)简单主效应的总变异完全由因素 A 和 $A\times B$ 交互作用的总变异确定。

14.4 使用第二因素减少个体差异引起的方差

正如我们在第 10 章和第 12 章里提到的，独立测量设计需要特别考虑存在于每个处理条件内的方差。具体来说，组内较大的方差倾向于减少 t 统计量和 F 值，因此，降低平均数差异显著的可能性。独立测量研究中的很多方差来自个体差异。回想一下，个体差异是一些特征，如年龄和性别，这些特征在被试之间各不相同，并且会影响研究中获得的分数。

有时，某个特定的被试特征存在一致的个体差异。男性在某研究中的得分可能始终低于女性，或年长被试的得分始终高于年轻被试。例如，假设一个研究者对两种处理条件进行比较，每种条件使用单独一组的儿童。每组被试都包含男孩和女孩。研究的假设数据呈现在表 14-8a 中，儿童的性别标记为男或女。在检验结果时，研究者注意到女孩的成绩往往高于男孩，这产生了较大的个体差异和较大的组内方差。幸运的是，组内大方差的问题存在一个相对简单的解决方案，即使用一个特殊变量作为第二因素，该例中为性别。研究者把每一处理下的被试划分为两组：一组男孩和一组女孩。这个过程产生了如表 14-8b 所示的双因素研究：第一个因素是两种处理(1 和 2)，第二个因素是性别(男和女)。

通过添加第二因素并且创建四组而不是两组被试，研究者极大地降低了每组内的个体差异(性别差异)。这会让各组内产生较小的变异，进而提高平均数差异显著的可能性。下面的例子呈现了这个过程。

表 14-8　通过使用被试特征(年龄)作为第二因素，将包含两种处理条件的单因素研究转换成双因素研究。这个过程创建了更小、更同质的组，从而减少了组内方差

a)

处理 1	处理 2
3(男)	8(女)
4(女)	4(女)
4(女)	1(男)
0(男)	10(女)
6(女)	5(男)
1(男)	5(男)
2(女)	10(女)
4(男)	5(男)
$M=3$	$M=6$
$SS=50$	$SS=68$

b)

	处理 1	处理 2
男	3	1
	0	5
	1	5
	4	5
	$M=2$	$M=4$
	$SS=10$	$SS=12$
女	4	8
	4	4
	6	10
	2	10
	$M=4$	$M=8$
	$SS=8$	$SS=24$

例 14-3

我们使用表 14-8 的数据来说明如何通过增加被试特征(如年龄或性别)作为第二因素来减少个体差异引起的方差。对于表 14-8a 中的单因素研究，两种处理得到 $SS_{处理内}=50+68=118$。每种条件下 $n=8$，由此可得 $df_{处理内}=7+7=14$，从而得到 $MS_{处理内}=118/14=8.43$，这是评估处理间平均数差异的 F 值的分母。对于表 14-8b 中的双因素研究，四种条件得到 $SS_{处理内}=10+12+8+24=54$，每种条件下 $n=4$，由此可得 $df_{处理内}=3+3+3+3=12$。这些数值得到 $MS_{处理内}=54/12=4.50$，这是评估处理效应的 F 值的分母。注意，单因素 F 值的误差项几乎是双因素 F 值的两倍。减少组内的个体差异很大程度上降低了 F 值分母的处理内方差。

单因素和双因素这两种设计，都评估了两个处理平均数之间的差异($M=3$ 和 $M=6$)，每个条件下 $n=8$，由此可得 $SS_{处理间}=36$，$k=2$ 个处理，因此 $df_{处理间}=1$。故 $MS_{处理间}=36/1=36$。(对于双因素设计，这是处理因素主效应的 MS。)分母不同，两个设计的 F 值也截然不同。在单因素条件下，得：

$$F=\frac{MS_{处理间}}{MS_{处理内}}=\frac{36}{8.43}=4.27$$

$df=1,14$，临界值 $\alpha=0.05$，$F=4.60$。F 值小于临界值，所以不能拒绝虚无假设，得出两种处理条件之间不存在显著差异的结论。

对于双因素设计：

$$F=\frac{MS_{处理间}}{MS_{处理内}}=\frac{36}{4.50}=8$$

$df=1,12$，$\alpha=0.05$，临界值 $F=4.75$。F 值大于临界值，所以拒绝虚无假设，得出两种处理条件之间存在显著差异的结论。■

对于例 14-3 中的单因素研究，性别导致的个体差异是每个处理条件下方差的一部分。这种增加的方差减小了 F 值，并导致得出处理间不存在显著差异的结论。在双因素分析中，性别导致的个体差异由性别主效应测量，这是一个组间因素。由于性别差异是组间而非组内的，因此它们不再为方差做贡献。

双因素 ANOVA 除了能减少方差，还有其他优点。具体来说，它允许在评估性别之间的平均数差异时也评估处理间的差异，并揭示处理条件和性别之间的交互作用。

14.5 双因素 ANOVA 的假设

本章讲到方差分析的效度，同样取决于我们在独立测量设计假设检验中(第 10 章的 t 检验，第 12 章的单因素 ANOVA)使用的三个假设：

1. 每个样本之内的观测值必须独立。
2. 样本选取的总体必须呈正态分布。
3. 样本选取的总体必须方差相等(方差齐性)。

与之前一样，正态性假设一般不成问题，尤其是当样本量相对较大时。方差齐性更为重要，如果你的数据可能不能满足这个要求，你应该在做 ANOVA 之前先进行齐性检验。Hartley's F-max 检验允许你使用数据中的样本方差来确定总体方差间是否存在显著的差异。记住，对于双因素 ANOVA，数据矩阵中的每个单元格都是一个独立样本。齐性检验适用于所有样本及其所属的总体。

小 结

1. 具有两个自变量的研究称为双因素设计。这样的设计可以用矩阵表示，用一个因素的水平定义行，用另一个因素的水平定义列。矩阵中的每个单元格都对应着两个因素的一种特定组合。
2. 传统上，两个因素表示为因素 A 和因素 B。方差分析的目的是确定在实验矩阵中，处理条件或单元格之间是否存在任何显著的平均数差异。处理效应的类别如下：
   a. A 效应：因素 A 各水平之间总的平均数差异。
   b. B 效应：因素 B 各水平之间总的平均数差异。
   c. $A \times B$ 交互作用：主效应无法解释的额外的平均数差异。
3. 双因素 ANOVA 会产生三个 F 值：一个为因素 A，一个为因素 B，一个为 $A \times B$ 交互作用。每个 F 值的基本结构相同：

$$F=\frac{MS_{\text{处理效应}}(A\text{ 因素或 }B\text{ 因素或 }A\times B\text{ 交互作用})}{MS_{\text{处理内}}}$$

双因素 ANOVA 的 SS、df 和 MS 的公式如图 14-6 所示。

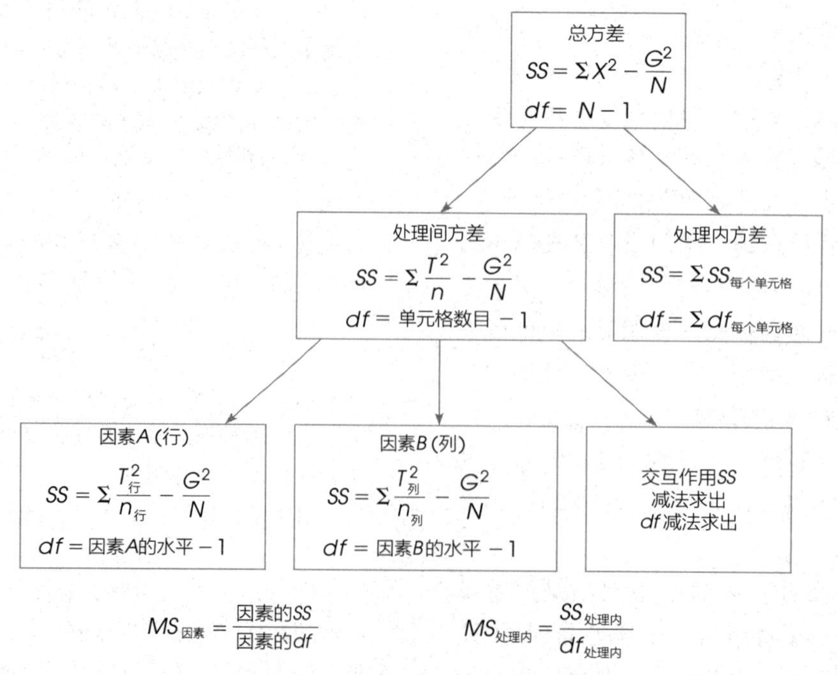

图 14-6 独立测量双因素设计的 ANOVA

关键术语

双因素设计　　矩阵　　单元格　　主效应　　交互作用

资　源

SPSS

附录 C 呈现了使用 SPSS 的一般说明。以下是使用 SPSS 进行双因素独立测量方差分析(ANOVA)的详细指导。

数据输入

1. 将数据以 stacked format 格式输入 SPSS 数据编辑器，所有不同处理条件下的所有数据都输入一列中(VAR00001)。
2. 在第二列中(VAR00002)输入代码数来区分因素 *A* 的不同水平。如果因素 *A* 被定义为数据矩阵的行，则在第一行的每个数值旁输入 1，在第二行的每个数值旁输入 2，依次类推。
3. 在第三列中(VAR00003)输入代码数来区分因素 *B* 的不同水平。如果因素 *B* 被定义为数据矩阵的列，则在第一列的每个数值旁输入 1，在第二列的每个数值旁输入 2，依次类推。

　因此，每一行的 SPSS 数据都有一个数值和两个代码，第一列为数值，第二列为因素 *A* 的代码，第三列为因素 *B* 的代码。

数据分析

1. 单击菜单栏中的 Analyze，在下拉菜单中选择 General Linear Model，然后单击 Univariant。
2. 在弹出的对话框中选择左边的框中分数的列标签(VAR00001)，然后单击箭头将其移至 Dependent Variable 框中。
3. 选择另外两个因素代码的列标签，然后单击箭头把它们移至 Fixed Factors 框中。
4. 如果你想获得每个处理的描述统计量，可以在 Options 对话框中选择 Descriptives，然后单击 Continue。
5. 单击 OK。

SPSS 输出

我们使用 SPSS 来分析例 14-1 中唤醒水平-任务难度研究的数据，部分输出结果呈现在图 14-7 中。输出首先呈现列有各因素的表格(不包含在图 14-7 中)，接着呈现描述统计信息的表格，包括每个处理条件的平均数和标准差。ANOVA 的结果显示在名为 Tests of Between-Subjects

Descriptive Statistics

Dependent Variable: VAR00001

VAR00002	VAR00003	Mean	Std. Deviation	N
1.00	1.00	3.000 0	2.121 32	5
	2.00	5.000 0	2.645 75	5
	3.00	10.000 0	2.549 51	5
	Total	6.000 0	3.798 50	15
2.00	1.00	1.000 0	1.414 21	5
	2.00	3.000 0	2.236 07	5
	3.00	2.000 0	2.236 07	5
	Total	2.000 0	2.035 40	15
1.00	1.00	2.000 0	2.000 00	10
	2.00	4.000 0	2.538 59	10
	3.00	6.000 0	4.784 23	10
	Total	4.000 0	3.619 87	30

图 14-7　SPSS 输出的例 14-1 中唤醒水平-任务难度研究双因素 ANOVA 的部分结果

Tests of Between-Subjects Effects

Dependent Variable: VAR00001

Source	Type III Sum of Squares	df	Mean Square	F	Sig.
Corrected Model	260.000	5	52.000	10.400	.000
Intercept	480.000	1	480.000	96.000	.000
VAR00002	120.000	1	120.000	24.000	.000
VAR00003	80.000	2	40.000	8.000	.002
VAR00002 * VAR00003	60.000	2	30.000	6.000	.008
Error	120.000	24	5.000		
Total	860.000	30			
Corrected Total	380.000	29			

图 14-7 （续）

Effects 的表格中。上面一行(Corrected Model)表示处理间 *SS* 和 *df* 值。第二行(Intercept)与我们的目标不相关。下面三行显示两个主效应和交互作用(*SS*、*df* 和 *MS* 值，以及 *F* 值和显著性水平)，每个因素由它们在 SPSS 数据编辑器中的列数表示。下一行(Error)描述了误差(*F* 值的分母)，最后一行(Corrected Total)描述了整组数据的总变异(忽略 Total 所在的行)。

关注问题解决

1. 在开始进行双因素 ANOVA 之前，首先用些时间来整理和汇总数据。最好把数据汇总在一个数据矩阵里，一个因素的水平对应行，另一个因素的水平对应列。在矩阵的每个单元格中，呈现分数的数目(n)、单元格的总和与平均数，以及单元格内的 *SS*。还需要计算主效应所需的行总数和列总数。
2. 对于双因素 ANOVA，有三个独立的 *F* 值。这些 *F* 值使用相同的误差项作为分母($MS_{处理内}$)。不过，这些 *F* 值有不同的分子，并且有与之对应的 *df*。因此，必须谨慎查看表中 *F* 的临界值。两个因素和交互作用可能临界值不同。

示例14-1

双因素 ANOVA

下列数据呈现了一项进食行为和体重之间关系的研究结果(Schachter，1968)。该研究的两个因素是：

1. 被试的体重(普通或肥胖)。
2. 被试的饥饿状态(饱腹或空腹)。

告知所有被试，他们将参加几种饼干的口味测试，他们可以想吃多少就吃多少。因变量是每个被试吃掉的饼干数量。本实验有两个具体预测。第一，预测普通被试的进食行为由饥饿状态决定。也就是说，空腹的被试会吃得多而饱腹的被试会吃得少。第二，预测肥胖被试的进食行为与饥饿状态无关。具体来说，无论空腹还是饱腹，肥胖被试吃的量相同。请注意，研究者预测了交互作用：饥饿在普通被试和肥胖被试之间产生的效应不同。数据如下：

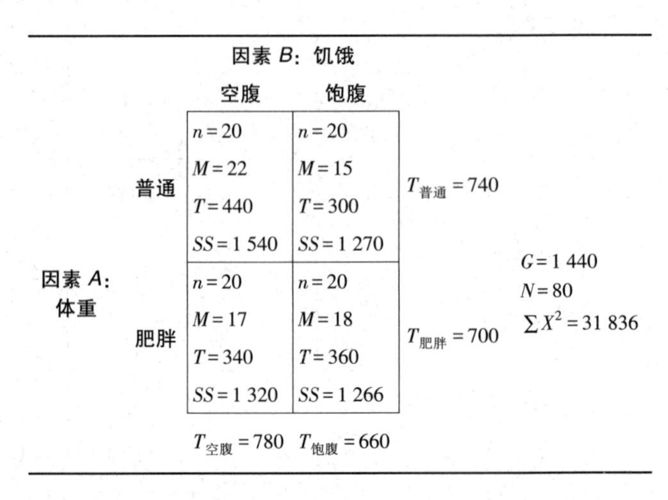

第一步　陈述假设，选择 α。对于双因素研究，有三个独立的假设——两个主效应和一个交互作用。

对于因素 A，虚无假设表述为：普通被试和肥胖被试的进食量之间不存在差异。符号表示为：

$$H_0: \mu_{普通} = \mu_{肥胖}$$

对于因素 B，虚无假设描述为：饱腹和空腹条件下进食量之间不存在差异。符号表示为：

$$H_0: \mu_{饱腹} = \mu_{空腹}$$

对于 $A \times B$ 交互作用，虚无假设可以用两种不同的方式陈述。第一，普通被试和肥胖被试在饱腹和空腹条件下的进食量无差异。第二，普通被试和肥胖被试的进食差异在饱腹和空腹条件下是相同的。一般表述为，

H_0：因素 A 的效应不取决于因素 B 的水平

（因素 B 也不取决于因素 A）

在所有检验中都使用 $\alpha = 0.05$。

第二步　双因素分析。我们直接进行方差分析，而不是先计算 df 值并查看 F 值的临界值。

(1)阶段 1　第一步分析和第 12 章中的独立测量 ANOVA 相同，矩阵中的每个单元格都可视为一种独立的处理条件。

$$SS_{总} = \sum X^2 - \frac{G^2}{N} = 31\ 836 - \frac{1\ 440^2}{80} = 5\ 916$$

$$SS_{处理内} = \sum SS_{每个处理内}$$

$$= 1\ 540 + 1\ 270 + 1\ 320 + 1\ 266 = 5\ 396$$

$$SS_{处理间} = \sum \frac{T^2}{n} - \frac{G^2}{N}$$

$$= \frac{440^2}{20} + \frac{300^2}{20} + \frac{340^2}{20} + \frac{360^2}{20} - \frac{1\ 440^2}{80} = 520$$

相应的自由度为：

$$df_{总} = N - 1 = 79$$

$$df_{处理内} = \sum df = 19 + 19 + 19 + 19 = 76$$

$$df_{处理间} = 处理数 - 1 = 3$$

(2)阶段 2　第二步分析要把处理间变异分为三个部分：因素 A 的主效应、因素 B 的主效应和 $A \times B$ 交互作用。

因素 A(普通/肥胖)：

$$SS_A = \sum \frac{T_{行}^2}{n_{行}} - \frac{G^2}{N} = \frac{740^2}{40} + \frac{700^2}{40} - \frac{1\ 440^2}{80} = 20$$

因素 B(饱腹/空腹)：

$$SS_B = \sum \frac{T_{列}^2}{n_{列}} - \frac{G^2}{N} = \frac{780^2}{40} + \frac{660^2}{40} - \frac{1\ 440^2}{80} = 180$$

A 和 B 交互作用：

$$SS_{A \times B} = SS_{处理间} - SS_A - SS_B = 520 - 20 - 180 = 320$$

相应的自由度为：

$$df_A = 行数 - 1 = 1$$

$$df_B = 列数 - 1 = 1$$

$$df_{A \times B} = df_{处理间} - df_A - df_B$$

$$= 3 - 1 - 1 = 1$$

F 值需要的 MS 值：

$$MS_A = \frac{SS_A}{df_A} = \frac{20}{1} = 20$$

$$MS_B = \frac{SS_B}{df_B} = \frac{180}{1} = 180$$

$$MS_{A \times B} = \frac{SS_{A \times B}}{df_{A \times B}} = \frac{320}{1} = 320$$

$$MS_{处理内} = \frac{SS_{处理内}}{df_{处理内}} = \frac{5\ 396}{76} = 71$$

最后，F 值为：

$$F_A = \frac{MS_A}{MS_{处理内}} = \frac{20}{71} = 0.28$$

$$F_B = \frac{MS_B}{MS_{处理内}} = \frac{180}{71} = 2.54$$

$$F_{A \times B} = \frac{MS_{A \times B}}{MS_{处理内}} = \frac{320}{71} = 4.51$$

(3)阶段 3　做出决策，陈述结论。三个 F 值都有 $df = 1$，76，$\alpha = 0.05$，三个检验的临界 F 值都是 3.98。

根据以上数据可知，对于因素 A(体重)，$F(1, 76) = 0.28$，无显著效应。统计上，普通被试和肥胖被试所吃的饼干数量不存在差异。

相似地，对于因素 B(饱腹)，$F(1, 76) = 2.54$，也无显著效应。统计上，饱腹被试与空腹被试相比，所吃饼干数量不存在差异。(注意：这个结论考虑了普通被试组和肥胖被试组的组合。交互作用应分别考虑两个组。)

这些数据得到一个显著的交互作用：$F(1, 76) = 4.51$，$p < 0.05$。这说明饱腹的效应确实取决于体重。更仔细地观察原始数据，会发现饱腹程度确实影响普通被试，但对肥胖被试无影响。

示例14-2

双因素 ANOVA 效应量的测量

用 η^2 测量每个主效应与交互作用的效应量大小，这是特定主效应或交互作用的方差解释率。在每种情况下，计算百分比之前，由其他来源解释的变异都需要被排除掉。对于示例 14-1 中的双因素 ANOVA：

$$因素 A：\eta^2 = \frac{SS_A}{SS_{总} - SS_B - SS_{A \times B}} = \frac{20}{5\ 916 - 180 - 320}$$

$$= 0.004(或\ 0.4\%)$$

因素 B：$\eta^2=\frac{SS_B}{SS_{总}-SS_A-SS_{A\times B}}=\frac{180}{5\,916-20-320}$
$=0.032$（或 3.2%）

$A\times B$：$\eta^2=\frac{SS_{A\times B}}{SS_{总}-SS_A-SS_B}=\frac{320}{5\,916-20-180}$
$=0.056$（或 5.6%）

习 题

1. 名词解释。
   a. 因素
   b. 水平
   c. 双因素研究
2. 双因素研究的结构可用矩阵呈现，第一个因素的水平定为行，第二个因素的水平定为列。记住这个结构，描述双因素 ANOVA 中三个假设检验评估的平均数差异。
3. 简要描述双因素 ANOVA 的第二阶段包括什么。
4. 对于下列矩阵中的数据：

	无处理	有处理	
男	$M=5$	$M=3$	总 $M=4$
女	$M=9$	$M=13$	总 $M=11$
	总 $M=7$	总 $M=8$	

   a. 描述处理主效应，比较哪两个平均数？
   b. 描述性别主效应，比较哪两个平均数？
   c. 性别和实验处理之间是否存在交互作用？请解释。
5. 下列矩阵呈现了一项独立测量双因素 ANOVA 的结果，每种条件下 $n=10$。注意，一个处理平均数缺失。

		因素 B	
		B_1	B_2
因素 A	A_1	$M=20$	$M=30$
	A_2	$M=40$	

   a. 缺失平均数是何值时因素 A 不存在主效应？
   b. 缺失平均数是何值时因素 B 不存在主效应？
   c. 缺失平均数是何值时不存在交互作用？
6. 下列矩阵呈现了 6 种处理条件的双因素研究，每个处理条件下 $n=10$。注意，一个处理平均数缺失。

		因素 B		
		B_1	B_2	B_3
因素 A	A_1	$M=10$	$M=20$	$M=40$
	A_2	$M=20$	$M=30$	

   a. 缺失平均数是何值时因素 A 不存在主效应？
   b. 缺失平均数是何值时不存在交互作用？
7. 对于下图中的数据：

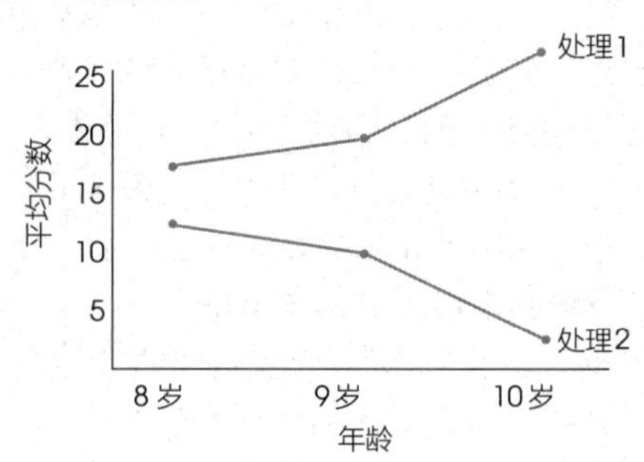

   a. 处理因素存在主效应吗？
   b. 年龄因素存在主效应吗？
   c. 年龄和处理存在交互作用吗？
8. 研究者进行了独立测量双因素研究，每个处理条件都使用独立样本（$n=15$）。用 ANOVA 来评估结果，得到因素 A 的 F 值，$df=1,48$；因素 B 的 F 值，$df=2,48$。
   a. 研究中的因素 A 有多少个水平？
   b. 研究中的因素 B 有多少个水平？
   c. 评估交互作用时 F 值的 df 值是多少？
9. 以下的结果来自独立测量双因素研究，每个处理条件下的 $n=10$。

		因素 B	
		B_1	B_2
因素 A	A_1	$T=40$ $M=4$ $SS=50$	$T=10$ $M=1$ $SS=30$
	A_2	$T=50$ $M=5$ $SS=60$	$T=20$ $M=2$ $SS=40$

$N=40$
$G=120$
$\sum X^2=640$

   a. 使用 $\alpha=0.05$ 的双因素 ANOVA 评估主效应和交互作用。
   b. 计算主效应和交互作用的效应量（η^2）。
10. 以下结果来自独立测量双因素研究，每个条件下 $n=5$。

		因素 B		
		B_1	B_2	B_3
因素 A	A_1	$T=25$ $M=5$ $SS=30$	$T=40$ $M=8$ $SS=38$	$T=70$ $M=14$ $SS=46$
	A_2	$T=15$ $M=3$ $SS=22$	$T=20$ $M=4$ $SS=26$	$T=40$ $M=8$ $SS=30$

$N=30$
$G=210$
$\sum X^2=2\ 062$

a. 使用 $\alpha=0.05$ 双因素 ANOVA 计算主效应和交互作用。

b. 当 $\alpha=0.05$ 时，计算在因素 B 的不同水平下，A_1 和 A_2 处理之间的平均数差异。

11. 研究者进行了一项独立测量双因素研究，因素 A 有两个水平，因素 B 有三个水平，每个处理条件下 $n=12$。

a. 评估因素 A 主效应的 F 值所用的 df 值为多少?

b. 评估因素 B 主效应的 F 值所用的 df 值为多少?

c. 评估因素交互作用的 F 值所用的 df 值为多少?

12. 大部分的运动损伤都是瞬间发生的并且非常明显，如小腿骨折。然而，一些损伤是不易察觉的，比如足球运动员反复用头顶球时可能导致神经损伤。为了研究反复顶球带来的长期影响，有研究者(Downs & Abwender，2002)测量了两个不同年龄组的足球运动员和游泳运动员。因变量是一项思维测验成绩。以下是与研究结果相似的假设数据。

		因素 B：年龄	
		大学生	老人
因素 A：运动	足球运动员	$n=20$ $M=9$ $T=180$ $SS=380$	$n=20$ $M=4$ $T=80$ $SS=390$
	游泳运动员	$n=20$ $M=9$ $T=180$ $SS=350$	$n=20$ $M=8$ $T=160$ $SS=400$

$\sum X^2=6\ 360$

a. 使用 $\alpha=0.05$ 的双因素 ANOVA 计算主效应和交互作用。

b. 计算主效应和交互作用的效应量(η^2)。

c. 简要描述研究结果。

13. 一些人喜欢把啤酒从杯沿处倒下以减少泡沫，另一些人则喜欢向杯子中央倒酒以充分释放泡沫和香气。对于香槟，泡沫集中在酒中是最佳的。一些法国科学家通过测量每杯香槟中的气泡量，研究了三种不同温度下两种不同倒酒方式的差异(Liger-Belair，2010)。以下数据呈现了研究获得的结果。

	香槟温度(°F)		
	40°	46°	52°
温和倒入	$n=10$ $M=7$ $SS=64$	$n=10$ $M=3$ $SS=57$	$n=10$ $M=2$ $SS=47$
倾入	$n=10$ $M=5$ $SS=56$	$n=10$ $M=1$ $SS=54$	$n=10$ $M=0$ $SS=46$

a. 使用 $\alpha=0.05$ 的双因素 ANOVA 计算平均数差异。

b. 根据结果，简要描述温度和倒酒方式如何影响香槟的气泡量。

14. 下列矩阵呈现了一项双因素研究的结果，因素 A 有两个水平，因素 B 有三个水平，每种处理条件使用独立样本($n=8$)。请填写缺失值。(提示：从 df 列开始。)

来源	SS	df	MS	
处理间变异	60	___		
因素 A	___	___	5	$F=$___
因素 B	___	___	___	$F=$___
$A\times B$ 交互作用	25	___	___	$F=$___
处理内变异	___	___	2.5	
总变异	___	___		

15. 下列矩阵呈现了一项双因素研究的结果，因素 A 有三个水平，因素 B 有三个水平，每种处理条件使用独立样本($n=9$)。请填写缺失值。(提示：从 df 列开始。)

来源	SS	df	MS	
处理间变异	144	___		
因素 A	___	___	18	$F=$___
因素 B	___	___	___	$F=$___
$A\times B$ 交互作用	___	___	___	$F=7.0$
处理内变异	___	___	___	
总变异	360	___		

16. 本章概要部分描述过一项双因素研究，它测量了两种观众条件下(因素 B)高自尊和低自尊被试(因素 A)的表现。下列 ANOVA 呈现了研究可能出现的结果。假设本研究使用独立样本被试，每个处理条件(每个单元格)下 $n=15$，请填写缺失值。(提示：从 df 列开始。)

来源	SS	df	MS	
处理间变异	67	___		
观众	___	___	___	F=___
自尊	29	___	___	F=___
交互作用	___	___	___	F=5.50
处理内变异	___	___	4	
总变异	___	___		

17. 下表呈现了一项双因素研究的结果，因素 *A* 有两个水平，因素 *B* 有三个水平，每种处理条件使用独立样本（$n=11$）。请填写缺失值。（提示：从 *df* 列开始。）

来源	SS	df	MS	
处理间变异	___	___		
因素 *A*	___	___	___	F=7
因素 *B*	___	___	___	F=8
A×B 交互作用	___	___	___	F=3
处理内变异	240	___	___	
总变异	___	___		

18. 下列数据来自一项双因素研究，该研究检验了两种处理条件对男女的效应。
    a. 使用 $\alpha=0.05$ 的双因素 ANOVA 计算主效应和交互作用。
    b. 计算 η^2 来评估主效应和交互作用的效应量。

		因素 B：处理 1	因素 B：处理 2		
因素 A：性别	男	3 8 9 4 $M=6$ $T=24$ $SS=26$	2 8 7 7 $M=6$ $T=24$ $SS=22$	$T_{男}=48$	$N=16$ $G=96$ $\sum X^2=806$
	女	0 0 2 6 $M=2$ $T=8$ $SS=24$	12 6 9 13 $M=10$ $T=40$ $SS=30$	$T_{女}=48$	
		$T_1=32$	$T_2=64$		

19. 下列数据来自一项双因素研究，该研究检验了三种处理条件对男女性的影响。
    a. 使用 $\alpha=0.05$ 的双因素 ANOVA 计算主效应和交互作用。
    b. 计算男性和女性在三种条件下的平均数差异并检验简单主效应，$\alpha=0.05$。

		因素 B：处理 1	因素 B：处理 2	因素 B：处理 3		
因素 A：性别	男	1 2 6 $M=3$ $T=9$ $SS=14$	7 2 9 $M=6$ $T=18$ $SS=26$	9 11 7 $M=9$ $T=27$ $SS=8$	$T_{男}=54$	$N=18$ $G=144$ $\sum X^2=1\,608$
	女	3 1 5 $M=3$ $T=9$ $SS=8$	10 11 15 $M=12$ $T=36$ $SS=14$	16 18 11 $M=15$ $T=45$ $SS=26$	$T_{女}=90$	

20. 数学应用题通常特别难，对于小学生来说尤其如此。近期，一项研究调查了一系列指导学生掌握解题方法的技术（Fuchs，Fuchs，Craddock，Hollenbeck，Hamlett，& Schatschneider，2008）。这项研究调查了小组辅导的效果以及“HOT MATH”课堂教学技术的效果。“HOT MATH”项目引导学生识别问题的种类或策略以做到举一反三。以下数据与研究所得数据相似。因变量是经过 16 周学习后每个学生的数学测试成绩。
    a. 使用 $\alpha=0.05$ 的双因素 ANOVA 计算主效应和交互作用。
    b. 计算 η^2 来评估主效应和交互作用的效应量。
    c. 描述结果的模式。（有辅导显著好于无辅导吗？传统的课堂教学与 HOT MATH 有显著差异吗？辅导的效果是否取决于课堂教学的类型？）

	无辅导	有辅导
传统教学	3 6 2 2 4 7	9 4 5 8 4 6
HOT-MATH 教学	7 7 2 6 8 6	8 12 9 13 9 9

21. 我们在第 12 章里描述了一项研究，该研究报告称学习中使用 Facebook(或者在后台运行此网站)的大学生的成绩比不使用社交网站的学生低(Kirschner & Karpinski，2010)。研究者想知道同样的结果是否能推广到低年级学生。研究者设计了一项双因素研究，将初中、高中和大学的 Facebook 使用者和非使用者进行比较。为了保持群体间的一致性，将成绩分成 6 档，从低到高编号为 0~5。结果呈现在以下矩阵中。

	初中	高中	大学
使用者	3	5	5
	5	5	4
	5	2	2
	3	4	5
非使用者	5	1	1
	3	2	0
	2	3	0
	2	2	3

a. 使用 $\alpha=0.05$ 的双因素 ANOVA 计算主效应和交互作用。

b. 描述结果的模式。

22. 我们在第 11 章中呈现了一项研究，该研究表明红色可以提升女性对男性的吸引力(Elliot & Niesta，2008)。同一批研究者发表的其他研究结果表明红色同样会提升男性对女性的吸引力，但是不影响对同性个体的判断(Elliot et al.，2010)。把这些结果组合成一个双因素设计，男性同时评估女性和男性的照片，包括白色和红色两种背景。因变量是对照片中人的吸引力的评分。研究中每种条件使用了独立的样本。下表呈现了与上述实验结果相同的数据。

a. 使用 $\alpha=0.05$ 的双因素 ANOVA 计算主效应和交互作用。

b. 描述背景颜色对男性和女性判断的效应。

		照片中呈现的人	
		女性	男性
照片的背景颜色	白色	$n=10$ $M=4.5$ $SS=6$	$n=10$ $M=4.4$ $SS=7$
	红色	$n=10$ $M=7.5$ $SS=9$	$n=10$ $M=4.6$ $SS=8$

23. 本章概要部分呈现了一个实验，检验有无观众对两种人格类型被试表现的影响。该实验的数据如下。因变量是每个被试所犯错误量。

a. 使用 $\alpha=0.05$ 的 ANOVA 分析数据。描述观众条件及自尊水平对表现的影响。

b. 计算主效应和交互作用的效应量(η^2)。

		无观众	有观众
自尊水平	高自尊	3	9
		6	4
		2	5
		2	8
		4	4
		7	6
	低自尊	7	10
		7	14
		2	11
		6	15
		8	11
		6	11

第四部分回顾

学完本部分后，你应该能在三种研究情境下用 ANOVA 评估平均数差异的显著性，包括：

1. 第 12 章中的单因素独立测量设计。
2. 第 13 章中的单因素重复测量设计。
3. 第 14 章中的双因素独立测量设计。

本部分我们介绍了 ANOVA 的三种应用，使用统计量 F 值来评估两个或多个总体的平均数差异。在每种情境下，F 值都有以下结构：

$$F=\frac{\text{处理间方差}}{\text{随机、非系统来源的方差}}$$

F 值的分子测量的是处理条件之间的平均数差异，包括由处理造成的所有系统差异。F 值的分母测量的是非系统因素导致的差异。F 值的结构使得当虚无假设为真、不存在系统处理效应时，分子和分母测量的方差完全相同。这种情况下，F 值应当接近 1.00。因此，F 值接近 1.00 证明虚无假设为真。F 值比 1.00 大很多则证明系统处理效应存在，应拒绝虚无假设。

对于独立测量设计，无论单因素还是双因素，F 值的分母都是通过计算处理内变异获得的。每种处理条件下，所有的被试都接受完全相同的处理，所以不存在引起分数差异的系统处理效应。

对于重复测量设计，每个处理条件使用同一组被试，所以任何处理间的差异都不可能源于被试差异。因此，F 值的分子不包括任何个体差异，所以分母也同样要排除个体差异以平衡 F 值。最后，重复测量 ANOVA 包括两个步骤：第一步是将处理间方差（分子）和处理内方差分开；第二步是从处理内方差中消除系统的个体差异来计算 F 值的分母。

对于双因素设计，处理间的平均数差异可能由两个因素中的任意一个或因素间的特定组合引起。ANOVA 的目的是把这些可能的处理效应分离并进行单独评估。为了达到这个目的，双因素 ANOVA 包括两个步骤：第一步把处理间方差和处理内方差（分母）分离；第二步把处理间方差分为三个部分——第一个因素的主效应、第二个因素的主效应及两个因素的交互作用。

请注意，重复测量 ANOVA 和双因素 ANOVA 都包括两个步骤。二者开始都把总方差分成处理间方差和处理内方差。然而，第二步服务于不同目的且聚焦于不同部分。重复测量 ANOVA 聚焦于处理内方差，消除个体差异以获得误差方差。双因素 ANOVA 则把处理间方差划分成两个主效应和一个交互作用。

复习题

1. 近期研究表明，抗抑郁药物的效果和抑郁的严重程度直接相关（Khan，Brodhead，Kolts，& Brown，2005）。基于前测的抑郁分数，按照抑郁水平把被试分成四组。在服用了抗抑郁药物之后，再次评估抑郁分数，并记录每个病人的改善范围。下列数据与研究结果相似。
   a. 数据是否显示抑郁严重程度的四个水平之间存在显著差异？使用 $\alpha=0.05$ 的检验。
   b. 计算组间差异的 η^2。
   c. 用一句话报告假设检验的结果和效应量的测量结果。

低中度	高中度	中度严重	严重	
0	1	4	5	$N=16$
2	3	6	6	$G=48$
2	2	2	6	$\sum X^2=204$
0	2	4	3	
$M=1$	$M=2$	$M=4$	$M=5$	
$T=4$	$T=8$	$T=16$	$T=20$	
$SS=4$	$SS=2$	$SS=8$	$SS=6$	

2. 听力丧失对老年人来说是一个严重的问题。虽然助听器可以纠正生理问题，但是听力受损的人通常在沟通技巧和社交能力上都有所欠缺。为了解决这个问题，研究者开发了一个家庭教育项目以帮助那些首次使用助听器的人。为了评估这个项目，研究者在训练项目开始前、结束后以及结束后 6 个月分别测量了总体的生活质量和满意度（Kramer，Allessie，Dondorp，Zekveld，& Kapteyn，2005）。下表呈现了与研究结果相似的数据。
   a. 数据是否显示参加训练项目会显著提高生活质量？在 0.05 显著性水平上检验假设。
   b. 计算 η^2 评估的效应量。
   c. 用一句话报告假设检验的结果和效应量的测量结果。

个体	生活质量分数			
	开始前	结束后	结束后 6 个月	
A	3	7	8	$N=12$
B	0	5	7	$G=60$

（续）

个体	生活质量分数			
	开始前	结束后	结束后6个月	
C	4	9	5	$\sum X^2=384$
D	1	7	4	
	$T=8$	$T=28$	$T=24$	
	$SS=10$	$SS=8$	$SS=10$	

3. 简要描述双因素研究中交互作用的含义。
4. 近期一项关于驾驶行为的研究表明，自我报告的高驾驶技能和低安全技能的组合非常危险（Sümer, Özkan, & Lajunen, 2006）。（注意：那些评估自己技术高超的司机可能过于自信。）根据自评驾驶技能量表的得分，把司机划分为高和低两类，根据司机攻击性量表的得分，把司机按安全技能划分为高和低两类。综合考虑事故数量、罚单、加速倾向、超车倾向等因素，得到驾驶风险的综合结果。以下数据与从实验中获得的结果相似。使用 $\alpha=0.05$ 的双因素 ANOVA 对结果进行评估。

		自评驾驶技能：低	自评驾驶技能：高	
驾驶安全	低	$n=8$ $M=5$ $T=40$ $SS=52$	$n=8$ $M=8.5$ $T=68$ $SS=71$	$N=32$ $G=160$ $\sum X^2=1\ 151$
	高	$n=8$ $M=3$ $T=24$ $SS=34$	$n=8$ $M=3.5$ $T=28$ $SS=46$	

PART

5

第五部分

相关和非参数检验

回到第1章，我们指出科学的主要目标是建立变量之间的关系。在此之前，我们呈现的统计方法都试图通过使用平均数和方差作为基本统计来比较各组分数以实现这一目标。通常，第一个变量用于定义组，第二个变量用于获得每组内的一组分数。然后计算分数的平均数和方差，并使用样本平均数来检验关于总体平均数的假设。如果假设检验表明存在显著的平均数差异，那么我们得出结论：变量之间存在关系。

然而，许多研究情境不涉及比较组，并且许多研究情境不会产生允许你计算平均数和方差的数据。例如，研究者可以通过测量单个组中个体的两个变量来研究两个变量(例如，智商和创造力)之间的关系。此外，测量方式可能不会产生数值分数。例如，被试可以通过挑选喜欢的颜色或通过对几个选择进行排名来显示他们的颜色偏好。没有数字分数，就无法计算平均数和方差。这些数据由比例或频数组成。例如，一项调查研究可能会以人们选择红色的比例作为他们偏爱的颜色，以及这个比例对内向的人和外向的人是否不同。

请注意，这些新的研究情境仍在询问变量之间的关系，研究者仍然使用样本数据来推断总体，但是他们不再比较各组，也不再基于平均数和方差。本部分将介绍为这些其他类型的研究开发的统计方法。

CHAPTER

第15章 相关

本章目录

本章概要
15.1 简介
15.2 皮尔逊相关
15.3 皮尔逊相关的应用和解释
15.4 皮尔逊相关的假设检验
15.5 除皮尔逊相关之外的其他相关
小结
关键术语
资源
关注问题解决
示例 15-1
习题

所需工具

以下所列内容是学习本章需要的基础知识。如果你不确定自己对这些知识的掌握情况，你应在学习本章前复习相应的章节。

- 平方和(第4章)
  - 计算公式
  - 定义公式
- z分数(第5章)
- 假设检验(第8章)

本章概要

作为学生，在经历了多次考试后，你可能已经注意到了一个有趣的现象。每次考试，都可能有一些学生迅速地做完交卷，而其他人仍旧在做第一页的题。另一些学生则坚持答题，即使老师已经宣布考试结束并要求上交考卷，他们仍然在奋笔疾书。你有没有考虑过这些学生都取得了什么样的成绩？那些先做完试卷的学生是班上最好的学生，还是完全没有准备，只能无奈接受他们失败的学生？取得 A 等成绩的学生最后完成考试是因为他们反复检查了答案吗？为了帮助回答这些问题，我们认真考察了最近的一次考试并记录了每个学生完成考试所用的时间以及取得的成绩。这些数据呈现在图 15-1 中。要注意，我们将时间置于 X 坐标轴，将成绩置于 Y 坐标轴。根据每个学生考试所用的时间以及成绩，用一个点在图中加以表示。同样要注意在图 15-1 中，我们在这些数据点的中间画了一条线。这条线使时间和成绩两个变量的关系更加明显。该图显示取得高成绩的学生倾向于较早完成考试，而那些苦苦坚持到考试最后的学生的成绩更可能偏低。

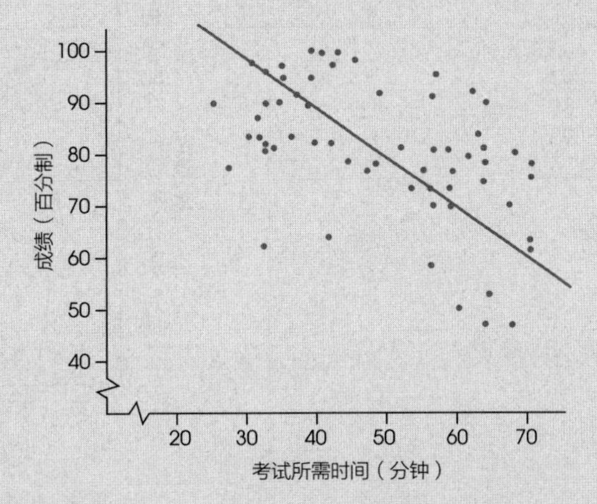

图 15-1　考试成绩和完成考试所需时间之间的关系

注：注意这些数据的一般趋势——先完成考试的学生，倾向于有更高的成绩。

问题： 虽然图 15-1 中的数据似乎显示了清晰的关系，但是我们需要一些程序来测量这个关系，并用假设检验来确定这个关系是否显著。在前面 5 章中我们用两组或多组分数之间的平均数差异来描述变量之间的关系，我们也用假设检验来评估平均数差异的显著性。图 15-1 中的数据只是一组分数，这时计算平均数并无助于描述这个关系。为了评估这些数据，描述统计和推断统计都需要一种完全不同的方法。

解决方法： 图 15-1 中的数据是相关研究结果的一个例子。在第 1 章中，我们介绍了相关设计，它是通过测量一组被试中每个个体的两个不同变量，来检验这两个变量之间关系的一种方法。相关研究获得的关系通常用被称为“相关系数”的统计测量来描述和评估。正如样本平均数提供了对整个样本的简洁描述，相关系数提供了对关系的简洁描述。我们将考虑如何使用和解释相关系数。例如，现在你已经看到了时间和成绩的关系，那你认为在考试中提早交试卷是个好主意吗？该问题还有待探索。

15.1　简介

相关(correlation)是测量和描述两个变量关系的统计方法，通常这两个变量自然地存在于环境之中，研究者没有试图控制或操纵变量。例如，研究者可以通过查看高中生成绩报告以得到对每个学生成绩的测量，然后调查学生的家庭收入。得到的数据结果可用来确定成绩和家庭收入之间是否存在关系。注意，研究者并没有操纵学生的成绩或家庭收入，而只是观察自然情况下发生了什么。你还应该注意到这个相关需要每个个体的两个分数(分别来自两个变量)。这些分数通常被定义为 X 和 Y。这些分数可以呈现在表格中，也可以呈现在散点图中(见图 15-2)。在散点图中，X 变量置于横轴，Y 变量置于纵轴。每个个体用图中的一个点表示，坐标点与个体的 X 值和 Y 值相匹配。散点图的价值在于，它可以让你看到数据中存在的模式或趋势。例如，图 15-2 展示了家庭收入和学生成绩间的清晰关系：当收入增加时，成绩也增加。

被试	家庭收入（1 000美元）	学生平均成绩
A	31	72
B	38	86
C	42	81
D	44	78
E	49	85
F	56	80
G	58	91
H	65	89
I	70	94
J	90	83
K	92	90
L	106	97
M	135	89
N	174	95

图 15-2 相关数据显示了一个 $n=14$ 的高中生样本的家庭收入(X)和学生平均成绩(Y)之间的关系。分数按照由低到高的顺序列在表中，并用散点图呈现

关系的特征

相关是可以测量 X 和 Y 之间关系三个特征的数值。这三个特征如下：

1. 关系的方向。相关的符号（正或负）描述了关系的方向。

定义

在**正相关**（positive correlation）中，两个变量的变动方向相同。当 X 变量增加时，Y 变量也增加；当 X 变量减少时，Y 变量也减少。

在**负相关**（negative correlation）中，两个变量的变动方向相反。当 X 变量增加时，Y 变量减少。也就是说，它们是相反关系。

下面的例子说明了正相关和负相关。

例 15-1

假设你在一个足球场里经营一个饮料摊。几个赛季后，你开始注意到比赛时的气温和饮料销量间存在着关系。特别是，你注意到气温低时，你卖出的啤酒较少；而当气温上升时，啤酒销量也上升了（见图 15-3）。这是一个正相关的例子。你注意到气温和咖啡销量间的关系：在寒冷的日子里，你卖出的咖啡较多；而当气温上升时，咖啡销量就下降了。这是一个负相关的例子。

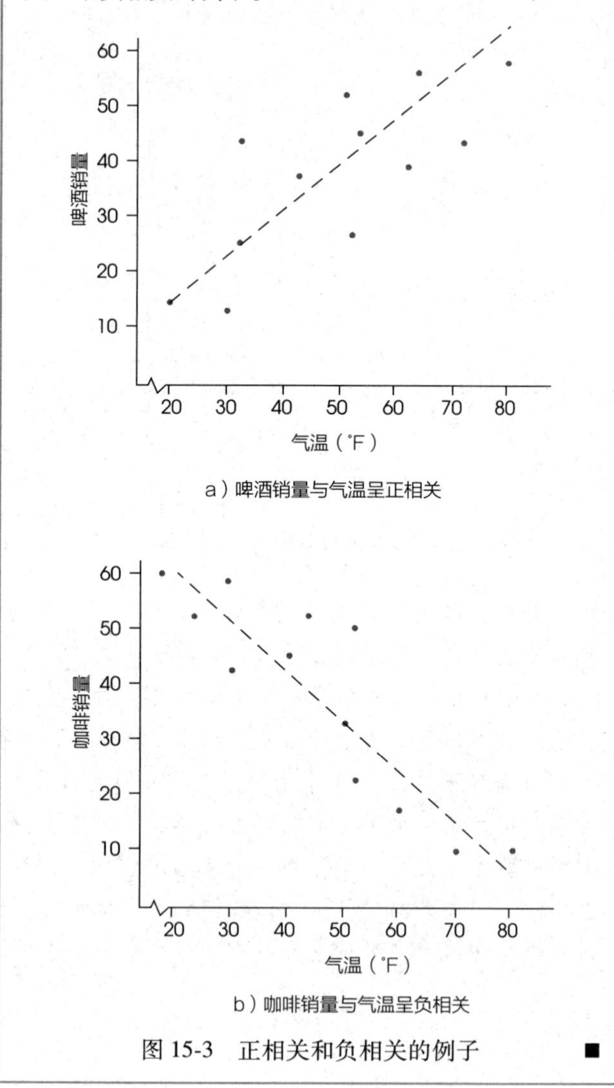

图 15-3 正相关和负相关的例子 ■

2. 关系的形式。在上述的咖啡和啤酒的例子中，关系趋向一种线性形式。也就是说，散点图上的点聚集在一条直线周围。我们在每个图中数据点中间绘制了一条直线以有助于显示关系。相关最常见的使用情况是测量线性关系。当然，也确实存在其他形式的关

系，并且有特殊的相关来测量它们。（我们将在 15.5 节中介绍其他相关。）

3. 关系的强度或一致性。最后，相关测量的是关系的一致性。例如，对于线性关系，数据可以完全拟合在一条直线上。每当 X 增加一个单位时，Y 值也会出现一致的或可预测的变化。图 15-4a 显示了完全的线性关系。然而，关系通常都不那么完美。即使当 X 增加时，Y 值有一定的增加趋势，Y 值变化的量也不总是一致的，偶尔可能出现 X 增加而 Y 减少的情况。在这种情况下，数据点没有完美地落在直线上。关系的一致性由相关的数值大小来测量。完全相关（perfect correlation）的相关系数为 1.00，并表示为完全一致的变化关系。当相关系数为 1.00（或-1.00）时，X 的任何改变都伴随着可完全预测的 Y 的改变。在其他极端情况中，相关值为 0 表示二者变化关系完全不一致。当相关系数为 0 时，数据点随机散落，没有清晰趋势（见图 15-4b）。0 和 1 之间的值表示一致性的程度。

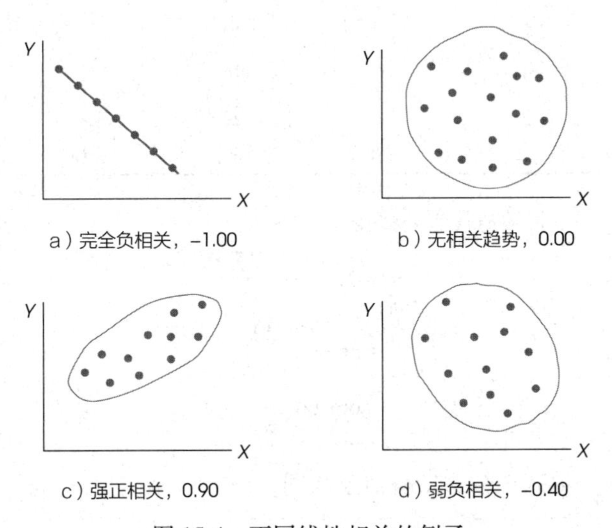

图 15-4 不同线性相关的例子

图 15-4 显示了线性相关不同相关系数的例子。在每个例子中，我们围绕数据点绘制了一条线。这条线因为围绕数据，所以也称为包络线（envelop），它会帮助你观察数据变化的总体趋势。根据经验，当包络线的形状大致为一个橄榄球时，相关系数在 0.7 左右。包络线的形状比橄榄球更丰满说明相关系数接近 0，更狭窄则表明相关系数更接近 1.00。

还应注意的是，符号（+或-）和相关强度是相互独立的。例如，相关系数为 1.00 表明完全一致的关系，无论是正（+1.00）还是负（-1.00）。类似地，相关系数为+0.80 和-0.80 表示同等强度的一致关系。

学习小测验

1. 请判断下列各题是正相关还是负相关。
   a. 二手本田汽车的车型年份和价格。
   b. 高中学生的 IQ 和他们的平均成绩。
   c. 纽约冬季的 30 天中每日平均最高温度和每日的能量消耗。
2. 相关系数为-0.80 的数据点比相关系数为-0.50 的数据更为密集地聚集在直线周围。（对或错?）
3. 如果数据点紧密地聚集在一条从左至右上升的直线附近，这表明相关系数在+0.90 以上。（对或错?）
4. 如果散点图表明一组数据形成了一个圆形图案，则相关系数接近 0。（对或错?）

答案

1. a. 正相关：年份越高，价格越高。
   b. 正相关：智商越高的学生，分数越高。
   c. 负相关：高温会减少热量需求。
2. 对。数值表示关系的强度，符号只表示方向。
3. 对。
4. 对。

15.2 皮尔逊相关

目前为止，最常用的相关是皮尔逊相关（或皮尔逊积差相关），它测量线性相关的程度。

定义

皮尔逊相关（Pearson correlation）主要用来测量两个变量线性关系的程度和方向。

皮尔逊相关系数用 r 表示。从概念上讲，该相关的计算方法为：

$$r=\frac{X\text{ 和 }Y\text{ 共同变化的程度}}{X\text{ 和 }Y\text{ 分别变化的程度}}=\frac{X\text{ 和 }Y\text{ 的共变性}}{X\text{ 和 }Y\text{ 各自的变异性}}$$

在完全线性关系中，X 变量的每个变化都伴随着相应 Y 变量的变化。在图 15-4a 中，每当 X 值增加，Y 值都会有可精确预测的减少。这是完全的线性关系，X 值和 Y 值总是一起变化。在这个例子中，共变性（X 和 Y）等同于 X 和 Y 各自的变异性，公式就会产生 1.00 或-1.00 的相关系数。另一种极端情况是，当没有线性关系时，X 变量不会伴随着任何可预测的 Y 值的变化而变化。这种情况不存在共变性，因而相关系数为 0。

离差乘积和

要计算皮尔逊相关，需要介绍一个新概念：离差乘积和(sum of products of deviations，SP)。这个新值类似于 SS(离差平方和)，用于测量单一变量的变异性。现在，我们用 SP 来测量两个变量之间的共变性。SP 的值可以用定义公式或计算公式来计算。

离差乘积和的定义公式为：

$$SP=\sum(X-M_X)(Y-M_Y) \tag{15-1}$$

式中，M_X 是 X 的平均数，M_Y 是 Y 的平均数。

定义公式指导你按以下步骤进行：

1. 求每个个体 X 和 Y 变量的离差。
2. 求每个个体离差的乘积。
3. 将乘积相加。

注意，这个过程“定义”了要计算的值：离差乘积和。

离差乘积和的计算公式为：

$$SP=\sum XY-\frac{\sum X\sum Y}{n} \tag{15-2}$$

因为计算公式使用原始数据(X 值和 Y 值)，所以，相比于定义公式，它更容易获得计算结果，尤其是当 M_X 和 M_Y 不是整数时。但是两种公式都能得到相同的 SP 值。

你可能注意到 SP 公式与我们学习过的 SS 公式相似。知识窗 15-1 表明了两个公式之间的关系。以下是用两个公式计算 SP 的例子。

□ 例 15-2

我们用一个 $n=4$ 的样本配对数据计算 SP。先用定义公式计算，再用计算公式计算。

在定义公式中，你需要计算每个 X 值和 Y 值的离差。注意 X 的平均数 $M_X=3$，Y 的平均数 $M_Y=5$。离差和离差乘积呈现于下表：

分数		离差		离差乘积
X	Y	$X-M_X$	$Y-M_Y$	$(X-M_X)(Y-M_Y)$
1	3	−2	−2	+4
2	6	−1	+1	−1
4	4	+1	−1	−1
5	7	+2	+2	+4
				+6 = SP

这些分数的离差乘积和为 $SP=+6$。

计算公式需要每个个体的 X 值、Y 值、XY 的值。然后求 X 的和、Y 的和、XY 的和。数值如下：

X	Y	XY	
1	3	3	
2	6	12	
4	4	16	
5	7	35	
12	20	66	总和

将数值代入公式得：

$$\begin{aligned}SP&=\sum XY-\frac{\sum X\sum Y}{n}\\&=66-\frac{12\times20}{4}\\&=66-60\\&=6\end{aligned}$$

两个公式所得结果相同，$SP=6$。■

知识窗 15-1　SP 公式和 SS 公式的比较

如果你发现两个 SP 的公式与第 4 章中 SS 的公式相似，这对于学习 SP 公式将很有帮助。SS 的定义公式为：

$$SS=\sum(X-M)^2$$

在这个公式中，你必须对每个离差进行平方，这相当于乘以它们自身。基于此，这个公式还可以重写为：

$$SS=\sum(X-M)(X-M)$$

SS 公式与 SP 公式的相似点很明显——SS 公式使用平方而 SP 公式使用乘积。计算公式也存在相同的关系。SS 的计算公式为：

$$SS=\sum X^2-\frac{(\sum X)^2}{n}$$

如前所述，每个被平方的值可以重写，所以该公式可以重写为：

$$SS=\sum XX-\frac{\sum X\sum X}{n}$$

这里也可以看出 SS 公式和 SP 公式之间的相似性。如果你记住 SS 使用了平方，SP 使用了乘积，那么这两个新公式应该是很容易学习的。

皮尔逊相关的计算

正如前面提到的，皮尔逊相关是 X 和 Y 的共变性(分子)与 X 和 Y 各自的变异性(分母)的比值。在皮尔逊相关的公式中，我们用 SP 来测量 X 和 Y 的共变性，用 X 分数的 SS 来测量 X 的变异性，用 Y 分数的 SS 来测量 Y 的变异性。根据这些定义，皮尔逊相关的公式为：

$$r=\frac{SP}{\sqrt{SS_X SS_Y}} \tag{15-3}$$

下面的例子将用一系列分数说明如何使用这个公式。

例 15-3

用给出的一组 $n=5$ 的配对分数来计算皮尔逊相关。

X	Y
0	2
10	6
4	2
8	4
8	6

在开始计算前，将数据放入散点图并对相关做初步的估计很有用。这些数据呈现在图 15-5 中。观察散点图，它表明存在很好(但不完全)的正相关。你应该预估 r 接近于+0.8 或+0.9。为了求出皮尔逊相关，我们需要 SP、X 值的 SS、Y 值的 SS。表 15-1 呈现了采用定义公式计算的各个值(X 的平均数 $M_X=6$，Y 的平均数 $M_Y=4$)。

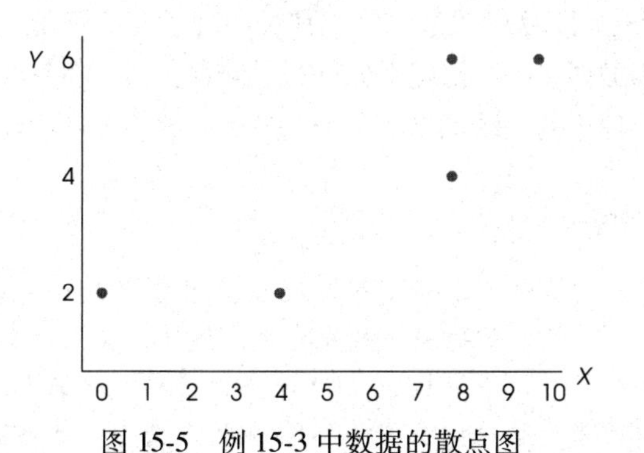

图 15-5　例 15-3 中数据的散点图

根据表 15-1 中的数据得到皮尔逊相关为：

$$r=\frac{SP}{\sqrt{(SS_X)(SS_Y)}}=\frac{28}{\sqrt{64\times16}}=\frac{28}{32}=+0.875$$

表 15-1　配对样本分数的 SS_X、SS_Y 与 SP 的计算($n=5$)

分数		离差		离差平方		乘积
X	Y	$X-M_X$	$Y-M_Y$	$(X-M_X)^2$	$(Y-M_Y)^2$	$(X-M_X)(Y-M_Y)$
0	2	−6	−2	36	4	+12
10	6	+4	+2	16	4	+8
4	2	−2	−2	4	4	+4
8	4	+2	0	4	0	0
8	6	+2	+2	4	4	+4
				$SS_X=64$	$SS_Y=16$	$SP=+28$

注意：所得相关系数与图 15-5 呈现的模式完全一致。首先，正相关表明数据点围绕着一条从左到右逐渐上升的直线。其次，高相关(接近 1.00)表明数据紧密围绕在直线周围。因此，相关系数描述了数据之间存在的关系。■

皮尔逊相关和 z 分数

皮尔逊相关测量个体在 X 分布中的位置和 Y 分布中的位置之间的关系。例如，正相关表明个体在 X 上得分越高，在 Y 上得分就越高。同样地，负相关表明个体在 X 上得分越高，在 Y 上得分就越低。

回忆第 5 章，z 分数确定了分数在分布中的位置。据此，使用 X 的平均数和标准差，可将每个 X 值转化为一个 z 分数——z_X。类似地，每个 Y 分数可以转化为 z_Y。如果将 X 和 Y 值视为样本，则用 z 分数的样本公式[式(5-3)]来转换。如果 X 和 Y 值构成了一个完整的总体，则用式(5-1)来计算 z 分数。转换后，皮尔逊相关公式可以完全用 z 分数表示。

$$\text{对于样本：} r=\frac{\sum z_X z_Y}{(n-1)} \tag{15-4}$$

$$\text{对于总体：} \rho=\frac{\sum z_X z_Y}{N} \tag{15-5}$$

注意总体的相关用希腊字母 ρ 表示，字母 ρ 在希腊字母中等同于字母 r。

学习小测验

1. 描述皮尔逊相关测量了什么。
2. SP 的值可以小于 0 吗？
3. 计算下列分数的离差乘积和(SP)。分别使用定义公式和计算公式并证实两个公式所得的结果是一致的。

X	Y
0	1
4	3
5	3
2	2
4	1

4. 对于下列数据：
   a. 绘制散点图并估计皮尔逊相关。
   b. 计算皮尔逊相关。

X	Y
2	6
1	5
3	3
0	7
4	4

答案

1. 皮尔逊相关测量两个变量之间线性关系的程度和方向。
2. 可以。SP 可以是正值、负值或者 0，这完全取决于 X 和 Y 的关系。
3. $SP=5$
4. $r=-0.80$

15.3 皮尔逊相关的应用和解释

皮尔逊相关使用的领域和原因

相关的应用非常广泛，接下来呈现的几个具体例子将会表明相关在统计测量中的意义。

1. 预测。如果通过某种系统的方式证实两个变量之间存在相关关系，那么我们就可以根据一个变量对另一个变量做出精确的预测。例如，当你申请大学时，你要提交大量的个人信息，其中包括你的学业成绩测验(SAT)分数。大学需要这些信息以预测你在大学成功的概率。SAT 分数与学业成绩的相关已经被证实了许多年。SAT 成绩良好的学生在大学学业上也表现不错；而 SAT 得分较低的学生在大学学习中会存在困难。根据这种关系，大学招生人员可以预测每个申请者的成功潜能。你应该注意，这种预测并不是非常精确的。不是每个 SAT 低分者都会在大学学习中有差的表现。这就是你还需要提交推荐信、高中成绩和其他信息的原因。

2. 效度。假设一个心理学家编制出了一种新的测量智力的测验。如何证实这个测验测到了它想测的内容，即怎样证明测验的效度？计算效度的一个普遍方法就是相关。如果该测验确实测量了智力，那么该测验的分数应该和其他智力测验的分数相关，如标准智力测验、学习任务表现、问题解决能力等。心理学家可以通过测量新测验和其他智力测验的相关性来证明新测验是有效的。

3. 信度。除了评估一个测量程序的效度，相关也可用来确定信度。如果能产生稳定、一致的测量，测量过程就是可信的。可信的测量过程会使相同个体在同一条件下测量两次时得到一样(或近似)的分数。例如，上周你的 IQ 测量值为 113，如果本周再次测量 IQ，你应该得到近似的分数。评估信度的一个方式是用相关来确定两次测验的关系。当信度较高时，两次测验呈现较高的正相关。知识窗 15-2 对信度进行了深入讨论。

4. 理论核实。许多心理学理论对两个变量间的关系进行了明确的预测。例如，一个理论预测了大脑的体积与学习能力之间的关系；一个发展理论预测了父母 IQ 与孩子 IQ 的关系；一位社会心理学家的理论预测了人格类型和社会情境中的行为之间的关系。在每个例子中，理论的预测可以由两个变量之间的相关来检验。

知识窗 15-2　测量的信度和误差

测量信度的概念直接与每个测验都包含误差因素的概念相联系。方程式表达为：

$$测量分数=真分数+误差$$

例如，如果用 IQ 测验测量你的智力，那么得到的分数部分取决于你智力的真实水平(你的真分数)，但是它也会受其他许多因素影响，如你当时的心境、疲劳度、健康水平等。这些其他因素集合在一起成为误差，这是所有测验的重要部分。

我们通常假定造成分数改变的误差成分从一次测验到下一次测验的变化是随机的。例如，在你休息好、感觉很好时，你的 IQ 分数似乎比你又累又心情低落时测验的得分更高。尽管你的真实智力没有改变，但误差成分使你的分数从一次测验到另一次测验会发生变化。

但因为误差成分非常小，所以在几次测验中你的分数是相对稳定的，测验可以说是可靠的。如果你感觉特别好并且休息得也很好，那么这种状态可能会使你的分数稍有提高，但不会使你的 IQ 分数从 110 上升到 170。

另外，如果误差成分相当大，你会发现一次测验和另一次测验的差异非常大，这说明这个测验不可靠。测量反应时间的测验似乎就非常不可靠。例如，假设你坐在桌子边，你的手指在按钮上而你的前方有电灯泡。你的任务是在灯亮时尽快按下按钮。在一些试次中，你的注意力集中于灯光，手指非常紧张并准备按下按钮。在另一些试次中，你心烦意乱、处于白日梦中，或者在灯亮起的那一刻眨眼，这会导致在你最终按下按钮之前就已过去一段时间。因此测量有很大的误差成分，你的反应时间，在一次测验和另一次测验间会发生非常大的改变。当测验不可靠时，你就不能相信任何一次测验的成绩，它不能为个体的真实分数提供精确的测量。为了解决这个问题，研究者会反复地测量反应时间，然后取这些测量数据的平均数。

相关可以帮助研究者测量和描述信度。对每个个体进行两次测验，可以计算出第一次分数和第二次分数之间的相关。高的正相关表明信度水平高：第一次测验取得好分数的人在第二次测验中也会取得好分数。相关程度低表明第一次分数与第二次分数间没有一致关系，即意味着低信度。

解释相关

在应用相关时，还有其他四点需要注意：

1. 相关只描述了两个变量之间的关系。它并没有解释为什么这两个变量存在关系。特别是，相关不应也不能解释两个变量的因果关系。

2. 相关的值受数据分布范围的影响。

3. 一个或两个极端的数据通常称为极端值(outlier)，它们对相关系数有极大的影响。

4. 在评价一个相关有“多好”时，应该尝试聚焦于相关的数值。例如，相关系数 = +0.5 是 0 和 1.00 的一半，因此它呈现了中等程度的相关关系。然而，相关不应解释为比例。虽然相关系数为 1.00 确实表示 X 和 Y 之间存在 100%完全可预测的关系，但是相关系数为 0.5 并不意味着你可以做 50%精确的预测。要描述一个变量是否准确地预测了另一个变量，你必须将相关平方。因此相关系数 $r=0.5$ 表明一个变量可以部分地预测另一个变量，但是预测的比例仅是整个变异性的 $r^2=0.5^2=0.25$(或 25%)。

现在我们将对以上四点中的每一点给予详细讨论。

相关和因果关系

在解释相关时，常见的错误之一是认为相关一定暗示着两变量间存在因果关系。即使是皮尔逊本人也曾错误地根据相关数据声称因果关系(Blum，1978)。我们经常被这样的报道所困扰：吸烟与心脏疾病有关；饮酒与孩子出生缺陷有关；胡萝卜食用量与视力有关。这些关系真的意味着吸烟造成了心脏疾病或食用胡萝卜导致了好视力吗？答案是否定的。虽然两者可能存在因果关系，但仅有相关并不能证明这种因果关系。例如，我们之前讨论过中学生成绩与家庭收入存在相关。但是这个结果并不能说明高的家庭收入会提升学生的成绩。例如，一个妈妈在工作中意外获得了一笔奖金，但孩子的成绩却不可能突然提高。为了建立因果关系，必须进行真实验，在实验中研究者要操纵其中一个变量并严格控制其他的无关变量。下面的例子表明了相关不能建立因果关系这一事实。

□ 例 15-4

假设我们选取了美国不同的城市和乡镇，测量它们教堂数量(X 变量)和严重犯罪数量(Y 变量)之间的关系。图 15-6 中的散点图呈现了这个研究的假设数据。请注意散点图显示了教堂数量和犯罪数量之间存在很强的正相关。你应该注意这些其实是真实数据。小城镇的案件少且教堂相对较少，而在大城市中这两个变量的值都很大。这个关系意味着教堂导致犯罪吗？或者犯罪使教堂建立？答案很明显是否定的。虽然教堂的数量和犯罪的数量间存在高相关，但联系的真正原因是人口数量。

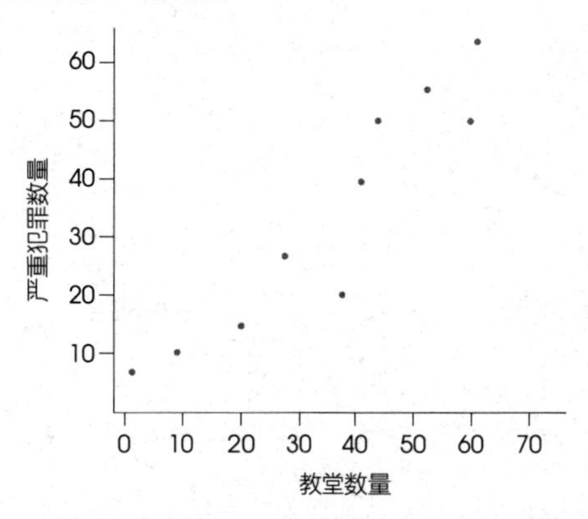

图 15-6 假设数据，呈现了美国城市和乡镇中教堂数量和严重犯罪数量之间的关系 ■

相关和有限范围

无论何时，对于用不具备全域代表性的分数所计算的相关都应该谨慎地解释。例如，假设你对 IQ 和创造力的关系很感兴趣。如果你选择的样本是和你一样的大学生，那你得到的 IQ 分数就可能只限定在一个区域内（很可能是 110～130）。在这个有限范围（restricted range）内的相关与来自 IQ 分数全域的相关可能完全不同。图 15-7 表明在考虑全部范围的分数时，X 和 Y 间存在正向高相关。但是，当数据被限于有限范围中时，两个变量间的关系就变得模糊了。

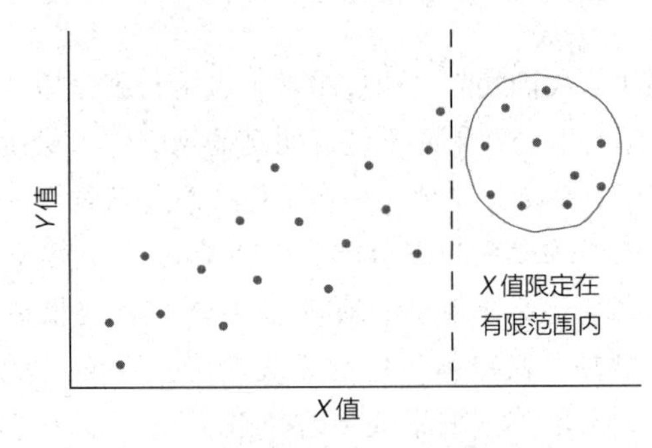

图 15-7 在该例中，所有 X 和 Y 值呈现正向高相关，但有限范围内分数呈现的相关系数几乎为 0

为保险起见，你不应该将相关推论到样本以外的范围。如果要得到能够准确描述总体的相关，X 和 Y 的数据应该分布在较宽泛的范围中。

极端值

极端值是指个体的 X 和（或）Y 值与数据中其他个体的值明显不同（大或小）。一个极值可能对相关系数产生非常大的影响，图 15-8 呈现了这种影响。图 15-8a 显示了一组 $n=5$ 的数据，X 和 Y 变量之间的相关接近 0（实际上 $r=-0.08$）。在图 15-8b 中，我们在原始数据组中添加一个极端数据（14，12）。当这个极端值参与到分析中时，就产生了一个正向的强相关（现在 $r=+0.85$）。请注意，仅仅一个极端值就可以使相关系数产生变化，从而改变了对 X 和 Y 变量之间关系的解释。没有极端值时，我们可以得出两个变量之间无关系的结论。但是有极端数据后，$r=+0.85$ 表明随着 X 的增加，Y 也增加。极端值解释了为什么你要参考散点图，而不只简单地根据相关的数据来进行解释。如果你仅仅“关注数值”，你可能会忽略一个极端数据会夸大相关这一事实。

相关系数和关系强度

相关系数主要测量两个变量之间的关系，范围从 0 到 1.00。虽然这个数值测量了二者关系的强度，但是许多研究者更喜欢用相关系数的平方来反映关系强度。

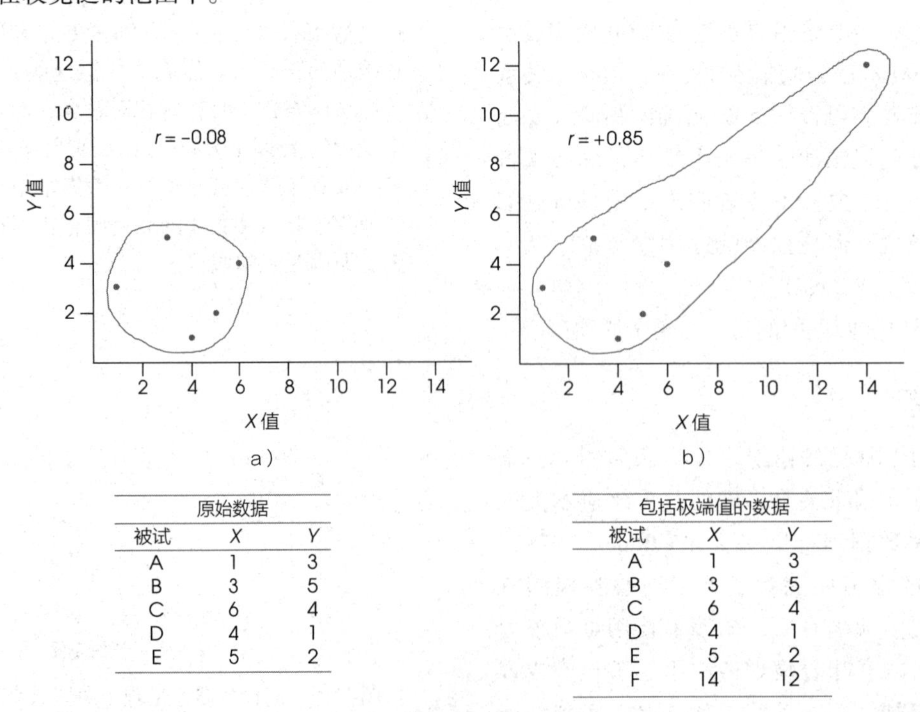

原始数据		
被试	X	Y
A	1	3
B	3	5
C	6	4
D	4	1
E	5	2

包括极端值的数据		
被试	X	Y
A	1	3
B	3	5
C	6	4
D	4	1
E	5	2
F	14	12

图 15-8 一个极端值影响相关系数的例子

相关经常用于预测。如果两变量之间存在相关，那么你可以用其中一个变量预测另一个变量。例如，大学的招生人员不是仅仅猜测哪个申请者可能表现得好；他们也用其他的变量（SAT 分数、高中成绩等）来预测哪些学生更可能成功。这些预测建立在相关的基础上。相关可以使大学招生人员做出比猜测更为准确的预测。总体来讲，相关的平方（r^2）测量了采用相关来进行预测的精确性。相关的平方测量了由 X 和 Y 的相关关系解释的数据变异性的比例。它有时也称为决定系数。

定义

r^2 称为**决定系数**（coefficient of determination），因为它测量了一个变量的变异由另一个变量的变异所决定的比例。例如，相关系数 $r=0.80$（或 -0.80）意味着 Y 变量中 $r^2=0.64$（或 64%）的变异由其和 X 的关系预测。

在前几章中，我们介绍了用 r^2 测量效应量的方法，用于比较处理间平均数差异的研究。具体来讲，我们测量了数据的方差有多少可以由处理间的差异解释。用实验术语来讲，r^2 测量了因变量的方差中有多少由自变量解释。现在我们在做同样的事情，只是没有了自变量和因变量。我们仅有两个变量 X 和 Y，用 r^2 来测量一个变量的方差中有多少由它和另一个变量的关系决定。下面的例子将说明这个概念。

□ 例 15-5

图 15-9 呈现了代表不同线性关系的三组数据。第一组数据（见图 15-9a）呈现了 IQ 分数与鞋码的关系。这个例子中相关系数 $r=0$（$r^2=0$），说明不能用一个人的鞋码来预测他们的 IQ 分数。所以一个人的鞋码不能为 IQ 分数提供任何信息。也就是说，鞋码没有提供对不同人有不同 IQ 分数的解释。

现在来考虑图 15-9b 中的数据。这些数据呈现了 IQ 分数和大学平均绩点（GPA）间的中等正相关，$r=+0.60$。高智商的学生往往比低智商的学生获得更好的成绩。在这个关系中，用 IQ 分数预测学生的 GPA 是可行的。但是你应该意识到这个预测不是完全的。虽然高智商的学生往往能获得更高的 GPA，但也并非总是如此。因此，知道一个学生的 IQ 分数可以为他的成绩提供一些信息，或知道学生的成绩可为他的 IQ 分数提供一些信息。在这个例子中，IQ 分数有助于解释不同的学生有不同的 GPA 这一事实。具体来说，GPA 差异的一部分可以由 IQ 分数解释。由 $r=+0.60$ 可得 $r^2=0.36$，这意味着 IQ 分数可以解释 GPA 方差的 36%。

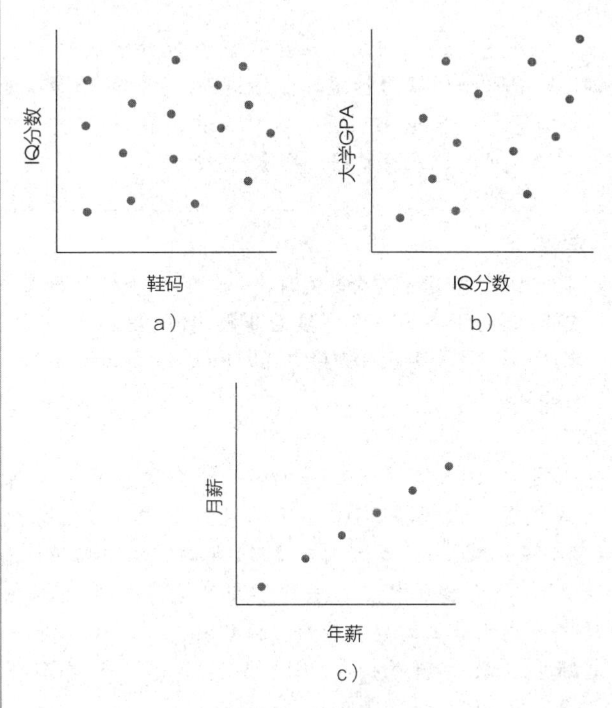

图 15-9　三组数据呈现了三种不同程度的线性关系

最后，我们来考虑图 15-9c 的数据。图中显示了一组大学生雇员的月薪和年薪之间的完全线性关系（$r=+1.00$）。当 $r=+1.00$，$r^2=1.00$ 时，预测性就是 100%。如果你知道一个人的月薪，你就可以完全地预测这个人的年薪。如果两个人的年薪不同，这个差异可以完全（100%）由他们的月薪差异解释。■

在第 9 章、第 10 章和第 11 章中，r^2 用来评估平均数差异的效应量，现在 r^2 则可用来评估相关的强度或大小。表 9-3 中介绍的标准适用于 r^2 的两种用法。具体来说，r^2 为 0.01 说明有小效应或较弱的相关，r^2 为 0.09 说明有中等相关，r^2 为 0.25 或更大时说明有强的相关。

15.5 节和第 16 章有更多关于决定系数（r^2）的信息。从现在开始，你应该意识到只要两个变量相关，就可以用一个变量的值来预测另一个变量的值。知识窗 15-3 呈现了最后一条关于解读相关的述评。

知识窗 15-3　趋中回归

考虑以下问题：

解释为什么大联盟棒球赛季的最佳新秀通常在第二个赛季表现不佳。

请注意，这个问题本质上不属于统计学或数学问题，但是这个问题的答案与相关和回归（见第 16 章）这些统计学概念有直接关系。具体来说，有一个与“相关”有关的简单观察结果，称为趋中回归。

定义

当两个变量不完全相关时，一个变量的极端值（高或低）倾向于和另一个变量的非极端值（更趋于平均数）匹配。这个事实称为**趋中回归**（regression toward the mean）。

图 15-10 是不完全相关的两个变量的散点图。图中的数据点代表了 2010 年棒球赛新手的平均击球数（变量 1）和同一个运动员在 2011 年的平均击球数（变量 2）。因为是不完全相关，所以变量 1 的最高分数通常不是变量 2 的最高分数。棒球赛中，2010 年取得最高平均数的新手，在 2011 年就没有取得最高平均数。

记住，相关不能解释一个变量为什么与另一个变量有关，它只能说明这两个变量有关。相关不能解释为什么最好的新手在第二个赛季表现不佳。但是由于它们不完全相关，所以第一年分数极高的人通常不能在第二年取得相匹配的极高分，这是一个统计事实。

趋中回归经常在解释实验结果时带来问题。假设你想评估针对缺陷儿童的特殊学前项目的效果，你选择学术测试分数极低的儿童作为样本。在参与学前项目后，这些儿童的测试成绩明显提高。为什么他们的分数提升了？一个答案是这个特殊项目有所帮助，而另一个答案就是趋中回归。如果第一次测试的成绩与第二次测试的成绩存在不完全相关（通常是事实），那么第一次测试中分数极低的个体就倾向于在第二次测试中获得更高的分数。这就是生活中的统计事实，不一定是特殊项目的效果。

现在试用趋中回归的概念来解释下列现象：

1. 你在一家餐厅享受了一顿精美的午餐。但是当你与朋友重返这家餐厅吃饭时，却发现食物令人失望。

2. 你在统计学的第一次考试中取得班级最高分，但是第二次考试的分数仅高于平均分。

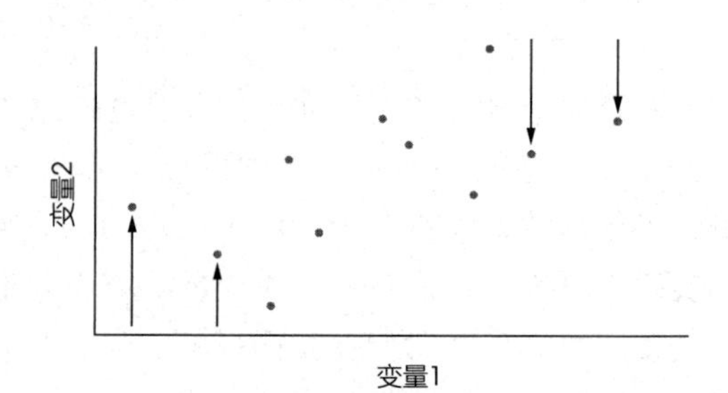

图 15-10　趋中回归的演示。图中呈现了不完全相关的一组数据的散点。变量 1 的最高分数并非变量 2 的最高分数，而是向下朝平均数方向趋近；同样地，变量 1 的最低分数并非变量 2 的最低分数，而是向上朝平均数方向趋近

学习小测验

1. 研究者发现一组高中男孩每周花在视频游戏上的时间与 GPA 的相关系数 $r=-0.7$。这个相关说明玩视频游戏会导致学生成绩下降。（对或错？）
2. 研究者发现一组 40 岁男士的薪水与受教育年限的相关系数 $r=0.60$。受教育年限在多大程度上可以解释薪水的差异？

答案

1. 错。不能通过相关得出因果关系。
2. $r^2=0.36$ 或 36%

15.4　皮尔逊相关的假设检验

皮尔逊相关通常用来计算样本数据。但是，就像多数样本统计量一样，样本相关通常用于回答总体的问题。例如，一位心理学家想知道 IQ 和创造力是否存在关系。这是一个有关总体的一般问题。为了回答这个问题，需要选择一个样本，然后使用样本的数据计算相关。你会意识到这是推断统计的一个例子：使用样本推断总体。之前，我们主要用样本平均数来推断总体平均数。在本节中，我们将学习如何用样本的相关对相应的总体相关进行假设检验。

假设

假设检验的基本问题在于总体中是否存在相关。虚无假设是“总体中不存在相关”或“总体相关为零”。备择假设是“总体中确实存在非零相关”。通常用ρ表示总体相关，这些假设用符号表示为：

H_0：$\rho=0$（不存在总体相关）

H_1：$\rho\neq 0$（存在总体相关）

当相关有一个确定的方向时，可以做定向检验。例如，研究者在预测一个正相关时，假设为：

H_0：$\rho\leq 0$（总体相关非正）

H_1：$\rho>0$（总体相关为正）

用样本的相关来检验这些假设。通常，对于非定向检验，样本相关系数接近 0 可以支持 H_0 假设，样本相关系数远大于或小于 0 时则拒绝 H_0。对于定向检验，样本相关系数为正时，倾向于拒绝总体相关非正的虚无假设。

虽然我们用样本相关来检验总体相关的假设，但是应该记住，不应期望样本与它们来自的总体一致。样本统计量与对应的总体参数间存在一些差异（抽样误差）。因此，应该意识到样本相关和它代表的总体相关存在一些误差。这个事实的意义在于，即使总体之间不存在相关（$\rho=0$），你仍然会在样本相关的计算中得到一个非零的值。这一点在小样本中尤其明显。图 15-11 表明了在零相关的总体中，小样本如何形成一个偏离零的相关。图中的点代表整个总体，三个被圈住的点代表随机样本。注意，即使总体不相关（$\rho=0$），这三个样本的数据也呈现了一个较高的正相关。

当你从样本中得到一个非零相关时，假设检验的目的在于在下面两个解释间做出选择：

1. 总体中不存在相关（$\rho=0$），样本值是抽样误差的结果。记住，样本与总体不可能完全一致。样本统计量和相应的总体参数之间总会存在误差。这是 H_0 假设的情况。

2. 非零相关样本精确地代表了总体的非零相关。这是 H_1 假设的情况。

样本相关有助于我们决定哪个解释更有可能成立。样本相关接近 0，则总体相关也是 0。样本相关大于或小于 0，则总体相关可能为非零值。

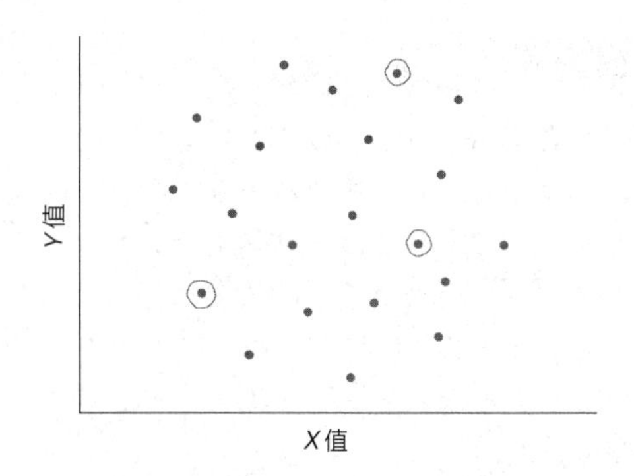

图 15-11　X 和 Y 值的近似零相关散点图。但是一个 $n=3$ 的小样本却有显著正相关。图中被圈住的点是样本数据点

相关检验的自由度

皮尔逊相关假设检验的自由度 $df=n-2$。对这个值，从直觉上的解释是样本仅为 $n=2$ 是没有自由度的。具体来讲，若只有两个数据，它们就会完美拟合在一条直线上，样本一定是 $r=1.00$ 或 $r=-1.00$ 的完全相关。因为最初的两点总会有完全的相关，只有当数据包含两个以上的点时，样本的相关才可以自由变化。所以，$df=n-2$。

假设检验

虽然可以通过计算 t 统计量或 F 值来进行假设检验，但评估 r 的计算已完成，并在附录 A 的表 6[⊖] 中进行了汇总。这个表是以样本代表其来自的总体这一点为基础的。具体来说，样本相关应该与总体相关相似。根据虚无假设，如果总体相关接近 0，样本相关也应该接近 0。因此，样本相关接近 0 支持了 H_0，样本相关远离 0 则不支持 H_0。

表 6 准确定义了哪种样本相关可能来自 $\rho=0$ 的总体，哪种样本相关非常不可能。为使用这个表，你需要知道样本量和 α 水平。例如，当样本量 $n=20$，α 水平为 0.05 时，通过在左列中找到 $df=n-2=18$，并在表上面找到单尾或双尾的 0.05 来定位。当双尾检验 $df=18$ 且 $\alpha=0.05$ 时，表中的值显示为 0.444。因此，如果虚无假设为真、总体不存在相关，那么样本相关应该接近 0。根据这个表，样本相关的范围在+0.444 和−0.444 之间。如果 H_0 为真，那么样本相关几乎不可能在这个范围之外。因此，如果样本相关在±0.444 之外，就拒绝虚无假设。以下例子说明了这个表的使用。

⊖ 该表根据 $df=n-2$，列出了临界值，注意，用这个表时，df 要减 2。

□ 例 15-6

研究者使用 $\alpha=0.05$ 的双尾检验来确定总体中是否存在非零相关。研究所获样本 $n=30$。当 $\alpha=0.05$，$n=30$ 时，表中显示的值为 0.361。因此，样本相关绝对值必须大于或等于 0.361 才能拒绝 H_0，并得出总体中存在显著相关的结论。任何在 0.361 到 −0.361 间的样本相关都被认为处于抽样误差的范围内，因此并不显著。■

□ 例 15-7

这次研究者采用定向单尾检验以确定总体中是否存在正相关。

H_0：$\rho \leq 0$（总体不存在正相关）

H_1：$\rho > 0$（总体存在正相关）

当 $\alpha=0.05$，$n=30$ 时，表中显示单尾检验的数值为 0.306。因此，研究者必须获得一个正向的且大于等于 0.306 的值才能拒绝 H_0，并得出总体中存在显著正相关的结论。■

§ 文献报告 §

报告相关

计算相关时，要采用 APA 格式报告结果。报告中应该包含样本量、计算出的相关系数，以及是否在统计上达到显著意义、概率水平和检验类型（单尾或双尾）。例如，相关可用下面的方式报告：

本研究数据表明教育程度与年收入之间存在显著相关，$r=+0.65$，$n=30$，$p<0.01$，双尾检验。

有时一项研究可能涉及几个变量，要计算所有可能的配对变量之间的相关。假设一项研究要测量人们的年收入、受教育水平、年龄和智商。在这 4 个变量间，有 6 种可能的配对导致 6 种可能的相关。这些结果最简单的报告方式是在相关矩阵（correlation matrix）的表格中报告，用脚注表明哪个相关显著。例如，报告可写成：

分析检验了 30 个被试的收入、受教育水平、年龄和智商之间的关系，下表报告了配对变量之间的关系，并对显著相关进行了标注。

表 15-2　收入、受教育水平、年龄和智商的相关矩阵

	受教育水平	年龄	智商
收入	+0.65*	+0.41*	+0.27
受教育水平		+0.11	+0.38**
年龄			−0.02

$n=30$

* $p<0.05$ 双尾检验

** $p<0.01$ 双尾检验

学习小测验

1. 研究者从一个 $n=25$ 的样本中得到相关系数 $r=-0.39$。这个样本可以提供足够的证据证明总体中存在显著的非零相关吗？使用 $\alpha=0.05$ 的双尾检验。
2. 对一个 $n=15$ 的样本，在 $\alpha=0.05$ 水平上，多大的相关才能表明总体中存在非零相关？使用双尾检验。
3. 随着样本量的减少，达到显著相关所需的相关系数会发生什么变化？请解释原因。

答案

1. 不能。样本量 $n=25$，临界值 $r=0.396$。样本值不在拒绝域内。
2. $n=15$，$df=13$，临界值 $r=0.514$。
3. 随着样本量的减少，达到显著所需的相关系数会增加。在偶然情况下，小样本也很容易获得相对大的相关。因此，为确定总体中存在一个真正的（非零的）相关，小样本需要有更大的相关。

偏相关

有时，研究者会怀疑两个变量间的关系可能受到第三个变量的影响。例如，在本章前文中，对于不同的乡镇和城市组成的样本，我们发现教堂数量和严重犯罪数量之间存在极强的正相关（见例 15-4）。然而教堂和犯罪之间似乎不可能存在直接的关系。其实这两个变量都受人口数量的影响：人口多的大城市有更多的教堂和更高的犯罪率，而人口少的小城镇教堂更少，且犯罪率低。如果控制了人口，教堂和犯罪之间可能不存在真正的相关。

幸运的是，偏相关让研究者可以控制第三个变量的影响或保持第三个变量恒定，来测量两个变量之间的关系。这样，研究者可以使用偏相关来研究教堂和犯罪之间的关系，而不受人口数量的干扰。

> **定义**
>
> **偏相关**（partial correlation）是通过保持第三个变量恒定以控制第三个变量的影响，从而测量两个变量之间的关系。

在有三个变量 X、Y、Z 的情况下，可计算三个皮尔逊相关：

1. r_{XY}，测量 X 和 Y 的相关。
2. r_{XZ}，测量 X 和 Z 的相关。
3. r_{YZ}，测量 Y 和 Z 的相关。

这三个单独的相关可以用来计算偏相关。例如，保持 Z 恒定，X 和 Y 的偏相关计算公式为：

$$r_{XY\text{-}Z}=\frac{r_{XY}-(r_{XZ}r_{YZ})}{\sqrt{(1-r_{XZ}^2)(1-r_{YZ}^2)}} \tag{15-6}$$

下面的例子说明了偏相关的计算和解释。

□ 例 15-8

我们以表 15-3 中假设的数据为例。数据用来模拟 15 座城市的教堂、犯罪和人口数量。X 变量代表了教堂的数量，Y 变量代表了犯罪的数量，Z 变量代表了每个城市的人口数量。对于这些分数，每一个皮尔逊相关均为高正相关：

a. 教堂和犯罪间的相关 $r_{XY}=0.923$。

b. 教堂和人口间的相关 $r_{XZ}=0.961$。

c. 犯罪和人口间的相关 $r_{YZ}=0.961$。

表 15-3　假设数据，呈现了 15 座城市中教堂数量、犯罪数量以及人口数量之间的关系

教堂数量（X）	犯罪数量（Y）	人口数量（Z）
1	4	1
2	3	1
3	1	1
4	2	1
5	5	1
7	8	2
8	11	2
9	9	2
10	7	2
11	10	2
13	15	3
14	14	3
15	16	3
16	17	3
17	13	3

图 15-12 是 15 座城市的数据散点图。注意，人口数量有三个分类（三个 Z 值），分别对应小城市、中等城市、大城市。要注意，Z 变量将分数分为三个明显的组别：当 $Z=1$ 时，人口数量很少，教堂数量和犯罪数量也很少；当 $Z=2$ 时，人口中等，教堂数量和犯罪数量也是中等；当 $Z=3$ 时，人口很多，教堂数量和犯罪数量都很多。因此当城市人口数量增多时，教堂数量和犯罪数量也会增多，结果就是教堂数量和犯罪数量呈现显著的正相关。

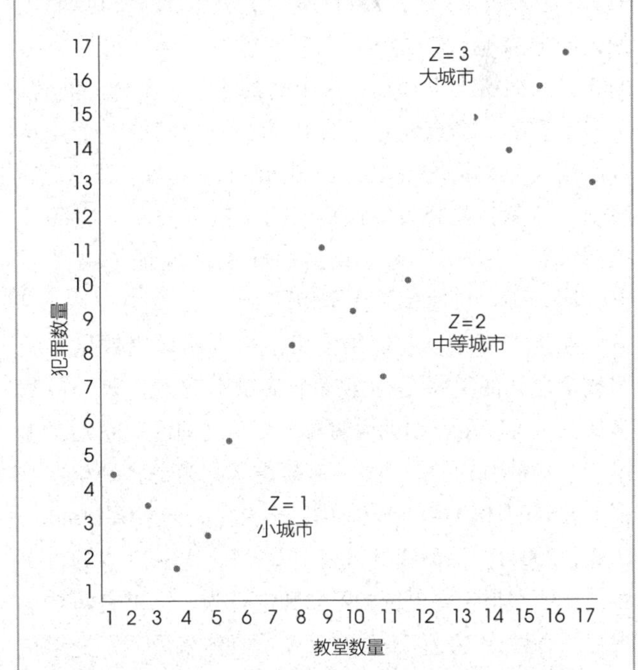

图 15-12　假设数据，显示了三种城市的教堂数量和犯罪数量之间的关系。一些城市人口少（$Z=1$），一些城市人口中等（$Z=2$），一些城市人口多（$Z=3$）

然而，在这三种人口类型内，教堂数量和犯罪数量之间并没有线性关系。具体来说，在每个组内，人口数量变量恒定，X 和 Y 的 5 个数据形成了一个圆形，即不存在一致的线性关系。偏相关使人口数量在整个样本中保持恒定，让我们能排除人口数量的影响，测量教堂和犯罪之间潜在的关系。对于这些数据，偏相关为：

$$r_{XY-Z}=\frac{0.923-0.961\times0.961}{\sqrt{(1-0.961^2)(1-0.961^2)}}$$

$$=\frac{0}{0.076}$$

$$=0$$

因此，排除人口数量的差异，教堂和犯罪数量之间不存在相关（$r=0$）。■

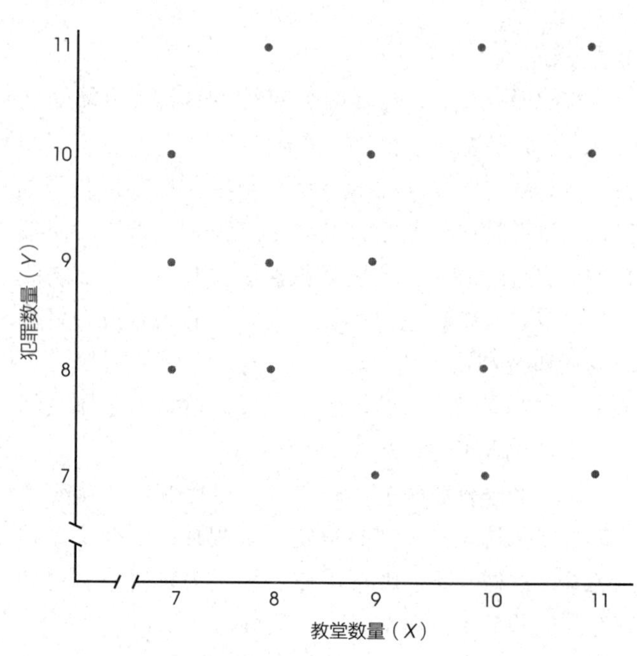

图 15-13　在人口数量均等后，图 15-12 中相同的 15 个城市中教堂数量和犯罪数量之间的关系

在例 15-8 中，计算偏相关时消除了对应不同 Z 变量值的人口差异。然而，在实际数据中对这些差异的消除是可以视觉化的。注意集中在图 15-12 左下角的 5 个数据点，它们代表的是人口少、教堂少、犯罪少的 5 个城市。而右上角的 5 个点代表了人口多、教堂多、犯罪多的 5 个城市。偏相关是通过从数学上均衡 15 座城市的人口，来控制人口的影响。增加 5 座小城市的人口，但人口数量增加也使教堂和犯罪增加。同样地，5 座大城市的人口数量减少，教堂数量和犯罪数量也同样减少。在图 15-12 中，想象一下，将左下方的 5 个点向右上方移动，与中间的 5 个点重合。同时，将右上方的 5 个点向左下方移动，与中间的 5 个点重合。当人口数量均等时，15 座城市的结果如图 15-13 所示。注意，控制人口似乎消除了教堂与犯罪之间的关系。图 15-13 中 15 个数据的相关性验证了这个观点，即 $r=0$，与偏相关完全相同。

在例 15-8 中，我们用偏相关来说明教堂数量和犯罪数量之间的关系是由第三个变量引起的，即人口数量。但也可以用偏相关说明两个变量之间的关系不是由第三个变量引起的。例如，有研究旨在验证青少年在电视上看到的性内容和青少年性行为之间的关系（Collins et al., 2004）。该研究共调查了 1 792 名 12~17 岁的青少年，让他们报告看电视的习惯和性行为。结果表明看电视习惯和性行为之间有明显相关。具体来说，青少年在电视上看到的性内容越多，就越有可能参与性行为。研究者注意到年龄可能会影响这二者之间的关系。随着年龄的增长，12~17 岁的青少年逐渐成熟，他们越来越多地观看带有性内容的电视节目，性行为也增加。但是观看有性内容的电视节目和青少年的性行为同时增加，也可能是受到年龄变量的影响。为了解决这个问题，研究者使用偏相关法来控制年龄变量或使年龄变量保持恒定。结果清楚地表明，即使控制了被试年龄的影响，电视中的性内容与性行为之间仍然存在相关。

检验偏相关的显著性　使用评估皮尔逊相关的程序来确定偏相关的统计学意义。具体来说，偏相关可与表 6（见附录 A）所列的临界值比较。但是对于偏相关，必须用 $df=n-3$ 代替皮尔逊相关中使用的 $n-2$。显著的相关意味着，如果没有对应的总体关系，样本相关就非常不可能（$p<\alpha$）出现。

学习小测验

1. 销售曲线表明气温和冰激凌销量存在正相关：气温上升时，冰激凌销量也会上升。其他研究表明气温和犯罪率呈正相关（Cohn & Rotton, 2000）。当气温上升时，冰激凌销量和犯罪率都会升高。因此，冰激凌销量和犯罪率之间有正相关。你认为冰激凌销量和犯罪率之间真正的关系是什么？具体来说，如果气温保持恒定，冰激凌销量与犯罪率间的偏相关是多少？

答案

1. 冰激凌销量和犯罪率之间应该没有系统的关系，偏相关应该接近 0。

15.5 除皮尔逊相关之外的其他相关

皮尔逊相关测量的是两个变量间线性关系的程度，这是测量关系最常用的方法，运用于等距和比率量表。但是，也有其他相关用于测量非线性关系和其他类型的数据。在本节中，我们将介绍其他三种相关：斯皮尔曼相关、点二列相关、Phi 系数。这三种相关都可以被视为皮尔逊相关的独特应用。

斯皮尔曼相关

当用皮尔逊相关的公式计算顺序量表(等级)中的数据时，所得结果就称为斯皮尔曼相关(Spearman correlation)。斯皮尔曼相关有两种使用条件。

首先，斯皮尔曼相关用来测量 X 和 Y 之间的关系，这两个变量都来自顺序量表。在第 1 章中，我们提到过顺序量表的测量是将不同的观察值排序。排序数据很常见，因为它通常比等距和比率量表更容易获得。例如，一个教师可能很有信心给学生的领导能力排序，但是很难用某种量表来测量领导能力。

其次，除了测量顺序数据的关系，斯皮尔曼相关还可以代替皮尔逊相关，用于原始数据是比率量表或等距量表数据的情况。正如我们提过的，皮尔逊相关测量了两变量关系的程度，即数据在何种程度上与直线拟合。但是，研究者常常期望数据呈现一致的单一方向的关系，却不一定是线性关系。例如，图 15-14 呈现了练习数量(X)与表现水平(Y)之间的典型关系。对于任何技能，增加练习数量都倾向于提升表现(练习越多，表现越好)。然而二者之间却不是直线关系。当你最初学习一项新技能时，练习会导致更好的表现，但是，在你学习一项技能几年后，额外的练习只能引起很小的变化。即使练习数量和表现水平之间有一致的关系，这也很明显不是线性关系。如果用皮尔逊相关来计算这些数据，不会得到值为 1.00 的相关，因为数据没有完全拟合在一条直线上。在这种情况下，斯皮尔曼相关可以用来测量两者关系的一致程度，而不考虑具体的形式。

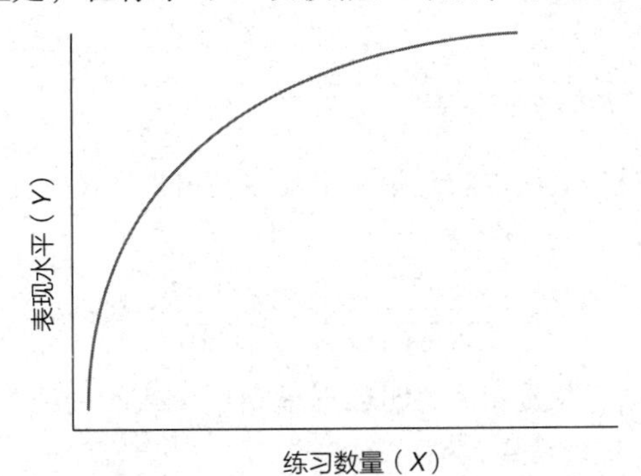

图 15-14 假设数据，呈现了练习数量和表现水平之间的关系。尽管这种关系是非线性的，但它们却有一致的正相关。练习越多，表现越好

斯皮尔曼相关的一致性来自一个简单的观察事实：当两个变量一致相关时，它们的等级就会呈线性相关。例如，一个完全一致的正相关表明，每当 X 变量增加，Y 变量也增加。因此 X 的最小值与 Y 的最小值匹配，X 的次小值与 Y 的次小值匹配。每当 X 的等级上升一位，Y 的等级也会上升一位。因此，等级能很好地拟合一条直线。下面的例子将说明这个现象。

例 15-9

表 15-4 呈现了一个 $n=4$ 的样本中 X 和 Y 的分数。注意这些数据呈现了完全一致的关系：X 值的增加总是伴随着 Y 值的增加。但是，二者之间的关系并不是线性的，如图 15-15a 所示。

表 15-4 例 15-9 的分数和等级

被试	X	Y	X-等级	Y-等级
A	4	9	3	3
B	2	2	1	1
C	10	10	4	4
D	3	8	2	2

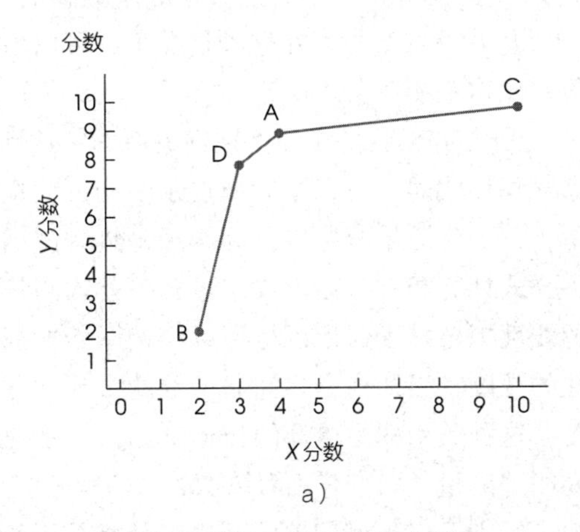

图 15-15 例 15-9 中分数和等级的散点图。X 和 Y 分数之间有一致正向的相关，尽管是非线性相关。等级之间呈现完全的线性相关

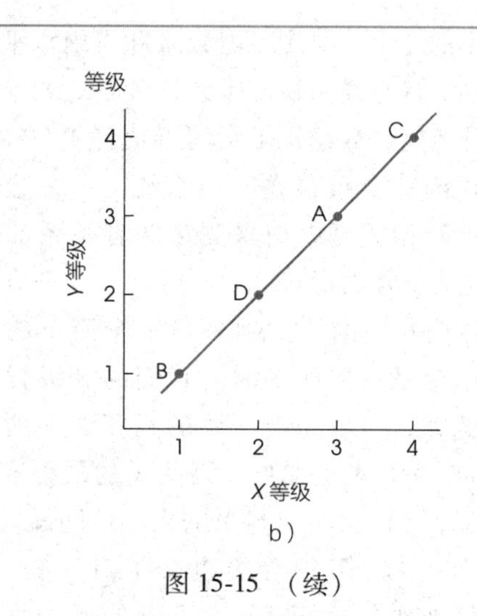

b）

图 15-15 （续）

现在，我们把原始分数转换为等级。最小的 X 值定为等级 1，次小的 X 值定为等级 2，依此类推。然后将 Y 分数也用同样的方式排序。等级排序见表 15-3 及图 15-15b。注意，数据等级的散点图显示了完全的线性关系。■

前面的例子表明，把数据变为等级时，数据中一致的关系就形成线性关系。因此，如果你想测量一组数据的一致关系，你只需将数据转换为等级，然后用皮尔逊相关公式计算等级数据的相关系数。等级数据的关系程度可以为原始数据提供其一致程度的测量。

总之，斯皮尔曼相关测量均为顺序量表（等级）的两个变量之间关系的程度。斯皮尔曼相关的使用条件如下：

1. 斯皮尔曼相关在原始数据是顺序数据时使用，即 X 和 Y 值是等级数据。在这种情况下，可以将等级数据代入皮尔逊相关公式计算。

2. 当研究者想测量 X 和 Y 之间关系的一致性，而不考虑数据形式时，可以采用斯皮尔曼相关。在这种情况下，首先将原始分数转化为等级，然后使用皮尔逊相关公式计算相关。由于皮尔逊相关公式测量的是等级的线性拟合程度，所以也可以测量原始数据关系一致性的程度。当两变量之间有一致的、单一方向的变化时，这种关系称为单调的（monotonic）。因此，斯皮尔曼相关测量了两变量之间单调关系的程度。

为了区别于皮尔逊相关，斯皮尔曼相关用符号 r_s 表示。例 15-10 展示了计算斯皮尔曼相关的完整过程，包括原始数据转化为等级数据的过程。

□ 例 15-10

下列数据呈现了 X 和 Y 间近乎完全的单调关系。当 X 上升时，Y 倾向于下降。整体趋势中，只有一个拐点。要计算斯皮尔曼相关，我们首先将 X、Y 值排序，然后计算等级的皮尔逊相关。[⊖]

原始数据

X	Y
3	12
4	10
10	11
11	9
12	2

等级

X	Y	XY
1	5	5
2	3	6
3	4	12
4	2	8
5	1	5
		$36=\sum XY$

为了计算相关，我们需要 X 的 SS、Y 的 SS 以及 SP。记住，所有这些值都用等级而不是原始分数计算。X 的顺序仅仅是整数 1、2、3、4 和 5。这些值的和 $\sum X=15$，$\sum X^2=55$。X 的 SS 是：

$$SS_X=\sum X^2-\frac{(\sum X)^2}{n}=55-\frac{(15)^2}{5}=10$$

注意 Y 的等级和 X 等级一致，也就是说，是整数 1、2、3、4 和 5。因此 Y 的 SS 与 X 的 SS 一样：

$$SS_Y=10$$

为了计算 SP 的值，我们需要知道等级数据的 $\sum X$、$\sum Y$ 和 $\sum XY$。表中列有 XY 的值，并且我们也发现 X 的总和、Y 的总和都是 15，使用这些值，我们得到：

$$SP=\sum XY-\frac{(\sum X)(\sum Y)}{n}=36-\frac{15\times15}{5}=-9$$

最后，斯皮尔曼相关用皮尔逊相关公式处理等级数据：

$$r_s=\frac{SP}{\sqrt{(SS_X)(SS_Y)}}=\frac{-9}{\sqrt{10\times10}}=-0.9$$

斯皮尔曼相关表明数据呈现出一致的（接近完全的）负相关趋势。■

⊖ X 值已按顺序进行排列，以便看清趋势。

并列分数的排列

当你为计算斯皮尔曼相关将分数转化为等级时，可能会遇见两个(或更多)相同的分数。无论何时，只要两个分数相同，它们的等级就应该一样。这由以下步骤完成：

1. 将所有的分数从小到大排列，包括相同的分数。

2. 将等级(1，2，…)安排在顺序列表的每一个位置上。

3. 当两个(或更多)分数相同时，计算等级位置的平均数，然后将这个平均数作为每个分数的最后等级。

这里呈现了求并列分数等级的过程。这些分数已按从小到大的顺序进行排列。

分数	等级位置	最终等级	
3	1	1.5	1 和 2 的平均数
3	2	1.5	
5	3	3	
6	4	5	4、5 和 6 的平均数
6	5	5	
6	6	5	
12	7	7	

注意，这个例子中有 7 个分数，并使用了全部的 7 个等级。对于最大分数 $X=12$，合理的等级为 7。我们不能将它排为 6，因为 6 已用于并列的分数。

斯皮尔曼相关的特殊公式

在对原始的 X 和 Y 值进行排序之后，SS 和 SP 的计算就变得很简单。首先，你应该注意 X 的等级和 Y 的等级恰是一组整数：1，2，3，4，…，n。要计算这些整数的平均数，你可以通过 $M=(n+1)/2$ 确定中点。同样，这一组整数的 SS 也可由以下公式计算：

$$SS=\frac{n(n^2-1)}{12}$$

同样地，因为 X 等级和 Y 等级有相同的值，所以 X 的 SS 和 Y 的 SS 相同。

因为对等级的计算被简化了，又因为斯皮尔曼相关运用顺序数据进行计算，所以我们将这些步骤合并，就形成了斯皮尔曼相关最终的公式。这个公式不是用皮尔逊相关的公式来计算排序后的数据，而是直接将等级代入简化的公式中：

$$r_S=1-\frac{6\sum D^2}{n(n^2-1)} \tag{15-7}$$

D 是每个个体的 X 等级和 Y 等级间的差异。这个特殊公式与皮尔逊相关公式所得的结果一致。但是，你应该注意到这个特殊公式只有在数据转化为等级，且没有并列等级的情况下才可以应用。如果存在少量并列的等级，可以继续使用该公式，但是随着并列等级的增多，它的精确性就会下降。这个公式的应用展示在下面的例子中。

□　例 15-11

我们使用与例 15-10 中一样的数据说明斯皮尔曼相关特殊公式的用法。下表再次呈现了这些数据的等级：

等级		差异	
X	Y	D	D^2
1	5	4	16
2	3	1	1
3	4	1	1
4	2	−2	4
5	1	−4	16
			$38=\sum D^2$

使用斯皮尔曼相关的特殊公式，我们得到：

$$r_S=1-\frac{6\sum D^2}{n(n^2-1)}=1-\frac{6\times38}{5\times(25-1)}=1-\frac{228}{120}=1-1.90=-0.90$$

结果与例 15-10 中对等级数据使用皮尔逊相关公式计算的结果一致。■

斯皮尔曼相关的显著性检验

斯皮尔曼相关的假设检验与皮尔逊相关的检验过程相似。基本问题在于相关是否存在于总体之中。样本相关可能是偶然得到的结果，也可能反映了总体变量之间的真实关系。在皮尔逊相关中，希腊字母 ρ 用来代表总体相关。在斯皮尔曼相关中，ρ_S 用来代表总体参数。注意，这个符号与样本统计量的 r_S 一致。虚无假设为总体的变量之间不存在相关(没有单调关系)，或用符号表示为：

$$H_0: \rho_S=0(\text{总体相关为 }0)$$

备择假设预测总体中存在非零相关，用符号表示为：

$$H_1: \rho_S\neq0(\text{存在真实相关})$$

为了确定斯皮尔曼相关是否在统计上达到显著

(即拒绝 H_0)，我们要参考附录 A 中的表 7。这个表与皮尔逊相关 r 显著性的表相似，但第一列是样本量而不是自由度。使用这个表时要将样本量和列在上面的 α 水平进行连线。表内确定达到显著所必需的斯皮尔曼相关大小的值。该表建立在样本相关应该代表总体相关的概念的基础上。具体来说，当总体相关 $\rho_S=0$ 时(如 H_0 所述)，样本相关应接近 0。对每个样本量和 α 水平来说，这个表确定了与零相关有显著差异的最小样本相关。下面的例子呈现了该表的用法。

□ 例 15-12

一位工业心理学家选择了一个 $n=15$ 的雇员样本。对于这些雇员，心理学家请他们的经理按照工作效率进行排名，同时也让一位同事来排名。斯皮尔曼相关系数计算的结果 $r_S=0.60$。根据表 B-7，当 $n=15$ 且 $\alpha=0.05$ 时，相关系数为 ±0.521 的结果可以拒绝 H_0。测得的样本相关超过了这个临界值，经理与同事评价的相关在统计上是显著的。■

学习小测验

1. 描述斯皮尔曼相关测量了什么，并解释其与皮尔逊相关有什么不同。
2. 如果将下列分数转换为等级，那么分数为 7 将归在哪个等级？
   分数：1，1，1，3，6，7，7，8，10
3. 将下列分数按等级排列并计算斯皮尔曼相关。

X	Y
2	7
12	38
9	6
10	19

答案

1. 斯皮尔曼相关测量的是两个变量关系方向的一致性。斯皮尔曼相关不取决于关系的形态，而皮尔逊相关测量数据与直线的拟合程度。
2. 两个分数的等级都为 6.5(6 和 7 的平均数)。
3. $r_S=0.80$

点二列相关及用 r^2 测量效应量

在第 9 章、第 10 章和第 11 章中，我们介绍了测量效应量的 r^2，它经常伴随着使用 t 统计量的假设检验。r^2 用来测量效应量，r 用来直接测量相关，二者间有直接的关联，现在我们有机会说明这种关系。具体来说，我们将比较独立测量 t 检验(第 10 章)和皮尔逊相关的特殊形式，即点二列相关(biserial correlation)。

点二列相关用来测量两个变量的关系，其中一个变量一般是数值型变量，另一个变量则只有两个值。只有两个值的变量称为二分变量(dichotomous variable)或二项变量(binomial variable)。二分变量的例子如下：

1. 男性与女性。
2. 大学毕业生与非大学毕业生。
3. 第一个孩子与后来出生的孩子。
4. 特定任务的成功与失败。
5. 大于 30 岁与小于 30 岁。

要计算点二列相关，首先要将二分变量转化为数值，将其中一类赋值为 0，另一类赋值为 1。然后使用一般的皮尔逊相关公式计算转换后的数据。

我们使用例 10-1 中的数据说明点二列相关及其与测量效应量 r^2 的联系。这个例子比较了两组高中生的学习成绩：一组学生 5 岁就常看《芝麻街》，一组从未看过该节目。表 15-5 的左边呈现了独立测量得到的数据。注意，数据由两个独立样本组成，且独立测量 t 检验用来确定样本代表的两个总体之间是否存在显著的平均数差异。

表 15-5 的右边呈现了我们重新整理后适合点二列相关的数据。具体来说，我们把高中生成绩作为 X 值，然后创造了新的变量 Y 来代表每个学生的组别或处理条件。在这个例子中，我们用 $Y=1$ 表示看过《芝麻街》的学生，用 $Y=0$ 表示未看过该节目的学生。

表 15-5 中的数据与第 10 章中呈现的数据相同，我们进行了独立测量 t 检验，得出 $t=4.00$，其中 $df=18$。我们通过计算 r^2 来测量处理效应量，得到 $r^2=0.47$。

计算这些数据的点二列相关得到同样的 r 值。具体来说，通过 X 分数得出 $SS=680$，通过 Y 分数得出 $SS=5.00$，X 和 Y 的 $SP=40$。点二列相关为：

$$r=\frac{SP}{\sqrt{(SS_X)(SS_Y)}}=\frac{40}{\sqrt{680\times5}}=\frac{40}{58.31}=0.686$$

表 15-5　用不同方式呈现相同的数据。左边的数据呈现了独立测量 t 检验。右边将同样的数据视为一个单独的样本，每个个体有两个得分：原始的高中成绩和确定被试组别的二分数据（Y）。右边的数据适合点二列相关

独立测量 t 检验的数据，n=10。高中平均成绩			
看过《芝麻街》		未看过《芝麻街》	
86	99	90	79
87	97	89	83
91	94	82	86
97	89	83	81
98	92	85	92
$n=10$		$n=10$	
$M=93$		$M=85$	
$SS=200$		$SS=160$	

点二列相关的数据。n=20 个被试都有 X 和 Y 两个分数		
被试	成绩 X	组 Y
A	86	1
B	87	1
C	91	1
D	97	1
E	98	1
F	99	1
G	97	1
H	94	1
I	89	1
J	92	1
K	90	0
L	89	0
M	82	0
N	83	0
O	85	0
P	79	0
Q	83	0
R	86	0
S	81	0
T	92	0

注意，点二列相关系数的平方 $r^2=(0.686)^2=0.47$，这个值与我们获得的效应量 r^2 相同。

在某些方面，点二列相关和独立测量假设检验测量的是相同的内容。具体来说，此例中，二者都检验了 5 岁儿童的电视观看习惯与未来高中学业成绩之间的关系。

1. 相关测量了两变量间关系的强度。高相关（接近 1.00 或−1.00）表明高中成绩和从 5 岁起就观看《芝麻街》的行为之间存在稳定的、可预测的关系。需要注意的是，r^2 的值测量了被试是否观看过《芝麻街》能够在多大程度上预测成绩的变异。

2. t 检验评估了关系的显著性。假设检验决定了两组成绩的平均数差异是否比仅用偶然因素解释的差异更大。

如我们在第 10 章中提到的，文献中要同时报告假设检验的结果和 r^2 的值。t 值测量了统计显著性，而 r^2 测量了效应量。而且，我们在第 10 章中还提到 t 和 r^2 的值直接相关。事实上，二者可以互相换算：

$$r^2=\frac{t^2}{t^2+df}$$

$$t^2=\frac{r^2}{(1-r^2)/df}$$

式中，df 是 t 统计量的自由度。

然而，你应该注意，r^2 完全由相关的大小确定，但 t 由相关大小和样本量共同影响。例如，无论样本量有多大，相关系数 $r=0.30$ 只能产生 $r^2=0.09$（9%）。在总数为 10 人的样本中（每组 $n=5$），点二列相关系数$r=0.30$ 会产生一个不显著的值 $t=0.889$，但如果样本量上升到 50 人（每组 $n=25$），同样的相关会产生一个显著的 t 值，$t=2.18$。虽然 t 和 r 有关联，但是它们测量的内容不同。

点二列相关、偏相关、重复测量 t 检验的效应量

在上一节中我们说明了点二列相关产生的 r 值与反映独立测量 t 检验效应量的 r^2 有直接关系。只需要做一点调整，这个程序就可以用在重复测量 t 检验中。这个调整就是使用偏相关控制个体差异。

回想第 11 章和第 13 章，独立测量和重复测量设计的主要区别是重复测量设计可以消除个体差异的影响。当用点二列相关处理重复测量的数据时，我们可以用偏相关消除个体差异。

表 15-6 的左边是重复测量研究的数据，该研究比较了一个 $n=4$ 的被试样本的两种处理。注意，我们增加了一列 P 值（被试总和）来表明每个被试的两个分数的总和。例如，被试 A 有分数 3 和 5，那么 $P=8$。P 值提供了个体差异的信息。例如，被试 A 有始终小于所有其他被试的分数和 P 值。由这些数据得到 $t=2.00$，$df=3$，并得到结果效应量 $r^2=4/(4+3)=0.5714$。

表 15-6　左边的数据展示了在一个 n=4 的被试样本的重复测量研究中两种不同处理方式下的分数。右边的数据呈现了相同分数的点二列相关结果。P 值显示了每个被试两种得分的总和，并提供了对个体差异的测量

	处理		
被试	1	2	P
A	3	5	8
B	4	14	18
C	5	7	12
D	4	6	10

分数（X）	处理（Y）	P
3	0	8
4	0	18
5	0	12
4	0	10
5	1	8
14	1	18
7	1	12
6	1	10

在表 15-6 的右边，我们调整数据使其类似点二列

相关。个体的分数（X 值）列在第一列。第二列（Y 值）代表两种处理条件的数值：处理 1=0，处理 2=1。第三列包含了反映被试间个体差异的每个个体的 P 值。对这些数据进行计算，控制 P 值后 X 和 Y 间的偏相关是：

$$r_{XY-P}=0.756$$

注意，这是略有调整的点二列相关：我们使用偏相关控制个体差异。然而对这个相关系数进行平方得到 $r^2=(0.756)^2=0.5715$，该值与重复测量 t 检验中测量效应量的 r^2 相同，只有一点舍入误差。

Phi 系数

当使用二分法测量每个个体的两个变量（X 和 Y）时，两变量之间的相关称为 phi 系数（phi-coefficient）。要计算 phi（ϕ）你需要按下面两步进行：

1. 对于每个变量，将一个类型赋值为 0、另一个赋值为 1，如此将每个二分变量转换为数值。

2. 用常规的皮尔逊公式计算转换而来的分数。

下面的例子将呈现该过程。

□ 例 15-13

研究者对出生顺序和人格类型之间的关系很感兴趣。他获得了一个 $n=8$ 的随机样本，并且将每个被试按照第一个出生（或独生）或随后出生进行分类。并将每个被试的人格类型分为内向或外向。

原始分数将按照下列赋值方式转换为数值：

出生顺序	人格类型
第一个出生或独生=0	内向=0
随后出生=1	外向=1

原始数据和转换分数如下：

原始数据		转换分数	
出生顺序（X）	人格类型（Y）	出生顺序（X）	人格类型（Y）
第一	内向	0	0
第三	外向	1	1
独生	外向	0	1
第二	外向	1	1
第四	外向	1	1
第二	内向	1	0
独生	内向	0	0
第三	外向	1	1

■

然后对转换的数据用皮尔逊相关公式计算 phi 系数。

因为对数值的分配是任意的（任一种类都可被指定为 0 或 1），所以结果中相关的符号是毫无意义的。和多数相关一样，关系的强度最好用决定系数（r^2）来描述，它反映了一个变量的变异中有多少可由它与第二个变量的联系来预测或决定。

我们也应该注意虽然 phi 系数可用来评价两个二分变量之间的关系，但是更常用的统计过程是第 17 章介绍的卡方统计。

学习小测验

1. 定义二分变量。
2. 下列数据代表 $n=8$ 的样本中个体与工作相关的压力分数。将这些人按工资水平进行分类。
   a. 将数据转换为适合点二列相关的形式。
   b. 计算这些数据的点二列相关。

工资高于 4 万美元	工资低于 4 万美元
8	4
6	2
5	1
3	3

3. 研究者想了解性别与 3 岁儿童的动手能力是否存在关系。获得一个包含 $n=10$ 名男孩和 10 名女孩的样本，每个孩子完成动手能力测试，5 名女孩和 2 名男孩失败了。描述如何将这些数据转换为适合 phi 系数计算的形式以测量关系的强度。

答案

1. 二分变量只有两个可能的值。
2. a. 工资水平是二分变量，个体工资超过 4 万美元时编码为 $Y=1$，低于 4 万美元时编码为 $Y=0$。压力分数产生 $SS_X=36$，工资编码产生 $SS_Y=2$，$SP=6$。
   b. 点二列相关系数为 0.71。
3. 性别可以编码为男=0 和女=1。动手能力可编码为失败=0 和成功=1。8 个男孩的分数为 0 和 1，另外 2 个男孩的分数是 0 和 0。5 个女孩的分数是 1 和 1，另外 5 个女孩的分数是 1 和 0。

小　结

1. 相关测量了两个变量 X 和 Y 间的关系。这个关系由三个特征描述：
   a. 方向。关系可以为正也可以为负。正向的关系意味着 X 和 Y 变化方向相同，负向的关系意味着 X 和 Y 变化方向相反。相关的符号(+或-)表示方向。
   b. 形态。最常见的关系形态是直线，这可由皮尔逊相关测量。其他相关可以测量关系的一致性或强度，不限于任何特殊形式。
   c. 强度或一致性。相关的数值反映了所测量关系的强度或一致性。相关系数为 1.00 表示完全一致的关系，0.00 表示没有任何关系。在皮尔逊相关中 $r=1.00$(或-1.00)意味着数据完全拟合在直线上。
2. 最常用的相关是测量线性关系程度的皮尔逊相关。皮尔逊相关用字母 r 标识，可用以下公式计算：
   $$r=\frac{SP}{\sqrt{SS_X SS_Y}}$$
   在这个公式中，SP 是离差乘积和，它可以用定义公式或计算公式来计算。
   定义公式：$SP=\sum(X-M_X)(Y-M_Y)$
   计算公式：
   $$SP=\sum XY-\frac{\sum X\sum Y}{n}$$
3. 两变量间的相关不应该被解读为因果关系。X 和 Y 有关不意味着 X 引起 Y 或 Y 引起 X。
4. 为了评估关系的强度，你要对相关系数进行平方。r^2 称为决定系数，它反映了一个变量的变异可由它与第二个变量关系预测的比例。
5. 偏相关通过保持第三个变量恒定以消除其影响，进而测量两变量之间的线性关系。
6. 斯皮尔曼相关(r_S)测量了 X 和 Y 关系方向的一致性，即关系为单向或单调的程度。斯皮尔曼相关的计算分两步：
   a. 分别按等级排列 X 分数和 Y 分数。
   b. 用等级计算皮尔逊相关。
7. 点二列相关用于测量两变量中的一个为二分变量时关系的强度。二分变量用 0 和 1 编码，然后用常规的皮尔逊公式计算。将点二列相关进行平方得到与独立测量 t 检验中测量效应量一样的 r^2 值。当两个变量 X 和 Y 都是二分变量时，可用 phi 系数测量关系强度。将两个变量都用 0 和 1 编码，然后用皮尔逊公式计算相关。

关键术语

相关	正相关	负相关	完全相关
皮尔逊相关	离差乘积和（SP）	限制范围	决定系数
趋中回归	相关矩阵	偏相关	斯皮尔曼相关
点二列相关	phi 系数		

资　源

SPSS

附录 C 呈现了使用 SPSS 的一般说明。以下是使用 SPSS 计算皮尔逊相关、斯皮尔曼相关、点二列相关和偏相关的详细指导。注意：我们首先聚焦于计算皮尔逊相关，然后再描述如何对程序做略微改变使之可以计算斯皮尔曼相关、点二列相关和偏相关。这一部分的结尾部分单独呈现了 phi 系数的说明。

数据输入

将数据输入数据编辑器的两列中，一列是 X 值(VAR00001)，一列是 Y 值(VAR00002)，每个个体的两个分数在同一行。

数据分析

1. 单击菜单栏中的 Analyze，在下拉菜单中选择 Correlate，然后单击 Bivariate。
2. 逐个将两列数据的标签移到 Variables 框中。(选择每个标签，单击箭头将它移至框中。)
3. 勾选 Pearson 框，此时，你可以单击相应的选框切换到斯皮尔曼相关。
4. 单击 OK。

SPSS 输出

我们用 SPSS 计算例 15-3 中的数据，图 15-16 呈现了输出结果。该图呈现一个包括 X 与 X 的相关和 Y 与 Y 的相关(都是完全相关)在内的所有可能相关的相关矩阵。你需要的 X 和 Y 的相关在矩阵的右上角(或左下角)。输出结果包括相关的显著性水平(p 值或 α 水平)。

Correlations

		VAR00001	VAR00002
VAR00001	Pearson Correlation	1	.875
	Sig. (2-tailed)		.052
	N	5	5
VAR00002	Pearson Correlation	.875	1
	Sig. (2-tailed)	.052	
	N	5	5

图 15-16　例 15-3 中相关的 SPSS 输出结果

为了计算偏相关，要单击菜单栏中的 Analyze，在下拉菜单中选择 Correlate，然后单击 Partial。将有关联的两个变量的列标签移到 Variables 框中，将保持恒定的变量的列标签移到 Controlling for 框中，然后单击 OK。

计算斯皮尔曼相关时，将 X 和 Y 的等级或它们的分数输入前两列。然后按照关于皮尔逊相关的数据分析说明进行，在说明中的第三步，单击 Spearman 框，最后单击 OK 框。(注意：如果你将 X 和 Y 的分数输入数据编辑器中，SPSS 在计算斯皮尔曼相关之前会将分数转换为等级。)

计算点二列相关时，在第一列中输入分数(X 值)，在第二列中输入二分变量的数值(通常是 0 和 1)。然后按照关于皮尔逊相关的数据分析说明进行。

计算 phi 系数，也可以在 SPSS 数据编辑器的两列中全部输入 0 或 1，然后按照关于皮尔逊相关的数据分析说明进行。然而这样的操作很烦琐，尤其是在有大量数据时。以下是对大数据计算 phi 系数的步骤。

数据输入

1. 在 SPSS 数据编辑器的第一列输入 0，0，1，1(按顺序)。
2. 在第二列中输入 0，1，0，1(按顺序)。
3. 计算样本中 $X=0$ 且 $Y=0$ 的被试数量。在数据编辑器第三列最上方的框中输入这个频数。然后计算 $X=0$ 且 $Y=1$ 的数量，将频数输入第三列的第二个框中。继续计算 $X=1$ 且 $Y=0$ 的数量，最后计算 $X=1$ 且 $Y=1$ 的数量。结束时在第三列中应该有 4 个值。
4. 单击 SPSS 数据编辑器最上方菜单栏中的 Data，选择下拉菜单底部的 Weight Cases。
5. 单击 Weight Cases by，选择左边的框中包含频数的那一列(VAR00003)的标签，单击箭头将它移至 Frequency Variable 框中。
6. 单击 OK。
7. 单击菜单栏中的 Analyze，在下拉菜单中选择 Correlate，然后单击 Bivariate。
8. 逐个将包含 0 和 1 的两列数据的列标签(可能是 VAR00001 和 VAR00002)移至 Variables 框中。(选择每个标签，单击箭头将它移至框中)。
9. 确定 Pearson 框被勾选。
10. 单击 OK。

SPSS 输出

程序会产生与皮尔逊相关一样的相关矩阵。你需要 X 和 Y 的相关在右上角(或左下角)。记住在 phi 系数中，相关符号没有意义。

关注问题解决

1. 相关系数总在+1.00 到−1.00 之间。如果你得到的相关系数在这个范围外，你的计算就有错误。
2. 在解释相关时不要将它的符号和数值混淆。符号和数值必须单独考虑。记住符号表示 X 和 Y 关系的方向，而数值反映了关系的强度或数据接近线性(直线)关系的程度。因此相关系数为−0.90 和+0.90 在强度上是一样的，符号只是告诉我们第一个相关是相反关系。
3. 在你开始计算相关系数之前，先绘制数据散点图，并对关系做出评估。(它是正的还是负的？接近 1 还是 0？)在计算相关系数之后，比较你的最终答案和你原先的评估。
4. 离差乘积和(SP)的定义公式只能在分数很少且 X 和 Y 的平均数都是整数时使用。另外，计算公式会更快、更容易获得结果。
5. 在计算相关系数时，n 是被试的数量(因此，也是 X 和 Y 的配对数)。

示例15-1

相关

计算下列数据的皮尔逊相关系数：

被试	X	Y	
A	0	4	$M_X=4$，$SS_X=40$
B	2	1	$M_Y=6$，$SS_Y=54$
C	8	10	$SP=40$
D	6	9	
E	4	6	

第一步　绘制散点图。我们已经给数据绘制了散点图(见图 15-17)，在数据周围绘制了包络线并对相关做初步评估。注意包络线是狭窄瘦长的。这表示相关程度很高，可能介于 0.80 到 0.90 之间。并且相关是正的，因为 X 增加时总是伴随着 Y 的增加。

第二步　计算皮尔逊相关系数。在这些数据中皮尔逊相关系数为：

$$r=\frac{SP}{\sqrt{SS_X SS_Y}}=\frac{40}{\sqrt{40\times 54}}=\frac{40}{\sqrt{2\ 160}}=\frac{40}{46.48}$$
$$=0.861$$

在第一步中，我们对相关的初步评估是介于+0.80 到+0.90 间。计算得到的相关与评估是一致的。

第三步　评估相关的显著性。虚无假设陈述的是总体中 X 和 Y 无线性关系，样本中得到的相关只是抽样误差的结果。具体来说，H_0 陈述总体相关系数为 $0(\rho=0)$。X 和 Y 值的配对数为 5 时，检验中 $df=3$。表 B-6 显示，当 $\alpha=0.05$ 时双尾检验的临界值为 0.878。因为我们的相关系数小于这个值，我们不能拒绝虚无假设，得到结论为相关不显著。

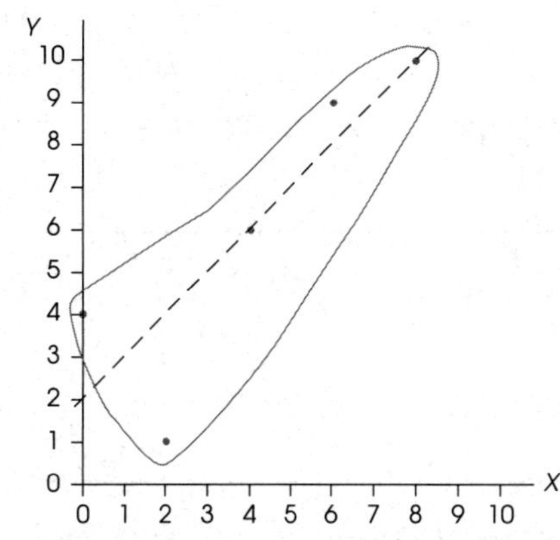

图 15-17　例 15-1 的数据散点图。数据用包络线围起，以表明相关的大小。在包络线的中间有一条直线

习　题

1. 皮尔逊相关的符号(+或-)提供了什么信息?
2. 皮尔逊相关的数值提供了什么信息?
3. 计算下列分数的 SP(离差乘积和)。注意：两个平均数都是整数，所以可以使用定义公式。

X	Y
0	2
1	4
4	5
3	3
7	6

4. 计算下列分数的 SP(离差乘积和)。

X	Y
0	2
0	1
1	0
2	1
1	2
0	3

5. 对于下列数据：

X	Y
7	6
9	6
6	3
12	5
9	6
5	4

a. 绘制显示这 6 个数据点的散点图。

b. 只看散点图，估计皮尔逊相关系数。

c. 计算皮尔逊相关系数。

6. 对于下列数据：

X	Y
1	3
3	5
2	1
2	3

a. 绘制显示这 6 个数据的散点图并估计皮尔逊相关系数。

b. 计算皮尔逊相关系数。

7. 对于下列数据：

X	Y
1	7
4	2
1	3
1	6
2	0
0	6
2	3
1	5

a. 绘制这 6 个数据的散点图并估计皮尔逊相关系数。

b. 计算皮尔逊相关系数。

8. 对于下列数据：

X	Y
1	6
4	1
1	4
1	3
3	1

a. 绘制这 6 个数据的散点图并估计皮尔逊相关系数。

b. 计算皮尔逊相关系数。

9. 在小样本中单个点对相关的大小有很大的影响。在下列数据中，我们将习题 8 中分数的第一个 X 值（$X=1$）改为 $X=6$。

X	Y
6	6
4	1
1	4
1	3
3	1

a. 绘制这 6 个数据的散点图并估计皮尔逊相关系数。

b. 计算皮尔逊相关系数。

10. 对于下列数据：

X	Y
6	4
3	1
5	0
6	7
4	2
6	4

a. 计算皮尔逊相关系数。

b. 将每个 X 值加上 2，然后计算改变后的分数的相关。每个分数加一个常数对相关系数有什么影响？

c. 将每个 X 值乘以 2，然后计算改变后分数的相关。每个分数乘以一个常数对相关系数有什么影响？

11. 相关研究常常有助于决定某些特质受遗传影响比较多还是受环境影响比较多。这些研究经常调查收养的儿童，将他们的行为与他们的亲生父母和养父母的行为进行比较。一项研究调查了个体花费多少时间看电视（Plomin，Corley，DeFries，& Fulker，1990）。下列数据与研究得到的结果相似。

a. 计算儿童和亲生父母间的相关系数。

b. 计算儿童和养父母间的相关系数。

c. 基于这两个相关系数，看电视的习惯是从亲生父母那里遗传的还是从养父母那里学习的？

看电视的时间		
收养儿童	亲生父母	养父母
2	0	1
3	3	4
6	4	2
1	1	0
3	1	0
0	2	3
5	3	2
2	1	3
5	3	3

12. 有研究者（Judge & Cable，2010）报告了一项研究结果，说明在一组职业女性中体重和收入之间呈负相关。下面是与该研究相似的数据。为了简化体重变量，将女性按测量的实际体重和身高分为 5 类，从 1（最瘦）到 5（最胖）。收入指年收入（单位为千美元），四舍五入到最接近的值。

a. 计算这些数据的皮尔逊相关系数。

b. 该相关系数在统计学上显著吗？使用 $\alpha=0.05$ 的双尾检验。

体重（X）	收入（Y）
1	125
2	78
4	49
3	63
5	35
2	84
5	38
3	51
1	93
4	44

13. 研究前面的问题的研究者，同样调查了男性体重和收入的关系，发现存在正相关，这暗示了我们对男性和女性有不同的标准（Judge & Cable，2010）。下面是与研究所得相似的男性工作者的数据。同样按测量的实际体重和身高分为 5 类，从 1 = 最瘦，到 5 = 最胖。收入是以千美元为单位的年收入记录。

a. 计算这些数据的皮尔逊相关系数。

b. 该相关系数在统计学上显著吗？使用 $\alpha=0.05$ 的双尾检验。

体重（X）	收入（Y）
4	156
3	88
5	49
2	73
1	45
3	92
1	53
5	148

14. 识别存在高患阿尔茨海默病风险的个体通常涉及一系列的认知测验。然而，研究者开发了一个 7 分钟的筛查，可以快速且简单地完成这个目标。问题在于这个 7 分钟筛查是否与完整的一系列测验同样有效。为了回答这个问题，有研究者（Ijuin et al.，2008）对一组病人实施了这两种测验，并对结果加以比较。下面是与研究相似的数据。

a. 计算皮尔逊相关系数，测量两个测验分数的相关程度。

b. 该相关系数在统计学上显著吗？使用 $\alpha=0.05$ 的双

尾检验。

c. 认知分数的变异中有多少可由7分钟筛查的分数预测？计算r^2。

病人	7分钟筛查	认知系列测验
A	3	11
B	8	19
C	10	22
D	8	20
E	4	14
F	7	13
G	4	9
H	5	20
I	14	25

15. 假设在$\alpha=0.05$的双尾检验中，对下列样本来说，需要多大相关系数才能达到统计显著？
    a. 样本量$n=8$
    b. 样本量$n=18$
    c. 样本量$n=28$
16. 正如我们在前面章节中提到的，样本足够大时即使很小的影响也可以很显著。在下列条件中，样本量多大时相关才能显著？假设是$\alpha=0.05$的双尾检验。注意：表中没有列出所有可能的df值。使用与表中列出的df对应的样本量。
    a. 相关系数$r=0.30$
    b. 相关系数$r=0.25$
    c. 相关系数$r=0.20$
17. 一项研究测量了一个$n=25$的样本中每个个体的三个变量X、Y、Z。样本的皮尔逊相关$r_{XY}=0.8$，$r_{XZ}=0.6$，$r_{YZ}=0.7$。
    a. 保持Z恒定，求X和Y的偏相关系数。
    b. 保持Y恒定，求X和Z的偏相关系数。提示：只需转换等式中Y和Z的位置。
18. 研究者记录了几个美国小镇、中等城市、大型城市每年的犯罪量和在预防犯罪方面所用的经费。结果得到的数据表明犯罪的数量和预防犯罪所用经费之间有很强的正相关。然而研究者怀疑这个正相关实际上是由人口造成的：人口数量增加，预防犯罪所用经费和犯罪的数量都增加。如果控制人口，犯罪的数量和预防犯罪所用经费间可能存在负相关。下列数据呈现了获得的结果。注意人口数量编码为三类。使用偏相关，在保持人口恒定的情况下测量犯罪率和预防犯罪所用经费之间的关系。

犯罪的数量	预防经费	人口数量
3	6	1
4	7	1
6	3	1
7	4	1
8	11	2
9	12	2
11	8	2
12	9	2
13	16	3
14	17	3
16	13	3
17	14	3

19. 学生(和老师)普遍关注论文或学期报告的评定等级。因为没有绝对正确或错误的答案，所以这些分数必须基于对质量的判断。为了说明这些判断实际上是可靠的，一位英语教师让一位同事将学期报告按质量顺序排列。这些报告的排序和教员评定的等级如下：

排序	等级
1	A
2	B
3	A
4	B
5	B
6	C
7	D
8	C
9	C
10	D
11	F

    a. 计算这些数据的斯皮尔曼相关系数。注意：你必须将这些代表分数的字母转换为等级，用并列等级代表并列分数。
    b. 这个斯皮尔曼相关系数在统计意义上显著吗？使用$\alpha=0.05$的双尾检验。
20. 认知能力和社会地位间似乎存在显著的关系(至少对于鸟类来说是如此)。有研究者(Boogert, Reader, & Laland, 2006)测量了一组椋鸟的社会地位和个体学习能力。以下呈现了与研究相似的数据。因为社会地位是由5个顺序排列的分类组成的顺序变量，所以斯皮尔曼相关适用于这些数据。将社会地位分类和学习分数转换为等级，计算斯皮尔曼相关系数。

被试	社会地位	学习分数
A	1	3
B	3	10
C	2	7
D	3	11
E	5	19
F	4	17

（续）

被试	社会地位	学习分数
G	5	17
H	2	4
I	4	12
J	2	3

21. 习题 12 呈现的数据表明职业女性样本中体重和收入之间呈负相关。然而，体重按 5 类编码，因而可视为顺序量表而不是等距或比率量表。这样，斯皮尔曼相关比皮尔逊相关更适合。
    a. 将体重和收入转换为等级并计算习题 12 中数据的斯皮尔曼相关系数。
    b. 该斯皮尔曼相关系数足够达到显著吗?
22. 第 10 章习题 22 呈现的数据表明，有过用头顶足球经历的老足球运动员，其认知分数显著低于头部未受冲击的老游泳运动员。独立测量 t 检验得到结果 $t=2.11$，$df=11$，$r^2=0.288$(28.8%)。
    a. 将这个问题中的数据转换为适合点二列相关的形式(将游泳运动员赋值为 1，足球运动员赋值为 0)，然后计算相关系数。
    b. 将点二列相关系数进行平方来检验它是否与第 10 章计算的 r^2 值一样。
23. 第 10 章习题 14 描述了研究者(Rozin，Bauer，& Cantanese，2003)对男女大学生饮食态度的比较。结果表明，相对于男性，女性更为关心体重增加和饮食的其他消极影响。下面的数据代表了对体重增加的关注程度。将这些数据转换为适合点二列相关的形式，然后计算相关系数。

男性	女性
22	54
44	57
39	32
27	53
35	49
19	41
	35
	36
	48

24. 研究表明，高智商的人通常更可能自愿担任研究的被试，但他们不会更愿意参与包含如催眠这类不寻常经历的研究。为了调查这种现象，一位研究者给大学生样本发放了一份问卷。调查询问了学生的绩点(类似智力测量)、是否有意在未来参加一项需要催眠的研究。结果表明，10 个智力较低的学生中有 7 个学生愿意参加，而 10 个智力较高的学生中只有 2 个学生愿意参加。
    a. 将这些数据转换为适合计算 phi 系数的形式(智力作为 X 变量，将两个智力分类编码为 0 和 1；参加意愿作为 Y 变量，将参加意愿编码为 0 和 1)。
    b. 计算数据的 phi 系数。

CHAPTER

第16章

回　归

本章目录

本章概要
16.1　线性方程与回归简介
16.2　回归分析：回归方程的显著性检验
16.3　两个预测变量的多元回归简介
16.4　评估每个预测变量的贡献
小结
关键术语
资源
关注问题解决
示例 16-1
示例 16-2
习题

所需工具

以下所列内容是学习本章需要的基础知识。如果你不确定自己对这些知识的掌握情况，你应在学习本章前复习相应的章节。

- 平方和(第 4 章)
  - 计算公式
  - 定义公式
- z 分数(第 5 章)
- 方差分析(第 12 章)
  - MS 值和 F 值
- 皮尔逊相关(第 15 章)
  - 离差乘积和

本章概要

在第15章中，我们提到，相关的一个常见用途是预测。只要两个变量之间存在一致性关系，我们便可用其中一个变量预测另一个。例如，电力公司的管理人员可凭借天气预告预测未来几天的用电需求。如果夏天预告高温，那么他们就可预测用电需求将会增加。在心理学领域，若已知某些人格特征和进食障碍的关系，临床医生就能预测，表现出特定人格特征的个体更易患进食障碍。基于能力倾向测验成绩(如SAT)与大学学业绩点之间的关系，测验分数经常被用于预测在校大学生(或准大学生)未来的成就。每年，大学招生人员根据数以千计高中生的SAT分数做出录取与不录取的决策。

问题：第15章介绍的相关使研究者可对关系进行测量和描述，假设检验使研究者可评价相关的显著性。然而，我们想更进一步，利用相关进行预测。

解决方法：在本章中，我们介绍一些基于相关进行预测的统计方法。只要两个变量之间存在线性关系(皮尔逊相关)，我们就可以计算一个方程，以对这种关系进行准确的数学描述。在该方程中输入一个已知变量的值(如SAT分数)，便可计算第二个未知变量(如大学平均绩点)的预测值。建立和使用预测方程的一般统计过程被称为回归。

除建立预测公式外，还应当考虑预测效果如何。例如，我凭猜测即可预测投掷硬币的结果，但是我预测的正确率只有50%。从统计学角度来看，我的猜测并不高于随机水平。同样地，也应当检验预测方程的显著性。在本章中，我们将介绍建立预测方程的方法，还将介绍检验预测方程是否达到统计显著的方法。顺便一提，尽管使用SAT分数预测学生大学成就的做法存在争议，但是大量研究表明用SAT分数预测是可靠和有效的(Camera & Echternacht, 2000; Geiser & Studley, 2002)。

16.1 线性方程与回归简介

在第15章中，我们介绍了皮尔逊相关这一描述和测量两变量之间线性关系的方法。图16-1用假设数据呈现了SAT分数和大学平均绩点(GPA)之间的关系。请注意，该图呈现了较好的但不完全的正相关。此外，我们绘制了一条贯穿于数据中间的直线。该直线具有几个目的：

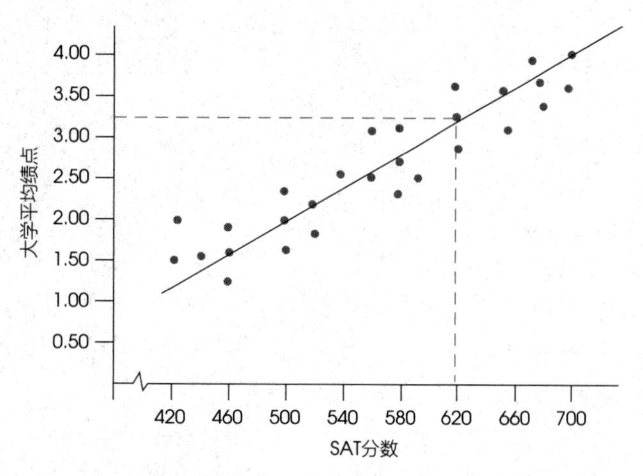

图16-1 假设数据，数据点中间的回归线反映了SAT分数和大学平均绩点(GPA)之间的关系。回归线定义了每个X值(SAT分数)和与其对应Y值(GPA)之间一对一的精确关系

1. 该直线使SAT和GPA之间的关系更直观。

2. 该直线可确定关系的中心或集中趋势，正如用平均数描述一组数据的集中趋势。因此，该直线简洁地刻画了二者的关系。例如，如果移除这些数据点，该直线对SAT和GPA之间的关系仍可给出一般性的刻画。

3. 最后，该直线可用于预测。该线在每个X值(SAT分数)与对应的Y值(GPA)之间建立了一对一的精确关系。例如，SAT分数620对应于GPA成绩3.25。因此，大学招生人员可用该直线来预测SAT分数为620的学生，大学GPA约为3.25。

本节的目的是介绍如何确定对一组特定数据提供最佳拟合的直线。该直线不必绘成图形，而可以用一个简单的方程表示。因此，我们的目的是建立可对X与Y数据组给予最佳描述的方程。

线性方程

通常，可用方程表示两变量X和Y之间的线性关系(linear relationship)：

$$Y=bX+a \tag{16-1}$$

式中，a和b为常数。

例如，当地一家音像店会员费为每月5美元，允许你以每张2美元的价格租用录像带和游戏碟。根据这个信息，一个月的支出可用总支出 Y 与租用录像带及游戏碟总量 X 间关系的线性方程(linear equation)来计算。

$$Y=2X+5$$

一般线性方程中，b 被称为斜率(slope)㊀。斜率表示 X 每增加1，Y 变量变化的数量。在音像店的例子中，斜率 b 为2，表示每租一张录像带，总支出增加2美元。方程中，a 为 Y 轴截距(Y-intercept)，它表示当 X 为0时，Y 的取值(在图中，表示直线与 Y 轴的交点)。在音像店的例子中，a 值为5，表示即使没有租录像带，每月仍要支出5美元。

对于音像店的例子，图16-2显示了每月支出与所租录像带的数量之间的一般关系。注意关系为直线。

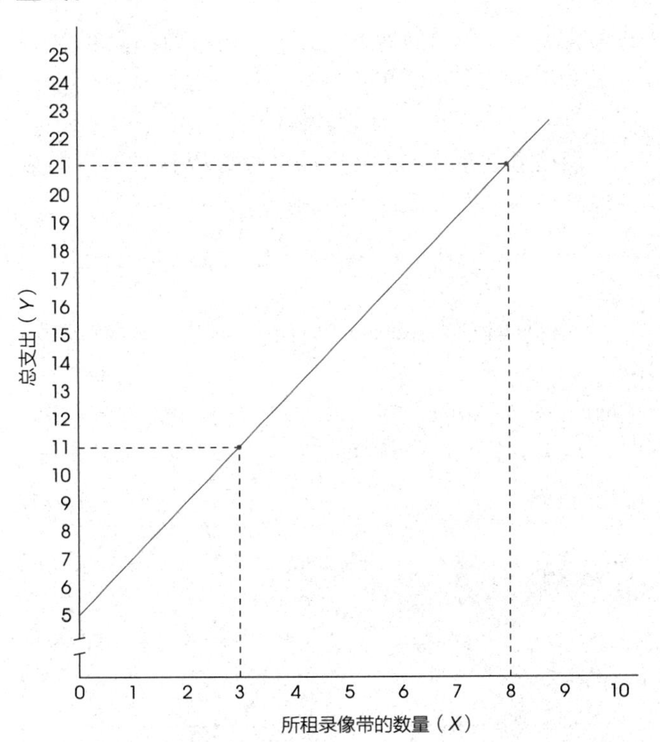

图16-2 总支出和每月所租录像带数量的关系。音像店每月收取5美元的会员费，每租一张录像带收取2美元。用线性方程表示即 $Y=2X+5$，Y 是总支出，X 是所租录像带的数量

为了绘制这个图，我们任选两个 X 值，然后使用方程计算对应的 Y 值。例如：

当 $X=3$ 时	当 $X=8$ 时
$Y=bX+a$	$Y=bX+a$
$=2\times3+5$	$=2\times8+5$
$=6+5$	$=16+5$
$=11$	$=21$

然后，在图上绘制两个点：一个点为 $X=3$，$Y=11$，另一个点为 $X=8$，$Y=21$。由于两点可完全确定一条直线，所以，可以绘制出穿过这两个点的直线。㊁

学习小测验

1. 当地一家健身房会员费为每月25美元，有氧运动课程每小时外加2美元。每月总支出(Y)与课程小时数(X)之间的线性方程是什么？
2. 在下列线性方程中，X 每增加1，Y 值会如何？
$$Y=-3X+7$$
3. 用线性方程 $Y=2X-7$ 确定当 $X=1$，3，5，10时的 Y 值。
4. 如果线性方程中的斜率 b 为正，那么该方程曲线图为左低右高。(对或错？)

答案

1. $Y=2X+25$
2. 斜率为−3，所以 X 每增加1，Y 减少3。
3. 计算如下表：

X	Y
1	−5
3	−1
5	3
10	13

4. 对。斜率为正表示当 X 增加(曲线向右)时，Y 随之增加(曲线向上)。

回归

由于用直线描述两个变量之间的关系十分有用，研究者提出了一种用于确定任意一组数据的最佳拟合直线的标准化统计方法。该统计程序就是回归，形成的直线称为回归线。

㊀ 注意斜率为正表示 X 增加时 Y 也增加，而斜率为负表示 X 增加时 Y 减小。
㊁ 在绘制线性方程的图形时，为了确保不犯错，明智的做法是至少计算和绘制三个点。

定义

求一组数据的最佳拟合直线的统计方法称为**回归**(regression)，形成的直线称为**回归线**(regression line)。

回归的目的是求一组数据的最佳拟合直线。为了实现这一目标，首先必须准确定义何谓“最佳”。对于任意特定数据组，显然可绘制出多条通过数据中心点的直线。每条直线都可由线性方程 $Y=bX+a$ 表示，其中 b 和 a 这两个常数分别是直线的斜率和 Y 轴截距。每条线都有自己唯一的 b 值和 a 值。问题是要找到能最佳拟合实际数据点的特定直线。

最小二乘法

若要确定直线与数据点的拟合程度，首先要确定直线和每个数据点之间的距离。数据中的每个 X 值，在线性方程中都会有与之对应的 Y 值。此值是预测的 Y 值，称为$\hat{Y}$。该预测值与实际 Y 值之间的距离由下列公式决定：

$$距离=Y-\hat{Y}$$

注意我们仅测量直线上的实际数据点(Y)与预测点之间的垂直距离。这个距离测量拟合直线与实际数据之间的误差(见图 16-3)。

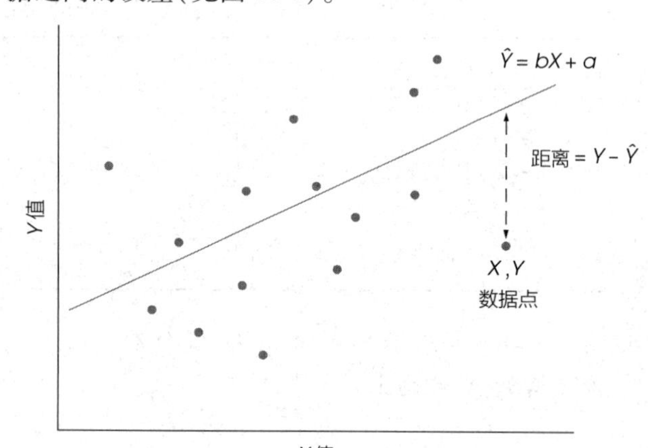

图 16-3 实际数据点(Y)与直线预测点($\hat{Y}$)之间的距离即 $Y-\hat{Y}$。回归的目标是找到使该距离最小的直线方程

因为这些距离一些为正，一些为负，所以下一步是对每个距离平方以获得均为正的误差测量。最后，为了确定直线与数据之间的误差总和，我们会对所有数据点的误差平方求总和。结果为直线与数据之间所有误差平方和的测量：

$$误差平方和=\sum(Y-\hat{Y})^2$$

现在我们可以将最佳拟合直线定义为误差平方和最小的直线。所得直线通常被称为最小二乘误差解(least-squared-error solution)。用符号表示，我们希望得到如下形式的线性方程：

$$\hat{Y}=bX+a$$

对数据中每个 X 值，该方程确定的直线上的点可以给予 Y 最佳预测。问题是找到可决定最佳拟合直线的 a 和 b。

找到这个方程的计算需要微积分和一些复杂的代数知识，所以我们不在此详述。不过，结果相对简单，b 值和 a 值计算方法如下：

$$b=\frac{SP}{SS_X} \tag{16-2}$$

式中，SP 是离差乘积和，SS_X 是 X 分数的平方和。

斜率的计算也可基于 X 和 Y 的标准差，公式为：

$$b=r\frac{s_Y}{s_X} \tag{16-3}$$

式中，s_Y 是 Y 分数的标准差，s_X 是 X 分数的标准差，r 是 X 和 Y 的皮尔逊相关系数。方程中常数 a 为：

$$a=M_Y-bM_X \tag{16-4}$$

请注意这些公式所确定的线性方程是对 Y 值的最佳预测。这个方程被称为 Y 的回归方程。

定义

Y 的回归方程(regression equation for Y)是线性方程：

$$\hat{Y}=bX+a \tag{16-5}$$

式中，常数 b 用式(16-2)或式(16-3)计算，常数 a 用式(16-4)计算。这个方程可使数据点和直线之间的误差平方最小。

□ 例 16-1

下表中的分数用于说明预测 Y 的回归方程的计算。

X	Y	$X-M_X$	$Y-M_Y$	$(X-M_X)^2$	$(Y-M_X)^2$	$(X-M_X)(Y-M_Y)$
2	3	−2	−5	4	25	10
6	11	2	3	4	9	6
0	6	−4	−2	16	4	8
4	6	0	−2	0	4	0
7	12	3	4	9	16	12
5	7	1	−1	1	1	−1
5	10	1	2	1	4	2
3	9	−1	1	1	1	−1
				$SS_X=36$	$SS_Y=64$	$SP=36$

对于这些数据，$\sum X=32$，所以 $M_X=4$。$\sum_Y=64$，所以 $M_Y=8$。这些值用于计算 X 值和 Y 值的离差。最后三列分别为 X 和 Y 的离差平方和与离差乘积和。

我们的目的是求得回归方程中的 b 值和 a 值。利用式(16-2)和式(16-4)，b 和 a 的解为：

$$b=\frac{SP}{SS_X}=\frac{36}{36}=1.00$$

$$a=M_Y-BM_X=8-1\times4=4.00$$

所得方程为：

$$\hat{Y}=X+4$$

原始数据和回归直线如图16-4所示。

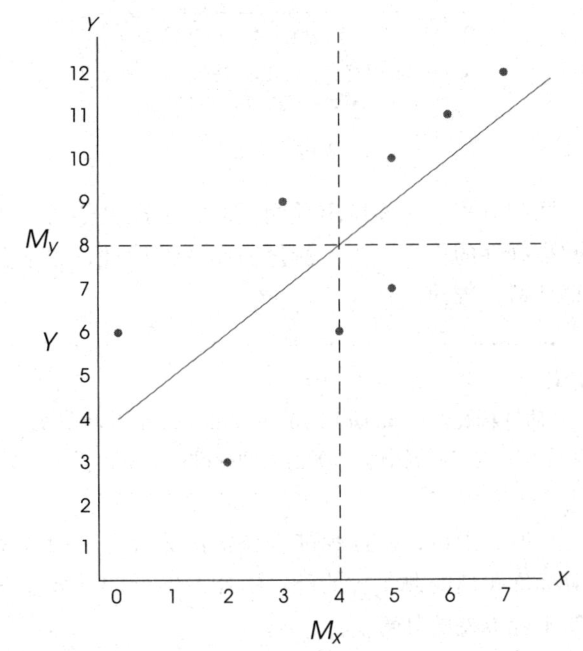

图16-4　例16-1中的8对分数的 X 和 Y 数据点以及回归线 ■

图16-4中回归线显示了有关回归的一些简单、可预测的事实。首先，Y 轴截距的计算[式(16-4)]确保回归线穿过 X 和 Y 平均数所确定的点。即 M_X 和 M_Y 坐标所确定的点一定在直线上。图16-4中标识出了这两个平均数，表明其定义的点在回归线上。其次，相关的符号(+或−)与回归线斜率的符号相同。具体来说，如果相关为正，那么斜率也为正，回归线斜向右上。相反，如果相关为负，那么直线斜向右下。相关系数为0意味着斜率也为0，回归方程会产生一条水平线，对应数据 Y 的平均数。注意图16-4中回归线斜率为正。这一事实表明直线在 M_X 之上的所有点也在 M_Y 之上。同样地，所有在 M_X 之下的点也在 M_Y 之下。因此，每个个体的 X 离差为正，其对应的 Y 离差也为正。每个个体的 X 离差为负，其对应的 Y 离差也为负。

运用回归方程做预测

正如本节开头指出的，回归方程的一个常见用途是预测。对任一给定的 X 值，我们可使用方程计算 Y 的预测值。对例16-1中的方程来说，分数为 $X=1$ 的个体的 Y 分数预测为：

$$\hat{Y}=X+4=1+4=5$$

尽管回归方程可用于预测，但你在解释预测值时应注意以下几点：

1. 预测值并非完美(除非 $r=+1.00$ 或 -1.00)。查看图16-4，显然直线上的数据点并非完全拟合。一般情况下，预测 Y 值(直线上)与实际数据之间存在一些误差。虽然每个点的误差量不同，但平均来看，误差直接与相关程度有关。如果相关系数接近1.00(或−1.00)，一般数据点就聚集在线的周围，误差较小。当相关系数接近0时，数据点远离直线，误差很大。

2. 回归方程不适用于对原始数据所涵盖范围之外的 X 值进行预测。例如，在例16-1中 X 值范围为 $X=0$ 到 $X=7$，在该范围内可算得最佳拟合线的回归方程。因为你没有这个范围外 X 与 Y 关系的信息，所以，当 X 值小于0或大于7时，不应使用这个方程来预测 Y 值。

标准化回归方程

到目前为止，我们已经给出了根据 X 和 Y 原始值或原始分数的回归方程。然而，有时研究者在求回归方程之前会通过把 X 值和 Y 值转换为 z 分数以对分数进行标准化。所得方程通常被称为标准化回归方程，与原始分数所得的方程相比更加简化。这种简化是源于 z 分数具有标准化的特征。具体而言，z 分数的平均数为0，标准差为1。因此，标准化回归方程为：

$$\hat{z}_Y=\beta z_X \tag{16-6}$$

首先，我们用每个 X 值的 z 分数来预测对应的 Y 值的 z 分数。此外，请注意，在原始分数所在的公式中被确定为 b 的斜率常数现在被写作 β。因为 X 和 Y 值的 z 分数的平均数都为0，回归方程不再有常数 a。最后，当一个变量 X 用于预测另一个变量 Y 时，β 值等于 X 和 Y 的皮尔逊相关。因此，回归方程标准化的形式也可写成

$$\hat{z}_Y=rz_X \tag{16-7}$$

由于将全部原始分数转化为 z 分数的过程很烦琐，研究者通常用原始分数计算回归方程[式(16-5)]而不用

标准化方程。然而，大多数计算机程序都会在线性回归输出部分报告β值，你应当了解此值所代表的意义。

学习小测验

1. 为以下数据绘制一个散点图，即显示 X、Y 数据点的图：

X	Y
1	4
3	9
5	8

a. 求通过 X 预测 Y 的回归方程，并在图中绘制这条线。它看起来像最佳拟合线吗？

b. 用该回归方程求数据中每个 X 值所预测的 Y 值。

答案

1. a. $SS_X=8$，$SP=8$，$b=1$，$a=4$，方程是：$\hat{Y}=X+4$。

b. 预测的 Y 值分别为 5、7 和 9。

估计标准误

仅使用上述公式即可求得任意一组数据的回归方程，进而你可以用获得的线性方程根据任一已知 X 值预测其对应的 Y 值。但是，你应当清楚，预测的准确性取决于线上的点与实际数据点对应的情况，即预测$\hat{Y}$值与实际分数 Y 值之间的误差。图 16-5 显示的两组数据不同，但回归方程完全相同。在第一种情况下，X 和 Y 完全相关($r=+1$)，所以线性方程与数据完全拟合。在第二种情况下，直线上 Y 的预测值只是近似于真实数据。

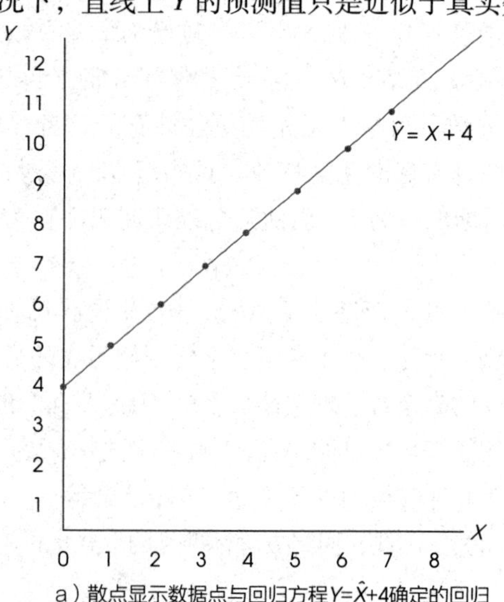

a）散点显示数据点与回归方程$Y=\hat{X}+4$确定的回归线完全拟合。注意，相关系数是$r=+1.00$

图 16-5

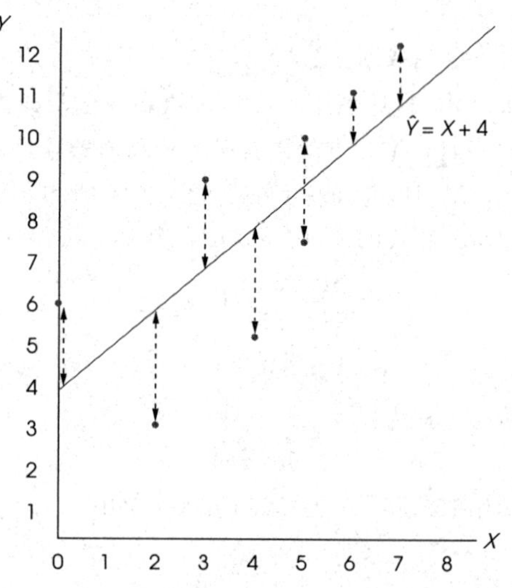

b）例 16-1中数据的散点图。注意实际数据点与回归线预测的Y值之间存在误差

图 16-5 （续）

回归方程允许你做出预测，但它不提供任何关于预测准确性的信息。为了测量回归的准确性，通常要计算估计标准误。

定义

估计标准误(standard error of estimate)是对回归线上预测的 Y 值与数据中实际 Y 值之间标准距离的测量。

从概念上讲，估计标准误非常像标准差：两者都是对标准距离的测量。此外，估计标准误的计算非常类似于标准差的计算。

要计算估计标准误，我们首先求得离差平方和(SS)。每个离差测量的是实际 Y 值(源自数据)与预测 Y 值(来自回归直线)的距离。该平方和通常被称为$SS_{残差}$，因为它基于实际 Y 值和预测 Y 值之间的剩余距离。

$$SS_{残差}=\sum(Y-\hat{Y})^2 \qquad (16\text{-}8)$$

用 SS 除以自由度以获得方差。这个过程你应该很熟悉：

$$方差=\frac{SS}{df}$$

估计标准误的自由度 $df=n-2$。自由度为 $n-2$ 而不是通常的 $n-1$ 的原因是我们现在正在测量与直线的偏差而不是离差。若要确定回归线方程，你必须知道分数 X 和 Y 的平均数。具体来讲，这两个平均数对数据的变异性构成了两个限制，因此分数仅有 $n-2$ 个自由度。(注意：$SS_{残差}$的 $df=n-2$ 与检验皮尔逊相关显著时 $df=n-2$ 是一样的。)

计算估计标准误的最后一步是方差[㊀]开平方根以获得标准距离的测量。计算公式为：

$$估计标准误=\sqrt{\frac{SS_{残差}}{df}}=\sqrt{\frac{\sum(Y-\hat{Y})^2}{n-2}} \quad (16\text{-}9)$$

下面的例子说明了这个标准误的计算过程。

例 16-2

这里采用例 16-1 中的数据说明估计标准误的计算。数据的回归方程为：

$$\hat{Y}=X+4$$

用这个回归方程和例 16-1 中的数据，我们计算出每个个体的预测 Y 值、残差以及残差的平方。

数据		预测 Y 值	残差	残差平方
X	Y	$\hat{Y}=X+4$	$Y-\hat{Y}$	$(Y-\hat{Y})^2$
2	3	6	−3	9
6	11	10	1	1
0	6	4	2	4
4	6	8	−2	4
5	7	9	−2	4
7	12	11	1	1
5	10	9	1	1
3	9	7	2	4
			0	$SS_{残差}=28$

首先注意，残差和等于 0。换句话说，线上方的距离之和等于线下方的距离之和。这适用于任何一组数据，且提供了一种检查你计算准确性的方法。最后一列列出了残差平方。对这些数据，残差平方和 $SS_{残差}=28$。因为 $n=8$，数据的自由度 $df=n-2=6$，所以估计标准误是：

$$估计标准误=\sqrt{\frac{SS_{残差}}{df}}=\sqrt{\frac{28}{6}}=2.16$$

记住：估计标准误为判定回归方程预测 Y 值的准确性提供了测量。在这种情况下，实际数据点与回归线之间的标准距离为所测量的估计标准误=2.16。■

标准误和相关之间的关系

例 16-2 明确显示了估计标准误与 X 和 Y 之间的相关程度有直接关联。如果相关接近 1.00（或−1.00），则数据点聚集于回归线附近，估计标准误很小。如果相关接近 0，数据点会很分散，直线预测的准确性差，估计标准误很大。

早前，我们观察到相关的平方可提供对预测准确性的测量。相关系数的平方（r^2）称为决定系数，因为它决定了 Y 的变异中由其与 X 的关系预测成分的百分比。因为 r^2 测量 Y 分数可预测的变异部分，所以我们能用（$1-r^2$）测量不可预测的部分。因此：

$$可预测的变异=SS_{回归}=r^2SS_Y \quad (16\text{-}10)$$

$$不可预测的变异=SS_{残差}=(1-r^2)SS_Y \quad (16\text{-}11)$$

例如，如果 $r=0.80$，则可预测的变异（predicted variability）是 Y 分数总变异的 $r^2=0.64$（或 64%），剩余的 36%（$1-r^2$）是不可预测的变异（unpredicted variability）。注意当 $r=1.00$ 时，预测非常完美，没有残差。当相关系数接近 0 时，数据点远离直线，残差很大。用式（16-11）计算 $SS_{残差}$，估计标准误为：

$$估计标准误=\sqrt{\frac{SS_{残差}}{df}}=\sqrt{\frac{(1-r^2)SS_Y}{n-2}} \quad (16\text{-}12)$$

因为通常计算皮尔逊相关要比计算个体的 $(Y-\hat{Y})^2$ 更容易，式（16-11）是计算 $SS_{残差}$ 最简单的方法，式（16-12）通常是计算回归方程估计标准误的最简单方法。下面的例子说明了这个新公式的应用。

例 16-3

我们使用与例 16-1 和例 16-2 相同的数据，得 $SS_X=36$，$SS_Y=64$ 和 $SP=36$。对这些数据，皮尔逊相关是：

$$r=\frac{36}{\sqrt{36\times64}}=\frac{36}{48}=0.75$$

由于 $SS_Y=64$，相关 $r=0.75$，源自回归方程的可预测的变异为：

$$SS_{回归}=r^2SS_Y=(0.75^2)\times64=0.5625\times64=36.00$$

同样地，不可预测的变异为：

$$SS_{残差}=(1-r^2)SS_Y=(1-0.75^2)\times64$$
$$=0.4375\times64=28.00$$

注意：$SS_{残差}$新公式所得的值与例 16-2 残差平方相加所得的值完全相同。同样注意这个新公式更易于使用，因为它仅需要相关系数（r）和 Y 的平方和。不过，这个例子的要点是 $SS_{残差}$和估计标准误与相关系数密切相关。当相关系数高（接近+1.00 或−1.00）时，数据点接近回归线，估计标准误小。当相关系数变小（接近 0）时，数据点远离回归线，估计标准误增大。■

㊀ 记住方差测量的是距离的均方。

由于不同数据组可能有相同的回归方程，因此考虑 r^2 和估计标准误也很重要。回归方程仅描述了最佳拟合线，并用于预测，而 r^2 和估计标准误可表明这些预测有多准确。

学习小测验

1. 简述回归方程的估计标准误测量的是什么。
2. 当相关系数增加时，估计标准误会发生什么变化？
3. 一个由 X 和 Y 分数构成的 $n=6$ 的成对样本，其 $r=0.80$，$SS_Y=100$。该回归方程的估计标准误是多少？

答案

1. 估计标准误测量的是回归线上预测的 Y 值与数据中实际 Y 值之间的平均或标准距离。
2. 较高的相关意味着数据点聚集在直线附近，这意味着估计标准误较小。
3. 估计标准误 $=\sqrt{36/4}=3$

16.2 回归分析：回归方程的显著性检验

正如第 15 章指出的，我们预期样本相关将代表总体相关。例如，如果总体相关系数为 0，我们预期样本相关系数接近 0。注意我们并不期望样本相关系数完全等于 0。这是我们在第 1 章所介绍的抽样误差的一般概念。抽样误差的原理是指样本统计量和相应总体参数之间总有一些误差。因此，即使总体没有相关，即 $\rho=0$，你仍有可能得出不为 0 的样本相关系数。然而，在这种情况下，样本相关是偶然产生的，假设检验通常显示相关不显著。

每当你得出不为 0 的样本相关系数时，你也能获得回归方程的实际数值。然而，如果总体没有真正相关，样本相关和回归方程都是无意义的——它们仅仅是抽样误差的结果，我们不应认为 X 和 Y 有关。就像我们检验皮尔逊相关的显著性一样，我们也可以检验回归方程的显著性。事实上，当只有一个变量 X 用于预测一个变量 Y 时，这两种检验是等价的。在两种检验中，检验的目的都是确定样本相关是代表了真正的关系，还是仅仅是抽样误差的结果。对于这两种检验，虚无假设都是，总体中这两个变量没有关系。在检验回归方程显著性时，更具体的虚无假设是方程对 Y 分数方差解释的比例达不到显著。H_0 的另一种表达是由回归方程计算所得的 b 值或 β 值并不代表 X 和 Y 之间任何真实的关系，而仅是随机或抽样误差的结果。换句话讲，真实总体的 b 或 β 值为 0。

检验回归方程显著性的过程称为回归分析（analysis of regression），这与第 12 章介绍的方差分析（ANOVA）非常相似。与 ANOVA 一样，回归分析使用 F 值来确定回归方程所预测的方差是否显著高于 X 与 Y 之间没有关系时的期望方差。F 值是两个方差或均方（MS）的比值，每个方差由 SS 值除以相应的自由度获得。F 值的分子是 $MS_{回归}$，这是由回归方程所预测的 Y 分数的方差。该方差测量了 X 值增加或减少时 Y 的系统变化。分母是 $MS_{残差}$，是 Y 分数中不可预测的方差。该方差测量的是独立于 X 的 Y 的变化。这两种均方定义为：

$$MS_{回归}=\frac{SS_{回归}}{df_{回归}},\quad df=1$$

$$MS_{残差}=\frac{SS_{残差}}{df_{残差}},\quad df=n-2$$

F 值为：

$$F=\frac{MS_{回归}}{MS_{残差}},\quad df=1,\ n-2 \qquad (16\text{-}13)$$

SS 和自由度的完整分析如图 16-6 所示。下面的例子使用与例 16-1、例 16-2 和例 16-3 相同的数据呈现了回归分析的过程。

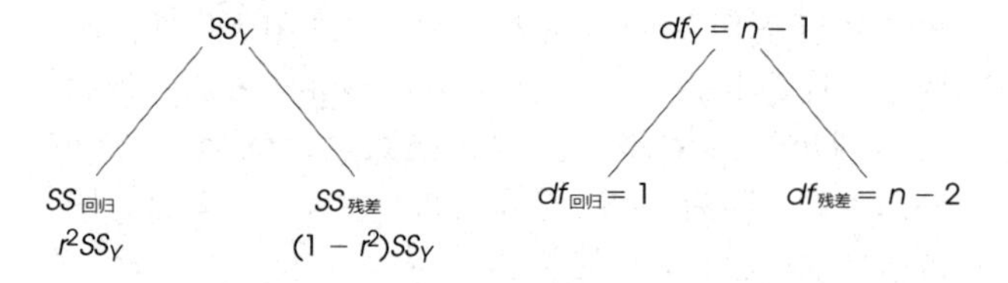

图 16-6　回归分析 SS 和 df 的分解。原始 Y 分数的变异（SS_Y 和 df_Y）分解为两部分：由回归方程解释的变异和残差变异

例 16-4

数据包括 8 个成对分数，相关系数 $r=0.75$，$SS_Y=64$。虚无假设为在总体中 X 与 Y 没有关系，或回归方程不能对 Y 分数的方差做出显著比例的解释。

回归分析 F 值的自由度 $df=1$，$n-2$。对于这些数据，$df=1$，6。$\alpha=0.05$，临界值是 5.99。

如前一节所述，Y 分数的 SS 可分为两部分：可预测部分，对应 r^2，以及不可预测部分或残差，对应 $(1-r^2)$。由 $r=0.75$，得 $r^2=0.5625$。

$$可预测的变异=SS_{回归}=0.5625\times64=36$$

$$不可预测的变异=SS_{残差}=(1-0.5625)\times64$$
$$=0.4375\times64=28$$

用这些 SS 值和相应的 df 值，我们可以计算每一成分的方差或 MS。这些数据的 MS 为：

$$MS_{回归}=\frac{SS_{回归}}{df_{回归}}=\frac{36}{1}=36$$

$$MS_{残差}=\frac{SS_{残差}}{df_{残差}}=\frac{28}{6}=4.67$$

最后，评估回归方程显著性的 F 值为：

$$F=\frac{MS_{回归}}{MS_{残差}}=\frac{36.00}{4.67}=7.71$$

F 值在拒绝域内，所以我们拒绝虚无假设，得出回归方程对 Y 分数方差的解释达到显著。完整的回归分析汇总表见表 16-1，这是回归分析软件输出的一种常见格式。

表 16-1　例 16-4 回归分析的结果汇总表

来源	*SS*	*df*	*MS*	*F*
回归	36	1	36.60	7.71
残差	28	6	4.67	
总和	64	7		

■

回归的显著性和相关的显著性

如前所述，只有一个 X 变量和一个 Y 变量时，回归方程的显著性检验等同于皮尔逊相关的显著性检验。因此，当两个变量的相关显著时，可以得出回归方程也是显著的。同样地，如果相关不显著，回归方程也不显著。对于例 16-3 中的数据，我们得出回归方程是显著的。这个结果与相应的皮尔逊相关显著性检验结果完全一致。对于这些数据，皮尔逊相关 $r=0.75$，$n=8$。查看附录 A 中的表 6，你会发现临界值$r=0.707$。我们的相关高于这一临界值，所以得出结论：相关也是显著的。事实上，表 6 中的临界值是使用回归分析中的 F 值[式(16-13)]求得的。

学习小测验

一组 $n=18$ 的成对分数，皮尔逊相关 $r=0.60$，$SS_Y=100$。求 $SS_{回归}$和 $SS_{残差}$并计算 F 值，以评估 Y 的回归方程显著性。

答案

$SS_{回归}=36$，$df=1$；$SS_{残差}=64$，$df=16$；$F=9.00$，$df=1, 16$，F 值在 $\alpha=0.05$ 和 $\alpha=0.01$ 水平上显著。

16.3　两个预测变量的多元回归简介

到目前为止，我们介绍了用一个变量预测另一个变量的回归。例如，IQ 分数可用于预测一组大学生的学习成绩。然而，一个变量(如学习成绩)通常与其他很多因素有关。例如，大学 GPA 可能和动机、自尊、SAT 分数、高中毕业排名、父母最高受教育程度及其他很多变量有关。在这种情况下，为获得更准确的预测，可将几个预测变量进行组合。例如，IQ 可预测部分学习成绩，但如果将 IQ 和 SAT 分数组合起来，你所获得的预测会更好。使用多个预测变量以获取更准确预测的过程称为多元回归(multiple regression)。

一个多元回归方程中可整合大量预测变量，但我们的讨论仅限于两个预测变量的情况。这个限定有两个原因。

1. 即使限定为两个预测变量，多元回归也相对复杂。我们展示了仅有两个预测变量的回归方程，但计算通常由计算机完成，既然可以用计算机，对一系列复杂方程的阐述就不再是重点。

2. 通常，不同的预测变量彼此相关，这意味着它们经常测量和预测相同的事物。因为变量可能会相互重叠，所以在回归方程中加入另外一个预测变量并不总能增加预测的准确性。图 16-7 展示了这种情况。在图中，IQ 与学习成绩重叠，这意味着部分学习成绩可由 IQ 预测。在该例中，IQ 重叠(预测)了学习成绩中 40%的方差(图中 a 和 b 部分)。该图也表明 SAT 分数

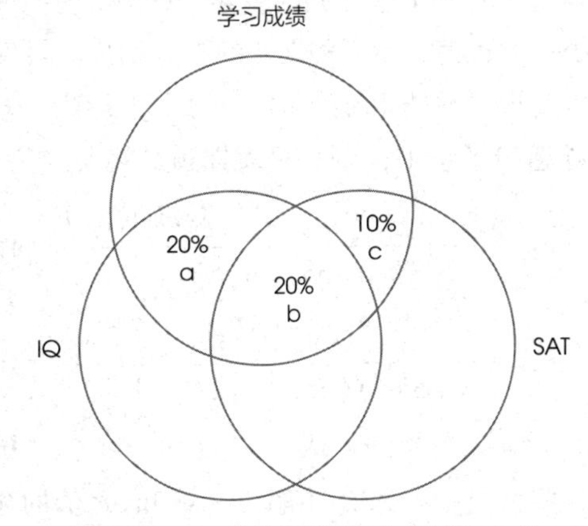

图 16-7　由 IQ 和 SAT 分数预测学习成绩的方差。IQ 和学习成绩的重叠表明学习成绩 40%的方差可由 IQ 预测。同样地，学习成绩 30%的方差可由 SAT 分数预测。然而，IQ 和 SAT 分数也存在重叠，因此 SAT 分数在 IQ 已经预测部分的基础上仅贡献了 10%的方差

与学习成绩重叠，意味着部分学习成绩可由已知的SAT分数预测。具体来讲，SAT分数重叠(预测)方差的30%(b和c部分)。因此，使用IQ和SAT分数来预测学习成绩会比只通过IQ获得的预测更好。然而，SAT分数和IQ间也有很多重叠。特别是，SAT的预测大部分与IQ的预测重叠(b部分)。因此，第二个预测变量(SAT分数)的加入对由IQ预测的方差仅有小幅增加(c部分)。因为变量之间以这种方式重叠，所以在第一个或第二个预测变量之外增加新变量常常并不能显著提升预测质量。

两个预测变量的回归方程

两个预测变量标记为 X_1 和 X_2，拟预测的变量标记为 Y。使用这些符号，两个预测变量的多元回归方程的一般形式是：

$$\hat{Y}=b_1X_1+b_2X_2+a \qquad (16\text{-}14)$$

如果所有三个变量(X_1、X_2 和 Y)已经标准化转换为 z 分数，则标准化多元回归方程可预测每个 Y 值的 z 分数。标准化公式为：

$$\hat{z}_Y=\beta_1 z_{X_1}+\beta_2 z_{X_2} \qquad (16\text{-}15)$$

研究者很少在求回归方程前把原始的 X 和 Y 分数转换成 z 分数。然而，β 值是有意义的，且通常由计算机的多元回归程序给出报告，本节稍后将对其进行讨论。

多元回归方程的目的是求得 Y 最准确的估计值。如在单一预测变量回归中一样，这个目的可通过最小二乘法实现。首先，我们定义“误差”为回归方程所预测的 Y 值与每个实际 Y 值之间的差异。对每个误差进行平方得到统一的正值，然后将误差的平方相加。最后，我们计算可使误差平方和最小的 b_1、b_2 和 a 值。这些终值的推导超出了本书范围，只需知道最终公式为：

$$b_1=\frac{(SP_{X_1Y})(SS_{X_2})-(SP_{X_1X_2})(SP_{X_2Y})}{(SS_{X_1})(SS_{X_2})-(SP_{X_1X_2})^2} \qquad (16\text{-}16)$$

$$b_2=\frac{(SP_{X_2Y})(SS_{X_1})-(SP_{X_1X_2})(SP_{X_1Y})}{(SS_{X_1})(SS_{X_2})-(SP_{X_1X_2})^2} \qquad (16\text{-}17)$$

$$a=M_Y-b_1M_{X_1}-b_2M_{X_2} \qquad (16\text{-}18)$$

在这些公式中，你应明确以下 SS 和 SP 值的含义：

SS_{X_1} 是 X_1 的离差平方和。

SS_{X_2} 是 X_2 的离差平方和。

SP_{X_1Y} 是 X_1 和 Y 的离差乘积和。

SP_{X_2Y} 是 X_2 和 Y 的离差乘积和。

$SP_{X_1X_2}$ 是 X_1 和 X_2 的离差乘积和。

注意：关于 SS 计算的更多详细信息见第4章，有关 SP 的信息见第15章。下面的例子说明了有两个预测变量的多元回归的过程。

□ 例 16-5

我们使用表16-2的数据对多元回归进行说明。注意，每个个体有一个 Y 分数和两个用作预测变量的 X 分数。此外，注意我们已经计算了 Y 值和两个 X 分数的 SS 值以及相应的 SP 值。这些值可用于计算回归方程的系数 b_1 和 b_2 以及常数 a。

$$\hat{Y}=b_1X_1+b_2X_2+a$$

$$b_1=\frac{(SP_{X_1Y})(SS_{X_2})-(SP_{X_1X_2})(SP_{X_2Y})}{(SS_{X_1})(SS_{X_2})-(SP_{X_1X_2})^2}$$

$$=\frac{54\times64-42\times47}{62\times64-42^2}=0.672$$

$$b_2=\frac{(SP_{X_2Y})(SS_{X_1})-(SP_{X_1X_2})(SP_{X_1Y})}{(SS_{X_1})(SS_{X_2})-(SP_{X_1X_2})^2}$$

$$=\frac{47\times62-42\times54}{62\times64-42^2}=0.293$$

$$a=M_Y-b_1M_{X_1}-b_2M_{X_2}=7-0.672\times4-0.293\times6$$

$$=7-2.688-1.758=2.554$$

因此，最终回归方程为：

$$\hat{Y}=0.672X_1+0.293X_2+2.554$$

表16-2 每个人三个分数的假设数据。其中两个分数 X_1 和 X_2 用于预测 Y 分数

被试	Y	X_1	X_2	
A	11	4	10	$SP_{X_1Y}=54$
B	5	5	6	$SP_{X_2Y}=47$
C	7	3	7	$SP_{X_1X_2}=42$
D	3	2	4	
E	4	1	3	
F	12	7	5	
G	10	8	8	
H	4	2	4	
I	8	7	10	
J	6	1	3	
	$M_Y=7$	$M_{X_1}=4$	$M_{X_2}=6$	
	$SS_Y=90$	$SS_{X_1}=62$	$SS_{X_2}=64$	

■

例16-5还表明多元回归是一个烦琐的过程。因此，多元回归常由计算机完成。为了说明这个过程，我们对表16-2中的数据使用SPSS计算机程序进行多元回归运算，结果如图16-8所示。此时，注意结果输出

Model Summary

Model	R	R Square	Adjusted R Square	Std. Error of the Estimate
1	.746[a]	.557	.430	2.387 88

a. Predictors: (Constant), VAR00003, VAR00002

ANOVA[b]

Model		Sum of Squares	df	Mean Square	F	Sig.
1	Regression	50.086	2	25.043	4.392	.058[a]
	Residual	39.914	7	5.702		
	Total	90.000	9			

a. Predictors: (Constant), VAR00003, VAR00002
b. Dependent Variable: VAR00001

Coefficients[a]

Model		Unstandardized Coefficients		Standardized Coefficients	t	Sig.
		B	Std. Error	Beta		
1	(Constant)	2.552	1.944		1.313	.231
	VAR00002	.672	.407	.558	1.652	.142
	VAR00003	.293	.401	.247	.732	.488

a. Dependent Variable: VAR00001

图 16-8 例 16-5 多元回归 SPSS 结果输出

底部的系数表。非标准化系数的第一列包含回归方程的常数、b_1 和 b_2。本章稍后将讨论 SPSS 结果输出的其他部分。

学习小测验

1. 一位研究员以 40 岁男性的受教育程度（X_1 = 高中以上教育的年数）和社会技能（X_2 = 自我报告问卷的分数）为基础计算出能预测他们年收入的多元回归方程。回归方程是 $\hat{Y}=8.3X_1+2.1X_2+3.5$，预测收入以千美元计。从样本中选取两个个体。其中一个人的 $X_1=0$，$X_2=16$；另一人的 $X_1=3$，$X_2=12$。计算每个人的预测收入。

答案

1. 第一个人的预测收入为 $\hat{Y}=3.71$ 万美元，第二个人的预测收入为 $\hat{Y}=5.36$ 万美元。

R^2 和残差

我们计算 r^2 值以估计单预测变量回归的方差解释率，同样也可以为多元回归计算相应的方差解释率。对于多元回归方程，这个百分比是由符号 R^2 ⊖ 表示的。R^2 值表示了回归方程解释的 Y 分数变异占总变异的比例。符号表示为：

$$R^2=\frac{SS_{回归}}{SS_Y} \quad 或 \quad SS_{回归}=R^2SS_Y$$

对有两个预测变量的回归，R^2 可根据回归方程直接计算：

$$R^2=\frac{b_1SP_{X_1Y}+b_2SP_{X_2Y}}{SS_Y} \tag{16-19}$$

对于表 16-2 中的数据，结果为：

$$R^2=\frac{0.672\times54+0.293\times47}{90}=\frac{50.059}{90}=0.556\,2（或 55.62\%）$$

因此，回归方程可预测 Y 分数 55.6% 的方差。对于表 16-2 中的数据，$SS_Y=90$，因此，变异的预测部分为：

$$SS_{回归}=R^2SS_Y=0.556\,2\times90=50.06$$

不可预测的方差或残差由 $1-R^2$ 确定。对于表 16-2 中的数据，残差为：

⊖ 对于图 16-8 中的计算机输出结果，R^2 值显示在 Model Summary 表上部。

$$SS_{残差}=(1-R^2)SS_Y=0.4438\times90=39.94$$

从残差中计算 R^2 和 $1-R^2$

R^2 值和 $1-R^2$ 值也可以通过计算残差，即每个预测 Y 值与实际 Y 值的差异，然后计算残差平方和获得。结果为 $SS_{残差}$ 值，测量的是 Y 的变异中不可预测的部分，与 $(1-R^2)SS_Y$ 相等。对于表 16-2 中的数据，我们首先用多元回归方程来计算每个个体的预测 Y 值。求每个残差和其平方的过程见表 16-3。

请注意，残差平方和 SS_Y 不可预测的部分，是 39.960。此值对应 Y 分数 44.4%的变异：

$$\frac{SS_{残差}}{SS_Y}=\frac{39.96}{90}=0.444(\text{或 }44.4\%)$$

由于变异不可预测的部分是 $1-R^2=44.4\%$，我们得出可预测部分是 $R^2=55.6\%$。注意，这个答案与式(16-9)所得 $R^2=55.62\%$ 在舍入误差范围内一致。

表 16-3　表 16-2 中数据的预测 Y 值和残差。根据每个个体在多元回归方程中的 X_1 和 X_2 的值可求得预测 Y 值

实际 Y	预测 $Y(\hat{Y})$	残差 $(Y-\hat{Y})$	残差平方 $(Y-\hat{Y})^2$
11	8.17	2.83	8.010
5	7.67	−2.67	7.129
7	6.62	0.38	0.144
3	5.07	−2.07	4.285
4	4.10	−0.10	0.010
12	8.72	3.28	10.758
10	10.27	−0.27	0.073
4	5.07	−1.07	1.145
8	10.19	−2.19	4.796
6	4.10	1.90	3.610
			$39.960=SS_{残差}$

估计标准误

先前，我们定义线性回归方程的估计标准误为回归线和实际数据点之间的标准距离。用更通用的术语，估计标准误可定义为预测 Y 值(来自回归方程)与实际 Y 值(来自数据)之间的标准距离。这个通用的定义对于线性回归和多元回归同样适用。

要求得线性回归或多元回归的估计标准误，我们可从 $SS_{残差}$ 开始。对于有一个预测变量的线性回归，$SS_{残差}=(1-r^2)SS_Y$，$df=n-2$。对于有两个预测变量的多元回归，$SS_{残差}=(1-R^2)SS_Y$，$df=n-3$。在这两种情况下，我们都可使用 SS 和 df 的值来计算方差或 $MS_{残差}$。

$$MS_{残差}=\frac{SS_{残差}}{df}$$

方差或 MS 值是对实际 Y 值与预测 Y 值之间距离平方的平均数的测量。仅通过开平方根，我们就可求得标准差或标准距离。残差的标准距离就是估计标准误[㊀]。因此，对于线性回归和多元回归，

$$估计标准误=\sqrt{MS_{残差}}$$

对于线性或多元回归，不要期望回归方程所做的预测是完美的。通常，预测 Y 值与实际 Y 值之间有一些差异。估计标准误提供了 $\hat{Y}$ 值与实际 Y 值之间平均差异的程度。

多元回归方程的显著性检验：回归分析

与单预测变量方程一样，我们可通过计算 F 值来检验多元回归方程的显著性，以决定方程所预测的 Y 分数的方差部分是否达到显著。Y 分数的总变异可分为两部分——$SS_{回归}$ 和 $SS_{残差}$。具有两个预测变量时，$SS_{回归}$ 的 $df=2$，$SS_{残差}$ 的 $df=n-3$。因此，F 值的两个 MS 值为：

$$MS_{回归}=\frac{SS_{回归}}{2} \tag{16-20}$$

$$MS_{残差}=\frac{SS_{残差}}{n-3} \tag{16-21}$$

表 16-2 中 $n=10$ 的数据有 $R^2=0.5562$（或 55.62%），$SS_Y=90$。因此：

$SS_{回归}=R^2SS_Y=0.556\times90=50.06$

因此：$SS_{残差}=(1-R_2)SS_Y=0.4438\times90=39.94$[㊁]

$$MS_{回归}=\frac{50.06}{2}=25.03$$

$$MS_{残差}=\frac{39.94}{7}=5.71$$

$$F=\frac{MS_{回归}}{MS_{残差}}=\frac{25.03}{5.71}=4.38$$

由于 $df=2$，7，该 F 值在 $\alpha=0.05$ 水平上未达显著，因此，结论为回归方程对 Y 分数方差的解释未达显著。

下表总结了回归分析，这是多元回归软件输出结

㊀ 图 16-8 的计算机输出结果中，估计标准误的报告出现在 Model Summary 表上部。

㊁ 由于舍入误差，所得 $SS_{残差}$ 值与表 16-3 中的值略有不同。

果的常见组成部分。在图 16-8 的软件输出结果中，该汇总表在中间的 ANOVA 表中报告。

来源	SS	df	MS	F
回归	50.06	2	25.03	4.38
残差	39.94	7	5.71	
总和	90.00	9		

学习小测验

1. 用一个 $n=15$ 的样本数据计算有两个预测变量的多元回归方程。该方程 $R^2=0.20$，$SS_Y=150$。

a. 求 $SS_{残差}$ 并计算回归方程的估计标准误。

b. 求 $SS_{回归}$ 并计算 F 值以检验回归方程的显著性。

答案

1. a. $SS_{残差}=120$。估计标准误是 $\sqrt{10}=3.16$。

b. $SS_{回归}=30$，$df=2$。$SS_{残差}=120$，$df=12$。$F=1.50$，$df=2$，12。F 值不显著。

16.4 评估每个预测变量的贡献

除了从整体上检验多元回归方程的显著性，研究者往往对两个预测变量的相对贡献感兴趣。一个预测变量是否比另一个预测变量更重要？遗憾的是，回归方程中的 b 值受到各种其他因素的影响，不能解决这一问题。如果 b_1 大于 b_2，不意味着 X_1 是比 X_2 更好的预测变量。然而，在回归方程的标准形式中，β 值[㊀]的相对大小是两个变量相对贡献的指标。表 16-3 中的数据，其标准化回归方程是：

$$\hat{z}_Y=\beta_1 z_{X_1}+\beta_2 z_{X_2}$$
$$=0.558z_{X_1}+0.247z_{X_2}$$

其中，X_1 预测变量的 β 值较大，表明 X_1 比 X_2 预测的方差更大。β 值的符号也是有意义的。在此例中，两个 β 值都为正，表明 X_1 和 X_2 都与 Y 成正相关。

除了评判每个预测变量的相对贡献，我们还可评估每个预测变量的贡献是否显著。例如，变量 X_2 对预测的贡献是否显著超过变量 X_1 的？虚无假设为多元回归方程（在 X_1 之外同时使用 X_2）并不比用单一预测变量 X_1 的简单回归方程预测效果更好。另一种虚无假设为方程中 b_2（或 β_2）值与 0 没有显著差异。为了检验该假设，我们首先确定使用 X_1 和 X_2 共同预测的方差比仅用 X_1 单独预测的方差大多少。

先前，我们求得具有 X_1 与 X_2 的多元回归方程预测的 Y 分数方差 $R^2=55.62\%$。为确定其中多少是单独由 X_1 预测的，我们首先计算 X_1 和 Y 之间的相关，即：

$$r=\frac{SP_{X_1Y}}{\sqrt{(SS_{X_1})(SS_Y)}}=\frac{54}{\sqrt{62\times 90}}=\frac{54}{74.70}=0.7229$$

将相关系数平方 $r^2=(0.7229)^2=0.5226$ 或 52.26%。这意味着与 X_1 的关系预测了 Y 分数方差的 52.26%。因此，将 X_2 加入回归方程的贡献可计算为：

$$(X_1+X_2)\%-X_1\%$$
$$=55.62\%-52.26\%$$
$$=3.36\%$$

因为 $SS_Y=90$，加入 X_2 这一预测变量所增加的变异为：

$$SS_{增加}=90\times 3.36\%=0.0336\times 90=3.024$$

这个 SS 值的 $df=1$，用其计算 F 值以评价 X_2 贡献的显著性。首先

$$MS_{增加}=\frac{SS_{增加}}{1}=\frac{3.024}{1}=3.024$$

对这个 MS 的评价可用多元回归的 $MS_{残差}$ 值做分母计算 F 值来加以评估（注意：与评价多元回归方程显著性的 F 值中所用的分母相同）。对这些数据，我们得到：

$$F=\frac{MS_{增加}}{MS_{残差}}=\frac{3.024}{5.71}=0.5296$$

$df=1$，7，该 F 值未达到显著。因此，我们的结论是，与使用 X_1 作为单一预测变量相比，将 X_2 加入回归方程并没有显著提高预测效果。图 16-8 计算机结果输出中报告了 t 统计量而非 F 值来评估每一预测变量的贡献。每个 t 值由 F 值开平方根获得，在 Coefficients 表的右侧报告。例如，变量 X_2 在表中为 VAR00003，$t=0.732$，这个值在我们所得 F 值的舍入误差范围内：$\sqrt{F}=\sqrt{0.5296}=0.728$。

多元回归与偏相关

在第 15 章中，我们介绍了偏相关（partial correlation）是一种排除第三个变量影响以测量两个变量之间关系的方法。此外，我们注意到偏相关有两种普遍的用途：

1. 偏相关可表明两个变量之间明显的关系实际上

㊀ 对于图 16-8 中的 SPSS 结果输出，β 值显示在 Coefficients 表中。

是由第三个变量引起的。因此，最初的两个变量之间没有直接的关系。

2. 偏相关可表明在控制了第三个变量后两个变量之间有关系。因此，最初的两个变量确实有关系，其关系不是由第三个变量引起的。

多元回归为实现上述两种目的提供了另外一种方法。具体而言，回归分析在考虑另一个预测变量的影响后，评价了每个预测变量的贡献。因此，你可以决定每一个预测变量是独自做出了贡献，还是仅仅重复了其他变量已做出的贡献。

小 结

1. 当两个变量 X 和 Y 之间存在一般线性关系时，我们可建立一个线性方程以根据任何已知 X 值来预测对应的 Y 值。

$$预测\ Y\ 值 = \hat{Y} = bX + a$$

确定此方程的技术称为回归。通过使用最小二乘法使预测 Y 值与实际 Y 值间的误差达到最小，使用以下线性方程可求得最佳拟合直线。

$$b = \frac{SP}{SS_X} = r\frac{s_Y}{s_X}$$

$$a = M_Y - bM_X$$

2. 回归产生的线性方程（称为回归方程）可用于计算任何 X 值所对应的预测 Y 值。然而，预测并不完美，所以每个 Y 值都有可预测部分和不可预测部分（或残差）。整体而言，分数 Y 变异的可预测部分由 r^2 测量，残差部分由 $1-r^2$ 测得。

$$可预测的变异 = SS_{回归} = r^2 SS_Y$$

$$不可预测的变异 = SS_{残差} = (1-r^2) SS_Y$$

3. 残差变异可用于计算估计标准误。该值提供了对预测 Y 值与实际数据之间的标准距离（或误差）的测量。估计标准误可由以下公式计算得出：

$$估计标准误 = \sqrt{\frac{SS_{残差}}{n-2}} = \sqrt{MS_{残差}}$$

4. 我们还可以计算 F 值以评价回归方程的显著性。该过程称为回归分析，可确定回归方程对 Y 分数方差预测的部分是否达到显著。首先为预测方差和残差计算均方或 MS 值：

$$MS_{回归} = \frac{SS_{回归}}{df_{回归}}$$

$$MS_{残差} = \frac{SS_{残差}}{df_{残差}}$$

式中，$df_{回归} = 1$，$df_{残差} = n-2$。下一步，计算 F 值来评估回归方程的显著性。

$$F = \frac{MS_{回归}}{MS_{残差}}, \quad df = 1, n-2$$

5. 多元回归涉及求出包含一个以上预测变量的回归方程。当有两个预测变量（X_1 和 X_2）时，方程为：

$$\hat{Y} = b_1X_1 + b_2X_2 + a$$

式中，b_1、b_2 和 a 的值可由式（16-16）、式（16-17）和式（16-18）求得。

6. 对多元回归，R^2 描述的是回归方程所解释的 Y 分数总变异的百分比。当有两个预测变量时，

$$R^2 = \frac{b_1SP_{X_1Y} + b_2SP_{X_2Y}}{SS_Y}$$

$$可预测的变异 = SS_{回归} = R^2 SS_Y$$

$$不可预测的变异 = SS_{残差} = (1-R^2) SS_Y$$

7. 多元回归方程的残差可用于计算估计标准误，该值测量了方程预测的 Y 值与实际数据点之间的标准距离（或误差）。对有两个预测变量的多元回归，估计标准误为：

$$估计标准误 = \sqrt{\frac{SS_{残差}}{n-3}}$$

$$= \sqrt{MS_{残差}}$$

8. 评价两个预测变量的多元回归方程的显著性需要计算 F 值，该值由 $MS_{回归}$（$df=2$）除以 $MS_{残差}$（$df=n-3$）求得。显著的 F 值说明了回归方程对 Y 分数方差的解释达到了显著的百分比。

9. F 值也可用于确定除 X_1 已预测的变异外，第二个预测变量（X_2）是否显著提高了预测效果。F 值的分子为加入 X_2 作为第二个预测变量后增加的 SS。

$$SS_{增加} = SS_{有X_1和X_2的回归} - SS_{只有X_1的回归}$$

这个 SS 值的 $df=1$。F 值的分母是两预测变量回归方程的 $MS_{残差}$。

关键术语

线性关系	线性方程	斜率	Y 轴截距	回归
回归线	最小二乘误差解	Y 的回归方程	估计标准误	可预测的变异（$SS_{回归}$）
不可预测的变异（$SS_{残差}$）	回归分析	多元回归	偏相关	

资　源

SPSS

附录 C 呈现了使用 SPSS 的一般说明。以下是使用 SPSS 完成本章介绍的线性回归和多元回归的详细指导。

数据输入

只有一个预测变量(X)时，在 SPSS 数据编辑器一列输入 X 值，另一列输入 Y 值。具有两个预测变量(X_1 和 X_2)时，第一列输入 X_1，第二列输入 X_2，第三列输入 Y 值。

数据分析

1. 单击菜单栏中的 Analyze，在下拉菜单中选择 Regression，然后单击 Linear。
2. 在弹出的对话框中选择左边的框中 Y 值的列标签，然后单击箭头将其移至 Dependent Variable 框中。
3. 只有一个预测变量时，选择 X 值的列标签，单击箭头将其移至 Independent Variable(s)框中。有两个预测变量时，选择 X_1 和 X_2 的列标签，逐个单击箭头将其移至 Independent Variable(s)框中。
4. 单击 OK。

SPSS 输出

我们用 SPSS 对例 16-4 中的数据执行多元回归操作，输出结果如图 16-8 所示。Model Summary 表给出了 R、R^2 值以及估计标准误。(注意：只有一个预测变量时，R 是 X 和 Y 的皮尔逊相关。)ANOVA 表呈现了评价回归方程显著性的回归分析，包括 F 值和显著性水平(用于检验的 p 值或 α 水平)。Coefficients 表汇总了回归方程的非标准化系数和标准化系数。只有一个预测变量时，该表给出常数值(a)和系数(b)。有两个预测变量时，该表给出常数值(a)和两个系数(b_1 和 b_2)。标准化系数为 β 值。只有一个预测变量时，β 值是 X 和 Y 的皮尔逊相关。最后，该表用 t 统计量衡量每一个预测变量的显著性。只有一个预测变量时，这与回归方程显著性检验相似，你应当发现 t 与回归分析中 F 值的平方根相等。有两个预测变量时，t 值测量了在其他变量已预测部分之外每一个变量所做贡献的显著性。

关注问题解决

1. 对皮尔逊相关形成基本理解，包括 SP 和 SS 值的计算，是理解和计算回归方程的关键。
2. 你可通过求得残差(每个个体实际 Y 值与预测 Y 值的差异)，将残差平方，并将平方值相加以直接计算 $SS_{残差}$。然而，通常计算 r^2(或 R^2)，然后求得 $SS_{残差}=(1-r^2)SS_Y$ 会更容易。
3. 通常用实际 $SS_{回归}$和 $SS_{残差}$计算回归分析的 F 值。然而，你可以简单地用 r^2(或 R^2)代替 $SS_{回归}$，用 $1-r^2$ 或($1-R^2$)代替 $SS_{残差}$。注意：分子和分母必须使用正确的 df 值。

示例16-1

线性回归

用下面的数据说明线性回归的过程。分数和统计概要如下：

被试	X	Y
A	0	4
B	2	1
C	8	10
D	6	9
E	4	6

$M_X=4$，$SS_X=40$
$M_Y=6$，$SS_Y=54$
$SP=40$

这些数据的皮尔逊相关 $r=0.861$。

第一步　计算回归方程的值。回归方程的一般形式是：

$$\hat{Y}=bX+a$$

式中，$b=\frac{SP}{SS_X}$，$a=M_Y-bM_X$。

因此

$$b=\frac{40}{40}=1.00,\quad a=b-1\times4=+2.00$$

因此，回归方程是 $\hat{Y}=(1)X+2.00$ 或简化为 $\hat{Y}=X+2$。

第二步　检验回归方程的显著性。虚无假设为回归方程不能显著预测 Y 分数的方差。为了进行检验，Y 分数的总变异 $SS_Y=54$，可分解为回归方程预测部分和残差部分。

$SS_{回归}=r^2(SS_Y)=0.741\times54=40.01(df=1)$

$SS_{残差}=(1-r^2)(SS_Y)=0.259\times54=13.99(df=n-2=3)$

F 值的两个 MS 值(方差)为：

$$MS_{回归}=\frac{SS_{回归}}{df}=\frac{40.01}{1}=40.01$$

$$MS_{残差}=\frac{SS_{残差}}{df}=\frac{13.99}{3}=4.66$$

且 F 值为：

$$F=\frac{MS_{回归}}{MS_{残差}}=\frac{40.01}{4.66}=8.59$$

由于 $df=1$，3，$\alpha=0.05$，F 值的临界值是 10.13。因此，我们不能拒绝虚无假设，结论为回归方程无法显著预测 Y 分数的方差。

示例16-2

多元回归

下列数据用于说明多元回归过程。注意有两个预测变量 X_1 和 X_2，用于计算每个个体的预测 Y 分数。

被试	X_1	X_2	Y
A	0	5	2
B	3	1	4
C	5	2	7
D	6	0	9
E	8	4	5
F	2	6	3
	$M_{X_1}=4$	$M_{X_2}=3$	$M_Y=5$
	$SS_{X_1}=42$	$SS_{X_2}=28$	$SS_Y=34$
	$SP_{X_1Y}=27$	$SP_{X_2Y}=-24$	$SP_{X_1X_2}=-15$

第一步　计算多元回归方程的值。多元回归方程的一般形式是：

$$\hat{Y}=b_1X_1+b_2X_2+a$$

多元回归方程的值是：

$$b_1=\frac{(SP_{X_1Y})(SS_{X_2})-(SP_{X_1X_2})(SP_{X_2Y})}{(SS_{X_1})(SS_{X_2})-(SP_{X_1X_2})^2}$$

$$=\frac{27\times28-(-15)(-24)}{42\times28-(-15)^2}=0.416$$

$$b_2=\frac{(SP_{X_2Y})(SS_{X_1})-(SP_{X_1X_2})(SP_{X_1Y})}{(SS_{X_1})(SS_{X_2})-(SP_{X_1X_2})^2}$$

$$=\frac{(-24)\times42-(-15)\times27}{42\times28-(-15)^2}=-0.634$$

$$a=M_Y-b_1M_{X_1}-b_2M_{X_2}$$
$$=5-0.416\times4-(-0.634)\times3$$
$$=5-1.664+1.902=5.238$$

多元回归方程是：

$$\hat{Y}=0.416X_1-0.634X_2+5.238$$

第二步　检验回归方程的显著性。虚无假设为回归方程不能显著预测 Y 分数的方差。为了进行该检验，Y 分数的总方差 $SS_Y=34$，可分解为回归方程预测部分和残差部分。为求得每个部分，我们必须首先计算 R^2 值。

$$R^2=\frac{b_1SP_{X_1Y}+b_2SP_{X_2Y}}{SS_Y}$$

$$\frac{0.416\times27+(-0.634)(-24)}{34}=0.778(\text{或 }77.8\%)$$

然后，F 值的两个组成部分为：

$SS_{回归}=R^2(SS_Y)=0.778\times34=26.45(df=2)$

$SS_{残差}=(1-R^2)(SS_Y)=0.222\times34=7.55(df=n-3=3)$

两个 MS 值(方差)和 F 值为：

$$MS_{回归}=\frac{SS_{回归}}{df}=\frac{26.45}{2}=13.23$$

$$MS_{残差}=\frac{SS_{残差}}{df}=\frac{7.55}{3}=2.52$$

$$F=\frac{MS_{回归}}{MS_{残差}}=\frac{13.23}{2.52}=5.25$$

$df=2$，3，F 值不显著。

习　题

1. 绘制一张可显示方程为 $Y=-2X+4$ 的直线图。在同一张图中，画出方程为 $Y=X-4$ 的直线。
2. 回归方程是一组数据的最佳拟合直线。“最佳拟合”的标准是什么？
3. 20 对分数(X 和 Y 值)，$SS_X=16$，$SS_Y=100$，$SP=32$。如果 X 值的平均数 $M_X=6$，Y 值的平均数 $M_Y=20$。
   a. 计算分数的皮尔逊相关系数。
   b. 写出由 X 预测 Y 的回归方程。
4. 由 25 对分数(X 和 Y 值)得到的回归方程为 $\hat{Y}=3X-2$。求 X 分数为 0、1、3、−2 所预测的 Y 值。
5. 简要解释估计标准误测量的是什么。
6. 在一般情况下，估计标准误与相关系数的关系是什么？

7. 对于下列数据，写出由 X 预测 Y 的回归方程。

X	Y
7	6
9	6
6	3
12	5
9	6
5	4

8. 对于下列数据：
   a. 写出由 X 预测 Y 的回归方程。
   b. 计算这些数据的皮尔逊相关。用 r^2 和 SS_Y 计算 $SS_{残差}$ 和方程的估计标准误。

X	Y
1	2
4	7
3	5
2	1
5	14
3	7

9. 习题 8 中的回归方程能显著解释 Y 分数的方差吗？使用 $\alpha=0.05$ 评估 F 值。

10. 对于下列分数：

X	Y
3	6
6	1
3	4
3	3
5	1

   a. 写出由 X 预测 Y 的回归方程。
   b. 计算每个 X 所预测的 Y 值。

11. 第 15 章的习题 12 检验了样本 $n=10$ 的女性体重与收入的关系。体重分为 5 类，平均数 $M=3$，$SS=20$。收入以千美元计，平均数 $M=66$，$SS=7\,430$，$SP=-359$。
   a. 写出由体重预测收入的回归方程。（体重为 X 值，收入为 Y 值。）
   b. 回归方程中收入的方差解释率是多少？（计算相关系数 r，然后求出 r^2。）
   c. 回归方程能显著解释收入的方差吗？使用 $\alpha=0.05$ 评估 F 值。

12. 一位教授获得一组 $n=15$ 名大学生的 SAT 分数和新生平均绩点（GPA）。SAT 分数的平均数 $M=580$，$SS=22\,400$，GPA 平均数 $M=3.10$，$SS=1.26$，$SP=84$。
   a. 写出由 SAT 分数预测 GPA 的回归方程。
   b. 回归方程中 GPA 的方差解释率是多少？（计算相关系数 r，然后求出 r^2。）
   c. 回归方程能显著解释 GPA 的方差吗？使用 $\alpha=0.05$ 来评估 F 值。

13. 第 15 章习题 14 描述了一项对阿尔茨海默病的 7 分钟筛查测验有效性的研究。该研究评估了相同患者 7 分钟筛查分数和适用于阿尔茨海默病的一组认知测验分数之间的关系。患者样本 $n=9$，7 分钟筛查分数的平均数 $M=7$，$SS=92$。认知测验分数的平均数 $M=17$，$SS=236$。这些数据的 $SP=127$。
   a. 写出由 7 分钟筛查分数预测认知测验分数的回归方程。
   b. 回归方程认知测验分数的方差解释率是多少？
   c. 回归方程能显著解释认知测验分数的方差吗？使用 $\alpha=0.05$ 评估 F 值。

14. 似乎有证据表明提早退休可能会导致记忆力下降（Rohwedder & Willis，2010）。研究者对一些退休年龄不同的国家 60 ~ 64 岁的男性和女性进行了记忆测验。研究者记录了每个国家的平均记忆分数以及 60 ~ 64 岁个体中退休人员所占比例。注意较高比例的退休人员表明一个国家的退休年龄较低。下面的数据与该研究结果相似。使用这些数据求 60 ~ 64 岁人员中退休的比例预测记忆分数的回归方程。

国家	退休比例（%）（X）	记忆分数（Y）
瑞典	39	9.3
美国	48	10.9
英国	59	10.7
德国	70	9.1
西班牙	74	6.4
荷兰	78	9.1
意大利	81	7.2
法国	87	7.9
比利时	88	8.5
澳大利亚	91	9.0

15. 计算一组 $n=18$ 对 X 和 Y 值，相关 $r=+0.80$，$SS_Y=100$ 的回归方程。
   a. 求回归方程的估计标准误。
   b. 如果样本量 $n=38$，估计标准误为多大？

16. a. 一组 20 对分数（X 和 Y 值），得到相关 $r=0.70$。如果 $SS_Y=150$，求回归线的估计标准误。
   b. 另一组 20 对分数（X 和 Y 值），得到相关 $r=0.30$。如果 $SS_Y=150$，求回归线的估计标准误。

17. a. 一位研究者计算样本 $n=25$ 对分数（X 和 Y 值）的回归方程。如果用回归分析检验该方程的显著性，F 值的 df 是多少？

b. 一位评价回归方程显著性的研究者得到 $df=1$，18 的 F 值。样本中有多少对 X 和 Y 分数？

18. 对下列数据：

a. 写出由 X 预测 Y 的回归方程。

b. 使用该回归方程求每个 X 所预测的 $\hat{Y}$。

c. 求每个个体实际 Y 值与预测 Y 值之间的差异，将差异平方，并将平方值相加求 $SS_{残差}$。

d. 计算这些数据的皮尔逊相关。使用 r^2、SS_Y 和式(16-11)计算 $SS_{残差}$。你应该会得到与 c 题相同的值。

X	Y
7	16
5	2
6	1
3	2
4	9

19. 一个有两个预测变量的多元回归方程的 $R^2=0.22$。

a. 如果一个 $n=18$ 的样本，$SS_Y=20$，该方程是否显著预测 Y 分数的方差？以 $\alpha=0.05$ 进行检验。

b. 如果一个 $n=8$ 的样本，$SS_Y=20$，该方程是否显著预测 Y 分数的方差？以 $\alpha=0.05$ 进行检验。

20. 一位研究者用两个预测变量得出以下多元回归方程：$\hat{Y}=0.5X_1+4.5X_2+9.6$。已知 $SS_Y=210$，X_1 和 Y 的 SP 值为 40，X_2 和 Y 的 SP 值为 9，求 R^2，即方程的方差解释率。

21. 在第 15 章中，我们呈现了一个例子，显示了教堂数量、严重犯罪数量和一组城市人口数量之间的一般关系。那时，我们在控制人口的情况下使用偏相关评价教堂数量和犯罪数量之间的关系。我们还可通过多元回归达到相同的目标。对下列数据：

教堂数量(X_1)	人口数量(X_2)	犯罪数量(Y)
1	1	4
2	1	1
3	1	2
4	1	3
5	1	5
7	2	8
8	2	11
9	2	9
10	2	7
11	2	10
13	3	15
14	3	14
15	3	16
16	3	17
17	3	13

a. 求以教堂数量和人口数量作为预测变量来预测犯罪数量的多元回归方程。

b. 求回归方程的 R^2 值。

c. 犯罪数量和人口数量之间的相关系数 $r=0.961$，这意味着 $r^2=0.924(92.4\%)$ 是人口数量预测犯罪数量的方差百分比。在多元回归方程中加入教堂数量作为第二变量会显著增加预测的方差解释率吗？以 $\alpha=0.05$ 进行检验。

22. 第 15 章的习题 11 检验了收养儿童观看电视的习惯与其亲生父母和养父母的关系。数据如下。如果在多元回归中亲生父母和养父母都用于预测儿童观看电视的习惯，该方程能解释的儿童分数的方差解释率 R^2 是多少？

观看电视时间		
收养儿童 Y	亲生父母 X_1	养父母 X_2
2	0	1
3	3	4
6	4	2
1	1	0
3	1	0
0	2	3
5	3	2
2	1	3
5	3	3
$SS_Y=32$	$SS_{X_1}=14$	$SS_{X_2}=16$

$$SP_{X_1X_2}=8$$
$$SP_{X_1Y}=15$$
$$SP_{X_2Y}=3$$

23. 根据习题 22 中的数据，儿童分数与亲生父母分数之间的相关系数 $r=0.709$。加入养父母分数作为第二个预测变量能显著提高预测儿童分数的能力吗？使用 $\alpha=0.05$ 来评估 F 值。

24. 对下列数据，求由 X_1 和 X_2 预测 Y 的多元回归方程。

X_1	X_2	Y
1	3	1
2	4	2
3	5	6
6	9	8
4	8	3
2	7	4
$M=3$	$M=6$	$M=4$
$SS_{X_1}=16$	$SS_{X_2}=28$	$SS_Y=34$

$$SP_{X_1X_2}=18$$
$$SP_{X_1Y}=19$$
$$SP_{X_2Y}=21$$

25. 一位研究者评价一个多元回归方程的显著性，获得 $df=2$，36 的 F 值。样本中有多少被试？

CHAPTER

第 17 章

卡方统计量：拟合度检验和独立性检验

本章目录

本章概要
17.1 参数和非参数检验
17.2 拟合度卡方检验
17.3 独立性卡方检验
17.4 测量独立性卡方检验的效应量
17.5 卡方检验的假设与限定
17.6 卡方检验的特殊应用
小结
关键术语
资源
关注问题解决
示例 17-1
示例 17-2
习题

所需工具

以下所列内容是学习本章需要的基础知识。如果你不确定自己对这些知识的掌握情况，你应在学习本章前复习相应的章节。

- 频数分布(第 2 章)

本章概要

Loftus 和 Palmer(1974)做过一项证明语言如何影响目击者记忆的经典实验。样本包含 150 名学生，他们被要求观看一场讲车祸的电影。看完电影后，学生被分为三组。其中一组被问："车撞毁的时候车速是多少?"另一组被问同样的问题，只是动词改为"碰撞"而不是"撞毁"。第三组作为控制组，没有问任何关于两辆车车速的问题。一个星期后，被试返回，被问及是否记得在事故中看到破碎的玻璃(电影中并没有破碎的玻璃)。请注意，研究者操控了原始问题的形式，并在一周后测量对后续问题的是/否反应。表 17-1 为该研究设计的结构，以频数分布矩阵呈现，自变量(不同组)确定频数分布矩阵的行，两种类别作为因变量(是/否)确定频数分布矩阵的列。频数分布矩阵每个单元以频数计数，表明有多少被试划分到该类。例如，在听到动词"撞毁"的 50 名学生中，16 人(32%)声称记得看到破碎的玻璃，尽管这在电影里并没有出现。相比之下，听见动词"碰撞"的 50 名学生中，只有 7 人(14%)声称他们记得看见过碎玻璃。研究者想用这些数据来支持论点：提问时的语言可以影响目击者的"记忆"。如果这两辆车撞毁，那么肯定会有碎玻璃。

问题： 虽然 Loftus 和 Palmer 的研究包含一个自变量(问题的形式)和一个因变量(对碎玻璃的记忆)，但你应当意识到这个研究和我们之前遇到的任何实验都是不同的。具体而言，在 Loftus 和 Palmer 的研究中，每位被试并没有数值分数。相反，每位被试仅分为两类(是或否)。该数据包含频数或比例，描述了每个类别的人数。你也应注意到 Loftus 和 Palmer 想用假设检验来评估数据。虚无假设为问题的形式对目击者记忆没有影响。假设检验将确定这些样本数据是否提供了足够的证据来拒绝虚无假设。

因为没有数值分数，不可能计算样本数据的平均数或方差，所以，不能用任何熟悉的假设检验(如 t 检验或方差分析)来判断这两种处理条件之间是否有显著差异。我们需要一种新的可用于非数值型数据的假设检验方法。

解法方法： 在本章中，我们介绍两种基于卡方统计量(chi-square statistic)的假设检验。与之前介绍的需要数值型数据(X 值)的假设检验不同，卡方检验使用样本频数和比例数据来对相应总体值进行假设检验。

表 17-1 频数分布表表明观看完讲车祸的电影一周后，当被问及是否看到碎玻璃时回答是或否的被试数量。观看完讲车祸的电影后，一组被试车"撞毁"时车速有多快。第二组被问当两辆车"碰撞"时车速有多快。第三组作为控制组没有被问及车速问题

询问车速时所用的动词		对以下问题的回答：你有看到碎玻璃吗？是	否
	撞毁	16	34
	碰撞	7	43
	控制组(没问车速)	6	44

17.1 参数和非参数检验

目前我们讨论过的假设检验都用于检验关于特定总体参数的假设。例如，我们用 t 检验来评估有关总体平均数(μ)或总体平均数差异($\mu_1-\mu_2$)的假设。同时，这些检验通常对其他总体参数有假设。回忆一下，方差分析(ANOVA)假设总体正态分布且方差齐性。因为这些检验都与参数有关且要求参数满足一些假设，所以它们称为参数检验(parametric tests)。

参数检验的另一个普遍特征是要求样本数据为数值型数据。这些数据可相加、平方、平均或进行其他基本数学运算。用测量量表术语来讲，参数检验要求数据为等距或比率量表(见第 1 章)。

研究者常常所处的实验情境并不完全符合参数检验的要求。在这些情况下，使用参数检验是不合适的。请记住，当违背检验的假设时，检验可能会导致对数据的错误解释。幸运的是，一些假设检验方法可用作参数检验的替代方法。这些可供选择的检验称为非参数检验(nonparametric tests)。

在本章中，我们介绍两种研究者普遍使用的非参数检验。两种检验都基于卡方统计量，都使用样本数据来评估有关总体比例或关系的假设。注意这两种卡方检验与大多数非参数检验一样，其假设并不涉及特定参数，几乎不对总体分布进行假设。鉴于此，非参数检验有时称为自由分布检验(distribution-free tests)。

参数和非参数检验最明显的区别之一是它们所使用的数据类型不同。到目前为止，我们所讨论的参数检验都要求数值型数据。而对于非参数检验，被试通常划分为不同类别，如民主党和共和党，或高智商、中等智商和低智商。注意这些分类涉及称名或顺序量表。它们并不生成计算平均数和方差的数值型数据。相反，很多非参数检验的数据仅仅是频数，例如，一个 $n=100$ 的登记选民样本中民主党人的数量和共和党人的数量。

有时，你可以在参数和非参数检验之间做出选择。转为非参数检验通常涉及将数值型数据转为非数值型分类数据。例如，你可以先用数值型数据测量自尊，再将其分为高、中和低三组。在大多数情况下，我们更倾向于使用参数检验，因为参数检验更有可能检验出真实差异或真实关系。然而，在以下情况下把数据转化为分类数据可能是更好的选择。

1. 有时，更易获得分类数据。例如，相比直接测量每个学生的领导力来求得数值型数据，将学生领导力分为高、中或低水平更容易实现。

2. 原始数据可能违反某些统计程序的基本假设。例如，t 检验和 ANOVA 假设数据来自正态分布总体。同时，独立测量检验假设不同总体都具有相同的方差(方差齐性假设)。如果一位研究者怀疑数据不满足这些假设，把这些数据转化为分类数据并使用非参数检验来评估数据可能更为安全。

3. 原始分数的方差异常高。方差是 t 统计量的分母(标准误)和 F 值的分母(误差部分)的主要组成部分。因此，大方差会大幅度降低参数检验发现显著差异的可能性。把数据转换为分类数据从根本上排除了方差。例如，不管原始分数离散情况如何，所有个体都可分为三类(高、中和低)。

4. 有时，一个实验产生不确定或无限大的分数。例如，一只老鼠可能在上百次尝试后仍没有走出迷宫的迹象。该动物有无限大(或不确定)的分数。尽管没有确切数值，但你可以说该老鼠处在最高类别中，然后根据其他老鼠的数据值来划分其类别。

17.2　拟合度卡方检验

参数(比如平均数和标准差)是描述总体最普遍的方式，但在一些情况下研究者更好奇分布的比例或相对频数。例如：

在律师这个行业里，女性数量与男性数量相比结果如何？

在两个领先的可乐品牌中，大多数美国人更喜欢哪个品牌？

在过去的十年中，读商学专业的大学生比例有显著变化吗？

注意，上述每个例子都问了有关总体比例的问题。特别是，我们没有测量每个个体的数值分数。相反，个体仅被划分入类别，我们想要知道每个类别中的总体比例。拟合度卡方检验[㊀]特别适用于回答此类问题。一般来说，卡方检验使用从样本数据获得的比例来对有关相应总体比例的假设进行检验。

定义

拟合度卡方检验(chi-square test for goodness of fit)使用样本数据对有关总体分布形态或比例的假设进行检验。该检验确定所得样本比例拟合虚无假设指定的总体比例的程度。

回忆一下第 2 章，频数分布被定义为测量尺度上每种类别个体数量的分布。在频数分布图中，构成测量尺度的类别位于 X 轴。在频数分布表中，类别位于第一列。然而，在卡方检验中，通常以一系列表格来呈现测量尺度，每一个表格对应尺度中一个单独的类别。每种类别对应的频数仅以数量形式呈现在表格中。图 17-1 以图、表或一系列表格来呈现一组 $n=40$ 的学生眼睛颜色的分布情况。该例测量尺度包含四种类别的眼睛颜色(蓝色、棕色、绿色和其他颜色)。

㊀ 该检验的名字来自希腊字母 χ(发音为“卡”)，该值是确定检验拟合度时所用的统计量。

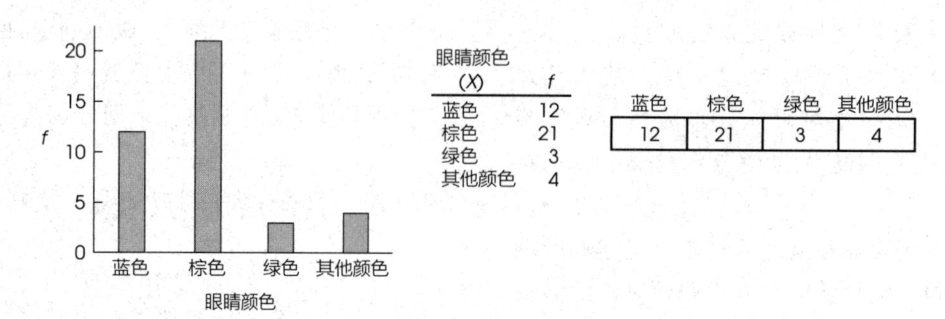

图 17-1 一个 $n=40$ 个人的样本眼睛颜色的分布。相同的频数分布以条形图、表以及把频数写在一系列方框中的形式呈现

拟合度卡方检验的虚无假设

在拟合度卡方检验中，虚无假设指定总体每个类别所占比例(或百分比)。例如，假设可以是律师中50%为男性，50%为女性。呈现该假设的最简单的方式是把假设比例置于代表测量尺度的一系列表格中：

	男性	女性
H_0:	50%	50%

尽管研究者可以为虚无假设选择任一比例，但通常表述虚无假设都是有充分依据的。通常 H_0 属于以下类别之一：

1. **无偏好，比例相等**。虚无假设通常为不同类别之间没有偏向。在这种情况下，H_0 为总体在各类别之间分布相等。例如，假设三个软饮料领先品牌之间没有偏好，总体分布如下：

	品牌 X	品牌 Y	品牌 Z	
H_0:	$\frac{1}{3}$	$\frac{1}{3}$	$\frac{1}{3}$	(总体中三种软饮料的偏好分布相等)

无偏好假设适用于研究者想要确定各类别之间是否有偏向，或一个类别的比例是否不同于另一类别的情况。

由于拟合度检验的虚无假设明确要求总体有确定的分布，备择假设(H_1)仅为总体分布与 H_0 所指定的分布不同。如果虚无假设为总体中三个类别分布相等，那么备择假设为总体分布中各类别不相等。

2. **与已知总体没有差异**。虚无假设为一个总体的比例与另一个已知总体的比例没有差异。例如，假设已知一个州28%的持驾照司机小于30岁，72%大于等于30岁。一位研究者可能想知道该比例是否同样适用于超速罚单受罚者的年龄分布。虚无假设为在司机总体中所有人收到罚单比例相同，所以司机年龄分布与超速罚单年龄分布没有区别。具体而言，虚无假设为：

	小于30岁司机的罚单	大于等于30岁司机的罚单	
H_0:	28%	72%	(罚单总体比例与司机比例没有区别)

无差假设用于已知一个特定总体分布的情况。例如，你可能以前知道一个分布，问题是该分布比例是否有变化。或者你可能已知一个总体(司机)的分布，问题是另一个总体(超速罚单)是否有相同的比例。

另外，备择假设(H_1)为总体比例与虚无假设指定的比例不相等。此例中，H_1 为一个年龄组超速罚单的比例偏高，另一组比例偏低。

拟合度检验的数据

卡方检验的数据非常简单。你不需要计算样本平均数或标准差，只需选择一个有 n 个个体的样本，统计每个类别有多少人。相应的值称为观察频数。观察频数用 f_o 表示。例如，以下数据给出了由40个大学生组成的样本观察频数。基于学生所报告的每周锻炼次数，把他们分为三类。

从不锻炼	一周一次	多于一周一次	
15	19	6	$n=40$

注意，样本中每个个体被划分为一类并且只有一类。因此，样本频数代表了完全不同的学生组：15个大学生基本上从不锻炼，19个大学生平均一周锻炼一次，6个大学生一周锻炼一次以上。注意，观察频数相加为总的样本数量：$\sum f_o=n$。最后，你应当意识到我们并没有将个体分配到类别中，相反，我们仅仅测量个体以确定他们属于哪一类别。

> **定义**
>
> **观察频数**(observed frequency)为样本中划分为某一类别个体的数量。每个个体属于且只属于一个类别。

期望频数

卡方拟合度检验的一般目标是将数据（观察频数）与虚无假设进行比较。问题是确定数据拟合 H_0 指定的分布的程度，因此称为拟合度（goodness of fit）。

卡方检验的第一步是构建一个假设样本，该样本分布与虚无假设所述比例完全相同。例如，虚无假设为总体以如下比例分为三类：

	类别 A	类别 B	类别 C
H_0：	25%	50%	25%

如果该假设正确，你对 $n=40$ 的样本在三类之间的分布会有怎样的预期呢？很明显，最好的策略是预测 25%的样本划分为类别 A，50%的样本划分为类别 B，25%的样本划分为类别 C。为求出每一类别具体的期望频数，将样本量（n）与虚无假设比例（或百分比）相乘。此例中，你会期望：

类别 A 有 25% = 0. 25×40 = 10 人

类别 B 有 50% = 0. 50×40 = 20 人

类别 C 有 25% = 0. 25×40 = 10 人

由虚无假设预测所得的频数称为期望频数。用字母 f_e 表示，每个类别的期望频数计算如下：

$$期望频数 = f_e = pn \tag{17-1}$$

式中，p 是虚无假设中的比例，n 是样本量。

> **定义**
>
> 每一类别**期望频数**（expected frequency）是由虚无假设比例和样本量（n）预测的频数。期望频数定义了在样本比例与虚无假设指定的比例完全一致的情况下获得的理想的、假设的样本分布。

注意，无偏好虚无假设使得每个类别总是具有相等的 f_e 值，因为每个类别的比例（p）相等。另外，无差虚无假设通常不会产生相等的期望频数，因为每个类别的假设比例通常不同。你也应当注意期望频数是计算出的假设值，结果可能是小数或分数。然而，观察频数总是代表真实个体，结果总是整数。

卡方统计量

一般假设检验的目的是确定样本数据是支持还是拒绝有关总体的假设。在卡方拟合度检验中，样本表示为一组观察频数（f_o 值），虚无假设用于生成一组期望频数（f_e 值）。卡方统计量测量的是数据（f_o）与假设（f_e）的拟合程度。卡方统计量符号为 χ^2，公式为：

$$卡方 = \chi^2 = \sum \frac{(f_o - f_e)^2}{f_e} \tag{17-2}$$

如公式所示，卡方值计算步骤如下：

1. 求每个类别中 f_o（数据）和 f_e（假设）的差值。
2. 对差值平方。确保所有值为正。
3. 然后，将差值的平方除以 f_e。
4. 最后，对所有类别相应值求和。

前两步确定卡方统计量的分子，易于理解。具体而言，分子测量的是数据（f_o 值）与假设（f_e 值）差异的程度。最后一步也易于理解：我们对这些值求和以获得数据和假设之间总的差异值。因此，卡方值大表明数据并不拟合假设，拒绝虚无假设。

然而，确定卡方统计量分母的第三步，却并不易于理解。我们为什么在对类别值求和前将其除以 f_e 呢？该问题的答案是 f_o 和 f_e 值之间的差异将根据期望频数的大小，被视为相对较大或相对较小。以下类比对此进行说明。

假设你要办一个派对，你预期 1 000 人参加。然而，派对上你数了客人数量，观察到实际有 1 040 人参加。当你计划了 1 000 人时，比预期多 40 人，不是什么大问题。派对上仍可能有足够的啤酒和薯片。然而，假设你又举办一个派对，你预期 10 人参加但实际是 50 人参加。这种情况下多 40 名客人会带来很大麻烦。差异“显著”程度部分取决于你的原始预期。当有很大的期望频数时，我们可以允许 f_o 和 f_e 之间有更大的误差。这可通过卡方公式中每个类别差异平方 $(f_o - f_e)^2$ 除以期望频数来实现。

卡方分布与自由度

从卡方公式可明确，卡方值测量的是观察频数（数据）和期望频数（H_0）之间的差异。通常，我们并不期望样本数据完美准确代表总体。在这种情况下，我们并不期望样本比例或观察频数与总体比例完全相等。因此，如果 f_o 值与 f_e 值之间差异小，我们求得的卡方值也小，我们就可以得出数据与假设拟合较好的结论（不能拒绝 H_0）。然而，如果 f_o 值与 f_e 值之间差异大，我们求得的卡方值也大，我们得出数据不能拟合假设的结论（拒绝 H_0）。为判断某一卡方值是“大”还是“小”，我们必须参考卡方分布（chi-square distribution）。该分布是一组当 H_0 为真时所有随机样本的卡方值。与我们讨论的其他分布(t 分布和 F 分布)一样，卡方分布是理论分布，有明确定义的特征。一些特征易于从卡方公式导出。

1. 卡方公式包含平方值相加，所以不会求出负值。因此，所有卡方值都大于等于0。

2. 当 H_0 为真时，你预期数据(f_o 值)与假设(f_e 值)相近。因此，当 H_0 为真时，我们预期卡方值小。

这两个特征表明卡方分布为典型的正偏态分布(见图17-2)。注意当 H_0 为真时，我们预期卡方值小，接近0，得到很大的值(在右尾端)的情况极不可能。因此，极大的卡方值构成假设检验的拒绝域。

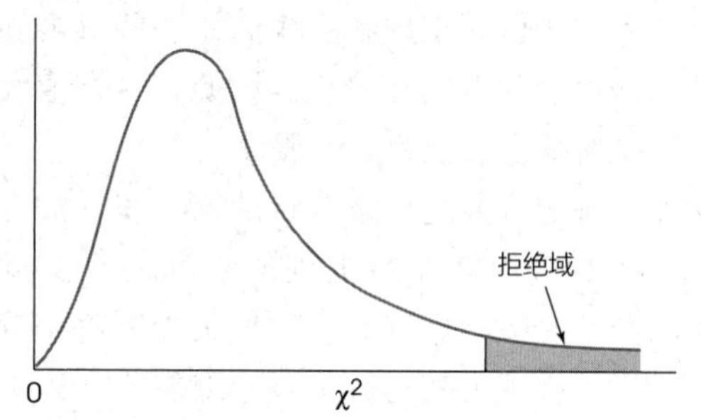

图 17-2　卡方分布为正偏态分布。拒绝域位于尾端，表明卡方值大

尽管卡方分布呈典型正偏态，但还有一个因素在卡方分布的具体形状中发挥作用，即分类的数量。回想卡方公式要求把每个类别值相加。类别越多，就越可能获得大的卡方值。平均而言，10个类别值相加的卡方要大于3个类别值相加的卡方。因此，卡方分布为一族分布，每个分布的具体形状由研究中类别的数量决定。严格来讲，每个特定的卡方分布由自由度(df)[⊖]确定，而不是类别数量。对于拟合度检验，自由度由以下公式决定：

$$df=C-1 \tag{17-3}$$

其中 C 为类别数量。知识窗17-1对这个 df 公式作了简要讨论。图17-3显示了 df 和卡方分布形状之间的一般关系。请注意，随着类别数量和自由度的增加，卡方值会逐渐增大(向右移动)。

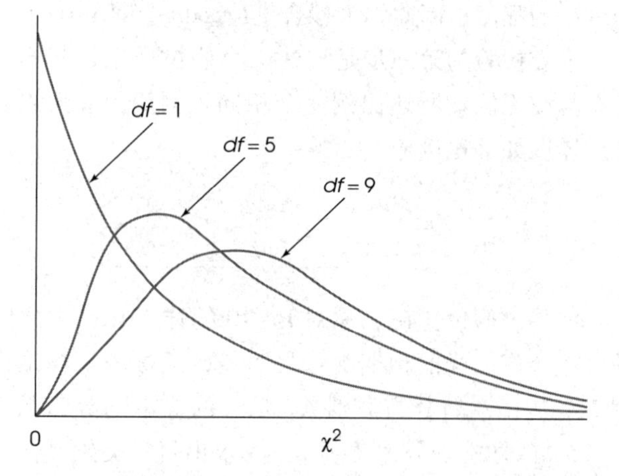

图 17-3　不同 df 值的卡方分布形状。随类别数量增加，分布峰值(众数)的卡方值也在增大

确定卡方检验拒绝域

回想一下，较大的卡方值表明数据和假设之间差异大，说明我们应拒绝 H_0。为判断一个卡方值是否显著，你必须查看卡方分布表(附录A)。表17-2呈现了卡方分布表的一部分。第一列为卡方检验的 df 值，其他列标题为卡方分布右尾端的概率(α 值)。表格主体的数值为卡方临界值。例如，该表表明，当虚无假设为真且 $df=3$ 时，只有5%(0.05)的卡方值比7.81大，只有1%(0.01)大于11.34。因此，当 $df=3$ 时，任何大于7.81卡方值的概率为 $p<0.05$，任何大于11.34卡方值的概率为 $p<0.01$。

知识窗 17-1　近观自由度

卡方检验的自由度本质上测量的是当你确定虚无假设或期望频数时，自由选择的数量。例如，当你把个体分为三类时，在表述虚无假设时，你只有两个自由选择。你可为前两类选择任意两个比例，然后确定第三个比例。如果你假设第一类为25%，第二类为50%，因为总体为100%，那么第三类只能为25%。

类别 A	类别 B	类别 C
10	20	?

通常，你可自由选择除一个类别之外的所有类别的比例，最后一个类别的比例因此确定，因为总和必须为100%。因此，你有 $C-1$ 个自由选择，其中 C 为类别数量：自由度(df)等于 $C-1$。

⊖ 注意：与大部分检验不同的是，卡方检验的自由度与样本量(n)无关。

表 17-2　部分卡方分布临界值表

df	拒绝域比例				
	0.10	0.05	0.025	0.01	0.005
1	2.71	3.84	5.02	6.63	7.88
2	4.61	5.99	7.38	9.21	10.60
3	6.25	7.81	9.35	11.34	12.84
4	7.78	9.49	11.14	13.28	14.86
5	9.24	11.07	12.83	15.09	16.75
6	10.64	12.59	14.45	16.81	18.55
7	12.02	14.07	16.01	18.48	20.28
8	13.36	15.51	17.53	20.09	21.96
9	14.68	16.92	19.02	21.67	23.59

拟合度卡方检验实例

卡方检验与其他假设检验的步骤相同。通常，步骤涉及陈述假设，确定拒绝域，计算检验统计量并做出关于 H_0 的决策。下面的例子呈现了拟合度卡方检验的完整过程。

例 17-1

一位心理学家选择顶部或底部不明显的抽象画进行艺术鉴赏研究。将挂钩置于画框四边，以便挂起时画的任意一边可为顶部。将该画展示给一个 $n=50$ 个被试的样本，要求每个被试以其认为正确的方向挂画。以下数据表明选择四边中每边为顶部的有多少人。

顶部朝上（正确）	底部朝上	左侧朝上	右侧朝上
18	17	7	8

假设检验的问题是人们对四个可能的方向是否有不同偏好。是否选择某一方向比随机期望的更多（或更少）？

第一步　陈述假设，选定 α 水平。假设陈述如下：

H_0：在一般总体中，对任何特定方向没有偏好。因此，选择四个方向的频数相等，总体分布比例如下：

顶部朝上（正确）	底部朝上	左侧朝上	右侧朝上
25%	25%	25%	25%

H_1：在一般总体中，相比其他方向更偏好一个或多个方向。

我们确定 $\alpha=0.05$。

第二步　确定拒绝域。该例自由度为：

$$df=C-1=4-1=3$$

当 $df=3$，$\alpha=0.05$ 时，卡方临界值表表明临界 χ^2 值为 7.81。拒绝域如图 17-4 所示。

第三步　计算卡方统计量。卡方计算实际上分为两阶段。首先，你必须计算 H_0 的期望频数，然后计算卡方统计量的值。此例中，虚无假设为四个类别各为总体的四分之一（25%）。根据这个假设，我们应当预期每个类别中有四分之一的样本。当样本有 50 个人时，每个类别的期望频数为：

$$f_e=pn=\frac{1}{4}\times 50=12.5$$

观察频数和期望频数[⊖]见表 17-3。使用这些值，可计算卡方统计量。

$$\begin{aligned}\chi^2&=\sum\frac{(f_o-f_e)^2}{f_e}\\&=\frac{(18-12.5)^2}{12.5}+\frac{(17-12.5)^2}{12.5}+\frac{(7-12.5)^2}{12.5}+\frac{(8-12.5)^2}{12.5}\\&=\frac{30.25}{12.5}+\frac{20.25}{12.5}+\frac{30.25}{12.5}+\frac{20.25}{12.5}\\&=2.42+1.62+2.42+1.62\\&=8.08\end{aligned}$$

第四步　做出决策，陈述结论。卡方值在拒绝域内。因此，拒绝 H_0，研究者可得出结论：人们对四个方向的偏好不同。相反，四个方向差异显著，一些方向被选择的比例比随机多，一些比随机少。

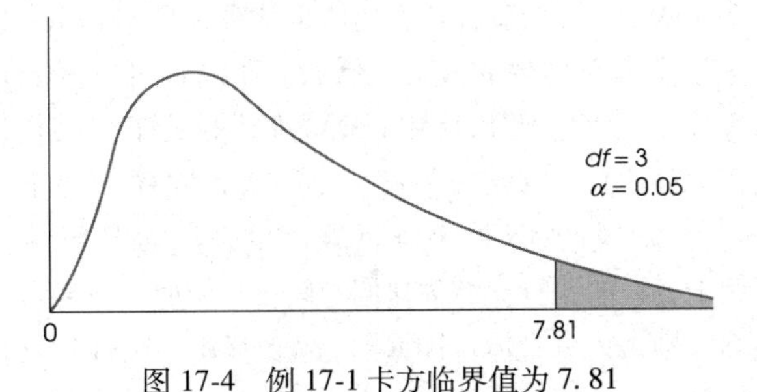

图 17-4　例 17-1 卡方临界值为 7.81

表 17-3　例 17-1 卡方检验的观察频数和期望频数

	顶部朝上（正确）	底部朝上	左侧朝上	右侧朝上
观察频数	18	17	7	8
期望频数	12.5	12.5	12.5	12.5

■

⊖ 期望频数由计算得出，可能为小数。观察频数总是整数。

§ 文献报告 §

报告卡方检验结果

APA 格式指定了科学期刊中卡方检验报告的格式。对例 17-1，报告可陈述为：

被试对挂画的四种方向有显著偏好，$\chi^2(3, n=50)=8.08$，$p<0.05$。

注意该报告形式与我们所讨论的其他假设检验相似。卡方符号后的括号内为自由度，也包含样本量(n)。该附加信息很重要，因为自由度的值是基于类别数量(C)而不是样本量。另外，在卡方值后呈现 I 型错误的概率。因为对于卡方统计量，我们得到了一个不可能的极值，所以报告的概率小于 α 水平。此外，报告可能呈现每个类别的观察频数(f_o)。该信息可用一句话或一个表来呈现。

拟合度和单样本 t 检验

本章开始时介绍了参数检验和非参数检验的区别。在此背景下，卡方拟合度检验是非参数检验的一个例子，即它对总体分布参数不做假设，不要求等距或比率量表。相反，第 9 章介绍的单样本 t 检验是参数检验的一个例子：它假设总体正态分布，对总体平均数(参数)的假设进行检验，并需要可相加、平方、相除等的数值型分数。

尽管卡方检验和单样本 t 检验明显不同，但它们非常相似。特别是，两个检验都试图使用单样本数据对单总体假设进行检验。

选用卡方检验还是 t 检验主要取决于所用量表的数据类型。如果样本数据包含数值分数(来自等距或比率量表)，那么适宜计算样本平均数并用 t 检验来检验关于总体平均数的假设。例如，研究者可测量登记选民样本的 IQ。然后使用 t 检验来检验关于全部登记选民总体 IQ 平均数的假设。而如果相同样本的个体被划分为非数值类别(称名或顺序量表)，那么研究者可用卡方检验来检验总体比例的假设。例如，研究者可根据性别来划分个体，计算登记选民样本中男性和女性的数量，随后用卡方检验来检验总体比例的假设。

学习小测验

1. 卡方检验中观察频数总是整数。(对或错?)
2. 卡方检验中期望频数总是整数。(对或错?)
3. 研究者设计了三种不同的电脑键盘。样本有 60 个被试，每个被试试用全部三种键盘并确定他们最喜欢的一种。偏好频数分布如下：

设计 A	设计 B	设计 C	
23	12	25	$n=60$

   a. 卡方统计量的 df 值为多少?
   b. 假定虚无假设为三种设计之间没有偏好，求卡方检验的期望频数。

答案

1. 对。观察频数通过计数获得。
2. 错。期望频数通过计算获得，可能是分数或小数。
3. a. $df=2$
   b. 根据虚无假设，每一种设计会得到三分之一的总体偏好。期望频数应当表明这一点，因此期望频数都是 20。

17.3 独立性卡方检验

卡方统计量也用于检验两个变量之间是否有关。在这种情况下，对样本中每个个体进行两个不同变量的测量或分类。例如，可按人格(内向或外向)和颜色偏好(红色、黄色、绿色或蓝色)把一组学生分类。通常，该分类数据以频数分布矩阵的形式呈现，行对应一个变量类别，列对应另一个变量类别。表 17-4 呈现了一个以人格和颜色偏好分类的 $n=200$ 学生样本的假设数据。频数分布矩阵中每个表格或单元中的数量表明特定组的频数或人数。例如，表 17-4 有 10 名学生被划分为内向并偏好红色。为获得这些数据，研究者首先随机选择一个 $n=200$ 的学生样本。每名学生接受人格测验并在四种颜色中选出最偏好的颜色。注意，分类是基于对每名学生的测量，研究者没有分配学生到类别中。同时注意，数据包含样本频数，而不是分数。目的是使用样本频数对总体频数分布假设进行检验。具体来讲，这些数据是否足以得出学生总体中人格和颜色偏好之间关系显著的结论?

表 17-4　不同人格类型的颜色偏好

	红色	黄色	绿色	蓝色	
内向	10	3	15	22	50
外向	90	17	25	18	150
	100	20	40	40	$n=200$

你应当意识到，表 17-4 所示的颜色偏好研究是非实验研究（第 1 章）的例子。研究者没有操纵任何变量，没有随机分配被试到各组或处理条件中。然而，真实验研究也经常得到相似的数据。本章概要中描述的研究就是非常好的例子。Loftus 和 Palmer（1974）用研究证明目击者记忆会受到对其所问问题类型的影响。在该研究中，150 个学生构成的样本观看了一场讲车祸的电影。看完电影后，将学生分为三组回答有关车祸的问题。研究者操纵每组所问问题的类型。一组评估当车被“撞毁”时的车速。另一组评估当车“彼此碰撞”时的车速。第三组作为控制组没有被问及任何关于两辆车车速的问题。一周后，被试返回，被问及是否记得看到过车祸中的碎玻璃（电影中没有碎玻璃）。研究者记录每组回答是和否的数量（见表 17-1）。与颜色偏好数据一样，研究者想用样本频数对关于相应总体频数分布的假设进行检验。研究中，研究者想知道样本数据是否能提供足够证据以支持目击者记忆与对其所问问题有显著关系的结论。

用样本频数对变量之间关系的假设进行检验涉及卡方统计量的另一种检验。在这种情况下，该检验称为卡方独立性检验。

定义

独立性卡方检验（chi-square test for independence）使用样本频数来评估总体中两个变量之间的关系。样本中每个个体都依据两个变量进行分类，由此构建一个两维频数分布矩阵。然后用样本频数分布对相应总体频数分布的假设进行检验。

独立性卡方检验的虚无假设

独立性卡方检验的虚无假设为所测量的两个变量是独立的，即对每个个体，一个变量的值与另一个变量的值不相关（不受影响）。这个一般假设可用两种不同的概念形式表述，每一种从不同的角度看待数据和检验。我们用表 17-4 中描述颜色偏好和人格的数据呈现虚无假设的这两种表述。

H_0 版本 1　对于这个版本的 H_0，数据为对每个个体均测量两个变量的单一样本。卡方检验的目的是评估这两个变量之间的关系。对于我们所提及的例子，目的是确定人格和颜色偏好是否有一致可预测的关系，即知道你的人格能帮助我预测你的颜色偏好吗？虚无假设为二者没有关系。备择假设 H_1 为两个变量有关。

H_0：对一般学生总体来说，颜色偏好与人格没有关系。

这个版本的 H_0 表明独立性卡方检验和相关检验相似。在每种情况下，数据包含对每个个体的两种测量（X 和 Y），目的是评估两个变量的关系。然而，相关要求 X 和 Y 分数为数值型数据；反之，卡方检验数据为个体划分为不同类别的频数数据。

H_0 版本 2　对于这个版本的 H_0，数据为两个（或更多）独立的样本，代表两个（或更多）总体或处理条件。卡方检验的目的是确定总体间是否有显著差异。对于我们所提及的例子，表 17-4 中的数据被视为一个 $n=50$ 内向者（上面一行）的样本和另一个 $n=150$ 外向者（下面一行）的样本。卡方检验确定内向者的颜色偏好分布是否与外向者颜色偏好分布显著不同。从这个视角看，虚无假设陈述如下：

H_0：在学生总体中，内向者颜色偏好分布比例与外向者颜色偏好分布比例相同。这两个分布有相同的形状（相同比例）。

这个版本的 H_0 说明卡方检验与独立样本 t 检验（或 ANOVA）相似。在每种情况下，数据包含两个（或更多）独立样本，用于检验两个（或更多）总体间的差异。t 检验（或 ANOVA）要求数值型分数，以计算平均数和平均数差异；而卡方检验使用划分为不同类别的个体频数。卡方检验的虚无假设为总体比例相同（相同形状），备择假设 H_1 为总体比例不同。对于我们所提及的例子，H_1 为内向者颜色偏好分布比例与外向者颜色偏好分布比例不同。

H_0 版本 1 与 H_0 版本 2 等价　尽管我们呈现了虚无假设的两种不同表述，但两种表述是等价的。版本 1 的 H_0 说明颜色偏好与人格无关。如果这个假设正确，那么颜色偏好分布不应当取决于人格。也就是说，内向者和外向者颜色偏好分布相同，这就是版本 2 的 H_0。

例如，如果我们发现有 60% 内向者偏好红色，那么 H_0 应当预测我们也会发现有 60% 外向者偏好红色。

在这种情况下，知道个体偏好红色并不会有助于你预测他的人格。注意相同比例表明没有关系。

如果比例不同，则表明有关系。例如，如果有60%外向者偏好红色，但只有10%内向者偏好红色，那么人格和颜色偏好之间有清晰可预测的关系。(如果我知道你的人格，那么我就可以预测你的颜色偏好。)因此，发现不同比例表明两个变量有关。

定义

当两个变量没有一致可预测的关系时，二者就是**独立的**(independent)。在这种情况下，一个变量的分布频数与第二个变量的类别无关。因此，如果两个变量是独立的，那么一个变量的分布频数在第二个变量的所有类别中有相同形状(相同比例)。

因此，陈述两个变量没有关系(H_0 版本 1)与陈述两个变量有相同比例分布(H_0 版本 2)是等价的。

观察频数和期望频数

独立性卡方检验与拟合度检验的基本逻辑相同。首先，选择一个样本，划分每个个体的类别。因为独立性卡方检验包含两个变量，每个个体根据这两个变量进行划分，所得频数分布是一个两维频数分布矩阵(见表 17-4)。同前文一样，样本频数分布称为观察频数，由 f_o 表示。

下一步是求出该卡方检验的期望频数或 f_e 值。和拟合度检验一样，期望频数定义为与虚无假设完全一致的理想假设分布。获得期望频数之后，我们计算卡方统计量以确定数据(观察频数)与虚无假设(期望频数)拟合的程度。

尽管你可以用虚无假设的任一版本来求得期望频数，但当使用表述为比例相等的 H_0 时，其逻辑过程更容易理解。对于我们所提及的例子，虚无假设陈述为：

H_0：两种人格类别和颜色偏好频数分布相同(比例相同)。

为求出期望频数，我们首先确定整体颜色偏好分布，然后把该分布应用于两种人格类别。表 17-5 呈现了与表 17-4 数据相对应的频数分布空矩阵。注意该频数分布空矩阵包含原始样本数据所有行总和及列总和。行总和及列总和对计算期望频数至关重要。

频数分布矩阵的列总和描述了颜色偏好的整体分布。对这些数据，100 人选择红色为他们偏好的颜色。因为总样本包含 200 人，选择红色的比例是 100/200 (或 50%)。完整颜色偏好比例如下所示：

100/200 = 50%偏好红色

20/200 = 10%偏好黄色

40/200 = 20%偏好绿色

40/200 = 20%偏好蓝色

表 17-5　只有行总和及列总和的频数分布空矩阵。这些数量描述了表 17-4 样本的基本特征

	红色	黄色	绿色	蓝色	
内向					50
外向					150
	100	20	40	40	

频数分布矩阵行总和确定人格类型的两个样本。例如，表 17-5 频数分布矩阵表明总共有 50 名内向者(上面一行)，150 名外向者(下面一行)。根据虚无假设，两种人格组应当有相同的颜色偏好分布。为求出期望频数，我们仅需把整体颜色偏好分布应用于每个样本。从上面一行 50 名内向者样本开始，我们得出期望频数为：

50%偏好红色：$f_e = 50$ 的 $50\% = 0.50 \times 50 = 25$

10%偏好黄色：$f_e = 50$ 的 $10\% = 0.10 \times 50 = 5$

20%偏好绿色：$f_e = 50$ 的 $20\% = 0.20 \times 50 = 10$

20%偏好蓝色：$f_e = 50$ 的 $20\% = 0.20 \times 50 = 10$

下面一行 150 名外向者的样本使用完全相同的比例。我们得出期望频数为：

50%偏好红色：$f_e = 150$ 的 $50\% = 0.50 \times 150 = 75$

10%偏好黄色：$f_e = 150$ 的 $10\% = 0.10 \times 150 = 15$

20%偏好绿色：$f_e = 150$ 的 $20\% = 0.20 \times 150 = 30$

20%偏好蓝色：$f_e = 150$ 的 $20\% = 0.20 \times 150 = 30$

完整期望频数见表 17-6。注意期望频数的行总和及列总和与表 17-4 原始数据(观察频数)相同。

表 17-6　对应表 17-4 数据的期望频数(由虚无假设预测的分布)

	红色	黄色	绿色	蓝色	
内向	25	5	10	10	50
外向	75	15	30	30	150
	100	20	40	40	

确定期望频数的简易公式　尽管期望频数直接来自虚无假设和样本特征，但没有必要通过大量计算来求 f_e 值。事实上，可用简易公式确定频数分布矩阵任一单元格的 f_e 值：

$$f_e=\frac{f_c f_r}{n} \qquad (17\text{-}4)$$

式中，f_c 是列的总频数（列总和），f_r 是行的总频数（行总和），n 是总样本的个体数量。为说明该公式，我们首先计算表 17-6 内向者选择黄色的期望频数。首先，注意该单元格位于表中上行第二列。列总和 $f_c=20$，行总和 $f_r=50$，样本量 $n=200$。将这些值代入公式中，得出：

$$f_e=\frac{f_c f_r}{n}=\frac{20\times 50}{200}=5$$

该期望频数与我们使用整体分布百分比求得的频数相等。

卡方统计量和自由度

独立性卡方检验使用与拟合度检验完全相同的卡方公式：

$$\chi^2=\sum\frac{(f_o-f_e)^2}{f_e}$$

同样地，该公式测量的是数据（f_o 值）与假设（f_e 值）的差异。大的差异产生大的卡方值，表明应当拒绝 H_0。为确定某一特定卡方统计量是否显著，你必须首先确定统计量的自由度（df），之后查询附录 A 卡方分布表。对于独立性卡方检验，自由度基于你可自由选择期望频数的单元数量。回想一下 f_e 值由样本量（n）和原始数据行总和及列总和决定。这些不同的总和会限制你选择期望频数的自由。表 17-7 说明了这一点。一旦选择了三个 f_e 值，表中其他所有剩余的 f_e 值就确定了。例如，第一列下行一定是 75，因为列总和为 100。同样地，上行最后一列一定是 10，因为行总和为 50。一般，行总和及列总和限制了每一行及每一列的最终选择。因此，我们可自由选择每一行除一个 f_e 值之外所有的 f_e 值，每一列除一个 f_e 值之外所有的 f_e 值。如果 R 为行的数量，C 为列的数量，你从频数分布矩阵中移去最后一列和最后一行，会剩下一个较小的频数分布矩阵，该频数分布矩阵有 $C-1$ 列，$R-1$ 行。较小频数分布矩阵单元的数量确定 df 值。因此，你可自由选择的总的 f_e 值数量为 $(R-1)(C-1)$，下列公式可得出卡方独立性检验的自由度：

$$df=(R-1)(C-1) \qquad (17\text{-}5)$$

还要注意，一旦你计算期望频数来填满较小的频数分布矩阵，剩余的 f_e 值可通过减法求得。

表 17-7 自由度和期望频数。一旦选择了三个值，所有剩余的期望频数由行总和及列总和确定。该例仅有三个自由度，所以 $df=3$

红色	黄色	绿色	蓝色	
25	5	10	?	50
?	?	?	?	150
100	20	40	40	

独立性卡方检验实例

下面的例子演示了独立性卡方检验的完整过程。

□ 例 17-2

研究表明青少年解决心理健康问题的方法存在明显的性别差异（Chandra & Minkovitz, 2006）。在一个典型研究中，要求八年级学生报告他们经历情绪问题和其他心理健康问题时，寻求心理健康服务的意愿。表 17-8 呈现了一个 $n=150$ 学生样本的典型数据。该数据是否表明性别和寻求心理健康帮助意愿显著有关？

表 17-8 频数分布表明 $n=150$ 不同性别的学生样本寻求心理健康服务的意愿

	寻求心理健康服务的意愿			
	不会	可能会	会	
男性	17	32	11	60
女性	13	43	34	90
	30	75	45	$n=150$

第一步 陈述假设，选定显著性水平。虚无假设为这两个变量相互独立。这个一般假设可用两种不同方式表述。

版本 1

H_0：在一般总体中，性别与寻求心理健康服务的意愿无关。

这个版本的 H_0 强调卡方检验与相关的相似性。相应备择假设表述为：

H_1：在一般总体中，性别与寻求心理健康服务的意愿有可预测的关系。

版本 2

H_0：在一般总体中，男性报告寻求心理健康服务意愿的分布比例与女性报告寻求心理健康服务意愿的分布比例相同。

相应的备择假设表述为：

H_1：在一般总体中，男性报告寻求心理健康服务意愿的分布比例与女性报告寻求心理健康服务意愿的分布比例不同。

第二个版本的 H_0 强调卡方检验与独立测量 t 检验的相似性。

记住虚无假设的这两种表述是等价的。对它们的选择很大程度上取决于研究者想要如何描述结果。例如，研究者可能想要强调变量之间的关系或组间差异。

对该检验，我们使用 $\alpha=0.05$。

第二步　明确自由度并确定拒绝域。独立性卡方检验有：

$$df=(R-1)(C-1)=(2-1)(3-1)=2$$

当 $df=2$，$\alpha=0.05$ 时，卡方临界值为 5.99（见附录 A 中的表 8）。

第三步　确定期望频数并计算卡方统计量。下表呈现了与原始数据有相同行总和及列总和的空白频数分布矩阵。期望频数必须使行总和及列总和保持相同，产生一个完全与虚无假设一致的理想频数分布。具体来讲，60 名男性组的比例必须与 90 名女性组的比例相同。

寻求心理健康服务的意愿

	不会	可能会	会	
男性				60
女性				90
	30	75	45	$n=150$

列总和描述了意愿的总体分布。这些总和表明 150 名学生中有 30 名报告他们不会寻求心理健康服务。这个比例是总体样本的 $\frac{30}{150}$ 或 20%。同样地，$\frac{75}{150}$ 或 50% 报告他们可能寻求心理健康服务。最后，$\frac{45}{150}$ 或 30% 报告他们会寻求心理健康服务。虚无假设（版本 2）陈述为男性和女性这些比例相同。因此，我们只需要把这些比例应用到每一组以获得期望频数。对于 60 名男性组（上面一行），我们得出：

20% = 12 名男性不会寻求服务

50% = 30 名男性可能会寻求服务

30% = 18 名男性会寻求服务

对 90 名女性组（下面一行），我们得出：

20% = 18 名女性不会寻求服务

50% = 45 名女性可能会寻求服务

30% = 27 名女性会寻求服务

这些期望频数总结于表 17-9。

表 17-9　完全独立于性别的寻求心理服务意愿的频数（f_e 值）

寻求心理健康服务的意愿

	不会	可能会	会	
男性	12	30	18	60
女性	18	45	27	90
	30	75	45	

卡方统计量现在用于测量数据（表 17-8 观察频数）与虚无假设（表 17-9 期望频数）之间的差异。

$$\chi^2=\frac{(17-12)^2}{12}+\frac{(32-30)^2}{30}-\frac{(11-18)^2}{18}+\frac{(13-18)^2}{18}+\frac{(43-45)^2}{45}+\frac{(34-27)^2}{27}$$

$$=2.08+0.13+2.72+1.39+0.09+1.82=8.23$$

第四步　根据虚无假设和研究结果做出决策。所得的卡方值超出临界值（5.99）。因此，决定拒绝虚无假设。在文献报告中，结果显著，$\chi^2(2, n=150)=8.23$，$p<0.05$。根据版本 1 的 H_0，这意味着我们确定性别与寻求心理健康服务意愿之间关系显著。根据版本 2 的 H_0，数据表明男性与女性对寻求心理健康服务的态度有显著不同。为描述显著性结果的细节，你必须比较原始数据（见表 17-8）与表 17-9 的期望频数。观察这两个表，显然，与两个变量独立时的期望值相比，男性寻求心理健康服务的意愿更低，女性寻求心理健康服务的意愿更高。■

学习小测验

1. 研究者想知道人们购买新车时最看重的因素。年龄在 20~29 岁之间的 $n=200$ 的客户样本确定了他们在决策过程中最看重的因素：性能要求、可靠性或样式。研究者想知道女性购买因素与男性购买因素是否有差异。数据如下：

不同性别最重要影响因素观察频数

	性能	可靠性	样式	总和
男性	21	33	26	80
女性	19	67	34	120
总和	40	100	60	

a. 陈述虚无假设。

b. 确定卡方检验的 df 值。

c. 计算期望频数。

答案

1. a. H_0：总体中，男性偏好的因素分布比例与女性偏好的分布比例相同。
   b. $df=2$
   c. f_e 值如下：

期望频数

	性能	可靠性	样式
男性	16	40	24
女性	24	60	36

17.4 测量独立性卡方检验的效应量

假设检验，如独立性卡方检验，用于评估研究结果的统计显著性。具体来讲，检验的目的是确定样本数据观察到的模式或关系，在总体没有对应模式或关系时，是否有可能出现。显著性检验不仅受处理效应大小或强度的影响，也受样本量的影响。因此，如果观察的样本非常大，即使是很小的效应也会达到统计显著性。因为显著并不一定意味着效应大，通常报告假设检验结果要同时报告对效应量的测量。这一建议也适用于独立性卡方检验。

ϕ 系数与 CRAMÉR's V 系数

在第 15 章中，我们介绍了 ϕ 系数，它测量二分变量数据的相关（两个变量都只有两个值）。当独立性卡方检验形成 2×2 频数分布矩阵（同样地，每个变量只有两个值）时，同样出现了这种情形。在这种情况下，可以在独立性卡方检验之外，对相同数据计算 ϕ 相关。因为 ϕ 是一个相关，测量的是关系强度，而不是显著性，因此可用于测量效应量。ϕ 系数的值可通过以下公式由卡方计算得出：

$$\phi=\sqrt{\frac{\chi^2}{n}} \tag{17-6}$$ [⊖]

ϕ 系数的值完全由 2×2 频数分布矩阵的比例决定，完全独立于频数的绝对大小。然而，卡方值受到比例和频数大小的影响。该区别如下面的例子所示。

例 17-3

下面的数据呈现了性别和对学生会主席两位候选者偏好之间关系的频数分布。

候选者

	A	B
男性	5	10
女性	10	5

注意：数据表明男性偏爱候选者 B，比例为 2∶1，女性偏爱候选者 A，比例为 2∶1。同时注意样本包含 15 名男性和 15 名女性。我们不再演示所有的计算过程，但是这些数据得到卡方值为 3.33（不显著），ϕ 系数为 0.333。

下一步我们保留数据的相同比例，但把所有的频数增加一倍。所得数据如下：

候选者

	A	B
男性	10	20
女性	20	10

同样地，男性偏爱候选者 B，比例为 2∶1，女性偏爱候选者 A，比例为 2∶1。然而，样本现在包含 30 名男性和 30 名女性。对这些新的数据，卡方值为 6.66，是之前的两倍（现在达到显著性，$\alpha=0.05$），但是 ϕ 系数的值仍为 0.333。

因为两个样本的比例相同，所以 ϕ 系数的值不变。然而，大样本比小样本提供更多可信证据，所以大样本更有可能产生显著结果。■

对 ϕ 值的解释遵循评价相关的标准（见表 9-3，呈现了相关平方的标准）：相关系数为 0.10 是小效应，0.30 是中等效应，0.50 是大效应。有时，对 ϕ 值进行平方（ϕ^2），作为对方差解释率的报告，与 r^2 一样。

当卡方检验涉及大于 2×2 的频数分布矩阵时，作为 ϕ 系数的改进，*Cramér's V* 系数可用于测量效应量。

$$V=\sqrt{\frac{\chi^2}{n(df^*)}} \tag{17-7}$$

注意除分母有 df^* 外，*Cramér's V* 系数公式（17-7）与 ϕ 系数公式（17-6）相同。df^* 值与卡方检验的自由度不同，但二者有关联。回忆一下，独立性卡方检验

⊖ 注意：χ^2 值已经是平方值。不要再进行平方。

有$df=(R-1)(C-1)$，R是表中行的数量，C是列的数量。对于 *Cramér's V* 系数，df^*值是$(R-1)$或$(C-1)$中的较小的那个。

Cohen(1988)也提出了解释 *Cramér's V* 系数的标准，见表17-10。注意当$df^*=1$时，如对于2×2频数分布矩阵，解释V系数的标准与解释相关或ϕ系数的标准相同。

表 17-10 Cohen(1988)提出的解释 *Cramér's V* 系数的标准

	小效应	中等效应	大效应
对$df^*=1$	0.10	0.30	0.50
对$df^*=2$	0.07	0.21	0.35
对$df^*=3$	0.06	0.17	0.29

我们将用例17-2的结果来说明 *Cramér's V* 系数的计算。该例评估了性别与寻求心理健康服务的关系。性别有2个水平，意愿有3个水平，构成$n=150$名被试的2×3表。数据得$\chi^2=8.23$。用这些值，我们得到：

$$V=\sqrt{\frac{\chi^2}{n(df^*)}}=\sqrt{\frac{8.23}{150(1)}}=\sqrt{0.055}=0.23$$

根据Cohen的标准(见表17-10)，该值表明二者之间有较弱的或中等强度的关系。

在研究报告中，假设检验结果报告之后，呈现效应量测量值。对于例17-2的研究，结果报告如下：

结果表明男性和女性对寻求心理健康服务的态度差异显著，$\chi^2(2,\ n=50)=8.23$，$p<0.05$，$V=0.23$。

17.5 卡方检验的假设与限定

使用卡方拟合度检验或独立性检验必须满足几个条件。对于很多统计检验，违反假设和限定会使人对结果产生怀疑。例如，如果不满足统计检验的假设，I型错误的概率可能被曲解。使用卡方检验的一些重要假设和限定如下：

1. 观察独立。这不应与变量之间的独立性概念混淆，如独立性卡方检验(见17.3节)。观察独立的一个结果是每一个观察频数由不同的个体产生。当一个人的反应可被分为不止一类或对一个单独的类别贡献不止一个频数时，卡方检验是不合适的。(更多有关独立的信息见第8章。)

2. 期望频数的大小。当任一单元期望频数小于5时，不能使用卡方检验。当f_e很小时，卡方统计量可能被曲解。考虑一下仅有一个单元时卡方的计算。假设该单元有$f_e=1$，$f_o=5$。注意观察频数和期望频数之间的差异为4。然而，该单元对总卡方值的贡献为：

$$单元=\frac{(f_o-f_e)^2}{f_e}=\frac{(5-1)^2}{1}=\frac{4^2}{1}=16$$

现在考虑另一个例子，有$f_e=10$，$f_o=14$。观察频数和期望频数之间的差异仍为4，但是该单元对总卡方值的贡献与第一种情况不同：

$$单元=\frac{(f_o-f_e)^2}{f_e}=\frac{(14-10)^2}{10}=\frac{4^2}{10}=1.6$$

显然小的f_e值对卡方值影响很大。当f_e值小于5时，这一问题会变得严重。当f_e非常小时，f_o和f_e间很小的差异都会导致很大的卡方值。当f_e值非常小时，该检验过于敏感。避免期望频数小的一个办法是使用大样本。

学习小测验

1. 研究者完成卡方独立性检验，对于一个$n=40$的被试样本，得$\chi^2=6.2$。
   a. 如果频数数据形成2×2频数分布矩阵，那么本次检验中的ϕ系数是多少？
   b. 如果频数数据形成3×3频数分布矩阵，那么本次检验中的 *Cramér's V* 系数是多少？
2. 解释为什么期望频数太小会曲解卡方检验的结果。

答案

1. a. $\phi=0.394$
   b. $V=0.278$
2. 当期望频数太小时，观察频数和期望频数之间即使很小的差异也会产生一个大数。这使卡方值增大，会歪曲检验的结果。

17.6 卡方检验的特殊应用

在本章的开头，我们介绍了卡方检验是非参数检验的一个例子。尽管非参数检验有特殊的功能，但它们也可被视为之前章节所讨论的参数检验的替代选择。通常，在以下情况下，非参数检验可替代参数检验使用。

1. 数据不符合标准参数检验所需要的假设。

2. 数据由称名或顺序量表组成，所以不可能计算像平均数和标准差这样的标准描述统计量。

在本节中，我们讨论卡方检验与它们可替代的参数检验之间的关系。

卡方检验与皮尔逊相关

卡方独立性检验和皮尔逊相关都是评估两个变量间

关系的统计方法。研究所得的数据类型决定了这两种方法中哪一种适用。例如，假设研究者对 10 岁儿童的自尊和学业成就之间的关系感兴趣。如果研究者得到两个变量的数值型分数，那么结果数据将与表 17-11a 所示数据相似，研究者可用皮尔逊相关来评估二者关系。相反，如果两个变量被划分为如表 17-11b 所示的非数值型数据，那么数据包含频数，可用独立性卡方检验来评估二者关系。

表 17-11　检验自尊水平与学业成就之间关系的研究可能的两种数据结构。在 a）部分，两个变量都为数值型数据，适宜用相关分析。在 b）部分，两个变量都被划分为类别，数据为频数，适宜用卡方检验

a）

被试	自尊水平 X	学业成就 Y
A	13	73
B	19	88
C	10	71
D	22	96
E	20	90
F	15	82
⋮	⋮	⋮

b）

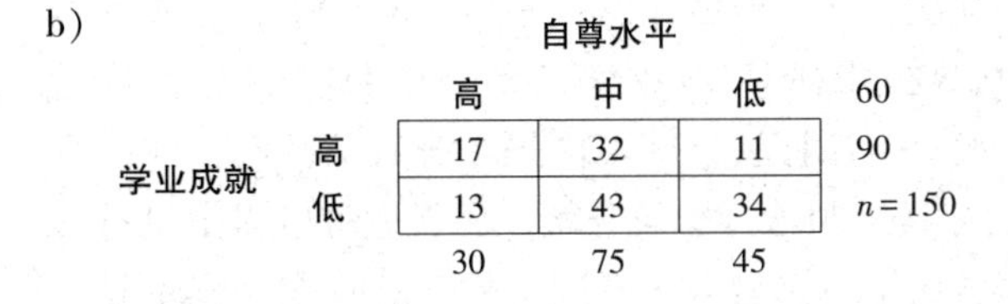

		自尊水平			
		高	中	低	
学业成就	高	17	32	11	60
	低	13	43	34	90
		30	75	45	$n=150$

卡方与独立测量 t 检验和 ANOVA

再次考虑一位研究者调查 10 岁儿童自尊与学业成就之间的关系。这次，假设研究者根据学业成就把个体划分为两个类别——高和低，然后获得每个个体自尊的数值型数据。所得数据与表 17-12a 分数相似，独立测量 t 检验用于评估两组分数的平均数差异。或者，研究者根据自尊把个体划分为高、中、低三个类别。如果个体学业成就为数值型数据，所得数据与表 17-12b 相似，则 ANOVA 用于评估三组的平均数差异。最后，如果两个变量都被划分为非数值型分类数据，那么数据看起来会与之前表 17-11b 中的分数相似，独立性卡方检验用于评估两个学业成就组或三个自尊组间的差异。

这些例子的要点在于独立性卡方检验、皮尔逊相关和平均数差异检验都可用于评估两个变量的关系。这些不同统计方法的主要区别是数据形式。另一区别是这些统计量的根本目的不同。卡方检验和平均数差异检验（t 检验和 ANOVA）评估关系的显著性，即它们决定样本观察到的关系是否提供了足够证据得出总体也有相应关系的结论。你也可以评估皮尔逊相关的显著性，然而，相关的主要目的是测量关系的强度。特别是，相关系数的平方（r^2）提供效应量的测量，描述一个变量由与之有关的另一个变量解释的方差百分比。

表 17-12　适宜用独立测量 t 检验或 ANOVA 的数据。a）部分为两组不同学业成就水平学生的自尊分数。b）部分为三组不同自尊水平学生的学业成就分数

a）两组学生的自尊分数

学业成就	
高	低
17	13
21	15
16	14
24	20
18	17
15	14
19	12
20	19
18	16

b）三组学生的学业成就分数

自尊水平		
高	中	低
94	83	80
90	76	72
85	70	81
84	81	71
89	78	77
96	88	70
91	83	78
85	80	72
88	82	75

独立样本中数检验

中数检验（median test）是用于替代独立测量 t 检验（或 ANOVA）的非参数检验。中数检验的虚无假设为来自总体的不同样本具有相同的中数（没有差异）。备择假设为样本来自不同的总体，其中数各不相同。

中数检验的逻辑是从同一总体中选出的不同样本，大致上有一半分数大于总体中数，一半小于总体中数㊀，即所有不同样本应分布在相同中数的周围。另外，如果样本来自中数不同的总体，那么一些样本分数会始终较高，另一些样本分数会始终较低。

中数检验的第一步是把不同样本分数汇总，找出汇总后的中数（见第 3 章对中数计算的介绍）。然后，形成一个频数分布矩阵，列为不同样本，分为两行：一行为分数高于中数的个体，一行为分数低于中数的个体。最后，对每一个样本，计算有多少个体分数高于汇总中数，有多少分数低于汇总中数。这些值为频数分布矩阵的观察频数。

可用独立性卡方检验评估频数分布矩阵。期望频数和卡方值计算与 17.3 节中介绍的相同。卡方值显著表明不同样本分布之间的差异高于随机期望值。

中数检验如下面的例子所示。

㊀　中数把总体分为两半，50%的分数位于中数以下。

□ 例 17-4

以下数据为一个 $n=40$ 的儿童样本的自尊分数。基于学业成就水平(高、中、低)把儿童划分为三组。用中数检验评估自尊和学业成就水平之间的关系是否显著。

三组学业成就水平儿童的自尊分数

高		中				低	
22	14	22	13	24	20	11	19
19	18	18	22	10	16	13	15
12	21	19	15	14	19	20	16
20	18	11	18	11	10	10	18
23	20	12	19	15	12	15	11

$n=40$ 分数汇总组的中数 $X=17$(恰好 20 个分数高于该值，20 个分数低于该值)。高成就者中，10 个分数中有 8 个分数高于中数。中等成就者中，20 个分数中有 9 个分数高于中数，低成就者中，10 个分数中只有 3 个分数高于中数。观察频数如下面频数分布矩阵所示：

	学业成就		
	高	中	低
高于中数	8	9	3
低于中数	2	11	7

该检验的期望频数如下：

	学业成就		
	高	中	低
高于中数	5	10	5
低于中数	5	10	5

卡方统计量为：

$$\chi^2=\frac{9}{5}+\frac{9}{5}+\frac{1}{10}+\frac{1}{10}+\frac{4}{5}+\frac{4}{5}=5.40$$

当 $df=2$，$\alpha=0.05$ 时，卡方临界值为 5.99。所得卡方 5.40 不在拒绝域中，所以我们不能拒绝虚无假设。这些数据没有提供足够证据，证明三组学生的自尊分布差异显著。■

在对中数检验进行解释时请注意以下几点。首先，中数检验不是平均数差异检验。记住：分布的平均数会受极端分数的严重影响。因此，分布的平均数和中数不一定相同，它们甚至不相关。中数检验的结果不能解释为平均数之间有或没有差异。

其次，你可能已注意到中数检验并不直接比较样本的中数。因此，中数检验不是中数差异显著性检验。相反，该检验比较不同样本分数的分布。如果样本围绕一点(中数)均匀分布，那么你可以得出没有显著差异的结论。另外，发现差异显著仅表明样本没有围绕中数均匀分布。因此，对显著结果的最好解释是样本分布中有差异。

小 结

1. 卡方检验为非参数检验，检验有关整体频数分布形式的假设。两种卡方检验分别为拟合度检验和独立性检验。这些检验的数据包含每个类别下个体的频数或数量。
2. 拟合度检验对样本频数分布和 H_0 预测的总体分布进行比较。该检验决定观察频数(样本数据)拟合期望频数(H_0 预测的数据)的程度。
3. 拟合度检验的期望频数为：

   $$期望频数=f_e=pn$$

   式中，p 为一个类别观察值的假设比例(根据 H_0)，n 为样本量。
4. 卡方统计量的计算公式为：

   $$\chi^2=\sum\frac{(f_o-f_e)^2}{f_e}$$

   式中，f_o 为某一类别的观察频数，f_e 为那一类别的期望频数。大的 χ^2 值表明观察频数(f_o)和期望频数(f_e)的差异大，可能需要拒绝虚无假设。
5. 拟合度检验的自由度为：

   $$df=C-1$$

   式中，C 为变量类别的数量。

   自由度测量可自由选择 f_e 的类别数量。由公式看出，除最后一个 f_e 外，其他 f_e 均可自由选择。
6. 卡方分布为正偏态分布，从 0 开始。它的具体形状由自由度决定。
7. 独立性检验用于评估两个变量间的关系。虚无假设为所讨论的两个变量彼此独立，即一个变量的频数分布并不取决于另一个变量的类别。如果存在关系，那么一个变量的分布形式取决于另一个变量的类别。
8. 在独立性检验中，H_0 的期望频数可直接由矩阵边缘总和计算得出：

$$f_e=\frac{f_c f_r}{n}$$

式中，f_c 为所讨论单元频数的列总和，f_r 为行总和。

9. 独立性卡方检验的自由度计算公式为：

$$df=(R-1)(C-1)$$

式中，R 为行类别数量，C 为列类别数量。

10. 在独立性检验中，大的卡方值意味着 f_o 值和 f_e 值差异大。拒绝虚无假设，支持两个变量有关。
11. 两种卡方检验（拟合度检验和独立性检验）都建立在观察彼此独立的假设基础上，即每一个观察频数都反映了不同的个体，没有个体的反应被划分为多个类别，或在一个类别里有多频数。
12. 当 f_e 很小时，卡方统计量会被曲解。因此，在任一单元期望频数小于5时不应使用卡方检验。
13. 独立性卡方检验的效应量可通过计算2×2频数分布矩阵数据的 ϕ 系数或计算大于2×2的频数分布矩阵的 *Cramér's V* 系数得出：

$$\phi=\sqrt{\frac{\chi^2}{n}} \quad Cramér's\ V=\sqrt{\frac{\chi^2}{n(df^*)}}$$

式中，df^* 是 $(R-1)$ 和 $(C-1)$ 中较小的一个。ϕ 系数和 *Cramér's V* 系数使用表17-10的标准评估。

关键术语

参数检验	非参数检验	拟合度卡方检验	观察频数
期望频数	卡方统计量	卡方分布	独立性卡方检验
ϕ 系数	*Cramér's V* 系数	中数检验	

资 源

SPSS

附录C呈现了使用SPSS的一般说明。以下是使用SPSS进行本章介绍的拟合度卡方检验和独立性检验的详细指导。

拟合度卡方检验

数据输入

1. 在SPSS数据编辑器一列中输入观察频数。例如，如果有四个类别，输入四个观察频数。
2. 在第二列，输入数字1、2、3等，使第一列每个观察频数对应一个数字。

数据分析

1. 单击菜单栏中的Data，在下拉菜单中选择底部的weight cases。
2. 单击Weight cases by，然后在左边的框中选择包含观察频数（VAR00001）的列标签，单击箭头移至Frequency Variable框中。
3. 单击OK。
4. 单击菜单栏中的Analyze，在下拉菜单中选择Non-parametric Tests，然后单击Chi-Square。
5. 选择包含数字1、2、3的列标签，单击箭头移至Test Variables框中。
6. 为了详述期望频数，你可以使用all categories equal选项，该选项会自动计算期望频数；你也可以输入你设定的值。为了输入你自己的期望频数，单击values，在小框中逐个输入期望频数，并单击Add把每个新值加入列表底部。
7. 单击OK。

SPSS输出

该程序将生成一个呈现完整的观察频数和期望频数的表格。第二个表格提供卡方统计量自由度、显著性水平（检验的 p 值，或 α 水平）的值。

独立性卡方检验

数据输入

1. 在SPSS数据编辑器一列（VAR00001）中输入观察频数。
2. 在第二列输入数字（1、2、3等），确定对应每一个观察频数的行。例如，每个来自第一行的观察频数旁输入1。
3. 在第三列输入数字（1、2、3等），确定对应每一个观察频数的列。来自第一列的每个值标为1，依此类推。

数据分析

1. 单击菜单栏中的Data，在下拉菜单中选择底部的weight cases。
2. 单击Weight cases by，然后在左边的框中选择包含观察频数（VAR00001）的列标签，单击箭头移至Frequency Variable框中。
3. 单击OK。
4. 单击菜单栏中的Analyze，在下拉菜单中选择De-

scriptive Statistics，然后单击 Crosstabs。

5. 选择包含行(VAR00002)的列标签，单击箭头移至Rows 框中。
6. 选择包含列(VAR00003)的列标签，单击箭头移至Columns 框中。
7. 单击 Statistics，选择 Chi-Square，然后单击 Continue。
8. 单击 OK。

SPSS 输出

我们使用 SPSS 对例 17-2 数据进行独立性卡方检验，检验性别与寻求心理健康服务意愿的关系，结果输出如图 17-5 所示。输出结果中第一个表仅列出变量，没有呈现在图中。Crosstabulation 表仅呈现观察频数分布矩阵。最后一个表，名为 Chi-Square Tests，报告了结果。关注第一行的 Pearson Chi-Square，它报告了计算出的卡方值、自由度、显著性水平(检验的 p 值，或 α 水平)。

Count　　VAR00002*VAR00003 Crosstabulation

		VAR00003			Total
		1.00	2.00	3.00	
VAR00002	1.00	17	32	11	60
	2.00	13	43	34	90
Total		30	75	45	150

Chi-Square Tests

	Value	df	Asymp.Sig. (2-sided)
Pearson Chi-Square	8.231[a]	2	.016
Likelihood Ratio	8.443	2	.015
Linear by Linear Association	8.109	1	.004
N of Valid Cases	150		

a. 0 cells (.0%) have expected count less than 5. The minimum expected count is 12.00.

图 17-5　例 17-2 独立性卡方检验的 SPSS 结果输出

关注问题解决

1. 期望频数必须满足样本条件限制。对于拟合度检验，$\Sigma f_e=\Sigma f_o=n$。对于独立性检验，期望频数的行总和及列总和应与对应的观察频数总和相同。
2. 期望频数极可能为分数(小数)值。然而，观察频数总为整数。
3. 当 $df=1$ 时，所有单元观察频数和期望频数($f_o=f_e$)的差异相同(值相同)。这使卡方计算更容易。
4. 尽管我们建议你计算所有类别(或单元)的期望频数，但你应当意识到这不是必要的。记住卡方 df 确定可自由变化的 f_e 值的数量。一旦你计算了自由变换的 f_e 值的数量，剩余的 f_e 就确定了。你可用行总和或列总和减去计算出的 f_e 来获得剩余的 f_e。
5. 记住，与之前的假设检验不同，卡方检验自由度(df)不由样本量(n)决定。小心!

示例17-1

独立性检验

手表厂商想要了解人们对数字显示式电子表和指针式电子表的偏好。选择一个 $n=200$ 人的样本，对这些个体按年龄和偏好进行划分。厂商想要知道年龄和手表偏好是否有关。观察频数(f_o)如下：

	电子式	指针式	未定	总和
小于 30 岁	90	40	10	140
大于等于 30 岁	10	40	10	60
列总和	100	80	20	$n=20$

第一步　陈述虚无假设，选择 α 水平。

虚无假设为两个变量之间没有关系。

H_0：偏好独立于年龄。即偏好频数分布在小于 30 岁和大于等于 30 岁人群间相同。

备择假设为两个变量有关系。

H_1：偏好与年龄有关，即手表偏好类型取决于年龄。

我们选定 $\alpha=0.05$。

第二步　确定拒绝域。

独立性卡方检验的自由度为：

$$df=(C-1)(R-1)$$

对于该数据，

$$df=(3-1)(2-1)=2\times1=2$$

根据 $df=2$，$\alpha=0.05$，临界卡方值为 5.99。因此，我们所得卡方必须超过 5.99，位于拒绝域内，我们才能拒绝 H_0。

第三步　计算统计量。需要两步运算：求出期望频数，并计算卡方统计量。

首先，求出期望频数 f_e。对于独立性检验，期望频数可用列总和(f_c)、行总和(f_r)及以下公式得出：

$$f_e=\frac{f_c f_r}{n}$$

对于小于 30 岁的人群，我们获得以下期望频数：

$$f_e=\frac{100\times140}{200}=\frac{14\,000}{200}=70(\text{电子式})$$

$$f_e=\frac{80\times140}{200}=\frac{11\,200}{200}=56(\text{指针式})$$

$$f_e=\frac{20\times140}{200}=\frac{2\,800}{200}=14(\text{未定})$$

对于大于等于 30 岁人群，期望频数如下：

$$f_e=\frac{100\times60}{200}=\frac{6\ 000}{200}=30(\text{电子式})$$

$$f_e=\frac{80\times60}{200}=\frac{4\ 800}{200}=24(\text{指针式})$$

$$f_e=\frac{20\times60}{200}=\frac{1\ 200}{200}=6(\text{未定})$$

期望频数总结如下表所示：

	电子式	指针式	未定
小于 30 岁	70	56	14
大于等于 30 岁	30	24	6

其次，计算卡方统计量。卡方统计量可由下列公式计算

$$\chi^2=\sum\frac{(f_o-f_e)^2}{f_e}$$

计算总结如下表所示：

单元	f_o	f_e	(f_o-f_e)	$(f_o-f_e)^2$	$(f_o-f_e)^2/f_e$
小于 30 岁—电子式	90	70	20	400	5.71
小于 30 岁—指针式	40	56	−16	256	4.57
小于 30 岁—未定	10	14	−4	16	1.14
大于等于 30 岁—电子式	10	30	−20	400	13.33
大于等于 30 岁—指针式	40	24	16	256	10.67
大于等于 30 岁—未定	10	6	4	16	2.67

最后，把最后一列值相加得出卡方统计量。

$$\chi^2=5.71+4.57+1.14+13.33+10.67+2.67$$
$$=38.09$$

第四步　做出关于 H_0 的决策，陈述结论。

卡方值位于拒绝域内。因此，我们拒绝虚无假设。偏好和年龄有关，$\chi^2(2,\ n=200)=38.09$，$p<0.05$。

示例17-2

用 *Cramér's V* 系数测量效应量

因为频数分布矩阵大于 2×2，我们计算 *Cramér's V* 系数来测量效应量。

$$V=\sqrt{\frac{\chi^2}{n(df^*)}}=\sqrt{\frac{38.09}{200\times1}}=\sqrt{0.19}=0.436$$

习　题

1. 参数检验(比如 t 检验或 ANOVA)与非参数检验(比如卡方检验)的主要不同在于它们要求的假设前提和所使用的数据不同。请解释这些不同。
2. 州立大学学生总体包含 55%的女生和 45%的男生。
   a. 大学剧院最近推出一部现代音乐剧。研究者记录进入剧院学生的性别，发现有 385 名女生，215 名男生。常去剧院的人的性别分布与大学总体性别分布显著不同吗？以 0.05 的显著性水平进行检验。
   b. 该研究者也记录了在大学体育馆观看男子篮球比赛的学生的性别，发现总共有 83 名女生，97 名男生。篮球迷的性别分布与大学总体性别分布显著不同吗？以 0.05 的显著性水平进行检验。
3. 发展心理学家想要确定婴儿是否有颜色偏好。将四种色块(红色、绿色、蓝色和黄色)的刺激投影到婴儿床上面的天花板。心理学家将婴儿置于婴儿床上，一次一个婴儿，记录每位婴儿注视每个色块的时间。100 秒测试期内，注视时间最长的颜色为该婴儿最喜爱的颜色。60 名婴儿样本的颜色喜好如下表所示：

红色	绿色	蓝色	黄色
20	12	18	10

   a. 数据是否表明婴儿对四种颜色中某一颜色存在显著偏好？以 0.05 的显著性水平进行检验。
   b. 用一句话报告假设检验的结果。
4. 机动车部门数据表明持证司机中有 80%大于 25 岁。
   a. 最近收到罚单的样本有 60 人，其中 38 人大于 25 岁，22 人小于等于 25 岁。样本年龄分布显著不同于总体持证司机分布吗？$\alpha=0.05$。
   b. 最近收到罚单的样本有 60 人，其中 43 人大于 25 岁，17 人小于等于 25 岁。样本年龄分布显著不同于总体持证司机分布吗？$\alpha=0.05$。
5. 为调查“主场优势”现象，一位研究者在 10 月的某个周六记录了 64 场大学足球比赛结果，42 场为主场赢。该结果是否提供了足够证据推断出主场获胜比随机获胜概率显著高？假设如果没有主场优势，获胜和失败的概率相等。$\alpha=0.05$。
6. 研究指出人们倾向于被与自己相似的人吸引。一项研究提出，人们更有可能与和自己姓的首字母相同的人结婚(Jones, Pelham, Carvallo, & Mirenberg, 2004)。研究者首先查阅结婚记录，并记录新郎和新娘的姓氏。从这些记录可计算出，所有新郎和新娘首字母随机配对时，相同的概率大约只有 6.5%。再选择一个 $n=200$ 夫妇样本，计算结婚时姓氏首字母相同夫妇的数量。

观察频数如下：

相同首字母	不同首字母	
19	181	200

这些数据是否表明姓氏首字母相同夫妇的数量与姓氏随机配对时的期望数量显著不同？以0.05的显著性水平进行检验。

7. 假设习题6的研究者将被试数量扩大一倍来重复夫妇姓氏首字母的研究，获得原始值两倍的观察频数。结果如下：

相同首字母	不同首字母	
38	362	400

   a. 使用卡方检验推断姓氏首字母相同夫妇的数量是否与姓氏随机配对时的期望数量显著不同？以0.05的显著性水平进行检验。
   b. 你应当发现数据结果为拒绝虚无假设。然而，在习题6中，结论为不能拒绝虚无假设。你如何解释样本比例相同，但结论不同这一事实？

8. 心理系的一位教授想要了解数年来成绩分级是否有显著变化。已知该系1985年总体分级分布为：A为14%，B为26%，C为31%，D为19%，F为10%。样本量$n=200$，其上学期成绩分级分布如下：

A	B	C	D	F
32	61	64	31	12

数据是否表明成绩分级分布有显著变化？以0.05的显著性水平进行检验。

9. 年轻司机比年长司机的汽车保险更贵。为证实这一价格差异，保险公司声称年轻司机更有可能发生严重车祸。为检验这一说法，一位研究者从机动车部门(DMV)获得登记司机的信息，并从警察局抽取300例车祸报告样本。DMV报告每一年龄类别登记司机的百分比如下：小于20岁有16%，20~29岁有28%，大于等于30岁有56%。每一年龄组车祸报告数量如下：

小于20岁	20~29岁	大于等于30岁
68	92	140

   a. 数据是否表明三个年龄组车祸分布与司机分布显著不同？以0.05的显著性水平进行检验。
   b. 用一句话报告假设检验的结果。

10. 红色经常与愤怒和男性主导有关。基于该观察，有研究者(Hill & Barton，2005)在2004年奥林匹克运动会中监测了四种格斗运动结果(拳击、跆拳道、古典式摔跤和自由式摔跤)，发现穿红色服装被试的获胜次数显著多于穿蓝色服装被试的获胜次数。
   a. 在50场红队对蓝队的摔跤比赛中，假设穿红色服装者获胜31次，失败19次。该结果足够得出红色获胜概率显著大于随机期望获胜概率的结论吗？以0.05的显著性水平进行检验。
   b. 在100场比赛中，假设穿红色服装者获胜62次，失败38次。该结果足够得出红色获胜概率显著大于随机期望获胜概率的结论吗？以0.05的显著性水平进行检验。
   c. 注意a题穿红色服装者获胜比例与b题相同(31/50为62%，62/100也为62%)。尽管两个样本有相同获胜比例，但其中一个显著，另外一个不显著。解释两个样本得出不同结论的原因。

11. 一家通信公司为一款手机开发了三种新设计。为了评估消费者反应，选取120名大学生作为样本，给每名学生使用全部三种手机一周。在这周结束时，学生必须确定他们最喜爱哪一种设计。偏好分布如下：

设计1	设计2	设计3
54	38	28

结果是否表明学生在三种设计之间有显著偏好？

12. 在习题11中，研究者要求大学生评估三种新的手机设计。然而，该研究者猜测大学生可能和成年人标准不同。为检验这一假设，研究者用一个$n=60$的成年人样本和一个$n=60$的学生样本重复该研究。偏好分布如下：

	设计1	设计2	设计3	
学生	27	20	13	60
成年人	21	34	5	60
	48	54	18	

数据是否表明成年人偏好分布显著不同于大学生偏好分布？以0.05的显著性水平进行检验。

13. 研究指出浪漫的背景音乐会增加女性把电话号码给新认识的男性的概率(Guéguen & Jacoby，2010)。在研究中，女性在有背景音乐的房间等候。在一种情境下，音乐为著名爱情歌曲；在另一种情境下，音乐为中性歌曲。之后被试到另一个房间，与一位年轻男性讨论两种食物产品。所选取男性的吸引力为平均水平。主试稍后返回以结束交谈并要求两人等候几分钟。在此期间，男性根据脚本内容询问女性的电话号码。下表呈现了与研究结果相类似的女性在每种音乐情境下给或不给电话号码的数量。

	给电话号码	不给电话号码	
浪漫音乐	21	19	40
中性音乐	9	31	40
	30	50	

两种类型音乐之间是否有显著差异？以 0.05 的显著性水平进行检验。

14. 有研究者（Mulvihill, Obuseh, & Caldwell, 2008）开展了一项评估保健提供者对新公共儿童保险项目看法的调查。一个问题是提供者认为新保险赔偿比私立保险的赔偿水平更高、更低还是相同。另一问题是评估提供者对新保险的总体满意度。下表呈现了与研究结果相似的观察频数。

	满意	不满意	
较低赔偿水平	46	54	100
相同或较高赔偿水平	42	18	60
	88	72	

结果是否表明提供者对新项目的满意度与他们对赔偿水平的看法有关？以 0.05 的显著性水平进行检验。

15. 某县正考虑一项预算提案，将多余资金分配到城市花园改建上。一项调查测量了公众对该项提案的看法。150 人参与了调查，其中 50 人住在城市内，100 人住在周边郊区。频数分布如下：

	看法		
	支持	反对	
城市	35	15	50
郊区	55	45	100
	90	60	

a. 城市与郊区居民的看法分布显著不同吗？以 0.05 的显著性水平进行检验。

b. 家庭地址与看法的关系可由 ϕ 系数评估。如果计算这些数据的 ϕ 系数，值是多少？

16. 习题 15 的数据表明城市和郊区居民看法没有显著差异。为构建下面的数据，我们仅把习题 15 的样本量加倍，使所有个体频数为之前的两倍。注意样本比例没有变化。

	看法		
	支持	反对	
城市	70	30	100
郊区	110	90	200
	180	120	

a. 对城市分布和郊区分布进行显著性检验，$\alpha = 0.05$。与习题 15 相比，决策如何？你会发现更大的样本增加了结果显著的可能性。

b. 求这些数据的 ϕ 系数，与习题 15 结果进行比较。你会发现样本量对关系强度没有影响。

17. 在本章概要中，我们讨论了一项调查目击者记忆与他们被问及问题之间的关系的研究（Loftus & Palmer, 1974）。在该研究中，被试观看一场讲车祸的电影，然后回答有关车祸的问题。第一组被问及当车“撞毁”时车速为多少。第二组被问及当两车“碰撞”时车速是多少。第三组未被问及任何关于车速的问题。一周后，被试回答有关车祸的其他问题，包括他们是否记得看见碎玻璃。尽管影片中没有碎玻璃，但一些学生声称自己记得看见过。下表呈现了每组反应的频数分布。

		对问题“你看到碎玻璃了吗”的回答	
		是	否
询问车速所用动词	撞毁	16	34
	碰撞	7	43
	控制组（没问车速）	6	44

a. 各组间声称记得看见碎玻璃的被试比例是否显著不同？以 0.05 的显著性水平进行检验。

b. 计算 *Cramér's V* 系数来测量处理的效应量。

c. 描述问题措辞如何影响目击者记忆。

d. 用一句话说明期刊论文中如何报告假设检验的结果和效应量的测量结果。

18. 在一项有关新生体重增加的研究中，研究者也考察了体重的性别差异（Kasparek, Corwin, Valois, Sargent, & Morris, 2008）。他们依据学生自我报告的身高和体重计算了每位学生的体重指数（BMI）。基于 BMI 分数，学生被划分为正常体重和超重两类。当进一步以性别划分学生时，研究者发现结果与下表频数相似。

	正常体重	超重
男性	74	46
女性	62	18

a. 数据是否表明男性和女性超重比例存在显著差异？以 0.05 的显著性水平进行检验。

b. 计算 ϕ 系数来测量关联程度。

c. 用一句话说明期刊论文中如何报告假设检验的结果和效应量的测量结果。

19. 研究结果表明男孩智商分数比女孩智商分数变异更大（Arden & Plomin, 2006）。一项有关 10 岁儿童的经典研究把被试按性别和低、中、高智商进行分类。下面是研究结果的假设数据。数据是否表明男性和女性频数分布差异显著？以 0.05 的显著性水平进行检验并描述差异。

	智商			
	低	中	高	
男孩	18	42	20	80
女孩	12	54	14	80
				$n = 160$

20. 文献表明梦境内容存在性别差异(Winget & Kramer, 1979)。假设某研究者研究男性和女性梦的攻击性内容。每位被试报告了他/她最近的梦。然后由一组专家对梦进行低、中或高攻击性内容评价。观察频数如下列频数分布矩阵所示：

		攻击性内容		
		低	中	高
性别	女性	18	4	2
	男性	4	17	15

性别与梦的攻击性内容有关吗？以 0.01 的显著性水平进行检验。

21. 与 Fallon 和 Rozin(1985)的研究相似的一项研究中，心理学家准备了一组轮廓图，这些轮廓呈现从瘦到胖的女性身体形态，要求一组女性指出她们认为对男性最具吸引力的身体形态图。同时给一组男性呈现相同的轮廓图，要求他们指出最具吸引力的一幅图。下面虚构数据为选择四种身体轮廓图的个体数量。
    a. 数据是否表明男性实际偏好与女性预测偏好差异显著？以 0.05 的显著性水平进行检验。
    b. 计算 ϕ 系数以测量关联程度。

	有些瘦	轻微瘦	轻微胖	有些胖	
女性	29	25	18	8	80
男性	11	15	22	12	60
	40	40	40	20	

22. 最近一项研究表明，人们倾向于选择具有与他们自己相似特征的视频游戏人物(Bélisle & Onur, 2010)。创建虚拟社区游戏人物的被试完成了对其人格的问卷调查。独立评价组观看游戏人物，并记录他们对游戏人物的印象。所考虑的一个人格特征是内向/外向特征。下面为被试和其所创造的游戏人物的人格频数分布。

	被试的人格		
	内向	外向	
内向头像	22	23	45
外向头像	16	39	55
	38	62	

    a. 被试的人格和他们所创造游戏人物的人格有显著关系吗？以 0.05 的显著性水平进行检验。
    b. 计算 ϕ 系数以测量效应量。

23. 研究表明志愿参与研究的人比非志愿者智商更高。为了检验这一现象，研究者获得有 200 名高中生的样本。向学生描述一项心理学研究，并问他们是否志愿参与。研究者也获得每位学生的 IQ 分数，把学生分为高、中和低 IQ 组。下面数据是否表明 IQ 和志愿参与之间有显著关联？以 0.05 的显著性水平进行检验。

	IQ			
	高	中	低	
志愿者	43	73	34	150
非志愿者	7	27	16	50
	50	100	50	

24. 研究者(Cialdini, Reno, & Kallgren, 1990)检验了人们遵守不乱丢垃圾规范的情况。研究者想要确定人们丢垃圾的倾向是否取决于该区域已有垃圾数量。人们在进入游乐园时会收到一个传单。入口区地面设置为没有垃圾、有少量垃圾或有大量垃圾。观察人们的表现，确定他们是否会乱丢垃圾。频数数据如下：

	垃圾数量		
	无	少量	大量
丢垃圾	17	28	49
不丢垃圾	73	62	41

    a. 数据是否表明人们丢垃圾的倾向取决于地面已有垃圾数量？即丢垃圾与已有垃圾数量是否有显著关联？以 0.05 的显著性水平进行检验。
    b. 计算 *Cramér's V* 系数来测量处理的效应量。

25. 尽管原因尚不明朗，但冬季出生的人比其他时间出生的人罹患精神分裂症的可能性更大(Bradbury & Miller, 1985)。下面假设数据代表了 50 名患有精神分裂症的样本和 100 名无精神障碍的样本。对每个个体依据出生季节进行划分。数据是否表明精神分裂症和出生季节有显著关联？以 0.05 的显著性水平进行检验。

	出生季节				
	夏	秋	冬	春	
无精神障碍	26	24	22	28	100
精神分裂症	9	11	18	12	50
	35	35	40	40	

CHAPTER

第 18 章

二项式检验

本章目录

本章概要
18.1　概述
18.2　二项式检验的程序
18.3　卡方检验与二项式检验的关系
18.4　符号检验
小结
关键术语
资源
关注问题解决
示例 18-1
习题

所需工具

以下所列内容是学习本章需要的基础知识。如果你不确定自己对这些知识的掌握情况，你应在学习本章前复习相应的章节。

- 二项式分布（第 6 章）
- z 分数假设检验（第 8 章）
- 拟合度卡方检验（第 17 章）

本章概要

1960 年，Gibson 和 Walk 设计了一个名为视崖的设备来测试婴儿对于深度的感知。该设备由一个一侧深（“悬崖”）一侧浅的宽板组成。他们将婴儿放置在板上，然后观察婴儿是从浅滩爬过还是从深滩爬过。经过深滩的婴儿实际上会爬上一块厚玻璃，防止他们摔落。深滩看上去像一个悬崖，所以称为视崖。

Gibson 和 Walk 推断：如果婴儿天生具有知觉深度的能力，那么它们能识别深的一侧，因此不会从悬崖一侧爬过。相反，如果深度知觉是一项需要通过学习和经验渐渐形成的能力，那么婴儿应该不能识别出浅滩和深滩的不同。

27 名婴儿中，只有 3 名在实验中冒险爬向深滩一侧。其他 24 名婴儿一直都待在浅滩一侧。Gibson 和 Walk 认为这些数据是证明深度知觉与生俱来的可信证据。这些婴儿表现出了对浅滩的系统性偏好。

问题：你应该立刻注意到这个实验中的数据与我们通常遇到的数据有差别。这些数据没有分数。Gibson 和 Walk 只是简单统计了爬向深滩和浅滩的婴儿数量。我们仍然希望用这些数据得出统计学上的解释。这些样本数据是否为得出婴儿具有深度知觉这样的结论提供了充分的证据？假设 27 名婴儿中有 8 名爬向了深滩，你是否仍会相信婴儿对浅滩有显著的偏好？如果 27 名儿童中有 12 名爬向深滩呢？

解决方法：我们提出了一个统计显著性的问题，这需要通过假设检验来获得答案。Gibson 和 Walk 研究的虚无假设是婴儿没有深度知觉，也无法认识到深滩和浅滩的区别。既然这样，那么他们的移动应该是随机的，深滩和浅滩各一半。值得注意的是，数据和假设都与频数和比例有关。在这种情况下，第 17 章介绍的卡方检验是适用的，卡方检验可以用于评估这些数据。但是，当个体恰好分为两类（比如深和浅）时，存在一个特殊的统计程序。在本章中，我们介绍的二项式检验，可以用于评估和解释涉及二分变量的频数数据。

18.1 概述

在第 6 章中，我们介绍了二项式数据的概念。你应该记得，只要测量程序将个体分成相互独立的两类，数据就是二项式数据。例如，投掷一枚硬币的结果可以分为正面朝上或者反面朝上；人可以分为男性或者女性；塑料制品可以分为可回收的或者不可回收的。总的来说，当满足以下条件时我们就会得到二项式数据。

1. 测量尺度由两类组成。

2. 样本中每个个体的观察值只会被分在两类中的一类。

3. 样本数据中每一类数据都是由频数或者个体数量组成的。

传统的计数系统将二项式数据的两类分别标记为 A 和 B，将 A 和 B 对应的概率（或比例）标记为 p 和 q。例如，投掷一枚硬币的结果要么是正面（A），要么是反面（B），概率分别为 $p=\frac{1}{2}$，$q=\frac{1}{2}$。

在本章中，我们考察了使用二项式数据做关于总体 p 和 q 值的假设检验，这种类型的假设检验被称作二项式检验。

定义

二项式检验（binomial test）是用样本数据来评估关于二项式数据组成的总体中 p 和 q 值的假设。

考虑以下两种情境：

1. 一个由 34 名色盲学生组成的样本，30 名为男生，只有 4 名为女生。这个样本是否能说明色盲在男生中比女生中更常见？

2. 2005 年，仅有 10% 的家庭收入低于贫困线。2013 年，100 个家庭的样本中，19 个低于贫困线。这个样本是否能说明贫困人口比例已经有了显著改变？

注意，这两个样本里的数据都为二项式数据（恰好两个类别）。尽管数据相对简单，但我们提出的关于统计显著性的问题对于假设检验是合适的：样本数据是否提供了充足的证据来得出关于总体的结论？

二项式检验假设

在二项式检验中，虚无假设将指定总体 p 和 q。理论上来说，你可以为 H_0 选择任意的比例，但是通常选择一个值要有充分的理由。虚无假设通常属于以下两类之一：

1. 偶然概率。通常虚无假设认为两个结果（A 和 B）在总体中发生的概率可由机遇预测。例如，如果你抛掷一枚硬币，虚无假设可能指定 p（正面）$=\frac{1}{2}$ 和 p（背面）$=\frac{1}{2}$。注意，这个假设通常说明均质硬币的机遇比例。还要注意，不是必须同时确定这两个比例。一旦 p 值确定了，q 值也确定了，$q=(1-p)$。对于投掷硬币的例子，虚无假设可以简单表述为：

$$H_0: p=p(\text{正面})=\frac{1}{2}(\text{硬币是均质的})$$

类似地，如果你在整副牌中抽取一张卡牌并且试着去预测抽取的花色，每个试次中，预测正确的概率将是 $p=\frac{1}{4}$（四种花色中，你有 $\frac{1}{4}$ 的机会猜对）。在这种情况下，虚无假设可以表述为：

$$H_0: p=p(\text{猜对})=\frac{1}{4}(\text{随机的结果})$$

在每种情况下，虚无假设都表述为总体比例没有特殊性，即结果是随机出现的。

2. 没有变化或没有差异。通常你可能知道一个总体的比例且想确定相同的比例是否适用于不同的总体。在这种情况下，虚无假设可以简单表述为两个总体没有差异。假设美国的统计数据显示未来一年 12 位驾驶员中有一位将卷入一起交通事故。同样的比例是否适用于 16 岁第一次开车的驾驶员呢？虚无假设为：

$$H_0: \text{对于 16 岁的驾驶员,}$$
$$p=p(\text{事故})=\frac{1}{12}(\text{与总体无差异})$$

类似地，假设去年大学新生班级中有 30% 的人不能通过大学写作考试。今年，大学要求所有的新生去参加写作课程。这个课程是否会对考试不通过学生的数量产生影响？虚无假设为：

$$H_0: \text{今年, } p=p(\text{不通过})=30\%(\text{与去年新生没有差异})$$

二项式检验的数据

对于二项式检验，你可以获得 n 个个体的样本，并且简单地计数有多少样本分入 A 类，有多少分入 B 类。我们将注意力集中在 A 类上，并用符号 X 代表被分入 A 类的个体数量。回忆第 6 章的内容，X 可以取 0 到 n 的任何值，每个 X 的值有特定概率。每个 X 概率值的分布称为二项式分布（binomial distribution）。图 18-1 显示了一个二项式分布的实例，其中 X 是投掷 4 次均质硬币得到正面朝上的次数。

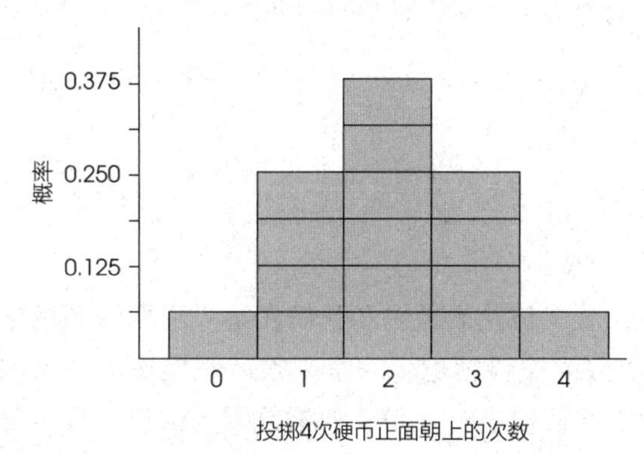

图 18-1 投掷 4 次硬币正面朝上次数的二项式分布

二项式检验的检验统计量

我们曾在第 6 章中提到过，当 pn 和 qn 的值大于或等于 10 时，二项式分布近似于正态分布。这点非常重要，因为这样我们能够计算 z 分数，并且可以用正态分布表来解答关于二项式事件的概率问题。尤其是，当 pn 和 qn 都大于或等于 10 时，二项式分布有以下特性：

1. 分布的形状近似正态分布。
2. 分布的平均数是 $\mu=pn$。
3. 分布的标准差是 $\sigma=\sqrt{npq}$

知道了这些参数，就有可能计算二项式分布中 X 值对应的 z 分数。

$$z=\frac{X-\mu}{\sigma}=\frac{X-pn}{\sqrt{npq}} \quad (\text{见式 6-3}) \qquad (18\text{-}1)$$

这是二项式分布检验中计算 z 分数的基本公式。但是这个公式稍微调整一下，使其更符合二项式假设检验的逻辑。将分子和分母分别除以 n。（你应该意识到将分子和分母分别除以同一个数值，不会改变 z 分数的值。）得到的等式为：

$$z=\frac{\frac{X}{n}-p}{\sqrt{\frac{pq}{n}}} \qquad (18\text{-}2)$$

对于二项式检验，公式的值被定义如下：

1. $\frac{X}{n}$ 是个体在样本中归为 A 类的比例。

2. p 是总体中归为 A 类个体比例的假设值（来自 H_0）。

3. $\sqrt{\frac{pq}{n}}$是$\frac{X}{n}$样本分布的标准误，提供了样本统计量$\left(\frac{X}{n}\right)$和总体参数(p)之间的标准距离。

因此，二项式z分数[式(18-2)]结构可以表达为：

$$z=\frac{\frac{X}{n}-p}{\sqrt{\frac{pq}{n}}}=\frac{\text{样本比例(数据)}-\text{假设总体比例}}{\text{标准误}}$$

二项式检验的逻辑和我们在第8章中谈到的经典z分数假设检验的逻辑完全一致。假设检验涉及将样本数据与假设进行比较。如果数据与假设一致，那么我们可以得出结论：假设是合理的。如果数据和假设矛盾，我们就拒绝假设。标准误的值为确定数据与假设之间的差异是否大于偶然预期提供了基准。α水平为检验提供了差异是否显著的标准。18.2节将介绍二项式检验的程序。

学习小测验

1. 在本章概要中，我们描述了一个视崖研究。用语言和婴儿爬向深滩的概率值(p)陈述这个研究中的虚无假设。
2. 如果视崖研究使用了$n=15$的婴儿样本，二项式分布是否近似正态分布？请解释原因。
3. 如果视崖研究的结果显示36名婴儿中有9名爬下了深滩，那么用式(18-1)得出的z分数值为多少？

答案

1. 虚无假设表述为选择深滩还是浅滩的概率是偶然的：$p(\text{深滩})=\frac{1}{2}$。
2. 二项式分布近似正态分布要求pn和qn都至少是10，当$n=15$时，$pn=qn=7.5$。不可以使用近似正态分布。
3. 当$n=36$，$p=\frac{1}{2}$时，二项式分布有$\mu=\frac{1}{2}\times36=18$，$\sigma=\sqrt{\frac{1}{2}\times\frac{1}{2}\times36}=3$。$X=9$对应的$z=\frac{-9}{3}=-3.00$。

18.2 二项式检验的程序

二项式检验与前面举例介绍的假设检验一样，共有四个步骤。这四个步骤概括如下：

第一步，陈述假设。在二项式检验中，虚无假设指定总体中p和q值。通常来说，H_0只指定p的值，即A类的比例。q的值直接由p决定，$q=1-p$。最终，你会意识到假设是关于总体的概率或比例的问题。尽管我们用样本来检验这个假设，但假设本身永远是关于总体的。

第二步，确定拒绝域。当pn和qn的值均大于或等于10时，由式(18-1)或式(18-2)确定的z分数构成近似正态分布。因此可以用正态分布表寻找拒绝域的边界。例如，你可能记得$\alpha=0.05$的拒绝域是z分数大于1.96或者小于-1.96。

第三步，计算检验统计量(z分数)。这时，你得到一个包含n个个体(或事件)的样本，计算样本中被分入A类的数量，得到的数值就是式(18-1)或式(18-2)中的X值。因为这两个z分数等式是相等的，所以你可以用任意一个来进行假设检验。通常式(18-1)用起来更容易，因为它涉及更大的数字(更少的小数)，所以，不容易受到四舍五入误差的影响。

第四步，做出决策。如果样本数据的z分数在拒绝域内，那么你拒绝H_0，得出结论：样本比例和假设的总体比例之间的差异大于偶然。也就是说，数据与虚无假设不一致，因此H_0肯定是错误的。相反，如果z分数不在拒绝域内，那么你就不能拒绝H_0。

□ 例18-1

在本章概要中，我们描述了用来检验婴儿深度知觉的视崖实验。简单来说，婴儿被放置在一侧是深滩、另一侧是浅滩的宽板上。能够感知深度的婴儿会逃避深滩，向浅滩移动。如果没有深度知觉，婴儿应该对两侧没有任何偏好。在参与实验的27名婴儿中，24名停留在浅滩上，只有3名爬向了深滩。假设检验的目的是确定数据是否显示了婴儿对浅滩有显著的偏好。

这是一个二项式检验的情境。两类分别是：

A=爬向深滩

B=爬向浅滩

第一步　虚无假设表述为婴儿这个总体对于深滩和浅滩没有偏好，移动的方向是由机遇决定的。用符号表示为：

$$H_0:\ p=p(\text{深滩})=\frac{1}{2}\left(q=\frac{1}{2}\right)$$

$$H_1:\ p\neq\frac{1}{2}(\text{有偏好})$$

我们使用$\alpha=0.05$。

第二步 使用 $n=27$ 的样本，$pn=13.5$，$qn=13.5$，两个值都大于 10。所以 z 分数分布近似正态。$\alpha=0.05$，z 的临界值是 ±1.96。

第三步 这个实验中，数据为 $X=3$，$n=27$，用式(18-1)，由这些数据得到的 z 分数为：

$$z=\frac{X-pn}{\sqrt{pqn}}=\frac{3-13.5}{\sqrt{27\times\left(\frac{1}{2}\right)\times\left(\frac{1}{2}\right)}}=\frac{-10.5}{2.60}=-4.04$$

使用式(18-2)，第一步计算样本比例，$\frac{X}{n}=\frac{3}{27}=0.111$。$z$ 分数为：

$$z=\frac{\frac{X}{n}-p}{\sqrt{\frac{pq}{n}}}=\frac{0.111-0.5}{\sqrt{\frac{1}{2}\times\left(\frac{1}{2}\right)/27}}=\frac{-0.389}{0.096}=-4.05$$

考虑舍入误差，两个公式所得结果一致。

第四步 因为数据在拒绝域内，所以我们拒绝 H_0，这些数据提供了充足的证据得出结论：婴儿对浅滩有显著的偏好。Gibson 和 Walk(1960)认为这些数据是令人信服的，证据能够证明深度知觉是天生的。■

实限与二项式检验

在第 6 章中，我们注意到二项式分布形成了一个离散直方图(见图 18-1)，但是正态分布是一条连续曲线。两种分布的区别在图 6-18 有所体现。

图 18-2 中，请注意二项式分布中的每个分数均由直方图中的一个矩形表示。例如，$X=6$，实际对应的矩形的范围从精确下限 5.5 到精确上限 6.5。

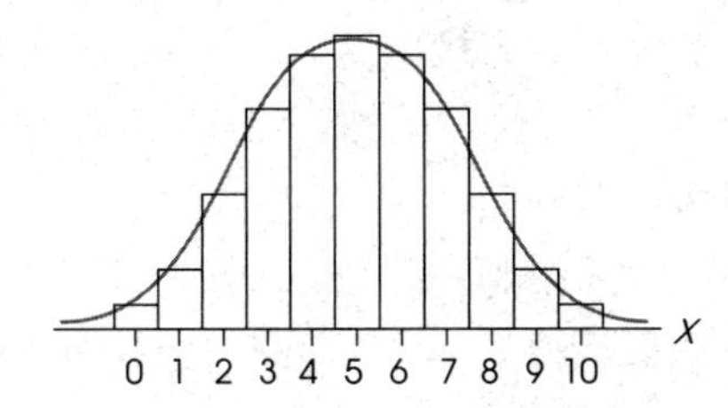

图 18-2 二项式分布和正态分布的关系。二项式分布永远是离散直方图，正态分布是一条连续、光滑的曲线。X 的任何一个值是由直方图中的一个矩形或者正态分布中的一个区域表现出来的

当对二项式分布进行假设检验时，最基本的问题是一个具体的分数是否落在了拒绝域内。但是，因为任何一个分数本身对应一个区间，因此有可能分数一部分在拒绝域内，一部分不在。幸运的是，通常不存在这个问题。当 pn 和 qn 都大于或等于 10 的时候(能够使用近似正态的标准)，任何一个二项式分布的间隔都极其小，因此不太可能与临界限重叠。例如，例 18-1 里的实验得到了 $X=3$，我们计算得到了一个 $z=-4.04$ 的 z 分数。因为这个值在拒绝域内，超过 $z=-1.96$，所以我们拒绝虚无假设。如果我们用了实限 $X=2.5$ 和 $X=3.5$，而不是 $X=3$，我们将得到的 z 分数为：

$$z=\frac{2.5-13.5}{2.60}=-4.23$$

$$z=\frac{3.5-13.5}{2.60}=-3.85$$

因此，$X=3$ 实际对应的 z 分数区间为 $z=-3.85$ 到 $z=-4.23$。但是整个区间都超过了 $z=-1.96$ 这个临界值，因此我们仍然可以拒绝虚无假设。

在大多数情况下，如果整数 X 值(在这个例子里，$X=3$)在拒绝域内，那么整个区间都会在拒绝域内，正确决定是拒绝虚无假设 H_0。当 X 值所对应的 z 分数勉强超过拒绝域时，存在一种例外。在这种情况下，应该计算 z 分数对应的实限，来决定 z 分数的区间是否有部分不在拒绝域内。例如，假设例 18-1 中的研究者发现 27 名婴儿中有 8 名在视崖实验中爬向了深滩，分数 $X=8$ 对应的 z 分数是：

$$z=\frac{8-13.5}{2.60}$$

$$=\frac{-5.5}{2.60}=-2.12$$

这个数值在 −1.96 界限之外，表明我们应该拒绝虚无假设 H_0。但是，z 分数只是稍微超出临界值，所以合理的做法是检查区间的两端。对于 $X=8$，实限是 7.5 和 8.5，对应的 z 分数是：

$$z=\frac{7.5-13.5}{2.60}=-2.31$$

$$z=\frac{8.5-13.5}{2.60}=-1.92$$

因此，分数 $X=8$ 对应 $z=-1.92$ 到 $z=-2.31$ 的区间。临界值是 $z=-1.96$，也就意味着部分区间(部分分数)不在拒绝域内($\alpha=0.05$)。因为 $X=8$ 不完全在临界值之外，所以得到 $X=8$ 的概率大于 $\alpha=0.05$。因此，正确的决定是接受虚无假设。

一般来说，使用 X 的整数值进行二项式检验是安全的。然而，如果你获得的 z 分数仅略微超过临界边界，你还应该计算两个实限的 z 分数。如果 z 分数区间的任何一部分不在拒绝域内，正确的决策是不能拒绝 H_0。

§ 文献报告 §

二项式检验结果的报告

报告二项式检验的结果通常包括描述数据和 z 分数的值以及由机遇引起的概率。还需要注意的是，使用二项式检验，是因为 z 分数可被用于其他假设检验的情境中(如第 8 章)。对于例 18-1，报告表述为：

27 名婴儿中只有 3 名爬向了视崖的深滩。二项式检验结果表明，婴儿对浅滩有显著偏好，$z=-4.04$，$p<0.05$。

再次强调，p 小于 0.05。拒绝虚无假设，由于概率小于 5%，这些结果仅由机遇引起是极不可能的。

二项式检验的假设

二项式检验有两个非常简单的前提假设：

1. 样本必须是独立观察得到的(见第 8 章)。

2. pn 和 qn 的值都应该大于或等于 10，这样才可以使用正态分布。

学习小测验

1. 在一个二项式检验中，虚无假设永远是 $p=\frac{1}{2}$。(对或错?)
2. X 品牌啤酒制造商声称相比于最大的品牌，人们更喜欢他们的啤酒。这个声明基于一个实验，实验者要求 64 名喝啤酒的人在味觉测验中比较两种品牌。在这个样本中有 40 名更喜欢 X 品牌，24 名更喜欢最大的品牌。
   a. 如果你对 $X=40$ 的 z 分数进行计算，这些数据是否支持存在显著偏好这一结论？在 0.05 的显著性水平上检验。
   b. 如果你用 $X=40$ 的实限计算 z 分数，数据会不会支持存在显著偏好这一结论？在 0.05 的显著性水平上检验。

答案

1. 错。
2. a. H_0：$p=\frac{1}{2}=q$，$X=40$，$\mu=32$，$\sigma=4$，$z=2.00$，拒绝 H_0，并得出结论：有显著的偏好。
   b. 实限 39.5 和 40.5 对应 z 分数 1.88 和 2.13。整个区间不在拒绝域内，所以接受 H_0，并得出结论：没有显著偏好。

18.3 卡方检验与二项式检验的关系

你可能已经注意到，二项式检验与拟合度卡方检验所评估的基本假设相同，这两个检验评估的都是样本概率对整体概率假设的符合程度。当一个实验产生了二项式数据时，这两个检验是等价的，二者都可以使用。两个检验之间的关系可以用以下等式来表示：

$$\chi^2=z^2$$

式中，χ^2 是卡方检验得到的统计量，z 是从二项式检验中得到的。

为了说明拟合度检验和二项式检验的关系，我们重新检验了例 18-1 中的数据。

第一步　陈述假设。例 18-1 的视崖实验中，虚无假设为婴儿对于浅滩和深滩没有偏好。在二项式检验中，虚无假设为：

$$H_0: p=p(\text{深滩})=q=p(\text{浅滩})=\frac{1}{2}。$$

拟合度卡方检验提出相同的假设，并指定比例，

	浅滩	深滩
H_0:	$\frac{1}{2}$	$\frac{1}{2}$

第二步　确定拒绝域。二项式检验中，拒绝域是由正态分布表确定的。在 $\alpha=0.05$ 的水平上 z 分数的临界值是±1.96。卡方检验 $df=1$，$\alpha=0.05$，拒绝域是由大于 3.84 的卡方值组成的。注意，基本的关系 $\chi^2=z^2$ 代入，$3.84=1.96^2$。

第三步　计算检验统计量。对于二项式检验(见例 18-1)，我们获得了一个 z 分数 $z=-4.04$。在卡方检验中，我们期望频数是：

	浅滩	深滩
f_e	13.5	13.5

分别代入观察得到的频数 24 和 3，卡方检验为：

$$\chi^2=\frac{(24-13.5)^2}{13.5}+\frac{(3-13.5)^2}{13.5}$$
$$=\frac{(10.5)^2}{13.5}+\frac{(-10.5)^2}{13.5}$$
$$=8.167+8.167=16.33$$

在舍入误差范围内，z 分数和卡方检验的值存在如下等式关系：

$$\chi^2 = z^2$$

$$16.33 = (-4.04)^2$$

第四步　做出决策。因为两个检验的临界值是通过等式 $\chi^2 = z^2$ 联系起来的，检验统计量也有相同的联系，这两个检验得到的结果永远是相同的。

18.4　符号检验

二项式检验可以被用于不同的情境，但有一个特殊的应用需要特别注意。对于比较两种条件的重复测量研究，很可能使用二项式检验来评估结果。你应该记得重复测量研究涉及两种不同条件下或者不同时间节点下相同个体的测量值。当测量产生了数值，研究者可以简单求两数之差，然后用重复测量 t 检验评估数据(见第 11 章)。然而偶尔研究者会记录两个观察值差异的方向。例如，一个临床医生可能在治疗之前和治疗之后观察病人，简单记录每个病人的情况好转或恶化。注意：临床医生没有测量变化多大，只是记录变化的方向。同样也要注意，变化的方向是一个二分变量，也就是说只有两个值。在这种情境下，用二项式检验评估数据是有可能的。传统上两个可能的变化方向是用符号来编码的，用正号代表增加，负号代表减少。当二项式检验被用于符号化的数据时，称作符号检验(sign test)。

表 18-1 就是符号检验的一个例子。注意数据可以被概括为 8 个病人中有 7 个在治疗后出现症状的减少。

表 18-1　数据来自一项研究疗法有效性的实验，病人治疗前后的症状均被记录。增加或减少使用+/−表示

病人	治疗后变化方向
A	−(减少)
B	−(减少)
C	−(减少)
D	+(增加)
E	−(减少)
F	−(减少)
G	−(减少)
H	−(减小)

该符号检验的虚无假设是两种处理条件之间没有差异。因此，任何一个被试的变化都是随机的结果。在概率上，意味着增加和减少有相同的概率，所以，

$$p = p(\text{增加}) = \frac{1}{2}$$

$$q = p(\text{减少}) = \frac{1}{2}$$

一个完整的符号检验的实例如下。

□　例 18-2

一位研究者要检验 36 例确诊为关节炎的病人接受针灸治疗的效果。治疗开始前，要测量每位病人的疼痛水平，针灸治疗 4 个月后，再次测量。这个治疗样本中，25 人疼痛减少，11 人疼痛增加。这些数据是否说明治疗有显著效果？

第一步　提出假设。假设针灸没有影响。任何疼痛程度的变化都是随机产生的，所以增加和减少具有同样的可能性(即概率)，假设为：

H_0：$p = p(\text{增加痛苦}) = \frac{1}{2}$，$q = p(\text{减少痛苦}) = \frac{1}{2}$

H_1：$p \neq q$(总是向一个方向变化)

设置 $\alpha = 0.05$。

第二步　确定拒绝域。样本量为 36，pn 和 qn 都大于 10，二项式分布近似正态分布，在 $\alpha = 0.05$ 的水平上，拒绝域为 $z > +1.96$ 和 $z < -1.96$。

第三步　计算检验统计量。在这个例子里 $X = 25$，25 人痛苦缓解。z 分数计算得到：

$$z = \frac{X - pn}{\sqrt{npq}} = \frac{25 - 18}{\sqrt{36 \times \left(\frac{1}{2}\right) \times \left(\frac{1}{2}\right)}} = 2.33$$

因为 z 分数只是稍微超出 1.96 这个界限，我们考虑 $X = 25$ 的实限来确定是否整个区间在界限之外，对于 $X = 25$，实限是 24.5 和 25.5，z 分数计算可得：

$$z = \frac{24.5 - 18}{3} = 2.17$$

$$z = \frac{25.5 - 18}{3} = 2.50$$

因此，$X = 25$ 对应的 z 分数区间为 2.17～2.50。注意整个区间都在 1.96 临界界限外。

第四步　做出决策。因为数据在拒绝域内，所以我们拒绝虚无假设，得出结论：针灸治疗对缓解关节炎疼痛有显著效果，$z = 2.33$，$p < 0.05$。■

符号检验中的零差别

你应该注意到，在符号检验中，虚无假设仅针对那些在治疗 1 和治疗 2 之间表现出差异的个体。虚无假设为，如果一个人的得分发生了变化，那么增加的

概率与减少的概率相同。以这种形式陈述，该虚无假设不考虑两种条件之间显示零差别的个体。因此，通常的建议是，舍弃这些人的分数，并相应地减少 n 的值。然而，如果以更广泛的方式解释虚无假设，它也可以为这两种治疗方法没有区别。显然，实际上显示没有区别的个体支持了虚无假设，其分数不应舍弃。因此，符号检验的一种方法是将显示零差别的个体分为两等份，分别分入增加和减少两类。(如果零差异的个体数为奇数，则丢弃一个，剩余的平均分配。)这种选择致使检验更加保守，也就是说，检验更可能接受虚无假设。

□ 例 18-3

研究已经证明，压力或运动会导致大脑中某类称作内啡肽的化学物质浓度增加。内啡肽类似于吗啡，会让人产生一种放松和幸福的感觉。内啡肽可以解释长跑者体会到的“高峰体验”。为了证明这一现象，研究者测试了 40 名运动员完成一英里长跑之前和之后的疼痛耐受能力。在完成长跑后立即测试，21 名运动员忍受痛苦的能力增加了，12 名运动员忍受痛苦的能力减少了，剩余 7 名运动员忍受痛苦的能力没有变化。

如果遵守处理零差别个体的建议标准，将删除 7 名显示零差别的被试的数据，对剩余的 33 名被试的数据进行符号检验。如果采用更保守的方法，只有 1 名被试的数据被删除，剩余 6 名被平均分入两类中。这样就还剩下 39 名被试的数据，24 名被试的耐受力增加，15 名被试的耐受力下降。■

使用符号检验的情况

在许多情况下，重复测量的实验数据可以使用符号检验或重复测量 t 检验评估。通常，应该尽量使用 t 检验，因为 t 检验使用实际差异分数(不仅仅是符号)，它实现了使用信息的最大化。然而，在某些情况下，t 检验不能或不应该被使用。这时，符号检验是有价值的。下列四种具体的情况下，使用 t 检验不恰当或不方便。

1. 当你有无穷大或不确定的分数时，t 检验是不能使用的，符号检验是合适的。例如，假设你正在评估镇静药物对问题解决能力的影响，获得了一组老鼠样本，测量这种药物注射之前和之后每个动物的表现。假设数据如下表所示。请注意，这个样本中的第三只老鼠接受药物后未能解决问题。因为这种动物没有得分，不可能计算样本的平均数、SS 或 t 统计量。然而，你可以做一个符号检验，因为你知道动物在接受药物之后出现了更多的错误(增加)。

前	后	差异
20	23	+3
14	39	+25
27	无效	+??
⋮	⋮	⋮

2. 通常我们可以描述两个处理条件的差异，即使任何一个条件下都没有获得精确的分数。例如，在临床工作中，医生可以说病人的情况是改善还是变得更糟，或者没有改变，即使病人的病情没有被精确衡量为一个分数。在这种情况下，数据对于符号检验已经足够，但是你不能在没有个人得分的情况下计算 t 统计量。

3. 通常符号检验可以作为更精细的统计分析开始前对实验的初步检验。例如，研究者可能预测条件 2 的分数应该始终大于条件 1 的分数。然而，对一周后的数据进行检验表明，15 名被试中只有 8 名显示出预期的增加。在这些初步结果的基础上，研究者可以在投入更多时间之前，重新评估该实验。

4. 偶尔，处理间的差异在不同被试身上是不一致的，这会导致一个非常大的方差。我们过去曾经提到过，大方差会减少 t 检验得到显著结果的可能性。然而，符号检验只考虑分数差异的方向，不受分数方差的影响。

学习小测验

1. 研究者使用卡方拟合度检验，以确定人们在三大品牌的薯片间是否存在偏好。研究者是否可以使用二项式检验而不是卡方检验？请解释原因。
2. 研究者用卡方检验评估人们对一个小型曲棍球队的两个标志设计之间是否存在偏好。一个 $n = 100$ 的样本中，研究者获得卡方为 9.00。如果使用二项式检验而不是卡方检验，z 分数的值会是多少？
3. 一位发展心理学家在当地的学校使用行为矫正程序来帮助控制 40 名儿童的破坏性行为。1 个月后，26 名孩子有所改善，10 名变得更糟，4 名在行为上没有变化。在这些数据的基础上，心理学家是否可以得出结论认为矫正程序有效？在 0.05 的水平上检验。

答案

1. 不能使用二项式检验，因为有三类。
2. z 分数是 3.00。

3. 去掉 4 名显示零差别被试的数据，$X=26$ 改善，z 分数为 2.67，拒绝虚无假设，程序有效。如果将 4 名被试分入两组中，那么 $X=28$ 改善，z 分数为 2.53，仍然拒绝虚无假设。

小 结

1. 二项式检验适用于二分数据，也就是说样本中的任意一个个体可以被分入两类中的一类里。两类被记为 A 和 B，概率是：

$$p(A)=p, \quad p(B)=q$$

2. 二项式分布给出属于 A 类的概率，X 等于 n 个事件中属于 A 类的次数。例如，X 等于投掷 n 次硬币时正面朝上的次数。
3. 当 pn 和 qn 都大于或等于 10 时，二项式分布近似于正态分布。

$$\mu=pn \quad \sigma=\sqrt{npq}$$

通过正态近似，X 中的任何一个值都有一个对应的 z 分数：

$$z=\frac{X-\mu}{\sigma}=\frac{X-pn}{\sqrt{npq}} \quad \text{或} \quad z=\frac{\frac{X}{n}-p}{\sqrt{\frac{pq}{n}}}$$

4. 二项式检验用样本数据检验总体关于 p 和 q 的二项式分布的假设。虚无假设指定 p 和 q，二项式分布（或正态分布）适用于确定拒绝域。
5. 通常用于二项式分布检验的 z 分数用样本中的 X 值来计算。然而，如果 z 值只是刚好超过临界值，那么应该计算对应分数的实限。如果 z 分数的其中一个实限不在拒绝域内，那么正确决定是不能拒绝虚无假设。
6. 二项式检验的一种常见应用是符号检验。这种检验使用重复测量得到的数据评估两种实验处理间的差别。差异分数被编码为增加或减少。如果没有一致的处理效应，那么增加和减少是随机混和的，所以虚无假设认为：

$$p(\text{增加})=\frac{1}{2}=p(\text{减少})$$

使用二项式数据和假设的 p 和 q 值，这就是二项式检验。

关键术语

二项式数据　　二项式检验　　二项式分布　　符号检验

资 源

SPSS

附录 C 呈现了使用 SPSS 的一般说明。如果你在检验一个虚无假设 $p=q=\frac{1}{2}$，那么你可以用 SPSS 进行本章介绍的二项式检验。以下是二项式检验的具体步骤。对于其他的虚无假设，使用第 17 章介绍的卡方拟合度检验。卡方检验允许你指定预期的概率，也就是 p 和 q 的值。

数据输入

1. 在 SPSS 数据编辑器的第一列输入分类标签 A 和 B。
2. 在第二列输入两个二项分类的概率。例如，如果 25 个人中有 21 个被分入 A 类（4 个分入 B 类），你应该在第二列输入值 21 和 4。

数据分析

1. 单击菜单栏中的 Data，在下拉菜单中选择底部的 Weight cases。
2. 单击 Weight cases by，选择包含两类频数的列标签，然后单击箭头将其移至 Frequency Variable 框中。
3. 单击 OK。
4. 单击菜单栏中的 Analyze，在下拉菜单中选择 Nonparametric Tests，然后单击 One Sample。
5. 选择 Automatically compare observed data to hypothesis。
6. 单击 RUN。

SPSS 输出

我们使用 SPSS 来分析例 18-1 中的数据，结果显示在图 18-3 中。输出结果报告了检验的虚无假设和显著性水平，在本例中，显著性水平接近 0。

Hypothesis Test Summary

Null Hypothesis	Test	Sig.	Decision
The categories defined by VAR00001 = A and B occur with probabilities 0.5 and 0.5.	One-Sample Binomial Test	.000	Reject the null hypothesis.

Asymptotic significances are displayed. The significance level is .05.

图 18-3　例 18-1 中二项式检验的 SPSS 输出结果

关注问题解决

1. 在二项式检验中，p 和 q 的值必须相加等于 1（或者 100%）。
2. 在使用正态分布来决定二项式检验的临界值时，记住 pn 和 qn 都必须大于或等于 10。

示例18-1

二项式检验

州立大学心理学系的学生由 60%的女性和 40%的男性组成。上学期，参加性别心理学课程的共有 36 个学生，其中 26 人是女性，10 人是男性。与预期的随机分布相比，在这样一个 60%是女性、40%是男性的总体中，这个班上女性和男性的比例是否有显著不同？在显著性水平为 0.05 的条件下进行检验。

第一步　陈述假设，确定置信水平。虚无假设为班上男性和女性的比例与根据总体比例做出的预期没有差别。用符号表示为：

$$H_0: p=p(\text{女性})=0.60,\ q=p(\text{男性})=0.40$$

备择假设是这个班级的比例与预期的比例是不同的。

$$H_1: p\neq 0.60(\text{并且 } q\neq 0.40)$$

我们设置 $\alpha=0.05$。

第二步　确定拒绝域。因为 pn 和 qn 都大于 10，所以我们可以用近似正态分布。当置信水平为 0.05 时，拒绝域是由 $z>+1.96$ 到 $z<-1.96$ 定义的。

第三步　计算统计量。共有 36 名学生，其中有 26 名女性，因此样本比例是：

$$\frac{X}{n}=\frac{26}{36}=0.72$$

相应的 z 分数为：

$$z=\frac{\frac{X}{n}-p}{\sqrt{\frac{pq}{n}}}=\frac{0.72-0.60}{\sqrt{\frac{0.60\times 0.40}{36}}}=\frac{0.12}{0.0816}=1.47$$

第四步　做出（关于虚无假设的）决策，陈述结论。得到的 z 分数不在拒绝域内，因此，我们不能拒绝虚无假设。在这些数据的基础上，我们得出结论：性别心理学课程中的男女学生比例与整个心理学系中的男女比例没有显著差异。

习　题

1. 一位研究者对“主场优势”现象进行调查，在 10 月的一个星期六记录了 64 场大学橄榄球比赛的结果。64 场比赛中，42 场由主队赢得了胜利。这个结果是否可以提供足够的证据得出这样的结论：主场球队赢得比赛的概率显著超过预期的随机概率？在 $\alpha=0.05$ 水平上进行双尾检验。
2. 保险公司向年轻司机多收取汽车保险，是因为他们往往比老司机有更高的事故率。为了说明这一点，一个保险代理首先确认，20 岁或者 20 岁以下的年轻司机只占有驾照司机的 16%。因为这个年龄段只占司机总体的 16%，合理的预测是，他们应该只卷入 16%的事故。然而在一个包含 100 次事故的随机样本中，发现其中 31 起事故中的司机为 20 岁或更年轻的司机。该样本是否足以说明年轻司机发生的事故多于根据年轻司机人数比例预计的事故次数？在 $\alpha=0.05$ 水平上进行双尾检验。
3. 有研究者（Güven，Elaimis，Binokay，& Tan，2003）使用计算机化食物供给测试进行了老鼠爪子使用偏好的研究。在样本量 $n=144$ 的老鼠样本中，他们发现 104 只是右利手。这个结果与总体中左利手和右利手一样多的预期之间差异是否显著？在 $\alpha=0.05$ 水平上进行双尾检验。
4. 在 2004 年奥运会期间，有研究者（Hill & Barton，2005）调查了四项体育赛事：古典式摔跤、自由式摔跤、拳击和跆拳道。一半竞争者被指定穿着红色，另一半被指定穿着蓝色。结果表明，穿红色的竞争者赢了更多的比赛。假设一个样本 $n=100$ 场比赛中，60 名胜者身穿红色，40 名胜者身穿蓝色。

a. 这是否足以证明一个结论：穿红色服装赢得比赛的概率远远超出偶然预期？在 $\alpha=0.05$ 水平上进行双尾检验。

b. 因为二项式检验的结果是接近临界值的 z 分数，使用 $X=60$ 的实限来确定是否整个 z 分数得分区间都是位于拒绝域内的。如果区间的一部分不在拒绝域内，正确的决策是不能拒绝虚无假设。

5. 第 17 章的习题 6 引用的一项研究，表明人们倾向于选择与自己相似的伴侣。有研究者(Jones，Pelham，Carvallo，& Mirenberg，2004)证明，人们倾向于选择与自己姓氏首字母相同的婚姻伴侣。以相同字母开头的两个姓氏随机匹配的概率只有 $p=0.065(6.5\%)$。研究者查看婚姻记录，发现 400 对新娘和新郎中姓氏首字母相同的有 38 对。这是否显著超过了预期概率？在 $\alpha=0.05$ 水平上进行双尾检验。

6. 研究者想确定人是否真的可以分辨瓶装水和自来水之间的区别。被试被要求品尝两杯没有标签的水，一杯瓶装水和一杯自来水，让他们辨认出味道更好的那杯。40 个人中有 28 人选择了瓶装水。选择瓶装水的概率是否显著大于预期？在 $\alpha=0.05$ 水平上进行双尾检验。

7. 1985 年，美国城市学区中仅有 8%的学生被归类为有学习障碍。一个学校的心理学家怀疑近年来有学习障碍孩子的比例已经发生了巨大的变化。为了证明这一点，他选取了一个 $n=300$ 名学生的随机样本。在这个样本中，42 名学生被确认为有学习障碍。该样本是否足以证明 1985 年以来有学习障碍的学生的比例有显著变化？使用 0.05 的显著性水平。

8. 在第 17 章的“本章概要”部分，我们讨论了 Loftus 和 Palmer(1974)的研究，他们检验了问题的不同措辞是如何影响目击者证词的。在这项研究中，学生观看了车祸的视频，然后被询问他们看到了什么。一组参与者被要求估计汽车“撞毁”另一辆汽车时的速度。另外一组被要求估计汽车“碰撞”另一辆汽车的速度。假设汽车的实际速度是每小时 35 公里。

a. 在 50 名“撞毁”组的被试中，假设有 32 人高估了实际的速度，17 人低估了速度，1 人是完全正确的。这个结果与随机预期是否有显著差异？在 $\alpha=0.05$ 水平上进行双尾检验。

b. 在 50 名“碰撞”组的被试中，假设 27 人高估了实际的速度，22 人低估了速度，1 人是完全正确的。同样地，在 $\alpha=0.05$ 水平上进行双尾检验来决定结果是否与随机预期有显著差异。

9. 最近的一项对执业心理咨询师的调查显示，25%的人同意“催眠可以用来恢复过去生活的准确记忆”(Yapko，1994)。研究者想确定在普通人总体中是否存在同样的比例。一个包含 192 名成年人的调查样本中，65 人相信催眠可以用来恢复过去生活的准确记忆。基于这些数据，你是否能得出结论，认为总体中持有该观点的人数与心理咨询师中持有该观点的人数有显著差异？在 $\alpha=0.05$ 水平上进行检验。

10. 有研究者(Fung et al.，2005)发表了一项研究报告显示，相比于人际关系好的初级护理医师，人们更愿意选择专业技能好的初级护理医师。向被试呈现介绍两位假设的医生的报告卡，要求他们选择更喜欢的一个。假设对样本量 $n=150$ 的被试进行重复实验，结果表明，92 名被试选择了有更高技术水平的医生，58 名选择了有更好的人际沟通技巧的医生。这些结果足以得出病人对技术技能有明显偏好的结论吗？

11. 有研究者(Danner & Phillips，2008)报告的全美研究结果显示，延迟高中上课时间 1 小时，会显著降低青少年司机的车辆碰撞事故率。假设研究者在延迟高中上课时间后对 500 名学生司机进行了为期一年的监测，发现 44 名学生司机卷入汽车事故。推迟上课时间之前，事故率为 12%。使用二项式检验来确定这些结果是否可以说明学校上课时间变化之后事故发生率有显著变化。在 $\alpha=0.05$ 水平上进行双尾检验。

12. 对于下列命题，假定二项式分布近似正态分布，在 $\alpha=0.05$ 水平上进行双尾检验来评估结果的显著性。

a. 对于 20 道判断题，你答对多少才算显著超过随机概率？也就是说，需要多大的 X 值来得到一个大于 1.96 的 z 分数？

b. 对于 40 道判断题，你需要答对多少？

c. 对于 100 道判断题，你需要答对多少？

记住，每个 X 值对应一个实限区间。确保整个区间在拒绝域内。

13. 在单项选择题考试中，有 100 个问题，每一个问题有 4 个可能的答案，你得到一个分数 $X=32$。你的分数比预期(猜测答案)的值显著更高吗？在 $\alpha=0.05$ 水平上进行双尾检验。

14. 对于下列命题，假定二项式分布近似正态分布，在 $\alpha=0.05$ 水平上进行双尾检验来评估结果的显著性。

a. 包含 48 个问题的单项选择题测试。每个问题有 4 个可能的答案，你答对多少才算显著超过随机概率？也就是说，需要多大的 X 值来得到一个比 1.96 大的 z 分数？

b. 共有 192 个问题时，你答对多少才算显著超过随机概率？需要多大的 X 值来得到一个比 1.96 大的 z 分数？

记住，每个 X 值对应一个实限区间。确保整个区间在拒绝域内。

15. 有研究者(Reed, Vernon, & Johnson, 2004)检测了正常成人大脑神经传导速度和智力之间的关系。大脑神经传导采用 3 种独立的方法进行测量，智力使用 9 种不同的方法进行测量。然后研究者将 3 种神经传导速度测量值与 9 种智能测量值进行关联，共得到 27 种独立相关性。不幸的是，没有显著相关关系。
    a. 然而，对于研究中的 186 名男性，27 个相关关系中有 25 个是正相关。这是否显著高于预期的随机概率？在 $\alpha=0.05$ 水平上进行双尾检验。
    b. 对于研究中的 201 名女性，27 个相关关系中有 20 个是正相关。这是否显著高于预期的随机概率？在 $\alpha=0.05$ 水平上进行双尾检验。
16. 在第 11 章的“本章概要”部分，我们呈现了一个研究，该研究表明说脏话有助于减轻疼痛(Stephens, Atkins, & Kingston, 2009)。在这项研究中，被试把一只手放入冰冷的凉水并且尽可能长时间地忍受疼痛。一种情况下，被试反复喊一些脏话。在另一种情况下中，被试喊一个中性词。假设 25 名被试中有 18 名被试在说脏话情境下忍受痛苦的时间更长。结果是否与机遇存在显著差异？在 $\alpha=0.05$ 水平上进行双尾检验。
17. 在地方小学有 30% 的学生是独生子女(没有兄弟姐妹)。然而，在天才儿童特殊计划中，90 名学生中有 43 名是独生子女。该项计划中独生子女的比例与整所学校中独生子女的比例有显著差异吗？在 $\alpha=0.05$ 水平上进行检验。
18. 压力或痛苦的经历会恶化哮喘、类风湿性关节炎等其他健康问题，但是，如果病人被要求写下让他们感到压力的经历，就能够改善健康状况(Smyth, Stone, Hurewitz, & Kaell, 1999)。在一个典型研究中，哮喘和关节炎病人被要求写下“你生活中压力最大的事件”。一个 $n=112$ 名病人的样本中，假设有 64 名病人表示他们的症状得到改善，12 名表示没有改变，还有 36 名表示症状恶化。
    a. 如果去除没有变化的 12 名病人的数据，结果是否足以说明书写压力或者痛苦经历对改善症状有显著效果？在 $\alpha=0.05$ 水平上进行双尾检验。
    b. 如果将 12 个没有变化的病人的数据平均分配到两组，结果是否有显著变化？在 $\alpha=0.05$ 水平上进行双尾检验。
19. 有研究者(Langewitz, Izakovic, & Wyler, 2005)报告自我催眠可以显著减弱花粉热症状。训练中度至重度过敏患者集中注意力于一个过敏也不会打扰到他们的特定地点，如一个海滩或滑雪胜地。样本为 64 名接受训练的患者，假设 47 名表示过敏反应减少，17 名表示过敏反应增加。这些结果足以得出自我催眠有显著效果的结论吗？在 $\alpha=0.05$ 水平上进行双尾检验。
20. 集体饲养的蛋鸡似乎更喜欢笼子有更大的面积而不是更高。有研究者(Albentosa & Cooper, 2005)以 10 只母鸡为一组进行了测试。每组母鸡可以自由选择高 38 厘米(低)的笼子或高 45 厘米(高)的笼子。结果显示每组中的母鸡都倾向于随机选择笼子，并没有显示出对高度的偏好。假设一个类似的研究测试了 80 只母鸡，发现 47 只偏好高的笼子。这个结果能否表明存在显著偏好？在 $\alpha=0.01$ 水平上进行双尾检验。
21. 在第 11 章的习题 21 中，我们介绍了一项研究，该研究显示如果考生在考试中重新考虑一些问题并且返回修改答案，考试成绩可能会提高(Johnston, 1975)。在这项研究中，一组学生被鼓励重新考虑每个问题，并且在他们认为需要的时候改变答案。学生被要求记录原始答案以及修改过程。对于每一个学生，根据最初的答案和改变后的答案分别计算得分。一组 $n=40$ 的学生样本中，假设 29 名学生的修改版答案得到更高分数，只有 11 名学生的原始版答案得到更高分数。结果是否与随机结果有显著差异？在 $\alpha=0.01$ 水平上进行双尾检验。
22. 习惯化技术是用于检测婴儿记忆的一种方法。研究者在一个固定的时间段内呈现一个刺激给婴儿(通常投射至婴儿床上方的天花板)并记录婴儿花多长时间注视刺激。在短暂的延迟之后，刺激再次呈现。如果婴儿在第二次呈现后，花更少的时间注视，表明婴儿记得该刺激，因为与第一次呈现相比少了新颖有趣。样本使用 30 名两周大的婴儿，22 名婴儿花更少的时间去注视再次呈现的刺激。这些数据是否显示了显著差异？在 0.01 水平上进行检验。
23. 大多数孩子和成年人能够通过听句子中出现的单词来学习新单词的含义。有研究者(Shulman & Guberman, 2007)测试了三组儿童从句法提示中学习单词意义的能力，三组儿童分别为：孤独症儿童、特定型语言障碍(SLI)的儿童和典型语言发展(TLD)的儿童。尽管研究者使用相对较小的样本，但他们的研究结果表明 TLD 儿童和孤独症儿童可以通过句法线索学习新单词。相比之下，SLI 儿童学习新单词更加困难。假设我们进行类似的研究，让每个孩子听一组包含一个新词的句子，然后从三个选项中选出这个词的含义。
    a. 如果 36 名孤独症儿童中有 25 名选择正确，该结果是否与随机猜测结果有显著差异？在 $\alpha=0.05$ 水平上进行双尾检验。
    b. 如果 36 名 SLI 儿童中只有 16 名选择正确，该结果是否与随机猜测结果有显著差异？在 $\alpha=0.05$ 水平上进行双尾检验。

24. 一位研究者正在测试足球运动员技能-掌握图像项目的有效性。选择了 25 名大学球员，在开始图像项目之前和完成项目 5 周之后分别进行控球障碍赛。25 名球员中有 18 名在图像项目之后障碍赛表现有所提升，7 名球员表现更糟。
    a. 结果是否足以得出这样的结论：图像项目之后表现有显著变化？在 $\alpha=0.05$ 水平上进行双尾检验。
    b. 因为二项式检验的结果是 z 分数边界，使用 $X=18$ 的实限，确认是否整个 z 分数区间都在拒绝域内。
25. 去年，大学咨询中心为极端考试焦虑的学生提供了一场工作坊。45 名学生参加工作坊，其中 31 名学生这学期平均绩点比去年高。这些数据能否说明结果与根据随机概率的期望存在显著差异？在 0.01 水平上进行检验。
26. 为了对抗耐药细菌，研究者在被感染的被试猴子身上尝试一种实验性药物。70 只猴子中有 42 只显示情况改善，22 只情况更糟，还有 6 只没有变化。研究者的工作方向正确吗？药物对传染病有显著作用吗？在 $\alpha=0.05$ 水平上进行双尾检验。
27. 生物反馈训练经常用来帮助偏头痛的人。最近的一项研究发现，在接受生物反馈训练的 50 名被试中有 29 人报告了头痛频率和严重程度的降低。剩下的被试中，10 名报告头痛更严重，11 名报告无变化。
    a. 去掉报告无变化的被试，使用符号检验，在 $\alpha=0.05$ 的水平上确定生物反馈是否有显著差异。
    b. 把无变化的被试平均分入两组，使用符号检验来评估生物反馈训练的效果。

第五部分回顾

学完本部分后，你应该能够计算和解释相关，求线性回归方程，对拟合度和独立性进行卡方检验以及二项式检验。

最常用的相关是皮尔逊相关，用来测量两个变量(X和Y)之间的线性关系方向和程度。变量数据由等距或比率量表(连续分数)测得。回归方程确定描述X和Y之间的关系，并计算每个X值对应Y预测值的最佳拟合线。偏相关能够揭示当消除第三个变量的影响时，X和Y的潜在关系。

皮尔逊公式在其他情境下也用于计算特殊相关。当使用顺序量表(等级)测量X和Y值时，斯皮尔曼相关可以使用皮尔逊相关公式。斯皮尔曼相关测量相关关系的方向和程度。当一个变量由连续数值组成，另一个由二分数值组成，二分数值编码为0和1时，皮尔逊公式可以用于点二列相关。点二列相关测量的是X和Y之间的相关强度，可以通过平方产生与用于评价独立测量t检验效应量r^2值相同的值。当两个变量都是二分数值时，它们都可以编码为0和1，使用皮尔逊相关公式可以得到ϕ系数。作为一种相关，ϕ系数测量关系的强度，常用于效应量的测量，与独立性卡方检验共同应用于检验2×2数据矩阵。

拟合度卡方检验用样本的频数分布来评估一个关于总体分布的假设。拟合度检验的虚无假设通常属于以下两种类别中的一种：

1. 相同比例。虚无假设表述为各类别总体分布比例相同。

2. 没有差异。虚无假设表述为一个总体分布与另一个已知总体分布没有差异。

独立性卡方检验使用样本的频数数据来评估总体中两个变量关系的假设。虚无假设可以用两种不同的方式表达：

1. 没有关系。虚无假设表述为总体中两个变量之间没有关系。

2. 没有差异。一个变量被视为定义了一系列不同总体。虚无假设表述为：第二个变量的频数分布形状(比例)在不同总体之间相同。

二项式检验使用来自样本的频数和比例来检验关于总体二分变量比例的假设。因为当pn和qn都大于等于10时，二项式分布接近正态分布，所以使用正态分布表中的z分数和比例进行检验。

复习题

1. 下列分数存在$Y=X^2$的关系。注意这不是一个线性的关系，但是每当X增加，Y也增加。

X	Y
2	4
4	16
6	36
8	64
10	100

a. 计算X和Y的皮尔逊相关。你应该得到一个不完全正相关。

b. 将分数转换为等级，计算斯皮尔曼相关系数。你应该得到一个完全正相关。

2. 众所周知，相似的态度、信仰和利益对人际吸引有着重要作用(Byrne，1971)。因此，已婚夫妇态度的相关性应该是很强的。假设研究者开发了一个问卷以测量一个人的态度是自由的还是保守的，低分表示有自由的态度，而高分表示保守的态度。假设以下数据是已婚夫妇的分数。

夫妇	妻子	丈夫
A	11	14
B	6	7
C	16	15
D	4	7
E	1	3
F	10	9
G	5	9
H	3	8

a. 使用这些数据计算皮尔逊相关系数。

b. 计算根据妻子分数预测丈夫分数的回归方程。

3. 研究者正在调查影响人们对人脸美丽程度判断的物理特征。研究者选择了一张女人的照片，然后创建两张修改后的照片：一张两眼距离稍远一些；另一张两眼距离稍近一些。将原始照片和两个修改版本向$n=150$名大学生的样本展示，每个学生被要求从三张脸中选择“最美丽”的一张。回答分布如下：

原始照片	眼距远	眼距近
51	72	27

这样的数据能否显示学生对三个版本照片的偏好之间有显著差异？在 0.05 水平上进行检验。

4. 有研究者（Friedman & Rosenman，1974）认为，人格类型与心脏病有关。具体来说，A 型人格具有竞争性、驱动力、压力感，不耐心且更容易得心脏病。而 B 型人格的竞争性更低，更放松，得心脏病概率更低。假设一名研究者想检验人格类型和疾病之间的关系。他对一个随机样本进行标准化的人格类型评估，然后检查他们是否有心脏病并进行分类。观察到的频数如下：

	没病	有病	
A 型	32	18	50
B 型	128	22	150
	160	40	

a. 人格类型和心脏病是否有关？在 0.05 水平上进行检验。

b. 计算 ϕ 系数来测量相关强度。

5. 测量 ESP（超感知觉）最初的一个方法是用齐纳卡片，该卡片专门为测试所设计。每张卡片显示 5 个符号（方形、圆形、星形、波浪线、十字）中的一个。被试必须在卡片翻过来之前预测符号。这个任务的随机正确率为 $\frac{1}{5}$（20%）。使用二项式检验来确定 100 个试次中有 27 次正确的结果与随机概率比是否有显著差异？在 $\alpha = 0.05$ 水平上进行双尾检验。

CHAPTER

第19章

选择恰当的统计方法

本章目录

本章概要
19.1 三种基本的数据结构
19.2 只有一组被试，每个被试只有一个变量分数时的统计方法
19.3 只有一组被试，每个被试测量两个(或多个)变量时的统计方法
19.4 有两组(或多组)分数，每个分数都是同一变量的测量值时的统计方法
习题

所需工具

本章对前面几章所介绍的大多数统计方法进行了有组织的综述，以下所列内容是学习本章需要的基础知识。如果你不确定自己对这些条目知识的掌握情况，你应在学习本章前复习相应的章节。

- 描述统计
- 平均数(第3章)
- 标准差(第4章)
- 相关(第15章)
- 推断统计(第9、10、11、12、13、14、15、16、17、18章)

本章概要

在学生学完统计课程后，偶尔会遇到需要应用所学统计学知识的情况。例如，不论是在研究方法课上，还是作为研究助理，学生都需要对研究结果进行恰当的统计分析。问题是不知道从哪里入手。尽管他们已经学习了很多统计方法，但是并不能将统计方法与一组特定数据相匹配。因此，本章的目的就是针对这个问题提供一些帮助。

我们假设你已经知道(或者可以预料到)你的数据是什么样的了。因此，本章将先介绍一些基本的数据类型，这样一来你可以找到与你的数据相匹配的类型。然后，对于每种类型的数据，我们将会呈现相应可用的统计方法，并指出一些关键因素，以便你能基于数据的具体特征来确定恰当的统计方法。

19.1　三种基本的数据结构

多数研究的数据都可以被归入以下三种类型中。

类型 1：只有一组被试，每个被试只有一个变量分数。

类型 2：只有一组被试，每个被试测量两个(或多个)变量。

类型 3：有两组(或多组)分数，每个分数都是同一变量的测量值。

在本节中，我们会举例说明每一种数据结构。如果你找到与你的数据结构相一致的实例，你就可以到相应的章节中去找恰当的统计方法。

测量量表

在讨论三种数据类型之前，我们先明确一个影响数据分类并且能帮助我们选择恰当统计方法的因素。在第 1 章里，我们介绍了四种类型的量表，并指出不同量表允许采用不同的数学运算和统计方法。不过，对于多数的统计应用来说，比率量表和等距量表是等同的，因此我们将这两种量表放在一起讨论。

比率量表和等距量表产生数值型分数，这些分数可以进行充分的数学运算，比如身高、体重、任务中犯错误的数量、智商分数等。

顺序量表包含等级或者有序的类别，比如将咖啡杯尺寸分成小、中、大，或者将名次排为第一、第二、第三。

称名量表包含一些命名的分类，比如性别(男/女)、专业、职称等。

在每类数据中，我们将呈现代表这三种测量量表的例子，并讨论其适用的统计方法。

类型 1：只有一组被试，每个被试只有一个变量分数

这种数据类型常见于研究目的仅是描述自然存在的一些个体变量的情况。例如，新闻报道，近一半年龄为 12~17 岁的美国青少年每天会发 50 条以上的短信。为了获得这个数据，研究者需要得知每人每天所发短信的数量。得到的结果数据仅包括单组被试的一个变量分数。

这类数据也有可能作为检验多个变量的更大型研究结果的一部分。例如，大学的管理者想要调查一下大学生的饮食、睡眠、学习习惯。尽管要测量多个变量，但目的是一次只观测一个变量。例如，如果管理者想要看看学生平均每周学习的时间，那么数据就属于单组被试且每个被试测量一次的情况。同样地，如果管理者想要看看学生的平均睡眠时长为多少，那么数据也属于单组被试且每个被试测量一次的情况。这类研究(或这类数据)的典型特征是它们不检验不同变量之间的关系，而是逐次描述单个变量。

表 19-1 提供了这类统计数据的三个实例。这三个例子中都有相应的统计分数。第一组数据 a 是等距或者比率量表的数值型分数，第二组数据 b 是顺序量表的结果，第三组 c 是称名量表的结果。这一类数据对应的统计方法将在 19. 2 小节中详细说明。

表 19-1　只有一组被试且每个被试只有一个变量分数的三个示例

a) 24 小时内发短信的数量	b) 高中毕业考试的排名	c) 上一季度是否接种了流感疫苗
X	X	X
6	第 23 名	否
13	第 18 名	否
28	第 5 名	是

（续）

X	X	X
11	第 38 名	否
9	第 17 名	是
31	第 42 名	否
18	第 32 名	否

类型 2：只有一组被试，每个被试测量两个（或多个）变量

这类研究的目的在于检验变量之间的关系。因此研究者需要测量一些不同的变量，对于每个被试至少测得两个分数，每个分数代表不同的变量。需要特别注意的是，研究者并没有试图操纵或控制这些变量，因为它们是自然存在的，所以研究者只是观察并记录这些变量。

尽管可能记录了很多变量，但是研究者通常会选择两个变量并检验其关系。表 19-2 呈现了这类统计数据的四个实例。同类型 1 一样，4 个例子与不同类型的量表相对应。数据 a 测量的是数值型分数；b 是对 a 数据排名的结果；c 呈现的第一个变量是数值分数，第二个变量是称名数据；d 中两个数据都是称名数据。相应的统计方法在 19. 3 节中会讨论。

表 19-2 单组被试中每个被试有两个分数的数据示例

a) SAT 分数（X）和一年级新生的 GPA 得分（Y）		b) 数据 a）中的分数等级	
X	Y	X	Y
620	3. 90	7	8
540	3. 12	3	2
590	3. 45	6	5
480	2. 75	1	1
510	3. 20	2	3
660	3. 85	8	7
570	3. 50	5	6
560	3. 24	4	4
c）年龄（X）和对手表的偏好（Y）		**d）性别（X）和学科专业（Y）**	
X	Y	X	Y
27	数码	男	科学
43	长短针	男	人文
19	数码	女	艺术
34	数码	男	职业
37	数码	女	职业
49	长短针	女	人文
22	数码	女	艺术
65	长短针	男	科学
46	数码	女	人文

类型 3：有两组（或多组）分数，每个分数都是同一变量的测量值

另一种检验变量间关系的方法是使用一个变量的类别来定义不同的组，然后测量第二个变量，从而获得每组的数据。用于定义组的第一个变量通常类型如下：

（1）被试特征：如性别、年龄。

（2）时间：如治疗前和治疗后。

（3）处理条件：如有咖啡因和无咖啡因。

如果一组数据与另一组数据存在一致的差异，则数据显示变量间存在关系。例如，女生组的成绩始终高于男生组，则说明成绩与性别之间存在关系。

另一个区分数据类型的因素是重复测量和独立测量之间的差异。独立测量在第 10 章和第 12 章中介绍过，重复测量在第 11 章和第 13 章中介绍过。简单回顾一下，独立测量又称为组间设计，需要不同组被试的分数。例如男生和女生成绩的研究需要两组被试各自的成绩。重复测量也叫组内设计，是指从同一组被试测得多组分数。最常见的重复测量是前后测实验设计，例如对一组被试在处理前和处理后实施测量。

表 19-3 呈现了这类数据的实例，这个表格既包含独立测量的例子，也包含重复测量的例子，表中还包含了不同类型量表的测量结果。对应的统计方法在 19. 4 节中会讨论。

表 19-3 两组（或多组）被试且每组被试的分数都是同一变量测量值的数据示例

a）女性拍照时使用红色或白色背景的吸引力评分		b）24 小时睡眠剥夺前后的表现成绩		
白	红	被试	前测	后测
5	7	A	9	7
4	5	B	7	6
4	4	C	7	5
3	5	D	8	8
4	6	E	5	4
3	4	F	9	8
4	5	G	8	5

c）被试单独工作或团队协作时的成功或失败情况		d）高中各年级学生花在 Facebook 上的时间（少、中、多）			
单独	分组	新生	二年级	三年级	四年级
失败	成功	中	少	中	多
成功	成功	少	多	多	中
成功	成功	少	中	多	中

（续）

单独	分组	新生	二年级	三年级	四年级
成功	成功	中	中	多	多
失败	失败	少	中	中	多
失败	成功	多	多	中	多
成功	成功	中	多	少	中
失败	成功	少	中	大	多

19.2 只有一组被试，每个被试只有一个变量分数时的统计方法

这类数据的一个特征是研究者通常不想检验变量之间的关系，而仅为描述单个变量。因此，此类数据的统计方法主要为概括和描述。

我们应该注意，用于描述单组数据的描述性统计方法，通常也可以用于描述更复杂的多组数据中的某组数据。例如，研究者可能想要对比男女两组的数据（数据来自类型 2）。然而，在此研究中，用于描述男性被试组的统计方法与用于描述仅有男性数据的单组研究的统计方法是相同的。

分数来自比率量表或等距量表：数值型分数

当数据由来自等距或比率量表的数值组成时，有多种描述统计和推断统计的方法可供选择，下面我们将介绍最适合的统计方法及替代选择。

描述统计　数值型分数最常使用的描述统计方法是计算平均数（第 3 章）和标准差（第 4 章）。对于集中趋势的描述，如果存在一些极端值或偏态分布，中数（第 3 章）可能比平均数更合适。

推断统计　如果可以计算出平均数，则可以用单样本 t 检验（第 9 章）对虚无假设进行检验。虚无假设可以源于以下几个条件：

（1）如果分数在一个有明确界定中位点的量表中，则可以使用 t 检验来判断样本平均数是否与中位点存在显著差异（高于或低于）。以一个 7 点量表为例，$X=4$ 经常被定义为中位值，因此，虚无假设表述为总体的平均数等于（大于或小于）$\mu=4$。

（2）如果要对比的总体的平均数是已知的，那么可以用 t 检验确定样本的平均数是否与已知的平均数存在显著差异。例如，已知一年级儿童完成标准阅读能力测试的平均分数为 20。如果一个样本中包含的所有一年级学生为独生子女，那么虚无假设可以表述为：此样本所在总体中的儿童平均数同样等于 20。已知的平均数同样可以源于很久以前的调查，比如 10 年前。假设确定的是目前总体中一个样本的平均数是否相较于 10 年前的平均数发生了较大的变化。

单样本 t 检验评估了统计结果的显著性。结果显著（$p<\alpha$）意味着数据结果极不可能由随机的、偶然的因素产生。然而，这个检验不能测量效应的大小或强弱。因此，在进行 t 检验的同时需要计算效应量，例如 Cohen's d 值或者 r^2（方差解释率）。

分数来自顺序量表：等级或顺序类别

描述统计　有时，原始分数是顺序量表测量的结果。数值分数同样可以转化为等级或顺序类别的数据（比如小、中、大）。描述顺序量表的集中趋势时通常使用中数，而描述个体在类别间的分布时则通常使用比例。例如，研究者可能报告，有 60% 的学生属于高自尊类型，30% 的学生属于中等自尊类型，而 10% 的学生属于低自尊类型。

推断统计　如果虚无假设规定了分数来自总体各等级类别的比例，那么拟合度卡方检验（第 17 章）可用于评估假设。如果数据只有两类，那么也可以使用二项式检验（第 18 章）。例如，假设各类别在总体中出现概率均等，检验会确定样本中各比例是否显著不同。如果将顺序数据由数值转化为等级类别数据并用 z 分数定义类别的边际值，那么虚无假设表述为总体分布是正态的。卡方拟合度检验的目的是探究样本分布是否与正态分布存在显著差异。例如，虚无假设表述为，分布具有以下比例（根据正态表，描述正态分布）。

$z<-1.5$	$-1.5<z<-0.5$	$-0.5<z<0.5$	$0.5<z<1.5$	$z>1.50$
6.68%	24.17%	38.30%	24.17%	6.68%

分数来自称名量表

这类分数只能定义每个个体所属的称名种类。例如，个体可以被划分为男性/女性或者被划分为不同的职业类别。

描述统计　适合这类数据的描述统计是描述集中趋势的众数（第 3 章），或者用比例（百分比）来描述类别的分布。

推断统计　如果虚无假设规定了分数所来自总体各类别的比例，并且分数是从总体中抽取的，那么拟合度卡方检验（第 17 章）可用于评估假设。如果只有两个类别，也可采用二项式检验（第 18 章）。例如，

可以假设在总体中，每个类别出现的比例是相等的。如果一个可供比较的总体比例或者总体之前的比例已知，那么虚无假设可以指定当前总体比例是相同的。例如，如果已知在美国每个季节有35%的成人患流感，然后研究者选取大学生样本并计算有多少人患流感(见表19-1)。卡方检验或二项式检验的虚无假设认为大学生分布与一般总体的分布没有差异。卡方检验如下。

	患流感	不患流感
H_0:	35%	65%

对于这个二项式检验，H_0：$p=p(\text{患})=0.35$，$q=p(\text{不患})=0.65$

图19-1总结了类型1数据的统计方法。

19.3 只有一组被试，每个被试测量两个(或多个)变量时的统计方法

统计分析这类数据的目的是描述和评估变量之间的关系，通常一次只关注两个变量。由于仅有两个变量，适用的统计方法是相关(第15章)、线性回归(第16章)、独立性卡方检验(第17章)。在面对三个或多个变量时，适用的统计方法是偏相关(第15章)和多元回归(第16章)。

来自等距或比率量表的两个数值变量

用皮尔逊相关测量两个变量之间线性关系的程度和方向(例15-3)。用线性回归决定数据的最佳拟合直线方程。数据中的每个X值，都会在直线上产生一个预测Y值，使真实Y值与预测Y值之间距离的平方最小化。

描述统计 皮尔逊相关用作描述统计。具体来讲，相关的符号和大小描述两个变量之间的线性关系。相关的平方描述关系的强度。线性回归方程提供了X值和Y值之间关系的数学描述。斜率表示当X每增长1分时Y的变化量。常数(Y轴截距)表示当X等于零时，Y的值。

推断统计 判断皮尔逊相关的统计显著性需要将样本相关与附录A中表6列出的临界值进行比较。显著相关意味着，样本相关在总体中不存在对应关系的情况下是极不可能出现的($p<\alpha$)。回归分析是评估回归方程显著性的一种假设检验程序。统计显著性意味着，相比于X值和Y值之间没有真实关系时的期望而言，方程能预测Y分数更多的变异。

两个顺序变量(等级或顺序类别)

当两个变量是由顺序量表(等级)测量时，应使用斯皮尔曼相关。当来自等距或比率量表的一个或两个

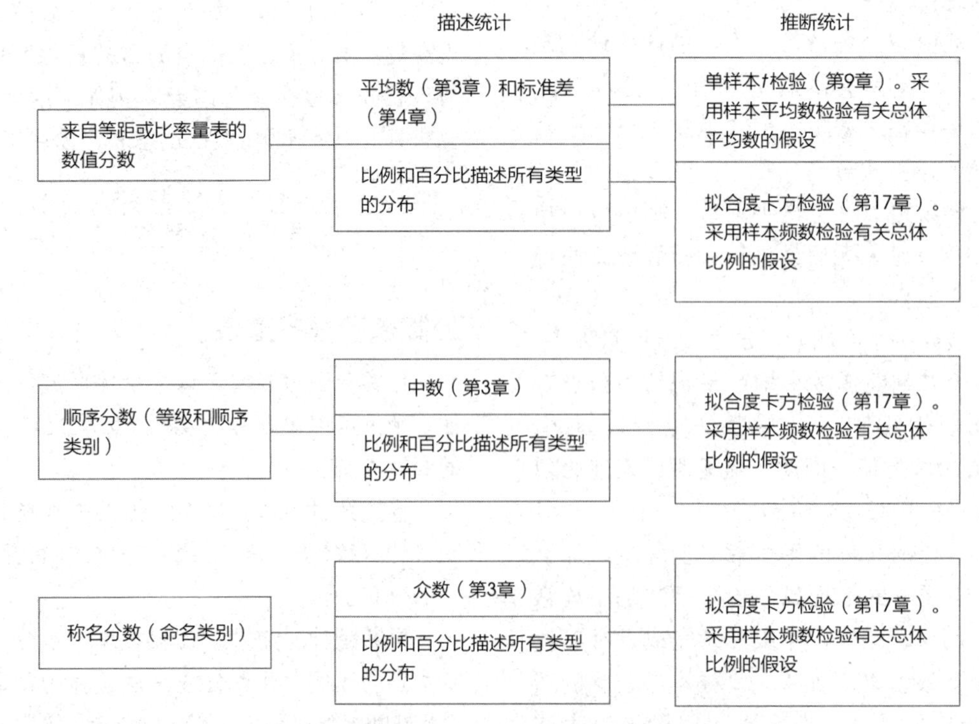

图19-1 类型1数据的统计方法。其目的是描述自然存在的变量

变量是数值分数时，可以先将数值分数转换成等级，再用斯皮尔曼相关进行计算。

描述统计　斯皮尔曼相关描述了单调关系的程度和方向，即关系在某一个方向上的程度。

推断统计　斯皮尔曼相关的统计显著性是将样本相关与附录 A 中表 7 所列临界值比较来评估的。显著相关意味着，样本相关在总体不存在对应关系的情况下是极不可能出现的($p<\alpha$)。

一个数值变量和一个二分变量

点二列相关可以测量一个数值变量和一个二分变量(一个变量恰好有两个值)之间的关系。为计算相关，将二分变量的两个类别用数值进行编码，常用 0 和 1 来表示。

描述统计　因为二分变量是用任意数字进行编码，因此讨论两个变量相关的方向没有意义。然而，相关的大小或相关的平方，可用以描述关系的程度。

推断统计　点二列相关的数据可以重构成适用于独立测量 t 检验的格式，或者直接用点二列相关计算 t 值。假设检验的 t 值决定了这个关系的显著性。

两个二分变量

当两个变量都是二分变量时，使用 ϕ 系数。为计算相关，每个变量的两个类型都用数值进行编码，常用 0 和 1 表示。

描述统计　因为 ϕ 系数是任意数字编码的，因此讨论变量相关的方向没有意义。然而，相关的大小或相关的平方，可用以描述关系的相关程度。

推断统计　来自 ϕ 系数的数据可以重构成适用于 2×2 的独立性卡方检验的格式，或者直接由 ϕ 系数计算卡方值(例 17-3)。卡方值决定了关系的显著性。

来自任意测量量表的两个变量

独立性卡方检验为评价两变量之间的相关关系提供了选择。对于卡方检验，两个变量都可由任意量表测量，只要种类的数量较少即可。对于范围比较大的数值分数，可按顺序将它划分为几组。例如，将 93~137 的 IQ 分数划分为高、中和低三类。

在卡方检验中，这两个变量可被用于创建数据的频数分布矩阵。一类变量为矩阵的行，另一类为列。矩阵中的每个单元格会记录频数或人数，其分数与单元格的行和列对应。例如，表 19-2d 中的性别和专业分数可重组为以下矩阵。

	文学	人类学	科学	职业
女性				
男性				

每个单元格中的数值是由行(学生性别)、列(学科专业)共同确定的学生数量。卡方检验的虚无假设为性别和专业之间没有关系。

描述统计　卡方检验是不包括描述统计的推断统计过程。然而，它通常通过呈现完整的观察频数分布矩阵来描述数据。研究者会通过指出单元格间存在的较大差异来描述结果。例如，在第 17 章的本章概要中，我们描述了关于目击证人记忆的研究，研究者请被试观看一场讲车祸的电影并就他们所看到的回答一些问题。要求一组被试估计当汽车“撞毁”时的平均速度，另一组估计当汽车相互“碰撞”时的平均速度。一个星期之后询问被试另一个问题：他们是否看到了撞碎的玻璃。其中一部分被试表示确实看到了撞碎的玻璃。确切地说，“撞毁”组被试回答“是”的概率是“碰撞”组的两倍。

推断统计　卡方检验评估两个变量之间相关的显著性。结果显著表示如果总体中变量间不存在潜在关系，那么极不可能产生该数据的频数分布($p<\alpha$)。就像许多假设检验一样，显著结果不提供关于关系大小和强度的信息。因此可以选择 ϕ 系数或者 *Cramér's V* 系数测量效应量。

来自等距或比率量表的三个数值变量

为了评估三个变量之间的关系，适宜的统计方法是偏相关(第 15 章)和多元回归(第 16 章)。偏相关是指控制第三个变量，只分析其余两个变量之间的相关关系。多元回归可决定对数据点给出最佳拟合的线性方程。对于数据中的每一对 X 值，方程会产生预测的 Y 值，以使实际 Y 值和预测 Y 值之间距离的平方最小化。

描述统计　偏相关描述了在控制第三个变量的情况下，其余两变量之间线性关系的方向和程度。这种方法可以确定前两个变量之间的关系受第三个变量影响的程度。多元回归方程为两个 X 值和 Y 值之间的关系提供了数学描述。这两个斜率常数分别描述了当相应的 X 值增加 1 分时 Y 值的变化量。常数表示当两个 X 都等于 0 时的 Y 值。

推断统计　偏相关的统计显著性是通过将样本相关和附录 A 的表 6 中所列的临界值进行比较来评估的

($df=n-3$，取代常规皮尔逊相关中的 $n-2$)。显著相关表示如果总体不存在对应的关系，那么样本相关是极不可能出现的。回归分析可评估多元回归方程的显著性。统计显著性表示该方程对 Y 分数方差的预测变异比两个 X 值和 Y 值之间不存在真正关系时期望的更大。

包括数值变量和二分变量的三个变量

偏相关(第 15 章)和多元回归(第 16 章)也可用于评估三个变量之间的关系，其中包括一个或多个二分变量。在进行偏相关和多重回归的计算之前，对二分变量的两个类别进行数字编码，常用 0 和 1 表示。这两种统计方法的描述统计和推断统计与数值分数的统计一样，只是关系方向(或斜率常数的符号)对二分变量没有意义。

图 19-2 总结了适用于类型 2 数据的统计方法。

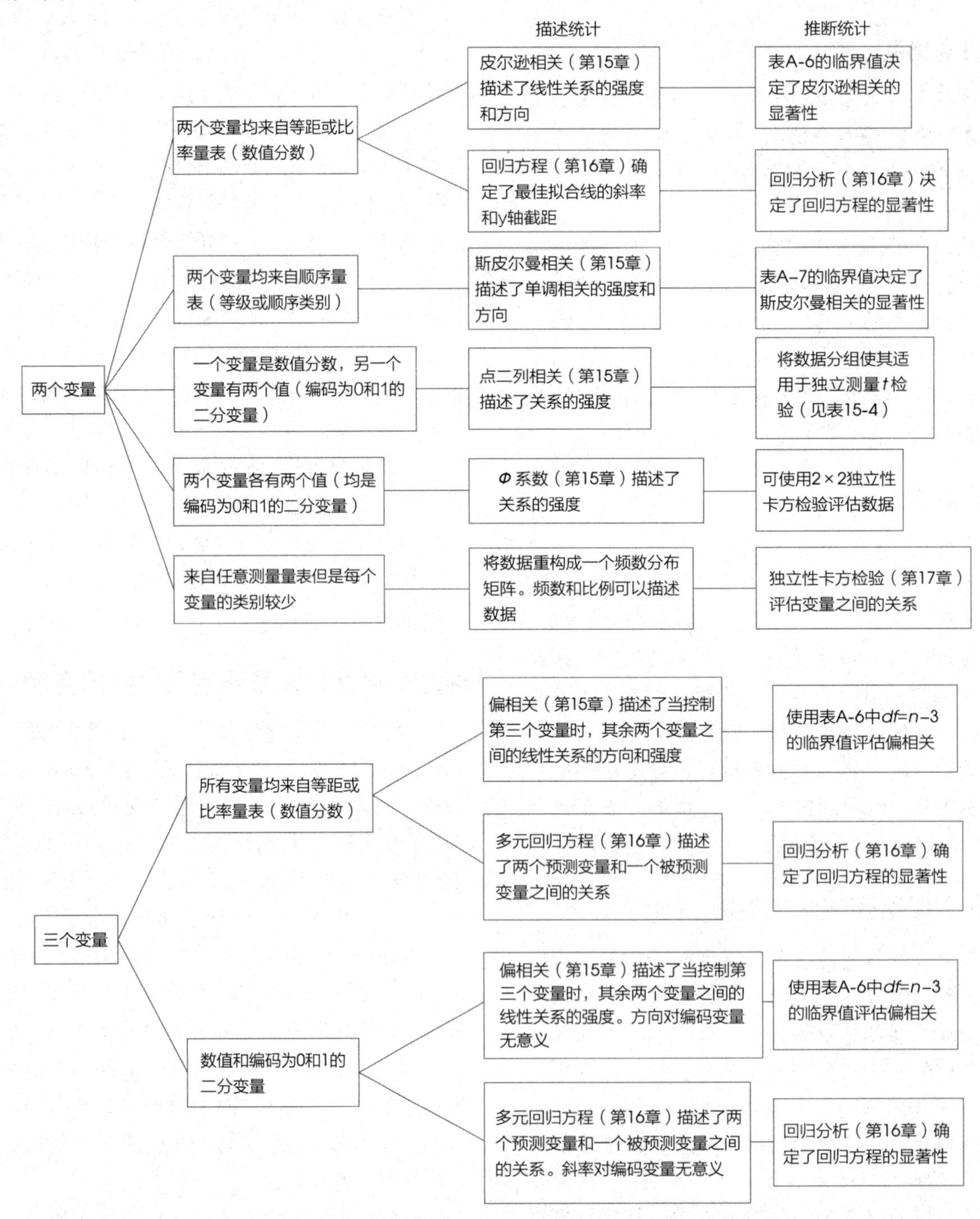

图 19-2　类型 2 数据的统计方法。目的是描述和评估变量间的关系

19.4 有两组(或多组)分数，每个分数都是同一变量的测量值时的统计方法

这类数据包括单因素和双因素设计。在单因素研究中，其中一个变量定义组别，另一个变量(因变量)是测得的每一组的分数。对于双因素设计，两个变量用于建立数据矩阵，其中一个变量的值作为矩阵的行，另一个变量的值作为矩阵的列。第三个变量(因变量)是测得的矩阵中每一单元格内的分数。为简化讨论，我们先集中于单因素设计而在章末单独的一节讨论双因素设计。

单因素研究设计的目的是通过呈现组间一致性的差异来表明两个变量之间的关系。每一组的分数可以是来自等距或比率量表的数值，也可以是来自顺序量表的数值，或仅仅是称名量表上的类别。不同的测量量表对应不同的数学运算，进而导致不同的统计分析。

分数来自等距或比率量表：数值分数

描述统计　当每组分数都是数值时，概括和描述每组的描述统计标准程序是计算平均数(第 3 章)和标准差(第 4 章)。对于比较两组分数的重复测量研究，同样需要计算每个被试两个分数之间的差异，然后报告差异分数的平均数和标准差。

推断统计　方差分析(ANOVA)和 t 检验用于评估各组分数之间的平均数差异的统计显著性。当只有两组数据时，这两种检验都可以使用。当多于两组数据时，可用 ANOVA 评估平均数差异。对于独立测量设计(组间设计)，独立测量 t 检验(第 10 章)和独立测量 ANOVA(第 12 章)都是适用的。对于重复测量设计，重复测量 t 检验(第 11 章)和重复测量 ANOVA(第 13 章)都适用。对于所有的检验来说，结果显著表示如果总体平均数差异不存在，那么所对应数据的样本平均数差异极不可能产生($p<\alpha$)。在用 ANOVA 比较两组以上的平均数时，F 值显著表明需要进行诸如 Scheffé 或 Tukey 的事后检验来决定哪对样本平均数存在显著差异。t 检验的结果显著需同时进行效应量的测量，如 Cohen's d 或 r^2。对于 ANOVA，通过计算方差解释率 η^2 来测量效应量。

分数来自顺序量表：等级或顺序类别

对于等级排序的分数，有专门针对顺序数据的假设检验，以决定一组的等级相对于其他组的等级差异是否显著。此外，如果分数限于较少的顺序类别，那么独立性卡方检验可用于确定各组之间的比例是否存在显著性差异。

描述统计　顺序分数可用每组中的等级或者顺序分类进行描述。例如，一组的等级可能会始终大于(或小于)另一组的等级。或者说，“高”评估集中于一组，而“低”评估集中于另一组。

推断统计　附录 D 呈现了评估顺序数据组间差异的一系列假设检验。

(1) Mann-Whitney U 检验用于评估独立测量设计两组分数之间的差异。分数是通过合并两组，并对全体被试从小到大进行等级排序而获得的等级。

(2) Wilcoxon 符号秩次检验用于评估重复测量设计两组之间的差异。分数是按等级差异大小排序而获得的，与符号无关。

(3) Kruskal-Wallis 检验适用于评估独立测量设计的三组甚至更多组间的差异。分数是通过合并所有组并按等级将全体被试从小到大进行等级排序而获得的等级。

(4) Friedman 检验适用于评估重复测量设计的三组甚至更多组间的差异。分数是每个被试的分数进行排序而获得的等级。例如，当有三种条件时，每个被试被测量三次，分别得到三种条件下的等级。

对于所有检验，结果显著说明除非总体中存在一致的差异，否则组间的这种差异极不可能出现($p<\alpha$)。

独立性卡方检验(第 17 章)可用于评估独立测量设计组间的差异只有相对较少的顺序类别时的因变量差异。在这种情况下，数据通常是以频数分布矩阵的方式呈现的，用组别定义行，用顺序类别定义列。例如，研究者将高中学生按年级分组(一年级、二年级、三年级、四年级)，并测量每个学生使用 Facebook 的时间长短，时间按等级分为三类(短、中、长)。这个例子的结果数据如表 19-3b 所示。然而，同样的数据可重新组成以下频数分布矩阵：

	使用 Facebook 的时间		
	短	中	长
一年级			
二年级			
三年级			
四年级			

每个单元格中的值代表学生的数量，表中的行和列分别代表学生的年级和他们使用 Facebook 的时间。在这种情况下，通常使用独立性卡方检验来评估组间差异。结果显著则说明样本数据的频数（比例）极不可能出现（$p<\alpha$），除非各组总体分布的比例不同。

分数来自称名量表

描述统计 与顺序数据一样，来自称名量表的数据一般通过不同类别个体的分布来描述。例如，一组分数可能被归在一个或一系列类别中，而另一组的分数可能被归在另一些类别中。

推断统计 当称名类型的数量较少时，数据可用频数分布矩阵表示，其中，用组别定义矩阵的行，用称名类别定义矩阵的列。每一个单元格中的数字表示频数，或者属于这个组别的人数。例如，表 19-3c 中的数据显示了独立工作和团队协作的被试在一项任务中成功和失败的频数。这些数据可重新组织如下。

	成功	失败
独立工作		
团队协作		

在这种情况下，可用独立性卡方检验（第 17 章）来评估组间差异。结果显著表明如果两个总体分布有相同的比例（相同形状），那么这两个样本分布极不可能出现（$p<\alpha$）。

分数来自等距量表或比率量表的双因素设计

有两个自变量（或准自变量）的研究设计，称为双因素设计。这些设计可用一个因素各水平定义行，另一个因素的各水平定义列的矩阵呈现。测量第三个变量（因变量）以获得矩阵中每个单元格的一组分数（详见例 14-1）。

描述统计 如果每组的分数均为数值，那么标准的程序是计算每组分数的平均数（第 3 章）和标准差（第 4 章）作为描述统计方法来概括和描述每组数据。

推断统计 双因素方差分析用于评估单元格间平均数差异的显著性。ANOVA 将平均数差异分为三类，并进行三项独立的假设检验：

（1）*A* 因素的主效应评估第一个因素总的平均数差异，即数据矩阵中各行间的平均数差异。

（2）*B* 因素的主效应评估第二个因素总的平均数差异，即数据矩阵中各列间的平均数差异。

（3）因素间的交互作用评估主效应中没有说明的各单元格间的平均数差异。

对于每项检验，结果显著说明如果总体中没有相应的平均数差异，那么样本数据中的平均数差异极不可能出现（$p<\alpha$）。对于这三项检验的任意一项，其效应量都可以通过计算方差解释率来衡量，即 η^2。

图 19-3 总结了适用于类型 3 数据的统计方法。

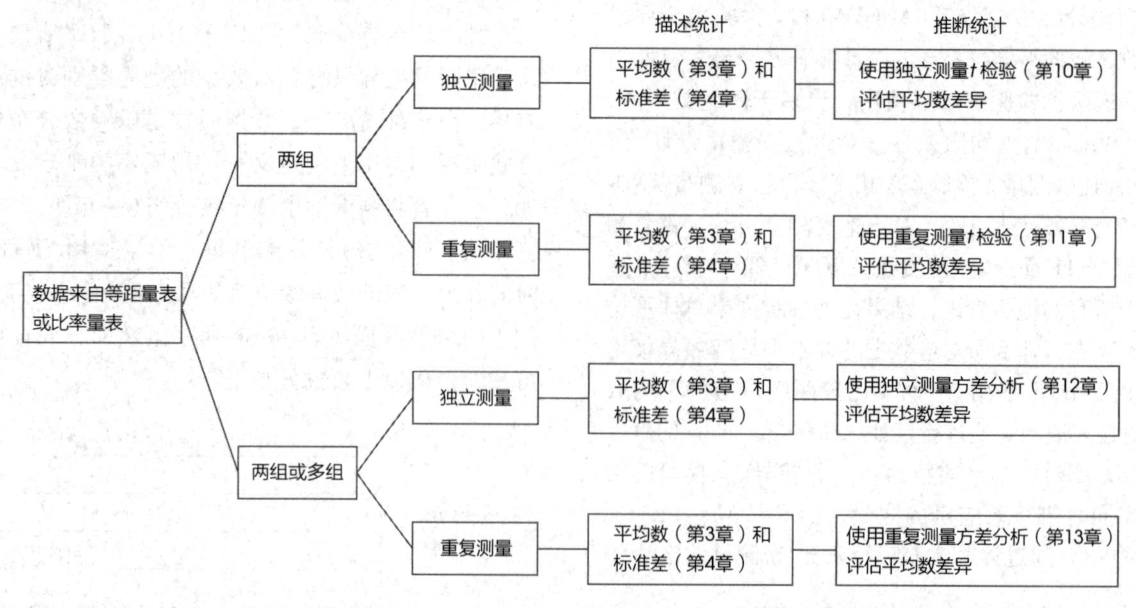

图 19-3 类型 3 数据的统计方法。目的是描述和评估各组分数间的差异

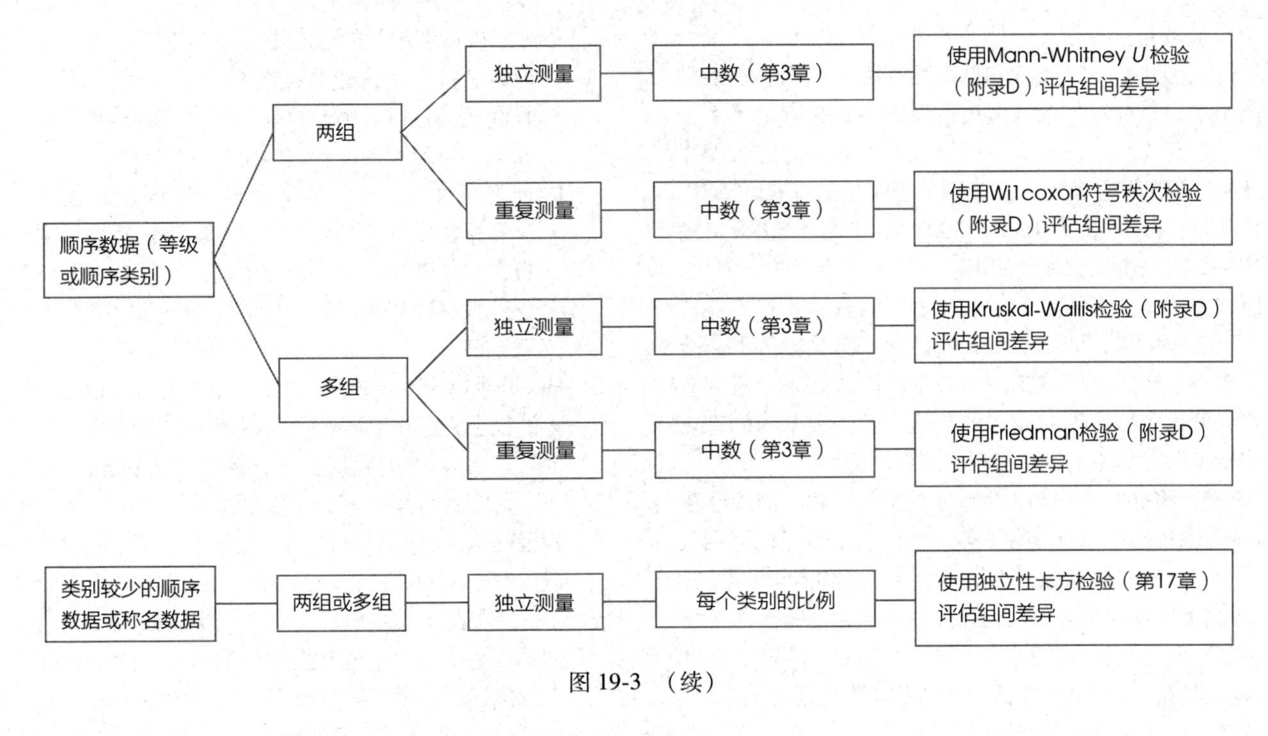

图 19-3 （续）

习 题

以下每题都描述了一个研究情境和得到的数据，请你确定合适的统计方法。如有可能，指出描述统计、推断统计和效应量的测量。

1. 研究显示，像蓝莓这样的食物中含有的抗氧化剂可以减少甚至扭转与年龄增长有关的认知功能退化（Joseph et al.，1999）。为了研究这一现象，研究者选取了 $n=25$ 名年龄为 70~75 岁的个体作为被试，并且要求每一名被试完成一项认知功能的测验。然后让被试每天服用一次蓝莓补剂，四个月后再进行一次认知功能测验。研究者将对比被试的两次测验分数来判断其认知功能是否有所改变。
2. 最近，某小学在预算削减的压力下不得不增加每个班级的人数。为了了解学生对此变化的反应，该小学对学生们进行了一项调查，询问他们的班级与去年的班级相比是“更好、更差还是没有区别”。调查的结果将用来描述学生对此项改变的态度。
3. 去年秋天，学校开展了一个同辈导师的活动，给 $n=75$ 名新生每人分配一名高年级学生作为导师。为了评估这个项目的效果，学校调查了第二年的返校人数。数据显示，在参加了同伴导师项目的学生群体中，有 88%的学生返校，在没有参加此项目的学生群体中，只有 72%的学生返校。
4. 为了测量孕妇的酒精摄入情况和新生儿出生体重之间的关系，研究者选取了 $n=20$ 只处于妊娠期的白鼠，并且在小鼠出生前两周在母鼠的食物中混入酒精。从每只母鼠的幼崽中随机选择一只，记录 $n=20$ 只幼鼠的平均体重。已知正常情况下幼鼠的平均体重为 5.6 克。
5. 为了研究发短信和驾驶技能之间的关系，研究者在大学停车场用橘色圆锥体设置了一个驾驶环路，然后在环路上对一组学生进行测验，其中一次是在接收和发送短信时进行测试，另一次是在不发短信的情况下进行测试。研究者记录下每个学生在每一圈驾驶时撞击橘色圆锥体的次数。
6. 研究发现，青少年自尊的提升与其童年期体育和文化活动的参与有关（McGee，Williams，Howden-Chapman，Martin，& Kawachi，2006）。在一项有代表性的研究中，研究者选取了两组青少年，其中一组是在童年期参加了体育和文化活动的青少年，另一组则是在童年期没有参加过体育或文化活动的青少年，每组各 $n=100$ 人。研究者分别用标准化问卷测量了这两组儿童的自尊水平。
7. 有研究证据表明，有文身的人看起来比没有文身的人更消极。（Resenhoeft，Villa，& Wiseman，2008）。在一项类似研究中，一位研究者向男大学生展示了女性的照片，并要求学生在 7 点量表上评价每位女性的吸引力。其中一位女性被选为目标人物。对一组被试呈现的目标人物肩膀上有一个巨大的文身，而对另一组被试呈现的目标人物身上没有文身。研究者将比较两组被试对目标人物的评分，以确定文身是否对感知到的吸引力有影响。
8. 为了探究温度和湿度对个体表现的影响，研究者进行了实验研究。将温度条件分为70、80和90华氏度并将这三种温度与高湿度和低湿度匹配成六组。在六种情况下，分别对每组被试进行测验。研究者记录每个被试在问题解决任务中出现错误的次数。研究者将以此探究温度和湿度对个体表现的影响。

9. Hallam、Price 和 Katsarou(2002)研究了背景噪声对10~12岁儿童课堂表现的影响。在一个类似的研究中，研究者让第一个教室的学生在舒缓的音乐背景下完成一项算数任务，让第二个教室的学生听到激烈的、令人兴奋的音乐，而在第三个教室不播放音乐。研究者将计算每个学生答对问题的数量，以确定不同的音乐背景条件对学生的课堂表现是否存在影响。

10. 研究者将探究人格与出生顺序的关系。将一组大学生分为四种出生顺序类别(第一、第二、第三、第四或更晚)，同时将这组大学生分为外向型和内向型两类。

11. 研究者正在探究人格与出生顺序的关系。将一组大学生分为四种出生顺序类别(第一、第二、第三、第四或更晚)，并让他们完成一项人格测验，即在一个50点量表上测量他们的外向型程度。

12. 一项针对高三女生的调查包含一个问题，即每天早晨上学前她们要在衣服、头发和化妆上花费多长时间。研究者计划把结果作为对当今高中生总体描述的一部分。

13. Brunt、Rhee 和 Zhong(2008)调查了557名大学生的体重、健康行为和饮食习惯。在一项类似的研究中，研究者使用身体质量指数(BMI)将一组学生分成四类：过轻、正常、过重和肥胖。研究者还调查了学生每天摄入的脂肪和(或)含糖零食的数量。他们想要用这些数据探究体重和饮食习惯之间是否存在关系。

14. 研究者想要确定2~3个月大的婴儿是否具有颜色偏好。研究者将婴儿放置在屏幕前，在屏幕上呈现四个色块，分别为红色、绿色、蓝色和黄色。在30秒内，研究者测得了每个婴儿注视每个色块的时间。被注视时间最长的色块的颜色被认为是婴儿偏好的颜色。

15. 研究者针对毕业生实施了一项调查，要求他们在一个7点量表上评估自己对当前就业市场的乐观程度。研究者想要把结果作为描述当今毕业生的一部分。

16. 标准化测量表明，在过去的50年中，儿童的平均焦虑水平逐渐增长(Twenge，2000)。在20世纪50年代，儿童外显焦虑量表的平均分为$\mu=15.1$。研究者对如今的$n=50$名儿童实施了相同的测验，以探究儿童的平均焦虑水平是否存在显著变化。

17. Belsky、Weinraub、Owen 和 Kelly(2001)报告了学前教育对幼儿发展的影响。一项研究结果表明，与母亲分离时间越长的儿童越有可能在幼儿园里表现出行为问题。研究者请一名幼儿园老师对班级里$n=20$名儿童表现出破坏性行为的程度进行等级排序。
    a. 研究者接着将这些学生分成两组：一组是有学前教育经历的儿童，另一组是几乎没有学前教育经历的儿童。研究者要比较这两组的等级。
    b. 研究者对每个孩子的父母进行了面谈，以确定每个孩子接受了多长时间的学前教育。然后根据儿童接受学前教育的时长，对他们进行排名。研究者用这些数据探究学前教育与破坏性行为之间是否存在联系。

18. McGee 和 Shevlin(2009)发现，一个人的幽默感对这个人的吸引力存在显著影响。在一项类似的研究中，研究者为女大学生提供了三个潜在约会对象的简短描述。研究者对其中一个作为目标的约会对象做了较为积极的描述，包括单身、胸怀大志、有良好的工作前景。对一半的被试，研究者在这段描述中还增加说明了他有很强的幽默感。而对另一半的被试，研究者在这段描述中说明了他并没有幽默感。在读完对这三个人的描述后，要求被试根据三个人的吸引力，把他们分别排为第一、第二和第三名。对给予不同描述的两组，研究者记录了每组中目标人物被排在第几位。

19. 许多研究发现，男性的自尊水平高于女性，这种情况在青少年中尤为明显(Kling，Hyde，Showers，& Buswell，1999)。最近的一项研究发现，在测量自尊水平的标准化问卷中，男性的平均得分比女性的高8分。研究者想要知道这一结论是否能说明两性的自尊水平存在显著差异。

20. 研究表明，IQ分数随年龄增长而不断升高(Flynn，1999)。研究者想要确定这一趋势是否能用一元线性方程来描述，以表明年龄和IQ分数之间的关系。于是研究者对一个样本中的100名年龄在20岁和85岁之间的成人实施相同的智力测验。记录每个人的年龄和IQ分数。

21. 研究者想要探究针灸治疗对慢性背痛的疗效。从患有慢性背痛的病人中随机选取一个$n=20$的被试样本。每个被试都对其当前的背痛程度做出评估，然后开始为期6周的针灸治疗。在治疗结束后，被试再次评估其背痛程度，研究者记录每名被试的背痛程度升高还是降低了。

22. 研究结果表明，人们往往认为外表好看的人更聪明(Eagly，Ashmore，Makhijani，& Longo，1991)。为了证明这一现象，研究者选取了一组$n=25$的男大学生的照片。把这些照片呈现给样本中的女大学生看，让她们在7点量表上评价每张照片中男大学生的几个特征，包括智力和吸引力。计算每张照片的平均吸引力等级和平均智力等级。研究者将用这些平均数探究感知到的吸引力和感知到的智力之间是否存在关系。

23. 研究表明，比起明亮的环境，人们在相对昏暗的环境下更容易表现出不诚实和自私的行为（Zhong，Bohns，& Gino，2010）。在一个相关的实验中，学生们进行了一次考试，然后根据老师读的正确答案给自己的试卷打分。一组学生在明亮的房间里考试，另一组学生在相对昏暗的房间里考试。研究者记录了每个学生报告的正确答案的数量，以探究两组之间是否存在显著差异。
24. 一些研究证据表明，在单项选择测验中如果你重新思考并更改答案，你很可能会提高你的测验分数（Johnston，1975）。为了检验这一现象，老师鼓励学生在交卷之前重新思考他们的答案，并要求学生记录他们的原始答案和更改后的答案。在试卷回收后，老师发现有 18 名学生通过更改答案提高了他们的成绩，而仅有 7 名学生在更改答案后成绩更低。老师想要知道这一结果是否具有统计学意义。
25. 研究者想要评估顾客对三家手机运营商的服务和覆盖范围的满意度。在 $n=25$ 的被试样本中，每名被试先使用一家运营商的手机两周，然后换用另一家的手机两周，最后换用第三家的手机两周。最后，每名被试对三家运营商进行评定。
    a. 假设每名被试在 10 点量表上评定每家运营商。
    b. 假设每名被试都对这三家运营商进行排名，排出第一、第二和第三名。
    c. 假设每名被试直接选出三家运营商中最受欢迎的一家。
26. 一些研究表明，在学习期间使用 Facebook 的大学生往往比不用 Facebook 的大学生成绩更低（Kirschner & Karpinski，2010）。一项有代表性的研究调查了学生在学习或做家庭作业时使用 Facebook 的时长。基于花费在 Facebook 上的时长，研究者将学生分为长、中、短三组，并记录他们的平均绩点。研究者想要探究学业成绩和使用 Facebook 的时长之间的关系。
27. 研究者为了检验睡眠剥夺对运动技能表现的影响，对 $n=10$ 的被试样本，分别实施了 24 小时、36 小时、48 小时的睡眠剥夺后，要求所有被试进行一项运动技能任务的测试。因变量是被试在运动技能任务中犯错误的次数。
28. Ryan 和 Hemmes（2005）研究了家庭作业与学习之间的关系。被试选自每周都有家庭作业和小测试的班级里的大学生。在连续几周内，学生必须做家庭作业，作业将计入学生的成绩。在其他几周内，学生可选做家庭作业，作业不计入他们的成绩。可以预见的是，大多数学生只完成了要求必做的作业，而没有完成可选做的作业。对于每一个学生，研究者都记录了在完成必做作业的几周内的平均测验分数和完成选做作业的几周内的平均测验分数，以检验当学生被强制要求完成作业时，他们的成绩是否得到了显著提高。
29. Ford 和 Torok（2008）发现，大学校园里激励型的标语能有效增加学生进行的身体活动。在一项类似的研究中，研究者首先统计了在 30 分钟的观察期内，大学的一栋楼里走楼梯的师生人数和坐电梯的师生人数。接下来的一周，研究者在电梯和楼梯旁张贴了“迈向更健康的生活方式”和“普通人爬楼梯每分钟消耗 10 卡路里”等标语，随后研究者再一次统计走楼梯和坐电梯的人数，以探究这些标语是否对行为有显著影响。

附录

附录 A　统计表

表 1　正态分布表

A 列是 z 分数的值，垂直线通过正态分布并在 z 分数的位置将分布分为两部分。
B 列表示面积较大的部分，称为主体。
C 列表示面积较小的部分，称为尾端。
D 列表示平均数和 z 分数之间的部分。
注：由于正态分布是对称的，所以负 z 分数的部分和正 z 分数的部分在数值上是相等的。

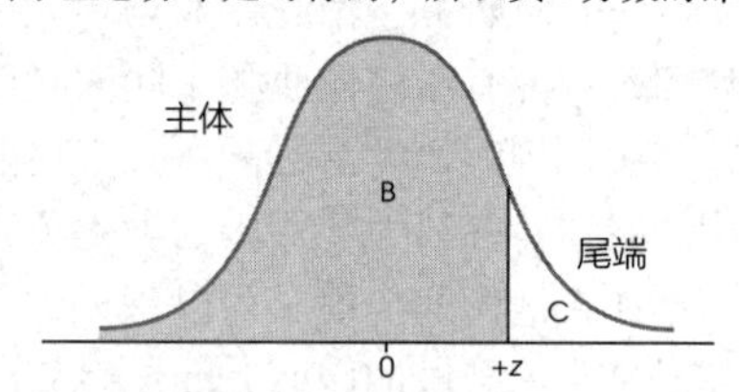

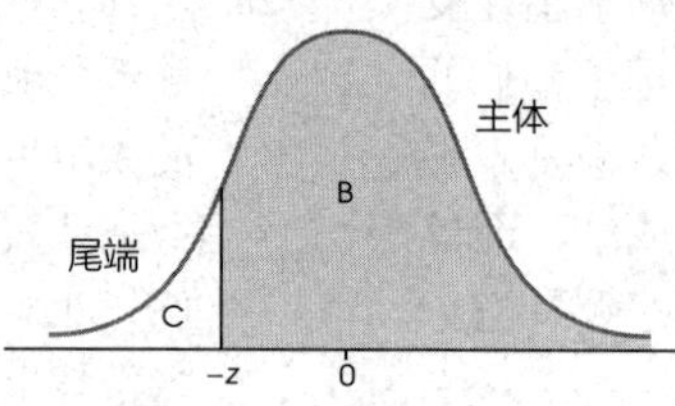

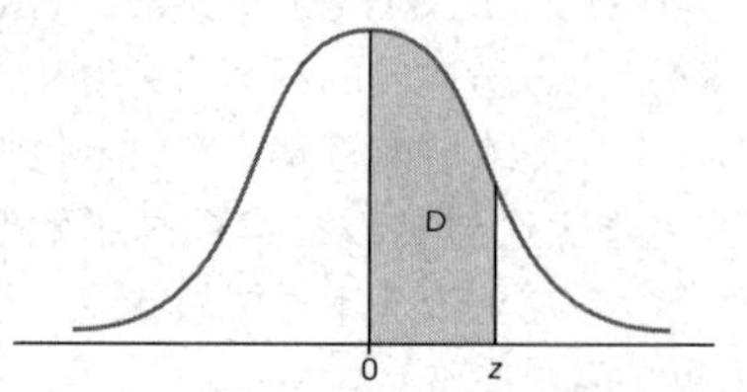

(A) z	(B) 主体部分	(C) 尾端部分	(D) 平均数和 z 之间的部分
0.00	0.500 0	0.500 0	0.000 0
0.01	0.504 0	0.496 0	0.004 0
0.02	0.508 0	0.492 0	0.008 0
0.03	0.512 0	0.488 0	0.012 0
0.04	0.516 0	0.484 0	0.016 0
0.05	0.519 9	0.480 1	0.019 9
0.06	0.523 9	0.476 1	0.023 9
0.07	0.527 9	0.472 1	0.027 9
0.08	0.531 9	0.468 1	0.031 9
0.09	0.535 9	0.464 1	0.035 9
0.10	0.539 8	0.460 2	0.039 8
0.11	0.543 8	0.456 2	0.043 8
0.12	0.547 8	0.452 2	0.047 8
0.13	0.551 7	0.448 3	0.051 7
0.14	0.555 7	0.444 3	0.055 7
0.15	0.559 6	0.440 4	0.059 6
0.16	0.563 6	0.436 4	0.063 6
0.17	0.567 5	0.432 5	0.067 5
0.18	0.571 4	0.428 6	0.071 4
0.19	0.575 3	0.424 7	0.075 3
0.20	0.579 3	0.420 7	0.079 3
0.21	0.583 2	0.416 8	0.083 2
0.22	0.587 1	0.412 9	0.087 1
0.23	0.591 0	0.409 0	0.091 0
0.24	0.594 8	0.405 2	0.094 8
0.25	0.598 7	0.401 3	0.098 7
0.26	0.602 6	0.397 4	0.102 6
0.27	0.606 4	0.393 6	0.106 4
0.28	0.610 3	0.389 7	0.110 3
0.29	0.614 1	0.385 9	0.114 1
0.30	0.617 9	0.382 1	0.117 9
0.31	0.621 7	0.378 3	0.121 7
0.32	0.625 5	0.374 5	0.125 5
0.33	0.629 3	0.370 7	0.129 3
0.34	0.633 1	0.366 9	0.133 1
0.35	0.636 8	0.363 2	0.136 8
0.36	0.640 6	0.359 4	0.140 6
0.37	0.644 3	0.355 7	0.144 3
0.38	0.648 0	0.352 0	0.148 0
0.39	0.651 7	0.348 3	0.151 7
0.40	0.655 4	0.344 6	0.155 4
0.41	0.659 1	0.340 9	0.159 1
0.42	0.662 8	0.337 2	0.162 8
0.43	0.666 4	0.333 6	0.166 4
0.44	0.670 0	0.330 0	0.170 0
0.45	0.673 6	0.326 4	0.173 6
0.46	0.677 2	0.322 8	0.177 2
0.47	0.680 8	0.319 2	0.180 8
0.48	0.684 4	0.315 6	0.184 4
0.49	0.687 9	0.312 1	0.187 9
0.50	0.691 5	0.308 5	0.191 5
0.51	0.695 0	0.305 0	0.195 0
0.52	0.698 5	0.301 5	0.198 5
0.53	0.701 9	0.298 1	0.201 9
0.54	0.705 4	0.294 6	0.205 4
0.55	0.708 8	0.291 2	0.208 8
0.56	0.712 3	0.287 7	0.212 3
0.57	0.715 7	0.284 3	0.215 7
0.58	0.719 0	0.281 0	0.219 0
0.59	0.722 4	0.277 6	0.222 4
0.60	0.725 7	0.274 3	0.225 7
0.61	0.729 1	0.270 9	0.229 1
0.62	0.732 4	0.267 6	0.232 4
0.63	0.735 7	0.264 3	0.235 7
0.64	0.738 9	0.261 1	0.238 9
0.65	0.742 2	0.257 8	0.242 2

（续）

(A) z	(B) 主体部分	(C) 尾端部分	(D) 平均数和 z 之间的部分
0.66	0.745 4	0.254 6	0.245 4
0.67	0.748 6	0.251 4	0.248 6
0.68	0.751 7	0.248 3	0.251 7
0.69	0.754 9	0.245 1	0.254 9
0.70	0.758 0	0.242 0	0.258 0
0.71	0.761 1	0.238 9	0.261 1
0.72	0.764 2	0.235 8	0.264 2
0.73	0.767 3	0.232 7	0.267 3
0.74	0.770 4	0.229 6	0.270 4
0.75	0.773 4	0.226 6	0.273 4
0.76	0.776 4	0.223 6	0.276 4
0.77	0.779 4	0.220 6	0.279 4
0.78	0.782 3	0.217 7	0.282 3
0.79	0.785 2	0.214 8	0.285 2
0.80	0.788 1	0.211 9	0.288 1
0.81	0.791 0	0.209 0	0.291 0
0.82	0.793 9	0.206 1	0.293 9
0.83	0.796 7	0.203 3	0.296 7
0.84	0.799 5	0.200 5	0.299 5
0.85	0.802 3	0.197 7	0.302 3
0.86	0.805 1	0.194 9	0.305 1
0.87	0.807 8	0.192 2	0.307 8
0.88	0.810 6	0.189 4	0.310 6
0.89	0.813 3	0.186 7	0.313 3
0.90	0.815 9	0.184 1	0.315 9
0.91	0.818 6	0.181 4	0.318 6
0.92	0.821 2	0.178 8	0.321 2
0.93	0.823 8	0.176 2	0.323 8
0.94	0.826 4	0.173 6	0.326 4
0.95	0.828 9	0.171 1	0.328 9
0.96	0.831 5	0.168 5	0.331 5
0.97	0.834 0	0.166 0	0.334 0
0.98	0.836 5	0.163 5	0.336 5
0.99	0.838 9	0.161 1	0.338 9
1.00	0.841 3	0.158 7	0.341 3
1.01	0.843 8	0.156 2	0.343 8
1.02	0.846 1	0.153 9	0.346 1
1.03	0.848 5	0.151 5	0.348 5
1.04	0.850 8	0.149 2	0.350 8
1.05	0.853 1	0.146 9	0.353 1
1.06	0.855 4	0.144 6	0.355 4
1.07	0.857 7	0.142 3	0.357 7
1.08	0.859 9	0.140 1	0.359 9
1.09	0.862 1	0.137 9	0.362 1
1.10	0.864 3	0.135 7	0.364 3
1.11	0.866 5	0.133 5	0.366 5
1.12	0.868 6	0.131 4	0.368 6
1.13	0.870 8	0.129 2	0.370 8
1.14	0.872 9	0.127 1	0.372 9
1.15	0.874 9	0.125 1	0.374 9
1.16	0.877 0	0.123 0	0.377 0
1.17	0.879 0	0.121 0	0.379 0
1.18	0.881 0	0.119 0	0.381 0
1.19	0.883 0	0.117 0	0.383 0
1.20	0.884 9	0.115 1	0.384 9
1.21	0.886 9	0.113 1	0.386 9
1.22	0.888 8	0.111 2	0.388 8
1.23	0.890 7	0.109 3	0.390 7
1.24	0.892 5	0.107 5	0.392 5
1.25	0.894 4	0.105 6	0.394 4
1.26	0.896 2	0.103 8	0.396 2
1.27	0.898 0	0.102 0	0.398 0
1.28	0.899 7	0.100 3	0.399 7
1.29	0.901 5	0.098 5	0.401 5
1.30	0.903 2	0.096 8	0.403 2
1.31	0.904 9	0.095 1	0.404 9
1.32	0.906 6	0.093 4	0.406 6
1.33	0.908 2	0.091 8	0.408 2
1.34	0.909 9	0.090 1	0.409 9
1.35	0.911 5	0.088 5	0.411 5
1.36	0.913 1	0.086 9	0.413 1
1.37	0.914 7	0.085 3	0.414 7
1.38	0.916 2	0.083 8	0.416 2
1.39	0.917 7	0.082 3	0.417 7
1.40	0.919 2	0.080 8	0.419 2
1.41	0.920 7	0.079 3	0.420 7
1.42	0.922 2	0.077 8	0.422 2
1.43	0.923 6	0.076 4	0.423 6
1.44	0.925 1	0.074 9	0.425 1
1.45	0.926 5	0.073 5	0.426 5
1.46	0.927 9	0.072 1	0.427 9
1.47	0.929 2	0.070 8	0.429 2
1.48	0.930 6	0.069 4	0.430 6
1.49	0.931 9	0.068 1	0.431 9
1.50	0.933 2	0.066 8	0.433 2
1.51	0.934 5	0.065 5	0.434 5
1.52	0.935 7	0.064 3	0.435 7
1.53	0.937 0	0.063 0	0.437 0
1.54	0.938 2	0.061 8	0.438 2
1.55	0.939 4	0.060 6	0.439 4
1.56	0.940 6	0.059 4	0.440 6
1.57	0.941 8	0.058 2	0.441 8
1.58	0.942 9	0.057 1	0.442 9
1.59	0.944 1	0.055 9	0.444 1
1.60	0.945 2	0.054 8	0.445 2
1.61	0.946 3	0.053 7	0.446 3
1.62	0.947 4	0.052 6	0.447 4
1.63	0.948 4	0.051 6	0.448 4

（续）

(A) z	(B) 主体部分	(C) 尾端部分	(D) 平均数和 z 之间的部分
1.64	0.949 5	0.050 5	0.449 5
1.65	0.950 5	0.049 5	0.450 5
1.66	0.951 5	0.048 5	0.451 5
1.67	0.952 5	0.047 5	0.452 5
1.68	0.953 5	0.046 5	0.453 5
1.69	0.954 5	0.045 5	0.454 5
1.70	0.955 4	0.044 6	0.455 4
1.71	0.956 4	0.043 6	0.456 4
1.72	0.957 3	0.042 7	0.457 3
1.73	0.958 2	0.041 8	0.458 2
1.74	0.959 1	0.040 9	0.459 1
1.75	0.959 9	0.040 1	0.459 9
1.76	0.960 8	0.039 2	0.460 8
1.77	0.961 6	0.038 4	0.461 6
1.78	0.962 5	0.037 5	0.462 5
1.79	0.963 3	0.036 7	0.463 3
1.80	0.964 1	0.035 9	0.464 1
1.81	0.964 9	0.035 1	0.464 9
1.82	0.965 6	0.034 4	0.465 6
1.83	0.966 4	0.033 6	0.466 4
1.84	0.967 1	0.032 9	0.467 1
1.85	0.967 8	0.032 2	0.467 8
1.86	0.968 6	0.031 4	0.468 6
1.87	0.969 3	0.030 7	0.469 3
1.88	0.969 9	0.030 1	0.469 9
1.89	0.970 6	0.029 4	0.470 6
1.90	0.971 3	0.028 7	0.471 3
1.91	0.971 9	0.028 1	0.471 9
1.92	0.972 6	0.027 4	0.472 6
1.93	0.973 2	0.026 8	0.473 2
1.94	0.973 8	0.026 2	0.473 8
1.95	0.974 4	0.025 6	0.474 4
1.96	0.975 0	0.025 0	0.475 0
1.97	0.975 6	0.024 4	0.475 6
1.98	0.976 1	0.023 9	0.476 1
1.99	0.976 7	0.023 3	0.476 7
2.00	0.977 2	0.022 8	0.477 2
2.01	0.977 8	0.022 2	0.477 8
2.02	0.978 3	0.021 7	0.478 3
2.03	0.978 8	0.021 2	0.478 8
2.04	0.979 3	0.020 7	0.479 3
2.05	0.979 8	0.020 2	0.479 8
2.06	0.980 3	0.019 7	0.480 3
2.07	0.980 8	0.019 2	0.480 8
2.08	0.981 2	0.018 8	0.481 2
2.09	0.981 7	0.018 3	0.481 7
2.10	0.982 1	0.017 9	0.482 1
2.11	0.982 6	0.017 4	0.482 6
2.12	0.983 0	0.017 0	0.483 0
2.13	0.983 4	0.016 6	0.483 4
2.14	0.983 8	0.016 2	0.483 8
2.15	0.984 2	0.015 8	0.484 2
2.16	0.984 6	0.015 4	0.484 6
2.17	0.985 0	0.015 0	0.485 0
2.18	0.985 4	0.014 6	0.485 4
2.19	0.985 7	0.014 3	0.485 7
2.20	0.986 1	0.013 9	0.486 1
2.21	0.986 4	0.013 6	0.486 4
2.22	0.986 8	0.013 2	0.486 8
2.23	0.987 1	0.012 9	0.487 1
2.24	0.987 5	0.012 5	0.487 5
2.25	0.987 8	0.012 2	0.487 8
2.26	0.988 1	0.011 9	0.488 1
2.27	0.988 4	0.011 6	0.488 4
2.28	0.988 7	0.011 3	0.488 7
2.29	0.989 0	0.011 0	0.489 0
2.30	0.989 3	0.010 7	0.489 3
2.31	0.989 6	0.010 4	0.489 6
2.32	0.989 8	0.010 2	0.489 8
2.33	0.990 1	0.009 9	0.490 1
2.34	0.990 4	0.009 6	0.490 4
2.35	0.990 6	0.009 4	0.490 6
2.36	0.990 9	0.009 1	0.490 9
2.37	0.991 1	0.008 9	0.491 1
2.38	0.991 3	0.008 7	0.491 3
2.39	0.991 6	0.008 4	0.491 6
2.40	0.991 8	0.008 2	0.491 8
2.41	0.992 0	0.008 0	0.492 0
2.42	0.992 2	0.007 8	0.492 2
2.43	0.992 5	0.007 5	0.492 5
2.44	0.992 7	0.007 3	0.492 7
2.45	0.992 9	0.007 1	0.492 9
2.46	0.993 1	0.006 9	0.493 1
2.47	0.993 2	0.006 8	0.493 2
2.48	0.993 4	0.006 6	0.493 4
2.49	0.993 6	0.006 4	0.493 6
2.50	0.993 8	0.006 2	0.493 8
2.51	0.994 0	0.006 0	0.494 0
2.52	0.994 1	0.005 9	0.494 1
2.53	0.994 3	0.005 7	0.494 3
2.54	0.994 5	0.005 5	0.494 5
2.55	0.994 6	0.005 4	0.494 6
2.56	0.994 8	0.005 2	0.494 8
2.57	0.994 9	0.005 1	0.494 9
2.58	0.995 1	0.004 9	0.495 1
2.59	0.995 2	0.004 8	0.495 2
2.60	0.995 3	0.004 7	0.495 3
2.61	0.995 5	0.004 5	0.495 5

（续）

(A)	(B)	(C)	(D)	(A)	(B)	(C)	(D)
z	主体部分	尾端部分	平均数和 z 之间的部分	z	主体部分	尾端部分	平均数和 z 之间的部分
2.62	0.995 6	0.004 4	0.495 6	2.98	0.998 6	0.001 4	0.498 6
2.63	0.995 7	0.004 3	0.495 7	2.99	0.998 6	0.001 4	0.498 6
2.64	0.995 9	0.004 1	0.495 9	3.00	0.998 7	0.001 3	0.498 7
2.65	0.996 0	0.004 0	0.496 0	3.01	0.998 7	0.001 3	0.498 7
2.66	0.996 1	0.003 9	0.496 1	3.02	0.998 7	0.001 3	0.498 7
2.67	0.996 2	0.003 8	0.496 2	3.03	0.998 8	0.001 2	0.498 8
2.68	0.996 3	0.003 7	0.496 3	3.04	0.998 8	0.001 2	0.498 8
2.69	0.996 4	0.003 6	0.496 4	3.05	0.998 9	0.001 1	0.498 9
2.70	0.996 5	0.003 5	0.496 5	3.06	0.998 9	0.001 1	0.498 9
2.71	0.996 6	0.003 4	0.496 6	3.07	0.998 9	0.001 1	0.498 9
2.72	0.996 7	0.003 3	0.496 7	3.08	0.999 0	0.001 0	0.499 0
2.73	0.996 8	0.003 2	0.496 8	3.09	0.999 0	0.001 0	0.499 0
2.74	0.996 9	0.003 1	0.496 9	3.10	0.999 0	0.001 0	0.499 0
2.75	0.997 0	0.003 0	0.497 0	3.11	0.999 1	0.000 9	0.499 1
2.76	0.997 1	0.002 9	0.497 1	3.12	0.999 1	0.000 9	0.499 1
2.77	0.997 2	0.002 8	0.497 2	3.13	0.999 1	0.000 9	0.499 1
2.78	0.997 3	0.002 7	0.497 3	3.14	0.999 2	0.000 8	0.499 2
2.79	0.997 4	0.002 6	0.497 4	3.15	0.999 2	0.000 8	0.499 2
2.80	0.997 4	0.002 6	0.497 4	3.16	0.999 2	0.000 8	0.499 2
2.81	0.997 5	0.002 5	0.497 5	3.17	0.999 2	0.000 8	0.499 2
2.82	0.997 6	0.002 4	0.497 6	3.18	0.999 3	0.000 7	0.499 3
2.83	0.997 7	0.002 3	0.497 7	3.19	0.999 3	0.000 7	0.499 3
2.84	0.997 7	0.002 3	0.497 7	3.20	0.999 3	0.000 7	0.499 3
2.85	0.997 8	0.002 2	0.497 8	3.21	0.999 3	0.000 7	0.499 3
2.86	0.997 9	0.002 1	0.497 9	3.22	0.999 4	0.000 6	0.499 4
2.87	0.997 9	0.002 1	0.497 9	3.23	0.999 4	0.000 6	0.499 4
2.88	0.998 0	0.002 0	0.498 0	3.24	0.999 4	0.000 6	0.499 4
2.89	0.998 1	0.001 9	0.498 1	3.30	0.999 5	0.000 5	0.499 5
2.90	0.998 1	0.001 9	0.498 1	3.40	0.999 7	0.000 3	0.499 7
2.91	0.998 2	0.001 8	0.498 2	3.50	0.999 8	0.000 2	0.499 8
2.92	0.998 2	0.001 8	0.498 2	3.60	0.999 8	0.000 2	0.499 8
2.93	0.998 3	0.001 7	0.498 3	3.70	0.999 9	0.000 1	0.499 9
2.94	0.998 4	0.001 6	0.498 4	3.80	0.999 93	0.000 07	0.499 93
2.95	0.998 4	0.001 6	0.498 4	3.90	0.999 95	0.000 05	0.499 95
2.96	0.998 5	0.001 5	0.498 5	4.00	0.999 97	0.000 03	0.499 97
2.97	0.998 5	0.001 5	0.498 5				

表 2　t 分布

表中表示单尾或双尾的部分所对应的 t 的临界值。

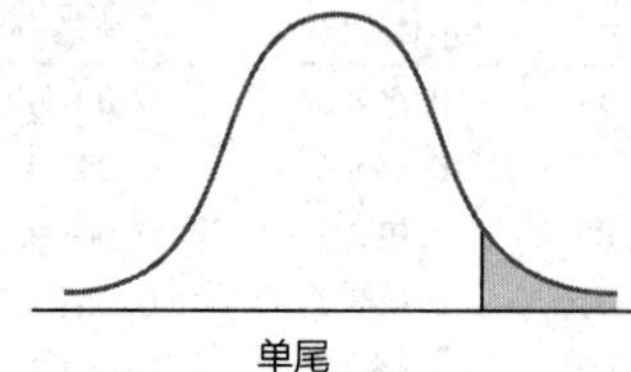

单尾
（左侧或右侧）

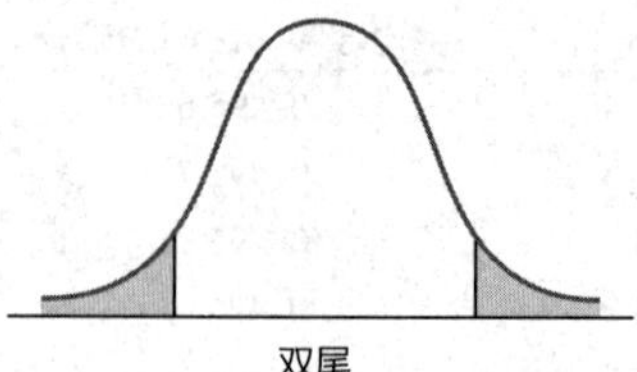

双尾
（左右都有）

df	单尾的部分					
	0.25	0.10	0.05	0.025	0.01	0.005
	双尾的部分					
	0.50	0.20	0.10	0.05	0.02	0.01
1	1.000	3.078	6.314	12.706	31.821	63.657
2	0.816	1.886	2.920	4.303	6.965	9.925
3	0.765	1.638	2.353	3.182	4.541	5.841
4	0.741	1.533	2.132	2.776	3.747	4.604
5	0.727	1.476	2.015	2.571	3.365	4.032
6	0.718	1.440	1.943	2.447	3.143	3.707
7	0.711	1.415	1.895	2.365	2.998	3.499
8	0.706	1.397	1.860	2.306	2.896	3.355
9	0.703	1.383	1.833	2.262	2.821	3.250
10	0.700	1.372	1.812	2.228	2.764	3.169
11	0.697	1.363	1.796	2.201	2.718	3.106
12	0.695	1.356	1.782	2.179	2.681	3.055
13	0.694	1.350	1.771	2.160	2.650	3.012
14	0.692	1.345	1.761	2.145	2.624	2.977
15	0.691	1.341	1.753	2.131	2.602	2.947
16	0.690	1.337	1.746	2.120	2.583	2.921
17	0.689	1.333	1.740	2.110	2.567	2.898
18	0.688	1.330	1.734	2.101	2.552	2.878
19	0.688	1.328	1.729	2.093	2.539	2.861
20	0.687	1.325	1.725	2.086	2.528	2.845
21	0.686	1.323	1.721	2.080	2.518	2.831
22	0.686	1.321	1.717	2.074	2.508	2.819
23	0.685	1.319	1.714	2.069	2.500	2.807
24	0.685	1.318	1.711	2.064	2.492	2.797
25	0.684	1.316	1.708	2.060	2.485	2.787
26	0.684	1.315	1.706	2.056	2.479	2.779
27	0.684	1.314	1.703	2.052	2.473	2.771
28	0.683	1.313	1.701	2.048	2.467	2.763
29	0.683	1.311	1.699	2.045	2.462	2.756
30	0.683	1.310	1.697	2.042	2.457	2.750
40	0.681	1.303	1.684	2.021	2.423	2.704
60	0.679	1.296	1.671	2.000	2.390	2.660
120	0.677	1.289	1.658	1.980	2.358	2.617
∞	0.674	1.282	1.645	1.960	2.326	2.576

表 3 F统计量的临界值

细字体是 $\alpha=0.05$ 的临界值，粗字体是 $\alpha=0.01$ 的临界值。

$n-1$	K=样本数										
	2	3	4	5	6	7	8	9	10	11	12
4	9.60	15.5	20.6	25.2	29.5	33.6	37.5	41.4	44.6	48.0	51.4
	23.2	**37.0**	**49.0**	**59.0**	**69.0**	**79.0**	**89.0**	**97.0**	**106.0**	**113.0**	**120.0**
5	7.15	10.8	13.7	16.3	18.7	20.8	22.9	24.7	26.5	28.2	29.9
	14.9	**22.0**	**28.0**	**33.0**	**38.0**	**42.0**	**46.0**	**50.0**	**54.0**	**57.0**	**60.0**
6	5.82	8.38	10.4	12.1	13.7	15.0	16.3	17.5	18.6	19.7	20.7
	11.1	**15.5**	**19.1**	**22.0**	**25.0**	**27.0**	**30.0**	**32.0**	**34.0**	**36.0**	**37.0**
7	4.99	6.94	8.44	9.70	10.8	11.8	12.7	13.5	14.3	15.1	15.8
	8.89	**12.1**	**14.5**	**16.5**	**18.4**	**20.0**	**22.0**	**23.0**	**24.0**	**26.0**	**27.0**
8	4.43	6.00	7.18	8.12	9.03	9.78	10.5	11.1	11.7	12.2	12.7
	7.50	**9.9**	**11.7**	**13.2**	**14.5**	**15.8**	**16.9**	**17.9**	**18.9**	**19.8**	**21.0**
9	4.03	5.34	6.31	7.11	7.80	8.41	8.95	9.45	9.91	10.3	10.7
	6.54	**8.5**	**9.9**	**11.1**	**12.1**	**13.1**	**13.9**	**14.7**	**15.3**	**16.0**	**16.6**
10	3.72	4.85	5.67	6.34	6.92	7.42	7.87	8.28	8.66	9.01	9.34
	5.85	**7.4**	**8.6**	**9.6**	**10.4**	**11.1**	**11.8**	**12.4**	**12.9**	**13.4**	**13.9**
12	3.28	4.16	4.79	5.30	5.72	6.09	6.42	6.72	7.00	7.25	7.48
	4.91	**6.1**	**6.9**	**7.6**	**8.2**	**8.7**	**9.1**	**9.5**	**9.9**	**10.2**	**10.6**
15	2.86	3.54	4.01	4.37	4.68	4.95	5.19	5.40	5.59	5.77	5.93
	4.07	**4.9**	**5.5**	**6.0**	**6.4**	**6.7**	**7.1**	**7.3**	**7.5**	**7.8**	**8.0**
20	2.46	2.95	3.29	3.54	3.76	3.94	4.10	4.24	4.37	4.49	4.59
	3.32	**3.8**	**4.3**	**4.6**	**4.9**	**5.1**	**5.3**	**5.5**	**5.6**	**5.8**	**5.9**
30	2.07	2.40	2.61	2.78	2.91	3.02	3.12	3.21	3.29	3.36	3.39
	2.63	**3.0**	**3.3**	**3.5**	**3.6**	**3.7**	**3.8**	**3.9**	**4.0**	**4.1**	**4.2**
60	1.67	1.85	1.96	2.04	2.11	2.17	2.22	2.26	2.30	2.33	2.36
	1.96	**2.2**	**2.3**	**2.4**	**2.4**	**2.5**	**2.5**	**2.6**	**2.6**	**2.7**	**2.7**

表4　*F*分布

细字体表示0.05显著性水平下的临界值，粗字体是0.01显著性水平下的临界值。

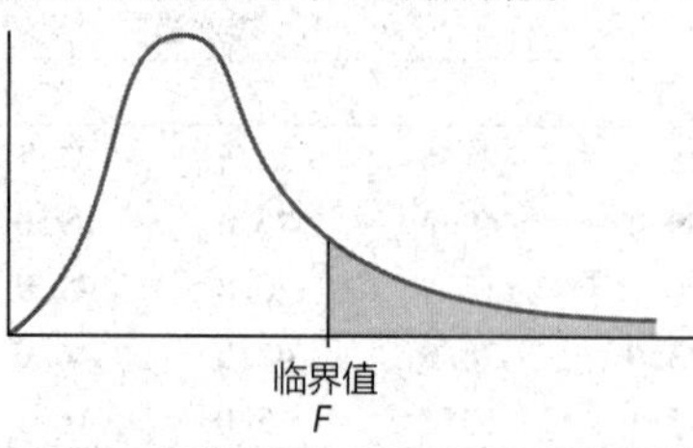

自由度：分母	自由度：分子 1	2	3	4	5	6	7	8	9	10	11	12	14	16	20
1	161	200	216	225	230	234	237	239	241	242	243	244	245	246	248
	4 052	**4 999**	**5 403**	**5 625**	**5 764**	**5 859**	**5 928**	**5 981**	**6 022**	**6 056**	**6 082**	**6 106**	**6 142**	**6 169**	**6 208**
2	18.51	19.00	19.16	19.25	19.30	19.33	19.36	19.37	19.38	19.39	19.40	19.41	19.42	19.43	19.44
	98.49	**99.00**	**99.17**	**99.25**	**99.30**	**99.33**	**99.34**	**99.36**	**99.38**	**99.40**	**99.41**	**99.42**	**99.43**	**99.44**	**99.45**
3	10.13	9.55	9.28	9.12	9.01	8.94	8.88	8.84	8.81	8.78	8.76	8.74	8.71	8.69	8.66
	34.12	**30.92**	**29.46**	**28.71**	**28.24**	**27.91**	**27.67**	**27.49**	**27.34**	**27.23**	**27.13**	**27.05**	**26.92**	**26.83**	**26.69**
4	7.71	6.94	6.59	6.39	6.26	6.16	6.09	6.04	6.00	5.96	5.93	5.91	5.87	5.84	5.80
	21.20	**18.00**	**16.69**	**15.98**	**15.52**	**15.21**	**14.98**	**14.80**	**14.66**	**14.54**	**14.45**	**14.37**	**14.24**	**14.15**	**14.02**
5	6.61	5.79	5.41	5.19	5.05	4.95	4.88	4.82	4.78	4.74	4.70	4.68	4.64	4.60	4.56
	16.26	**13.27**	**12.06**	**11.39**	**10.97**	**10.67**	**10.45**	**10.27**	**10.15**	**10.05**	**9.96**	**9.89**	**9.77**	**9.68**	**9.55**
6	5.99	5.14	4.76	4.53	4.39	4.28	4.21	4.15	4.10	4.06	4.03	4.00	3.96	3.92	3.87
	13.74	**10.92**	**9.78**	**9.15**	**8.75**	**8.47**	**8.26**	**8.10**	**7.98**	**7.87**	**7.79**	**7.72**	**7.60**	**7.52**	**7.39**
7	5.59	4.74	4.35	4.12	3.97	3.87	3.79	3.73	3.68	3.63	3.60	3.57	3.52	3.49	3.44
	12.25	**9.55**	**8.45**	**7.85**	**7.46**	**7.19**	**7.00**	**6.84**	**6.71**	**6.62**	**6.54**	**6.47**	**6.35**	**6.27**	**6.15**
8	5.32	4.46	4.07	3.84	3.69	3.58	3.50	3.44	3.39	3.34	3.31	3.28	3.23	3.20	3.15
	11.26	**8.65**	**7.59**	**7.01**	**6.63**	**6.37**	**6.19**	**6.03**	**5.91**	**5.82**	**5.74**	**5.67**	**5.56**	**5.48**	**5.36**
9	5.12	4.26	3.86	3.63	3.48	3.37	3.29	3.23	3.18	3.13	3.10	3.07	3.02	2.98	2.93
	10.56	**8.02**	**6.99**	**6.42**	**6.06**	**5.80**	**5.62**	**5.47**	**5.35**	**5.26**	**5.18**	**5.11**	**5.00**	**4.92**	**4.80**
10	4.96	4.10	3.71	3.48	3.33	3.22	3.14	3.07	3.02	2.97	2.94	2.91	2.86	2.82	2.77
	10.04	**7.56**	**6.55**	**5.99**	**5.64**	**5.39**	**5.21**	**5.06**	**4.95**	**4.85**	**4.78**	**4.71**	**4.60**	**4.52**	**4.41**
11	4.84	3.98	3.59	3.36	3.20	3.09	3.01	2.95	2.90	2.86	2.82	2.79	2.74	2.70	2.65
	9.65	**7.20**	**6.22**	**5.67**	**5.32**	**5.07**	**4.88**	**4.74**	**4.63**	**4.54**	**4.46**	**4.40**	**4.29**	**4.21**	**4.10**
12	4.75	3.88	3.49	3.26	3.11	3.00	2.92	2.85	2.80	2.76	2.72	2.69	2.64	2.60	2.54
	9.33	**6.93**	**5.95**	**5.41**	**5.06**	**4.82**	**4.65**	**4.50**	**4.39**	**4.30**	**4.22**	**4.16**	**4.05**	**3.98**	**3.86**
13	4.67	3.80	3.41	3.18	3.02	2.92	2.84	2.77	2.72	2.67	2.63	2.60	2.55	2.51	2.46
	9.07	**6.70**	**5.74**	**5.20**	**4.86**	**4.62**	**4.44**	**4.30**	**4.19**	**4.10**	**4.02**	**3.96**	**3.85**	**3.78**	**3.67**
14	4.60	3.74	3.34	3.11	2.96	2.85	2.77	2.70	2.65	2.60	2.56	2.53	2.48	2.44	2.39
	8.86	**6.51**	**5.56**	**5.03**	**4.69**	**4.46**	**4.28**	**4.14**	**4.03**	**3.94**	**3.86**	**3.80**	**3.70**	**3.62**	**3.51**
15	4.54	3.68	3.29	3.06	2.90	2.79	2.70	2.64	2.59	2.55	2.51	2.48	2.43	2.39	2.33
	8.68	**6.36**	**5.42**	**4.89**	**4.56**	**4.32**	**4.14**	**4.00**	**3.89**	**3.80**	**3.73**	**3.67**	**3.56**	**3.48**	**3.36**
16	4.49	3.63	3.24	3.01	2.85	2.74	2.66	2.59	2.54	2.49	2.45	2.42	2.37	2.33	2.28
	8.53	**6.23**	**5.29**	**4.77**	**4.44**	**4.20**	**4.03**	**3.89**	**3.78**	**3.69**	**3.61**	**3.55**	**3.45**	**3.37**	**3.25**
17	4.45	3.59	3.20	2.96	2.81	2.70	2.62	2.55	2.50	2.45	2.41	2.38	2.33	2.29	2.23
	8.40	**6.11**	**5.18**	**4.67**	**4.34**	**4.10**	**3.93**	**3.79**	**3.68**	**3.59**	**3.52**	**3.45**	**3.35**	**3.27**	**3.16**
18	4.41	3.55	3.16	2.93	2.77	2.66	2.58	2.51	2.46	2.41	2.37	2.34	2.29	2.25	2.19
	8.28	**6.01**	**5.09**	**4.58**	**4.25**	**4.01**	**3.85**	**3.71**	**3.60**	**3.51**	**3.44**	**3.37**	**3.27**	**3.19**	**3.07**
19	4.38	3.52	3.13	2.90	2.74	2.63	2.55	2.48	2.43	2.38	2.34	2.31	2.26	2.21	2.15
	8.18	**5.93**	**5.01**	**4.50**	**4.17**	**3.94**	**3.77**	**3.63**	**3.52**	**3.43**	**3.36**	**3.30**	**3.19**	**3.12**	**3.00**
20	4.35	3.49	3.10	2.87	2.71	2.60	2.52	2.45	2.40	2.35	2.31	2.28	2.23	2.18	2.12
	8.10	**5.85**	**4.94**	**4.43**	**4.10**	**3.87**	**3.71**	**3.56**	**3.45**	**3.37**	**3.30**	**3.23**	**3.13**	**3.05**	**2.94**
21	4.32	3.47	3.07	2.84	2.68	2.57	2.49	2.42	2.37	2.32	2.28	2.25	2.20	2.15	2.09
	8.02	**5.78**	**4.87**	**4.37**	**4.04**	**3.81**	**3.65**	**3.51**	**3.40**	**3.31**	**3.24**	**3.17**	**3.07**	**2.99**	**2.88**
22	4.30	3.44	3.05	2.82	2.66	2.55	2.47	2.40	2.35	2.30	2.26	2.23	2.18	2.13	2.07
	7.94	**5.72**	**4.82**	**4.31**	**3.99**	**3.76**	**3.59**	**3.45**	**3.35**	**3.26**	**3.18**	**3.12**	**3.02**	**2.94**	**2.83**
23	4.28	3.42	3.03	2.80	2.64	2.53	2.45	2.38	2.32	2.28	2.24	2.20	2.14	2.10	2.04
	7.88	**5.66**	**4.76**	**4.26**	**3.94**	**3.71**	**3.54**	**3.41**	**3.30**	**3.21**	**3.14**	**3.07**	**2.97**	**2.89**	**2.78**

（续）

自由度：分母	自由度：分子 1	2	3	4	5	6	7	8	9	10	11	12	14	16	20
24	4.26	3.40	3.01	2.78	2.62	2.51	2.43	2.36	2.30	2.26	2.22	2.18	2.13	2.09	2.02
	7.82	**5.61**	**4.72**	**4.22**	**3.90**	**3.67**	**3.50**	**3.36**	**3.25**	**3.17**	**3.09**	**3.03**	**2.93**	**2.85**	**2.74**
25	4.24	3.38	2.99	2.76	2.60	2.49	2.41	2.34	2.28	2.24	2.20	2.16	2.11	2.06	2.00
	7.77	**5.57**	**4.68**	**4.18**	**3.86**	**3.63**	**3.46**	**3.32**	**3.21**	**3.13**	**3.05**	**2.99**	**2.89**	**2.81**	**2.70**
26	4.22	3.37	2.98	2.74	2.59	2.47	2.39	2.32	2.27	2.22	2.18	2.15	2.10	2.05	1.99
	7.72	**5.53**	**4.64**	**4.14**	**3.82**	**3.59**	**3.42**	**3.29**	**3.17**	**3.09**	**3.02**	**2.96**	**2.86**	**2.77**	**2.66**
27	4.21	3.35	2.96	2.73	2.57	2.46	2.37	2.30	2.25	2.20	2.16	2.13	2.08	2.03	1.97
	7.68	**5.49**	**4.60**	**4.11**	**3.79**	**3.56**	**3.39**	**3.26**	**3.14**	**3.06**	**2.98**	**2.93**	**2.83**	**2.74**	**2.63**
28	4.20	3.34	2.95	2.71	2.56	2.44	2.36	2.29	2.24	2.19	2.15	2.12	2.06	2.02	1.96
	7.64	**5.45**	**4.57**	**4.07**	**3.76**	**3.53**	**3.36**	**3.23**	**3.11**	**3.03**	**2.95**	**2.90**	**2.80**	**2.71**	**2.60**
29	4.18	3.33	2.93	2.70	2.54	2.43	2.35	2.28	2.22	2.18	2.14	2.10	2.05	2.00	1.94
	7.60	**5.42**	**4.54**	**4.04**	**3.73**	**3.50**	**3.33**	**3.20**	**3.08**	**3.00**	**2.92**	**2.87**	**2.77**	**2.68**	**2.57**
30	4.17	3.32	2.92	2.69	2.53	2.42	2.34	2.27	2.21	2.16	2.12	2.09	2.04	1.99	1.93
	7.56	**5.39**	**4.51**	**4.02**	**3.70**	**3.47**	**3.30**	**3.17**	**3.06**	**2.98**	**2.90**	**2.84**	**2.74**	**2.66**	**2.55**
32	4.15	3.30	2.90	2.67	2.51	2.40	2.32	2.25	2.19	2.14	2.10	2.07	2.02	1.97	1.91
	7.50	**5.34**	**4.46**	**3.97**	**3.66**	**3.42**	**3.25**	**3.12**	**3.01**	**2.94**	**2.86**	**2.80**	**2.70**	**2.62**	**2.51**
34	4.13	3.28	2.88	2.65	2.49	2.38	2.30	2.23	2.17	2.12	2.08	2.05	2.00	1.95	1.89
	7.44	**5.29**	**4.42**	**3.93**	**3.61**	**3.38**	**3.21**	**3.08**	**2.97**	**2.89**	**2.82**	**2.76**	**2.66**	**2.58**	**2.47**
36	4.11	3.26	2.86	2.63	2.48	2.36	2.28	2.21	2.15	2.10	2.06	2.03	1.98	1.93	1.87
	7.39	**5.25**	**4.38**	**3.89**	**3.58**	**3.35**	**3.18**	**3.04**	**2.94**	**2.86**	**2.78**	**2.72**	**2.62**	**2.54**	**2.43**
38	4.10	3.25	2.85	2.62	2.46	2.35	2.26	2.19	2.14	2.09	2.05	2.02	1.96	1.92	1.85
	7.35	**5.21**	**4.34**	**3.86**	**3.54**	**3.32**	**3.15**	**3.02**	**2.91**	**2.82**	**2.75**	**2.69**	**2.59**	**2.51**	**2.40**
40	4.08	3.23	2.84	2.61	2.45	2.34	2.25	2.18	2.12	2.07	2.04	2.00	1.95	1.90	1.84
	7.31	**5.18**	**4.31**	**3.83**	**3.51**	**3.29**	**3.12**	**2.99**	**2.88**	**2.80**	**2.73**	**2.66**	**2.56**	**2.49**	**2.37**
42	4.07	3.22	2.83	2.59	2.44	2.32	2.24	2.17	2.11	2.06	2.02	1.99	1.94	1.89	1.82
	7.27	**5.15**	**4.29**	**3.80**	**3.49**	**3.26**	**3.10**	**2.96**	**2.86**	**2.77**	**2.70**	**2.64**	**2.54**	**2.46**	**2.35**
44	4.06	3.21	2.82	2.58	2.43	2.31	2.23	2.16	2.10	2.05	2.01	1.98	1.92	1.88	1.81
	7.24	**5.12**	**4.26**	**3.78**	**3.46**	**3.24**	**3.07**	**2.94**	**2.84**	**2.75**	**2.68**	**2.62**	**2.52**	**2.44**	**2.32**
46	4.05	3.20	2.81	2.57	2.42	2.30	2.22	2.14	2.09	2.04	2.00	1.97	1.91	1.87	1.80
	7.21	**5.10**	**4.24**	**3.76**	**3.44**	**3.22**	**3.05**	**2.92**	**2.82**	**2.73**	**2.66**	**2.60**	**2.50**	**2.42**	**2.30**
48	4.04	3.19	2.80	2.56	2.41	2.30	2.21	2.14	2.08	2.03	1.99	1.96	1.90	1.86	1.79
	7.19	**5.08**	**4.22**	**3.74**	**3.42**	**3.20**	**3.04**	**2.90**	**2.80**	**2.71**	**2.64**	**2.58**	**2.48**	**2.40**	**2.28**
50	4.03	3.18	2.79	2.56	2.40	2.29	2.20	2.13	2.07	2.02	1.98	1.95	1.90	1.85	1.78
	7.17	**5.06**	**4.20**	**3.72**	**3.41**	**3.18**	**3.02**	**2.88**	**2.78**	**2.70**	**2.62**	**2.56**	**2.46**	**2.39**	**2.26**
55	4.02	3.17	2.78	2.54	2.38	2.27	2.18	2.11	2.05	2.00	1.97	1.93	1.88	1.83	1.76
	7.12	**5.01**	**4.16**	**3.68**	**3.37**	**3.15**	**2.98**	**2.85**	**2.75**	**2.66**	**2.59**	**2.53**	**2.43**	**2.35**	**2.23**
60	4.00	3.15	2.76	2.52	2.37	2.25	2.17	2.10	2.04	1.99	1.95	1.92	1.86	1.81	1.75
	7.08	**4.98**	**4.13**	**3.65**	**3.34**	**3.12**	**2.95**	**2.82**	**2.72**	**2.63**	**2.56**	**2.50**	**2.40**	**2.32**	**2.20**
65	3.99	3.14	2.75	2.51	2.36	2.24	2.15	2.08	2.02	1.98	1.94	1.90	1.85	1.80	1.73
	7.04	**4.95**	**4.10**	**3.62**	**3.31**	**3.09**	**2.93**	**2.79**	**2.70**	**2.61**	**2.54**	**2.47**	**2.37**	**2.30**	**2.18**
70	3.98	3.13	2.74	2.50	2.35	2.23	2.14	2.07	2.01	1.97	1.93	1.89	1.84	1.79	1.72
	7.01	**4.92**	**4.08**	**3.60**	**3.29**	**3.07**	**2.91**	**2.77**	**2.67**	**2.59**	**2.51**	**2.45**	**2.35**	**2.28**	**2.15**
80	3.96	3.11	2.72	2.48	2.33	2.21	2.12	2.05	1.99	1.95	1.91	1.88	1.82	1.77	1.70
	6.96	**4.88**	**4.04**	**3.56**	**3.25**	**3.04**	**2.87**	**2.74**	**2.64**	**2.55**	**2.48**	**2.41**	**2.32**	**2.24**	**2.11**
100	3.94	3.09	2.70	2.46	2.30	2.19	2.10	2.03	1.97	1.92	1.88	1.85	1.79	1.75	1.68
	6.90	**4.82**	**3.98**	**3.51**	**3.20**	**2.99**	**2.82**	**2.69**	**2.59**	**2.51**	**2.43**	**2.36**	**2.26**	**2.19**	**2.06**
125	3.92	3.07	2.68	2.44	2.29	2.17	2.08	2.01	1.95	1.90	1.86	1.83	1.77	1.72	1.65
	6.84	**4.78**	**3.94**	**3.47**	**3.17**	**2.95**	**2.79**	**2.65**	**2.56**	**2.47**	**2.40**	**2.33**	**2.23**	**2.15**	**2.03**
150	3.91	3.06	2.67	2.43	2.27	2.16	2.07	2.00	1.94	1.89	1.85	1.82	1.76	1.71	1.64
	6.81	**4.75**	**3.91**	**3.44**	**3.14**	**2.92**	**2.76**	**2.62**	**2.53**	**2.44**	**2.37**	**2.30**	**2.20**	**2.12**	**2.00**
200	3.89	3.04	2.65	2.41	2.26	2.14	2.05	1.98	1.92	1.87	1.83	1.80	1.74	1.69	1.62
	6.76	**4.71**	**3.88**	**3.41**	**3.11**	**2.90**	**2.73**	**2.60**	**2.50**	**2.41**	**2.34**	**2.28**	**2.17**	**2.09**	**1.97**
400	3.86	3.02	2.62	2.39	2.23	2.12	2.03	1.96	1.90	1.85	1.81	1.78	1.72	1.67	1.60
	6.70	**4.66**	**3.83**	**3.36**	**3.06**	**2.85**	**2.69**	**2.55**	**2.46**	**2.37**	**2.29**	**2.23**	**2.12**	**2.04**	**1.92**
1 000	3.85	3.00	2.61	2.38	2.22	2.10	2.02	1.95	1.89	1.84	1.80	1.76	1.70	1.65	1.58
	6.66	**4.62**	**3.80**	**3.34**	**3.04**	**2.82**	**2.66**	**2.53**	**2.43**	**2.34**	**2.26**	**2.20**	**2.09**	**2.01**	**1.89**
∞	3.84	2.99	2.60	2.37	2.21	2.09	2.01	1.94	1.88	1.83	1.79	1.75	1.69	1.64	1.57
	6.64	**4.60**	**3.78**	**3.32**	**3.02**	**2.80**	**2.64**	**2.51**	**2.41**	**2.32**	**2.24**	**2.18**	**2.07**	**1.99**	**1.87**

表5 学生化范围的统计(q)

显著性水平为0.05(细字体)和0.01(粗字体)时的临界值。

	K=处理的数量										
误差项的自由度	**2**	**3**	**4**	**5**	**6**	**7**	**8**	**9**	**10**	**11**	**12**
5	3.64	4.60	5.22	5.67	6.03	6.33	6.58	6.80	6.99	7.17	7.32
	5.70	**6.98**	**7.80**	**8.42**	**8.91**	**9.32**	**9.67**	**9.97**	**10.24**	**10.48**	**10.70**
6	3.46	4.34	4.90	5.30	5.63	5.90	6.12	6.32	6.49	6.65	6.79
	5.24	**6.33**	**7.03**	**7.56**	**7.97**	**8.32**	**8.61**	**8.87**	**9.10**	**9.30**	**9.48**
7	3.34	4.16	4.68	5.06	5.36	5.61	5.82	6.00	6.16	6.30	6.43
	4.95	**5.92**	**6.54**	**7.01**	**7.37**	**7.68**	**7.94**	**8.17**	**8.37**	**8.55**	**8.71**
8	3.26	4.04	4.53	4.89	5.17	5.40	5.60	5.77	5.92	6.05	6.18
	4.75	**5.64**	**6.20**	**6.62**	**6.96**	**7.24**	**7.47**	**7.68**	**7.86**	**8.03**	**8.18**
9	3.20	3.95	4.41	4.76	5.02	5.24	5.43	5.59	5.74	5.87	5.98
	4.60	**5.43**	**5.96**	**6.35**	**6.66**	**6.91**	**7.13**	**7.33**	**7.49**	**7.65**	**7.78**
10	3.15	3.88	4.33	4.65	4.91	5.12	5.30	5.46	5.60	5.72	5.83
	4.48	**5.27**	**5.77**	**6.14**	**6.43**	**6.67**	**6.87**	**7.05**	**7.21**	**7.36**	**7.49**
11	3.11	3.82	4.26	4.57	4.82	5.03	5.20	5.35	5.49	5.61	5.71
	4.39	**5.15**	**5.62**	**5.97**	**6.25**	**6.48**	**6.67**	**6.84**	**6.99**	**7.13**	**7.25**
12	3.08	3.77	4.20	4.51	4.75	4.95	5.12	5.27	5.39	5.51	5.61
	4.32	**5.05**	**5.50**	**5.84**	**6.10**	**6.32**	**6.51**	**6.67**	**6.81**	**6.94**	**7.06**
13	3.06	3.73	4.15	4.45	4.69	4.88	5.05	5.19	5.32	5.43	5.53
	4.26	**4.96**	**5.40**	**5.73**	**5.98**	**6.19**	**6.37**	**6.53**	**6.67**	**6.79**	**6.90**
14	3.03	3.70	4.11	4.41	4.64	4.83	4.99	5.13	5.25	5.36	5.46
	4.21	**4.89**	**5.32**	**5.63**	**5.88**	**6.08**	**6.26**	**6.41**	**6.54**	**6.66**	**6.77**
15	3.01	3.67	4.08	4.37	4.59	4.78	4.94	5.08	5.20	5.31	5.40
	4.17	**4.84**	**5.25**	**5.56**	**5.80**	**5.99**	**6.16**	**6.31**	**6.44**	**6.55**	**6.66**
16	3.00	3.65	4.05	4.33	4.56	4.74	4.90	5.03	5.15	5.26	5.35
	4.13	**4.79**	**5.19**	**5.49**	**5.72**	**5.92**	**6.08**	**6.22**	**6.35**	**6.46**	**6.56**
17	2.98	3.63	4.02	4.30	4.52	4.70	4.86	4.99	5.11	5.21	5.31
	4.10	**4.74**	**5.14**	**5.43**	**5.66**	**5.85**	**6.01**	**6.15**	**6.27**	**6.38**	**6.48**
18	2.97	3.61	4.00	4.28	4.49	4.67	4.82	4.96	5.07	5.17	5.27
	4.07	**4.70**	**5.09**	**5.38**	**5.60**	**5.79**	**5.94**	**6.08**	**6.20**	**6.31**	**6.41**
19	2.96	3.59	3.98	4.25	4.47	4.65	4.79	4.92	5.04	5.14	5.23
	4.05	**4.67**	**5.05**	**5.33**	**5.55**	**5.73**	**5.89**	**6.02**	**6.14**	**6.25**	**6.34**
20	2.95	3.58	3.96	4.23	4.45	4.62	4.77	4.90	5.01	5.11	5.20
	4.02	**4.64**	**5.02**	**5.29**	**5.51**	**5.69**	**5.84**	**5.97**	**6.09**	**6.19**	**6.28**
24	2.92	3.53	3.90	4.17	4.37	4.54	4.68	4.81	4.92	5.01	5.10
	3.96	**4.55**	**4.91**	**5.17**	**5.37**	**5.54**	**5.69**	**5.81**	**5.92**	**6.02**	**6.11**
30	2.89	3.49	3.85	4.10	4.30	4.46	4.60	4.72	4.82	4.92	5.00
	3.89	**4.45**	**4.80**	**5.05**	**5.24**	**5.40**	**5.54**	**5.65**	**5.76**	**5.85**	**5.93**
40	2.86	3.44	3.79	4.04	4.23	4.39	4.52	4.63	4.73	4.82	4.90
	3.82	**4.37**	**4.70**	**4.93**	**5.11**	**5.26**	**5.39**	**5.50**	**5.60**	**5.69**	**5.76**
60	2.83	3.40	3.74	3.98	4.16	4.31	4.44	4.55	4.65	4.73	4.81
	3.76	**4.28**	**4.59**	**4.82**	**4.99**	**5.13**	**5.25**	**5.36**	**5.45**	**5.53**	**5.60**
120	2.80	3.36	3.68	3.92	4.10	4.24	4.36	4.47	4.56	4.64	4.71
	3.70	**4.20**	**4.50**	**4.71**	**4.87**	**5.01**	**5.12**	**5.21**	**5.30**	**5.37**	**5.44**
∞	2.77	3.31	3.63	3.86	4.03	4.17	4.28	4.39	4.47	4.55	4.62
	3.64	**4.12**	**4.40**	**4.60**	**4.76**	**4.88**	**4.99**	**5.08**	**5.16**	**5.23**	**5.29**

表 6　皮尔逊相关的临界值

样本相关系数 r 必须大于或等于表中的临界值才表示显著。

自由度：$n-2$	单尾检验的显著性水平			
	0.05	0.025	0.01	0.005
	双尾检验的显著性水平			
	0.10	0.05	0.02	0.01
1	0.988	0.997	0.999 5	0.999 9
2	0.900	0.950	0.980	0.990
3	0.805	0.878	0.934	0.959
4	0.729	0.811	0.882	0.917
5	0.669	0.754	0.833	0.874
6	0.622	0.707	0.789	0.834
7	0.582	0.666	0.750	0.798
8	0.549	0.632	0.716	0.765
9	0.521	0.602	0.685	0.735
10	0.497	0.576	0.658	0.708
11	0.476	0.553	0.634	0.684
12	0.458	0.532	0.612	0.661
13	0.441	0.514	0.592	0.641
14	0.426	0.497	0.574	0.623
15	0.412	0.482	0.558	0.606
16	0.400	0.468	0.542	0.590
17	0.389	0.456	0.528	0.575
18	0.378	0.444	0.516	0.561
19	0.369	0.433	0.503	0.549
20	0.360	0.423	0.492	0.537
21	0.352	0.413	0.482	0.526
22	0.344	0.404	0.472	0.515
23	0.337	0.396	0.462	0.505
24	0.330	0.388	0.453	0.496
25	0.323	0.381	0.445	0.487
26	0.317	0.374	0.437	0.479
27	0.311	0.367	0.430	0.471
28	0.306	0.361	0.423	0.463
29	0.301	0.355	0.416	0.456
30	0.296	0.349	0.409	0.449
35	0.275	0.325	0.381	0.418
40	0.257	0.304	0.358	0.393
45	0.243	0.288	0.338	0.372
50	0.231	0.273	0.322	0.354
60	0.211	0.250	0.295	0.325
70	0.195	0.232	0.274	0.302
80	0.183	0.217	0.256	0.283
90	0.173	0.205	0.242	0.267
100	0.164	0.195	0.230	0.254

表 7　斯皮尔曼相关的临界值

样本相关系数 r_s 必须要带大于等于表中的临界值才表示显著。

n	单尾检验的显著性水平			
	0. 05	0. 025	0. 01	0. 005
	双尾检验的显著性水平			
	0. 10	0. 05	0. 02	0. 01
4	1. 000			
5	0. 900	1. 000	1. 000	
6	0. 829	0. 886	0. 943	1. 000
7	0. 714	0. 786	0. 893	0. 929
8	0. 643	0. 738	0. 833	0. 881
9	0. 600	0. 700	0. 783	0. 833
10	0. 564	0. 648	0. 745	0. 794
11	0. 536	0. 618	0. 709	0. 755
12	0. 503	0. 587	0. 671	0. 727
13	0. 484	0. 560	0. 648	0. 703
14	0. 464	0. 538	0. 622	0. 675
15	0. 443	0. 521	0. 604	0. 654
16	0. 429	0. 503	0. 582	0. 635
17	0. 414	0. 485	0. 566	0. 615
18	0. 401	0. 472	0. 550	0. 600
19	0. 391	0. 460	0. 535	0. 584
20	0. 380	0. 447	0. 520	0. 570
21	0. 370	0. 435	0. 508	0. 556
22	0. 361	0. 425	0. 496	0. 544
23	0. 353	0. 415	0. 486	0. 532
24	0. 344	0. 406	0. 476	0. 521
25	0. 337	0. 398	0. 466	0. 511
26	0. 331	0. 390	0. 457	0. 501
27	0. 324	0. 382	0. 448	0. 491
28	0. 317	0. 375	0. 440	0. 483
29	0. 312	0. 368	0. 433	0. 475
30	0. 306	0. 362	0. 425	0. 467
35	0. 283	0. 335	0. 394	0. 433
40	0. 264	0. 313	0. 368	0. 405
45	0. 248	0. 294	0. 347	0. 382
50	0. 235	0. 279	0. 329	0. 363
60	0. 214	0. 255	0. 300	0. 331
70	0. 190	0. 235	0. 278	0. 307
80	0. 185	0. 220	0. 260	0. 287
90	0. 174	0. 207	0. 245	0. 271
100	0. 165	0. 197	0. 233	0. 257

表 8　卡方分布

表中是χ^2 的临界值。

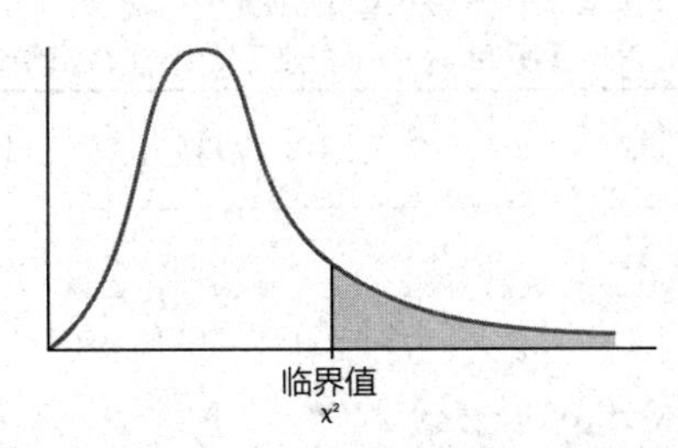

自由度	拒绝域的比例				
	0.10	0.05	0.025	0.01	0.005
1	2.71	3.84	5.02	6.63	7.88
2	4.61	5.99	7.38	9.21	10.60
3	6.25	7.81	9.35	11.34	12.84
4	7.78	9.49	11.14	13.28	14.86
5	9.24	11.07	12.83	15.09	16.75
6	10.64	12.59	14.45	16.81	18.55
7	12.02	14.07	16.01	18.48	20.28
8	13.36	15.51	17.53	20.09	21.96
9	14.68	16.92	19.02	21.67	23.59
10	15.99	18.31	20.48	23.21	25.19
11	17.28	19.68	21.92	24.72	26.76
12	18.55	21.03	23.34	26.22	28.30
13	19.81	22.36	24.74	27.69	29.82
14	21.06	23.68	26.12	29.14	31.32
15	22.31	25.00	27.49	30.58	32.80
16	23.54	26.30	28.85	32.00	34.27
17	24.77	27.59	30.19	33.41	35.72
18	25.99	28.87	31.53	34.81	37.16
19	27.20	30.14	32.85	36.19	38.58
20	28.41	31.41	34.17	37.57	40.00
21	29.62	32.67	35.48	38.93	41.40
22	30.81	33.92	36.78	40.29	42.80
23	32.01	35.17	38.08	41.64	44.18
24	33.20	36.42	39.36	42.98	45.56
25	34.38	37.65	40.65	44.31	46.93
26	35.56	38.89	41.92	45.64	48.29
27	36.74	40.11	43.19	46.96	49.64
28	37.92	41.34	44.46	48.28	50.99
29	39.09	42.56	45.72	49.59	52.34
30	40.26	43.77	46.98	50.89	53.67
40	51.81	55.76	59.34	63.69	66.77
50	63.17	67.50	71.42	76.15	79.49
60	74.40	79.08	83.30	88.38	91.95
70	85.53	90.53	95.02	100.42	104.22
80	96.58	101.88	106.63	112.33	116.32
90	107.56	113.14	118.14	124.12	128.30
100	118.50	124.34	129.56	135.81	140.17

表 9.1　Mann-Whitney U 检验的临界值(α=0.05)

表中呈现的是单尾(细字体)和双尾(粗字体)检验下显著性水平为 0.05 的临界值。对于任意 n_A 和 n_B，得到的 U 必须小于等于表中的临界值才有统计学意义。表中的横线(—)表明在对应的显著性水平和 n_A、n_B 的值下，不能得出结论。

n_B \ n_A	1	2	3	4	5	6	7	8	9	10	11	12	13	14	15	16	17	18	19	20
1	—	—	—	—	—	—	—	—	—	—	—	—	—	—	—	—	—	—	0	0
	—	—	—	—	—	—	—	—	—	—	—	—	—	—	—	—	—	—	—	—
2	—	—	—	—	0	0	0	1	1	1	1	2	2	2	3	3	3	4	4	4
	—	—	—	—	—	—	—	**0**	**0**	**0**	**0**	**1**	**1**	**1**	**1**	**1**	**2**	**2**	**2**	**2**
3	—	—	0	0	1	2	2	3	3	4	5	5	6	7	7	8	9	9	10	11
	—	—	—	—	**0**	**1**	**1**	**2**	**2**	**3**	**3**	**4**	**4**	**5**	**5**	**6**	**6**	**7**	**7**	**8**
4	—	—	0	1	2	3	4	5	6	7	8	9	10	11	12	14	15	16	17	18
	—	—	—	**0**	**1**	**2**	**3**	**4**	**4**	**5**	**6**	**7**	**8**	**9**	**10**	**11**	**11**	**12**	**13**	**13**
5	—	0	1	2	4	5	6	8	9	11	12	13	15	16	18	19	20	22	23	25
	—	—	**0**	**1**	**2**	**3**	**5**	**6**	**7**	**8**	**9**	**11**	**12**	**13**	**14**	**15**	**17**	**18**	**19**	**20**
6	—	0	2	3	5	7	8	10	12	14	16	17	19	21	23	25	26	28	30	32
	—	—	**1**	**2**	**3**	**5**	**6**	**8**	**10**	**11**	**13**	**14**	**16**	**17**	**19**	**21**	**22**	**24**	**25**	**27**
7	—	0	2	4	6	8	11	13	15	17	19	21	24	26	28	30	33	35	37	39
	—	—	**1**	**3**	**5**	**6**	**8**	**10**	**12**	**14**	**16**	**18**	**20**	**22**	**24**	**26**	**28**	**30**	**32**	**34**
8	—	1	3	5	8	10	13	15	18	20	23	26	28	31	33	36	39	41	44	47
	—	**0**	**2**	**4**	**6**	**8**	**10**	**13**	**15**	**17**	**19**	**22**	**24**	**26**	**29**	**31**	**34**	**36**	**38**	**41**
9	—	1	3	6	9	12	15	18	21	24	27	30	33	36	39	42	45	48	51	54
	—	**0**	**2**	**4**	**7**	**10**	**12**	**15**	**17**	**20**	**23**	**26**	**28**	**31**	**34**	**37**	**39**	**42**	**45**	**48**
10	—	1	4	7	11	14	17	20	24	27	31	34	37	41	44	48	51	55	58	62
	—	**0**	**3**	**5**	**8**	**11**	**14**	**17**	**20**	**23**	**26**	**29**	**33**	**36**	**39**	**42**	**45**	**48**	**52**	**55**
11	—	1	5	8	12	16	19	23	27	31	34	38	42	46	50	54	57	61	65	69
	—	**0**	**3**	**6**	**9**	**13**	**16**	**19**	**23**	**26**	**30**	**33**	**37**	**40**	**44**	**47**	**51**	**55**	**58**	**62**
12	—	2	5	9	13	17	21	26	30	34	38	42	47	51	55	60	64	68	72	77
	—	**1**	**4**	**7**	**11**	**14**	**18**	**22**	**26**	**29**	**33**	**37**	**41**	**45**	**49**	**53**	**57**	**61**	**65**	**69**
13	—	2	6	10	15	19	24	28	33	37	42	47	51	56	61	65	79	75	80	84
	—	**1**	**4**	**8**	**12**	**16**	**20**	**24**	**28**	**33**	**37**	**41**	**45**	**50**	**54**	**59**	**63**	**67**	**72**	**76**
14	—	2	7	11	16	21	26	31	36	41	46	51	56	61	66	71	77	82	87	92
	—	**1**	**5**	**9**	**13**	**17**	**22**	**26**	**31**	**36**	**40**	**45**	**50**	**55**	**59**	**64**	**67**	**74**	**78**	**83**
15	—	3	7	12	18	23	28	33	39	44	50	55	61	66	72	77	83	88	94	100
	—	**1**	**5**	**10**	**14**	**19**	**24**	**29**	**34**	**39**	**44**	**49**	**54**	**59**	**64**	**70**	**75**	**80**	**85**	**90**
16	—	3	8	14	19	25	30	36	42	48	54	60	65	71	77	83	89	95	101	107
	—	**1**	**6**	**11**	**15**	**21**	**26**	**31**	**37**	**42**	**47**	**53**	**59**	**64**	**70**	**75**	**81**	**86**	**92**	**98**
17	—	3	9	15	20	26	33	39	45	51	57	64	70	77	83	89	96	102	109	115
	—	**2**	**6**	**11**	**17**	**22**	**28**	**34**	**39**	**45**	**51**	**57**	**63**	**67**	**75**	**81**	**87**	**93**	**99**	**105**
18	—	4	9	16	22	28	35	41	48	55	61	68	75	82	88	95	102	109	116	123
	—	**2**	**7**	**12**	**18**	**24**	**30**	**36**	**42**	**48**	**55**	**61**	**67**	**74**	**80**	**86**	**93**	**99**	**106**	**112**
19	0	4	10	17	23	30	37	44	51	58	65	72	80	87	94	101	109	116	123	130
	—	**2**	**7**	**13**	**19**	**25**	**32**	**38**	**45**	**52**	**58**	**65**	**72**	**78**	**85**	**92**	**99**	**106**	**113**	**119**
20	0	4	11	18	25	32	39	47	54	62	69	77	84	92	100	107	115	123	130	138
	—	**2**	**8**	**13**	**20**	**27**	**34**	**41**	**48**	**55**	**62**	**69**	**76**	**83**	**90**	**98**	**105**	**112**	**119**	**127**

表 9.2　Mann-Whitney U 检验的临界值(α=0.01)

表中呈现的是单尾(细字体)和双尾(粗字体)检验下显著性水平为 0.01 的临界值。对于任意 n_A 和 n_B，得到的 U 必须小于等于表中的临界值才有统计学意义。表中的横线(—)表明在对应的显著性水平和 n_A、n_B 的值下，不能得出结论。

n_B \ n_A	1	2	3	4	5	6	7	8	9	10	11	12	13	14	15	16	17	18	19	20
2	—	—	—	—	—	—	—	—	—	—	—	—	0	0	0	0	0	0	1	1
	—	—	—	—	—	—	—	—	—	—	—	—	—	—	—	—	—	—	**0**	**0**
3	—	—	—	—	—	—	0	0	1	1	1	2	2	2	3	3	4	4	4	5
	—	—	—	—	—	—	—	—	**0**	**0**	**0**	**1**	**1**	**1**	**2**	**2**	**2**	**2**	**3**	**3**
4	—	—	—	—	0	1	1	2	3	3	4	5	5	6	7	7	8	9	9	10
	—	—	—	—	—	**0**	**0**	**1**	**1**	**2**	**2**	**3**	**3**	**4**	**5**	**5**	**6**	**6**	**7**	**8**
5	—	—	—	0	1	2	3	4	5	6	7	8	9	10	11	12	13	14	15	16
	—	—	—	—	**0**	**1**	**1**	**2**	**3**	**4**	**5**	**6**	**7**	**7**	**8**	**9**	**10**	**11**	**12**	**13**
6	—	—	—	1	2	3	4	6	7	8	9	11	12	13	15	16	18	19	20	22
	—	—	—	**0**	**1**	**2**	**3**	**4**	**5**	**6**	**7**	**9**	**10**	**11**	**12**	**13**	**15**	**16**	**17**	**18**
7	—	—	0	1	3	4	6	7	9	11	12	14	16	17	19	21	23	24	26	28
	—	—	—	**0**	**1**	**3**	**4**	**6**	**7**	**9**	**10**	**12**	**13**	**15**	**16**	**18**	**19**	**21**	**22**	**24**
8	—	—	0	2	4	6	7	9	11	13	15	17	20	22	24	26	28	30	32	34
	—	—	—	**1**	**2**	**4**	**6**	**7**	**9**	**11**	**13**	**15**	**17**	**18**	**20**	**22**	**24**	**26**	**28**	**30**
9	—	—	1	3	5	7	9	11	14	16	18	21	23	26	28	31	33	36	38	40
	—	—	**0**	**1**	**3**	**5**	**7**	**9**	**11**	**13**	**16**	**18**	**20**	**22**	**24**	**27**	**29**	**31**	**33**	**36**
10	—	—	1	3	6	8	11	13	16	19	22	24	27	30	33	36	38	41	44	47
	—	—	**0**	**2**	**4**	**6**	**9**	**11**	**13**	**16**	**18**	**21**	**24**	**26**	**29**	**31**	**34**	**37**	**39**	**42**
11	—	—	1	4	7	9	12	15	18	22	25	28	31	34	37	41	44	47	50	53
	—	—	**0**	**2**	**5**	**7**	**10**	**13**	**16**	**18**	**21**	**24**	**27**	**30**	**33**	**36**	**39**	**42**	**45**	**48**
12	—	—	2	5	8	11	14	17	21	24	28	31	35	38	42	46	49	53	56	60
	—	—	1	3	6	9	12	15	18	21	24	27	31	34	37	41	44	47	51	54
13	—	0	2	5	9	12	16	2	23	27	31	35	39	43	47	51	55	59	63	67
	—	—	**1**	**3**	**7**	**10**	**13**	**17**	**20**	**24**	**27**	**31**	**34**	**38**	**42**	**45**	**49**	**53**	**56**	**60**
14	—	0	2	6	10	13	17	22	26	30	34	38	43	47	51	56	60	65	69	73
	—	—	**1**	**4**	**7**	**11**	**15**	**18**	**22**	**26**	**30**	**34**	**38**	**42**	**46**	**50**	**54**	**58**	**63**	**67**
15	—	0	3	7	11	15	19	24	28	33	37	42	47	51	56	61	66	70	75	80
	—	—	**2**	**5**	**8**	**12**	**16**	**20**	**24**	**29**	**33**	**37**	**42**	**46**	**51**	**55**	**60**	**64**	**69**	**73**
16	—	0	3	7	12	16	21	26	31	36	41	46	51	56	61	66	71	76	82	87
	—	—	**2**	**5**	**9**	**13**	**18**	**22**	**27**	**31**	**36**	**41**	**45**	**50**	**55**	**60**	**65**	**70**	**74**	**79**
17	—	0	4	8	13	18	23	28	33	38	44	49	55	60	66	71	77	82	88	93
	—	—	**2**	**6**	**10**	**15**	**19**	**24**	**29**	**34**	**39**	**44**	**49**	**54**	**60**	**65**	**70**	**75**	**81**	**86**
18	—	0	4	9	14	19	24	30	36	41	47	53	59	65	70	76	82	88	94	100
	—	—	**2**	**6**	**11**	**16**	**21**	**26**	**31**	**37**	**42**	**47**	**53**	**58**	**64**	**70**	**75**	**81**	**87**	**92**
19	—	1	4	9	15	20	26	32	38	44	50	56	63	69	75	82	88	94	101	107
	—	**0**	**3**	**7**	**12**	**17**	**22**	**28**	**33**	**39**	**45**	**51**	**56**	**63**	**69**	**74**	**81**	**87**	**93**	**99**
20	—	1	5	10	16	22	28	34	40	47	53	60	67	73	80	87	93	100	107	114
	—	**0**	**3**	**8**	**13**	**18**	**24**	**30**	**36**	**42**	**48**	**54**	**60**	**67**	**73**	**79**	**86**	**92**	**99**	**105**

表 10　Wilcoxon 符号秩次检验的临界值

要有统计学意义，得到的 T 必须小于等于表中的临界值。表中的横线表明，在对应的显著性水平和 n 的情况下不能得出结论。

n	单尾检验的显著性水平			
	0.05	0.025	0.01	0.005
	双尾检验的显著性水平			
	0.10	0.05	0.02	0.01
5	0	—	—	—
6	2	0	—	—
7	3	2	0	—
8	5	3	1	0
9	8	5	3	1
10	10	8	5	3
11	13	10	7	5
12	17	13	9	7
13	21	17	12	9
14	25	21	15	12
15	30	25	19	15
16	35	29	23	19
17	41	34	27	23
18	47	40	32	27
19	53	46	37	32
20	60	52	43	37
21	67	58	49	42
22	75	65	55	48
23	83	73	62	54
24	91	81	69	61
25	100	89	76	68
26	110	98	84	75
27	119	107	92	83
28	130	116	101	91
29	140	126	110	100
30	151	137	120	109
31	163	147	130	118
32	175	159	140	128
33	187	170	151	138
34	200	182	162	148
35	213	195	173	159
36	227	208	185	171
37	241	221	198	182
38	256	235	211	194
39	271	249	224	207
40	286	264	238	220
41	302	279	252	233
42	319	294	266	247
43	336	310	281	261
44	353	327	296	276
45	371	343	312	291
46	389	361	328	307
47	407	378	345	322
48	426	396	362	339
49	446	415	379	355
50	466	434	397	373

附录B　各章奇数编号习题和各部分复习题的答案

注意：书中的许多习题需要经过多个运算步骤，每一步都会有四舍五入的答案。视解决问题的顺序，不同的人在不同情况下会对答案进行不同的舍入。因此，你可能会得到与本附录中略有不同的答案。为了最小化这个问题，我们的答案试着囊括在复杂问题不同步骤中得到的所有数值，而不是只给出一个最终答案。

第1章　统计学导论

1. a. 总体是正在服用抑郁症药物的所有青少年男孩。
   b. 样本是在研究中被测试的30名男孩。
3. 描述统计用于简化和总结数据。推断统计使用样本数据得出对于总体的普遍结论。
5. 相关研究只有一组个体，测量每个个体的两个(或多个)变量。其他研究方法比较两个(或多个)不同的分数组，以评估变量间的关系。
7. 自变量是把笔放在牙齿上还是放在嘴唇上。因变量是给每个卡通评价的等级。
9. a. 这是一个非实验研究。研究者只观察而没有操纵两个变量。
   b. 这是一个实验。研究者控制了饮料(咖啡)的有无，并应以等价的被试作为研究对象从而控制其他变量。
11. 这不是一个实验，因为它没有操纵变量。相反，该研究比较了两个已经存在的群体(美国大学生和加拿大大学生)。
13. a. 连续。因为时间是可无限分割的。
    b. 离散。家庭规模是由不可分的整数类别组成。
    c. 离散。有两个独立且不同的类别(模拟和数字)。
    d. 连续。变量是用测验分数来衡量的统计学知识，测验可以是一个5分测验、10分测验或50分测验，这表明知识可以被无限地划分。
15. a. 自变量为幽默还是不幽默。
    b. 自变量是用称名量表测量的。
    c. 因变量是回想起的句子数量。
    d. 因变量是用比率量表测量的。
17. a. 自变量是张贴激励型标语和不张贴激励型标语，因变量是楼梯的使用量。
    b. 是否张贴激励型标语是用称名量表测量的。
19. a. $\sum X=15$
    b. $\sum X^2=65$
    c. $\sum(X+1)=20$
    d. $\sum(X+1)^2=100$
21. a. $\sum X=11$
    b. $\sum Y=25$
    c. $\sum XY=54$
23. a. $\sum X^2=30$
    b. $(\sum X)^2=64$
    c. $\sum(X-2)=0$
    d. $\sum(X-2)^2=14$

第2章　频数分布

1.

X	f
10	3
9	6
8	4
7	2
6	3
5	1
4	1

3. a. $n=12$
   b. $\sum X=40$
   c. $\sum X^2=148$
5. a.

X	f
28-29	1
26-27	4
24-25	7
22-23	4
20-21	2
18-19	2
16-17	1
14-15	0
12-13	1
10-11	1
8-9	1

b.

X	f
25-29	8
20-24	10
15-19	3
10-14	2
5-9	1

7. a. 2点一分组，大约分9个区间。
   b. 5点一分组，大约分12个区间；或10点一分组，大约分6个区间。
   c. 10点一分组，大约分9个区间。
9. 条形图中的相邻条形之间留有空隙。当数据来自称名量表和顺序量表时，使用条形图。在直方图中，相邻的条形紧密接排。直方图用于展示来自等距量表和比率量表的数据。

11.

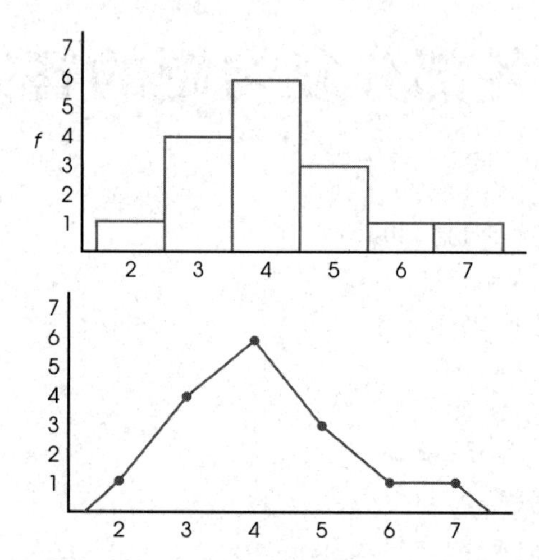

13. a. 应该用条形图来展示来自顺序量表的数据。

b.

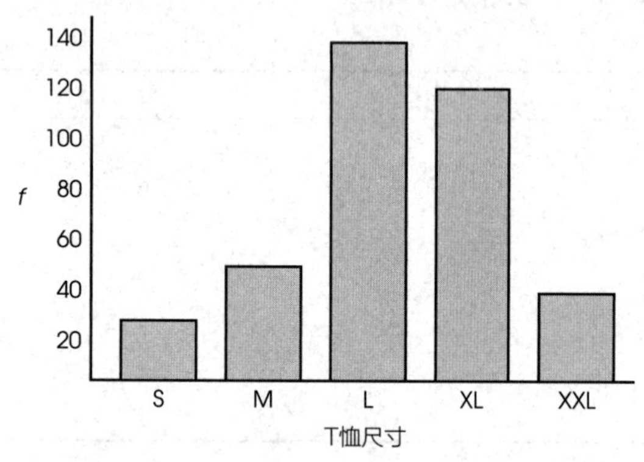

15. a.

X	f
9	1
8	1
7	4
6	5
5	7
4	2

b. 正偏态分布

17. a.

X	f
10	1
9	2
8	2
7	2
6	4
5	3
4	2
3	2
2	1

b.

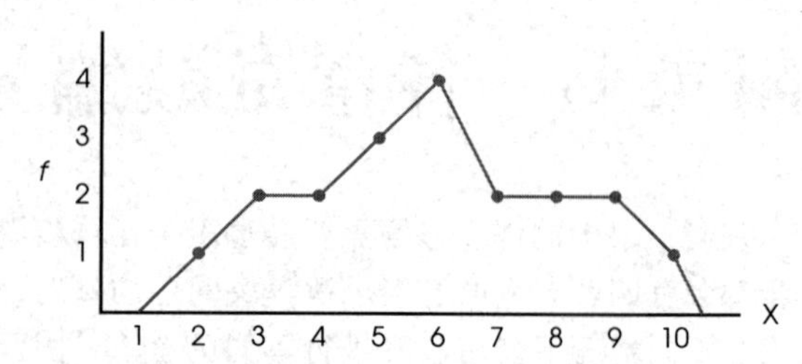

c. 它是以 $X=6$ 为中心的相当对称的分布。分数分散在整个量尺中。

19.

X	f	cf	$c\%$
7	2	24	100
6	3	23	92
5	6	20	80
4	9	14	56
3	4	5	20
2	1	1	4

a. $X=2.5$ 的百分等级是 4%

b. $X=6.5$ 的百分等级是 92%

c. 第 20 个百分位数是 $X=3.5$

d. 第 80 个百分位数是 $X=5.5$

21.

X	f	cf	$c\%$
10	2	50	100
9	5	48	96
8	8	43	86
7	15	35	70
6	10	20	40
5	6	10	20
4	4	4	8

a. $X=6$ 的百分等级是 30%

b. $X=9$ 的百分等级是 91%

c. 第 25 个百分位数是 $X=5.75$

d. 第 90 个百分位数是 $X=8.9$

23. a. $X=5$ 的百分等级是 8%

b. $X=12$ 的百分等级是 85%

c. 第 25 个百分位数是 $X=7$

d. 第 70 个百分位数是 $X=10$

25.

1	796
2	0841292035826
3	094862
4	543
5	3681
6	4

27.

2	80472
3	49069
4	543976
5	4319382
6	5505
7	24
8	1

第3章　集中趋势

1. 测量集中趋势的目的是确定一个最能代表整个分布的数据，它通常是分布中心的数。
3. 平均数是$\frac{29}{10}=2.9$，中数是2.5，众数是2。
5. 平均数是$\frac{69}{12}=5.75$，中数是6，众数是7。
7. a. 中数是2.83(2.5+0.33)
   b. 中数是3
9. $N=25$
11. 原始样本的$n=5$，$\sum X=60$，新样本的$n=4$，$\sum X=52$。所以新的平均数$M=13$。
13. 分数被移除后，$n=8$，$\sum X=88$，$M=11$。
15. 分数被修改后，$n=7$，$\sum X=49$，$M=7$。
17. 原始样本的$n=16$，$\sum X=320$，新样本的$n=15$，$\sum X=285$。被移除的数据一定是$X=35$。
19. a. 新的平均数是$\frac{75}{10}=7.5$
   b. 新的平均数是$(20+60)/10=8$
   c. 新的平均数是$(30+40)/10=7$
21. 在偏态分布(有一些极端数据)、开放式分布、不确定分数和顺序量表中用中数替代平均数。
23. a. 众数=2
   b. 中数=2
   c. 因为在样本中你无法算出学生去早餐店的总次数($\sum X$)。
25. a. 平日里$M=0.99$英寸，在周末$M=1.67$英寸。
   b. 周末下雨要比平时下雨更多。

第4章　变异性

1. a. SS是离差的平方和
   b. 方差是离差平方和的平均数
   c. 标准差是方差的平方根。它可以用来衡量某一值与平均数的差异程度。
3. 标准差和方差是测量距离的，它们总是大于或等于零。
5. 如果不校正，样本方差将低于总体方差。校正样本方差的公式(用$n-1$代替N)是十分必要的。
7. a. $s=2$更好(因为你的分数比平均数高三个标准差)
   b. $s=10$更好(因为你的分数比平均数低半个标准差)
9. a. 原来的平均数是$M=80$，标准差是$s=8$。
   b. 原来的平均数是$M=12$，标准差是$s=3$。
11. a. 全距是11或12，标准差是$\sigma=4$。
   b. 每个分数加2以后，全距仍是11或12，标准差仍是$\sigma=4$。为每个分数加一个常数并不影响对变量的测量。
13. 样本A的平均数是$M=4.50$，使用计算公式会更容易些。对于这个样本，$SS=25$。
   样本B平均数是$M=4$，使用定义公式更容易些。对于这个样本，$SS=42$。
15. a. 平均数是$M=4$，标准差是$s=\sqrt{9}=3$。
   b. 新的平均数是$M=6$，新的标准差是$\sqrt{49}=7$。
   c. 改变一个分数就会改变平均数和标准差。
17. $SS=32$，总体方差为4，标准差是2。
19. $SS=36$，样本方差为9，标准差是3。
21. a.

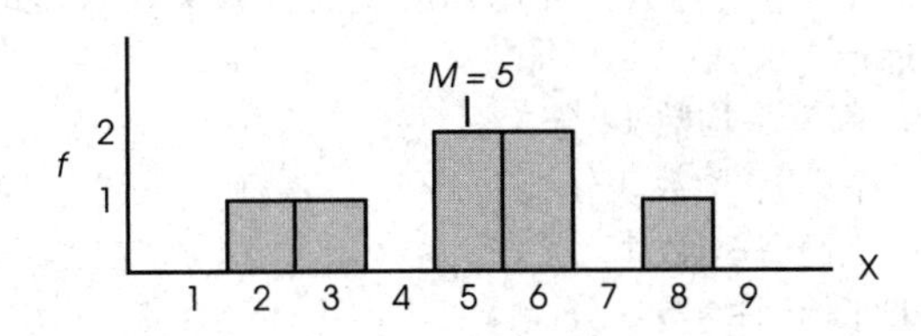

   b. 平均数是$\frac{35}{7}=5$，两个$X=5$的分数与平均数相等。
   $X=2$和$X=8$的分数距离平均数最远(差3分)。标准差应在0和3之间。
   c. $SS=24$，$s^2=4$，$s=2$，这与估计的一致。
23. a. 对于年轻女性来说，方差是$s^2=0.786$。
   对于年长女性来说，方差是$s^2=1.696$。
   b. 年轻女性的方差只是年长女性的一半，年轻女性的分数更加一致。

第一部分复习题

1. a. 描述统计的目的是简化、组织和总结数据，以便研究者更容易看出数据形态。
   b. 频数分布提供了对整个数据有组织的总结。
   c. 集中趋势用一个最具代表性的值总结了整个数据。
   d. 变异性的测量提供了一个可以反映分数间差异的数值。

2. a.

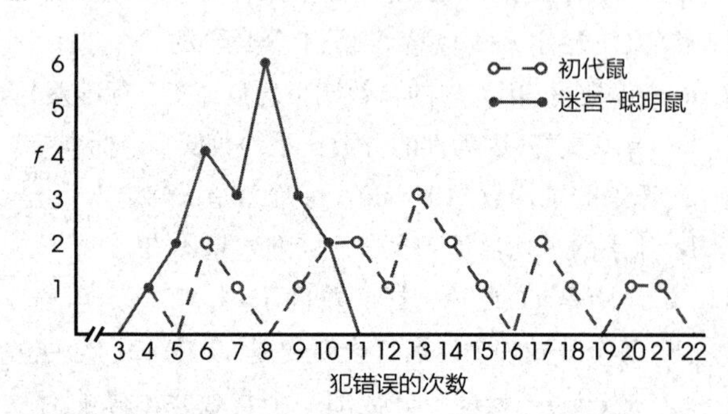

初代鼠比第7代迷宫-聪明鼠的犯错次数更多。

b. 初代鼠犯错的平均数 $M=12.43$，而第7代迷宫-聪明鼠犯错的平均数 $M=7.33$。平均来说，初代鼠的犯错次数更多。

c. 对于初代鼠，$SS=427.14$，方差是 $s^2=21.36$，标准差是 $s=4.62$。对于迷宫-聪明鼠，$SS=54.67$，方差是 $s^2=2.73$，标准差是 $s=1.65$。初代鼠的犯错次数分布更加分散。迷宫-聪明鼠是更为同质的群体。

第5章 z分数：分数的位置和标准化分布

1. z分数符号(+/-)表示原始分数的位置是高于(+)还是低于(-)平均数，并用标准差的倍数来表示其距离的远近。

3. a. 高于平均数12分
   b. 高于平均数3分
   c. 低于平均数12分
   d. 低于平均数3分

5.

X	z
45	0.71
30	−1.43

X	z
51	1.57
25	−2.14

X	z
41	0.14
38	−0.29

7. a.

X	z
44	0.50
34	−0.75

X	z
50	1.25
28	−1.50

X	z
52	1.50
64	3.00

b.

X	z
46	0.75
38	−0.25

X	z
52	1.50
36	−0.50

X	z
24	−2.00
50	1.25

9.

X	z
88	0.80
76	−0.40

X	z
92	1.20
74	−0.60

X	z
100	2.00
62	−1.80

11. a. $X=41$
   b. $X=42$
   c. $X=43$
   d. $X=45$

13. $\sigma=4$

15. $M=50$

17. $\sigma=4$

19. $\mu=61$，$\sigma=3$。两个分数之间相差3，等于1个标准差。

21. a. $\sigma=4$
   b. $\sigma=8$

23. a. $X=95(z=-0.25)$
   b. $X=80(z=-1.00)$
   c. $X=125(z=1.25)$
   d. $X=110(z=0.50)$

25. a. $\mu=5$，$\sigma=4$
   b. 和 c.

原来的 X	z	转换后的 X
0	−1.25	75
6	0.25	105
4	−0.25	95
3	−0.50	90
12	1.75	135

第6章 概率

1. a. $p=\frac{1}{50}=0.02$
   b. $p=\frac{10}{50}=0.20$
   c. $p=\frac{20}{50}=0.40$

3. 随机抽样必须满足的两个条件是：(1)每个个体被抽到的机会是相等的。(2)如果不只抽取一个个体，概率必须保持不变。

5. a. 尾部在右侧，$p=0.0228$
   b. 尾部在右侧，$p=0.2743$
   c. 尾部在左侧，$p=0.0968$
   d. 尾部在左侧，$p=0.3821$

7. a. $p(z>0.25)=0.4013$
   b. $p(z>-0.75)=0.7734$
   c. $p(z<1.20)=0.8849$
   d. $p(z<-1.20)=0.1151$

9. a. $p=0.1974$
   b. $p=0.9544$
   c. $p=0.4592$
   d. $p=0.4931$

11. a. $z=\pm0.25$
    b. $z=\pm0.67$
    c. $z=\pm1.96$
    d. $z=\pm2.58$
13. a. 尾部在右侧，$p=0.4013$
    b. 尾部在左侧，$p=0.3085$
    c. 尾部在右侧，$p=0.0668$
    d. 尾部在左侧，$p=0.1587$
15. a. $z=2.00$，$p=0.0228$
    b. $z=0.50$，$p=0.3085$
    c. $z=1.28$，$X=628$
    d. $z=-0.25$，$X=475$
17. a. $p(z>1.50)=0.0668$
    b. $p(z<-2.00)=0.0228$
19. a. $z=0.60$，$p=0.2743$
    b. $z=-1.40$，$p=0.0808$
    c. $z=0.84$，$X=206$ 元或者更多
21. $p(X>36)=p(z>2.17)=0.0150$ 或 1.50%
23. a. $p=\frac{1}{2}$
    b. $\mu=20$
    c. $\mu=\sqrt{10}=3.16$，对于 $X=25.5$，$z=1.74$，$p=0.0409$
    d. 对于 $X=24.5$，$z=1.42$，$p=0.0778$
25. a. 有五种选择，每种的概率是 $p=\frac{1}{5}$，$\mu=20$，$\sigma=4$
    对于 $X=20$，$z=\pm0.13$，$p=0.1034$
    b. 对于 $X=30.5$，$z=2.63$，$p=0.0043$
    c. $\mu=40$，$\sigma=5.66$；对于 $X=49.5$，$z=1.68$，$p=0.0465$
27. a. $n=50$，$p=q=\frac{1}{2}$，你可以用近似值 $\mu=25$，$\sigma=3.54$ 表示。用精确上限 30.5 来计算，$p(X>30.5)=p(z>1.55)=0.0606$。
    b. 近似值是 $\mu=50$，$\sigma=5$。用精确上限 60.5 来计算，$p(X>60.5)=p(z>2.10)=0.0179$。
    c. 对于大样本来说，掷硬币有 60% 的概率正面朝上是不寻常事件，虽然在小样本中，你掷硬币时可能会出现 60% 正面朝上的事件，但随着样本量越来越大，你会得到非常接近 50-50 的分布。在大样本中，掷硬币有 60% 的概率正面朝上是极不可能的事件。

第 7 章 概率和样本：样本平均数的分布

1. a. 样本平均数的分布是由特定总体中固定规模(n)的所有可能的随机样本的平均数组成的。
    b. 平均数的期望值是指样本平均数(μ)的分布。
    c. 平均数的标准误是样本平均数分布的标准差($\sigma_M=\frac{\sigma}{\sqrt{n}}$)。
3. a. 期望值是 $\mu=40$，$\sigma_M=\frac{8}{\sqrt{4}}=4$。
    b. 期望值是 $\mu=40$，$\sigma_M=\frac{8}{\sqrt{16}}=2$。
5. a. 标准误 $=\frac{30}{\sqrt{4}}=15$
    b. 标准误 $=\frac{30}{\sqrt{25}}=6$
    c. 标准误 $=\frac{30}{\sqrt{100}}=3$
7. a. $n\geqslant16$
    b. $n\geqslant100$
    c. $n\geqslant400$
9. a. $\sigma=50$
    b. $\sigma=25$
    c. $\sigma=10$
11. a. $\sigma_M=5$ $z=-1.00$
    b. $\sigma_M=10$ $z=-0.50$
    c. $\sigma_M=20$ $z=-0.25$
13. a. 标准误是 4，$M=33$ 对应 $z=0.75$ 不是极值。
    b. 标准误是 1，$M=33$ 对应 $z=3.00$ 是极值。
15. a. $z=0.50$，$p=0.6915$
    b. $\sigma_M=5$ $z=1.00$，$p=0.8413$
    c. $\sigma_M=2$ $z=2.50$，$p=0.9938$
17. a. $z=\pm0.50$ $p=0.3830$
    b. $\sigma_M=5$ $z=\pm1.00$ $p=0.6826$
    c. $\sigma_M=2.5$ $z=\pm2.00$ $p=0.9544$
19. a. $p(z<-0.50)=0.3085$
    b. $p(z<-1.00)=0.1587$
21. a. 标准误是 3.58，此样本平均数对应的 $z=1.28$。此(或更大的) z 分数的概率是 $p=0.1003$。
    b. 此样本平均数的概率应该只有 1/10，因此这不是一个很有代表性的样本。
23.

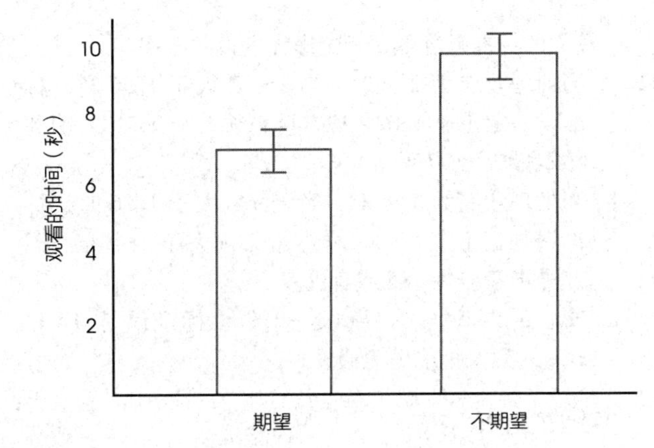

第8章 假设检验简介

1. a. $M-\mu$ 测量的是样本平均数与假设总体平均数之间的差异。
   b. 样本平均数与总体平均数不同。标准误测量的是 M 和 μ 之间存在多少差异是合理的。
3. 显著性水平是很小的概率值，它定义了“不太可能”发生的事件。拒绝域表示虚无假设为真时极不可能出现的结果，其中用 α 来定义这种“极不可能”。
5. a. 虚无假设为草药对记忆分数没有影响。
   b. H_0：$\mu=80$(即使使用了草药，平均数仍是 80)。
   H_1：$\mu\neq80$(平均数改变了)。
   c. 拒绝域由 $z>1.96$ 和 <-1.96 的部分组成。
   d. 对于这些数据，标准误是 3，$z=\frac{4}{3}=1.33$。
   e. 不能拒绝虚无假设。草药补充剂对记忆分数没有显著影响。
7. a. H_0：$\mu=80$。当 $\sigma=12$ 时，样本平均数对应的 $z=-\frac{4}{3}=-1.33$。这不足以拒绝虚无假设，不能得出课程对其具有重大影响的结论。
   b. H_0：$\mu=80$。当 $\sigma=6$ 时，样本平均数对应的 $z=-\frac{4}{1.5}=-2.67$。这足以拒绝虚无假设，并得出结论：该课程确实具有显著影响。
   c. 在样本与假设间有 4 分差异。在 a 部分中，标准误是 3，4 分差异不显著。而在 b 部分，标准误仅为 1.5，这时 4 分超过预期，差异显著。一般来说，更大的标准差产生了更大的标准误，这降低了拒绝虚无假设的概率。
9. a. 当 $\sigma=18$ 时，标准误是 3，$z=-\frac{8}{3}=-2.67$。拒绝 H_0。
   b. 当 $\sigma=30$ 时，标准误是 5，$z=-\frac{8}{5}=-1.60$。不能拒绝 H_0。
   c. 较大的标准差降低了拒绝虚无假设的概率。
11. a. 当处理效应为 2 分时，当 z 分数大于 1.96 时，标准误一定小于 1.02。样本量必须大于 96.12。因此样本量应为 97 或者更多。
   b. 当处理效应为 1 分时，当 z 分数大于 1.96 时，标准误一定小于 0.51。样本量必须大于 384.47。因此样本量应为 385 或者更多。
13. a. H_0：$\mu=4.9$ 且临界值是 ±1.96。标准误是 0.21，$z=-3.33$。拒绝虚无假设。
   b. Cohen's $d=\frac{0.7}{0.84}=0.833$ 或 83.3%
   c. 结果表明，女性是否有文身对他人判断其吸引力有显著影响，$z=-3.33$，$p<0.05$，$d=0.833$。
15. a. H_0：$\mu\leqslant50$(耐力没有增加)。拒绝域由 $z>1.65$ 和 $z<-1.65$ 的部分组成。对于这些数据，$\sigma_M=1.70$，$z=1.76$。拒绝 H_0 并得出结论：喝过运动饮料后的耐力分数显著提升。
   b. H_0：$\mu=50$(耐力没有改变)。拒绝域由 $z>1.96$ 和 $z<-1.96$ 的部分组成。$\sigma_M=1.70$ $z=1.76$。不能拒绝 H_0，得出结论：运动饮料对耐力分数没有显著影响。
   c. 双尾检验需要较大的 z 分数才能使样本处于拒绝域。
17. H_0：$\mu\leqslant12$(在热天没有增长)。H_1：$\mu>12$(有增长)。拒绝域由 $z>1.65$ 和 $z<-1.65$ 的部分组成。对于这些数据来说，标准误是 1.50，$z=2.33$，在拒绝域当中，所以我们拒绝虚无假设并得出结论：天气炎热时，球员更容易被击中。
19. a. 在不加任何处理时，样本平均数是以 $\mu=75$ 为中心，标准误为 1.90 的分布。拒绝域的边界是 $z=1.96$ 对应着样本平均数是 $M=78.72$。处理效应为 4 分时，样本平均数分布以 $\mu=79$ 为中心。在这个分布中，平均数 $M=78.72$ 对应的 $z=-0.15$。统计检验力是得到 z 分数大于 -0.15 的概率，即 $p=0.5596$。
   b. 用单尾检验，拒绝域边界 $z=1.65$ 对应的样本平均数 $M=78.14$。处理效应为 4 分时，样本平均数分布以 $\mu=79$ 为中心。在这个分布中，平均数 $M=78.14$ 对应的 $z=-0.45$。统计检验力是得到 z 分数大于 -0.45 的概率，即 $p=0.6736$。
21. a. α 增加，统计检验力增加。
   b. 由单尾检验变为双尾检验将降低统计检验力。
23. a. 样本量为 $n=16$，标准误是 5，拒绝域边界 $z=1.96$ 对应的样本平均数 $M=89.8$。效应为 12 分时，样本平均数将以 $\mu=92$ 为中心分布，在这个分布中，拒绝域边界值 $M=89.8$ 对应的 $z=-0.44$。统计检验力 $p(z>-0.44)=0.6700$ 或 67%。
   b. 样本量为 $n=25$，标准误是 4，拒绝域边界 $z=1.96$ 对应的样本平均数 $M=87.84$。效应为 12 分时，样本平均数将以 $\mu=92$ 为中心分布，在这个分布中，拒绝域边界值 $M=87.84$ 对应的 $z=-1.04$。统计检验力 $p(z>-1.04)=0.8508$ 或 85.08%。

第二部分复习题

1. a. $z=1.50$
   b. $X=36$
   c. 如果总体的 X 值全部被转换为 z 分数，那么 z 分数的平均数是0，标准差是1.00。

d. 标准误是4，$z=0.50$。

e. 标准误是2，$z=1.00$。

2. a. $p(X>40)=p(z>0.36)=0.3594$ 或35.94%。

b. $p(X<10)=p(z<-1.79)=0.0367$ 或3.67%。

c. 标准误是2，$z=-2.50$。$p=0.0062$。

3. a. 虚无假设为：超重学生与学生总体之间没有任何差异，$\mu=4.22$。标准误是1.10，样本的 z 分数是 $z=2.60$。拒绝虚无假设。超重学生吃的零食数量与普通总体吃的零食数量有显著差异。

b. 虚无假设为：体重正常的学生没有比总体少吃快餐。H_0：$\mu \geqslant 4.22$。标准误是0.12，样本的 z 分数是 $z=-1.75$。对于单尾检验来说，临界值是 $z=-1.65$。拒绝虚无假设。体重正常学生吃零食的数量显著少于普通总体所吃的零食数量。

第9章 t统计量简介

1. z 分数在总体标准差(或方差)已知时使用，t 统计量在总体标准差或方差未知时使用。t 统计量用样本方差或标准差来替代未知总体的数值。

3. a. 样本方差是16，估计标准误是2。

b. 样本方差是54，估计标准误是3。

c. 样本方差是12，估计标准误是1。

5. a. $t=\pm 2.571$。

b. $t=\pm 2.201$。

c. $t=\pm 2.069$。

7. a. $M=5$，$s=\sqrt{20}=4.47$。

b. $s_M=2$。

9. a. $s=9$，$s_M=3$，$t=-\frac{7}{3}=-2.33$，在临界值±2.306之外，所以我们拒绝虚无假设并得到有显著处理效应的结论。

b. $s=15$，$s_M=5$，$t=-\frac{7}{5}=-1.40$。因为这个值在临界值之内，所以没有显著效应。

c. 随着样本变异性的增加，拒绝虚无假设的可能性逐渐降低。

11. a. 在双尾检验中，临界值是±2.306，t 值 $=\frac{3.3}{1.5}=2.20$，不足以拒绝虚无假设。

b. 在单尾检验中，临界值是1.860，所以我们拒绝虚无假设，并得出被试显著高估了自己被别人注意的程度的结论。

13. a. $df=15$，临界值是±2.947。对于这些数据，样本方差是16，估计标准误是1，$t=\frac{8.2}{1}=8.20$。拒绝虚无假设，并得出焦虑水平有显著变化的结论。

b. $df=15$，90%置信水平的 t 值为±1.753，区间为21.547~25.053。

c. 数据表明焦虑水平有显著变化。$t(16)=8.20$，$p<0.01$，95%CI[21.547，25.053]。

15. a. $df=63$，临界值是±2.660(用表中的 $df=60$)。对于这些数据，估计标准误是1.50，$t=\frac{7}{1.50}=4.67$。拒绝虚无假设并得出平均IQ分数有显著变化的结论。

b. 用 $df=60$，80%置信水平的 t 值为±1.296，区间为105.056~108.944。

17. a. 估计标准误是1.50，$t=\frac{7.7}{1.50}=5.13$。对于单尾检验，临界值是2.602。拒绝虚无假设，得出有保育经历的儿童更容易出现行为问题的结论。

b. $r^2=\frac{26.32}{41.32}=0.637$ 或63.7%。

c. 结果显示，有保育经历的儿童比一般幼儿园儿童明显有更多的行为问题，$t(15)=5.13$，$p<0.01$，$r^2=0.637$。

19. a. Cohen's $d=\frac{3}{6}=0.50$。$s=6$，估计标准误是1.2，

$t=\frac{3}{1.2}=2.50$。

$r^2=\frac{6.25}{30.25}=0.207$。

b. Cohen's $d=\frac{3}{15}=0.20$。$s=15$，估计标准误是3，$t=\frac{3}{3}=1.00$。$r^2=\frac{1.00}{25.00}=0.04$。

c. 随着样本方差的增加，测量的效应量减少。

21. a. 估计标准误是0.20，$t=\frac{2.2}{0.2}=11.00$。t 值在临界值2.492之外。拒绝虚无假设。

b. Cohen's $d=\frac{2.2}{1}=2.20$，$r^2=\frac{121}{145}=0.8345$。

23. a. H_0：$\mu=40$。$df=8$，临界值 $t=\pm 2.306$。对于这些数据，$M=44$，$SS=162$，$s^2=20.25$，标准误是1.50，$t=2.67$。拒绝虚无假设并得出老年人的抑郁程度显著不同于一般总体的抑郁程度的结论。

b. Cohen's $d=\frac{4}{4.5}=0.889$。

c. 结果表明，老年人的抑郁分数显著不同于一般总体的分数，$t(8)=2.67$，$p<0.05$，$d=0.889$。

第10章 两个独立样本的t检验

第10章的“本章概要”中的火柴问题有几种解决

方法，但都涉及拆毁现有的两个方块。移动一角的两根火柴拆毁一个方块，第二个方块通过移动一根火柴拆毁，然后，使用这三个移动的火柴构建一个新的方块，用图中已经存在的线作为第四条边。箭头表示要从原始图案中移除的三根火柴以及它们在新图案中的位置。

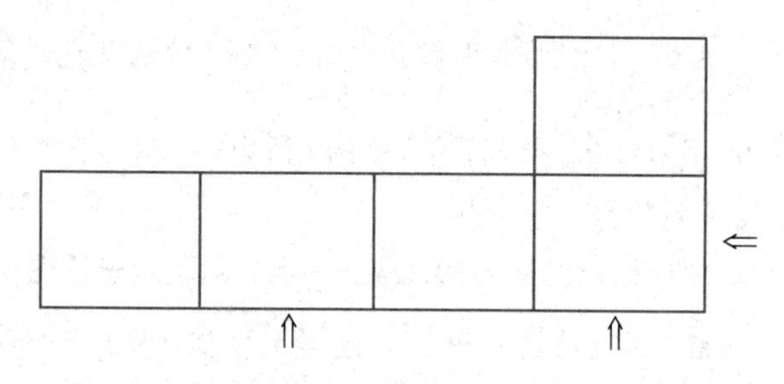

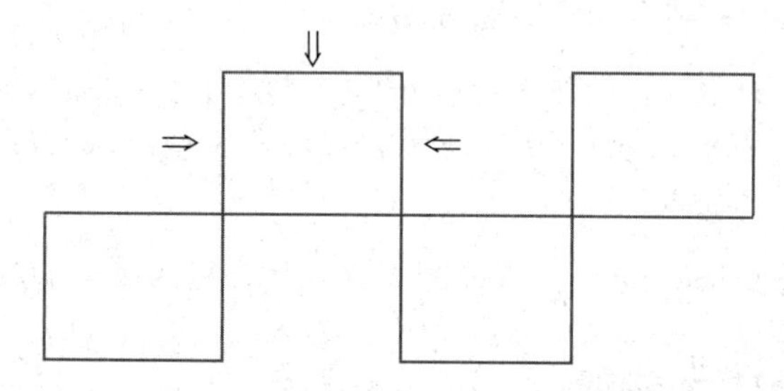

1. 独立测量研究对每一种处理或被比较的总体使用单独的样本。

3. a. 两个样本的容量影响 t 统计量分母中估计标准误的大小。随着样本量增加，t 值逐渐增加(远离 0)，拒绝 H_0 的可能性也逐渐增加。
   b. 分数的变异性影响分母中的估计标准误。随着分数变异性的增加，t 值逐渐减小(接近零)，拒绝 H_0 的可能性逐渐降低。

5. a. 第一个样本的 $s^2=12$，第二个样本的 $s^2=8$。
   合并方差是 $\frac{80}{8}=10$(位于二者之间)。
   b. 第一个样本的 $s^2=12$，第二个样本的 $s^2=4$。
   合并方差是 $\frac{80}{12}=6.67$(更接近大样本的方差)。

7. a. 合并方差是 6，估计标准误是 1.50。
   b. 合并方差是 24，估计标准误是 3。
   c. 变异性越大，标准误越大。

9. a. 合并方差是 90。
   b. 估计标准误是 5。
   c. 10 分的平均数差异得 $t=2.00$。由于临界值为 ±2.160，不能拒绝 H_0。
   d. 13 分的平均数差异得 $t=2.60$。由于临界值为 ±2.160，拒绝 H_0。

11. a. 合并方差是 60，估计标准误是 5。
   b. 合并方差是 240，估计标准误是 10。
   c. 增加样本方差会导致标准误增加。

13. a. 用 $df=30$，因为 34 没在表中列出，且 $\alpha=0.05$。拒绝域由 $t>2.042$ 和 $t<-2.042$ 的区域组成。合并方差是 81，估计标准误是 3，$t(34)=\frac{7.6}{3}=2.53$。t 统计量在拒绝域内。拒绝 H_0 并得出有显著差异的结论。
   b. 90%的置信水平对应的 t 值为 ±1.697(用 $df=30$)，舒缓的音乐能让学生成绩提高 2.509~12.691 分。
   c. 有背景音乐时课堂表现显著更好，$t(34)=2.53$，$p<0.05$，95%CI[2.509，12.691]。

15. a. 对于进攻型前锋，标准误是 0.97，$t=4.54$。$df=16$ 的单尾检验的临界值是 2.583。拒绝虚无假设，进攻型前锋的 BMI 显著高于正常标准。
   b. 对于防守型前锋，标准误是 0.80，$t=2.375$。$df=18$ 的单尾检验的临界值是 2.552。所以不能拒绝虚无假设，防守型前锋的 BMI 没有显著高于正常标准。
   c. 对于独立测量 t 值，合并方差为 14.01，估计标准误为 1.25，$t(34)=2.00$。$df=30$(因为 34 没被列出)的双尾检验的临界值是 2.750。不能拒绝虚无假设。两组之间不存在显著差异。

17. a. 研究预测听到动词“撞毁”的被试要比听到动词“碰撞”的被试估计的速度更快。对于这些数据，合并方差是 33，估计标准误是 2.10，$t(28)=3.24$。$df=28$，$\alpha=0.01$，临界值是 $t=2.467$。样本平均数差异在右侧，且达到显著。拒绝 H_0。
   b. 估计 Cohen's $d=\frac{6.8}{\sqrt{33}}=1.18$。
   c. 结果显示听到动词“撞毁”的被试对速度的估计要显著快于听到动词“碰撞”的被试。$t(28)=3.24$，$p<0.01$，$d=1.18$。

19. a. 虚无假设表述为两种指南之间没有差异，H_0：$\mu_1-\mu_2=0$。当 $df=6$，$\alpha=0.05$，拒绝域由 $t>2.447$ 和 $t<-2.447$ 的区域组成。对于第一种指南，$M=6$，$SS=16$。对于第二种指南，$M=10$，$SS=32$。对于这些数据，合并方差是 8，估计标准误是 2，$t(6)=2.00$。不能拒绝 H_0。数据不足以得出两种指南之间有显著差异的结论。
   b. 对于这些数据，估计 $d=\frac{4}{\sqrt{8}}=1.41$(有很大效应)且 $r^2=\frac{4}{10}=0.40$(40%)。

21. 幽默句子的平均数 $M=4.25$，$SS=35$，非幽默句子的

平均数 $M=4.00$，$SS=26$。合并方差是 2.03，估计标准误是 0.504，$t=0.496$。$df=30$，临界值是 2.042。所以不能拒绝虚无假设，得出结论：对于两种句子类型的记忆没有显著差异。

23. a. 虚无假设表述为房间的照明情况不会影响行为，对于照明良好的房间，$M=7.55$，$SS=42.22$。对于灯光昏暗的房间，$M=11.33$，$SS=38$。合并方差是 5.01，估计标准误是 1.06，$t(16)=3.57$。$df=16$ 时，临界值是 ±2.921。拒绝虚无假设，得出照明情况对行为有影响的结论。
    b. $d=\frac{3.78}{2.24}=1.69$。

第 11 章　两个相关样本的 t 检验

1. a. 这是具有两个独立样本的独立测量实验。
   b. 这是重复测验。对相同个体实施两次测量。
   c. 这是重复测验。对相同个体实施两次测量。
3. 在重复测量设计中，相同被试接受两种处理条件。在被试匹配设计中，两组被试接受不同的处理条件。然而，在被试匹配设计中，一个条件下的每名被试都与第二个条件中的一名被试在特定变量上匹配，因而两个独立样本在匹配变量上是等值的。
5. a. 标准差是 5 分，测量了个体分数与样本平均数之间的平均距离。
   b. 估计标准误是 1.67 分，测量了样本平均数和总体平均数之间的平均距离。
7. a. 标准误是 2 分，$t(8)=1.50$。由于边界值为 ±2.306，因此不能拒绝虚无假设。
   b. $M_D=12$，$t(8)=6.00$。由于边界值为 ±2.306，因此拒绝虚无假设。
9. 样本方差是 9。标准误是 0.75，$t(15)=4.33$。由于边界值为 ±2.306，因此拒绝 H_0。
11. a. 虚无假设为对微笑和皱眉的判断没有差异。对于这些数据，样本方差是 6.25，估计标准误是 0.5，$t=\frac{1.6}{0.5}=3.20$。对于 $df=24$ 的单尾检验，临界值是 2.492。拒绝虚无假设。
    b. $r^2=\frac{10.24}{32.24}=0.299(29.9\%)$
    c. 相对于用嘴唇咬住铅笔，用牙齿咬住铅笔的人评价漫画更有趣，$t(24)=3.20$，$p<0.01$，单尾，$r^2=0.299$。
13. 虚无假设表述为人们对有吸引力和没有吸引力照片中人物智力的感知不存在差异。对于这些数据，估计标准误是 0.4，$t=\frac{2.7}{0.4}=6.75$。$df=24$，临界值是 2.064。拒绝虚无假设。
15. a. 差异分数是 3、7、3 和 3。$M_D=4$。
    b. $SS=12$，样本方差是 4，估计标准误是 1。
    c. $df=3$，$\alpha=0.05$，临界值是 $t=\pm3.182$。对于这些数据，$t=4.00$。拒绝 H_0。处理效应显著。
17. 虚无假设为：想象对表现没有影响。对于这些数据，样本方差是 12.6，估计标准误是 1.45，$t(5)=2.97$。$df=5$，$\alpha=0.05$，临界值是 $t=\pm2.571$。拒绝 H_0，即想象对表现有显著影响。
19. a. 合并方差是 6.4，估计标准误是 1.46。
    b. 差异分数的方差是 24，估计标准误是 2。
21. a. 虚无假设为更改答案没有影响。H_0：$\mu_D=0$。由于 $df=8$ 且 $\alpha=0.05$，临界值是 $t=\pm2.306$。对于这些数据，$M_D=7$，$SS=288$，标准误是 2，$t(8)=3.50$。拒绝 H_0，得出更改答案对考试成绩有显著影响的结论。
    b. 对于 95%的置信水平，用 $t=\pm2.306$，置信区间为 2.388~11.612。
    c. 更改答案致使考试成绩显著提高，$t(8)=3.50$，$p<0.05$，95%CI[2.388，11.612]。
23. 虚无假设为射击选手在两次心跳之间射击与在心跳时射击没有差异，H_0：$\mu_D=0$。由于 $\alpha=0.05$，拒绝域由 $t>2.365$ 和 $t<-2.365$ 组成。对于这些数据，$M_D=3$，$SS=36$，$s^2=5.14$，标准误是 0.80，$t(7)=3.75$。拒绝 H_0，得出射击的时机对射击手的分数有显著的影响的结论。

第三部分复习题

1. a. 对于这些数据，平均数是 $M=23$ 且标准差是 $s=3$。
   b. H_0：$\mu_D<20$。由于 $df=8$，拒绝域由 t 值大于 1.860 的区域组成。对于这些数据，标准误是 1，$t(8)=3.00$。拒绝 H_0 并得出参加访谈的被试生活满意度显著提升的结论。
   c. Cohen's $d=\frac{3}{3}=1.00$。
   d. 90%的置信区间是 $\mu=23\pm1.86$，范围为 21.14~24.86。
2. a. 合并方差是 1.2，标准误是 0.40，$t(28)=\frac{0.7}{0.4}=1.75$。由于临界值是 2.048，故而不能拒绝虚无假设。
   b. 对于这些数据，$r^2=\frac{3.06}{31.06}=0.099$ 或 9.9%。
   c. 呈现文身对吸引力评判没有显著影响，$t(28)=1.75$，$p>0.05$，$r^2=0.099$。
3. a. 估计标准误是 2.5，$t(19)=1.92$。由于临界值为

1.729，拒绝虚无假设，得出药物会显著延长注意力持续时间的结论。

b. 80%的置信区间是 $\mu_D = 4.8 \pm 1.328 \times 2.5$，范围为1.48~8.12。

第12章 方差分析简介

1. 当没有处理效应时，F 值的分子和分母测量的变异来源相同（抽样误差中的随机、非系统差异）。在这种情况下，F 值是平衡的，其值接近1。

3. a. 随着样本平均数之间的差异增加，处理间方差逐渐增加，F 值也逐渐增加。

   b. 样本变异性增加致使处理内方差增加，从而降低 F 值。

5. a. 事后检验用于准确确定哪些处理条件有显著差异。

   b. 如果仅有两个处理，那么就不存在哪两个处理有差异的问题。

   c. 如果决策是不能拒绝 H_0，则表明没有显著差异。

7. a.

变异来源	*SS*	*df*	*MS*	
组间	84	2	42	$F(2, 15) = 6.00$
组内	105	15	7	
总变异	189	17		

$\alpha = 0.05$，临界值是 $F = 3.68$。拒绝虚无假设，得出三个处理之间存在显著差异的结论。

b. $\eta^2 = \frac{84}{189} = 0.444$

c. 方差分析显示，三个处理之间的平均数差异显著。$F(2, 15) = 6.00$，$p < 0.05$，$\eta^2 = 0.444$。

9. a. 样本方差分别是4、5和6。

   b.

变异来源	*SS*	*df*	*MS*	
组间	90	2	45	$F(2, 12) = 9.00$
组内	60	12	5	
总变异	150	14		

$\alpha = 0.05$，临界值是 $F = 3.88$。拒绝虚无假设，得出三个处理之间存在显著差异的结论。

11. a.

变异来源	*SS*	*df*	*MS*	
处理间	70	2	35	$F(2, 12) = 17.50$
处理内	24	12	2	
总变异	94	14		

$\alpha = 0.05$，临界值是 $F = 3.88$。拒绝虚无假设，得出三个处理之间存在显著差异的结论。

b. $\eta^2 = \frac{70}{94} = 0.745$

c. 方差分析显示在三组学生间，与父母的批评相关的完美主义的平均数差异显著，$F(2, 15) = 6.00$，$p < 0.05$，$\eta^2 = 0.745$。

13. a. $k = 3$ 个处理条件。

    b. 研究使用了总计 $N = 57$ 名被试。

15.

变异来源	*SS*	*df*	*MS*	
处理间	30	2	15	$F = 5$
处理内	63	21	3	
总变异	93	23		

17.

变异来源	*SS*	*df*	*MS*	
处理间	20	2	10	$F = 2.50$
处理内	180	45	4	
总变异	200	47		

19. a. 合并方差是6，估计标准误是1.50，$t(10) = 4.00$。$df = 10$，临界值是2.228。拒绝虚无假设。

    b.

变异来源	*SS*	*df*	*MS*	
处理间	96	1	96	$F(1, 10) = 16$
处理内	60	10	6	
总变异	156	11		

$df = 1, 10$，临界值是4.96。拒绝虚无假设。注意 $F = t^2$。

21. a.

变异来源	*SS*	*df*	*MS*	
处理间	252	2	126	$F(2, 15) = 19.30$
处理内	98	15	6.53	
总变异	350	17		

$df = 2, 15$，临界值是3.68。拒绝虚无假设。

b. 平均数差异的方差解释率是 $\eta^2 = 0.72 = 72\%$。

c. 方差分析显示，这三组鸟的平均脑容量差异显著，$F(2, 15) = 19.30$，$p < 0.01$，$\eta^2 = 0.72$。

d. 由于 $k = 3$ 组，$df = 15$，$q = 3.67$。$HSD = 3.83$。无迁徙鸟类与其他两组有显著差异，但短距离迁徙和长距离迁徙鸟类之间的差异不显著。

23. a. 平均数和标准差

很少看或不看	中度	经常看
M=4.00	M=5.00	M=6.50
s=2.11	s=2.00	s=1.51

变异来源	SS	df	MS	
处理间	31.67	2	15.83	F(2, 27)=4.25
处理内	100.50	27	3.72	
总变异	132.17	29		

df=2，27，临界值是3.35。拒绝虚无假设。

b. $\eta^2=\frac{31.67}{132.17}=0.240$。

c. Tukey's HSD=3.49×0.610=2.13(df=30)。仅很少看或不看电视的人与经常看电视的人之间的平均数存在显著差异。

第13章 重复测量方差分析

1. 对于独立测量设计，处理内的变异性是合适的误差项。然而，对于重复测量设计，你必须从处理内的变异中减去由个体差异引起的变异，以此来获得测量误差。
3. a. 共需要30名被试。三组独立样本，每组n=10人。F的自由度是2，27。
   b. 需要一组n=10的样本。F的自由度是2，18。
5. a. 3种处理。
   b. 16名被试。
7.

变异来源	SS	df	MS	
处理间	28	2	14	F(2, 10)=7.78
处理内	28	15		
被试间	10	5		
误差	18	10	1.8	
总变异	56	17		

由于df=2，10，临界值是4.10。拒绝虚无假设。三组处理之间存在显著差异。

9. a. 虚无假设为：三组处理之间没有显著差异。由于df=2，8，临界值是4.46。

变异来源	SS	df	MS	
处理间	70	2	35	F(2, 8)=35
处理内	26	12		
被试间	18	4		
误差	8	8	1	
总变异	96	14		

拒绝虚无假设。三组处理之间存在显著差异。

b. 对于这些数据，$\eta^2=\frac{70}{78}=0.897$

c. 方差分析显示，三组处理之间的平均数差异显著，$F(2, 8)=35.00$，$p<0.05$，$\eta^2=0.897$。

11. 虚无假设为三组处理之间没有显著差异，H_0：$\mu_1=\mu_2=\mu_3$。df=2，6，临界值是5.14。

变异来源	SS	df	MS	
处理间	8	2	4	F(2, 6)=6.00
处理内	94	9		
被试间	90	3		
误差	4	6	0.67	
总变异	102	11		

拒绝虚无假设。三种处理之间差异显著。

13. a. 对于独立测量方差分析，得出如下数据：

变异来源	SS	df	MS	
处理间	48	2	24	F(2, 15)=3.46
处理内	104	15	6.93	
总变异	152	17		

α=0.05的临界值是3.68，不能拒绝虚无假设。

b. 对于重复测量方差分析，得出如下数据：

变异来源	SS	df	MS	
处理间	48	2	24	F(2, 10)=12.00
处理内	104	15		
被试间	84	5		
误差	20	10	2	
总变异	152	17		

α=0.05的临界值是4.10，拒绝虚无假设。

c. 重复测验方差分析通过消除个体差异来减少误差方差。这增加了方差分析求得差异显著的可能性。

15.

变异来源	SS	df	MS	
处理间	2	1	2	F(1, 24)=4.00
处理内	21	48		
被试间	9	24		
误差	12	24	0.5	
总变异	23	49		

17.

变异来源	SS	df	MS	
处理间	54	3	18	F(3, 33)=6.00
处理内	140	44		
被试间	41	11		
误差	99	33	3	
总变异	194	47		

19. a. 虚无假设为两个处理之间没有差异，H_0：$\mu_D=0$。拒绝域是由 $t>3.182$ 和 $t<-3.182$ 的区域组成的。平均数差异是 $M_D=4$。差异分数的 SS 是 48，$t(3)=2.00$。不能拒绝 H_0。

    b. 虚无假设为处理之间没有差异，H_0：$\mu_1=\mu_2$。临界值是 $F=10.13$。

变异来源	SS	df	MS	
处理间	32	1	32	$F(1, 3)=4.00$
处理内	36	6		
被试间	12	3		
误差	24	3	8	
总变异	68	7		

不能拒绝 H_0。注意，$F=t^2$。

21. 5 个延迟时间的平均数和标准差如下：

1 个月	6 个月	1 年	2 年	5 年
$M=866.67$	$M=816.67$	$M=766.67$	$M=700.00$	$M=583.33$
$M=81.65$	$M=81.65$	$M=81.65$	$s=70.71$	$s=60.55$

变异来源	SS	df	MS	
处理间	291 333.3	4	72 833.3	$F(4, 20)=56.75$
处理内	143 333.3	25		
被试间	117 666.7	5		
误差	25 666.7	20	1 283.3	
总变异	434 666.7	29		

$\alpha=0.01$ 的临界值是 4.43，有显著差异。

第 14 章　双因素方差分析(独立测量)

1. a. 在方差分析中，独立变量(或准独立变量)称为因素。

   b. 用于创建不同组或不同处理条件的因素的值称为因素的水平。

   c. 具有两个独立(或准独立)变量的研究称为双因素研究。

3. 在双因素方差分析的第二个阶段，处理之间的平均数差异分析为两种主效应差异和交互作用差异。

5. a. $M=10$

   b. $M=30$

   c. $M=50$

7. a. 处理 1 的分数始终高于处理 2 的分数。因此处理主效应存在。

   b. 所有三个年龄组的总体平均数都在 $M=15$ 左右。不存在年龄主效应。

   c. 两条线不平行。随着被试年龄的增长，处理间的差异逐渐增加。存在交互作用。

9. a.

变异来源	SS	df	MS	
处理间	100	3		
A	10	1	10	$F(1, 36)=2$
B	90	1	90	$F(1, 36)=18.00$
A×B	0	1	0	$F(1, 36)=0$
处理内	180	36	5	
总变异	280	39		

对于所有 $df=1, 36$ 的 F 值，临界值为 $F=4.11$。因素 B 的主效应显著，但因素 A 的主效应和交互作用不显著。

   b. 对于因素 A，$\eta^2=\frac{10}{190}=0.053$，对于因素 B，$\eta^2=\frac{90}{270}=0.333$，对于交互作用，$\eta^2=0$。

11. a. $df=1, 66$

    b. $df=2, 66$

    c. $df=2, 66$

13. a.

变异来源	SS	df	MS	
处理间	340	5		
倒酒方式	60	1	60	$F(1, 54)=10.00$
温度	280	2	140	$F(2, 54)=23.33$
交互作用	0	2	0	$F(2, 54)=0$
处理内	324	54	6	
总变异	664	59		

    b. 温度和倒酒方式对香槟中的气泡量有显著影响。然而，它们的作用是独立的，没有交互作用。

15.

变异来源	SS	df	MS	
处理间	144	8		
A	36	2	18	$F(2, 72)=6.00$
B	24	2	12	$F(2, 72)=4.00$
A×B	84	4	21	$F(4, 72)=7.00$
处理内	216	72	3	
总变异	360	80		

17.

变异来源	SS	df	MS	
处理间	116	5		
A	28	1	28	$F(1, 60)=7.00$
B	64	2	32	$F(1, 60)=8.00$
A×B	24	2	12	$F(1, 60)=3.00$
处理内	240	60	4	
总变异	356	65		

19. a.

变异来源	*SS*	*df*	*MS*	
处理间	360	5		
性别	72	1	72	$F(1, 12)$ 9.00
处理	252	2	126	$F(2, 12)$ 15.75
性别×处理	36	2	18	$F(2, 12)$ 2.25
处理内	96	12	8	
总变异	456	17		

$df=1, 12$，性别主效应的临界值是4.75。性别主效应是显著的。由于$df=2, 12$，处理主效应和交互作用的临界值是3.88。处理主效应是显著的，但交互作用不显著。

b. 对于处理1，$F=0$；对于处理2，$F=\frac{54}{8}=6.75$；对于处理3，$F=\frac{54}{8}=6.75$。由于$df=1, 12$，全部三个检验的临界值是4.75。结果表明，在处理2和处理3中，性别差异显著，但是在处理1中，差异不显著。

21. a. 六组的平均数如下：

	初中	高中	大学
非使用者	4.00	4.00	4.00
使用者	3.00	2.00	1.00

变异来源	*SS*	*df*	*MS*	
处理间	32	5		
使用	24	1	24	$F(1, 18)=14.4$
学校年级	4	2	2	$F(2, 18)=1.2$
交互作用	4	2	2	$F(2, 18)=1.2$
处理内	30	18	1.67	
总变异	62	23		

对于$df=1, 18$，临界值是4.41，对于$df=2, 18$，临界值是3.55。使用Facebook的主效应显著，但年级水平的主效应和交互作用都不显著。

b. 使用Facebook的学生分数显著更低。三个年级水平中都存在差异，并且差异随学生年龄的增长而增加，尽管交互作用不显著。

23. a.

变异来源	*SS*	*df*	*MS*	
处理间	216	3		
自尊	96	1	96	$F(1, 20)=22.33$
有无观众	96	1	96	$F(1, 20)=22.33$
交互作用	24	1	24	$F(1, 20)=5.58$
处理内	86	20	4.3	
总变异	302	23		

由于$df=1, 20$，三个检验的临界值都是4.35，两个主效应与交互作用都显著。总的来说，高自尊被试和单独工作的被试犯的错误较少。有观众在的条件对高自尊被试影响很小，但对低自尊被试影响很大。

b. 对于两种主效应，$\eta^2=\frac{96}{182}=0.527$。对于交互作用，$\eta^2=\frac{24}{110}=0.218$。

第四部分复习题

1. a.

变异来源	*SS*	*df*	*MS*	
处理间	40	3	13.33	$F(3, 12)=7.98$
处理内	20	12	1.67	
总变异	60	15		

$\alpha=0.05$的临界值$F=3.49$。拒绝虚无假设。

b. $\eta^2=\frac{40}{60}=0.67$

c. 结果显示，四种严重程度之间存在显著差异，$F(3, 12)=7.98$，$p<0.05$，$\eta^2=0.67$。

2. a. 虚无假设为三段时间的生活质量没有差异。

变异来源	*SS*	*df*	*MS*	
处理间	56	2	28	$F(2, 6)=10.49$
处理内	28	9		
被试间	12	3		
误差	16	6	2.67	
总变异	84	11		

$df=2, 6$，临界值是5.14。拒绝H_0。

b. 对于这些数据，$\eta^2=\frac{56}{72}=0.778$。

c. 结果表明，三段时间的生活满意度有显著变化，$F(2, 6)=10.49$，$p<0.05$，$\eta^2=0.778$。

3. 交互作用表明，一个因素的效应取决于另一个因素的水平。这表明一个因素的主效应在另一个因素的不同水平之间不一致。

4.

变异来源	*SS*	*df*	*MS*	
处理间	148	3		
A(驾驶安全)	98	1	98	$F(1, 28)=13.52$
B(技能测评)	32	1	32	$F(1, 28)=4.41$
A×B	18	1	18	$F(1, 28)=2.48$
处理内	203	28	7.25	
总变异	351	31		

所有 F 值有 $df=1$，28，临界值是 $F=4.20$。在 $\alpha=0.05$ 水平下，两个因素的主效应均显著，但交互作用不显著。总体来看，评价自己驾驶技能高的司机的驾驶风险显著高于评价自己驾驶技能低的司机。此外，安全评价低的司机的驾驶风险显著高于安全评价高的司机。

第15章 相关

1. 正相关表示 X 和 Y 在相同方向上变化：随着 X 增加，Y 也增加。负相关表示 X 和 Y 在相反方向上变化：随着 X 增加，Y 逐渐减小。
3. $SP=15$
5. a. 散点图显示了广泛分散的点聚集在一条向右上的斜线周围。
   b. 相关系数小但为正，约为 0.4~0.6。
   c. 对于这些分数，$SS_X=32$，$SS_Y=8$，$SP=8$。相关系数是 $r=\frac{8}{16}=0.50$。
7. a. 散点图显示了适当分散的点聚集在一条向右下的斜线周围。
   b. $SS_X=10$，$SS_Y=40$，$SP=-13$。相关系数是 $r=-\frac{13}{20}=-0.65$。
9. a. 散点图显示了集中的点聚集在一条向右上的斜线周围。
   b. $SS_X=18$，$SS_Y=18$，$SP=5$。相关系数是 $r=\frac{5}{18}=0.278$。
11. a. 对于儿童，$SS=32$，对于亲生父母，$SS=14$。$SP=15$。相关系数是 $r=0.709$。
    b. 对于儿童，$SS=32$，对于养父母，$SS=16$。$SP=3$。相关系数是 $r=0.133$。
    c. 儿童的行为与亲生父母密切关联而与养父母关联很小，数据表明行为是遗传的而不是习得的。
13. a. 对于男性体重，$SS=18$，对于他们的收入，$SS=13\ 060$。$SP=281$。相关系数是 $r=0.580$。
    b. $n=8$，$df=6$，临界值是 0.707。相关不显著。
15. a. $r=0.707$。
    b. $r=0.468$。
    c. $r=0.374$。
17. a. $r_{XY-Z}=\frac{0.38}{0.57}=0.667$。
    b. $r_{XZ-Y}=\frac{0.04}{0.428}=0.093$。
19. a. $r_S=\pm0.907$。
    b. $n=11$，临界值是 0.618。相关显著。
21. a. $r_S=-0.985$。
    b. 对于 $n=10$，0.05 和 0.01 水平的临界值分别是 0.648 和 0.794。在任意水平上，相关都显著。
23. 用饮食关注的评分作为 X 变量，对于 Y 变量，将男性编码为 1，女性为 0。得 $SS_X=1\ 875.6$，$SS_Y=3.6$ 和 $SP=-50.4$。点二列相关系数是 $r=-0.613$。（调换男性、女性编码会改变相关的符号。）

第16章 回归

1.

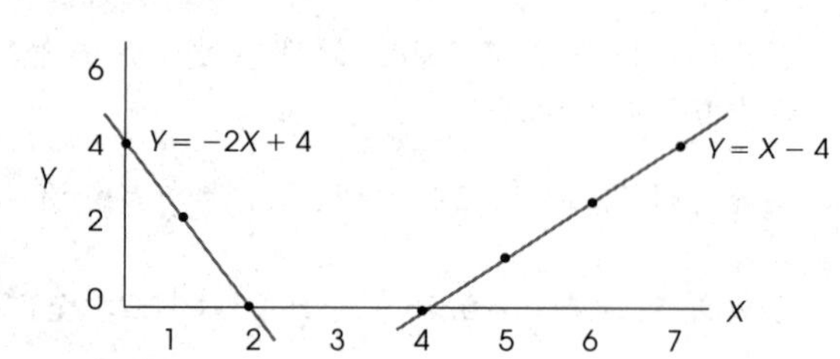

3. a. $r=0.80$
   b. $\hat{Y}=2X+8$
5. 估计标准误测量的是回归方程预测的 Y 值与数据中实际 Y 值之间的平均距离。
7. $SS_X=32$，$SS_Y=8$，$SP=8$。回归方程是 $\hat{Y}=X-3$
9. $SS_{回归}=r^2SS_Y=90.02$，$df=1$。$MS_{残差}=\frac{18}{4}=4.5$。$F=\frac{90.02}{4.5}=20.00$。$df=1$，4，在 $\alpha=0.05$ 水平下 F 值是显著的。
11. a. $SS_{体重}=20$，$SS_{收入}=7\ 430$，$SP=-359$。$\hat{Y}=-17.95X+119.85$
    b. $r=-0.931$，$r^2=0.867$
    c. $df=1$，8，$F=52.15$。当 $\alpha=0.05$ 或 $\alpha=0.01$ 时，回归方程都是显著的。
13. a. $\hat{Y}=1.38X+7.34$
    b. $r^2=0.743$ 或 74.3%
    c. $df=1$，7，$F=20.23$。方程解释的方差部分达到了显著性水平。
15. a. 估计标准误是 $\sqrt{36/16}=1.50$。
    b. 估计标准误是 $\sqrt{36/36}=1.00$。
17. a. $df=1$，23。
    b. $n=20$ 对分数。
19. a. $F=\frac{2.2}{1.04}=2.11$，$df=2$，15，临界值是 3.68。方程不能解释方差的显著部分。
    b. $F=\frac{2.2}{3.12}=0.705$。方程是不显著的。
21. a. $SS_{教堂}=390$，$SS_{人口}=10$，$SS_{犯罪}=390$。教堂和人口数

量的 SP 是 60，教堂和犯罪数量的 SP 是 363，人口和犯罪数量的 SP 是 60。回归方程是 $\hat{Y}=0.1X_1+5.4X_2-2.7$。

b. $R^2=0.924$ 或 92.4%

c. 人口数量的方差解释率 92.4%。增加教堂数量作为第二个变量没有增加方差解释率。

23. 用亲生父母作为单一预测指标的方差解释率为 $r^2=0.503$ 或 50.3%。多元回归方程的方差解释率为 $R^2=58.7\%$。通过增加养父母作为第二预测指标预测的额外方差是 58.7%-50.3%=8.4%，$df=1$。多元回归的残差 $1-R^2=41.3\%$ 且 $df=6$。F 值是 8.4/(41.3/6)=1.22。$df=1$，6，F 值不显著。

25. $n=39$

第17章　卡方统计量：拟合度检验和独立性检验

1. 非参数检验对数据所来自的总体基本不做假设。例如，不要求总体呈正态分布，也不要求同一研究中不同总体具有相同的方差（方差齐性假设）。参数检验要求数据是等距量表或比率量表的测量数据。而在非参数检验中，任何测量数据都适用。

3. a. 虚无假设为婴儿对于四种颜色没有偏好，即对于各种类，$p=\frac{1}{4}$。对于各种类期望频数是 $f_e=15$，$\chi^2=4.53$。$df=3$，临界值是 7.81。不能拒绝 H_0，得出结论：婴儿对四种颜色没有显著偏好。

b. 结果显示，婴儿对四种颜色没有显著偏好，$\chi^2(3, N=60)=4.53$，$p>0.05$。

5. 虚无假设为胜利和失败的概率是一样的。在 64 场球赛中，期望频数是 32 场赢、32 场输。由于 $df=1$，临界值是 3.84。数据得卡方为 6.25。拒绝虚无假设，得出结论：主场球队获胜的概率显著高于 50%。

7. a. 虚无假设为姓氏首字母相同的夫妻的出现概率比偶然预期高。对于样本量 $n=400$，姓氏首字母相同的夫妻的期望频数是 26，夫妻姓氏首字母不相同的期望频数是 374。由于 $df=1$，临界值是 3.84，数据得卡方为 5.92。拒绝虚无假设。

b. 较大样本应更能代表总体。如果随着样本量增加，样本仍与假设不同，那么最终差异将是显著的。

9. a. H_0 为车辆事故的分布与已注册司机的分布相同：20 岁以下的司机占 16%，20 岁和 29 岁之间的司机占 28%，30 岁以上的司机占 56%。由于 $df=2$，临界值是 5.99。这三类人群的期望频数分别是 48、84 和 168。卡方 =13.67。拒绝 H_0，得出车辆事故的分布与注册司机的分布不同的结论。

b. 卡方检验显示，在车辆事故中，人们的年龄分布与有驾照司机的年龄分布显著不同，$\chi^2(3, N=180)=13.76$，$p<0.05$。

11. 虚无假设为学生对三种设计没有偏好，即各类概率为 $p=\frac{1}{3}$。由于 $df=2$，临界值是 5.99。各类期望频数为 $f_e=40$，$\chi^2=8.60$。拒绝 H_0，得出有显著偏好的结论。

13. 虚无假设为音乐类型与女生是否给电话号码之间没有关系。由于 $df=1$，临界值是 3.84。期望频数是：

	给电话号码	不给电话号码	
浪漫音乐	15	25	40
中性音乐	15	25	40
	30	50	

$\chi^2=7.68$。拒绝 H_0。

15. a. 虚无假设为居住在城市和居住在郊区的人意见分布相同。由于 $df=1$，$\alpha=0.05$，方差的临界值是 3.84。期望频数是：

	支持	反对
城市	30	20
郊区	60	70

对于这些数据，$\chi^2=3.12$。不能拒绝 H_0，得出居住在城市的人与居住在郊区的人意见没有差异的结论。

b. ϕ 系数为 0.144。

17. a. 虚无假设为这三组中错误地回想起看到碎玻璃的人的比例应该相同。各组回答“看到”的期望频数是 9.67，各组回答“没看到”的期望频数是 40.33。$df=2$，临界值是 5.99。对于这些数据，$\chi^2=7.78$。拒绝虚无假设，得出回想起碎玻璃的可能性取决于问及被试的问题的结论。

b. *Cramér's* $V=0.228$

c. 被问到两车互相“撞毁”时车速是多少的被试，可能错误地回忆起有碎玻璃的可能性是其他情况下被试的两倍。

d. 卡方检验结果显示：问问题的措辞对被试对事故的回忆有显著影响，$\chi^2(2, N=150)=7.78$，$p<0.05$，$V=0.228$）。

19. 虚无假设为智商与性别相互独立。男生智商分数的分布应该与女生智商分数的分布相同。$df=2$，$\alpha=0.05$ 的临界值是 5.99。对于男生和女生，低智商的期望频数是 15，中等是 48，高智商是 17。对于这些数据，卡方为 3.76。不能拒绝虚无假设。这些数据不能证明智商和性别之间有显著相关。

21. a. 虚无假设为女性预期的偏好分布与男性实际偏好分

布间没有差异。$df=3$，$\alpha=0.05$ 的临界值是 7.81。期望频数为：

	有些瘦	轻微瘦	轻微胖	有些胖
女性	22.9	22.9	22.9	11.4
男性	17.1	17.1	17.1	8.6

$\chi^2=9.13$。拒绝 H_0，得出女性预期的偏好与男性实际表达的偏好存在显著差异的结论。

b. $\phi=0.255$

23. 虚无假设为智商与志愿意向之间没有关系。$df=2$，$\alpha=0.05$ 的临界值是 5.99。期望频数为：

	高	中	低
志愿者	37.5	75	37.5
非志愿者	12.5	25	12.5

卡方统计量为 4.75。$df=2$，$\alpha=0.05$ 的水平下不能拒绝 H_0。

25. 虚无假设为出生季节与精神分裂症之间没有关系。由于 $df=3$，$\alpha=0.05$，临界值是 7.81。期望频数为：

	夏	秋	冬	春
无精神障碍	22.33	22.33	26.67	26.67
精神分裂症	11.67	11.67	13.33	13.33

卡方值=3.62。不能拒绝 H_0，得出这些数据不足以证明出生季节与精神分裂症之间有显著相关的结论。

第 18 章 二项式检验

1. H_0：p(主场球队赢)=0.50(没有偏向)。临界值为 $z=\pm1.96$。当 $X=42$ 时，$\mu=32$，$\sigma=4$，我们得到 $z=2.50$。拒绝 H_0，得出结论：有显著差异，主场球队赢球的概率显著高于 50%。

3. H_0：$p=q=\frac{1}{2}$(左右相等)。临界值为 $z=\pm2.58$。$X=104$，$\mu=72$，$\sigma=6$，我们得到 $z=5.33$。拒绝 H_0，得出左利手和右利手的老鼠不同样常见的结论。

5. H_0：$p=0.065$(偶然概率)。临界值为 $z=\pm1.96$。$X=38$，$\mu=26$，$\sigma=4.93$，得到 $z=2.43$。拒绝 H_0。姓氏首字母相同的夫妇数量与由偶然概率所预期的显著不同。

7. H_0：$p=0.08$(仍有 8%患学习障碍)。临界值为 $z=\pm1.96$。$X=42$，$\mu=24$，$\sigma=4.70$，得到 $z=3.83$。拒绝 H_0，得出有学习障碍学生的比例有显著变化的结论。

9. H_0：$p=0.25$(普通人总体持有该观点的比例与心理咨询师相同)。临界值为 $z=\pm1.96$。$X=65$，$\mu=48$，$\sigma=6$，得到 $z=2.83$。拒绝 H_0，得出结论：普通人总体持有该观点的比例显著不同于心理咨询师。

11. H_0：p(事故)=0.12(无改变)。临界值为 $z=\pm1.96$。$X=44$，$\mu=60$，$\sigma=7.27$，得到 $z=-2.20$。拒绝 H_0，得出事故发生率有显著变化的结论。

13. H_0：$p=\frac{1}{4}=p$(猜对)。临界值为 $z=\pm1.96$。$X=32$，$\mu=25$，$\sigma=4.33$，得到 $z=1.62$。不能拒绝 H_0，得出结论：分数与预期的值之间的差异不显著。

15. a. H_0：$p=q=\frac{1}{2}$(正相关和负相关的概率相同)。临界值为 $z=\pm1.96$。$X=25$，$\mu=13.5$，$\sigma=2.60$，得到 $z=4.42$。拒绝 H_0，得出结论：正相关与负相关的概率不同。

    b. 临界值为 $z=\pm1.96$。$X=20$，$\mu=13.5$，$\sigma=2.60$，得 $z=2.50$。拒绝 H_0，正相关与负相关的概率不同。

17. H_0：$p=0.30$，$q=0.70$(特殊计划的比例与总体比例相同)。临界值为 $z=\pm1.96$。二项式分布的 $\mu=27$，$\sigma=4.35$。$X=43$，得到 $z=3.68$。拒绝 H_0，得出特殊计划学生的比例显著不同于总体比例的结论。

19. H_0：$p=\frac{1}{2}=p$(减少过敏反应)。临界值为 $z=\pm1.96$。二项式分布的 $\mu=32$，$\sigma=4$。$X=47$，得到 $z=3.75$。拒绝 H_0，得出结论：证据表明自我催眠能显著减少过敏反应。

21. H_0：$p=q=\frac{1}{2}$(学生更改答案后得分更高和更低的概率相同)。临界值为 $z=\pm2.58$。二项式分布的 $\mu=20$，$\sigma=3.16$。$X=29$，得到 $z=2.85$。拒绝 H_0，得出结论：得分更高的概率显著高于 50%。

23. a. H_0：$p=\frac{1}{3}$，$q=\frac{2}{3}$(猜测)。临界值为 $z=\pm1.96$。二项式分布的 $\mu=12$，$\sigma=2.83$。$X=25$，得到 $z=4.59$。拒绝 H_0，得出孤独症儿童的成绩显著好于机遇的结论。

    b. H_0：$p=\frac{1}{3}$，$q=\frac{2}{3}$(猜测)。临界值为 $z=\pm1.96$。二项式分布的 $\mu=12$，$\sigma=2.83$。$X=16$，得到 $z=1.41$。不能拒绝 H_0，得出特定型语言障碍的儿童成绩没有显著好于机遇的结论。

25. H_0：$p=q=\frac{1}{2}$(学生绩点上的任何变化都是偶然的)。临界值为 $z=\pm2.58$。二项式分布的 $\mu=22.5$，$\sigma=3.35$。$X=31$，得到 $z=2.54$。不能拒绝 H_0，得出参加工作坊的学生的绩点没有显著变化的结论。

27. a. H_0：$p=q=\frac{1}{2}$(训练无效果)。临界值为 $z=\pm1.96$。去掉 11 个无变化的人，二项式分布的 $\mu=19.5$，$\sigma=3.12$。$X=29$，得到 $z=3.05$。拒绝 H_0，得出生物反馈训练有显著效果的结论。

b. 去掉1个被试，并平均分配其他10个，二项式分布的$\mu=24.5$，$\sigma=3.50$。$X=34$，得到$z=2.71$。拒绝H_0。

第五部分复习题

1. a. $SS_X=40$，$SS_Y=5\,984$，$SP=480$。皮尔逊相关系数是$r=0.981$。
   b. 斯皮尔曼相关系数是$r_s=1.00$。
2. a. 对于这些数据，$SS_{妻子}=172$，$SS_{丈夫}=106$，$SP=122$。皮尔逊相关系数是$r=0.904$。
   b. $b=\frac{122}{172}=0.709$，$a=9-0.709\times7=4.037$。$\hat{Y}=0.709X+4.037$
3. 虚无假设为三张照片之间没有偏好，即每一类$p=\frac{1}{3}$。所有类的期望频数为$f_e=50$，卡方$=20.28$。$df=2$，临界值是5.99。拒绝H_0，得出有显著偏好的结论。
4. a. 虚无假设为人格类型与心脏病之间没有关系。$df=1$，$\alpha=0.05$，卡方的临界值是3.84。期望频数为：

	没病	有病
*A*型	40	10
*B*型	120	30

   对于这些数据，卡方$=10.67$。拒绝H_0，得出人格类型与心脏病之间有显著关系的结论。
   b. $\phi=0.231$
5. H_0：$p=0.20$（正确的预测纯属偶然）。临界值为$z=\pm1.96$。$X=27$，$\mu=20$，$\sigma=4$，得到$z=1.75$。不能拒绝H_0，得出成绩水平没有显著高于随机概率的结论。

第19章 选择恰当的统计方法

1. 平均数和标准差可用于描述实验处理前的分数和处理后的分数。或可计算每个被试的差异分数并且用一组差异分数的平均数和标准差描述结果。可用重复测量t检验评估平均数差异的显著性，用Cohen's d或r^2测量效应量。
3. 数据可形成2×2频数分布矩阵且每个单元格中的比例可以描述结果。卡方独立性检验可以确定参加同伴导师组的比例与其他新生的比例是否显著不同。ϕ系数可用于测量效应量。
5. 平均数和标准差可用于描述发短信和不发短信组的分数。也可以计算每个被试的差异分数，并且用一组差异分数的平均数和标准差描述结果。可用重复测量t检验评估平均数差异的显著性，用Cohen's d或r^2测量效应量。
7. 平均数和标准差可用于描述每种处理条件的分数。可用独立测量t检验可评估平均数差异的显著性，用Cohen's d或r^2测量效应量。
9. 平均数和标准差可用于描述每种处理条件的分数。可用独立测量方差分析评估平均数差异的显著性，用η^2测量效应量。
11. 平均数和标准差可用于描述四种出生顺序类别的分数。可用独立测量方差分析评估平均数差异的显著性，用η^2测量效应量。
13. 平均数和标准差可用于描述四类体重的分数。可用独立测量方差分析评估平均数差异的显著性，用η^2测量效应量。
15. 平均数和标准差评定可用于描述各组。如果评定量表有中点，则可用单样本t检验确定平均乐观程度是否显著不同于中值。
17. a. 数据可以用较高和较低的排序如何聚集在两组中来描述。Mann-Whitney检验可确定组间是否存在显著差异。
    b. 对于每个儿童的两个顺序分数，斯皮尔曼相关可以测量和描述变量间的关系。相关的显著性可通过将样本值与表A-7中列出的临界值比较来确定。
19. 平均数和标准差可用于描述每组的分数。可用独立测量t检验评估平均数差异的显著性，用Cohen's d或r^2测量效应量。
21. 显示背痛程度降低比例和百分比可用以描述结果。二项式符号检验可评估处理的显著性。
23. 平均数和标准差可用于描述每组的分数。可用独立测量t检验评估平均数差异的显著性，用Cohen's d或r^2测量效应量。
25. a. 平均数和标准差可用于描述每家运营商的分数。可用重复测量方差分析评估平均数差异的显著性，用η^2测量效应量。
    b. 数据可以形成3×3频数分布矩阵，每个单元格中的比例都描述了结果。独立性卡方检验可确定是否第一、第二、第三位次评定的比例在运营商之间显著不同。可用*Cramér's V*系数测量效应量。或用数据形成三组分数，每家运营商对应一组。分数是被试给出的评定等级，Friedman检验可评估运营商间差异的显著性。
    c. 这三个比例可以描述被试对三家手机运营商的相对偏好。拟合度检验可以确定客户在三家手机运营商中是否存在显著偏好。
27. 平均数和标准差可用于描述三种睡眠剥夺条件。可用重复测量方差分析评估平均数差异的显著性，用η^2测量效应量。
29. 数据可以形成2×2频数分布矩阵，每个单元格中的比例都描述了结果。卡方独立性检验可确定不同情况下走楼梯和坐电梯的比例是否显著不同。可用ϕ系数测量效应量。

附录 C　SPSS 使用简要说明

社会科学统计软件包，通常称为 SPSS，是一个执行统计计算的计算机程序，在大学里得到了广泛应用。如何使用 SPSS 进行特定统计计算(例如计算样本方差或者进行独立测量 t 检验)的详细介绍在正文中相应的章节末已有阐述；可以在每个章节末的“资源”部分找到。本附录中，我们对 SPSS 程序进行了简要的说明。

SPSS 由两个基本成分构成：一个数据编辑器(data editor)和一系列的统计命令(statistical commands)。数据编辑器是一个带有编号的行和列的巨大矩阵。进行任何分析之前，你必须把数据输入数据编辑器中。通常情况下，数据输入编辑器的列中。在数据输入前，每一列都被标注为“var”。输入数据后，第一列变为 VAR00001，第二列变为 VAR00002，依此类推，为了将数据输入编辑器中，屏幕左下方的标签必须设置成数据视图。如果你想对一列数据命名(而不使用 VAR00001)，请单击数据编辑器底部的变量视图标签。你会看到编辑器中关于每个变量的描述，其中包含可以定义名称的单元格。你可以输入最长为 8 个小写字符(没有空格，没有连字符)的新变量名。单击数据视图标签，可以回到数据编辑器。

通过单击屏幕顶部工具栏中的“Analyze”选项，获得一系列统计命令。当你选择一个统计命令时，SPSS 通常要求你确定分数的准确位置和其他你将使用的选项。这是通过指明数据编辑器中包含信息的列来完成的。具体来说，你会看到如下图所示的内容。左侧的方框，包含了数据编辑器中所有列的信息。在这个例子中，我们将数值输入第 1、2、3、4 列。右侧的空白框用来选入合适的列。例如，你想用第 3 列的数据做统计计算。你应该单击选中左侧框中的 VAR00003，然后单击箭头将列标签移动到右侧的方框中。(如果你操作错误，你可以选中右侧方框中选错的变量，然后把变量反向拖拽到左侧的方框里。)

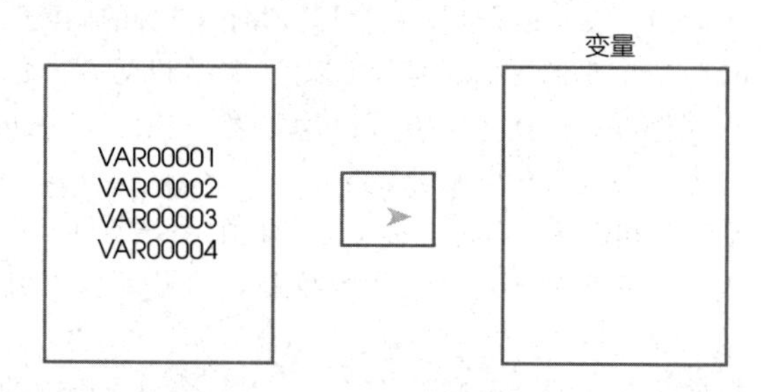

SPSS 数据格式

SPSS 程序使用两种基本格式将数据输入数据矩阵中。每个基本格式的描述和演示如下：

(1) 第一种格式适用于每个被试的数据由多个(一个以上)分数构成的情况。这包括重复测量研究的数据，即每个被试都接受所有的处理条件，也包括有两个分数的相关研究数据。表 C-1 呈现了这种数据并阐述其如何呈现在 SPSS 的数据矩阵中。请注意，数据矩阵中的数据与原始数据中的数据具有完全相同的结构。具体来说，数据矩阵中的每一行包含一个被试的数据，每一列包含同一个处理条件下的数据。

表 C-1　重复测量研究或者每个个体有多个分数的相关研究的数据。表格的上半部分 a) 为原始数据，包括每个被试的三组数据；表格的下半部分 b) 显示三组数据输入 SPSS 数据矩阵后的分数。注意：SPSS 自动增加了每个分数的两位小数。例如，你输入 10，矩阵中显示 10.00

a) 原始数据

被试	处理条件		
	Ⅰ	Ⅱ	Ⅲ
A	10	14	19
B	9	11	15
C	12	15	22
D	7	10	18
E	13	18	20

b) 数据输入 SPSS 数据矩阵

	VAR0001	VAR0002	VAR0003	var
1	10.00	14.00	19.00	
2	9.00	11.00	15.00	
3	12.00	15.00	22.00	
4	7.00	10.00	18.00	
5	13.00	18.00	20.00	

(2) 第二种格式适用于独立测量研究的数据，即每组被试只接受一种处理条件。这种数据以一种堆叠的格式输入数据矩阵中，不是将不同处理条件下的数据输入不同的列中，而是将不同处理条件下的数据输入同一列中，从而使一种处理条件的数据堆叠在另一种处理条件数据的上面。随后，第二列变量将输入代码编号，使计算机将每个分数与其相应的处理条件一一对应。例如，在处理条件Ⅰ的分数旁输入的值为 1，在处理条件Ⅱ的分数旁输入的值为 2，依此类推。表 C-2 举例说明了这种数据以及它怎样呈现在 SPSS 的数据矩阵中。

表 C-2　每种处理条件下使用不同组被试的独立测量研究的数据。表格的左半部分 a）为原始数据，包括三个组别的数据，每个组别有五名被试。表格的右半部分 b）显示数据输入 SPSS 数据矩阵后的分数。注意，数据矩阵在同一列中列出了所有的 15 个分数，然后在第二列中使用代码数字来表示每个分数的处理条件

a）原始数据

处理条件		
Ⅰ	Ⅱ	Ⅲ
10	14	19
9	11	15
12	15	22
7	10	18
13	18	20

b）数据输入 SPSS 数据矩阵

	VAR0001	VAR0002	var
1	10. 00	1. 00	
2	9. 00	1. 00	
3	12. 00	1. 00	
4	7. 00	1. 00	
5	13. 00	1. 00	
6	14. 00	2. 00	
7	11. 00	2. 00	
8	15. 00	2. 00	
9	10. 00	2. 00	
10	18. 00	2. 00	
11	19. 00	3. 00	
12	15. 00	3. 00	
13	22. 00	3. 00	
14	18. 00	3. 00	
15	20. 00	3. 00	

附录 D 顺序数据的假设检验

D.1 顺序量表的数据

有时，研究的数据由顺序量表产生。回顾第 1 章，测量个体时，顺序量表产生了等级次序。例如，一名幼儿园教师可能按儿童的成熟度进行排序，或者一位商业经理可把应聘者分为优秀、良好、中等三个等级。

数值分数的排序

除了从顺序量表中得到的测量值，研究者还可以将数值型测量结果转换为等级。例如，如果你有一组被试的实际身高，你可以将数值从小到大进行排序。这个过程将等距量表或比率量表中的数据转换为顺序量表的数据。在第 17 章中，我们阐明了将数值分数转换为称名（类别）数据的几个原因。将分数转换为等级数据是同样的道理。下面几点应该能让你了解使用等级数据而不使用数值分数的优势。

(1) 等级更简单。如果有人问你的姐姐有多高，你可以回答一个确切的数值，如 1.72 米。或者你可以回答，“她比我稍微高一点”。在很多情况下，相对的回答会更好。

(2) 原始分数可能违背某些统计程序的基本假设。例如，t 检验和方差分析假设数据符合正态分布。此外，独立测量检验也假设不同总体的方差同质（方差齐性假设）。如果研究者怀疑数据不能满足这些假设，那么把分数转换成等级，并使用专门处理等级数据的统计方法可能更可靠。

(3) 原始分数的方差可能过大。方差是 t 值分母中标准误和 F 值分母中误差项的重要组成部分。因此，较大的方差会大大降低参数检验差异显著的可能性。将分数转换为等级数据基本上排除了方差极大的情况。例如，无论原始分数有多大变异，10 个分数的等级都是从 1 到 10。

(4) 偶尔，实验会产生一个不确定值或极大的值。例如，在数百个试次后，一只老鼠可能仍没有任何走出特定迷宫的迹象。这时分数便是极大的或不确定的。尽管没有确定的分数，但你可以说这只老鼠在样本中得分最低，然后根据数值对余下的分数进行排序。

等级与分数

当你将数值型分数转换为等级时，你可能会发现两个或更多的分数具有相同的等级。因为分数是相同的，分数转换后也会产生相同的等级。第 15 章关于斯皮尔曼相关部分，介绍了将相同的分数转换为相同等级的过程，在这里简略地重复一遍。首先，把分数按顺序排列，包括相同的值。其次，给序列中每个位置赋值（第 1，第 2，依次类推）。最后，对所有相同的分数，计算相同等级的平均数，然后用平均数作为最终等级。下面一组分数（$n=8$）呈现了这一过程。

原始分数：	3	4	4	7	9	9	9	12
位置等级：	1	2	3	4	5	6	7	8
最终等级：	1	2.5	2.5	4	6	6	6	8

顺序数据的统计方法

回顾第 1 章，顺序数据只能表示一个分数到另一个分数的方向，但是不能告诉我们分数之间的距离。你知道第一比第二、第三更好，但你不知道好了多少。因为顺序数据不能定义距离，所以对顺序数据或等级数据采用 t 检验和方差分析这些传统的统计方法是不合理的。因此，统计学家提出了专门针对顺序数据的特殊方法。

在本章中，我们介绍了用于顺序数据的四种假设检验程序。每一种新的检验是一种常用的参数检验的替代方法。四种检验及其使用情况如下：

(1) Mann-Whitney 检验适用于来自两个独立样本的数据，用以评估两种处理条件或两个总体间的差异。Mann-Whitney 检验是第 10 章介绍的独立测量 t 检验的替代方法。

(2) Wilcoxon 检验适用于来自重复测量设计的数据，用以评估两种处理条件间的差异。该检验是第 11 章介绍的重复测量 t 检验的替代方法。

(3) Kruskal-Wallis 检验适用于来自三个或多个样本的数据，用以评估三种或多种处理条件（或总体）间的差异。Kruskal-Wallis 检验是第 12 章介绍的单因素独立测量方差分析的替代方法。

(4) Friedman 检验适用于来自重复测量设计的数据，用以比较三种或多种处理条件间的差异。该检验是第 13 章介绍的重复测量方差分析的替代方法。

在每种情况下，新的顺序数据检验方法都是在标准的参数检验不能使用的情况下可用的备选方法。一般来说，如果数据适合进行方差分析或 t 检验，那么标准的检验方法应优先于其顺序数据的替代方法。

D.2 Mann-Whitney U 检验：独立测量 t 检验的替代方法

回顾：两个独立样本的研究称为独立测量研究或被试间研究。Mann-Whitney 检验适用于来自两个独立样本的数据，用以评估两种处理条件(或两个总体)间的差异。该检验的计算要求两个样本中的被试分数是按顺序排列的。Mann-Whitney 检验的数学运算基于以下简单的观察结果：

两种处理间的真正差异通常会使一个样本分数大于另外一个样本分数。如果将两个样本合并，对所有的分数进行排序，那么较大的等级应该集中在一个样本中，而较小的等级应该集中在另一个样本中。

Mann-Whitney 检验的虚无假设

因为 Mann-Whitney 检验比较两个分布(而不是两个平均数)，其假设往往有些模糊。我们以两种处理间一致的、系统的差异来陈述假设。

H_0：两种处理间不存在差异。因此不存在一种处理的等级系统地高于(或低于)另一种处理的等级。

H_1：两种处理间存在差异。因此存在一种处理的等级系统地高于(或低于)另一种处理的等级。

Mann-Whitney U 检验的计算

我们首先将两个样本中的所有个体结合起来，然后对整个数据进行排序。如果每个被试都有一个分数，将两组分数结合起来，并进行等级排序。Mann-Whitney U 检验计算中的两个样本就像一个体育赛事中互相竞争的两个队伍。每当样本 A(队伍 A)中的被试排名高于样本 B 中的被试时，他/她就会得到一分。样本 A 累积的总得分被称为 U_A。以同样的方式计算样本 B 的 U 值。最终的 Mann-Whitney U 值等于两个值中的较小值。例 D-1 说明了这个过程：

□ 例 D-1

首先，列出两组独立样本的分数($n=6$)。

样本 A(处理 1)	27	2	9	48	6	15
样本 B(处理 2)	71	63	18	68	94	8

下一步，将两个样本组合在一起，并将 12 个分数进行等级排序。

样本 A 的等级	7	1	4	8	2	5
样本 B 的等级	11	9	6	10	12	3

样本 A 中每个被试的等级高于样本 B 中每个被试的等级，就赋其 1 分。$U_A=4+6+5+4+6+5=30$。同理，$U_B=0+0+2+0+0+4=6$。■

因此，Mann-Whitney U 值为 6。对你的计算做简单检查，注意 $U_A+U_B=n_An_B$。对于这些数据，$30+6=6\times6$。

计算大样本的 U 值

通过计数来确定 Mann-Whitney U 值的过程很烦琐，尤其在大样本的条件下，好在有公式可以为每个样本计算出 U 值。在使用这个公式时，你需要像前面提到的那样将两个样本合在一起，并把所有被试排序。然后你必须计算出 $\sum R_A$，即样本 A 中所有被试的等级之和，对应地计算出样本 B 的 $\sum R_B$。每个样本 U 值的计算过程如下：

样本 A，

$$U_A=n_An_B+\frac{n_A(n_A+1)}{2}-\sum R_A$$

样本 B，

$$U_B=n_An_B+\frac{n_B(n_B+1)}{2}-\sum R_B$$

用例 D-1 的数据来说明这些公式。对于样本 A，等级之和为：

$$\sum R_A=1+2+4+5+7+8=27$$

对于样本 B，等级之和为：

$$\sum R_B=3+6+9+10+11+12=51$$

使用公式计算，样本 A 如下：

$$\begin{aligned}U_A&=n_An_B+\frac{n_A(n_A+1)}{2}-\sum R_A\\&=6\times6+\frac{6\times7}{2}-27\\&=36+21-27\\&=30\end{aligned}$$

样本 B 如下：

$$\begin{aligned}U_B&=n_An_B+\frac{n_B(n_B+1)}{2}-\sum R_B\\&=6\times6+\frac{6\times7}{2}-51\\&=36+21-51\\&=6\end{aligned}$$

注意，U 值与例 D-1 中使用计数方法得到的结果相同。Mann-Whitney U 值是两个值中较小的一个，$U=6$。

Mann-Whitney U 的显著性评估

附录 A 表 A-9 列出 U 在 $\alpha=0.05$ 和 $\alpha=0.01$ 时的临界值。如果样本数据产生的 U 值小于或等于表格中的值，则拒绝虚无假设。

例 D-1 中，每个样本都包括 $n=6$ 个分数，表格显示当双尾检验 $\alpha=0.05$ 时，临界值 $U=5$。这表明如果虚无假设为真，则 $U=5$ 或小于 5 极不可能发生(可能性小于 0.05)。实际上数据产生的 $U=6$，不在拒绝域内。因此我们不能拒绝虚无假设，因为没有足够的证据以得出两种处理间存在显著差异的结论。

Mann-Whitney U 检验的报告没有严格的规定。然而，美国心理学会（APA）指南建议报告中应包括数据的总和（包括样本量和秩和这样的信息）与获得的统计量和 p 值。对于例 D-1 所示的研究，结果报告如下：

将原始分数按等级排序，用 Mann-Whitney U 检验来比较 6 名被试在处理 A 和处理 B 条件下的等级。结果表明两种处理条件不存在显著差异，$U=6$，$p>0.05$，处理 A 的等级之和等于 27，处理 B 的等级之和等于 51。

Mann-Whitney U 近似正态分布

当两个样本的容量都很大（大约 $n=20$）并且虚无假设为真时，Mann-Whitney U 值的统计分布近似正态分布。在这种情况下，可以使用 z 分数和正态分布来评估 Mann-Whitney 假说。这个近似正态的过程如下：

（1）同前，先求得样本 A 和样本 B 的 U 值。Mann-Whitney U 值等于两个值中的较小值。

（2）当两个样本的容量都比较大（大约 $n\geq20$）时，Mann-Whitney U 值的统计分布近似正态分布，其中

$$\mu=\frac{n_An_B}{2},\quad \sigma=\sqrt{\frac{n_An_B(n_A+n_B+1)}{12}}$$

从样本数据中得到的 Mann-Whitney U 值在这个分布中可以使用 z 分数来定位：

$$z=\frac{X-\mu}{\sigma}=\frac{U-\frac{n_An_B}{2}}{\sqrt{\frac{n_An_B(n_A+n_B+1)}{12}}}$$

（3）使用正态表来确定 z 分数的拒绝域。例如，当 $\alpha=0.05$ 时，临界值等于±1.96。

通常正态分布的样本量 $n\geq20$，但是，我们将用例 D-1 的数据来说明这些公式。研究比较了两种处理条件 A 和 B，每种处理条件下为 $n=6$ 的独立样本。数据得到 $U=6$。与 $U=6$ 相对应的 z 分数为：

$$z=\frac{U-\frac{n_An_B}{2}}{\sqrt{\frac{n_An_B(n_A+n_B+1)}{12}}}$$

$$=\frac{6-\frac{6\times6}{2}}{\sqrt{\frac{6\times6\times(6+6+1)}{12}}}$$

$$=\frac{-12}{\sqrt{\frac{468}{12}}}$$

$$=-1.92$$

当 $\alpha=0.05$ 时，临界值是 $z=\pm1.96$。我们计算得 $z=-1.92$，不在拒绝域内，所以我们不能拒绝虚无假设。注意，我们在原始检验中使用 Mann-Whitney U 值表中的临界值得到了同样的结论。

D.3 Wilcoxon 符号秩次检验：重复测量 t 检验的替代方法

Wilcoxon 检验适用于评估两种处理之间的差异，使用的数据来自重复测量实验。回顾一下，重复测量研究只涉及一个样本，样本中的每名被试测量两次。每名被试在两种处理水平之间的差异被记录为该个体的分数。Wilcoxon 检验要求差异值按绝对值从小到大进行排序，不考虑符号和方向。例如，表 D-1 呈现了 8 名被试样本的差异分数和等级。

表 D-1 分数差异和等级

被试	处理 1 与处理 2 之间的差异	等级
A	+4	1
B	−14	5
C	+5	2
D	−20	7
E	−6	3
F	−16	6
G	−8	4
H	−24	8

注：差异是按分数大小进行排序的，与方向无关。

零差异和相同分数

对于 Wilcoxon 检验，相同分数有两种可能性：

1. 一名被试在处理水平 1 和处理水平 2 下可能有同样的分数，导致差异为零。

2. 两名（或者更多）被试可能有相同的差异分数（忽略差异的符号）。

当数据包括差异分数为零的个体时，一种策略是将这些个体分数从分析中剔除，并减小样本量（n）。然而，这个过程忽略了一个事实，即差异分数为 0 是支持虚无假设的证据。一个更好的方法是将零差异在正负之间均匀划分。（若有奇数个零差异，去掉一个，其余的均匀划分）。当差异分数之中存在并列的情况时，每个并列分数应赋值为并列等级的平均数。该过程在本附录的前半部分中已有详细介绍。

Wilcoxon 检验的假设

Wilcoxon 检验的虚无假设是两种处理水平之间没有一致的系统性差异。

如果虚无假设为真，样本数据中存在的任何差异都必须归于偶然因素。因此，我们期望正、负差异均匀混合在一起。另外，两种处理水平的一致性差异会导致一种处理水平的分数始终大于另一种处理水平的分数。Wilcoxon 检验使用差异的符号和等级来决定这两种处理水平之间是否存在显著差异。

H_0：两种处理水平间不存在差异。因此，在一般总体中，差异分数不存在系统的正向趋势或负向趋势。

H_1：两种处理水平间存在差异。因此，在一般总体中，差异分数存在系统的正向或负向趋势。

Wilcoxon T 检验的计算和解释

对差异分数的绝对值排序之后，等级分为两组：正向差异(增加)的等级和负向差异(减少)的等级。接下来，计算每组的等级之和。两项中较小的一项为 Wilcoxon 检验的统计量，并由字母 T 表示。对于表 D-1 的差异分数，正向差异包括等级 1 和等级 2，合计为 $\sum R=3$；负向差异分数包括等级 5，7，3，6，4 和 8，合计为 $\sum R=33$。对于这些分数，$T=3$。

附录 A 中的表 A-10 列出了当 $\alpha=0.05$ 和 $\alpha=0.01$ 时 T 的临界值。如果样本数据的 T 值小于或等于表中的值，则拒绝虚无假设。对于 $n=8$，$\alpha=0.05$ 的双尾检验，表格中显示的临界值为 3。对于表 D-1 中的数据，我们得到 $T=3$，所以我们拒绝虚无假设并得出结论：两种处理水平之间存在显著差异。

和 Mann-Whitney U 检验一样，Wilcoxon T 检验的结果报告没有特定的格式。然而，通常建议报告包括数据总和，以及检验统计量和 p 值。如果数据中存在零差异分数，也建议报告它们是如何处理的。对于表 D-1 中的数据，报告如下：

根据 8 名被试差异分数的大小进行等级排序，使用 Wilcoxon 检验评估处理水平之间的差异显著性。结果表明存在显著差异，$T=3$，$p<0.05$，正向等级之和为 3，负向等级之和为 33。

Wilcoxon T 检验近似正态分布

当一个样本的容量相对较大时，Wilcoxon T 统计量趋向近似正态分布。在这种情况下，使用 z 分数和正态分布完成检验也是可以的，而不必在 Wilcoxon 表格中寻找 T 值。当样本量大于 20 时，可以使用近似正态。对于容量大于 50 的样本，Wilcoxon 表格中通常不提供任何临界值，因此必须使用近似正态。近似正态的 Wilcoxon T 检验的过程如下：

(1) 同前，先计算负向等级的总和和正向等级的总和，Wilcoxon T 值等于两个值中的较小值。

(2) 当 n 大于 20 时，Wilcoxon T 值呈正态分布，且平均数为：

$$\mu=\frac{n(n+1)}{4}$$

标准差为：

$$\sigma=\sqrt{\frac{n(n+1)(2n+1)}{24}}$$

样本数据的 Wilcoxon T 值对应在正态分布中的 z 分数：

$$z=\frac{X-\mu}{\sigma}=\frac{T-\frac{n(n+1)}{4}}{\sqrt{\frac{n(n+1)(2n+1)}{24}}}$$

(3) 标准正态分布表用于确定 z 分数的拒绝域。例如，当 $\alpha=0.05$ 时，临界值等于±1.96。

虽然近似正态适用于至少 $n=20$ 的样本，但我们将用表 D-1 中的数据演示计算过程。$n=8$ 的数据得 $T=3$。使用近似正态来计算，得出：

$$\mu=\frac{n(n+1)}{4}=\frac{8\times 9}{4}=18$$

$$\sigma=\sqrt{\frac{n(n+1)(2n+1)}{24}}=\sqrt{\frac{8\times 9\times 17}{24}}=\sqrt{51}=7.14$$

用这些数据得到 $T=3$ 对应的 z 分数等于：

$$z=\frac{T-\mu}{\sigma}=\frac{3-18}{7.14}=\frac{-15}{7.14}=-2.10$$

求得的 z 分数接近临界值±1.96，但在 0.05 水平上足以达到显著，注意，这与根据 Wilcoxon T 值表得出的结论完全一致。

D.4 Kruskal-Wallis 检验：独立测量方差分析的替代方法

Kruskal-Wallis 检验用于独立测量设计的顺序数据以评估三种或三种以上处理条件(或总体)之间的差异。该检验可替代第 12 章介绍的单因素 ANOVA。ANOVA 需要数值分数来计算平均数和方差，而 Kruskal-Wallis 检验仅要求你能根据所测量的变量对个体进行等级排序。Kruskal-Wallis 检验类似于本章前面介绍的 Mann-Whitney 检验。然而，Mann-Whitney 检验只适用于比较两种处理条件，而 Kruskal-Wallis 检验适用于比较三种或三种以上的处理条件。

Kruskal-Wallis 检验的数据

Kruskal-Wallis 检验需要三个或三个以上的独立样本。这些样本可以代表不同的处理条件，也可以代表不同的已知总体。例如，研究者可能想研究社会介入是如何影响创造力的。要求儿童在三种不同的条件下绘画：(1)没有监督独自绘画；(2)鼓励儿童在彼此检查和批评的团体中绘画；(3)独自绘画，但经常受到老师的监督和评价。三个独立样本代表三种处理条件，每种条件下有 6 名儿童。研究结束后，研究者收集了所有 18 名儿童的绘画作品，并按绘画的创造性进行等级排序。研究目的是确定一种处理条件下完成绘画的等级是否一致地高于(或低于)另一种处理条件。注意，研究者不需要确定每幅画的绝对创造力分数。相反，数据是相对的测量，也就是说，研究者必须确定哪一幅作品是最具创造力的，哪幅作品的创造力排名第二，依此类推。

刚才描述的创造力研究是比较不同处理条件的研究的一个例子。这三个组别也可以由一个被试变量来定义，以使三个样本代表不同的总体。例如，研究者可以从一个 5 岁儿童的样本、一个 6 岁儿童的样本和一个 7 岁儿童的样本中获得绘画。Kruskal-Wallis 检验首先对所有的绘画进行等级排序，以确定一个年龄组的创造力是否显著高于(或低于)其他年龄组。

最后，Kruskal-Wallis 检验适用于原始数据被转换为顺序数据的情况。下面的例子说明一组数值分数如何转换为在 Kruskal-Wallis 分析中使用的等级分数。

□ 例 D-2

表格 D-2a 的原始数据来自比较三种处理条件的独立测量研究。为了使数据适用于 Kruskal-Wallis 检验，使用标准程序对全部原始数据进行排序。然后将每个原始分数转换为等级，以创建表 D-2b 中用于 Kruskal-Wallis 检验的转换数据。■

Kruskal-Wallis 检验的虚无假设

和适用于顺序数据的其他检验一样，Kruskal-Wallis 检验的虚无假设在某种程度上有些模糊。一般来说，虚无假设陈述为比较的处理条件间不存在差异。更具体地说，H_0 表明一种处理条件下的等级没有系统地高于(或低于)其他处理条件。一般来说，我们使用“系统差异”的概念来说明 H_0 和 H_1。因此，Kruskal-Wallis 检验的假设表述如下：

H_0：任何处理条件下的等级没有系统地高于(或低于)其他处理条件的等级。处理条件间不存在差异。

H_1：至少有一种处理条件下的等级系统地高于(或低于)其他处理条件的等级。处理条件间存在差异。

表 D-2 一组适用于 Kruskal-Wallis 检验分析的数据。包含数值数据的原始数据呈现于表格 a)。将原始分数合并为一组，对相同秩次采用标准方法进行等级排序。然后用等级替换掉原始分数，以创建表 b) 中的一组顺序数据

a) 原始数值分数

Ⅰ	Ⅱ	Ⅲ	
14	2	26	$N=15$
3	14	8	
21	9	14	
5	12	19	
16	5	20	
$n_1=5$	$n_2=5$	$n_3=5$	

b) 原始数据(等级)

Ⅰ	Ⅱ	Ⅲ	
9	1	15	$N=15$
2	9	5	
14	6	9	
3.5	7	12	
11	3.5	13	
$T_1=39.5$	$T_2=26.5$	$T_3=54$	
$n_1=5$	$n_2=5$	$n_3=5$	

表 D-2b 中呈现了 Kruskal-Wallis 公式中所需要的符号以及等级。符号比较简单，包含以下数值：

(1) 计算每种处理条件下的秩和或 T 值。T 值可用于 Kruskal-Wallis 检验公式中。

(2) 每种处理条件下的被试人数用小写的 n 表示。

(3) 研究的被试总数用大写的 N 表示。

Kruskal-Wallis 检验公式生成的统计量通常用字母 H 表示，其分布近似卡方分布，其自由度为处理条件个数减 1。对于表 D-2b 中的数据，有 3 种处理条件，所以该公式产生一个 $df=2$ 的卡方值。Kruskal-Wallis 检验的统计公式为：

$$H=\frac{12}{N(N+1)}\left(\Sigma\frac{T^2}{n}\right)-3(N+1)$$

利用表 D-2b 中的数据，由 Kruskal-Wallis 公式得到一个卡方值：

$$\begin{aligned}H&=\frac{12}{15\times16}\left(\frac{39.5^2}{5}+\frac{26.5^2}{5}+\frac{54^2}{5}\right)-3\times16\\&=0.05\times(312.05+140.45+583.2)-48\\&=0.05\times(1\,035.7)-48\\&=51.785-48\\&=3.785\end{aligned}$$

当 $df=2$，$\alpha=0.05$ 时，卡方表列出的临界值为 5.99。因为得到的卡方值(3.785)小于临界值，所以无法拒绝虚无假设。这些数据无法提供足够的证据来证明这三种处理条件存在显著差异。

和 Mann-Whitney U 检验、Wilcoxon 检验一样，Kruskal-Wallis 检验的结果报告没有特定的格式。不过，通常建议报告应提供数据总和、卡方统计检验所得到的值以及 df、N 和 p 值。对于我们刚刚完成的 Kruskal-Wallis 检验，报告结果如下：

对个体分数进行排序，使用 Kruskal-Wallis 检验评估三种处理条件间的差异。检验结果表明三种处理条件间不存在显著差异，$H=3.785(2, N=15)$，$p>0.05$。

Kruskal-Wallis 检验的一个假设是必须用卡方分布来确定 H 的临界值。具体来说，每个实验条件必须至少包含 5 个分数。

D.5 Friedman 检验：重复测量方差分析的替代方法

Friedman 检验适用于来自重复测量实验设计的数据，以评估三种或三种以上处理条件之间的差异。该检验可替代第 13 章介绍的重复测量 ANOVA。ANOVA 要求数值数据能够用来计算平均数和方差，而 Friedman 检验仅要求是顺序数据。Friedman 检验与本附录前面部分介绍过的 Wilcoxon 检验类似。然而，Wilcoxon 检验只适用于比较两种处理条件，而 Friedman 检验适用于比较三种或三种以上处理条件。

Friedman 检验的数据

Friedman 检验只需要一个样本，每个个体参与所有不同的处理条件。每个处理条件下，每个被试都要进行等级排序。例如，一名研究者观察一组被诊断患有注意缺陷多动障碍(ADHD)的儿童在三种不同环境中的表现：在家中、在学校和在非结构化的游戏中。对于每个儿童，研究者观察这种障碍对每种环境中正常活动的干扰程度，然后将这三种环境按破坏程度从最大到最小进行排序。在这种情况下，通过比较三种条件下个体的行为获得每个个体的等级。例如，要求每个人对一款全新智能手机的三种不同设计给予评估。每个人尝试每款手机，然后按使用的舒适度排出第一、第二、第三。

最后，如果原始数据由数值分数组成，也可以使用 Friedman 检验。然而，使用 Friedman 检验之前必须将分数转换为等级。下面的例子呈现了一组数值分数如何转换成等级来进行 Friedman 检验。

□ 例 D-3

为了说明 Friedman 检验，我们将使用与第 13 章的重复测量方差分析相同的数据。数据被复制到表 D-3a 其中包含一个 $n=5$ 的样本中被试对四种观看电视距离的等级评定。为了将数据转换为适用 Friedman 检验的形式，每个被试的四个分数由等级 1、2、3 和 4 来替代，对应原始分数的大小。通常，将相同等级的平均数赋值给相同分数。b)部分呈现了完整的等级。

表 D-3 结果来自比较四种观看电视距离的重复测量研究。a)部分，列出每种距离的原始评定等级。在 b)部分，根据被试对四种距离的偏好进行等级排序。原始数据列在表 13-2 中，用于说明重复测量 ANOVA

a)原始的评级分数

被试	9 英尺	12 英尺	15 英尺	18 英尺
A	3	4	7	6
B	0	3	6	3
C	2	1	5	4
D	0	1	4	3
E	0	1	3	4

b)每名被试对处理条件的评级

被试	9 英尺	12 英尺	15 英尺	18 英尺
A	1	2	4	3
B	1	2.5	4	2.5
C	2	1	4	3
D	1	2	4	3
E	1	2	3	4
	$\sum R_1=6$	$\sum R_2=9.5$	$\sum R_3=19$	$\sum R_4=15.5$

■

Friedman 检验的假设

一般来说，Friedman 检验的虚无假设陈述为处理条件之间不存在差异，所以一种处理条件中的等级不应系统地高于(或低于)其他处理条件。因此，Friedman 检验的假设表述如下：

H_0：处理条件之间不存在差异。因此一种处理条件中的等级没有系统地高于(或低于)其他处理条件的等级。

H_1：处理条件之间存在差异。因此至少一种处理条件中的等级系统地高于(或低于)其他处理条件的等级。

Friedman 检验的符号和计算

Friedman 检验的第一步是计算每种处理条件的等级之和。$\sum R$ 值列在表 D-3b 中。除了 $\sum R$ 值，Friedman 检验的计算需要样本中的个体数(n)和处理条件的数量(k)。对于 D-3b 中的数据，$n=5$，$k=4$。Friedman 检验通过计算以下统计数据来评估处理条件之间的差异：

$$\chi_r^2=\frac{12}{nk(k+1)}\sum R^2-3n(k+1)$$

注意，统计量为带有下标 r 的卡方值(χ^2)，并对应卡方统计量。这个卡方统计量的 $df=k-1$，并使用附录 A 表 A-8 中所呈现的卡方分布的临界值来评估。

对于表 D-3b 中的数据，统计量为：

$$\chi_r^2=\frac{12}{5\times4\times5}(6^2+9.5^2+15.5^2+19^2)-3\times5\times5$$

$$=\frac{12}{100}\times(36+90.25+240.25+361)-75$$

$$=0.12\times(727.5)-75$$

$$=12.3$$

$df=k-1=3$，卡方检验的临界值为 9.35。因此，拒绝虚无假设，得出结论：四种处理条件之间存在显著差异。

和适用于顺序数据的大多数检验一样，Friedman 检验的结果报告没有标准的格式。然而，报告应提供卡方统计量和 df、n 和 p 值。对于以上 Friedman 检验的例子，其结果报告如下：

将原始数据排序后，用 Friedman 检验对四种处理条件的差异进行评估。结果表明存在显著差异，$\chi_r^2=12.3$ $(3, n=5)$，$p<0.05$。

参考文献

Ackerman, P. L., & Beier, M. E. (2007). Further explorations of perceptual speed abilities in the context of assessment methods, cognitive abilities, and individual differences during skill acquisition. *Journal of Experimental Psychology: Applied, 13,* 249–272.

Albentosa, M. J., & Cooper, J. J. (2005). Testing resource value in group-housed animals: An investigation of cage height preference in laying hens. *Behavioural Processes, 70,* 113–121.

American Psychological Association (APA). (2010). *Publication manual of the American Psychological Association* (6th ed.) Washington, DC: Author.

Anderson, D. R., Huston, A. C., Wright, J. C., & Collins, P. A. (1998). Initial findings on the long term impact of Sesame Street and educational television for children: The recontact study. In R. Noll and M. Price (Eds.), *A communication cornucopia: Markle Foundation essays on information policy* (pp. 279–296). Washington, DC: Brookings Institution.

Arden, R., & Plomin, R. (2006). Sex differences in variance of intelligence across childhood. *Personality and Individual Differences, 41,* 39–48.

Athos, E. A., Levinson, B., Kistler, A., Zemansky, J., Bostrom, A., Freimer, N., & Gitschier, J. (2007). Dichotomy and perceptual distortions in absolute pitch ability. *Proceedings of the National Academy of Science of the United States of America, 104,* 14795–14800.

Bartus, R. T. (1990). Drugs to treat age-related neurodegenerative problems: The final frontier of medical science? *Journal of the American Geriatrics Society, 38,* 680–695.

Bélisle, J., & Bodur, H. O. (2010). Avatars as information: Perception of consumers based on the avatars in virtual worlds. *Psychology & Marketing, 27,* 741–765.

Belsky, J., Weinraub, M., Owen, M., & Kelly, J. (2001). Quality of child care and problem behavior. In J. Belsky (Chair), *Early childcare and children's development prior to school entry*. Symposium conducted at the 2001 Biennial Meetings of the Society for Research in Child Development, Minneapolis, MN.

Blest, A. D. (1957). The functions of eyespot patterns in the Lepidoptera. *Behaviour, 11,* 209–255.

Blum, J. (1978). *Pseudoscience and mental ability: The origins and fallacies of the IQ controversy*. New York: Monthly Review Press.

Boogert, N. J., Reader, S. M., & Laland, K. N. (2006). The relation between social rank, neophobia and individual learning in starlings. *Behavioural Biology, 72,* 1229–1239.

Bradbury, T. N., & Miller, G. A. (1985). Season of birth in schizophrenia: A review of evidence, methodology, and etiology. *Psychological Bulletin, 98,* 569–594.

Broberg, A. G., Wessels, H., Lamb, M. E., & Hwang, C. P. (1997). Effects of day care on the development of cognitive abilities in 8-year-olds: A longitudinal study. *Development Psychology, 33*, 62–69.

Brunt, A., Rhee, Y., & Zhong, L. (2008). Differences in dietary patterns among college students according to body mass index. *Journal of American College Health. 56,* 629–634.

Byrne, D. (1971). *The attraction paradigm*. New York: Academic Press.

Camera, W. J., & Echternacht, G. (2000). *The SAT 1 and high school grades: Utility in predicting success in college* (College Board Report No. RN-10). New York: College Entrance Examination Board.

Candappa, R. (2000). *The little book of wrong shui*. Kansas City: Andrews McMeel Publishing.

Cerveny, R. S., & Balling, Jr., R. C. (1998). Weekly cycles of air pollutants, precipitation and tropical cyclones in the coastal NW Atlantic region. *Nature, 394*, 561–563.

Chandra, A., & Minkovitz, C. S. (2006). Stigma starts early: Gender differences in teen willingness to use mental health services. *Journal of Adolescent Health, 38*, 754.el–754.e8.

Cialdini, R. B., Reno, R. R., & Kallgren, C. A. (1990). A focus theory of normative conduct: Recycling the concept of norms to reduce littering in public places. *Journal of Personality and Social Psychology, 58,* 1015–1026.

Cohen, J. (1988). *Statistical power analysis for the behavioral sciences*. Hillsdale, NJ: Lawrence Erlbaum Associates.

Cohn, E. J., & Rotton, J. (2000). Weather, disorderly

conduct, and assaults: From social contact to social avoidance. *Environment and Behavior, 32,* 651–673.

Collins, R. L., Elliott, M. N., Berry, S. H., Kanouse, D. E., Kunkel, D., Hunter, S. B., & Miu, A. (2004). Watching sex on television predicts adolescent initiation of sexual behavior. *Pediatrics, 114,* e280–e289.

Cook, M. (1977). Gaze and mutual gaze in social encounters. *American Scientist, 65,* 328–333.

Cowles, M., & Davis, C. (1982). On the origins of the .05 level of statistical significance. *American Psychologist, 37,* 553–558.

Craik, F. I. M., & Lockhart, R. S. (1972). Levels of processing: A framework for memory research. *Journal of Verbal Learning and Verbal Behavior, 11,* 671–684.

Danner F., & Phillips B. (2008). Adolescent sleep, school start times, and teen motor vehicle crashes. *Journal of Clinical Sleep Medicine, 4,* 533–535.

Downs, D. S., & Abwender, D. (2002). Neuropsychological impairment in soccer athletes. *Journal of Sports Medicine and Physical Fitness, 42,* 103–107.

Eagly, A. H., Ashmore, R. D., Makhijani, M. G., & Longo, L. C. (1991). What is beautiful is good but . . . : meta-analytic review of research on the physical attractiveness stereotype. *Psychological Bulletin,110,* 109–128.

Elliot, A. J., Niesta, K., Greitemeyer, T., Lichtenfeld, S., Gramzow, R., Maier, M. A., & Liu, H. (2010). Red, rank, and romance in women viewing men. *Journal of Experimental Psychology: General, 139,* 399–417.

Elliot, A. J., & Niesta, D. (2008). Romantic red: Red enhances men's attraction to women. *Journal of Personality and Social Psychology, 95,* 1150–1164.

Fallon, A. E., & Rozin, P. (1985). Sex differences in perceptions of desirable body shape. *Journal of Abnormal Psychology, 94,* 102–105.

Flett, G. L., Goldstein, A., Wall, A., Hewitt, P. L., Wekerle, C., and Azzi, N. (2008). Perfectionism and binge drinking in Canadian students making the transition to university. *Journal of American College Health, 57,* 249–253.

Flynn, J. R. (1984). The mean IQ of Americans: Massive gains 1932 to 1978. *Psychological Bulletin. 95,* 29–51.

Flynn, J. R. (1999). Searching for justice: The discovery of IQ gains over time. *American Psychologist, 54,* 5–20.

Ford, A. M., & Torok, D. (2008). Motivational signage increases physical activity on a college campus. *Journal of American College Health, 57,* 242–244.

Fowler, J. H., & Christakis, N. A. (2008). Dynamic spread of happiness in a large social network: Longitudinal analysis over 20 years in the Framingham heart study. *British Medical Journal (Clinical Research ed.), 337,* pp a2338 (electronic publication).

Friedman, M., & Rosenman, R. H. (1974). *Type A behavior and your heart.* New York: Knopf.

Frieswijk, N., Buunk, B. P., Steverink, N., & Slaets, J. P. J. (2004). The effect of social comparison information on the life satisfaction of frail older persons. *Psychology and Aging, 19,* 183–190.

Fuchs, L. S., Fuchs, D., Craddock, C., Hollenbeck, K. N., Hamlett, C. L., and Schatschneider, C. (2008). Effects of small-group tutoring with and without validated classroom instruction on at-risk students' math problem solving: Are two tiers of prevention better than one? *Journal of Educational Psychology, 100,* 491–509.

Fung, C. H., Elliott, M. N., Hays, R. D., Kahn, K. L., Kanouse, D. E., McGlynn, E. A., Spranca, M. D., & Shekelle, P. G. (2005). Patient's preferences for technical versus interpersonal quality when selecting a primary care physician. *Health Services Research, 40,* 957–977.

Gibson, E. J., & Walk, R. D. (1960). The "visual cliff." *Scientific American, 202,* 64–71.

Gilovich, T., Medvec, V. H., & Savitsky, K. (2000). The spotlight effect in social judgment: An egocentric bias in estimates of the salience of one's own actions and appearance. *Journal of Personality and Social Psychology, 78,* 211–222.

Gintzler, A. R. (1980). Endorphin-mediated increases in pain threshold during pregnancy. *Science, 210,* 193–195.

Green, L., Fry, A. F., & Myerson, J. (1994). Discounting of delayed rewards: A lifespan comparison. *Psychological Science, 5,* 33–36.

International Journal of Neuroscience, 113, 1675–1689.

Guéguen, N., & Jacob, C. (2010). 'Love is in the air': Effects of songs with romantic lyrics on compliance with a courtship request. *Psychology of Music, 38,* 303–307.

Güven, M., Elaimis, D. D., Binokay, S., & Tan, O. (2003). Population-level right-paw preference in rats assessed by a new computerized food-reaching test.

Hallam, S., Price, J., & Katsarou, G. (2002). The effects of background music on primary school pupils, task performance. *Educational Studies, 28,* 111–122.

Harlow, H. F. (1959). Love in infant monkeys. *Scientific American, 200,* 68–86.

Heaton, R. K., Chelune, G. J., Talley, J. L., Kay, G. G., & Curtiss, G. (1993). *Wisconsin Card Sorting Test (WCST) manual: Revised and expanded.* Odessa, FL: Psychological Assessment Resources.

Hill, R. A., & Barton, R. A. (2005). Red enhances human performance in contests. *Nature, 435,* 293.

Hunter, J. E. (1997). Needed: A ban on the significance test. *Psychological Science, 8,* 3–7.

Igou, E. R. (2008). 'How long will I suffer?' versus 'How long will you suffer?' A self-other effect in affective forecasting. *Journal of Personality and Social Psychology, 95,* 899–917.

Ijuin, M., Homma, A., Mimura, M., Kitamura, S., Kawai, Y., Imai, Y., & Gondo, Y. (2008). Validation of the 7-minute screen for the detection of early-stage Alzheimer's disease. *Dementia and Geriatric Cognitive Disorders, 25,* 248–255.

Jackson, E. M., & Howton, A. (2008). Increasing walking in college students using a pedometer intervention: Differences according to body mass index. *Journal of American College Health, 57*, 159–164.

Johnston, J. J. (1975). Sticking with first responses on multiple-choice exams: For better or worse? *Teaching of Psychology, 2,* 178–179.

Jones, B. T, Jones, B. C. Thomas, A. P., & Piper, J. (2003). Alcohol consumption increases attractiveness ratings of opposite sex faces: a possible third route to risky sex. *Addiction, 98,* 1069–1075. Doi: 10.1046/j.1360-0443.2003.00426.x

Jones, J. T, Pelham, B. W., Carvallo, M., & Mirenberg, M. C. (2004). How do I love thee, let me count the Js: Implicit egotism and interpersonal attraction. *Journal of Personality and Social Behavior, 87,* 665–683.

Joseph. J. A., Shukitt-Hale. B., Denisova. N. A., Bielinuski, D., Martin, A., McEwen. J. J., & Bickford, P. C. (1999). Reversals of age-related declines in neuronal signal transduction, cognitive, and motor behavioral deficits with blueberry, spinach, or strawberry dietary supplementation. *Journal of Neuroscience, 19,* 8114–8121.

Judge, T. A., & Cable, D. M. (2010). When it comes to pay, do the thin win? The effect of weight on pay for men and women. *Journal of Applied Psychology, 96,* 95–112. doi: 10.1037/a0020860

Kasparek, D. G., Corwin, S. J., Valois, R. F., Sargent, R. G., & Morris, R. L. (2008). Selected health behaviors that influence college freshman weight change. *Journal of American College Health, 56,* 437–444.

Katona, G. (1940). *Organizing and memorizing.* New York: Columbia University Press.

Keppel, G. (1973). *Design and analysis: A researcher's handbook.* Englewood Cliffs, NJ: Prentice-Hall.

Keppel, G., & Zedeck, S. (1989). *Data analysis for research designs.* New York: W. H. Freeman.

Khan, A., Brodhead. A. E., Kolts. R. L., & Brown, W. A. (2005). Severity of depressive symptoms and response to antidepressants and placebo in antidepressant trials. *Journal of Psychiatric Research, 39,* 145–150.

Killeen. P. R. (2005). An alternative to null-hypothesis significance tests. *Psychological Science, 16,* 345–353.

Kirschner, P. A., & Karpinski, A. C. (2010). Facebook and academic performance. *Computers in Human Behavior, 26,* 1237–1245. Doi: 10.1016/j.chb.2010.03.024

Kling, K. C., Hyde, J. S., Showers, C. J., & Buswell, B. N. (1999). Gender differences in self-esteem: A meta-analysis. *Psychological Bulletin, 125,* 470–500.

Kolodinsky, J., Labrecque, J., Doyon, M., Reynolds, T., Oble, F., Bellavance, F., & Marquis, M. (2008). Sex and cultural differences in the acceptance of functional foods: A comparison of American, Canadian, and French college students. *Journal of American College Health, 57,* 143–149.

Kosfeld, M., Heinrichs, M., Zak, P. J., Fischblacher, U., & Fehr, R. (2005). Oxytocin increases trust in humans. *Nature, 435,* 673–676.

Kramer, S. E., Allessie, G. H. M., Dondorp. A. W., Zekveld, A. A., & Kapteyn, T. S. (2005). A home education program for older adults with hearing impairment and their significant others: A randomized evaluating short- and long-term effects. *International Journal of Audiology, 44,* 255–264.

Kuo, M., Adlaf. E. M., Lee, H., Gliksman, L., Demers, A., & Wechsler, H. (2002). More Canadian students drink but American students drink more: Comparing college alcohol use in two countries. *Addiction, 97,* 1583–1592.

Langewitz, W., Izakovic, J., & Wyler, J. (2005). Effect of self-hypnosis on hay fever symptoms—a randomized controlled intervention. *Psychotherapy and Psychosomatics, 74,* 165–172.

Liger-Belair, G., Bourget, M., Villaume, S., Jeandet, P., Pron, H., & and Polidori, G. (2010). On the losses of dissolved CO_2 during Champagne serving. *Journal of Agricultural and Food Chemistry, 58,* 8768–8775. DOI: 10.1021/jf101239w

Linde, L., & Bergstroem, M, (1992). The effect of one night without sleep on problem-solving and immediate recall. *Psychological Research, 54,* 127–136.

Loftus, E. F., & Palmer, J. C. (1974). Reconstruction of automobile destruction: An example of the interaction between language and memory. *Journal of Verbal Learning & Verbal Behavior, 13,* 585–589.

Loftus, G. R. (1996). Psychology will be a much better science when we change the way we analyze data. *Current Directions in Psychological Science, 5,* 161–171.

Mathews, E. M., & Wagner, D. R. (2008). Prevalence of overweight and obesity in collegiate American football players, by position. *Journal of American College Health, 57,* 33–38.

McGee, E., & Shevliln, M. (2009). Effect of humor on interpersonal attraction and mate selection. *Journal of Psychology, 143,* 67–77.

McGee, R., Williams, S., Howden-Chapman, P., Martin, J., & Kawachi. I. (2006). Participation in clubs and groups from childhood to adolescence and its effects on attachment and self-esteem. *Journal of Adolescence, 29,* 1–17.

Montarello, S., & Martens, B. K. (2005). Effects of interspersed brief problems on students' endurance at completing math work. *Journal of Behavioral Education, 14,* 249–266.

Morse, C. K. (1993). Does variability increase with age? An archival study of cognitive measures. *Psychology and Aging, 8,* 156–164.

Miller, K. E. (2008). Wired: Energy drinks, jock identity, masculine norms, and risk taking. *Journal of American College Health, 56,* 481–490.

Mulvihill, B. A., Obuseh, F. A., & Caldwell, C. (2008). Healthcare providers' satisfaction with a State

Children's Health Insurance Program (SCHIP). *Maternal & Child Health Journal, 12,* 260–265.

Murdock. T. B., Miller, M., & Kohlhardt, J. (2004). Effects of classroom context variables on high school students' judgments of the acceptability and likelihood of cheating. *Journal of Educational Psychology, 96,* 765–777.

Pelton, T. (1983). The shootists. *Science83, 4*(4), 84–86.

Persson, J., Bringlov, E., Nilsson, L., & Nyberg. L. (2004). The memory-enhancing effects of Ginseng and Ginkgo biloba in health volunteers. *Psychopharmacology, 172,* 430–434.

Plomin, R., Corley, R., DeFries, J. C., & Fulker, D. W. (1990). Individual differences in television viewing in early childhood: Nature as well as nurture. *Psychological Science, 1,* 371–377.

Reed, E. T., Vernon, P. A., & Johnson, A. M. (2004). Confirmation of correlation between brain nerve conduction velocity and intelligence level in normal adults. *Intelligence, 32,* 563–572.

Reifman, A. S., Larrick, R. P., & Fein, S. (1991). Temper and temperature on the diamond: The heat–aggression relationship in major league baseball. *Personality and Social Psychology Bulletin, 17,* 580–585.

Resenhoeft, A., Villa, J., & Wiseman, D. (2008). Tattoos can harm perceptions: A study and suggestions. *Journal of American College Health, 56,* 593–596.

Rogers, T. B., Kuiper, N. A., & Kirker, W. S, (1977). Self-reference and the encoding of personal information. *Journal of Personality and Social Psychology, 35,* 677–688.

Rohwedder, S., & Willis, R. J. (2010). Mental retirement. *Journal of Economic Perspectives, 24,* 119–138. Doi: 10.1257/jep.24.1.119

Rozin, P., Bauer, R., & Cantanese, D. (2003). Food and life, pleasure and worry, among American college students: Gender differences and regional similarities. *Journal of Personality and Social Psychology, 85,* 132–141.

Ryan, C. S., & Hemmes, N. S. (2005). Effects of the contingency for homework submission on homework submission and quiz performance in a college course. *Journal of Applied Behavior Analysis, 38,* 79–88. Doi: 10.1901/jaba.2005.123–03

Scaife, M. (1976). The response to eye-like shapes by birds. I. The effect of context: A predator and a strange bird. *Animal Behaviour, 24,* 195–199.

Schachter. S. (1968). Obesity and eating. *Science, 161,* 751–756.

Schmidt, S. R. (1994). Effects of humor on sentence memory. *Journal of Experimental Psychology: Learning, Memory, & Cognition, 20,* 953–967.

Segal, S. J., & Fusella, V. (1970). Influence of imaged pictures and sounds on detection of visual and auditory signals. *Journal of Experimental Psychology, 83,* 458–464.

Shrauger, J. S. (1972). Self-esteem and reactions to being observed by others. *Journal of Personality and Social Psychology, 23,* 192–200.

Shulman, C., & Guberman, A. (2007). Acquisition of verb meaning through syntactic cues: A comparison of children with autism, children with specific language impairment (SLI) and children with typical language development (TLD). *Journal of Child Language, 34,* 411–423.

Slater, A., Von der Schulenburg, C., Brown, E., Badenoch, M., Butterworth, G., Parsons, S., & Samuels, C. (1998). Newborn infants prefer attractive faces. *Infant Behavior and Development, 21,* 345–354.

Smith, C., & Lapp, L. (1991). Increases in number of REMs and REM density in humans following an intensive learning period. *Sleep: Journal of Sleep Research & Sleep Medicine, 14,* 325–330.

Smyth, J. M., Stone, A. A., Hurewitz, A., & Kaell, A. (1999). Effects of writing about stressful experiences on symptom reduction in patients with asthma or rheumatoid arthritis: A randomized trial. *Journal of the American Medical Association, 281,* 1304–1309.

Sol, D., Lefebvre, L., & Rodriguez-Teijeiro, J. D. (2005). Brain size, innovative propensity and migratory behavior in temperate Palaearctic birds. *Proceedings [Proc Biol Sci], 272,* 1433–1441.

Stephens, R., Atkins, J., & Kingston, A. (2009). Swearing as a response to pain. *NeuroReport: For Rapid Communication of Neuroscience Research, 20,* 1056–1060. Doi: 10.1097/WNR.0b013e32832e64b1

Stickgold, R., Whidbee, D., Schirmer B., Patel, V., & Hobson, J. A. (2000). Visual discrimination task improvement: A multi-step process occurring during sleep. *Journal of Cognitive Neuroscience, 12,* 246–254.

Strack, F., Martin, L. L., & Stepper, S. (1988). Inhibiting and facilitating conditions of the human smile: A non-obtrusive test of the facial feedback hypothesis. *Journal of Personality & Social Psychology, 54,* 768–777.

Sümer, N., Özkan, T., & Lajunen, T. (2006). Asymmetric relationship between driving and safety skills. *Accident Analysis and Prevention, 38,* 703–711.

Trockel, M. T., Barnes, M. D., & Egget, D. L. (2000). Health-related variables and academic performance among first-year college students: Implications for sleep and other behaviors. *Journal of American College Health, 49,* 125–131.

Tryon, R. C. (1940). Genetic differences in maze-learning ability in rats. *Yearbook of the National Society for the Study of Education, 39,* 111–119.

Tukey, J. W. (1977). *Exploratory data analysis.* Reading, MA: Addison-Wesley.

Tversky, A., & Kahneman, D. (1973). Availability: A heuristic for judging frequency and probability. *Cognitive Psychology, 5,* 207–232.

Twenge, J. M. (2000). The age of anxiety? Birth cohort change in anxiety and neuroticism, 1952-1993. *Journal of Personality and Social Psychology, 79,* 1007–1021.

U.S. Census Bureau. (2005). *Americans spend more than 100 hours commuting to work each year, Census Bureau reports.* Retrieved January 14, 2009, from www.census.gov/Press-Release/www/releases/archives/american_community_survey_acs/004489.html

von Hippel, P. T. (2005). Mean, median, and skew: Correcting a textbook rule. *Journal of Statistics Education, 13.*

Wegesin, D. J., & Stern, Y. (2004). Inter- and intra-individual variability in recognition memory: Effects of aging and estrogen use. *Neuropsychology, 18,* 646–657.

Welsh, R. S., Davis, M. J., Burke, J. R., & Williams, H. G. (2002). Carbohydrates and physical/mental performance during intermittent exercise to fatigue. *Medicine & Science in Sports & Exercise, 34,* 723–731.

Wilkinson, L., and the Task Force on Statistical Inference. (1999). Statistical methods in psychology journals. *American Psychologist, 54,* 594–604.

Winget, C., & Kramer, M. (1979). *Dimensions of dreams.* Gainesville: University Press of Florida.

Xu, F., & Garcia, V. (2008). Intuitive statistics by 8-month-old infants. *Proceedings of the National Academy of Sciences of the United States of America, 105,* 5012–5015.

Yapko, M. D. (1994). Suggestibility and repressed memories of abuse: A survey of psychotherapists' beliefs. *American Journal of Clinical Hypnosis, 36,* 163–171.

Ye, Y. Beyond materialism: The role of health-related beliefs in the relationship between television viewing and life satisfaction among college students. *Mass Communication and Society, 13,* 458–478. Doi: 10.1080/15205430903296069

Zhong, C., Bohns, V. K., & Gino, F. (2010). Good lamps are the best police: Darkness increases dishonesty and self-interested behavior. *Psychological Science, 21,* 311–314.

Zhou, X., Vohs, K. D., & Baumeister, R. F. (2009). The symbolic power of money: Reminders of money after social distress and physical pain. *Psychological Science, 20,* 700–706.

教辅材料申请表

若您是教师

需要申请使用教辅材料

请扫码填写申请表